Birkhäuser

Contemporary Mathematicians

Joseph P.S. Kung

Editor

More information about this series at http://www.springer.com/series/4817

Victor W. Guillemin • Johannes Sjöstrand
Editors

Louis Boutet de Monvel, Selected Works

Birkhäuser

Editors
Victor W. Guillemin
Department of Mathematics
Massachusetts Institute of Technology
Cambridge, MA, USA

Johannes Sjöstrand
Institut de mathématiques de Bourgogne
Université de Bourgogne
Dijon, France

Contemporary Mathematicians
ISBN 978-3-319-27907-7 ISBN 978-3-319-27909-1 (eBook)
DOI 10.1007/978-3-319-27909-1

Library of Congress Control Number: 2017937313

Printed on acid-free paper

This book is published under the trade name Birkhäuser, www.birkhauser-science.com
The registered company is Springer International Publishing AG
The registered company address is: Gewerbestrasse 11, 6330 Cham, Switzerland

Contents

Introduction

1

Victor W. Guillemin and Johannes Sjöstrand

One of the most exciting developments in mathematics in the latter half of the twentieth century was the introduction of what is nowadays called microlocal techniques into the theory of partial differential equations. This development began in the early 1960s with the invention of pseudodifferential operators by Calderón, Kohn-Nirenberg, A. and J. Unterberger and Hörmander; a tool which enabled one to replace abstract existence theorems for differential equations by concrete methods for actually solving them. Louis Boutet de Monvel gave early on two very important extensions of microlocal analysis.

1.1 Boundary Value Problems

In his thesis and in the papers [B66a, B66b, B69] and [B71] Boutet describes how to treat boundary value problems for partial differential operators from a microlocal point of view and how to make this theory applicable to pseudodifferential operators; and the techniques he developed in these papers have, in the intervening years, become standard tools in the theory of elliptic boundary problems. (See the commentary of Gerd Grubb for more details.)

1.2 Analytic Pseudodifferential Operators

Boutet's work with Paul Krée [BKr67] on elliptic regularity for pseudodifferential operators with Gevrey coefficients is his first foray into the world of real analytic analysis, an area that, with his concurrent interests in C^∞ and complex analysis, he continued to explore in much of his later work. The work [BKr67] now appears as fundamental in all later developments of analytic microlocal analysis. (For some of the directions in which this exploration led him, see the commentary of Kawai.)

At the end of the 1960s, Sato and Hörmander showed how to refine greatly the study of singularities of solutions of differential equations and to show that these singularities can be described as subsets of the phase space of the physical system that the equations are describing, not just, as had previously been the case, as subsets of the configuration space of this system. In the C^∞ version of Hörmander this is done by using pseudodifferential operators as "cutoff functions" in the same way that C_0^∞-functions are used in the definition of the singular

V.W. Guillemin (✉)
Department of Mathematics, MIT, Cambridge, MA 02139, USA
e-mail: vwg@math.mit.edu

J. Sjöstrand (✉)
Institut de mathématiques de Bourgogne, Université de Bourgogne (UMR 5584 du CNRS), 9, Avenue Alain Savary, BP 47870, FR-21078 Dijon cedex, France
e-mail: jo7567sj@u-bourgogne.fr

V.W. Guillemin, J. Sjöstrand (eds.), *Louis Boutet de Monvel, Selected Works*, Contemporary Mathematicians, DOI 10.1007/978-3-319-27909-1_1

support of a distribution. This changed the perspectives in this subject quite radically, and among the mathematicians involved in these changes, Boutet de Monvel played a central role.

In particular it had been noticed early on, as an amusing curiosity, that there exist generalized functions whose singularities are concentrated on a single ray in phase space, but Boutet was one of the first persons to realize the importance of this fact and in his paper, Hypoelliptic operators with double characteristics [B74], to make a systematic study of these Hermite distributions.

This leads us to

1.3 Operators with Multiple Characteristics

We cited this paper above as the paper in which Boutet introduced the notion of Hermite distribution and began to explore the ideas that were to become the focus of much of his later research. The developments in microlocal analysis in the 1950s and 1960s that were described above made it possible, as we pointed out above, to prove concrete existence theorems for a large class of linear differential operators, However, for operators with multiple characteristics analogues of these theorems had to await the refinements in pseudodifferential operator theory. The work [B74] was one of the first steps in this direction. A second related paper, with Grigis and Helffer, [BGrHe76] develops further the theory of these (so called) "exotic" pseudodifferential operators and applies it to the construction of parametrices in the case when the multiply characteristic variety has variable symplectic rank. In [B75b] Boutet gives a pioneering result about propagation of singularities for Schrödinger operators, for which the usual conical point of view has to be abandonned and replaced by a parabolic quasihomogeneous point of view. (The commentary of Helffer describes in more detail what this involved.)

Boutet de Monvel went on to apply these ideas to the theory of Toeplitz operators in the papers [B79, B81, B85], and in the book [BGu81], and also to apply them to problems in several complex variables in [BSj76], to problems in index theory in [B79] and to problems in geometric quantization in [B99] and [B02]. (For a more detailed account of Boutet's work in this area see the commentaries below of Malgrange, Epstein, Guillemin and Weinstein.)

Other areas in which Boutet made enduring contributions are

1.4 Index Theory

Boutet's paper [B79] provides a unified approach to index theory that encompasses index theory in the C^∞ domain (Atiyah-Singer) and index theory in the algebraic domain (Kawai, Kashiwara et al.) The first of these is a consequence of the fact that a pseudodifferential operator can be viewed as a Toeplitz operator and the second a consequence of the fact that if X is the boundary of a strictly pseudoconvex domain and H^2 the Hardy space of X (i.e. the L^2 closure of the space of boundary values of holomorphic functions), then for a pseudodifferential operator, Q, the contraction of Q to H^2 is a Toeplitz operator. Thus to obtain an index theory unifying these two theories, it suffices to extend index theory to the Toeplitz setting, and the technical details involved in doing this are the theme of this paper.

1.5 The CR-Embedding Theorem

In the article [B75a] Boutet shows that every strictly pseudoconvex compact CR manifold can be imbedded in $\mathbb{C}^N$, a result which, combined with results of Harvey-Lawson proves: A CR manifold, X, with the properties above is the boundary of a Stein manifold. (See Epstein's commentary for implications of this result.)

1.6 Zoll Manifolds

A compact Riemannian manifold, X, is Zoll if all its geodesics are closed. For such manifolds a celebrated theorem of Colin de Verdière asserts that the Weyl function of X, the function that, for every λ, counts the number of eigenvalues of the Laplace operator that are less that λ, is a polynomial function of λ. However, Colin's result left unanswered the question: What is this polynomial? In [BGu81] and [B85] Boutet settled this question by discovering a remarkable analogy between this polynomial and the Hilbert polynomial of an algebraic variety. More explicitly he generalized Colin's theorem to the Toeplitz setting and observed that in the Toeplitz world there is a much larger class of operators having the Zoll property: the property that the Hamiltonian flow associated with the symbol of the operator is periodic. For example, for a projective variety, X, the operator associated with the action of S^1 on sections of the canonical line bundle of X is such an operator and in this case Colin's polynomial becomes the Hilbert polynomial of X.

1.7 Bergman Kernels

The paper [BSj76] on Bergman and Szegő kernels represents a new perspective in the study of holomorphic functions on strictly pseudoconvex domains. For X the boundary of such a domain, the projection of L^2 onto H^2 in item 3 above is a Toeplitz operator, and alternatively a Fourier integral operator with complex phase. This fact allowed the authors to simplify the proof of a much cited result of C. Fefferman, and to include Szegő kernels and off-diagonal behaviour in this theory.

Boutet de Monvel and Sjöstrand [BSj76] also provided much of the source material for the monograph [BGu81]. Moreover, Boutet continued in later articles to use the techniques of this paper to investigate Bergman kernel issues. In particular, [BSj76] left open the question of the existence of a log term in the asymptotic expansion of the Bergman kernel, and in the paper [B88] he made a deep and detailed study of the Bergman kernel in 2 dimensions and completely settled this log term question.

Finally the note [B78] characterizes series of eigenfunctions of the Laplacian on an analytic manifold whose sums extend to certain tubular neighborhoods of the real domain, and relates complex analysis to spectral theory in a beautiful way.

1.8 Star Products

The monograph [BGu81] contains two very important inadvertent results. One is the proof of the conjecture that for circle actions the quantization commutes with reduction. A decade later this became, for arbitrary actions of Lie groups, a much investigated conjecture in the wake of Witten's revolutionary work on quantum field theory, and was settled in full generality, independently by Meinrenken and Vergne, in 1995.

The second inadvertent result involved the calculus of Toeplitz operators. At the symbol level this calculus can be viewed as a way of equipping a symplectic manifold with a star product operation, however the authors of [BGu81] neglected to draw attention to this fact, and the first official proof of it appeared a couple years later in a paper of De Wilde and Lecomte.

As concerns non-inadvertent results Boutet made major contributions to the theory of star products and deformation quantization in two later papers of his: the papers, [B99] and [B02]. (For more on this see the commentary by Alan Weinstein.)

1.9 Conclusion

The purpose of this volume of Boutet de Monvel's selected works is to make easily available the papers cited above and other major publications of his, many of which have been, up until now, only available in obscure, hard-to-access journals. Also, to make this volume more readable it was decided not to republish these papers in chronological order, but instead to organize them into relevant sections and to supply each of these sections with a commentary. (This organization of the material above was in fact suggested to us by Boutet himself in two internal texts [summary, synopsis].) Needless to say, the insightful observations of the commentators have been essential for the success of this scheme and we would like to express to them our gratitude.

References

[summary] L. Boutet de Monvel, *lbm-selecta-summary*, 2012.

[synopsis] L. Boutet de Monvel, *lbm-selecta-synopsis*, 2012.

[B66a] Louis Boutet de Monvel, *Comportement d'un opérateur pseudo-différentiel sur une variété à bord. I. La propriété de transmission*, J. Analyse Math. **17** (1966), 241–253.

[B66b] L. Boutet de Monvel, *Comportement d'un opérateur pseudo-différentiel sur une variété à bord. II. Pseudo-noyaux de Poisson*, J. Analyse Math. **17** (1966), 255–304.

[BKr67] Louis Boutet de Monvel and Paul Krée, *Pseudo-differential operators and Gevrey classes*, Ann. Inst. Fourier (Grenoble) **17** (1967), no. 1, 295–323.

[B69] L. Boutet de Monvel, *Opérateurs pseudo-différentiels analytiques et problèmes aux limites elliptiques*, Ann. Inst. Fourier (Grenoble) **19** (1969), no. 2, 169–268.

[B71] L. Boutet de Monvel, *Boundary problems for pseudo-differential operators*, Acta Math. **126** (1971), no. 1–2, 11–51.

[B74] L. Boutet de Monvel, *Hypoelliptic operators with double characteristics and related pseudo-differential operators*, Comm. Pure Appl. Math. **27** (1974), 585–639.

[B75a] L. Boutet de Monvel, *Intégration des équations de Cauchy-Riemann induites formelles*, Séminaire Goulaouic-Lions-Schwartz 1974–1975; Équations aux dérivées partielles linéaires et non linéaires, Centre Math., École Polytech., Paris, 1975, Exp. No. 9.

[B75b] L. Boutet de Monvel, *Propagation des singularités des solutions d'équations analogues à l'équation de Schrödinger*, Fourier integral operators and partial differential equations (Colloq. Internat., Univ. Nice, Nice, 1974), Springer, Berlin, 1975, pp. 1–14. Lecture Notes in Math., Vol. 459.

[BGrHe76] Louis Boutet de Monvel, Alain Grigis, and Bernard Helffer, *Parametrixes d'opérateurs pseudo-différentiels à caractéristiques multiples*, Journées: Équations aux Dérivées Partielles de Rennes (1975), Soc. Math. France, Paris, 1976, pp. 93–121. Astérisque, No. 34–35.

[BSj76] L. Boutet de Monvel and J. Sjöstrand, *Sur la singularité des noyaux de Bergman et de Szegö*, Journées: Équations aux Dérivées Partielles de Rennes (1975), Soc. Math. France, Paris, 1976, pp. 123–164. Astérisque, No. 34–35.

[B78] L. Boutet de Monvel, *Convergence dans le domaine complexe des séries de fonctions propres*, C. R. Acad. Sci. Paris Sér. A-B **287** (1978), no. 13, A855–A856.

[B79] L. Boutet de Monvel, *On the index of Toeplitz operators of several complex variables*, Invent. Math. **50** (1978/79), no. 3, 249–272.

[BGu81] L. Boutet de Monvel and V. Guillemin, *The spectral theory of Toeplitz operators*, Annals of Mathematics Studies, vol. 99, Princeton University Press, Princeton, NJ; University of Tokyo Press, Tokyo, 1981.

[B81] L. Boutet de Monvel, *Opérateurs à coefficients polynomiaux, espace de Bargmann, et opérateurs de Toeplitz*, Goulaouic-Meyer-Schwartz Seminar, 1980–1981, École Polytech., Palaiseau, 1981, Exp. No. II bis.

[B85] L. Boutet de Monvel, *Opérateurs à bicaractéristiques périodiques*, Bony-Sjöstrand-Meyer seminar, 1984–1985, École Polytech., Palaiseau, 1985, Exp. No. 20.

[B88] L. Boutet de Monvel, *Le noyau de Bergman en dimension* 2, Séminaire sur les Équations aux Dérivées Partielles 1987–1988, École Polytech., Palaiseau, 1988, Exp. No. XXII.

[B99] L. Boutet de Monvel, *Complex star algebras*, Math. Phys. Anal. Geom. **2** (1999), no. 2, 113–139.

[B02] L. Boutet de Monvel, *Related semi-classical and Toeplitz algebras*, Deformation quantization (Strasbourg, 2001), IRMA Lect. Math. Theor. Phys., vol. 1, de Gruyter, Berlin, 2002, pp. 163–190.[1]

[1]Not included in this volume.

2 Louis Boutet de Monvel 1941–2014

Anne Boutet de Monvel

Louis à la montagne

2.1 Biography

Louis Boutet de Monvel est né à Issy-les-Moulineaux, en France, le 22 juin 1941, aîné d'une famille de quatre enfants, dont deux sœurs Claire et Laure, et un frère Olivier.

Son père, professeur agrégé de lettres classiques et plus tard directeur de l'enseignement artistique au ministère de la culture sous André Malraux, était d'une famille d'intellectuels et d'artistes, acteurs et peintres. Sa mère était médecin, gynécologue.

Après la guerre 39-45 le père partit enseigner au lycée français de Londres. Louis y fit ses études de 1949 à 1955. Il aimait bien l'école où il réussissait avec une grande facilité. Cela lui laissait un large temps pour les loisirs, le piano, la lecture, et les jeux où il se montrait très actif et espiègle.

Parents et enfants retournèrent en France en 1955 dans la grande maison de famille à Meudon, tout près de Paris. Louis poursuivit alors ses études au lycée de Sèvres, puis un an après au lycée Louis le Grand à Paris. Il y obtint le baccalauréat en 1958.

A. Boutet de Monvel (✉)
Institut de Mathématiques de Jussieu-PRG, Université Paris Diderot, bâtiment Sophie Germain, case 7012, 75205 Paris Cedex 13, France
e-mail: anne.boutet-de-monvel@imj-prg.fr

V.W. Guillemin, J. Sjöstrand (eds.), *Louis Boutet de Monvel, Selected Works*, Contemporary Mathematicians, DOI 10.1007/978-3-319-27909-1_2

Après deux années de classes préparatoires aux Grandes Écoles, toujours au lycée Louis le Grand, il est reçu d'emblée au concours d'entrée à l'École Normale Supérieure rue d'Ulm. Il en suit le cursus de 4 ans jusqu'en 1964.

C'est là qu'il s'ouvre rapidement à la recherche mathématique dans un contexte de grande liberté, après deux années de classes préparatoires beaucoup plus contraignantes. Le département de mathématiques de l'École Normale Supérieure était alors dirigé par Henri Cartan dont la personnalité marquait fortement les élèves. Louis suivait les cours de mathématiques à l'École Normale Supérieure, à l'Institut Henri Poincaré et à la Sorbonne. Il était également passionné de physique mais les cours donnés alors à la Sorbonne étaient loin de répondre à son goût et à ses attentes.

Dans les années 60 les élèves de l'École Normale étaient fortement sollicités par des courants de type marxiste et Louis fut naturellement tenté d'y participer mais son esprit indépendant et rebelle ne supporta pas de se voir imposer une ligne édictée par un organisme central bureaucratique. Tout en restant de sensibilité sociale il veilla dans toutes ses activités à une indépendance d'esprit qui ne facilita pas toujours ses relations avec les personnes de pouvoir.

Il fut directement plongé dans la recherche vivante dès la troisième année à l'École Normale en suivant le séminaire Cartan 62-63 tout en préparant avec succès l'agrégation de mathématiques. Puis l'année suivante il participa au Séminaire Cartan–Schwartz sur le théorème de l'indice d'Atiyah–Singer. Il en fut le plus jeune conférencier, y donnant deux exposés aux côtés de conférenciers confirmés, comme Laurent Schwartz, Salah Baouendi, Pierre Grisvard, Henri Cartan et Michael Atiyah. Ce séminaire sera déterminant pour ses intérêts futurs. Dès ce moment-là il se montra à l'aise sur les questions d'algèbre et de géométrie autant que sur celles d'analyse et cela restera sa marque dans toute sa carrière mathématique.

Il effectua alors ses premiers travaux de recherche, sous la houlette de Laurent Schwartz et surtout sous l'influence de Lars Hörmander et de ses travaux sur les opérateurs intégraux de Fourier. C'est ainsi qu'il développa entre autres un calcul symbolique pour les problèmes aux limites pseudo-différentiels, dénommé par la suite « algèbre de Boutet de Monvel ».

À sa sortie de l'École Normale Supérieure Louis aurait pu entrer au CNRS comme attaché de recherches mais il préféra prendre un poste d'assistant à l'université de Paris, considérant qu'il fallait mener de front une carrière d'enseignant et de chercheur. En 1965 il se marie avec Brigitte et aura une fille et un fils, Claire et Jacques.

Au bout de trois années d'assistant il part à Alger pour son service militaire comme coopérant scientifique. La guerre d'Algérie était alors terminée depuis les accords d'Évian en 1962. Il sera chargé de cours de mathématiques pendant deux ans à l'université d'Alger et en gardera un très bon souvenir.

Ce cursus quelque peu tourmenté ne perturba pas son activité de chercheur et ses premiers travaux le firent rapidement remarquer dans la communauté mathématique internationale comme l'un des chercheurs les plus brillants de sa génération.

C'est ainsi qu'à l'âge de 29 ans il fut invité pour une conférence de 50 minutes au Congrès International des Mathématiciens de Nice en 1970. À son départ d'Alger en 1969 il prit un poste de maître de conférences – de nos jours professeur de deuxième classe – à l'université de Nice où sa candidature avait été suscitée par Jean Dieudonné et où il eut comme collègues André Martineau, Pierre Grisvard et Frédéric Pham. Au bout d'un an on l'y chargea, un peu rapidement, de la direction du département de mathématiques.

Puis, en 1971, à l'instigation cette fois de François Bruhat il regagne Paris pour un poste de maître de conférences à l'université Paris 7. Cette nouvelle université venait d'être créée après les événements de mai 1968, avec parmi ses premiers professeurs Henri Cartan, Roger Godement et Laurent Schwartz. Un an après il y était promu professeur. La même année il donna un cours Peccot au Collège de France.

En 1973 on lui demanda d'assurer la direction du département de mathématiques, ce qu'il fit dans un contexte de contestations étudiantes de plus en plus difficile à supporter.

Probablement lassé par une atmosphère ambiante peu propice à une activité de chercheur sereine et efficace, il repartit de Paris en 1975 et prit un poste de professeur à l'Institut Fourier à Grenoble.

Alors qu'il se trouvait à Princeton en 1978 pour une année consacrée au séminaire de Lars Hörmander sur les singularités des solutions d'équations aux dérivées partielles linéaires on lui demanda de prendre la direction du Centre de Mathématiques de l'École Normale Supérieure à Paris pour y succéder à Jean-Louis Verdier. Il accepta très volontiers.

Il revint ainsi à Paris, détaché à l'École Normale Supérieure de 1978 à 1986, sur un poste de professeur à l'université Paris 6 à partir de 1979.

Malgré la charge que représentait la direction du Centre de Mathématiques, c'est probablement à ce poste que Louis put au mieux exercer son influence et sa direction de recherches.

Il y retrouva des collègues qu'il connaissait bien et appréciait, Adrien Douady et Jean-Louis Verdier, avec lesquels il anima le séminaire « Mathématique et physique » de 1979 à 1982.

Il y trouva aussi d'excellents élèves, entre autres Daniel Bennequin, Joseph Oesterlé, Jean-Christophe Yoccoz (Fields medal 1994), Pierre-Louis Lions (Fields medal 1994), et Gilles Lebeau dont il dirigea la thèse. C'est durant cette période qu'il se remaria avec Anne, et eut une deuxième fille, Violaine.

Il fut invité pour une conférence de 50 minutes au Congrès International des Mathématiciens de Varsovie, reporté en 1983 suite à l'état de siège institué alors en Pologne. Mais il ne voulut pas s'y rendre dans de telles conditions.

Après huit années d'intense activité il quitta la direction du Centre de Mathématiques en 1986 pour occuper son poste de professeur à l'université Paris 6, devenue Université Pierre et Marie Curie (UPMC). Il gardera ce poste jusqu'à sa retraite en 2010 et y deviendra alors professeur émérite. Il restera actif jusqu'au tout début de 2014. La maladie qui va l'emporter se déclare alors de façon extrêmement brutale. Il résiste néanmoins et parvient à participer encore à des congrès, l'un en juin à Nice en l'honneur de Gilles Lebeau, l'autre en août à Copenhague en l'honneur de Gerd Grubb. Puis la maladie progresse au point de l'empêcher de toute activité. Il est définitivement hospitalisé à partir d'octobre et décède le jour de Noël 2014.

Louis a reçu plusieurs prix: le prix Ernest Déchelle de l'Académie en 1979, le prix U.A.P. en 1990, le prix de l'État de l'Académie des Sciences en 2003. La prestigieuse médaille Picard, décernée par l'Académie tous les quatre ans, lui fut attribuée en 2007 « pour ses résultats en théorie des équations aux dérivées partielles, en analyse complexe et en analyse globale sur les variétés ». Il était « Foreign Honorary Member » de l'American Academy of Arts & Sciences depuis 2012.

Un colloque en son honneur « Équations aux dérivées partielles et quantification » a eu lieu à Paris fin juin 2003. Un autre aura lieu à sa mémoire à l'École Normale Supérieure fin juin 2016. Un numéro spécial de Letters in Mathematical Physics lui sera dédié la même année.

De l'âge de trente ans à cinquante, entre 1971 et 1991, il fut collaborateur de Bourbaki. C'était une activité à laquelle il prenait grand plaisir. Il était toujours très excité à l'idée de partir pour une réunion de travail de bourbakistes. Il aimait bien écrire des projets de rédaction. Il était aussi particulièrement à l'aise et pertinent dans les discussions autour des textes des divers rédacteurs.

Invité dans de nombreux pays, aux États-Unis, en Suède, en Italie, il avait un penchant prononcé pour le Japon. Il en appréciait la culture et un certain style de vie et c'était pour lui une seconde patrie mathématique, symbolisée par l'école d'analyse algébrique de Mikio Sato et de ses élèves et disciples tels Masaki Kashiwara et Takahiro Kawai.

Louis n'était pas bavard, il était même souvent silencieux et seuls ses gestes et mimiques témoignaient alors de ce qu'il pensait. Ses explications mathématiques étaient toujours pertinentes, mais si concises qu'il était difficile de les comprendre dans l'immédiat sans réflexion supplémentaire. C'était la marque d'un style concentré sur l'essentiel et refusant tout superflu. La publicité était le dernier de ses soucis. Cela est manifeste dans la manière dont il publiait ses travaux. Il ne cherchait pas à publier dans les revues les plus renommées, mais se contentait des moyens les plus simples qui s'offraient à lui selon les circonstances. Ce pouvaient être des séminaires locaux peu diffusés et mal connus. Pour lui l'essentiel était de publier. Il pensait qu'un travail de qualité finissait par être connu où qu'il paraisse.

Jeune, il était sportif et aimait l'athlétisme, l'escalade et les randonnées en montagne. Hors les mathématiques il était passionné de musique et de littérature. Toute sa vie il n'a cessé de jouer du piano, jusqu'aux derniers moments, avec une prédilection pour Liszt, Chopin, et la musique française du XXème siècle, Debussy, Ravel, Fauré et Poulenc. Alors qu'il était déjà très affaibli il jouait encore pour les malades de la clinique où il était hospitalisé. Quant aux livres, il en avait toujours un dans la poche. Il en lisait en toutes circonstances de la vie courante, dans la rue, les transports, souvent de la science fiction, du fantastique ou de la poésie, presque toujours dans la langue d'origine.

Voici enfin quelques indications chronologiques sur ses travaux mathématiques, travaux commentés par ailleurs dans ce livre.

Ses premiers travaux, de 24 à 30 ans, entre Paris, Alger et Nice portent sur les opérateurs pseudo-différentiels dans le cadre des problèmes aux limites. Dans sa thèse en 1969 et dans deux articles au Journal d'analyse mathématique et aux Acta Mathematica en 1966 et 1971, il construit un calcul symbolique qui reste connu comme l'« algèbre de Boutet de Monvel ». Par ailleurs il introduit les opérateurs pseudo-différentiels analytiques dans des articles aux Annales de l'Institut Fourier en 1967 et 1969, d'abord avec Paul Krée sur une variété, puis sur une variété à bord. Durant l'été 1974 il donnera un cours à Duke University, intitulé « Pseudo differential operators and their Applications ». Il le publiera deux ans plus tard dans la série mathématique de l'université.

Dans une deuxième période, à Paris puis à Grenoble, il s'intéresse aux rapports entre opérateurs différentiels et analyse complexe. Dans un article aux Communications in Pure and Applied Mathematics en 1974 il étudie des opérateurs différentiels modelés sur $\Box_b$. Sa description de la cohomologie microlocale de $\bar\partial_b$ au moyen d'opérateurs d'Hermite s'avérera très proche de l'analyse des inégalités de Morse découverte plus tard par Edward Witten. Il obtient aussi un résultat de plongement en géométrie CR publié dans un Séminaire 75–76 de l'École polytechnique. Puis il étudie la singularité du noyau de Bergman dans un article avec Johannes Sjöstrand paru dans Astérisque en 1976, thème sur lequel il publiera encore dans les années 80.

Au moment de son retour définitif à Paris s'ouvre la période des « opérateurs de Toeplitz », marquée par un article sur l'indice de ces opérateurs paru aux Inventiones Mathematicae en 1979 et par le livre « The Spectral Theory of Toeplitz Operators », co-écrit avec Victor Guillemin et publié en 1981 dans la série Annals of Mathematics Studies de Princeton University Press.

L'une des motivations de leur étude était la description de modèles donnant lieu au même calcul symbolique que les opérateurs pseudo-différentiels, ce qui est effectivement le cas des opérateurs de Toeplitz. Cela conduisit Louis à s'intéresser dès les années 80 aux « star-produits » dont les opérateurs de Toeplitz étaient un exemple naturel. Il publia sur le sujet à partir des années 90. En 2011 parurent enfin plusieurs articles autour de l'indice équivariant asymptotique des opérateurs de Toeplitz, en particulier une preuve de la conjecture d'« Atiyah–Weinstein », avec Éric Leichtnam, Xiang Tang et Alan Weinstein.

Dans le même temps il publia divers textes d'application, par exemple un texte avec Bernard Malgrange sur le théorème de l'indice relatif paru en 1990 aux Annales scientifiques de l'École Normale Supérieure. Il publia aussi des textes indépendants sur des sujets qui avaient accroché son intérêt, par exemple sur les séries multizêtas divergentes.

Comme déjà dit il avait toujours été intéressé par la physique. Dans les dernières années, ayant plus de loisirs, il écoutait souvent dans son bureau des enregistrements de cours de physique avancés qu'il avait glanés par internet. Il assistait aussi avec grand intérêt au séminaire Poincaré encore appelé « Bourbaphy » dont les sessions sont consacrées à de grands thèmes de la physique.

Dans les derniers congrès auxquels il participa en 2014 il fit des exposés sur le sujet suivant: « Residual trace of Toeplitz or pseudodifferential projectors ».

Cela témoigne d'une grande unité dans les travaux et les préoccupations de Louis. Tout au long de sa vie il resta fidèle aux thèmes de ses premières recherches en 1965, curieux de les développer et de les approfondir de manière à en élargir le champ d'application et à mieux le cerner.

Ayant partagé sa vie sur une longue période je peux dire toute la joie que j'ai eue en sa compagnie. Sa personnalité d'intellectuel tourné vers les arts et les sciences était fort originale, à la fois stimulante et attachante, et s'il avait parfois des idées très arrêtées il était toujours d'une grande humanité et d'une extrême gentillesse.

2.2 Impressions of Louis Boutet de Monvel's Life

Epernay 1943: Louis, ses parents et sa sœur

Le Bignon 1943: Louis jouant avec une brouette

Le Bignon 1943: Louis, ses grand-mères et sa soeur

Louis à l'école à Londres dans les années 50

Louis au saut en longueur

Louis en août 67

Louis, Bennequin, Bony et madame, à Delphes fin des années 80

Louis et Nirenberg à Delphes fin des années 80

Louis et Gårding au piano à Lund

Louis faisant des mathématiques avec Guillemin au MIT

Louis exposant des mathématiques au tableau

Louis faisant des mathématiques sur un canapé

Louis au Japon

Les travaux de Louis Boutet de Monvel sur les opérateurs pseudodifférentiels et le théorème de l'indice

3

Bernard Malgrange

Les opérateurs pseudodifférentiels (ou « microdifférentiels », comme on dit souvent aujourd'hui) sont la suite des opérateurs intégraux singuliers introduits par Giraud et Tricomi. Ces opérateurs ont été repris et développés par Calderón et Zygmund dans les années 50. Une remarquable application est un théorème d'unicité du problème de Cauchy, dû à Calderón.

Cependant, ces opérateurs sont restés un peu confidentiels avant leur utilisation par Atiyah et Singer dans le calcul de l'indice des opérateurs elliptiques. Leur utilité dans ce sujet tient au fait que l'indice ne dépend que du « symbole » de l'opérateur, et est invariant par sa déformation. On obtient ici une beaucoup plus grande souplesse que si l'on se limitait aux symboles des opérateurs différentiels elliptiques.

Il parut alors naturel d'obtenir une véritable généralisation des opérateurs différentiels, que les opérateurs intégraux singuliers ne généralisaient que très partiellement; ceci fut l'oeuvre des articles de Kohn-Nirenberg, Bokobza-Unterberger, et Hörmander qui définissent les opérateurs pseudodifférentiels dans le cadre différentiable, et donnent dans ce contexte leurs propriétés de base.

Le premier travail de Louis Boutet de Monvel dans ce sujet est sa thèse [B66a, B66b], consacrée à l'extension de la théorie aux variétés à bord et aux problèmes aux limites elliptiques. Il en tire une démonstration remarquablement simple du théorème d'indice d'Atiyah-Bott relatif aux problèmes aux limites elliptiques [B71].

Le travail suivant de Louis, en collaboration avec Krée [BKr67], consiste en la version analytique des opérateurs pseudodifférentiels. Un résultat-clef est l'inversibilité des opérateurs de symbole principal inversible; ce résultat est obtenu au moyen d'une majoration très astucieuse. Ce travail donne d'une façon naturelle des noyaux élémentaires analytiques pour les systèmes elliptiques analytiques. Il est une des deux bases de « l'analyse microlocale » à la Sato, (l'autre étant le « faisceau C » de Sato, microlocalisation des hyperfonctions).

Un autre travail important de Louis dans ce domaine est son article sur les opérateurs de Toeplitz et leur indice.[1] Ce sont des opérateurs définis sur le bord B d'un ouvert strictement pseudoconvexe et relativement compact d'une variété analytique-complexe. Ils opèrent sur les fonctions différentiables sur B qui se prolongent en fonctions holomorphes à l'intérieur. En utilisant des résultats antérieurs de Melin-Sjöstrand et de Bou-

B. Malgrange (✉)
Institut Fourier, UMR 5582, Laboratoire de mathématiques, 100, rue des maths, FR 38402 St Martin d'Hères, France
e-mail: bernard.malgrange@ujf-grenoble.fr

[1]Dans une autre direction on pourra aussi citer le livre [BGu81] de Victor Guillemin et Louis, consacré à la théorie spectrale des opérateurs de Toeplitz.

V.W. Guillemin, J. Sjöstrand (eds.), *Louis Boutet de Monvel, Selected Works*, Contemporary Mathematicians, DOI 10.1007/978-3-319-27909-1_3

tet de Monvel-Sjöstrand, respectivement sur les opérateurs intégraux de Fourier à phase complexe et sur les noyaux de Bergman, il montre que ces opérateurs admettent un calcul identique au calcul des opérateurs pseudodifférentiels, et il donne un théorème d'indice dans ce contexte.

Une conséquence relativement facile de ces résultats est une variante (un peu plus générale) du théorème d'indice d'Atiyah-Singer, et une généralisation de leur théorème de l'indice relatif (c'est-à-dire avec paramètres). Dans le cas général, le théorème est énoncé en termes de D-modules, comme un théorème d'image directe, qui fait intervenir des classes de K-théorie à valeurs dans la variété caractéristique. La démonstration utilise une méthode à la Grothendieck, plongement et projection (comme l'avaient déjà fait Atiyah-Singer). Ce travail [BMa90] est en collaboration avec l'auteur de ces lignes. Je profite de l'occasion pour dire que, outre les préliminaires sur les opérateurs de Toeplitz dont j'ai déjà parlé, la plus grande partie de ce travail est due à Louis. En particulier, la généralisation du théorème de Bott-Thom nécessaire dans la partie « projection » lui est entièrement due. Ma contribution s'est limitée pour l'essentiel à avoir indiqué le type de résultats qu'on cherchait à démontrer. Je tenais à le dire ici.

References

[B66a] Louis Boutet de Monvel, *Comportement d'un opérateur pseudo-différentiel sur une variété à bord. I. La propriété de transmission*, J. Analyse Math. **17** (1966), 241–253.

[B66b] L. Boutet de Monvel, *Comportement d'un opérateur pseudo-différentiel sur une variété à bord. II. Pseudo-noyaux de Poisson*, J. Analyse Math. **17** (1966), 255–304.

[B71] L. Boutet de Monvel, *Boundary problems for pseudo-differential operators*, Acta Math. **126** (1971), no. 1–2, 11–51.

[BKr67] Louis Boutet de Monvel and Paul Krée, *Pseudo-differential operators and Gevrey classes*, Ann. Inst. Fourier (Grenoble) **17** (1967), no. 1, 295–323.

[BGu81] L. Boutet de Monvel and V. Guillemin, *The spectral theory of Toeplitz operators*, Annals of Mathematics Studies, vol. 99, Princeton University Press, Princeton, NJ; University of Tokyo Press, Tokyo, 1981.

[BMa90] L. Boutet de Monvel and B. Malgrange, *Le théorème de l'indice relatif*, Ann. Sci. École Norm. Sup. (4) **23** (1990), no. 1, 151–192.

Elliptic Boundary Problems

4

4.1 Commentary by Gerd Grubb

The Works of L. Boutet de Monvel on Elliptic Boundary Value Problems

The papers [B66a, B66b, B69, B71], published from 1966 to 1971, deal with the question of posing meaningful boundary value problems for pseudodifferential operators (ψdo's), originally defined only on manifolds without boundary. Boutet de Monvel [B71] presents the full theory, [B69] gives a version where the spatial dependence of the symbols is analytic, and [B66a] and [B66b] introduce important prerequisites. Boutet de Monvel settled for the ψdo's satisfying the *transmission condition* at the boundary, introduced in [B66a] (except that [B69] makes a brief excursion into the effects of a general μ-transmission condition presented by Hörmander in mimeographed Princeton lecture notes 1965–66; Boutet de Monvel's case is where $\mu = 0$).

Along with ψdo's P satisfying the transmission condition at the boundary of a smooth set Ω, and their truncations P_Ω, there are introduced Poisson operators K (their symbol properties presented already in [B66b]), trace operators T and, very importantly, the so-called singular Green operators G, that are needed to get a theory with complete composition rules. Including also ψdo's Q defined on the boundary, the operators are organized in matrices $A = \begin{pmatrix} P_\Omega + G & K \\ T & Q \end{pmatrix}$ acting on $C^\infty(\overline{\Omega})^N \times C^\infty(\partial\Omega)^M$, so-called Green operators.

The theory focuses on a more special type of ψdo's than the general types considered in Vishik and Eskin's Doklady announcements 1964 (see also [VE67]), and has the advantage of handling "variable-coefficient" operators in a systematic way and giving regularity and solvability results in Sobolev spaces H^s for all $s > s_0$ (for a suitable s_0), not just for s in an interval of length ≤ 1.

The culminating paper [B71] explains the basic mechanisms in the theory, both in terms of a Wiener-Hopf calculus, and in terms of series expansions of Laguerre-type, which on the principal symbol level place the truncated ψdo's as Toeplitz operators, whereas the singular Green symbols include Hankel operators. Ellipticity holds when P is elliptic on $\overline{\Omega}$ and the "boundary symbol operator" (a matrix of operators on $\mathbb{R}_+$ defined from A at each boundary cotangent vector) is invertible. The theory is extended to not necessarily polyhomogeneous symbols in Hörmander's class $S^m_{1,0}$.

As an important application, the Atiyah-Singer index theorem [AS68] is in [B71] generalized to these Green operators. The central

G. Grubb (✉)
Department of Mathematical Sciences, Copenhagen University, Universitetsparken 5, DK-2100 Copenhagen, Denmark
e-mail: grubb@math.ku.dk

V.W. Guillemin, J. Sjöstrand (eds.), *Louis Boutet de Monvel, Selected Works*, Contemporary Mathematicians, DOI 10.1007/978-3-319-27909-1_4

point of view is to show a "reduction to the boundary", where the considerations for the system of operators mapping to and from $\overline{\Omega}$ and $\partial\Omega$, are reduced to considerations for operators acting over the boundaryless manifold $\partial\Omega$ only; here one can draw on [AS68]. This is achieved by establishing homotopies that set the general system A in relation to a system of the form $\begin{pmatrix} P'_\Omega & 0 \\ 0 & Q' \end{pmatrix}$ with $P' = I$ near $\partial\Omega$; the special information resides in Q'.

Boutet de Monvel [B71] is written in a brief and sometimes sketchy way (and lacks some proofreading). For example, compositions are only worked out on the principal symbol level; however, more general formulas can be found in the framework of analytic symbols in [B69]. The sketchyness has led other mathematicians to write entire books on the details of the theory supplied with their own further developments. Rempel and Schulze [RS82] gave a description of the theory from scratch and went through the proof of the index theorem, adding their own analytical formula for the index and including other original constructions. Grubb [G86] worked out the theory for parameter-dependent operator families, leading to applications for parabolic problems, spectral asymptotics and functional calculus.

The pseudodifferential boundary operator theory of Boutet de Monvel provides a useful framework also for the treatment of boundary value problems for elliptic partial differential operators, that are a special case. The theory has been further developed and applied by other mathematicians; as examples we can mention: The determination of essential spectra of mixed-order systems (Geymonat and Grubb [GG77]), treatments of the Navier-Stokes problem by reduction to a parabolic system (Grubb and Solonnikov [GS91], Abels [A05]), calculation of the noncommutative residue (Fedosov, Golse, Leichtnam and Schrohe [FGLS96]), C^*-algebra and K-theoretic structure (Melo, Nest and Schrohe [MNS03]), extensions to general function spaces (Grubb [G90] for H^s_p and B^s_p-spaces with $p > 1$, Johnsen [J96] for Besov-Triebel-Lizorkin spaces with $p > 0$), extensions to nonsmooth x-dependence (Abels [A05a]), boundary problems for operators with the μ-transmission property (Grubb [G15]).

References

[A05] H. Abels, *The initial-value problem for the Navier-Stokes equations with a free surface in L^q-Sobolev spaces*, Adv. Differential Equations **10** (2005), 45–64.

[A05a] H. Abels, *Pseudodifferential boundary value problems with non-smooth coefficients*, Comm. Partial Differential Equations **30** (2005), 1463–1503.

[AS68] M.F. Atiyah and I.M. Singer *The index of elliptic operators,* Ann. of Math. **87** (1968), 434–530.

[B66a] L. Boutet de Monvel, *Comportement d'un opérateur pseudo-différentiel sur une variété à bord. I. La propriété de transmission*, J. Analyse Math. **17** (1966), 241–253.

[B66b] L. Boutet de Monvel, *Comportement d'un opérateur pseudo-différentiel sur une variété à bord. II. Pseudo-noyaux de Poisson*, J. Analyse Math. **17** (1966), 255–304.

[B69] L. Boutet de Monvel, *Opérateurs pseudo-différentiels analytiques et problèmes aux limites elliptiques*, Ann. Inst. Fourier (Grenoble) **19** (1969), 169–268.

[B71] L. Boutet de Monvel, *Boundary problems for pseudo-differential operators*, Acta Math. **126** (1971), 11–51.

[FGLS96] B.V. Fedosov, F. Golse, E. Leichtnam, E. Schrohe, *The noncommutative residue for manifolds with boundary*. J. Funct. Anal. **142** (1996), 1–31.

[GG77] G. Geymonat, G. Grubb, *The essential spectrum of elliptic systems of mixed order*, Math. Ann. **227** (1977), 247–276.

[G86] G. Grubb, *Functional calculus of pseudodifferential boundary problems,* Progress in Mathematics, 65. Birkhäuser Boston, Inc., Boston, MA, 1986. Second edition 1996.

[G90] G. Grubb, *Pseudo-differential boundary problems in Lp spaces*, Comm. Partial Differential Equations **15** (1990), 289–340.

[GS91] G. Grubb, V.A. Solonnikov, *Boundary value problems for the nonstationary Navier-Stokes equations treated by pseudo-differential methods*, Math. Scand. **69** (1991), 217–290.

[G15] G. Grubb, *Fractional Laplacians on domains, a development of Hörmander's theory of μ-transmission pseudodifferential operators*, Adv. Math. **268** (2015), 478–528.

[J96] J. Johnsen, *Elliptic boundary problems and the Boutet de Monvel calculus in Besov and Triebel-Lizorkin spaces*, Math. Scand. **79** (1996), 25–85.

[MNS03] S.T. Melo, R. Nest, E. Schrohe, *C^*-structure and K-theory of Boutet de Monvel's algebra*. J. Reine Angew. Math. **561** (2003), 145–175.

[RS82] S. Rempel, B.-W. Schulze, *Index theory of elliptic boundary problems,* Akademie-Verlag, Berlin, 1982.

[VE67] M.I. Višik, G.I. Èskin, *Normally solvable problems for elliptic systems of convolution equations,* (Russian) Mat. Sb. (N.S.) **74**(116) (1967), 326–356.

4.2 Comportement d'un opérateur pseudo-différentiel sur une variété à bord. I. La propriété de transmission

Comportement d'un opérateur pseudo-différentiel sur une variété à bord. I. La propriété de transmission, J. Analyse Math. **17** (1966), 241–253. [B66a]

COMPORTEMENT D'UN OPÉRATEUR PSEUDO-DIFFÉRENTIEL SUR UNE VARIÉTÉ À BORD
I. LA PROPRIÉTÉ DE TRANSMISSION

Par
LOUIS BOUTET DE MONVEL
à Paris, France

Cet article est une étape vers l'élaboration d'une théorie des opérateurs intégro-différentiels de Calderon-Zygmund, permettant un calcul simple pour certains problèmes aux limites elliptiques. La terminologie adoptée (propriété de transmission) est due à J. L. Lions (Equations differentielles operationelles, Springer Verlag, chap, VI,§1, no. 5). Je tiens à remercier ici Mr. L. Schwartz pour l'aide qu'il m'a apportée dans ce travail.

§1. La propriété de transmission

1.1 Définitions et notations.

Ω désigne le demi-espace $x_n > 0$ dans R^n.

$\bar{\Omega}$ désigne son adhérence, et Γ sa frontière (c'est à dire l-hyperplan $x_n = 0$).

D désigne la droite $x_1 = \cdots = x_{n-1} = 0$ supplémentaire de Γ dans R^n. On notera (x', x_n) les coordonnées d'un point relativement à Γ et D.

D_+ désigne la demi-droite $x' = 0$, $x_n > 0$

$H^s(R^n)$ désigne l'espace hilbertien des distributions tempérées f sur R^n, telles que $(1 + \xi^2)^{s/2} \hat{f}(\xi)$ soit une fonction de carré sommable — $\hat{f}(\xi)$ désignant la transformée de Fourier de f.

$H^s(\Omega)$ désigne l'espace des restrictions à Ω des distributions $f \in H^s(R^n)$. L'espace $\mathscr{D}(\bar{\Omega})$ des fonctions C^∞ à support compact sur le demi-espace fermé $\bar{\Omega}$ est dense dans $H^s(\Omega)$.

$H_0^s(\Omega)$ désigne l'espace des distributions $f \in H^s(R^n)$ dont le support est inclus dans $\bar{\Omega}$. L'espace $\mathscr{D}(\Omega)$ des fonctions C^∞ à support compact dans Ω est dense dans $H_0^s(\Omega)$.

Rappelons pour terminer que pour $s > 1/2$, l'application de restriction au bord: $\mathscr{D}(\overline{\Omega}) \to \mathscr{D}(\Gamma)$ se prolonge en une application continue: $H^s(\Omega) \to H^{s-\frac{1}{2}}(\Gamma)$ qu'on appellera trace, et qu'on notera $f \to \operatorname{Tr} f$. Et pour $|s| < 1/2$, on a $H^s(\Omega) = H^s_0(\Omega)$.

1.2. Nous commençons par énoncer

Lemme (1.2.1). *Pour* $s \geqq 0$, *on a* $H^s(\Omega) = L^2_{H^s(D_+)}(\Gamma) \cap L^2_{H^s(\Gamma)}(D_+)$ (ici on identifie un espace de distributions sur X à valeurs dans un espace de distributions sur Y à un espace de distributions sur $X \times Y$).

Démonstration. La proposition est évidente si on remplace Ω par R^n et D_+ par D (car $f \in L_{H^s(D)}(\Gamma)$ équivaut à $\hat{f}(\xi)(1 + \xi_n^2)^{s/2}$ est de carré sommable;
et $f \in L^2_{H^s(\Gamma)}(D)$ équivaut à $\hat{f}(\xi)\ (1 + \xi_1^2 + \cdots + \xi_{n-1}^2)^{s/2}$ est de carré sommable).

Par restriction à Ω, on en déduit l'inclusion

$$H^s(\Omega) \subset L^2_{H^s(D_+)}(\Gamma) \cap L^2_{H^s(\Gamma)}(D_+) .$$

Pour démontrer l'inclusion inverse, remarquons qu'il existe un opérateur linéaire continu de prolongement $A: L^2(D_+) \to L^2(D)$ (i.e. $Af/\Omega = f$) dont la restriction à $H^s(D_+)$ est continue $H^s(D_+) \to H^s(D)$ (par exemple $Af(x_n)$

$$= \begin{cases} f(x_n) & \text{si } x_n > 0 \\ \sum\limits_1^N \lambda_p f(-px_n) & \text{si } x_n < 0 \end{cases}$$

N étant un entier assez grand, λ_p des constantes convenables). Les extensions canoniques de A définissent alors des opérateurs de prolongement continus:

$$L^2_{H^s(D_+)}(\Gamma) \to L^2_{H^s(D)}(\Gamma)$$

et

$$L^2_{H^s(\Gamma)}(D_+) \to L^2_{H^s(\Gamma)}(D)$$

qui coïncident sur $\mathscr{D}(\overline{\Omega})$. Ainsi si $f \in L^2_{H^s(D_+)}(\Gamma) \cap L^2_{H^s(\Gamma)}(D_+)$ son prolonge ment $Af \in L^2_{H^s(D)}(\Gamma) \cap L^2_{H^s(\Gamma)}(D) = H^s(R^n)$, ce qui montre que f appartient à $H^s(\Omega)$.

Par dualité, on obtient

Corollaire (1.2.2.). *Pour $s \leqq 0$, on a $H^s(\Omega) = L^2_{H^s(D_+)}(\Gamma) + L^2_{H^s(\Gamma)}(D_+)$.*

1.3. La propriété de transmission

On notera $\xi' = (\xi_1, \cdots, \xi_{n-1})$ la variable duale de x'; et $F_{x'}f(\xi', x_n)$ (resp. $F_{x'}f(\xi')$ ou $\hat{f}(\xi')$) la transformée de Fourier partielle par rapport à x' d'une distribution f sur Ω (resp. Γ).

Soit $u(\xi', x_n)$ une fonction sur $\overline{\Omega}$, vérifiant

(1.3.1) (1) *$u(\xi', x_n)$ est C^∞ (y compris à la frontière $x_n = 0$), à décroissance rapide en x_n ainsi que toutes ses dérivées, uniformément quand ξ' reste borné.*

(2) *pour $|\xi'| \geqq |\xi_0|$ et $\lambda \geqq 1$, $u(\lambda\xi', x_n) = \lambda^r u(\xi', \lambda x_n)$.*

On appellera r le degré de u.

Proposition (1.3.2.). *Sous les hypothèses ci-dessus, on a*

$$\| u(\xi', x_n) \|_{H^s(D_+)} \leqq C(1 + \xi'^2)^{1/2(s+r-\frac{1}{2})}$$

($\| u(\xi', x_n) \|_{H^s(D_+)}$ désigne la norme de $u(\xi', x_n)$ considérée comme fonction de x_n seul dans $H^s(D_+)$. c désigne une constante (qui dépend de u, s, et r).

En effet si $f \in H^s(R)$, l'inégalité suivante a lieu:

(1.3.3) $$\| f(\lambda x) \|_{H^s(R)} \leqq \lambda^{-\frac{1}{2}}(1 + \lambda^2)^{s/2} \| f(x) \|_{H^s(R)}$$

(car $f(\lambda x)$ a pour transformée de Fourier $1/\lambda \hat{f}(\xi/\lambda)$; donc

$$\| f(\lambda x) \|^2_{H^s(R)} = \int |1/\lambda \hat{f}(\xi/\lambda)|^2 (1 + \xi^2)^s d\xi$$

$$= \int 1/\lambda |\hat{f}(\xi)|^2 (1 + (\lambda\xi)^2)^s d\xi \leqq 1/\lambda (1 + \lambda^2)^s \| f \|_{H^s}$$

puisque $1 + (\lambda\xi)^2 \leqq (1 + \lambda^2)(1 + \xi)^2$

La propriété (2) de u entraîne donc pour $\lambda \geqq 1$, $|\xi'| \geqq |\xi_0|$

(1.3.3 bis) $\quad \| u(\lambda\xi', x_n) \|_{H^s(D_+)} \leqq \lambda^{-1/2}(1+\lambda^2)^{s/2} \| u(\xi', x_n) \|_{H^s(D_+)}.$

Par ailleurs, la propriété (1) de u implique que $\|u(\xi', x_n)\|_{H^s(D_+)}$ reste borné pour $|\xi'| \leqq |\xi_0|$. D'où l'inégalité 1.3.2.

Remarque. Pour que l'inégalité du lemme 1.3.2. Soit vraie, il suffit que u verifie les conditions 1.3.1 (1)(2) pour $\xi' \neq 0$ et que $\| u(\xi', x_n) \|_{H^s(D_+)}$ reste borné quand ξ' reste borné. C'est en particulier le cas si $r \geqq 1/2$, et si u vérifie $u(\lambda\xi', x_n) = \lambda^r u(\xi', x_n)$ partout d'après l'inégalité 1.3.3 bis, (sauf en dimension $n = 1$ — où on a toujours $\xi' = 0$).

Nous considérons maintenant l'opérateur $A: s'(\Gamma) \to \mathscr{D}'(\Omega)$ *défini par* $F_{x'} f(\xi', x_n) = \hat{f}(\xi') u(\xi', x_n)$. *Par définition, c'est un opérateur de Calderon-Zygmund du bord vers l'intérieur.*

Comme pour $x_n > 0$ fixé, $u(\xi, x_n)$ est à décroissance rapide en ξ, on a:

(1.3.4) $\quad$ *Af est C^∞ pour $x_n > 0$ quelle que soit $f \in s'(\Gamma)$.*

Nous allons montrer en outre

Théorème (1.3.5.). *Pour tout s, A est continu $H^{s-\frac{1}{2}}(\Gamma) \to H^{s-r}(\Omega)$.*

En effet soit $f \in H^{s-\frac{1}{2}}(\Gamma)$. On a

$$\| Af \|^2_{L^2 H^{s-r}(D_+)}(\Gamma) = \int \| \hat{f}(\xi') u(\xi', x_n) \|^2_{H^{s-r}(D_+)} d\xi'$$

$$= \int |f(\xi')|^2 \| u(\xi', x_n) \|^2_{H^{s-r}(D_+)} d\xi'$$

(d'après la prop. 1.3.2) $\quad \leqq \displaystyle\int |f(\xi')|^2 \cdot c^2 (1+\xi'^2)^{s-r+r-\frac{1}{2}} d\xi' = c^2 \|f\|^2_{H^{s-\frac{1}{2}}(\Gamma)}$

et $\quad \| Af \|^2_{L^2 H^{s-r}(\Gamma)}(D_+) = \displaystyle\iint |\hat{f}(\xi') u(\xi', x_n)|^2 (1+\xi'^2)^{s-r} d\xi' dx_n$

$$= \int |f(\xi')|^2 \| u(\xi', x_n) \|^2_{L^2(D_+)} (1+\xi'^2)^{s-r} d\xi'$$

d'après la prop. 1.3.2) $\leqq \displaystyle\int |f(\xi')|^2 c^2 (1+\xi'^2)^{r-\frac{1}{2}} (1+\xi'^2)^{s-r} d\xi'$

$$= c^2 \|f\|_{H^{s-1/2}(\Gamma)}$$

D'après le lemme 1.2.1, ceci achève la démonstration du théorème (remarquons que pour $s - r \leqq 0$, l'une ou l'autre inégalité aurait suffit d'après le corollaire 1.2.2).

1.4. Nous terminons ce paragraphe en introduisant le développement de Taylor de $u(\xi', x_n)$ au voisinage de $x_n = 0$

$$u(\xi', x_n) = \sum_{0}^{q} \frac{u_p(\xi')}{p!} x_n^p + R_q(\xi', x_n)$$

où $u_p(\xi')$ est c^∞, homogène de degré $r + p$ pour $|\xi'| \geqq |\xi_0|$ et $R_q(\xi')$ est de l'ordre de x_n^{q+1} quand $x_n \to 0$ (ξ' fixé).

On a alors la proposition évidente:

Propositions (1.4.1.). $f \to \operatorname{Tr} \dfrac{\partial^p}{\partial x_{n^p}} Af$ *est un opérateur de Calderon-Zygmund de degré* $r + p$ *sur* Γ, *dont le symbole est* $u_p(\xi')$.

Exemple (1.4.2). L'opérateur A qui résout le problème de Dirichlet pour le demi-espace Ω ($\Delta Af = 0$; $\operatorname{Tr} Af = f$) est à un opérateur régularisant près du type qu'on vient d'étudier; la fonction $u(\xi', x_n)$ qui lui correspond vaut

$$u(\xi', x_n) = \frac{1}{2\pi} \exp -2\pi |\xi'| x_n \quad \text{pour } |\xi'| \text{ grand.}$$

Remarque (1.4.3.). Au moyen de ces opérateurs, on montre aisément que l'application $f \to \prod_{0 \leqq k < s - \frac{1}{2}} \operatorname{Tr} \dfrac{\partial^k f}{\partial x_{n^k}}$ définit une surjection

$$H^s(\Omega) \to \prod_{0 \leqq k < s - \frac{1}{2}} H^{s-k-\frac{1}{2}}(\Gamma).$$

§2. Application à certains opérateurs pseudo-différentiels de convolution

2.1. Rappels et notations

Dans la suite de ce paragraphe, nous n'utiliserons que la classe assez restreinte d'opérateurs de Calderon-Zygmund définie ci-dessous.

Soit $\sigma(\xi)$ une fonction C^∞ dans $R^n - \{0\}$, homogène et de degré r; $U(\xi)$ une fonction C^∞ sur R^n entier, égale à $\sigma(\xi)$ pour $|\xi| \geqq |\xi_0|$. Par définition, l'opérateur $U(D)$ défini par $\widehat{U(D)f}(\xi) = U(\xi)\hat{f}(\xi)$ est un opérateur de Calderon-Zygmund de symbole $\sigma(\xi)$. Avec ces conventions, deux opérateurs de Calderon-Zygmund qui ont même symbole diffèrent par un opérateur regularisant (c'est à dire continu $E'(R^n) \to E(R^n)$.

Pour $f \in H^s(\Omega)$ et $s > -\frac{1}{2}$, on notera $\tilde{f}$ la distribution sur R^n qui prolonge f par 0 en dehors de Ω (ce prolongement n'a pas de sens pour $s \leqq -\frac{1}{2}$).

On se propose d'étudier l'opérateur A défini sur $H^s(\Omega)$ pour $s > -\frac{1}{2}$ par $Af = U(D)\tilde{f}/\Omega$.

(2.1.1) Remarquons dès maintenant que A est continu $H^s_0(\Omega) \to H^{s-r}(\Omega)$ (car $f \in H^s_0(\Omega)$ équivaut à $\tilde{f} \in H^s(R^n)$).

(2.1.2) En particulier A est toujours continu $H^s(\Omega) \to H^{s-r}(\Omega)$ pour $|s| < \frac{1}{2}$ (dans ce cas on a $H^s(\Omega) = H^s_0(\Omega)$).

2.2. Nous introduisons maintenant la transformée de Fourier partielle réciproque $u(\xi', x_n)$ de $U(\xi)$ par rapport à ξ_n.

Proposition (2.2.1.). (1) *$u(\xi', x_n)$ est C^∞ pour $x_n > 0$, à décroissance rapide en x_n (uniformément quand ξ' reste borné) ainsi que toutes ses dérivées.*

(2) *Pour $\lambda \geqq 1$, $|\xi'| \geqq |\xi_0|$, on a $u(\lambda\xi', x_n) = \lambda^{r+1} u(\xi', \lambda x_n)$.*

(2) résulte du fait que $U(\lambda\xi) = \sigma(\lambda\xi) = \lambda^r U(\xi)$ pour $\lambda \geqq 1$, $|\xi| \geqq |\xi_0|$

(1) résulte du fait que $\dfrac{\partial^k}{\sigma \xi_{n^k}} U(\xi)$ est C^∞, homogène de degré $r - k$ pour $|\xi| \geqq |\xi_0|$, donc intégrable par rapport à ξ_n pour $r - k < -1$ (et ceci uniformément quand ξ' reste bormé). Par suite $x_n^k\, u(\xi', x_n)$ est continu, borné pour $k > r + 1$. Le même raisonnement s'applique aux dérivées de $u(\xi', x_n)$ (qu'on obtient en derivant $U(\xi)$ par rapport à ξ', ou en le multipliant par ξ_n)

Théorème (2.2.2.). *Si de plus $u(\xi', x_n)$ est C^∞ pour $x_n = +0$ (c'est à dire si toutes les dérivées ont une limite quand $x_n \to +0$), l'opérateur A est continu $H^s(\Omega) \to H^{s-r}(\Omega)$ pour tout $s > -\frac{1}{2}$. On dira alors que A et $U(D)$ ont la propriété de transmission.*

Démonstration: L'hypothèse implique que $u(\xi', x_n)$ vérifie les conditions (1.3.1) du §1, le degré étant $r + 1$. Un raisonnement identique à celui de la Proposition (1.3.2) montre alors que, en tant que fonction de x_n, $u(\xi', x_n)$ vérifie l'inégalité

(2.2.3) $$\| u(\xi', x_n) \|_{L^1(D_+)} \leqq c(1 + \xi'^2)^{r/2}.$$

La même inegalité vaut pour $\dfrac{\partial^p}{\partial x_1^p} u(\xi', x_n)$ et $|\xi'|^p u(\xi', x_n)$ en remplaçant r par $r + p$.

Ecrivons alors $\tilde{f} = Pf + f_1$ où P est un opérateur de prolongement continu $H^s(\Omega) \to H^s(R^n)$, donc f_1 est nulle pour $x_n > 0$, et $f_1(x', -x_n)/\Omega \in H_s(\Omega)$.

On a alors $Af = U(D).Pf/\Omega + U(D)f_1/\Omega$.

Le premier terme est continu $H^s(\Omega) \to H^{s-r}(\Omega)$ puisque P est continu $H^s(\Omega) \to H^s(R^n)$ et $U(D)$ continu $H^s(R^n) \to H^{s-r}(R^n)$. Montrons que le second l'est aussi pour $s \geqq 0$. En effet comme f_1 est nulle pour $x_n > 0$, la transformée de Fourier partielle de $U(D)f_1$ vaut pour $x_n > 0$

$$F_{x'} U(D) f_1 = \int_{x_n}^{\infty} F_{x'} f_1(\xi', x_n - t) \; u(\xi', t) dt.$$

donc

$$\| F_{x]} U(D) f_1(\xi', x_n) \|_{L^2(D_+)} \leqq \| F_{x'} f_1(\xi', -x_n) \|_{L^2(D_+)} \cdot \| u(\xi', x_n) \|_{L^1(D_+)}$$
$$\leqq \| F_{x'} f_1(\xi', -x_n) \|_{L^2(D_+)} \cdot c(1 + \xi'^2)^{r/2}.$$

Comme $\| F_{x'} f_1(\xi', -x_n) \|_{L^2(D_+)} \cdot (1 + \xi'^2)^{s/2}$ est de carré sommable pour $s \geqq 0$ (Lemme (1.2.1)), on voit que $\| F_{x'} U(D) f_1(\xi', x_n) \|_{L^2(D_+)}$ est de carré sommable, et $f \to U(D)f_1/\Omega$ est continu $H^s(\Omega) \to L^2_{H^{s-r}(\Gamma)}(D_+)$.

La remarque suivant l'inégalité (2.2.3) montre que de même, si ∂^p est une dérivation d'ordre p, $f \to \partial^p U(D) f_1/\Omega$ est continu $H^s(\Omega) \to L_{H^{s-r-p}(\Gamma)}(D_+)$.

Le cas (2.2.3) permet alors de conclure que $f \to u(D) f_1/\Omega$ est continu $H^s(\Omega) \to H^{s-r}(\Omega)$. Ceci achève la démonstration du théorème pour $s \geqq 0$; et on a déja vu qu'il est vrai pour $|s| < \frac{1}{2}$.

2.3. Dans la suite de ce paragraphe, nous établissons des conditions pour que l'opérateur A (ou $U(D)$) de symbole $\sigma(\xi)$ ait la propriété de transmission.

Commençons par le cas $n = 1$.

Proposition (2.3.1.) *On suppose que la dimension $n = 1$. Pour que*

$U(D)$ ait la propriété de transmission, il faut et il suffit que son symbole vérifie

$$\sigma(-\xi) = e^{-ri\pi}\sigma(\xi) \quad \textit{pour } \xi > 0.$$

La condition écrite est en effet nécessaire et suffisante pour que $\sigma(\xi)$ se prolonge analytiquement pour $\operatorname{Im}\xi \leqq 0$. Et ceci est une condition nécessaire et suffisante pour que la partie singulière du noyau $u(x)$ image de Fourier inverse de *v.p.* $\sigma(\xi)$ (ou de $U(\xi)$) soit portée par la demi-droite $x \leqq 0$.

Exemples: L'opérateur de Calderon-Zygmund de noyau $\log x$, ou *p.f.* $|x|^\alpha$ (α non entier), ou *p.f.* $1/x^n$ (n entier >0) n'a jamais la propriété de transmission. Les seuls opérateurs qui l'aient sont *les opérateurs différentiels*, les opérateurs de noyau *p.f.* $Y(-x)|x|^\alpha$ (α non entier)

$$Y(x) = \begin{cases} 1 \text{ pour } x > 0 \\ 0 \text{ pour } x < 0 \end{cases}$$

et les opérateurs de noyau $|x|^n$ ou x^n (n entier $\geqq 0$) (les derniers sont régularisants).

Nous examinons maintenant le cas général. On suppose toujours que le symbole $\sigma(\xi)$ est C^∞. Alors, quand $\xi_n \to \pm\infty$, $U(\xi)$ admet le développement asymptotique

$$U(\xi) = a_0^\pm |\xi_n|^r + a_1^\pm(\xi')|\xi_n|^{r-1} + \cdots + a_p^\pm(\xi')|\xi_n|^{r-p} + R_p^\pm(\xi',\xi_n)$$

où $R_p^\pm(\xi',\xi_n)$ est de l'ordre de $|\xi_n|^{r-p-1}$ quand $\xi_n \to \infty$, et les coefficients $a_k^\pm(\xi')$ sont des polynômes homogènes de degré k (on les obtient en considérant le développement de Taylor de $\sigma(\xi)$ au voisinage des demi-droites $\xi' = 0$, $\xi_n > 0$ ou $\xi_n < 0$).

On peut prolonger ce développement sur toutes les droites $\xi' =$ constante:

$$U(\xi',\xi_n) = U_0(\xi_n) + \cdots + U_p(\xi_n) + R_p(\xi_n),$$

où U_p est une distribution, C^∞ et homogène de degré $r-k$ pour $\xi_n \neq 0$.

R_p est une distribution intégrable ainsi que ses moments d'ordre $< p - r$, donc a pour transformée de Fourier une fonction dont les derivées d'ordre $< p - r$ sont continues.

Le raisonnement de la Proposition 2.3.1 montre alors

Proposition (2.3.2.). *Pour que l'opérateur $U(D)$ ait la propriété de transmission, il faut et il suffiit que pour tout p, on ait*

$$a_p^-(\xi') = e^{-(r-k)i\pi} a_p^+(\xi')$$

Remarque (2.3.3.) La Proposition 2.3.2 montre que pour que $U(D)$ ait la propriété de transmission, il suffit que la transformée de Fourier partielle $u(\xi', x_n)$ de $U(\xi)$ soit C^∞ pour $x_n = +0$ pour ξ' grand: les conditions de la Proposition 2.3.2. sont alors nécessairement vérifiées, et $u(\xi', x_n)$ est donc aussi C^∞ pour $x_n = +0$ au voisinage de $\xi' = 0$.

Un cas particulier de la Proposition 2.3.2 est le suivant:

(2.3.4.). *Si le symbole $\sigma(\xi)$ de $U(D)$ est une fraction rationelle, $U(D)$ a toujours la propriété de transmission.*

En effet les conditions de la Proposition 2.3.2 sont alors satisfaites. On aurait pu en donner une démonstration directe en remarquant qu'en particulier, si $\sigma(\xi)$ est l'inverse d'un polynôme elliptique, $u(\xi', x_n)$ est (pour $|\xi'| \geqq |\xi_0|$) solution élémentaire d'une equation différentielle à coefficients constants (ne dépendant que de ξ'), donc est toujours C^∞ pour $x_n = +0$.

Exemple. Dans le plan complexe $z = x_1 + ix_2$, considérons l'inverse de l'opérateur $\dfrac{\partial}{\partial z} = \dfrac{\partial}{\partial x_1} + i\dfrac{\partial}{\partial x_2}$. Son symbole est $\sigma(\xi) = 1/2i\pi(\xi_1 + i\xi_2)$. La fonction $u(\xi 1, x_2)$ correspondant vaut alors

$$u(\xi_1, x_2) = \begin{cases} \dfrac{1}{2i\pi} \exp(-2\pi\xi_1 x_2) & \text{pour } \xi_1 > 0 \\ 0 & \text{pour } \xi_1 < 0. \end{cases}$$

2.4. Nous donnons maintenant des conditions sur le noyau de $U(D)$ pour que celui-ci ait la propriété de transmission. Comme le critère trouvé est peu maniable, nous ne donnons pas de démonstration.

Pour plus de commodité, nous remplaçons la fonction $U(\xi)$ par la distribution $T = v.p.\, \sigma(\xi)$ (cela ne modifie pas la transformée de Fourier partielle $u(\xi', x_n)$ pour $|\xi'| \geqq |\xi_0|$). Le noyau $K(x)$ utilisé sera la distribution image de Fourier inverse de T. C'est une fonction C^∞ en dehors de l'origine, homogène et de degré $-n-r$ sauf si $-n-r$ est entier positif; dans ce dernier cas les dérivées d'ordre $p < -n-r$ de $K(x)$ sont homogènes de degré $-n-r-p$, de sorte que $|x|^{n+r}K(x)$ est à croissance logarithmique quand $|x| \to 0$ ou ∞, et n'est borné que si $K(x)$ est effectivement homogène de degré $-n-r$.

Écrivons le developpement de Taylor de $K(x)$ au voisinage de $x_n = 0$:

$$K(x) = k_0(x') + \frac{k_1(x')}{1!}x_n + \cdots + \frac{k_p(x')}{p!}x_n^p + R_p(x', x_n)$$

où $k_p(x') = \dfrac{\partial^p}{\partial x_n^p}K(x', 0)$ est C^∞, homogène de degré $-n-r-p$ (sauf si $-n-r-p$ est borné);

$$R_p(x', x_n) = O(x_n^{p+1}) \text{ quand } x_n \to 0$$

donc $|x'|^{-n-r-p-1}R_p(x', x_n)$ est à croissance logarithmique quand $|x'| \to \infty$.

On peut prolonger ce developpement pour $x_n = 1$:

$$K(x', 1) = v.p.\, k_0(x') + \cdots + v.p.\, \frac{k_p(x')}{p!} + R_p$$

où R_p est une distribution integrable en x', ainsi que ses moments d'ordre $< r + p + 2$.

Par transformation de Fourier partielle, on obtient

$$U(\xi', 1) = U_0(\xi') + \cdots \frac{U_p(\xi')}{p!} + T_p(\xi')$$

où $T(\xi')$ a des dérivées continues d'ordre $< r + p + 2$, $U_p(\xi')$ est homogène de degré $r+p+1$, sauf si $r+p+1$ est entier positif; et dans ce cas, $|\xi'|^{-r-p-1}\ U_p(\xi')$ est à croissance logarithmique quand $\xi' \to 0$.

En se servant de la relation $u(\xi', x_n) = x_n^{-(r+1)} u(x_n \xi', 1)$ et des majorations indiquées ci-dessus, on trouve, par récurrence sur p, les conditions nécessaires et suffisantes suivantes pour que $u(\xi', x_n)$ soit C^∞ pour $x_n = +0$.

(2.4.1.) (1) *Pour tout* p, $u_p(\xi')$ *est homogène, de degré* $r+p+1$. (*C'est toujours vrai, sauf si* $r+p+1$ *est entier* $\geqq 0$ *dans ce cas la condition équivaut a: les moments d'ordre* $r+p+1$ *de* $k_p(x', 1)$ *sur la sphère* $x' = 1$ *sont tous nuls*).

(2) (i) r *non entier — pour tout* p, *les dérivées continues de* $T_p(\xi')$ *sont nulles à l'origine* (ceci équivaut à: *les moments intégrables de* $R_p(x')$ *sont nuls*).

(ii) r *entier — pour tout* p, *les dérivées continues d'ordre* $< r+1$ *de* $T_p(\xi')$ *sont nulles à l'origine* (cela équivaut à: *les moments intégrables d'ordre* $< r+1$ *de* $R_p(x')$ *sont nuls*). (Pour $r+1 \leqq 0$ la condition est vide.)

Nous terminons par deux exemples:

2.5. *Si le noyau* $K(x)$ *correspondant à l'opérateur de symbole* $\sigma(\xi)$ *est porté par le demi-espace* $x_n \leqq 0$, l'opérateur de Calderon-Zygmund de symbole $\sigma(\xi)$ a toujours la propriété de transmission.

Pour cela, il faut et il suffit que $\sigma(\xi)$ se prolonge analytiquement en ξ_n pour $\operatorname{Im} \xi_n \geqq 0$ (sauf si le degré r est entier $\leqq -n$. $K(x)$ est alors un polynôme de degré r pour $x_n \geqq 0$, de sorte que l'opérateur de Calderon-Zygmund correspondant a encore certainement la propriété de transmission dans ce cas).

(On aurait pu en donner une demonstration directe en remarquant que si A est un opérateur de convolution dont le noyau est porté par le demi espace $x_n \leqq 0$, Af/Ω ne dépend que de f/Ω pour toute $f \in \mathscr{E}'(R^n)$).

Les opérateurs sur $H^s(\Omega)$ correspondant à de tels noyaux forment une "algèbre", pour laquelle il n'ya pas lieu d'introduire un symbolisme nouveau (si A_1 et A_2 sont définis comme dans 2.1. et ont pour symbole $\sigma_1(\xi)$ et $\sigma_2(\xi)$, $A_1 \circ A_2$ est aussi du type défini dans 2.1., et a pour symbole $\sigma_1(\xi) \cdot \sigma_2(\xi)$).

2.6. Cas où le noyau est porté par le demi-espace $x_n \geqq 0$.

Le symbole $\sigma(\xi)$ se prolonge analytiquement pour $\operatorname{Im} \xi_n \leqq 0$ (transformée de Laplace du noyau). La condition pour que la transformée de Fourier partielle $u(\xi', x_n)$ soit C^∞ pour $x_n = +0$ est alors donnée par le critère usuel sur la transformée de Laplace (cf. Višik loc. cit. condition (c)).

(2.6.1.) *Pour tout* $p, \sigma(\xi)$ *admet un développement asymptotique quand* $\xi_n \to \infty$ ($\mathrm{Im}\,\xi_n \geqq 0$) *de la forme*

$$\sigma(\xi', \xi_n) = \sum_{k \leqq p} u_k(\xi')/(2i\pi\xi_n)^{k+1} + R_p(\xi', \xi_n)$$

où $R_p(\xi', \xi_n) = 0(1/\xi_n k + 2)$ *quand* $\xi_n \to \infty$ *(*ξ' *fixé).*

Les coefficients $u_k(\xi')$ sont nécessairement C^∞, homogènes de degré $r + k + 1$.

Si $\sigma(\xi)$ est continu, il sont nécessairement continus pour $\xi' = 0$, donc nuls pour $k < -(r + 1)$. Si $\sigma(\xi)$ est C^∞, ce sont des polynômes (donnés par le développement de Taylor de $\sigma(\xi)$ au voisinage de la droite $\xi' = $); ils sont donc tous nuls, sauf si r est entier.

Le développement de Fourier de la transformée de Fourier partielle est alors pour $x_n > 0$:

$$u(\xi', x_n) = \sum_{k=0}^{p} u_k(\xi') \frac{x_n^k}{k!} + r_p(\xi', x_n)$$

où $r_p(\xi', x_n) = O(x_n^{p+1})$ quand $x_n \to 0$.

Considérons alors l'opérateur A défini dans 2.1, correspondant au symbole $\sigma(\xi)$. Pour $|\xi'| > |\xi_0|$, la transformée de Fourier partielle de $U(\xi)$ contient en plus de la fonction $u(\xi', x_n)$ le terme singulier $\sum_{k \geqq 0} u_{-k-1}(\xi') \otimes \delta_{x_n}^{(k)}$ ($\delta_{x_n}^{(k)}$ désigne la k-ième derivée de δ_{x_n}) et est nulle pour $x_n < 0$ (par hypothèse).

Par suite, pour $|\xi'| \geqq |\xi_0|$, on a (en posant $F_{x'} f = \hat{f}(\xi', x_n)$)

$$F_{x'} A f = \sum_{k \geqq 0} u_{-k-1}(\xi') \frac{\partial^k}{\partial x_n^k} \hat{f}(\xi', x_n) + \int_0^{x_n} \hat{f}(\xi', x_n - t) u(\xi', t)\, dt.$$

On voit donc que

(2.6.2.). $\operatorname{Tr} Af = \sum_{D \leqq k \leqq r} A_i \operatorname{Tr} \frac{\partial^i f}{\partial x_n^i} + Rf$ *où A_i est un opérateur de Calderon-Zygmund de degré $r-k-1$ sur Γ, dont le symbole est $u_{-k-1}(\xi')$, et R est un opérateur régularisant* $H^s(\Omega \to \varepsilon(\Gamma)$ (le terme Rf provient de la modification faite sur $\sigma(\xi)$ pour $|\xi| \leqq |\xi_0|$).

Il semblerait utile de remplacer l'hypothèse $\sigma(\xi)$ est C^∞ par l'hypothèse $\sigma(\xi)$ est continue — ou lipschitzienne —, C^∞ pour $\xi' \neq 0$, et possède un développement asymptotique du type 2.6.1 au voisinage de $\xi' = 0$ (c'est le cas pour le facteur $P^+(\xi)$, dont les racines en ξ_n ont une partie imaginaire < 0, d'un polynôme elliptique $P(\xi)$).

Bibliographie

Hörmander, Linear partial differential operators, chap. II (Springer Verlag)

Seminaire Cartan-Schwartz, E.N.S. 1963/64 exp. 8–9.

Gårding, Transformation de Fourier des distributions homogènes *Bull. Soc. Math. France*, **89** (1962), p. 381–428

ou Dejean, Sem. Bourbaki 1962/63 exp. no. 242.

Višik, Equations singulières sur une variété à bord, *Dokl. Acad. Nauk URSS*, **155**, **1964**, No. 1, p. 24–27.

Institut Henri Poincaré
Paris, France

(Reçu le 7 juin 1965)

4.3 Comportement d'un opérateur pseudo-différentiel sur une variété à bord. II. Pseudo-noyaux de Poisson

Comportement d'un opérateur pseudo-différentiel sur une variété à bord. II. Pseudo-noyaux de Poisson, J. Analyse Math. **17** (1966), 255–304. [B66b]

COMPORTEMENT D'UN OPÉRATEUR PSEUDO-DIFFÉRENTIEL SUR UNE VARIÉTÉ À BORD
II. PSEUDO-NOYAUX DE POISSON

Par

LOUIS BOUTET DE MONVEL

à Paris (France)

Notations:

$\bar{R}^n_+$ désigne le demi-espace fermé $x_n \geqq 0$ de R^n. Un multi-indice α d'ordre n est une suite de n nombres entiers positifs: $\alpha = (\alpha_1, \cdots, \alpha_n)$. On pose alors

$$|\alpha| = \alpha_1 + \cdots + \alpha_n$$

$$\alpha! = \alpha_1! \cdots \alpha_n!$$

pour $x = (x_1 \cdots x_n) \in R^n$, $x^\alpha = x_1^{\alpha_1} \cdots x_n^{\alpha_n}$.

D_x^α désigne l'opérateur $\left(\frac{1}{2i\pi}\right)^{|\alpha|} \left(\frac{\partial}{\partial x_1}\right)^{\alpha_1} \cdots \left(\frac{\partial}{\partial x_n}\right)^{\alpha_n}$.

Si $k(x, \xi)$ est une fonction suffisamment dérivable sur $R^n \times R^n$, on pose

$$k^{(\alpha)}(x, \xi) = \frac{\partial^{|\alpha|} k}{\partial \xi_1^{\alpha_1} \cdots \partial \xi_n^{\alpha_n}} (x, \xi).$$

Nous adoptons les notations de [2] pour les espaces usuels de distributions (pratiquement il ne sera question que de C_0^∞, C^∞, $\mathscr{E}'$, $\mathscr{D}'$, H_s; et nous renvoyons à [2] pour les définitions). Nous précisons les points suivants:

Soit V une variété C^∞ de dimension n; soit $\bar{\Omega}$ une variété à bord C^∞ de dimension n, regulièrement plongée dans V; et soit E un espace semi local de distributions sur V (au sens de [2]):

E^{loc} désigne l'espace vectoriel des distributions $u \in \mathscr{D}'(V)$ telles que $\phi u \in E$ pour toute $\phi \in C_0^\infty(V)$, muni de la topologie la moins fine qui rende continues toutes les applications $u \to \phi u$ de E^{loc} dans E.

E^{comp} désigne l'espace vectoriel des distributions de la forme ϕu avec $\phi \in C_0^\infty(V)$, $u \in E$, muni de la topologie la plus fine qui rende continues toutes les applications $u \to \phi u$ de E dans E^{comp}.

$E(\overline{\Omega})$ désigne l'espace des restrictions à l'intérieur Ω de $\overline{\Omega}$ des distributions $u \in E$, muni de la topologie qui en fait un quotient de E.

$\mathring{E}(\overline{\Omega})$ désigne le sous espace des distributions $u \in E$ telles que $\operatorname{supp} u \subset \overline{\Omega}$, muni de la topologie induite par celle de E.

Nous adoptons les conventions de [7], chap. VII, pour la transformation de Fourier.

Si u est une distribution temperée sur R^n, nous notons $\hat{u}$ sa transformée de Fourier.

On a donc $\hat{u}(\xi) = \int e^{-2i\pi\langle x,\xi\rangle} u(x)dx$ si $u(x)$ est intégrable,

et

$$u(x) = \int e^{2i\pi\langle x,\xi\rangle} \quad \hat{u}(\xi)d\xi$$

si $\hat{u}(\xi)$ est intégrable.

§0. Rappels sur les opérateurs pseudo-différentiels

La définition et les propriétés des opérateurs pseudo-différentiels serviront constamment au long de cet article. Nous les résumons brièvement ici, afin d'avoir une réference à l'intérieur de l'article. Pour les démomstrations, nous renvoyons à [3] ket [5]

Définition 0.1. *Soit V une variété C^∞. On appelle opérateur pseudo-différentiel sur V un opérateur linéaire continu P: $C_0^\infty(V) \to C^\infty(V)$ tel que*

(0.1) *Il existe une suite $s_0 > s_1 > \cdots s_n > \cdots \to -\infty$ de nombres réels tels que par toute $f \in C_0^\infty(V)$ et toute $g \in C^\infty(V)$ réelle, vérifiant $dg \neq 0$ sur* supp$f$, *on ait quand $\lambda \to +\infty$ le développement asymptotique*

$$P(f, \lambda g) = e^{-2i\pi\lambda g} P(f e^{2i\pi\lambda g}) \sim \sum P_j(f, g)\lambda^{s_j}$$

(0.2) *Le reste* $\lambda^{-s_N}[P(f,\lambda g) - \sum_0^{N-1} P_j(f,g)\lambda^{s_j}]$ *parcourt un borné de* $C^\infty(V)$ *quand* $\lambda \geqq 1$ *et quand g parcourt un compact de* $C^\infty(V)$ *composé de fonctions réelles dont le gradient ne s'annulle pas sur* supp$f$.

Le nombre s_0 *s'appelle degré de P.*

On appelle symbole de P la série formelle de fonctions homogènes (en g) $\sum P_j(f,g)$.

Nous supposons maintenant que V est un ouvert de R^n. Soit P un opérateur pseudo-différentiel sur V, de la forme $P = P'f$, où P' est un opérateur pseudo-différentiel sur V, et $f \in C_0^\infty(V)$. Nous posons

$$(0.3) \qquad p(x,\xi) = e^{-2i\pi\langle x,\xi\rangle} P'(f e^{2i\pi\langle \cdot,\xi\rangle})$$

$$(0.4) \qquad p_j(x,\xi) = P'_j(f,\langle \cdot,\xi\rangle)$$

On a alors

$$(0.5) \qquad p(x,\lambda\xi) \sim \sum p_j(x,\xi)\lambda^{s_j} \quad \text{quand } \lambda \to +\infty, \text{ si } \xi \neq 0$$

$$(0.6) \qquad p_j(x,\lambda\xi) = \lambda^{s_j} p_j(x,\xi) \qquad \text{pour } \lambda \neq 0,\ \xi \neq 0$$

$$(0.7) \qquad p(x,\xi) \text{ est } C^\infty \text{ sur } V \times R^n$$

$$(0.8) \qquad p_j(x,\xi) \text{ est } C^\infty \text{ sur } V \times (R^n - \{0\})$$

$$(0.9) \qquad D_x^\alpha D_\xi^\beta \left[p(x,\xi) - \sum_0^{N-1} p_j(x,\xi)\right] = o(|\xi|^{s_N - |\beta|})$$

uniformément quand x parcourt un compact de V.

Enfin (par linéarité et continuité de P)

$$(0.10) \qquad Pu(x) = \int e^{2i\pi\langle x,\xi\rangle} p(x,\xi)\, \hat{u}(\xi) d\xi, \quad \text{si } u \in C_0^\infty(V).$$

Réciproquement soient $p(x,\xi)$ (resp. et $p_j(x,\xi)$) des fonctions C^∞ sur $V \times R^n$ (resp. $V \times (R^n - \{0\})$ vérifiant (0.5), (0.6), (0.7), (0.8), et (0.9), p_j étant une suite qui décroît vers $-\infty$. Et soit P l-opérateur défini au moyen de $p(x,\xi)$ par la formule (0.10). Alors

Théorème 0.2. *P est un opérateur pseudo-différentiel sur V, et on a l'égalité de séries formelles:*

$$\Sigma\ P_k(f,g)\lambda^{s_k} = \sum_{\alpha,j} \frac{1}{\alpha!}\, D_x^\alpha(f e^{2i\pi\lambda h_x}) p_j^{(\alpha)}(x,\lambda\xi_x) \tag{0.11}$$

avec

$$\xi_x = \operatorname{grad} g(x)$$

$$h_x(y) = g(y) - g(x) - \langle y-x, \xi_x\rangle .$$

Nous supposons toujours que V est un ouvert de R^n. Soit P un opérateur pseudo-différentiel sur V. On introduit la notion suivante, justifiée par (0.11).

(0.12) Le symbole de P dans la carte identique $V \to R^n$ est la série formelle de fonctions homogènes définie par

$$\Sigma\ p_j(x,\xi) = \Sigma\ P_j(f, \langle\cdot,\xi\rangle)$$

au voisinage de x_0 si $f=1$ au voisinage de x_0 (bien entendu il convient de regrouper les termes qui sont homogènes de même degré en ξ).

Propriété des opérateurs pseudo-différentiels.

(0.13) Il y a équivalence entre les assertions

(i) P est un opérateur régularisant sur V (c'est à dire: se prolonge en un opérateur continu $\mathscr{E}'(V) \to C^\infty(V)$).

(ii) P est un opérateur pseudo-différentiel de symbole nul.

(0.14) Soit V un ouvert de R^n, et $p_j(x,\xi)$ une suite de fonctions C^∞ sur $V\times(R^n-\{0\})$, homogènes de degré s_j en ξ, où s_j est une suite qui décroît vers $-\infty$.

Il existe un opérateur pseudo-différentiel P dont le symbole (dans la carte identique $V\to R^n$) est $\Sigma\ p_j(x,\xi)$ (deux tels opérateurs différent par un opérateur régularisant).

Il en existe aussi un qui de plus opère continument: $C_0^\infty(V)\to C_0^\infty(V)$ et se prolonge continument $C^\infty(V)\to C^\infty(V)$.

(0.15) Soient P et Q deux opérateurs pseudo-différentiels sur V; on suppose que Q est continu $C_0^\infty(V)\to C_0^\infty(V)$. (ou que P se prolonge continument

$C^{\infty}(V) \to C^{\infty}(V))$. Alors $R = P_0 Q$ est un opérateur pseudo-différentiel, de symbole

$$\Sigma\ R_i(f,g) = \sum_{j,k} P_j(Q_k(f,g),g).$$

Si V est un ouvert de R^n, le symbole (dans la carte identique $V \to R$) est

$$\Sigma\ r_i(x,\xi) = \sum_{\alpha,j,k} \frac{1}{\alpha!} D_x^{\alpha} q_k(x,\xi) \cdot k^{(\alpha)}(x,\xi).$$

(0.16) Si P est un opérateur pseudo-différentiel sur V, et si le premier terme du symbole de P:

$$p_0(f,g) = f(x)\, p_0(x, \xi'_x)$$

ne s'annulle jamais, il existe un opérateur pseudo-différentiel E, continu: $C_0^{\infty}(V) \to C_0^{\infty}(V)$ et se prolongeant continument: $C^{\infty}(V) \to C^{\infty}(V)$ tel que $P_0 E - 1$ et $E_0 P - 1$ soient des opérateurs régularisant. On dit alors que P est elliptique, et que E est une paramétrix de P. Deux paramétrix diffèrent par un opérateur régularisant.

(0.17) Si P est un opérateur pseudo-différentiel sur V, son transposé P est le prolongement par continuité, de $\mathscr{E}'(V)$ dans $\mathscr{D}'(V)$, d'un opérateur pseudo-différentiel Q.

Si V est un ouvert de R^n, le symbole de Q (dans la carte identique: $V \to R^n$) est

$$\Sigma\ q_i(x,\xi) = \sum_{\alpha,j} \frac{1}{\alpha!} (-D_x)^{\alpha} P_j^{(\alpha)}(x,-\xi).$$

(0.18) Si P est un opérateur pseudo-différentiel sur V, de degré s_0, P se prolonge pour tout s en un opérateur continu:

$$H_s^{\text{comp}}(V) \to H_{s-s_0}^{\text{loc}}(V)$$

(autrement dit — dans le cas où $V = R^n$— pour toute $\phi \in C_0^{\infty}(V)$ et toute $\psi \in C_0^{\infty}(V)$, $\phi P \psi$ se prolonge en un opérateur continu $H_s(R^n) \to H_{s-s_0}(R^n)$).

§1. Pseudo noyaux de Poisson sur une variété à bord.

Les opérateurs étudiés ici sont la généralisation "à coefficients variables" des opérateurs introduits dans [1], §1. Nous les nommons ainsi parce que la solution du problème de Dirichlet pour un opérateur différentiel elliptique peut se construire au moyen de tels opérateurs.

Notre présentation est fortement inspirée de celle de [3].

Définition 1.1. *$\overline{\Omega}$ désigne le demi-espace fermé $\overline{R^n_+}$; $\Gamma = R^{n-1}$ désigne son bord, et Ω son intérieur.*

Un point x de $\overline{\Omega}$ sera repéré par le couple (x', x_n) de sa projection sur Γ et de sa dernière coordonnée.

Un pseudo noyau de Poisson sur $\overline{\Omega}$ est un opérateur linéaire continu k: $C_0^\infty(\Gamma) \to C^\infty(\overline{\Omega})$ tel que

(1.1) *K se prolonge en un opérateur continu $\mathscr{E}'(\Gamma) \to C^\infty(\Omega)$(1).*

(1.2) *Il existe une suite $s_0 > s_1 > \cdots s_n > \cdots \to -\infty$ de nombres réels tels que pour toute $f \in C_0^\infty(\Gamma)$ et toute $g \in C^\infty(\Gamma)$ réelle, vérifiant $dg \neq 0$ sur supp$f$, on ait quand $\lambda \to +\infty$ le développement asymptotique*

$$K(f, g; \lambda) = e^{-2i\pi\lambda g(x')} \cdot K(fe^{2i\pi\lambda g}\left(x', \frac{x_n}{\lambda}\right) \sim \Sigma K_j(f, g)\lambda^{s_j}.$$

(1.3) *Pour tout entier p et pour tout multi-indice α, le reste*

$$\lambda^{-s_N} x_n^p D_x^\alpha [K(f, g; \lambda) - \Sigma\, k_j(f, g)\lambda^{s_j}]$$

est borné pour $\lambda \geqq 1$, uniformément quand $|x'|$ et $\frac{x_n}{\lambda}$ restent bornés, et quand g parcourt un compact de $C^\infty(\Gamma)$, composé de fonctions réelles à gradient non nul sur supp$f$. *On appelle degré de K le nombre s_0.*

Nous examinons tout de suite l'invariance par difféomorphisme de cette définition:

(1) Rappelons que $C^\infty(\Omega)$ désigne l'espace des fonction C^∞ sur l'interieur Ω, sans conditions de croissance à la frontière.

Proposition 1.2. *Soit* $\alpha=(\alpha',\alpha_n)$ *un difféomorphisme* C^∞ *de* $\overline{\Omega}=\overline{R^n_+}$ *sur lui-même. Soit K un pseudo noyau sur* $\overline{\Omega}$, *et soit K' l'image de K par* α^{-1} $(K'(u)(x)=K(u^\alpha)(\alpha x)$ *avec* $u^\alpha(x')=u(\alpha^{-1}(x',0))$.

Alors K' est un pseudo noyau de Poisson.

Démonstration: K' vérifie (1.1) de façon évidente. Par ailleurs la proposition est évidente si α est de la forme $x\to(\alpha'(x'),x_n)$ où α' est un difféomorphisme C^∞ de $\Gamma=R^{n-1}$. Il suffira donc de montrer que K' verifie (1.2), (1.3) dans le cas où α induit l'identité sur le bord Γ. On a alors

$$K'(f,g;\lambda) = e^{-2i\pi\lambda g(x')}K(fe^{2i\pi\lambda g})\left(\alpha\left(x',\frac{x_n}{\lambda}\right)\right)$$

et

$$K(fe^{2i\pi\lambda g})(y) = e^{2i\pi\lambda g(y')}K(f,g;\lambda)\,(y',dy_n)$$

d'où finalement

$$K'(f,g;\lambda) = e^{-2i\pi\lambda[g(x')-g(\alpha'(x',x_n/\lambda))]}.\ K(f,g;\lambda)(\alpha_\lambda(x)) \tag{1.4}$$

avec

$$\alpha_\lambda(x) = \left(\alpha'\left(x',\frac{x_n}{\lambda}\right),\ \lambda\alpha_n\left(x',\frac{x_n}{\lambda}\right)\right).$$

Nous remarquons alors que $\alpha_\lambda(x)$ admet un développement asymptotique suivant les puissances entières positives de $\frac{x_n}{\lambda}$ de façon précise:

$$\alpha'\left(x',\frac{x_n}{\lambda}\right) \sim x' + \sum_{\rho=1}^{\infty}\frac{1}{\rho!}\left(\frac{\partial}{\partial x_n}\right)^\rho\alpha'(x',0)\cdot\left(\frac{x_n}{\lambda}\right)^\rho$$

$$\lambda\alpha_n\left(x',\frac{x_n}{\lambda}\right) \sim x_n\frac{\partial}{\partial x_n}\alpha_n(x',0) + \sum_{\rho=1}^{\infty}\frac{x_n}{(\rho+1)!}\left(\frac{\partial}{\partial x_n}\right)^{\rho+1}\alpha_n(x',0)\cdot\left(\frac{x_n}{\lambda}\right)^\rho$$

et le reste du développement à l'ordre $N-1$ est majoré par $\lambda^{-N}P_N(x_n)$ où $P_N(x_n)$ est un polynôme en x_n (ici de degré $N+1$), uniformément quand $\left(x',\frac{x_n}{\lambda}\right)$

parcourt un compact de $\overline{\Omega}$. Alors, en appliquant la formule de Taylor à $K(f, g; \lambda)$, et en tenant compte de (1.3), on voit immédiatement que le deuxième facteur de (1.4) admet quand $\lambda \to +\infty$ un développement asymptotique qui vérifie (1.2) et (1.3). Par ailleurs, si α induit l'identité sur Γ, $\lambda(g(x') - g(\alpha_{,}(x', x_n/\lambda)$ admet lui aussi un développement asymptotique analogue à celui de $\lambda\alpha_n\left(x', \frac{x_n}{\lambda}\right)$. Son premier terme est

$$x_n \cdot \left\langle dg, \frac{\partial}{\partial x_n}\alpha'(x', 0)\right\rangle = a(x') \cdot x_n.$$

De sorte que l'exponentielle de (1.4) vaut $e^{-2i\pi a(x')x_n} G(x, \lambda)$ où $G(x, \lambda)$ admet un développement asymptotique de la forme

$$G(x, \lambda) \sim 1 + \sum_{m=1}^{\infty} x_n \cdot a_m(x') \cdot \left(\frac{x_n}{\lambda}\right)^m$$

dont le reste à l'ordre $N-1$ est lui aussi majoré par $\lambda^{-N} P_N(x_n)$ où P_N est un polynôme de degré $N+1$, uniformément quand $(x', x_n/\lambda)$ parcourt un compact de $\overline{\Omega}$. Par suite le produit $G(x, \lambda) \cdot K(f, g; \lambda)(\alpha_\lambda(x))$ admet lui aussi un développement asymptotique vérifiant (1.2) et (1.3) Nous terminons la démonstration de la Proposition 1.2 en remarquant que l'exponentielle $e^{-2i\pi a(x')x_n}$ est bornée ainsi que toutes ses dérivées, uniformément quand x' parcourt un compact de Γ, et x_n la demi-droite R_+ toute entière.

En composant les développements asymptotiques comme il est indiqué, on trouve pour le premier terme du développement de K':

$$K'_0(f, g) = e^{-2i\pi a(x')x_n} \cdot K_0(f, g)\left(x', x_n \frac{\partial \alpha_n}{\partial x_n}(x', 0)\right) \tag{1.5}$$

avec

$$a(x') = \left\langle dg(x'), \frac{\partial \alpha'}{\partial x_n}(x', 0)\right\rangle.$$

La Proposition 1.2 justifie la définition suivante:

Définition 1.1. *bis. Soit $\overline{\Omega}$ une variété à bord C^∞, Γ son bord et Ω son intérieur. Un pseudo-noyau de Poisson sur $\overline{\Omega}$ est un opérateur linéaire continu K: $C_0^\infty(\Gamma) \to C^\infty(\overline{\Omega})$ tel que*

(i) *K se prolonge en un opérateur continu $\mathscr{E}'(\Gamma) \to C^\infty(\Omega)$.*

(ii) *Pour toute sous variété à bord ouverte $\overline{\Omega}' \subset \overline{\Omega}$, de bord $\Gamma' \subset \Gamma$, isomorphe à $\overline{R^n_+}$, l'opérateur $K_{\Omega'}$: $C_0^\infty(\Gamma') \to C^\infty(\overline{\Omega}')$ défini par*

$$K_{\Omega'}(u) = K(u)/\Omega$$

est image isomorphe d'un pseudo noyau de Poisson sur $\overline{R^n_+}$.

Remarque. Pour que K se prolonge en un opérateur continu: $\mathscr{E}'(\sigma) \to C^\infty(\Omega)$, il faut et il suffit que pour tout N, $\lambda^N K(fe^{2i\pi\lambda g})$ (x) tende vers 0 quand $\lambda \to +\infty$, ainsi que toutes ses dérivées, et uniformément quand g parcourt un compact de fonctions réelles à gradient non nul sur supp$f$, et quand x parcourt un compact de Ω. (disjoint de Γ). De sorte que (1.1) dans la Définition 1.1 (resp. (i) dans la Définition 1.1 bis, si $\overline{\Omega}$ est connexe) est superflu parce qu'il résulte de (1.3) (resp. de (ii), compte tenu du fait que tout point $x \in \overline{\Omega}$ appartient à une sous variété $\overline{\Omega}'$ isomorphe à $\overline{R^n_+}$, ouverte dans $\overline{\Omega}$, si $\overline{\Omega}$ est connexe).

Nous faisons maintenant le lien avec les opérateurs introduits dans [1] §1. Dans toute la suite de cette section, $\overline{\Omega}$ sera le demi-espace $\overline{R^n_+}$, et nous reprenons les notations de la Définition 1.1. Les résultats démontrés sont vrais pour une variété à bord quelconque, sauf ceux qui concernent le symbole, que nous ne définissons pas dans le cas général. Nous suivons ici de très près l'exposé de [3], §2 et §3.

Soit K' un pseudo-noyau de Poisson sur $\overline{\Omega}$, $f \in C_0^\infty(\Gamma)$, et soit $K = K'f$ l'opérateur défini par $K(u) = K'(fu)$. K est évidemment un pseudo-noyau de Poisson sur $\overline{\Omega}$, avec $K(f', g; \lambda) = K'(ff', g; \lambda) \sim \sum K'_j(ff', g)\lambda^{s_j}$.

On pose

$$k(x, \xi') = K'(f, \langle \cdot, \xi' \rangle; 1) = e^{-2i\pi\langle x', \xi' \rangle} K'(fe^{2i\pi\langle \cdot, \xi, \rangle}). \tag{1.6}$$

Comme K' est linéaire, continu, $k(x, \xi')$ est C^∞ sur $\overline{\Omega} \times R^{n-1}$. En outre (1.3) montre que $k(x, \xi')$ est majoré par une puissance de $|\xi'|$, uniformément quand x parcourt un compact de $\overline{\Omega}$ (ceci sera precisé dans le Lemme 1.3), de sorte qu'on a

$$(1.7) \qquad Ku(x) = \int e^{2i\pi\langle x',\xi'\rangle} k(x,\xi')\,\hat{u}(\xi')d\xi' \text{ si } u \in C_0^\infty(\Gamma)$$

(parce que K est linéaire continu, et

$$fu = f \cdot \int e^{2i\pi\langle x',\xi'\rangle}\,\hat{u}(\xi')d\xi').$$

Nous posons encore

$$(1.8) \qquad k_j(x,\xi') = K_j'(f,\langle\cdot,\xi'\rangle)$$

on a alors (en appliquant (1.2) à K')

$$(1.9) \qquad k\left(x',\frac{x_n}{\lambda},\lambda\xi'\right) = K'(f,\langle\cdot,\xi'\rangle;\lambda) \sim \Sigma\, k_j(x,\xi')\lambda^{s_j}.$$

quand $\lambda \to +\infty$, si $\xi' \neq 0$

et par suite

$$(1.10) \qquad k_j\; x',\frac{x_n}{\lambda},\lambda\xi' = \lambda^{s_j}k_j(x,\xi') \quad \text{pour } \lambda > 0,\ \xi' \neq 0.$$

Lemme 1.3. *$k_j(x,\xi')$ est une fonction C^∞ sur $\overline{\Omega} \times R^n - \{0\}$, à décroissance rapide en ξ' pour x fixé, $x_n > 0$ ainsi que toutes ses dérivées.*

$k(x,\xi')$ est une fonction à décroissance rapide en ξ' pour x fixé, $x_n > 0$, ainsi que toutes ses dérivées.

Et on a

$$(1.11) \qquad x_n^p D_x^\alpha D_{\xi'}^\beta \left[k(x,\xi') - \sum_0^{N-1} k_j(x,\xi')\right] = o(|\xi'|^{s_N - |\beta| - p + \alpha_n})$$

uniformément quand x parcourt un compact de $\overline{\Omega}$ (α_n désigne l'exposant de $\frac{\partial}{\partial x_n}$ dans D_x^α.

Démonstration. Supposons le lemme démontré pour $j < N$. L'hypothèse (1.2) et (1.3) montre que $k_N(x,\xi')$ est limite dans $C^\infty(\overline{\Omega})$ de

$$R_N(x,\xi';\lambda) = \lambda^{-s_N}\left[k\left(x'\frac{x_n}{\lambda},\lambda\xi'\right) - \sum_0^{N-1} k_j(x,\xi')\lambda^{s_j}\right]$$

quand $\lambda \to +\infty$, uniformément pour $|\xi'| = 1$.

En dérivant (1.6), on obtient

$$D^\beta_{\xi'}k(x',\frac{x_n}{\lambda},\lambda\xi') = \sum_{\gamma\leq\beta} \frac{\beta!}{\gamma!(\beta-\gamma)!}(-x')^{\beta-\gamma}K'(f(y')\cdot y'^\gamma,\langle y',\xi'\rangle;\lambda).$$

Alors (1.2) et (1.3) appliqués à K' montrent que $\lambda^{-s_N}D^\beta_{\xi'}R_N(x,\xi';\lambda)$ a un développement asymptotique suivant les puissances de λ, à coefficients dans $C^\infty(\bar\Omega)$, uniforme pour $|\xi'| = 1$. Les termes d'exposant positif sont nécessairement nuls (parce que $\lambda^{-s_N}R_N$ reste borné en tant que distribution de ξ'; on a même montré que c'était une fonction continue, bornée pour $|\xi'| = 1$. Par suite $\lambda^{-s_N}D^\beta_{\xi'}R_N$ a une limite quand $\lambda \to +\infty$, nécessairement égale a $D^\beta_\xi k_N(x,\xi')$.

Enfin (1.3) montre que

$$\lambda^{-s_N}x_n^p D_x^\alpha D^\beta_{\xi'} R_N(x,\xi';\lambda)$$

reste uniformément borné quand $\lambda \to +\infty$, $|\xi'| = 1$, et quand $(x', x_n/\lambda)$ parcourt un compact de $\bar\Omega$. L'inégalité (1.11) en résulte immédiatement en remplaçant x_n, ξ' par $x_n/\lambda, \lambda\xi'$.

Remarque. (1.10) montre que $k_j(x,\xi')$ est aussi à décroissance rapide en x_n pour $\xi' \neq 0$, uniformément pour $|\xi'| = 1$, et quand $|x'|$ reste borné.

Nous examinons maintenant la réciproque du Lemme 1.3: soit $k(x,\xi')$ une fonction C^∞ sur $\bar\Omega \times R^{n-1}$. On suppose que k admet quand $\xi' \to \infty$, $x_n \to 0$ un "développement asymptotique":

$$k(x,\xi') \sim \sum k_;(x,\xi')$$

où k_j est C^∞ sur $\bar\Omega \times (R^{n-1} - \{0\})$ et vérifie (1.10) (est homogène de degré s_j en $(1/x_n, \xi')$), s_j étant une suite de nombres réels qui décroît vers $-\infty$.

On suppose que pour tout N, l'inégalité (1.11) est vérifiée;

$$x_n^p D_x^\alpha D_{\xi'}^\beta \left[k(x,\xi') - \sum_0^{N-1} k_j(x,\xi') \right] = o(|\xi'|^{s_N - |\beta| - p + \alpha_n})$$

uniformément quand x parcourt un compact de $\overline{\Omega}$.

Soit K l'opérateur défini par la formule (1.7):

$$Ku(x) = \int e^{2i\pi\langle x',\xi'\rangle} k(x,\xi')\, \hat{u}(\xi')d\xi'.$$

Si $\hat{u}(\xi')$ est une fonction à décroissance rapide, l'intégrale est évidemment convergente, ainsi que toutes ses dérivées, de sorte que K est un opérateur: continu $C_0^\infty(\Gamma) \to C^\infty(\overline{\Omega})$.

Remarquons aussi que si $\hat{u}(\xi')$ est une fonction à croissance lente, l'intégrale converge, ainsi que toutes ses dérivées, pour $x_n > 0$ (parce que (1.11) montre que $k(x,\xi')$ et toutes ses dérivées sont à décroissance rapide en ξ' pour $x_n > 0$). Donc K se prolonge en un opérateur continu $\mathscr{E}'(\Gamma) \to C^\infty(\Omega)$.

Théorème 1.4. *Si K est défini comme ci-dessus, c'est un pseudo-noyau de Poisson sur $\overline{\Omega}$, et on a*

(1.12)
$$K(f,g;\lambda)(x) \sim \sum_{\alpha,j} \frac{1}{\alpha!} D_{x'}^\alpha (f e^{2i\pi\lambda h_{x'}}) \cdot k_j^{(\alpha)}(x, \lambda\xi'_{x'})$$

avec

$$\xi'_{x'} = \operatorname{grad} g(x')$$

$$h_{x'}(y') = g(y') - g(x') - \langle y' - x', \xi'_{x'}\rangle$$

(*la somme est étendue aux multi-indices α d'ordre $n-1$*).

Bien entendu $h_{x'}$ s'annulle à l'ordre 2 en x'; donce $D_{x'}^\alpha(fe^{2i\pi\lambda h_{x'}})$ est un polynôme de degré inférieur à $|\alpha|/2$ au point $x = (x', x_n)$; et dans le développement écrit, il n'y a qu'un nombre fini de termes de degré supérieur à un nombre donné en λ.

Démonstration: Nous commençons par examiner le cas où g est linéaire.

Lemme 1.5. *$K(f, \langle\cdot,\xi'\rangle;\lambda)$ admet le développement asymptotique*:

$$K(f,\langle\cdot,\xi'\rangle;\lambda) \sim \sum_{\alpha,j} \frac{1}{\alpha!} D_{x'}^{\alpha} f \cdot k_j^{(\alpha)}(x,\xi') \cdot \lambda^{s_j - |\alpha|}.$$

Le reste $\lambda^{-N} x_n^p D_x^{\gamma}\Big[K(f,\langle\cdot,\xi'\rangle;\lambda) - \sum_{|\alpha|-s_j<N} \cdots\Big]$ *est borné quand* $\lambda \to +\infty$, *uniformément quand* $|x'|$ *et* $\left|\frac{x_n}{\lambda}\right|$ *restent bornés, quand* f *parcourt un compact de* $C_0^\infty(\sigma)$ *et* ξ' *reste dans la couronne* $0 < a \leqq |\xi'| \leqq b$.

En effet on a

$$K(x,\langle\cdot,\xi'\rangle;\lambda) = e^{-2i\pi\lambda\langle x',\xi'\rangle} \int e^{2i\pi\langle x',\eta'\rangle} k\left(x',\frac{x_n}{\lambda},\eta'\right) \hat{f}(\eta' - \lambda\xi')\,d\eta'$$

$$= \int e^{2i\pi\langle x',\eta'\rangle} k\left(x',\frac{x_n}{\lambda},\eta' + \lambda\xi'\right) \hat{f}(\eta')\,d\eta'.$$

Or (1.11) montre que $k(x',\frac{x_n}{\lambda},\eta' + \lambda\xi')$ admet quand $\lambda \to +\infty$ le développement asymptotique:

$$k\left(x',\frac{x_n}{\lambda},\eta' + \lambda\xi'\right) \sim \sum_j k_j\left(x',x_n,\xi' + \frac{\eta'}{\lambda}\right)\lambda^{s_j} \sim \sum_{\alpha,j} \frac{1}{\alpha!} k_j^{(\alpha)}(x,\xi')\left(\frac{\eta'}{\lambda}\right)^{\alpha} \lambda^{s_j}$$

et plus précisément:

$$k\left(x',\frac{x_n}{\lambda},\eta' + \lambda\xi'\right) - \sum_{|\alpha|-s_j<N} \frac{1}{\alpha!} k_j^{(\alpha)}(x,\xi')\left(\frac{\eta'}{\lambda}\right)^{\alpha} \lambda^{s_j} = o(\lambda^{-N}\cdot(1 + |\eta'|^{N+s_0})$$

uniformément quand $|x'|$, $\left(\frac{x_n}{\lambda}\right)$ restent bornés, et quand ξ' parcourt la couronne $0 < a \leqq |\xi'| \leqq b$. On a une majoration analogue pour les dérivées.

Le Lemme (1.5) en résulte immédiatement.

Dans le cas général, on a

$$e^{2i\pi\lambda g(y')} = e^{2i\pi\lambda g(x')}\cdot e^{2i\pi\lambda h_{x'}(y')}\cdot e^{2i\pi\lambda\langle y',\xi'_{x'}\rangle}\cdot e^{2i\pi\lambda\langle x',\xi'\,'\rangle}$$

et

$$\widehat{fe^{2i\pi\lambda g}}(\eta') = e^{2i\pi\lambda g(x')}\cdot e^{-2i\pi\lambda\langle x',\xi'_{x'}\rangle}\cdot \widehat{fe^{2i\pi\lambda h_{x'}}}(\eta' - \lambda\xi'_{x'}).$$

par suite

$$K(f,g;\lambda)(x) = e^{-2i\pi\lambda g(x')} \int e^{2i\pi\langle x',\eta'\rangle} k\left(x', \frac{x_n}{\lambda}, \eta'\right) \widehat{e^{2i\pi\lambda g}}(\eta') d\eta'$$

$$= e^{-2i\pi\lambda\langle x',\xi'_{x'}\rangle} \int e^{2i\pi\langle x',\eta'\rangle} k\left(x', \frac{x_n}{\lambda}, \eta'\right) \widehat{f e^{2i\pi h_{x'}}} (\eta' - \lambda\xi'_{x'}) d\eta'$$

$$= \int e^{2i\pi\langle x',\eta'\rangle} k\left(x', \frac{x_n}{\lambda}, \eta' + \lambda\xi'_{x'}\right) \widehat{f e^{2i\pi h_{x'}}}(\eta') d\eta'.$$

A partir de cette formule et de (1.8) et (1.11), la démonstration est rigoureusement identique à celle du Théorème 3.3 dans [3] (cité ici sous le numéro Théorème 0.2). Aussi nous contenterons nous de renvoyer à cet ouvrage. Il en résulte aussi:

Remarque 1.6. Le développement asymptotique (1.2) vérifie aussi uniformément l'inégalité (1.3) quand f parcourt un compact de $C_0^\infty(\sigma)$.

Nous posons maintenant la définition suivante:

Définition 1.7. *Soit K un pseudo noyau de Poisson sur $\overline{\Omega} = \overline{R^n_+}$. On appelle symbole de K la série formelle de fonctions homogènes en $\left(\frac{1}{x_n}, \xi'\right)$ définie par*

$$\Sigma\, k_j(x,\xi') = \Sigma\, k_j(f, \langle \cdot, \xi' \rangle)$$

au voisinage de $\{x'_0\} \times R_+ \times (R^{n-1} - \{0\})$ si $f \in C_0^\infty(\Gamma)$ et $f = 1$ au voisinage de x'_0.

(Naturellement il convient de regrouper les termes de même degré). La définition est justifiée par (1.12), qui montre que

$$\Sigma\, K_j(f,g)\lambda^{s_j} = \Sigma\, K_j(ff',g)\lambda^{s_j}$$

au dessus de tout ouvert de Γ dans lequel $f' = 1$.

La formule (1.12) montre en outre (en l'appliquant à Kf' où $f' = 1$ au voisinage de supp$f$) que

(1.12)bis $$K(f,g;\lambda) \sim \sum_{j,\alpha} \frac{1}{\alpha!} D^{\alpha}_{x'}(f e^{2i\pi\lambda h_{x'}}) \cdot k_j^{(\alpha)}(x, \xi'_{x'}) \cdot \lambda^{s_j - |\alpha|}$$

avec

$$\xi'_{x'} = \operatorname{grad} g(x'), \quad h_{x'}(y') = g(y') - g(x') - \langle y' - x', \xi'_{x'} \rangle,$$

$\sum k_j(x, \xi')$ désignant maintenant le symbole de k.

Propriétés des pseudo noyaux de Poisson.

Proposition 1.8. *Soit K un opérateur linéaire continu de $C_0^\infty(\Gamma)$ dans $C^\infty(\overline{\Omega})$. Il y a équivalence entre*

(i) *K est un opérateur régularisant (c'est à dire, se prolonge en un opérateur continu $\mathscr{E}'(\Gamma) \to C^\infty(\overline{\Omega})$)*

(ii) *K est un pseudo noyau de Poisson de symbole nul.*

En effet pour que K soit un opérateur régularisant, il faut et il suffit que pour toute $f \in C_0^\infty(\Gamma)$, $K(f e^{2i\pi\lambda\langle\cdot,\xi'\rangle})$ tende vers 0 dans $C^\infty(\overline{\Omega})$, plus vite que toute puissance de λ, quand $\lambda \to +\infty$, et uniformément pour $|\xi'| = 1$.

Proposition 1.9. *Pour toute suite $k_j(x, \xi')$ de fonctions C^∞ sur $\overline{\Omega} \times R^{n-1} - \{0\}$, homogènes de degré s_j en $\left(\frac{1}{x_n}, \xi'\right)$ où s_j est une suite qui décroit vers $-\infty$, à décroissance rapide en x_n ainsi que toutes ses dérivées, uniformément quand $|x'|$ reste borné et $|\xi'| = 1$* [2]*,*

il existe un pseudo noyau de Poisson de symbole $\sum k_j(x, \xi')$.

Deux tels pseudo noyaux de Poisson diffèrent par un opérateur régularisant.

La proposition résulte immédiatement du Théorème 1.4 et du lemme qui suit:

Lemme 1.10. *Soit k_j une suite de fonctions vérifiant les hypothèses de la Proposition 1.9. Il existe une fonction $k(x, \xi')$ C^∞ sur $\overline{\Omega} \times R^{n-1}$ (et à décroissance rapide en ξ' pour $x_n > 0$) telle que*

---

(2) C'est à dire: $k_j \in C^\infty(\sigma) \hat{\otimes} \mathscr{S}(\bar{R}_+) \hat{\otimes} C^\infty(R^{n-1} - \{0\})$.

$$x_n^p D_x^\alpha D_{\xi'}^\beta \left[k(x,\xi') - \sum_0^{N-1} k_j(x,\xi')\right] = O(|\xi'|^{s_N - |\beta| - p + \alpha_n})$$

uniformément quand x parcourt un compact de $\bar{\Omega}$.

En effet l'hypothèse implique

$$x_n^p D_x^\alpha D_{\xi'}^\beta k_j(x,\xi') = O(|\xi'|^{s_j - |\beta| - p + \alpha_n})$$

pour $\xi' \neq 0$, uniformément quand $|x'|$ reste borné. On pourra prendre

$$k(x,\xi') = \sum_0^\infty \phi_0\left(\frac{\xi'}{\lambda_j}\right) k_j(x,\xi')$$

où $\phi_0(\xi')$ est une fonction C^∞ sur R^{n-1}, nulle pour $|\xi'| < 1$ et égale à 1 pour $|\xi'| > 2$, et λ_j une suite qui croît vers $+\infty$ assez vite pour que

$$\left|x_n^p D_x^\alpha D_\xi^\beta \left(\phi_0\left(\frac{\xi'}{\lambda_j}\right) k_j(x,\xi')\right)\right| \leqq 2^{-k}(1 + |\xi'|^{s_j - 1 - |\beta| - p + \alpha_n}$$

pour $|x'| \leqq k$ et $|\alpha| + |\beta| + p + k \leqq j$ (cf. [3], Proposition 3.1).

Remarque 1.11 Soit K un pseudo-noyau de Poisson sur $\bar{\Omega}$. Il existe un pseudon-oyau de Poisson K' de même symbole que K qui est continu $C_0^\infty(\Gamma) \to C_0^\infty(\bar{\Omega})$ et se prolonge continument $C^\infty(\Gamma) \to C^\infty(\bar{\Omega})$.

On peut prendre par exemple $K' = \sum \phi_K \cdot K \cdot \psi_K$ où ϕ_K est une suite de fonctions C^∞ sur $\bar{\Omega}$, telle que $\operatorname{supp}\phi_K$ soit contenu dans le cylindre

$$\begin{cases} k - 1 \leqq |x'| \leqq k + 1 \\ x_n \quad \leqq 2 \end{cases}$$

et telle que $\sum \phi_K = 1$ pour $x_n \leqq 1$, et $\psi_K \in C_0^\infty(\Gamma)$ est choisie de façon que $\psi_K = 1$ au voisinage de $\Gamma \cap \operatorname{supp}\phi_K$.

Proposition 1.12 *Soit K un pseudo-noyau de Poisson sur $\bar{\Omega}$. L'opérateur $Q = \mathrm{Tr}_\Gamma \circ K$ (défini par $Qu(x') = Ku(x',0)$) est un opérateur pseudo-différentiel de symbole*

(1.13) $$\Sigma\ q_j(x',\xi') = \Sigma\ k_j(x',0,\xi')$$

le symbole complet (au sens de la Définition 0.1) est donné par

(1.14) $$\Sigma\ Q_j(f,g) = \Sigma\ \mathrm{Tr}_\Gamma K_j(f,g) = \Sigma\ K_j(f,g)(x',0)$$

où K_j est le coefficient de λ^{s_j} dans le développement asymptotique (1.2). Cela résulte immédiatement des Définitions 0.1 et 1.1.

Proposition 1.13. *Soit K un pseudo-noyau de Poisson sur $\bar{\Omega}$, de symbole $\Sigma\ k_j(x,\xi')$, et soit Q un opérateur pseudo-différentiel sur Γ, de symbole $\Sigma\ q_l(x',\xi')$, continu de $C_0^\infty(\Gamma)$ dans $C_0^\infty(\Gamma)$.*

Alors $K' = K_0 Q$ est un pseudo-noyau de Poisson sur $\bar{\Omega}$, de symbole

(1.15) $$\Sigma\ k_i'(x,\xi') = \sum_{\alpha,j,l} \frac{1}{\alpha!}\ k_j^{(\alpha)}(x,\xi')D_{x'}^\alpha q_l(x',\xi')\,.$$

En effet, si on note s_j le degré de k_j et s_l' le degré de q_l, on a quand $\lambda \to +\infty$

$$e^{-2i\pi\lambda g}Q(fe^{2i\pi\lambda g}) \sim \Sigma\ q_l(f,g)\lambda^{s'_l}$$

et le reste á l'ordre N: $\lambda^{-s_N}[e^{-2i\pi\lambda g}Q(fe^{2i\pi\lambda g}) - \sum_0^{N-1} q_l(f,g)\lambda^{s'_l}]$ parcourt un borné de $C_0^\infty(\Gamma)$ quand λ parcourt la demi-droite $\lambda \geqq 1$. Il en résulte immédiatement

(1.16) $$K'(f,g;\lambda) \sim \sum_l K(q_l(f,g)\lambda^{s'_l},g;\lambda) \sim \sum_{j,l} K_j(q_l(f,g),g;\lambda)\lambda^{s_j+s'_l}\,.$$

Les questions d'uniformité se vérifient immédiatement. Enfin (1.15) résulte de (1.16) et de (1.12).

Proposition 1.14. *Soit K un pseudo-noyau de Poisson sur $\bar{\Omega}$, de symbole $\Sigma\ k_j(x,\xi')$, de degré s_0.*

Alors $K' = x_n^p\left(\frac{\partial}{\partial x_n}\right)^q \circ K$ est un pseudo-noyau de Poisson sur $\bar{\Omega}$, de degré $s_0 + q - p$, et de symbole

(1.17) $$\Sigma\ k'_j(x,\xi') = \sum_j x_n^p \left(\frac{\partial}{\partial x_n}\right)^q k_j(x,\xi').$$

Démonstration. En vertu du Lemme 1.10 et du Théorème 1.4, nous pouvons supposer (quitte éventuellement à le modifier par un opérateur régularisant) que K est défini par

$$Ku(x) = \int e^{2i\pi\langle x',\xi'\rangle} k(x,\xi')\,\hat{u}(\xi')d\xi',$$

où $k(x,\xi)$ est une fonction C^∞ sur $\bar{\Omega} \times R^{n-1}$ et admet le développement asymptotique $\Sigma\ k_j(x,\xi')$ au sens de (1.11).

On a alors

$$x_n^p\left(\frac{\partial}{\partial x_n}\right)^q Ku(x) = \int e^{2i\pi\langle x',\xi'\rangle} x_n^p\left(\frac{\partial}{\partial x_n}\right)^q k(x,\xi')\,\hat{u}(\xi')d\xi'.$$

Comme $k(x,\xi')$ vérifie évidemment les conditions du Théorème 1.4, avec le développement asymptotique donné par la formule (1.17), la proposition est démontrée.

Remarquons enfin que le premier terme $x_n^p\left(\dfrac{\partial}{\partial x_n}\right)^q k_0(x,\xi')$ est homogène de degré $s_0 - p + q$ en $\left(\dfrac{1}{x_n},\xi'\right)$.

Remarque 1.15. Plus généralement si K est un pseudo noyau de Poisson sur $\bar{\Omega}$, de symbole $\Sigma k_j(x,\xi')$; et si $P = \sum_l P_l(x,D_{x'})\left(\dfrac{\partial}{\partial x_n}\right)^l$ est un opérateur différentiel à coefficients C^∞ sur $\bar{\Omega}$, $K' = P \circ K$ est un pseudo noyau de Poisson de symbole

(1.18) $$\Sigma\ k'_i(x,\xi') = \sum_{\alpha,j,l} \frac{1}{\alpha!} P_l^{(\alpha)}(x,\xi') D_{x'}^\alpha \left(\frac{\partial}{\partial x_n}\right)^l k_j(x,\xi').$$

Cela résulte immédiatement de la Proposition 1.14, et de la formule de Leibnitz, qui montre que

$$P_l(x, D_{x'}) \int e^{2i\pi\langle x', \xi'\rangle} k(x, \xi')\, \hat{u}(\xi') d\xi'$$

$$= \sum_\alpha \frac{1}{\alpha!} \int e^{2i\pi\langle x', \xi'\rangle} P_l^{(\alpha)}(x, \xi') D_{x'}^\alpha k(x, \xi') \hat{u}(\xi') d\xi'.$$

Nous étudions au §2 le composé d'un pseudo noyau de Poisson et d'un opérateur pseudo différentiel.

Nous démontrons maintenant le deuxième résultat essentiel de cette section.

Théorème 1.16. *Soit K un pseudo noyau de Poisson de degré s_0 sur Ω. Pour tout s, K se prolonge en un opérateur continu $H_s^{\mathrm{comp}}(\Gamma) \to H_{s-s_0+\frac{1}{2}}^{\mathrm{loc}}(\overline{\Omega})$.*

Il s'agit de démontrer que si $\phi \in C_0^\infty(\Gamma)$ et $\psi \in C_0^\infty(\overline{\Omega})$, alors $K' = \psi K \phi$ se prolonge en un opérateur continu $H_s(\Gamma) \to H_{s-s_0+\frac{1}{2}}(\overline{\Omega})$.

Or on a $K'(u) = \int e^{2i\pi\langle x', \xi'\rangle} k'(x, \xi') \hat{u}(\xi') d\xi'$ (d'après (1.7)) avec $k'(x, \xi') = \psi K(\phi, \langle\cdot, \xi'\rangle; 1)$ (d'après 1.6)) (1.11) montre en outre, en tenant compte du fait que $k'(x, \xi)$ est régulier pour $\xi' = 0$, et nul en dehors de $\operatorname{supp}\psi \times R^{n-1}$, que

$$\text{(1.19)} \qquad \left| x_n^p D_{x'}^\alpha D_{\xi'}^\beta k'(x, \xi') \right| \leqq c(1 + |\xi'|)^{s_0 - |\beta| - p + \alpha_n}$$

(cette fois c dépend seulement de p, α, β; et pas de x).

Nous commençons par remarquer qu'il est possible de prolonger k' en une fonction $\tilde{k}'$, C^∞ ur $R^n \times R^{n-1}$ tout entier, qui vérifie encore (1.33). (Par exemple en posant pour $x_n < 0$

$$\tilde{k}'(x', x_n, \xi') = \int_0^\infty k'(x', -\lambda x_n, \xi')\, a(\lambda) d\lambda$$

où $a(\lambda)$ est une fonction C^∞ à décroissance rapide sur R, nulle pour $\lambda \leqq 1$, et telle que $\int \lambda^p a(\lambda) d\lambda = (-1)^p$ pour tout entier positif p.

On peut aussi se servir du développement asymptotique (1.11), et faire une construction analogue à celle de Lemme 1.10.

Nous achevons la démonstration en deux étapes.

Lemme 1.17. *Soit $k(x_n, \xi')$ une fonction C^∞ sur $R \times R^{n-1}$ telle que pour tous entiers p et q, on ait*

$$c_{p,q} = \sup \left| x_n^p D_{x_n}^q k(x_n, \xi') \cdot (1 + |\xi'|)^{-s_0+p-q} \right| < +\infty. \tag{1.20}$$

Alors l'opérateur $Ku(x) = \int e^{2i\pi\langle x', \xi'\rangle} k(x_n, \xi') \hat{u}(\xi') d\xi'$ se prolonge pour tout s en un opérateur continu: $H_s(R^{n-1}) \to H_{s-s_0+\frac{1}{2}}(R^n)$, dont la norme est majorée par une combinaison linéaire (qui ne dépend que de s) des $c_{p,q}$.

Démonstration. Soit $\hat{k}(\xi) = \int e^{-2i\pi x_n \xi_n} k(x_n, \xi') dx_n$ la transformée de Fourier partielle de $k(x_n, \xi')$ par rapport à x_n. On a donc $\widehat{ku}(\xi) = \hat{k}(\xi)\, \hat{u}(\xi')$ si $u \in C_0^\infty(R^{n-1})$

Nous pouvons écrire (1.20) sous la forme

$$\left| (1 + |\xi'| x_n|^p \,|\, D_{x_n}^q k(x_n, \xi') \right| \leqq c(1 + |\xi'|)^{s_0+q}.$$

En ajoutant de telles inégalités, il vient

$$\left| D_{x_n}^q k(x_n, \xi') \right| \leqq c(1 + |\xi'|)^{s_0+q} (1 + |x_n(1 + |\xi'|)|)^{-p}$$

d'où en prenant $p > 1$

$$\left| \xi_n^q \hat{k}(\xi) \right| \leqq c(1 + |\xi'|)^{s_0+q-1}$$

en ajoutant ces dernières inégalités, il vient

$$|\hat{k}(\xi)| \leqq c(1 + |\xi'|^{s_0-1} \left(1 + \frac{|\xi_n|}{1 + |\xi'|}\right)^{-q} \leqq c'(1 + |\xi'|)^{s_0+q-1} (1 + |\xi|)^{-q}$$

que nous écrirons finalement sous la forme équivalente

$$|\hat{k}(\xi)|^2 \leqq c_q (1 + |\xi'|^2)^{s_0+q-1} (1 + |\xi|^2)^{-q} \tag{1.21}$$

où c_q est combinaison linéaire de certains $c_{p,q}$.

On a alors

$$\| Ku \|_r = \quad | \hat{k}(\xi)\hat{u}(\xi')|^2(1 + |\xi|^2)^r d\xi$$

$$\leqq C_q \int_{R^{n-1}} |\hat{u}(\xi')|^2 \left[\int (1 + |\xi'|^2)^{s_0+q-1}(1 + |\xi|^2)^{-q+r} d\xi_n \right] d\xi'$$

$$\leqq \pi C_q \int |\hat{u}(\xi')|^2(1 + |\xi'|^2)^{s_0+q-1-q+r+\frac{1}{2}} d\xi' = \pi C_q \| u \|_{s_0+r-\frac{1}{2}}$$

si $-q + r \leqq -1$ (puisqu'alors $\int (1 + |\xi|^2)^{-q+r} d\xi_n \leqq \pi(1 + |\xi'|^2)^{-q+r+\frac{1}{2}}$) ceci achève de démontrer le Lemme 1.17.

(Ce lemme, et la remarque qui le precède sur le prolongement donnent une démonstration alternative du Théorème (1.3.4) de [1]).

Pour achever la démonstration du Théorème 1.16, nous remarquons que (parce que C_0^∞ est nucléaire) on peut décomposer la fonction $\tilde{k}'(x, \xi')$ en somme d'une série

$$\tilde{k}'(x, \xi') = \sum \lambda_j \phi_j(x') k_j(x_n, \xi')$$

où $\sum |\lambda_j| < +\infty$, ϕ_j parcourt un borné de $C_0^\infty(R^{n-1})$, et k_j vérifie uniformément les conditions du Lemme 1.17 (autrement dit: les $c_{p,q}(k_j)$ sont majorés par une constante qui ne dépend pas de j).

Nous terminons cette section par la construction suivante:

Considérons la fonction:

$$l_0(x, \xi') = \phi(x_n^2 |\xi'|^2)$$

où $\phi \in C_0^\infty(R)$, et $\phi(t) = 1$ pour $|t| \leqq 1$. Alors, en raison du Théorème 1.4 (on vérifie immédiatement que $l_0(x, \xi')$ satisfait aux hypothèses de ce théorème), l'opérateur

$$(1.22) \qquad L_0(u) = \int e^{2i\pi\langle x', \xi'\rangle} l_0(x, \xi') \hat{u}(\xi') d\xi'$$

est un pseudo noyau de Poisson de degré 0; et on voit immédiatement que

(1.23) $$\mathrm{Tr}_\Gamma L_0(u) = u; \qquad \mathrm{Tr}_\Gamma \left(\frac{\partial}{\partial x_n}\right)^p L_0(u) = 0 \text{ si } p \geqq 1$$

Enfin si on pose $L_k = \frac{x_n^k}{k!} L_0$, on a

(1.24) L_K est un pseudo noyau de Poisson de degré $-k$, et on a

$$\mathrm{Tr}_\Gamma \left(\frac{\partial}{\partial x_n}\right)^p L_k(u) = \begin{cases} u & \text{si } p = k \\ 0 & \text{si } p \neq k. \end{cases}$$

Plus généralement

Proposition 1.18. *Soit $\bar{\Omega}$ une variété à bord C^∞, paracompacte, de bord Γ; et soit ∂_n un champ de vecteurs C^∞ réel sur $\bar{\Omega}$, transverse à Γ. Pour tout entier k, il existe un pseudo noyau de Poisson $\mathscr{L}_k$ sur $\bar{\Omega}$, de degré $-k$, tel que*

$$\mathrm{Tr}_\Gamma \partial_n^p \mathscr{L}_k(u) = \begin{cases} u & \text{si } p = k \\ 0 & \text{si } p \neq k \end{cases}$$

on peut prendre par exemple $\mathscr{L}_k = \Sigma\, \phi_i L_k^i \psi_i$ où $\phi_i \in C_0^\infty(\bar{\Omega})$, $\psi_i \in C_0^\infty(\Gamma)$ et L_K^i ont été choisis de façon que

1) $\mathrm{supp}\, \phi_i \cup \mathrm{supp}\, \psi_i$ est inclus dans une sous variété à bord $\bar{\Omega}_i$ ouverte dans $\bar{\Omega}$, telle qu'il existe un isomorphisme $C^\infty: \alpha_i$ de Ω_i sur $\overline{R_+^n}$ verifiant $\alpha_i(\partial_n) = \frac{\partial}{\partial x_n}$ au voisinage de $\Gamma_i = \Gamma \cap \bar{\Omega}_i$.

2) La famille $\bar{\Omega}_i$ est localement finie, et recouvre un voisinage de Γ.

3) $\Sigma\, \phi_i(x) = 1$ au voisinage de Γ,
et $\partial_n \phi_i(x) = 0$ au voisinage de Γ.

4) $\psi_i = 1$ au voisinage de $\mathrm{supp}\, \phi_i \cap \Gamma$.

5) L_k^i est image réciproque de L_k ((1.24)) par α_i.

Nous laissons au lecteur le soin de vérifier que la construction est possible Jointe au Théorème 1.16, cette proposition redémontre, en les précisant les théorèmes habituels sur les sections des opérateurs trace dans les espaces H_s.

§2. Comportement d'un opérateur pseudo-différentiel au voisinage d'une hyper-surface

Dans cette section, nous généralisons aux opérateurs pseudo-différentiels les résultats de [1], §2.

V désigne une variété C^∞. $\overline{\Omega}$ désigne une variété à bord C^∞, de bord Γ, d'intérieur Ω, de même dimension que V, et régulièrement plongée dans V.

Définition 2.1. *On dit qu'un opérateur pseudo-différentiel P défini sur* V opère sur $\overline{\Omega}$ si $P(u^0)/\Omega \in C^\infty(\overline{\Omega})$ quand $u \in C_0^\infty(\overline{\Omega})$, u^0 *désignant le prolongement de u à V par 0 dans $V - \Omega$.*

On notera P^Ω l'opérateur $u \rightsquigarrow P(u^0)/\Omega$.

Afin d'éclairer un peu ce qui va suivre, nous commençons par l'étude des deux exemples suivants:

$$\overline{\Omega} \text{ est la demi droite } R^+, \text{ et } V = R.$$

Nous notons P_α l'opérateur pseudo différentiel de degré $-1-\alpha$ défini (quand α n'est pas entier) par

$$(2.1) \qquad P_\alpha(u)(x) = \langle p.f.\, Y(-t)|t|^\alpha,\ u(x-t)\rangle \qquad \text{si } u \in C_0^\infty(R)$$

$$\text{on a posé } Y(x) = \begin{cases} 1 & \text{pour } x > 0 \\ 0 & \text{pour } x < 0 \end{cases}$$

et $p.f.$ est définie ici comme dans [7], Chap. II, §2, exemple 2. Comme $p.f.\ Y(-x)|x|^\alpha$ est nulle pour $x > 0$, on a

$$P_\alpha(u) = P_\alpha(v) \quad \text{pour} \quad x > 0 \quad \text{si} \quad u = v \text{ pour } x > 0 .$$

Par suite P_α opère sur $\bar{R}_+$; et il en est de même pour l'opérateur ϕP_α si $\phi \in C^\infty(R)$.

Nous notons Q_α l'opérateur pseudo-différentiel de degré $-1-\alpha$ défini (toujours pour α non entier) par

$$(2.2) \qquad Q_\alpha(u)(x) = \frac{1}{\alpha!}\langle p.f.\, Y(t)t^\alpha,\ u(x-t)\rangle \quad \text{si} \quad u \in C_0^\infty(R) .$$

Si $u \in C_0^\infty(\overline{R_+})$ et $u \sim \sum a_k \dfrac{x^k}{k!}$ quand $x \to +0$, on vérifie immédiatement que $Q_\alpha(u^0)$ admet quand $x \to +0$ le développement asymptotique

$$Q_\alpha(u^0) \sim \sum a_k \frac{x^{\alpha+k+1}}{(\alpha+k+1)!} + F(x)$$

où $F(x)$ est un développement asymptotique polynômial (donc est le développement asymptotique à l'origine d'une fonction (C^∞).

Il s'ensuit que si $\phi \in C^\infty(R)$, ϕQ_α ne peut opérer sur $\bar{R}_+$ que si $\phi(x)$ a un zéro d'ordre infini pour $x = 0$ (on vérifie d'ailleurs assez facilement que ϕQ_α opère effectivement sur R^+ dans ce cas — de toute façon, la théorie générale qui suit le prouvera).

Nous supposons désormais que $\overline{\Omega}$ est le demi-espace ferme $\bar{R}^n_+$, de bord $\Gamma = R^{n-1}$, d'intérieur $\overline{\Omega}$; et $V = R^n$.

Soit P un opérateur pseudo-différentiel sur V, de symbole $\sum p_j(x,\xi)$ (dans la carte identique $V \to R^n$).

(2.3) $\tilde{p}_j(x,\xi',t)$ désignera la transformée de Fourier inverse partielle de $p_j(x,\xi)$ par rapport à ξ_n, ξ_n et t désignant les variables en dualité.

C'est une distribution sur $V \times (R^{n-1} - \{0\}) \times R$.

Comme p_j est homogène de degré s_j en ξ, on a

$$\tilde{p}_j\left(x, \lambda\xi', \frac{t}{\lambda}\right) = \lambda^{s_j+1}\tilde{p}_j(x,\xi',t) \text{ pour } \xi' \neq 0,\ \lambda > 0 \tag{2.4}$$

Nous nous proposons de démontrer le résultat suivant.

Théorème 2.2. *Les assertions qui suivent sont équivalentes:*

(2.5) *P opère sur $\overline{\Omega}$*

(2.6) *Pour tout entier p, l'opérateur $K_p: C_0^\infty(\Gamma) \to \mathcal{D}'(\Omega)$ défini par $K_p(u) = P(u \otimes \delta_{x_n}^{(p)})/\Omega$ est un pseudo noyau de Poisson.*

(2.7) *Pour tout j, $\tilde{p}_j(x,\xi',t)$ est C^∞ sur l'ensemble $|\xi'| \neq 0$, $t \geqq a|x_n|$ (a désignant un nombre positif non nul) (c'est à dire: les dérivées sont des fonctions continues sur l'ouvert $t > a|x_n|$, et se prolongent continument à la fermeture de cet ouvert dans $V \times (R^{n-1} - \{0\}) \times R$).*

(2.8) *Pour tout j, $p_j(x,\xi',\xi_n) - e^{-s_j i\pi}p_j(x,\xi',-\xi_n)$ est plate le long de la* *variété* $x_n = 0$, $\xi' = 0$, $\xi_n > 0$ *(c'est à dire: s'y annulle ainsi que toutes ses dérivées).*

Nous dirons aussi que P a la propriété de transmission le long de Γ, *vers l'intérieur de* $\overline{\Omega}$.

Nous commençons par préciser les notations: remarquons d'abord que les conditions énoncées sont toutes locales en x. Il suffira donc de démontrer le Théorème 1.2 dans le cas où P est de la forme

$$P = f_1 P' f_2$$

où P' est un opérateur pseudo-différentiel sur $V = R^n$, et $f_1 \in C_0^\infty(V)$, $f_2 \in C_0^\infty(V)$.

On a alors d'après le §0 (0.3) à (0.10))

$$Pu(x) = \int e^{2i\pi\langle x,\xi\rangle} p(x,\xi)\, \hat{u}(\xi) d\xi \tag{2.9}$$

avec

$$p(x,\xi) = f_1 e^{-2i\pi\langle x,\xi\rangle} P'(f_2\, e^{2i\pi\langle\cdot,\xi\rangle})$$

$$\left| D_x^\alpha D_\xi^\beta \left[p(x,\xi) - \sum_0^{N-1} p_j(x,\xi) \right] \right| \leqq c |\xi|^{s_N - |\beta|} \text{ pour } |\xi| \geqq 1 \tag{2.10}$$

avec $p_j(x,\xi) = f_1(x) P_j'(f_2, \langle\cdot,\xi\rangle$,

ici c ne depend que de α, β (et pas de x) parce que $p(x,\xi)$ et $p_j(x,\xi)$ sont nulles au dessus du complémentaire de suppf_1 qui est compact.

Pour $N = 0$, on a

$$|D_x^\alpha D_\xi^\beta p(x,\xi)| \leqq c(1 + |\xi|)^{s_0 - |\beta|} \tag{2.11}$$

parce que $p(x,\xi)$ est aussi régulier pour $\xi = 0$.

(2.12) Nous notons $\tilde{p}(x,\xi',t)$ la transformée de Fourier inverse partielle de $p(x,\xi)$ par rapport à ξ_n, ξ_n et t désignant les variables en dualité.

C'est une distribution sur $V \times R^{n-1} \times R$.

La démonstration du Théorème 1.2 repose sur une étude précise du comportement de $\tilde{p}$ et $\tilde{p}_j$ quand $t \to +0$.

Nous commençons par remarquer que (2.10) et (2.11) impliquent

$$\text{(2.13)} \qquad \left| D_x^\alpha D_{\xi'}^\beta D_{\xi_n}^p \xi_n^q \left(p - \sum_0^{N-1} p_j \right) \right| \leqq c \left| \xi \right|^{s_N - |\beta| - p + q} \quad \text{pour } |\xi| \geqq 1$$

$$\text{(2.14)} \qquad \left| D_x^\alpha D_{\xi'}^\beta D_{\xi_n}^p \xi_n^n p(x,\xi) \right| \leqq c(1 + |\xi|)^{s_0 - |\beta| - p + q}$$

(ici $\beta = (\beta_1 \cdots \beta_{n-1})$ désigne un multi indice d'ordre $n-1$). Il en résulte immédiatement que $D_x^\alpha D_{\xi'}^\beta t^p D_t^q(\tilde{p} - \Sigma\, \tilde{p}_j)$ est une fonction continue pour $|\xi'| \geqq 1$ si $s_N - |\beta| - p + q < -1$; et on a alors

$$\text{(2.15)} \qquad \left| D_x^\alpha D_{\xi'}^\beta t^p D_t^q \left(\tilde{p} - \sum_0^{N-1} \tilde{p}_j \right) \right| \leqq c \left| \xi' \right|^{s_N - |\beta| - p + q + 1} \quad \text{pour } |\xi'| \geqq 1$$

de même

$$\text{(2.16)} \qquad \left| D_x^\alpha D_{\xi'}^\beta t^p D_t^q (\tilde{p}(x,\xi',t)) \right| \leqq c(1 + |\xi'|)^{s_0 - |\beta| - p + q + 1}$$

si $s_0 - |\beta| - p + q < -1$

$$\text{(parce que} \qquad \int |\xi|^s d\xi_n = c |\xi'|^{s+1} \qquad \text{si } s < -1$$

$$\int (1 + |\xi|)^s \, d\xi_n \leqq c(1 + |\xi'|)^{s+1} \quad \text{si } s < -1).$$

Si on considère la fonction p_j seule, on obtient

$$\text{(2.17)} \qquad \left| D_x^\alpha D_{\xi'}^\beta t^p D_t^q \tilde{p}_j(x,\xi',t) \right| \leqq c \left| \xi' \right|^{s_j - |\beta| - p + q + 1} \quad \text{pour } \xi' \neq 0$$

si $s_j - |\beta| - p + q < -1$.
(2.16) (et (2.17)) montrent que $\tilde{p}(x,\xi',t)$ (resp. $\tilde{p}_j(x,\xi',t)$) est une fonction C^∞ pour $t \neq 0$ (resp. et $\xi' \neq 0$), à décroissance rapide en t pour ξ' fixé, et aussi en ξ' pour t fixé, $t \neq 0$.

Nous énonçons un premier résultat: posons

$$\text{(2.18)} \qquad R_M(x,\xi',t) = \tilde{p}(x,\xi',t) - \sum_{K=0}^{M-1} \frac{x_n^k}{k!} \left(\frac{\partial}{\partial x_n} \right)^k \tilde{p}(x',0,\xi',t)$$

$$(2.19)\qquad R_{M,j}(x,\xi',t) = \tilde{p}_j(x,\xi',t) - \sum_{K=0}^{M-1} \frac{x_n^k}{k!}\left(\frac{\partial}{\partial x_n}\right)^k \tilde{p}_j(x',0,\xi',t)$$

Lemme 2.3. *R_M (resp. et R_{Mj}) est une fonction C^∞ pour $t \neq 0$, (resp. et $\xi' \neq 0$), et on a pour $t > a|x_n|$ (avec $a > 0$)*

$$(2.20)\qquad |D_x^\alpha D_{\xi'}^\beta t^p D_t^q R_M| \leqq c(1+|\xi'|)^{s_0-|\beta|-p+q-M+\alpha_n+1}$$

$$(2.21)\qquad |D_x^\alpha D_{\xi'}^\beta t^p D_t^q R_{M,j}| \leqq c|\xi'|^{s_j-|\beta|-p+q-M+\alpha_n+1}$$

si l'exposant du second membre est <0, et $M \geqq \alpha_n$.

Démonstration. (2.20) résulte immédiatement de (2.16) et du fait que

$$D_x^\alpha D_{\xi'}^\beta t^p D_t^q R_M = x_n^{M-\alpha_n}\int_0^1 \left(\frac{\partial}{\partial x_n}\right)^{M-\alpha_n} D_x^\alpha D_{\xi'}^\beta t^p D_t^q \tilde{p}(x',ux_n,\xi',t)\,h(u)du$$

avec $h(u) = \dfrac{(1-u)^{M-\alpha_n-1}}{(M-\alpha_n-1)!}$

donc pour $t \geqq a|x_n|$

$$|D_x^\alpha D_{\xi'}^\beta t^p D_t^q R_M| \leqq c\int_0^1 \left|\left(\frac{\partial}{\partial x_n}\right)^{M-\alpha_n} D_x^\alpha D_{\xi'}^\beta t^{p+M-\alpha_n} D_t^q \tilde{p}(\cdots)\right| du\,.$$

On démontre (2.21) de la même façon.

Nous étudions maintenant de façon précise la singularité de $\tilde{p}(x,\xi',t)$ quand $t \to +0$. Avant de continuer, nous fixons une fois pour toutes des notations:

(2.22) $\chi_0(\xi_n)$ désigne une fonction C^∞ d'une variable, telle que

$$\chi_0(\xi_n) = \begin{cases} 1 & \text{pour } |\xi_n| > 2 \\ 0 & \text{pour } |\xi| < 1\,. \end{cases}$$

Pour tout s réel, nous nous donnons une fois pour toutes une fonction $T_s(t)$, definie pour $t > 0$ et C^∞, telle que

(2.23) $T_s(t) = 0$ pour $t > 2$; et pour $0 < t < 1$,

$$T_s(t) = \begin{cases} \dfrac{t^s}{s!} & \text{si } s \text{ n'est pas entier} \\ (-1)^K \dfrac{K!}{t^{K+1}} & \text{si } s = -K-1 \text{ est entier négatif} \\ \dfrac{t^K}{K!}\left(\log t - \sum_1^K \dfrac{1}{p}\right) & \text{si } s = k \text{ est entier positif ou nul.} \end{cases}$$

Avec ce choix des coefficients, on a pour $0 < t < 1$

$$T_{s-1}(t) = \frac{d}{dt} T_s(t) \tag{2.24}$$

$$t^k T_s(t) = \begin{cases} (s+1)\cdots(s+k)\,T_{s+k}(t) & \text{si } s+k \text{ n'est pas entier positif} \\ (s+1)\cdots(s+k)T_{s+k}(t) - \dfrac{t^{s+k}}{(s+k)!}\left(\sum_{p=s+1}^{s+k} \dfrac{1}{p}\right) & \\ & \text{si } s \text{ et } s+k \text{ sont entiers positifs.} \end{cases} \tag{2.25}$$

Lemme 2.4. *Soit $f(\xi_n)$ une fonction homogène de degré s, et soit $g(t) = \bar{F}\chi_0 f$ la transformée de Fourier inverse de $\chi_0(\xi_n)f(\xi_n)$.*

Il existe une constante $C_s \neq 0$ et deux fonctions ϕ_s, $\psi_s \in \mathscr{S}(R)$ (C^∞ a décroissance rapide) telles que pour $t > 0$ on ait

$$g(t) = C_s[f(1) - e^{-si\pi}f(-1)]\,T_{-s-1}(t) + f(1)\phi_s(t) + f(-1)\psi_s(t).$$

Ce résultat est tout à fait classique. Nous en rappellons brièvement la démonstration:

De toute façon $g(t)$ dépend linéairement de $f(1)$ et $f(-1)$; et c'est une fonction C^∞ à décroissance rapide pour $t \neq 0$. Ensuite, si on pose

$$\xi_n^s = \begin{cases} \xi_n^s & \text{pour } \xi_n > 0 \\ e^{si\pi}\xi_n^s & \text{pour } \xi_n < 0 \end{cases} \qquad Y(\xi_n) = \begin{cases} 1 & \text{pour } \xi_n > 0 \\ 0 & \text{pour } \xi_n < 0 \end{cases}$$

on a

$$f(\xi_n) = e^{-si\pi}f(-1)\xi_n^s + [f(1) - e^{-si\pi}f(-1)]\,Y(\xi_n)\xi_n^s.$$

Donc ($\bar{F}$ désignant la transformation de Fourier inverse)

$$h - e^{-si\pi}f(-1)\,\bar{F}(p.f.\,\xi_n^s) - [f(1) - e^{-si\pi}f(-1)]\,\bar{F}(p.f.\,Y(\xi_n)\xi_n^s)$$

est une fonction C^∞ sur R tout entier.

Or $\bar{F}(p.f.\,\xi_n^s)(t)$ est nulle pour $t > 0$ si $s > 0$ (alors ξ_n^s se prolonge en une fonction continue pour $\operatorname{Im}\xi_n \geqq 0$, analytique pour $\operatorname{Im}\xi_n > 0$). Donc (par intégration) pour tout s, $\bar{F}(p.f\,\xi_n^s)/R_+ \in C^\infty(\bar{R}_+)$ Enfin pour $s > 0$, $\bar{F}(p.f.\,Y(\xi_n)\xi_n^s)$ est homogène de degré $-1-s$, non nulle pour $t > 0$. Par intégration il en résulte que pour tout s, on a, avec une constante $C_s \neq 0$

$$\bar{F}(p.f.\,Y(\xi_n)\xi_n^s)/R^+ \;-\; C_s T_{-1-s}(t) \in C^\infty(\bar{R}_+)$$

ceci achève de démontrer le Lemme 1.4.

Nous remarquons maintenant (en appliquant la formule de Taylor à (2.10)) que $p_j(x,\xi)$ et $p(x,\xi)$ admettent quand $\xi_n \to \pm\infty$ le développement asymptotique

$$p_j(x,\xi',\xi_n) \sim \sum_\gamma p_j^{(\gamma)}(x,0,\pm 1)\,\frac{\xi'^\gamma}{\gamma!}\,|\xi_n|^{s_j-|\gamma|} \tag{2.26}$$

$$p(x,\xi',\xi_n) \sim \sum_{j,\gamma} p_j^{(\gamma)}(x,0,\pm 1)\,\frac{\xi'^\gamma}{\gamma!}\,|\xi_n|^{s_j-|\gamma|}. \tag{2.27}$$

De façon plus précise, posons

$$L_{N,j}(x,\xi) = p_j(x,\xi) - \chi_0\!\left(\frac{\xi_n}{|\xi'|}\right) \sum_{|\gamma|<N+s_j} p_j^\gamma\!\left(x,0,\frac{\xi_n}{|\xi_n|}\right) \frac{\xi'^\gamma}{\gamma!}\,|\xi_n|^{s_j-|\gamma|} \tag{2.28}$$

$$L_N(x,\xi) = p(x,\xi) - \chi_0\!\left(\frac{\xi_n}{\lambda\xi'}\right) \sum_{|\gamma|-s_j<N} p_j^{(\gamma)}\!\left(x,0,\frac{\xi_n}{|\xi_n|}\right) \frac{\xi'^\gamma}{\gamma!}\,|\xi_n|^{s_j-|\gamma|} \tag{2.29}$$

où $\lambda_{\xi'}$ désigne une fonction C^∞ réelle sur R^{n-1} telle que

$$\lambda_{\xi'} = \begin{cases} 1 & \text{pour } |\xi'| \leqq 1 \text{ et } \lambda_{\xi'} \geqq 1 \text{ pour tout } \xi' \\ |\xi'| & \text{pour } |\xi'| \geqq 2. \end{cases} \tag{2.30}$$

On a multiplié par $\chi_0\left(\frac{\xi_n}{|\xi'|}\right)$ $\left(\text{resp. } \chi_0\left(\frac{\xi_n}{\lambda\xi'}\right)\right)$ de façon à ne pas ajouter de singularités, et à conserver l'homogénéité asymptotique).

On a alors

$$(2.31) \qquad \left|D_x^\alpha D_{\xi'}^\beta D_{\xi_n}^p \xi_n^q L_{N,j}(x,\xi',\xi_n)\right| \leqq c\left|\xi\right|^{-N-p+q}\left|\xi'\right|^{N+s_j-|\beta|}$$

(parce que l'inégalité est verifiée uniformément pour $|\xi'| = 1$, et que le premier membre est homogène de degré $s_j - |\beta| - p + q$)

$$(2.32) \qquad \left|D_x^\alpha D_{\xi'}^\beta D_{\xi_n}^p \xi_n^q L_N(x,\xi',\xi_n)\right| \leqq c(1+|\xi|)^{-N-p+q}(1+|\xi'|)^{N+s_0-|\beta|}$$

(parce que l'inégalité est vérifiée uniformément pour $|\xi'| \leq 3$, et résulte d'une somme convenable d'inégalités (2.31) pour $|\xi'| \geqq 2$). Nous posons maintenant

$$(2.33) \qquad a_{j,\gamma}(x) = \frac{c_s}{\gamma!}\left[p_j^{(\gamma)}(x,0,1) - e^{-(s_j-|\gamma|)i\pi} p_j^{(\gamma)}(x,0,-1)\right]$$

et, pour $t > 0$,

$$(2.34) \quad S_{N,j}(x,\xi',t) = \tilde{p}_j(x,\xi',t) - \sum_{|\gamma|<N+s_j} a_{j,\gamma}(x)\xi'^\gamma|\xi'|^{s_j-|\gamma|+1} T_{-s_j+|\gamma|-1}(|\xi'|t)$$

$$(2.35) \quad S_N(x,\xi',t) = \tilde{p}(x,\xi',t) - \sum_{|\gamma|-s_j<N} a_{j,\gamma}(x)\xi'^\gamma \lambda_{\xi'}^{s_j-|\gamma|+1} T_{-s_j+|\gamma|-1}(\lambda_{\xi'}t)$$

Lemme 2.5. *On a pour $t > 0$*

$$(2.36) \qquad \left|t^p D_x^\alpha D_{\xi'}^\beta D_t^q S_{N,j}(x,\xi',t)\right| \leqq c\left|\xi'\right|^{s_j-|\beta|-p+q-1}$$

$$si \quad -N-p+q < -1$$

$$(2.37) \qquad \left|t^p D_x^\alpha D_{\xi'}^\beta D_t^q S_N(x,\xi',t)\right| \leqq c(1+\left|\xi'\right|^{s_0-|\beta|-p+q+1}$$

$$si \quad -N-p+q < -1\,.$$

En effet il résulte du Lemme 2.4 que pour $t > 0$, on a

$$S_{N,j} = \tilde{L}_{N,j}^{\bullet} + \sum_{|\gamma|<N+s_j} \frac{\xi'^\gamma|\xi'|^{s_j-|\gamma|+1}}{\gamma!}\left[p_j^{(\gamma)}(x,0,1)\phi_s(|\xi'|t) + p_j^{(\gamma)}(x,0,-1)\psi_s(|\xi'|t)\right]$$

$\tilde{L}_{N,j}$ désignant la transformée de Fourier inverse partielle de $L_{N,j}$ par rapport à ξ_n.

(2.34) montre que $\tilde{L}_{N,j}$ est continue pour $|\xi'| \neq 0$, et vérifie l'inégalité (2.36) partout, si $-N-p+q<-1$.

Par ailleurs le deuxième terme vérifie toujours l'inégalité (2.36), parce que ϕ_s et ψ_s sont des fonctions C^∞ à décroissance rapide (et que $P_j^{(\gamma)}(x,0,\pm 1)$ est une fonction C^∞ à support compact). De même pour S_N.

Pour terminer, nous ajoutons les inégalités des Lemmes 2.3 et 2.5. Posons

$$a_{j,\gamma}^K(x') = \frac{1}{K!}\left(\frac{\partial}{\partial x_n}\right)^K a_{j\gamma}(x',0) \tag{2.38}$$

et, pour $t>0$ et $N \geqq M$

$$\begin{aligned} Q_{M,N,j} &= R_{M,j} - \sum_{\substack{M \leqq K < N \\ |\gamma| - s_j < N}} a_{j\gamma}^K(x')\xi'^\gamma |\xi'|^{s_j - |\gamma| + 1} x_n^K T_{-s_j + |\gamma| - 1}(|\xi'|t) \\ &= R_{N,j} + \sum_{M \leqq K < N} \frac{x_n^K}{K!}\left(\frac{\partial}{\partial x_n}\right)^K S_{N,j}(x',0,\xi',t) \end{aligned} \tag{2.39}$$

$$\begin{aligned} Q_M &= R_M - \sum_{\substack{M-K<N \\ |\gamma| \leqq s_j < N}} a_{j,\gamma}^K(x')\xi'^\gamma \lambda_{\xi'}^{s_j - |\gamma| + 1} x_n^K T_{-s_j + |\gamma| - 1}(\lambda_{\xi'} t) \\ &= R_N + \sum_{M \leqq K < N} \frac{x_n^K}{K!}\left(\frac{\partial}{\partial x_n}\right)^K S_N(x',0,\xi',t) \end{aligned} \tag{2.40}$$

($R_{M,j}$ et R_M étant definis comme dans (2.18), (2.19)).

Lemme 2.6. *On a pour $t > a|x_n|$ l'inégalité*

$$|D_x^\alpha D_{\xi'}^\beta t^p D_t^q Q_{N,j}| \leqq c|\xi'|^{s_j - |\beta| - p + q - M + \alpha_n + 1} \tag{2.41}$$

$$|D_x^\alpha D_{\xi'}^\beta t^p D_t^q Q_N| \leqq c(1 + |\xi'|)^{s_0 - |\beta| - p + q - M + \alpha_n + 1} \tag{2.42}$$

si N est assez grand

(*précisément*: $N > s_j - |\beta| - p + q + \alpha_n + 1$

(*resp.* $N > S_0 - |\beta| - p + q + \alpha_n + 1$)

et $N > -M - p + \alpha_n + q + 1$).

Cela résulte immédiatement des Lemmes 2.3 et 2.5, en remarquant que pour $k \geqq M$, on a

$$D_x^\alpha D_{\xi'}^\beta t^p D_t^q \left[\frac{x_n^k}{k!}\left(\frac{\partial}{\partial x_n}\right)^k s_{N,j}(x',0,\xi',t)\right]$$

$$= \frac{x_n^{k-\alpha_n}}{(k-\alpha_n)!} D_{x'}^{\alpha'} D_{\xi'}^\beta t^p D_t^q \left(\frac{\partial}{\partial x_n}\right)^k S_{N,j}(x,0,\xi,t).$$

Donc pour $t > a|x_n|$, cette quantité est majorée par

$$c\left| t^{p+M-\alpha_n} D_{x'}^{\alpha'} D_{\xi'}^\beta D_t^q \left(\frac{\partial}{\partial x_n}\right)^k S_{N,j}(x',0,\xi',t)\right|.$$

On procède de même pour Q_N.

Nous retiendrons aussi une forme affaiblie du Lemme 2.6, en remarquant qu'il résulte de la définition des T_s ((2.23)) que

$$|\xi'|^{-|\gamma|+s_j+1} T_{-s_j+|\gamma|-1}(t|\xi'|) - T_{-s_j+|\gamma|-1}(t)$$

est continue pour $t \geqq 0$ ainsi que toutes ses dérivées:

Lemme 2.7.

$$\tilde{p}(x,\xi',t) - \sum_{\substack{k<N \\ |\gamma|-s_j<N}} a_{j,\gamma}^k(x')\xi'^\gamma x_n^k T_{-s_j+|\gamma|-1}(t)$$

est continue ainsi que toutes ses dérivées d'ordre inférieur à

$$N - \alpha_0 = \inf(N-1,\ N-s_0-1)$$

sur l'ensemble fermé $t \geqq a|x_n|$.

Nous sommes maintenant en mesure de démontrer le Théorème 2.2. Le schéma de démonstration est le suivant:

1) (2.7)$\Leftrightarrow$(2.8); 2) (2.7)$\rightarrow$(2.6); 3) (2.6)$\rightarrow$(2.7) et (2.5)$\rightarrow$(2.7); 4) (2.7) (qui équivaut à (2.6) et (2.8)) implique (2.5).

1) L'équivalence de (2.7) et (2.8) résulte immédiatement du Lemme 2.6,

qui montre clairement que $\tilde{p}_j$ est C^∞ sur l'ensemble $t \geqq a|x_n|$ si et seulement si les $a^k_{j,\gamma}(x')$ sont tous nuls (ce qui équivaut à (2.8)).

2) Remarquons que de toute façon on a pour $x_n \geqq 0$

$$(2.43) \qquad K_p(u) = P(u \otimes \delta^{(p)}_{x_n}) = \int e^{2i\pi\langle x',\xi'\rangle} \left(\frac{\partial}{\partial t}\right)^p \tilde{p}(x,\xi',x_n)\,\hat{u}(\xi')d\xi'$$

L'implication (2.7) ⇒ (2.6) est alors une conséquence immédiate des Lemmes 2.3 et 2.6, et du Théorème 1.4, qui montrent en outre que

Proposition 2.8. *Le symbole de* K_p *est*

$$(2.44) \qquad \sum_{k,j} \frac{x_n^k}{k!} \left(\frac{\partial}{\partial x_n}\right)^k \left(\frac{\partial}{\partial t}\right)^p \tilde{p}_j(x',0,\xi',x_n).$$

3) Réciproquement-supposons que pour tout p, K_p est un pseudo noyau de Poisson, et montrons que ceci implique que les $a^k_{j,\gamma}(x')$ sont tous nuls.

En effet (2.43) et le Lemme (2.6) montrent que pour tout N et pour tout $u \in C^\infty(\Gamma)$ telle que $\hat{u}$ soit une distribution à support compact,

$$K_p(u) = f_1 P'(f_2(x) \cdot u \otimes \delta^{(p)}_{x_n})$$

est somme de

$$\sum_{\substack{k<N \\ |\gamma|-s_j<N}} a^{(k)}_{j\gamma}(x') D^\gamma_{x'}\, u(x')\, x_n^k \left(\frac{d}{dt}\right)^p T_{-s_j+\gamma-1}(x_n)$$

et de la restriction à $\overline{\Omega}$ d'une fonction $N-\alpha_0$ fois continument dérivable.

A cause de (2.24) qui montre que $\left(\dfrac{d}{dt}\right)^p T_s = T_{s-p}$ au voisinage de $x_n = 0$, et en regroupant les termes par ordre de grandeur, il en résulte que pour toute $u \in C^\infty(\Gamma)$ et pour tout p,

$$\sum_l \sum_{-s_j+|\gamma|-1+k=l} a^k_{j\gamma}(x') D^\gamma u(x')\, x_n^k\, T_{l-k-p}(x_n)$$

est le développement asymptotique à l'origine d'une fonction C^∞. A cause de la forme particulière des fonctions T_s, il est nécessaire pour cela que pour tout l, pour tout γ, et pour tout p,

$$\sum_{|\gamma|-s_j-1+k=l} a^k_{j\gamma}(x')x^k_n T_{-l-k-p}(x_n)$$

soit une fonction C^∞ au voisinage de $x_n = +0$.

Or si p est assez grand pour que $l-p<0$ (2.25) montre que $x^K_n T_{l-K-p}(x_n) = (l-k-p+1)\cdots(l-p)\,T_{l-p}(x_n)$ pour $x_n \leqq 1$.

Il est donc nécessaire que pour tout l, pour tout γ, et pour p assez grand,

$$\left[\sum_{-s_j+|\gamma|-1+k=l} a^k_{j,\gamma}(x')\cdot(l-k-p+1)\cdots(l-p)\right] T_{l-p}(x_n)$$

soit une fonction C^∞ pour $x_n \geqq 0$. Donc (parce que $T_{l-p}(x_n)$ n'est jamais une fonction C^∞)

$$\sum_{-s_j+|\gamma|-1+k=l} (l-k-p+1)\cdots(l-p)a^k_{j,\gamma}(x') = 0$$

ceci implique que les $a^k_{j\gamma}(x')$ sont tous nuls.

Nous montrons maintenant (exactement de la même façon) que si p opère sur Ω, alors les $a^k_{j,\gamma}$ sont tous nuls. Nous remarquons d'abord que si u est une fonction C^∞ sur R^n, et si u^- désigne la fonction qui vaut $u(x)$ pour $x_n<0$, et 0 pour $x_n>0$, alors $P(u^-)$ est bien défini (il est égal à $f_1P'(f_2u^-)$), et $P(u^-)/\Omega \in C^\infty(\overline{\Omega})$ (parce que $P(u^-) = P(u) - P(u-u^-)$.

En particulier pour tout $p \geqq 0$, et toute $\phi \in C^\infty_0(\Gamma)$,

$$P(\phi(x')\cdot Y(-x_n)\,\frac{x^p_n}{p!}\,/\Omega \in C^\infty(\overline{\Omega})\,.$$

Or on a pour $x_n > 0$

$$P\left(\phi(x')\cdot Y(-x_n)\frac{x^p_n}{p!}\right) = \int_{R^{n-1}} e^{2i\pi\langle x',\xi'\rangle}\hat{\phi}(\xi')\left[\int_0^{+\infty}\tilde{p}(x,\xi',x_n+t)\frac{(-t)^p}{p!}dt\right]d\xi'$$

(l'intégrale converge car $\tilde{p}(x,\xi',t+x_n)$ est nul si $-t$ est hors de la projection de suppf_2 ($P=f_1P'f_2$)). Ici encore, le Lemme 2.7 montre que pour $x_n>0$

et pour $N > \alpha_0$, $P\left(\phi(x')\cdot Y(-x_n)\frac{x_n^p}{p!}\right)$ est somme d'une fonction $N-\alpha_0$ fois continument dérivable, et de

$$\sum_{\substack{k<N \\ |\gamma|-s_j<N}} a^k_{j,\gamma}(x')D^\gamma_{x'}\phi(x')x_n^k \int_0^\infty T_{-s_j+|\gamma|-1}(x_n+t)\,\frac{(-t)^p}{p!}\,dt.$$

cette fois l'intégrale est l'opposée d'une primitive d'ordre $p+1$ de $T_{-s_j+|\gamma|-1}$, donc diffère de $T_{-s_j+|\gamma|+p}(x_n)$ par une fonction C^∞ pour $x_n \geqq 0$. On termine comme precedemment en regroupant les termes paf ordre de grandeur, et en remarquant que si $-s_j+|\gamma|+p$ est positif, (2.25) montre que

$$x_n^k T_{-s_j+|\gamma|+p}(x_n)$$

diffère de

$$(-s_j+|\gamma|+p+1)\cdots(-s_j+|\gamma|+p+k)\,T_{-s_j+|\gamma|+p+k}(x_n)$$

par une fonction qui est un polynôme en x_n (donc C^∞pour $x_n \geqq 0$).

4) Nous montrons maintenant que les trois propriétés équivalentes (2.6), (2.7) et (2.8) impliquent:

Théorème 2.9. *Si P vérifie l'une des trois relations équivalentes* (2.6), (2.7) *ou* (2.8), *alors pour tout* $s > -\frac{1}{2}$, *l'opérateur* $P^\Omega : C_0^\infty(\overline{\Omega}) \to C^\infty(\Omega)$ *se prolonge en un opérateur continu*

$$H_s^{\text{comp}}(\overline{\Omega}) \to H^{\text{loc}}_{s-s_0}(\overline{\Omega})$$

le théorème implique évidemment que P opère sur $\overline{\Omega}$. Ce théorème généralise le Théorème 2.2.2 de [1]. Nous en donnons une démonstration indépendante de celle de [1]:

Remarquons d'abord que le théorème est évident pour $|s| < \frac{1}{2}$: alors $u \rightsquigarrow u^0$ est continu de $H_s(\overline{\Omega})$ dans $H_s(R^n)$ (car $H_s(\overline{\Omega}) = \mathring{H}_s(\overline{\Omega})$ pour $|s| < \frac{1}{2}$).

Montrons que si la propriété est vraie pour $s > -\frac{1}{2}$, elle l'est aussi pour $s+1$. Il suffit pour cela de montrer que pour tout opérateur différentiel D d'ordre inférieur ou égal à 1, l'opérateur $D_0 P^\Omega$ est continu $H^{\text{comp}}_{s+1}(\overline{\Omega}) \to H^{\text{loc}}_{s-s_0}(\overline{\Omega})$. Or on a $D\cdot P^\Omega(u)/\Omega = P(Du^0)/\Omega + (DP-PD)(u^0)/\Omega$.

Nous examinons successivement les deux termes: on a

$$Du^0 = (Du)^0 + a_n(x')\mathrm{Tr}_\Gamma u \otimes \delta_{x_n}$$

où $a_n(x)$ désigne le coefficient de $\partial/\partial x_n$ dans D. Or $u \to Du$ est une application continue $H_{s+1}(\overline{\Omega}) \to H_s(\overline{\Omega})$. L'hypothèse de récurrence montre alors que

$$u \rightsquigarrow P(Du)^0 \text{ est continue } H_{s+1}^{\text{comp}}(\overline{\Omega}) \to H_s^{\text{loc}}(\overline{\Omega}).$$

$u \rightsquigarrow \mathrm{Tr}_\Gamma u$ est une application continue $H_{s+1}(\overline{\Omega}) \to H_{s+\frac{1}{2}}(\Gamma)$ (car $s+1>\frac{1}{2}$); comme P verifie (2.6),

$$u \rightsquigarrow P(a_n(x')\mathrm{Tr}_\Gamma u \otimes \delta_{x_n}) = K_0(a_n(x')\mathrm{Tr}_\Gamma u)$$

est continu: $H_{s+1}^{\text{comp}}(\overline{\Omega}) \to H_{s-s_0}^{\text{loc}}(\overline{\Omega})$ (le degré de K_0 est s_0+1).

Enfin si D est un opérateur différentiel, la formule (0.13) montre que $(D \circ P)$ et $(P \circ D)$ vérifient (2.8) si P vérifie (2.8). Donc $(DP - PD)$ vérifie (2.8); et c'est un opérateur pseudo-différentiel de degré s_0. L'hypothèse de recurrence montre alors que $(PD - DP)^\Omega$ est continu $H_s^{\text{comp}}(\overline{\Omega}) \to H_{s-s_0}^{\text{loc}}(\overline{\Omega})$, donc aussi continu $H_{s+1}^{\text{comp}}(\overline{\Omega}) \to H_{s-s_0}^{\text{loc}}(\overline{\Omega})$.

Le théorème est ainsi demontré dans le cas où s n'est pas de la forme $s = n + \frac{1}{2}$ où n est entier positif. Il est encore vrai dans ce cas particulier parce que $H_{n+\frac{1}{2}}$ est un espace d'interpolation entre H_n et H_{n+1}.

Remarque. Le théorème est en général faux pour $s < -\frac{1}{2}$. (Montrons le par un exemple: si $f \in C_0^\infty(\Omega)$, et si on pose $f_\lambda(x) = f(x', \lambda x_n)$, λf_λ tend vers 0 dans $H_s(\overline{\Omega})$, mais tend vers une limite non nulle: $u \otimes \delta_{x_n}$ dans $H_s(R^n)$. Pour que P^Ω se prolonge continument $H_s^{\text{comp}}(\overline{\Omega}) \to H_{s-s_0}^{\text{loc}}(\overline{\Omega})$, il est donc au moins nécessaire que K_0 soit nul).

Nous développons maintenant quelques conséquences immédiates du Théorème 2.2.

Remarquons tout d'abord que les conditions (2.5), (2.6) et (2.8) sont invariantes par les difféomorphismes de variété à bord de $\overline{\Omega} = \overline{R_+^n}$ sur lui même (un tel difféomorphisme laisse invariante la variété $x_n = 0$, $\xi' = 0$, $\xi_n > 0$).

La proposition suivante résulte immédiatement de (2.8) et de (0.15).

Proposition 2.10. *Si P et Q sont deux opérateurs pseudo-différentiels sur R^n, qui opèrent sur $\overline{\Omega} = \overline{R^n_+}$, et si Q est continu $C_0^\infty(R^n) \to C_0^\infty(R^n)$, alors $P \circ Q$ opère sur $\overline{R^n_+}$.*

Remarquons cependant que (d'apres la façon dont ils sont construits) les opérateurs $(PQ)^\Omega$ et $P^\Omega Q^\Omega$ sont bien distincts.

Proposition 2.11. *Soit P un opérateur pseudo-différentiel sur R^n. Si P opère sur $\overline{\Omega} = \overline{R^n_+}$. le transposé ${}^tP$ de P opère sur le demi-espace opposé $\overline{R^n_-}$.*

P et ${}^tP$ opèrent sur $\overline{R^n_+}$ simultanément si et seulement si

(2.4.5) pour tout j,

$p_j(x, \xi', \xi_n)$ est plat sur la variété $x_n = 0$, $\xi' = 0$, $\xi \neq 0$ si s_j n'est pas entier,

$[p_j(x, \xi', \xi_n) - (-1)^{s_j} p_j(x, \xi', -\xi_n)]$ est plat sur la variété $x_n = 0$, $\xi' = 0$, $\xi \neq 0$ si s_j est entier.

c'est une condition inmmédiate de la formule (2.10) du Théorème 2.2, et de (0.17).

Proposition 2.12. *Si P est un opérateur pseudo-différentiel elliptique qui opère sur $\overline{R^n_+}$, et si E est une paramétrix de P, alors E opère sur $\overline{R^n_+}$.*

En effet les symboles (dans la carte identique $R^n \to R^n$) de E et P sont liés par la formule (0.15), qui donne ici:

$$\begin{cases} s_0 e_0 = 1 \\ s_0 e_K = - \displaystyle\sum_{\substack{s_j + s'_p - |\alpha| = s'_K + s_0 \\ j > 0}} \frac{1}{\alpha!} D_x^\alpha p_j(x, \xi)\, e_p^{(\alpha)}(x, \xi) \end{cases}$$

s_j désignant le degré de p_j, et s'_p celui de e_p.

On vérifie alors immédiatement (par récurrence sur K) que les e_K vérifient (2.10) (la récurrence commence avec

$$e_0(x, \xi', \xi_n) - e^{-s'_0 i\pi} e_0(x, \xi', -\xi_n) = \frac{p_0(x, \xi', \xi_n) - e^{-s_0 i\pi} p_0(x, \xi', -\xi_n)}{p_0(x, \xi', \xi_n)\, p_0(x, \xi', -\xi_n)},$$

(2.12) redémontre aussi le résultat suivant:

En particulier si pour tout j, $p_j(x,\xi)$ est une fraction rationelle en ξ, alors P opère sur le demi-espace $\overline{\Omega} = \overline{R^n_+}$.

En particulier les opérateurs différentiels (évidemment) et les paramétrix des opérateurs différentiels elliptiques opèrent toujours sur $\overline{R^n_+}$.

Nous tirons maintenant une dernière conséquence du Lemme 2.6, qui nous permettra d'examiner le composé d'un pseudo noyau de Poisson et de P^Ω quand P est un opérateur pseudo-différentiel qui opère sur $\overline{\Omega}$.

Théorème 2.14. *Soit P un opérateur pseudo-différentiel sur R^n, qui opère sur $\overline{\Omega} = \overline{R^n_+}$. Pour toute $f \in C_0^\infty(\overline{\Omega})$ et toute $g \in C^\infty(\Gamma)$, réelle, telle que $dg \neq 0$ sur la projection de* supp$f$, *on a quand $\lambda \to +\infty$ un développement asymptotique*

$$(2.46)\quad P^\Gamma(f,g;\lambda) = e^{-2i\pi\lambda g(x')}P^\Omega\left(f_\lambda{}^{2i\pi g(y')}\right)\left(x', \frac{x_n}{\lambda}\right) \sim \Sigma\, P_j^\Gamma(f,g)\lambda^{s'_j}$$

où s_j est une suite qui décroît vers $-\infty$, et $P_j^\Gamma(f,g) \in C^\infty(\overline{\Omega})$.

On a posé $f_\lambda(x) = f(x', \lambda x_n)$.

(2.47) *Le reste $\lambda^{-s_N} x_n^p D_x^\alpha[P^\Gamma(f,g;\lambda) - \sum_0^{N-1} P_j^\Gamma(f,g)\lambda^{s'_j}]$ est borné quand $\lambda \to +\infty$, uniformément quand $|x'|$ et (x_n/λ) restent bornés, et quand f et g parcourent des compacts $B_1 \subset C_0^\infty(\overline{\Omega})$, $B_2 \subset C^\infty(\Gamma)$, B_2 étant composé de fonctions réelles à gradient non nul dans la projection de* suppB_1 *(adhérence de la réunion des* supp$f$ *pour $f \in B_1$).*

Nous nous contenterons de démontrer ce théorème dans le cas où B_2 est un compact de fonctions linéaires (qui ne contient pas 0), ce qui suffit pour le Théorème 2.17 ci dessous. Pour le cas général, nous renvoyons à la démonstration du Théorème 3.3 de [3], qui s'adapte sans aucune difficulté.

Nous faisons la démonstration en deux étapes:

Lemme 2.15. *Soit P un opérateur pseudo-différentiel quelconque sur R^n, et $f \in C_0^\infty(R^n)$. On a quand $\lambda \to +\infty$ un développement asymptotique*

$$(2.48)\quad P^\Gamma(f,\xi';\lambda) = e^{-2i\pi\langle x',\xi'\rangle}P\left(f_\lambda e^{2i\pi\langle y',\xi'\rangle}\right)\left(x', \frac{x_n}{\lambda}\right) \sim \Sigma\, P_j^\Gamma(f,\xi')\lambda^{s'_j}$$

où s_j est une suite qui décroit vers $-\infty$, et les coefficients $P_j^\Gamma(f,\xi')$ sont des fonctions C^∞ sur R^n.

On a posé $f_\lambda(x) = f_\lambda(x',\lambda x_n)$.

(2.49) *Le reste* $\lambda^{-s'_N} x_n^p D_x^\alpha \left[p^\Gamma(f,\xi';\lambda) - \sum_0^{N-1} p_j^\Gamma(f,\xi')\lambda^{s'_j} \right]$ *est borné quand* $\lambda \to +\infty$, *uniformément quand* $|x'|$ *et* $|x_n/\lambda|$ *restent bornés, quand f parcourt un compact B de* $C_0^\infty(R^n)$ *et quand ξ' parcourt la couronne* $0 < a \leqq |\xi'| \leqq b$.

Démonstration. Commençons par remarquer qu'un opérateur régularisant a évidemment la propriété du lemme, avec un développement asymptotique nul. Aussi nous supposerons (quitte à le modifier par un opérateur régularisant dans un voisinage de $\operatorname{supp} B$) que P est de la forme $P = f_1 P' f_2$ avec $f_1, f_2 \in C_0^\infty(R^n)$, et nous reprendrons les notations du début (2.9) etc.; on a alors

$$P(u) = \int e^{2i\pi\langle x',\eta'\rangle} p(x,\eta)\,\hat{u}(\eta)d\eta \quad \text{pour } u \in C_0^\infty(R^n),$$

donc

$$P^\Gamma(f,\xi';\lambda)(x) = e^{-2i\pi\lambda\langle x',\xi'\rangle} \int e^{2i\pi\langle (x',x_n/\lambda),\eta\rangle} p\left(x',\frac{x_n}{\lambda},\eta\right) \hat{f}\left(\eta' - \lambda\xi', \frac{\eta_n}{\lambda}\right) \frac{d\eta}{\lambda}$$

$$= \int e^{2i\pi\langle x,\eta\rangle} p\left(x',\frac{x_n}{\lambda},\eta' + \lambda\xi', \lambda\eta_n\right) \hat{f}(\eta)d\eta.$$

La formule (2.10) montre que pour $\lambda \geqq 1$, $0 < a \leqq |\xi'| \leqq b$, et $N > 0$, on a une majoration

$$(2.50) \quad \left| p\left(x',\frac{x_n}{\lambda},\eta' + \lambda\xi', \lambda\eta_n - \sum_{|\alpha| - s_j < N} \frac{1}{\alpha!} p_j^{(\alpha)}\left(x',\frac{x_n}{\lambda},\xi',\eta_n\right)\left(\frac{\eta'}{\lambda}\right)^\alpha \lambda^{s_j}\right| \leqq c\lambda^{-N}(1+\eta')^{N+s_0}.$$

Il en résulte immédiatement

$$(2.51)\quad P^{\Gamma}(f,\xi';\lambda) - \sum_{|\alpha|-s_j<N} \frac{\lambda^{s_j-|\alpha|}}{\alpha!} \int_{-\infty}^{+\infty} e^{2i\pi x_n\eta_n} p_j^{(\alpha)}\left(x,\frac{x_n}{\lambda},\xi',\eta_n\right) D_{x'}^{\alpha}\tilde{f}(x',\eta_n)d\eta$$

$$= O(\lambda^{-N})$$

uniformément quand f parcourt un compact de $C_0^{\infty}(R^n)$ et quand ξ' parcourt la couronne $0<a\leqq|\xi'|\leqq b$, $\tilde{f}(x',\eta_n)$ désignant la transformée de Fourier partielle de f par rapport à x_n.

Nous examinons maintenant chaque terme du développement:

$$A_{j,\alpha} = \int_{-\infty}^{+\infty} e^{2i\pi\langle x_n,\eta_n\rangle} p_j^{(\alpha)}\left(x',\frac{x_n}{\lambda},\xi',\eta_n\right) D_{x'}^{\alpha}\tilde{f}(x',\eta_n)d\eta_n.$$

on a quand $\lambda\to+\infty$

$$p_j^{(\alpha)}\left(x',\frac{x_n}{\lambda},\xi',\eta_n\right) \sim \sum \left[\left(\frac{\partial}{\partial x_n}\right)^k p_j^{(\alpha)}(x',0,\xi',\eta_n)\right]\frac{x_n}{k!}\lambda^{-k}.$$

Par la formule de Taylor, le reste à l'ordre $(N-1)$ vaut

$$\left(\frac{x_n}{\lambda}\right)^N \rho_N\left(x',\frac{x_n}{\lambda},\xi',\eta_n\right)$$

où ρ_N est une fonction C^{∞} sur $R^n\times(R^n-\{0\})$, homogène de degré $s_j-|\alpha|$ en (ξ',η_n).

Alors, par intégration par parties, on obtient

$$(2.52)\quad A_{j,\alpha} = \sum_{0}^{N-1}(-1)^k\lambda^{-k}\int e^{2i\pi x_n\eta_n} D_{\eta_n}^k\left[\left(\frac{\partial}{\partial x_n}\right)^k p_j^{(\alpha)}(x',0,\xi',\eta_n)D_{x'}^{\alpha}\tilde{f}(x',\eta_n)\right]d\eta_n$$

$$+ (-1)^N\lambda^{-N}\int e^{2i\pi x_n\eta_n} D_{\eta_n}^N\left[\rho_N\left(x',\frac{x_n}{\lambda},\xi',\eta_n\right)D_{x'}^{(\alpha)}\tilde{f}(x',\eta_n)\right]d\eta_n.$$

Dans ce développement, le coefficient de λ^{-k} est de façon évidente une fonction C^{∞}, bornée sur R^n, uniformément quand f parcourt un compact de $C_0^{\infty}(R^n)$ et ξ' parcourt la couronne $0<a\leqq|\xi'|\leqq b$.

Nous voyons finalement que $P^\Gamma(f,\xi';\lambda)$ admet le développement asymptotique

(2.53) $P^\Gamma(f,\xi';\lambda)$

$$\sim \sum_{\alpha,j,k} \frac{(-1)^k \lambda^{s_j-|\alpha|-K}}{\alpha!k!} \int_{-\infty}^{+\infty} e^{2i\pi x_n\eta_n} D^k_{\eta_n}\left[\left(\frac{\partial}{\partial x_n}\right)^k p_j^{(\alpha)}(x',0,\xi',\eta_n) D_{x'}^{(\alpha)} \tilde{f}(x',\eta_n)\right] d\eta_n .$$

Enfin, compte tenu de la formule d'intégration par parties:

$$x_n^p \int e^{2i\pi x_n\eta_n}\hat{u}(\eta_n)d\eta_n = (-1)^p \int e^{2i\pi x_n\eta_n} D^p_{\eta_n}\hat{u}(\eta_n)d\eta_n ,$$

les questions d'uniformité de la décroissance rapide en x_n du reste et de ses dérivées (formule (2.49)) se vérifient immédiatement.

Ceci achève de démontrer le Lemme 2.15.

Nous montrons maintenant

Lemme 2.16. *Soit P un opérateur pseudo-différentiel sur R^n qui opère sur $\overline{\Omega} = \overline{R^n_+}$. Soit $f(x)$ une fonction sur R^n nulle pour $x_n > 0$, et égale pour $x_n \leqq 0$ à la restriction d'une fonction $\phi \in C_0^\infty(R^n)$. Alors on a pour $x_n > 0$, quand $\lambda \to +\infty$, un développement asymptotique:*

$$P^\Gamma(f,\xi';\lambda) = e^{-2i\pi\lambda\langle x',\xi'\rangle} P(f_\lambda e^{2i\pi\langle y',\xi'\rangle})\left(x',\frac{x_n}{\lambda}\right) \sim \sum p_j^\Gamma(f,\xi')\lambda^{s'_j}$$

où s'_j est une suite qui décroît vers $-\infty$, et $p_j^\Gamma(f,\xi') \in C^\infty(\overline{\Omega})$.

Le reste $\lambda^{-s'_N} x_n^p D_x^\alpha\left[p^\Gamma(f,\xi';\lambda) - \sum_0^{N-1} p_j^\Gamma(f,\xi')\lambda^{s'_j}\right]$ est borné quand $\lambda \to +\infty$, uniformément quand $|x'|$ reste borné, $x_n > 0$ et (x_n/λ) reste borné, quand f parcourt un compact de $C^\infty(\overline{R^n_-})$, et quand ξ' parcourt la couronne $0 < \alpha \leqq |\xi'| \leqq b$.

On a posé (comme ci dessus) $f_\lambda(x) = f(x',\lambda x_n)$.

Démonstration. Ici encore, nous supposerons que P est de la forme $P = f_1 P' f_2$. Nous reprenons les notations du début de la section, et nous remarquons que pour $x_n > 0$, on a

$$(2.54)\qquad P(f)(x) = \int_{R^{n-1}} e^{2i\pi\langle x',\eta'\rangle}\left[\int_0^\infty \tilde{p}(x,\eta',x_n+t)\hat{f}(\eta',-t)dt\right]d\eta'$$

si f est nulle pour $x_n > 0$, $\hat{f}(\eta',x_n)$ désignant la transformée de Fourier partielle de f par rapport à x'. Par suite

$$p^{\Gamma}(f,\xi';\lambda) =$$

$$= e^{-2i\pi\lambda\langle x',\xi'\rangle}\int_{R^{n-1}} e^{2i\pi\langle x',\eta'\rangle}\left[\int_0^\infty \tilde{p}\left(x',\frac{x_n}{\lambda},\eta',x_n+t\right)\tilde{f}(\eta'-\lambda\xi',-t)dt\right]d\eta'$$

$$= \int_{R^{n-1}} e^{2i\pi\langle x',\eta'\rangle}\left[\int_0^\infty \tilde{p}\left(x',\frac{x_n}{\lambda},\eta'+\lambda\xi'\frac{x_{n+t}}{\lambda}\right)\tilde{f}(\eta',-t)dt\right]d\eta'.$$

Or si P opère sur $\overline{\Omega}$, les Lemmes 2.3 et 2.6 montrent que $p_j(x',y_n,\xi',y_n+t)$ est une fonction C^∞ pour $y_n \geqq 0$, $t \geqq 0$; et

$$\tilde{p}\left(x',\frac{x_n}{\lambda},\eta'+\lambda\xi',\frac{x_n+t}{\lambda}\right)$$

$$\sim \sum_{\alpha,j,k}\left[\left(\frac{\partial}{\partial x_n}\right)^k p_j^{(\alpha)}(x',0,\xi',x_n+t\right]\frac{\eta'^\alpha}{\alpha!}\frac{x_n^k}{k!}\lambda^{s_j-|\alpha|-k}.$$

Plus précisement — en notant p_n le reste $(\tilde{p} - \sum_{|\alpha|+K-s_j<N}\cdots)$, les Lemmes 2.3 et 2.6 montrent que pour tous entiers p,q, et pour tout multi-indice α, et si $N > 0$

$$|x_n^p D_x^\alpha \rho_N| = o(\lambda^{-N}\cdot(1+|\eta'|)^{N+s_0}(1+t)^{-q})$$

uniformément quand $\lambda \geqq 1$ et quand ξ' parcourt la couronne $0 < a \leqq |\xi'| \leqq b$.

Le Lemme 2.16 en résulte aussitôt, le coefficient du terme de degré s_j' en λ étant donné par

(2.55) $P_j^{\Gamma}(f,\xi')$

$$= \sum_{s_j - |\alpha| - k = s'_j} \frac{1}{\alpha!} \frac{x^k}{k!} \int_0^{\infty} \left[\left(\frac{\partial}{\partial x_n} \right)^k \tilde{p}_j^{(\alpha)}(x', 0, \xi', x_n + t) \right] D_{x'}^{\alpha} f(x', t) dt$$

ceci achève la démonstration du Lemme 2.16.

Enfin remarquons qu'il existe un opérateur de prolongement continu $U: C_0^{\infty}(\overline{\Omega}) \to C_0^{\infty}(R^n)$ qui commute aux affinités $f \rightsquigarrow f_\lambda$ (par exemple: pour $x_n < 0$, $Uf(x', x_n) = \int_0^{\infty} f(x', -\lambda x_n) a(\lambda) d\lambda$ où $a(\lambda)$ est une fonction continue à décroissance rapide, nulle pour $\lambda < 1$, et telle que $\int_0^{\infty} \lambda^p a(\lambda) d\lambda = (-1)^p$ pour tout entier p).

Le Théorème 1.14 (dans le cas où g parcourt un compact de fonctions linéaires non constantes) résulte alors immédiatement des Lemmes 1.15 et 1.16, en remarquant que

$$P^{\Gamma}(f, \langle \cdot, \xi' \rangle; \lambda) = P^{\Gamma}(Uf, \xi'; \lambda)/\Omega + P^{\Gamma}(f^0 - Uf, \xi'; \lambda)$$

(f^0 désignant le prolongement de f à R^n par 0 pour $x_n < 0$).

Du Théorème 2.14 et de la Définition 1.1 résultent enfin

Théorème 2.17. *Soit K un pseudo noyau de Poisson sur $\overline{\Omega} = \overline{R_+^n}$, continu de $C_0^{\infty}(\Gamma)$ dans $C_0^{\infty}(\overline{\Omega})$; et soit P un opérateur pseudo différentiel sur $V = R^n$ qui opére sur $\overline{\Omega}$. Alors $P^{\Omega} \circ K$ est un pseudo noyau de Poisson.*

On a en effet $K(f, g; \lambda) \sim \sum K_j(f, g) \lambda^{s_j}$ *où* les coefficients (et le reste) sont à support compact par suite, en posant $K' = P^{\Omega} \circ K$,

$$K'(f, g; \lambda) = P^{\Gamma}(K(f, g; \lambda), g; \lambda) \sim \sum_{i,j} P_i^{\Gamma}(K_j; (f, g), g) \lambda^{s'_j + s_j}$$

les questions d'uniformité se vérifient immédiatement.

§3 Appendice.

Afin d'illustrer les §1 et §2, nous redémontrons, en utilisant les opérateurs qui y sont étudiés des résultats equivalents à ceux de R. T. Seeley ([6]). La méthode est inspirée de celle de [6] et de [4], chap. II, §2.

Nous commençons par introduire des notations classiques:

On appelle espace vectorielponderé le couple

$$(E = \bigotimes_{i \in I} E_i, \quad S = (s_i)_{i \in I})$$

formé par un espace vectoriel de dimension finie, décomposé en somme directe, et d'une suite de nombres réels (indexés le même ensemble fini).

Si X est une variété C^∞ (avec ou sans bord), on pose

$$H^{\text{loc}}_{S,E}(x) = \bigotimes_{i \in I} H^{\text{loc}}_{S_i,E_i}(x). \tag{3.1}$$

Dans toute cette section, nous nous donnons une fois pour toute un variété V, C^∞, de dimension n; une variété à bord $\bar{\Omega}$, C^∞, de dimension n, de bord Γ, d'intérieur Ω, régulièrement plongée dans V, et un champ de vecteurs C^∞ sur V, ∂_n, transverse à Γ le long de Γ.

Soient $(E = \oplus E_i,\ S = (s_i))$ et $(F = \oplus F_j,\ T = (t_j))$ deux espaces pondérés. Nous faisons les conventions suivantes.

(3.2) Un opérateur linéaire continu $Q: C^\infty_{0,E}(V) \to C^\infty_F(V)$ est appelé opérateur pseudo différentiel de type (S, T) si dans sa matrice, Q_{ji} est un opérateur pseudo différentiel de degré $s_i - t_j$.

Alors Q se prolonge pour tout $m \in R$ en un opérateur continu $H^{\text{comp}}_{S+m,E}(V) \to H^{loc}_{T+m,F}(v)$ d'après (0.18) (on a posé $S+m = (s_i + m)$, $T+m = (t_j m)$)

(3.3) Nous dirons que Q opère sur $\bar{\Omega}$ si tous les Q_{ij} opèrent sur $\bar{\Omega}$. Alors et seulement alors, l'opérateur $Q^{\Omega}(u) = Q(u^0)/\Omega$ se prolonge en un opérateur continu $H^{comp}_{S+m,E}(\bar{\Omega}) \to H^{\text{loc}}_{T+m,F}(\bar{\Omega})$ pour tout m tel que $S + m > -\frac{1}{2}$ (i.e. $s_i + m > -\frac{1}{2}$ pour tout i) (d'après le Théorème 2.2, avec les notations de ce théorème, et le Théorème 2.9).

(3.4) Nous dirons qu'un opérateur linéaire continu K: $C^\infty_{0,E}(\Gamma) \to C^\infty_F(\bar{\Omega})$ est un pseudo noyau de Poisson de type (S, T) si dans sa matrice, $K_{j,i}$ est un pseudo-noyau de Poisson de degré $s_i - t_j$. D'après le Théorème 1.16, K se prolonge continument $H^{\text{comp}}_{S+m,E}(\Gamma) \to H^{\text{loc}}_{T+\frac{1}{2}+m,F}(\overline{\Omega})$ pour tout $m \in R$.

(3.5) Enfin nous appellerons trace de type (S, T) un opérateur linéaire continu A: $C^\infty_{0,E}(\overline{\Omega}) \to C^\infty_F(\Gamma)$ dans la matrice duquel A_{ji} est de la forme

$$A_{ji} = \sum_{k=0}^{N} Q_k \circ \mathrm{Tr}_\Gamma \circ (\partial_n)^k$$

où Q_k est un opérateur pseudo différentiel de degré $s_i - t_j - k$ sur Γ. (N est un entier positif, qui ne dépend que de A).

Alors A se prolonge en un opérateur continu $H^{\text{comp}}_{S+m,E}(\overline{\Omega}) \to H^{\text{loc}}_{T-\frac{1}{2}+m,F}(\Gamma)$ pour $S + m > N + \frac{1}{2}$ (d'après [2], Théorème 2.2.8).

Plus spécialement, si $u \in C^\infty(\overline{\Omega})$, nous posons

$$u_k = Tr_\Gamma \partial_n^k u = \partial_n^k u/\Gamma. \tag{3.6}$$

$$\gamma_m(u) = (u_0, u_1, \cdots, u_{m-1}) \in (C^\infty_0(\Gamma))^m$$

γ_m est une trace de type (s, S) avec $S = (s - k)_{k=0,1,\dots,m-1}$.

Soit P un opérateur différentiel de degré m sur V.

Définissons l'opérateur $\mathscr{Q}: [C^\infty_0(\Gamma)]^m \to \mathscr{D}'(V)$ par

$$\mathscr{Q}(\gamma_m u) = P(u^0) - (P^\Omega(u))^0 \text{ si } u \in C^\infty_0(\overline{\Omega}) \tag{3.7}$$

(u^0 désignant le prolongement de u par 0 dans $V - \overline{\Omega}$).

Si $V = R^n, \overline{\Omega} = \overline{R^n_+}$, $\partial_n = \dfrac{\partial}{\partial x_n}$, et

$$P = \sum_{k=0}^{m} \left(\frac{\partial}{\partial x_n}\right)^k \circ P_{m-k}(x, D_{x'})$$

où P_{m-k} est un opérateur différentiel de degré $m - k$ où ne figurent que les dérivations parallèles à $\Gamma = R^{n-1}$, on vérifie sans peine que $P(u^0) - (P^\Omega(u))^0$ ne dépend que de $\gamma_m(u)$, ce qui justifie la définition; plus précisement, si $v = (v_0, v_1, \cdots, v_{m-1}) \in C^\infty(\Gamma)]^m$,

$$(3.8) \qquad \mathcal{Q}(v) = \sum_{\substack{0 \leq k \leq m-1 \\ 0 \leq l \leq k-1}} [P_{k-l}(x', 0, D_{x'})v_l] \otimes \delta_{x_n}^{(m-k-1)}$$

(δ_{x_n} désignant la mesure de Dirac: $\langle \delta, \phi(x_n) \rangle = \phi(0)$, et $\delta_{x_n}^{(i)}$ sa dérivée i-ème, comme dans le Théorème 2.2).

$\mathcal{Q}(v)$ est donc toujours une distribution sur V, portée par Γ.

Dans la suite, nous faisons enfin la convention suivante:

(3.9) r désignera un opérateur régularisant: $A = B + r$, signifie donc que $A - B$ est régularisant. (Afin de ne pas compliquer les notations nous n'indexerons pas les opérateurs régularisants qui figurent dans les relations qui suivent; et r ne désignera jamais deux fois de suite le même opérateur régularisant).

Nous supposons désormais que P est un opérateur différentiel elliptique. Soit E une paramétrix de P. Nous supposerons (comme dans (0.16)) que E est continu $C_0^\infty \to C_0^\infty$. (Ainsi tous les opérateurs construits ci-dessous seront continus: $C_0^\infty \to C_0^\infty$, et il n'y a pas de difficultés pour les composer). On a donc

$$(3.10) \qquad \begin{cases} E \circ P = 1 + r \\ P \circ E = 1 + r. \end{cases}$$

La Proposition 2.12 et la remarque 2.13 montrent que E opère sur $\bar{\Omega}$. Nous posons maintenant

$$(3.11) \qquad K(v) = E \circ \mathcal{Q}(v)/\Omega \text{ pour } v = (v_0, v_{m-1}) \in [C_0^\infty(\Gamma)]^m.$$

Comme E opère sur $\bar{\Omega}$, la Formule (3.8) et le Théorème 2.2 montrent que K est un pseudo noyau de Poisson de type (S,s) (avec $S = (s-k)_{k=0,\dots m-1}$, comme dans (3.6))

$$(3.12) \qquad G = \gamma_m \circ K$$

En vertu des Propositions 1.12 et 1.14, C est un opérateur pseudo différentiel $\{C_0^\infty(\Gamma)]^m \to [C_0^\infty(\Gamma)]^m$ de type (S,S).

Ces opérateurs ont les propriétés suivantes:

(3.13) $$P^{\Omega}\circ K = r$$

car $P^{\Omega}K(v) = P\circ E\circ \mathcal{Q}(v)/\Omega = \mathcal{Q}(v) + r(v)/\Omega$ et $\mathcal{Q}(v)$ est nulle dans Ω.

(3.14) $$k\circ G = K + r$$

en effet $E\circ\mathcal{Q}\circ\gamma_m\circ k(v)/\Omega = E\cdot P(k(v)^0) + r(v)/\Omega$ par définition de $\mathcal{Q}$, puisque $P^{\Omega}k(v) = r(v)$. Il en résulte immédiatement

(3.15) $$G^2 = G + r$$

donc aussi $G(1-G) = r$; $(1-G)^2 = (1-G) + r$. Nous remarquons maintenant, en combinant la définition de E (3.10) et celle de $\mathcal{Q}$ (3.7)

$$\begin{aligned} E\mathcal{Q}(\gamma_m u) &= EP(u^0) + E([P^{\Omega}u]^0) \\ &= u^0 + r(u) + E([P^{\Omega}u]^0). \end{aligned}$$

D'où en restreignant à Ω, et par définition de K (3.11) et de E^{Ω}

(3.16) $$E^{\Omega}\circ P^{\Omega} + k_0\gamma_m = 1 + r.$$

Par ailleurs, parce que P est un opérateur différentiel (donc local), on a

(3.17) $$P^{\Omega}\circ E^{\Omega} = (P\circ E)^{\Omega} = 1 + r$$

combiné avec (3.16), cela donne

(3.18) $$E^{\Omega} = (1 - K\circ G\circ\gamma_m)\circ E^{\Omega} + r \; (= E^{\Omega}P^{\Omega}E^{\Omega})$$

donc, à cause de (3.15) et de la définition de C (3.12)

(3.19) $$\gamma_m\circ E^{\Omega} = (1-G)\circ\gamma_m\circ E^{\Omega} + r.$$

ou encore

$$G\circ\gamma_m\circ E^{\Omega} = r.$$

Enfin (3.15) et (3.16) (et la définition de G) entraînent aussi

$$(1-G)\circ\gamma_m = \gamma_m\circ E^\Omega\circ P^\Omega + r \tag{3.20}$$

Nous regroupons toutes ces relations dans la proposition suivante:

Proposition 3.1. *Avec les notations ci-dessus, la matrice*

$$m = \begin{bmatrix} 0 & T^\Omega & k \\ P^\Omega & 0 & 0 \\ G\gamma_m & 0 & 1-G \end{bmatrix}$$

(qui définit un opérateur linéaire continu de

$$C_0^\infty(\overline{\Omega})\oplus C_0^\infty(\overline{\Omega})\oplus[C_0^\infty(\Gamma)]^m$$

dans lui-même) est sa propre paramétrix (i.e. $m^2 = 1 + r$).

Sous une forme plus simple:

Corollaire 3.2. *L'opérateur $A(u) = P^\Omega(u)\oplus G\gamma_m(u)$ opérant de $C_0^\infty(\overline{\Omega})$ dans $C_0^\infty(\overline{\Omega})\oplus G\cdot[C_0^\infty(\Gamma)]^m$ et l'opérateur $B(u,v) = E^\Omega(u) + K(v)$ opérant de $C_0^\infty(\overline{\Omega})\oplus G[(C_0^\infty(\Gamma)]^m$ dans $C_0^\infty(\overline{\Omega})$ sont paramétrix l'un de l'autre.*

Nous terminons par quelques remarques:

Calcul du symbole de K et G

Nous supposons $V = R^n$, $\overline{\Omega} = \overline{R^n_+}$, $\left(\partial_n = \dfrac{\partial}{\partial x_n}\right)$.

La Proposition 2.8 permet de calculer le symbole de K. Il est aussi simple de se servir de la démonstration de

$$P\circ E\circ\mathscr{Q}(v) = \mathscr{Q}(v) + r(v). \tag{3.13}$$

qui permet de calculer très simplement le symbole de K en résolvant des équations différentielles en x_n. En particulier nous donnons le résultat pour le premier terme du symbole, en notant $P_0(x, D_x)$ la partie principale de P.

(3.20) $k_0(x', x_n, \xi')$ est l'opérateur linéaire qui au vecteur

$$v = (v_0, \cdots, v_{m-1})\in\mathbb{C}^m$$

fait correspondre la restriction à la demi-droite $x_n > 0$ de l'unique solution bornée de l'equation différentielle

$$(3.21)\qquad \begin{cases} P_0(x',0,\xi',D_{x_n})\cdot f(x_n) = 0 \quad \text{pour } x_n \neq 0 \\ \left(\dfrac{\partial}{\partial x_n}\right)^K f(+0) - \left(\dfrac{\partial}{\partial x_n}\right)^K f(-0) = v_K. \end{cases}$$

Et naturellement $G_0(x',\xi')$ est l'application linéaire qui au vecteur $v = (v_0,\cdots,v_{m-1}) \in \mathbb{C}^m$ fait correspondre le vecteur $\left(\left(\dfrac{\partial}{\partial x_n}\right)^K f(+0)\right)_{K=0,\dots m-1}$, où f est la solution bornée de (3.21).

Application aux problèmes aux limites

Soit D un opérateur trace: $C_0(\overline{\Omega}) \to C_F^\infty(\Gamma)$, de type $(0,T)$, où

$$(F = \oplus F_j, \quad T = (t_j))$$

est un espace vectoriel pondéré. Soit A_1 l'opératéur $C_0^\infty(\overline{\Omega}) \to C_0^\infty(\overline{\Omega}) \oplus C_F^\infty(\Gamma)$ défini par

$$A_1(u) = P^\Omega(u) \oplus D(u).$$

L'opérateur $A_1 \circ B$ (où B désigne l'opérateur introduit dans le Corollaire 3.2 a pour matrice

$$A_1 \circ B = \begin{pmatrix} 1 & 0 \\ D\circ E^\Omega & D\circ K \end{pmatrix} + r \qquad \text{puisque} \quad P^\Omega E^\Omega = 1 + r \quad \text{et} \quad P^\Omega K = r.$$

Comme $D\circ E^\Omega$ est continu $H_s(\overline{\Omega}) \to H_{T-\frac{1}{2}+s-s_0,F}(\Gamma)$ pour s assez grand, on voit que les questions d'existence locale, de régularité, d'ellipticité ou de sous ellipticité pour l'opérateur A_1 se ramènent inmmédiatement aux mêmes questions pour la restrictions à $G[C_0^\infty(\Gamma)]^m$ de l'opérateur pseudo-différentiel $D\circ K$,c'est à dire, à des questions qui concernent les deux opérateurs pseudo-différentiels G et $D\circ K$.

Remarquons enfin pour terminer que toutes les constructions ci-dessus s'étendent (sans aucune modification) aux opérateurs différentiels opérant sur les sections d'un fibré vectoriel.

Réferences

1. L. Boutet de Monvel. Comportement d'un opérateur pseudo-différentiel sur une variété à bord. I. La propriété de transmission, *Journal d'Analyse Math.*, Vol. 17 (1966) pp. 241–253.

2. L. Hörmander. Linear partial differential operators, Springer Verlag, Berlin 1963.

3. L. Hörmander. Pseudo differential operators *Comm. Pure Appl. Math.* (à paraître)

4. L. Hörmander. Pseudo differential operators and non elliptic boundary problems *Comm. Pure Appl. Math.* (à paraître).

5. J. J. Kohn and L. Nirenberg. On the algebra of pseudo-differential operators. *Comm. Pure Appl. Math.*, Vol. **18** (1965), pp. 269 305.

6. R. T. Seeley. *Singular integrals and boundary value problems* (à paraître).

7. L. Schwartz. Théorie des distributions, Herman, Paris, 1950/51.

8. M. J. Višik et G. J. Eskin.—*Uspekhi* 1965, t. **3**, pp. 89–152.

Institut Henri Poincaré,
Paris, France

(Reçu le 13 décembre 1965)

4.4 Opérateurs pseudo-différentiels analytiques et problèmes aux limites elliptiques

Opérateurs pseudo-différentiels analytiques et problèmes aux limites elliptiques, Ann. Inst. Fourier (Grenoble) **19** (1969), no. 2, 169–268. [B69]

Ann. Inst. Fourier, Grenoble
19, 2 (1969), 169-268.

OPÉRATEURS PSEUDO-DIFFÉRENTIELS ANALYTIQUES ET PROBLÈMES AUX LIMITES ELLIPTIQUES

par Louis BOUTET de MONVEL (1)

Récemment, M. I. Visik et G. I. Eskin ont étudié les problèmes aux limites elliptiques où interviennent des opérateurs pseudo-différentiels (voir [16], [17]) : il s'agit de résoudre le système d'équations intégrales singulières :

$$\text{(I)} \qquad \int_\Omega k(x,\ x-y)\, f(y)\, dy = g(x) \qquad \text{dans} \quad \Omega$$

$$\text{(II)}_j \quad \int_\Omega k_j(x',\ x'-y')\, f_j(y')\, dy' = g_j(x') \qquad \text{dans} \quad \partial\Omega$$

où Ω est une variété à bord, $\partial\Omega$ son bord, f une fonction inconnue, f_j les restrictions au bord de certaines dérivées de f, et les intégrales représentent (par abus de notation) des opérateurs pseudo-différentiels (ou intégraux singuliers).

On trouvera dans le séminaire de L. Hörmander [8] une étude fort intéressante de la régularité au bord des solutions.

Nous nous intéressons ici à l'analyticité des solutions. Pour que le problème se pose raisonnablement, il faut tout d'abord que les opérateurs conservent localement l'analyticité. Ce genre d'opérateur a été étudié dans [3] et [10].

Il faut en outre que les opérateurs vérifient une condition convenable sur le bord (voir [1, 2, 8 et 16] condition (1.4), ainsi que le chapitre I, § 2 du présent article).

Notre méthode consiste à introduire toute une famille d'opérateurs, qui conservent localement l'analyticité, et permettent

(1) Part of this work was sponsered by U.S. Army, DA 31 124 ARO D 462.

de construire une parametrix au problème (I), $(II)_j$. Nous appelons ces opérateurs respectivement opérateur de Poisson, opérateur trace, et opérateur de Green singulier analytiques. Les premiers servent en gros à décrire les solutions de l'équation homogène associée à (I), et sont étudiés au § 3 du Chap. I. Les seconds (Chap. I, § 4) généralisent les opérateurs qui figurent dans les équations $(II)_j$. Les troisièmes (Chap. I, § 5) interviennent par exemple quand on change les conditions limites $(II)_j$ et servent alors à décrire la variation de la solution.

Ces opérateurs se prêtent en outre à un calcul symbolique (Chap. I, § 6), analogue à celui des opérateurs pseudo-différentiels qui est décrit dans [7 et 9], quoique un peu plus compliqué car il fait intervenir une intégrale.

Dans la deuxième partie de cet article, nous donnons quelques applications. En particulier nous généralisons aux opérateurs pseudo-différentiels les résultats de C. Morrey et L. Nirenberg [11] sur l'analyticité au bord des solutions. Nous y généralisons aussi les constructions de R. T. Seeley [14].

Bon nombre des démonstrations de cet article sont très analogues à celles de [1, 2, 3 ou 10]; aussi les avons-nous souvent abrégées en renvoyant à ces articles. En outre nous nous sommes limités exclusivement aux opérateurs qui conservent localement l'analyticité. Ceci donne lieu à une légère simplification dans la définition des opérateurs, et dans le calcul symbolique. Les modifications à apporter dans le cas où les symboles sont seulement C^∞ sont décrites très brièvement (et sans preuves) au chap. I, § 8.

Une partie de ce travail a été exposée en décembre 1966, au séminaire d'analyse du Courant Institute, New York University. Une autre partie a été mise au point lors d'un séjour au Mathematics Research center, University of Wisconsin. Que ces deux universités trouvent ici mes remerciements pour leur accueil. Je voudrais aussi remercier M. L. Hörmander pour plusieurs conversations stimulantes sur ce sujet, ainsi que M. L. Schwartz, qui m'a suggéré en premier lieu l'étude faite ici et dans [1, 2].

Je tiens à remercier encore M. J. L. Lions pour plusieurs conversations fructueuses, et M. H. Cartan, qui a accepté de présider le Jury de cette thèse.

CHAPITRE I

LES OPÉRATEURS ET LE CALCUL SYMBOLIQUE

0. Notations.

1. *Notations particulières à* R^n.

Afin de ne pas alourdir le langage, nous employons systématiquement le mot « distribution » à la place de « courant d'ordre O ».

Si f est une fonction (ou une distribution) sur R^n, nous notons $\hat{f}$ sa transformée de Fourier :

$$\hat{f}(\xi) = \int \exp ix.\xi\, f(x)\, dx.$$

Nous nous servirons en outre constamment des définitions suivantes :

(0.1) On appelle distribution pseudo-homogène de degré d une distribution T sur R^n, qui est homogène de degré d si d n'est pas entier $\geqslant 0$, ou qui, dans ce dernier cas, se met sous la forme

$$T = f + P(x) \operatorname{Log} |x|$$

où f est une distribution homogène de degré d, P un polynôme homogène de degré d.

La transformée de Fourier $\hat{T}$ de T est homogène de degré $-n-d$ en dehors de l'origine (mais n'est pas toujours globalement homogène si d est entier positif).

Et T et sa transformée de Fourier $\hat{T}$ sont simultanément C^∞, (resp. analytiques) en dehors de l'origine.

Par ailleurs, soit $f(t)$ une fonction analytique sur la droite réelle, méromorphe à l'infini. On notera :

(0.2) $e(f)(t)$ la partie entière de f:

c'est le polynôme de t tel que $f - e(f)$ soit holomorphe, nulle à l'infini.

(0.3) $h^+(f)$ la partie holomorphe dans le demi-plan $\operatorname{im} t \leqslant 0$, nulle à l'infini, de f:

Si f est holomorphe au voisinage de la « couronne » complexe $|t - iR| \geqslant R - \varepsilon$, $|t + iR| \geqslant R - \varepsilon$, on a

$$h^+(f)(z) = -1/2i\pi \int_\Gamma f(t)/(t - z)\, dt$$

où Γ est le cercle $|t - iR| = R - \varepsilon$, orienté positivement.

Enfin on notera

$$\text{(0.4)} \qquad \begin{aligned} H^+(f) &= h^+(f) + e(f) \\ h^-(f) &= f - H^+(f) \\ H^-(f) &= f - h^+(f) = h^-(f) + e(f). \end{aligned}$$

Si maintenant f et g sont toutes deux holomorphes au voisinage de la « couronne » ci-dessus, on pose :

$$\text{(0.5)} \qquad \int^+ f(t)g(t)\, dt = \int_\Gamma f(t)g(t)\, dt.$$

Le résultat ne dépend que de $h^+(f)$ si g est holomorphe dans le demi-plan supérieur, et ne dépend que de $H^-(g)$ si f est holomorphe dans le demi-plan inférieur.

Si f et g sont toutes deux nulles à l'infini, $\int^+ fg$ est simplement l'intégrale ordinaire du produit fg sur la droite réelle.

L'intégrale (0.5) se prolonge par continuité à d'autres espaces de fonctions. Par exemple, elle est encore bien définie si f est comme ci-dessus, et g est seulement holomorphe dans le demi-plan $\operatorname{im} t \geqslant 0$ (c'est le cas si g est la transformée de Fourier d'une hyper distribution à support dans la demi droite négative, qui ne croît pas trop vite à l'infini).

Elle est aussi bien définie si f et g admettent toutes deux un développement asymptotique suivant les puissances entières de t:

$$f \sim \sum_{n \geqslant n_0} a_n t^n, \qquad g \sim \sum_{n \geqslant n_1} b_n t^n \qquad \text{pour} \qquad t \to \pm \infty$$

et sont localement intégrables à distance finie.

On notera encore le résultat du prolongement par continuité (quand il existe) $\int^{+} f(t) g(t)\, dt$.

2. Dans ce chapitre, $\overline{\Omega}$ désigne une variété à bord analytique réelle, de bord $\partial\Omega$, plongée dans une variété analytique réelle ambiante V (de même dimension). Nous désignons l'intérieur par Ω. Tout au long de l'article, $\overline{\Omega}$ est supposée connexe, de bord non vide; les énoncés restent bien sûr valables, avec quelques modifications évidentes, dans le cas général [2].

Il sera commode de choisir une fois pour toutes une mesure dx (resp. dx') sur V (resp. $\partial\Omega$), et un champ de vecteurs $\frac{\partial}{\partial n}$ défini au voisinage de $\partial\Omega$, analytique, transverse à $\partial\Omega$, et pointant vers l'intérieur de Ω. Quitte à multiplier $\frac{\partial}{\partial n}$ par une fonction analytique au voisinage de $\partial\Omega$, on supposera en outre dx invariante par $\frac{\partial}{\partial n}$ $\left(\text{ie. } \frac{\partial}{\partial n}(dx) = 0\right)$, et $dx' = \frac{\partial}{\partial n}(\chi_\Omega\, dx)$ (où χ_Ω désigne la fonction caractéristique de Ω c'est-à-dire 1 dans Ω et 0 dans $V - \Omega$). On notera x_n l'unique fonction nulle sur $\partial\Omega$, telle que $\frac{\partial}{\partial n} x_n = 1$.

On a donc $dx = dx'\, dx_n$ (ie. dans l'isomorphisme local de V et $\partial\Omega \times R$ défini par $\frac{\partial}{\partial n}$, dx correspond au produit de dx' et de la mesure de Haar de R).

Enfin on notera $\delta_{\partial\Omega}$ le courant d'ordre $0: \frac{\partial}{\partial n}(\chi_\Omega)$.

Une fois choisies les mesures dx, dx', on identifie comme toujours les distributions (mesures généralisées) et les courants

[2] Bien entendu, toutes ces variétés sont supposées paracompactes.

d'ordre 0 (fonctions généralisées) sur V ou $\partial\Omega$. Par exemple $\delta_{\partial\Omega}$ est identifiée à dx'.

Aux paragraphes 3, 4 et 5, et pour toutes les questions locales, $\overline{\Omega}$ est supposée plongée dans le demi-espace $\overline{\mathrm{R}^n_+}$ ($x_n \geqslant 0$) de R^n, de façon que le bord $\partial\Omega$ soit plongé dans le bord R^{n-1} de $\overline{\mathrm{R}^n_+}$. V sera alors un voisinage de $\overline{\Omega}$ dans R^n. Et on choisit $\frac{\partial}{\partial n} = \frac{\partial}{\partial x_n}$; dx et dx' sont les mesures de Haar habituelles.

Nous noterons $x = (x', x_n)$ (ou $y = (y', y_n)$) le point courant de R^n, où $x' \in \mathrm{R}^{n-1}$ est la variable tangentielle, et x_n la dernière coordonnée (scalaire). $\xi = (\xi', \xi_n)$ désignera la variable duale.

Nous adoptons les notations classiques (cf. (5), (12)) pour les espaces de fonctions et de distributions. En outre, nous notons $\mathcal{D}(\overline{\Omega})$ (resp. $\mathcal{E}(\overline{\Omega})$) l'espace des fonctions à support compact dans $\overline{\Omega}$ (resp. sans condition de support) indéfiniment dérivables jusqu'au bord : une telle fonction se prolonge en une fonction C^∞ sur V. Si $f \in \mathcal{E}(\overline{\Omega})$, nous notons $\tilde{f}$ son prolongement par 0 dans $\mathrm{V} - \Omega$ ($\tilde{f}$ n'est pas en général une fonction C^∞). Ceci permet d'identifier $\mathcal{D}(\overline{\Omega})$ (resp. $\mathcal{E}(\overline{\Omega})$) à un espace de distributions sur V, à support dans $\overline{\Omega}$.

Nous dirons qu'une fonction f sur Ω est analytique jusqu'au bord au voisinage d'un point x de $\overline{\Omega} = \Omega \cup \partial\Omega$ si elle admet un développement en série de Mac-Laurin convergente au voisinage de ce point : une telle fonction est donc la restriction à Ω d'une fonction analytique dans un voisinage de x dans V. L'ensemble des fonctions qui sont partout analytiques jusqu'au bord est noté $\mathcal{H}(\overline{\Omega})$; son dual $\mathcal{H}'(\overline{\Omega})$ est l'espace des fonctionnelles analytiques à support compact dans $\overline{\Omega}$; et comme ci-dessus, on l'identifie à l'espace des hyper-fonctions à support compact dans $\overline{\Omega}$. (Pour la définition et les propriétés de celles-ci, nous renvoyons à (20).)

Enfin nous reprenons à L. Hörmander [8] la notation suivante.

(0.6) *Si* m *est entier positif,* $\mathcal{E}_m(\overline{\Omega})$ *désigne le sous-espace des fonctions nulles à l'ordre* m *sur* $\partial\Omega$ *de* $\mathcal{E}(\overline{\Omega})$.

Si m *est entier négatif,* $\mathcal{E}_m(\overline{\Omega})$ *désigne l'espace des distri-*

butions portées par $\overline{\Omega}$, *qui se représentent par une somme :*

$$f = \tilde{f}_0 + \sum_0^{-m-1} g_k\, \delta_{\partial\Omega}^{(k)}$$

où $f_0 \in \mathcal{E}(\overline{\Omega})$, $\tilde{f}_0$ *désigne son prolongement par* 0, $\delta_{\partial\Omega}^{(k)} = \left(\frac{\partial}{\partial n}\right)^k \delta_{\partial\Omega}$, *et* g_k *est* C^∞ *au voisinage de* $\partial\Omega$.

Dans tous les cas, on considèrera $\mathcal{E}_m(\overline{\Omega})$ comme un espace de distributions portées par $\overline{\Omega}$.

On définit de même $\mathcal{D}_m(\overline{\Omega})$ (sous-espace des distributions à support compact de $\mathcal{E}_m(\overline{\Omega})$), et $\mathcal{H}_m(\overline{\Omega})$ (on impose aux fonctions qui interviennent dans la définition ci-dessus d'être analytiques).

Tous ces espaces sont munis de topologies, de façon évidente.

Si $m < m'$, l'espace quotient $\mathcal{E}_m(\overline{\Omega})/\mathcal{E}_{m'}(\overline{\Omega})$ s'identifie à $[\mathcal{E}(\partial\Omega)]^{m'-m}$, de façon canonique une fois qu'on a choisi $\left(\frac{\partial}{\partial n}\right)$: l'isomorphisme inverse associe à la suite f_k $m \leqslant k < m'$ la distribution $\sum_{-m}^{-1} f_k\, \delta_{\partial\Omega}^{(k-1)} + \sum_0^{m'-1} f_k \frac{x_n^k}{k!}$.

1. Les opérateurs négligeables analytiques.

Nous commençons par décrire une classe d'opérateurs qui apparaissent comme restes, ou opérateurs de symbole nul, dans la théorie.

Définition 1.1. — *Un opérateur* $R : \mathcal{D}(\overline{\Omega}) \to \mathcal{E}(\overline{\Omega})$ *est appelé négligeable, analytique, de classe* $\leqslant p$ *s'il s'écrit sous la forme :*

$$Rf(x) = \int_\Omega r(x, y) f(y)\, dy + \sum_0^{p-1} \int_{\partial\Omega} r_j(x, y') \left(\frac{\partial}{\partial n}\right)^j f(y')\, dy'$$

où r *et les* r_j *sont analytiques jusqu'au bord par rapport à l'ensemble des deux variables.*

On dira que R *est pur, de classe* $\leqslant p$, *si dans l'expression ci-dessus interviennent seulement des intégrales sur le bord.*

Ceci ne dépend évidemment pas du champ $\frac{\partial}{\partial n}$ et des mesures dy, dy' choisis.

On définit de façon analogue les opérateurs négligeables analytiques de $\overline{\Omega}$ à $\partial\Omega$, de $\partial\Omega$ à $\overline{\Omega}$, et sur $\partial\Omega$ ce sont les opérateurs qui se mettent respectivement sous la forme

$$\mathrm{R}f(x') = \int_\Omega r(x', y)f(y)\, dy + \sum_0^{p-1} \int_{\partial\Omega} r_j(x', y') \left(\frac{\partial}{\partial n}\right)^j f(y')\, dy'$$

$$\mathrm{R}f(x) = \int_{\partial\Omega} r(x, y')f(y')\, dy'$$

$$\mathrm{R}f(x') = \int_{\partial\Omega} r(x', y')f(y')\, dy'$$

où r et les r_j sont analytiques, jusqu'au bord s'il y a lieu.

Dans le premier cas, nous dirons encore que R est de classe $\leqslant p$.

Remarquons que si R est de classe 0, il se prolonge continûment aux hyperdistributions (fonctionnelles analytiques réelles) à support compact dans $\overline{\Omega}$ (ou $\partial\Omega$ pour les opérateurs qui vont de $\partial\Omega$ à $\overline{\Omega}$ ou $\partial\Omega$). Un opérateur de classe $p \neq 0$ se prolonge seulement aux fonctions de classe p au voisinage du bord.

Exemple 1. — On suppose $\overline{\Omega}$ compacte.

Soit $\mathrm{E} \subset \mathscr{H}(\overline{\Omega})$ un sous-espace de dimension finie. Si $\mathrm{R} \in \mathscr{L}(\mathscr{H})$ annule $\mathrm{E}^\perp$, alors R est négligeable analytique de classe 0, car son noyau-distribution est égal à

$$\Sigma \mathrm{R}f_i(x)\overline{f_i(y)}\, dy$$

si f_i est une base orthogonale de E (pour la mesure dy).

En particulier le projecteur orthogonal sur E; le projecteur sur E′ parallèlement à E (si E et E′ ont même dimension, et $\mathrm{E} \cap \mathrm{E}' = \{0\}$) sont négligeables analytiques de classe 0.

Remarque. — Si $\overline{\Omega}$ est connexe, de bord non vide, il existe aussi des projecteurs sur E qui sont purs, de classe p pour p assez grand (parce que si E est de dimension finie, pour p assez grand, une fonction $f \in \mathrm{E}$ qui s'annule à l'ordre p sur $\partial\Omega$ est nulle).

Si $\overline{\Omega}$ est compacte, et si R est un opérateur négligeable analytique, c'est un opérateur compact pratiquement sur tous les espaces où il opère. Son image se compose de fonctions analytiques jusqu'au bord.

Si R et R' sont négligeables analytiques, il en est de même de $R + R'$ et $R \circ R'$. En outre, $R \circ R'$ est de classe p en même temps que R'.

Le noyau de $(1 - R)$ est de dimension finie, et les fonctions qu'il contient sont analytiques jusqu'au bord. L'image de $(1 - R)$ est fermée, de codimension finie égale à la dimension du noyau, et possède un supplémentaire topologique composé de fonctions analytiques jusqu'au bord.

Exemple 2. — On suppose toujours $\overline{\Omega}$ compacte. Si R est négligeable analytique, de classe p, il existe R', négligeable analytique, de classe p, tel que $(1 + R')(1 - R)$ soit un projecteur sur l'image de $(1 - R)^n$ (dès que n est assez grand pour que cette image ne contienne pas le noyau de $(1 - R)$) (resp. ou $(1 - R)(1 + R')$ soit un projecteur sur l'image de $(1 - R)$).

Preuve. — Posons

$$E = \mathcal{H}(\overline{\Omega}) \oplus \mathcal{H}(\partial\Omega)^p$$
$$E' = \mathcal{H}'(\overline{\Omega}) \oplus \mathcal{H}'(\partial\Omega)^p$$

si $f \in \mathcal{H}(\overline{\Omega})$, et si $f_k = \left(\frac{\partial}{\partial n}\right)^k f/\partial\Omega$ désigne la trace sur $\partial\Omega$ de la k-ième dérivée normale de f, posons

$$\tilde{f} = (f, f_0, f_1, \ldots f_{p-1}) \in E$$

(dans les quelques lignes qui suivent, $\tilde{f}$ ne désignera pas le prolongement de f par 0 hors de Ω comme dans le reste de l'article).

On identifie E à un sous-espace de E' grâce aux mesures dx, dx'. L'application $f \to \tilde{f}$ est un isomorphisme sur un sous-espace $\tilde{\mathcal{H}}$ de E, partout dense dans E'.

Associons à R l'opérateur $\tilde{R} \in L(E) \cap L(E')$ défini par

$$\tilde{R}(\varphi, \varphi_0, \ldots, \varphi_{p-1}) = \tilde{g}$$

où

$$g = \int_\Omega r(x, y)\varphi(y)\,dy + \sum_0^{p-1} \int_{\partial\Omega} r_j(x,y')\varphi_j(y')\,dy'$$

(r et les r_j sont ceux de la définition 1.1).

$\tilde{R}$ est donc le prolongement de R à E′ par continuité si on identifie $\mathcal{H}(\overline{\Omega})$ à $\tilde{\mathcal{H}}$.

Remarquons qu'un opérateur $\tilde{A} \in L(E')$ provient par ce procédé d'un opérateur A, négligeable analytique de classe $\leqslant p$ si et seulement si $A(E') \subset \tilde{\mathcal{H}}$ (car le noyau distribution de A est alors nécessairement une matrice de fonctions analytiques jusqu'au bord, et la restriction de $\tilde{A}$ à $\tilde{\mathcal{H}}$ provient donc d'un opérateur négligeable analytique de classe p).

Le noyau de $(1 - \tilde{R})$ dans E′ est un sous-espace de dimension finie de $\tilde{\mathcal{H}}$.

Premier cas. — Supposons ce noyau nul. $(1 - \tilde{R})$ a alors un inverse $(1 + \tilde{R}')$, qui opère continûment dans E, E′ et $\tilde{\mathcal{H}}$ (puisque ces trois espaces sont stables par $(1 - \tilde{R})$, et que le théorème du graphe fermé y est vrai). En outre, on a

$$\tilde{R}' = \tilde{R}(1 + \tilde{R}')$$

donc l'image de $\tilde{R}'$ est contenue dans $\tilde{\mathcal{H}}$, ce qui prouve que $\tilde{R}'$ est bien associé à un opérateur négligeable analytique de classe p sur $\overline{\Omega}$.

Cas général. — Posons

$$I_\infty = \cap \operatorname{im}(1 - R)^k$$
$$N_\infty = \cup \ker(1 - R)^k$$

On a $N_\infty = \ker(1 - R)^k$ pour k assez grand, donc N_∞ est un sous-espace de dimension finie de $\tilde{\mathcal{H}}$.

De même $I_\infty = \operatorname{im}(1 - R)^k$ pour k assez grand, et c'est un supplémentaire topologique de N_∞ dans E′.

De sorte que si on définit $\tilde{R}_1$ par

$$\tilde{R}_1 = 0 \quad \text{sur} \quad I_\infty; \qquad 1 - \tilde{R} - \tilde{R}_1) = 1 \quad \text{sur} \quad N_\infty$$

$\tilde{R}_1$ est bien associé à un opérateur négligeable analytique de classe p.

Le premier cas nous montre alors que $(1 - \tilde{R} - \tilde{R}_1)$ a un inverse $(1 + \tilde{R}')$, où $\tilde{R}'$ est négligeable analytique de classe p.

Il suffit alors de modifier $\tilde{R}'$ convenablement sur N pour avoir le résultat annoncé (l'opérateur qui sert à modifier est nul sur I_∞, et prend ses valeurs dans N_∞, donc provient lui aussi d'un opérateur négligeable analytique de classe p).

2. Les opérateurs pseudo-différentiels analytiques de type μ (d'après L. Hörmander).

1. Les notations sont les mêmes qu'au début du chapitre. Soit P un opérateur pseudo-différentiel analytique, de degré d, sur la variété V (voisinage de $\overline{\Omega}$). Nous renvoyons à [3] et [10] pour une étude plus détaillée de ces opérateurs, et nous nous contentons ici d'en rappeler la définition ([3]) : P est un opérateur pseudo-différentiel au sens de [6] ou [9], dont le noyau-distribution (au sens de (13)) $P(x, y)$ vérifie les conditions suivantes :

a) $P(x, y)$ est analytique hors de la diagonale $x = y$ de $V \times V$.

b) Pour tout $x_0 \in V$, il existe un système de coordonnées analytique au voisinage de x_0 ([4]) dans lequel $P(x, y)$ se met sous la forme :

$$P(x, y) = \Sigma P_k(x, x - y) + R(x, y) \tag{2.1}$$

où $R(x, y)$ est analytique en x et y, $P_k(x, z)$ est une distribution pseudo-homogène de degré $-n - d + k$ de z, analytique pour $z \neq 0$, et qui dépend analytiquement de x.

Dans (2.1) la série converge au sens suivant :

(2.2) Il existe un voisinage complexe V_0 de x_0, et un nombre $\varepsilon > 0$, tels que les termes de la série (2.1) soient tous holomorphes dans le domaine complexe :

$$x \in V_0, \qquad |\mathrm{im}\, z| < \varepsilon\, |\mathrm{re}\, z|, \qquad |z| < \varepsilon$$

(im z et re z désignent comme d'habitude la partie imagi-

([3]) Nous suivons ici d'assez près la présentation de W. Margulies [10].

([4]) Les conditions décrites ne dépendent pas du système de coordonnées choisi.

naire et la partie réelle du vecteur complexe z); et la série converge uniformément dans ce domaine.

Les distributions $P_k(x, z)$ sont bien déterminées par l'opérateur P, modulo un polynôme homogène de degré $-n-d+k$, à coefficients analytiques en x, si $-n-d+k$ est entier positif.

Nous appelons alors symbole complet de P la classe du noyau distribution de P modulo les fonctions analytiques sur $V \times V$.

Si V est plongée dans l'espace vectoriel R^n (ou au voisinage d'un point, une fois choisi un système de coordonnées analytiques), on représente le symbole complet par la série formelle :

$$\sigma(P) = \Sigma p_k(x, \xi) \tag{2.3}$$

où $p_k(x, \xi)$ est la restriction à l'ouvert $\xi \neq 0$ de la transformée de Fourier par rapport à z de la distribution $P_k(x, z)$: c'est une fonction analytique, homogène de degré $d-k$ en ξ.

Les $p_k(x, \xi)$ ont en outre la propriété suivante : pour tout $x_0 \in V$, il existe un voisinage complexe V_0 de x_0, et des constantes positives ε, c, A tels que les $p_k(x, \xi)$ soient toutes holomorphes dans le même domaine complexe :

$$x \in V_0, \qquad |\text{im}\,\xi| < \varepsilon\,|\text{re}\,\xi|$$

et y vérifient les inégalités

$$|p_k(x, \xi)| \leqslant cA^k k!\,|\xi|^{d-k}. \tag{2.4}$$

Le premier terme de la série (2.3), $p_0(x, \xi)$, est appelé symbole principal, ou symbole. Il doit s'interpréter comme une fonction sur le fibré cotangent de V. (Le symbole complet peut aussi se représenter comme section de certains fibrés de jets.)

Remarquons ici que les symboles complets d'opérateurs pseudo-différentiels analytiques sur les ouverts d'une variété analytique réelle V forment un faisceau sur V. Autrement dit, si V_i est un recouvrement ouvert de V; si pour tout i on se donne un opérateur pseudo-différentiel P_i sur V_i, de façon que les restrictions à $V_i \cap V_j$ de P_i et P_j aient même symbole pour tous i, j, alors il existe un opérateur pseudo-différentiel analytique P sur V, qui a même symbole complet que P_i dans V_i pour tout i.

Preuve. — On va construire le noyau distribution $f(x, y)$ de P. Posons $\Omega_0 = V \times V - \operatorname{diag} V$, $\Omega_i = V_i \times V_i$, de sorte que les Ω_i forment un recouvrement ouvert de $V \times V$.

Posons $f_0(x, y) = 0$; et pour $i \neq 0$, soit $f_i(x, y)$ le noyau-distribution de P_i: c'est une distribution sur Ω_i, analytique dans $\Omega_i - \operatorname{diag} V_i$.

Puisque P_i et P_j ont même symbole dans $V_i \cap V_j$,

$$f_{ij} = f_i/\Omega_i \cap \Omega_j - f_j/\Omega_i \cap \Omega_j$$

est une fonction analytique dans $\Omega_i \cap \Omega_j$. (Aussi quand i ou j est nul, puisque de toute façon f_i est analytique hors de la diagonale de V.)

La famille (f_{ij}) est une cochaîne alternée associée au recouvrement Ω_i, à valeurs dans le faisceau des fonctions analytiques sur $V \times V$. C'est même un cocycle (ie. $f_{ij} + f_{jk} + f_{ki} = 0$ dans $\Omega_i \cap \Omega_j \cap \Omega_k$) car une fonction analytique est nulle si elle est nulle en tant que distribution.

Or le faisceau des fonctions analytiques réelles est cohomologiquement trivial ([5]).

En particulier le deuxième groupe de cohomologie $H^2(V \times V, \mathcal{H})$ est nul. En outre, comme V est paracompacte, le deuxième groupe de cohomologie est égal au deuxième groupe de cohomologie de Cech (voir R. Godement, Théorie des faisceaux, Hermann, Paris).

Donc il existe un recouvrement Ω'_α plus fin que Ω_i (c'est-à-dire $\Omega'_\alpha \subset \Omega_{i(\alpha)}$ pour une application $\alpha \to i(\alpha)$ convenable), et des fonctions $g_\alpha \in \mathcal{H}(\Omega'_\alpha)$ telles que

$$f_{i(\alpha)} - f_{i(\beta)} = g_\alpha - g_\beta \qquad \text{dans} \qquad \Omega'_\alpha \cap \Omega'_\beta.$$

Cette dernière relation signifie exactement que les distributions $f_{i(\alpha)} - g_\alpha \in \mathcal{D}'(\Omega'_\alpha)$ se recollent.

([5]) Voir H. Cartan, Variétés analytiques réelles et variétés analytiques complexes, *Bull. Soc. Math. France*, 85 (1957), 77-99; H. Grauert, On Levi's problem and the embedding of real analytic manifolds, *Ann. Math.* (2), 68 (1958), 460-472; L. Hormander, An introduction to complex analyisis in several variables, chap. VII (Van Nostrand).

Soit maintenant $f(x, y)$ la distribution définie par

$$f(x, y) = f_{i(\alpha)} - g_\alpha \qquad \text{dans} \qquad \Omega'_\alpha.$$

Il est clair que $f(x, y)$ est analytique hors de la diagonale de V, et diffère de $f_{i(\alpha)}$, par une fonction analytique au voisinage de tout point $(x, x) \in \Omega'_\alpha$: $f(x, y)$ est le noyau distribution de l'opérateur cherché.

Notons aussi en passant le résultat suivant :

(2.5) *Soit* $p_0(x, \xi)$ *une fonction analytique sur* $T^*V - \{0\}$ *(le fibré cotangent privé de la section nulle), homogène de degré* d *en* ξ. *Il existe un opérateur pseudo-différentiel analytique* P *sur* V, *de symbole principal* p_0.

La construction est facile quand V est un ouvert de R^n : on peut prendre par exemple l'opérateur de noyau distribution $P(x, x - y)\, dy$, où $P(x, z)$ est la transformée de Fourier inverse par rapport à z de la distribution $pfp_0(x, \xi)$ sur $V \times R^n$ (la pseudo-fonction ou partie finie pf est définie comme dans (12)). Dans le cas général, on ne peut malheureusement pas recoller le résultat précédent au moyen d'une partition de l'unité. Voici cependant une autre construction :

soit F un isomorphisme analytique d'un voisinage de la diagonale diag V dans $V \times V$ sur un voisinage de la section nulle dans TV, telle que

a) $F(x, y)$ est un vecteur tangent en x, et $F(x, x) = 0$;

b) $y \to F(x, y)$ a pour application linéaire tangente au point (x, x) l'identité de T_xV (il existe des fonctions ayant ces propriétés; par exemple l'inverse de l'application « exponentielle » associée à une connexion sur V).

Soit $P_0(x, z)\, dz$ la distribution sur TV transformée de Fourier inverse par rapport à z de la distribution (courant d'ordre 0) $pfp_0(x, \xi)$ sur T^*V; soit $P_1(x, y)\, dy$ l'image de $P_0(x, z)^0\, dz$ par l'inverse de F (au voisinage de diag V). Soit enfin $P(x, y)\, dy$ une distribution sur $V \times V$, analytique hors de diag V, et telle que $P - P_1$ soit analytique au voisinage de diag V (il en existe, cf. ci-dessus).

Alors l'opérateur P de noyau distribution $P(x, y)\, dy$ est un opérateur pseudo-différentiel analytique de symbole principal $p_0(x, \xi)$.

Preuve. — Comme de toute façon $P(x, y)\, dy$ est analytique hors de diag V, il suffit de vérifier que pour tout $x_0 \in V$, $P_1(x, y)\, dy$ coïncide au voisinage de (x_0, x_0) avec le noyau distribution d'un opérateur pseudo-différentiel analytique de symbole principal $p_0(x, \xi)$ défini au voisinage de x_0. Pour cela, on peut supposer $V \subset R^n$. On supposera aussi pour simplifier que P est de degré $d < -n$, de sorte que $P_0(x, z)$ est continue.

La deuxième coordonnée de F est une fonction $u(x, y)$, analytique, égale à $x - y + O(|x-y|^2)$ près de la diagonale :

$$u(x, y) = x - y + \sum_{|p|\geqslant 2} a_p(x)(x-y)^p = x - y + r(x, y)$$

où r est donc de l'ordre de $|x-y|^2$ au voisinage de $x = y$. Pour ε assez petit, les a_p sont holomorphes dans la boule complexe $|x - x_0| < \varepsilon$, et la série converge dans le domaine complexe : $|x - x_0| < \varepsilon$, $|x - y| < \varepsilon$.

On a alors, avec $z = u(x, y)$

$$P_1(x, y)\, dy = P_0(x, z)\, dz = P_0(x, x - y + r)|u'_y|\, dy$$

$|u'_y|$ désigne le déterminant jacobien de la transformation $y \to u(x, y)$: il admet un développement en série convergente dans le domaine ci-dessus :

$$|u'_y| = 1 + \sum_{|p|\geqslant 1} b_p(x)(x-y)^p.$$

Développons maintenant P_0 en série de Taylor :

$$P_0(x, x - y + r) = P_0(x, x - y) + \sum_{|q|>0} P^{(q)}(x, x-y) r^q/q\,!$$

($P^{(q)}$ désigne ici la dérivée partielle d'ordre q par rapport à la deuxième variable). La série converge uniformément dans le domaine complexe $|x - x_0| < \varepsilon$, $|x - y| < \varepsilon$, $|\operatorname{im} x - y| < \varepsilon\, |\operatorname{re} x - y|$, $|r| < \varepsilon\, |x - y|$ pour ε assez petit.

Or avec la notation ci-dessus, on a $r(x, y) = O(|x-y|^2)$ donc $|r(x, y)| < \varepsilon |x - y|$ pour $|x - y|$ assez petit.

Si on développe enfin r^q en série entière, on obtient pour P_1 un développement en série de la forme :

$$P_1(x, y) = P_0(x, x - y) + \sum_i c_i(x) P^{(q_i)}(x, x-y)(x-y)^{p_i}$$

Dans la série, chaque terme est pseudo-homogène de degré $\deg P_0 - |q_i| + |p_i| < \deg P_0$, parce que $|u'_y| = 1 + O(x - y)$, $r(x, y) = O(|x - y|^2)$ impliquent qu'on a $|p_i| \geqslant 2|q_i|$, ou $|p_i| \geqslant 1$ quand $q_i = 0$. En outre le nombre de termes d'un degré donné (ou inférieur à un nombre donné) est fini, et le lecteur vérifiera sans peine que la série uniformément vers $P_1(x, y)$ dans un domaine complexe de la forme

$$|x - x_0| < \varepsilon, \qquad |x - y| < \varepsilon, \qquad |\operatorname{im} x - y| < \varepsilon\, |\operatorname{re} x - y|.$$

Par définition, la somme de la série est le noyau distribution d'un opérateur pseudo-différentiel analytique de degré $d - 1$, défini au voisinage de x_0. De sorte

$$P(x, y)\, dy = P_0(x, x - y)\, dy + \cdots$$

est bien le noyau d'un opérateur pseudo-différentiel analytique, de degré d, de symbole principal $p_0(x, \xi)$ au voisinage de (x_0, x_0).

(Dans le cas où le degré d est plus grand que $-n$, il y a une petite difficulté due aux singularités du noyau distribution sur la diagonale. Le lecteur vérifiera que dans ce cas aussi la série ci-dessus converge au sens des distributions vers le noyau distribution de P au voisinage de (x_0, x_0).)

Finalement rappelons que d'après (3), 2, n° 4, si P est un opérateur pseudo-différentiel analytique, il admet localement une représentation par intégrale de Fourier (la formule ci-dessous suppose que V est un voisinage d'un point de R^n, par exemple l'origine, et vaut pour les fonctions à support assez voisin de ce point) :

$$\text{(2.6)} \quad P(f) = \int_{R^n} R(x, y) f(y)\, dy + (2\pi)^{-n} \int_{R^n} e^{ix.\xi} p(x, \xi) \hat{f}(\xi)\, d\xi$$

où $R(x, y)$ est une fonction analytique de (x, y), et $p(x, \xi)$ est une fonction C^∞ de x, sur $V \times R^n$, analytique par rapport à x, et se prolonge en une fonction holomorphe dans le domaine complexe :

$$x \in V_0, \qquad |\operatorname{im} \xi| < \varepsilon\, |\operatorname{re} \xi|$$

où V_0 est un voisinage complexe de x_0, $\varepsilon > 0$ une constante convenable.

De plus $p(x, \xi)$ vérifie dans ce domaine les inégalités

$$(2.7) \qquad \left|p(x, \xi) - \sum_{0}^{N-1} p_k(x, \xi)\right| \leqslant c A^N N! \, |\xi|^{d-N}$$

où c, A sont des constantes convenables, et les p_k sont les termes du symbole complet de P.

Réciproquement, si l'opérateur P admet la représentation (2.6), où $p(x, \xi)$ et les $p_k(x, \xi)$ vérifient les inégalités (2.4), (2.7), c'est un opérateur pseudo-différentiel analytique, de symbole $\Sigma p_k(x, \xi)$.

2. Nous en arrivons au but de ce paragraphe :

Définition 2.1. — *Nous dirons (avec L. Hörmander, cf (8)) que* P *est de type* μ *si son symbole complet vérifie les conditions*

$$(2.8) \qquad p_k(x, -\xi) = e^{(d-k-2\mu)i\pi} p_k(x, \xi) \qquad \textit{pour tout} \quad k.$$

La formule (2.8) suppose choisi un système de coordonnées analytique, de façon à pouvoir représenter le symbole par une série formelle $\Sigma p_k(x, \xi)$ au voisinage de x. Mais la condition ne dépend pas du système choisi (cf. (6) pour les formules de changement de coordonnées). Elle signifie que $d - 2\mu$ est entier, et que $p_k(x, \xi)$ de la formule (2.1) a même parité que l'entier $d - k - 2\mu$ par rapport à ξ. (La condition de L. Hörmander dans (8) impose seulement que l'égalité ait lieu sur la variété $x \in \partial\Omega$, $\xi' = 0$, $\xi_n > 0$, c'est-à-dire sur le fibré cotangent normal intérieur, pour p_k et toutes ses dérivées; mais ici les fonctions $p_k(x, \xi)$ sont analytiques.)

Notons aussi que le symbole $\Sigma p_k(x, \xi)$ est le symbole d'un opérateur pseudo-différentiel analytique de type μ si et seulement si $\Sigma p_k(x, \xi) \, |\xi|^{-2\mu}$ est le symbole d'un opérateur pseudo-différentiel de type 0. Dans le cas $\mu = 0$, on voit en développant p_k en série entière de ξ' au voisinage du point $\xi' = 0$, $\xi_n = 1$ que p_k admet un développement en série convergente dans le domaine complexe $\xi_n > \frac{1}{\varepsilon}|\varepsilon'|$ (pour ε assez petit) :

$$(2.9) \qquad p_k(x, \xi) = \Sigma \frac{1}{\alpha!} p_k^{(\alpha)}(x, \xi', 1) \xi'^{\alpha} \xi_n^{d-k-|\alpha|}$$

(la condition de symétrie implique que les coefficients sont les mêmes pour ξ_n positif ou négatif). En particulier on voit que pour x et ξ' fixé, $p_k(x, \xi', \xi_n)$ est une fonction analytique de ξ_n sur la droite réelle (sauf au point $\xi_n = 0$ quand $\xi' = 0$), méromorphe à l'infini, avec un pôle d'ordre au plus $d - k$ à l'infini.

Exemple. — Nous allons déterminer les opérateurs pseudo-différentiels analytiques de type 0 à une variable.

PROPOSITION 2.2. — *Si* P *est un opérateur pseudo-différentiel analytique de type* 0, *à une variable, il est somme d'un opérateur différentiel à coefficients analytiques et d'un opérateur de degré* -1 *(et de type* 0*).*

Si P *est de degré* -1, *son noyau distribution est une fonction* $P(x, y)$ *qui coïncide pour* $x \geqslant y$ *(resp.* $x \leqslant y$*) avec une fonction* $f_1(x, y)$ *(resp.* $f_2(x, y)$*) analytique au voisinage de l'ensemble fermé* $x \geqslant y$ *(resp.* $x \leqslant y$*).*

Preuve. — De toute façon, le noyau distribution $P(x, y)$ est analytique hors de la diagonale $x = y$. Et au voisinage de la diagonale, il admet la représentation en série convergente (2.1) :

$$P(x, y) = R(x, y) + \Sigma P_k(x, x - y).$$

Or la condition de symétrie de la définition 2.1 signifie que $p_k(x, \xi)$ (dans la notation de la formule (2.3)) est proportionnelle à la puissance entière de ξ_n : ξ_n^{d-k}. Elle a la conséquence suivante :

Pour $d - k \geqslant 0$, $P_k(x, z)$ est proportionnelle à une dérivée de la masse de Dirac (de z) :

$$P_k(x, z) = a_k(x)\, \delta^{(d-k)}(z)$$

où a_k est une fonction analytique de x (il n'y a jamais de terme de la forme pfz^{k-d-1}). D'où la première assertion.

Et pour $d - k < 0$, $P_k(x, z)$ est de la forme :

$$P_k(x, z) = a_k(x)(z^+)^{k-d-1} + b_k(x)(z^-)^{k-d-1}$$

où z^+ (resp. z^-) désigne la partie positive (resp. négative) de z, et les fonctions a_k et b_k sont analytiques en x. (Il n'y a jamais de terme en z^{k-d-1} Log $|z|$.)

Comme la série $\Sigma P_k(x, z)$ converge au sens des distributions au voisinage de $z = 0$ (et même quand x parcourt un voisinage complexe convenable de l'intervalle de définition de l'opérateur), les deux séries entières

$$\sum_{k \geqslant \alpha+1} a_k(x) z^{k-d-1} \quad \text{et} \quad \sum_{k \geqslant \alpha+1} b_k(x) z^{k-d-1}$$

convergent toutes deux vers des fonctions analytiques de x et z au voisinage de $z = 0$. D'où la deuxième assertion.

Dans [8], L. Hörmander prouve le résultat suivant : soit $f \in \mathcal{D}(\overline{\Omega})$ une fonction à support compact dans $\overline{\Omega}$, C^∞ jusqu'au bord. Désignons comme au début du chapitre par x_n une fonction positive, analytique, nulle à l'ordre 1 exactement sur le bord (la dernière fonction coordonnée si $\overline{\Omega}$ est plongée dans le demi-espace R^n_+). Soit g la distribution $g = pf(x_n^+)^\mu f$ (x_n^+ désigne la partie positive de x_n, c'est-à-dire x_n dans $\overline{\Omega}$ et 0 dans le reste de V ; la partie finie, ou pseudo-fonction $pf.$ est définie comme dans [12]) : g est donc une distribution sur V, à support compact dans $\overline{\Omega}$.

Ou si μ est entier négatif, soit g une distribution sur V de la forme :

$$g = f + \sum_{j < -\mu} \left(\frac{\partial}{\partial n}\right)^j (f_j(x') \delta_{\partial\Omega})$$

où $f \in \mathcal{D}(\overline{\Omega})$, $f_j \in \mathcal{D}(\partial\Omega)$ et $\left(\frac{\partial}{\partial n}\right)^j$ désigne la dérivée d'ordre j de la distribution $f_j\, \delta_{\partial\Omega}$ par rapport au champ $\frac{\partial}{\partial n}$.

Alors la restriction à Ω de $P(g)$ est une fonction C^∞ jusqu'au bord.

Ici, nous allons prouver en outre :

Théorème 2.3. — *Si* P *est analytique, de type* μ, *et si les densités* f *(resp. et* f_j*) qui servent à définir la distribution* g *ci-dessus sont analytiques jusqu'au bord au voisinage d'un point* x_0, *la restriction à* $\overline{\Omega}$ *de* $P(g)$ *est analytique jusqu'au bord au voisinage de* x_0.

Preuve. — Nous commençons par faire plusieurs réductions : remarquons d'abord que le théorème est purement local, parce que P conserve localement l'analyticité (cf. [3]) et en particulier P(g) est analytique en dehors du support de g. On supposera donc que V est un ouvert de R^n, et $\overline{\Omega} = V \cap \overline{R}^n_+$. On supposera aussi que $x_0 = 0$ est un point du bord, le cas où il est intérieur résultant immédiatement de [3].

Remarquons ensuite que le composé d'un opérateur pseudo-différentiel de type μ et d'un opérateur différentiel à coefficients analytiques est encore un opérateur pseudo-différentiel de type μ (le fait que le composé est encore analytique est prouvé dans [3]; et la condition (2.8) est immédiate à vérifier). Quitte alors à diminuer le support de g, ou à la modifier hors d'un voisinage de x_0, et à la remplacer par une somme de distributions-dérivées d'ordre assez élevé, on pourra supposer $\mu > 1$ et g de la forme

$$g = f\varphi(x_n^+)^{\mu-1} e^{-x_n}$$

où $\varphi \in \mathcal{D}(\overline{\Omega})$ égale 1 au voisinage de x_0, et f est analytique au voisinage du support de φ.

Puis quitte à diminuer V, on peut supposer f analytique dans V tout entier, et même $f = 1$, puisque le composé $P_0 f$ est encore un opérateur pseudo-différentiel analytique de type μ.

Nous utilisons alors la représentation intégrale (2.6) : le théorème est évident pour le terme résiduel

$$\int R(x, y) g(y)\, dy$$

qui transforme toute distribution en une fonction analytique.

Il suffit donc de le prouver pour l'intégrale de Fourier.

On peut enfin dans ce cas supposer que le « noyau » $p(x, \xi)$ ne dépend pas de x : on passe de là au cas général par une technique de fonctions holomorphes évidente : (2.7) signifie que l'application qui à y fait correspondre la fonction $p(y, \xi)$ est holomorphe d'un voisinage de x_0 dans l'espace des fonctions de ξ qui vérifient les inégalités (2.7); si on note P_y l'opérateur pseudo-différentiel analytique défini par

$$P_y f(x) = (2\pi)^{-n} \int e^{ix\cdot\xi} p(y, \xi) \hat{f}(\xi)\, d\xi$$

et si le résultat annoncé est vrai pour les opérateurs de convolution, la fonction des deux variables x et y: $P_y f(x)$ est analytique jusqu'au bord dans $V \times \overline{\Omega}$; en particulier $Pf(x) = P_x f(x)$ est analytique jusqu'au bord dans $\overline{\Omega}$.

En résumé, il suffit de prouver le théorème dans le cas où P admet la représentation

$$P(g) = (2\pi)^{-n} \int e^{ix\cdot\xi} p(\xi) \hat{g}(\xi)\, d\xi$$

où p (et les fonctions p_k qui lui sont associées) vérifie les conditions (2.4), (2.7), et où g est la fonction

$$g = \varphi(x_n^+)^{\mu-1}\, e^{-x_n}.$$

Nous faisons enfin une dernière réduction fondée sur la remarque suivante: $p(\xi)$ est une fonction holomorphe, à croissance lente à l'infini, dans le cône complexe ouvert: $|\operatorname{im} \xi| < \varepsilon\, |\operatorname{re} \xi|$, et C^∞ dans la fermeture de ce cône. C'est donc un multiplicateur, et P est la restriction à V d'un opérateur de convolution continu: $\mathcal{S}'(\mathbf{R}^n) \to \mathcal{S}'(\mathbf{R}^n)$, que nous noterons encore P. Exactement, P est l'opérateur de convolution par la distribution $P(x)$, transformée de Fourier inverse de $p(\xi)$. Il résulte des conditions vérifiées par p que dans le complémentaire de l'origine, $P(x)$ se prolonge en une fonction holomorphe, à décroissance rapide à l'infini dans le cône ouvert $|\operatorname{im} x| < \varepsilon' \,|\operatorname{re} x|$ pour ε' assez petit ($\varepsilon' < \inf(\varepsilon, 1)$, cf. [3]).

Il est immédiat alors de vérifier que si T est une distribution tempérée, $P(T) = P(x) * T$ est analytique en dehors du support de T. En particulier $P((1-\varphi)(x_n^+)^{\mu-1})$ est analytique au voisinage de x_0.

Nous pouvons donc supposer $\varphi = 1$. La fonction g a alors pour transformée de Fourier par rapport à x_n:

$$\hat{g}(\xi) = \Gamma(\mu)(1 + i\xi_n)^{-\mu}.$$

Définissons maintenant la fonction $p'(\xi_n)$ par

$$p(0, \xi_n) = (1 + \xi_n^2)^{\mu} p'(\xi_n).$$

Comme P est un opérateur de convolution, l'image de g par $P: G = P(g)$ dépend elle aussi de x_n seul, et a pour transformée de Fourier par rapport à x_n :

$$G(\xi_n) = \Gamma(\mu)(1 - i\xi_n)^\mu p'(\xi_n).$$

Dans cette expression, le premier facteur $\Gamma(\mu)(1 - i\xi_n)^\mu$ est la transformée de Fourier de la distribution

$$f = \Gamma(\mu)\Gamma(-1 - \mu)^{-1} pf(x_n^-)^{-1-\mu} e^{x_n}$$

(ou si μ est entier positif, f est proportionnelle à une dérivée de la mesure de Dirac δ) : f est donc tempérée (en fait à décroissance rapide), et portée par la demi-droite négative $x_n \leqslant 0$.

On a donc pour $x_n > 0$

$$G(x_n) = \int_0^\infty f(-t)P'(x_n + t)\, dt \tag{2.10}$$

(l'intégrale est prise au sens des distributions, $P'(x)$ désigne la transformée de Fourier inverse de $p'(\xi)$).

Or la réciproque de (2.6), et la définition 2.1 impliquent que l'opérateur de convolution par P' est un opérateur pseudo-différentiel analytique de type 0, à une variable. $P'(x_n)$ coïncide donc dans la demi-droite $x_n > 0$ avec une fonction analytique dans une demi-droite $x_n > -\varepsilon$ (proposition 2.2).

Comme en outre $P'(x_n)$ est holomorphe, à décroissance rapide dans tout un cône complexe : $|\mathrm{im}\, x_n| < \varepsilon\, |\mathrm{re}\, x_n|$, la formule (2.10) implique que $G(x_n)$ est analytique jusqu'au bord pour $x_n > 0$, et le théorème est démontré.

3. Opérateurs de Poisson analytiques.

Ce paragraphe combine les méthodes et les constructions de [2] et de [3] : il s'agit de construire une classe d'opérateurs de Poisson qui conserve localement l'analyticité.

Nous commençons par décrire les distributions « homogènes » qui serviront de noyaux à nos opérateurs.

1. *Un exemple fondamental.*

Soit t un nombre complexe de partie réelle positive.

Soit $f \in \mathfrak{D}(R^{n-1})$ une fonction sur le bord du demi-espace $\overline{R}^n_+$.

La solution bornée F du problème de Dirichlet :

$$\begin{cases} \left(t^2\Delta_{x'} + \dfrac{\partial^2}{\partial x_n^2}\right)F = 0 & \text{pour} \quad x_n > 0 \\ F \quad = f & \text{sur le bord} \quad R^{n-1} \end{cases}$$

$\left(\text{où} \quad \Delta_{x'} = \dfrac{\partial^2}{\partial x_1^2} + \cdots \dfrac{\partial^2}{\partial x_{n-1}^2} \quad \text{désigne le Laplacien sur} \quad R^{n-1}\right)$
est donnée par la formule

$$F = \int_{R^{n-1}} K(x' - y', x_n) f(y')\, dy'$$

où $K(x) = K(x', x_n)$ est le noyau

$$K(x) = \Gamma\left(\frac{n}{2}\right)\pi^{-\frac{n}{2}} t x_n (x'^2 + t^2 x_n^2)^{-\frac{n}{2}}. \tag{3.1}$$

K a pour transformée de Fourier partielle par rapport à x' la fonction

$$\hat{K}(\xi', x_n) = \exp - t|\xi'|x_n \qquad \text{pour} \qquad x_n > 0. \tag{3.2}$$

Enfin le prolongement de K par 0 dans le demi-espace $x_n < 0$ a pour transformée de Fourier globale

$$k(\xi) = (t|\xi'| + i\xi_n)^{-1}. \tag{3.3}$$

2. *Noyaux de Poisson analytiques élémentaires.*

Soit $K(x) = K(x', x_n)$ une distribution sur R^n. On note $\hat{K}(\xi', x_n)$ la transformée de Fourier partielle par rapport à x', et $k(\xi)$ la transformée de Fourier globale. Nous nous intéressons aux propriétés suivantes de K :

(3.4) K *est nulle pour* $x_n < 0$. *C'est une distribution homogène de degré* $-n + 1 - d$, *localement intégrable dans l'ouvert* $x \neq 0$ [*Resp. si* $-n + 1 - d$ *est entier positif,* K *est une fonction, nulle pour* $x_n < 0$, *et qui coïncide dans le demi-espace* $x_n > 0$ *avec une fonction pseudo-homogène de degré* $-n + 1 - d$]. *Et*

a) K *est analytique jusqu'au bord pour* $x_n \geqslant 0$, $x \neq 0$ [6].

b) $\hat{K}$ *est analytique jusqu'au bord pour* $x_n \geqslant 0$, $\xi' \neq 0$,

[6] Autrement dit K coïncide dans le demi-espace $x_n > 0$ avec une fonction analytique au voisinage de l'ensemble $x_n \geqslant 0$, $x \neq 0$.

localement intégrable dans l'ouvert $\xi' \neq 0$ *(il n'y a pas de couches sur le bord).*

Définition 3.1. — *On appelle noyau de Poisson élémentaire de degré* d *une distribution* K *qui vérifie la condition* (3.4)

(3.5) $k(\xi)$ *est analytique, homogène de degré* $d - 1$, *dans l'ouvert* $\xi' \neq 0$. *Et pour* $\xi' \neq 0$ *fixé, elle se prolonge en une fonction holomorphe nulle à l'infini de* ξ_n *dans le domaine*

$$|\xi_n - i\mathrm{R}|\xi'|| > (\mathrm{R} - \varepsilon)|\xi'|$$

où R, ε *sont des constantes positives convenables.*

Lemme 3.2. — 1) *Pour une distribution* K, *la propriété* (3.4) *implique la propriété* (3.5).

2) *Réciproquement, si* $k(\xi)$ *est une fonction définie pour* $\xi' \neq 0$, *et qui vérifie* (3.5), *il existe une distribution* K *qui vérifie* (3.4), *et dont la transformée de Fourier coïncide avec* k *pour* $\varepsilon' \neq 0$. *Cette distribution est unique, modulo un « polynôme » de la forme*

$$\sum_{|\alpha| \leqslant -n+1-d} a_\alpha x'^\alpha (x_n^+)^{-n+1-d-|\alpha|}$$

Si d *est entier et* $d \leqslant -n+1$.
(x_n^+ désigne la partie positive de x_n).

Remarque à propos de (3.4) *et de la définition* 3.1 :
Si la dimension n est paire, la fonction

$$\mathrm{K}_1(x) = \begin{cases} \operatorname{Log}|x| & \text{pour } x_n > 0 \\ 0 & \text{pour } x_n < 0 \end{cases}$$

est un noyau de Poisson élémentaire de degré $-n+1$.

Par suite si d est entier, $d \leqslant -n+1$, tout noyau de Poisson élémentaire de degré d s'écrit, d'une seule façon

$$\mathrm{K}(x) = \mathrm{K}_0(x) + \mathrm{Q}(x)\mathrm{K}_1(x)$$

où K_0 est un noyau de Poisson élémentaire homogène, et Q un polynôme homogène.

Le résultat n'est pas vrai en dimension impaire : alors la fonction qui vaut $\operatorname{Log}|x|$ pour $x_n > 0$, et 0 pour $x_n < 0$

ne vérifie pas (3.4) b (ou sa transformée de Fourier n'est pas une fonction holomorphe à l'infini de ξ_n, pour $\xi' \neq 0$ fixé). On peut dans ce cas remplacer cette fonction par la suivante (notée à nouveau K_1)

$$K_1(x) = \begin{cases} \text{Log}\,(x_n + |x|) & \text{pour } x_n > 0 \\ 0 & \text{pour } x_n < 0 \end{cases}$$

et on a bien alors la décomposition ci-dessus.

Dans les deux cas (n pair ou impair) la transformée de Fourier de K_1 est de la forme

$$k_1(\xi) = \sum_{p=1}^{\frac{n}{2}} a_p |\xi'|^{-n+p}(|\xi'| + i\xi_n)^{-p}$$

pour $\xi' \neq 0$.

Preuve de la première partie du lemme 3.2.

On va d'abord étudier $\hat{K}(\xi', x_n)$ pour $x_n = 1$.

Du fait que $K(x', 1)$ est holomorphe dans un domaine complexe de la forme $|\text{im}\, x'| < \varepsilon(1 + |\text{re}\, x'|)$, et vérifie dans ce domaine une inégalité

$$|K(x', 1)| \leqslant c(1 + |x'|)^{\alpha} \tag{3.6}$$

résulte immédiatement que $\hat{K}(\xi', 1)$ se prolonge en une fonction holomorphe dans un cône complexe $|\text{im}\, \xi'| < \varepsilon'|\text{re}\, \xi'|$, où elle vérifie l'inégalité

$$|\hat{K}(\xi', 1)| \leqslant c'|\xi'|^{\beta} \exp(-a|\xi'|) \tag{3.7}$$

(où a, b, c' sont des constantes convenables).

Remarquons maintenant que $K(x)$ admet un développement en série convergente pour $0 < x_n < \varepsilon|x'|$:

$$K(x) = \sum_{p=0}^{\infty} \alpha_p(x') x_n^p \tag{3.8}$$

où $\alpha_p(x')$ est homogène de degré $-n + 1 - d - p$ (sauf si $-n + 1 - d - p$ est entier positif, auquel cas α_p comporte éventuellement un terme de la forme $P(x')\,\text{Log}\,|x'|$ où P est un polynôme homogène).

En outre les α_p sont holomorphes dans un cône $|\mathrm{im}\, x'| < \varepsilon |\mathrm{re}\, x'|$, et y vérifient

$$(3.9) \qquad |(\alpha_p x')| \leqslant \mathrm{R}^{p+1}|x'|^{-n+1-d-p}$$

pour $p > -n+1-d$, si ε est assez petit et R assez grand.

Enfin le reste du développement vérifie une inégalité analogue, dans un domaine complexe analogue :

$$(3.10) \qquad |\mathrm{K}(x', 1) - \sum_0^{\mathrm{N}-1} \alpha_p(x')| \leqslant \mathrm{R}^{p+1}|x'|^{-n+1-d-p}$$

pour $p > -n+1-d$.

Soit maintenant $a_p(\xi')$ la transformée de Fourier de la distribution $pf\alpha_p(x')$ (où la partie finie pf est définie comme dans [12]).

Il résulte de (3) § 2, n° 2 que les $a_p(\xi')$ vérifient dans un cône complexe analogue au cône ci-dessus les inégalités

$$(3.11) \qquad |a_p(\xi')| \leqslant \frac{\mathrm{R}'^{p+1}}{p\,!}|\xi'|^{d+p}.$$

De sorte que la série $\Sigma a_p(\varepsilon')$ converge dans ce cône complexe.

En outre, toujours d'après (3) § 2 n° 2, la fonction $r(\xi') = \hat{\mathrm{K}}(\xi', 1) - \Sigma a_p(\xi')$ est analytique dans tout le plan, et ses dérivées à l'origine vérifient les inégalités

$$(3.12) \qquad |p^{(\alpha)}(0)| \leqslant \frac{\mathrm{R}'^{p+1}}{p\,!}$$

(parce que $p^{(\alpha)}(0)$ est la valeur à l'origine de la transformée de Fourier du reste : $x'^{\alpha}pf\left(\mathrm{K}(x', 1) - \sum_0^{\mathrm{N}-1} \alpha_p(\xi')\right)$ pourvu qu'on ait $|\alpha| - n + 1 - d - \mathrm{N} < -n+1$).

De sorte que le reste $r(\xi')$ est une fonction entière, de type exponentiel.

Distinguons maintenant deux cas : supposons d'abord que d n'est pas entier. Alors, les $a_p(\xi')$ sont toutes homogènes, et on a

$$(3.13) \qquad \hat{\mathrm{K}}\left(\lambda\xi', \frac{x_n}{\lambda}\right) = \lambda^d \hat{\mathrm{K}}(\xi', x_n).$$

En particulier

$$(3.14)\quad \hat{K}(\xi', x_n) = x_n^{-d}\hat{K}(\xi' x_n, 1) = \sum_0^\infty a_p(\xi')x_n^p + x_n^{-d}r(x_n\xi')$$

Pour que $\hat{K}(\xi', x_n)$ soit analytique jusqu'au bord, il est alors nécessaire que toutes les dérivées de r s'annullent à l'origine. Donc $r = 0$.

Finalement, pour ξ' fixé, on voit que $\hat{K}(\xi', x_n)$ est la restriction à la demi droite $x_n \geqslant 0$ d'une fonction entière de type exponentiel, à décroissance exponentielle sur la demi-droite $x_n \geqslant 0$.

Et par suite la transformée de Fourier globale $k(\xi)$ (qui est la transformée de Fourier de $\hat{K}(\xi', x_n)$ par rapport à x_n) est, pour $\xi' \neq 0$ fixé, holomorphe dans un demi-plan complexe $\operatorname{im} \xi_n < \varepsilon$, et aussi holomorphe à l'infini, où elle admet le développement en série convergente :

$$(3.15)\qquad k(\xi', \xi_n) = \Sigma p!\, a_p(\xi')(i\xi_n)^{-p-1}.$$

Supposons maintenant que d est entier. Alors on a encore $\hat{K}\left(\lambda\xi', \frac{x_n}{\lambda}\right) = \lambda^d\hat{K}(\xi', x_n)$. Mais les $a_p(\xi')$ ne sont plus nécessairement homogènes. Cependant on a

$$(3.16)\qquad a_p(\xi') = b_p(\xi') + Q_p(\xi') \operatorname{Log} |\xi'|$$

où b_p est homogène (de degré $d + p$), Q_p est un polynôme homogène, et les b_p, Q_p vérifient des inégalités analogues aux inégalités (3.11) vérifiées par les a_p. De sorte qu'on a

$$(3.17)\quad \hat{K}(\xi', x_n) = x_n^{-d}\hat{K}(x_n\xi', 1) = \sum_0^\infty b_p(\xi')x_n^p + \operatorname{Log}(x_n|\xi'|) \sum_0^\infty Q_p(\xi')x_n^p + x_n^{-d}r(x_n\xi').$$

Cette fois, pour que $\hat{K}(\xi', x_n)$ soit analytique jusqu'au bord, il est nécessaire que les Q_p soient tous nuls, et que $r(\xi')$ soit nul à l'ordre d à l'origine.

On termine alors la démonstration comme dans le cas où d est non entier.

On a bien sûr retrouvé en passant les conditions (2.4.1) de [1].

Preuve de la deuxième partie du lemme 3.2.

L'assertion d'unicité est immédiate : si la transformée de Fourier k de K est nulle pour $\xi' \neq 0$, K est nécessairement de la forme

$$K = \Sigma x'^{\alpha} \varphi_{\alpha}(x_n)$$

si de plus K vérifie (3.4), $\varphi_{\alpha}(x_n)$ est nécessairement proportionnel à $(x_n^+)^{-n+1-d-|\alpha|}$, et l'exposant $-n+1-d-|\alpha|$ est positif.

Nous supposons maintenant que k est une fonction définie pour $\xi' \neq 0$, qui vérifie (3.5). De la formule de Cauchy, on déduit que k admet une représentation intégrale :

$$k(\xi) = \int_{\gamma} a(\xi', t)(t|\xi'| + i\xi_n)^{-1}\, dt \tag{3.18}$$

où on a posé $a(\xi', t) = -(2i\pi)^{-1}|\xi'|k(\xi', it|\xi'|)$ et où γ est un cercle convenable dans le demi-plan $ret > 0$.

Soit maintenant $\hat{K}'(\xi', x_n)$ la transformée de Fourier inverse par rapport à ξ_n de k (elle est définie pour $\xi' \neq 0$) on a donc (cf. (3.1), (3.2), (3.3))

$$\hat{K}'(\xi', x_n) = \begin{cases} \int_{\gamma} a(\xi', t) \exp(-tx_n|\xi'|)\, dt & \text{si } x_n > 0 \\ 0 & \text{si } x_n < 0 \end{cases} \tag{3.19}$$

et $\hat{K}'$ est une fonction localement intégrable en dehors de $\xi' = 0$ (il n'y a pas de couche sur le bord $x_n = 0$). Ceci prouve déjà que si K est une distribution sur R^n, dont la transformée de Fourier égale k dans l'ouvert $\xi' \neq 0$, K vérifie (3.4) *b*. $\hat{K}'$ est définie pour $\xi' \neq 0$. Pour tout x_n fixé, elle admet quand $\xi' \to 0$ un développement asymptotique en fonctions homogènes de degré $\geqslant d$ de ξ'.

Soit alors $\hat{K}(\xi', x_n) = pf\hat{K}'(\xi', x_n)$ la distribution partie finie (ou pseudo fonction) associée à $\hat{K}$ (cf [12]). Et soit $K(x) = K(x', x_n)$ la distribution dont $\hat{K}$ est la transformée de Fourier partielle par rapport à x'.

(3.20) *Nous noterons* $pf^{+}k$ *la transformée de Fourier de la distribution* K *construite ci-dessus (c'est une distribution sur* $\mathbf{R}^n$, *qui coïncide avec* k *pour* $\xi' \neq 0$, *et dépend linéairement de* k*).*

Nous allons montrer que la distribution K convient (autrement dit vérifie (3.4)). Grâce à la représentation intégrale (3.6), il suffira de le faire quand k est de la forme

$$k(\xi) = a(\xi')(t|\xi'| + i\xi_n)^{-1}$$

où $a(\xi')$ est analytique, homogène de degré d, pour $\xi' \neq 0$. On a alors

$$(3.21) \quad \hat{K}(\xi', x_n) = \begin{cases} pf[a(\xi') \exp(-t|\xi'|x_n)] & \text{pour } x_n > 0 \\ 0 & \text{pour } x_n < 0 \end{cases}$$

La dérivée partielle $\left(\frac{\partial}{\partial x'}\right)^{\alpha}\left(\frac{\partial}{\partial x_n}\right)^{\beta} K$ a alors pour transformée de Fourier

$$(3.22) \quad pf[(i\xi')^{\alpha}(-t|\xi'|)^{\beta} a(\xi') \exp(-t|\xi'|x_n)] \quad \text{pour } x_n > 0$$

(la dérivation $\frac{\partial}{\partial x_n}$ commute à la partie finie pf ci-dessus, dans laquelle x_n figure en fait comme paramètre).

Prouvons que K est analytique jusqu'au bord (pour $x \neq 0$) : il suffit d'examiner les dérivées d'ordre assez élevé de K; aussi peut-on supposer $d > -n+1$. Alors, si on désigne par $A(x')$ la transformée de Fourier inverse de $a(\xi')$, et par $B(x')$ celle de $|\xi'|a(\xi')$, on a

$$(3.23) \quad K(x) = \pi^{-\frac{n}{2}} \Gamma\left(\frac{n}{2}\right) \int tx_n(y'^2 + t^2x_n^2) A(x' - y')\, dy'$$

(en fait l'intégrale converge si $d > -n$).

En outre K vérifie les relations suivantes (c'est la solution d'un problème de Dirichlet) :

$$\begin{cases} \left(t^2 \sum_1^{n-1} \left(\frac{\partial}{\partial x_i}\right)^2 + \left(\frac{\partial}{\partial x_n}\right)^2\right) K = 0 & \text{pour } x_n \geqslant 0 \\ K(x', 0) = A(x') \\ \frac{\partial}{\partial x_n} K(x', 0) = -tB(x'). \end{cases}$$

Or (cf. [3], § 1, n° 2) $A(x')$ et $B(x')$ sont analytiques et homogènes pour $x' \neq 0$, de sorte qu'on déduit immédiatement de ces relations les inégalités

$$(3.24)\quad \left|\left(\frac{\partial}{\partial x'}\right)^{\alpha}\left(\frac{\partial}{\partial x_n}\right)^{\beta} K(x', +0)\right| \leqslant cA^{|\alpha|+\beta}|t|^{\beta}(|\alpha|+\beta)!\,|x'|^{-n+1-a-|\alpha|-\beta}$$

où c, A sont des constantes qui dépendent de $a(\xi')$.

(3.23) prouve que $K(x)$ est analytique dans le demi-espace $x_n > 0$; (3.24) prouve qu'il est analytique jusqu'au bord (pour $x \neq 0$). Et il n'y a aucune difficulté pour intégrer ces résultats le long du cercle γ.

Pour terminer, remarquons que K est bien localement intégrable dans l'ouvert $x \neq 0$ (il résulte de (3.19) ou (3.21) qu'il ne peut pas contenir de couche sur le bord R^{n-1}). Enfin si $d > -n+1$, ou si d n'est pas entier, K est une distribution homogène; si d est entier $\leqslant -n+1$, les dérivées d'ordre assez élevé de K sont homogènes dans le demi-espace $x_n > 0$, de sorte que K est bien dans ce demi-espace somme d'une fonction homogène et du produit de $\operatorname{Log}|x|$ par un polynôme homogène.

Ceci termine la démonstration du lemme 3.2.

Remarque 3.3. — Les conditions (3.4) et (3.5) sont invariantes par les changements de coordonnées linéaires qui laissent le bord R^{n-1} invariant.

Remarque 3.4. — Si K est un noyau de Poisson élémentaire (vérifie 3.4), il en est de même du produit de K par un polynôme homogène.

Et si $P\left(\frac{\partial}{\partial x}\right)$ est un opérateur différentiel à coefficients constants, il existe un noyau de Poisson élémentaire et un seul qui coïncide avec $P\left(\frac{\partial}{\partial x}\right)K$ dans le demi-espace $x_n > 0$.

Preuve. — Seule la dernière assertion n'est pas évidente: L'existence de K_1 résulte immédiatement de la formule (3.22). Pour l'unicité, remarquons que plus généralement un noyau de Poisson élémentaire qui est nul pour $x_n > 0$ est nul (parce qu'il est nécessairement porté par l'origine, et sa transformée de Fourier partielle est nécessairement portée par la demi-droite $\xi' = 0$).

La transformée de Fourier globale de K_1 est donnée, en dehors de la droite $\xi' = 0$, par la formule

$$k_1(\xi) = h^+_{\xi_n}[P(i\xi)k(\xi)] \tag{3.25}$$

ou h^+ est l'opérateur défini au § 0, (0.3), l'indice ξ_n signifiant que $P(i\xi)k(\xi)$ est considéré comme fonction de ξ_n seul :

$$h^+_{\xi_n}[P(i\xi)k(\xi)] = -(2i\pi)^{-1}\int_\gamma P(i\xi', it)k(\xi', t)(t-\xi_n)^{-1}\,dt.$$

3. *Noyaux de Poisson analytiques.*

Soit $K_p(x)$ une suite de noyaux de Poisson élémentaires, de degrés respectifs $d - p$. Nous nous intéressons à la propriété suivante de la suite K_p.

(3.26) *Il existe un nombre* $\varepsilon > 0$ *tel que les* K_p *(plus exactement leurs restrictions au demi espace* $x_n > 0$*) se prolongent toutes en des fonctions holomorphes dans le domaine complexe*

$$\operatorname{re} x_n > -\varepsilon|x|, \qquad |\operatorname{im} x| < \varepsilon\,|\operatorname{re} x|.$$

Et la série

$$\sum_0^\infty K_p(x)$$

converge uniformément pour $|x| < \varepsilon$ *dans ce domaine.*

Soit maintenant $k_p(\xi)$ une suite de fonctions vérifiant la condition (3.5), de degré $d - 1 - p$. Nous nous intéressons à la propriété suivante de la suite k_p :

(3.27) *Il existe quatre constantes positives* ε, R, c, A *telles que les* $k_p(\xi)$ *se prolongent toutes en des fonctions holomorphes dans le domaine complexe*

$$|\operatorname{im} \xi'| < \varepsilon\,|\operatorname{re} \xi'|, \qquad |\xi_n - iR|\xi'|| > (R-\varepsilon)|\xi'|$$

et vérifient dans ce domaine les inégalités

$$|k_p(\xi)| \leqslant cA^p p!\,|\xi'|^{d-p}(|\xi'| + |\xi_n|)^{-1}.$$

Compte tenu de la démonstration du lemme 3.2, on prouve exactement comme dans [3], § 1, n° 2.

LEMME 3.5. — 1) *Si la suite* $K_p(x)$ *vérifie* (3.26), *la suite des transformées de Fourier* $k_p(\xi)$ *vérifie* (3.27).

2) *Si la suite* $k_p(\xi)$ *vérifie* (3.27), *et si* $K_p(x)$ *a pour transformée de Fourier la distribution* $\mathrm{Pf}^+k_p(\xi)$ *(définie ci-dessus formule* (3.20)*), la suite* $K_p(x)$ *vérifie* (3.26).

Nous allons maintenant définir les noyaux distribution de nos opérateurs. Soit $\overline{\Omega}$ une sous-variété à bord de $\overline{R}^n_+$, de bord $\partial\Omega \subset R^{n-1}$. Soit $K_p(x', y)$ une suite de distributions sur $\partial\Omega \times R^n$, dépendant analytiquement de $x' \in \partial\Omega$, et qui pour x' fixé, sont des noyaux de Poisson (analytiques) élémentaires de degrés respectifs dp.

On suppose en outre que pour tout compact de $\partial\Omega$, il existe un voisinage V' complexe de ce compact, et un nombre $\varepsilon > 0$, tels que les $K_p(x', y)$ (plus exactement leur restriction au demi-espace $y_n > 0$) se prolongent toutes en des fonctions holomorphes dans le domaine

$$x' \in V', \qquad \mathrm{re}\, y_n > -\varepsilon|y|, \qquad |\mathrm{im}\, y| < \varepsilon\, |\mathrm{re}\, y|$$

et la série $\Sigma K_p(x', y)$ converge uniformément dans ce domaine pour $|y| < \varepsilon$.

Nous noterons encore $K_p(x', y) = K_p(x', y', y_n)$ en séparant la variable tangentielle de la variable normale, ce qui est indispensable dans la définition qui suit.

DÉFINITION 3.6. — *On appelle noyau de Poisson analytique de degré d sur* $\overline{\Omega}$ *une distribution* $K(x, y')$ *sur* $\overline{\Omega} \times \partial\Omega$ *qui jouit des propriétés suivantes.*

1) *C'est une fonction analytique jusqu'au bord en dehors de la diagonale de* $\partial\Omega$ *dans* $\overline{\Omega} \times \partial\Omega$ *(et il n'y a pas de couches sur le bord).*

2) *Au voisinage de la diagonale de* $\partial\Omega$, $K(x, y')$ *diffère par une fonction analytique jusqu'au bord de la somme de la série de distributions*

$$\sum_0^\infty K_p(x', x' - y', x_n).$$

On appelle opérateur de Poisson analytique sur $\overline{\Omega}$ *un opérateur continu* $\mathcal{D}(\partial\Omega) \to \mathcal{D}'(\overline{\Omega})$ *dont le noyau-distribution est un noyau de Poisson analytique.*

Remarque. — Un opérateur de Poisson K est défini à priori comme opérateur continu $\mathfrak{D}(\partial\Omega) \rightarrow \mathfrak{D}'(\overline{\Omega})$. On constate qu'en fait il est déjà continu $\mathfrak{D}(\partial\Omega) \rightarrow \mathcal{E}(\overline{\Omega})$, et c'est en tant qu'opérateur sur ces espaces que nous l'utiliserons au chap. II. Par ailleurs un opérateur de Poisson se prolonge par continuité à un grand nombre d'espaces : ces prolongements sont étudiés au nº 5.

On a alors les résultats suivants :

Proposition 3.7. — *La définition* 3.6 *ci-dessus est invariante par changement de coordonnées analytiques.*

Proposition 3.8. — *Si* K *est un opérateur de Poisson analytique, il en est de même du composé, à gauche ou à droite, de* K *et d'un opérateur différentiel à coefficients analytiques (sur* Ω *ou* $\partial\Omega$*).*

Pour la seconde de ces propositions, la démonstration s'appuie sur la remarque 3.4 : pour le composé, à gauche ou à droite, de K et d'un opérateur différentiel à coefficients constants, le résultat est évident. Reste à étudier les composés $f \circ K$ et $K \circ f$, où f désigne brièvement l'opérateur de multiplication par une fonction f, analytique jusqu'au bord sur $\overline{\Omega}$ (resp. analytique sur $\partial\Omega$).

Le premier de ces opérateurs a pour noyau distribution :

$$f(x)K(x, y')$$

si $K(x, y')$ est le noyau distribution de K : c'est une fonction analytique jusqu'au bord hors de la diagonale de $\partial\Omega$; et au voisinage de celle-ci, elle diffère par une fonction analytique de la distribution

$$\sum_{p,q} f_q(x')x_n^q K_p(x', x' - y', x_n)$$

($f = \Sigma f_q(x')x_n^q$ désigne le développement en série de Taylor de f au voisinage de $x_n = 0$) : la série ci-dessus vérifie les conditions de la définition 3.5.

Le second opérateur a pour noyau distribution $K(x', y)f(y)$, qui est aussi analytique jusqu'au bord hors de la diagonale de $\partial\Omega$; et au voisinage de celle-ci, c'est une distribution qui

9

diffère par une fonction analytique jusqu'au bord de la somme de la série :

$$\sum_{p,\alpha} \mathrm{K}_p(x', x' - y', x_n) f^{(\alpha)}(y' - x')(y' - x')/\alpha\,!$$

et cette dernière série vérifie elle aussi les conditions de la définition 3.6 ($f^{(\alpha)}$ désigne la dérivée d'ordre α de f).

La première proposition se prouve de façon analogue, à partir de la remarque 3.3, en faisant un développement en série de Taylor du noyau distribution par rapport à la variation de $x' - y'$ et de x_n, dans le nouveau système de coordonnées, et en remarquant aussi que le déterminant jacobien d'une transformation analytique est une fonction analytique : la nouvelle série qu'on obtient vérifie encore les conditions de la définition 3.5. Nous laissons au lecteur les détails de la démonstration (qui est en tous points analogue à celle de l'assertion (2.5) ci-dessus).

Ceci permet de généraliser aux variétés à bord analytiques réelles la définition des opérateurs de Poisson analytiques : si $\overline{\Omega}$ est une telle variété, un opérateur de Poisson analytique sur $\overline{\Omega}$ est un opérateur linéaire continu; $\mathcal{D}(\partial\Omega) \to \xi(\overline{\Omega})$, dont le noyau distribution est une fonction analytique jusqu'au bord hors de la diagonale de $\partial\Omega$ dans $\overline{\Omega} \times \partial\Omega$, et vérifie les conditions de la définition 3.5 au voisinage de tout point de cette diagonale, pour n'importe quel système de coordonnées analytiques choisi sur $\overline{\Omega}$ au voisinage de ce point.

4. *Symbole et représentation par intégrale de Fourier.*

Si K est un opérateur de Poisson analytique sur $\overline{\Omega}$, nous appelons symbole complet de K la classe de noyau distribution de K modulo les fonctions analytiques au voisinage de la diagonale de $\partial\Omega$. Comme pour les opérateurs pseudo-différentiels analytiques, les symboles complets des opérateurs de Poisson analytiques sur les sous-variétés à bord ouvertes de $\overline{\Omega}$ forment un faisceau (de support $\partial\Omega$).

Si $\overline{\Omega}$ est plongée dans le demi-espace R^n_+, ou si on a choisi un système de coordonnées analytiques, on représente le symbole complet par la série formelle :

$$\sigma(\mathrm{K}) = \Sigma k_p(x', \xi).$$

(Ceci est une modification des notations de (2), où nous n'avions introduit que les transformées de Fourier partielles $K_p(x', \xi', x_n)$). Les fonctions $k_p(x', \xi)$ qui y interviennent vérifient les conditions des lemmes 3.2 et 3.5. (Nous dirons alors qu'il s'agit d'un symbole analytique.) Nous ne donnons pas ici de représentation intrinsèque du symbole complet.

Le premier terme du symbole, appelé symbole principal (ou symbole si cela ne prête pas à confusion) doit s'interpréter comme densité d'une forme différentielle en ξ_n, sur la restriction à $\partial\Omega$ du fibré cotangent (privé du fibré cotangent normal à $\overline{\Omega}$). Aussi le noterons-nous :

$$\sigma_0(K) = k_0(x', \xi)\, d\xi_n.$$

Le degré de K est le degré d'homogénéité de $k_0(x', \xi)\, d\xi_n$ en tant que forme différentielle, c'est-à-dire d si k_0 est une fonction homogène de degré $d - 1$ en ξ.

(Nous laissons au lecteur le soin de justifier notre interprétation du symbole principal, en faisant des changements de coordonnées linéaires.)

On trouve, par le même raisonnement qu'au § 2 :

Proposition 3.9. — *Pour tout symbole principal* $k_0(x', \xi)\, d\xi_n$ *donné sur la restriction à* $\partial\Omega$ *du fibré cotangent (privé du fibré cotangent normal) (dont la densité* $k_0(x', \xi)$ *vérifie la condition* (ii) *du lemme* 3.1*), il existe un opérateur de Poisson analytique* K *admettant* $k_0(x, \xi)\, d\xi_n$ *pour symbole principal.*

Nous nous proposons maintenant de décrire nos opérateurs au moyen d'une intégrale de Fourier (analogue à celle qui sert pour la représentation par intégrale de Fourier des opérateurs pseudo-différentiels analytiques rappelée au § 2).

Soit donc $\overline{\Omega} \subset R^n_+$, et soit $k_p(x', \xi)$ le symbole complet d'un opérateur de Poisson analytique. Soit $k(x', \xi)$ une fonction sur $\partial\Omega \times R^n_+$ ayant les propriétés suivantes :

1) $k(x', \xi)$ est C^∞, analytique pour $\xi' \neq 0$, et se prolonge en une fonction holomorphe, nulle à l'infini, de ξ_n, pour $\operatorname{im} \xi_n \leqslant 0$, ξ' fixé.

2) Pour tout compact de $\partial\Omega$, il existe un voisinage complexe V′ de ce compact, et des constantes positives ε, R, c, A

telles qu'on ait pour tout N l'inégalité

$$(3.28)\qquad \left|k(x', \xi) - \sum_{0}^{N-1} k_p(x', \xi)\right| \leqslant c A^N N\,! |\xi'|^{d-N} |\xi|^{-1}$$

dans le domaine complexe $x' \in V'$, $|\xi_n - iR|\xi'|| > (R - \varepsilon)|\xi'|$, $|\mathrm{im}\,\xi'| \leqslant \varepsilon\,\mathrm{re}\,|\xi'|$ (on peut affaiblir ces conditions en omettant d'exiger que $k(x', \xi)$ soit analytique par rapport à ξ').

Proposition 3.10. — *L'opérateur* $K : \mathcal{D}(\partial\Omega) \to \mathcal{D}'(\overline{\Omega})$ *défini par*

$$(3.29)\qquad K(f) = (2\pi)^{-n} \int \left(\int^{+} e^{ix.\xi} k(x', \xi) \hat{f}(\xi')\, d\xi_n\right) d\xi'$$

est un opérateur de Poisson analytique sur $\overline{\Omega}$, *de symbole* $\Sigma k_p(x', \xi)$.

En effet le noyau distribution de K est la fonction $K(x', x' - y', x_n)$, où $K(x', z) = K(x', z', z_n)$ est la transformée de Fourier inverse de $k(x', \xi)$ par rapport à ξ. En tenant compte de la démonstration du lemme 3.1, on vérifie exactement comme dans (3), § 2, n° 2, que cette fonction diffère de $\Sigma K_p(x', x' - y', x_n)$ par une fonction analytique jusqu'au bord au voisinage de la diagonale de $\partial\Omega$ (où comme au début du paragraphe, $K_p(x', z)$ est la distribution pseudo-homogène dont $k_p(x', \xi)$ est transformée de Fourier).

Enfin, comme pour les opérateurs pseudo-différentiels analytiques, on a le résultat suivant :

Proposition 3.11. — *Pour tout symbole analytique* $\Sigma k_p(x', \xi)$ *(c'est-à-dire pour toute suite de fonctions sur* $\Omega \times R^n$ *qui vérifient la condition* (ii) *du lemme* 3.5*), il existe une fonction* $k(x', \xi)$ *qui vérifie les conditions d'analyticité et les inégalités* (3.5) *ci-dessus.*

Par suite, modulo un opérateur négligeable analytique, tout opérateur de Poisson analytique admet localement une représentation intégrale du type décrit dans la proposition 3.9.

Preuve. — Les conditions du lemme 3.4 sont les suivantes : si D est un compact de $\partial\Omega$, il existe un voisinage complexe V' de D et des constantes ε, R, c, A telles que les k_p soient toutes holomorphes dans le domaine

$$x' \in V', \qquad |\operatorname{im} \xi'| < \varepsilon |\operatorname{re} \xi'|, \qquad |\xi_n/|\xi'| - iR| > R - \varepsilon$$

et y vérifient les inégalités

$$(3.30) \qquad |k_p(x', \xi)| \leqslant cA^p p\,!\, |\xi'|^{d-p} |\xi_n/|\xi'| - iR|^{-1}.$$

Quitte à diminuer ε et augmenter A, nous supposerons dans les lignes qui suivent que $|\xi'|$ désigne la fonction holomorphe $\left(\sum_1^{n-1} \xi_j^2\right)^{\frac{1}{2}}$ (et non la norme hermitienne de ξ').

Dans (3), on montre que le théorème des moments de Carleson (*Math. Scand.*, 9 (1961) 197-206) a la conséquence suivante : il existe un opérateur linéaire U qui à toute suite $s = (s_p)$ vérifiant $\|s\| = \sup |s_p|/p\,!\, A^p < \infty$ fait correspondre une fonction $f(t) = U(s)$, qui a les propriétés suivantes :

a) f est holomorphe dans l'angle $|\operatorname{im} t| < \varepsilon' \operatorname{re} t$

b) pour $t \leqslant 1$ (et $|\operatorname{im} t| < \varepsilon' \operatorname{re} t$) on a

$$f(t) \leqslant c\|s\| \exp(-\varepsilon'/t)$$

c) pour $t \geqslant 1$ (et $|\operatorname{im} t| < \varepsilon' |\operatorname{re} t$) on a les inégalités $\left|f(t) - \sum_0^{N-1} s_p t^{d-p-1}\right| \leqslant c'\|s\| A'^N N\,!\, t^{d-N-1}$ où ε', c', A' sont des constantes qui dépendent de d et A

Il suffit alors de prendre

$$(3.31) \qquad k(x', \xi) = U(k_p(x', \xi'/|\xi'|, \xi_n/|\xi'|)) \quad (|\xi'|).$$

En effet cette fonction est bien holomorphe dans un domaine de la forme $x' \in V'$, $|\operatorname{im} \xi'| < \varepsilon'' |\operatorname{re} \xi'|$, $|\xi_n/|\xi'| - iR| < R - \varepsilon$ pour ε'' assez petit. Et b —, c —, et (3.7) impliquent qu'on a dans ce domaine les inégalités :

$$|k(x', \varepsilon)| \leqslant cc' \exp(-\varepsilon'| /\xi'|) |\xi_n/|\xi'| - iR|^{-1}$$

pour $|\xi'| \leqslant 1$

$$\left|k(x', \xi) - \sum_0^{N-1} k_p(x', \xi'/|\xi'|, \xi_n/|\xi'|) |\xi'|^{d-p-1}\right| \leqslant cc' A'^N N\,! |\xi'|^{d-N-1} |\xi_n/|\xi'| - iR|^{-1}$$

pour $|\xi'| \geqslant 1$

(en particulier la fonction $k(x', \xi)$ ainsi construite est globalement C^∞, et même dans la classe de Gevrey G^2, avec un zéro d'ordre infini pour $\xi' = 0$).

5. *Propriétés de continuité.*

Remarquons d'abord que si K est un opérateur de Poisson analytique, il admet une représentation intégrale (3.29) (proposition 3.11); aussi c'est un opérateur de Poisson au sens de [2].

En particulier, il est continu $\mathcal{D}(\partial\Omega) \to \mathcal{E}(\overline{\Omega})$.

En outre, s'il est de degré d, il se prolonge en un opérateur continu

$$H_S^{comp}(\partial\Omega) \to H_{S-d-\frac{1}{2}}^{loc}(\overline{\Omega})$$

(où comme dans [2], H_S^{comp} et H_S^{loc} désignent l'espace des distributions qui sont localement dans H_S, a support compact (resp. sans condition de support), avec la topologie évidente).

Par ailleurs le noyau de K est analytique dans $\Omega \times \partial\Omega$ (bord exclu). K se prolonge donc en un opérateur linéaire continu

$$\mathcal{H}_0'(\partial\Omega) \to \mathcal{H}(\Omega)$$

(où comme au § 0, $\mathcal{H}_0'(\partial\Omega)$ désigne l'espace des fonctionnelles analytiques réelles à support compact sur $\partial\Omega$, et $\mathcal{H}(\Omega)$ désigne l'espace des fonctions analytiques à l'intérieur de Ω).

En outre, parce que le noyau distribution de K est analytique jusqu'au bord hors de la diagonale de $\partial\Omega$ dans $\overline{\Omega} \times \partial\Omega$, si T est une distribution (ou une hyper-distribution) à support compact sur $\partial\Omega$, K(T) est analytique jusqu'au bord en dehors du support de T.

Finalement, nous allons prouver.

Théorème 3.12. — *Soit* K *un opérateur de Poisson analytique sur* $\overline{\Omega}$. *Si* T *est une distribution (ou une fonctionnelle analytique réelle) à support compact sur* $\partial\Omega$, *analytique au voisinage d'un point* x_0, K(T) *est analytique jusqu'au bord au voisinage de* x_0.

Preuve. — Nous suivons exactement la preuve du théorème 2.3. L'assertion est purement locale, puisque de toute façon K(T) est analytique en dehors du support de T.

Aussi, quitte éventuellement à diminuer $\overline{\Omega}$ et à modifier T en dehors d'un voisinage de x_0, nous pouvons supposer que $\overline{\Omega}$ est contenu dans le demi-espace $\overline{\mathrm{R}}^n_+$, $\partial\Omega$ contenu dans R^{n-1}, et nous pouvons supposer que T est de la forme $f.\varphi$ où f est analytique sur $\partial\Omega$, et $\varphi \in \mathcal{D}(\partial\Omega)$ égale 1 au voisinage de x_0.

Comme le composé de K et de la multiplication par f est encore un opérateur de Poisson analytique, nous pouvons même supposer $f = 1$. Comme le théorème 3.12 est évident si K est un opérateur négligeable, nous supposerons en outre que K admet la représentation intégrale (3.29), où la fonction $k(x', \xi)$ est construite au voisinage de x_0 comme dans la preuve de la proposition 3.11 (formule (3.31)).

Enfin nous supposerons que $k(x', \xi)$ ne dépend pas de x' (le cas général se déduit de ce cas particulier exactement comme au § 2).

Nous allons maintenant exploiter la formule (3.31) et la formule de représentation intégrale (3.18) : remarquons d'abord que les $k_p(\xi)$ admettent une représentation intégrale :

$$k_p(\xi) = \int_\gamma a_p(\xi', t)(t|\xi'| + i\xi_n)^{-1}\, dt$$

où γ est le même cercle pour tous les entiers p.

Si on note $\mathrm{U}_t((s_p))$ la valeur de $\mathrm{U}((s_p))$ en t, la formule (3.31) s'écrit

$$(3.32)\quad k(\xi) = \int_\gamma \mathrm{U}_{|\xi'|}(a_p(|\xi'|^{-1}\xi', t))|\xi'|(t|\xi'| + i\xi_n)\, dt$$
$$= \int_\gamma a(\xi', t)(t|\xi'| + i\xi_n)\, dt$$

où $\quad a(\xi', t) = |\xi'|\mathrm{U}_{|\xi'|}(a_p(|\xi'|^{-1}\xi', t)) \quad$ est $\quad \mathrm{C}^\infty$,

holomorphe à croissance lente dans un cône $|\mathrm{im}\,\xi'| < \varepsilon\,|\mathrm{re}\,\xi'|$, (et ceci uniformément pour $t \in \gamma$), et a un zéro d'ordre infini pour $\xi' = 0$.

Supposons maintenant

$$k(\xi) = a(\xi')(t|\xi'| + i\xi_n)^{-1}$$

où $a(\xi')$ est comme ci-dessus.

La fonction $\mathrm{K}(\varphi)$ a pour transformée de Fourier partielle par rapport à x'

$$a(\xi')\hat{\varphi}(\xi') \exp(-t|\xi'|x_n) \quad \text{(cf. (3.2))}.$$

Il s'ensuit que $K(\varphi)$ vérifie les relations

$$\begin{cases} \left(t^2 \sum_1^{n-1} \frac{\partial^2}{\partial x_i^2} + \frac{\partial^2}{\partial x_n^2}\right) K(\varphi) = 0 \quad \text{pour} \quad x_n > 0 \\ K(\varphi)(x', +0) = A * \varphi \\ \frac{\partial}{\partial x_n} K(\varphi)(x', +0) = -tB * \varphi \end{cases}$$

où A désigne la transformée de Fourier inverse de $a(\xi')$, B celle de $|\xi'|a(\xi')$, et $*$ désigne le produit de convolution. Or $a(\xi')$ est holomorphe dans un cône $|\mathrm{im}\,\xi'| < \varepsilon|\mathrm{re}\,\xi'|$, à croissance lente à l'infini, et toutes ses dérivées tendent vers 0 à l'origine. Il s'ensuit (cf [3], § 2, n° 2) que A et B sont analytiques en dehors de l'origine; et $A * \varphi, B * \varphi$ sont analytiques au voisinage de x_0. On en déduit pour les dérivées de $K(\varphi)$ en x_0 des inégalités analogues à (3.24).

Si k est donné par l'intégrale (3.22), il n'y a plus qu'à intégrer ces inégalités le long de γ, ce qui se fait sans difficulté.

Remarque. — On a aussi des inégalités analogues à (3.24) pour le noyau K lui-même. Quand on en fait la somme, en tenant compte du fait que A et B sont à décroissance rapide dans tout un cône, on voit que K lui-même se prolonge en une fonction holomorphe, à décroissance rapide, dans un cône

$$\mathrm{re}\, x_n > -\varepsilon|x|, \qquad |\mathrm{im}\, x| < \varepsilon|\mathrm{re}\, x|.$$

Remarque. — On démontre de façon tout à fait analogue que le transposé d'un opérateur de Poisson K conserve lui aussi localement l'analyticité (ce résultat sera utilisé au § 4, mais la démonstration est laissée au lecteur). Cela veut dire que si f est une distribution à support compact, portée par $\overline{\Omega}$, et si au voisinage d'un point x_0 du bord $\partial\Omega$ f coïncide avec une fonction analytique au voisinage de x_0 (ou plus exactement, avec la restriction de cette fonction à $\overline{\Omega}$, puisque de toute façon f est nulle de l'autre côté du bord), alors

$'K(f) \in \mathcal{D}'(\partial\Omega)$ est une fonction analytique au voisinage de x_0.

Il s'ensuit que si K est un opérateur de Poisson analytique, et f une hyperdistribution sur $\partial\Omega$, à support compact, $K(f)$ est bien défini en tant qu'hyperdistribution portée par $\overline{\Omega}$. Elle est analytique jusqu'au bord en dehors du support de f. Et le théorème 3.12 est encore valable dans ce cas.

Exemple. — $\overline{\Omega}$ désigne comme ci-dessus une variété à bord analytique réelle, V une variété ouverte dans laquelle $\overline{\Omega}$ est plongée. Soit P un opérateur pseudo-différentiel analytique de type 0 (définition 2.1) sur V.

L'opérateur K qui à $f \in \mathcal{D}(\partial\Omega)$ fait correspondre la restriction à Ω de la distribution $P(f(\delta)_{\partial\Omega})$ est un noyau de Poisson analytique. (On a repris les notations du début du chapitre.)

On le vérifie immédiatement en choisissant (localement) une représentation par intégrale de Fourier de P) :

$$P(f) = (2\pi)^{-n} \int e^{ix\cdot\xi} p(x, \xi) \hat{f}(\xi)\, d\xi.$$

Il suffit alors de remplacer $p(x, \xi)$ par sa partie holomorphe nulle à l'infini pour $\operatorname{im} \xi_n \leqslant 0$, $h^+_{\xi_n} p(x, \xi)$: les conditions de la définition 2.1 entraînent que $h^+_{\xi_n} p(x, \xi)$ vérifie celles de la proposition 3.10.

Le fait qu'ici la fonction qui intervient dans l'intégrale de Fourier dépend de $x = (x', x_n)$ et pas seulement de x' ne gêne pas. Un peu plus généralement, si $K: \mathcal{D}(\partial\Omega) \to \mathcal{E}(\Omega)$ est défini par la formule intégrale :

$$K(f) = (2\pi)^{-n} \int e^{ix\cdot\xi} k(x, \xi) \hat{f}(\xi')\, d\xi$$

où $k(x, \xi)$ vérifie les conditions de la proposition 3.9 et en outre dépend analytiquement de $x = (x', x_n)$, on voit en faisant un développement de Taylor de son noyau-distribution $K(x', x_n, x' - y', x_n)$ (où K est la transformée de Fourier de k) et en appliquant la définition 3.6, que c'est un noyau de Poisson analytique de symbole complet :

$$(3.33) \qquad \sigma(K) = \sum_{p,q} \frac{i^q}{q!} \left(\frac{\partial}{\partial x_n}\right)^q \left(\frac{\partial}{\partial \xi_n}\right)^q k_p(x', 0, \xi).$$

En particulier le symbole complet de l'opérateur K ci-dessus est donc

$$(3.34)\quad \sigma(K) = \sum_{k,q} \frac{i^q}{q!} h^+_{\xi_n} \left[\left(\frac{\partial}{\partial x_n}\right)^q \left(\frac{\partial}{\partial \xi_n}\right)^q p_k(x', 0, \xi)\right]$$

(h^+ est l'opération définie par (0.3), l'indice ξ_n signifiant qu'on le fait opérer sur $\left(\frac{\partial}{\partial x_n}\right)^q \left(\frac{\partial}{\partial \xi_n}\right)^q p_k$ considéré comme fonction de ξ_n seul).

6. *Noyaux de Poisson généralisés.*

Il sera commode pour le chapitre II d'introduire la généralisation suivante :

Définition 3.13. — *On appelle opérateur d'extension pur, analytique, de degré d, sur* $\overline{\Omega}$, *un opérateur linéaire continu :* $\mathfrak{D}(\partial\Omega) \to \mathfrak{D}'(\overline{\Omega})$, *de la forme*

$$\Sigma E_j \circ Q_j$$

où Q_j *est un opérateur pseudo-différentiel analytique de degré* $d - j - 1$ *sur* $\partial\Omega$, *et* E_j *est défini par*

$$E_j(f) = f . \delta^{(j)}_{\partial\Omega}.$$

On appelle opérateur de Poisson analytique généralisé de degré d un opérateur linéaire continu $\mathfrak{D}(\partial\Omega) \to \mathfrak{D}'(\overline{\Omega})$, *somme d'un opérateur de Poisson analytique de degré d et d'un opérateur d'extension pur analytique de degré d.*

Dans la définition ci-dessus, on a posé (conformément aux notations du § 0)

$$\delta^{(j)}_{\partial\Omega} = \left(\frac{\partial}{\partial n}\right)^j \delta_{\partial\Omega} = \left(\frac{\partial}{\partial n}\right)^{j+1} (\chi_\Omega).$$

Et la notation de produit : $f . \delta^{(j)}_{\partial\Omega}$ est relative à l'isomorphisme de $\overline{\Omega}$ et $\partial\Omega \times R^+$ défini par $\frac{\partial}{\partial n}$ au voisinage de $\partial\Omega$.

Si $\overline{\Omega}$ est plongée dans le demi-espace R^n_+, (on suppose alors $\left(\frac{\partial}{\partial n}\right) = \left(\frac{\partial}{\partial x_n}\right)$), on représente le symbole de $E_j \circ Q_j$

par la série formelle

$$(3.35) \quad \sigma(E_j \circ Q_j) = (i\xi_n)^j\sigma(Q_j) = \Sigma q_p^j(x', \xi')(i\xi_n)^j.$$

Le symbole de l'opérateur de Poisson généralisé $K + \Sigma E_j \circ Q_j$ est la somme des symboles de chaque terme. Le symbole principal s'interprête toujours comme une forme différentielle et on le note

$$(3.36) \quad \sigma_0(K + \Sigma Q_j \circ E_j) = k_0(x', \xi', \xi_n)\, d\xi_n + \Sigma q_0^j(x', \xi')(i\xi_n)^j\, d\xi_n.$$

Sa densité vérifie une condition analogue à (3.5), sauf qu'elle admet un pôle quand $\xi_n \to \infty$, les autres variables étant fixées.

Naturellement si E est un opérateur d'extension pur, son image se compose de distributions portées par $\partial\Omega$.

Un opérateur de Poisson généralisé se prolonge continûment $\mathcal{E}'(\partial\Omega) \to \mathcal{D}'(\overline{\Omega})$. En fait, il est déjà continu $\mathcal{D}(\partial\Omega) \to \mathcal{E}_{-m}(\overline{\Omega})$ [7] pour m assez grand; et si f est analytique au voisinage d'un point x_0 de $\partial\Omega$, son image est dans $\mathcal{H}_m(\overline{\Omega})$ au voisinage de x_0 (plus exactement si V est un voisinage assez petit de x_0, considéré comme sous-variété à bord de $\overline{\Omega}$, la restriction est dans $\mathcal{H}_m(V)$).

4. Opérateurs Trace analytiques.

Nous regroupons sous ce nom d'une part les opérateurs annoncés dans l'introduction: sommes d'opérateurs de la forme

$$(4.1) \quad f \to T(f) = Q(\mathrm{Tr}_j f)$$

où $\mathrm{Tr}_j f$ désigne la restriction à $\partial\Omega$ de la j-ième dérivée de f par rapport à $\frac{\partial}{\partial n}$, et Q un opérateur pseudo-différentiel analytique sur le bord $\partial\Omega$;

d'autre part les opérateurs qui sont formellement adjoints

[7] Définition (0.6).

d'un opérateur de Poisson : un tel opérateur a pour noyau-distribution une distribution de la forme :

$$(4.2) \qquad T(x', y) = T(x', y', y_n)$$

où $T(x', y', x_n)$ est un noyau de Poisson analytique.

Définition 4.1. — *Nous appelons opérateur trace analytique pur de classe* $\leqslant p$ *une somme d'opérateurs du premier type décrit ci-dessus, où les dérivées normales qui interviennent sont d'ordre* $p - 1$ $(j \leqslant p - 1)$. *Nous appelons opérateur de classe* 0 *un opérateur du deuxième type; et enfin opérateur de classe* $\leqslant p$ *la somme des deux.*

Soit $T = T_0 + \sum_0^{p-1} Q_j \circ \mathrm{Tr}_j$ un opérateur trace analytique de classe $\leqslant p$. Nous dirons que T est de degré d si Q_j est de degré $d - j$ et si l'adjoint de T_0 est un noyau de Poisson de degré $d + 1$.

Le symbole d'un opérateur trace analytique est la classe de son noyau-distribution modulo les noyaux d'opérateurs négligeables analytiques (§ 1). Comme aux § 2 et § 3, les symboles d'opérateurs trace analytiques sur les ouverts de $\overline{\Omega}$ forment un faisceau porté par le bord $\partial\Omega$.

Si $\overline{\Omega}$ est plongé dans le demi-espace $\overline{R^n_+}$, on représente le symbole par la série formelle :

$$(4.3) \qquad \sigma(T) = \Sigma t_k(x', \xi)$$

où t_k est défini ainsi : soit d'une part

$$\sigma(Q) = \Sigma q_{j,k}(x', \xi')$$

le symbole de Q_j, où $q_{j,k}$ est de degré $s - j - k$ en ξ'. D'autre part le noyau-distribution $T_0(x', y)$ de T_0 admet modulo une fonction analytique jusqu'au bord un développement en série :

$$T_0(x', y) = \Sigma T_{0,k}(x', x' - y', y_n)$$

où $T_{0,k}$ est homogène de degré $-n - d + k$ [8], vérifie les

[8] Sauf si d est entier, où elle se décompose comme dans la formule (3.4).

conditions des lemmes 3.1 et 3.4, et a pour transformée de Fourier par rapport aux deux dernières variables la fonction

$$t_{0,k}(x', \xi).$$

On pose alors

$$t_k(x', \xi) = \Sigma(i\xi_n)^j q_{j,k}(x', \xi') + t_{0,k}(x', \xi', -\xi_n)$$

$t_k(x', \xi)$ est donc une fonction analytique pour $\xi' \neq 0$, holomorphe pour $\operatorname{im} \xi_n \geqslant 0$, méromorphe avec un pôle d'ordre $\leqslant p-1$ pour $\xi_n = \infty$ ($\xi' \neq 0$ fixé).

En outre elles vérifient la condition suivante :

Pour tout compact de $\partial\Omega$, il existe un voisinage complexe V_c de ce compact, et des constantes ε, R, c, A, tels que les $t_k(x', \xi)$ soient toutes holomorphes (méromorphes à l'infini) en ξ_n dans le domaine complexe :

$$x' \in V_c, \qquad |\operatorname{im} \xi'| < \varepsilon |\operatorname{re} \xi'|, \qquad |\xi_n \neq iR|\xi'|| > (R - \xi)|\xi'|$$

et qu'on ait dans ce domaine les inégalités :

$$(4.4) \qquad |t_k| \leqslant c A^k k\,! |\xi'|^{d-k-p+1} |\xi|^{p-1}.$$

Le premier terme du symbole complet prend nom de symbole principal, ou symbole s'il n'y a pas de confusion. On voit en faisant des changements de coordonnées analytiques (ou simplement linéaires) laissant le bord invariant, qu'il faut l'interpréter comme une fonction sur la restriction au bord du fibré cotangent à (plus exactement, du complémentaire de la section nulle).

Comme aux § 2 et § 3, pour tout symbole principal $t_0(x, \xi)$ donné, il existe un opérateur trace analytique admettant t_0 pour symbole.

Les propositions suivantes se démontrent exactement comme au § 3 :

Proposition 4.2. — *Si* T *est un opérateur trace analytique de degré* s, *de classe* $\leqslant p$, *il se prolonge en un opérateur continu*

$$H_\sigma^{\mathrm{comp}}(\overline{\Omega}) \rightarrow H_{\sigma-s-\frac{1}{2}}^{\mathrm{loc}}(\partial\Omega)$$

pour $\sigma + \dfrac{1}{2} > p$.

Il se prolonge aussi en un opérateur continu: $\mathcal{D}(\overline{\Omega}) \to \mathcal{E}(\partial\Omega)$. *Et si* f *est analytique jusqu'au bord au voisinage de* x_0, $\mathrm{T}(f)$ *est analytique au voisinage de* x_0.

En outre, si T *est de classe* 0 *(i.e. ne comporte pas de restriction au bord), il se prolonge continûment:*

$$\mathcal{H}'(\mathrm{K}) \to \mathcal{H}'(\partial\Omega) \cap \mathcal{H}(\partial\Omega - \mathrm{K}).$$

(Ici $\mathcal{H}'(\mathrm{K})$ désigne l'espace des hyper-distributions à support dans un compact $\mathrm{K} \subset \overline{\Omega}$, et $\mathcal{H}'(\partial\Omega) \cap \mathcal{H}(\partial\Omega - \mathrm{K})$ désigne l'espace des hyper-distributions sur $\partial\Omega$ qui sont analytiques hors de $\mathrm{K} \cap \partial\Omega$, avec la topologie définie dans (3), § 0.3.)

Ces propositions sont évidentes pour les opérateurs trace qui sont strictement de classe $\leqslant p$. Pour les opérateurs de classe 0, il est commode de se servir d'une représentation par intégrale de Fourier :

Proposition 4.3. — *Si* T *est un opérateur trace analytique de classe* 0, T *admet localement, et modulo un opérateur négligeable analytique de classe* 0, *la représentation:*

$$(4.5) \quad \mathrm{T}(f) = (2\pi)^{-n} \int e^{ix'.\xi'}\, d\xi' \int t(x', \xi', \xi_n) \hat{f}(\xi)\, d\xi_n$$

où $\hat{f}$ *est la transformée de Fourier de la fonction qui vaut* f *pour* $x_n \geqslant 0$ *et* 0 *pour* $x_n < 0$ *et où* $t(x', \xi) = t(x', \xi', \xi_n)$ *est une fonction* C^∞ *de* x', *analytique pour* $\xi' \neq 0$, *se prolonge en une fonction holomorphe de* x', ξ, *dans le domaine complexe* $x' \in \mathrm{V}_c$, $|\mathrm{im}\, \xi'| < \varepsilon |\mathrm{re}\, \xi'|$ $|\xi_n + i\mathrm{R}|\xi'|| > (\mathrm{R} - \varepsilon)|\xi'|$, *où* V_c *est un voisinage complexe d'un compact donné de* $\partial\Omega$, ε, R *des constantes convenables (dépendant du compact) et vérifie dans ce domaine, pour tout* N, *l'inégalité:*

$$(4.6) \quad \left| t(x', \xi) - \sum_0^{\mathrm{N}-1} t_k(x', \xi) \right| \leqslant c\mathrm{A}^{\mathrm{N}}\mathrm{N}\,! |\xi'|^{s-\mathrm{N}+1} |\xi|^{-1}$$

où c, A, *dépendent elles aussi du compact choisi, mais pas de* N.

Il existe aussi une représentation par intégrale de Fourier analogue pour les opérateurs de classe $\leqslant p$ (avec $p \geqslant 1$). Dans celle-ci, il faut remplacer l'intégrale par une partie finie $\int^{+}$. C'est cette représentation (ainsi que les formules du § 6) qui justifie la définition de la représentation du symbole ci-dessus.

Remarque. — Les conditions d'holomorphie par rapport à ξ_n — ou aussi bien les conditions de régularité au bord du noyau $T(x', y)$ par rapport à y_n — sont plus fortes qu'il n'est nécessaire; elles suffisent cependant pour l'étude des opérateurs pseudo-différentiels analytiques de type 0; nous indiquons brièvement au § 7 les généralisations qu'il faut faire pour l'étude des opérateurs à coefficients C^∞ seulement.

Exemple. — Soit $\overline{\Omega}$ une variété à bord analytique réelle comme ci-dessus, et soit P un opérateur pseudo-différentiel analytique de type 0 défini au voisinage de $\overline{\Omega}$. Alors l'opérateur T qui à $f \in \mathfrak{D}(\overline{\Omega})$ fait correspondre la restriction à $\partial\Omega$ de $P_\Omega(f)$ est un opérateur trace analytique (si V est un voisinage ouvert analytique de $\overline{\Omega}$, $P_\Omega(f)$ est la restriction à Ω de la distribution (sur V); $P(f)$, f étant elle-même considérée comme distribution sur V).

Comme au § 3, n° 6, on le voit en regardant le noyau-distribution de T. On trouve que le symbole complet de T est (dans le cas où $\overline{\Omega}$ est plongée dans le demi-espace R^n_+) :

$$\sigma(T) = \sum_{k,q} \frac{i^{-q}}{q!} H^-_{\xi_n}\left[\left(\frac{\partial}{\partial x_n}\right)^q \left(\frac{\partial}{\partial \xi_n}\right)^q P_k(x', 0, \xi)\right] \tag{4.7}$$

où H^- est l'opérateur défini par (0.4), l'indice ξ_n signifiant qu'on le fait opérer sur $\left(\frac{\partial}{\partial x_n}\right)^q \left(\frac{\partial}{\partial \xi_n}\right)^q P_k$ considéré comme fonction de ξ_n seul.

5. Noyaux de Green singuliers analytiques.

Les opérateurs que nous définissons ici sont une généralisation des opérateurs du type $K \circ T$, où K est un opérateur de Poisson analytique, et T un opérateur trace analytique. Leur intérêt apparaîtra de façon évidente au § 6 : ils apparaissent dès qu'on essaie de composer des opérateurs pseudo-différentiels.

1. Comme au § 3, nous commençons par décrire les distributions qui interviennent comme noyaux.

a) Noyaux élémentaires.

Soit $G(x', x_n, y_n)$ une distribution sur $R^{n-1} \times R \times R$. Comme au § 3, nous noterons $\hat{G}(\xi', x_n, y_n)$ la transformée de Fourier partielle par rapport à x' de G, et $g(\xi', \xi_n, \eta_n)$ sa transformée de Fourier.

Nous nous intéressons aux propriétés suivantes de G :

(5.1) a) G *est homogène de degré* $-n-d$ (9).

G *est nulle en dehors du quadrant* $x_n \geqslant 0$, $y_n \leqslant 0$.

G *est analytique jusqu'au bord en dehors de l'origine dans ce quadrant* (10); *et c'est une fonction localement intégrable en dehors de l'origine (pas de couches portées par le bord).*

b) $\hat{G}$ *est analytique jusqu'au bord dans le quadrant* $x_n \geqslant 0$, $y_n \leqslant 0$, *en dehors du plan* $x' = 0$; *et c'est une fonction localement intégrable hors du plan* $x' = 0$ *(pas de couches portées par le bord).*

(5.2) g *est analytique, homogène de degré* $d-1$, *dans l'ouvert* $\xi' \neq 0$ *et pour* $\xi' \neq 0$ *fixé, elle se prolonge en une fonction holomorphe, nulle à l'infini, de* ξ_n, η_n, *dans le domaine*

$$|\xi_n - iR|\xi'|| > (R-\varepsilon)|\xi'|, \qquad |\eta_n + iR|\xi'|| > (R-\varepsilon)|\xi'|$$

où R, ε, *sont des constantes positives convenables.*

On appelle noyau de Green singulier élémentaire (analytique) de degré d, de classe 0, une distribution qui vérifie (5.1).

La condition (5.2) implique que pour $\xi' \neq 0$ fixé, $g(\xi', \xi_n, \eta_n)$ est une fonction holomorphe de $\frac{1}{\xi_n}$, $\frac{1}{\eta_n}$, y compris sur les « droites » complexes $\frac{1}{\xi_n} = 0$ ou $\frac{1}{\eta_n} = 0$. g admet alors

(9) Sauf si $-n-d$ est entier positif, où on suppose seulement que G se décompose en une somme : $G = G_0 + P(x) - G_1$ où G_0 est une fonction homogène de degré $n-d$, $P(x)$ est un polynôme homogène de degré $-n-d$, et G_1 est la fonction nulle pour $x_n < 0$ ou $y_n > 0$, et égale à $\mathrm{Log}(|X'|^2 + X_n^2 + y_n^2)$ pour $x_n \geqslant 0$, $y_n \geqslant 0$.

(10) Ceci signifie que dans l'ouvert $x_n > 0, y_n < 0$, G coïncide avec une fonction analytique au voisinage de l'ensemble localement fermé : $x_n \geqslant 0$, $y_n \leqslant 0$, $(x', x_n, y_n) \neq 0$. La condition sur $\hat{G}$ est analogue.

une représentation intégrale analogue à (3.18) :

(5.3)

$$g(\xi', \xi_n, \eta_n) = \iint_{\gamma\times\gamma} a(\xi', t, s)(t|\xi'| + i\xi_n)^{-1}(s|\xi'| - i\eta_n)^{-1}\, dt\, ds$$

où γ est un cercle assez grand du demi plan $\mathrm{re}\, t > 0$ ($\mathrm{re}\, s > 0$) et où on a posé $a(\xi', t, s) = -(4\pi^2)^{-1}|\xi'|^2 g(\xi', it|\xi'|, -is|\xi'|)$.

Exemple. — En particulier, la fonction :

$$(5.4) \qquad g = (t|\xi'| + i\xi_n)^{-1}(s|\xi'| - i\eta_n)^{-1}$$

provient du noyau élémentaire

$$(5.5) \quad G = \begin{cases} \pi^{-\frac{n}{2}}\Gamma\left(\dfrac{n}{2}\right)(tx_n - sy_n)((tx_n - sy_n)^2 + |x'|^2)^{-\frac{n}{2}} \\ \text{si} \quad x_n \geqslant 0,\ y_n \leqslant 0 \\ 0 \quad \text{ailleurs.} \end{cases}$$

Dans ce cas, la transformée de Fourier partielle vaut

$$(5.6) \quad \hat{G} = \begin{cases} \exp\,[(-tx_n + sy_n)|\xi'|] & \text{pour} \quad x_n \geqslant 0,\ y_n \leqslant 0 \\ 0 \quad \text{ailleurs.} \end{cases}$$

Remarque. — Si $-n-d$ est entier positif, la décomposition indiquée en note ci-dessus est mal adaptée, parce que la fonction qui est nulle pour $x_n < 0$ ou $y_n > 0$, et égale $\operatorname{Log}(|x'|^2 + x_n^2 + y_n^2)$ dans le quadrant $x_n > 0$, $y_n < 0$, ne vérifie pas (5.1). Comme au § 3, on peut la remplacer par la fonction

$$G_1(x', x_n, y_n) = \begin{cases} \operatorname{Log}(|x'|^2 + (x_n - y_n)^2) \ \text{pour} \ x_n > 0,\ y_n < 0 \\ 0 \quad \text{ailleurs} \\ \text{si} \ n \ \text{est pair} \end{cases}$$

$$G_1(x', x_n, y_n) = \begin{cases} \operatorname{Log}\left((x_n - y_n) + ((x_n - y_n)^2 + |x'|^2)^{\frac{1}{2}}\right) \\ \text{pour} \quad x_n > 0,\ y_n < 0 \\ 0 \quad \text{ailleurs} \\ \text{si} \ n \ \text{est impair.} \end{cases}$$

Toujours dans le cas où $-n-d$ est entier positif, deux noyaux élémentaires qui ont même transformée de Fourier pour $\xi' \neq 0$ diffèrent par une fonction qui coïncide dans le quadrant $x_n > 0$, $y_n < 0$ avec un polynôme homogène (en effet la différence est alors une somme finie $\Sigma x'^{\alpha}\varphi_\alpha(x_n, y_n)$. Si elle vérifie (5.1) (note), les φ_α sont nécessairement somme d'une fonction homogène et d'un terme logarithmique; si de plus les φ_α sont analytiques jusqu'au bord, ce sont des polynômes).

b) Comme au § 3 (et nous laissons la démonstration au lecteur) on a le résultat suivant :

Si G vérifie (5.1), sa transformée de Fourier vérifie (5.2).

Réciproquement, si g est une fonction définie pour $\xi' \neq 0$, qui vérifie (5.2), alors g admet un prolongement pf^+g dont la transformée de Fourier inverse vérifie (5.1).

Et comme au § 3, pf^+g est définie comme suit : si $\hat{G}'$ est la transformée de Fourier inverse de g par rapport à ξ_n, η_n ($\hat{G}'$ est définie seulement pour $\xi' \neq 0$), pf^+g a pour transformée de Fourier inverse par rapport à $\xi_n\eta_n$ la distribution $pf\hat{G}'$, où la partie finie pf est définie comme dans [12] (dans ce cas, c'est une partie finie par rapport à ξ', les deux autres variables x_ny_n jouant le rôle de paramètres).

c) Soit maintenant $G_k(x', x_n, y_n)$ une suite de noyaux élémentaires de degrés respectifs $d - k$.

Comme au § 3, on a le résultat suivant (et ici encore nous laissons la démonstration au lecteur) :

(5.7) *On suppose que les* G_k *(ou plus exactement leurs restrictions au quadrant* $x_n > 0$, $y_n < 0$) *se prolongent toutes en des fonctions holomorphes dans le domaine complexe*

$$\operatorname{re} x_n > -\varepsilon(|x'| + |x_n| + |y_n|), \qquad \operatorname{re} y_n < \varepsilon(|x'| + |x_n| + |y_n|)$$
$$|\operatorname{im} x'| + |\operatorname{im} x_n| + |\operatorname{im} y_n| < \varepsilon(|\operatorname{re} x'| + |\operatorname{re} x_n| + |\operatorname{re} y_n|)$$

et que la série $\Sigma G_k(x', x_n, y_n)$ *converge uniformément dans l'intersection de ce domaine et de la boule* $|x'| + |x_n| + |y_n| < \varepsilon$.

Alors

(5.8) *Les* $g_k(\xi', \xi_n, \eta_n)$ *se prolongent toutes en des fonctions holomorphes dans le domaine complexe*

$$|\operatorname{im} \xi'| < \varepsilon'|\operatorname{re} \xi'|, \qquad |\xi_n - iR|\xi'|| > (R - \varepsilon)|\xi'|,$$
$$|\eta_n + iR|\xi'|| > (R - \varepsilon)|\xi'|$$

et vérifient dans ce domaine les inégalités

$$|g_k(\xi', \xi_n, \eta_n)| \leqslant c\mathrm{A}^k k\,!|\xi'|^{d-k+1}(|\xi'| + |\xi_n|)^{-1}(|\xi'| + |\eta_n|)^{-1}$$

où ε', R, c, A *sont des constantes convenables.*

Réciproquement, si $g_k(\xi', \xi_n, \eta_n)$ $(k = 0, 1, ...)$ est une suite de fonctions définies pour $\xi' \neq 0$, vérifiant la condition (5.2) (les degrés respectifs étant $d - 1 - k$), et vérifiant (5.8); et si G_k est la transformée de Fourier et inverse de la distribution pf^+g_k, alors la suite G_k vérifie la condition (5.8).

a) Soit maintenant $\overline{\Omega}$ une variété à bord plongée dans $\overline{\mathrm{R}^n_+}$, de bord $\partial\Omega \subset \mathrm{R}^{n-1}$. Soit $\mathrm{G}_k(x', z', z_n, y_n)$ une suite de distributions sur $\partial\Omega \times \mathrm{R}^{n-1} \times \mathrm{R} \times \mathrm{R}$, qui a les propriétés suivantes :

pour x' fixé, G_k est un noyau de Green singulier élémentaire (analytique) de degré $d - k$ des variables z', z_n, y_n.
G_k dépend analytiquement de $x' \in \partial\Omega$. Et pour tout compact K de $\partial\Omega$, il existe un voisinage complexe V′ de ce compact et une constante $\varepsilon > 0$ tels que les G_k (ou plus exactement leur restrictions ou quadrant $z_n > 0$, $y_n < 0$) se prolongent toutes en des fonctions holomorphes dans le domaine complexe

$$x' \in \mathrm{V}' \quad \mathrm{re}\, z_n > -\varepsilon(|z'|+|z_n| + |y_n|), \qquad \mathrm{re}\, y_n < \varepsilon(|z'| + |z_n| + |y_n|)$$
$$|\mathrm{im}\, z'| + |\mathrm{im}\, z_n| + |\mathrm{im}\, y_n| < \varepsilon(|\mathrm{re}\, z'| + |\mathrm{re}\, z_n| + |\mathrm{re}\, y_n|)$$

Et la série $\sum_0^\infty \mathrm{G}_k(x', z', z_n, y_n)$ converge uniformément dans ce domaine pour $|z'| + |z_n| + |y_n| < \varepsilon$.

Définition 5.1. — *On appelle noyau de Green singulier analytique de degré d, de classe* 0, *sur* Ω, *une distribution* $\mathrm{G}(x, y)$ *sur* $\overline{\Omega} \times \overline{\Omega}$ *qui a la propriété suivante :*

a) G *est analytique jusqu'au bord en dehors de la diagonale de* $\partial\Omega$ *dans* $\overline{\Omega} \times \overline{\Omega}$ *(et il n'y a pas de couches portées par le bord).*

b) *Au voisinage de la diagonale de* $\partial\Omega$ *dans* $\overline{\Omega} \times \overline{\Omega}$, G *diffère de la somme de la série de distributions:*

$$\Sigma G_k(x', x' - y', x_n, -y_n)$$

par une fonction analytique jusqu'au bord.

On appelle opérateur de Green singulier analytique de degré d, de classe 0, un opérateur linéaire continu: $\mathfrak{D}(\overline{\Omega}) \to \mathfrak{D}'(\overline{\Omega})$ dont le noyau-distribution est un noyau de Green singulier analytique de degré d, de classe 0.

On complète immédiatement cette définition, comme au § 4: on appelle opérateur de Green singulier analytique pur, de classe p, de degré d, un opérateur G de la forme

$$G = \sum_0^{p-1} K_j \circ \mathrm{Tr}_j$$

où K_j est un opérateur de Poisson de degré $d - j$ Tr_j désigne l'opérateur $f \to \left(\frac{\partial}{\partial x_n}\right)^j f/\partial\Omega$.

Enfin un opérateur de degré d, de classe p, est par définition la somme d'un opérateur de degré d, de classe 0 et d'un opérateur pur de classe p, de degré d.

Le noyau-distribution d'un tel opérateur admet au voisinage de la diagonale de $\partial\Omega$ une décomposition

$$(5.9) \quad G(x, y) = \Sigma G_m(x', x' - y', x_n, -y_n) + R(x, y)$$

où $R(x, y)$ est le noyau-distribution d'un opérateur négligeable analytique de classe p, et

$$(5.10) \quad G_m(x', z', z_n, y_n) = G_m^0(x', z', z_n, y_n) + \sum_0^{p-1} K_m^j(x', z', z_n)\, \delta^{(j)}(y_n)$$

où G_m^0 est un noyau de Green élémentaire de degré $d - m$ et K_m^j un noyau de Poisson élémentaire de degré $d - m - j$.

(Les G_m^0, K_m^j sont entièrement déterminés par G modulo un polynôme homogène si d est entier.)

La transformée de Fourier de G_m est alors (avec les notations déjà utilisées).

$$g_m(x', \xi', \xi_n, \eta_n) = g_m^0(x', \xi', \xi_n, \eta_n) + \sum_0^{p-1} k_m^j(x', \xi', \xi_n)(i\eta_n)^j.$$

Elle a des propriétés analogues à celle de la formule (5.2). Sauf qu'elle admet un pôle d'ordre $p-1$ quand $\eta_n \to \infty$ (les autres variables étant fixées). Et les g_m sont toutes holomorphes dans un même domaine du type décrit dans (5.8), et y vérifient les inégalités avec des constantes c, A convenables :

$$(5.11)\quad |g_m(x', \xi', \xi_n, \eta_n)| \leqslant c\mathrm{A}^m m!|\xi'|^{d-p+1-m}(|\xi'| + |\xi_n|)^{-1}(|\xi'| + |\eta_n|)^{p-1}.$$

Comme aux paragraphes 3 et 4, cette définition est invariante par changement de coordonnées analytiques. Aussi, comme aux § 3 et § 4, on définit un noyau de Green singulier analytique sur une variété à bord analytique réelle comme suit : c'est un opérateur G dont le noyau-distribution $\mathrm{G}(x, y)$ est hors de la diagonale de $\partial\Omega$ le noyau-distribution d'un opérateur négligeable analytique, c'est-à-dire de la forme

$$\mathrm{G}(x, y) = \mathrm{G}_0(x, y) + \sum_0^{p-1} \mathrm{K}_j(x, y') \, (\delta)^{(j)}_{\partial\Omega}$$

où $(\delta)^{(j)}_{\partial\Omega}$ est la dérivée d'ordre j par rapport à $\left(\frac{\partial}{\partial n}\right)$ de la mesure superficielle $(\delta)_{\partial\Omega}$ (cf. § 1), et G_0 et les K_j sont analytiques jusqu'au bord et tel que, au voisinage de tout point (x'_0, x'_0) de la diagonale de $\partial\Omega$, et pour tout système de coordonnées analytiques choisi au voisinage de ce point, $\mathrm{G}(x, y)$ vérifie les conditions décrites dans la définition 5.1.

2. Comme aux paragraphes précédents, le symbole complet de G est la classe du noyau-distribution de G modulo les noyaux d'opérateurs négligeables analytiques. Les symboles complets de noyaux de Green singuliers analytiques sur les ouverts de $\overline{\Omega}$ forment un faisceau de support $\partial\Omega$.

Si $\overline{\Omega}$ est plongé dans le demi-espace $\overline{\mathrm{R}^n_+}$, on représente le symbole complet par la série formelle :

$$(5.12)\qquad \sigma(\mathrm{G}) = \Sigma g_m(x', \xi', \xi_n, \eta_n)$$

où g_m est la transformée de Fourier de la distribution G_m de la formule (5.10), et la suite des g_m vérifie la condition (5.11) ci-dessus.

Le premier du symbole, ou symbole principal, doit s'interpréter comme une forme différentielle en ξ_n sur le complémentaire de la section nulle dans le fibré F sur $\partial\Omega$ défini comme suit :

F est le produit fibré de deux exemplaires du fibré cotangent à Ω au-dessus du fibré cotangent à $\partial\Omega$ (parce que dans les formules de changement de variables, ε_n et η_n se transforment de la même façon).

On le notera $g_0(x', \xi', \xi_n, \eta_n)\, d\xi_n$.

Si $g_0(x', \xi', \xi_n, \eta_n)\, d\xi_n$ est un symbole principal donné (c'est-à-dire une fonction sur le fibré ci-dessus vérifiant les conditions décrites dans *b*), *c*), il existe un noyau de Green singulier analytique G admettant g_0 pour symbole principal (la preuve est analogue à celle du § 2).

Si G est un noyau de Green singulier analytique de classe $\leqslant p$, il admet localement, et modulo un opérateur négligeable analytique, une représentation par intégrale de Fourier :

(5.13)

$$G(f) = (2\pi)^{-n-1} \int e^{ix.\xi} g(x', \xi', \xi_n, \eta_n) \hat{f}(\xi', \eta_n)\, d\xi'\, d\xi_n\, d\eta_n \quad (^{11})$$

où $g(x', \xi', \xi_n, \eta_n)$ est une fonction C^∞, analytique pour $\xi' \neq 0$, holomorphe en ξ_n pour $\operatorname{im} \xi_n < 0$, et en η_n pour $\operatorname{im} \eta_n > 0$ (ξ' fixé) et pour tout compact de $\partial\Omega$, il existe un voisinage V_c de ce compact et des constantes ε, R, *c*, A tels que *g* soit holomorphe dans le domaine complexe :

$$x' \in V_c, \qquad |\operatorname{im} \xi'| < \varepsilon\, |\operatorname{re} \xi'|,$$
$$|\xi_n + iR|\xi'|| > (R - \varepsilon)|\xi'|, \qquad |\eta_n - iR|\xi'|| > (R - \varepsilon)|\xi'|$$

et y vérifient les inégalités :

$$(5.14) \quad |g(x', \xi', \xi_n, \eta_n) - \sum_0^{N-1} g_k(x', \xi', \xi_n, \eta_n)| \leqslant cA^N N!(|\xi'| + |\xi_n|)^{-1}(|\xi'| + |\eta_n|)^{p-1}|\xi'|^{d+1-N-p}.$$

On vérifie exactement comme au § 3 que les opérateurs qui

(11) Il s'agit en fait d'une « partie finie » d'intégrale par rapport à ξ_n, η_n :

$$\int d\xi' \int^{+} d\xi_n \int^{+} e^{ix.\xi}\, g(X'\xi'\xi_n\eta_n) \hat{f}(\xi'\eta_n)\, d\eta_n.$$

viennent d'être définis jouissent des propriétés suivantes :

Proposition 5.2. — *Si* G *est un noyau de Green singulier analytique,* P *un opérateur différentiel à coefficients analytiques défini au voisinage de* $\overline{\Omega}$, $G \circ P$ *et* $P \circ G$ *sont des noyaux de Green singuliers analytiques.*

Proposition 5.3. — *Si* G *est un noyau de Green singulier analytique, de degré* d, *de classe* p.

1) G *se prolonge continûment* $H_s^{comp}(\overline{\Omega}) \to H_{s-d}^{loc}(\overline{\Omega})$ *pour* $s - \dfrac{1}{2} > p$.

En particulier G *est continu* $\mathcal{D}(\overline{\Omega}) \to \mathcal{E}(\overline{\Omega})$.

2) *Si* $p = 0$, G *se prolonge en un opérateur continu* $H'(K) \to H'(\overline{\Omega}) \cap H(\overline{\Omega} - K)$ *pour tout compact* K *de* $\overline{\Omega}$. [12].

3) *Pour toute* f, $G(f)$ *est analytique à l'intérieur de* Ω.

4) *Enfin si* f *est analytique jusqu'au bord au voisinage d'un point* $x_0 \in \partial\Omega$, *il en est de même de* $G(f)$.

3. Enfin comme au § 3, il sera commode pour la suite de généraliser encore nos opérateurs :

un opérateur de Green singulier analytique (de classe p) généralisé est par définition un opérateur de la forme

$$G = G_0 + \sum_0^{m-1} E_j \circ T_j$$

où G_0 est un opérateur de Green de classe p, les E_j sont des opérateurs d'extension purs analytiques et les T_j sont des opérateurs trace de classe p.

On peut se limiter au cas où E_j est l'opérateur d'extension :

$$E_j(f) = f(x') . \delta^{(j)}(x_n) \quad (j = 0, 1, \ldots, m - 1).$$

Le symbole de G est alors défini par

$$\sigma(G) = \sigma(G_0) + \sum_0^{m-1} \sigma(T_j)(x', \xi', \eta_n)(i\xi_n)^j. \tag{5.15}$$

Un tel opérateur n'est plus continu $\mathcal{D}(\Omega) \to \mathcal{E}(\Omega)$, mais seulement continu $\mathcal{D}(\Omega) \to \mathcal{E}_{-m}(\Omega)$ pour m assez grand.

[12] La définition de ces espaces se trouve dans [3] § 0.3 et a été rappelée au § 4.

S'il est de classe 0 (ie G_0 et les T_j sont de classe 0) il se prolonge continûment $\mathcal{E}'(\Omega) \to \mathcal{D}'(\Omega)$.

S'il est de classe $p \neq 0$, il se prolonge seulement continûment à $H_s^{comp}(\Omega)$ pour $s > p - \frac{1}{2}$.

Exemple. — Soit P un opérateur différentiel à coefficients analytiques, et soit G l'opérateur défini par

$$G(f) = P(\tilde{f}) - P_\Omega(f)$$

où $P(\tilde{f})$ est la dérivée au sens des distributions du prolongement de f par 0, et $P_\Omega(f)$ la dérivée au sens des fonctions. ($G(f)$ est donc la partie distribution superficielle portée par $\partial\Omega$ dans $P(\tilde{f})$). Alors G est un noyau de Green singulier analytique généralisé qui opère de $\mathcal{D}(\Omega)$ dans $\mathcal{E}^{-m}(\Omega)$ si P est de degré m.

Le symbole principal de G est

$$(5.16) \quad \sigma_0(G) = [\sigma_0(P)(\xi', \xi_n) - \sigma_0(P)(\xi', \eta_n)](i\xi_n - i\eta_n)^{-1}\, d\xi_n.$$

En effet si Ω est le demi-espace R^n_+, et $P = \left(\frac{\partial}{\partial x_n}\right)^m$, on a

$$G(f) = \sum_0^{m-1} \mathrm{Tr}_k f . \delta^{(m-1-k)}(x_n) = \sum_0^{m-1} E_{m-1-k}\mathrm{Tr}_k(f)$$

de sorte que dans ce cas le symbole de G est

$$\sigma(G) = \sum_0^{m-1} (i\eta_n)^k (i\xi_n)^{m-1-k} = [(i\xi_n)^m - (i\eta_n)^m](i\xi_n - i\eta_n)^{-1}.$$

Le cas général s'en déduit aussitôt.

Toujours dans le cas où Ω est le demi-espace, en écrivant $P\left(x, \frac{\partial}{\partial x}\right) = \Sigma \frac{x_n^p}{p!}\left(\frac{\partial}{\partial x_n}\right)^p P\left(x', 0, \frac{\partial}{\partial x}\right)$, on obtient pour le symbole complet la formule

$$(5.17) \quad \sigma(G) = \sum_p \frac{i^p}{p!}\left(\frac{\partial}{\partial \xi_n}\right)^p \left(\frac{\partial}{\partial x_n}\right)^p [(\sigma(P)(x', 0, \xi', \xi_n) - \sigma(P)(x', 0, \xi', \eta_n))(i\xi_n - i\eta_n)^{-1}]$$

(bien entendu cette somme est finie. Le terme indexé par p est nul si p est plus grand que le degré de P).

6. Composition et calcul symbolique.

1. Il n'est en général pas question de composer nos opérateurs directement : en effet leurs noyaux-distributions sont des fonctions analytiques hors de la diagonale de Ω ou $\partial\Omega$, et éventuellement croissent trop vite à l'infini. On a cependant un résultat parfaitement utilisable. En vue de ceci, nous introduisons les notations suivantes : soit Ω' un ouvert relativement compact de Ω, de bord $\partial\Omega' \subset \partial\Omega$, et soit φ une fonction égale à 1 dans Ω'.

Si A et B sont deux de nos opérateurs, nous notons $(A\varphi B)_{\Omega'}$ l'opérateur qui à $f \in \mathfrak{D}(')$ (ou $\mathfrak{D}(\partial\Omega\Omega')$ suivant la nature de B) fait correspondre la restriction à Ω' (ou $\partial\Omega'$) de $A(\varphi(B(f))$.

Ceci est en accord avec la notation que nous avons utilisée au § 2.3 à propos des opérateurs pseudo-différentiels. Si P est un tel opérateur, nous notons P_Ω l'opérateur qui à une fonction $f \in \mathfrak{D}(\Omega)$ fait correspondre la restriction à Ω de $P(\tilde{f})$, où $\tilde{f}$ est le prolongement de f par 0.

On a alors le théorème suivant, où Q, P, K, T, G désignent respectivement un opérateur pseudo-différentiel sur $\partial\Omega$ un opérateur pseudo-différentiel de type 0 sur Ω, un noyau de Poisson, un opérateur trace, un noyau de Green singulier analytiques sur Ω.

THÉORÈME 6.1.

1) $(G\varphi K)_{\Omega'}$, $(P_\Omega\varphi K)_{\Omega'}$, $(K\varphi Q)_{\Omega'}$

sont des noyaux de Poisson analytiques sur Ω'.

2) $(T\varphi G)_{\Omega'}$, $(T\varphi P_\Omega)_{\Omega'}$, $(Q\varphi T)_{\Omega'}$

sont des opérateurs trace analytique sur Ω'

3) $(G^1\varphi G^2)_{\Omega'}$, $(G\varphi P_\Omega)_{\Omega'}$, $(P_\Omega\varphi G)_{\Omega'}$, $(T\varphi K)_{\Omega'}$,
et $(P^1\varphi P^2)_{\Omega'} - (P^1_\Omega\varphi P^2_\Omega)_{\Omega'}$

sont des noyaux de Green singuliers analytiques sur Ω'.

4) $(T\varphi K)_{\partial\Omega'}$ *est un opérateur pseudo-différentiel analytique sur* $\partial\Omega'$.

Tous ces théorèmes se prouvent de la même manière. Il convient d'abord d'introduire la notion de famille bornée d'opérateurs analytiques d'un des types décrits ci-dessus :

(6.1) Une famille $(A_i)_{i \in I}$ d'opérateurs pseudo-différentiels analytiques sur Ω (resp. de noyaux de Poisson analytiques, etc...) est bornée si

a) le noyau-distribution $A_i(x, y)$ de A_i parcourt un ensemble borné de fonctions analytiques jusqu'au bord hors de la diagonale de Ω (resp. $\partial\Omega$, resp. et dans le cas d'un opérateur de classe $\leqslant p$ où $p \geqslant 1$, dont le noyau-distribution se met sous la forme

$$A(x, y) + \sum_{0}^{p-1} A_j(x, y')\,(\delta)^{(j)}_{\partial\Omega}(y)$$

A et les A_j parcourent un ensemble borné de fonctions analytiques jusqu'au bord sur $\Omega \times \Omega - \Delta$, $\Omega \times \partial\Omega - \Delta$, $\partial\Omega \times \Omega - \Delta$, $\partial\Omega \times \partial\Omega - \Delta$ suivant les cas, Δ désignant la diagonale de $\partial\Omega$);

b) et, localement, dans la série de définition (2.1) (resp. Définition 3.6, Définition 4.1, (5.1)). la série converge uniformément dans un domaine du type décrit, et le reste parcourt un ensemble borné de fonctions analytiques jusqu'au bord au voisinage de la diagonale de Ω ou $\partial\Omega$ (resp. dans le cas d'un opérateur de classe $\leqslant p$, où $p > 0$, il faut faire les mêmes modifications que ci-dessus).

Si A_i est une famille bornée d'opérateurs analytiques, les A_i admettent localement une représentation par intégrale de Fourier du type (2.6) (resp. (3.6), (4.5), (5.5)) :

$$(6.2) \qquad A_i(f) = (2\pi)^{-n} \int e^{ix\cdot\xi} a_i(x, \xi) \hat{f}(\xi)\, d\xi + R_i(f)$$

où R_i parcourt une famille bornée d'opérateurs négligeables analytiques, et les $a_i(x, \xi)$ vérifient uniformément les inégalités (2.7) (resp. (3.5), (4.6), (5.6)) : cela se prouve par la méthode de [3], § 2.4.

Pour en revenir au théorème 6.1, remarquons d'abord que toutes les assertions sont locales, car le noyau de $(A\varphi B)_{\Omega'}$ est en tout cas une fonction analytique hors de la diagonale de Ω' ou $\partial\Omega'$ (ou dans le cas d'un opérateur de classe p, est somme de distributions-dérivées par rapport à y de fonctions $f(x, y)$ analytiques jusqu'au bord hors de la diagonale de i.e. de la forme $R(x, y) + \sum_0^{p-1} R_j(x, y') \, (\delta)^{(j)}_{\partial\Omega}(y)$, où R et les R_j sont analytiques jusqu'au bord hors de la diagonale de $\partial\Omega$).

On a alors les résultats suivants :

1) $(A\varphi B_i)_{\Omega'}$ parcourt un ensemble borné si B_i parcourt un ensemble borné d'opérateurs différentiels à coefficients analytiques, en particulier si B_i parcourt un ensemble borné de multiplicateurs par une fonction analytique : cela résulte immédiatement de la démonstration de la proposition 3.7 et des résultats analogues des § 4 et § 5.

2) $(A_i\varphi B_j)_{\Omega'}$ parcourt un ensemble borné si B_j parcourt un ensemble borné d'opérateurs dont le symbole complet ne dépend pas de $x \in \Omega$, ou $x' \in \partial\Omega$ (dans le cas où Ω est inclus dans le demi-espace R^n_+), et A_i parcourt un ensemble borné d'opérateurs.

Pour démontrer cela, on utilise la représentation intégrale (6.2) ci-dessus : on peut supposer que la fonction $b_i(x, \xi)$ qui y intervient ne dépend pas de x.

Le cas général se déduit immédiatement de ces deux résultats par la technique des produits tensoriels topologiques :

le deuxième opérateur B admet au voisinage de supp φ une représentation intégrale

$$B = \int f_t \circ B_t \, dt + R$$

où R est négligeable analytique, B_t parcourt un ensemble borné d'opérateurs « à coefficients constants », f_t parcourt un ensemble borné d'opérateurs de multiplication (par une fonction analytique). (En fait, puisqu'on peut supposer le support de φ très petit, on obtient la formule ci-dessus en faisant un développement de Taylor, ou en utilisant la formule de Cauchy, dans (6.2).)

On a alors

$$(A \circ \varphi \circ B)_{\Omega'} = \int (A \circ \varphi \circ f_t \circ B_t)_{\Omega'} \, dt + (A \circ \varphi \circ R)_{\Omega'}.$$

Le reste $(A \circ \varphi \circ R)_{\Omega'}$ est évidemment négligeable, analytique. Dans l'intégrale, f_t et φ commutent; $A \circ f_t$ parcourt un ensemble borné d'opérateurs analytiques, B_t aussi, donc le « composé » $(A \circ \varphi \circ f_t \circ B_t)_{\Omega'}$ aussi, et l'intégrale est parfaitement convergente.

Bien entendu le deuxième résultat ci-dessus doit être vérifié dans chaque cas.

Nous nous contenterons d'examiner en détail le cas de $(P^1\varphi P^2)_{\Omega'} - (P^1_\Omega \varphi P^2_\Omega)_{\Omega'}$, et laissons au lecteur l'examen des autres cas.

2. Soient donc P^1 et P^2 deux opérateurs pseudo-différentiels analytiques, de type 0 sur Ω.

Nous supposerons Ω plongé dans R^n_+, et, conformément aux indications ci-dessus, que P^2 est un opérateur de convolution. Nous supposerons aussi pour commencer que P^1 est un opérateur de convolution.

Quitte à modifier P^1 et P^2 par des opérateurs négligeables analytiques, nous supposerons qu'ils sont définis par les formules

$$P^1 f = p^1(\xi)\hat{f}$$
$$P^2 f = p^2(\xi)\hat{f}$$

où les fonctions p^1 et p^2 vérifient les conditions (2.7) du § 2.

Le composé $P^1(1 - \varphi)P^2$ est alors parfaitement défini, et son noyau-distribution est une fonction analytique sur $V' \times V'$ si V' est un voisinage convenable de Ω'. Il parcourt même visiblement un ensemble borné de fonctions analytiques si P^1, P^2 parcourent des ensembles bornés d'opérateurs pseudo-différentiels analytiques de convolution.

On pourra donc supposer dans la suite $\varphi = 1$, et $\Omega = \Omega' = R^n_+$.

Nous distinguons maintenant deux cas :

a) P^2 est un opérateur différentiel, de degré m, à coefficients analytiques.

On a alors au sens des distributions

$$P^2 f = P^2_\Omega f + G^2 f$$

où G^2 est le noyau de Green singulier analytique généralisé décrit au § 5. On en déduit immédiatement qu'avec

$$G = (P^1P^2)_\Omega - (P^1_\Omega P^2_\Omega)$$

on a

$$\widehat{Gf} = h^+_{\xi_n}(p'(\xi)\widehat{G^2 f}).$$

Il résulte alors des inégalités (2.1) vérifiées par les fonctions p^1 et p^2, et du fait que h^+ est une opération linéaire continue sur l'espace des fonctions holomorphes, méromorphes à l'infini dans l'ensemble $|t + i\mathrm{R}| > (\mathrm{R} - \varepsilon)$, que G vérifie les conditions de la définition 5.1.

Le symbole de G est dans ce cas :

(6.3)
$$\sigma(\mathrm{G}) = h^+_{\xi_n}[\sigma(\mathrm{P}^1)(\xi', \xi_n).(\sigma(\mathrm{P}^2)(\xi', \xi_n) - \sigma(\mathrm{P}^2)(\xi', \eta_n)(i\xi_n - i\eta_n)^{-1}]$$

où le produit $\sigma(\mathrm{P}^1).\sigma(\mathrm{P}^2)$ désigne le produit habituel de séries formelles. (Cela résulte de la formule (5.15).)

b) On suppose maintenant que P^2 vérifie la condition suivante :

$$\mathrm{P}^2(\xi', \xi_n) = 0\left(\frac{1}{\xi_n}\right) \quad \text{quand} \quad \xi_n \to \infty \quad (\xi' \text{ fixé}).$$

On a alors, avec $\mathrm{G} = (\mathrm{P}^1\mathrm{P}^2)_\Omega - \mathrm{P}^1_\Omega \mathrm{P}^2_\Omega$

$$\widehat{Gf} = h^+_{\xi_n}[\mathrm{P}^1(1 - h^+)(\mathrm{P}^2\hat{f})] = h^+_{\xi_n}[\mathrm{P}^1_+ \mathrm{H}^-_{\xi_n}(\mathrm{P}^2 - \hat{f})].$$

Si on pose $\mathrm{P}^1_+ = h^+_{\xi_n}\mathrm{P}^1, \qquad \mathrm{P}^2_- = \mathrm{H}^-_{\xi_n}\mathrm{P}^2 = h^-_{\xi_n}\mathrm{P}^2.$

Donc on a

$$\begin{aligned}
&\widehat{Gf}(\xi', \xi_n) \\
&= \lim_{\varepsilon \to +0} \lim_{\delta \to +0} (2i\pi)^{-2} \int \mathrm{P}^1_+(\xi', t)(\xi_n - t - i\varepsilon)^{-1}\, dt \\
&\qquad \int \mathrm{P}^2_-(\xi', \eta_n)\hat{f}(\xi', \eta_n)(\eta_n - t - i\delta)^{-1}\, d\eta_n \\
&= \lim_{\varepsilon \to +0} \lim_{\delta \to +0} (2i\pi)^{-2} \int \mathrm{P}^2_-(\xi', \eta_n)\hat{f}(\xi', \eta_n)\, d\eta_n \\
&\qquad \int \mathrm{P}^1_+(\xi', t)(\xi_n - t - i\varepsilon)^{-1}(\eta_n - t - i\delta)^{-1}\, dt \\
&= (2\pi)^{-1} \int i(\mathrm{P}^1_+(\xi', \xi_n) - \mathrm{P}^1_+(\xi', \eta_n))(\xi_n - \eta_n)^{-1} \\
&\qquad \mathrm{P}^2_-(\xi', \eta_n)\hat{f}(\xi', \eta_n)\, d\eta_n
\end{aligned}$$

(on a utilisé la formule de Cauchy, et la relation

$$\begin{aligned}
&(\xi_n - t - i\varepsilon)^{-1}(\eta_n - t - i\delta)^{-1} \\
&= -(\xi_n - i\varepsilon - \eta_n + i\delta)^{-1}[(\xi_n - t - i\varepsilon)^{-1} - (\eta_n - t - i\delta)^{-1}])
\end{aligned}$$

On trouve finalement

$$\widehat{Gf} = (2\pi)^{-1} \int^{+} g(\xi', \xi_n, \eta_n) \hat{f}(\xi', \eta_n)\, d\eta_n$$

avec

$$(6.4)\quad g(\xi', \xi_n, \eta_n) \\ = - H^{-}_{\eta_n}[(P^1_+(\xi', \xi_n) - P^1_+(\xi', \eta_n))(i\xi_n - i\eta_n)^{-1} P^2_-(\xi', \eta_n)].$$

Ici encore on voit que G est un opérateur de Green singulier analytique.

Dans le cas général, P^2 est somme d'un opérateur différentiel et d'un opérateur qui vérifie la condition du *b* ci-dessus : l'opérateur différentiel a pour symbole la partie polynomiale $e_{\xi_n}\sigma(P^2)$ (formule (0.4)) (c'est bien un polynôme de ξ : si P^2 a pour symbole $\Sigma P_k(\xi', \xi_n)$, on voit en utilisant l'homogénéité des P_k, la condition de symétrie qui exprime qu'ils sont de type 0, et la formule de Taylor au voisinage de la droite $\xi' = 0$, qu'on a

$$P^2(\xi) = \sum_{d-k-|\alpha|\geqslant 0} \frac{1}{\alpha!} P_k^{(\alpha)}(0, 1) \xi'^{\alpha} \xi_n^{d-k-|\alpha|} + 0(|\xi'|^{d+1}|\xi|^{-1})).$$

En regroupant les deux formules ci-dessus, on obtient la suivante dans laquelle $L(p^1, p^2)$ désigne le symbole final obtenu (pour $G = (P^1P^2)_\Omega - P^1_\Omega P^2_\Omega$), et comme ci-dessus,

$P^1_+(\xi) = h^+_{\xi_n} P^1(\xi)$ désigne la « partie holomorphe pour im $\xi_n < 0$, nulle à l'infini » de P^1 (0.1)

$P^2_-(\xi) = H^-_{\xi_n} P^2(\xi)$ désigne la « partie holomorphe pour im $\xi_n > 0$ » de P^2 :

$$(6.5)\quad L(P^1, P^2) = h^+_{\xi_n} H^-_{\eta_n}[(P^1_+(\xi', \xi_n) - P^1_+(\xi'\eta_n)) \\ (P^2_-(\xi', \xi_n) - P^2_-(\xi', \eta_n))(i\xi_n - i\eta_n)^{-1}]$$

(en effet dans la formule (6.5), le deuxième membre ne dépend pas de $P^1_+(\xi', \eta_n)$ si P^2 est un polynôme, et de toute façon, ne dépend que de la partie polynomiale de $P^2_-(\xi', \xi_n)$).

Dans le cas général, le symbole de P^1 dépend de x, et nous pouvons supposer que P^1 est défini par

$$P^1(f) = (2\pi)^{-n} \int e^{ix.\xi} P^1(x, \xi) \hat{f}(\xi)\, d\xi.$$

Alors l'opérateur $G = (P^1P^2)_\Omega - P^1_\Omega P^2_\Omega$ est donné par la formule

$$G(f) = (2\pi)^{-n-1} \int e^{ix'\xi'}\, d\xi' \int^{+} d\xi_n \int^{+} g(x, \xi', \xi_n, \eta_n)\hat{f}(\xi', \eta_n)\, d\eta_n$$

avec $g(x)\xi', \xi_n, \eta_n) = L[P^1(x, \xi), P^2(\xi)]$ où L est l'opérateur bilinéaire défini ci-dessus. (Le fait que dans cette formule, g dépend de $x = (x', x_n)$, et pas seulement de x', n'est pas gênant (cf. § 3, n° 5.)

Enfin il est clair que G parcourt un ensemble borné d'opérateurs quand P^1 et P^2 parcourent des ensembles bornés.

3. Les autres propositions se démontrent de façon analogue. Les tableaux qui suivent décrivent le symbole principal, puis dans le cas où Ω est plongé dans le demi-espace R^n_+, la série qui représente le symbole complet, pour les composés décrits dans le théorème 6.1.

(6.6) (i) $\sigma_0(G\varphi K)_{\Omega'} = \int^{+} \sigma_0(G)\sigma_0(K)$

$$= \left(\int^{+} g_0(x', \xi', \xi_n, \eta_n)k_0(x', \xi', \eta_n)\, d\eta_n\right) d\xi_n,$$

(ii) $\sigma_0(P_\Omega \varphi K)_{\Omega'} = h^+_{\xi_n}\sigma_0(P)\sigma_0(K)$,

(iii) $\sigma_0(K\varphi Q)_{\Omega'} = \sigma_0(K)\sigma_0(Q)$.

(6.7) (i) $\sigma_0(T\varphi G)_{\Omega'} = \int^{+} \sigma_0(T)\sigma_0(G)$

$$= \int^{+} t_0(x', \xi', \xi_n)g_0(x', \xi', \xi_n, \eta_n)\, d\xi_n,$$

(ii) $\sigma_0(T\varphi P_\Omega)_{\Omega'} = H^-\sigma_0(T)\sigma_0(P)$,

(iii) $\sigma_0(Q\varphi T)_{\Omega'} = \sigma_0(Q)\sigma_0(T)$.

(6.8) (i) $\sigma_0(G^1\varphi G^2)_{\Omega'}$

$$= \left(\int^{+} g^1_0(x', \xi', \xi_n, t)g^2_0(x', \xi', t, \eta_n)\, dt\right) d\xi_n,$$

(ii) $\sigma_0(P_\Omega\varphi G)_{\Omega'} = h^+_{\xi_n}\sigma_0(P)\sigma_0(G)$,

(iii) $\sigma_0(G\varphi P_\Omega)_{\Omega'} = H^-_{\eta_n}\sigma_0(G)\sigma_0(P)$,

(iv) $\sigma_0(K\varphi T)_{\Omega'} = \sigma_0(K)(\xi', \xi_n)\sigma_0(T)(\xi', \eta_n)$,

(v) $\sigma_0((P^1\varphi P^2)_{\Omega'} - (P^1_\Omega\varphi P^2_\Omega)_{\Omega'}) = L(\sigma_0(P^1), \sigma_0(P^2))$

(L étant défini comme ci-dessus (6.5)).

(6.9) $\sigma_0(T\varphi K)_{\partial\Omega'} = \int^{+} t_0(x', \xi', t)k_0(x', \xi', t)\, dt.$

Complétons ces formules par les suivantes, qui résultent de la démonstration de la proposition 3.8 :

$$(6.10)\ (i) \qquad \sigma_0(x_n^q K) = \left(i\frac{\partial}{\partial \xi_n}\right)^q \sigma_0(K),$$

$$(ii) \qquad \sigma_0(T x_n^q) = \left(-i\frac{\partial}{\partial \xi_n}\right)^q \sigma_0(T),$$

$$(iii) \qquad \sigma_0(x_n^p G x_n^q) = \left(i\frac{\partial}{\partial \xi_n}\right)^p \left(-i\frac{\partial}{\partial \eta_n}\right)^q \sigma_0(G).$$

Compte tenu de ces formules, et de la méthode de développement en série du noyau distribution du composé d'un de nos opérateurs A avec un multiplicateur par une fonction analytique, on trouve alors pour les symboles complets :

$$(6.11)\ (i) \quad \sigma(GK) = \sum_\gamma \frac{i^{|\gamma|}}{\gamma!}\int^+ \left(\frac{\partial}{\partial \xi'}\right)^\gamma \sigma(G)(x', \xi', \xi_n, t) \left(\frac{\partial}{\partial x'}\right)^\gamma \sigma(K)(x', \xi', t)\, dt,$$

$$(ii) \quad \sigma(P_\Omega K) = \sum_{p,\gamma} \frac{i^{p-|\gamma|}}{p!\,\gamma!}\left(\frac{\partial}{\partial \xi_n}\right)^p h_{\xi_n}^+ \left[\left(\left(\frac{\partial}{\partial x_n}\right)^p \left(\frac{\partial}{\partial \xi'}\right)^\gamma \sigma(P)(x', 0, \xi', \xi_n)\right)\cdot\left(\left(\frac{\partial}{\partial x'}\right)^\gamma \sigma(K)(x', \xi', \xi_n)\right)\right],$$

$$(iii) \quad \sigma(KQ) = \sum_\gamma \frac{i^{-|\gamma|}}{\gamma!}\left(\frac{\partial}{\partial \xi'}\right)^\gamma \sigma(K)(x', \xi', \xi_n)\left(\frac{\partial}{\partial x'}\right)^\gamma \sigma(Q)(x', \xi').$$

$$(6.12)\ (i) \quad \sigma(TG) = \sum_\gamma \frac{i^{-|\gamma|}}{\gamma!}\int^+ \left(\frac{\partial}{\partial \xi'}\right)^\gamma \sigma(T)(x', \xi', t) \left(\frac{\partial}{\partial x'}\right)^\gamma \sigma(G)(x', \xi', t, \eta_n)\, dt,$$

$$(ii) \quad \sigma(TP_\Omega) = \sum_{p,\gamma} \frac{i^{-p-|\gamma|}}{p!\,\gamma!} H^-_{\xi_n} \left[\left(\left(\frac{\partial}{\partial \xi_n}\right)^p \left(\frac{\partial}{\partial \xi'}\right)^\gamma \sigma(T)(x', \xi', \xi_n)\right)\cdot\left(\left(\frac{\partial}{\partial x_n}\right)^p \left(\frac{\partial}{\partial x'}\right)^\gamma \sigma(P)(x', 0, \xi', \xi_n)\right)\right],$$

$$(iii) \quad \sigma(QT) = \sum_\gamma \frac{i^{-|\gamma|}}{\gamma!}\left(\frac{\partial}{\partial \xi'}\right)^\gamma \sigma(Q)(x', \xi')\left(\frac{\partial}{\partial x'}\right)^\gamma \sigma(T)(x', \xi', \xi_n).$$

$$(6.13)\ (i) \quad \sigma(G^1G^2) = \sum_\gamma \frac{i^{-|\gamma|}}{\gamma!}\int^+ \left(\frac{\partial}{\partial \xi'}\right)^\gamma \sigma(G^1)(x', \xi', \xi_n, t) \left(\frac{\partial}{\partial x'}\right)^\gamma \tau(G^2)(x', \xi', t, \eta_n)\, dt,$$

(ii) $\sigma(P_\Omega G) = \sum_{p,\gamma} \frac{i^{p-|\gamma|}}{p!\,\gamma!}\left(\frac{\partial}{\partial \xi_n}\right)^p h^+_{\xi_n}$

$$\left[\left(\left(\frac{\partial}{\partial x_n}\right)^p \left(\frac{\partial}{\partial \xi'}\right)^\gamma \sigma(P)(x', \xi', \xi_n)\right)\left(\left(\frac{\partial}{\partial x'}\right)^\gamma \sigma(G)(x', \xi', \xi_n, \eta_n)\right)\right],$$

(iii) $\sigma(GP_\Omega) = \sum_{p,\gamma} \frac{i^{-p-|\gamma|}}{p!\,\gamma!} H^-_{\eta_n}$

$$\left[\left(\left(\frac{\partial}{\partial \eta_n}\right)^p \left(\frac{\partial}{\partial \xi'}\right)^\gamma \sigma(G)(x', \xi', \xi_n, \eta_n)\right)\left(\left(\frac{\partial}{\partial x_n}\right)^p \left(\frac{\partial}{\partial x'}\right)^\gamma \sigma(P)(x', 0, \xi', \eta_n)\right)\right],$$

(iv) $\sigma(KT) = \sum_{\gamma} \frac{i^{-|\gamma|}}{\gamma!}\left(\frac{\partial}{\partial \xi'}\right)^\gamma \sigma(K)(x', \xi', \xi_n)$

$$\left(\frac{\partial}{\partial x'}\right)^\gamma \sigma(T)(x', \xi', \eta_n),$$

(v) $\sigma((P^1P^2)_\Omega - P^1_\Omega P^2_\Omega) = \sum_{p,q,\gamma} \frac{i^{p-q-|\gamma|}}{p!\,q!\,\gamma!}$

$$\left(\frac{\partial}{\partial \xi_n}\right)^p L\left[\left(\left(\frac{\partial}{\partial \xi_n}\right)^q \left(\frac{\partial}{\partial \xi'}\right)^\gamma \left(\frac{\partial}{\partial x_n}\right)^p \sigma(P^1)(x', 0, \xi', \xi_n),\right.\right.$$

$$\left.\left.\left(\left(\frac{\partial}{\partial x_n}\right)^q \left(\frac{\partial}{\partial x'}\right)^\gamma \sigma(P^2)(x', 0, \xi', \xi_n)\right)\right].$$

(6.14) $\sigma(TK) = \sum_{\gamma} \frac{i^{-|\gamma|}}{\gamma!} \int^{+} \left(\frac{\partial}{\partial \xi'}\right)^\gamma \sigma(T)(x', \xi', t)$

$$\left(\frac{\partial}{\partial x'}\right)^\gamma \sigma(K)(x', \xi', t)\, dt.$$

Dans toutes les formules, γ parcourt l'ensemble des multi-indices de dérivation sur R^{n-1}. Et si $\sigma(A) = \Sigma a_p$, $\sigma(B) = \Sigma b_q$ sont deux symboles, le produit $\sigma(A).\sigma(B)$ désigne le produit habituel des séries formelles, dans lequel on regroupe les termes de même degré : $\sigma(A)\sigma(B) = \Sigma a_p b_q = \sum_r \sum_{p+q=r} a_p b_q$.

4. Nous terminons ce paragraphe par la proposition suivante.

Proposition 6.2. — *Soit* G *un noyau de Green singulier analytique de degré* -1, *de classe* $\leqslant p$, *sur* Ω. *Il existe alors un noyau de Green singulier analytique de degré* -1, *de classe* $\leqslant p$ *sur* Ω : G' *tel que* $(1 - (1 + G')\varphi(1 - G))_{\Omega'}$ *soit négligeable sur* Ω'.

Le symbole complet de G' est nécessairement $\Sigma\sigma(G)^k$ (les puissances successives du symbole de G doivent être prises ici au sens de la loi de composition de la formule (6.13) (i))

10

Il suffit donc de montrer que la somme de cette série est un symbole analytique de classe $\leqslant p$, i.e., vérifie localement les inégalités (5.3). Pour cela, observons que les termes du symbole de G sont des fonctions holomorphes de ξ_n, η_n, nulles pour $\xi_n \to \infty$, ayant un pôle d'ordre $\leqslant p-1$ en η_n pour $\eta_n \to \infty$, et continues à la frontière, dans le domaine complexe :

$$|\xi_n + i\mathrm{R}|\xi'|| \geqslant (\mathrm{R}-\varepsilon)|\xi'|,$$
$$|\eta_n - i\mathrm{R}|\xi'|| \geqslant (\mathrm{R}-\varepsilon)|\xi'|$$

si R et ε sont choisis convenablement.

Les fonctions de deux variables ayant ces propriétés forment un espace de Banach (pour $|\xi'| = 1$ fixé), sur lequel l'application

$$(f, g) \to \int^{+} f(\xi_n, t)g(t, \eta_n)\, dt$$

est une application bilinéaire continue, de norme $\leqslant 1$ si les normes ont été bien choisies.

A partir de là, en remplaçant les valeurs absolues qui y figurent par les normes dans notre espace de Banach, et compte tenu de la formule (6.12 (i), la démonstration est exactement la même que dans (3) § 1.1 (avec la même norme formelle).

7. L'algèbre des opérateurs pseudo-différentiels. Opérateurs généralisés et transposition.

1. *Opérateurs pseudo-différentiels sur* Ω.

Ω désigne comme toujours une variété à bord analytique réelle, plongée dans une variété ambiante V. Au paragraphe 2, nous avons construit une première famille d'opérateurs linéaires continus $\mathrm{P}_\Omega : \mathcal{D}(\overline{\Omega}) \to \mathcal{E}(\overline{\Omega})$ définis comme suit :

il existe un voisinage ouvert U de $\overline{\Omega}$ dans V et un opérateur pseudo-différentiel analytique P sur U tels que $\mathrm{P}_\Omega(f) = \mathrm{P}(\tilde{f})/\Omega$ (où $\tilde{f}$ désigne le prolongement de f par 0). En fait l'opérateur P_Ω ainsi défini ne dépend que du noyau-distribution de P dans $\Omega \times \Omega$, et pas du choix de U, ni même de V (parce que deux variétés analytiques voisinage de $\overline{\Omega}$ sont isomorphes, de façon unique, au voisinage de $\overline{\Omega}$, et deux opérateurs pseudo-différentiels analytiques définis au voisinage de $\overline{\Omega}$ qui ont même noyau-distribution dans $\Omega \times \Omega$ ont même noyau dans un voisinage de $\overline{\Omega} \times \overline{\Omega}$). Dans la notation P_Ω, on pourra considérer par exemple que P est un germe d'opérateur pseudo-différentiel analytique au voisinage de $\overline{\Omega}$; et P_Ω est l'opérateur « canoniquement » associé à ce germe.

En fait P_Ω se prolonge continûment $\mathcal{E}'(\overline{\Omega}) \to \mathcal{D}'(\Omega)$. Il diminue le support singulier et le support singulier analytique, et il respecte aussi localement la régularité C^∞ ou l'analyticité jusqu'au bord.

Remarque. — Si f est une distribution portée par $\overline{\Omega}$, $P_\Omega(f)$ est une distribution sur Ω. Cette distribution est bien sûr prolongeable, et est en particulier prolongeable en une distribution portée par $\overline{\Omega}$. Mais il n'est en général pas possible de choisir le prolongement de façon qu'il dépende continuement de f, et que ce soit précisément $\widetilde{P_\Omega(f)}$ si $f \in \mathcal{D}(\overline{\Omega})$.

DÉFINITION 7.1. — *Un opérateur pseudo-différentiel analytique sur* Ω *est un opérateur linéaire continu* $\mathcal{D}(\overline{\Omega}) \to \mathcal{E}(\overline{\Omega})$, *de la forme* $P_\Omega + G$, *où* P_Ω *est associé à un opérateur pseudo-différentiel analytique de type* 0 *défini, au voisinage de* $\overline{\Omega}$, *comme ci-dessus, et* G *est un opérateur de Green singulier analytique (de degré entier).*

Un tel opérateur respecte localement la régularité C^∞, et l'analyticité, jusqu'au bord. Il se prolonge en un opérateur continu $\mathcal{D}(\overline{\Omega}) + \mathcal{E}'(\Omega) \to \mathcal{E}(\overline{\Omega}) + \mathcal{E}'(\Omega)$. (Par contre, sauf si G est de classe 0, il ne se prolonge pas en général à $\mathcal{E}'(\overline{\Omega})$.)

Comme aux paragraphes 3, 4, 5, on définit un opérateur pseudo-différentiel généralisé sur Ω : c'est la somme d'un opérateur pseudo-différentiel sur Ω et d'un opérateur de Green singulier généralisé. Un tel opérateur est continu $\mathcal{D}(\overline{\Omega}) \to \mathcal{D}'(\Omega)$ (en fait continu $\mathcal{D}(\overline{\Omega}) \to \mathcal{E}_{-m}(\overline{\Omega})$ pour masser grand).

2. *Classe d'un opérateur pseudo-différentiel.*

DÉFINITION 7.2. — *Soit* P *un opérateur pseudo-différentiel (de type* 0*) défini au voisinage de* $\overline{\Omega}$. *Nous dirons que* P *est de classe* m *(relativement à* $\partial\Omega$*) si son symbole complet* $\Sigma p_k(x, \xi)$

a la propriété suivante : pour tout $x \in \partial\Omega$, *et pour tout* k *entier* $\geqslant 0$ *et tout* l *entier* $\geqslant 0$,

$$\xi_n^{-l-m}\left(\frac{\partial}{\partial x_n}\right)^l p_k(x, \xi)$$

reste borné quand $\xi_n \to \infty$ *(les autres variables étant fixées).*

Cette définition suppose bien sûr qu'on a choisi un système de coordonnées, pour y exprimer le symbole de P par la série $\Sigma p_k(x, \xi)$. Mais on vérifie immédiatement que la condition ne dépend pas du système de coordonnées choisi.

Remarquons aussi qu'il n'y a en fait qu'un nombre fini de conditions $\left(\text{parce que } \xi_n^{-l-m}\left(\frac{\partial}{\partial x_n}\right)^l p_k \text{ est en tout cas borné}\right.$ quand $\xi_n \to \infty$ $(x, \xi'$ fixés) si $l + m + k$ dépasse le degré de P).

On dira aussi que l'opérateur pseudo-différentiel $P_\Omega + G$ sur Ω est de classe m si G est de classe m et si P est de classe m relativement à $\partial\Omega$.

Exemples. — Si P est de degré m, il est de classe m. Si P (resp. P') est de classe m (resp. m'), PP' est de classe $m + m'$ [13]. Il en est de même de $P_\Omega P'_\Omega$ (les formules (6.13) (v), (6.5) montrent que $(PP')_\Omega - P_\Omega P'_\Omega$ est un opérateur de Green de classe m).

Sur le demi-espace R^n_+, un opérateur différentiel tangentiel $P\left(x, \frac{\partial}{\partial x'}\right)$ est de classe 0; l'opérateur $x_n^k\left(\frac{\partial}{\partial x_n}\right)^{m+k}$ est de classe m. Plus généralement, le lecteur vérifiera que

(7.1) *l'opérateur différentiel* $\Sigma a_k\left(x, \frac{\partial}{\partial x'}\right)\left(\frac{\partial}{\partial x_n}\right)^k$ *est de classe* m *si et seulement si pour tout* k, *les coefficients de* a_k *s'annulent à l'ordre* $k - m$ *sur le bord* R^{n-1}.

On a en outre les résultats suivants :

Lemme 7.3. — *Un opérateur pseudo-différentiel de type* 0 *sur* V *est (au moins localement) somme d'un opérateur différentiel et d'un opérateur pseudo-différentiel de classe* 0 *(relativement à* $\partial\Omega$*).*

[13] Pour simplifier la notation, nous omettons la fonction φ qui sert à tronquer, comme au 6, avant de composer.

LEMME 7.4. — *Tout opérateur pseudo-différentiel (de type* 0*) de classe* m *(relativement à* $\partial\Omega$*) se met au moins localement sous la forme*

$$P = \Sigma Q_k \circ P_k$$

où P_k *est de degré au plus* m, *et* Q_k *est un opérateur différentiel de classe* 0.

Preuve. — Nous supposerons que V est l'espace numérique R^n, et $\overline{\Omega}$ le demi-espace $\overline{R^n_+}$. Le lemme 7.3 a déjà été prouvé au § 6 : la partie « polynôme différentiel » de P a pour symbole la partie polynomiale de $\sigma(P)$:

$$e_{\xi_n}[\sigma(P)(x, \xi)]$$

(on a déjà remarqué au § 6 que $\rho_{\xi_n}\sigma(P)$ est un polynôme de ξ :

$$(7.2)\quad e_{\xi_n}\sigma(P) = \sum_{d-k-|\alpha|\geq 0} \frac{1}{\alpha\,!}\left(\frac{\partial}{\partial\xi'}\right)^{\alpha} P_k(x, 0, 1)\, \xi'^{\alpha}\xi_n^{d-k-|\alpha|}$$

si $\sigma(P) = \Sigma P_k(x, \xi', \xi_n))$.

On prouve le lemme 7.4 par récurrence descendante sur m : comme c'est vrai si P est de degré m, il suffit de prouver que si P est de degré m et de classe $m - 1$ $(m > 0)$, il se décompose sous la forme

$$P = P_0 + \sum_{1}^{n-1}\left(\frac{\partial}{\partial x_j}\right) \circ P_j + x_n\frac{\partial}{\partial x_n} \circ P_n$$

où $P_0, P_1, \ldots, P_n$ sont de degré $m - 1$.

Or soit $p_0(x, \xi)$ le symbole principal de P. On a

$$p_0(x, \xi) = p_0'(x, \xi) + x_n p_0''(x, \xi)$$

avec

$$p_0'(x, \xi) = p_0(x', 0, \xi)$$

$$p_0''(x, \xi) = \int_0^1 \frac{\partial}{\partial x_n} p_0(x', tx_n, \xi)\, dt$$

p_0'' est homogène de degré m, donc $p_0'' = \dfrac{1}{m}\Sigma\xi_i\dfrac{\partial}{\partial\xi_i}p_0''$.

Si P est de classe $m - 1$, on a $p_0'(x, 0, \xi_n) = 0$, donc

$$p_0' = \sum_{1}^{n-1}\xi_j\int_0^1\frac{\partial}{\partial\xi_j}p_0'(x, t\xi', \xi_n)\, dt.$$

En regroupant ces résultats, on obtient pour p_0 une décomposition

$$p_0 = \sum_{j=1}^{n-1} (i\xi_j)p_j + ix_n\xi_n p_n.$$

Il suffit alors de prendre pour $P_1, \ldots, P_n$ des opérateurs ayant pour symboles respectifs $p_1, \ldots, p_n$, et de définir P_0 par la formule ci-dessus (P_0 est alors de degré $m - 1$).

3. *Transposés. Formule de Green.*

Dans ce numéro, nous considérons un opérateur pseudo-différentiel sur Ω (resp. opérateur de Poisson, opérateur trace, généralisés ou non) comme un opérateur continu $\mathcal{D}(\overline{\Omega}) \to \mathcal{D}'(\Omega)$ (resp. $\mathcal{D}(\partial\Omega) \to \mathcal{D}'(\Omega)$, $\mathcal{D}(\overline{\Omega}) \to \mathcal{D}'(\partial\Omega)$). Et c'est en tant que tels que nous transposons ces opérateurs.

Naturellement le transposé opère en principe sur des espaces de courants tordus d'ordre n ou $n - 1$ sur $\overline{\Omega}$ ou $\partial\Omega$, et nous identifions ces espaces à des espaces de fonctions, une fois choisies des mesures (à densités analytiques) sur $\overline{\Omega}$ et $\partial\Omega$.

On a tout d'abord les résultats suivants.

Proposition 7.5. — (i) *Le transposé d'un opérateur de Poisson est un opérateur trace de classe* 0.

(ii) *Le transposé d'un opérateur d'extension pur est un opérateur de trace pur.*

(iii) *Le transposé d'un opérateur trace est un opérateur de Poisson généralisé.*

(iv) *Le transposé d'un opérateur de Green singulier de classe* 0 *est un opérateur de Green singulier de classe* 0.

(v) *Le transposé d'un opérateur de Green singulier généralisé (resp. de classe* 0*) est un opérateur de Green singulier généralisé (resp. normal).*

Nous nous contenterons d'indiquer la démonstration quand Ω est plongé dans le demi-espace $\overline{R^n_+}$.

(i) est en fait la définition d'un opérateur trace de classe 0 (§ 4.) preuve de (ii) : le transposé de l'opérateur d'extension pur

$$E_k : \quad f \to f\delta^{(k)}(x_n).$$

est l'opérateur de trace pur

$$ {}^{t}E_k = (-1)^k \mathrm{Tr}_k : \quad f \to (-1)^k \left(\frac{\partial}{\partial x_n}\right)^k f(x', +0). $$

Comme le transposé d'un opérateur pseudo-différentiel analytique sur le bord $\partial\Omega$ en est encore un ([3] § 2 n° 5), ceci démontre (ii).

(iii) résulte immédiatement de (i) et (ii).

(iv) se démontre exactement de la même façon que pour un opérateur pseudo-différentiel analytique (cf [3] § 2 n° 5), à partir du fait que le symétrique d'un noyau de Green élémentaire : $G(-x, -y_n, -x_n)$ en est encore un. Nous laissons au lecteur les détails de la démonstration.

Enfin (v) résulte de ce qui précède, et du fait qu'un opérateur de Green singulier (resp. opérateur de Green singulier généralisé de classe 0, opérateur de Green singulier généralisé) admet une décomposition en somme :

$$ G = G_0 + \Sigma K_j \circ \mathrm{Tr}_j, $$

$$ \text{resp.} \quad G = G_0 + \Sigma E_j \circ T_j, $$

$$ G = G_0 + \Sigma K_j \mathrm{Tr}_j + \Sigma E_j T_j + \Sigma E_i Q_{ij} \mathrm{Tr}_j $$

où G_0 est un opérateur de Green singulier de classe 0, E_j, Tr_j sont les opérateurs d'extension et de trace purs ci-dessus, et K_j, T_j, Q_{ij} sont respectivement des opérateurs de Poisson, des opérateurs trace de classe 0, et des opérateurs pseudo-différentiels sur le bord.

En examinant la décomposition en série des noyaux au voisinage de la diagonale du bord $\partial\Omega$, on obtient pour les symboles les formules suivantes :

$$ (7.3) \quad \sigma({}^{t}K)(x', \xi) = \sum_{\gamma} \frac{i^{|\gamma|}}{\gamma!} \left(\frac{\partial}{\partial \xi'}\right)^{\gamma} \left(\frac{\partial}{\partial x'}\right)^{\gamma} \sigma(K)(x', -\xi', -\xi_n), $$

$$ (7.4) \quad \sigma({}^{t}T)(x', \xi) = \sum_{\gamma} \frac{i^{|\gamma|}}{\gamma!} \left(\frac{\partial}{\partial \xi'}\right)^{\gamma} \left(\frac{\partial}{\partial x'}\right)^{\gamma} \sigma(T)(x', -\xi', -\xi_n), $$

$$ (7.5) \quad \sigma({}^{t}G)(x', \xi', \xi_n, \eta_n) = \sum_{\gamma} \frac{i^{|\gamma|}}{\gamma!} \left(\frac{\partial}{\partial \xi'}\right)^{\gamma} \left(\frac{\partial}{\partial x'}\right)^{\gamma} \sigma(G)(x', -\xi', -\eta_n, -\xi_n). $$

Nous allons maintenant prouver

PROPOSITION 7.6. — *Le transposé d'un opérateur pseudo-différentiel analytique généralisé sur* Ω *est encore un opérateur pseudo-différentiel analytique généralisé sur* Ω.

Preuve. — Comme c'est déjà vrai pour les opérateurs de Green singuliers analytiques, il suffira de le prouver pour l'opérateur P_Ω associé à un opérateur pseudo-différentiel de type 0, P, défini au voisinage de $\overline{\Omega}$.

Remarquons d'abord que le transposé de P est aussi un opérateur pseudo-différentiel de type 0 : on sait d'après [3] § 2 n° 5 que c'est un opérateur pseudo-différentiel analytique; et la condition de symétrie sur le symbole est bien vérifiée, cela résulte immédiatement de la formule qui donne le symbole de ${}^tP$ (quand $\overline{\Omega}$ est plongé dans $\overline{R}^n_+$) :

$$(7.6) \qquad \sigma({}^tP) = \sum_\gamma \frac{i^{|\gamma|}}{\gamma!}\left(\frac{\partial}{\partial\xi}\right)^\gamma\left(\frac{\partial}{\partial x}\right)^\gamma \sigma(P)(x, -\xi).$$

On démontre alors la proposition en deux étapes : d'abord la proposition est vraie si P est un opérateur différentiel : ${}^t(P_\Omega)$ est alors l'opérateur qui à $f \in \mathcal{D}(\overline{\Omega})$ fait correspondre la dérivée au sens des distributions ${}^tP(\tilde{f})$, où $\tilde{f}$ est le prolongement de f par 0. Et on a vu (§ 5, n° 3, exemple) que ${}^t(P_\Omega) - ({}^tP)_\Omega$ est alors un opérateur de Green singulier généralisé, dont le symbole est donné par les formules (5.16) (5.17).

Grâce au lemme 7.3, il suffira donc de prouver la proposition quand P est de classe 0 relativement à $\partial\Omega$. On a dans ce cas.

LEMME 7.7. — *Si* P *est de classe* 0 *relativement à* $\partial\Omega$, *on a* ${}^t(P_\Omega) = ({}^tP)_\Omega$.

Preuve. — C'est vrai si P est un opérateur différentiel de classe 0 : alors dans la formule de Green, toutes les intégrales sur le bord sont nulles.

C'est encore vrai si P est de degré 0 (ou négatif) : alors P est continu

$$L^2_{comp}(V) \to L^2_{loc}(V)$$

(où V désigne le voisinage de $\overline{\Omega}$ sur lequel P est défini) et on a donc

$$\int_{\overline{\Omega}} \mathrm{P}_\Omega f . g = \int_{\mathrm{V}} \mathrm{P}(\tilde{f})\tilde{g} = \int_{\mathrm{V}} \tilde{f}\,{}^t\mathrm{P}(\tilde{g}) = \int_{\overline{\Omega}} f({}^t\mathrm{P})_\Omega g.$$

Dans le cas général, on peut d'après le lemme 7.4 supposer que P est le composé :

$$\mathrm{P} = \mathrm{Q} \circ \mathrm{P}'$$

où Q est un opérateur différentiel de classe 0, et où P′ est de degré 0.

On a alors, parce que Q est local

$$\mathrm{P}_\Omega = \mathrm{Q}_\Omega \circ \mathrm{P}'_\Omega.$$

Donc ${}^t(\mathrm{P}_\Omega) = {}^t(\mathrm{P}'_\Omega){}^t(\mathrm{Q}_\Omega) = ({}^t\mathrm{P}')_\Omega({}^t\mathrm{Q})_\Omega$.

Or ${}^t\mathrm{Q}$ est aussi un opérateur différentiel de classe 0, et on a pour $f \in \mathfrak{D}(\overline{\Omega})$

$${}^t\mathrm{Q}(\tilde{f}) = \widetilde{({}^t\mathrm{Q})_\Omega f}$$

(il n'apparaît pas de couches sur le bord quand on dérive au sens des distributions).

Il s'ensuit qu'on a pour $f \in \mathfrak{D}(\overline{\Omega})$

$$\begin{aligned} {}^t(\mathrm{P}_\Omega)f &= ({}^t\mathrm{P}')_\Omega({}^t\mathrm{Q})_\Omega f = {}^t\mathrm{P}'[\widetilde{({}^t\mathrm{Q})_\Omega f}]/\Omega \\ &= {}^t\mathrm{P}'[{}^t\mathrm{Q}\tilde{f}]/\Omega = [{}^t\mathrm{P}' . {}^t\mathrm{Q}](\tilde{f})/\Omega = ({}^t\mathrm{P})_\Omega f. \end{aligned}$$

La formule de Green est la formule qui donne le symbole de ${}^t(\mathrm{P}_\Omega) - ({}^t\mathrm{P})_\Omega$. On l'obtient en combinant les formules 7.2, 7.6, et (6.17). Remarquons que ${}^t(\mathrm{P}_\Omega) - ({}^t\mathrm{P})_\Omega$ est un opérateur local, de la forme

$$\Sigma \mathrm{E}_k \circ \mathrm{Q}_{k,l}\left(x', \frac{\partial}{\partial x'}\right) \circ \mathrm{Tr}_l$$

et est donc complètement déterminé par son symbole. Nous nous contentons ici d'en donner le premier terme (symbole principal) :

$$(7.7)\quad \begin{aligned} \sigma_0({}^t(\mathrm{P}_\Omega) - ({}^t\mathrm{P})_\Omega) = [&\mathrm{e}_{\xi_n}\sigma_0(\mathrm{P})(x', 0, -\xi', -\xi_n) \\ &- \mathrm{e}_{\eta_n}\sigma_0(\mathrm{P})(x', 0, -\xi', -\eta_n)](i\xi_n - i\eta_n)^{-1}. \end{aligned}$$

La proposition 7.6 suggère une autre définition de la classe d'un opérateur pseudo-différentiel sur Ω (cette autre définition ne présente en fait d'intérêt que pour les opérateurs pseudo-différentiels généralisés) : nous dirons que l'opérateur pseudo-différentiel généralisé A est de classe 0 s'il se prolonge en un opérateur continu $\mathcal{E}'(\overline{\Omega}) \to \mathcal{D}'(\Omega)$ — ou de façon équivalente, si le transposé ${}^t\mathrm{A}$ est un opérateur pseudo-différentiel normal (non généralisé). Nous dirons que A est de classe m s'il existe un opérateur de Green singulier généralisé G de classe m tel que $\mathrm{A} - \mathrm{G}$ soit de classe 0.

Pour tout opérateur pseudo-différentiel de type 0 : P, défini au voisinage de $\overline{\Omega}$, il existe au moins un opérateur pseudo-différentiel généralisé de classe 0 sur $\overline{\Omega}$, de la forme $\mathrm{P}_\Omega + \mathrm{G}$ (où G est un opérateur de Green singulier généralisé) : par exemple l'opérateur ${}^t({}^t\mathrm{P})_\Omega$. Celui-ci est un opérateur normal (non généralisé) si et seulement si P est de classe 0 (à cause de la formule de Green ci-dessus, qui montre que dans le cas contraire, $\mathrm{P}_\Omega - {}^t({}^t\mathrm{P})_\Omega$ est une somme non nulle $\Sigma \mathrm{E}_k \mathrm{Q}_{kl}\left(x', \frac{\partial}{\partial x'}\right)\mathrm{Tr}_k$, de sorte que si $\mathrm{P}_\Omega + \mathrm{G}$ est de classe 0, G ne peut pas être un opérateur de Green singulier normal (non généralisé)).

4. Terminons par les remarques suivantes :

Sur une variété à bord compacte, les opérateurs pseudo-différentiels (considérés comme opérateurs continus $\mathcal{D}(\overline{\Omega}) \to \mathcal{D}(\overline{\Omega})$) forment une algèbre. Il en est de même de l'ensemble des matrices de la forme

$$\begin{pmatrix} \mathrm{A} & \mathrm{K} \\ \mathrm{T} & \mathrm{Q} \end{pmatrix}$$

où A est un opérateur pseudo-différentiel sur Ω, K un opérateur de Poisson, T un opérateur trace, et Q un opérateur pseudo-différentiel sur $\partial\Omega$ (une telle matrice est la matrice d'un opérateur linéaire continu :

$$\mathcal{D}(\overline{\Omega}) \oplus \mathcal{D}(\partial\Omega) \to \mathcal{D}(\overline{\Omega}) \oplus \mathcal{D}(\partial\Omega)).$$

(Si $\overline{\Omega}$ n'est pas compacte, il faut tronquer comme au § 6 avant de pouvoir composer, et on a seulement un résultat de calcul symbolique.)

Sur l'algèbre des opérateurs pseudo-différentiels, on définit deux symboles : le premier est celui qui à l'opérateur $P_\Omega + G$ associe le symbole de P (dans Ω, ou au voisinage de $\overline{\Omega}$). Le premier symbole est nul si et seulement si le noyau-distribution de P est analytique — autrement dit si $P_\Omega + G$ est déjà un opérateur de Green singulier; il revient au même de dire que le noyau distribution de $P_\Omega + G$ est analytique dans $\Omega \times \Omega$ (pas jusqu'au bord) — donc $P_\Omega + G$ se prolonge en un opérateur continu $\mathfrak{D}(\overline{\Omega}) + \mathcal{E}'(\Omega) \to \mathcal{H}(\Omega)$. Le deuxième symbole est le symbole de G. On s'en sert surtout quand $P_\Omega = 0$, ou $P_\Omega = 1$ (et G est de degré 0). Les opérateurs généralisés par contre ne forment pas une algèbre. On peut cependant définir le composé dans les deux cas suivants :

(7.8) $A \circ B$ est bien défini

1) si B est un opérateur normal;

2) ou si A est de classe 0.

Les formules du § 6 sont encore valables dans ces deux cas.

Remarquons enfin que l'opérateur P_Ω est la restriction à $\mathfrak{D}(\overline{\Omega})$ d'un opérateur continu : $\mathcal{E}'(\overline{\Omega}) \to \mathfrak{D}'(\Omega)$. En particulier P_Ω a une extension continue canonique :

$$\mathfrak{D}_{-m}(\overline{\Omega}) \to \mathcal{E}(\overline{\Omega}) \quad (\S\ 3,\ n^o\ 5).$$

Nous noterons cette extension $P_{\Omega,m}$, ou P_Ω s'il n'y a pas risque de confusion. Nous nous servirons à plusieurs reprises de cette remarque au chap. II, où nous remplaçons P_Ω par $P_{\Omega,m}$ pour m assez grand. Si on identifie $\mathfrak{D}_{-m}(\overline{\Omega})$ à la somme directe de $\mathfrak{D}(\overline{\Omega})$ et de m exemplaires de $\mathfrak{D}(\partial\Omega)$, ceci apparaît comme un cas particulier de l'opération qui consiste à remplacer P_Ω par $P_\Omega \oplus K$, où K est un opérateur de Poisson (vectoriel).

Il résulte de 3, n° 5 (formule (3.34)) que les formules de calcul symbolique (6.6) (ii), (6.11) (ii) et (6.8) (ii), (6.13) (ii) sont encore valables quand K (resp. G) est un opérateur généralisé, à condition de remplacer P_Ω par $P_{\Omega,m}$ pour m assez grand.

7. Opérateurs à symbole C^∞.

Nous indiquons ici très brièvement les généralisations à faire.

Tout d'abord, la première généralisation consiste à définir les opérateurs comme dans (2), ou (6), ou (9) : les symboles sont seulement C^∞; il n'y a pas de condition de croissance sur la suite des termes du symbole; et les opérateurs sont définis directement par une intégrale de Fourier.

Cette représentation intégrale est plus maniable que dans le cas des opérateurs analytiques.

Une deuxième généralisation est nécessaire : en effet la notion raisonable d'opérateur pseudo-différentiel de type μ dans le cas où le symbole est seulement C^∞ est celle qui est donnée par L. Hörmander : si le symbole complet de P est $\Sigma p_k(x, \xi)$, P est de type μ si pour tout k (s_k désignant le degré de p_k)

$$p_k(x, \xi) - e^{(s_k-2)i\pi} p_k(x, -\xi)$$

s'annule avec toutes ses dérivées sur la variété $x_n = 0$, $\xi' = 0$, $\xi_n > 0$.

Ceci n'impose plus de condition sur le degré s_k de p_k, ni de condition de symétrie sur la fonction p_k elle-même; et l'adjoint d'un opérateur de type 0 n'est pas en général de type 0.

Afin de pouvoir généraliser aux opérateurs à symbole C^∞ la théorie qui est traitée au chapitre II, il convient alors d'introduire une classe plus large d'opérateurs trace, et de noyaux de Green singuliers : il faut par exemple que l'opérateur $f \to \mathrm{Tr}_{\partial\Omega} P(f)$ soit un opérateur trace si P est un opérateur pseudo-différentiel de type 0.

Un opérateur trace plus général sera alors un opérateur T, qui, localement, et modulo un opérateur négligeable (avec la généralisation évidente du § 1), se met sous la forme :

$$T(f)(x') = (2\pi)^{-n} \int e^{ix'.\xi'} t(x', \xi) \hat{f}(\xi)\, d\xi$$

(ici encore l'intégrale est éventuellement une partie finie convenable par rapport à ξ_n) où $t(x', \xi)$ admet un développement asymptotique stable par dérivation :

$$t(x', \xi) \sim \Sigma t_k(x', \xi) \tag{7.1}$$

cette fois, $t_k(x', \xi)$ est homogène de degré s_k en $\xi(s_k \to -\infty)$, C^∞ pour $\xi' \neq 0$, holomorphe en ξ_n pour $\operatorname{im} \xi_n > 0$, et enfin il existe un nombre $\mu_k \leqslant \mu$, où μ est un nombre fixé, ne dépendant que de T (correspondant en gros à la classe de T au sens du § 4) tel que $(\xi_n + i|\xi'|)^{\mu_K} t_k$ soit une fonction C^∞ de ξ_n sur la demi-sphère de Riemann fermée $\operatorname{im} \xi_n \geqslant 0$ (point à l'infini compris), privée de l'origine.

Le développement asymptotique (7.1) signifie alors qu'on a pour tout compact K de $\partial\Omega$,

$$\left|\left(\frac{\partial}{\partial x'}\right)^\alpha \left(\frac{\partial}{\partial \xi}\right)^\beta \left(t - \sum_0^{N-1} t_k\right)\right| \leqslant c_{\alpha,\beta,N,k} |\xi|^{\mu - |\beta|} |\xi'|^{s_N - \mu + |\beta|}$$

pour $x' \in K$, $\operatorname{im} \xi_n \geqslant 0$.

Comme f admet un développement asymptotique $f \sim \Sigma f_k(\xi') \xi_n^{-k-1}$ pour $\xi_n \to \infty$, la partie finie de l'intégrale est bien définie, par un procédé de limites d'intégrales dans le domaine complexe.

Les noyaux de Green singuliers doivent être généralisés de façon analogue.

Les formules de composition, etc... sont les mêmes qu'au § 6. Mais on ne peut plus transposer ces opérateurs.

CHAPITRE II

Applications.

Nous allons maintenant nous servir des opérateurs construits au chapitre I pour étudier certains problèmes.

Au § 1, nous montrons comment on peut, au moyen de noyaux de Poisson, représenter les solutions d'un opérateur différentiel elliptique à coefficients analytiques. Notre méthode présente en outre l'intérêt suivant : dans le cas d'opérateurs analytiques, quitte à introduire des hyper-distributions sur le bord, on peut représenter toutes les solutions, sans aucune condition de croissance au bord (du moins quand la variété où tout se passe est compacte). Combiné avec les résultats des §§ 4 et 5, ceci généralise les résultats de J. L. Lions et E. Magenes [18], [19].

Au § 2, nous décrivons un exemple pour illustrer les constructions des § 3 et 4.

Au § 3, nous généralisons aux opérateurs pseudo-différentiels analytiques de type 0 les constructions de R. T. Seeley [14] : il s'agit en gros de montrer que les solutions d'un opérateur pseudo-différentiel analytique de type 0 et leurs dérivées successives ont pour trace sur le bord des fonctions qui sont liées par des relations, qu'on peut décrire au moyen de projecteurs pseudo-différentiels.

Au § 4, nous appliquons les résultats du § 3 à l'étude des problèmes aux limites elliptiques généraux pour des opérateurs pseudo-différentiels analytiques de type 0 : nous montrons comment, au moyen des opérateurs construits au chapitre I, on peut construire une parametrix.

Les résultats des §§ 3 et 4 sont uniquement des résultats de calcul symbolique. Dans le cas où la variété où tout se passe est compacte, on peut aller plus loin, et construire de vrais projecteurs, ou de vrais inverses. C'est ce que nous indiquons au § 5.

Enfin tout au long de ce chapitre, nous considérons des opérateurs qui opèrent sur les sections de fibrés vectoriels complexes (analytiques réels). Cette généralisation est presque indispensable pour les §§ 3 et 4. La définition de ces opérateurs ne présente aucune difficulté (elle est indiquée dans [3] pour les opérateurs pseudo-différentiels] : par exemple si E est un fibré sur $\partial\Omega$, F un fibré sur $\overline{\Omega}$, un opérateur de Poisson analytique $K : \mathcal{D}(\partial\Omega, E) \to \mathcal{E}(\overline{\Omega}, F)$ est un opérateur dont le noyau-distribution est une fonction analytique jusqu'au bord hors de la diagonale de $\partial\Omega$ dans $\overline{\Omega} \times \partial\Omega$, et qui localement, pour un choix de trivialisations de E et F, a une matrice dont les coefficients sont des opérateurs de Poisson analytiques (ceci ne dépend pas des trivialisations choisies de E et F).

Le symbole principal de K est une « forme différentielle » $k_0(x', \xi', \xi_n)\, d\xi_n$, dont la « densité » $k_0(x', \xi', \xi_n)$ est une section analytique sur $T^\star\Omega/\partial\Omega - \{\xi' = 0\}$ (fibré cotangent à Ω, privé du fibré cotangent normal, sur $\partial\Omega$) du pull-back à $T^\star\Omega/\partial\Omega$ du fibré $L(E, F/\partial\Omega)$.

Les formules du § 6 (chap. I) marchent encore, avec quelques modifications évidentes, pour ces opérateurs.

1. Solutions d'un opérateur différentiel elliptique à coefficients analytiques sur une variété à bord compacte.

Les notations sont les mêmes qu'au chapitre I. Comme annoncé, nous nous proposons de prouver :

THÉORÈME 1.1. — *On suppose que* $\overline{\Omega}$ *est une variété à bord analytique réelle compacte connexe. Soit* $P = P\left(x, \frac{\partial}{\partial x}\right)$ *un opérateur différentiel à coefficients analytiques, de degré* m, *elliptique (ou un système elliptique opérant sur les sections de fibrés vectoriels analytiques).*

Il existe alors une suite $K_1, \dots, K_q$ *de noyaux de Poisson analytiques sur* Ω *tels que toute solution* f *de* P *qui est* C^∞

jusqu'au bord se mette sous la forme

$$(1.1) \qquad f = \sum_{1}^{q} K_j(f_j)$$

où f_j *est la restriction au bord* $\partial\Omega$ *de la j-ième dérivée normale de* f.

En outre, toute solution de P *(sans aucune restriction sur la régularité ou la croissance au bord) se met sous la forme (1.1), où cette fois les* f_j *sont des hyper-distributions (fonctionnelles analytiques réelles) sur le bord* $\partial\Omega$.

Preuve. — Commençons par plonger $\overline{\Omega}$, P dans une variété analytique ambiante V (comme au chapitre I). On sait d'après (3) qu'il existe un opérateur pseudo-différentiel analytique Q, parametrix de P dans V : si T est une hyper-distribution sur V, à support compact, $Q(P(T)) - T$ est une fonction analytique.

$Q \circ P - 1$ lui-même est un opérateur négligeable analytique (son noyau-distribution est une fonction analytique sur $V \times V$).

Observons de plus que si T est une hyper-distribution portée par un voisinage compact connexe de $\overline{\Omega}$, et si $P(T) = 0$ alors on a $T = 0$ car T est une fonction analytique (cf. (3)).

Quitte alors à ajouter à Q un opérateur négligeable analytique et à diminuer V au besoin, on pourra donc supposer $Q \circ P = 1$.

Soit alors $T \in \mathcal{H}'(\overline{\Omega})$ une hyper-distribution portée par $\overline{\Omega}$, solution de P dans Ω : $P(T)$ est donc une hyper-distribution portée par $\partial\Omega$. Or sur l'ensemble des hyper-distributions portées par $\partial\Omega$, on a le résultat suivant :

Lemme 1.2. — *Toute hyper-distribution portée par* $\partial\Omega$ *s'écrit, d'une façon et d'une seule :*

$$T = P\left(x, \frac{\partial}{\partial x}\right) T_1 + R$$

où T_1 *est portée par* $\partial\Omega$, *et* R *est de la forme*

$$R = \sum_{0}^{m-1} T_j(x')(\delta)^{(j)}_{\partial\Omega} \qquad \textit{avec} \qquad T_j \in \mathcal{H}'(\partial\Omega).$$

Cette décomposition est compatible avec les topologies d'espace de Fréchet de $\mathcal{H}'(\partial\Omega)$ *et de l'espace des hyper-distributions portées par* $\partial\Omega$.

Ici, $(\delta)^{(j)}_{\partial\Omega}$ désigne la j-ième dérivée par rapport à $\left(\frac{\partial}{\partial n}\right)$ de la mesure superficielle $(\delta)_{\partial\Omega}$.

La donnée du champ $\left(\frac{\partial}{\partial n}\right)$ définit un isomorphisme d'un voisinage de $\partial\Omega$ sur $\partial\Omega \times\,]-\varepsilon, \varepsilon[$. Nous noterons x_n la fonction deuxième projection. C'est relativement à cette décomposition en produit cartésien qu'il faut comprendre la notation multiplicative $T_j(x')(\delta)^{(j)}_{\partial\Omega}$.

Dans cette décomposition en produit, on a :

$$P\left(x, \frac{\partial}{\partial x}\right) = a_0(x)\left(\frac{\partial}{\partial n}\right)^m + \sum_0^{m-1} a_k\left(x, \frac{\partial}{\partial x'}\right)\left(\frac{\partial}{\partial n}\right)^{m-k}$$

où a_0 est une fonction analytique, $a_k\left(x, \frac{\partial}{\partial x'}\right)$ un opérateur différentiel à coefficients analytiques ne faisant intervenir que des dérivées tangentielles.

Si
$$T = \sum_0^N T_j(x')(\delta)^{(i)}_{\partial\Omega}$$
on a
$$P(T) = \sum_{j,k} a_k\left(x, \frac{\partial}{\partial x'}\right)T_j(x')(\delta)^{(j+m-k)}_{\partial\Omega}.$$

Compte tenu de la relation

$$f(x)(\delta)^{(q)}_{\partial\Omega} = \sum_p \binom{q}{p}(-1)^p\left(\frac{\partial}{\partial n}\right)^p f(x', 0)(\delta)^{(j-p)}_{\partial\Omega}$$

on voit alors immédiatement, par récurrence sur N, que le lemme est vrai pour T. Dans le résultat $T_1 = Q(T)$ et $R = R(T)$ dépendent linéairement et continûment de T.

Pour le cas général, on remarque que toute hyper-distribution portée par $\partial\Omega$ s'écrit, d'une seule façon

$$T = \Sigma T_j(x')(\delta)^{(j)}_{\partial\Omega}$$

où $T_j(x') \in \mathcal{H}'(\partial\Omega)$ est une suite d'hyper-distributions sur

$\partial\Omega$ telle que la suite $\frac{1}{j!} A^j T_j$ soit bornée pour tout $A > 0$.

On voit alors aisément que les opérateurs Q et R ci-dessus se prolongent continûment.

Remarquons que pour le résultat du lemme, il suffit que le bord $\partial\Omega$ ne soit pas caractéristique pour P (i.e. que a_0 n'ait pas de zéro). (Bien sûr le lemme 2.1 équivaut au théorème de Cauchy-Kowalewsky d'existence et d'unicité de la solution du problème de Cauchy non caractéristique quand les données initiales sont analytiques.)

Revenant aux notations ci-dessus (T est portée par $\overline{\Omega}$ et solution de P dans Ω), on voit donc que quitte à retrancher de T une hyper-distribution portée par le bord (nulle dans Ω), on peut supposer que P(T) est de la forme :

$$P(T) = \sum_{0}^{m=1} (T_j(x'))(\delta)^{(j)}_{\partial\Omega}.$$

Donc $T = Q(P(T)) = \sum_{0}^{m-1} Q(T_j(x')(\delta)^{(j)}_{\partial\Omega})$.

Comme l'opérateur qui à $T_j \in \mathcal{H}'(\partial\Omega)$ fait correspondre $Q(T_j(x')(\delta)^j_{\partial\Omega})$ est un noyau de Poisson analytique (I § 2.5), la deuxième partie du théorème est démontrée.

Si maintenant f est une fonction C^∞ (ou seulement de classe C^m) jusqu'au bord sur $\overline{\Omega}$, et est solution de P, P(T) ne dépend que des valeurs au bord des dérivées normales d'ordre inférieur à $m-1$ de f.

Précisément on a, avec l'expression de P ci-dessus

$$P(f) = \sum_{j,k} a_k\left(x, \frac{\partial}{\partial x'}\right) f_j(x')\, (\delta)^{m-j-k}_{\partial\Omega}$$

où f_j est la restriction au bord de $\left(\frac{\partial}{\partial n}\right)^j f$.

On obtient alors l'assertion du théorème en posant

$$K_j(f_j) = \sum_{k=0}^{m-j} Q\left(a_k\left(x, \frac{\partial}{\partial x'}\right) f_j(x')\, (\delta)^{m-j-k}_{\partial\Omega}\right).$$

Remarque 1. — La régularité des distributions T_j qui interviennent dans la formule (1.1) est, bien sûr, liée à la régularité au bord de la solution T qu'elles servent à représenter. Par exemple, si T ne croît pas plus vite qu'une puissance de la distance au bord, on peut choisir les T_j dans l'espace des distributions ordinaires sur $\partial\Omega$.

Remarque 2. — Dans la formule (1.1) présentée ici, les T_j ne sont pas déterminées de façon unique. On verra aux §§ 3 et 4 comment on peut réduire le nombre des T_j. Mais en général, il n'est pas possible d'avoir une formule de représentation telle que (1.1) où les T_j soient déterminées de façon unique.

2. Un exemple.

Nous décrivons ici un exemple simple, afin d'illustrer la théorie développée aux paragraphes suivants.

Soit $\overline{\Omega}$ le disque ferme $|z| \leqslant 1$ du plan complexe. On posera $z = x + iy$.

Soit P l'opérateur pseudo-différentiel défini par

$$\mathrm{P}\hat{f} = (\xi + i\eta)(\xi - i\eta)^{-1}\hat{f}.$$

Nous allons étudier l'opérateur P_Ω.

Nous nous servirons des opérateurs suivants :

$$\left(\frac{\partial}{\partial z}\right) = \frac{1}{2}\left(\frac{\partial}{\partial x} - i\frac{\partial}{\partial y}\right), \qquad \left(\frac{\partial}{\partial \bar{z}}\right) = \frac{1}{2}\left(\frac{\partial}{\partial x} + i\frac{\partial}{\partial y}\right),$$

$$\mathrm{Q}(f) = (\pi\bar{z})^{-1} * f, \qquad \overline{\mathrm{Q}}(f) = (\pi z)^{-1} * f$$

$$\left(\mathrm{Q} \text{ est inverse de } \frac{\partial}{\partial z}, \qquad \overline{\mathrm{Q}} \text{ est inverse de } \frac{\partial}{\partial \bar{z}}\right).$$

On a donc $\mathrm{P}_\Omega = \left(\frac{\partial}{\partial \bar{z}}\right)_\Omega \circ \mathrm{Q}_\Omega$.

Remarquons que toute fonction $\varphi \in \mathcal{E}(\overline{\Omega})$ s'écrit, d'une seule façon

$$\varphi = \varphi_0 + g + h$$

où $\varphi_0 \in \mathcal{E}_1(\overline{\Omega})$ est de trace nulle sur $\partial\Omega$, $g \in \mathcal{E}(\overline{\Omega})$ est antiholomorphe dans Ω, et $h \in \mathcal{E}(\overline{\Omega})$ est holomorphe dans Ω, nulle à l'origine.

Par ailleurs l'opérateur $\left(\frac{\partial}{\partial z}\right)_\Omega$ est surjectif, de sorte que toute $f \in \mathcal{E}(\overline{\Omega})$ s'écrit au moins d'une façon

$$f = \frac{\partial}{\partial z}\varphi = \frac{\partial}{\partial z}\varphi_0 + \frac{\partial}{\partial z}h$$

$\left(\text{la deuxième décomposition } f = \frac{}{\partial z}\varphi_0 + \frac{\partial}{\partial z}h \text{ est unique}\right)$.
Un calcul élémentaire montre qu'on a alors

$$Q_\Omega f = \varphi_0 + h.$$

D'où $P_\Omega f = \frac{\partial}{\partial \bar{z}}\varphi_0$.

On voit donc que le noyau de P_Ω : Ker P_Ω est exactement l'espace des fonctions holomorphes à l'intérieur de Ω. (Si φ_0 est de trace nulle, on a $\varphi_0 = \overline{Q}'_\Omega \frac{\partial}{\partial \bar{z}}\varphi_0$, donc $P_\Omega f = 0$ équivaut à $f = \frac{\partial}{\partial z}h$ i.e. f est holomorphe.)

L'image de P_Ω est exactement $\frac{\partial}{\partial \bar{z}}[\mathcal{E}_1(\overline{\Omega})]$. Si $\varphi_0 \in \mathcal{E}_1(\overline{\Omega})$, on a $\varphi_0 = \overline{Q}_\Omega \frac{\partial}{\partial \bar{z}}\varphi_0$. Donc Tr $Q'_\Omega f = 0$ si f est dans l'image de P_Ω. Réciproquement, si $\overline{Q}'_\Omega f$ est de trace nulle, comme $f = \frac{\partial}{\partial \bar{z}}\overline{Q}_\Omega f$, f est dans l'image de P_Ω.

Soit maintenant K (resp. $\overline{K}$) l'opérateur de Poisson qui correspond à la formule de Cauchy pour les fonctions holomorphes (resp. antiholomorphes) :

$$K(u) = (2i\pi)^{-1}\int_{\partial\Omega} u(t)(t-z)^{-1}\,dt,$$

$$\left(\text{resp. } \overline{K}(u) = -(2i\pi)^{-1}\int_{\partial\Omega} u(t)(\bar{t}-\bar{z})^{-1}\,d\bar{t}\right).$$

On voit que $K \circ \mathrm{Tr}$ est un projecteur sur Ker P_Ω.

Et $\left(\frac{\partial}{\partial \bar{z}}\right)_\Omega \circ \overline{K} \circ \mathrm{Tr} \circ \overline{Q}_\Omega$ est le projecteur sur l'espace des fonctions antiholomorphes, parallèlement à l'image de P_Ω.

Ainsi on peut décrire le noyau et la co-image (ou l'image)

au moyen d'opérateurs de Green singuliers qui sont des projecteurs de la forme $K \circ T$ (composé d'un opérateur de Poisson et d'un opérateur trace).

Dans les deux cas, $T \circ K$ est un projecteur pseudo-différentiel sur le bord :

$H = \mathrm{Tr} \circ K$ est l'opérateur de Hilbert

$$H\left(\sum_{-\infty}^{+\infty} a_n z^n\right) = \sum_{0}^{\infty} a_n z^n.$$

c'est un projecteur sur l'espace des données de Cauchy des solutions de $P_\Omega f = 0$. Sa généralisation jouera un rôle important au § 4.

$\left(\text{On a aussi } \mathrm{Tr} \circ \overline{Q}_\Omega \circ \left(\frac{\partial}{\partial \bar{z}}\right)_\Omega \circ \overline{K} = 1 - H.\right)$

En fait la situation n'est pas toujours aussi simple en général, et il est commode de commencer par prolonger P_Ω, de façon à obtenir un opérateur surjectif.

Une façon simple de le faire est de remplacer P_Ω par son extension canonique $P_{\Omega,m}$ à $\mathcal{E}_{-m}(\overline{\Omega})$ (c'est ce procédé que nous utilisons au § 3. Ici $P_{\Omega,1}$ est déjà une surjection $\mathcal{E}_{-1}(\overline{\Omega}) \to \mathcal{E}(\overline{\Omega})$). Plus généralement on peut remplacer P_Ω par un opérateur de la forme $P_\Omega \oplus K$.

3. Étude du cas général.

Nous généralisons ici aux opérateurs pseudo-différentiels analytiques de type 0 la théorie de R. T. Seeley [14].

Nous reprenons les notations du chapitre I.

Soit P un opérateur pseudo-différentiel analytique, ou plus généralement, un système d'opérateurs pseudo-différentiels analytiques sur les sections de fibrés vectoriels analytiques, de type 0, défini au voisinage de $\overline{\Omega}$. Soit Q une parametrix de P. Nous nous proposons de prouver le résultat suivant :

Théorème 3.1. — *Pour m_0 assez petit et m_1 assez grand, il existe un noyau de Green singulier analytique généralisé* $G : \mathcal{E}(\overline{\Omega}) \to \mathcal{E}_{m_0}(\overline{\Omega})$ *et un noyau de Poisson analytique généralisé*

$K : \dfrac{\mathcal{E}_{m_0}}{\mathcal{E}_{m_1}} \simeq \mathcal{E}(\partial\Omega)^{m_1-m_0} \to \mathcal{E}_{m_0}$ *tels qu'on ait les relations suivantes :*
avec $Q' = Q_\Omega + G$

$$\sigma(P_{\Omega,m_0} \circ Q') = 1 \tag{3.1}$$
$$\sigma(P_{\Omega,m_0} \circ K) = 0 \tag{3.2}$$
$$\sigma(Q' \circ P_{\Omega,m_0} + K\gamma) = 1. \tag{3.3}$$

γ désigne ici l'opérateur qui à $f \in \mathcal{E}_{m_0}$ fait correspondre la suite de traces : $(f_j)_{j=m_0, \ldots, m_1-1}$. $K\gamma$ est donc un noyau de Green généralisé, dont le symbole est un projecteur (c'est virtuellement un projecteur sur le noyau de P_Ω dans $\mathcal{E}_{m_0}$).

Ces opérateurs permettent en outre de construire un opérateur qui symboliquement se comporte comme un projecteur sur un supplémentaire de $P_\Omega(\mathcal{E}_{m_1})$: si π est un noyau de Green singulier analytique, « projecteur sur un supplémentaire de $\mathcal{E}_{m_1}$ dans $\mathcal{E}_{m_0}$, il suffit de prendre un noyau de Green singulier ayant même symbole que $P\pi Q'$.

Par contre, il n'est en général pas possible de décrire de cette façon (même symboliquement) le noyau et la co-image de P dans $\mathcal{E}(\overline{\Omega}) = \mathcal{E}_0$.

Pour démontrer le théorème, il sera commode de factoriser le symbole principal $p_0(x, \xi)$ comme suit : rappelons d'abord que $p_0(x, \xi)$ est de degré entier, et a même parité qu'une fraction rationnelle de ce degré d'homogénéité. On peut donc l'approximer par une fraction rationnelle en ξ. Exactement, il existe un polynôme de ξ : $a(x', \xi)$ tel que

$$a(x, \xi)^{-1}|\xi|^{2m}p_0(x, \xi) \qquad \text{et} \qquad p_0(x, \xi)a(x, \xi)^{-1}|\xi|^{2m}$$

soient de degré 0 et aussi voisins qu'on veut de la matrice identité.

Pour les symboles voisins de l'identité, rappelons le résultat suivant :

Lemme 3.2. — *Si* $p_0(x, \xi)$ *est une matrice analytique pour* $\xi \neq 0$, *homogène de degré* 0, *assez voisine de l'identité, et de type* 0 *(i.e. fonction symétrique de* ξ*), il existe des matrices* $p^+(x, \xi)$ *et* $p^-(x, \xi)$ *continues, homogènes de degré* 0, *analytiques pour* $\xi' \neq 0$, *holomorphes en* ξ_n *pour* $|\pm \operatorname{im} \xi_n < 0$, *holomorphes et régulières à l'infini en* ξ_n, *telles que* $p_0 = p^+p^-$.

Cette décomposition est unique si on impose en outre $p^-(x', \xi', \infty) = 1$.

Il résulte du théorème des fonctions implicites, et du fait que l'application linéaire tangente, qui à une fonction $p^+(\xi_n)$ (resp. et $p^-(\xi_n)$), holomorphe y compris à l'infini pour $\text{im}\, \xi_n \leqslant 0$ (resp. pour $\text{im}\, \xi_n \geqslant 0$, et nulle à l'infini) fait correspondre la somme $p^+ + p^-$ est un isomorphisme sur l'espace des fonctions analytiques sur la droite réelle, holomorphes à l'infini.

Rappelons que le résultat du lemme est faux pour une matrice de rang $\geqslant 2$ qui n'est pas voisine de l'identité, même si celle-ci est dans la composante connexe de l'identité (dans le groupe topologique des matrices analytiques, y compris à l'infini, de ξ_n) comme le montre l'exemple de la matrice 2×2:

$$\begin{pmatrix} \dfrac{\xi_n + i}{\xi_n - i} & 0 \\ 0 & \dfrac{\xi_n - i}{\xi_n + i} \end{pmatrix}$$

$p_0(x, \xi)$ admet donc les factorisations suivantes:

$$p_0(x, \xi) = a(x, \xi)|\xi|^{-2m} p^-(x, \xi) p^+(x, \xi), \tag{3.4}$$

$$p_0(x, \xi) = p'^-(x, \xi) p'^+(x, \xi)|\xi|^{-2m} a(x, \xi). \tag{3.5}$$

A l'aide de ces factorisations, nous allons prouver les théorèmes de division qui suivent:

Proposition 3.3. — *Soit* $g(x', \xi', \xi_n, \eta_n)$ *un symbole principal de noyau de Green singulier analytique. Il existe un symbole principal de noyau de Green singulier généralisé* $g'(x', \xi', \xi_n, \eta_n)$ *tel qu'on ait:*

(3.6) $p_0 \circ g' = g$ (le composé est pris au sens de la formule I(6.8) (iii)).

Il existe en outre un symbole de noyau de Green singulier g'' *et des symboles de noyaux de Poisson* k_j, $j = 1 \ldots q$ *tels qu'on ait:*

$$g'' \circ p_0 + \sum_1^q k_j \eta_n^j = g. \tag{3.7}$$

Preuve de (3.6). — On a

$$p_0 \circ g' = h^+_{\xi_n}(p_0(\xi_n) g'(\xi_n, \eta_n)) = h^+_{\xi_n}(a(x, \xi)|\xi|^{-2m} p^- p^+ g'(\xi_n, \eta_n)).$$

Il suffit de prendre alors

$$g'(\xi_n, \eta_n) = (p^+)^{-1}(\xi_n - i|\xi'|)^m h^+_{\xi_n}((p^-)^{-1} a^{-1}(\xi_n + i|\xi'|)^m g(\xi_n, \eta_n).$$

Preuve de (3.7) : le symbole de $g'' \circ p_0$ est égal à

$$\mathrm{H}^-_{\eta_n}(g''(\xi_n, \eta_n) p'^{-1}(\xi', \eta_n) p'^+(\xi', \eta_n) a(\xi', \eta_n) |\xi'^2 + \eta_n^2|^m).$$

Comme ci-dessus, l'égalité

$$h^-_{\eta_n}(g''(\xi_n, \eta_n) p'^-(\xi', \eta_n) p'^+(\xi', \eta_n) a(\xi', \eta_n) |\xi'^2 + \eta_n^2|^m) = h^-_{\eta_n}[g]$$

a une solution, par exemple la fonction

$$g''_1 = (\eta_n + i|\xi'|)^m (p^-)^{-1} h^-_{\eta_n}((p^+)^{-1}(\eta_n - i|\xi'|)^m a^{-1} g).$$

La différence $\mathrm{H}^-(g''_1 \circ p_0) - g$ est alors un polynôme de η_n, dont les coefficients sont des symboles de noyaux de Poisson analytiques.

La proposition est démontrée. Nous achevons de prouver le théorème. Pour abréger, les lettres latines capitales désignent maintenant des symboles complets, et la loi de composition est donnée par les formules de I § 6.3. Soit Q une parametrix de P. Alors $\mathrm{PQ} - 1 = \mathrm{G}_1$ où G_1 est symbole complet d'un noyau de Green singulier.

D'après la proposition 3.3, il existe un noyau de Green singulier analytique de symbole complet G'_1 tel que

$$\sigma_0(\mathrm{P}_\Omega \mathrm{G}'_1) = \sigma_0(\mathrm{G}_1)$$

de sorte qu'avec $\mathrm{Q}'_1 = \mathrm{Q} + \mathrm{G}'_1$, on a

$$(\mathrm{P}_\Omega \mathrm{Q}'_1) = 1 - \mathrm{G}_2$$

où G_2 est symbole d'un noyau de Green singulier de degré -1.

D'après la proposition I.6.2, il existe un noyau de Green singulier de symbole G'_2 tel que $(1 + \mathrm{G}'_2)(1 - \mathrm{G}_2) = 1$.

Posant alors $\mathrm{Q}'_1 = (\mathrm{Q}_\Omega + \mathrm{G}'_1)(1 + \mathrm{G}'_2)$, on a finalement

$$\mathrm{P}_\Omega \mathrm{Q}'_1 = 1. \tag{3.8}$$

De même on a $Q_\Omega P_\Omega - 1 = G_3$, et en appliquant la deuxième partie de la proposition 3.3, on voit qu'il existe un noyau de Green singulier analytique de symbole complet G_3'' et un noyau de Poisson analytique de symbole complet K_3 tels que

$$\sigma_0((Q_\Omega + G_3'') + K_3) = 1.$$

Il est alors aisé de compléter K_3 en un symbole de noyau de Poisson généralisé K_4, de sorte qu'on ait (sur $\mathcal{E}_{m_0}$ pour m_0 assez petit)

$$\sigma_0((Q_\Omega + G_3'') + K_4) = 1.$$

Puis, par le même procédé que ci-dessus, on construit des symboles complets G_5'', K_5 (ayant même symbole principal que G_3'' et K_4) tels qu'on ait

$$(Q_\Omega + G_5'')P + K_5 = 1. \tag{3.9}$$

Posons alors

$$K\gamma = (1 - Q_1'P)K_5\gamma. \tag{3.10}$$

On a alors

$$P_\Omega K\gamma = 0, \tag{3.11}$$
$$K\gamma(1 - Q_1'P_\Omega) = (1 - Q_1'P_\Omega), \tag{3.12}$$
$$(1 - Q_1'P_\Omega)K\gamma = K\gamma \tag{3.13}$$

puisque d'après (3.8) on a $P_\Omega(1 - Q_1'P_\Omega) = 0$.
Il en résulte

$$K\gamma K\gamma = K\gamma. \tag{3.14}$$

Posons enfin

$$Q' = Q_1' - K\gamma K \tag{3.15}$$

on a alors

$$Q'P_\Omega + K\gamma = Q_1'P_\Omega + K(1 - Q_1'P_\Omega) = Q_1'P_\Omega + 1 - Q_1'P_\Omega = 1.$$

Le théorème est démontré.

Sur $\dfrac{\mathcal{D}_{m_0}}{\mathcal{D}_{m_1}} \simeq \mathcal{D}(\partial\Omega)^{m_1-m_0}$, l'opérateur γK a pour symbole complet un projecteur : $\gamma K \gamma K = \gamma K$. Intuitivement, un opérateur ayant pour symbole complet γK généralise, pour l'opérateur P_Ω, l'opérateur de Hilbert du § 2.

4. Problèmes aux limites elliptiques.

Nous nous servons maintenant des résultats du § 3 pour étudier le problème aux limites plus général suivant : soient E, E'; F, F' des fibrés vectoriels analytiques sur $\overline{\Omega}$ et $\partial\Omega$ respectivement.

On considère le système d'équations suivant :

$$(1) \qquad P_\Omega f + K^1 u = g,$$
$$(2) \qquad T^1 f + Q^1 u = v$$

où P est un opérateur pseudo-différentiel analytique de type 0, elliptique, et opère des sections de E dans celles de E'; K est un noyau de Poisson analytique qui opère des sections de F dans celles de E'; T est un opérateur trace analytique qui opère des sections de E dans celles de F'; Q est un opérateur pseudo-différentiel sur le bord, qui opère des sections de F dans celles de F'.

Nous dirons que le problème est elliptique à droite (ou sous déterminé), resp. elliptique à gauche (ou sur déterminé), resp. elliptique, s'il possède une parametrix à droite, resp. à gauche, resp. bilatère. Il est aisé de vérifier que c'est une condition nécessaire et suffisante pour qu'on ait des inégalités à priori du type habituel (pour l'opérateur lui-même dans le cas sous déterminé, ou son adjoint dans le cas sur déterminé).

Si le système (1), (2) est elliptique sous déterminé, on a le théorème suivant, qui résulte immédiatement de l'existence d'une parametrix à gauche, des propriétés de continuité et d'analyticité décrites au chapitre I, et des théorèmes de composition de I, § 6.

THÉORÈME 4.1. — *On suppose que le système d'équations* (1), (2) *possède une parametrix à gauche. Alors, si* g *et* v *sont analytiques jusqu'au bord (resp.* C^∞*), au voisinage d'un point* x_0 *du bord, il en est de même de* f *et* u.

Nous donnons maintenant des critères pour que le système (1), (2) ait une parametrix à droite ou à gauche. Nous nous restreindrons au cas où l'équation (1) possède une parametrix à droite, ce qui apporte quelques simplifications pour l'étude de la parametrix à gauche.

Nous gardons les notations du § 3, en outre, nous supposerons $m_0 \leqslant 0$ et $m_1 \geqslant 0$, ce qu'on peut toujours faire.

γ désigne l'isomorphisme qui à $f = \sum_{m_0}^{-1} f_j(\delta)_{\delta\Omega}^{(-j-1)} + f' \in \mathfrak{D}_{m_0}(\overline{\Omega})$ où $f' \in \mathfrak{D}(\overline{\Omega})$ et $f_j \mathfrak{D}(\partial\Omega)$ fait correspondre la suite $(f_j)_{j=m_0 \ldots m_1}$ (pour $j \geqslant 0$, f_j désigne la restriction au bord de la j-ième dérivée normale de f).

γ^0 désignera sa restriction à $\mathfrak{D}(\overline{\Omega}) = \mathfrak{D}_0(\overline{\Omega})$.

Tous deux sont des opérateurs trace.

Les questions que nous traitons ici concernent uniquement les symboles, aussi, comme au paragraphe précédent, les lettres latines capitales désignent des symboles complets.

Nous noterons H le symbole γK.

Enfin nous introduisons un symbole de noyau de Poisson généralisé $L = L^0 + L^-$ (où L^0 prend ses valeurs dans $\mathcal{E}_0(\overline{\Omega})$, L^- dans l'espace de distributions portées par le bord $\left.\sum_0^{|m_0|-1} \mathcal{E}(\partial\Omega)\,(\delta)_{\delta\Omega}^{(j)}\right)$ tel qu'on ait

$$\gamma L = 1; \qquad \gamma^0 L^0 = 1.$$

1. Nous cherchons d'abord sous quelles conditions l'équation (1) possède une parametrix à droite.

Proposition 4.2. — *L'équation* (1) *possède une parametrix à droite si et seulement si le symbole principal*

$$\sigma_0(\gamma Q'(PL + K^1))$$

est une surjection de $E^{m_1 - m_0} \oplus F$ *sur le fibré image de* $\sigma_0(1 - H)$.

Preuve. — Supposons d'abord que l'équation (1) possède une parametrix à droite: $P_\Omega P^2 + K^1 T^2 = 1$ on a alors $\gamma Q'(PP^2 + K^1 T^2) P_\Omega L^0 = (1 - H)L = 1 - H$ ce qui prouve que l'assertion de la proposition est nécessaire.

Réciproquement, si l'assertion de la proposition est vraie, il existe un symbole d'opérateur pseudo-différentiel analytique sur $\partial\Omega$, Q^2, opérant des sections de $E^{m_1-m_0}$ dans celles de $E^{m_1} \oplus F$, tel qu'on ait

$$(4.1) \qquad \gamma Q'(P_\Omega L + K^1)Q^2 = 1 - H$$

(en effet, on peut toujours trouver un opérateur dont le symbole principal convienne, c'est-à-dire un symbole complet Q'^2 tel que $Q'(P_\Omega P^2 + K^1 T^2)Q'^2 = 1 - H - Q''$, où Q'' est de degré -1 : cela revient à construire une section d'un homomorphisme surjectif de fibrés vectoriels analytiques. Quitte à remplacer Q'^2 par $Q'^2(1 - H)$, on peut supposer $Q'' = Q''(1 - H)$, donc $1 - H - Q'' = (1 - H)(1 - Q'')$. Or, d'après [3], § 1.1, il existe un symbole analytique Q''' tel que $(1 - Q'')(1 + Q''') = 1$. Il suffit alors de remplacer Q'^2 par $Q^2 = Q'^2(1 + Q'''))$.

Nous décomposons Q^2 suivant ses composantes sur $E^{m_0-m_1}$ et F :

$$Q^2 = Q^3 + Q^4.$$

Dans la construction que nous avons faite, on a en outre

$$Q^2(1 - H) = Q^2$$

donc aussi $Q^3 = Q^3(1 - H)$, $Q^4 = Q^4(1 - H)$.

Comme $H\gamma Q' = 0$, on a alors

$$\gamma Q'(1 - (PL + K^1)Q^2\gamma Q' = 0$$

par suite, on a $(1 - (P_\Omega L + K^1)Q^2\gamma Q' = P_\Omega P^3$ avec $P^3 = (1 - L^0\gamma)Q'(1 - (P_\Omega L + K^1)Q^2\gamma Q')$.

De sorte qu'on a bien trouvé une parametrix à droite :

$$P_\Omega P^2 + K^1 T^2 = 1$$

avec

$$(4.2) \qquad P^2 = L^0 Q^3 \gamma Q' + P^3, \qquad T^2 = Q^4 \gamma Q'.$$

Nous supposerons désormais la condition de la proposition 4.2 vérifiée, et nous gardons les notations introduites ci-dessus.

2. *Recherche d'une parametrix à droite.*

Nous examinons maintenant les conditions pour qu'il existe une parametrix à droite. Nous introduisons d'abord de nouvelles notations :

(4.3)
$$\gamma' = (\gamma^0, \text{id.}) : \mathcal{D}(\overline{\Omega}, E) \oplus \mathcal{D}(\partial\Omega, F) \to \mathcal{D}(\partial\Omega, E^{m_1}) \oplus \mathcal{D}(\partial\Omega, F)$$

désigne l'opérateur trace qui à $(f, u) \in \mathcal{D}(\overline{\Omega}, E) \oplus \mathcal{D}(\partial\Omega, F)$ fait correspondre $(\gamma^0 f, u) \in \mathcal{D}(\partial\Omega, E^{m_1}) \oplus \mathcal{D}(\partial\Omega, F)$.

Avec les opérateurs introduits dans 2, on a :

$$T^2P_\Omega = Q^4\gamma Q'P_\Omega = Q^4(1 - H)\gamma$$

(car $\gamma Q'P_\Omega = \gamma(1 - K\gamma) = (1 - H)\gamma$ et $Q^4(1 - H) = Q^4$).

On a aussi

$$\begin{aligned} P^2P_\Omega &= L^0Q^3\gamma + P^3P_\Omega \\ &= L^0Q^3\gamma + (1 - L^0\gamma)(1 - K\gamma) - (1 - L^0\gamma)Q'(P_\Omega L + K^1)Q^2. \end{aligned}$$

Par suite la matrice (symbole d'un opérateur sur $\mathcal{E}(\overline{\Omega}, E) \oplus \mathcal{E}(\partial\Omega, F)$)

$$\begin{pmatrix} P^2P_\Omega & P^2K^1 \\ T^2P_\Omega & T^2K^1 \end{pmatrix}$$

est un projecteur, de la forme $1 - K^5\gamma'$ où K^5 est symbole d'un opérateur de la forme $K + Q$, où K est symbole d'un noyau de Poisson, Q est symbole d'un opérateur pseudo-différentiel sur le bord.

Posons enfin

$$H' = \gamma' K^5 \tag{4.4}$$

c'est aussi un projecteur (c'est le symbole d'un opérateur sur $\mathcal{E}(\partial\Omega, E^{m_1}) \oplus \mathcal{E}(\partial\Omega, F)$, qui généralise pour l'équation (1) l'opérateur de Hilbert du § 2).

PROPOSITION 4.3. — *Pour qu'il existe une parametrix à droite pour le système* (1) (2), *il faut et il suffit que le symbole principal*

$$\sigma_0(T^1 + Q^1)K^5$$

soit une surjection de $E^{m_1} \oplus F$ *sur* F'.

Preuve. — C'est nécessaire, car s'il existe une parametrix à droite, il existe un symbole de noyau de Poisson K^6 et un symbole d'opérateur pseudo-différentiel sur $\partial\Omega$, Q^6, tels que

$$\begin{aligned} P_\Omega K^6 + K^1 Q^6 &= 0, \\ T^1 K^6 + Q^1 Q^6 &= 1. \end{aligned}$$

alors $(K^6 + Q^6) = K^5 \gamma'(K^6 + Q^6)$; et on a donc

$$1 = (T^1 + Q^1) K^5 \gamma'(K^6 + Q^6).$$

Réciproquement, si c'est vérifié, on voit comme ci-dessus qu'il existe un symbole d'opérateur pseudo-différentiel analytique sur le bord Q^7 tel que

$$(T^1 + Q^1) K^5 Q^7 = 1.$$

On obtient alors une parametrix à droite en prenant pour K^6, Q^6 les composantes le long de $\mathcal{E}(\overline{\Omega}, E)$ et $\mathcal{E}(\partial\Omega, F)$ de $K^5 Q^7$.

3. Nous examinons maintenant les conditions pour qu'il existe une parametrix à gauche, en supposant toujours vérifiées les conditions de la proposition 4.2.

Proposition 4.4 — *On suppose vérifiée la condition de la proposition* 4.2; *avec les notations du n°* 2, *pour qu'il existe une parametrix à gauche, il faut et il suffit que le symbole principal d'opérateur pseudo-différentiel analytique sur*

$$\sigma_0((T^1 + Q^1) K^5)$$

soit injectif sur le fibré image de $\sigma_0(H') = \sigma_0(\gamma' K^5)$.

C'est nécessaire : supposons qu'il existe une parametrix

$$\begin{pmatrix} P^8 & K^8 \\ T^8 & Q^8 \end{pmatrix} \begin{pmatrix} P & K^1 \\ T^1 & Q^1 \end{pmatrix} = 1$$

on a alors $\quad K^5 = (K^8 + Q^8)(T^1 + Q^1) K^5,$

d'où $\quad H' = \gamma'(K^8 + Q^8)(T^1 + Q^1) K^5.$

Réciproquement, si la condition de la proposition 4.4 est vérifiée, on voit, toujours par la même méthode que ci-dessus qu'il existe un symbole d'opérateur pseudo-différentiel sur le bord, Q^9, tel que

$$Q^9 (T^1 + Q^1) K^5 = H'.$$

On obtient alors une parametrix à gauche en posant

$$(4.5)\quad \begin{aligned}(P^8 + Q^8) &= (P^2 + T^2) - K^5Q^9(T^1 + Q^1)(P^2 + T^2),\\ (K^8 + Q^8) &= K^5Q^9\end{aligned}$$

(le composé vaut en effet alors

$$\begin{aligned}(P^2 + Q^2)(P_\Omega + K^1) - K^5Q^9(T^1 + Q^1)(P^2 + T^2)(P_\Omega + K^1)\\ + K^5Q^9(T^1 + Q^1)\\ = (1 - K^5\gamma') - K^5Q^9(T^1 + Q^1)(1 - K^5\gamma') + K^5Q^9(T^1 + Q^1)\\ = 1 - K^5\gamma' + K^5Q^9(T^1 + Q^1)K^5\\ = 1 - K^5\gamma' + K^5H'\gamma' = 1).\end{aligned}$$

4. Nous étudions maintenant le cas où le système (1), (2) est elliptique. Pour éviter trop de confusion dans les notations, nous noterons P_{Ω,m_0} l'extension de P_Ω à $\mathcal{E}_{m_0}(\overline{\Omega}, E)$.

Proposition 4.5. — *Pour qu'il existe un problème elliptique de la forme* (1), (2), *associé à* P_Ω, *il faut et il suffit que le fibré image du symbole principal*

$$\sigma_0(H)$$

(*ou aussi bien de* $\sigma_0(1 - H)$) *soit stablement trivial sur la sphère cotangente à* $\partial\Omega$ *en tout point du bord* $\partial\Omega$.

Prouvons que c'est suffisant : en effet il existe alors un fibré F sur le bord $\partial\Omega$ tel que $\sigma(H)E^{m_1-m_0} \oplus F$ soit trivial sur toute sphère cotangente à $\partial\Omega$ en un point de $\partial\Omega$. Autrement dit, il existe un fibré F' sur $\partial\Omega$, et un isomorphisme $q(x', \xi')$ de $\sigma_0(H)E^{m_1-m_0} \oplus F$ sur l'image réciproque de F' sur le fibré de sphères cotangentes.

Soit alors A un opérateur pseudo-différentiel :

$$\mathcal{D}(E^{m_0-m_1} \oplus F, \partial\Omega) \to \mathcal{E}(F', \partial\Omega)$$

tel que $\sigma_0(A) = q(x', \xi')$ sur la sphère cotangente unité.

Alors le problème

$$(1)\qquad P\Omega,\, m_0 f = g,$$
$$(2)\qquad A(Hf,\, u) = v$$

est elliptique.

En effet l'hypothèse implique qu'il existe $A' = A'_E \oplus A'_F$ tel que $6(AA') = 1$, $6(A'_EA) = 6(H)$, $6(A'_FA) = 1_F$.

Alors le système suivant est parametrix à (1), (2) :

$$(1') \qquad f = Q'g + KA'_E \varphi,$$
$$(2') \qquad u = A'_F \varphi.$$

Prouvons que c'est nécessaire : on suppose donc que le problème (1), (2) du début du chapitre est elliptique. Avec les notations des n°s 1, 2, 3, $((P^1 + T^1)K^5)$ est donc un isomorphisme du fibré image de $\sigma_0(H')$ sur F'. L'image de $\sigma_0(H')$ est donc un fibré trivial sur toute sphère cotangente en un point de $\partial\Omega$.

Nous voulons maintenant comparer le problème (1), (2) à celui du § 3; pour cela, introduisons encore les opérateurs

$$(4.6) \qquad L^5 = L^0 + \text{id. } F$$

(symbole d'un opérateur

$$\mathcal{D}(\partial\Omega, E^{m_1}) \oplus \mathcal{D}(\partial\Omega, F) \to \mathcal{E}(\overline{\Omega}, E) \oplus \mathcal{E}(\partial\Omega, F).$$

On a

$$\gamma' L^5 = 1,$$
$$(4.7) \qquad B = (P_\Omega + K^1)L^5(1 - H')\gamma'(P^2 + T^2),$$

on a

$$(4.8) \qquad \gamma'(P^2 + T^2)(1 - B) = 0$$

(en effet cela vaut

$$\begin{aligned}(P^2 + T^2) - (1 - K^5\gamma')L^5(1 - H')\gamma'(P^2 + T^2) \\ = (P^2 + T^2) - (1 - H')\gamma' L^5(1 - H')\gamma'(P^2 + T^2) \\ = H'\gamma'(P^2 + T^2) = K^5(1 - K^5\gamma')(P^2 + T^2) = 0\end{aligned}$$

puisque

$$(P_\Omega + K^1)(P^2 + T^2) = 1, \qquad (P^2 + T^2)(P_\Omega + K^1) = 1 - K^5\gamma'$$

et

$$K^5(1 - K^5\gamma') = 0).$$

On a alors

$$\begin{aligned}(1 - B) = P_\Omega(1 - L^5\gamma')(P^2 + T^2)(1 - B) \\ = P_{\Omega,m_0}(1 - L\gamma)(1 - L^5\gamma')(P^2 + T^2)(1 - B)\end{aligned}$$

et par suite

$$(4.9) \qquad \gamma Q(1 - B) = 0$$

(car $\gamma Q P_{\Omega,m_0}(1 - L\gamma) = (1 - K\gamma)(1 - L\gamma)$
$= (1 - H)(1 - L\gamma) = (1 - H)(\gamma - \gamma) = 0).$

Si on pose alors

$$Q^{10} = \gamma Q(P_\Omega + K^1)L^5(1 - H'), \tag{4.10}$$

$$Q^{11} = \gamma'(P^2 + T^2)P_{\Omega,m_0}L(1 - H) \tag{4.11}$$

(ce sont des symboles d'opérateurs pseudo-différentiels sur $\partial\Omega$) on déduit de (4.9) qu'on a

$$\begin{aligned} Q^{10}Q^{11} &= \gamma QBP_{\Omega,m_0}L(1 - H) \\ &= \gamma QP_{\Omega,m_0}L(1 - H) \\ &= \gamma(1 - K\gamma)L(1 - H) = (1 - H)\gamma L(1 - H) \end{aligned}$$

$$Q^{10}Q^{11} = 1 - H \tag{4.12}$$

exactement de même, on trouve

$$Q^{11}Q^{10} = 1 - H'. \tag{4.13}$$

$\sigma_0(Q^{10})$ est donc un isomorphisme du fibré image de $\sigma_0(1 - H)$ sur le fibré image de $\sigma_0(1 - H)$; $\sigma_0(Q^{11})$ est l'isomorphisme inverse. Comme $E^{m_1-m_0}$, E^{m_1}, et F' qui est isomorphe au fibré image de $\sigma_0(H')$ sont triviaux sur toute sphère cotangente à $\partial\Omega$, le fibré image de $\sigma_0(1 - H')$, donc aussi le fibré image de $\sigma_0(1 - H)$ qui lui est isomorphe, et finalement le fibré image de $\sigma_0(H)$ puisque

$$H + (1 - H) = \text{id. } E^{m_1-m_0},$$

sont stablement triviaux sur toute sphère cotangente en un point de $\partial\Omega$. La proposition est démontrée.

5. Cas où la variété $\overline{\Omega}$ est compacte.

On suppose $\overline{\Omega}$ compacte, connexe. Les résultats de calcul des §§ 3, 4, sont encore valables. Mais cette fois, on peut composer sans restriction les opérateurs. Dans ce qui suit, les lettres capitales latines désignent à nouveau de vrais opérateurs (ayant pour symboles complets ceux qui ont été décrits aux §§ 2, 3).

Proposition 5.1. — *On peut choisir* m_0 *assez petit pour que* $P_\Omega(\mathcal{E}_{m_0-k}(\overline{\Omega}, E))$ *soit constant pour* $k \geqslant 0$.

11

Si on choisit m_1 *assez grand, on peut trouver* Q', K *ayant pour symboles ceux du* § 3, *tels que*

$P_\Omega Q'$ *soit un projecteur sur l'image* $P_\Omega(\mathcal{E}_{m_0}(\overline{\Omega}))$

$Q'P_\Omega + K = 1$.

Alors si L est un noyau de Poisson généralisé : tel que $\gamma L = 1$, (il en existe)

et si H est le projecteur γK,

$P_\Omega(1 - L\gamma)Q' = P(1 - L\gamma)(1 - H)Q'$

est un projecteur sur un supplémentaire de $P_\Omega(\mathcal{E}_{m_1}(\overline{\Omega}, E))$ dans $P_\Omega(\mathcal{E}_{m_0}(\overline{\Omega}, F))$.

Preuve. — Q' et K désignent provisoirement n'importe quels opérateurs ayant pour symbole ceux du § 3. On a alors

$$P_\Omega Q' = 1 - R_1$$
$$Q'P_\Omega + K = 1 - R_2$$

où R_1, R_2 sont des opérateurs négligeables, analytiques.

On peut alors faire les améliorations suivantes :

L'image de $(1 - R_1)$, donc aussi celle de P_Ω : $P_\Omega(\mathcal{E}_{m_0}(\overline{\Omega}))$ est fermée, de codimension finie. $P_\Omega(\mathcal{E}_{m_0}(\overline{\Omega}))$ est donc constant pour $m_0 \to -\infty$. Ceci prouve la première assertion du théorème.

Conformément à ce qui est indiqué dans I, § 1, il existe un opérateur négligeable analytique R'_1 tel que

$$(1 - R_1)(1 + R'_1) = 1 - R_3$$

soit un projecteur de codimension finie. On peut alors remplacer Q' par $Q'(1 + R'_1)$ de sorte qu'on ait $P_\Omega Q' = 1 - R_3$.

En outre il existe un opérateur négligeable analytique R_4 tel que $P_\Omega R_4$ commute à $P_\Omega Q'$, et soit un projecteur sur un supplémentaire de $(1 - R_3)(\mathcal{E}(\overline{\Omega}))$ dans $P_\Omega(\mathcal{E}_{m_0}(\overline{\Omega}))$. Quitte à remplacer Q' par $Q' + R_4$, on voit qu'on peut finalement supposer que $P_\Omega Q'$ est un projecteur sur $P_\Omega(\mathcal{E}_{m_0}(\overline{\Omega}))$.

$1 - Q'P_\Omega$ est alors un projecteur sur le noyau de P.

Et $(1 - Q'P_\Omega)K$ a même symbole complet que K, de sorte qu'on peut supposer $P_\Omega K = 0$.

Il existe alors un opérateur négligeable analytique R_5 tel que $P_\Omega R_5 = 0$, et $(1 + R_5)(1 - R_2) = 1 - R_6$ soit un projecteur de codimension finie.

On a alors $P(1 + R_5)Q' = P_\Omega Q'$.

Quitte à remplacer Q' par $(1 + R_5)Q'$, et K par $(1 + R_5)K$, on peut donc supposer que $R_2 = R_6$ est un projecteur de rang fini.

Enfin on a supposé $\overline{\Omega}$ connexe. Donc une fonction analytique jusqu'au bord sur $\overline{\Omega}$, qui s'annulle avec toutes ses dérivées sur le bord $\partial\Omega$ est identiquement nulle sur $\overline{\Omega}$. Il s'ensuit que, quitte à augmenter m_1, on peut trouver un opérateur négligeable analytique R_7:

$$\mathcal{D}(\partial\Omega, E^{m_1-m_0}) \to \mathcal{E}_{m_0}(\overline{\Omega})$$

tel que $R_7\gamma$ soit un projecteur sur l'image de $R_2 = R_6$. On a alors $R_7\gamma R_2 = R_2$, $R_2R_7\gamma = R_7\gamma$, et $P_\Omega R_7 = 0$.

Quitte finalement à remplacer Q' par $(R_2 - R_7\gamma)Q'$, et K par $K + (R_2 - R_7\gamma)K + R_7\gamma$, on voit qu'on peut enfin supposer $R_2 = 0$.

Le théorème est démontré.

On peut procéder de même pour le problème aux limites étudié au § 4 : quand il existe une parametrix à droite ou à gauche, il existe aussi un opérateur ayant même symbole complet, qui soit un inverse à droite ou à gauche modulo un projecteur de rang fini, négligeable analytique.

BIBLIOGRAPHIE

[1] L. Boutet de Monvel, Comportement d'un opérateur pseudo-différentiel sur une variété à bord I, *J. d'analyse Math.*, Jérusalem, XVII (1966), 241-253.

[2] L. Boutet de Monvel, Comportement d'un opérateur pseudo-différentiel sur une variété à bord II, *J. d'analyse Math.*, Jérusalem, XVII (1966), 255-304 et *C.R. Acad. Sciences*, Paris, t. 261 (1965), 3927-3930 et 4587-4589.

[3] L. Boutet de Monvel et P. Krée, Pseudo-différential operators and Gevrey Classes, *Ann. Inst. Fourier* (1967) et *C.R. Acad. Sciences* Paris, t. 263 (1966), 245-248.

[4] Ch. Goulaouic, *C.R. Acad. Sciences*, Paris, t. 262 (1966), 333-336.

[5] L. Hörmander, Linear Partial Differential Operators, Springer Verlag, Berlin (1963).

[6] L. Hörmander, Pseudo-differential Operators *Comm. Pure Appl. Math.*, 18 (1965), 501-517.

[7] L. Hörmander, Pseudo-differential Operators and non elliptic boundary problems, *Ann. Math.*, 83 (1966), 129-209.

[8] L. Hörmander, Séminaire, Institute for Advanced Studies, Princeton (1965-1966).
[9] J. J. Kohn and L. Nirenberg, On the Algebra of Pseudo-differential Operators, *Comm. Pure Appl. Math.*, 18 (1965), 269-305.
[10] W. Margulies, Thèse, Brandeis University (1966).
[11] C. B. Morrey and L. Nirenberg, On the Analyticity of the Solutions of Linear Elliptic Systems of Partial Differential Equations, *Comm. Pure Appl. Math.*, X, n° 2 (1957), 271-290.
[12] L. Schwartz, Théorie des Distributions, Herman, Paris (1951).
[13] L. Schwartz, Théorie des Noyaux, *Int. Cong. Math.*, Cambridge (1950), 220-230.
[14] R. T. Seeley, Singular Integrals and boundary Problems, *Amer. J. Math.*, vol. 88, 781-809.
[15] E. Shamir, Wiener Hopf Type Problems for Elliptic Systems of Singular Integrals Equations, *Bull. Amer. Math. Soc.*, 72, n° 3 (1966), 501-504.
[16] M. I. Visik et G. I. Eskin, Équations en convolutions dans un domaine borné, *Uspekhi Math. Nauk*, XX, 3 (123), (1965), 89-152.
[17] M. I. Visik et G. I. Eskin, Équations en convolutions dans un domaine borné, *Mat. Sbornik*, t. 89 (111), n° 1 (1966), 65-110.
[18] J. L. Lions et E. Magenes, Cimmino, *Rend. Sem. Mat. Fis.*, Milano (1962).
[19] J. L. Lions et E. Magenes, *Annali di Mat.*, LXIII (1963), 201-224.
[20] A. Martineau, Les hyperfonctions de M. Sato, Séminaire Bourbaki (1960-1961), n° 214.

Manuscrit reçu le 25 mars 1969.

Louis Boutet de Monvel,
Département de Mathématiques,
Faculté des Sciences,
06-Nice.

4.5 Boundary Problems for Pseudo-differential Operators

Boundary problems for pseudo-differential operators, Acta Math. **126** (1971), no. 1–2, 11–51. [B71]

BOUNDARY PROBLEMS FOR PSEUDO-DIFFERENTIAL OPERATORS

BY

LOUIS BOUTET DE MONVEL

Faculté des sciences, Nice, France

Introduction

Let Ω be a C^∞ manifold, with boundary $\partial\Omega$. Let E, E' (resp. F, F') be vector bundles on Ω (resp. $\partial\Omega$). Our aim is to construct an "algebra" of operators:

$$(0.1)\qquad \begin{pmatrix} A & K \\ T & Q \end{pmatrix}: \begin{matrix} C^\infty(\overline{\Omega}, E) \\ \oplus \\ C^\infty(\partial\Omega, F) \end{matrix} \to \begin{matrix} C^\infty(\overline{\Omega}, E') \\ \oplus \\ C^\infty(\partial\Omega, F) \end{matrix}$$

which will contain at least the operator describing a classical boundary problem, and also its parametrix in the elliptic case. In fact what we construct there is one of the smallest possible "algebras" that will work. In that respect, our result is less general than that of Višik and Eskin [10]. The difference lies in the fact that in our problem, the pseudo-differential appearing in (0.1) (coefficient A) has to satisfy a supplementary condition along the boundary: the transmission property.(1) The operators that arise in (0.1) have already been described in [6] (where we also require analyticity).

In this work, we only require that the operators preserve locally C^∞ functions. The symbolic calculus is developed further than in [6], and we derive an index formula for elliptic problems, extending that of [3].

Roughly speaking, the coefficient A in (0.1) is a sum $A = P + G$, where P is a pseudo-differential operator satisfying the transmission condition (§ 2), and G (which we call a singular Green operator —§ 3) is an operator which takes any distribution into a function which is C^∞ inside Ω (but may be irregular at the boundary): such operators arise for

(1) With Višik's notations, the partial indices $\chi_i(X', \xi')$ have to be integers. This is an important restriction, since the operators that arise in mixed boundary problems do not usually satisfy it. However, many problems can already be reduced to this case.

example to describe the change in the solution of an elliptic boundary problem when the boundary conditions are modified.

The coefficient K in the matrix (0.1) is called a Poisson operator (§ 3). It serves in particular to describe the solutions of the homogeneous equation $Pf=0$, where P is an elliptic (pseudo) differential operator, in terms of boundary data.

The coefficient T is called a trace operator (§ 3).

It is the sum of the adjoint of a Poisson operator and of classical trace operators $f \to Q(\partial_n^k f/\partial\Omega)$, where Q is a pseudo-differential operator on the boundary, and ∂_n a normal derivative. (The adjoints of Poisson operators do not seem to have been systematically used anywhere yet, although of course they arise implicitly in many places. They may be of interest for boundary problems since they extend continuously to much larger spaces than the classical boundary conditions—e.g. they are continuous for the L^2 topology).

The last term Q is a pseudo-differential operator on the boundary.

These operators form an "algebra"—i.e. the sum and the composition of two matrices such as (0.1) is another one if it is defined.

They also give rise to a symbolic calculus. In fact this is done in two steps. First an interior symbol is defined: this is just the symbol of the pseudo-differential operator that appears in (0.1). It is a continuous matrix on the set of non vanishing covectors on Ω.

Secondly a boundary symbol is defined. This is a Wiener–Hopf operator depending continuously on a non vanishing covector on the boundary $\partial\Omega$.

The Wiener–Hopf operators that we will use are described in § 1, and the other paragraphs depend rather heavily on that. The symbolic calculus is otherwise described in § 4. The general boundary problem is discussed in § 5, where we prove an index formula extending that of [3], [4]. The idea of the proof of the index formula the following: first we check that the index of some "key" elliptic systems are zero (§ 5, no. 2). In the general case, it turns out that the composition of an elliptic system and one of these can be deformed into a new system which splits as the direct sum of an elliptic operator on the boundary, and of an elliptic operator on the interior which coincides with the identity operator near the boundary ((5.15), (5.18), (5.19)). Then the index formula of [4] can be applied (§ 5, no. 8).

This work is the final version of lecture notes to the Nordic Summer School of Mathematics 1969. I wish to express here my warmest thanks to the organizers, T. Ganelius, L. Gårding and L. Hörmander, for the very profitable time I spent there.

Notations

Since the notations concerning function spaces on a manifold with boundary are not very uniform in the existing litterature, we begin by describing those that are used here.

$\bar{R}_+$ is the closed half line $x \geqslant 0$

$\bar{R}^n_+$ is the closed half-space $x_n \geqslant 0$ in R^n.

Let $\bar{\Omega}$ be a C^∞ manifold with boundary. We denote the boundary by $\partial\Omega$, and the interior by Ω (thus $\bar{\Omega}$ is the disjoint union $\bar{\Omega} = \Omega \cup \partial\Omega$).

We will usually suppose that $\bar{\Omega}$ is embedded in some C^∞ neighboring manifold of the same dimension (e.g. the double of $\bar{\Omega}$). All the constructions hereafter do not depend on the choice of this manifold, and we will refer to it as "a neighborhood of $\bar{\Omega}$".

We denote by $C^\infty(\bar{\Omega})$ (resp. $C_0^\infty(\bar{\Omega})$) the space of functions which are C^∞ up to the boundary on Ω (resp. and of compact support), i.e. every derivative has a limit on the boundary: such a function can be extended into a C^∞ function near $\bar{\Omega}$.

Similarly, if E is a C^∞ vector bundle on $\bar{\Omega}$, $C^\infty(\bar{\Omega}, E)$ (resp. $C_0^\infty(\bar{\Omega}, E)$) is the space of sections of E which are C^∞ up to the boundary (resp. and of compact support).

We denote by $\mathcal{D}'(\bar{\Omega})$ (resp. $\mathcal{E}'(\bar{\Omega})$) the space of distributions defined in a neighborhood of $\bar{\Omega}$, and supported by $\bar{\Omega}$ (resp. and of compact support). Thus $\mathcal{D}'(\bar{\Omega})$ is the dual space of $C_0^\infty(\bar{\Omega})$, and $\mathcal{E}'(\bar{\Omega})$ is the dual space of $C^\infty(\bar{\Omega})$.(1) (As usual $\mathcal{D}'(\Omega)$ denotes the space of distributions on the interior Ω. Let us recall that the restriction map $\mathcal{D}'(\bar{\Omega}) \to \mathcal{D}'(\Omega)$ is neither onto nor one to one.)

Throughout this work, $T\Omega$ will denote the cotangent bundle (this is of course isomorphic to the tangent bundle—e.g. through the choice of a C^∞ metric on Ω). $T\bar{\Omega}$ is the restriction to $\bar{\Omega}$ of the cotangent bundle of a neighborhood of $\bar{\Omega}$.

In § 5 we use K-theory. For the definitions and main theorems, we refer to [1], [2]. We will be concerned with K-theory with compact supports only. Thus if $B_{\bar{\Omega}}$ and $S_{\bar{\Omega}}$ are the unit ball and unit sphere of $T\bar{\Omega}$ for some metric, there is a natural identification

$$K(T\bar{\Omega}) = K(B_{\bar{\Omega}})$$

$$K(T\Omega) = K(B_{\bar{\Omega}}, \partial B_{\bar{\Omega}}) = K(B_{\bar{\Omega}}, S_{\bar{\Omega}} \cup (B_{\bar{\Omega}}/\partial\Omega)).$$

---

(1) In the present article, we are really concerned with the space of currents of order 0 (generalized functions), which is the natural extension of the space of functions. Naturally this is identified with the space of distributions once a measure with C^∞ density has been chosen. And we will not make the distinction further on.

1. The Wiener–Hopf algebra

The results in this paragraph are not particularly new or difficult. But it was convenient to group them here.

1. *Notations.*

(1.1) Let H be the vector space of all complex valued functions $f(t)$ on the real line, which are C^∞ and have a regular pole at infinity, i.e. $(z+1)^p f\left(\frac{1}{i}\,\frac{1-z}{1+z}\right)$ is a C^∞ function on the unit circle $|z|=1$ (including at the point $z=-1$) for large integral p. Or equivalently f is C^∞ and has an asymptotic expansion

$$f \sim \sum_{k \geq -N} a_k t^{-k} \quad (t \to \infty)$$

and this expansion still holds after any number of differentiations.

(1.2) Let H^+ be the subspace consisting of those functions $f \in H$ which can be extended analytically in the lower complex half plane $\operatorname{Im} t \geq 0$, and vanish at infinity (for such functions, the asymptotic expansion (1.1) holds when $t \to \infty$, $\operatorname{Im} t \leq 0$, and $N = -1$).

(1.3) Let H^- be the supplementary of H^+ in H consisting of those functions which can be extended analytically in the upper half plane $\operatorname{Im} t \geq 0$: for such functions, the asymptotic expansion (1.1) holds when $t \to \infty$, $\operatorname{Im} t \geq 0$.

(These spaces have a topology in a natural way: H^+ is Fréchet, H and H^- are LF.)

(1.4) We will denote by h^+ (resp. h^-) the projection on H^+ parallel to H^- (resp. $h^- = 1 - h^+$).

Thus if f is analytic on the real line, meromorphic at infinity, we have

$$(1.5) \qquad \begin{aligned} h^+ f(t) &= -\frac{1}{2i\pi} \int_\gamma \frac{f(\tau)}{\tau - t}\, d\tau \quad (\text{if } \operatorname{Im} t < 0) \\ h^- f(t) &= \frac{1}{2i\pi} \int_\gamma \frac{f(\tau)}{\tau - t}\, d\tau \quad (\text{if } \operatorname{Im} t > 0), \end{aligned}$$

where γ is a large circle in the upper half plane $\operatorname{Im} \tau > 0$, oriented in the usual way (γ is required to contain t in its interior for the second formula).

If f vanishes at infinity, we also have

$$(1.5)' \qquad \begin{aligned} h^+ f(t) &= \lim_{\varepsilon \to +0} -\frac{1}{2i\pi} \int_{-\infty}^{+\infty} \frac{f(\tau)}{\tau - t + i\varepsilon}\, d\tau \\ h^- f(t) &= \lim_{\varepsilon \to +0} \frac{1}{2i\pi} \int_{-\infty}^{+\infty} \frac{f(\tau)}{\tau - t - i\varepsilon}\, d\tau. \end{aligned}$$

If f is analytic on the real line, and meromorphic at infinity, we set

$$\int^{+} f = \int^{+} f(t)\,dt = \int_{\gamma} f(\tau)\,d\tau, \tag{1.6}$$

where γ is, as before, a large circle in the upper half plane $\operatorname{Im} \tau > 0$.

This linear operation extends continuously to H. Of course $\int^{+} f = \int f$ is just the ordinary integral if f is integrable (i.e. vanishes to the second order at infinity).

Let us notice that $\int^{+} f$ vanishes if f belongs to H^{+} and is integrable or if f belongs to H^{-}. So $\int^{+} fg$ only depends on $h^{-}g$ (resp. $h^{+}g$) if $f \in H^{+}$ (resp. $f \in H^{-}$).

Let $p \in H$. Then p has a unique expansion

$$p(t) = \sum_{s=1}^{N} \alpha_s t^s + \sum_{-\infty}^{+\infty} a_k \left(\frac{1-it}{1+it}\right)^k, \tag{1.7}$$

where the coefficients a_k form a rapidly decreasing sequence If $f \in H$ vanishes at infinity, it also has a unique expansion

$$f(t) = \sum_{-\infty}^{+\infty} a_k \frac{(1-it)^k}{(1+it)^{k+1}}, \tag{1.8}$$

where the coefficients a_k form a rapidly decreasing sequence. In this case, f belongs to H^{+} (resp. H^{-}) if and only if $a_k = 0$ when $k < 0$ (resp. $k \geqslant 0$).

In formulas (1.7), (1.8), one can replace $\left(\frac{1-it}{1+it}\right)^k$ $\left(\text{resp. } \frac{(1-it)^k}{(1+it)^{k+1}}\right)$ by $\left(\frac{\lambda-it}{\lambda+it}\right)^k$ $\left(\text{resp. } \frac{(\lambda-it)^k}{(\lambda+it)^{k+1}}\right)$, where λ is any positive number.

We also have the following result:

(1.9) *H^{+} is the space of Fourier transforms of functions $\varphi(x)$ which vanish for $x<0$ and are $C^{\infty}(\overline{R}_{+})$, rapidly decreasing at infinity for $x>0$ (i.e. every derivative tends to zero at infinity, faster than any power of x, and has a limit when $x \to +0$).*

Proof. First let $f \in H^{+}$, and let φ be its inverse Fourier transform. Then φ is square integrable and vanishes on the negative half line. Moreover, the distribution $(d/dx)^p x^q \varphi$ coincides on the open half line $x>0$ with the inverse Fourier transform of $h^{+}(i^{p-q}\xi^p (d/d\xi)^q f)$ which lies in H^{+}, so it is also square integrable. It follows that every derivative of φ has a limit when $x \to +0$, and is of rapid decrease when $x \to +\infty$.

Now let φ be as in proposition (1.9), and let f be its Fourier transform. Then f is holomorphic for $\operatorname{Im} \xi \leqslant 0$, C^{∞} up to the boundary, and admits the asymptotic expansion

$$f \sim \sum_{n \geqslant 0} \varphi^{(n)}(0)\,(i\xi)^{-n-1} \quad (\xi \to \infty,\ \operatorname{Im} \xi \leqslant 0).$$

Since $x^p\varphi$ has the same properties as φ, this expansion still holds after any number of differentiations. This ends the proof.

Example; $\dfrac{(\lambda-it)^k}{(\lambda+it)^{k+1}}$ $(k\geqslant 0)$ is the Fourier transform of the product of a Laguerre polynomial by an exponential:

$$\varphi(x)=\begin{cases}\left(\lambda-\dfrac{d}{dx}\right)^k\left(\dfrac{x^k}{k!}e^{-\lambda x}\right) & \text{if } x>0\\ 0 & \text{if } x<0.\end{cases}$$

In a similar way, a function $f\in H^-$ is the Fourier transform of the sum of the symmetric of a function φ as above, and of a linear combination of derivatives of the Dirac measure at the origin.

2. *The Wiener–Hopf algebra.* We proceed now to describe a family of operators on H^+—more generally of matrices:

$$\begin{pmatrix}p+g & k\\ t & q\end{pmatrix}:\ \begin{matrix}H^+\otimes E\\ \oplus\\ F\end{matrix}\ \to\ \begin{matrix}H^+\otimes E'\\ \oplus\\ F',\end{matrix}\tag{1.10}$$

where E, E', F, F' are finite dimensional vector spaces.

a. Let $p\in H\otimes L(E,E')$. We will denote by $h^+ \circ p$ (or p as in (1.10) if this does not lead to confusion) the operator

$$f\in H^+\otimes E\to h^+(p\cdot f)\in H^+\otimes E'$$

b. $q\in L(F,F')$ is any linear operator.

Let $k\in H^+\otimes L(F,E')$. We denote by the same letter k the operator

$$u\in F\to k\cdot u\in H^+\otimes E'.$$

Let $t\in H^-\otimes L(E,F')$. We denote by the same letter t $\left(\text{or } \dfrac{1}{2\pi}\displaystyle\int^+\circ\, t \text{ if there may be any confusion}\right)$ the operator

$$f\in H^+\otimes E\to\frac{1}{2\pi}\int^+ t\cdot f\in F'.$$

c. Finally let $g\in H^+_\xi\hat{\otimes}H^-_\eta\otimes L(E,E')$ i.e. g has a series expansion

$$g(\xi,\eta)=\sum_{s=0}^{N}k_s(\xi)\,\eta^s+\sum_{\substack{p\geqslant 0\\ q\geqslant 0}}a_{pq}\frac{(1-i\xi)^p}{(1+i\xi)^{p+1}}\frac{(1+i\eta)^q}{(1-i\eta)^{q+1}},\tag{1.11}$$

where $$k_s(\xi)\in H^+\otimes L(E,E')\quad (s=0,\dots N)$$

and the $a_{pq}\in L(E,E')$ form a rapidly decreasing double sequence of matrices.

We denote by the same letter g $\left(\text{or } \frac{1}{2\pi}\int^{+} \circ g \text{ if there may be any confusion}\right)$ the operator

$$f \in H^{+} \otimes E \to \frac{1}{2\pi}\int^{+} g(\xi, \eta)\, f(\eta)\, d\eta \in H^{+} \otimes E'$$

p will be called a pseudo differential symbol

g will be called a singular Green symbol

$p+g$ will be called a Green symbol

k will be called a Poisson symbol

t will be called a trace symbol.

(1.12) THEOREM. *The operators* $\begin{pmatrix} p+g & k \\ t & q \end{pmatrix}$ *above form an algebra—i.e. the sum and composition of two such operators is another one if it is defined.*

We have the following formulas

(1.13) 1. $h^{+}p \circ k = h^{+}(p \cdot k)$

2. $g \circ k = \frac{1}{2\pi}\int^{+} g(\xi, \eta) \cdot k(\eta)\, d\eta$

3. $k \circ q = k \cdot q$

are Poisson symbols

4. $t \circ h^{+}p = h^{-}(t \cdot p)$

5. $t \circ g = \frac{1}{2\pi}\int^{+} t(\eta) \cdot g(\eta, \xi)\, d\eta$

6. $q \circ t = q \cdot t$

are trace symbols

7. $t \circ k = \frac{1}{2\pi}\int^{+} t(\xi) \cdot k(\xi)\, d\xi$

is an operator of finite rank

8. $p \circ g = h^{+}_{\xi}\,[p(\xi) \cdot g(\xi, \eta)]$

9. $g \circ p = h^{-}_{\eta}\,[g(\xi, \eta) \cdot p(\eta)]$

10. $g_1 \circ g_2 = \frac{1}{2\pi}\int^{+} g_1(\xi, s)\, g_2(s, \eta)\, ds$

11. $k\circ t = k(\xi)\cdot t(\eta)$

12. $h_0^+ p_1 p_2 - h^+ p_1 \circ h^+ p_2 = L(p_1, p_2)$

are singular Green symbols.

We have set

13. $L(p_1, p_2) = h_\xi^+ h_\eta^- [(p_1^+(\xi) - p_1^+(\eta))(p_2^-(\xi) - p_2^-(\eta))(i\xi - i\eta)^{-1}]$

with $p_1^+ = h^+(p_1)$, $p_2^- = h^-(p_2)$.

Theorem 1.12 is a consequence of formulas (1.13) 1.... 13. These formulas are all obvious, except maybe the last one, which we prove now. Let L be the operator of (1.13) 12:

$$Lf = h^+(p_1 p_2 f) - h^+(p_1 h^+(p_2 f)) = h^+(p_1 h^-(p_2 f)).$$

Since f belongs to H^+, it follows that Lf only depends on $p_1^+ = h^+(p_1)$ and $p_2^- = h^-(p_2)$.

In a first step, we will suppose that p_1 and p_2 both vanish at infinity. Then we have

$$Lf = \lim_{\varepsilon\to+0} -\frac{1}{2i\pi}\int \frac{p_1^+(t)\,dt}{(t-\xi+i\varepsilon)} \lim_{\delta\to+0}\int \frac{p_2^-(\eta)\,f(\eta)\,d\eta}{(\eta-t-i\delta)} = \frac{1}{2\pi}\int g(\xi,\eta)\,p_2^-(\eta)\,f(\eta)\,d\eta$$

with

$$g(\xi,\eta) = \lim_{\varepsilon\to+0}\lim_{\delta\to+0} -\frac{1}{i}\frac{1}{2i\pi}\int \frac{p_1^+(t)\,dt}{(t-\xi+i\varepsilon)(\eta-t-i\delta)}$$

$$= \lim_{\varepsilon\to+0}\lim_{\delta\to+0} -\frac{1}{i}\left(\frac{p_1^+(\xi-i\varepsilon) - p_1^+(\eta-i\delta)}{\xi-i\varepsilon-\eta+i\delta}\right) = -(p_1^+(\xi) - p_1^+(\eta))(i\xi - i\eta)^{-1}.$$

We have used the identity

$$\frac{1}{(t-\xi+i\varepsilon)(\eta-t-i\delta)} = -\frac{1}{(\xi-i\varepsilon-\eta+i\delta)}\left(\frac{1}{t-\xi+i\varepsilon} - \frac{1}{\eta-t-i\delta}\right).$$

Since we have obviously

$$h_\xi^+ h_\eta^- [(p_1^+(\xi) - p_1^+(\eta))\,p_2^-(\xi)\,(i\xi - i\eta)^{-1}] = 0$$

we finally get as announced

$$Lf = \frac{1}{2\pi}\int^+ l(\xi,\eta)\,f(\eta)\,d\eta$$

with $$l(\xi,\eta) = h_\xi^+ h_\eta^- [(p_1^+(\xi) - p_1^+(\eta))(p_2^-(\xi) - p_2^-(\eta))(i\xi - i\eta)^{-1}].$$

Next we prove formula (1.13) 12, when p_2 is a polynomial:

$$p_2(\xi) = \xi^q.$$

Then if $f \sim \sum a_k \xi^{-k-1}$ when $\xi \to \infty$ we have

$$h^-(\xi^q f) = \sum_{k\le q-1} a_k \xi^{q-k-1} = \sum_{k\le q-1} \xi^{q-k-1}\frac{1}{2i\pi}\int^+ \eta^k f(\eta)\,d\eta$$

(because of the formula $a_k = (1/2i\pi)\int^+ \eta^k f(\eta)\,d\eta$). Using the identity $\sum \xi^{q-k-1}\eta^k (\xi^q - \eta^q)/(\xi - \eta)$ we finally get

$$Lf = h_\xi^+ \left[p_1^+(\xi) \cdot \frac{1}{2\pi} \int^+ \frac{(p_2^-(\xi) - p_2^-(\eta))}{i\xi - i\eta} f(\eta)\,d\eta \right] = \frac{1}{2\pi} \int^+ l(\xi, \eta) f(\eta)\,d\eta$$

with
$$l(\xi, \eta) = h_\xi^+ [p_1^+(\xi)\,(p_2^-(\xi) - p_2^-(\eta))\,(i\xi - i\eta)^{-1}]$$
$$= h_\xi^+ h_\eta^- [(p_1^+(\xi) - p_1^+(\eta))\,(p_2^-(\xi) - p_2^-(\eta))\,(i\xi - i\eta)^{-1}].$$

(The last equality comes from the fact that $(\xi^q - \eta^q)/(\xi - \eta)$ is a polynomial with respect to ξ and η, so $h_\xi^+ [p_1^+(\eta)\,(\xi^q - \eta^q)\,(i\xi - i\eta)^{-1}] = 0$ and $h_\eta^- [p_1^+(\xi)(\xi^q - \eta^q)\,(i\xi - i\eta)^{-1}] = p_1^+(\xi)\,(\xi^q - \eta^q)\,(i\xi - i\eta)^{-1}$).

In the general case, p_1^+ vanishes at infinity anyway, and p_2^- is the sum of a polynomial and of a function which vanishes at infinity. This proves formula (1.13) 12, 13.

It remains to check that the symbol $L(p_1, p_2)$ that we have just obtained satisfies conditon (1.11). This is obvious when p_2^- is a polynomial: then $L(p_1, p_2)$ is a finite sum

$$L(p_1, p_2) = \sum_{p,q} h_\xi^+ (\xi^p p_1^+(\xi))\,\eta^q.$$

On the other hand, if p_1 and p_2 are both bounded:

$$p_1 = \sum_{-\infty}^{+\infty} a_p \left(\frac{1 - i\xi}{1 + i\xi}\right)^p$$

$$p_2 = \sum_{-\infty}^{+\infty} b_q \left(\frac{1 - i\xi}{1 + i\xi}\right)^q$$

we get

(1.14)
$$L(p_1, p_2) = \sum_{\substack{p \geq 0 \\ q \geq 0}} c_{pq} \frac{(1 - i\xi)^p}{(1 + i\xi)^{p+1}} \frac{(1 + i\eta)^q}{(1 - i\eta)^{q+1}}$$

$$c_{pq} = 2 \sum_{k=1}^{\infty} a_{p+k}\, b_{-q-k}$$

so that c_{pq} is a rapidly decreasing double sequence. We end this paragraph with

(1.15) Proposition. *Let* $a = \begin{pmatrix} p + g & k \\ t & q \end{pmatrix}$ *be an invertible Wiener–Hopf operator. Then the inverse* a^{-1} *is also a Wiener–Hopf operator.*

Proof. Notice first that a "singular" operator $\begin{pmatrix} g & k \\ t & q \end{pmatrix}$ behaves very much like a compact operator (in fact it extends continuously into a compact operator on the completion of

H^+ for the Fourier transform of the H_s norm if s is large enough). Then if $a = \begin{pmatrix} p+g & k \\ t & q \end{pmatrix}$ is invertible, p is already an invertible C^∞ matrix i.e. $p^{-1} \in H$, and the index of $\begin{pmatrix} p^{-1} & 0 \\ 0 & 0 \end{pmatrix}$ is zero. Now we can add to $\begin{pmatrix} p^{-1} & 0 \\ 0 & 0 \end{pmatrix}$ an operator of an finite rank of the form $\begin{pmatrix} g' & k' \\ t' & q' \end{pmatrix}$ so that $a' = \begin{pmatrix} p^{-1}+g' & k' \\ t' & t' \end{pmatrix}$ is invertible. Multiplying a by a', we are thus reduced to the case where $p = 1$, $a = 1 + \begin{pmatrix} g & k \\ t & q \end{pmatrix} = 1 + G$.

The reader will check readily that proposition (1.15) is true if $G = \begin{pmatrix} g & k \\ t & q \end{pmatrix}$ is very small: then the inverse is $a' = 1 + G'$ where G' is the sum of the geometric series $G' = \sum_0^\infty (-1)^s G^s$, and its coefficients satisfy conditions b, c of the beginning of this section (the product rules giving G^s are those of (1.13)).

In the general case, $G = \begin{pmatrix} g & k \\ t & q \end{pmatrix}$ can be approximated: $G = K'T + G'$ where K' is a column matrix $K' = \begin{pmatrix} k' \\ q' \end{pmatrix}$, T a row matrix $T = (t\ p)$, and G' is arbitrarily small (this follows immediately from the series expansion (1.11)). Then we get

$$a = 1 + G = (1 + G')(1 + KT)$$

with $K = (1 + G')^{-1} K'$.

So we are reduced to the case where $G = KT = \begin{pmatrix} g & k \\ t & q \end{pmatrix}$ is an operator of finite rank. In this last case, if $a = 1 + G$ is invertible, its inverse a^{-1} is a polynomial of a so the result follows from theorem (1.12).

In view of the symbolic calculus developed in § 4, we introduce the following notation:

(1.16) If N is an oriented 1-dimensional real line, H_N^+ is the space of measures on N whose density lies in H^+.

Of course, N can depend continuously on a parameter, i.e. be a one dimensional oriented real vector bundle. In § 4, N will be the normal cotangent bundle (oriented by the inward normal).

All the constructions of this paragraph can be repeated with H_+^N instead of H^+.

2. Pseudo-differential operators. The transmission property

In what follows, we restrict our attention to pseudo-differential operators of type 1, 0 (i.e. the symbol $p(x, \xi)$ lies in $S_{1,0}^d$ for some d, with the notations of [7]). In § 4 and § 5, we restrict ourselves further to those pseudo-differential operators whose symbol admits an asymptotic expansion in homogeneous functions of integral degree of ξ (this is a special case of [9]).

Let $p(x, D)$ be a pseudo-differential operator defined in a neighborhood of the closed half space $\bar{R}^n_+$. We are interested in those pseudo-differential operators for which all the derivatives of the symbol admit an expansion such as (1.7) when x lies in the boundary:

$$(2.1) \qquad (\partial/\partial x)^\alpha p(x,\xi) = \sum_0^d \alpha_s(x,\xi')\,\xi_n^s + \sum_0^\infty a_k(x,\xi')\,\frac{(\langle\xi'\rangle - i\xi_n)^k}{(\langle\xi'\rangle + i\xi_n)^{k+1}} \text{ if } x_n = 0,$$

where $\alpha_s \in S^{d-s}_{1,0}$, and a_k is a rapidly decreasing sequence in $S^{d+1}_{1,0}$.

We have set $\langle\xi'\rangle = (1+|\xi'|^2)^{\frac{1}{2}}$.

(2.2) *Definition.* We will say that $p(x, D)$ has the *transmission property with respect to the boundary* R^{n-1} if every derivative of its symbol admits the series expansion (2.1) along the boundary.

More generally, we will say that a pseudo-differential operator P has the transmission property, if it is the sum of an operator with C^∞ distribution kernel (negligible operator), and of a pseudo-differential operator $p(x, D)$ as in definition (2.2). Such an operator admits a Fourier integral representation (as in [8]):

$$Pf(x) = (2\pi)^{-n} \int\!\!\int e^{i(x-y)\cdot\xi} p(x,y,\xi)\, f(y)\, dy\, d\xi,$$

where the function $p(x, y, \xi)$ and all its derivatives admit a series expansion such as (2.1) on the set $x=y$, $x_n=0$ (because this is true if P is negligible—e.g. if P is defined by the C^∞ kernel $\varphi(x, y)$, we have

$$Pf(x) = (2\pi)^{-n} \int\!\!\int e^{i(x-y)\cdot\xi} p(x,y,\xi)\, f(y)\, dy\, d\xi$$

if we set $p(x, y, \xi) = e^{i(x-y)\cdot\xi} p_0(\xi)\varphi(x, y)$ where $p_0 \in C_0^\infty(R^n)$, and $\int p_0(\xi)d\xi = (2\pi)^n$).

Condition (2.1) is equivalent to the following:

(2.1)′ *For all derivation indices* α, β, *the function*

$$(z+1)^d p^{\alpha}_{\beta}\left(x, \xi', -i\langle\xi'\rangle \frac{z+1}{z-1}\right)$$

is C^∞ *on the set* $x_n = 0$, $|z| = 1$, *and we have*

$$\left|(\partial/\partial z)^m \left[(z+1)^d p^{\alpha}_{\beta}\left(x, \xi', -i\langle\xi'\rangle \frac{z+1}{z-1}\right)\right]\right| \leqslant c_{m,\alpha,\beta}(x')\,\langle\xi'\rangle^{d-|\alpha|},$$

where $c_{m,\alpha,\beta}$ *is a continuous positive function of* x' *alone (we have set* $p^{\alpha}_{\beta} = (\partial/\partial\xi)^\alpha (\partial/\partial x)^\beta p$, *and* d *is the degree of* p*) or equivalently*

(2.1)″ *For all derivation indices α, β, p^α_β admits an asymptotic expansion*

$$p^\alpha_\beta \sim \sum_{k \geqslant -d} b_k(x, \xi')\, \xi_n^{-k}$$

when $\xi_n \to \infty$, $x_n = 0$, and the other variables are fixed, and we have

$$\Big|p^\alpha_\beta - \sum_{-d \leqslant k \leqslant N} b_k(x, \xi')\, \xi_n^{-k}\Big| \leqslant c_{N,\alpha,\beta}(x')\, \langle \xi' \rangle^{N+d-|\alpha|}\, \xi_n^{-N}$$

(*here again, d is the degree of p*)

(We leave the proof of these equivalences to the reader.)

Let us also notice that the coefficients α_s, a_k of (2.1) cannot be arbitrary if $p \in S^d_{1,0}$. First α_s has to be a polynomial of degree $d-s$ with respect to ξ': this is seen by descending recursion on s—knowing it when $t < s \leqslant d$, we get

$$(\partial/\partial\xi)^\alpha (\partial/\partial\xi_n)^t p = t!\, (\partial/\partial\xi')^\alpha \alpha_t + O(|\xi'|^{d-|\alpha|} \xi_n^{-t}) = O(|\xi|^{d-|\alpha|-t})$$

so that $(\partial/\partial\xi')^\alpha \alpha_t = 0$ if $|\alpha| > d-t$

Also if p is the sum of the series:

$$p = \sum a_k(x', \xi')\, (\langle \xi' \rangle - i\xi_n)^k\, (\langle \xi' \rangle + i\xi_n)^{-k-1}$$

where a_k is a rapidly decreasing sequence in $S^{d+1}_{1,0}$, we only have

$$\left|\left(\frac{\partial}{\partial\xi'}\right)^\alpha p\right| \leqslant c_\alpha(x')\, \langle \xi' \rangle^{d-|\alpha|+1}\, |\xi|^{-1}.$$

So in general we do not have $p \in S^d_{1,0}$, which shows that the sequence a_k cannot be arbitrary either.

Suppose now that $p(x, \xi)$ has an asymptotic expansion (as in (7))

$$p(x, \xi) \sim \sum p_k(x, \xi)$$

i.e. $p - \sum_{k<N} p_k \in S^{d_N}_{1,0}$ where $d_N \to -\infty$.

Then if every p_k has the transmission property with respect to the boundary, so has p. (In particular, if $p(x, y, \xi)$ is as above, and if P is the Fourier integral operator it defines, we have $P \sim P'(x, D)$ where

$$p'(x, \xi) \sim \sum \frac{i^{-|\alpha|}}{\alpha!} \left(\frac{\partial}{\partial y}\right)^\alpha \left(\frac{\partial}{\partial \xi}\right)^\alpha p(x, y, \xi)_{y=x}$$

—cf. [8]—so P has the transmission property.)

Suppose now that the p_k hereabove are homogeneous functions of ξ, as in [9], and that the degree of p_k is d_k. Then by considering Taylor expansions of $p_k(x, \xi)$ near the normal covectors $\xi' = 0$, and using homogeneity to reflect this on the behavior of $p(x, \xi)$ and the $p_k(x, \xi)$ when $\xi_n \to \infty$, we see that condition (2.1) is equivalent to

(2.3) *for every k, $p_k(x, -\xi) - e^{i\pi d_k} p_k(x, \xi)$ vanishes to the infinite order on the set of non zero normal covectors* ($x_n = 0$, $\xi' = 0$, $\xi_n \neq 0$).

(This condition is in fact stronger than necessary for theorem (2.9) to hold (cf. [5]), except when the degree d_k is an integer for every k. If P is elliptic, $p_0(x, \xi)$ cannot vanish, so the degree d_0 has to be integral. In § 4 and 5, we assume that the d_k are all integers, but this is not an essential restriction.)

We deduce immediately from the formulas of symbolic calculus developed in [7] or [9].

(2.4) PROPOSITION. *If P and Q have the transmission property and are properly supported, then the composition $P \circ Q$ also has the transmission property.*

If P is elliptic and has the transmission property, then so has any parametrix of P.

(2.5) PROPOSITION. *A partial differential operator with C^∞ coefficients has the transmission property. In particular the multiplication by a C^∞ function has the transmission property.*

(2.6) PROPOSITION. *Definition* (2.2) *is invariant under a change of coordinates that preserves the boundary.*

As a consequence of these propositions, we see that the transmission property with respect to the boundary makes sense for pseudo-differential operators acting on the sections of a C^∞ vector bundle on a C^∞ manifold with boundary.

As a first useful example, we describe the pseudo-differential operators that have the transmission property in dimension one:

(2.7) THEOREM. *Let $P(x, D)$ be a pseudo-differential operator defined in a neighborhood of the half line $x \geqslant 0$. In order that the transmission property with respect to the origin hold for P, it is necessary and sufficient that P admits a decomposition $P = P_0 + P_1 + P_2$, where the symbol of P_0 vanishes to the infinite order at the origin $x = 0$, P_1 is a differential operator with C^∞ coefficients, and the distribution kernel of P_2 is a function $f(x, y)$ which is C^∞ up to the diagonal for $x > y$, and also for $x < y$.*

Proof. Let us first choose P' so that the symbol of P' satisfies condition (2.1) at every point, and the symbol of $P_0 = P - P'$ vanishes to the infinite order at the origin. This can be done in any dimension: take for instance

$$p'(x,\xi)=\sum \frac{x_n^k}{k!}\left(\frac{\partial}{\partial x_n}\right) p(x',0,\xi)\varphi(\lambda_k x_n),$$

where $\varphi \in C_0^\infty(R)$ is equal to 1 near the origin, and the sequence λ_k increases sufficiently rapidly.

Next define $p_1(x,\xi)$ to be the polynomial part of $p'(x,\xi)$. Finally let $p_2(x,\xi)$ be the remainder $p_2=p'-p_1$ so that $p_2(x,\xi)$ admits a series expansion as in (1.8)

$$p_2(x,\xi)=\sum_{-\infty}^{+\infty} a_k(x)\frac{(1-i\xi)^k}{(1+i\xi)^{k+1}},$$

where the $a_k(x)$ form a rapidly decreasing sequence in $C^\infty(R)$. Then $P_1(x,D)$ is a differential operator with C^∞ coefficients. The distribution kernel of P_2 is the function $f(x,y)=g(x,x-y)$ where $g(x,z)$ is the inverse Fourier transform of $p_2(x,\xi)$ with respect to ξ. It follows from proposition (1.9) that $g(x,z)$ is C^∞ up to the boundary $z=0$ for $z>0$, and also for $z<0$. Conversely an operator $P_0(x,D)$ whose symbol vanishes to the infinite order at the origin obviously has the transmission property. So has a differential operator with C^∞ coefficients. That a pseudo-differential operator $P_2(x,D)$ as in theorem (2.7) has the transmission property follows from proposition (1.9) exactly as above. This ends the proof.

Now we introduce other notations.

Let $\overline{\Omega}$ be a C^∞ manifold with boundary $\partial\Omega$, and let V be a neighboring manifold.

If $f\in C^\infty(\Omega)$ (and more generally if $f\in C^\infty(\overline{\Omega},E)$ where E is a C^∞ vector bundle on V) we denote by $\tilde{f}$ the extension of f by 0 outside Ω.

Now let P be a pseudo-differential operator on V. We define a new operator P_Ω: $C_0^\infty(\overline{\Omega})\to C^\infty(\Omega)$ by

(2.8) $$P_\Omega f = P\tilde{f}/\Omega$$

P_Ω obviously depends only on the restriction of P to Ω (this is a pseudo-differential operator on the interior Ω, that can be extended as a pseudo-differential operator in a neighborhood of $\overline{\Omega}$).

(2.9) Theorem. *Let P have the transmission property with respect to $\partial\Omega$. Then P_Ω is continuous $C_0^\infty(\overline{\Omega})\to C^\infty(\overline{\Omega})$ (i.e. if f is C^∞ up to the boundary, then so is $P_\Omega f$).*

Proof. The theorem is local, so we will suppose that $\overline{\Omega}$ is the half space $\overline{R}_+^n$ $(x_n\geqslant 0)$. We can also suppose that P is properly supported, since the theorem is obviously true if P has a C^∞ distribution kernel. So P admits a Fourier integral representation. Finally since $P\cdot e^{x_n}\cdot f$ also has the transmission property, we can suppose $f=e^{-x_n}$. Then we have

$$P\tilde{f}=(2\pi)^{-1}\int e^{ix_n\xi_n}p(x,0,\xi_n)\,(1+i\xi_n)^{-1}d\xi_n,$$

where the integral represents the one dimensional inverse Fourier transform.

Now $p(x, 0, \xi_n) = p(x', x_n, 0, \xi_n)$, considered as a function of x_n, ξ_n alone, is the symbol of a one dimensional pseudo-differential operator which has the transmission property with respect to the origin, and as such depends C^∞ on x'.

To prove theorem (2.9), it only remains to prove it in dimension one. Then we use the decomposition of theorem (2.7): the result is obviously true for all three terms.

To end this paragraph, let us mention without proof the following result: if P has the transmission property, and its degree is d, then P_Ω extends continuously $H_s^{\text{comp}}(\overline{\Omega}) \to H_{s-d}^{\text{loc}}(\overline{\Omega})$ if $s > -\frac{1}{2}$. If the degree is negative, $d \leqslant 0$, then P_Ω also extends continuously $\mathcal{E}'(\overline{\Omega}) \to \mathcal{D}'(\overline{\Omega})$ (cf. [5]).

3. Poisson operators, trace operators, singular Green operators

0. *Negligible operators.* Let $\overline{\Omega}$ be a C^∞ manifold with boundary $\partial\Omega$. Let dy (resp. dy') be a measure on $\overline{\Omega}$ (resp. $\partial\Omega$) whose density is positive and C^∞ up to the boundary.

A negligible Poisson operator is an operator K: $C_0^\infty(\partial\Omega) \to C^\infty(\overline{\Omega})$ which extends continuously: $\mathcal{E}'(\partial\Omega) \to C^\infty(\overline{\Omega})$. Equivalently K is defined by:

$$Kf(x) = \int_{\partial\Omega} k(x, y') f(y')\, dy',$$

where $k(x, y')$ is C^∞ up to the boundary on $\overline{\Omega} \times \partial\Omega$.

A negligible trace operator of class r is an operator T: $C^\infty(\overline{\Omega}) \to C^\infty(\partial\Omega)$ defined by:

$$Tf(x') = \int_{\Omega} t(x', y) f(y)\, dy + \sum_0^{r-1} \int_{\partial\Omega} q_k(x', y') f^{(k)}(y')\, dy',$$

where t (resp. q_k, $k = 0, \ldots, r-1$) is C^∞ up to the boundary on $\partial\Omega \times \overline{\Omega}$ (resp. $\partial\Omega \times \partial\Omega$), and $f^{(k)}$ is the kth derivative of f with respect to some C^∞ normal vector $\partial/\partial n$.

If $r = 0$, T has a continuous extension $\mathcal{E}'(\overline{\Omega}) \to C^\infty(\partial\Omega)$. Otherwise T only extends continuously $C_0^r(\overline{\Omega}) \to C^\infty(\partial\Omega)$ (or $H_s^{\text{comp}}(\overline{\Omega}) \to C^\infty(\partial\Omega)$ when $s > r - \frac{1}{2}$).

A negligible pseudo-differential operator (or Green operator) of class r is an operator G: $C_0^\infty(\overline{\Omega}) \to C^\infty(\overline{\Omega})$ defined by

$$Gf(x) = \int_{\Omega} g(x, y) f(y)\, dy + \sum_0^{r-1} \int_{\partial\Omega} k_p(x, y') f^{(p)}(y')\, dy',$$

where g (resp. the k_p, $p = 0, \ldots, r-1$) is C^∞ up to the boundary (including corners) on $\overline{\Omega} \times \overline{\Omega}$ (resp. $\overline{\Omega} \times \partial\Omega$).

If $r = 0$, G extends continuously: $\mathcal{E}'(\overline{\Omega}) \to C^\infty(\overline{\Omega})$. Otherwise it only extends continuously $C_0^{r-1}(\overline{\Omega}) \to C^\infty(\overline{\Omega})$ (or $H_s^{\text{comp}}(\overline{\Omega}) \to C^\infty(\overline{\Omega})$ when $s > r - \frac{1}{2}$).

Finally a negligible pseudo-differential operator on the boundary is an operator Q: $C_0^\infty(\partial\Omega) \to C^\infty(\partial\Omega)$ with C^∞ kernel.

If in the matrix $A = \begin{pmatrix} G & K \\ T & Q \end{pmatrix}$ all the coefficients negligible of class r, and if $\bar\Omega$ is compact, then there exists a negligible matrix, of class r, A', such that $(1-A)(1-A')$ is a projector on the range of $(1-A)$ (resp. or such that $(1-A')(1-A)$ is a projector on a supplementary of the kernel of $(1-A)$, containing the range of $(1-A)^N$ if N is large enough); the range (resp. kernel) of $(1-A)$ is closed and finite codimensional (resp. finite dimensional). The proof is easy and left to the reader.

1. *Poisson operators.* A typical example is the operator that solves the Dirichlet problem in the half space:

$$\begin{cases} \left(\sum_0^{n-1} (\partial/\partial x_k)^2 + (t\partial/\partial x_n)^2\right) F = 0 \\ F(x', 0) = f(x'), \end{cases}$$

where t is a complex number of positive real part $\operatorname{Re} t > 0$.

If $f \in C_0^\infty(R^{n-1})$, the unique bounded solution is:

$$\begin{aligned} F(x) &= \pi^{-n/2}\Gamma(n/2) \int_{R^{n-1}} t x_n (t^2 x_n^2 + |x'-y'|^2)^{-n/2} f(y')\, dy' \\ &= (2\pi)^{1-n} \int_{R^{n-1}} e^{ix'\cdot\xi'} e^{-tx_n|\xi'|} \hat f(\xi')\, d\xi' \\ &= (2\pi)^{-n} \int_{R^n} e^{ix\cdot\xi} (t|\xi'| + i\xi_n)^{-1} \hat f(\xi')\, d\xi \end{aligned}$$

(the last integral represents the inverse Fourier transform, i.e. it is $\int^+$ with respect to ξ_n).

Here we will be interested in the last formula.

Now let $k(x', \xi)$ be a C^∞ function on $R^{n-1} \times R^n$, admitting a series expansion:

$$k(x', \xi) = \sum_0^\infty a_p(x', \xi') (\langle\xi'\rangle - i\xi_n)^p (\langle\xi'\rangle + i\xi_n)^{-p-1}, \tag{3.1}$$

where $a_p(x', \xi')$ is a rapidly decreasing sequence in $S^d_{1,0}$, and where we have set as in § 2 $\langle\xi'\rangle = (1 + |\xi'|^2)^{\frac12}$.

(3.2) *Definition. The Poisson operator K of degree d and symbol* $k(x', \xi)$ is the operator $K: C_0^\infty(R^{n-1}) \to C^\infty(\bar R^n_+)$ defined by:

$$Kf(x) = (2\pi)^{-n} \int d\xi_n \int e^{ix\cdot\xi} k(x', \xi) \hat f(\xi')\, d\xi \qquad (^1)$$

(1) We have written $x = (x', x_n)$ where $x' \in R^{n-1}$ is the tangential component of x, and $x_n \in R_+$ its normal component.

(the formula hereabove only defines K as a continuous operator: $C_0^\infty(R^{n-1}) \to C^\infty(R_+^n)$, where R_+^n is the open half space; but we show in (3.8) that K is in fact continuous $C_0^\infty(R^{n-1}) \to C^\infty(\bar{R}_+^n)$).

More generally, we will call Poisson operator the sum of a negligible Poisson operator as in definition (3.2).

We will also denote by $\mathcal{K}^d$ the set of functions satisfying (3.1); by $\mathcal{K}^{-\infty}$ the intersection $\mathcal{K}^{-\infty} = \bigcap \mathcal{K}^d$. We write $k \sim \sum k_j$ if $k - \sum_0^{m-1} k_j \in \mathcal{K}^{d_m}$ where $d_m \to -\infty$. It will follow from (3.8) that the Poisson operator of definition (3.2) is negligible if and only if $k \sim 0$, i.e. $k \in \mathcal{K}^{-\infty}$.

(3.3) *Example;* Let P be a pseudo-differential operator defined near $\bar{R}_+^n$, and satisfying the transmission property. The operator K_P: $C_0^\infty(R^{n-1}) \to C^\infty(R_+^n)$ defined by

$$K_P(f) = P(f \cdot \delta(x_n))/R_+^n$$

is a Poisson operator.

(Here $\delta(x_n)$ represents the Lebesgue measure on the boundary R^{n-1}.)

Proof. We can always write P as a sum $P = P_0 + P_1 x_n + P_2$, where P_0 is negligible, and $P_2 = p_2(x\ D)$, where the symbol $p_2(x, \xi)$ does not depend on x_n (so both P_1 and P_2 have the transmission property).

Then K_{P_0} is a negligible Poisson operator, $K_{P_1} = 0$ (because $x_n \delta(x_n) = 0$), and we have

$$K_{P_2} f(x) = (2\pi)^{-n} \int_{R^n} e^{ix\cdot\xi} p_2(x, \xi) \hat{f}(\xi')\, d\xi \tag{3.4}$$

$$= (2\pi)^{-n} \int^+ d\xi_n \int_{R^{n-1}} p_2^+(x', \xi) \hat{f}(\xi')\, d\xi'$$

where we have set $p_2^+(x', \xi) = h_\xi^+\ p_2(x, \xi)$: since p_2 satisfies (2.1), p_2^+ obviously satisfies (3.1).

Conversely we have the following result:

(3.5) Proposition. *Every Poisson operator can be defined as in the example above.*

Proof. Let R be the Seeley extension operator (R. T. Seeley—Extension of C^∞ functions defined in a half space. Proc. Amer. Math. Soc., 15 (1964), 625–626):

$$Ef(x) = \sum_1^\infty a_n f(-nx) \quad \text{when } x < 0,$$

where a_n is a rapidly decreasing sequence, and $\Sigma\, n^k a_n = (-1)^k$ for every k.

Let $\hat{E}$ be the Fourier transform of E: $\hat{E}\hat{f} = \widehat{Ef}$. Then $\hat{E}$ is continuous: $H^+ \to \mathcal{S}$; we have $h^+(\hat{E}\varphi) = \varphi$; and $\hat{E}$ commutes with homotheties.

Let K be the Poisson operator of definition (3.2), and set

$$p(x, \xi) = E_{\xi_n} k(x', \xi).$$

Then p belongs to $S^{d-1}_{1,0}$ and has the transmission property (it is a rapidly decreasing function of ξ_n when the other variables are fixed). Since we have $k(x', \xi) = h^+_{\xi_n} p(x, \xi)$, it follows from (3.4) that $K_{p(x,D)} = K$.

Now proposition (3.5) is obvious for negligible Poisson operators and this ends the proof.

As a first consequence we see that any Poisson operator K admits a Fourier integral representation:

$$Kf(x) = (2\pi)^{-n} \int^+ d\xi_n \iint e^{i(x-y')\cdot\xi} k(x, y', \xi) f(y')\, dy'\, d\xi,$$

where $k(x, y', \xi)$ admits a series expansion such as (3.1).

Conversely if in the formula hereabove, $k(x, y', \xi)$ admits a series expansion such as (3.1) for all x, y', then the Fourier integral operator K it defines is a Poisson operator; to see this, we just repeat the proof of proposition (3.5). In particular, modulo a negligible Poisson operator, K always admits a Fourier integral representation as above, where the function $k(x, y', \xi)$ only depends on y'.

We also have the following result:

(3.6) *$x_n^p k(x', \xi)$ and $(i\partial/\partial\xi_n)^p k(x', \xi)$ define the same Poisson operator.*

(3.7) COROLLARY. *Definition (3.2) is invariant under a change of coordinates that preserves the boundary.*

(3.8) COROLLARY. *A Poisson operator K is continuous: $C_0^\infty(R^{n-1}) \to C^\infty(\bar{R}^n_+)$ and extends continuously $\mathcal{E}'(R^{n-1}) \to \mathcal{D}'(\bar{R}^n_+) \cap C^\infty(R^n_+)$ (1).*

If $f \in \mathcal{E}'(R^{n-1})$ is C^∞ near a point $x \in R^{n-1}$, then Kf is C^∞ up to the boundary near x.

Proof of (3.8). Let P be a pseudo-differential operator satisfying the transmission property, such that $Kf = P(f\delta(x_n))/\bar{R}^n_+$. First we see that Kf is well defined and is C^∞ in the open half space $x_n > 0$ if $f \in \mathcal{E}'(R^{n-1})$. Since corollary (3.8) is obvious for negligible Poisson operators, we can always assume that P is properly supported. Then we have

$$Kf = (P \cdot \partial/\partial x_n)_\Omega \cdot \varphi,$$

---

(1) $\mathcal{D}'(\bar{R}^n_+) \cap C^\infty(R^n_+)$ denotes the space of distributions supported by the closed half space $x_n \geqslant 0$, which are C^∞ in the open half space $x_n > 0$.

where $\varphi(x)=\varphi(x', x_n)=f(x')$ (φ belongs to $C^\infty(\bar{R}^n_+)$, and its restriction to R^{n-1} is f). So it follows from theorem (2.9) that Kf is C^∞ up to the boundary if f is C^∞ (or at any point near which f is C^∞).

Now let us suppose that P is precisely the pseudo-differential operator constructed in the proof of (3.5). Then the symbol of P does not depend on x_n, and is a rapidly decreasing function of ξ_n when $\xi_n \to \infty$ (the other variables remaining fixed). It follows that if $f \in \mathcal{E}'(R^{n-1})$, $P(f\delta(x_n))=g(x', x_n)$ is a distribution of x' which depends C^∞ on x_n. So if we set $Y(x_n)=1$ if $x_n \geqslant 0$, 0 if $x_n<0$, the product $Y(x_n)g(x', x_n)$ makes sense, and $f \to Y(x_n)\, g(x', x_n)$ is the continuous extension of K announced in (3.8).

It follows from corollary (3.7) that we can define a Poisson operator acting on the sections of C^∞ vector bundles on a C^∞ manifold $\bar{\Omega}$ with boundary $\partial\Omega$. It is a continuous operator

$$K\colon C^\infty(\partial\Omega, E) \to C^\infty(\bar{\Omega}, F)$$

(E is a C^∞ bundle on $\partial\Omega$, F a C^∞ bundle on $\bar{\Omega}$). It extends continuously as in (3.8).

To end this section, let us mention without proof the following result (cf. (5)):

If K is a Poisson operator of degree d, then K extends continuously: $H^{\text{comp}}_{s-1/2}(\partial\Omega) \to H^{\text{loc}}_{s-d}(\bar{\Omega})$.

2. *Trace operators.* The classical trace operators are those which take $f \in C_0^\infty(\bar{\Omega})$ into $Tf=Q(f^{(\alpha)}/\partial\Omega)$, where Q is a pseudo-differential operator on the boundary, and $f^{(\alpha)}$ some derivative of f. To these we add the adjoints of Poisson operators, and we finally get the following definition.

Let $t(x', \xi)$ be a C^∞ function on $R^{n-1} \times R^n$ admitting the following series expansion:

$$t(x', \xi)=\sum_0^{r-1} \alpha_s(x', \xi')\, \xi_n^s+\sum_0^\infty a_p(x', \xi')\,(\langle\xi'\rangle+i\xi_n)^p(\langle\xi'\rangle-i\xi_n)^{p+1} \tag{3.9}$$

where α_s belongs to $S^{d-s}_{1,0}$, and the a_p form a rapidly decreasing sequence in $S^{d+1}_{1,0}$.

(3.10) *Definition. The trace operator T of degree d and symbol $t(x', \xi)$* is the continuous operator: $C_0^\infty(\bar{R}^n_+) \to C^\infty(R^{n-1})$ defined by

$$Tf(x')=(2\pi)^{-n}\int e^{ix'\cdot\xi'}\,d\xi' \int^{+} t(x', \xi)\, \hat{f}(\xi)\, d\xi_n$$

(here $\hat{f}$ is the Fourier transform of the extension of f by 0 outside of the half space R^n_+).

We will say that T is of class r if r is the integer limiting the first sum in (3.9).

To these operators we add the negligible trace operators.

The following assertions are immediate consequences of those of section 1:

(3.11) Proposition. *T is a trace operator if and only if it can be written as a sum*

$$Tf = \Sigma\, Q_i(P_i \cdot f/\partial\Omega),$$

where the Q_i are pseudo-differential operators on the boundary R^{n-1}, P_i are pseudo-differential operators satisfying the transmission condition on $\overline{\Omega} = R^n$.

(If T is of class 0, then there exists a pseudo-differential operator satisfying the transmission condition P such that $Tf = P_\Omega f/\partial\Omega$. But this is not the case for a "classical" trace operator: $Tf = Q(f^{(\alpha)}/\partial\Omega)$ can be represented in this way only if Q is a partial differential operator.)

(3.12) Proposition. *Definition (3.9) is invariant by a change of coordinates which preserves the boundary.*

As a consequence, we can define trace operators acting on the sections of C^∞ bundles on a C^∞ manifold with boundary.

(3.13) Proposition. *A trace operator T is continuous $C_0^\infty(\overline{\Omega}) \to C^\infty(\partial\Omega)$. It extends continuously $H_s^{\text{comp}}(\overline{\Omega}) \to H_{s-d-\frac{1}{2}}(\partial\Omega)$ if $s > r - \frac{1}{2}$ (where d is the degree of T, and r its class). If $r = 0$, it also extends continuously $\mathcal{E}'(\overline{\Omega}) \to \mathcal{D}'(\partial\Omega)$, and if f is C^∞ up to the boundary near a point $x \in \partial\Omega$, then Tf is C^∞ near x.*

The limitation on s comes from the "classical" trace operator contained in T (which involves the restriction to the boundary of normal derivatives of order smaller than $r-1$).

We also have

(3.14) *$t(x', \xi) \cdot x_n^p$ and $(-i\partial/\partial\xi_n)^p t(x', \xi)$ define the same trace operator.*

3. *Singular Green operators.* Let $g(x', \xi', \xi_n, \eta_n)$ be a C^∞ function on $R^{n-1} \times R^{n-1} \times R \times R$ admitting a series expansion:

$$g(x', \xi', \xi_n, \eta_n) = \sum_0^{r-1} k_s(x', \xi', \xi_n)\, \eta_n^s \sum_{\substack{p \geq 0 \\ q \geq 0}} a_{pq}(x', \xi') + \frac{(\langle \xi' \rangle - i\xi_n)^p}{(\langle \xi' \rangle + i\xi_n)^{p+1}} \frac{(\langle \xi' \rangle + i\eta_n)^q}{(\langle \xi' \rangle - i\eta_n)^{q+1}}, \tag{3.15}$$

where $k_s \in \mathcal{K}^{d-s}$ is the symbol of a Poisson operator of degree $d-s$, and a_{pq} a rapidly decreasing double sequence in $S_{1,0}^{d+1}$.

(3.16) *Definition. The singular Green operator G of degree d and class r defined by the symbol g* is the operator $G: C_0^\infty(\overline{R}_+^n) \to C^\infty(\overline{R}_+^n)$ defined by:

$$Gf(x) = (2\pi)^{-n-1} \int d\xi' \int^+ e^{ix\cdot\xi}\, d\xi_n \int^+ g(x', \xi', \xi_n, \eta_n)\, \hat{f}(\xi', \eta_n)\, d\eta_n$$

(here $\hat{f}$ is the Fourier transform of the extension of f by 0 for $x_n < 0$,

To these operators we add the negligible Green operators.

An equivalent definition is the following: there exists a rapidly decreasing sequence of Poisson operators K_j of degree d, and a rapidly decreasing sequence of trace operators T_j of degree 0 and class r, one of the two sequences beeing uniformly properly supported, such that

$$G-\Sigma K_j T_j \text{ is a negligible Green operator,}$$

Using formula (3.15), we see that we can in fact choose T_j so that its symbol does not depend on x', and so that only a finite number of them are not of class 0. In this case the composition $K_j T_j$ is clearly a singular Green operator That KT is a singular Green operator for general Poisson operators and trace operators (one of which is properly supported) follows from the fact that the composition of two pseudo-differential operators on the boundary is another one, and of formulas (3.1), (3.6).

The following assertions are immediate consequences of sections 1 and 2 of this paragraph:

(3.17) PROPOSITION. *Definition (3.16) is invariant under a change of coordinates which preserves the boundary.*

Since the composition of a Poisson operator (or trace operator) with the multiplication by a C^∞ function is another one, it follows that we can define a singular Green operator acting on the sections of a C^∞ vector bundle on a C^∞ manifold with boundary.

(3.18) PROPOSITION. *A singular Green operator of degree d and class r is continuous* $C_0^\infty(\overline{\Omega}) \to C^\infty(\overline{\Omega})$ *and extends continuously;* $H_s^{\text{comp}}(\overline{\Omega}) \to H_{s-d}^{\text{loc}}(\overline{\Omega})$ *if* $s > r + \frac{1}{2}$.

If $r=0$, *it also extends continuously* $\mathcal{E}'(\overline{\Omega}) \to \mathcal{D}'(\overline{\Omega})$. *If* f *is* C^∞ *up to the boundary near a point* x, *then so is* Gf.

(3.19) $x_n^p g(x', \xi', \xi_n, \eta_n) x_n^q$ *and* $i^{p-q}(\partial/\partial\xi_n)^p(\partial/\partial\eta_n)^q g(\ldots)$ *define the same singular Green operator.*

4. Symbolic calculus

Let Ω be a C^∞ manifold with boundary as before. A general Green operator on Ω is a matrix (as (0.1) in the introduction):

$$A = \begin{pmatrix} P_\Omega + G & K \\ T & Q \end{pmatrix}, \tag{4.1}$$

where P is a pseudo-differential operator (defined in a neighborhood of $\overline{\Omega}$), satisfying the transmission property with respect to $\partial\Omega$; G is a singular Green operator, K a Poisson operator, T a trace operator, and Q a pseudo-differential operator on the boundary.

These operators form an "algebra" as was announced in the introduction (i.e. if A and B are two such operators, the sum $A+B$ is another if it is defined, and the composition $A \circ B$ is another if A or B is properly supported and the composition is defined). To prove this we examine first the case where $\overline{\Omega}$ is the half space $\overline{R}^n_+$, and the symbols of the coefficients of A and B do not depend on x (or x'): in this case we get:

(4.2)

1. $\widehat{P_\Omega f} = h^+_{\xi_n}(p(\xi)\hat{f}(\xi))$

2. $\widehat{Gf} = (2\pi)^{-1}\int^+ g(\xi', \xi_n, \eta_n)\hat{f}(\xi', \eta_n)\, d\eta_n$

3. $\widehat{Ku} = k(\xi', \xi_n)\hat{u}(\xi')$

4. $\widehat{Tf} = (2\pi)^{-1}\int^+ t(\xi', \xi_n)\hat{f}(\xi', \xi_n)\, d\xi_n$

5. $\widehat{Qu} = q(\xi')\hat{u}(\xi')$.

(In these formulas, if f is a function on the half space $\overline{R}^n_+$, $\hat{f}$ denotes the Fourier transform of the extension of f by 0 on the complementary half space $x_n < 0$.)

So in this case the assertion follows from § 1.

With this as starting point, the fact that the composition of two Green operators such as (4.1) is another one is proved exactly in the same way as the fact that the composition of two pseudo-differential operators is another one, where the starting point is the case of two translation invariant operators (cf. [7], [8], [9]), and we will omit the proof.

From now on, we will suppose that the symbols of the coefficients of A in (4.1) admit asymptotic expansions in homogeneous functions of integral degree of ξ.

Then we define a principal symbol corresponding to the leading term in the expansion. In fact we define two symbols: first we define the interior symbol $\sigma_\Omega(A)$. This is just the principal symbol of the pseudo-differential coefficient in A:

$$\sigma_\Omega(A) = p_0(x, \xi).$$

It is a bundle homomorphism on the unit cotangent sphere S_Ω of $\overline{\Omega}$, the coefficients of whose matrix are C^∞ up to the boundary and satisfy the symmetry condition (2.3).

Conversely, by examining first the case of an operator on the half space $\overline{R}^n_+$, and then patching together by means of a partition of the unity, we see that any bundle homomorphism $p_0(x, \xi)$ on S whose coefficients are as above is the interior symbol of a pseudo-differential operator satisfying the transmission property on Ω.

The interior symbol map is a homomorphism, i.e. we have

$$\sigma_\Omega(A+B)=\sigma_\Omega(A)+\sigma_\Omega(B)$$

$$\sigma_\Omega(A\circ B)=\sigma_\Omega(A)\circ\sigma_\Omega(B)$$

whenever the sum or product is defined.

Next we define the boundary symbol $\sigma_{\partial\Omega}(A)$. This is a Wiener–Hopf operator (as in § 1) depending C^∞ on a unit cotangent vector on the boundary, whose matrix is (with the notations of § 1)

$$\sigma_{\partial\Omega}(A)=\begin{pmatrix} p(\xi_n)+g(\xi_n,\eta_n) & k(\xi_n)\\ t(\eta_n) & q\end{pmatrix} \tag{4.3}$$

(we have written $p(\xi_n)$ instead of $p_0(x',\xi',\xi_n)$ etc. ...)

It operates from $E\otimes H_N^+\oplus F$ to $E'\otimes H_N^+\oplus F'$, where H_+^N is defined by (1.16) (N is the normal cotangent bundle, oriented by the inward normal). (The resaon for interpreting H_N^+ as a space of measures rather than a space of functions is the following: if $\overline{\Omega}$ is the half space $\overline{R}_+^n$, the Fourier transforms $\hat{f}$ of $f\in C_0^\infty(\overline{R}_+^n)$ and $\hat{u}$ of $u\in C^\infty(R^{n-1})$ are really measures on the dual space of R^n (resp. R^{n-1}); the reader can check by making a linear change of coordinates preserving the boundary that the interpretation of H_N^+ as a space of measures on N leads to the right formula for the behaviour of the symbol under a change of coordinates).

The interior symbol map is also a homomorphism, i.e.

$$\sigma_{\partial\Omega}(A+B)=\sigma_{\partial\Omega}(A)+\sigma_{\partial\Omega}(B)$$

$$\sigma_{\partial\Omega}(A\circ B)=\sigma_{\partial\Omega}(A)\circ\sigma_{\partial\Omega}(B)$$

whenever the sum or product is defined.

This is proved exactly as for the principal symbol of pseudo-differential operators, the starting point being the case of operators on the half space $\overline{R}_+^n$ whose symbols do not depend on x or x': in this case the assertion follows from (4.2) and § 1.

Of course, the boundary and interior symbols of a Green operator A are related: the coefficient $p(\xi_n)$ in the matrix $\sigma_{\partial\Omega}(A)=\begin{pmatrix} p+g & k\\ t & q\end{pmatrix}$ is the restriction to the boundary of the interior symbol $\sigma_\Omega(A)$.

(4.4) Conversely, if $p(\xi)$ and $a(\xi')=\begin{pmatrix} p'+g & k\\ t & q\end{pmatrix}$ are respectively an interior and a boundary symbol, we will say that they are compatible if p' is the restriction of p to $\partial\Omega$: if p and a are compatible, there exists a Green operator A such that $\sigma_\Omega(A)=p$, $\sigma_{\partial\Omega}(A)=a$.

(4.5) PROPOSITION. *Let P (resp. G, K, T, Q) be a pseudo-differential operator of degree d on $\overline{\Omega}$, satisfying the transmission property (resp. ...). Then P (resp. ...) is compact:*

$H_s^{\mathrm{comp}}(\overline{\Omega}) \to H_{s-d}^{\mathrm{loc}}(\overline{\Omega})$ *for large s (resp. same, resp.* $H_{s-1/2}^{\mathrm{comp}}(\partial\Omega) \to H_{s-d}^{\mathrm{loc}}(\overline{\Omega})$, $H_s^{\mathrm{comp}}(\overline{\Omega}) \to H_{s-d-1/2}^{\mathrm{loc}}(\partial\Omega)$ *for large s,* $H_s^{\mathrm{comp}}(\partial\Omega) \to H_{s-d}^{\mathrm{loc}}(\partial\Omega)$ *if and only if its principal symbol is* 0.

Proof. The condition is sufficient because the operator is really of degree $d-1$ if the principal symbols vanish identically. That the condition is necessary is known for P and Q (then the principal symbol must vanish inside Ω resp. $\partial\Omega$). The assertion then follows for the other operators: if the principal symbol of K (resp. T, G) does not vanish identically, it follows from the composition formulas (1.13) that there exists a compactly supported trace operator T of degree 0 and class 0 (resp. K of degree 0, resp. K and T of degree 0) such that the principal symbol of $Q = T \circ K$ (resp. same, resp. $T \circ G \circ K$) does not vanish identically.

5. Boundary problems. The index formula

In this paragraph, we suppose $\overline{\Omega}$ compact. Otherwise, results concerning symbolic calculus only hold locally.

1. Let $A = \begin{pmatrix} P+G & K \\ T & Q \end{pmatrix}$ be a Green operator as in (4.1).

As in § 4, we will suppose that (in some coordinate patch) the complete symbols have asymptotic expansions in homogeneous functions of integral degree of ξ, so that the degree d and the (principal) interior and boundary symbols are well defined.

We will say that A is elliptic if it admits a both sided parametrix A' of degree $-d$ (i.e. $1 - AA'$ and $1 - A'A$ are negligible operators in the sense of § 3.0). (We do not investigate here the case where there exists a both sided parametrix of the wrong degree. One such case is easily reduced to the case studied here: this is when the bundles on the sections of which A operates are split in direct sums, and A has different degrees in different directions but is elliptic in the sense of Agmon, Douglis and Nirenberg (Comm. Pure Appl. Math., 17 (1964), 32–92); in fact the results of this paragraph remain valid in this case, provided the principal symbols are redefined conveniently).

(5.1) Theorem. *A is elliptic if and only if both its interior and boundary symbols are invertible.*

Proof. The condition is obviously necessary. Conversely if $\sigma_\Omega(A)$ and $\sigma_{\partial\Omega}(A)$ are both invertible, their inverses are compatible, so there exists a Green operator A'' such that $\sigma_\Omega(A'') = \sigma_\Omega(A)^{-1}$, $\sigma_{\partial\Omega}(A'') = \sigma_{\partial\Omega}(A)^{-1}$ (cf. (4.4)).

Then $B = 1 - A \circ A''$ is of degree -1.

Now let A' be a Green operator such that

$$A' \sim A'' \circ \sum_0^\infty B_k$$

(where as in (7), $\sim$ means that the degree of $A' - A'' \circ \sum_0^N B^k$ tends to $-\infty$ when $N \to \infty$. That such an operator exists is proved just as in (7)). Then $1 - A \circ A'$ is a negligible operator, so that A' is a right parametrix to A. In the same way one proves that there exists a left parametrix, and it follows that A' is already a both sided parametrix.

2. *An example.*

Let $A = \begin{pmatrix} P+G & K \\ T & Q \end{pmatrix}$ and suppose that P is elliptic near $\overline{\Omega}$, i.e. the interior symbol is invertible. Then $\sigma_{\partial\Omega}(A)$ is a Fredholm operator depending continuously on $\xi' \in S_{\partial\Omega}$ ($S_{\partial\Omega}$ denotes the unit contangent sphere on $\partial\Omega$). So it has an index bundle: (1)

(5.2) *Definition:* $j(A) \in K(S_{\partial\Omega})$ *is the index bundle of the Fredholm operator* $\sigma_{\partial\Omega}(A)$ (*when* $\sigma_\Omega(A)$ *is invertible*).

(This depends only on the boundary symbol a of A, and we shall also write it $j(a)$ when convenient.)

Quite obviously we have

$$j(A \oplus B) = j(A) + j(B) \tag{5.3}$$

$$j(A \circ B) = j(A) + j(B) \text{ when } A \circ B \text{ is defined.}$$

In particular, if A operates on the bundles E, E', F, F' as in (0.1), and if π is the projection of the cotangent bundle onto $\partial\Omega$, we have:

$$j(A) = j(P_\Omega) + \pi^* F - \pi^* F' \tag{5.4}$$

Example. Let us first choose a metric on $\overline{\Omega}$, so that $\overline{\Omega}$ is isometric to $\partial\Omega \times \overline{R}_+$ near the boundary. Let α be a smooth function near $\partial\Omega$, equal to 1 near $\partial\Omega$ and to 0 out of a small neighborhood of $\partial\Omega$. Finally let $\varphi(t)$ be a smooth function of one variable, such that $0 \leq \varphi \leq 1$, $\varphi(t) = 0$ near $t = 0$, and $\varphi(t) = 1$ if $t > \varepsilon$ (ε will be chosen small later on).

Now let us set:

$$\zeta = (\xi_n + i|\xi'|\varphi(|\xi'|/|\xi|))^{-1}(\xi_n - i|\xi'|\varphi(|\xi'|/|\xi|)).$$

---

(1) This bundle is also used in [11] in a more general situation. It is the bundle M^+ of [3] when A is a partial differential operator. For the definition of the index bundle, we refer to [2] and its bibliography.

(The normal and tangential components ξ_n, ξ' of ξ correspond to the isometry between $\overline{\Omega}$ and $\partial\Omega \times \overline{R}_+$ near $\partial\Omega$, so that ζ is well defined and smooth when $\xi \neq 0$ near $\partial\Omega$ — say near the support of α.)

Let E be a vector bundle on $\partial\Omega$, and let $E^\perp$ be a complementary bundle, so that $E \oplus E^\perp \approx C^N$ is a trivial bundle. Then we define an interior symbol γ_E by

$$\gamma_E = \zeta^\alpha p_E + 1 - p_E \tag{5.5}$$

(p_E is the orthogonal projection on E, $1-p_E$ is the orthogonal projection on $E^\perp$. γ_E is at first only defined near $\partial\Omega$, and we extend it by the identity of $C^N = E \oplus E^\perp$ where $\alpha = 0$).

If ε is small, ζ is very close to

$$\zeta_0 = (\xi_n + i|\xi'|)^{-1}(\xi_n - i|\xi'|).$$

Now the kernel of the Wiener Hopf operator on H^+ defined by ζ_0 is the line of functions proportional to $(\xi_n - i|\xi'|)^{-1}$, and the cokernel is 0. So it follows that we have

$$j(\gamma_E) = E. \tag{5.6}$$

(Notice that we can always choose a pseudo-differential operator Γ_E with interior symbol $\sigma_\Omega(\Gamma_E) = \gamma_E$ so that it has the transmission property (2.3), and so that it coincides with the identity operator out of a small neighborhood of $\partial\Omega$.)

Since γ_E is an elliptic symbol, it follows that given any virtual bundle F on $\partial\Omega$, there exists an elliptic pseudo-differential operator P satisfying the transmission property, such that $j(P_\Omega) = \pi^* F$.

Next let E be a bundle on $\overline{\Omega}$. Then there exist two elliptic pseudo-differential operators of degree 1: Λ_E^+ and Λ_E^- with interior symbol:

$$\begin{aligned} \sigma_\Omega(\Lambda_E^+) &= \lambda_E^+ = (\xi_n - i|\xi'|\,\varphi(|\xi'|/|\xi|))^\alpha |\xi|^{1-\alpha} \quad 1_E \\ \sigma_\Omega(\Lambda_E^-) &= \lambda_E^- = (\xi_n + i|\xi'|\,\varphi(|\xi'|/|\xi|))^\alpha |\xi|^{1-\alpha} \quad 1_E \end{aligned} \tag{5.7}$$

(φ, α, and the metric on $\overline{\Omega}$ are as above).

For the same reason as in (5.6) we get:

$$j(\lambda_E^+) = E \tag{5.8}$$

$$j(\lambda_E^-) = 0. \tag{5.9}$$

Now let T_0 denote the Dirichlet data: $T_0 f = f/\partial\Omega$. We introduce the four following systems (Green operators):

$$\begin{pmatrix} (\Lambda_E^+)_\Omega \\ T_0 \cdot 1_E \end{pmatrix} \quad (\Lambda_E^-)_\Omega \quad \begin{pmatrix} (\Delta_E)_\Omega \\ T_0 \cdot 1_E \end{pmatrix} \quad \begin{pmatrix} (\Gamma_E)_\Omega \\ T_0 \cdot p_E \end{pmatrix} \tag{5.10}$$

(Δ_E is the Laplace operator on the sections of E. Its interior symbol is $-|\xi|^2\cdot 1_E$. In the last case, E is a bundle on $\partial\Omega$ as in (5.4), not necessarily the restriction of a bundle on $\overline{\Omega}$, p_E is the projection on E, parallel to $E^\perp$ and Γ_E is as above).

If ε has been chosen very small, λ^+ (resp. λ^-, γ) is very close to $\xi_n - i|\xi'|$ (resp. $\xi_n + i|\xi'|$, $(\xi_n+i|\xi'|)^{-1}(\xi_n+i|\xi'|)$), and it follows from theorem (5.1) that these four systems are elliptic. We also have:

$$\text{(5.11)}\quad \begin{aligned} &\begin{pmatrix}(\Delta_E)_\Omega \\ T_0\cdot 1_E\end{pmatrix} \text{ is homotopic to } \begin{pmatrix}(\Lambda_E^-)_\Omega & 0\\ 0 & 1\end{pmatrix}\circ\begin{pmatrix}(\Lambda_E^+)_\Omega \\ T_0\cdot 1_E\end{pmatrix}\\ &\begin{pmatrix}(\Gamma_E)_\Omega \\ T_0\cdot p_E\end{pmatrix} \text{ is homotopic to } 1_{E^\perp}\oplus\begin{pmatrix}(\Lambda_E^-)_\Omega & 0\\ 0 & 1\end{pmatrix}^{-1}\circ\begin{pmatrix}(\Lambda_E^+)_\Omega \\ T_0\cdot 1_E\end{pmatrix}\end{aligned}$$

(in these formulas, A^{-1} represents a parametrix of A).

Since we suppose that Ω is compact, the four elliptic operators of (5.10) are Fredholm, and have an index.

(5.12) THEOREM. *The four elliptic systems of (5.10) have index 0.*

Proof. The result is known for the Dirichlet problem $\begin{pmatrix}(\Delta_E)_\Omega \\ T_0\cdot 1_E\end{pmatrix}$. So in view of (5.11) it is sufficient to prove that the index of $\begin{pmatrix}(\Gamma_E)_\Omega \\ T_0\cdot p_E\end{pmatrix}$ is 0. We can choose Γ_E so that it coincides with the identity operator out of a small neighborhood of $\partial\Omega$, so we will suppose $\overline{\Omega}=\partial\Omega\times\overline{R}_+$. We will also forget the bundle E (the index of the identity operator on the sections of E is 0).

Let Δ'_E be a second order self adjoint operator on the sections of E on $\partial\Omega$, with symbol $-|\xi'|^2\cdot 1_E$, all of whose eigenvalues are negative (we suppose that C^∞ metrics on $\partial\Omega$ and E have been chosen). Define Γ'_E (on $\Omega\times R$) by

$$\Gamma'_E=(\partial/\partial x_n+\sqrt{-\Delta'_E})^{-1}\,(\partial/\partial x_n-\sqrt{-\Delta'_E}).$$

Taking expansions with respect to the eigenfunctions of Δ'_E and a Fourier transform with respect to the normal variable x_n, one checks immediately that $\begin{pmatrix}(\Gamma'_E)_\Omega \\ T_0\cdot 1_E\end{pmatrix}$ is an isomorphism: $H_1(\overline{\Omega},E)\to H_1(\overline{\Omega},E)\oplus H_{\frac12}(\partial\Omega,E)$.

To prove theorem (5.12), we will construct a homotopy of Fredholm operators from $H_1(\overline{\Omega},E)$ to $H_1(\overline{\Omega},E)\oplus H_{\frac12}(\partial\Omega,E)$ connecting $\begin{pmatrix}(\Gamma_E)_\Omega \\ T_0\cdot 1_E\end{pmatrix}$ to $\begin{pmatrix}(\Gamma'_E)_\Omega \\ T_0\cdot 1_E\end{pmatrix}$.

First let us set

$$P=(\partial/\partial x_n+\sqrt{-\Delta'_E}\cdot\varphi(\sqrt{\Delta'_E/\Delta_E}))\,(\partial/\partial x_n-\sqrt{-\Delta'_E}\cdot\varphi(\sqrt{\Delta'_E/\Delta_E}))$$

(we have set $\Delta_E = (\partial/\partial x_n)^2 + \Delta'_E$ and φ is as in (5.5)) i.e. if $-\lambda_k^2 (\lambda_k > 0)$ and $f_k(x')$ are the eigenvalues and eigenfunctions of Δ'_E, and if $\hat{u}(\xi_n)$ is the Fourier transform of $u(x_n)$ with respect to x_n, P is defined by its partial Fourier transform:

$$\hat{P}[f_k(x')\, u(x_n)] = (\xi_n + i\lambda_k \varphi(\lambda_k(\lambda_k^2 + \xi_n^2)^{-\frac{1}{2}}(\xi_n - i\lambda_k \varphi(\lambda_k(\lambda_k^2 + \xi_n^2)^{-\frac{1}{2}}))\, f_k(x')\, \hat{u}(\xi_n)$$

P is an x_n-translation invariant pseudo differential operator on the sections of E on $\partial\Omega \times R$. Its symbol is $\sigma(P) = \zeta$, and P induces an isomorphism of $H_1(\partial\Omega \times R, E)$ onto itself.

We choose the function α of (5.5) so that it only depends on x_n. Let $\beta, \gamma \in C^\infty(R)$ be such that $0 \leqslant \beta \leqslant 1$, $0 \leqslant \gamma \leqslant 1$ $\beta = 1$ near supp α, $\beta = 0$ for large x_n, and $\beta^2 + \gamma^2 = 1$. We will suppose that Γ_E is defined by

$$\Gamma_E = \beta\, P(x, D)^{\alpha(x_n)} \beta + \gamma^2$$

(where the power P^α is defined by taking the determination of ζ^α which is real positive when $\xi' = 0$, $\xi_n > 0$).

Our first homotopy is given by:

$$P_t = \beta P^{\alpha(x_n) + t(1-\alpha(x_n))} \beta + \gamma P^t \gamma \quad (0 \leqslant t \leqslant 1).$$

Our second homotopy consists in translating P_1 to the left:

$$P_t = P_1(x_n - t + 1) \quad (1 \leqslant t \leqslant t_2)$$

so that P_{t_2} and P coincide near the half line $x_n \geqslant 0$.

Our third homotopy consists in replacing φ by 1 in the formula defining P:

$$\varphi_t(u) = (t - t_2) + (1 - t + t_2)\varphi(u) \quad (t_2 \leqslant t \leqslant t_2 + 1).$$

The Green operator $A_t = \begin{pmatrix} (P_t)_\Omega \\ T_0 \cdot 1_E \end{pmatrix}$ depends continuously on t in the norm topology. That it remains a Fredholm operator in the third homotopy is seen by taking expansions with respect to the eigenfunctions of Δ'_E and a Fourier transform with respect to x_n, as above. It remains a Fredholm operator during the second homotopy: then P_t remains unchanged for large x_n, and its symbol is constant, so that if B_{t_2} is the inverse of A_{t_2}, it is also a quasi inverse of A_t $(1 \leqslant t \leqslant t_2)$ (i.e. $1 - A_t B_{t_2}$ and $1 - B_{t_2} A_t$ are compact operators). That it remains a Fredholm operator during the first homotopy is a consequence of the fact that we have chosen P so that it induces an isomorphism of $H_1(\partial\Omega \times R)$ and of the following lemma (the proof of which we leave to the reader):

LEMMA. *Let P be an x_n-translation invariant pseudo-differential operator of degree* 0 *on $\partial\Omega \times R$, and let φ be constant for large x_n. Then $P\varphi - \varphi P$ induces a compact operator on $H_1(\partial\Omega \times R)$.*

Knowing this, let B'_t be any parametrix of A_t, and let β', γ' be two C^∞ functions such that $\beta'=1$ near supp β, $\beta'=0$ for large x_n, and $\beta'^2+\gamma'^2=1$.

Then $B_t=\beta' B'_t \beta' + \gamma'(P^{-t}, 0)\gamma'$ is such that $1-A_tB_t$ and $1-B_tA_t$ are compact operators on $H_1(\overline{\Omega}, E)\oplus H_{\frac{1}{2}}(\partial\Omega, E)$ and $H_1(\overline{\Omega}, E)$ respectively (because $\beta'^2 - A_t\beta' B'_t\beta$ and $\gamma'^2 - A'_t\gamma'(P^{-t}, 0)\gamma'$, and also $\beta'^2-\beta' B'_t\beta' A_t$ and $\gamma'^2-\gamma'(P^{-t}, 0)\gamma' A_t$ are compact operators. We have written as a row matrix an operator from $H_1(\overline{\Omega})\oplus H_{\frac{1}{2}}(\partial\Omega)$ to $H_1(\overline{\Omega})$).

3. *The index bundle* $j(A)$. We investigate the bundle defined in (5.2) a little further.

Let P be an elliptic pseudo-differential operator satisfying the transmission property. If $A=\begin{pmatrix} P_\Omega+G & K \\ T & Q\end{pmatrix}$ is any elliptic system associated to P, then the boundary symbol of A is invertible, so we must have $j(A)=0$. Then, by (5.4) $j(P_\Omega)=\pi^*F'-\pi^*F$ has to be the pull back of a virtual bundle on $\partial\Omega$.

From now on we will suppose that A is of degree 0. If this is not the case, we replace A by $A'=A\circ\begin{pmatrix}(\Lambda_E^-)_\Omega & 0\\ 0 & (\Delta'_F)^{\frac{1}{2}}\end{pmatrix}^{-d}$ where d is the degree of A: by (5.9) and (5.12) this does not change the index bundle $j(A)$, nor the index.

The interior symbol $p=\sigma_\Omega(A)$ is an isomorphism of bundles: $E\simeq E'$ over the cotangent sphere S_Ω, and it satisfies the symmetry condition $p(\nu)=p(-\nu)$ on the normal bundle $\nu\in N$, so that it can be canonically extended on the normal bundle N: Then it defines a virtual bundle

$$d(p)\in K(T\overline{\Omega}, N) = K(B_{\overline{\Omega}}, S_{\overline{\Omega}}\cup N)$$

($B_{\overline{\Omega}}$ is the unit ball of $T\overline{\Omega}$, $S_{\overline{\Omega}}$ the unit sphere, for some metric).

Now let us consider the following commutative diagram:

$$\text{(5.13)}\qquad \begin{array}{ccccccccc}
 & & & & & & K(\Omega\times R^2) & \overset{\beta^{-1}}{\simeq} & K(\partial\Omega)\\
 & & & & & & \downarrow & & \downarrow\\
K(T\Omega) & \to & K(T\overline{\Omega}, N) & \to & K(T\overline{\Omega}/\partial\Omega, N) & \simeq & K(S_{\partial\Omega}\times R^2) & \overset{\beta^{-1}}{\simeq} & K(S_{\partial\Omega})\\
\downarrow & & \downarrow & & \downarrow & & \downarrow & & \downarrow\\
K(T\Omega) & \to & K(T\overline{\Omega}) & \to & K(T\overline{\Omega}/\partial\Omega) & \simeq & K^{-1}(T\Omega) & \simeq & K^1(T\partial\Omega).
\end{array}$$

In this diagram, we identify $T\overline{\Omega}/\partial\Omega$ and $T\partial\Omega\times R$ by taking the inward orientation of the normal bundle. The isomorphism $K(T\overline{\Omega}/\partial\Omega, N)\simeq K(S_{\partial\Omega}\times R^2)$ is defined by the map which takes (ξ', ξ_n) into $(\xi'/|\xi'|, \xi_n, \operatorname{Log}|\xi'|)$. β is the Bott isomorphism, i.e. the multiplication by the difference bundle $d(C, C, \xi_n+i\operatorname{Log}|\xi'|)\in K(R^2)=K^{-2}$ (point).

In the diagram, the columns are exact, and so are the rows at the second place $(K(T\overline{\Omega}, N), K(T\overline{\Omega}))$ (this is just the exact sequence of K-theory).

Now the image of $d(p) \in K(T\overline{\Omega}, N)$ in $K(S_{\partial\Omega})$ is precisely $j(P_\Omega)$ (cf. (2), where it is shown that the map which takes $f \in K^{-1}(X \times R) = K^{-2}(X)$ (i.e. f is a continuous matrix on $X \times R$, such that $f(x, \pm\infty) = 1$) into the index bundle $j(f)$ of the Wiener–Hopf operator defined by f is inverse to the Bott isomorphism: here the matrix f corresponding to $d(p)$ is precisely the interior symbol $p(\xi', \xi_n)$).

This proves the necessary part of

(5.14) THEOREM. *In order that there exist an elliptic Green operator with interior symbol $\sigma_\Omega(P_\Omega)$, it is necessary and sufficient that $j(P_\Omega)$ be the pull back of a virtual bundle on $\partial\Omega$, or equivalently that for large N, $1_{C^N} \oplus \sigma_\Omega(P)$ may be extended as an isomorphism on the full boundary of $B\overline{\Omega}$ (i.e. $\partial B_{\overline{\Omega}} = S_{\overline{\Omega}} \cup (B_{\overline{\Omega}}/\partial\Omega)$, where $S_{\overline{\Omega}}$ is the unit sphere, $B_{\overline{\Omega}}$ the unit ball of $T\overline{\Omega}$).*

The sufficiency will follow from section 4.

Theorem 5.14 remains true if the degree of P is not 0, since the symbol of Λ^- can obviously be extended.

The second condition is equivalent to the following: there exists a homotopy of elliptic pseudo-differential operators connecting $1_{C^n} \oplus P$ to an operator P' which coincides with the identity near $\partial\Omega$ (we identify the two bundles E and E' on the sections of which P operates by $\sigma_\Omega(P)(\nu)$ on $\partial\Omega$). However, such a homotopy will usually not preserve the symmetry condition $\sigma(\nu) = \sigma(-\nu)$. In view of the exactness of the middle row in (5.13), we have:

(5.15) PROPOSITION. *There exists a homotopy of elliptic pseudo-differential operators satisfying the transmission condition, connecting $1_{C^n} \oplus P$ to an operator P' which coincides with 1 near $\partial\Omega$ if and only if $j(P_\Omega) = 0$.*

(The exactness of the middle row of (5.13) only insures that there exists a continuous family of elliptic symbols p_t satisfying the symmetry condition $p_t(\nu) = p_t(-\nu)$, and such that $p_0 = 1_{C^n} \oplus \sigma_\Omega(P)$, $p_1 = 1$ near $\partial\Omega$. But then it is immediate to regularize p_t so that it is C^∞ and satisfies the transmission condition.)

4. *Reduction to the boundary.* In this section, we show how one can reduce the study of the ellipticity conditions to a problem concerning pseudo-differential operators on the boundary. (This technique has been used number of times—cf. A. P. Calderon: Boundary value problems for elliptic equations, *Outlines of the joint Soviet-American symposium on partial differential equations*, Novosibirsk 1963, 303–304; L. Hörmander—Non elliptic boundary problems, *Ann. of Math.*, 83 (1966), 129–209; R. T. Seeley—Singular integrals and boundary value problems, *Amer. J. Math.*, 88 (1966), 781–809.)

We begin first by studying the symbols: let P be an elliptic pseudo-differential operator, satisfying the transmission property, and let G be a singular Green operator (of the same degree), operating both from the sections of E to the sections of E'. Then the boundary symbol $p+g=\sigma_{\Omega}(P_{\Omega}+G)$ is a Fredholm operator depending C^{∞} on ξ'. It follows that given any compact set $\Xi\subset S_{\partial\Omega}$ (if $\partial\Omega$ is compact we will take $\Xi=S_{\partial\Omega}$, otherwise we only have a local result), there exists a Poisson symbol (depending C^{∞} on ξ') k: $F\to E'\otimes H_N^+$ such that $(p+g)\oplus k$ is onto if $\xi'\in\Xi$. The null space of $(p+g)\oplus k$ is a C^{∞} bundle $\Phi\subset E\otimes H_N^+\oplus F$. If we replace k by $k\oplus k_1$ where k_1 is a Poisson symbol: $F_1\to E'\otimes H_N^+$, then Φ is replaced by $\Phi_1\approx\Phi\oplus F_1$.

Now let $a=\begin{pmatrix} p+g & k\\ t & q\end{pmatrix}$ be the boundary symbol of a Green operator associated to P. Notice that a and $a'=\begin{pmatrix} p+g & k & k_1\\ t & q & 0\\ 0 & 0 & 1\end{pmatrix}$ are simultaneously one to one or onto. So we can always suppose that the Poisson symbol k is precisely the one we have just constructed (i.e. the first line of a is onto), Then the Green symbol a is an isomorphism if and only if its second row is an isomorphism of Φ onto F' (F' is the bundle in which t and q take their values).

It is usually practical to realise Φ as a subbundle of a trivial bundle C^N (or of the pull back to $S_{\partial\Omega}$ of a bundle on $\partial\Omega$). This one can do as follows: in any case, there always exists a surjection k_0: $C^N\to\Phi$, where k is a Green symbol of the form $\begin{pmatrix} k\\ q\end{pmatrix}$, and a Green operator t_0 (of the form $(t q)$): $E\otimes H_N^+\oplus F\to C^N$ such that $k_0 t_0$ is a projector on Φ, and $h_0=t_0 k_0$ is the projector on $\Phi_0=t_0\Phi$, parallel to ker k_0.

Now let A be a Green operator with interior symbol $\sigma_{\Omega}(P)$, and boundary symbol a.

(5.16) Proposition. *With the notations above, A is elliptic if and only if the boundary symbol $\sigma_{\partial\Omega}((T\ Q))\circ k_0$ is an isomorphism of $\Phi_0=$ range* of h_0 *onto* F'.

(Of course, if $\mathcal{K}_0$ is a Green operator of the form $\begin{pmatrix} K\\ Q\end{pmatrix}$ whose boundary symbol is k_0, $(T\ Q)\mathcal{K}_0$ is a pseudo-differential operator on $\partial\Omega$.)

When $\overline{\Omega}$ is compact, the same constructions can be carried out globally with the operators themselves (and not the symbols):

(5.17) Proposition. *Let P be a an elliptic-pseudo differential operator satisfying the transmission property, and G a singular Green operator. Then*

1) *There exists a Poisson operator K such that $(P_{\Omega}+G)\oplus K=A_1$ is onto.*

2) *We can choose the left inverse B_1 of A_1 in such a way that* (i) $1-B_1A_1=\mathcal{K}_0\mathcal{T}_0$ *is a projector on* Ker A_1, *which is the composition of two (vector valued) Green operators $\mathcal{K}_0$ of the*

form $\begin{pmatrix} K \\ Q \end{pmatrix}$ $\mathcal{T}_0$ *of the form* $(T\ \ Q)$. (ii) $A_1 \mathcal{K}_0 = 0$, *so* $\mathcal{H}_0 = \mathcal{T}_0 \mathcal{K}_0$ *is a pseudo-differential projector on* $\partial\Omega$.

3) *With these notations,* $A = \begin{pmatrix} P_\Omega + G & K \\ T & Q \end{pmatrix}$ *is elliptic if and only if the symbol of* $(T\ Q)\,\mathcal{K}_0$ *(which is a pseudo-differential operator on the boundary) is an isomorphism of the range of* $\sigma_{\partial\Omega}(\mathcal{H}_0)$ *onto* F' *(*F' *is the bundle in the space of the sections of which* T *and* Q *take their values).*

This could be deduced from (5.16), but since it is not longer, we give an independent proof.

We will use several times the two following facts (the proof of which we leave to the reader):

—if A is a very small Green operator of degree 0, then $1 - A$ is invertible, and the inverse is also a Green operator.

—any singular Green matrix $\mathcal{G} = \begin{pmatrix} G & K \\ T & Q \end{pmatrix}$ can be arbitrarily approximated by a composition $\mathcal{K}\mathcal{T}$, where $\mathcal{K}$ is a column matrix of the form $\begin{pmatrix} K \\ Q \end{pmatrix}$, and $\mathcal{T}$ a row matrix of the form $(T\ \ Q)$.

Now let P' be a parametrix to P. Then we can approximate

$$G_1 = 1 - (P_\Omega + G)\, P'_\Omega$$

by a composite operator of the form $K_1\, T_1$ so that

$$1 - G_2 = 1 - G_1 + K_1\, T_1$$

is invertible. Then

$$B'_1 = \begin{pmatrix} P'_\Omega \\ T_1 \end{pmatrix} (1 - G_2)^{-1}$$

is a right inverse to

$$A_1 = (P_\Omega + G\, K_1).$$

Now $L_1 = 1 - B'_1 A_1$ is a projector on Ker A_1, of the form $\begin{pmatrix} G & K \\ T & Q \end{pmatrix}$. We can approximate it by a composition $\mathcal{K}_1\, \mathcal{T}_0$ as above, so that $1 - \mathcal{G}_1 = 1 - L_1 - \mathcal{K}_1\, \mathcal{T}_0$ is invertible.

Let us set

$$\mathcal{K}_2 = (1 - \mathcal{G}_1)^{-1} \mathcal{K}_1$$

so that we have

$$(1 - L_1) = 1(- \mathcal{G}_1)\,(1 - \mathcal{K}_2\, \mathcal{T}_0).$$

Finally let us set

$$\mathcal{K}_0 = L_1\, \mathcal{K}$$

$$B_1 = (1 - \mathcal{K}_0\, \mathcal{T}_0)\, B'_1.$$

Then we get as announced

$$A_1 B_1 = A_1 (1 - \mathcal{K}_0\, \mathcal{T}_0)\, B'_1 = 1 - A_1\, L_1\, \mathcal{K}_1\, \mathcal{T}_0\, B'_1 = 1$$

(because $A_1 L_1 = 0$). It follows that

$$\mathcal{K}_0 \mathcal{T}_0 = 1 - B_1 A_1$$

is a projector on ker A_1. Finally we have

$$A_1 \mathcal{K}_0 = 0, \quad \text{so} \quad \mathcal{K}_0 \mathcal{T}_0 \mathcal{K}_0 = (1 - B_1 A_1) \mathcal{K}_0 = \mathcal{K}_0$$

and
$$\mathcal{H}_0^2 = \mathcal{K}_0 \mathcal{T}_0 \mathcal{K}_0 \mathcal{T}_0 = \mathcal{K}_0 \mathcal{T}_0 = \mathcal{H}_0$$

which ends the proof.

We will use (5.16) to end the proof of theorem (5.14). Notice that if Φ is the kernel of $\sigma_{\partial\Omega}((P_\Omega + G\ K))$, we have $j(P_\Omega) = \Phi - \pi^* F$ (as above π is the projection $S_{\partial\Omega} \to \partial\Omega$). Suppose now that $j(P_\Omega)$ is a pull back: then there exists a bundle F' on $\partial\Omega$ and a C^∞ isomorphism $q(\xi'): \Phi \oplus C^M \to F'$ (if M is large enough). Then (with the notations of (5.16)), a Green operator with same interior symbol as P_Ω and with boundary symbol:

$$\sigma_{\partial\Omega}(A) = \sigma_{\partial\Omega}((P_\Omega + G\ \ K)) \oplus q(\xi')\,(t_0 \oplus 0_{C^M})$$

satisfies the condition of (5.16), so it is an elliptic Green operator associated to P.

All these constructions can be done exactly in the same way when the operators depend continuously on a parameter $x \in X$ (where X is a compact space). Then the index bundle $j(P_\Omega^x)$ is a virtual bundle on $S_{\partial\Omega} \times X$. Theorem (5.14) can be restated as: there exists an elliptic Green system A^x (depending continuously on $x \in X$) associated to P^x if and only if $j(P_\Omega^x) \in K(S_{\partial\Omega} \times X)$ is the pull back of a virtual bundle on $\partial\Omega \times X$.

We will be specially interested in the case where X is the interval $[0, 1]$ (or the square $[0, 1]^2$). Then we get:

(5.18) *Let P^t $(0 \leqslant t \leqslant 1)$ be a continuous family of elliptic pseudo-differential operators (satisfying the transmission property) on $\overline{\Omega}$, and let* $A = \begin{pmatrix} P_\Omega + G & K \\ T & Q \end{pmatrix}$ *be an elliptic system associated to P^0. Then there exists a continuous family of elliptic systems A^t, with $\sigma_\Omega(A^t) = \sigma_\Omega(P^t)$, and $A^0 = A \oplus 1_{C^M}$.*

In other words, an elliptic "boundary condition" associated to P^0 can be continued to P^t.

Proof. Let us first continue K^0, G^0 arbitrarily into K^t, G^t. Choose K as in (5.17) so that it works for every t (i.e. $\sigma_{\partial\Omega}((P_\Omega^t + G^t\ K^t\ K))$ is a surjection for every t). Let Φ^t be the kernel of $\sigma_{\partial\Omega}((P_\Omega^t + G^t\ K^t\ K))$: this is a C^∞ bundle on $S_{\partial\Omega} \times [0, 1]$. Now $\sigma_{\partial\Omega}((T^0\ Q^0\ 1_{C^M}))$ is an isomorphism of Φ^0 onto $\pi^* F' \oplus C^M$. But this can be extended as a C^∞ isomorphism of Φ^t

onto the pull back of $F' \oplus C^M$ to $S_{\partial\Omega} \times [0, 1]$, and because Φ^t is finite dimensional, such an isomorphism is the restriction to Φ^t of a boundary symbol $\sigma_{\partial\Omega}((T^t\, Q^t))$, where we can choose

$$T^0 = \begin{pmatrix} T \\ 0 \end{pmatrix}, \quad Q^0 = \begin{pmatrix} Q & 0 \\ 0 & 1 \end{pmatrix}.$$

6. *The Agranovič–Dynin formula.* We will say that two elliptic systems A and B are equivalent and write $A \sim B$ if there exists a homotopy of elliptic systems connecting $A \oplus 1$ to $B \oplus 1$. The class of A for this equivalence relation depends only on its interior and boundary symbols, so we can speak of the class of a symbol as well as of the class of an operator. Quite obviously A and B are equivalent if their symbols are close enough to each other. Also we have

$$A \sim \begin{pmatrix} A & A' \\ 0 & 1 \end{pmatrix} \sim \begin{pmatrix} A & 0 \\ A'' & 1 \end{pmatrix}.$$

Now let A_1 and A_2 be elliptic and have the same interior symbol. Then the interior symbol of $B = A_2 A_1^{-1}$ is 1 (we write A_1^{-1} for any parametrix of A_1). So the boundary symbol of B is of the form:

$$\sigma_{\partial\Omega}(B) = \begin{pmatrix} 1+g & k \\ t & q \end{pmatrix}.$$

We can always approximate g by a composition $k't'$. So we deduce all information on the difference between the classes of A_1 and A_2 from the following result, which generalizes the Agranovič–Dynin formula (Dokl. Akad. Nauk SSSR 145, no. 3, 511–514).

(5.19) Proposition. *We have*

$$\begin{pmatrix} 1-K'T' & K \\ T & Q \end{pmatrix} \sim \begin{pmatrix} 1-T'K' & -T'K \\ -TK' & Q-TK \end{pmatrix}$$

where the second operator is a pseudo-differential operator on the boundary.

Proof. We have

$$\begin{pmatrix} 1-K'T' & K \\ T & Q \end{pmatrix} \sim \begin{pmatrix} 1-K'T' & K' & K \\ 0 & 1 & 0 \\ T & 0 & Q \end{pmatrix} \sim \begin{pmatrix} 1 & K' & K \\ T' & 1 & 0 \\ T & 0 & Q \end{pmatrix} \sim \begin{pmatrix} 1 & 0 & 0 \\ T & 1-T'K' & -T'K \\ T' & -TK' & Q-TK \end{pmatrix}.$$

The first equivalence is obvious. The second follows by multiplying on the right by

$$\begin{pmatrix} 1 & 0 & 0 \\ T' & 1 & 0 \\ 0 & 0 & 1 \end{pmatrix} \sim 1,$$

and the third by multiplying on the right by

$$\begin{pmatrix} 1 & -K' & -K \\ 0 & 1 & 0 \\ 0 & 0 & 1 \end{pmatrix} \sim 1.$$

This construction can be done just as well when $A = \begin{pmatrix} 1+G & K \\ T & Q \end{pmatrix}$ depends continuously on a parameter $x \in X$; then we get $\begin{pmatrix} 1+G^x & K^x \\ T^x & Q^x \end{pmatrix} \sim Q'^x$, where Q'^x is a pseudo-differential operator on $\partial\Omega$ depending continuously on x. In particular we get

(5.20) *Let* $A^t = \begin{pmatrix} 1+G^t & K^t \\ T^t & Q^t \end{pmatrix}$ *be an elliptic Green operator depending continuously on* $t \in [0,1]$, *where* $A^0 = \begin{pmatrix} 1 & 0 \\ 0 & 1 \end{pmatrix}$ *is the identity operator and* $A^1 = \begin{pmatrix} 1 & 0 \\ 0 & Q^1 \end{pmatrix}$ (*i.e.* $G^1 = 0, K^1 = 0, T^1 = 0$). *Then there exists a homotopy of elliptic pseudo-differential operators on* $\partial\Omega$ *connecting* $Q^1 \oplus 1$ *with* 1.

7. *The classical case.* The constructions of the preceding sections become fairly simple when $A = \begin{pmatrix} P_\Omega \\ T \end{pmatrix}$, where P is an elliptic partial differential operator. We repeat these simplified constructions here.

Let m be the degree of P, and let E and E' be the bundles on the sections of which P operates. Define $\mathcal{G}: C^\infty(\partial\Omega, E)^m \to \mathcal{D}'(\bar{\Omega}, E')$

$$\mathcal{G}\gamma_m f = P(\tilde{f}) - \widetilde{P_\Omega f},$$

where $\tilde{f}$ is the extension of f by 0 outside of $\bar{\Omega}$, and we have set $\gamma_m f = ((\partial/\partial x_n)^k f/\partial\Omega)_{k=0,\dots,m-1}$, $\partial/\partial x_n$ = normal derivative near $\partial\Omega$.

By Green's formula $P\tilde{f} - \widetilde{P_\Omega f}$ is a distribution supported by $\partial\Omega$, of the form

$$\sum_{0 \leqslant k+l \leqslant m-1} P_{k,l}(x', \partial/\partial x')\,((\partial/\partial x_n)^k f/\partial\Omega)\,\delta(x_n)^{(l)}$$

(the definition of the product is relative to an isomorphism $\bar{\Omega} \approx \partial\Omega \times \bar{R}^+$ near $\partial\Omega$, and $x_n \in \bar{R}^+$ is the normal variable in this isomorphism).

It follows that $\mathcal{G}$ is well defined and ranges in the space of distributions supported by $\partial\Omega$.

Now define K_0 by

$$K_0 u = P'(\mathcal{G}u)/\Omega.$$

where P' is a parametrix of P, so that K_0 is a Poisson operator.

Then we get $\quad \sigma_\Omega(P_\Omega\, P'_\Omega)=1 \quad \sigma_\Omega(P'_\Omega\, P_\Omega)=1$

$$\sigma_{\partial\Omega}(P_\Omega\, P'_\Omega)=1 \quad \sigma_{\partial\Omega}(P'_\Omega\, P_\Omega)=1-\sigma_{\partial\Omega}(K_0\ \gamma_m).$$

So that in this case, we can take the symbols k_0 and t_0 of (5.16) to be those of K_0 and γ_m.

$h_0=\sigma_{\partial\Omega}(K_0\gamma_m)$ is then the symbol of the Calderon–Seeley projector on the Cauchy data of the kernel of P_Ω.

Application of (5.16) to $A=\begin{pmatrix}P_\Omega\\ T\end{pmatrix}$, of course, gives back the Lopatinsky covering conditions.

If $A_1=\begin{pmatrix}P_\Omega\\ T_1\end{pmatrix}$ and $A_2=\begin{pmatrix}P_\Omega\\ T_2\end{pmatrix}$ are two elliptic systems associated to the same elliptic operator P, and if $B_1=(P'_\Omega+G_1\ K_1)$ is a parametrix to A_1, we get

$$\sigma_{\partial\Omega}(A_2B_1)=\begin{pmatrix}1 & 0\\ t & q\end{pmatrix}$$

with $q=\sigma_{\partial\Omega}(T_2\ K_1)$.

So we have $A_2B_1\sim Q=T_2K_1$, and in particular

$$\text{index}\,(A_2)-\text{index}\,(A_1)=\text{index}\,(Q)$$

which was the formula stated by Agranovitch and Dynin (loc. cit.).

8. *The index of an elliptic boundary problem.* Let us first recall the index formula when there is no boundary (cf. (4)): if $f\colon X\to Y$ is an embedding of C^∞ manifolds, we have the Thom map $f_!\colon K(TX)\to K(TY)$. In particular the Thom map $t\colon K(T\partial\Omega)\to K(T\Omega)$ is well defined if Ω is the interior of a C^∞ manifold with boundary $\overline{\Omega}$ (because Ω is isomorphic to a neighborhood of $\overline{\Omega}$, and we can choose the isomorphism to be homotopic to the identity of Ω).

The Bott periodicity theorem states that the Thom map is an isomorphism if X is a point, and $Y=R^n$.

If $\xi\in K(TX)$, the topological index of ξ is defined by

$$\chi(\xi)=i_!^{-1}f_!(\xi)\in Z=K\ (\text{point}),$$

where f is an embedding $X\to R^n$, and i the inclusion point $\subset R^n$.

If P is an elliptic operator on X, the index formula states that

$$\text{index}\,(P)=\chi([p]),$$

where $[p]=d(E,E',p)\in K(TX)$ is the difference bundle defined by the symbol p of P.

(5.21) THEOREM. *There exists one and only one map $A \to [A]$ which to an elliptic Green operator A on $\bar{\Omega}$ assigns a virtual bundle $[A] \in K(T\Omega)$ in such a way that*

(1) *$[A]$ depends continuously on A (i.e. $[A]=[B]$ if there exists a homotopy of elliptic operators connecting A and B).*

(2) *$A \to [A]$ is a homomorphism, i.e. $[A \oplus B]=[A]+[B]$, and $[A \circ B]=[A]+[B]$ if the composition is defined.*

(3) *$[A]=[P_\Omega]+t[Q]$ if $A=\begin{pmatrix} P_\Omega & 0 \\ 0 & Q \end{pmatrix}$ where P coincides with the identity near $\partial\Omega$ (so that $[P]$ is well defined as an element of $K(T\Omega)$), and t is the Thom map: $K(T\partial\Omega) \to K(T\Omega)$.*

(4) *$[A]=0$ if A is one of the elliptic operators of* (5.10).

Proof. We prove the uniqueness first: suppose that

$$A=\begin{pmatrix} P_\Omega + G & K \\ T & Q \end{pmatrix}: C^\infty(\bar{\Omega}, E) \oplus C^\infty(\partial\Omega, F) \to C^\infty(\bar{\Omega}, E') \oplus C^\infty(\partial\Omega, F')$$

and the degree of A is d. Then we must have

$$[A]=\left[A \circ \begin{pmatrix} \Lambda_E & 0 \\ 0 & (\Delta_F)^{\frac{1}{2}} \end{pmatrix}^{-d}\right]. \text{ So we can suppose } d=0.$$

Next let $j(P_\Omega)=\pi^*(\Phi-\Phi')$, where Φ and Φ' are two C^∞ bundles on $\partial\Omega$ (and π is the projection $S_{\partial\Omega} \to \partial\Omega$). Then we must have

$$[A]=\left[A \oplus \begin{pmatrix} (\Gamma_{\Phi'})_\Omega \\ T_0\, p_{\Phi'} \end{pmatrix} \oplus \begin{pmatrix} (\Gamma_\Phi)_\Omega \\ T_0\, p_\Phi \end{pmatrix}^{-1}\right]$$

(we have taken the same notations as in (5.10)). So we can suppose $j(P_\Omega)=0$.

Now in view of lemma (5.15), there exists a homotopy connecting P to P', where $P'=1$ near $\partial\Omega$. Then (5.18) and (5.19) show that there exists a homotopy connecting $A \oplus 1$ to a Green operator of the form $\begin{pmatrix} P'_\Omega & 0 \\ 0 & Q' \end{pmatrix}$, where $P'=1$ near $\partial\Omega$. So by (1) and (3) we must have

$$[A]=[P']+t[Q].$$

To prove the existence, we have to show that the bundle just constructed does not depend on the choice of homotopies hereabove, or equivalently: if A^t $(0 \leqslant t \leqslant 1)$ is a homotopy of elliptic systems connecting $A^0=\begin{pmatrix} P^0 & 0 \\ 0 & Q^0 \end{pmatrix}$ where $P^0=1$ near $\partial\Omega$ to $A^1=1$, then we have $[P^0]+t[Q^0]=0$. This will be proved in section 9 (it is useless for the proof of the index formula).

(5.22) THEOREM. *Let A be an elliptic Green operator on $\bar{\Omega}$. Then we have*

$$\text{index}(A)=\chi([A])$$

(*where χ: $K(T\Omega)\to Z$ is the topological index*).

Proof. This is just the index formula of (4) when $A=\begin{pmatrix}P & 0\\ 0 & Q\end{pmatrix}$, where P is the identity near $\partial\Omega$.

If A is one of the operators of (5.10), the formula is true by section 2 (then index $(A)=0$). The formula in the general case then follows immediatetly: every construction in the proof of theorem (5.21) preserves the index. This ends the proof.

Let us also observe that this index formula still holds if $\bar{\Omega}$ is not compact, but A coincides with the identity operator out of a compact set.

9. *End of the proof of Theorem (5.21).* Let $A^t=\begin{pmatrix}P^t_\Omega+G^t & K^t\\ T^t & Q^t\end{pmatrix}$ $(t>0)$ be a continuous family of elliptic systems, such that $A^t=1$ for $t\geqslant 1$, and

$$A^0=\begin{pmatrix}P^0 & 0\\ 0 & Q^0\end{pmatrix}$$

where $P^0=1$ *near* $\partial\Omega$.

We first choose an isomorphism $x\to(x',x_n)$ of a neighborhood of $\partial\Omega$ in $\bar{\Omega}$ onto $\partial\Omega\times\bar{R}^+$. Then we define a new symbol p'^t by

$$p'^t(x,\xi)=\begin{cases}p^{t\varphi}(x,\xi) & \text{if } t\leqslant 1\\ p^{(t-1)+(2-t)\varphi}(x,\xi) & \text{if } 1\leqslant t\leqslant 2\\ 1 & \text{if } t\geqslant 2.\end{cases}$$

where p^t is the interior symbol of P^t, and $\varphi\in C^\infty(\bar{\Omega})$ is such that $0\leqslant\varphi\leqslant 1$, $\varphi=0$ near $\partial\Omega$, and $\varphi=1$ when $x_n\geqslant 1$ and away from $\partial\Omega$.

Then we obviously have $[P^0]=[p'^0]=[p'^1]$.

Next define a new elliptic system A'^t by

$$A'^t=\begin{cases}\begin{pmatrix}P'^t+G^0 & K^0\\ T^0 & Q^0\end{pmatrix} & \text{if } 0\leqslant t\leqslant 1\\[2ex] \begin{pmatrix}P'^t+G^{t-1} & K^{t-1}\\ T^{t-1} & Q^{t-1}\end{pmatrix} & \text{if } t\geqslant 1\end{cases}$$

where p'^t is any pseudo-differential operator with interior symbol p'^t. Then $\sigma_\Omega(A'^t)$ is constantly equal to 1 when $t\geqslant 1$ and $x_n\geqslant 1$.

Replacing A^t by A'^{t-1}, we see that we can always suppose that the interior symbol of A^t is the identity when $x_n \geq 1$ or $t \geq 1$, and so we will also suppose $\bar{\Omega} = \partial\Omega \times \bar{R}^+$.

Now let us introduce the following commutative diagram (where $\bar{\Omega} = \partial\Omega \times \bar{R}^+$)

$$\begin{array}{lllll}
K(\bar{\Omega} \times \bar{R}_t^+, (T\bar{\Omega}/\partial\Omega \times \{0\}) \cup (N \times \bar{R}_t^+)) & & & & \\
\downarrow a & & & & \\
K(T\bar{\Omega}/\partial\Omega \times R_t^+, N \times R_t^+) & \overset{d}{\simeq} & K(S_{\partial\Omega} \times R^+_{|\xi'|} \times R_{\xi_n} \times R_t^+) & \overset{\beta_1^{-1}}{\simeq} & K(S_{\partial\Omega} \times R_t^+) \\
\downarrow b & & \downarrow \partial & & \downarrow \partial \\
K(T\bar{\Omega}/\partial\Omega \times R_t^+) & \overset{e}{\simeq} & K(T\partial\Omega \times R_{\xi_n} \times R_t^+) & \overset{\beta_2^{-1}}{\simeq} & K(T_{\partial\Omega}) \\
\downarrow c & & & & \\
K(T\Omega). & & & &
\end{array} \tag{5.23}$$

In this diagram, N is as usual the cotangent normal bundle.

a is the restriction to $\partial\Omega$ (it is an isomorphism because the inclusion

$$(T\bar{\Omega}/\partial\Omega \times \bar{R}^+,\ T\bar{\Omega}/\partial\Omega \times \{0\}) \subset (T\bar{\Omega} \times \bar{R}^+,\ (T\bar{\Omega}/\partial\Omega \times \{0\}) \cup (N \times \bar{R}^+))$$

is a homotopy equivalence of pairs: the second can be retracted on the first by rotations)

b is the natural restriction map

c is induced by the map $t \to x_n$.

d is induced by the map $(\xi, t) \to (\xi'/|\xi'|,\ |\xi'|,\ \xi_n,\ t)$

e is induced by the map $\xi \to (\xi', \xi_n)$

∂ is the boundary map of the exact sequence of K-theory:

$$K^{-1}(S_{\partial\Omega}) = K(S_{\partial\Omega} \times R^+) \to K(T\partial\Omega)$$

β_1 is the multiplication by the difference bundle $d(C, C, \xi_n + i \operatorname{Log} |\xi'|) \in K(R^+_{|\xi'|} \times R_{\xi_n})$

β_2 is the multiplication by the difference bundle $d(C, C, \operatorname{Log} t + i\xi_n) \in K(R_{\xi_n} \times R_t^+)$

$\bar{R}^+$ is the closed half line, R^+ is the open half line. The subscript ($R^+_{|\xi'|}$, R_{ξ_n}, etc.) indicates which variable varies in which factor.

The last square on the right would be commutative if we had replaced β_1 by β_2 in the second row of (5.23). It still commutes as it stands because the permutation $(|\xi'|, \xi_n, t) \to (e^{\xi_n}, \operatorname{Log} t, |\xi'|)$ is homotopic to the identity.

The composition $c \circ b \circ a$ equals the restriction to $\{0\} \subset \bar{R}^+$:

$$K(T\bar{\Omega} \times \bar{R}^+, \ldots) \to K(T\bar{\Omega} \times \{0\},\ T\bar{\Omega}/\partial\Omega \times \{0\}) = K(T\Omega)$$

because the maps $t \in \bar{R}^+ \to (0, t) \in \bar{R}^2$ or $(t, 0) \in \bar{R}^{+2}$ are homotopic.

The composition $c \circ e^{-1} \circ \beta^2$ is the Thom map: $K(T\partial\Omega) \to K(T\Omega)$.

Now the interior symbol $p^t = \sigma_\Omega(A^t)$ is a bundle homomorphism satisfying the symmetry condition $p^t(\nu) = p^t(-\nu)$ (where ν is any normal covector on $\partial\Omega$), so it defines a virtual bundle

$$d(p^t)\in K(T\overline{\Omega}\times \overline{R}_t^+,\ T\overline{\Omega}\times\{0\}\cup N\times \overline{R}_t^+).$$

The image q of $d(p^t)$ in $K(S_{\partial\Omega}\times R_t^+)=K^{-1}(S_{\partial\Omega})$ in diagram (5.23) is the index bundle $j(p^t)$ as in section 3. So we have

(5.24) $[P^0]=t[q]$ $\quad (q=j(p^t)\in K(S\partial\Omega\times R_t^+)$ and $[q]=\partial q=$ difference bundle defined by q).

Let us first suppose $j(p^t)=0\in K(S_{\partial\Omega}\times R_t^+)$. Then by proposition (5.15) (with parameter) we can deform the continuous family $A^t\oplus 1$ into a new family A''^t (without changing $A^0\oplus 1$ or $A^\infty\oplus 1$) so that $\sigma_\Omega(A''^t)=1$ near $\partial\Omega$ for every t. In this case $[\sigma_\Omega(A''^t)]$ is defined, and equal to 0, for every t, and it follows from (5.20) that we also have $[Q^0]=0$.

It remains to check $[P^0]+t[Q^0]=0$ for one continuous family A^t as above, with given $q=j(p^t)$.

So let $q\in K(S_{\partial\Omega}\times R^+)=K^{-1}(S_{\partial\Omega})$. We represent q by a C^∞ matrix $q(\xi'): S_{\partial\Omega}\to GL(N)$.

Let M_u $(0\leqslant u<\infty)$ be a homotopy connecting $\begin{pmatrix} q & 0\\ 0 & q^{-1}\end{pmatrix}$ and 1 $\Big($i.e. M_u is a C^∞ $2N\times 2N$ matrix on $S_{\partial\Omega}$, depending continuously on u, and such that $M_0=\begin{pmatrix} q & 0\\ 0 & q^{-1}\end{pmatrix}$, $M_u=1$ for large $u\Big)$.

We define a continuous family of elliptic symbols p^t by

$$p^t(x,\xi)=M_{t+x_n}(\xi'/|\xi'|)\begin{pmatrix}\zeta^\alpha & 0\\ 0 & 1\end{pmatrix}M_{t+x_n}^{-1} \tag{5.26}$$

(where ζ, α are as in section 2) (p^t is at first only defined for $\xi\neq 0$, but we extend it by 1 when $\xi'=0$. It is the identity when ξ' is small, or when x_n+t is large).

Then $p^t(p^0)^{-1}$ is a continuous family as above, and we have

$$j(p^t(p^0)^{-1})=j(p^t)-j(p^0)=(M_t\cdot C^N)-(C^N)\in K(S_{\partial\Omega}\times R^+),$$

(where we write C^N for the first factor in C^{2N}); this is precisely the bundle defined by q.

Now we follow the boundary condition: as in section 2, if T_0 is the Dirichlet data, and Π the projector on the first factor C^n in C^{2N}, $B^t=\begin{pmatrix} P^t\\ \Pi\, M_t^{-1}\cdot T_0\end{pmatrix}$ is an elliptic column matrix (P^t is such that $\sigma_\Omega(P^t)=p^t$).

Then $A^t=B^t(B^\infty)^{-1}$ is as required: we have $A^\infty=1$, and $A^0=\begin{pmatrix}P_0 & 0\\ 0 & Q^0\end{pmatrix}$ with $\sigma_{\partial\Omega}(Q^0)=q^{-1}$.

Finally, by (5.24), we get in this case $[p^0]+[Q^0]=t[q]+t[q^{-1}]=0$. This ends the proof.

References

[1]. Atiyah, M. F., *K-theory*. Benjamin, New York 1967.
[2]. —— *Bott periodicity and the index of elliptic operators. Quart. J. Math.*, 19 (1968), 113–140.
[3]. Atiyah, M. F. & Bott, R., The index problem for manifolds with boundary. *Coll. Differential Analysis*, Tata Institute, Bombay, Oxford University Press 1964, 175–186.
[4]. Atiyah, M. F. and Singer, I. M., The index of elliptic operators. *Ann. of Math.*, 87 (1968) 434–530.
[5]. Boutet de Monvel, L., Comportement d'un opérateur pseudo différential sur une variété à bord. *J. Anal. Math.*, 17 (1966), 241–304.
[6]. —— Opérateurs pseudo différentiels analytiques et problèmes aux limites elliptiques. *Ann. Inst. Fourier*, 19 (1969), 163–268.
[7]. Hörmander, L., Pseudo-differential operators and hypoelliptic equations. *Amer. Math. Soc. Proc. Symp. Pure Appl. Math.*, 10 (1968), 138–183.
[8]. —— Fourier integral operators. *Acta Math.* (to appear).
[9]. Kohn, J. J. & Nirenberg, L., An algebra of pseudo-differential operators. *Comm. Pure Appl. Math.*, 18 (1965), 269–305.
[10]. Shamir, E., Elliptic systems of singular integral operators. *Trans. Amer. Math. Soc.*, 127 (1967), 107–124.
[11]. Višik, M. I. & Eskin, G. I., Normally solvable problems for elliptic systems of equations in convolutions. *Mat. Sbornik*, 74 (116) (1967), 326–356.

Received January 19, 1970

Analytic Pseudodifferential Operators 5

5.1 Commentary by Takahiro Kawai

Analytic Pseudodifferential Operators

The theory of **analytic** pseudo-differential operators (hereafter abbreviated as ψDOs) started with [BKr67]. The interest of Professor Boutet de Monvel in analyticity is characteristic in his research, and it is remarkable as "regularity" normally meant C^∞ in 1960s. The results of this paper are effectively used in his thesis [B69] to construct the parametrix for the elliptic boundary value problem in C^ω-framework. Still more important is the fact that it grew into [B72], where ψDOs of infinite order are introduced by combining oscillatory integrals and analytic symbols. Operators of infinite order are also introduced by M. Sato, T. Kawai and M. Kashiwara [4] in a cohomological manner and they play essential roles in establishing the microlocal structure theorems for general over-determined systems. It should be noted that the formal norm introduced in [BKr67] is an indispensable tool in the above mentioned work of Sato et al. The operators introduced by Sato et al. are currently called microdifferential operators of infinite order and denoted by $\mathscr{E}^\infty$. On the other hand, by employing the same technique as that used in [B72] in the complex domain, K. Kataoka and T. Aoki developed the symbol calculus for $\mathscr{E}^{\mathbb{R}}$, pseudodifferential operators in their sense, and, by using $\mathscr{E}^{\mathbb{R}}$, T. Aoki [1] gave the first affirmative answer to the question raised in [B72]: Can we find a reasonably general condition that guarantees the invertibility of a ψDO of infinite order?

As a more recent information, we note that the formal norm is effectively used in dealing with $\hbar$-pseudo-differential operators ($\hbar$-ΨDOs) and their star-product [B08b] and that a symbol calculus related to that of $\hbar$-ΨDOs appears in dealing with resurgent functions with essential singularities (S. Kamimoto, T. Kawai and T. Koike [2]).

The paper [B83] is designed to explain the notion of regular holonomic systems (probably for physicists interested in isomonodromic deformations of such systems) by concretely describing their structure in the one dimensional case. An important relevance of pseudodifferential operators is the fact that any holonomic system is shown to be microlocally isomorphic to a regular holonomic system by the use of $\mathscr{E}^\infty$ (M. Kashiwara and T. Kawai [3]).

The paper [BMa90] shows an Atiyah-Singer type index theorem for a family of elliptic systems by using an index theorem for a family of Toeplitz operators after making some preparation for the K-theory and the manipulation of $\mathscr{D}$-modules, where $\mathscr{D}$ stands for the sheaf of linear differential operators.

T. Kawai (✉)
Research Institute for Mathematical Sciences, Kyoto University, Kyoto 606-8502, Japan
fax: +81 75 753 7276

V.W. Guillemin, J. Sjöstrand (eds.), *Louis Boutet de Monvel, Selected Works*,
Contemporary Mathematicians, DOI 10.1007/978-3-319-27909-1_5

References

[BKr67] Louis Boutet de Monvel and Paul Krée, *Pseudo-differential operators and Gevrey classes*, Ann. Inst. Fourier (Grenoble) **17** (1967), no. 1, 295–323.

[B69] L. Boutet de Monvel, *Opérateurs pseudo-différentiels analytiques et problèmes aux limites elliptiques*, Ann. Inst. Fourier (Grenoble) **19** (1969), no. 2, 169–268.

[B72] L. Boutet de Monvel, *Opérateurs pseudo-différentiels analytiques et opérateurs d'ordre infini*, Ann. Inst. Fourier (Grenoble) **22** (1972), no. 3, 229–268.

[B83] L. Boutet de Monvel, *$\mathcal{D}$-modules holonômes réguliers en une variable*, Mathematics and physics (Paris, 1979/1982), Progr. Math., vol. 37, Birkhäuser Boston, Boston, MA, 1983, pp. 313–321.

[BMa90] L. Boutet de Monvel and B. Malgrange, *Le théorème de l'indice relatif*, Ann. Sci. École Norm. Sup. (4) **23** (1990), no. 1, 151–192.

[B08b] L. Boutet de Monvel, *Formal norms and star-exponentials*, Lett. Math. Phys. **83** (2008), no. 3, 213–216.

[1] T. Aoki, *Invertibility for microdifferential operators of infinite order*, Publ. Res. Inst. Math. Sci. **18** (1982), no. 2, 421–449.

[2] S. Kamimoto, T. Kawai and T. Koike, *Resurgent functions and linear differential operators of infinite order – Their happy marriage in exact WKB analysis,* RIMS Kôkyûroku Bessatsu, Vol. **B.52** (2014), 127–146.

[3] M. Kashiwara and T. Kawai, *On holonomic systems of micro-differential equations. III. – Systems with regular singularities –,* Publ. Res. Inst. Math. Sci. **17** (1981), no. 3, 813–979.

[4] M. Sato, T. Kawai and M. Kashiwara, *Microfunctions and pseudo-differential equations. Hyperfunctions and pseudo-differential equations,* (Proc. Conf., Katata, 1971; dedicated to the memory of André Martineau), pp. 265–529. Lecture Notes in Math., Vol. **287**, Springer, Berlin, 1973.

5.2 Pseudo-differential Operators and Gevrey Classes

Pseudo-differential operators and Gevrey classes, Ann. Inst. Fourier (Grenoble) **17** (1967), no. 1, 295–323. [BKr67]

Ann. Inst. Fourier, Grenoble
17, 1 (1967). 295-323.

PSEUDO-DIFFERENTIAL OPERATORS AND GEVREY CLASSES

by Louis BOUTET de MONVEL and Paul KRÉE

Singular-integral operators have been studied extensively recently. In this paper we will use the complete symbolic calculus of J. J. Kohn and L. Nirenberg. Our aim is to construct classes of pseudo-differential operators which are continuous on the Gevrey classes and on the associated hyperdistribution spaces. In order to do so, we impose regularity conditions on the symbol of these operators, and " asymptotic " conditions which relate their symbol to their kernels. The results in this paper were announced in [1].

In § 0 we recall briefly the definitions of the Gevrey classes and of the pseudo-differential operators, in order to fix our notations. § 1 describes the symbols and § 2 the operators themselves. It is shown that the composed of two such operators, their adjoints, and their parametrix (when they are elliptic) have the same properties. An easy application to elliptic equations with coefficients in a Gevrey class is made. Our study includes the analytic case, where results are more precise.

0. Preliminaries.

1. In this paper, Ω always denotes an open subset of R^n.

We shall use the notations of L. Hörmander [6] for the classical spaces of differentiable functions and distributions.

We use the integral notation for the duality between functions and distributions : if $T \in \mathcal{D}'(\Omega)$ is a distribution and $\varphi \in C_0^\infty(\Omega)$ a function, the value of T on φ is written

$$\int_\Omega T(x)\,\varphi(x)\,dx \qquad \text{or} \qquad \int_\Omega T\,\varphi \quad \text{for short.}$$

If f is a distribution with compact support, $\hat{f}$ will denote its Fourier transform :

$$\hat{f}(\xi) = \int e^{-ix\cdot\xi} f(x)\, dx.$$

(Thus we have $f(x) = (1/2\pi)^n \int e^{ix\cdot\xi} \hat{f}(\xi)\, d\xi$ if $\hat{f} \in L^1(R^n)$.)

If S and T are two distributions, S $*$ T will denote their convolution product (as defined in [6] or [12]).

Finally if P is a continuous linear operator $C_0^\infty(\Omega) \to \mathcal{D}'(\Omega)$, we shall call kernel of P (cf. [13]) the unique distribution $\Omega \times \Omega$ which satisfies

$$\int_\Omega P(\varphi)(x)\, \psi(x)\, dx = \int_{\Omega\times\Omega} T(x, y)\, \psi(x)\, \varphi(y)\, dx\, dy$$

for any test functions $\varphi, \psi \in C_0^\infty(\Omega)$.

2. Gevrey classes.

(For any detail on what follows, the reader may consult [4], [10], and [9], [11] in the analytic case.)

A function $f \in C^\infty(\Omega)$ is said to be of class s if for any compact set $K \subset \Omega$, there exist constants C, A such that for any $x \in K$ and any multi-index α, the following inequality be true :

$$\left|\left(\frac{\partial}{\partial x}\right)^\alpha f(x)\right| \leqslant c\, A^{|\alpha|} (\alpha!)^s \tag{0.1}$$

(we have set $(\partial/\partial x)^\alpha = \partial^{|\alpha|}/\partial x_1^{\alpha_1} \ldots \partial x_n^{\alpha_n}$, $|\alpha| = \alpha_1 + \ldots \alpha_n$, $\alpha! = \alpha_1! \ldots \alpha_n!$).

The Gevrey class $G^s(\Omega)$ is the set of all functions that are of class s on Ω. It is a vector space ; it is closed under multiplication and derivation ; moreover, $f \circ g$ is of class s if f and g are.

If K is a compact subset of Ω, $G^s(K)$ will denote the space of all functions which are of class s in a neighborhood of K. (It is a quotient space of $G^s(\Omega)$ if $s > 1$, but not if $s = 1$).

If $s > 1$, $G_0^s(\Omega)$ will denote the space of all functions of class s with compact support.

If $s = 1$, $G^s(\Omega) = H(\Omega)$ is well known to be the space of all analytic functions on Ω ; $G^s(K) = H(K)$ is the space of functions which are analytic in a neighborhood of K.

We define a bounded subset of $G^s(\Omega)$ (resp. $G^s(K)$, $G_0^s(\Omega)$) to be a subset B such that all $f \in B$ satisfy uniformly condition (0.1) (i.e. with constants C, A which depend on K but not on f) (resp. if the $f \in B$ are the restrictions to K of the elements of a bounded subset of $G^s(V)$ for a convenient neighborhood V of K - resp. if it is bounded in $G^s(\Omega)$, and every $f \in B$ vanishes outside some fixed compact subset of Ω).

All these spaces are given the strongest locally convex topology for which the subsets previously described are bounded. (It is easily shown that there are no other bounded set for this topology.)

Finally $G_0'^s(\Omega)$ (resp. $G'^s(\Omega)$ (resp. $G'^s(K)$, $G'^s(\Omega)$) will denote the dual space of $G^s(\Omega)$ (resp. $G^s(K)$, $G_0^s(\Omega)$) with the strong topology : its elements are hyper-distributions with compact support (resp. support contained in K, resp. any support).

All these spaces are well known to be nuclear, complete, bornologic and barelled. $G^s(K)$ is a (DF) space, and $G'^s(K)$ is a Frechet space.

Let us recall that even in the analytic case ($s = 1$), the support of an ultra-distribution is well defined : if $T \in G_0'^s(\Omega)$, supp T is the smallest compact subset of Ω such that T can be extended continuously to $G^s(K)$. It is shown that there actually exists one (cf. [9]).

Still in the analytic case, we shall denote by $G'^s(\Omega) = H'(\Omega)$ the space of all « hyperfunctions » on Ω, in the sense of M. Sato (cf. [9], [11]) — one obtains them by « sticking » together real analytic functionals with compact support.

We shall also need spaces of hyper-distributions which are regular in some part of Ω : if K is a compact subset of Ω, we shall denote by $G_0'^s(\Omega) \cap G^s(K)$ the space of all hyper-distributions with compact support which are functions of class s in a neighborhood of K. A subset B of this space is said to be bounded if there exists a neighborhood V of K and a function $\varphi \in C_0^\infty(V)$ equal to 1 in a neighborhood of K such that all $f \in B$ are of class s in V, and their restrictions to V remain in a bounded subset of $G^s(V)$, and if moreover the hyper-distributions

$$(1 - \varphi) f = f - \varphi f, \ f \in B$$

remain in a bounded subset of $G_0'^s(\Omega - K)$ (φf stands for the function equal to $\varphi(x) f(x)$ if $x \in V$ and to 0 if $x \notin V$; $f - \varphi f$ is clearly seen to be vanishing in a neighborhood of K ; therefore it belongs to $G_0'^s(\Omega - K)$). The topology of $G_0'^s(\Omega) \cap G^s(K)$ is the strongest locally convex topology for which these sets are bounded. It is easily proved that there are no other bounded sets ; and that for this topology, $G_0'^s(\Omega) \cap G^s(K)$ is nuclear, complete, bornologic, and barelled. We emphasize that for $s = 1$, this topology is not the intersection of those of $G^s(K)$ and $G_0'^s(\Omega)$ (for this last topology, our space would not be complete).

Remark. — One could define in the same way a reasonable topology on the space $G'^s(\Omega) \cap G^s(\Omega - K)$ of all hyper-distributions on Ω which are functions of class s on $\Omega - K$. For this topology, it is the strong dual of $G_0'^s(\Omega) \cap G^s(K)$ if we define the duality in the following way : if $f \in G_0'^s(\Omega) \cap G^s(K)$ and $g \in G'^s(\Omega) \cap G^s(\Omega - K)$, we choose $\varphi \in C_0^s(\Omega)$ equal to 1 in a neighborhood of the singular support K′ of f, and vanishing in a neighborhood of K, and we set

$$\int_\Omega fg = \int_{\Omega - K} (f\varphi)\cdot g + \int_{\Omega - K'} f\cdot[g(1 - \varphi)].$$

The result does not depend on the choice of φ.

Finally we state without proof.

PROPOSITION 0.1. — *Let* E *denote the space of all functions on* R^n *which are smaller than c* exp $(-\varepsilon\,|\xi|^{1/s})$ *for suitable constants c,* ε, *with the evident inductive limit topology. Then the Fourier transform is continuous from* $G_0^s(R^n)$ *to* E *and from* E *to* $G^s(R^n)$.

3. Pseudo-differential operators.

We shall only recall very briefly their definition here. We refer to [7], [8] for the demonstrations.

A pseudo-differential operator $P = P(x, D)$ on Ω is defined by the following formula :

$$P\cdot f(x) = \left(\frac{1}{2\pi}\right)^n \int e^{ix\cdot\xi}\, p(x, \xi)\, \hat{f}(\xi)\, d\xi,$$

where $p(x, \xi)$ is a smooth function on $\Omega \times \mathbf{R}^n$, and admits when $\xi \to \infty$ an asymptotic expansion in homogeneous functions of ξ:

$$p(x, \xi) \sim \sum_{k=0,1,\dots} p_k(x, \xi) \tag{0.3}$$

$p_k(x, \xi)$ is a smooth function on $\Omega \times \mathbf{R}^n - \{0\}$, homogeneous of degree $r - k$ with respect to ξ (this is a slight restriction to the definition of [7]).

We will call symbol of P the formal series

$$\sigma(\mathrm{P}) = \sum p_k(x, \xi). \tag{0.4}$$

The degree of P is the degree r of its principal symbol $p_0(x, \xi)$.

More generally we will call pseudo-differential operator the operator

$$\mathrm{P}' = \mathrm{P}(x, \mathrm{D}) + \mathrm{R}$$

if $\mathrm{P}(x, \mathrm{D})$ is of the type described above, and R is an operator with a smooth kernel (thus R is continuous $\mathcal{E}'(\Omega) \to \mathrm{C}^\infty(\Omega)$).

Following Hőrmander, we shall say a pseudo-differential operator P is compactly supported if it is continuous $\mathrm{C}_0^\infty(\Omega) \to \mathrm{C}_0^\infty(\Omega)$ and can be extended continuously $\mathrm{C}^\infty(\Omega) \to \mathrm{C}^\infty(\Omega)$ (equivalently if for every compact subset K of Ω, there exists another one K′ such for any $\varphi \in \mathrm{C}_0^\infty(\Omega)$, $\mathrm{P}\cdot\varphi$ vanishes outside K′ (resp. inside K) if φ vanishes outside K (resp. inside K′)). Such an operator can always be represented by formula (0.2) (although not in a unique way if $\Omega \neq \mathbf{R}^n$).

If P and Q are two pseudo-differential operators that can be composed (for instance if P or Q is proper) $\mathrm{P} \circ \mathrm{Q}$ is a pseudo-differential operator, with symbol

$$\begin{aligned} \sigma(\mathrm{P}, \mathrm{Q}) &= \sum_\gamma \frac{1}{\gamma!}\left(\frac{\partial}{\partial\xi}\right)^\gamma \sigma(\mathrm{P}) \cdot \left(\frac{1}{i}\frac{\partial}{\partial x}\right)^\gamma \sigma(\mathrm{Q}) \\ &= \sum_{\gamma, k, l} \frac{1}{\gamma!}\left(\frac{\partial}{\partial\xi}\right)^\gamma \mathrm{P}_k(x, \xi) \cdot \left(\frac{1}{i}\frac{\partial}{\partial x}\right)^\gamma q_l(x, \xi). \end{aligned} \tag{0.5}$$

If P is a pseudo-differential operator, the transposed operator ${}^t\mathrm{P}$ (defined by $\int_\Omega {}^t\mathrm{P}(\varphi)\cdot\psi = \int_\Omega \varphi\cdot\mathrm{P}(\psi)$ for all $\varphi, \psi \in \mathrm{C}_0(\Omega)$ is also a pseudo-differential operator, with symbol

$$\sigma({}^t\mathrm{P}) = \sum_{\gamma} \frac{(-1)^{\gamma}}{\gamma!} \left(\frac{\partial}{\partial \xi}\right)^{\gamma} \left(\frac{1}{i}\frac{\partial}{\partial x}\right)^{\gamma} \sigma(\mathrm{P})(x, -\xi)$$

$$= \sum_{\gamma, k} \frac{(-1)^{\gamma}}{\gamma!} \left(\frac{\partial}{\partial \xi}\right)^{\gamma} \left(\frac{1}{i}\frac{\partial}{\partial x}\right)^{\gamma} \mathrm{P}_k(x, -\xi) . \qquad (0.6)$$

Finally let us recall that an elliptic pseudo-differential operator P (i.e. $p_0(x, \xi) \neq 0$ if $\xi \neq 0$) admits a parametrix — i.e. there exists a pseudo-differential operator E such that $\mathrm{P} \circ \mathrm{E} - 1$ and $\mathrm{E} \circ \mathrm{P} - 1$ have smooth kernels.

4. We end this section by describing some properties of the Fourier transform of some analytic functions — in view of § 1 and § 2. For the sake of brevity, we do not attempt at any general theorem.

For any number ε such that $0 < \varepsilon < 1$, let C_ε design the cone of all $x \in \mathrm{C}^n$ such that $|\mathrm{Im}\, x| < \varepsilon |\mathrm{Re}\, x|$; and let U_ε design the set of all matrices $g \in \mathrm{GL}(n, \mathrm{C})$ that can be factored in the following way :

$$g = (l + ih) \cdot g' \qquad (0.7)$$

where $g' \in \mathrm{GL}(n, \mathrm{R})$, $\det g' > 0$ and $h \in gl(n, \mathrm{R})$, $||h|| < \varepsilon$.

U_ε is connected open set in $\mathrm{GL}(n, \mathrm{C})$. It is stable by the symmetry $g \to {}^t g^{-1}$ (because ${}^t g^{-1} = (l - i\,{}^t h)(l + {}^t h^2)^{-1}\, {}^t g'^{-1}$). Finally $g \cdot x$ describes exactly C_ε when g describes U_ε and x describes $\mathrm{R}^n - \{0\}$.

The following lemma is straightforward :

LEMMA 0.2. — *Let* T *design a hyper-distribution on* R^n *such that* $g \to \mathrm{T}(g\,x)$ *(which is well defined when* $g \in \mathrm{GL}(n, \mathrm{R})$ *) can be extended into a holomorphic function on* U_ε *with values in some distribution space. Then the restriction of* T *to* $\mathrm{R}^n - \{0\}$ *can be extended in a holomorphic function on* C_ε.

LEMMA 0.3. — *Let* f *be a bounded holomorphic function on* C_ε. *Then the mapping* $g \to f(g\,x) \in \mathrm{L}^\infty(\mathrm{R}^n)$ *is a bounded holomorphic function on* U_ε, *with values in* $\mathrm{L}^\infty(\mathrm{R}^n)$.

This follows from the Taylor and Cauchy formulas : we have

$$f((l + h) \cdot x) = \sum_{\alpha} \frac{1}{\alpha!} \left(\frac{\partial}{\partial x}\right)^{\alpha} f(x)\,(h\,x)^{\alpha} \qquad (0.8)$$

$$\left(\frac{\partial}{\partial x}\right)^{\alpha} f(x) = \left(\frac{1}{2i\pi}\right)^{n} \iint_{|z_1| = \dots |z_n| = \lambda |x|} \frac{(-1)^{|\alpha|}\, \alpha!\, f(x+z)\, dz_1 \dots dz_n}{z_1^{\alpha_1} \dots z_n^{\alpha_n}} \tag{0.9}$$

(We compute the integral on the polysphere $|z_1| = \dots |z_n| = \lambda\,|x|$ conveniently oriented ; λ is chosen so small that it lies inside of the cone C_ϵ).

The second equality (Cauchy's formula) proves that for large A,

$$\frac{A^{-|\alpha|}}{\alpha!}\left(\frac{\partial}{\partial x}\right)^{\alpha} f(x) \cdot |x|^{|\alpha|}$$

is uniformly bounded on R^n (i. e. the bound does not depend on α). Thus the series (0.8) converges in $L^\infty\ (R^n)$ for small $h \in gl\,(n, C)$, and the mapping $g \to f(g\,x)$ is holomorphic in a neighborhood of $g = 1$. To prove it also is in a neighborhood of any $g_0 \in C_\epsilon$, we change f to $f(g \circ x)$, and diminish ε conveniently, and apply the first result.

The two following propositions are almost immediate consequences :

Proposition 0.4. — *Design by $H_{\epsilon,\alpha}$ the space of all distribution which are homogeneous of degree α, and outside the origin can be extended into a holomorphic function on C_ϵ. The Fourier transform is continuous from $H_{\epsilon,\alpha}$ to $H_{\epsilon,-n-\alpha}$.*

(With Lemma 0.3, it is easy to prove that $g \to f(g\,x)$ is a holomorphic function on U_ϵ with values in a space of temperate distributions if $f \in H_{\epsilon,\alpha}$. Thus the Fourier transform $\widehat{f(g\,x)} = \deg g)^{-1} \hat{f}\,({}^t g^{-1}\,\xi)$ has the same property; and we have seen that ${}^t g^{-1}$ ranges in the whole U_ϵ when g does the same.)

Finally let $E_{\epsilon,\alpha}$ design the Banach space of all distributions $f \in \mathcal{D}'(R^n)$ which outside of the origin can be extended into a holomorphic function on C_ϵ such that $|f(x)| \leqslant c\,|z|^{\alpha}$ for suitable c, and near the origin, can be decomposed into

$$f = \sum_{\alpha+k<n} p \cdot f \cdot f_k + f' + f''$$

where f_k is homogeneous, of degree $\alpha + k + 1$, holomorphic on C_ϵ and bounded on the set $x \in C_\epsilon$, $|x| = 1$ (the finite part is defined as in [12]); f' is a sum of derivatives of order $< -n - \alpha$ of the Dirac distribution δ if α is entire ($f' = 0$ if it is not), and f'' is holomorphic in C_ϵ and

$| f''(z) | \leqslant c | z |^{\alpha+k_0}$ for suitable c, where k_0 is the first positive integer such that $\alpha + k_0 > -n$.

PROPOSITION 0.5. — *If $\alpha < -n$, and if $\varepsilon' < \varepsilon$, the Fourier transform is continuous from $E_{\epsilon,\alpha}$ to the space of functions which are holomorphic on C_ϵ, and bounded in a neighborhood of the origin.*

The proof is similar to the preceding one, when one has remarked that if $f \in E_{\epsilon,\alpha}$, then the mapping $g \to f(gx)$ is holomorphic in U_ϵ, with values in a space of integrable distributions on R^n.

1. The symbols of class *s*.

As before, Ω designs an open set in R^n. Let $(p) = \sum p_k(x, \xi)$ be a symbol on Ω. Thus $p_k(x, \xi)$ is a smooth function on $\Omega \times (R^n - \{0\})$, homogeneous of degree $r - k$ with respect to ξ.

DEFINITION 1.1. — *The symbol $(p) = \sum p_k(x, \xi)$ is said to be of class $s \geqslant 1$ if for any given compact set $K \subset \Omega$ there exists constants* c, A *such that for any integer k, any multi-indexes α, β, and any $x \in K$, the following inequality holds :*

$$\left| \left(\frac{\partial}{\partial x}\right)^\alpha \left(\frac{\partial}{\partial \xi}\right)^\beta p_k(x, \xi) \right| \leqslant c\, A^{k+|\alpha+\beta|} \, |\xi|^{r-k-|\beta|} (k + |\alpha|)!^s \beta! \tag{1.1}$$

Let us set

$$p_{k,\alpha}^{\beta} = \left(\frac{1}{i}\frac{\partial}{\partial x}\right)^\alpha \left(\frac{\partial}{\partial \xi}\right)^\beta p_k(x, \xi).$$

Then Definition (1.1) is equivalent to the following : the series

$$N_s((p), T) = \sum_{\alpha,\beta,k} \left(\frac{2(2n)^{-k} k!}{(k + |\alpha|)!^s (k + |\beta|)!} \right) |p_{k,\alpha}^{\beta}| T^{2k+|\alpha+\beta|} \tag{1.2}$$

is a convergent power series, uniformly (with respect to T) when (x, ξ) ranges in a compact subset of $\Omega \times (R^n - \{0\})$. $N_s((p), T)$ will be called the formal norm of the symbol (p). (The monstrous coefficient in (1.2) is justified by Lemma 1.2 below. Of course for the equivalence with Definition 1.1 it could be considerably simplified.)

It follows from Definition 1.1 that $p_k(x, \xi)$ is holomorphic with respect to ξ when $A\,|\operatorname{Im}\xi| < |\operatorname{Re}\xi|$. In fact Definition 1.1 is equivalent to the following:

DEFINITION 1.1*bis*. — *For any compact set* $K \subset \Omega$ *there exist constants* ε, c, A *such that for any* $x \in K$, p_k *is holomorphic with respect to* ξ *when* $|\operatorname{Im}\xi| < \varepsilon\,|\operatorname{Re}\xi|$, *and that for any* $x \in K$, $\xi \in C_\varepsilon$ (i. e. $\xi \in C^n$ *and* $|\operatorname{Im}\xi| < \varepsilon\,|\operatorname{Re}\xi|$), *any multi-indexes* α, β *and any integer* k, *the following inequality holds*

$$\left|\left(\frac{\partial}{\partial x}\right)^{\alpha} p_k(x, \xi)\right| \leqslant c\,A^{k+|\alpha|}\,|\xi|^{r-k}\,(k + |\alpha|)\,!^{s}. \tag{1.1bis}$$

The fact that (1.1) implies (1.1*bis*) follows from the Taylor formula:

$$\begin{aligned}|p_{k,\alpha}(x, \xi + \eta)| &= \Big|\sum_{\beta} \frac{1}{\beta\,!}\,p_{k,\alpha}^{\beta}(x, \xi)\,\eta^{\beta}\Big| \\ &\leqslant c\,A^{k+|\alpha|}\,|\xi|^{r-k}\,(k + |\alpha|)\,!^{s} \sum_{\beta}\left(\frac{\beta\,!}{\beta\,!}A^{|\beta|}\,|\xi|^{-\beta}\,\eta^{\beta}\right) \\ &\leqslant c\,A^{k+|\alpha|}\,|\xi|^{r-k}\,(k + |\alpha|\,!^{s}\quad (1 - A\,|\eta|\,|\xi|^{-1})^{-n}\end{aligned}$$

if $A\,|\eta| < |\xi|$.

The implication in the other direction follows from the Cauchy formula, applied as in Lemma 0.3, and we leave the easy proof to the reader.

Recall that if (p) and (q) are two symbols, the composed symbol $(p) \circ (q) = (r)$ is given by formula (0.5):

$$(r) = \sum_{\gamma} \frac{1}{\gamma\,!}\left(\frac{\partial}{\partial \xi}\right)^{\gamma}(p)\cdot\left(\frac{1}{i}\,\frac{\partial}{\partial x}\right)^{\gamma}(q).$$

Thus

$$r_m = \sum_{k+l+|\gamma|=m} \frac{1}{\gamma\,!}\left(\frac{\partial}{\partial \xi}\right)^{\gamma} p\cdot\left(\frac{1}{i}\,\frac{\partial}{\partial x}\right)^{\gamma} q_l$$

and

$$r_{m,\alpha}^{\beta} = \sum \frac{1}{\gamma\,!}\binom{\alpha}{\alpha'}\binom{\beta}{\beta''}\,p_{l,\alpha'}^{\gamma+\beta'}\,q_{l,\gamma'+\alpha''}^{\beta''}, \tag{1.3}$$

where the last sum ranges over all integers and multi-indexes k, l, α', α'', β', β'', γ such that $k + l + |\gamma| = m$, $\alpha' + \alpha'' = \alpha$, $\beta' + \beta'' = \beta$.

$$\binom{\alpha}{\alpha'} \text{ and } \binom{\beta}{\beta''}$$

stand for the " binomial " coefficients

$$\alpha!/\alpha'!\alpha''!, \quad \beta!/\beta'!\beta''!.$$

LEMMA 1.2. — *The following inequalities are true :*

$$N_s((p) + (q), T) \ll N_s((p), T) + N_s((q), T)$$
$$N_s((p) \circ (q), T) \ll N_s((p), T) \cdot N_s((q), T)$$

(*the sign* $\ll$ *means that the coefficient of* T^k *in the first member is less than the same in the second member.*)

The first inequality is obvious. To prove the second, let us set $c^{\beta}_{k,\alpha} = 2(2n)^{-k} k!(k + |\alpha|)!^{-s}(k + |\beta|)!^{-1}$; and let us estimate $|r^{\beta}_{m,\alpha}|$ by the sum of all absolute values in the second member of (1.3). We then get :

$$N_s((r), T) \ll \sum_{m,\alpha,\beta} c^{\beta}_{m,\alpha} T^{2m+|\alpha+\beta|}$$
$$\cdot \left\{ \sum_{\substack{k+l+|\gamma|=m \\ \alpha'+\alpha''=\alpha \\ \beta'+\beta''=\beta}} \frac{1}{\gamma!} \binom{\alpha}{\alpha'} \binom{\beta}{\beta''} \cdot |p^{\beta'}_{k,\alpha'}| \, |q^{\beta''}_{l,\alpha''}| \right\}$$
$$= \sum_{\substack{k,l,\alpha' \\ \alpha'',\beta'\beta''}} c^{\beta'}_{k,\alpha'} |p^{\beta'}_{k,\alpha'}| T^{2k+|\alpha'+\beta'|} c^{\beta''}_{l,\alpha''} |q^{\beta''}_{l,\alpha''}| T^{2l+|\alpha''+\beta''|}.$$
$$\cdot \left\{ \sum_{\gamma} \frac{1}{\gamma!} \binom{\alpha}{\alpha'} \binom{\beta}{\beta''} \frac{c^{\beta}_{m,\alpha}}{c^{\beta'}_{k,\alpha'} \, c^{\beta''}_{l,\alpha''}} \right\} \tag{1.4}$$

In the last sum, we have set $\alpha' + \alpha'' - \gamma$, $\beta = \beta' + \beta'' - \gamma$, $m = k + l + |\gamma|$. After simplification, this is shown to be equal to

$$\sum_{\gamma \leqslant \alpha'',\beta'} \frac{1}{2} (2n)^{-|\gamma|} \frac{(k + l + |\gamma|)!}{k!\,l!\,\gamma!} \binom{\alpha}{\alpha'} \binom{\beta}{\beta''} \binom{m + |\alpha|}{k + \alpha'}^{-s} \binom{m + |\beta|}{l + |\beta''|}^{-1}.$$

Using the easy inequalities

$$\binom{\alpha}{\alpha'}\binom{m}{k} \leqslant \binom{m + |\alpha|}{k + |\alpha'|}, \qquad \binom{\beta}{\beta''}\binom{m}{l} \leqslant \binom{m + |\beta|}{l + |\beta''|}$$

and

$$\frac{(k+l+|\gamma|)!}{k!\,l!\,|\gamma|!}\binom{m}{k}^{-s}\binom{m}{l}^{-1} \leqslant \frac{|\gamma|!}{\gamma!}\,\frac{(k+|\gamma|)!\,(l+|\gamma|)!}{|\gamma|!\,(k+l+|\gamma|)!}$$
$$\leqslant \frac{|\gamma|!}{\gamma!} \text{ if } s \geqslant 1$$

we find that the last sum in (1.4) is less than

$$\sum_{\gamma} \frac{1}{2}(2n)^{-|\gamma|}\frac{|\gamma|!}{\gamma!} = \frac{1}{2}\left(1-\frac{1}{2n}-\ldots\frac{1}{2n}\right)^{-1} = 1.$$

Therefore it follows from (1.4) that

$$N_s(r, T) \ll \sum c^{\beta}_{k,\alpha'}\,|p^{\beta}_{k,\alpha'}|\,T^{2k+|\alpha'+\beta'|}\;c^{\beta''}_{l,\alpha''}\,|q^{\beta''}_{l,\alpha''}|\,T^{2l+|\alpha''+\beta''|}$$

which proves Lemma 1.2.

The following propositions follow immediately.

Proposition 1.3. — *Let (p) and (q) be two symbols of class (s). Then the composed symbol (r) = (p) ∘ (q) is also of class (s).*

Proof. — We have $N_s((r), T) \ll N_s((p), T)\cdot N_s((q), T)$, so that the formal norm of (r) converges whenever those of (p) and (q) do so.

Proposition 1.4. — *Let (p) be an elliptic symbol of class s* (i.e. $p_0(x, \xi) \neq 0$ *when* $\xi \neq 0$). *Then the inverse symbol (q) of (p) is also of class s.*

Proof. — (q) is the unique symbol such that $(p)\circ(q) = (q)\circ(p) = 1$.

Let (q') design the symbol whose only non vanishing term is the first: $q'_0 = p_0^{-1}$. It is of course of class s.

Define (h) by $(q')\circ(p) = 1 - (h)$. Thus (h) is a symbol of class s, and degree -1.

Now put $(q'') = \sum_{p=0}^{\infty} (h)^p$.

The inverse of (p) is $(q) = (q'')\circ(q')$.

Since (q') is of class s, we only need to prove that (q'') also is. This follows from the inequality

$$N_s((q''), T) \ll \sum_{0}^{\infty} N_s((h), T)^p = [1 - N_s((h), T)]^{-1}.$$

The last series is a convergent one since $N_s((h), T)$ is a convergent series, and has no constant term.

PROPOSITION 1.5. — *Let (p) be a symbol of class s. Then the transposed symbol $({}^tp)$ is also of class s.*

$({}^tp)$ is defined by (0.6):

$$({}^tp) = \sum_\gamma \frac{1}{\gamma!}\left(\frac{\partial}{\partial\xi}\right)^\gamma \left(\frac{1}{i}\frac{\partial}{\partial x}\right)^\gamma (p)(x, -\xi).$$

We shall show $N_s(({}^tp), T) \ll 2N_s((p), \sqrt{2}T)$, which will prove the proposition. Effectively we have

$$N_s(({}^tp), T) \ll \sum_{k,\alpha,\beta,\gamma} c_{k+|\gamma|,\alpha}^{\beta}\frac{1}{\gamma!}\left|p_{k,\alpha+\gamma}^{\beta+\gamma}\right| T^{2k+2|\gamma|+|\alpha+\beta|}$$
$$= \sum_{k,\alpha,\beta} c_{k,\alpha}^{\beta}\left|p_{k,\alpha}^{\beta}\right| T^{2k+|\alpha+\beta|}\left\{\sum_{\gamma\leqslant\alpha,\beta}\frac{1}{\gamma!}\frac{c_{k+|\gamma|,\alpha-\gamma}^{\beta-\gamma}}{c_{k,\alpha}^{\beta}}\right\}$$

The last sum in this inequality is equal to

$$\sum_{\gamma\leqslant\alpha,\beta}\frac{1}{\gamma!}\frac{2(2n)^{-k-|\gamma|}(k+|\gamma|)!}{(k+|\alpha|)!^s(k+|\beta|)!}\frac{(k+|\alpha|)!^s(k+|\beta|)!}{2(2n)^{-k}k!}$$
$$= \sum_{\gamma\leqslant\alpha,\beta}\frac{(k+|\gamma|)!}{k!\,\gamma!}(2n)^{-|\gamma|} \leqslant \left(1-\frac{1}{2n}-\cdots\frac{1}{2n}\right)^{k+1} = 2^{k+1}.$$

Thus

$$N_s(({}^tp), T) \ll \sum_{k,\alpha,\beta} 2^{k+1} c_{k,\alpha}^{\beta} T^{2k+|\alpha+\beta|} \ll 2N_s((p), \sqrt{2}T).$$

2. The analytic case.

We now make a special study of the analytic case ($s = 1$). Let us first remark that in this case, the proof of the equivalence between Definition 1.1 and 1.1bis, when applied to the x variable, shows that the symbol $(p) = \sum p_k(x, \xi)$ is analytic (of class $s = 1$) if and only if for any given compact set $K \subset \Omega$ there exist constants ε, c, A such that every $p_k(x, \xi)$ is holomorphic in the complex domain $K_\epsilon \times C_\epsilon$ (where K_ϵ stands for the set of all $x \in C^n$ such that $d(x, K) < \varepsilon\,|\mathrm{Re}\,\xi|$) and further, that the following inequality holds in this domain:

$$|p_k(x, \xi)| \leqslant c\,A^k\,|\xi|^{r-k}\,k! \qquad (1.1)\text{ter}$$

Let now $(p) = \sum p_k(x, \xi)$ be a symbol. The functions $p_k(x, \xi)$ are supposed to be analytic on $\Omega \times (\mathrm{R}^n - \{0\})$. Let $p_k(x, y)$ design the inverse Fourier transform with respect to ξ of the distribution $p \cdot f \cdot p_k(x, \xi)$ (we refer to L. Schwartz [12] for the definition of the finite part).

PROPOSITION 1.5. — *The symbol $(p) = \sum p_k(x, \xi)$ is analytic if and only if for every compact subset $\mathrm{K} \subset \Omega$ there exists a constant $\varepsilon > 0$ such that the series $\sum \hat{p}_k(x, y)$ converges uniformly in the complex domain of all x, y such that $d(x, \mathrm{K}) < \varepsilon$ and $|\mathrm{Im}\, y| < \varepsilon\, |\mathrm{Re}\, y| < \varepsilon^2$.*

Proof. — In regard to (1.1)ter, it is sufficient to prove the equivalence when (p) does not depend on x. Let us first suppose that $(p) = \sum p_k(\xi)$ is an analytic symbol : there exist constants $\varepsilon < 1$, c, A such that every p_k is holomorphic in the complex cone C_ϵ ($|\mathrm{Im}\, \xi| < \varepsilon\, |\mathrm{Re}\, \xi|$), and that in this cone, the following inequality holds :

$$|p_k(\xi)| \leqslant c\, \mathrm{A}^k\, |\xi|^{r-k}\, k! \tag{1.5}$$

It follows from Prop. 0.4 and 0.5 that the distributions $\hat{p}_k(y)$ are holomorphic in the same cone C_ϵ.

Let us now choose an integer m such that $m + r < -n$, and consider the set of all distributions of the form

$$k!\, \mathrm{A}^{-k} \langle x, \xi\rangle^{m+k}\, p \cdot f \cdot p_k(\xi) = k!^{-1}\, \mathrm{A}^{-k}\, p \cdot f \cdot (\langle x, \xi\rangle^{m+k}\, p_k(\xi)),$$
$$x \in \mathrm{C}^n, \ |x| = 1\,; \quad m + k \geqslant 0.$$

Formula 1.5 clearly shows that this set is bounded in the Banach space $\mathrm{F}_{\epsilon, m+r}$ of Proposition 0.5. It follows from that proposition that the set of Fourier transforms :

$$k!^{-1}\, \mathrm{A}^{-k}\, (x \cdot \mathrm{D})^{m+k}\, \hat{p}_k(y) \qquad (x \in \mathrm{C}^n, |x| = 1\,; \quad m + k \geqslant 0)$$

is a set of functions which are holomorphic and uniformly bounded for $|\mathrm{Im}\, y| < \varepsilon' \,|\mathrm{Re}\, y| < \varepsilon'^2$ (if $\varepsilon' < \varepsilon$). (if $(x_1, \ldots, x_n)$ are the coordinate of x, we set

$$(\mathrm{X} \cdot \mathrm{D})^k = \left(\frac{1}{i} \sum_0^n \mathrm{X}_j \frac{\partial}{\partial y_j}\right)^k .$$

Further, it follows from the definition of finite parts that $p_k(y)$ and its derivatives of order $< -n - r + k$ are continuous and vanish at the origin (even if $p \cdot f \cdot p_k(\xi)$ is not a homogeneous distribution). If we integrate $m + k$ times in the direction of x when $x \in C_{\varepsilon'}$, we therefore get the inequality

$$|k!^{-1} A^{-k} p_k(y)| \leqslant c\,(m+k)!^{-1} |y|^{m+k} \quad \text{if} \quad |\operatorname{Im} y| < \varepsilon' \,|\operatorname{Re} y| < \varepsilon'^2. \tag{1.6}$$

The convergence of the series $\sum \hat{p}_k(y)$ in a domain such as described in Prop. 1.5 follows immediately (naturally, the first terms, which are eventually not included in inequalities (1.5) and (1.6), have no influence on the result).

To prove the converse implication, we consider the set of all distributions of the form

$$k!^{-1} A^{-k} (X \cdot D)^{m+k} \hat{p}_k(y), \quad k = 0, 1, \ldots; \quad x \in C^n, \quad |x| = 1,$$

where m is chosen such that $-n < m + r < 0$. These distributions are homogeneous of degree $-n - m - r$, and it follows from Cauchy's formula (applied as in Lemma 0.3) that for sufficiently large A, their set is bounded in the space $H_{\epsilon, -n-m-r}$ of Prop. 0.4 if $\sum \hat{p}_k(y)$ behaves as described in Prop. 1.5.

Prop. 0.4 then proves that the set of all distributions of the form

$$k!^{-1} A^{-k} \langle x, \xi\rangle^{m+k} p_k(\xi), \quad k = 0, 1, \ldots; \quad x \in C^n, \quad |x| = 1,$$

is bounded in the space $H_{\epsilon, m+r}$, and this of course implies inequality (1.5). This ends the proof of Prop. 1.5.

2. Pseudo-differential operators of class *s*.

The notations are the same as in § 0 and § 1.

DEFINITION 2.1. — *Let* $P = P(x, D)$ *be a pseudo-differential operator on* Ω, *with symbol* $\sigma(P) = \sum p_k(x, \xi)$ *and degree* r. P *will be said to be strictly of class* s *if for any given compact set* $K \subset \Omega$ *there exist constants* c, A *such that for any* $x \in K$, *any multi-indexes* α, β, *and any integer* N, *the following inequality holds :*

$$\left|\left(\frac{\partial}{\partial x}\right)^{\alpha}\left(\frac{\partial}{\partial \xi}\right)^{\beta}\left(p - \sum_{0}^{N-1} p_k(x, \xi)\right)\right| < c\, A^{N+|\alpha+\beta|}\, |\xi|^{r-N-|\beta|}\, (k + |\alpha|)!^{s}\, \beta! \tag{2.1}$$

(the factor $|\xi|^{r-N-|\beta|}$ *ought to be replaced by* $(1+|\xi|^{r-N-|\beta|}$ *without changing anything else when* $r-N-|\beta|>0$).

DEFINITION 2.1.*bis.* — *A linear continuous operator*

$$P : C_0^\infty(\Omega) \to C^\infty(\Omega)$$

will be called a pseudo-differential operator of class s if its kernel is a function of class s outside of the diagonal of $\Omega \times \Omega$, *and if its restriction to any relatively compact open set* Ω' *in* Ω *can be decomposed into* $P = P' + R$ *where* P' *is strictly of class s and the kernel of* R *is a function of class s on* $\Omega' \times \Omega'$.

(This second definition will be justified by the two propositions below.)

Definition 2.1 implies that the symbol of P is of class s. It also implies that the function $p(x, \xi)$ is holomorphic with respect to ξ in some cone C_ϵ ($|\mathrm{Im}\,\xi| < \varepsilon\,|\mathrm{Re}\,\xi|$), and a formula analogous to (1.1)bis (or (1.1)ter when $s = 1$) could be written out.

We now have

PROPOSITION 2.2. — *Let* P *be a pseudo-differential operator which is strictly of class s (Definition* 2.1). *Then the kernel of* P *is a function of class s outside the diagonal of* $\Omega \times \Omega$.

Proof. — We only have to remark that formula (1.1) implies that $x \to p(x, \xi)$ is a function of class s with values in a space of distributions which are holomorphic and bounded by a power of $|\xi|$ in a cone C_ϵ (at least when x remains in a relatively compact subset of Ω). It then follows from Prop. 0.2 to 0.5 that $x \to \hat{p}(x, y)$ is a function of class s with values in a space of distributions which are analytic outside the origin ($\hat{p}(x, y)$ denotes the inverse Fourier transform of $p(x, \xi)$ with respect to ξ). Since the kernel of P is the restriction to $\Omega \times \Omega$ of $\hat{p}(x, x-y)$, this proves Prop. 2.2.

PROPOSITION 2.3. — *Let* P *be a pseudo-differential operator, of class s, and suppose* $\sigma(P) = 0$. *Then the kernel of* P *is a function of class s on* $\Omega \times \Omega$. *(Thus* P *can be extended into a continuous operator* $G_0'^s(\Omega) \to G^s(\Omega)$.)

Proof. — When the symbol of P is zero, inequality (2.1) gives

$$\left|\left(\frac{\partial}{\partial x}\right)^{\alpha} \xi^{\beta} p\right| \leqslant c\, \mathrm{A}^{k+|\alpha|}\, |\xi|^{r-k+|\beta|}\, (k + |\alpha|)!^{s} \quad \text{if} \quad r - k < 0. \tag{2.2}$$

If we take $k = |\beta| + m$ (with $m + r < -n$), then $k = |\beta| + m'$ (with $r + m' \geqslant 0$) and add the two corresponding inequalities, we get (with other constants c', A′)

$$\left|\left(\frac{\partial}{\partial x}\right)^{\alpha} \xi^{\beta} p\right| \leqslant c'\, \mathrm{A}'^{|\alpha+\beta|} \inf (1, |\xi|^{m+r})\, |\alpha + \beta|!^{s} \tag{2.3}$$

and finally, integrating this last inequality,

$$\left|\left(\frac{\partial}{\partial x}\right)^{\alpha} \left(\frac{\partial}{\partial y}\right)^{\beta} p\,(z, y)\right| \leqslant c''\, \mathrm{A}'^{|\alpha+\beta|}\, |\alpha + \beta|!^{s} \tag{2.4}$$

(where we have set $c'' = c' \cdot \int_{\mathrm{R}^n} \inf (1, |\xi|^{m+r})\, d\xi < \infty$).

This proves the lemma.

Remark 2.4. — The proof of Prop. 2.3 does not depend on the ξ-derivatives of $p\,(x, \xi)$. It follows that if $\sum p_k\,(x, \xi)$ is a symbol of class s such that there exists a pseudo-differential operator P′, of class s (in the sense of Definition 2.1), with symbol $\sum p_k\,(x, \xi)$ (this will be shown to be always true in Section 4), if $p\,(x, \xi)$ is a function on $\Omega \times (\mathrm{R}^n - \{0\})$ such that for any compact set $\mathrm{K} \subset \Omega$ there exists constants c, A such that

$$\left|\left(\frac{\partial}{\partial x}\right)^{\alpha} \left(p\,(x, \xi) - \sum_{0}^{\mathrm{N}} p_k\,(x, \xi)\right)\right| \leqslant c\, \mathrm{A}^{\mathrm{N}+|\alpha|}\, |\xi|^{r-\mathrm{N}}\, (\mathrm{N} + |\alpha|)!^{s}\ (^1)$$

then the operator $p\,(x, \mathrm{D})$ is a pseudo-differential operator of class s, with symbol $\sum p_k\,(x, \xi)$, in the sense of Definition 2.1bis (because the operator $\mathrm{P}' - \mathrm{P}\,(x, \mathrm{D})$ satisfies inequality (2.2), hence also (2.3) and (2.4), which means its kernel is a function of class s).

(1) Here also $|\xi|^{r-\mathrm{N}}$ ought to be replaced by $(1 + |\xi|)^{r-\mathrm{N}}$ if $r - \mathrm{N} > 0$ or if $\mathrm{N} = 0$.

2. The analytic case ($s = 1$).

In the analytic case, Proposition 1.5 is completed by the following:

PROPOSITION 2.5. — *Let* $\sum p_k(x, \xi)$ *be an analytic symbol, and* $P = P(x, D)$ *an analytic pseudo-differential operator with symbol* $\sum p_k(x, \xi)$. *Then the kernel of* $P(x, D)$ *differs from the sum of the series* $\sum \hat{p}_k(x, x - y)$ *by a function which is analytic in a neighborhood of the diagonal of* $\Omega \times \Omega$.

Proof. — We can assume that $P = P(x, D)$ is strictly of class s, and further, that $p(x, \xi)$ does not depend on x. We shall then prove Prop. 2.5 by estimating the derivatives of $p(y) - \sum p_k(y)$ (where $\hat{p}(y)$ designs the Fourier transform of $p(\xi)$, and $\hat{p}_k(y)$, that of p. f. $p_k(\xi)$, as in Prop. 1.5): we have

$$\left(\frac{\partial}{\partial y}\right)^\alpha (\hat{p}(y) - \sum \hat{p}_k(y)) = \left(\frac{\partial}{\partial y}\right)^\alpha \left(\hat{p} - \sum_0^{m+|\alpha|-1} \hat{p}_k\right) + \left(\frac{\partial}{\partial y}\right)^\alpha \left(\sum_{|\alpha|+m}^{\infty} \hat{p}_k\right),$$

where m is chosen such that $m - n - r > 0$.

The proof of Prop. 1.5 shows that the second sum can be estimated by

$$\left| \sum_{m+|\alpha|} \left(\frac{\partial}{\partial y}\right)^\alpha \hat{p}_k(y) \right| \leqslant c\, A^{|\alpha|}\, \alpha! \tag{2.6}$$

for any α, when $|\operatorname{Im} y| < \varepsilon\, |\operatorname{Re} y| < \varepsilon^2$, for sufficiently small ε, and large c, A.

The first term in the second member of (2.5) is the Fourier transform of

$$T_\alpha = \xi^\alpha \left[p(\xi) - \sum_0^{m+|\alpha|-1} \text{p.f. } p_k(\xi) \right] = \text{p.f.} \left[\xi^\alpha \left(p - \sum_0^{m+|\alpha|-1} p_k \right). \right] \tag{2.7}$$

Now it follows from Definition 1.1 and 2.1 that for suitable ε, c, A, $(c\, A^{|\alpha|}\, \alpha!)^{-1}\, T_\alpha$ remains in a bounded subset of the space $E_{\epsilon, r-m}$ of Prop. 0.5.

Therefore it follows from Prop. 0.5 that for sufficiently small ε and suitable constants c, A, the functions

$$\left(\frac{\partial}{\partial y}\right)^\alpha \left(\hat{p}(y) - \sum_0^{m+|\alpha|-1} \hat{p}_k(y)\right)$$

are holomorphic in the set $|\operatorname{Im} y| < \varepsilon\,|\operatorname{Re} y| < \varepsilon^2$, and we have in this set

$$\left|\left(\frac{\partial}{\partial y}\right)^{\alpha}\left(\hat{p}(y) - \sum_{0}^{m+|\alpha|-1} \hat{p}_k(y)\right)\right| \leqslant c\, A^{|\alpha|}\, \alpha!$$

We now only have to add up inequalities (2.6) and (2.8) to finish the proof.

3. Continuity properties.

In this section we show that our pseudo-differential operators are continuous on some of the hyper-distribution spaces introduced in § 0, No. 2.

THEOREM 2.6. — *Let* P *be a pseudo-differential operator of class* s *on* Ω. *Then* P *has a unique continuous extension :*

$$G_0'^{s}(\Omega) \cap G^{s}(U) \to G'^{s}(\Omega) \cap G^{s}(U)$$

for any open subset $U \subset \Omega$ *such that* $\Omega - U$ *be compact.*
(The hyper-distribution spaces involved are defined in § 0, No. 2). In other words, if T is a hyper-distribution with compact support, $P(x, D)\cdot T$ is well defined ; and it is a function of class s in any open set where T is.

We give the proof in two steps : first suppose $P = P(x, D)$ is a convolution operator (i.e. $p(x, \xi)$ does not depend on x). We then have $P(x, D)\cdot T = E * T$, where E is a function of class s outside of the origin. Theorem 2.6 then follows from

LEMMA 2.7. — *Let* S, T *be two hyper-distributions of class* s, *one of which has a compact support. We then have*

$$\text{sing supp}\,(S * T) \subset \text{sing supp}\,(S) + \text{sing supp}\,(T).$$

(Here sing supp T designates the smallest closed set outside of which T is a function of class s. If A and B are two sets in R^n, $A + B$ designates the set of all $x + y$, $x \in A$, $y \in B$. In our case, $A + B$ is closed since A and B are, and one of them is compact.)

Proof. — We first remark that

$$\text{sing supp}\,(S * T) \subset \text{sing supp}\,(S) + \text{supp}\,T.$$

This follows from the equality $S * T(x) = \int S(x - t) T(t)\, dt$ if x lies outside of sing supp S + supp T, and from the fact that if K is a compact set and has void intersection with supp sing (S) + supp T, then $t \to S(x - t)/K$ is a function of class s with values in $G^s(K)$ in a neighborhood of sing supp S.

In the general case, let x_0 lie outside sing supp (S) + sing supp (T). We can choose two neighborhoods K, K′ of sing supp (S) and sing supp (T) which are unions of cubes with small side length such that $x_0 \notin K + K'$. We then write $S = S_1 + S_2$, $T = T_1 + T_2$, where S_1 (resp. T_1) is the function equal to zero in K (resp. K′) and to $S(x)$ (resp. $T(x)$) outside K (resp. K′). It follows from the remark above that $S_1 * T_2$, $S_2 * T_1$ and $S_2 * T_2$ are of class s in a neighborhood of x_0. Thus it is sufficient to prove that $S_1 * T_1(x) = \int_{\substack{x-t \in K \\ t \in K'}} S(x - t) T(t)\, dt$ also is. When K, K′ have this particular shape, this is quite elementary to prove, and we leave the proof to the reader ([1]). (When $s > 1$, it is easier to prove Lemma 2.7 by means of a partition of unity of class s. This of course cannot be done when $s = 1$.)

The following corollary is an immediate consequence of Lemma 2.7 (also cf. [13], Lectures No. 4, 5, 6).

COROLLARY 2.8. — *Let* T_i *be a bounded set of hyperdistributions in* $G'^s(R^n) \cap G^s(R^n - \{0\})$ (cf. § 0, *No.* 2). *Then the convolutions* $u \to T_i * u$ *form an equi-bounded and therefore equi-continuous set of linear mappings* $G_0'^s(R^n) \cap G^s(U) \to G'^s(R^n) \cap G^s(U)$ *for any open set* U *such that* $R^n - U$ *is compact.*

We now prove Theorem 2.6 in the general case. Since an operator R whose kernel is a function of class s is continuous from $G_0'^s(\Omega)$ to $G^s(\Omega)$, we will assume that $P = P(x, D)$ is strictly of class s (Definition 2.1). Let us now denote by E_α the inductive limit when $\varepsilon \to 0$ of the Banach spaces $E_{\epsilon,\alpha}$ of Proposition 0.5, and by F_α its isomorphic image by the Fourier transform : it is a complete bornological space of type (DF) (cf. (5)). It follows from inequality (2.1) that $x \to \hat{p}(x, y)$ is a function of class s in Ω, with values in F_r. It also follows from Prop. 0.5 that F_α is a topological subspace of $G'^s(R^n) \cap G^s(R^n - \{0\})$. Theorem 2.6 then follows from the three remarks below :

1. The bilinear mapping $B(\varphi, T) = P$, where the operator P is defined by $P(u) = \varphi\cdot(T * u)$, is continuous from $G^s(\Omega)\, F_\alpha$ to

$$\mathcal{L}\,[G_0'^s(\Omega) \cap G^s(U),\ G'^s(\Omega) \cap G^s(U)]$$

(on this last space we put the topology of uniform convergence on bounded sets of $G_0'^s(\Omega) \cap G^s(U)$). In order to prove this, it is sufficient to prove the same when one replaces Ω by any compact set $K \subset \Omega$, containing $\Omega - U$, and $G^s(\Omega)$ (resp. $G_0'^s(\Omega) \cap G^s(U)$, $G'^s(\Omega) \cap G^s(U)$) by $G^s(K)$ (resp. $G^s(K) \cap G^s(U)$, resp. the space of hyperdistributions which are defined in some neighborhood of K and of class s in U). This last assertion follows from the fact that B is clearly bounded on those spaces (Cor. 2.8), and $G^s(K)$ and F_α are both bornological, of type (DF) (cf. [5]).

2. Since $G_0'^s(\Omega) \cap G^s(U)$ is bornological, and $G'^s(\Omega) \cap G^s(U)$ complete, $\mathcal{L}\,[G_0'^s(\Omega) \cap G^s(U), G'^s(\Omega) \cap G^s(U)]$ is complete, and B has a continuous extension to the Grothendieck product $G^s(\Omega) \hat{\otimes} F_\alpha$.

3. By Grothendieck's theorem, this last space is identified to the space of functions of class s in Ω, with values in F_α. And through this identification, the operator corresponding to the function $\hat{p}(x, y)$ is the operator with kernel $\hat{p}(x, x - y)$ which is precisely $P(x, D)$. This completes the proof.

4. An existence theorem.

THEOREM 2.9. — *Let $(p) = \sum p_k(x, \xi)$ be any symbol of class $s \geqslant 1$ on Ω. Then there exists a pseudo-differential operator of class s on Ω with symbol (p).*

We shall first prove the theorem when (p) satisfies inequality (1.1) uniformly. It is clear that we can suppose that the degree of (p) is zero — which we will do. The problem is to construct a function $p(x, \xi)$ satisfying (2.1) uniformly on Ω. We first reduce this problem to a problem concerning functions of one complex variable t:

Let us designate by $B_{\varepsilon, A, s}$ (resp. $B^+_{\varepsilon, A, s}$) the space of all smooth functions f on the closed complex cone $|\mathrm{Im}\, t| \leqslant \varepsilon\, |\mathrm{Re}\, t|$ (resp. and $t \geqslant 0$), which are holomorphic in the interior, and satisfy

$$\left|\left(\frac{d}{dt}\right)^k f\right| \leqslant c\, A^k\, k!^s \quad \text{for suitable } c. \tag{2.9}$$

In order that the function $p(x, \xi)$ satisfy inequality (2.1) it is sufficient that the function $(x, \xi) \to f(t) = p(x, t^{-1}\xi)$ be partially analytic in ξ and of class s in x on the manifold $\Omega \times \Sigma$ (where Σ designs the unit cotangent sphere $|\xi| = 1$), with values in $B_{\epsilon, A, s+1}$, and satisfy

$$\left(\frac{d}{dt}\right)^k f(0) = k!\, p_k(x, \xi) . \tag{2.10}$$

(We leave the easy proof of the reader.)

Let us now denote by $\hat{B}_{\epsilon, A, s}$ the space of all functions which are holomorphic in the cone C_ϵ : $|\mathrm{Im}\, t| < \varepsilon\, |\mathrm{Re}\, t|$ and satisfy the inequality

$$|f(t)| \leqslant c \exp - (2A\, |t|^{1/s}) : \tag{2.11}$$

Lemma 0.3, and the end of No. 2 in § 0 imply that the Fourier transform is continuous from $\hat{B}_{\epsilon, A, s}$ to $B_{\epsilon', A', s'}$ for sufficiently large A′ and small ε′. And of course if $f \in \hat{B}_{\epsilon, A, s}$ we have

$$\left(\frac{d}{dt}\right)^p \hat{f}(0) = i^p \int_{-\infty}^{+\infty} t^p f(t)\, dt.$$

Finally let us designate by $S_{A, s}$ the space of all sequences

$$s = (s_k)_{k=0, 1, \ldots}$$

such that

$$||s||^2 = \sum |A^{-k} k!^{-s} s_k|^2 = \sum \left|\frac{s_k}{\lambda_k}\right|^2 < \infty . \tag{2.12}$$

Definition 1.1 implies that $(x, \xi) \to (p_k(x, \xi) \cdot k!)_{k=0, 1, \ldots}$ is partially of class s in x and analytic in ξ on $\Omega \times \Sigma$, with values in the Hilbert space $S_{A, s+1}$, for sufficiently large A.

Theorem 2.9 will now readily follow from.

Lemma 2.10. — *For any* $s \geqslant 2$, *there exists a continuous linear mapping* $U : S_{A, s} \to \hat{B}_{\epsilon, A', s}$ *(for sufficiently small* ε *and* A′*) such that if* $f(t) = U(s)$ *we have*

$$\int_{-\infty}^{+\infty} t^k f(t)\, dt = s_k. \tag{2.13}$$

(The lemma is also true, in fact, for any $s > 1$. We only give a proof when $s \geqslant 2$).

The following proof only adds minor details to the article of L. Carleson [3], whose notations we adopt. We do not repeat here the proofs that can be found in [3] :

Let us designate by $P_m(t) = \sum_0^m \alpha_{m,p} t_p$ the sequence of real polynomials which is uniquely determined (up to the factor ± 1) by the fact that P_m is real, its degree is m and the relations

$$\int P_m(t) P_n(t) \exp(-2 | t |^{1/s}) \, dt = \begin{cases} 0 \text{ if } m \neq n \\ 1 \text{ if } m = n. \end{cases} \tag{2.14}$$

We try to construct a solution $f = U(s)$ by the formula

$$f = \exp(2 - 2A | t |^{1/s}) \left(\sum_0^\infty b_m P_m \right) \tag{2.15}$$

Formulae (2.13) and (2.14) then imply

$$b_m = \int f(t) \, p_m(t) \, dt = \sum_{p=0}^{u} \alpha_{m,p} s_p . \tag{2.16}$$

Now it follows from L. Carleson's article that the coefficients $\alpha_{m,p}$ satisfy the following estimates : let $w(z)$ be the unique harmonic function defined for $\operatorname{Im} z \geqslant 0$, infinitely small compared to z when $z \to \infty$, with boundary value $c | z |^{1/s}$ for real z :

$$w(z) = \operatorname{Re}\left[c \, e^{\frac{i\pi}{2s}} \exp\left(\frac{1}{s} \log z \right) \right]. \tag{2.17}$$

Put

$$\mu(r) = \sup_{|z|=r} w(z) = c \left(\cos \frac{\pi}{2s} \right)^{-1} r^{1/s} = \alpha \, r^{1/s}. \tag{2.18}$$

(Here we have $\alpha = c(\cos \pi/2s)^{-1} < 2c$ since $s \geqslant 2$.)

Finally we define

$$M_p = \sup_{r>0} r^{p+1/2} e^{-\mu(r)} = \left[\frac{s(p + 1/2)}{\alpha e} \right]^{s(p+1/2)} . \tag{2.19}$$

Then we have for suitable constant k

$$\sum_{m=0}^{\infty} | \alpha_{m,p} |^2 \leqslant k^2 M_p^{-2}. \tag{2.20}$$

Let us now choose c so small that $\sum , \lambda_p/M_p |^2 = k'^2 < \infty$. We then have

$$\sum | b_m |^2 \leqslant \sum_{m=0}^{\infty} \left(\sum_{p=0}^{m} \left| \frac{s_p}{\lambda_p} \right|^2 \right) \left(\sum_{p=0}^{m} | \lambda_p \alpha_{m,p} |^2 \right)$$

$$\leqslant || s ||^2 \left[\sum_{\infty}^{0} \lambda_p^2 \cdot \left(\sum_{m=0}^{\infty} | \alpha_{m,p} |^2 \right) \right] \leqslant k^2 || s ||^2 \left(\sum_{0}^{\infty} \left| \frac{\lambda_p}{M_p} \right|^2 \right)$$

$$= (k, k')^2 || s ||^2. \tag{2.21}$$

Further it follows from (2.16), (2.17) and (2.21) that

$$\varphi (z) = \sum b_m P_m (z) = \sum a_p z^p$$

is an entire analytic function.

In fact we have

$$| a_p | = \left| \sum_m b_m \alpha_{m,p} \right| \leqslant k^2 k' || s || M_p \quad ,$$

and

$$| \varphi (z) | \leqslant k^2 k' || s || \sum \frac{| z |^p}{M_p} \leqslant k'' || s || \left| \frac{1}{M_0} + \sqrt{| z |} \sum_{\infty}^{0} \frac{z^{p+1/2}}{M_p} \cdot \frac{M_p}{M_{p+1}} \right|,$$

it follows from (2.19) that we have $z^{p+1/2} / M_p \leqslant e^{\mu(|z|)}$ and

$$\sum M_p/M_{p+1} < \infty$$

so that finally we get

$$| \sum b_m P_m (z) | \leqslant k (1 + \sqrt{| z |} e^{\alpha |z|^{1/s}}) \tag{2.22}$$

Since we have $\alpha < 2c$, $f = \exp(-2c \, | t |^{1/s}) (\sum b_m P_m (t))$ lies in the space $\hat{B}_{\epsilon, A'}$ if ε and A' are small enough. Moreover it is quite evident that the operator U thus defined is continuous from $S_{A,s}$ to $\hat{B}_{\epsilon, A', s}$. This ends the proof of Lemma 2.10.

Since we are not able to vary the constant A in Lemma 2.10 (from one point x, ξ to another), Lemma 2.10 only permits us to construct a solution (a pseudo-differential operator of class s with symbol (p)) locally. If $s > 1$, it is easy to achieve the construction globally by means of partitions of unity. If $s = 1$, Lemma 2.10 and Prop. 1.5 and 2.5 prove that the operator which is defined in small open subsets of Ω by the distribution kernel $k' (x, y) = \sum \hat{p}_k (x, x-y)$ is an analytic pseudo-differential operator in these small open sets. Next it is a well known property of real analytic functions that there exists a function $k''(x, y)$ defined and analytic in $\Omega \times \Omega - \Delta$ (where Δ designates the diagonal) such that $k''(x, y) - k'(x, y)$ is analytic in a neighborhood of Δ. It is then clear that the operator with kernel

$$k(x, y) = \begin{cases} k''(x, y) \text{ outside of } \Delta \\ k'(x, y) + (k''(x, y) - k'(x, y)) \text{ near } \Delta \end{cases}$$

is an analytic pseudo-differential operator with symbol $\sum p_k(x, \xi)$, according to Definition 2.1*bis*.

5. In this section, we examine the composed of two pseudo-differential operators of class s.

PROPOSITION 2.11. — *Let* P *and* Q *be two pseudo-differential operators of class s, one of which is compactly supported* (cf. § 0, *No.* 3). *Then* $P \circ Q = R$ *is also a pseudo-differential operator of class s.*

We give separate proofs in the analytic and non-quasianalytic cases. In the first case, the hypothesis of Prop. 2.11 implies that either P or Q is a differential operator. The result is evident when P is (by Leibniz' formula), or when Q is a differential operator with constant coefficients. The only case that remains to be examined is therefore when Q is the multiplication by an analytic function $q(x)$. By Prop. 1.5 and 2.5, the kernel of P∘Q then differs from $(\sum \hat{p}_k(x, x-y)) \cdot q(y)$ by a function which is analytic in a neighborhood of the diagonal (here we use the notations of Prop. 1.5 and 2.5). Next we remark that for small $x - y$ we have :

$$\left(\sum p_k(x, x-y)\right) \cdot q(y) = \sum_{k,\alpha} \frac{1}{\alpha!} q^{(\alpha)}(x)\, \hat{p}_k(x, x-y) \cdot (y-x)^{\alpha}.$$

This last series is exactly the series which corresponds to the symbol of $P \circ Q = R$ (i.e. $\sum \hat{r}_k(x, x-y)$), and Prop. 1.3 and show that it is convergent in a neighborhood of the diagonal if the degree of P is not a integer.

If the degree of P is integer, $\hat{p}_k(x, x-y)(y-x)^{\alpha}$ differs from the corresponding term in the series that corresponds to the symbol of P ∘ Q by

$$\left(\frac{1}{i}\right)^{\alpha} \bar{\mathcal{F}} \left[\left(\frac{\partial}{\partial \xi}\right) \text{p. f. } p_k(x, \xi) - \text{p. f. } \left(\frac{\partial}{\partial \xi}\right)^{\alpha} p_k(x, \xi) \right] = p_{k,\alpha}(x, x\text{-}y).$$

Here $\bar{\mathcal{F}}$ designates the inverse Fourier transform. It is easy to prove that for fixed x, $p_{k,\alpha}(x, x\text{-}y)$ is a polynomial with respect to $(x\text{-}y)$, which is homogeneous of degree $|\alpha| - r - n + k$, where r is the degree of P (so that the degree of p_k is $r - k$). Further, the coefficients of this polynomial only depend on the spherical moments of $p_k(x, \xi)$. An exact computation shows that for suitable constants c, A, they are bounded by

$$\frac{C}{k!} A^{k+|\alpha|} \int_{|\xi|=1} |p_k(x, \xi)| \, d\sigma(\xi)$$

(where $d\sigma$ is the superficial measure of the sphere $|\xi| = 1$).

It follows that if p and q are analytic, the series

$$\sum_{k,\alpha} \frac{(-1)^\alpha}{\alpha!} p(x, x\text{-}y)(x\text{-}y)^\alpha q^{(\alpha)}(x)$$

is convergent for small complex $(x\text{-}y)$, so that it sum is analytic in a neighborhood of the diagonal $x = y$. Prop. 2.5 then shows that $P \circ Q$ is an analytic pseudodifferential operator.

So that Prop. 2.11 is proved in this case.

In the other case ($s > 1$) we will suppose that both $P = p(x, D)$ and $Q = q(x, D)$ are strictly of class s (Definition 2.1); we will also suppose that $p(x, \xi)$ and $q(x, \xi)$ vanish for large s (if they do not, we can replace P and Q by $P' \circ \varphi P$, $Q' = \varphi Q$ where $\varphi \in G_0^s(\Omega)$ and $\varphi = 1$ in an open bounded subset U of Ω : the restrictions of P' (resp. Q', $P' \circ Q'$) and P (resp. Q, $P \circ Q$) to $G_0^s(U)$ differ by an operator whose kernel is a function of class s). We shall show that $R = P \circ Q$ satisfies the inequality (2.1 *bis*) of Remark 2.4, wherefore it is a pseudo-differential operator of class s. To do so we first remark that we have $R = r(x, D)$ where

$$r(x, \xi) = (2\pi)^{-n} \int e^{ix.\xi} p(x, \xi + \eta) \tilde{q}(\eta, \xi) \, d\eta, \qquad (2.23)$$

where $\tilde{q}$ designates the Fourier transform of q with respect to x. We now wish to estimate the x-derivatives of

$$r_N(x, \xi) = r(x, \xi) - \sum_{|\gamma|<N} \frac{1}{\gamma!} \left(\frac{\partial}{\partial \xi}\right)^\gamma p(x, \xi) \left(\frac{1}{i} \frac{d}{dx}\right)^\gamma q(x, \xi). \qquad (2.24)$$

We have

$$\left(\frac{\partial}{\partial x}\right)^{\alpha} r_N(x, \xi) = \sum_{\alpha'+\alpha''=\alpha} \binom{\alpha}{\alpha'} \int e^{ix.\eta}\, \eta^{\alpha'} \left(\frac{\partial}{\partial x}\right)^{\alpha''}$$

$$\cdot \left[p(x, \xi+\eta) - \sum_{|\gamma|<N} \left(\frac{\partial}{\partial \xi}\right)^{\gamma} p(x, \xi) \frac{\eta^{\gamma}}{\gamma\,!} \right] \hat{q}(\eta, \xi)\, d\eta. \tag{2.25}$$

It follows from (2.1) that the Taylor expansion of $p(x, \xi + \eta)$ is convergent if $|\eta| < \varepsilon |\xi|$ for small ε. On account of this, we separate the integral (2.24) into

$$\int_{|\eta|<\epsilon|\xi|} + \int_{|\eta|>\epsilon|\xi|} .$$

In the following estimates, c, A designate constants which do not depend on P, Q, x, ξ, but which can vary from one line to the next. We designate by r_1, r_2 the degree of P and Q.

It immediately follows from (2.1) that we have for suitable c, A

$$\left| \left(\frac{\partial}{\partial x}\right)^{\alpha} p(x, \xi+\eta) \right| \leqslant c\, A^{|\alpha|} |\alpha|\,!^{s} (1 + |\xi|)^{r_1} (1 + |\eta|)^{r_2} \tag{2.26}$$

$$\left| \left(\frac{\partial}{\partial x}\right)^{\alpha} \frac{1}{\gamma\,!} \left(\frac{\partial}{\partial \xi}\right)^{\gamma} p(x, \xi) \right| \leqslant c\, A^{|\alpha+\gamma|} |\alpha|\,!^{s} |\xi|^{r_1-|\gamma|} \tag{2.26 bis}$$

and if $|\eta| < \varepsilon |\xi|$ (when ε is small enough).

$$\left| \left(\frac{\partial}{\partial x}\right)^{\alpha} \left[p(x, \xi+\eta) - \sum_{|\gamma|<N} \frac{\eta^{\gamma}}{\gamma\,!} \left(\frac{\partial}{\partial \xi}\right)^{\gamma} p(x, \xi) \right] \right| \leqslant c\, A^{N+|\alpha|} |\xi^{r_1-N}| |\eta|^{N}.$$

Further we have $|(\partial/\partial x)^{\alpha} q(x, \xi)| \leqslant c\, A^{|\alpha|} |\alpha|\,!^{s} (1 + |\xi|)^{r_2}$, and since $q(x, \xi)$ vanishes for large x, we get

$$|\eta^{\alpha} \tilde{q}(\eta, \xi)| \leqslant c\, A^{|\alpha|} |\alpha|\,!^{s} (1 + |\xi|)^{r_2}. \tag{2.28}$$

If we multiply (2.28) by (2.26) or (2.27) and add the result for convenient values of α in (2.28), we then get

$$\left| \eta^{\alpha'} \left[\left(\frac{\partial}{\partial x}\right)^{\alpha''} p(x, \xi+\eta) \right] \tilde{q}(\eta, \xi) \right|$$

$$\leqslant c\, A^{N+|\alpha'+\alpha''|} (1 + |\xi|)^{r_1+r_2} (N + |\alpha' + \alpha''|)\,!^{s} |\eta|^{-N-n} \tag{2.29}$$

$$\left| \frac{1}{\gamma!} \eta^{\alpha'+\gamma} \left[\left(\frac{\partial}{\partial x}\right)^{\alpha''} \left(\frac{\partial}{\partial \xi}\right)^{\gamma} p(x, \xi) \right] \tilde{q}(\eta, \xi) \right|$$
$$\leqslant c \, A^{N+|\alpha'+\alpha''|} \, |\xi|^{r_1+r_2-|\gamma|} (N + |\alpha' + \alpha''|)!^s \, |\eta|^{-N-n-|\gamma|} \tag{2.29 bis}$$

and if $|\eta| < \varepsilon |\xi|$

$$\left| \eta^{\alpha'} \left(\frac{\partial}{\partial x}\right)^{\alpha''} \left[p(x, \xi + \eta) - \sum_{|\gamma|<N} \frac{\eta^\gamma}{\gamma!} \left(\frac{\partial}{\partial \xi}\right) p(x, \xi) \right] \tilde{q}(\eta, \xi) \right|$$
$$\leqslant c \, A^{N+|\alpha'+\alpha''|} \, |\xi|^{r_1+r_2-N} (N + |\alpha' + \alpha''|)!^s (1 + |\eta|)^{-n-1}. \tag{2.30}$$

We now introduce inequality (2.30) (resp. (2.29) and (2.29 *bis*) in the first (resp. second) integral into which we have broken up (2.25), and add up. Since there are less than 2^N terms in the sum (2), and also we have the estimate

$$\int_{|\eta| > \epsilon |\xi|} |\eta|^{-p-n} \, d\eta \leqslant c \, |\xi|^{-p} \quad \text{if} \quad p \geqslant 1,$$

where the constant c does not depend on p, we finally get

$$\left| \left(\frac{\partial}{\partial x}\right)^{\alpha} r_N(x, \xi) \right| \leqslant c \, A^{N+|\alpha|} \, |\xi|^{r_1+r_2-N} (N + |\alpha|)!^s. \tag{2.31}$$

Estimate (2.1 *bis*) for R then follows immediately from estimate (2.1) for P and Q. This ends the proof.

In a similar way (and we do not repeat the proof, which is completely analogous to the preceding one) we have.

PROPOSITION 2.12. — *Let* P *be a pseudo-differential operator of class* $s \geqslant 1$. *Then the adjoint* P^* *of* P (*which is defined by the equality*

$$\int_\Omega \varphi \cdot P^*(\psi) = \int_\Omega P(\varphi) \cdot \psi$$

for all $\varphi, \psi \in C_0^\infty(\Omega)$) *is also a pseudo-differential operator of class* s.

Finally we state.

(2) And the binominal coefficients $\binom{\alpha}{\alpha'}$ which figure in it are less than an exponential of $(|\alpha| + N)$.

PROPOSITION 2.13. — *Let* P *be an elliptic pseudo-differential operator of class s. There exists a pseudo-differential operator of class s,* E, *such that* E∘P — 1 *and* P∘E — 1 *have for kernel a function of class s.*

Proof. — It follows from Prop. 1.4 and Theorem 2.9 that there exists a pseudo-differential operator of class s, E, with symbol inverse to that of P. If P is proper (cf. § 0) (this means that P is an ordinary differential operator in the analytic case), E∘P and P∘E are well defined. And it follows from Prop. 2.11 that E∘P — 1 and P∘E — 1 are pseudo-differential operators of class s with symbol zero. Prop. 2.13 then follows from Prop. 2.3.

COROLLARY 2.14. — *Let* P *be an elliptic differential operator with coefficients in* $G^s(\Omega)$, *and* $T \in G'^s(\Omega)$ *any hyperdistribution. Then* T *is a function of class s in any open set where* P (T) *is.*

This follows immediately from the existence of a parametrix E of class s : E (P (T)) — T is a function of class s, and Theorem 2.6 shows that E (P (T)) is one in any open set where P (T) is.

It seems that this corollary has only been proved for differential operators with constant coefficients (cf. [2]). In the usual proofs of the regularity of the solutions of an elliptic equation, it is usually assumed that T is (locally) a finite sum of derivatives of continuous functions.

BIBLIOGRAPHY

[1] L. BOUTET de MONVEL and P. KRÉE, *Comptes rendus Acad. Sc. Paris*, v. 263, August 1966.

[2] G. BENGEL, *C. R. Acad. Sc. Paris* 261 (1966), 499-501 and 569-570.

[3] L. CARLESON, On universal moment problems, *Math. Scand.* 9 (1961), 197-206.

[4] A. GROTHENDIECK, Produits tensoriels topologiques, *Mem. Am. Math. Soc.*, No. 16 (1955).

[5] A. GROTHENDIECK, Sur les espaces (F) et (DF), *Summa Brasiliensis*, 3 (1954), 57-123.

[6] L. HÖRMANDER, Linear partial differential operators, Springer Verlag, Berlin, 1963.

[7] L. HÖRMANDER, Pseudo-differential operators, *Comm. Pure Appl. Math.* 18, 501-517 (1965).

[8] J. J. KOHN and L. NIRENBERG, On an algebra of pseudo-differential operators, *Comm. Pure Appl. Math.* 18, 269-305 (1965).

[9] A. MARTINEAU, Les hyperfonctions de M. Sato, Séminaire Bourbaki (1960-61), No. 214.
[10] M. ROUMIEU, *C. R. Acad. Sc.* Paris, 246 (1958), p. 250-251 and 678-680.
[11] M. SATO, Theory of hyper-functions I, II, *Jour. Fac. Sci.*, Tokyo 8 (1959-60).
[12] L. SCHWARTZ, Théorie des distributions, v. I, II, Hermann, Paris 1954.
[13] L. SCHWARTZ, Séminaire 1954-55. Multigraphed at the Institut Henri-Poincaré (Paris).
[14] L. SCHWARTZ, Théorie des noyaux. *Int. Cong. Math.*, Cambridge (1950), 220-230.

Manuscrit reçu le 25 janvier 1967.

Louis BOUTET DE MONVEL et Paul KREE,
Département de Mathématiques
Faculté des Sciences
Parc Valrose, 06-Nice

5.3 Opérateurs pseudo-différentiels analytiques et opérateurs d'ordre infini

Opérateurs pseudo-différentiels analytiques et opérateurs d'ordre infini, Ann. Inst. Fourier (Grenoble) **22** (1972), no. 3, 229–268. [B72]

Ann. Inst. Fourier, Grenoble
22.3 (1972), 229-268

OPÉRATEURS PSEUDO-DIFFERENTIELS ANALYTIQUES ET OPÉRATEURS D'ORDRE INFINI

par Louis BOUTET DE MONVEL

Le but de cet article est de présenter une théorie des opérateurs pseudo-différentiels analytiques plus complète que celle de [1], et de la généraliser de façon à englober certains opérateurs d'ordre infini.

Les propriétés qu'on attend des opérateurs pseudo-différentiels (d'ordre fini) analytiques sont en gros les suivantes :

1) Un tel opérateur P est un opérateur pseudo-différentiel (au sens de [3], [6]). En outre il n'augmente pas le support singulier analytique, autrement dit Pf est analytique dans tout ouvert où f l'est.

2) Si P et Q sont deux tels opérateurs, on peut définir de façon raisonnable un composé P $\circ$ Q, qui est lui même un opérateur pseudo-différentiel analytique.

3) Si P est un opérateur pseudo-différentiel analytique elliptique, il possède une parametrix analytique (i.e. il existe un opérateur pseudo-différentiel analytique Q tel $P \circ Q - 1$ et $Q \circ P - 1$ soient des opérateurs à noyau analytique). P a alors la propriété suivante : f est analytique dans tout ouvert où Pf l'est (c'est le cas en particulier si P est un opérateur différentiel elliptique à coefficients analytiques).

On constate alors que P opère aussi sur les fonctionnelles analytiques réelles (à support compact) : si f est une telle fonctionnelle, Pf est une hyperfonction (au sens de M. Sato) analytique en dehors du support de f. Les résultats 1 et 3 valent encore dans ce cas.

Suivant les idées de [5], il est commode de définir ces opérateurs au moyen d'une intégrale oscillante :

$$< \mathrm{P}u , v > = (2\pi)^{-n} \iiint e^{i(x-y,\xi)}\ p(x, y, \xi)\ v(x)\ u(y)\ dx\ dy\ d\xi$$

où le symbole $p\,(x\,,y\,,\xi)$ est une fonction analytique qui se prolonge analytiquement dans un voisinage conique de l'espace réel où varie ξ. Il est alors commode de déplacer le cycle d'intégration dans le domaine complexe et de le remplacer par un autre, le long duquel l'exponentielle décroît rapidement. Ceci permet d'utiliser des symboles $p(x\,,y\,,\xi)$ qui croissent plus rapidement que les symboles usuels, et d'étudier ainsi une classe d'opérateurs "pseudo-différentiels" d'ordre infini. On dispose pour ces opérateurs d'ordre infini du même calcul symbolique que pour les opérateurs d'ordre fini, et plusieurs des constructions faites pour les opérateurs d'ordre fini marchent encore pour ces nouveaux opérateurs. Nous ne connaissons cependant pas pour le moment de condition satisfaisante "d'ellipticité" assurant dans un cas suffisamment général qu'un opérateur possède une parametrix.

La méthode utilisée permet encore (§ 2.2), sans modifications, de remplacer l'exposant $< x - y\,,\xi >$ dans la formule ci-dessus par des fonctions phase plus générales, telles que celles qu'on trouve dans [5].

On trouvera aussi une théorie des opérateurs pseudo-differentiels d'ordre infini dans un travail de T. Kawaï (à paraître dans Lecture Notes, Springer).

1. *Symboles analytiques*

1. Fonctions poids
2. Notations
3. Symboles analytiques
4. Symboles formels analytiques
5. Complément
6. Norme formelle
7. Construction d'un symbole à partir d'un symbole formel
8. Transformée de Fourier des symboles analytiques
9. Appendice
10. Construction de fonctions poids holomorphes.

2. *Intégrales oscillantes analytiques et opérateurs pseudo-différentiels*

1. Espaces d'hyperfonctions
2. Intégrales oscillantes
3. Opérateurs pseudo-différentiels
4. Applications et exemples.

Notations.

On a utilisé les notations usuelles pour les espaces numériques $\mathbf{R}^n$, en particulier pour les multi-indices de dérivation.

$\mathcal{D}(\Omega)$ est l'espace des fonctions C^∞ à support compact dans Ω

$\mathcal{H}(\Omega)$ est l'espace des fonctions analytiques sur Ω

$\mathcal{H}'_0(\Omega)$ est l'espace des fonctionnelles analytiques réelles à support compact sur Ω

$\mathcal{H}'(\Omega)$ est l'espace des hyperfonctions sur Ω

$\mathcal{K}(\Omega, \complement K)$, $\mathcal{K}_0(\Omega, K)$ sont les espaces d'hyperfonctions définis en (2.1), (2.2)

$\mathcal{S}(\mathbf{R}^n)$ est l'espace de Schwartz des fonctions C^∞ à décroissance rapide SH, SH^Λ, SH^0 sont les espaces de symboles définis en (1.5), 1.15).

1. Symboles analytiques.

1. Fonctions poids.

Dans toute la suite, $\Lambda(r)$ désigne une fonction vérifiant

(1.1) $\Lambda(r)$ *est définie pour* $r \geqslant 0$, *positive, monotone, continue et pour tout* $\varepsilon > 0$ *on a* :

$$\lim_{r\to\infty} e^{-\epsilon r}\,\Lambda(r) = 0 \quad , \quad \lim_{r\to\infty} e^{\epsilon r}\,\Lambda(r) = +\infty$$

Si Λ est croissante, il sera parfois commode de la remplacer par :

$$\widetilde{\Lambda}(r) = \inf_{\epsilon>0} M_\epsilon\, e^{\epsilon r} \quad \text{avec} \quad M_\epsilon = \sup_{r>0} e^{-\epsilon r}\,\Lambda(r)$$

Si $\Lambda(0) \geqslant 1$, donc $M_\epsilon \geqslant 1$ pour tout ϵ, $\widetilde{\Lambda}$ vérifie

$$(1.2) \qquad \begin{aligned} &\widetilde{\Lambda}(r+s) \leqslant \widetilde{\Lambda}(r)\,\widetilde{\Lambda}(s) \\ &\widetilde{\Lambda}(\rho r) \leqslant \widetilde{\Lambda}(r)^\rho \end{aligned}$$

[Cependant, $\int_1^\infty \operatorname{Log} \widetilde{\Lambda}(t)\,\frac{dt}{t^2}$ peut être infinie, même si

$$\int_1^\infty \operatorname{Log} \Lambda(t)\,\frac{dt}{t^2} < \infty.$$

Aussi, pour certaines questions, on n'a pas intérêt à remplacer Λ par $\tilde{\Lambda}$].

2. Notations.

(1.3) *On notera* $C_{\epsilon,a}$ *l'ouvert de* C^n *des vecteurs* $\zeta = \xi + i\eta$ *tels que* $\eta^2 - \varepsilon\ \xi^2 + a < 0$.

On notera $C_\epsilon = C_{\epsilon,-\epsilon}$ *l'ouvert de* C^n *des vecteurs* $\zeta = \xi + i\eta$ *tels que* $\eta^2 - \varepsilon(\xi^2 + 1) < 0$.

Soit Ω un ouvert de $\mathbf{R}^\nu$ (plus généralement une variété analytique réelle). Si K est un compact de Ω, $K^\epsilon \subset C^\nu$ désigne l'ensemble des $x \in C^\nu$ tels que $d(x, K) < \varepsilon$ (plus généralement, K^ϵ désigne une suite décroissant vers K de voisinages complexes de K).

(1.4) *On notera* $K(\varepsilon) = K^\epsilon \times C_\epsilon \subset C^\nu \times C^n$ *l'ensemble des couples* $(x, \zeta) \in C^\nu \times C^n$ *tels que* :

$$d(x, K) < \varepsilon \quad , \quad \eta^2 < \varepsilon(\xi^2 + 1)$$

On notera encore $\quad K(\varepsilon, a) = K^\epsilon \times C_{\epsilon,a}$.

[La matrice de Levy $\dfrac{\partial^2 \psi}{\partial\zeta_i\, \partial\zeta_j}$ de la fonction $\psi(\zeta) = \eta^2 - \varepsilon\,\xi^2$ est $\dfrac{1-\varepsilon}{2}$ fois la matrice identité. De sorte que $C_{\epsilon,a}$ est pseudo-convexe si $\varepsilon \leqslant 1$. $K(\varepsilon)$, $K(\varepsilon, a)$ le sont aussi si K^ϵ est pseudo-convexe].

[Pour tout a, $C_{\epsilon,a}$ contient les points assez grands d'un voisinage cônique de $\mathbf{R}^n$ dans C^n. En outre, pour $a < 0$, c'est aussi un voisinage de 0 dans C^n. C'est essentiellement cette propriété qui servira].

3. Symboles analytiques.

(1.5) DEFINITION. – *On note* $SH^\Lambda(\Omega, \mathbf{R}^n)$ *et on appelle espace des symboles analytiques d'ordre* Λ (cf. (1.1)) *sur* Ω *l'espace des fonctions* $a(x, \xi)$ *analytiques sur* $\Omega \times \mathbf{R}^n$, *qui vérifient la condition suivante : pour tout compact* $K \subset \Omega$, *il existe des constantes* $\varepsilon, c > 0$ *telles que* $a(x, \xi)$ *soit holomorphe dans* $K(\varepsilon)$ (cf. (1.4)) *et que*

$$(1.6) \qquad |a(x, \xi)| \leqslant c\, \Lambda(|\xi|) \quad \text{dans} \quad K(\varepsilon).$$

On note $SH(\Omega, \mathbf{R}^n) = \cup SH^\Lambda(\Omega, \mathbf{R}^n)$ la réunion : ses éléments sont les symboles analytiques.

Si $\Lambda = (1 + r)^d$, on dira aussi que a est de degré d.

Par abus de langage, nous dirons qu'une fonction $a(x, \xi)$ est un symbole analytique pour $|\xi|$ grand si elle est définie et vérifie (1.6) pour $|\xi| > \alpha(x)$, où α est une fonction continue positive sur Ω : alors pour tout compact $K \subset \Omega$, il existe des constantes positives ε, a, c, telles que $a(x, \xi)$ soit holomorphe dans $K(\varepsilon, a)$ et y vérifie

$$|a(x, \xi)| \leqslant c\, \Lambda(|\xi|).$$

4. Symboles formels analytiques.

Soit $a_k(x, \xi)$ une suite de symboles analytiques.

On suppose que pour tout compact $K \subset \Omega$, il existe $\varepsilon > 0$, tel que les a_k soient tous holomorphes dans $K(\varepsilon)$. Soit enfin Λ une fonction comme dans (1.1).

(1.7) DEFINITION. – *On dit que la série formelle* $\Sigma\, a_k(x, \xi)$ *est un symbole analytique formel d'ordre* Λ *si pour tout compact* $K \subset \Omega$, *il existe des constantes* ε, c, A, *telles que les* a_k *soient holomorphes dans* $K(\varepsilon)$ (cf. (1.4)) *et y vérifient* :

$$(1.8) \qquad |a_k(x, \xi)| \leqslant c\, A^k\, k\,!\, (1 + |\xi|)^{-k}\, \Lambda(|\xi|).$$

La série formelle $\Sigma\, a_k$ sera appelée symbole analytique formel si c'est un symbole analytique formel d'ordre Λ pour une fonction Λ convenable. On dira (par abus de langage) que c'est un symbole analytique formel (d'ordre Λ) pour ξ grand si les a_k sont définis et vérifient (1.6) pour $|\xi| \geqslant \alpha(x)$ (où α est une fonction continue sur Ω).

(1.9) *Exemple.* – A un symbole analytique a, on associe le symbole analytique formel $\Sigma\, a_k$ défini par $a_0 = a$, $a_k = 0$ pour $k > 0$.

Dans la suite, nous identifions le symbole a et le symbole formel qu'il définit.

(1.10) *Exemple.* – (on suppose $n = \nu$). *Soit* $a(x, \xi)$ *un symbole analytique. Posons*

$$a_k(x, \xi) = \sum_{|\alpha| = k} \frac{i^{-k}}{\alpha\,!} \left(\frac{\partial}{\partial x}\right)^{\alpha} \left(\frac{\partial}{\partial \xi}\right)^{\alpha} a(x, \xi)$$

Alors $\Sigma\ a_k$ *est un symbole analytique formel.*

Preuve. – Le nombre de termes dans la somme qui définit a_k est un polynôme de k. Il suffit donc de majorer chacun des termes. On utilise la formule de Cauchy :

$$\left(\frac{\partial}{\partial x}\right)^{\alpha}\left(\frac{\partial}{d\xi}\right)^{\alpha} a(x\,,\xi) = \alpha\,!^2\ (2\,i\,\Pi)^{-n} \iint_{\substack{|z_j| = \epsilon \\ |\zeta_j| = \epsilon(1+|\xi|)}} a(x+z\,,\xi+\zeta)$$

$$\ldots Z^{-\alpha_1 - 1} \ldots Z_n^{-\alpha_n - 1}\ \zeta_1^{-\alpha_1 - 1}\ \zeta_n^{-\alpha_n - 1}\ dZ_1 \ldots d\zeta_n$$

qui montre qu'on a (avec $|\alpha| = k$, donc $\alpha! \leqslant k!$)

$$\left(\frac{1}{\alpha!}\right)\left(\frac{\partial}{\partial x}\right)^{\alpha}\left(\frac{\partial}{\partial \xi}\right)^{\alpha} a(x\,,\xi)\Bigg| \leqslant c\ \varepsilon^{-2k}\ k\,!\ (1+|\xi|)^{-k}\ \ \Lambda(|\xi|)$$

pourvu que ε soit assez petit, c et Λ assez grands pour que

$$a(x+z\ ,\ \xi+\zeta)$$

soit holomorphe et majoré par $c\ \Lambda(|\xi|)$ sur le domaine d'intégration.

(1.11) *Nous dirons que deux symboles analytiques formels sont équivalents et nous noterons* $\Sigma\ a_k \sim \Sigma\ b_k$ *si pour tout compact* $K \subset \Omega$ *il existe des constantes* ε, A *et une fonction* Λ (comme dans (1.1)) *telles que les* a_k, b_k *soient tous holomorphes dans* $K(\varepsilon)$ *et qu'on y ait pour tout* N

$$(1.12)\qquad \left|\sum_0^{N-1} (a_k - b_k)\right| \leqslant A^k\ k\,!\ \ (1+|\xi|)^{-k}\ \Lambda(|\xi|)$$

Exemples. – (1.13) *Soit a un symbole analytique. Alors* $a \sim 0$ *si et seulement si pour tout compact* $K \subset \Omega$, *il existe des constantes* ε, c *telles que a soit holomorphe dans* $K(\varepsilon)$ *et y vérifie* :

$$|a(x\,,\xi)| \leqslant c\ \exp - \varepsilon|\xi|\,.$$

Preuve. – On fait $k = \left[\dfrac{1+|\xi|}{A}\right]$ (partie entière) dans (1.11), la formule de Stirling montre alors qu'on a :

$$|a| \leqslant C_1\ \exp\left(-\ \frac{1+|\xi|}{A}\right)\cdot\ \Lambda(|\xi|)\ \cdot\ (1+|\xi|)$$

si C_1 est assez grand, dans $K(\varepsilon)$. Si $\varepsilon < \frac{1}{A}$, comme

$$\exp\left(\varepsilon - \frac{1}{A}\right) |\xi| \cdot \Lambda(|\xi|)$$

est bornée, on a, avec une nouvelle constante c

$$|a| \leqslant c \exp - \varepsilon |\xi| .$$

(1.14) *Soit a un symbole analytique. On suppose $a \sim \Sigma b_k$, où Σb_k est un symbole analytique formel d'ordre Λ_0. Alors* A *est d'ordre Λ_0.*

Preuve. — Quitte à remplacer a par $a - b_0$, on peut supposer $b_0 = 0$. Puis quitte à décaler les b_k et à modifier les constantes c, A de (1.8), (1.12), on peut supposer qu'on a dans $K(\varepsilon)$, pour tous k, N :

$$|b_k| \leqslant c\, A^{k+1}\, k!\, (1 + |\xi|)^{-k-1}\, \Lambda_0(|\xi|)$$

$$\left| a - \sum_0^{N-1} b_k \right| \leqslant c\, A^{N+1}\, N!\, (1 + |\xi|)^{-N-1}\, \Lambda(|\xi|)$$

(la fonction Λ peut être beaucoup plus grande que Λ_0 — sans quoi il n'y a pas de problème).

Faisons alors $N = \left[\frac{1 + |\xi|}{A}\right]$ (partie entière) ; il vient :

$$|a| \leqslant c\, N! \left(\frac{1 + |\xi|}{A}\right)^{-N-1} \Lambda(|\xi|) + c \sum_0^{N-1} k! \left(\frac{1 + |\xi|}{A}\right)^{-k-1} \Lambda_0(|\xi|).$$

Dans le second membre de cette inégalité, le premier terme est à décroissance exponentielle (d'après la formule de Stirling) ; il est donc majoré par un multiple de $\Lambda_0(|\xi|)$ car $\lim \frac{e^{-\varepsilon r}}{\Lambda_0(r)} = 0$ pour $\varepsilon > 0$.

Quant au deuxième terme, il est somme de $N = \left[\frac{1 + |\xi|}{A}\right]$ termes, tous inférieurs à $c\, \Lambda_0(|\xi|) \left(\frac{1 + |\xi|}{A}\right)^{-1} \leqslant \frac{c\, \Lambda_0(|\xi|)}{N}$. Il est donc majoré par $c\,\Lambda_0(|\xi|)$. (En poussant le calcul ci-dessus, on vérifie en fait sans trop de peine qu'on peut remplacer Λ par Λ_0 dans l'inégalité (1.12) qui définit l'équivalence $a \sim \Sigma\, b_k$).

5. Les espaces SH^Λ, $SH = \cup\, SH^\Lambda$, $SH^\circ = \cap\, SH^\Lambda$ sont munis de topologies localement complexes évidentes, pour lesquelles ils sont complets. (SH et SH° sont nucléaires, SH^Λ ne l'est pas).

(1.15) Proposition. – SH° *est dense dans* SH.

Preuve. – Si $a \in SH^\Lambda$ et si $\lim\limits_{r\to\infty} \dfrac{\Lambda'(r)}{\Lambda(r)} = +\infty$, on voit immédiatement que

$$\exp - \varepsilon\, \xi^2 \cdot a$$

tend vers a dans $SH^{\Lambda'}$ quand $\varepsilon \to +0$. (On a posé $\xi^2 = \xi_1^2 + \cdots + \xi_n^2$)

6. Norme formelle(1).

On suppose ici $\nu = n$. Soit $a = \Sigma\, a_k$ un symbole formel. Notons

$$|a_{k,\alpha,\beta}| = \left| \left(\frac{\partial}{\partial x}\right)^\alpha \left(\frac{\partial}{\partial \xi}\right)^\beta a_k(x\,,\,\xi) \right| .$$

Soit $\Lambda(r)$ une fonction poids comme dans (1.1). On pose

$$(1.16) \qquad N_\Lambda(\Sigma\, a_k\,, T) = \Sigma\, C_{k,\alpha,\beta}\ (1 + |\xi|)^{k+|\beta|}\ \Lambda(|\xi|)^{-1}\ |a_{k,\alpha,\beta}|\ \ T^{2k+|\alpha|+|\beta|}$$

avec

$$(1.17) \qquad C_{k,\alpha,\beta} = \frac{2\,(2\,n)^{-k}\ k\,!}{(k + |\alpha|)\,!\ (k + |\beta|)\,!} .$$

Nous laissons au lecteur le soin de vérifier (en utilisant la formule de Cauchy comme dans (1.10)) que $\Sigma\, a_k$ est un symbole formel analytique si et seulement si pour tout compact $K \subset \Omega$, il existe une fonction Λ et des constantes $c\,, \varepsilon$ telles que la série $N_\Lambda\,(\Sigma\, a_k\,, T)$ converge pour $x \in K$, $T < \varepsilon$, et que pour $x \in K$ ($\xi \in \mathbf{R}^n$ quelconque) la somme soit inférieure à c.

(1) Ceci est repris sans modification de [1].

Pour $\Lambda = 1$, on omettra Λ dans la notation :

$$N(\Sigma\, p_k\ ,\ T) = N_1(\Sigma\, p_k)\,.$$

Si $\Sigma\, p_k$, $\Sigma\, q_k$ sont deux symboles formels, on définit le symbole composé $\Sigma\, r_k = \Sigma\, p_k \circ \Sigma\, q_k$ par

$$(1.18)\qquad r_m = \sum_{k+\ell+|\gamma|=m} \frac{i^{-|\gamma|}}{\gamma\,!} \left(\frac{\partial}{\partial\xi}\right)^{\gamma} p_k \cdot \left(\frac{\partial}{\partial x}\right)^{\gamma} q_\ell$$

(1.19) THEOREME. — *On a*

$$N_{\Lambda\Lambda'}\,(\Sigma\, p_k \circ \Sigma\, q_\ell\ ,\ T) \ll N_\Lambda\,(\Sigma\, p_k\ ,\ T)\,.\,.\,.\,.\,.\ N_{\Lambda'}\,(\Sigma\, q_\ell\ ,\ T)$$

(le signe $\ll$ signifie que le coefficient de T^k dans le membre de droite majore celui de T^k dans le membre de gauche).

Preuve. — On a

$$|r_{m,\alpha,\beta}| \leqslant \sum_{\substack{k+\ell+|\gamma|=m\\ \alpha'+\alpha''=\alpha\\ \beta'+\beta''=\beta}} \frac{1}{\gamma\,!} \binom{\alpha}{\alpha'} \binom{\beta}{\beta''} |p_{k,\alpha',\beta'+\gamma}|\ |q_{\ell,\alpha''+\gamma,\beta''}|$$

d'où

$$N_{\Lambda\Lambda'}\,(\Sigma\, r_m\ ,\ T) = \sum_{m,\alpha,\beta} c_{m,\alpha,\beta}\ (1+|\xi|)^{m+|\beta|}\ \Lambda\Lambda'(|\xi|)^{-1}\ |r_{m,\alpha,\beta}|\ T^{2m+|\alpha|+|\beta|}$$

$$\ll \sum_{\substack{k\,\alpha_1\,\beta_1\\ \ell\,\alpha_2\,\beta_2}} \mu^{k\,\alpha_1\,\beta_1}_{\ell\,\alpha_2\,\beta_2} \cdot C_{k\,\alpha_1\,\beta_1}\ (1+|\xi|)^{k+|\beta_1|}\ \Lambda(|\xi|)^{-1}\ |\,p_{k\,\alpha_1\,\beta_1}|\ T^{2k+|\alpha_1|+|\beta_1|}$$

$$C_{\ell\,\alpha_2\,\beta_2}\ (1+|\xi|)^{\ell+|\beta_2|}\ \Lambda'(|\xi|)^{-1}\ |q_{\ell\,\alpha_2\,\beta_2}|\ T^{2\ell\,|\alpha_2|+|\beta_2|}$$

avec

$$(1.20)\qquad \mu^{k\,\alpha_1\,\beta_1}_{\ell\,\alpha_2\,\beta_2} = \sum_{\gamma\leqslant\beta_1\,,\,\alpha_2} \frac{1}{\gamma\,!} \binom{\alpha}{\alpha_1} \binom{\beta}{\beta_2} \frac{c_{m\,\alpha\,\beta}}{c_{k\,\alpha_1\,\beta_1}\ \ell\,\alpha_2\,\beta_2}$$

(Dans la dernière somme, on a posé

$$m = k+\ell+|\gamma|\ ,\quad \alpha = \alpha_1+\alpha_2-|\gamma|\ ,\quad \beta = \beta_1+\beta_2-|\gamma|).$$

Après simplification on trouve :

$$\mu_{\ell\alpha_2\beta_2}^{k\alpha_1\beta_1} = \sum_{\gamma\leqslant\alpha_2,\beta_1} \frac{1}{2}(2n)^{-|\gamma|} \frac{m!}{k!\,\ell!\,\gamma!}\binom{\alpha}{\alpha_1}\binom{\beta}{\beta_2}\binom{m+|\alpha|}{k+\alpha_1}^{-1}\binom{m+|\beta|}{\ell+\beta_2}^{-1}$$

Comme on a :

$$\binom{\alpha}{\alpha_1}\binom{m}{k} \leqslant \binom{m+|\alpha|}{k+|\alpha_1|}\ ,\quad \binom{\beta}{\beta_2}\binom{m}{\ell} \leqslant \binom{m+|\beta|}{\ell+|\beta_2|}$$

et
$$\frac{m!}{k!\,\ell!\,\gamma!}\binom{m}{k}^{-1}\binom{m}{\ell}^{-1} \leqslant \frac{|\gamma|!}{\gamma!}$$

il vient finalement

$$\mu_{\ell\alpha_2\beta_2}^{k\alpha_1\beta_1} \leqslant \sum_{\gamma}\frac{1}{2}(2n)^{-|\gamma|}\frac{|\gamma|}{\gamma!} = \frac{1}{2}\left(1-\frac{1}{2n}\cdots\frac{1}{2n}\right) \quad = 1$$

ce qui démontre le théorème.

(1.21) COROLLAIRE. – *Soit h un symbole (ou un symbole formel) analytique de degré* -1 (i.e. d'ordre $\Lambda = (1+|\xi|)^{-1}$). *Alors la série géométrique $\Sigma\, h^n$ est un symbole formel analytique de degré* 0 (i.e. d'ordre $\Lambda = 1$), (les puissances h^n sont prises au sens du produit de composition (1.15)).

Preuve. – On a $\mathrm{N}(\Sigma\, h^n, \mathrm{T}) \ll \Sigma\, \mathrm{N}(h, \mathrm{T})^n$.

Or la série $\mathrm{N}(h, \mathrm{T})$ converge et n'a pas de terme constant.

En d'autres termes, le symbole formel $1-h$ possède un inverse qui est encore un symbole formel analytique.

(1.22) *Remarque.* – Si h est un symbole (formel) analytique de degré $-\varepsilon$ avec $\varepsilon > 0$ (i.e. d'ordre $\Lambda = (1+|\xi|)^{-\varepsilon}$), comme $(1-h)(1+h+h^2+\cdots h^{k-1}) = 1$ et comme h^k est de degré -1 dès que $k\varepsilon \geqslant 1$, le symbole formel analytique $(1-h)$ est encore inversible.

7. Construction d'un symbole à partir d'un symbole formel.

(1.23) THÉORÈME. – *Soit $\Sigma\, a_k(x, \xi)$ un symbole analytique formel, défini pour ξ assez grand, sur Ω. Pour tout compact* K *de Ω, il existe un symbole analytique $a(x, \xi)$ défini pour ξ grand et tel que $a \sim \Sigma\, a_k$ au voisinage de* K.

La preuve repose sur un théorème de moments de Carleson [2]. Elle figure dans [1] § 2, n° 4, dans un cas un peu moins général.

Notons S_A l'espace des suites $S = (S_p)_{p=0,1,\ldots}$ telles que

$$\|S\|^2 = \Sigma \left|\frac{S_p}{A^p\, p\,!}\right|^2 < \infty.$$

Notons H l'espace des fonctions $f(\lambda)$ holomorphes dans l'angle $|Im\ \lambda| < |\varepsilon\ Re\ \lambda|$, telles que $e^{\epsilon\sqrt{|\lambda|}} f$ soit bornée.

(1.24) LEMME. – *Pour tout* A *il existe une constante* $\varepsilon > 0$ *et une application linéaire continue* $V = S_A \to H_\epsilon$ *telle que avec* $f = V(S)$, *on ait* :

$$\frac{i^p}{p\,!}\int_{-\infty}^{+\infty} \lambda^p\ f(\lambda)\ d\lambda = S_p$$

$$\sup_{|im\,\lambda| < \epsilon |Re\,\lambda|} e^{\epsilon\sqrt{|\lambda|}}\ f \leqslant C\ \|S\|$$

Preuve. – (Nous reprenons les notations de [2]).

Posons $w(\lambda) = \exp - 2B\sqrt{|\lambda|}$.

Soit $P_m(\lambda) = \sum_0^m \alpha_{mp}\ \lambda^p$ la suite de polynômes uniquement déterminés par les conditions :

$$P_m \text{ est réel} \quad ; \quad \alpha_{mm} > 0$$

$$\int_{-\infty}^{+\infty} w(\lambda)\ P_m(\lambda)\ P_n(\lambda)\ d\lambda = \begin{cases} 0 & \text{si} \quad m \neq n \\ 1 & \text{si} \quad m = n \end{cases}$$

posons $u(z) = B\ re\ \sqrt{-2\,iz}$, pour $Im\ z \geqslant 0$ (on choisit la détermination de $\sqrt{-2\,iz}$ qui est réelle positive sur l'axe imaginaire). u est harmonique, et $u(\lambda) = w(\lambda)$ pour λ réel.

Posons enfin $\mu(r) = B\sqrt{2r} = \sup_{\substack{|z| \leqslant r \\ Im\,z \geqslant 0}} u(z)$.

D'après Carleson [2], si Q est un polynôme et

$$\int_{-\infty}^{+\infty} |Q^2(\lambda)|\ w(\lambda) \leqslant 1$$

on a

$$|Q(z)| \leqslant e^{1/2\pi e}\,|y|^{-1/2}\,e^{\mu(r)}\,.\,(y = im\,z\,,\ r = |z|)\,.$$

La formule de Cauchy implique donc :

$$\left|\frac{Q^{(p)}(0)}{p\,!}\right| = \left|\frac{1}{2\pi}\int_{-\pi}^{\pi}\frac{Q(re^{i\theta})}{r^p}\,d\theta\right| \leqslant \frac{e^{1/2\pi e}}{2\pi}\int_{-\pi}^{\pi}\frac{e^{\mu(r)}}{r^{p+1/2}}\,\frac{d\theta}{|\sin\theta|^{1/2}}$$

D'où, avec

$$M_p = \sup_{r>0}\ r^{p+1/2}\,e^{-\mu(r)} = \left(\frac{2p+1}{B\,e\sqrt{2}}\right)^{2p+1}$$

$$k = e^{1/2\pi e}\,.\,\frac{1}{2\pi}\int_{-\pi}^{\pi}\frac{d\theta}{|\sin\theta|^{1/2}}$$

$$\left|\frac{Q^{(p)}(0)}{p\,!}\right| \leqslant \frac{k}{M_p}$$

Il en résulte qu'on a

$$\sum_0^\infty \left|\frac{P_m^{(p)}(0)}{p\,!}\right|^2 = \sum_{m=0}^\infty \left|\frac{\alpha_{mp}}{p!}\right|^2 \leqslant \frac{k^2}{M_p^{\ 2}}\,.$$

On cherche f sous la forme $f = w \cdot \Sigma\ b_m\ P_m$:

Posons $b_m = \Sigma\ \alpha_{mp}\ i^{-p}\ p\,!\ \ S_p$.

On a alors

$$\sum |b_m|^2 \leqslant \sum_m\Big(\sum_p |p\,!^{\,2}\ A^p\,\alpha_{mp}|^2\Big)\ \Big(\sum_p\left|\frac{S_p}{A^p\ p\,!}\right|^2\Big)$$

$$\leqslant k^2\,\|S\|^2\sum_{p=0}^\infty\left(\frac{A^p\,p\,!^2}{M_p}\right)^2$$

Si on a choisi B assez petit, la somme

$$k'^2 = \sum_0^\infty\left(\frac{A^p\,p\,!^2}{M_p}\right)^2$$

est finie.

Remarquons enfin que si $\varphi(z) = \Sigma\, b_m\, P_m(z) = \Sigma\, a_p\, z^p$, on a :

$$a_p = \sum_m b_m\, \alpha_{mp} \quad , \quad \text{donc} \quad |a_p| \leqslant \frac{kk' \, \|S\|}{M_p} .$$

Il en résulte, avec $c = kk' \, \|S\|$

$$|\varphi(z)| \leqslant C\left(\frac{1}{M_0} + \sqrt{|z|} \sum_1^\infty \frac{|z|^{p-1/2}}{M_p}\right) \leqslant C\left(\frac{1}{M_0} + \sqrt{|z|}\, e^{\mu(|z|)} \sum_1^\infty \frac{M_{p-1}}{M_p}\right).$$

Comme $\sum_1^\infty \frac{M_{p-1}}{M_p}$ est fini, et comme $\mu(z) = B\sqrt{2|z|} < 2B\sqrt{|z|}$, la fonction $f = e^{-2B\sqrt{|\lambda|}}\ \varphi(\lambda)$ se prolonge bien en une fonction holomorphe dans l'angle $|im\,\lambda| < \varepsilon\, |re\,\lambda|$ et y vérifie l'inégalité

$$|f(\lambda)| \leqslant C \, \|S\| \exp[-\varepsilon\sqrt{|\lambda|}]$$

où C est une constante convenable, pourvu qu'on ait choisi ε assez petit.

Soit maintenant V_ϵ l'espace des fonctions holomorphes bornées dans l'angle $|im\ t| < \varepsilon\ re\ t$.

(1.25) Lemme. – *Pour tout* A, *il existe des constantes* ε, c, B *et une application linéaire continue* $U : S_A \to V_\epsilon$ *telle que si* $g = U(s)$, *on a* :

$$\left| g(t) - \sum_0^{N-1} S_p\, t^{-p} \right| \leqslant C\, B^N\, |t|^{-N}\, N!$$

Preuve. – Posons

$$g(t) = \int_{-\infty}^{\infty} e^{i\lambda/t}\ f(\lambda)\, d\lambda = t \int_{-\infty}^{\infty} e^{i\lambda}\, f(\lambda t)\, d\lambda$$

où $f = V(s)$ est la fonction fournie par le lemme (1.21). On a alors

$$g(t) - \sum_0^{N-1} S_p\, t^{-p} = t \int_{-\infty}^{\infty} \left(e^{i\lambda} - \sum_0^{N-1} i^p\, \lambda^p\right) f(\lambda t)\, d\lambda$$

L'intégrale converge si $|im\ t| < \varepsilon\ re\ t$ et on a

$$\left| g(t) - \sum_{0}^{N-1} g_p\, t^{-p} \right| \leqslant C\ \|S\|\ \frac{|t|^{-N}}{N!} \int_{-\infty}^{+\infty} \lambda^N\ e^{-\epsilon|\lambda|^{1/2}}\ d\lambda$$

$$= C\ \|S\|\ \frac{|t|^{-N}}{N!}\ 4\ \frac{(2N+1)!}{2N+1} \leqslant C\ \|S\|\ B^N\ N!\ |t|^{-N}.$$

Fin de la démonstration du théorème.

Dans ce qui suit, je pose $t_\xi = (\Sigma\ \xi_i^2)^{1/2}$ (je choisis la détermination positive pour ξ réel $\neq 0$) ; c'est une fonction holomorphe pour $|im\ \xi| < |re\ \xi|$, et on a $\frac{|t_\xi|}{|\xi|} > \left(\frac{1-\varepsilon^2}{1+\varepsilon^2}\right)^{1/2}$ pour $|im\ \xi| < \varepsilon\ |re\ \xi|$).

Pour A assez grand, l'application qui à $(x\ ,\ \xi)$ associe la suite

$$S(x\ ,\ \xi) = (t_\xi^p\ a_p(x\ ,\ \xi)) \qquad p = 0,\ 1, \ldots$$

est holomorphe de $K(\varepsilon,\ R)$, à valeur dans S_A et on a $\|S(x\ ,\ \xi)\|_A \leqslant \Lambda(|\xi|$.

Posons alors, (V est l'opération du lemme 1.22)

$$a(x\ ,\ \xi) = V(S(x\ ,\ \xi)\ ,\ t_\xi)$$

c'est une fonction holomorphe dans $K(\varepsilon\ ,\ R)$ et on a

$$\left| a(x\ ,\ \xi) - \sum_{0}^{N-1} a_k(x\ ,\ \xi) \right| \leqslant C\ \Lambda(|\xi|)\ B^N\ N!\ |t_\xi|^{-N}$$

qui exprime ((1.12)) qu'on a $a \sim \Sigma\ a_k$.

8. Transformée de Fourier des symboles analytiques.

[Dans ce qui suit, on fait $\nu = 0$ i.e. il n'y a plus de variable x].

Soit $a(\xi)$ un symbole analytique, défini pour ξ grand, de degré $-m$ (on a donc $|a(\xi) \leqslant c\ |\xi|^{-m}$ pour $|\xi| \geqslant R$, $|im\ z| < \varepsilon\ |re\ \xi|$, si ε est assez petit).

Définissons $\tilde{a}$ par $\tilde{a}(\xi) = \begin{cases} 0 & \text{si } |\xi| < R \\ a(\xi) & \text{si } |\xi| \geqslant R \end{cases}$

Soit T_a la transformée de Fourier inverse de $\widetilde{a}$: c'est une fonction continue et on a pour $\varphi \in \mathcal{D}(\mathrm{R}^n)$

$$(1.26) \int T_a(x)\, \varphi(x)\, dx = (2\pi)^{-n} \iint_{|\xi| > R} e^{ix.\xi}\, a(\xi)\, \varphi(x)\, dx\, d\xi$$

(1.27) THEOREME. – *On suppose que φ est analytique au voisinage de 0. Alors la forme linéaire $a \to \int T_a \varphi$ se prolonge continûment à l'espace de tous les symboles analytiques.*

Pour tout symbole a, T_a est ainsi défini comme hyperfonction. T_a coïncide dans $\mathrm{R}^n - \{0\}$ avec une fonction analytique dans le cône $|im\, x| < \varepsilon\, |\mathrm{Re}\, x|$ pour ε assez petit.

Preuve. – Dans la deuxième intégrale (1.26), on va considérer $e^{ix.\xi}\, a(\xi)\, \varphi(x)\, dx\, d\xi$ comme une forme différentielle holomorphe et déplacer le domaine d'intégration.

Soit r un nombre assez petit pour que φ coïncide pour $|x| < r$ avec une fonction holomorphe dans la boule complexe de rayon r.

Soit $\chi(x)$ une fonction C^∞ positive, nulle pour $|x| \geqslant \frac{2r}{3}$, égale à 1 pour $|x| \leqslant \frac{r}{3}$.

Pour $t \geqslant 0$, posons :

$$x^t = x + it\, \chi(x)\, \frac{\xi}{|\xi|}$$

$$\xi^t = \xi + it\, (|\xi| - R)\, (1 - \chi(x))\, \frac{x}{|x|^2}.$$

On a alors pour t assez petit (en notant

$$dx^t \wedge d\xi^t = dx_1^t \wedge \ldots dx_n^t \wedge \ldots d\xi_n^t)$$

$$(1.28) \int T_a \varphi = (2\pi)^{-n} \iint_{|\xi| > R} e^{ix^t.\xi^t}\, a(\xi^t)\, \varphi(x^t)\, dx^t \wedge d\xi^t :$$

Dans l'intégrale (1.28), on a $dx^t \wedge d\xi^t = \gamma(x\,,\xi)\, dx \wedge d\xi$, où $\gamma(x\,,\xi)$ est une fonction C^∞, bornée pour $\xi > R$.

La partie réelle de l'exposant $ix^t \cdot \xi^t$ est $- t|\xi| + R(1 - \chi(x))$. On obtient donc, avec

$$\|a\|_{\epsilon,\Lambda} = \sup_{\substack{|\xi| \leqslant R \\ t \leqslant \epsilon}} a(\xi') \wedge (|\xi|)^{-1}$$

$$\|\varphi\|_\epsilon = \sup_{t \leqslant \epsilon} \int |\varphi(x^t)|\, dx$$

$$(1.29) \qquad \left|\int T_a\, \varphi\right| \leqslant C\, \|a\|_{\epsilon,\Lambda}\, \|\varphi\|_\epsilon \int_{|\xi|>R} e^{-t|\xi|+Rt}\, \Lambda(|\xi|)\, d\xi.$$

Comme pour tout symbole a, analytique pour $|\xi| > R$, on peut trouver Λ comme dans (1.1) telle que (cf. (1.15))

$$\Lambda(|\xi|)^{-1}\, [\exp(-\lambda\xi^t \cdot \xi^t)\, a(\xi^t) - a(\xi^t)]$$

tende vers 0 quand $\lambda \to +0$, uniformément pour $|\xi| < R$, $t < \varepsilon$ (si ε est assez petit), $x \in \mathbf{R}^n$, la première partie du théorème est démontrée.

En changeant encore le domaine d'intégration dans la formule (1.18), on voit en outre que si φ est nulle au voisinage de 0, on a

$$\int T_a \cdot \varphi = \int T_a(x)\, \varphi(x)\, dx$$

avec

$$(1.30) \qquad T_a(x) = (2\pi)^{-n} \int_{|\xi|>R} e^{ix\cdot\xi'}\, a(\xi')\, d\xi'$$

où on a posé maintenant $\xi' = \xi + i\varepsilon\, (|\xi| - R)\, \dfrac{x}{|x|}$

$$d\xi' = d\xi'_1 \wedge d\xi'_2 \wedge \cdots d\xi'_n$$

on a alors aussi pour $|Z| < \varepsilon\, |x|$

$$T_a(x+Z) = (2\pi)^{-n} \int_{|\xi|>R} e^{i(x+z)\cdot\xi'}\, a(\xi')\, d\xi'$$

ce qui montre que T_a se prolonge en une fonction holomorphe dans le cône $|im\, x| < \varepsilon\, |re\, x|$, où elle vérifie

$$|T_a(x)| \leqslant C \int_{|\xi|>R} e^{\left(\left|\frac{Im\, x}{Re\, x}\right| - \epsilon\right)|\xi|}\, \Lambda(|\xi|)\, d\xi$$

(on a supposé

$$|a(\xi')\,d\xi'| \leqslant (2\pi)^n\ C\ \Lambda(|\xi|)\, d\xi$$

pour $|\xi| > R\ ,\ |im\ \xi| < \varepsilon |re\ \xi|$).

Le théorème est démontré.

(1.31) *Si* $a \sim 0$, T_a *est une fonction analytique aussi au voisinage de* 0.

On a alors en effet $a(\xi) \leqslant C\, e^{-\epsilon|\xi|}$ pour $|\xi| \geqslant R$ si c est assez grand, ϵ assez petit. Comme a est intégrable, T_a est la fonction définie par la formule

$$T_a(x) = (2\pi)^{-n} \int_{|\xi|>R} a^{ix.\xi}\ a(\xi)\ d\xi\,.$$

L'intégrale converge encore pour $|im\ x| < \varepsilon$.

Nous allons prouver maintenant une réciproque du théorème (1.27) :

(1.32) THEOREME. – *Soit* $f(x)$ *une fonction holomorphe dans le domaine* $|im\ x| < \varepsilon\ |re\ x|\ ,\ |x| < \varepsilon$; *il existe un symbole analytique* $a(\xi)$ (*qui est en fait une fonction entière de* ξ), *telle que* $T_a - f$ *soit analytique au voisinage de* 0.

Preuve. – On montrera dans l'appendice de ce numéro qu'il existe une fonction g holomorphe dans un cône complexe $|im\ x| < \varepsilon'\ |re\ x|$ et telle que $e^{\varepsilon'|re\ x|^2}\ g$ soit bornée dans tous les domaines :

$$|im\ x| < \varepsilon'\ |re\ x|\quad ,\quad |x| > R\ (R > 0)$$

si on a choisi ε' assez petit.

Soit alors $\tilde{g}$ une hyperfonction (cf. [8]) sur $\mathbf{R}^n$, égale à g hors de l'origine ; et soit $a(\xi)$ la transformée de Fourier de g (c'est une fonction entière) :

$$a(\xi) = \int e^{ix\cdot\xi}\, \tilde{g}(x)\ dx.$$

Il s'agit de prouver que a est un symbole analytique ($\tilde{g}$ est la transformée de Fourier inverse de a). Pour cela, puisque de toute façon a est holomorphe au voisinage de 0, il suffit de prouver que dans le cône $|im\ \xi| < \varepsilon' |re\ \xi|$, la fonction $e^{-\lambda|\xi|}\ a(\xi)$ est bornée pour tout $\lambda > 0$.

Or, pour tout $\lambda > 0$, on peut décomposer $\widetilde{g}$ en une somme :

$$\widetilde{g} = T_\lambda + S_\lambda$$

où T_λ est une fonctionnelle analytique portée par la boule de rayon $\lambda/2$. (donc puisque $\lambda > \lambda/2$, $|\hat{T}_\lambda(\xi)| \leqslant c \sup_{|x|<\lambda} |e^{-ix\cdot\xi}| = c\ e^{\lambda|\xi|}$

– cf. le théorème de Paley et Witner –),

et S_λ est la fonction nulle pour $|x| < \lambda/2$, égale à g pour $|x| > \lambda/2$ donc (pour ξ, η réels)

$$\hat{S}_\lambda(\xi + i\eta) = \int_{|x|>\lambda/2} e^{-i(\xi+i\eta\cdot x)}\ g(x)\ dx = \int_{|x|>\lambda/2} e^{-i(\xi+i\eta\cdot x')} g(x')dx'$$

dans la deuxième intégrale, on pose

$$x' = x - i\varepsilon' \left(|x| - \frac{\lambda}{2}\right) \frac{\xi}{|\xi|}\,.$$

L'intégrale converge pour toutes les valeurs de ξ et η. Pour $|\eta| \leqslant \varepsilon' |\xi|$, la partie réelle de l'exposant $-\ i(\xi + i\eta)\cdot x'$ est

$$\frac{\lambda}{2} |\xi| - \varepsilon' |\xi|\ |x| + x\cdot\eta \leqslant \frac{\lambda}{2} |\xi|\ ,$$

de sorte qu'on a

$$|\hat{S}(\xi + i\eta)| \leqslant e^{\frac{\lambda}{2}|\xi|} \int_{|x|>R} |e^{-\varepsilon'|x|^2}\ dx'| \leqslant c\ e^{\frac{\lambda}{2}|\xi|}$$

Ceci achève la démonstration.

Soit a un symbole analytique défini pour ξ grand.

Soit T_a l'hyperfonction définie par (1.27). Soit g comme ci-dessus, telle que la fonction $\varphi = T_a - g$ soit analytique au voisinage de 0.

Soit alors a' la transformée de Fourier de $T_a - \varphi$, de sorte que a' est un symbole analytique (a' est même une fonction entière).

On a $a \sim a'$, car $a - \widetilde{a}'$ est la transformée de Fourier de φ qui est holomorphe et bornée dans un domaine complexe C_ϵ

$$(|im\, x|^2 < \varepsilon\, |re\, x|^2 + \varepsilon)$$

et on a

(1.33) Lemme. – *Si φ est holomorphe, bornée, dans C_ϵ, la transformée de Fourier de φ est holomorphe, à décroissance exponentielle, dans un voisinage conique de $\mathbf{R}^n - \{0\}$.*

Preuve. – En déplaçant le domaine d'intégration, comme ci-dessus, on voit qu'on a pour ξ, η réels, $\xi \neq 0$, $|\eta|^2 < \varepsilon' |\xi|^2$

$$\hat{\varphi}(\xi + i\eta) = \int e^{-ix' \cdot (\xi + i\eta)}\, \varphi(x')\, dx'$$

où on a posé cette fois $x' = x - \varepsilon' (|x| + \mu) \dfrac{\xi}{|\xi|}$ (en supposant ε', μ assez petits) ; d'où

$$|\hat{\varphi}(\xi + i\eta)| \leqslant e^{-\epsilon' \mu |\xi|} \int |e^{-\epsilon' |x|\, |\xi| + x \cdot \eta}\, \varphi(x')\, dx'|$$

la dernière intégrale converge, et reste bornée, dans le domaine complexe $|\eta| < \varepsilon'' |\xi|$, $|\xi| > \varepsilon''$. (si $\varepsilon'' < \varepsilon'$).

Combinant ceci avec le théorème (1.23), on obtient

(1.34) *Soit $\Sigma\, a_k(x, \xi)$ un symbole analytique formel, défini pour ξ assez grand. Pour tout compact $K \subset \Omega$, il existe un voisinage complexe V de K et une fonction $a(x, \xi)$ holomorphe sur $V \times \mathbf{C}^n$, telle que a soit un symbole analytique, et $a \sim \Sigma\, a_k$ (sur V)* (on utilise ici en fait la version "avec paramètre" du théorème 1.32).

9. Appendice.

Soit U un ouvert de $\mathbf{C}^n$, ψ une fonction C^∞ sur U telle qu'il existe une suite $\eta_k \in \mathcal{D}(U)$, avec $0 \leqslant \eta_k \leqslant 1$, $e^{-\psi} |d'' \eta_k|^2 \leqslant$ constante et pour tout compact $K \subset U$, on a $\eta_k = 1$ sur K pour k assez grand.

Soit φ une autre fonction C^∞ sur Ω. Soit H_0 l'espace de Hilbert des fonctions (mesurables) f telles que

$$\| f \|_0^2 = \int_U |f|^2\, e^{-\varphi + 2\psi} < +\infty .$$

Soit H_1 l'espace de Hilbert des formes $\omega = \sum_1^n \omega_j \, \overline{dz_j}$ telles que

$$\|\omega\|_1^2 = \int_U (\Sigma\, |\omega_j|^2)\, e^{-\varphi+\psi} < +\infty.$$

Soit enfin T l'opérateur non borné : $H_0 \to H_1$, défini par d'' (son domaine est l'espace des $f \in H_0$ telles que la dérivée au sens des distributions $d''f = \Sigma \dfrac{\partial f}{\partial z_k} \overline{dz_k}$ soit dans H_1).

D'après Hörmander ([3], inégalité (4.2.9), page 84) on a :

$$(1.35) \quad \int_U (L\varphi(\omega) - 2\,|d''\psi \cdot \omega|^2)\, e^{-\varphi} \leqslant 2\, \|T^*\omega\|_0^2$$

si ω est dans le domaine de T^* et $d''\omega = 0$. On a posé

$$L\varphi(\omega) = \Sigma \frac{\partial^2 \varphi}{\partial z_k\, \partial z_\ell}\, \omega_k\, \overline{\omega}_\ell \quad , \quad d''\psi \cdot \omega = \Sigma \frac{\partial \psi}{\partial \overline{z}_k} \cdot \omega_k.$$

Supposons alors qu'on a pour tout vecteur ξ

$$L\varphi(\xi) - 2\, |d''\psi \cdot \xi|^2 \geqslant 2\, c\, |\xi|^2$$

où c est une fonction strictement positive sur U.

On alors (comparer au théorème (4.4.1) de [3]).

(1.36) *Pour toute forme* $S = \Sigma\, S_k \overline{dz_k}$ *telle que* $d''S = 0$, *et*

$$\|S\|_2^2 = \int_U (\Sigma\, |S_k|^2)\, \frac{e^{-\varphi+2\psi}}{c} < +\infty\,,$$

$$\|S\|_1^2 = \int (\Sigma\, |S_k|^2)\, e^{-\varphi+\psi} < \infty$$

il existe $g \in H_0$, *telle que* $d''g = S$ *et*

$$\|g\|_0^2 = \int |g|^2\, e^{-\varphi+2\psi} \leqslant \|S\|_2^2$$

(on a en effet $\int (S \cdot \overline{\omega})\, e^{-\varphi+\psi} = (S|\omega)_{H_1} \leqslant \|S\|_2\, \|T^*\omega\|_0$; on peut donc trouver $g \in H_0$ avec $\|g\|_0 \leqslant \|S\|_2$, telle que

$$\int (S \cdot \bar{\omega})\, e^{-\varphi+\psi} = (g | T^* \omega)_{H_0}$$

pour toute ω telle que $d''\omega = 0$, dans le domaine de T*. Comme $d''S = 0$, ceci implique $d''f = S$).

On applique ceci dans le cas suivant : $U = C_{\epsilon,a}$ est l'ouvert des $z = x + iy$ tels que $\varepsilon x^2 - y^2 + a < 0$.

$$\psi = 2 \operatorname{Log} \left(\frac{\varepsilon x^2 - y^2 + a + 1}{\varepsilon x^2 - y^2 + a} \right)$$

(de sorte que $e^{-\psi}$ s'annule à l'ordre 2 au bord de U, et on est bien dans les conditions de l'inégalité (4.2.9) de [3]).

On a $d''\psi \cdot \xi = 2(\overline{z_\epsilon} \cdot \xi)(\varepsilon x^2 - y^2 + a + 1)^{-1} (\varepsilon x^2 - y^2 + a)^{-1}$ (où on désigne par z_ϵ le vecteur de coordonnées $(z_\epsilon)_k = \varepsilon x_k + iy_k$).

On choisit alors

$$\varphi(z) = -x^2 + y^2 + 2 \operatorname{Log} \left(\frac{1}{\varepsilon x^2 - y^2 + a} \right) \quad (x = re\, z \quad , \quad y = im\, z).$$

De sorte qu'on a :

$$L\varphi(\xi) = 4(1-\varepsilon)(\varepsilon x^2 - y^2 + a)^{-1} |\xi|^2 + 8 |\bar{Z}_\epsilon \cdot \xi|^2 (\varepsilon x^2 - y + a)^{-2}$$

et $L\varphi(\xi) - 2 |d''\psi \cdot \xi|^2 \geqslant c|\xi|^2$, $c = 4(1-\varepsilon)(\varepsilon x^2 - y^2 + a)^{-1}$.

Soit alors f holomorphe pour $|im\, z| < \varepsilon\, |re\, z|$, $|z| < r$.

On peut trouver ε, a, r_1, r_2 tels que f soit holomorphe au voisinage de l'ensemble fermé

$$r_1 \leqslant |z| \leqslant r_2 \quad , \quad \varepsilon x^2 - y^2 + a \leqslant 0$$

(avec $a < 0$, de petite valeur absolue, de sorte que $U = C_{\epsilon,a}$ est voisinage de 0).

Soit χ une fonction C^∞, égale à 1 pour $|z| \geqslant r_2$ et nulle pour $|z| \leqslant r_1$

et soit $\qquad S = d''(\chi f) = f\, d''\chi$.

La restriction de S à $U = C_{\epsilon,a}$ est bien définie, vérifie $d''s = 0$ et on a

$$\|S\|_2^2 = \int (\Sigma\, |S_k|^2)\, e^{-\varphi+2\psi} \leqslant C \sup_{\substack{z \in C_{\epsilon,a} \\ r_1 \leqslant |z| \leqslant r_2}} |f(z)|.$$

Soit alors g la fonction fournie par (1.36) : la formule de Cauchy montre que g décroît comme $\exp - \lambda |z|^2$ à l'infini ; la fonction $f_1 = g(1 - \psi) f$ est holomorphe pour $Z \in C_{\epsilon, a}$, $|im\, z| < \varepsilon' |re\, z|$ et décroit comme g à l'infini. Elle diffère de f par $f_2 = g - \psi f$ qui est holomorphe au voisinage de 0.

Remarquons que si on choisit pour g l'unique solution de $d''g = S = d''(\psi f)$ qui est orthogonale à Ker d'' (ie. à l'espace des fonctions holomorphes de H_0), g dépend linéairement et continûment de f. En particulier, si f dépend analytiquement d'un paramètre, il en est de même de g (donc aussi de f_1) : c'est ce résultat qu'on utilise dans (1.34).

10. Construction de fonctions poids holomorphes.

Le résultat suivant peut être utile pour ramener l'étude d'un symbole d'ordre très grand à celle d'un symbole d'ordre fini

$$(\Lambda(r) \leqslant c\,(1 + r)^d).$$

(1.37) LEMME. – *Soit* $\Lambda(r)$ *une fonction croissante, comme dans* (1.1) (*ie.* $\lim_{r \to \infty} e^{-\epsilon r} \Lambda(r) = 0$ *si* $\varepsilon > 0$). *Il existe une fonction entière* $\varphi(z)$ *telle que*

1. $e^{-\epsilon |z|} \varphi(z)$ *est bornée pour tout* $\varepsilon > 0$

2. $|\varphi(z)| \geqslant \Lambda(|z|)$ pour $|im\, z| \leqslant |re\, z|$.

Preuve. – Choisissons (c'est possible) une fonction $\varepsilon(r)$ qui décroît et tend vers 0 à l'infini, et une constante c, de sorte que

$$\text{i)} \qquad \Lambda(r) \leqslant c \left| \frac{sh\,(2\,\pi \varepsilon(r^2)\, e^{i\pi/4}\, r)}{2\,\pi \varepsilon(r^2)\, e^{-i\pi/4}\, r} \right|^2$$

$$\text{ii)} \qquad t^2\, \varepsilon^4(t) \sum_{n > t} \frac{1}{n^4} \leqslant \frac{1}{2} \quad \text{pour} \quad t \geqslant 0$$

posons alors

$$(1.37) \qquad \varphi(z) = c\, e^2 \prod_1^\infty \left(1 + \frac{\varepsilon^2(n)\, z^2}{n^2}\right).$$

On a :

$$|\varphi(z)| \leqslant \prod_{k=1}^{n} \left(1 + \frac{\varepsilon^2(k)\, z^2}{k^2}\right) \prod_{k=n+1}^{\infty} \left(1 + \frac{\varepsilon^2(n)\, |z|^2}{k^2}\right) =$$

$$= |P_{2n}(z)| \frac{sh\, 2\pi\varepsilon(n)\, |z|}{2\pi\varepsilon(n)\, |z|}$$

où P_{2n} est un polynôme de degré $2n$. Comme $\varepsilon(n)$ tend vers 0 quand n tend vers l'infini, ceci prouve la première partie du lemme.

Par ailleurs, pour $|im\, z| \leqslant |re\, z|$, on a :

$$\left|1 + \frac{\varepsilon^2(n)\, z^2}{n^2}\right| \geqslant 1 + \frac{\varepsilon^4(n)\, |z|^4}{n^4} \geqslant 1.$$

Comme on a par hypothèse

$$\sum_{n > |z|^2} \frac{\varepsilon^4(|z|^2)\, |z|^4}{n^4} \leqslant 1/2$$

donc

$$\prod_{n > |z|^2} \left(1 + \frac{\varepsilon^4(|z|^2)\, |z|^4}{n^4}\right) \leqslant e^2$$

on a finalement (pour $|im\, z| \leqslant |re\, z|$)

$$|\varphi(z)| \geqslant c\, e^2 \prod_{n \leqslant |z|^2} \left(1 + \frac{\varepsilon^4(|z|^2)\, |z|^4}{n^4}\right) \geqslant c \prod^{\infty} \left(1 + \frac{\varepsilon^4(|z|^2)\, |z|^4}{n^4}\right)$$

$$= c \left|\frac{sh\,(2\pi\, e^{i\pi/4}\, |z|)}{2\pi\, e^{i\pi/4}\, |z|}\right|^2 \geqslant \Lambda(|z|)$$

2. Intégrales oscillantes analytiques et opérateurs pseudo-différentiels.

1. Espaces d'hyperfonctions.

Comme au § 1, Ω est un ouvert de l'espace numérique R^n. Soit K un compact de Ω.

(2.1) *Nous notons* $\mathcal{K}(\Omega, \complement K) = \mathcal{H}'(\Omega) \cap \mathcal{H}(\complement K)$ *l'espace des hyperfonctions*([2]) *qui coïncident avec une fonction analytique en dehors de* K.

(2.2) *Nous notons* $\mathcal{K}_0(\Omega, K) = \mathcal{H}'_0(\Omega) \cap \mathcal{H}(K)$ *l'espace des fonctionnelles analytiques réelles à support compact (dans* Ω*) qui coïncident avec une fonction analytique au voisinage de* K.

Ces deux espaces sont en dualité, de façon naturelle([3]) par la forme bilinéaire $\int_\Omega f\,g$ définie comme suit : si $g \in \mathcal{K}_0(\Omega, K)$ est analytique dans l'ouvert $U \supset K$ $(U \subset \Omega)$, choisissons $\varphi \in \mathcal{D}(U)$ égale à 1 au voisinage de K. On a alors $\varphi g \in \mathcal{D}(U)$, et $(1-\varphi)g = g - \varphi g$ est une fonctionnelle analytique à support compact dans $U - K$.

Soit maintenant $V \subset U$ un voisinage de K dans lequel on ait $\varphi = 1$, et choisissons $\psi \in \mathcal{D}(V)$ égale à 1 au voisinage de K. $(1-\psi)f$ est alors C^∞ dans Ω, nulle au voisinage de K, si $f \in \mathcal{K}(\Omega, \complement K)$. Posons $\psi f = f - (1-\psi)f$; c'est une fonctionnelle analytique à support dans V. On pose alors par définition

$$(2.3)\quad \int_\Omega f g = \int_{\complement K} f\cdot(1-\varphi)g + \int_V \psi f\cdot g + \int_\Omega (1-\psi)f\cdot \varphi g$$

où la première intégrale représente la dualité entre fonctions analytiques et fonctionnelles analytiques à support compact sur $\complement K$, la deuxième représente la dualité entre fonctionnelles analytiques et fonctions analytiques sur V, et la troisième est l'intégrale ordinaire.

On vérifie sans peine que le résultat ne dépend pas du choix de φ et ψ.

Ces deux espaces sont munis de topologies localement convexes qui en font des espaces nucléaires complets, et pour lesquelles ils sont dual l'un de l'autre. La topologie de $\mathcal{K}(\Omega, \complement K)$ est la moins fine des topologies localement convexes qui rende continue les applications suivantes :

i) l'application de restriction $f \mapsto f/\complement K \in \mathcal{H}(\complement K)$

([2]) Pour la définition des fonctionnelles analytiques réelles et des hyperfonctions nous renvoyons à l'article de M. Sato [9] et à celui de A. Martineau [7], ou au livre de P. Schapira [10].

([3]) Quitte à choisir une fois pour toutes une mesure de densité analytique et positive : ici, la mesure de Lebesgue.

ii) pour toute $\psi \in \mathcal{D}(\Omega)$, égale à 1 au voisinage de K, l'application $f \to \psi f \in \mathcal{H}'$ (supp φ) (espace des fonctionnelles analytiques réelles portées par le compact supp φ).

La topologie de $\mathcal{K}_0(\Omega, K)$ est la plus fine des topologies localement convexes qui rende continues :

iii) l'application naturelle d'inclusion $\mathcal{H}'_0(\complement K) \to \mathcal{K}_0(\Omega, K)$ (où $\mathcal{H}'_0(\complement K)$ est l'espace des fonctionnelles analytiques réelles à support compact dans $\complement$ K)

iv) pour tout voisinage U de K et toute $\varphi \in \mathcal{D}(U)$ égale à 1 au voisinage de K, l'application $g \in \mathcal{H}(U) \to \varphi g \in \mathcal{K}_0(\Omega, K)$.

Comme nous n'aurons pas besoin de ces résultats, nous laissons au lecteur le soin de les vérifier. Elles résultent des théorèmes généraux de stabilité des espaces nucléaires et ne présentent pas de difficultés.

2. Intégrales oscillantes.

Ω est toujours un ouvert de R^ν. Soit $p(x, \xi)$ un symbole analytique : $p \in SH(\Omega, R^n)$. Soit $\varphi(x, \xi)$ une fonction numérique sur $\Omega \times R^n$, vérifiant les conditions suivantes :

(2.4) *φ est analytique pour $\xi \neq 0$, à valeurs réelles, homogène de degré 1 en ξ ($\varphi(x, \lambda\xi) = \lambda\varphi(x, \xi)$ si $\lambda > 0$), et n'a pas de point critique pour $\xi \neq 0$.*

On notera S (ou S_φ) l'ensemble des points $x \in \Omega$ tels qu'il existe un $\xi \neq 0$ avec $\sum_1^n |\partial/\partial\xi_k \, \varphi(x, \xi)| = 0$ (la différentielle partielle par rapport à ξ s'annule). C'est un ensemble fermé (et en fait semi-analytique, c'est-à-dire défini localement par une famille finie d'inégalités portant sur des fonctions analytiques) ; il sera parfois commode de le supposer compact.

Nous nous proposons de donner un sens à l'intégrale

$$(2.5) \qquad I_{\varphi, p}(u) = \iint_{\Omega \times R^n} e^{i\varphi(x,\xi)} \, p(x, \xi) \, u(x) \, dx \, d\xi$$

quand $u \in \mathcal{D}(\Omega)$ est analytique au voisinage de S.

L'intégrale converge bien si p est de degré assez petit (par exemple $|p(x, \xi)| \leqslant c(x)\,(1+|\xi|)^d$ avec $d < -n$, où $c(x)$ est une fonction localement bornée de x). Dans [5] L. Hörmander lui donne un sens quand p est un symbole C^∞, en effectuant un certain nombre d'intégrations par parties. Ici, profitant de l'analyticité, nous allons lui donner un sens en déplaçant le domaine d'intégration dans le complexe comme au § 1.8.

Supposons d'abord $p \sim 0$ au sens de (1.11). Alors l'intégrale (2.5) converge bien. Comme $d\varphi \neq 0$ pour tout $\xi \neq 0$, et $d_\xi \varphi \neq 0$ au voisinage du support singulier analytique de u (puisque par hypothèse u est analytique au voisinage de S), il existe deux champs de vecteurs C^∞ pour $\xi \neq 0$,

$$y(x, \xi) : \Omega \times \mathrm{R}^n \to \mathrm{R}^\nu \quad \text{et} \quad \eta(x, \xi) : \Omega \times \mathrm{R}^n \to \mathrm{R}^n,$$

satisfaisant aux conditions suivantes :

(2.6) i) $y(x, \xi)$ est nul au voisinage du support singulier analytique de u, et borné.

ii) $\eta(x, \xi)$ est homogène de degré 1 en ξ.

iii) on a $im\, \varphi(x + tiy, \xi + ti\eta) > 0$ au voisinage du support de u, pour t assez petit.

Posons comme au § 1.8

$$x^t = x + it\,y(x, \xi)$$

$$\xi^t = \xi + it\,\eta(x, \xi)$$

$$dx^t\, d\xi^t = dx_1^t \wedge \cdots dx^t \wedge d\xi_1^t \wedge \cdots d\xi_n^t.$$

On a alors pour t assez petit

$$\text{(2.7)}\quad \mathrm{I}_{\varphi, p}(u) = \iint_{\Omega \times \mathrm{R}^n} e^{i\varphi(x, \xi)}\, p(x, \xi)\, u(x)\, dx\, d\xi$$

$$= \iint_{\Omega \times \mathrm{R}^n} e^{i\varphi(x^t, \xi^t)}\, p(x^t, \xi^t)\, u(x^t)\, dx^t\, d\xi^t$$

Or le choix des champs de vecteurs y, η est tel que dans la deuxième intégrale l'exponentielle $\exp(i\,\varphi(x^t, \xi^t))$ décroît exponentiellement quand ξ tend vers l'infini. Il s'ensuit que l'application linéaire $p \mapsto \mathrm{I}_{\varphi,p}(u)$ (φ et u étant fixés) est continue quand on munit l'espace SH° des symboles à décroissance rapide de la topologie de l'espace SH de tous les symboles. Comme l'ensemble SH° des symboles $p \sim 0$ est partout dense dans l'espace de tous les symboles d'après (1.15), nous avons prouvé

(2.8) THEOREME. — *Si φ vérifie les conditions* (2.4) *et si* $u \in \mathcal{D}(\Omega)$ *est analytique au voisinage de* S, *il existe une forme linéaire continue sur l'espace de symboles* $SH(\Omega, R^n)$, *et une seule* : $p \mapsto I_{\varphi,p}(u)$, *telle que pour* $p \sim 0$ *on ait*

$$I_{\varphi,p}(u) = \iint_{\Omega \times R^n} e^{i\varphi(x,\xi)} \; p(x, \xi) \; u(x) \; dx \; d\xi.$$

Bien sûr $I_{\varphi,p}(u)$ est l'intégrale ordinaire quand celle-ci converge, et c'est l'intégrale oscillante de L. Hörmander [4], [5] quand celle-ci a un sens.

Si u est nulle au voisinage de S, on peut choisir $y = 0$ dans l'intégrale (2.7) (et la condition (2.6)), et on obtient

$$I_{\varphi,p}(u) = \int_{\Omega - S} f(x) \; u(x) \; dx$$

avec

$$(2.9) \quad f(x) = \int_{R^n} e^{i\varphi(x,\xi)} \, p(x, \xi) \; d\xi = \int_{R^n} e^{i\varphi(x,\xi^t)} p(x, \xi^t) \, d\xi^t$$

La fonction f est analytique dans $\Omega - S$, car au voisinage d'un point x_0 de $\Omega - S$, on peut choisir ξ^t indépendant de x de sorte que l'intégrale converge encore dans un voisinage complexe de x_0.

On obtient finalement (en supposant S compact), au sens de la dualité (2.3)

$$(2.10) \qquad I_{\varphi,p}(u) = \int_{\Omega} f \cdot u$$

où f est élément de l'espace $\mathcal{H}(\Omega, \mathrm{C}K)$ (définition (2.1)). En particulier pour φ et p fixés la forme linéaire $u \mapsto I_{\varphi,p}(u)$ se prolonge continûment à $\mathcal{H}_0(\Omega, K)$.

(2.11) Remarquons que si $p \sim 0$ l'intégrale (2.9) converge pour tout x, et f est une fonction analytique.

Dans le cas général, l'hyperfonction f définie par (2.10) est donc une fonction analytique hors de S et dans tout ouvert où on a $p \sim 0$.

Soient maintenant Ω, Ω' deux ouverts d'espaces numériques. Soit $p \in \mathrm{SH}(\Omega \times \Omega', \mathrm{R}^n)$ un symbole analytique. Soit enfin φ une fonction analytique pour $\xi \neq 0$ sur $\Omega \times \Omega' \times \mathrm{R}^n$, vérifiant les conditions (2.4), et en outre (en notant x la variable de Ω, y celle de Ω', et ξ celle de R^n):

(2.12) $\|d_x\varphi\| + \|d_\xi\varphi\|$ et $\|d_y\varphi\| + \|d_\xi\varphi\|$ ne s'annulent jamais pour $\xi \neq 0$ (autrement dit pour y (resp. ou x) fixé φ n'a pas de point critique par rapport aux autres variables).

(2.13) S_φ désignant comme ci-dessus l'ensemble (fermé) des couples (x, y) de $\Omega \times \Omega'$ tels qu'il existe un $\xi \in \mathrm{R}^n$, $\xi \neq 0$, avec $d_\xi\varphi(x, y, \xi) = 0$, les deux projections $\mathrm{S}_\varphi \to \Omega$, $\mathrm{S}_\varphi \to \Omega'$ sont propres.

En séparant le champ y de (2.6) en deux morceaux, l'un parallèle à Ω et nul près du support singulier analytique de v, l'autre parallèle à Ω' et nul près du support singulier analytique de u, la méthode ci-dessus donne un sens à l'intégrale

$$(2.14) \quad \iiint e^{i\varphi(x,y,\xi)}\, p(x, y, \xi)\, u(y)\, v(x)\, dx\, dy\, d\xi$$

si $u \in \mathcal{D}(\Omega')$, $v \in \mathcal{D}(\Omega)$, et v est analytique au voisinage de S_φ . supp sing u (supp sing désignant ici le support singulier analytique ; et si Y est une partie de Ω', $\mathrm{S}_\varphi \cdot \mathrm{Y}$ est l'ensemble des x tels que $(x, y) \in \mathrm{S}_\varphi$ pour un $y \in \mathrm{Y}$).

L'intégrale (2.14) définit ainsi un opérateur linéaire

$$\mathrm{L}_{\varphi,p} : \mathcal{D}(\Omega') \to \mathcal{H}(\Omega, \infty)$$

(espace des hyperfonctions qui sont analytiques hors d'un compact), qui a les propriétés suivantes :

(2.15) pour tout compact K' et tout ouvert U' de Ω', $\mathrm{L}_{\varphi,p}$ se prolonge continûment : $\mathcal{H}(\mathrm{K}', \mathrm{U}') \to \mathcal{H}(\Omega, \complement \mathrm{K})$ où $\mathcal{H}(\mathrm{K}', \mathrm{U}')$ désigne l'espace des fonctionnelles analytiques réelles portées par K, analytiques dans U', et où on a posé $\mathrm{K} = \mathrm{S}_\varphi \cdot (\mathrm{K}' \cap \complement \mathrm{U}')$

Autrement dit $L_{\varphi,p}(u)$ est bien défini si u est une fonctionnelle analytique réelle à support compact sur Ω'. C'est une hyperfonction sur Ω, qui est analytique en dehors de $S_\varphi \cdot$ (supp sing u).

3. Opérateurs pseudo-différentiels.

On suppose désormais $\Omega = \Omega' \subset R^n$, et on pose

$$\varphi(x\,, y\,, \xi) = \langle x - y\,, \xi \rangle$$

(de sorte que φ vérifie (2.6), (2.12), (2.13) ; S_φ est la diagonale de $\Omega \times \Omega$). Dans ce cas on appelle opérateurs pseudo-différentiels analytiques les opérateurs $L_p = L_{\varphi,p}$ définis par

$$(2.16)\int_\Omega L_p(u)\cdot v = (2\pi)^{-n} \iiint e^{i\langle x-y\,,\xi\rangle}\, p(x\,,y\,,\xi)\, v(x)\, u(y)\, dx\, dy\, d\xi$$

où $p \in SH(\Omega \times \Omega\,, R^n)$ est un symbole analytique, u et v sont à support compact, et v est analytique près du support singulier (analytique) de u ; l'intégrale est l'intégrale oscillante du n° 2.

Comme au n° 2, L_p jouit des propriétés suivantes : si $u \in \mathcal{H}'_0(\Omega)$ est une fonctionnelle analytique réelle à support compact, $L_p(u)$ est bien défini ; c'est une hyperfonction analytique hors de supp sing u.

Si $p \sim 0$, L_p est un opérateur à noyau analytique (continu de $\mathcal{H}'_0(\Omega)$ dans $\mathcal{H}(\Omega)$).

Les assertions suivantes sont immédiates :

(2.17) Le transposé ${}^tL_p$ est l'opérateur pseudo-différentiel défini par le symbole $p' = p(y, x\,, -\xi)$

(2.18) Les symboles $\dfrac{\partial p}{\partial \xi_k}$ et $-i(x_k - y_k)\,p$ définissent le même opérateur.

Les autres propriétés du calcul des opérateurs pseudo-différentiels analytiques résulteront assez simplement du théorème suivant :

(2.19) THEOREME. – *Soit $p = p(x\,, y\,, \xi)$ un symbole analytique. On désigne par a le symbole formel (analytique d'après (1.10)) :*

$$a = \sum_\gamma i^{-|\gamma|}/\gamma\,!\ (\partial/\partial\xi)^\gamma\ (\partial/\partial y)^\gamma\ p(x\,, y\,, \xi)\ /_{y\,=\,x}$$

On suppose $a \sim 0$ *(au sens des symboles formels sur* $\Omega \times \mathrm{R}^n$ *(1.11)). Alors* L_p *est un opérateur à noyau analytique.*

Preuve. – Supposons d'abord que p est d'ordre "assez petit", et $a \sim 0$ au sens des symboles d'ordre assez petit ; c'est-à-dire pour tout compact K de Ω il existe des constantes positives ε , c et A telles que

$$(2.20) \quad \Big| \sum_{|\gamma|<\mathrm{N}} a_\gamma \Big| \leqslant c\,(1 + |\xi|)^{-m-\mathrm{N}} \;\mathrm{N}!\;\mathrm{A}^{\mathrm{N}} \qquad \text{pour} \quad (x\,,\,\xi) \in \mathrm{K}(\varepsilon)$$

$$|p(x\,,y\,,\xi)| \leqslant c\,(1 + |\xi|)^{-m} \quad \text{pour } (x\,,y\,,\xi) \in \mathrm{K} \times \mathrm{K}(\varepsilon)$$

où m est un nombre positif plus grand que n . ($\mathrm{K}(\varepsilon)$ est le domaine complexe défini en (1.4)).

Le noyau de L_p est alors la fonction continue

$$\mathrm{T}(x\,,y) = (2\pi)^{-n} \int e^{i\langle x-y,\xi\rangle}\, p(x\,,y\,,\xi)\, d\xi$$

On sait que T est analytique pour $x \neq y$, et il s'agit de prouver qu'elle l'est encore au voisinage de $x = y$. De façon équivalente, la fonction

$$f(x\,,z) = \mathrm{T}(x\,,x - z) = (2\pi)^{-n} \int e^{iz\cdot\xi}\, p(x\,,x - z\,,\xi)\, d\xi$$

(qui est analytique pour $z \neq 0$) est analytique au voisinage de $z = 0$.

Pour cela écrivons le développement de Taylor de $p(x\,,x - z\,,\xi)$ à partir du point $(x\,,x\,,\xi)$:

$$p(x\,,x - z\,,\xi) = \sum (-1)^{|\gamma|}/\gamma!\;\; z^\gamma\, p_\gamma(x\,,\xi)$$

où on a posé $p_\gamma(x\,,\xi) = (\partial/\partial y)^\gamma\, p(x\,,y\,,\xi)_{/y\,=\,x}$.

Ce développement converge uniformément pour $(x\,,\xi) \in \mathrm{K}(\varepsilon)$, $|z| < \varepsilon$, si ε est assez petit ; plus précisément, si c est assez grand et ε assez petit, on a pour $(x\,,\xi) \in \mathrm{K}(\varepsilon)$, $|z| < \varepsilon$

$$\sum |z^\gamma/\gamma!\;\; p_\gamma(x\,,\xi)| \leqslant c\,(1 + |\xi|)^{-m}.$$

Posons

$$r_N = \sum_{|\gamma| \geqslant N} \ldots = \sum_{|\gamma| = N} z^\gamma \quad r_\gamma(x, z, \xi)$$

où les r_γ sont obtenus en combinant certains termes de la série, et vérifient l'inégalité

$$\sum |r_\gamma(x, z, \xi)| \leqslant c\, A^N \, (1 + |\xi|)^{-m}$$

pour $(x, \xi) \in K(\varepsilon)$, $|z| < \varepsilon$, si A est assez grand.

De cette façon on a

$$f(x, z) = \sum_{|\gamma|<N} \int e^{iz.\xi} (-z)^\gamma / \gamma ! \quad p_\gamma(x, \xi)\, d\xi$$

$$+ \sum_{|\gamma| = N} \int e^{iz.\xi} z^\gamma r_\gamma(x, z, \xi)\, d\xi.$$

Majorons les dérivées d'ordre N de f en utilisant cette décomposition. En intégrant par parties on voit que la première somme égale

$$\int e^{iz.\xi} \sum_{|\gamma|<N} i^{-\gamma}/\gamma ! \left(\frac{\partial}{\partial \xi}\right)^\gamma \left(\frac{\partial}{\partial y}\right)^\gamma \quad p(x, y, \xi)/_{y = x} = f_N$$

et pour $x \in K^\epsilon$, $|\alpha| = N$, on obtient

$$\left|\left(\frac{\partial}{\partial z}\right)^\alpha f_N\right| = \left|\int (i\,\xi)^\alpha \, e^{ix.\xi} \left(\sum_{|\gamma|<N} i^{-|\gamma|}/\gamma! \left(\frac{\partial}{\partial \xi}\right)^\gamma \left(\frac{\partial}{\partial y}\right)^\gamma p(x,x,\xi)\right) d\xi\right| \leqslant$$

$$\leqslant \int c\, |\xi|^N \, (1 + |\xi|)^{-m-N} \, A^N \, N\,!\ d\xi \leqslant c_1 \, N\,!\, A^N$$

où c_1 est une nouvelle constante (indépendante de N).

Pour la deuxième somme $\rho_N = \sum_{|\gamma|=N} \int e^{iz.\xi} z^\gamma \, r_\gamma(x, z, \xi)\, d\xi$

on obtient, toujours en intégrant par parties, pour $x \in K^\epsilon$

$$\left|\left(\frac{\partial}{\partial z}\right)^\alpha \rho_N\right| = \left|\int e^{iz.\xi} (i\,\xi)^\alpha \left(\sum_{|\gamma|\ N} \left(\frac{\partial}{\partial \xi}\right)^\gamma r_\gamma(x, z, \xi)\right) d\xi\right| \ .$$

Or pour $(x, \xi) \in K(\varepsilon)$, $|z| < \varepsilon$, on a $\Sigma\, |r_\gamma| \leqslant c\, A^N (1 + |\xi|)^{-m}$. On en déduit par la formule de Cauchy (cf. (1.10)), quitte au besoin à diminuer ε, et augmenter c et A :

$$\sum_{|\gamma| = N} \left| \left(\frac{\partial}{\partial \xi}\right)^\gamma r_\gamma(x, z, \xi) \right| \leqslant c\, A^N\, N!\ (1 + |\xi|)^{-m-N}$$

qui donne comme ci-dessus l'inégalité cherchée $\left| \left(\frac{\partial}{\partial z}\right)^a \rho_N \right| \leqslant c\, A^N N!$

Il existe donc deux constantes c, A telles que pour $x \in K^\epsilon$, $0 < |z| < \varepsilon$, on ait $\left| \left(\frac{\partial}{\partial z}\right)^\alpha f(x, z) \right| \leqslant c\ A^{|\alpha|}\ |\alpha|\,!$. Ceci implique que f est encore analytique au voisinage de $z = 0$ (et comme dans tout ce calcul x varie dans un ouvert complexe, f est analytique en les deux variables x et z).

Cas général. — Choisissons pour commencer une fonction entière $\Phi(\xi)$ comme dans (1.37) et posons $\Psi = \Phi^{-1}$.

Soit $p_1(x, y, \xi)$ un symbole analytique équivalent au symbole formel

$$\Psi \circ p = \sum_\gamma i^{-|\gamma|}/\gamma\,!\ \left(\frac{\partial}{\partial \xi}\right)^\gamma \Psi(\xi) \cdot \left(\frac{\partial}{\partial x}\right)^\gamma p(x, y, \xi)$$

(les § 1.7, 1.9, (1.34) assurent l'existence d'un tel symbole, au moins dans un ouvert relativement compact $\omega \subset \Omega \times \Omega$).

Nous laissons au lecteur le soin de vérifier que si on a choisi Φ assez grande (donc Ψ assez petite) on a

$$\sum_\gamma i^{-|\gamma|}/\gamma\,!\ \left(\frac{\partial}{\partial \xi}\right)^\gamma \left(\frac{\partial}{\partial y}\right)^\gamma p_1(x, x, \xi) \sim 0$$

au sens des symboles formels de degré assez petit ((2.20)). Donc L_{p_1} est un opérateur à noyau analytique.

Soit alors $\Phi(D)$ l'opérateur différentiel d'ordre infini défini par Φ : $\Phi(D) \circ L_{p_1}$ est encore un opérateur à noyau analytique. Or on a $\Phi(D) \circ L_{p_1} = L_{p'}$ avec

$$(2.21)\quad p'(x\,,y\,,\xi) = e^{-ix.\xi}\Phi(D_x)\,(e^{ix.\xi}\;p_1(x\,,y\,,\xi))$$

$$= \sum_\gamma i^{-|\gamma|}/\gamma\,!\;\left(\frac{\partial}{\partial\xi}\right)^\gamma \phi(\xi)\cdot\left(\frac{\partial}{\partial x}\right)^\gamma p_1(x\,,y,\xi).$$

La série converge bien au sens des symboles : écrivons en effet le développement de Φ

$$\Phi(\xi) = \sum a_k\,|\xi|^{2k}$$

avec

$$\sum |a_k|\; r^{2k} \leqslant \Lambda(r)$$

où Λ vérifie (1.2) ($\Lambda(r) = \inf_{\epsilon>0}\; M_\epsilon\; e^{\epsilon r}$, avec $M_\epsilon \geqslant 1$).

On a alors par la formule de Cauchy

$$\sum\; \left|\left(\frac{\partial}{\partial\xi}\right)^\gamma a_k\;|\xi|^{2k}\right| \leqslant \inf_{s>0}\;\gamma\,!\;\;\Lambda(s+|\xi|)\;s^{-|\gamma|}.$$

Comme $\Lambda(s+|\xi|) \leqslant \Lambda(s)\;\Lambda(|\xi|)$, et comme

$$\inf_{s>0}\; e^{\epsilon s}\; s^{-|\gamma|} = \left(\frac{e}{|\gamma|}\right)^{|\gamma|}\; s^{|\gamma|}$$

on obtient

$$\sum\left|\left(\frac{\partial}{\partial\xi}\right)^\gamma a_k|\xi|^{2k}\right| \leqslant \Lambda(|\xi|)\;\gamma\,!\;\;\left(\frac{e}{|\gamma|}\right)^{|\gamma|}\;\inf_{\epsilon>0}\; M_\epsilon\varepsilon^{|\gamma|}.$$

Comme par ailleurs pour tout compact $K\subset\omega$, il existe $\varepsilon>0$, c et A tels que pour $(x\,,y,\xi)\in K(\varepsilon)$ on ait (d'après (2.20))

$$\left|\frac{1}{\gamma\,!}\;\left(\frac{\partial}{\partial x}\right)^\gamma p_1(x\,,y\,,\xi)\right| \leqslant c\;A^{|\gamma|}\;(1+|\xi|)^{-m}$$

on voit que la série (2.21) converge absolument :

$$\sum_{\gamma,\,k}\;\frac{i^{-|\gamma|}}{\gamma\,!}\;\left(\frac{\partial}{\partial\xi}\right)^\gamma (a_k|\xi|^{2k})\cdot\left(\frac{\partial}{\partial x}\right)^\gamma p_1(x\,,y\,,\xi)$$

$$\leqslant c\;\Lambda(|\xi|)\;\;(1+|\xi|)^{-m}\;\Big(\sum_\gamma\; M_\epsilon\;\varepsilon^{|\gamma|}\;A^{|\gamma|}\Big).$$

On a aussi, au sens des symboles formels (parce que la série (2.21) converge bien)

$$p' \sim \Phi(\xi) \circ p_1(x, y, \xi) = \sum \sum_{|\gamma|=k} \frac{i^{-|\gamma|}}{\gamma!} \left(\frac{\partial}{\partial \xi}\right)^\gamma \Phi(\xi) \cdot \left(\frac{\partial}{\partial x}\right)^\gamma p_1(x, y, \xi)$$

$$\sim \Phi(\xi) \circ [\Psi(\xi) \circ p(x, y, \xi)].$$

Comme la loi de composition des (classes d'équivalence de) symboles est associative, et comme le composé (au sens des symboles) de Φ et Ψ est 1 (symbole de l'identité), on a en fin de compte $p \sim p'$. Et puisque $L_{p'}$ est un opérateur à noyau analytique, il en est de même de p (on a $p - p' \sim 0$, donc $L_{p-p'}$ est un opérateur à noyau analytique). Ceci achève la démonstration de (2.19).

(2.22) COROLLAIRE. – *Pour tout opérateur pseudo-différentiel analytique* L_p *sur* Ω, *et pour tout ouvert* ω *relativement compact dans* Ω, *il existe un symbole analytique* $p_1(x, \xi) \in SH(\omega \times R^n)$ *(indépendant de* y*) (resp. et un symbole* $p_2(y, \xi) \in SH(\omega \times R^n)$ *indépendant de* x*) tel que* $L_p - L_{p_1} \sim 0$ *(resp.* $L_p - L_{p_2} \sim 0$*), i.e.* L_p *et* L_{p_1} *diffèrent par un opérateur à noyau analytique sur* ω.

Nous allons maintenant composer les opérateurs pseudo-différentiels analytiques. Il peut y avoir une difficulté pour faire converger l'intégrale qui définit le composé, et il est commode de tronquer. On obtient

(2.23) THEOREME. – *Soient* P *et* Q *deux opérateurs pseudo-différentiels analytiques sur* Ω. *Soit* $\omega \subset \Omega$ *un ouvert relativement compact de* Ω. *Soit* $\varphi \in \mathcal{D}(\Omega)$ *égale à* 1 *dans* ω. *Alors l'opérateur* $P\varphi Q/\omega$ *est un opérateur pseudo-différentiel analytique sur* ω.

L'opérateur $P\varphi Q/\omega$ est défini comme suit : soit $u \in \mathcal{H}'_0(\omega)$ une fonctionnelle analytique réelle à support compact dans ω. $Q(u)$ est alors analytique hors d'un compact de ω, et le produit $\varphi\, Q(u)$ est bien défini ; c'est une fonctionnelle analytique à support compact dans Ω, et on a supp sing $(\varphi\, Q(u)) \subset$ (supp sing u) $\cup$ (supp $d\varphi$). On définit alors $P\varphi Q/\omega$ par

$$P\varphi Q/\omega(u) = P(\varphi\, Q(u))/\omega$$

$P(\varphi\, Q(u))/\omega$ est une hyperfonction sur ω qui est analytique hors de supp sing u (puisque $P(\varphi\, Q(u))$ est analytique hors de

$$(\text{supp sing } u) \cup (\text{supp } d\varphi)\,,$$

et que supp $d\varphi$ est contenu dans le complémentaire de ω).

Preuve du théorème (2.23)

Remarquons d'abord que le résultat est évident si $P \sim 0$ ou si $Q \sim 0$; $P\,\varphi\, Q/\omega$ est alors un opérateur à noyau analytique. Le corollaire (2.22) nous permet (quitte au besoin à diminuer Ω) de supposer que P (resp. Q) est de la forme $L_{p(x,\xi)}$ (resp. $L_{q(y,\xi)}$), i.e. P est défini par un symbole indépendant de y (resp. de x).

Nous supposerons tout d'abord que P et Q sont de degré assez petit pour que les intégrales ci-dessous convergent. Q se prolonge alors "canoniquement" en un opérateur continu $\widetilde{Q} : \mathcal{D}(\omega) \to \mathcal{S}(R^n)$ défini par transformation de Fourier :

$$\text{(2.24)} \qquad \widehat{\widetilde{Q}u}\,(\xi) = \int_\omega e^{-iy\cdot\xi}\, u(y)\; q(y\,,\xi)\, dy$$

donc $\qquad \widetilde{Q}u\,(x) = \iint e^{-i<x-y\,,\,\xi>}\, u(y)\; q(y\,,\xi)\; dy\; d\xi.$

De même P se prolonge canoniquement en un opérateur continu $\widetilde{P} : \mathcal{S}(R^n) \to C^\infty(\Omega)$, défini par

$$\text{(2.25)} \quad \widetilde{P}u\,(x) = (2\pi)^{-n} \int e^{ix\cdot\xi}\, p(x\,,\xi)\, \hat{u}(\xi)\, d\xi$$

$$= (2\pi)^{-n} \iint e^{i<x-y\,,\,\xi>}\, p(x\,,\xi)\, u(y)\, dy\, d\xi$$

(si f est une fonction ou une distribution, nous avons noté $\hat{f}$ sa transformée de Fourier).

Nous pouvons maintenant définir l'opérateur composé $\widetilde{P} \circ \widetilde{Q}$; dans ω il coïncide avec l'opérateur de symbole $p(x\,,\xi)\; q(y\,,\xi)$; et il diffère de $P\,\varphi\; Q/\omega$ par l'opérateur $R = \widetilde{P}\,(1-\varphi)\,\widetilde{Q}$, qui a pour noyau la fonction

$$\text{(2.26)} \quad r(x\,,y) =$$

$$(2\pi)^{-2n} \iiint e^{i<x-z\,,\,\xi>+i<z-y,\eta>} p(x\,,\xi)\;(1-\varphi(z))\; q(y\,,\eta)\; d\xi\; dz\; d\eta,$$

(cette dernière intégrale doit être interpretée comme une transformation de Fourier ou comme une intégrale oscillante au sens de [5] par rapport à z).

Dans l'intégrale (2.26) déplaçons le domaine d'intégration dans le complexe comme en (2.7), en posant

$$\xi^t = \xi + it \frac{x-z}{|x-z|} \sqrt{1+|\xi|^2}$$

$$\eta^t = \eta + it \frac{z-y}{|z-y|} \sqrt{1+|\eta|^2}$$

on obtient alors

$$(2.27)\ r(x\,,y) = (2\pi)^{-2n} \iiint_{\substack{\xi \in \mathbf{R}^n \\ z \in \complement\omega \\ \eta \in \mathbf{R}^n}} e^{i\langle x-z,\xi^t\rangle + i\langle z-y,\eta^t\rangle} p(x\,,\xi^t)\,(1-\varphi(z))\,q(y\,,\eta^t)\,d\xi^t\,dz\,d\eta^t$$

(on a repris les notations de (2.7) pour la densité $d\xi^t\,d\eta^t$). La formule a un sens et vaut pour t assez petit (p et q sont alors holomorphes au voisinage du nouveau domaine d'intégration), car x et y sont des points de ω, et comme z parcourt $\complement\omega$($1-\varphi$ est nul dans ω), $x-z$ et $y-z$ ne s'annulent pas sur le nouveau domaine d'intégration. La partie réelle de l'exposant est

$$-t\,|x-z|\sqrt{1+|\xi|^2} - t\,|y-z|\sqrt{1+|\eta|^2} \leqslant -c\,t(|z|+|\xi|+|\eta|)$$

où c est une constante (qui dépend de la distance de x et y à $\complement\omega$) ; de sorte que l'exponentielle décroît exponentiellement par rapport à l'ensemble des trois variables sur le nouveau domaine d'intégration, et l'intégrale converge parfaitement, même si p et q sont des symboles analytiques arbitrairement grands.

Dans la formule (2.27) on peut permettre à x et y de varier dans un petit voisinage complexe d'un point de $\omega \times \omega$. $r(x\,,y)$ est donc une fonction analytique dans $\omega \times \omega$, et en tant que telle dépend continûment des symboles analytiques p et q.

Par passage à la limite, ceci prouve que dans tous les cas $P\varphi Q/\omega$ est un opérateur pseudo-différentiel analytique dans ω, qui diffère par un opérateur à noyau analytique de l'opérateur de symbole $p(x\,,\xi)\;q(y\,,\xi)$. Le théorème est démontré, et on a prouvé en même temps

(2.28) *Si* R *est un opérateur pseudo-différentiel analytique sur* ω, *dont le symbole est équivalent (au sens des symboles formels (1.11)) au composé des symboles de* P *et de* Q, *il diffère par un opérateur à noyau analytique de* $P\varphi Q/\omega$ *(les notations sont celles de (2.23))*.

Terminons cette section en remarquant (cf. [5]) qu'on peut modifier dans la formule de définition (2.16) la fonction phase $< x - y , \xi >$, sans pour autant changer la classe d'opérateurs ainsi définie. Ainsi si φ est linéaire en ξ, non nulle pour $x \neq y$, égale pour x voisin de y à

$$\varphi(x , y) = < A(x , y) \cdot x - y , \xi >$$

où $A(x , y)$ est une matrice régulière à coefficients analytiques, le changement de variable $\xi' = {}^t A(x , y) \cdot \xi$ montre immédiatement que l'opérateur $L_{\varphi,p}$ défini par

$$< L_{\varphi,p} u , v > = (2\pi)^{-n} \iiint e^{i\varphi(x,y,\xi)} p(x , y , \xi) \, v(x) \, u(y) \; dx \; dy \; d\xi$$

est un opérateur pseudo-différentiel analytique.

Il en résulte immédiatement (comme dans [5]) que la classe des opérateurs pseudo-différentiels analytiques ne dépend pas du système de coordonnées qu'on choisit pour les définir. Ceci permet de définir les opérateurs pseudo-différentiels analytiques sur une variété analytique réelle : ce sont des opérateurs dont le "noyau" est une fonction analytique en dehors de la diagonale, et dont la restriction à tout ouvert isomorphe à un ouvert d'un espace numérique R^n admet une représentation intégrale telle que (2.16) (cette propriété ne dépend pas du système de coordonnées choisi).

4. Applications et exemples.

a) Soit X une variété analytique réelle. Les classes d'équivalence d'opérateurs pseudo-différentiels analytiques sur X apparaissent comme des endomorphismes du faisceau $\mathrm{Sing}(X) = \mathcal{H}'(X) / \mathcal{H}(X)$ des hyperfonctions modulo les fonctions analytiques (deux opérateurs sont équivalents s'il diffèrent par un opérateur à noyau analytique). Si P et Q sont deux opérateurs pseudo-différentiels analytiques, et R un opérateur de symbole équivalent (au sens des symboles formels) au composé des symboles de P et de Q, l'endomorphisme du faisceau Sing(X) défini par R est composé de ceux définis par P et Q (grâce à (2.23) et (2.28)). Les constructions des numéros précédents fournissent ainsi pour chaque endomorphisme pseudo-différentiel du faisceau Sing un représentant qui opère effectivement sur les hyperfonctions (à support compact), défini par des formules intégrales relativement maniables.

Rappelons pour mémoire le résultat de [1] (qui est un peu généralisé ici), qui devient très simple quand on le repense en termes d'endomorphismes du faisceau Sing(X) :

(2.29) *Soit* P *un opérateur pseudo-différentiel analytique (resp. ou un opérateur différentiel d'ordre infini à coefficients analytiques), elliptique au sens que son symbole est inversible (pour la loi de composition des classes d'équivalence de symboles formels). Si f est une hyperfonction à support compact (resp. pas de condition de support), f est analytique dans tout ouvert où* $P(f)$ *l'est.*

(En effet en tant qu'endomorphisme du faisceau Sing, P possède un inverse défini (au moins localement) par un opérateur pseudo-différentiel analytique). Ce résultat s'applique en particulier quand P est un opérateur différentiel elliptique d'ordre fini à coefficients analytiques (cf. [1]).

b) Opérateurs à coefficients constants.

Les résultats suivants sont faciles :

(2.30) *Soit* $p(\xi)$ *un symbole analytique. L'opérateur pseudo-différentiel* $P(D)$ *transforme une fonctionnelle analytique réelle à support compact en une hyperfonction analytique en dehors d'un compact. Il n'augmente pas le support singulier analytique*

(2.31) *Si de plus* $1/p(\xi)$ *est aussi un symbole analytique pour* ξ *assez grand,* $P(D)$ *est elliptique, et f est analytique dans tout ouvert où* $P(D)f$ *l'est.*

En particulier si $P(D)$ est un opérateur différentiel d'ordre infini, elliptique au sens de (2.31), si f est une hyperfonction sur R^n (sans condition sur le support), f est analytique dans tout ouvert où $P(D)f$ l'est.

c) Opérateurs à coefficients variables.

Pour les opérateurs d'ordre fini, la condition habituelle donne un critère simple d'ellipticité : si $p(x, \xi)$ est un symbole d'ordre m (i.e. $p(x, \xi) \leqslant c(1+|\xi|)^m$ dans un cône complexe), elliptique au sens des opérateurs d'ordre m, i.e. $p^{-1}(x, \xi) \leqslant c(1+|\xi|)^{-m}$ dans un cône complexe, pour ξ assez grand, alors l'opérateur $p(x, \mathrm{D})$ possède une parametrix. En effet d'après le § 1.7, il suffit de prouver que le symbole de p est inversible (au sens des symboles analytiques formels). Pour cela on remarque qu'on a

$$p(x, \xi) \circ p^{-1}(x, \xi) = 1 - h(x, \xi),$$

où $h(x, \xi)$ est un symbole formel de degré -1, donc $1-h$ est inversible (en tant que symbole formel) d'après (1.21).

Dans le cas général, je ne connais pas pour le moment de critère simple ou convaincant d'ellipticité. Je me contenterai de l'exemple suivant : soit $p = p(y, \xi)$ le symbole

$$p(y, \xi) = \exp\langle y, \Phi(\xi)\rangle$$

où Φ est un symbole à valeurs dans C^n, de degré $1-0$

$$(\text{i.e. } |\xi|^{-1}\ \Phi(\xi) \to 0 \quad \text{pour} \quad \xi \to \infty).$$

L'opérateur pseudo-différentiel correspondant à $p(y, \xi)$ est défini par la formule

$$\widehat{\mathrm{L}_p u} = \sum \frac{i^{-|\alpha|}}{\alpha!}\ \Phi(\xi)^\alpha\ \frac{\partial^\alpha f}{\partial \xi^\alpha} = \hat{f}(\xi - i\,\Phi(\xi)).$$

Il a une parametrix, qui est définie par une formule analogue (avec par exemple la fonction $\Psi(\xi)$ telle que les applications $\xi \mapsto \xi - i\,\Phi(\xi)$ et $\xi \mapsto \xi - i\,\Psi(\xi)$ soient inverses l'une de l'autre : Ψ est un symbole de degré $1-0$ pour ξ assez grand). Il est donc hypoelliptique analytique. Si la partie réelle de Φ est non nulle, cet opérateur est d'ordre $+\infty$ dans certaines parties de R^n, d'ordre $-\infty$ dans d'autres, ou même peut être partout d'ordre $+\infty$ ainsi que son inverse.

BIBLIOGRAPHIE

[1] L. BOUTET de MONVEL et P. KREE, Pseudo-differential operators and Gevrey classes, *Ann. Inst. Fourier,* Grenoble 17,1(1967), 295 - 323.

[2] L. CARLESON, On universal moments problems, *Math. Scand.* 9 (1961) 197-206.

[3] L. HÖRMANDER, Pseudo-differential operators and hypoelliptic equations, *Amer. Math. Soc. Proc. Symp. Pure Appl. Math.* 10 (1968) 138-183.

[4] L. HÖRMANDER, The spectral function of an elliptic operator *Acta Math.* 121 (1968) 193-218.

[5] L. HÖRMANDER, Fourier integral operators, *Acta Math.* 127 (1971) 79-183.

[6] J.J. KOHN et L. NIRENBERG, An algebra of pseudo-differential operators, *Comm. Pure Appl. Math.* 18 (1965) 269-305 .

[7] A. MARTINEAU, Les hyperfonctions de M. Sato, Séminaire Bourbaki 214 (1960/61).

[8] A. MARTINEAU, Equations différentielles d'ordre infini, *Bull. Soc. Math.* France 95 (1967) 109-154.

[9] M. SATO, Theory of hyperfunctions I et II, *J. Fac. Sc. Univ. Tokyo* 8 (1959-60), 139-193 et 387-437.

[10] P. SCHAPIRA, Théorie des hyperfonctions, *Lecture Notes in Mathematics* 126, Springer-Verlag (1970).

[11] F. TREVES, Hyper-differential operators in complex space, *Bull. Soc. Math. France* 97 (1969) 193-223.

Manuscrit reçu le 11 octobre 1971
accepté par J.L. KOSZUL

Louis BOUTET de MONVEL
Université de Paris VII
2 place Jussieu, Paris 5°

5.4 $\mathcal{D}$-modules holonômes réguliers en une variable

$\mathcal{D}$-modules holonômes réguliers en une variable, Mathematics and physics (Paris, 1979/1982), Progr. Math., vol. 37, Birkhäuser Boston, Boston, MA, 1983, pp. 313–321. [B83]

Séminaire E.N.S. (1979-1980).
Partie IV
Appendice II à l'exposé n°3

$\mathcal{D}$-MODULES HOLONÔMES RÉGULIERS EN UNE VARIABLE

par L. BOUTET de MONVEL

1. Soit X une courbe complexe (lisse). On a vu (exposé n° 3) que les équations différentielles à points singuliers réguliers sur X sont complètement classifiées par leur monodromie. De façon plus précise : soit E un fibré holomorphe sur X, $a_1 \ldots a_n \ldots$ une famille discrète de points de X, $\nabla : E \longrightarrow E \otimes \Omega^1$ une équation différentielle (connexion) singulière aux a_j. Les solutions de l'équation $\nabla f = 0$ au voisinage de x_o correspondent bijectivement à leurs valeurs en x_o, et se prolongent au revêtement universel de $X \setminus \{a_1 \ldots a_n \ldots\}$, ce qui définit une action (monodromie) du groupe fondamental $\pi_1(X-\{a_1\ldots a_n\}, x_o)$ dans l'espace des solutions. Alors

1) Si ∇, ∇' sont deux équations à points singuliers réguliers(*) $(a_1 \ldots a_n \ldots)$ ayant même monodromie, ∇ et ∇' sont équivalentes i.e. il existe un homomorphisme méromorphe de fibrés : $E \longrightarrow E'$, holomorphe et inversible hors des a_j, qui transforme ∇ en ∇'

2) Etant donné une représentation linéaire ρ de $\pi_1(X \setminus \{a_1 \ldots a_n \ldots\})$ dans un espace vectoriel de dimension finie, il existe une équation différentielle linéaire à points singuliers réguliers $a_1 \ldots a_n \ldots$ (unique à isomorphisme pres) admettant ρ comme monodormie.

La classification des modules holonômes réguliers est étroitement liée à celle-ci, mais un peu plus subtile. C'est elle que nous nous proposons de décrire

(*) On rappelle que cela signifie que pour tout j, il existe des sections $f_1 \ldots f_n$ de E au voisinage des a_j, qui engendrent E hors de a_j, et telles que les $(z-a_j)\frac{d}{dz}.f_k$ soient combinaisons à coefficients holomorphes des f_k.

dans cet appendice.

Rappelons que $\mathcal{D}$ désigne le faisceau des opérateurs différentiels à coefficients holomorphes (sur X). C'est un faisceau cohérent. Les $\mathcal{D}$-modules cohérents sont de façon naturelle en correspondance avec les systemes d'équations différentielles.

Soit $\mathcal{M}$ un $\mathcal{D}$-module cohérent sur X , a un point de X . On dit que a est un point ordinaire si $\mathcal{M}$ est, au voisinage de a , isomorphe à un module $\mathcal{O}^n$ (n entier) où $\mathcal{O}$ désigne le faisceau des fonctions holomorphes, qui est un $\mathcal{D}$-module (par définition de $\mathcal{D}$). Pour que a soit un point ordinaire il faut et il suffit qu'au voisinage de a , $\mathcal{M}$ soit engendré par des sections $u_1 \ldots u_n$ telles que les $\frac{d}{dz} u_j$ soient combinaisons à coefficients holomorphes des u_j . Cela résulte aisément du théorème d'existence de solutions d'équations différentielles.

On dit qu'un $\mathcal{D}$-module $\mathcal{M}$ est <u>holonôme</u> s'il est cohérent, et localement de longueur finie. Pour que $\mathcal{M}$ cohérent soit holonôme, il faut et il suffit que toute section locale de $\mathcal{M}$ satisfasse une équation non triviale ; ou, de façon équivalente, qu'au voisinage de chaque point $a \in X$ il existe des générateurs $u_1 \ldots u_n$ et un entier N tels que les $(z-a)^N \frac{d}{dz} u_j$ soient combinaisons à coefficients holomorphes des u_j (z désigne une coordonnée locale au voisinage de a). Lorsqu'il en est ainsi, les points singuliers (i.e. non ordinaires) de $\mathcal{M}$ sont isolés.

Enfin, si $\mathcal{M}$ est un $\mathcal{D}$-module holonôme, on dit qu'un point a est <u>point singulier régulier</u> , ou que $\mathcal{M}$ est <u>régulier en</u> a s'il existe des sections $u_1 \ldots u_n$ qui engendrent $\mathcal{M}$ au voisinage de a et telles que les $(z-a)\frac{d}{dz}.u_j$ soient combinaisons linéaires à coefficients holomorphes des u_j .

2. <u>Etude locale</u>.

Nous nous plaçons dans $\mathbb{C}$, au voisinage de 0 . Si $\mathcal{M}$ est un module holonôme régulier en 0 , les points voisins de 0 sont ordinaires.

Nous dirons qu'une section u de $\mathcal{M}$ est constante si on a $D.u = 0$ ($D = \frac{d}{dz}$). Les sections constantes forment un faisceau, localement constant hors de 0 , de monodromie μ , et en dehors de 0 $\mathcal{M}$ est donc isomorphe au $\mathcal{D}$-module.

$$\mathcal{D} \otimes \mathbb{C}^N/\mathcal{D}.(zD-A).\mathbb{C}^N \qquad \text{avec} \quad \mu = \exp - 2i\pi A$$

(on a identifié à $\mathbb{C}^N$ l'espace des sections constantes en un point).

Soit $\mathcal{M}_{(o)}$ la fibre de $\mathcal{M}$ à l'origine. Pour $\alpha \in \mathbb{C}$ nous noterons

$$\mathcal{M}^\alpha = \bigcup \ker(zD-\alpha)^n \subset \mathcal{M}_{(o)}$$

Il est clair que zD (resp. $Dz = zD+1$) induit un automorphisme de $\mathcal{M}^\alpha$ pour $\alpha \neq 0$ (resp. -1). On a donc $z\mathcal{M}^\alpha \subset \mathcal{M}^{\alpha+1}$, $D\mathcal{M}^\alpha \subset \mathcal{M}^{\alpha-1}$ et pour $\alpha \neq -1$ (resp. 0) , la multiplication par z (resp. D) induit un isomorphe linéaire de $\mathcal{M}^\alpha$ sur $\mathcal{M}^{\alpha+1}$ (resp. $\mathcal{M}^{\alpha-1}$) .

Avant de décrire complètement la structure de $\mathcal{M}$ au voisinage de 0 , faisons une liste d'exemples.

a) $\mathcal{D}$-<u>modules portés par</u> $\{0\}$

Il est élémentaire qu'un tel module est engendré par l'espace vectoriel $E = \ker z$, et isomorphe à un $\mathcal{D}$-module de la forme $(\mathcal{D}/(D))^N$ ($N = \dim E$) . La fibre en 0 est $\mathbb{C}[D] \otimes E$.

b) Soit E un espace vectoriel de dimension finie, $N \in L(E)$ un endomorphisme nilpotent. Pour $\alpha \in \mathbb{C} \setminus \mathbb{Z}$, on note $\mathcal{M}_{\alpha,N}$ le $\mathcal{D}$-module

$$\mathcal{M}_{\alpha,N} = \mathcal{D} \otimes E/\mathcal{D}.(D-\alpha-N)E$$

c'est un module holonôme, régulier en 0 . Les sections de $\mathcal{M}_{\alpha,N}$ s'identifient aux fonctions méromorphes, à pôle en 0 , à valeurs dans E ; en particulier, la multiplication par z est bijective dans $\mathcal{M}_{\alpha,N}$.

Si $e \in E$, la section $\exp-(\alpha+N)\text{Log } z.e$ (qui est définie dans des secteurs angulaires) est une section constante. Comme en dehors de 0 $\mathcal{M}_{\alpha,N}$ est libre de rang dim E sur $\mathcal{O}$, l'application $e \longmapsto \exp-(\alpha+N)\mathrm{Log}\, z.e$ est une bijection de E sur l'espace des sections constantes, et la monodromie de $\mathcal{M}_{\alpha,N}$ est $\exp-2i\pi(\alpha+N)$.

<u>Lemme</u> 1.- <u>Les sous-modules cohérents de</u> $\mathcal{M}_{\alpha,N}$ <u>correspondent bijectivement aux sous-espaces de</u> E <u>stables par</u> N .

Il est clair que si $E' \subset E$ est stable par N , $\mathcal{D}.E'$ est un sous-module de $\mathcal{M}_{\alpha,N}$ isomorphe à $\mathcal{M}_{\alpha,N|E'}$ (donc cohérent). On a d'ailleurs aussi $\mathcal{M}_{\alpha,N}/\mathcal{D}E' \simeq \mathcal{M}_{\alpha,N|E/E'}$

Soit $\mathcal{N}$ un sous-module cohérent de $\mathcal{M}_{\alpha,N}$. En dehors de 0 $\mathcal{N}$ est "classifié" par sa monodromie, de sorte qu'il existe un sous-espace $E' \subset E$ stable par N tel que $\mathcal{N}$ coïncide avec $\mathcal{D}E'$ en dehors de 0 . Comme $\mathcal{N}+\mathcal{D}E'/\mathcal{N}$ est porté par 0 , on a $z^nE' \subset \mathcal{N}$ pour n assez grand, donc $E' = D^nz^nE' \subset \mathcal{N}$ et $\mathcal{D}.E' \subset \mathcal{N}$. Comme $\mathcal{N}/E'$ est porté par 0 et comme la multiplication par z est bijective dans $\mathcal{M}$ et $\mathcal{D}E'$ (donc injective dans $\mathcal{N}/\mathcal{D}E'$), on a finalement $\mathcal{N} = \mathcal{D}E'$.

COROLLAIRE.- $\mathcal{M}_{\alpha,N}$ <u>est de longueur</u> dim E (<u>à l'origine</u>). <u>Il est indécomposable si et seulement si</u> N <u>est indécomposable</u>, <u>et alors isomorphe à</u> $\mathcal{D}/(zD-\alpha)^n$ ($n = \dim E$) .

c) <u>Monodromie unipotente</u>.

Soient E^o , E^{-1} deux espaces vectoriels de dimension finie, $u \in L(E^{-1},E^o)$ $v \in L(E^o,E^{-1})$ deux applications linéaires telles que $N = uv$ soit nilpotent. On note $\mathcal{M}_{u,v}$ le $\mathcal{D}$-module (holonôme, régulier)

$$\mathcal{M}_{u,v} = \mathcal{D} \otimes (E^o \oplus E^{-1})/\mathcal{D}(z-u)E^{-1} + \mathcal{D}(D-v)E^o$$

Les objets (E^o,E^{-1},u,v) forment de façon évidente une catégorie abélienne. Un tel objet est indécomposable si et seulement s'il est monogène, i.e. il existe $\xi \in E^o$ (resp. ou $\xi \in E^{-1}$) tel que ξ , $uv\xi$, $(uv)^2\xi$ ... forment une base de E^o , et $v\xi$, $vuv\xi$, $(vu)^2v\xi$ ... forment une base de E^{-1} (resp. la même chose en échangeant u et v , 0 et -1). $\mathcal{M}_{u,v}$ est alors isomorphe à $\mathcal{D}/(\ldots zDzD)$ (resp. $\mathcal{D}/(\ldots DzDz)$) (les facteurs D,z alternent et leur nombre est $\dim E^0 + \dim E^{-1}$). En général, $\mathcal{M}_{u,v}$ est donc somme directe de tels modules. On a dans la fibre en 0 de $\mathcal{M}_{u,v}$ $E^0 = \bigcup \ker(zD)^n$ et $E^{-1} = \bigcup \ker(Dz)^n$ (i.e. il ne s'introduit pas de relation supplémentaire sur E^0 ou E^{-1}) : c'est évident dans le cas des modèles indécomposables.

En dehors de 0 , z est inversible, de sorte que $\mathcal{M}_{u,v}$ coïncide avec le $\mathcal{D}$-module $\mathcal{D}\otimes E^0/\mathcal{D}.(zD-N)E^0$ ($N = uv \in L(E^0)$).

Comme ci-dessus l'application $e \longmapsto \exp{-N}\operatorname{Log} z.e$ est une bijection de E^0 sur l'espace des sections constantes, et la monodromie est $\exp{-2i\pi N}$.

<u>Lemme</u> 2.- <u>Les sous-modules cohérents de</u> $\mathcal{M}_{u,v}$ <u>correspondent bijectivement aux couples</u> (E'^0, E'^{-1}) <u>de sous-espaces de</u> (E^0,E^{-1}) <u>stables par</u> u , v. .

Il est clair qu'à un tel couple correspond un sous-module : $\mathcal{D}.(E'_0+E'_{-1}) \simeq \mathcal{M}_{u',v'}$ où u' , v' sont les restrictions de u et v .

Soit $\mathcal{N}$ un sous-module de $\mathcal{M}_{u,v}$. Comme plus haut, il existe un sous-espace E'^0 de E^0 , stable par uv , tel que $\mathcal{N}$ coïncide avec $\mathcal{D}E'^0$ hors de 0 . On a encore $z^nE'^0 \subset \mathcal{N}$. Par ailleurs pour tout $m \in \mathcal{D}E'^0$ il existe $m' \in \mathcal{D}E'^0$ tel que $m - zm' \in E'^0$ (c'est vrai dans tout module $\mathcal{M}_{u,v}$, dont les sections sont de la forme $\sum P_j(\frac{1}{z})e_j + \varphi_j(z)f_j$, avec $e_j \in E^{-1}$, $f_j \in E^0$, P_j polynôme de $\frac{1}{z}$, φ_j holomorphe ; et $\mathcal{D}E'^0$ est de la forme $\mathcal{M}_{u',v'}$, avec $E'^1 = DE'^0$, u',v' les restrictions de u,v). Le module $\mathcal{N}/\mathcal{D}E'^0$ est porté par 0 , donc engendré par ker z ; si $m \in \mathcal{N}$ vérifie $zm \in \mathcal{D}E'^0$, il existe $m' \in \mathcal{D}E'^0$ tel que $zm - zm' \in E'^0$, i.e. $m - m' \in E^{-1}$. N est donc engendré par $E'^0 = \mathcal{N}\cap E^0$ et $E'^{-1} = \mathcal{N}\cap E^{-1}$, C.Q.F.D.

<u>Remarque</u>.- Soit E un espace vectoriel de dimension finie, $N \in L(E)$ nilpotent, $n \in \mathbb{Z}$. Le $\mathcal{D}$-module $\mathcal{D}\otimes E/\mathcal{D}(zD-n-N)E$ est isomorphe à un module $\mathcal{M}_{u,v}$, avec $E^0 = E^{-1} = E$, et $u = \mathrm{Id}$, $v = N$ si $n < 0$, ou $u = N$, $v = \mathrm{Id}$ si $n \geqslant 0$.

Cas général.

Rappelons que nous avons posé $\mathcal{M}^{\alpha} = \cup \ker(zD-\alpha)^n \subset \mathcal{M}_{(o)}$. Nous noterons $\mathcal{M}^{(\alpha)} \subset \mathcal{M}_{(o)}$ le $\mathcal{D}_{(o)}$-module engendré par les $\mathcal{M}^{\alpha+j}$, $j \in \mathbb{Z}$. $\mathcal{M}^{(\alpha)}$ est réunion de modules du type b. $(\alpha \notin \mathbb{Z})$ ou c. $(\alpha \in \mathbb{Z})$; comme $\mathcal{M}$ est cohérent et $\mathcal{M}_{(o)}$ noethérien, ceci implique que $\mathcal{M}^{\alpha}$ est de dimension finie pour tout α, et que $\mathcal{M}^{(\alpha)}$ est de type b. ou c. .

Lemme 3.- Les $\mathcal{M}^{(\alpha)}$ sont linéairement indépendants (pour $\alpha \in \mathbb{C}/\mathbb{Z}$) .

Soient en effet $f_j \in \mathcal{M}^{(\alpha_j)}$ $(j = 1\ldots n)$, où les α_j sont deux à deux distincts mod. $\mathbb{Z}$, tels que $\Sigma f_j = 0$. Soit U un petit disque dans lequel les f_j sont toutes définies. Comme la monodromie de $\mathcal{M}^{(\alpha_j)}$ dans $U - \{0\}$ a pour unique valeur propre $\exp - 2i\pi\alpha_j$, et que les nombres $\exp - 2i\pi\alpha_j$ sont deux à deux distincts, les $\mathcal{M}^{(\alpha_j)}|U\setminus\{0\}$ sont linéairement indépendants de sorte que les f_j sont nulles dans $U\setminus\{0\}$. Pour $\alpha_j \notin \mathbb{Z}$ ceci implique $f_j = 0$ car la multiplication par z est injective dans $\mathcal{M}^{(\alpha_j)}$ (exemple b.). Par différence il reste aussi $f_{\alpha_j} = 0$ si $\alpha_j \in \mathbb{Z}$.

PROPOSITION.- $\mathcal{M}_{(o)}$ est somme des $\mathcal{M}^{(\alpha)}$.

Puisque $\mathcal{M}$ est régulier, il est engendré par des sections $e_1\ldots e_n$ telles que $zDe_j = \Sigma a_{ij}e_i$, où les a_{ij} sont holomorphes. En d'autres termes, il existe un espace vectoriel E et une matrice $A \in \mathcal{O}\otimes L(E)$ (à coefficients holomorphes) tels que $\mathcal{M}$ soit un quotient du module $\mathcal{D}\otimes E/\mathcal{D}.(zD-A)E$.

On sait qu'il existe une matrice R à coefficients méromorphes (pôle en 0) inversible en dehors de 0, telle que

$$R^{-1}(zD-A)R = zD - B$$

où B est à coefficients constants. Quitte à remplacer R par z^nR, ce qui remplace B par $B + n$, on peut supposer R holomorphe. Il existe donc un $\mathcal{D}$-module $\mathcal{M}'$, cohérent, de la forme $\mathcal{M}' = \mathcal{D}\otimes E/\mathcal{D}(zD-B)E$ $(B \in L(E))$ et un homomorphisme $R : \mathcal{M}' \longrightarrow \mathcal{M}$ dont l'image contient $z^n\mathcal{M}$ pour n assez grand (donc $\mathcal{M}/R\mathcal{M}'$ est porté par 0). Il est évident que $\mathcal{M}'$ est engendré par les $\mathcal{M}'^{\alpha}$; donc $R\mathcal{M}'$ est engendré par les $R\mathcal{M}'^{\alpha} \subset \mathcal{M}^{\alpha}$.

Ainsi, si $\mathcal{N} \subset \mathcal{M}$ est le sous-module engendré par les $\mathcal{M}^{\alpha}$, le quotient $\mathcal{M}/\mathcal{N}$ est porté par $\{0\}$, donc engendré par $\ker z$. D'autre part il résulte de l'étude faite en b. et c. que pour tout $m \in \mathcal{N}$ il existe $m' \in \mathcal{N}$ tel que $m - zm' \in \mathcal{N}^{0} = \mathcal{M}^{0}$. Donc si $m \in \mathcal{M}$ et $zm \in \mathcal{N}$, il existe $m' \in \mathcal{N}$ tel que $zm - zm' \in \mathcal{N}^{0}$, c'est-à-dire $m - m' \in \mathcal{M}^{-1}$. $\mathcal{M}$ est donc engendré par $\mathcal{N}$ et $\mathcal{M}^{-1} \subset \mathcal{N}$, C.Q.F.D.

COROLLAIRE.- Un $\mathcal{D}$-module holonôme, régulier en 0 , est somme directe de sous-modules indécomposables. Ceux-ci sont isomorphes à un des modules $\mathcal{D}/(zD-\alpha)^{n}$ $(\alpha \notin \mathbb{Z})$, $\mathcal{D}/(..zDzD)$, $\mathcal{D}/(..DzDz)$.

3. Etude globale.

Soit U un ouvert de $\mathbb{C}$ (ou $P^{1}(\mathbb{C})$) , $a_1 \ldots a_n$ des points de U , x_0 un point de U , distinct des a_j . Pour tout j on choisit

- un lacet γ_j autour de a_j , issu de x_0 ,
- une détermination de $\mathrm{Log}(z-a_j)$ le long de la deuxième moitié de γ_j .

On supposera en outre $\pi\gamma_j = 1$ si $U = P'(\mathbb{C})$.

Soit M un $\mathcal{D}$-module holonôme régulier, dont les points singuliers sont les points $a_1 \ldots a_n$. On lui associe

- L'espace vectoriel $E = \mathrm{Hom}_{\mathcal{D}_{x_0}}(\mathcal{O}_{x_0}, \mathcal{M}_{x_0})$ des sections constantes au voisinage de x_0 . E est muni de la monodromie, qui est une représentation du groupe $\pi_1(U \setminus \{a_1 \ldots a_n\})$. On notera μ_j la monodromie de γ_j ($\pi\mu_j = \mathrm{Id}_E$ si $U = P^{1}(\mathbb{C})$)

- Pour chaque j , $V_j = \cup \ker(D(z-a_j))^{n} \subset \mathcal{M}_{a_j}$

$$W_j = \cup \ker((z-a_j)D)^{n} \subset \mathcal{M}_{a_j} .$$

La multiplication par $(z-a_j)$ induit une application linéaire $u_j : V_j \longrightarrow W_j$.

La multiplication par D induit une application $v_j : W_j \longrightarrow V_j$. L'opérateur $N : u_j.v_j$ est nilpotent.

Pour $e \in W_j$, $\exp - N \operatorname{Log}(z-a_j).e$ est une section constante, qu'on peut prolonger par monodromie le long de γ_j , et grâce au choix de $\operatorname{Log}(z-a_j)$, jusqu'au point x_0 . On obtient ainsi une bijection de W_j sur $\cup \ker(\mu_j-1)^n \subset E$, qui permet d'identifier W_j à ce sous-espace.

Nous avons ainsi associé à $\mathcal{M}$ un objet

$$(1) \quad E \underset{u_j}{\overset{v_j}{\rightleftarrows}} V_j \qquad (j = 1 \ldots n)$$

où E est un espace vectoriel de dimension finie, muni d'une action du groupe $\pi_1(U-\{a_1 \ldots a_n\})$, les V_j sont des espaces vectoriels de dimension finie, $u_j : V_j \longrightarrow \cup \ker(\mu_j-1)^n$ et $v_j : \cup \ker(\mu_j-1)^n \longrightarrow V_j$ sont des applications linéaires telles que $u_j v_j$ soit l'opérateur nilpotent induit par $\frac{1}{2i\pi} \operatorname{Log} \mu_j$.

Il est clair que ces objets forment une catégorie abélienne, et que la correspondance qui à $\mathcal{M}$ associe un tel objet est fonctorielle. C'est en fait une équivalence de catégorie : si on se donne un tel objet (1) , la donnée de E et de la monodromie détermine (à isomorphisme unique près) un $\mathcal{D}$-module sur $U \setminus \{a_1 \ldots a_n\}$ (sans point singulier) ; pour chaque j , la donnée de E , μ_j et des applications u_j , v_j de V_j dans $\cup \ker(\mu_j-1)^n$ ou inversement détermine, à isomorphisme unique près, un $\mathcal{D}$-module $\mathcal{M}_j$ régulier en a_j , au voisinage de a_j (c'est la conclusion de l'étude locale) ; enfin le choix des γ_j et des déterminations de $\operatorname{Log}(z-a_j)$ fournissent un moyen canonique de recoller $\mathcal{M}_\infty$ avec les $\mathcal{M}_j$ au voisinage des a_j (on laisse le lecteur vérifier que notre foncteur est aussi bijectif sur les morphismes).

En particulier, lorsqu'on s'est donné E et la monodromie, il y a un $\mathcal{D}$-module "minimal" dont cela provient ($V_j = 0$ pour tout j). Il y en a aussi un "canonique" : $V_j = \cup \ker(z-a_j)^n$, $u_j = \mathrm{Id}$, v_j induit par $(z-a_j)D$ sur V_j ; le module $\mathcal{M}$ correspondant est alors l'unique $\mathcal{D}$-module holonôme régulier ayant cette monodromie, et dans lequel la multiplication par $z - a_j$ soit bijective (en a_j) pour tout j .

[On peut évidemment faire une construction analogue lorsque U est une courbe lisse quelconque ; il faut alors trouver des substituts aux $\mathrm{Log}(z-a_j)$ etc...]

L. BOUTET de MONVEL
Centre de Mathématiques
E.R.A 589
Ecole Normale Supérieure
45, rue d'Ulm
75230 PARIS CEDEX 05

5.5 Le théorème de l'indice relatif

Le théorème de l'indice relatif, Ann. Sci. École Norm. Sup. (4) **23** (1990), no. 1, 151–192. [BMa90]

Ann. scient. Éc. Norm. Sup.,
4ᵉ série, t. 23, 1990, p. 151 à 192.

LE THÉORÈME DE L'INDICE RELATIF

PAR L. BOUTET DE MONVEL ET B. MALGRANGE

Cet article a pour objet d'établir, dans un cadre assez général, une formule de l'indice relatif généralisant la formule de l'indice avec paramètres de M. F. Atiyah et I. M. Singer. Notre formule est essentiellement une extension directe de celle de Atiyah et Singer, dans le contexte du théorème de finitude établi par Houzel et Schapira [H-Sch]. Notre énoncé tient compte en outre des supports, comme dans [M], ce qui apporte une précision supplémentaire par rapport aux énoncés précédents. La description précise est faite au paragraphe 4. Il a été commode d'énoncer et de démontrer la formule d'indice dans le cadre des $\mathscr{D}$-modules, pour lesquels on dispose d'une notion d'image directe naturelle, analogue à celle des faisceaux cohérents de la géométrie algébrique ou analytique, et qui remplace avantageusement le système de De Rham relatif de la démonstration de Atiyah et Singer. L'idée de la démonstration de la formule de l'indice est, comme dans la preuve de Grothendieck du théorème de Riemann-Roch, ou dans la preuve publiée de la formule de l'indice de Atiyah et Singer, de tout plonger dans un espace plus simple (ici $\mathbb{R}^n$ ou $\mathbb{C}^n$) où la formule est plus facile à établir.

Voici maintenant une description plus détaillée du problème étudié dans cet article. Les formules d'indice ont leur origine dans le théorème de Riemann-Roch de la géométrie complexe, en particulier sous la forme que lui ont donné Hirzebruch, et Grothendieck dans le cas relatif (*cf.* aussi [B-F-MPh] pour la formulation qui suit) : pour X espace analytique (lisse ou projectif), $Z \subset X$ compact, on introduit le groupe de Grothendieck $K_Z^{an}(X)$ associé aux $\mathcal{O}_X$-modules cohérents à support dans Z. Il existe un homomorphisme canonique $K_Z^{an}(X) \to K_Z^{top}(X)$, où $K_Z^{top}(X)$ est le groupe d'Atiyah défini par les complexes de fibrés vectoriels topologiques exacts en dehors de Z. Le théorème de Riemann-Roch exprime que cet homomorphisme commute aux images directes propres (il commute aussi aux images inverses). Ce théorème doit être complété par la description de l'image directe K-théorique et par une traduction cohomologique : par exemple le caractère de Chern définit un isomorphisme ch : $K_Z^{top}(X) \otimes \mathbb{Q} \to H_Z^{pair}(X, \mathbb{Q})$ permettant ainsi de traduire ce qui ne concerne pas la torsion.

Comme les fonctions holomorphes sont les solutions du système elliptique des équations de Cauchy-Riemann, le théorème de Riemann-Roch (au moins dans le cas absolu) est un cas particulier du théorème d'Atiyah et Singer sur l'indice d'un système elliptique d'équations différentielles. Rappelons sa formulation K-théorique. A un système P d'équations différentielles sur une variété X (ou, ce qui revient au même, à un complexe de $\mathscr{D}$-modules possédant une bonne filtration), on peut associer un fibré virtuel $[P]_Z \in K_Z^{top}(T^* X)$ de la K-théorie à support dans Z du fibré cotangent $T^* X$, si Z contient la variété caractéristique de P. Par exemple si P est un complexe d'opérateurs différentiels opérant sur les sections de fibrés vectoriels sur X :

$$\ldots \to E_j \xrightarrow{p_j} E_{j+1} \to \ldots$$

le symbole $\sigma(P)$ est un complexe de fibrés vectoriels sur $T^* X$, exact en dehors d'une variété Z contenant la variété caractéristique de P (égale à celle-ci dans les bons cas), et $[P]_Z$ est le fibré virtuel défini par ce complexe de fibrés. Si X est réelle compacte, et P elliptique *i.e.* l'ensemble $Z = \operatorname{car}(P)$ des points où le symbole $\sigma(P)$ n'est pas exact ne contient pas de covecteur réel non nul, on sait que la cohomologie de P est finie; l'indice $\chi(P)$ (somme alternée des dimensions des groupes de cohomologie) est donné par la formule d'Atiyah et Singer : $\chi(P) = \beta([P])$ où β est l'image directe K-théorique : $K_X^{top}(T^*_{reel} X) \to K^{top}$ point$) = \mathbb{Z}$ construite grâce au théorème de périodicité de Bott. Atiyah et Singer ont donné une version relative de leur théorème : si $Y \to X$ est une submersion propre, P un système elliptique d'opérateurs différentiels verticaux sur X (*i.e.* ne faisant intervenir que des dérivations tangentes aux fibres), ont peut encore définir $[P] \in K_Z^{top}(T^*_{Y/X})$ si Z contient la variété caractéristique (relative) de P dans $T^*_{Y/X}$; P est relativement elliptique si celle-ci ne contient pas de covecteur $\xi \in T^*_{Y/X}$ réel non nul. Dans ce cas $\chi(P) \in K^{top}(X)$ est défini en gros comme indice d'une famille continue d'opérateurs de Fredholm paramétrée par X; c'est un élément de $K^{top}(X)$, qui est encore égal à l'image directe K-théorique dans $K^{top}(X)$ de [P].

Nous nous intéressons dans cet article à la situation suivante : soient $f: Y \to X$ un morphisme de variétés analytiques (pour l'instant complexes), P un $\mathscr{D}_Y$-module cohérent (système d'équations différentielles à coefficients analytiques sur Y). Lorsque P est bien filtré, le symbole gr P définit un élément $[P]_Z^{an}$ du groupe de Grothendieck des $\mathcal{O}[T^* Y]$-modules cohérents à support dans Z sur $T^* Y$, si $Z \supset \operatorname{car} P = \operatorname{supp}(\operatorname{gr} P)$ (car P et $[P]_Z^{an}$ ne dépendent que de P et pas de la filtration). L'élément $[P]_Z^{an}$ contient en gros l'information additive sur P qu'on peut raisonnablement espérer extraire de son symbole gr P. Nous définissons dans cet article (§ 3) un homomorphisme canonique $K_Z^{an} \to K_Z^{top}$, prolongeant celui de [B-F-MPh] pour le cas projectif.

Suivant Kashiwara [K 2] on définit l'image directe $f_+ P$, qui est un objet de la catégorie dérivée de celle des $\mathscr{D}_X$-modules. Lorsque f est une immersion fermée, f_+ est une équivalence de la catégorie des $\mathscr{D}_Y$-modules cohérents sur celle des $\mathscr{D}_X$-modules cohérents à support $\subset f(Y)$. Il est aisé d'établir la formule d'indice dans ce cas, exprimant $[f_+ P]_Z^{an}$ ou $[f_+ P]_Z^{top}$ en fonction de $[P]_Z^{an}$ ou $[P]_Z^{top}$. Lorsque f est une submersion, Ch. Houzel et P. Schapira [H-Sch] ont montré que l'image directe d'un $\mathscr{D}$-module P cohérent est cohérente sous une hypothèse assez générale « d'ellipticité relative ». Combinant ceci avec le résultat pour les immersions, on obtient une définition un peu plus générale d'ellipticité relative, assurant que $f_+ P$ est cohérent si P l'est (la définition est donnée au paragraphe 4). Dans tous ces cas on connaît une majoration Z' de la variété caractéristique de $f_+ P$ en fonction de $Z = \operatorname{car} P$: car $f_+ P \subset Z' = \bar{f} F^{-1}(Z)$, où

$\bar{f}: f^{-1}(T^*X) = Y \times_X T^*X \to T^*X$ est la projection et $F: f^{-1}(T^*X) \to T^*Y$ est l'application cotangente. Le résultat essentiel de cet article est la description, dans cette situation, de $[f_+ P]^{top}_{Z'}$ en fonction de $[P]^{top}_Z$. c'en est l'image directe K-théorique $\bar{f}_* F^{-1}([P]^{top}_Z)$, après une compactification topologique convenable de $\bar{f}$ et F, liée à l'ellipticité (bien que tout à fait naturelle la description de cette compactification et donc de notre formule d'indice est un peu longue et se trouve au paragraphe 4; elle combine le fait qu'il s'agit de systèmes d'équation à coefficients holomorphes dans Y tout entier, relativement elliptiques, et que pour en calculer l'indice il suffit en gros d'en évaluer le symbole aux covecteurs normaux de ∂Y).

Parmi les cas particuliers, notons les suivants :

(1) Le cas « absolu », où l'espace X est réduit à un point : ce cas est traité dans [BM 2]; la méthode suivie ici est essentiellement une généralisation de celle de cet article.

(2) Le cas où f est propre et où $P = G \otimes_{\mathcal{O}_Y} \mathcal{D}_Y$, G un $\mathcal{O}_Y$-faisceau cohérent (il suffit que f soit propre sur le support de G). Dans ce cas, notre théorème redémontre la formule de Riemann-Roch-Grothendieck, dans le cas des espaces analytiques singuliers plongés dans des variétés lisses (pas dans le cas singulier général de R. N. Levy [L.]).

(3) Plus généralement, dans le cas où f est propre (ou propre sur le support de P), le résultat démontré dans [M] est que l'on a déjà $[f_+ P]^{an}_{Z'} = \bar{f}_* F^{-1}([P]^{an}_Z)$ (image et contre image K-théorique). Donc dans le cas propre notre formule se déduit de ce résultat et du théorème de Riemann-Roch (ce dernier permettant de passer de $[\,.\,]^{an}$ à $[\,.\,]^{top}$).

Le résultat de ce papier est plus fort que celui de [M] en ce qu'il redémontre la formule de Riemann-Roch, et qu'il s'applique à un cas plus général que le cas propre. Par contre notons que dans le cas général (f relativement elliptique mais non propre, *i.e.* le bord ∂Y est non vide) la formule au niveau des K^{an} n'a plus de sens, et seule subsiste la formule topologique.

Dans [BM 1] sont définis les opérateurs de Toeplitz sur une variété à bord complexe Y (strictement pseudo-convexe). Un opérateur de Toeplitz A a un symbole σ_A qui est essentiellement une fonction sur ∂Y. Ici encore on a une notion de complexe elliptique d'opérateurs de Toeplitz et de famille continue, paramétrée par X, de tels complexes. Si P est une telle famille, c'est une famille continue de complexes de Fredholm, qui a un indice $\operatorname{Ind} P \in K^{top}(X)$. Le symbole de P définit un complexe de fibrés vectoriels sur $X \times Y$, exact sur ∂Y d'où un élément $[P] \in K^{top}(X \times Y, X \times \partial Y)$. Le théorème de l'indice dit encore dans ce cas que Ind P est l'image K-théorique de [P]. Ce résultat, et sa version avec supports, se ramènent essentiellement à celui de notre article; mais en fait nous le démontrerons directement dans le cas où Y est un ellipsoïde, et c'est ce cas particulier qui est le point de départ pour la formule de l'indice. Les opérateurs de Toeplitz fournissent un outil plus souple que les opérateurs différentiels à coefficients holomorphes : il est facile de les déformer (comme les opérateurs pseudo-différentiels) et ils ont des adjoints, ce qui est essentiel pour une description à la Hodge-De Rham de la cohomologie d'un complexe d'opérateurs différentiel au moyen de « formes harmoniques ». Le théorème d'indice pour une famille d'opérateurs de Toeplitz est en gros le même que celui d'Atiyah et Singer pour une famille d'opérateurs elliptiques; cependant la présence de supports en complique l'énoncé et la démonstration (§ 2).

Enfin la formule de l'indice a d'abord été démontrée par Atiyah et Singer pour des opérateurs sur une variété réelle, avec ou sans bord. Ce cas (et le cas relatif réel) est aussi couvert par le résultat de cet article, du moins pour les opérateurs à coefficients analytiques ([1]), et lorsqu'il y a un bord, pour les systèmes qui sont elliptiques sans qu'il y ait à adjoindre de condition aux limites (*cf.* § 4). L'idée est la suivante : soit d'abord Y une variété complexe à bord, $Y_{\mathbf{R}}$ la variété analytique réelle sous-jacente. Si P est un $\mathscr{D}_Y$-module cohérent, et qu'on note $P_{\mathbf{R}}$ le $\mathscr{D}_{Y_{\mathbf{R}}}$-module obtenu en adjoignant à P les équations de Cauchy-Riemann ($P_{\mathbf{R}} = \pi^+ P$, où π est la projection $Y_{\mathbf{R}} \to Y$), il est à peu près évident que les systèmes d'équations aux dérivées partielles correspondant à P et $P_{\mathbf{R}}$ sont équivalents, et les éléments de K-théorie $[P]_Z^{\text{top}}$ et $[P_{\mathbf{R}}]_{Z'}^{\text{top}}$ ($Z = \operatorname{car} P$, $Z' = \operatorname{car} P_{\mathbf{R}}$) sont liés très simplement (*cf.* § 3). D'autre part si Y est réelle et si P' est un $\mathscr{D}_Y$-module cohérent, P' se prolonge en un $\mathscr{D}_{\tilde{Y}}$-module cohérent $\tilde{P}'$ sur un voisinage U de Y dans une complexification $\tilde{Y}$ et de nouveau les éléments de K-théorie topologique définis par P' et $\tilde{P}'$ sont liés de façon très simple. Noter que même si Y est compacte, U ne l'est pas; c'est au mieux une variété à bord compacte (complexe). On constate aisément que $P_{\mathbf{R}}$ est relativement elliptique si P l'est, resp. que $\tilde{P}'$ est relativement elliptique si P' l'est et si on a choisi pour U un voisinage tubulaire assez petit convenable (*cf.* § 4). Ceci permet de passer du réel au complexe, ou du complexe au réel où tout est de Stein. C'est d'ailleurs en profitant de ceci qu'on définit l'homomorphisme canonique $K^{\text{an}} \to K^{\text{top}}$. En revanche pour le cas réel la notion d'ellipticité relative ne suffit plus car elle n'est pas stable par immersion fermée. On l'élargit en introduisant la notion de presqu'ellipticité relative, comme dans [BM 2] pour le cas absolu (P' est relativement presqu'elliptique si les prolongements $\tilde{P}'$ sont relativement elliptiques pour une famille continue U_s, $0<s<1$ de voisinages tubulaires de Y dans $\tilde{Y}$, d'intersection Y).

Voici enfin en gros l'idée de la démonstration du théorème d'indice relatif : le théorème est connu pour les immersions fermées, et on montre facilement grâce aux remarques précédentes que son énoncé dans le cas complexe équivaut à son énoncé dans le cas réel. Moyennant cela, en rendant tout réel, puis en plongeant dans un produit (boule réelle) × X, puis en prenant de nouveau un petit voisinage tubulaire complexe des fibres, on se ramène au cas où f est la projection $Y = Q_\varepsilon \times X \to X$, où $Q_\varepsilon \subset \mathbf{C}^n$ est un ellipsoïde. Dans ce cas si P est un $\mathscr{D}_Y$-module cohérent bien filtré relativement elliptique, le gradué de P pour la bonne filtration verticale introduite par Houzel et Schapira, est un complexe elliptique d'opérateurs différentiels (donc de Toeplitz) sur Q_ε, paramétré par $T^* X$, auquel on peut appliquer le théorème d'indice avec supports du paragraphe 2 (c'est à ce point de la démonstration que ces opérateurs interviennent de façon essentielle). Pour terminer il faut faire le lien entre l'élément de K-théorie défini par la filtration verticale de P et celui défini par la filtration donnée : ceci a déjà été fait dans l'article de Malgrange [M].

(1) Nous nous limitons dans cet article à la catégorie analytique où les résultats de finitude équivalent en gros à des résultats de cohérence. Comme tout fibré vectoriel sur une variété possède une structure analytique réelle, et que ses sections continues s'approchent par des sections analytiques, ceci suffit pour les formules d'indice.

L'article est organisé ainsi : le paragraphe 1 contient un rappel de ce qui nous est nécéssaire en K-théorie, en particulier la description de l'image directe K-théorique.

La définition et les propriétés utiles ici des opérateurs de Toeplitz sont décrites au paragraphe 2, où se trouve aussi le théorème d'indice avec supports d'une famille continue de tels opérateurs.

La définition et les opérations usuelles des $\mathscr{D}$-modules sont rappelés au paragraphe 3, ainsi que le passage du cas complexe au cas réel qui se fait de façon naturelle et simple pour les opérateurs différentiels à coefficients analytiques.

Enfin l'énoncé du théorème d'indice relatif est décrit au paragraphe 4, la démonstration en est faite au paragraphe 5.

Nous n'abordons pas dans cet article les versions différentielles de la formule de l'indice, ni les « vrais » problèmes aux limites elliptiques.

Cet article a aussi été annoncé dans des conférences, en particulier à Oberwolfach (juin 1985).

1. Rappels de K-théorie.
2. Indice d'une famille d'opérateurs de Toeplitz.
3. Rappels sur les $\mathscr{D}$-modules.
4. Énoncé du théorème.
5. Démonstration du théorème.

1. Rappels de K-théorie

Nous avons regroupé ici ce qui a paru utile pour la démonstration en K-théorie. Le lecteur pourra aussi se reporter à [A], [B-F-MPh] qui contiennent essentiellement les résultats de ce paragraphe (à quelques variantes près dans les définitions). Seule la description de l'image directe K-théorique se trouve un peu éparpillée dans la littérature.

1.1. K-THÉORIE A SUPPORTS. — (*a*) *Définitions.* — Dans ce qui suit X désigne un espace métrique, $Z \subset X$ une partie compacte. Ce qui suit s'applique également au cas d'une paire (X, Z) homotope à une paire (X métrique, Z compact), en particulier au cas où X est un fibré vectoriel de base métrique, $Z \subset X$ une partie fermée conique (*i. e.* stable par homothétie) de base compacte, situation qui sera la nôtre, à la fin de ce paragraphe et aux paragraphes 4 et 5 (il y a d'autres généralisations possibles).

On note $K_Z(X)$ (groupe des fibrés virtuels sur X, à support dans Z) le groupe des classes d'homotopie stable de morphismes de fibrés vectoriels complexes de rang fini sur X :

$$a: \ E \to F \tag{1.1}$$

exacts (*i.e.* isomorphiques) en dehors de Z. Si a est un tel morphisme on note $[a]_Z$ sa classe dans $K_Z(X)$. On a donc par définition si $a: E \to F$ et $b: E' \to F'$ sont deux morphismes de fibrés exacts hors de Z, $[a]_Z = [b]_Z$ si et seulement s'il existe deux fibrés

G, G′ sur X, des isomorphismes $\alpha: E\oplus G\rightarrow E'\oplus G'$ et $\beta: F\oplus G\rightarrow F'\oplus G'$ et une déformation continue, exacte hors de Z, de $a\oplus \mathrm{Id}_G$ sur $\beta^{-1}(b\oplus \mathrm{Id}_{G'})\,\alpha$. On a $[a\oplus b]_Z=[a]_Z+[b]_Z$; on vérifie élémentairement qu'on a $[a]_Z\oplus[b]_Z=[a_0 b]_Z$ si a et b sont composables, et $-[a]_Z=[a^*]_Z$, où a^* est l'adjoint pour n'importe quelle métrique hermitienne (c'est ce qui explique que les classes d'homotopie stable forment déjà un groupe pour la loi $\oplus$; rappelons que deux fibrés vectoriels de base paracompacte sont isomorphes s'ils sont homotopes).

Plus généralement, soit d un complexe borné de fibrés vectoriels de rang fini sur X, exact hors de Z :

(1.2) $$d: \quad \ldots\rightarrow E^k \overset{k}{\rightarrow} E^{k+1}\rightarrow\ldots$$

On note $\delta(d)$ le morphisme

(1.3) $$\delta(d)=d-d^*: \quad \oplus E^{2j}\rightarrow \oplus E^{2j+1}.$$

C'est un isomorphisme aux points où d est exact. On pose

(1.4) $$[d]_Z=[\delta(d)]_Z\in K_Z(X).$$

La définition de l'adjoint d^* suppose qu'on a choisi des métriques hermitiennes sur les E^k. La classe d'homotopie de $\delta(d)$, et *a fortiori* $[d]_Z$, ne dépendent pas du choix de ces métriques.

En fait $K_Z(X)$ est le groupe engendré par les éléments $[d]_Z$ et les relations :

(i) $[d]_Z=0$ si d est exact, et $[d]_Z=[d]_{Z'}$ s'il existe une déformation, exacte en dehors de Z, de d sur d';

(ii) $[d]_Z=[d']_Z+[d'']_Z$ s'il existe une suite exacte de complexes $0\rightarrow d'\rightarrow d\rightarrow d''\rightarrow 0$. (On vérifie, par récurrence sur la longueur de d, que les relations (i) et (ii) engendrent la relation $d-\delta(d)\sim 0$, *cf.* [B-F-MPh].)

(*b*) *Images inverses.* – Soit X′ un autre espace métrique, $f: X'\rightarrow X$ une application continue, $Z'\subset X'$ une partie compacte contenant $f^{-1}(Z)$. Alors l'image inverse des fibrés et morphismes de fibrés (ou complexes de fibrés) définit un homomorphisme de groupes, encore noté f^{-1} :

(1.5) $$f^{-1}: \quad K_Z(X)\rightarrow K_{Z'}(X')$$

Notons que si a et b sont deux complexes de fibrés vectoriels exacts hors de Z et quasi-isomorphes au voisinage de Z on a $[a]_Z=[b]_Z$ (en effet si u est un morphisme $a\rightarrow b$ quasi-isomorphiques au voisinage de Z, le cône de u est exact et on a une suite exacte de complexes $0\rightarrow b(-1)\rightarrow \text{cône}(u)\rightarrow a\rightarrow 0$. D'autre part si Z est compact tout germe de fibré vectoriel au voisinage de Z est facteur direct d'un fibré trivial et tout germe de morphismes de fibrés au voisinage de Z se prolonge stablement en un morphisme de fibrés (global). Il en résulte que si X′ est ouvert dans X, f est l'inclusion canonique, et $Z=Z'$, alors l'application image inverse f^{-1} est un isomorphisme (excision).

(*c*) *Produits*. — Soit d, resp. d', un complexe borné, de rang fini, exact en dehors de Z, resp. Z', de fibrés vectoriels. Alors le complexe produit $d \otimes d'$ est exact en dehors de $Z \cap Z'$, d'où une loi de multiplication

$$K_Z(X) \otimes K_{Z'}(X) \to K_{Z \cap Z'}(X). \tag{1.6}$$

En particulier $K(X) = K_X(X)$ est muni d'une structure d'anneau, et $K_Z(X)$ d'une structure de $K(X)$-module. L'image inverse est compatible avec ces structures d'anneau ou de module (respecte les produits).

Soient $Y \subset X$ compact, $Z \subset Y$ fermé. On définit encore un produit

$$K_Z(Y) \otimes K_Y(X) \to K_Z(X) \tag{1.7}$$

comme suit : si d est un complexe (borné, etc.) sur Y, exact hors de Z, il existe un complexe $\tilde{d}$ défini sur un voisinage ouvert U de Y dans X, exact dans $Y - Z$, qui prolonge d. Si alors d' est un complexe sur X, exact hors de Y, le produit $[d]_Z [d']_Y \in K_Z(X)$ est l'image inverse par l'isomorphisme d'excision de la classe $[\tilde{d} \otimes d'_{|U}] \in K_Z(U)$.

(*d*) *Remarque*. — $K_Z(X)$ s'identifie aussi à l'ensemble des classes d'homotopie stable de triplets (E, F, α) où E, F sont des fibrés vectoriels complexes sur X, et α est un isomorphisme $E_{|X-Z} \to F_{|X-Z}$. En effet si $a : E \to F$ est un morphisme de fibrés exact hors de Z, $\alpha = a_{|X-Z}$ est par définition un isomorphisme, et il est clair que la classe d'homotopie stable de α ne dépend que de celle de a. Inversement soit $\alpha : E_{|X-Z} \to F_{|X-Z}$ un isomorphisme. Choisissons des normes sur E et F, et une fonction φ réelle continue sur X, nulle sur Z et >0 en dehors de Z (par exemple la distance à Z). Alors $a = \varphi\alpha \|\alpha\|^{-1}$ se prolonge continûment à X par 0 sur Z; et il est clair que sa classe d'homotopie stable ne dépend que de celle de α.

1.2. Indice d'une famille d'opérateurs de Fredholm. — Soit H un espace de Hilbert de type dénombrable. Le groupe GL(H) des automorphismes de H, muni de la topologie de la norme, est contractile d'après N. Kuiper. Notons $F(H) \subset L(H)$ l'ensemble, ouvert dans L(H), des opérateurs de Fredholm, muni de la topologie de la norme [on a $A \in F(H)$ si dim ker $A < \infty$ et dim coker $A < \infty$; Im A est alors fermée et A induit un isomorphisme $\text{Ker } A^{\perp} \xrightarrow{\sim} \text{Im } A$].

Soit X comme ci dessus, $Z \subset X$ compact. On note $F_Z(X)$ l'ensemble des classes d'homotopie $[A]_Z^F$ d'applications continues A de X dans F(H) telles que $A(x)$ soit inversible pour $x \notin Z$. $F_Z(X)$ est muni de la loi de composition $[A]_Z^F + [B]_Z^F = [A \circ B]_Z^F$, qui en fait un groupe commutatif; en particulier $[A^*]_Z^F = -[A]_Z^F$.

Plus généralement appelons complexe de Fredholm un complexe borné D :

$$D : \quad \ldots \to \mathscr{H}^k \to \mathscr{H}^{k+1} \to \ldots \tag{1.8}$$

où les $\mathscr{H}^k$ sont des fibrés hibertiens sur X, de dimension hilbertienne au plus dénombrable (un tel fibré est trivialisable s'il est de rang infini), $\mathscr{H}^k = 0$ pour $|k|$ assez grand, les D^k

sont des morphismes de fibrés hilbertiens tels que $D_0^{k+1} D^k = 0$, et l'homologie de D est de rang fini en tout point de X.

On note alors $\delta(D)$ le morphisme de fibrés hilbertiens :

$$\delta(D) = D - D^* : \quad \oplus \mathscr{H}^{2k} \to \oplus \mathscr{H}^{2k+1}. \tag{1.9}$$

C'est un opérateur de Fredholm, inversible en tout point où D est exact.

Soit D un tel complexe, exact en dehors de Z; $\delta(D)$ est inversible en dehors de Z. Les fibrés $\oplus \mathscr{H}^{2k} \oplus (X \times H)$ et $\oplus \mathscr{H}^{2k+1} \oplus (X \times H)$ sont de rang infini donc triviaux, et on note

$$[D]_Z^F \in F_Z(X) \tag{1.10}$$

l'élément défini par $\delta(D) \oplus \mathrm{Id}_H$ [après identification au fibré trivial de $\oplus \mathscr{H}^{2k} \oplus (X \times H)$ et $\oplus \mathscr{H}^{2k+1} \oplus (X \times H)$].

Cette construction s'applique en particulier au cas où D est de rang fini, d'où un homomorphisme (canonique) :

$$K_Z(X) \to F_Z(X). \tag{1.11}$$

Cet homomorphisme est en fait un isomorphisme, dont l'inverse peut être décrit comme suit : si $A : X \to F(H)$ représente un élément de $F_Z(X)$, il existe (par compacité) un sous-espace de rang fini $E \subset H$ tel que $A(x)_{|E^\perp}$ soit injectif pour tout $x \in X$. Alors $F = (A(E^\perp))^\perp$ est un sous-fibré de rang fini de $X \times H$, et dans les décompositions $H = E \oplus E^\perp = F \oplus F^\perp$, A admet une matrice triangulaire

$$A = \begin{bmatrix} a & 0 \\ * & b \end{bmatrix}$$

où b est un isomorphisme de $E^\perp$ sur $F^\perp$, et $a : E \to F$ est inversible hors de Z. Il est clair que $[A]_Z^F$ provient de l'élément $[a]_Z \in K_Z(X)$. On note

$$\mathrm{Ind}_Z(A) \in K_Z(X) \tag{1.12}$$

l'élément de $K_Z(X)$ correspondant à $[A]_Z^F$.

1.3. Image directe en K-théorie. — (*a*) *Structures* spin^c (référence : [A-B-S]). — Soit X comme ci-dessus, et soit N un fibré vectoriel réel de dimension paire sur X. Une structure spin^c sur N est la donnée

(1.13) (i) *d'une métrique euclidienne* (continue) *sur* N.

On notera C_N l'algèbre de Clifford négative de N : fibré en $\mathbb{C}$-algèbres $\mathbb{Z}_2$-graduées sur X, engendré par le sous-fibré vectoriel réel N et les relations $n.n = -\|n\|^2$ pour $n \in N$.

(ii) *d'un* C_N*-module* $\mathbb{Z}_2$*-gradué* $\mathscr{S}_N = \mathscr{S}_N^+ + \mathscr{S}_N^-$ *(fibré), simple en tout point de* X.

Si N est muni d'une structure spin^c, il est canoniquement orienté : une base orthonormale $e_1, e_2, \ldots, e_{2n}$ de N_x ($\dim_{\mathbb{R}} N_x = 2n$) est orientée si $e_1, e_2, \ldots, e_{2n}\, \xi = i^n \xi$ pour tout $\xi \in \mathscr{S}_{N_x}^+$.

Les structures spin^c s'ajoutent : si N et N' sont munis de structures spin^c, $N \oplus N'$ est muni de la métrique somme, et de $\mathscr{S}_{N\oplus N'} = \mathscr{S}_N \otimes^g \mathscr{S}_{N'}$, produit tensoriel gauche, qui est un $C_{N\oplus N'} \simeq C_N \otimes^g C_{N'}$-module $\mathbb{Z}_2$-gradué.

Elles se retranchent : si N est muni d'une structure spin^c, ainsi que $N' \subset N$ (métrique induite), $N'' = N'^{\perp}$ est muni de la métrique induite et de $\mathscr{S}_{N''} = \mathrm{Hom}^{gr}_{C_{N'}}(\mathscr{S}_{N'}, \mathscr{S}_N)$, qui en fait un $C_{N''}$-module simple $\mathbb{Z}_2$-gradué. C'est l'unique structure spin^c sur N'' pour laquelle N, avec sa structure spin^c, est isomorphe à $N' \oplus N''$.

On peut dès lors parler de structure spin^c virtuelle sur un fibré virtuel de dimension paire. Si E est un fibré (pas virtuel), une structure spin^c virtuelle sur E provient d'une vraie structure spin^c, unique à isomorphisme près, en vue du résultat de complémentation précédent.

Exemple. — Soit E un fibré vectoriel complexe de rang fini, muni d'une métrique hermitienne, et soit N le fibré réel sous-jacent. Alors N est muni d'une structure spin^c canonique, pour laquelle la métrique euclidienne est celle déduite de la métrique hermitienne de E, et

$$\mathscr{S}_N = \Lambda_{\mathbb{C}} E^* \, (= \Lambda^{\text{pair}}_{\mathbb{C}} E^* \oplus \Lambda^{\text{impair}}_{\mathbb{C}} E^*) \tag{1.14}$$

où E* désigne le dual de E, la multiplication de Clifford étant donnée par

$$n \, . \, \omega = n_{\mathrm{L}} \, \omega - n^* \wedge \omega \tag{1.15}$$

où $n \in N = E$, $\omega \in \mathscr{S}_N = \Lambda E^*$, et $n^* \in E^*$ est l'élément correspondant à n par la métrique hermitienne ($\omega \to n^* \wedge \omega$ est adjoint de $\omega \to n_{\mathrm{L}} \, \omega$).

Comme les métriques hermitiennes de E sont toutes homotopes la structure spin^c virtuelle définie par la structure ci-dessus ne dépend que de la structure complexe de E (structure spin^c virtuelle canonique de E).

(*b*) *Isomorphisme de Bott* (2). — Soient N un fibré réel spin^c sur X comme ci-dessus, $p : N \to X$ la projection. On identifie X (et plus généralement toute partie de X) à son image par la section nulle de N. La multiplication de Clifford $(n, \xi) \to n \, . \, \xi$ définit un homomorphisme de fibrés vectoriels sur N, exact hors de X :

$$\beta_N : \; p^{-1} \mathscr{S}_N^+ \to p^{-1} \mathscr{S}_N^- \tag{1.16}$$

Si N est le fibré réel sous-jacent à un fibré complexe hermitien E, muni de la structure spin^c canonique, on a $\beta_N = \delta(k_E)$ où k_E est le complexe de Koszul (en degrés négatifs) :

$$k_E \ldots p^{-1} \Lambda^{-k} E^* \to p^{-1} \Lambda^{-k+1} E^* \to \ldots E^* \to \mathbb{C} \to 0 \tag{1.17}$$

dont la différentielle au point $n \in N = E$ est le produit intérieur $\omega \to n_{\mathrm{L}} \, \omega$.

---

(2) Appelé aussi isomorphisme de Thom.

La classe b_N de β_N (ou de k_E) est un élément de $K_X(N)$. Pour toute partie $Z \subset X$ compacte, la multiplication par b_N définit un homomorphisme

(1.18) $$b_{N/X}: K_Z(X) \to K_Z(N).$$

Cet homomorphisme est en fait un isomorphisme lorsque X est de dimension finie : cela résulte du théorème de périodicité de Bott lorsque $Z = X$, et cela s'y ramène facilement lorsque Z a un voisinage tubulaire, par exemple si (X, Z) est une paire de CW-complexes, ou d'espaces analytiques. Dans le cas le plus général où X est de dimension finie, cela résulte du théorème 2.4 du paragraphe 2, l'application inverse étant décrite par l'indice des familles d'opérateurs de Toeplitz. Nous admettons ce résultat provisoirement pour la suite de ce paragraphe.

Remarque 1. — Dans le contexte ci-dessus (E fibré complexe) on dispose aussi du complexe de l'algèbre extérieure :

(1.17) *bis* $$\lambda_E: \quad 0 \to \mathbb{C} \to E \to \ldots \Lambda^k E \to \Lambda^{k+1} E \to \ldots$$

dont la différentielle au point $n \in N = E$ est le produit extérieur $\xi \to n \wedge \xi$. $\delta(\lambda_E)$ est le dual ($\Leftrightarrow$conjugué) de $\delta(k_E)$, et l'élément de K-théorie $[\delta(\lambda_E)] \in K_X(N)$ est aussi un générateur de $K_X(N)$ sur $K(X)$; il n'est pas en général égal à b_N, et c'est ce dernier qui intervient de façon naturelle pour la formule de l'indice (images directes); le complexe λ_E est plutôt associé aux images inverses.

(*c*) *Image directe en K-théorie*. — Soient X et Y deux variétés réelles de dimension finie, $f: Y \to X$ une application continue. Une structure spin^c (virtuelle) sur f est, par définition, une structure spin^c virtuelle sur le fibré normal virtuel

(1.19) $$N(f) = f^{-1}(TX) - TY$$

(une telle structure n'existe que si $\dim Y - \dim X$ est pair).

Exemples 1. — Si f est une immersion différentiable, se donner une structure spin^c sur f revient à se donner une structure spin^c (non virtuelle) sur le fibré normal de l'immersion $f^{-1}(TX)/f'(TY)$, où $f': TY \to f^{-1}(TX)$ désigne la dérivée de f. En particulier si ce fibré normal est muni d'une structure complexe, f est canoniquement munie d'une structure spin^c (virtuelle).

2. — Si f est une submersion différentiable, se donner une structure spin^c sur f revient à se donner une structure spin^c sur le fibré tangent relatif TY/X (plus exactement sur son opposé). En particulier si f: $Y \to X$ représente une famille de variétés complexes, ou presque complexes, paramétrée par X, elle est canoniquement munie d'une structure spin^c.

3. — Si X et Y sont des variétés complexes, toute application continue f: $Y \to X$ est canoniquement munie d'une structure spin^c, provenant des structures complexes de TY et $f^{-1}(TX)$.

Les structures spin^c se composent : si f et g sont munies de telles structures, $N(f \circ g) = g^{-1}(N(f)) + N(g)$ est muni de la structure spin^c somme de celles de $N(g)$ et de l'image inverse par g de celle de $N(f)$.

Soit f: $Y \to X$ une application de classe C^1, munie d'une structure spin^c. Soit $Z \subset Y$ (resp. $T \subset X$) une partie compacte (ou plus généralement comme ci-dessus tel que la paire (Y, Z) [resp. (X, T)] soit homotope à une paire (Y métrique, Z compact) (resp...). On suppose $f_{|Z}$ propre, $f(Z) \subset T$ L'image directe ([3]).

$$(1.20) \qquad f_*: \; K_Z(Y) \to K_T(X)$$

est caractérisée axiomatiquement par les trois conditions suivantes :

(I 1) Elle est covariante : $(fg)_* = f_* g_*$.

(I 2) Elle commute aux images inverses.

(I 3) Si X est un fibré vectoriel spin^c sur Y, f la section nulle, munie de la structure spin^c déduite de celle des fibres de X, on a $f_* = b_{X/Y}$ (isomorphisme de Bott).

La signification de (I 2) est la suivante : soit un diagramme

$$(1.21) \qquad \begin{array}{ccc} Y' & \xrightarrow{g} & Y \\ \downarrow{\scriptstyle F} & & \downarrow{\scriptstyle f} \\ X' & \xrightarrow{G} & X \end{array}$$

où X, Y, X′, Y′ sont des variétés, f, g, F, G sont de classe C^1, f et G sont transverses et Y′ s'identifie au produit fibré $Y \times_X X'$; f est muni d'une structure spin^c, et F de la structure spin^c qui s'en déduit par image inverse.

Soient $Z \subset Y$, $Z' \subset Y'$, $T \subset X$, $T' \subset X'$ compacts (ou comme au n° 1, et on suppose $f_{|Z}$, $F_{|Z'}$ propres), tels que $Z' \supset g^{-1}(Z)$, $T' \supset G^{-1}(T)$, $T \supset f(Z)$, $T' \supset F(Z')$. Alors on a

$$(1.22) \qquad G^{-1} f_* = F_* g^{-1}: \; K_Z(Y) \to K_{T'}(X').$$

En particulier l'image directe commute aux restrictions aux ouverts (cas où G et g sont des plongements ouverts). Par exemple si $Y \subset X$ est ouvert et f: $Y \to X$ est l'inclusion canonique munie de la structure spin^c triviale, $Z \subset T$ et T est fermé dans X, $f_*: K_Z(Y) \to K_Z(X)$ est l'homomorphisme d'image inverse; c'est l'isomorphisme d'excision si $Z = T$.

Pour f: $Y \to X$ de classe C^1, munie d'une structure spin^c, propre sur $Z \subset Y$, et $\xi \in K_Z(Y)$, l'image $f_*(\xi)$ est construite comme suit : soit j: $Y \hookrightarrow \mathbb{C}^N$ un plongement de classe C^1 (il en existe si N est grand). Soit i: $Y \to \mathbb{C}^N \times X$ le plongement déduit du graphe de f: $i(y) = (j(y), f(y))$. Notons p: $\mathbb{C}^N \times X \to X$ la projection; p est canoniquement muni d'une structure spin^c; i est muni de la structure spin^c différence ($f = p_0 i$) donc $i(Y)$ admet dans $\mathbb{C}^N \times X$ un voisinage tubulaire spin^c (*i.e.* difféomorphe au fibré spin^c normal du plongement). On a alors $f_* = p_* i_*$ (axiome I 1), et i_* est le composé de l'isomorphisme de Bott : $K_Z(Y) \xrightarrow{\sim} K_{i(Z)}(U)$ (axiome I 3), et de l'isomorphisme d'excision $K_{i(Z)}(U) \xrightarrow{\sim} K_{i(Z)}(\mathbb{C}^N \times X)$ [axiome I 2 et remarque suivant (1.22)].

Comme $f_{|Z}$ est propre il existe une fonction continue $r > 0$ sur X telle que $i(Z)$ soit contenu dans le fibré B_r en boules de rayon r de $\mathbb{C}^N \times X$.

([3]) La notation devrait préciser les supports Z, T, etc. mais ceci ne prêtera pas à confusion.

Posons $Z'=p^{-1}(f(Z))\cap B_r \supset i(Z)$. Alors p_* est le composé de :

– l'homomorphisme canonique (image inverse) : $K_{i(Z)}(\mathbb{C}^N\times X)\to K_{Z'}(\mathbb{C}^N\times X)$ (qui n'est en général pas un isomorphisme) par I 2);

– l'inverse de l'isomorphisme canonique : $K_{\{0\}\times f(Z)}(\mathbb{C}^N\times X)\stackrel{\sim}{\to} K_{Z'}(\mathbb{C}^N\times X)$ [il s'agit d'un isomorphisme parce que l'application identique de $\mathbb{C}^N\times X$ induit une équivalence d'homotopie de la paire $(\mathbb{C}^N\times X, \{0\}\times f(Z))$ sur la paire $(\mathbb{C}^N\times X, Z')$];

– de l'inverse de l'isomorphisme de Bott : $K_{\{0\}\times f(Z)}(\mathbb{C}^N\times X)\stackrel{\sim}{\to} K_{f(Z)}(X)$;

– et enfin de l'homomorphisme canonique $K_{f(Z)}(X)\to K_T(X)$.

Cela détermine complètement $f_*(\xi)$ pour $\xi\in K_Z(Y)$. On vérifie aisément qu'ainsi construit $f_*(\xi)$ ne dépend pas du choix du plongement i, et qu'il satisfait aux axiomes I 1, I 2, I 3, cela résultant des propriétés de fonctorialité et de multiplicativité évidentes de l'isomorphisme de Bott.

2. Indice d'une famille d'opérateurs de Toeplitz

Les opérateurs de Toeplitz interviennent dans notre démonstration de la façon suivante : pour établir le théorème d'indice nous devrons d'abord l'établir dans le cas particulier suivant : X est un espace analytique, P_x est un complexe d'opérateurs différentiels analytiques sur un voisinage d'un ellipsoïde $Q_\varepsilon\subset\mathbb{C}^n$ (exemple ci-dessous), paramétré analytiquement par $x\in X$, et elliptique *i.e.* le bord ∂Q_ε est non caractéristique. Alors la cohomologie (à coefficients analytiques, ou C^∞, ou dans les espaces de Sobolev H^s, etc.) est cohérente, parce que c'est la cohomologie d'une famille analytique d'opérateurs de Fredholm. Il faut dans ce cas calculer l'élément de K-théorie défini par cette cohomologie (ou du moins au-dessus des parties compactes de X). Les opérateurs de Toeplitz généralisent les opérateurs différentiel sur Q_ε, et présentent l'avantage de former une *-algèbre : il y a des adjoints; on pourra donc grâce à eux former l'opérateur $(P+P^*)$ qui intervient dans la définition de la K-théorie topologique. Il est aussi plus facile de les déformer. Ils jouent ainsi le même rôle vis-à-vis des opérateurs différentiels complexes que les opérateurs pseudo-différentiels pour les opérateurs différentiels réels.

Pour cet article nous n'avons en fait besoin que de la théorie des opérateurs de Toeplitz sur un ellipsoïde Q_ε, et pour ceux-ci, du résultat suivant : un opérateur de Toeplitz A a un symbole σ_A qui est une fonction sur ∂Q_ε si A est d'ordre 0; $A\to\sigma_A$ est un homomorphisme de *-algèbres, et σ_A détermine complètement A mod. les opérateurs compacts.

Ces résultats s'établissent plus élémentairement pour la boule Q_1 (*i.e.* sans recours explicite à la théorie des opérateurs intégraux de Fourier à phase complexe), parce qu'on dispose dans ce cas de formules explicites simples pour le noyau de Bergman. Pour l'ellipsoïde Q_ε $(\varepsilon\neq 1)$, ils sont à peine moins compliqués que dans le cas général de la section 2.1, qui contient une description et un rappel des principales propriétés des opérateurs de Toeplitz. Ceux-ci ont été introduits dans [BM 1]. La technique de base est celle des opérateurs intégraux de Fourier à phase complexe, introduits dans [Me-Sj] et qui sont décrits avec beaucoup de précision dans le livre de Hörmander [Hö].

Le théorème d'indice relatif de la section 2.2 a été énoncé sous la forme simple et restreinte qui servira au paragraphe 5; la présence de supports en complique déjà sensiblement l'énoncé et la démonstration (pour un ellipsoïde Q_ε tout seul la formule de l'indice est facile à établir parce que $K_0(Q_\varepsilon)=\mathbb{Z}$: il y a une seule vérification à faire). En fait ce théorème se généralise aux familles continues de complexes elliptiques d'opérateurs différentiels verticaux ou opérateurs de Toeplitz (la structure complexe de la fibre pouvant varier); mais l'énoncé le plus général se déduit simplement de celui du théorème d'indice relatif du paragraphe 4.

2.1. Rappels sur les opérateurs de Toeplitz. — Références [BM 1], [BM-Sj], [Hö], [Me-Sj].

Soit $Y\subset\mathbb{C}^n$ un domaine (sous-variété à bord) borné, de bord analytique réel, strictement pseudo-convexe. Ceci signifie que Y peut être défini par une inégalité $u\leqq 0$, où u est analytique réelle sur $\mathbb{C}^n$, $du\neq 0$ sur ∂Y, et la matrice de Levi $(\partial^2 u/\partial z_j\partial\bar z_k)$ est hermitienne $\gg 0$ au voisinage de Y.

Exemple. — La boule unité $z\bar z-1\leqq 0$ de $\mathbb{C}^n$; plus généralement l'ellipsoïde Q_ε défini par l'inégalité $|\mathrm{Re}\,z|^2+\varepsilon^{-2}|\mathrm{Im}\,z|^2\leqq 1+\varepsilon$ $(\varepsilon>0)$ (les Q_ε forment un système fondamental de voisinages « tubulaires » complexes de la boule unité réelle fermée).

On sait qu'une fonction holomorphe f sur Y est complètement déterminée par la restriction $f_{|\partial Y}$, qui est une hyperfonction sur ∂Y satisfaisant aux équations de Cauchy-Riemann tangentielles. Nous noterons $\mathcal{O}^s(Y)$, ou simplement $\mathcal{O}^s$, l'espace des fonctions holomorphes dans Y dont la restriction à ∂Y appartient à la classe de Sobolev $H^s(\partial Y)$, et $\mathcal{O}^{-\infty}=\bigcup\mathcal{O}^s$. Nous notons $S: L^2(\partial Y)\to\mathcal{O}^0$ le projecteur orthogonal (ceci suppose choisie une densité >0, analytique sur ∂Y, pour définir la norme L^2). On montre dans [BM-Sj] que S est un opérateur intégral de Fourier à phase complexe, *i.e.* son noyau est une distribution conormale associée à l'hypersurface complexifiée de ∂Y dans le complexifié $Y\times\bar Y$ de Y (S est en fait analytique, *cf.* [K 3], mais nous n'utiliserons pas cette précision).

Par exemple si Y est la boule unité on a

$$Su(x)=(n-1)!/2\pi^n\int_{\text{sphère}}(1-x.\bar y)^{-n}u(y)\,d\sigma(y),$$

où $d\sigma(y)$ est l'élément de volume usuel de la sphère.

Si Q est un opérateur pseudo-différentiel d'ordre m sur ∂Y, l'opérateur de Toeplitz T_Q opère de $\mathcal{O}^s$ dans $\mathcal{O}^{s-m}$ pour tout s et est défini par la formule

$$T_Q(u)=S(Q(u_{|\partial Y}))\tag{2.1}$$

Exemples 1. — Si f est une fonction C^∞ sur ∂Y on note T_f l'opérateur de Toeplitz de degré 0: $u\to T_f(u)=S(fu_{|Y})$.

2. — Soit $P(z,\partial/\partial z)$ un opérateur différentiel d'ordre m à coefficients holomorphes au voisinage de Y. Alors P induit sur les $\mathcal{O}^s$ un opérateur de Toeplitz d'ordre m.

L'opérateur de Toeplitz T_Q est la restriction aux $\mathcal{O}^s$ d'un opérateur intégral de Fourier sur ∂Y, de même lagrangienne que S. Les résultats et le formulaire qui suivent résultent alors du calcul et du calcul symbolique des opérateurs intégraux de Fourier, tels qu'ils sont décrits dans [Hö], [Me-Sj]. Nous renvoyons à ces ouvrages, ainsi qu'à [BM 1] où sont introduits les opérateurs de Toeplitz au sens ci-dessus, pour les démonstrations. On note $\Sigma \subset T^* Y$ le sous-fibré en demi-droites engendré par la section (réelle) $1/i d' u_{|\partial Y}$, où d' désigne la partie holomorphe [de type (1,0)] de la dérivée extérieure d. La condition de stricte pseudo-convexité implique que Σ est une sous-variété symplectique de $T^* \partial Y$.

(2.2). SYMBOLE. — Si $A = T_Q$ est un opérateur de Toeplitz d'ordre m, le symbole $\sigma_m(A)$ [ou simplement $\sigma(A)$ ou σ_A] est la fonction $\sigma_m(A) = \sigma_m(Q)_{|\Sigma}$.

L'application $A \to \sigma_A$ est une surjection de l'ensemble des opérateurs de Toeplitz d'ordre m sur l'ensemble des fonctions C^∞ homogènes de degré m sur Σ. Si $\sigma_m(A)$ est nul, A est en fait d'ordre $\leqq m-1$, *i.e.* de la forme $T_{Q'}$, avec Q' d'ordre $\leqq m-1$.

Exemple (suite) 1. — Si f est une fonction C^∞ sur ∂Y, le symbole de l'opérateur de Toeplitz T_f est $f \circ p$, où $p : \Sigma \to \partial Y$ est la projection.

Exemple 2. — Si A est l'opérateur de Toeplitz défini par un opérateur différentiel $P(z, \partial/\partial z)$ à coefficients holomorphes, on a $\sigma_A(-i\lambda d' u) = \sigma_P(-i\lambda d' u)$ pour $\lambda > 0$ (où comme ci-dessus $u \leqq 0$ est une inéquation de définition de Y).

Si A et B sont d'ordre m, resp. m', on a

(2.3) $$\sigma_{m+m'}(A \circ B) = \sigma_m(A)\, \sigma_{m'}.(B).$$

(2.4) Le crochet $[A, B] = A \circ B - B \circ A$ est d'ordre $m + m' - 1$ et on a

$$\sigma_{m+m'-1}([A, B]) = \frac{1}{i} \{ \sigma_m(A), \sigma_{m'}(B) \}_Z$$

où $\{ \ \}_\Sigma$ désigne le crochet de Poisson de la variété symplectique Σ. (Cette formule pour les commutateurs n'interviendra pas explicitement dans la suite. Elle est néanmoins étroitement liée à la formule de l'indice.)

Plus généralement si E et F sont des fibrés vectoriels holomorphes définis au voisinage de Y, on a une notion d'opérateur de Toeplitz de type $E \to F$, opérant des sections holomorphes de E vers celles de F. Le symbole d'un tel opérateur est un morphisme C^∞, homogène, de fibrés : $p^{-1} E \to p^{-1} F$, où p est la projection $\Sigma \to \partial Y$. Moyennant cette modification les assertions (2.2) et (2.3) restent valables [pas (2.4)].

(2.5) OPÉRATEURS ELLIPTIQUES. — Soit A un opérateur de Toeplitz de type $E \to F$. On dit que A est elliptique d'ordre m (ou simplement elliptique) si le symbole $\sigma_m(A)$ est inversible. Lorsqu'il en est ainsi A est un opérateur de Fredholm : $\mathcal{O}^s(Y, E) \to \mathcal{O}^{s-m}(Y, F)$ (dont l'indice est donné par une formule analogue à celle de M. F. Atiyah et I. M. Singer (*cf.* [A-S], [BM 1], formule que nous n'utiliserons pas).

(2.6) RELÈVEMENT DES SYMBOLES. — Il existe une application linéaire et continue qui à un symbole a, fonction homogène de degré m sur Σ ou plus généralement section homogène de degré m de $L(p^{-1} E, p^{-1} F)$, associe un opérateur de Toeplitz A de symbole a. Par exemple si $m = 0$, a est de la forme $f \circ p$ (p = projection $\Sigma \to Y$) et on lui associe l'opérateur T_f. Ainsi toute famille continue de symboles peut être relevée en une famille continue d'opérateurs de Toeplitz.

Observons que le projecteur orthogonal S est de norme 1; donc si f est une fonction sur ∂Y (ou plus généralement un morphisme C^∞ de fibrés vectoriels holomorphes hermitiens) on a $\|T_f\| \leqq \|f\| = \sup_{y \in \partial Y} |f(y)|$. En particulier on a $\|T_f - \mathrm{Id}\| < 1$, donc T_f est inversible, si $\|f - \mathrm{Id}\| < 1$. (T_f est d'ordre 0, $\|T_f\|$ désigne sa norme d'opérateur sur les sections L^2, ce qui suppose choisies des normes hermitiennes sur les fibrés.)

(2.7) Relèvement des symboles inversibles. — Abandonnant la linéarité, on a aussi le résultat de relèvement suivant : soit A_x une famille continue d'opérateurs de Toeplitz d'ordre 0 (pour simplifier), paramétrée par $x \in X$ (X paracompact). On suppose A_x elliptique, inversible pour $x \in X - Z$ ($Z \subset X$ fermé). Soit $a^t = a^t_x$ $(0 \leqq t \leqq 1)$ une famille continue de symboles inversibles telle que $a^1_x = \sigma(A_x)$. Il existe alors une famille continue A^t_x ($x \in X$, $0 \leqq t \leqq 1$) d'opérateurs de Toeplitz elliptiques, inversibles pour $x \in X - Z$, telle que $\sigma(A^t_x) = a^t_x$.

En effet comme [01] est paracompact il existe une fonction continue $\varepsilon(x) > 0$ telle que pour tous $x \in X$, $t \in [0, 1]$, $s \leqq \inf(t, \varepsilon)$ on ait $\|(a^{t-s})^{-1} a^t - 1\| < 1$; dans ce cas, comme on a vu, l'opérateur $T_{(a^{t-s})^{-1} a^t}$ est inversible. On peut alors définir A^t_x par récurrence par $A^t = T_{a^t (a^1)^{-1}} A^1$ si $1 - \varepsilon \leqq t \leqq 1$, et $A^t = T_{a^t (a^{t+\varepsilon})^{-1}} A^{t+\varepsilon}$ si $t \leqq 1 - \varepsilon$ (A^t est ainsi bien défini comme produit d'un nombre localement borné de facteurs continus).

2.2. Indice d'une famille d'opérateurs de Toeplitz. — 2.2.1. *Complément sur les opérateurs de Fredholm.* — Dans ce numéro nous supposons X métrique de dimension finie : $\dim X \leqq d$ signifie que tout recouvrement ouvert peut être raffiné en un recouvrement pour lequel l'intersection de plus de $d+2$ ouverts distincts est vide. Alors toute application continue d'une partie fermée $Y \subset X$ dans une sphère S_n, $n \geqq d$, se prolonge continûment à X; on sait qu'il en résulte que si E et F sont deux fibrés sur X, u un plongement de $E|Y$ dans $F|Y$, alors u se prolonge à X si $\mathrm{rg}(F) \geqq \mathrm{rg}(E) + \dim X$ (il s'agit du rang sur $\mathbb{R}$, double du rang sur $\mathbb{C}$); de plus deux tels prolongements sont homotopes si $\mathrm{rg}(F) \geqq \mathrm{rg}(E) + \dim(X \times I)$ (I désigne l'intervalle [0, 1]; $X \times I$ est de dimension finie, $\leqq \dim X + 1$). Nous utiliserons la version suivante, avec supports, de ce résultat :

Lemme 2.1. — *Soient* E, F *deux fibrés de même rang sur* X, Y *et* $Z \subset X$ *fermés*, $E' \subset E$ *un sous-fibré*, $a : E \to F$ *un morphisme tel que* a *soit inversible au-dessus de* $X - Z$, *et* $a|E'$ *injectif sur* Y. *Alors si* $\mathrm{rg}\, E/E'$ *est assez grand il existe une déformation continue* a_t $(0 \leqq t \leqq 1)$ *telle* $a_0 = a$, $a_t = a$ *sur* Y, a_t *soit inversible au-dessus de* $X - Z$, *et* a_1 *soit injectif sur* E'; *deux telles déformations sont homotopes.*

Autrement dit on peut déformer a en un morphisme injectif sur E', sans rien toucher sur Y. En effet a définit un plongement de E' dans F au voisinage de Y donc il existe un plongement b égal à a au voisinage de Y si $\mathrm{rg}\, E/E' \geqq \dim X$. Si de plus $\mathrm{rg}\, E/E' \geqq \dim((X - Z) \times I)$ les plongements de $E'|X - Z$ définis par a et b sont homotopes de sorte qu'il existe une famille continue u_t d'isomorphismes $E|X - Z \to F|X - Z$ telle que $u_0 = a|X - Z$, $u_1|E' = b$, $u_t = a$ au voisinage de $Y - Z$ dans $X - Z$. On peut enfin déformer u_t en dehors de Y de sorte qu'il se prolonge à Z (par exemple on peut supposer u_t constant pour $t \leqq \varepsilon$ et pour $t \geqq 1 - \varepsilon$, égal à a au voisinage de Y; on choisit une fonction continue φ sur X égale à 1 sur Y, >0 hors de Z, et nulle sur $(X-W)\cap Z$ où W est un voisinage fermé de Y tel que $u_t=a$ au voisinage de W; on remplace alors u_t par $\varphi\|u_t\|^{-1}u_t$ pour $\varepsilon\leqq t\leqq 1-\varepsilon$ (qui se prolonge continûment par 0 sur Z−W), et par $((1-t/\varepsilon)+\varphi\|u_t\|^{-1}t/\varepsilon)u_t$ pour $0\leqq t\leqq\varepsilon$, $((1-(1-t)/\varepsilon+\varphi\|u_t\|^{-1}(1-t)/\varepsilon)u_t$ pour $1-\varepsilon\leqq t\leqq 1$, qui est déjà tout prolongé, comme u_t, pour ces valeurs de t).

Cet énoncé se généralise comme suit aux familles d'opérateurs de Fredholm sur X :

LEMME 2.1 bis. — *Soit* X *métrique de dimension finie*, Y, $Z\subset X$ *fermés*, $A_x\in L(H)$ *une famille continue d'opérateurs de Fredholm d'indices nuls, inversible hors de* Z; *on suppose donné un sous-espace* $E\subset H$ *de rang fini tel que* $A|E^\perp$ *soit injectif sur* Y. *Alors si* rg(E) *est assez grand, il existe une famille continue* q_t *d'opérateurs compacts tels que* $q_0=0$, $q_t=0$ *sur* Y, $A+q_t$ *soit inversible sur* X−Z, *et* $A+q_1$ *soit injectif sur* $E^\perp$. *Deux telles déformations sont isotopes.*

Cela résulte du lemme 2.1 s'il existe $E'\supset E$ tel que A soit injectif sur $E'^\perp$ [la déformation existe si $\mathrm{rg}(E)\geqq\dim(X\mathrm{U}(X-Z)\times I]$, deux déformations sont isotopes si $\mathrm{rg}(E)\geqq\dim(X\times I\cup(X-Z)\times I^2))$. Dans le cas général X est de toute façon réunion d'une suite X_n de parties fermées, avec $X_n\subset$ intérieur de X_{n+1}, telles que $A|E_n^\perp$ soit injectif sur X_n, où E_n est une suite de sous-espaces emboîtés de H contenant E; le résultat précédent, qui permet de déformer sans toucher à rien là où c'est déjà bon, permet donc de faire la déformation de proche en proche.

On montre de même le résultat analogue pour la K^1-théorie [qui se déduit d'ailleurs du précédent en remplaçant (X, Y, Z) par $(X\times\mathbb{R}, Y\times\mathbb{R}, Z\times\{0\})$] :

LEMME 2.2. — *Soit* q *une famille continue sur* X *d'opérateurs compacts telle que* $1+q$ *soit inversible hors de* Z, *et* $q_x\in L(E)\subset L(H)$ *pour* $x\in Y$. *Alors il existe une déformation* $q_t\,(0\leqq t\leqq 1)$ *telle que* $1+q_t$ *soit inversible hors de* Z, $q_t=q$ *pour* $t=0$ *ou* $x\in Y$, *et* $q_1\in L(E)$. *Deux telles déformations sont isotopes.*

La condition ici est $\mathrm{rg}(E)\geqq\dim(X\times I\cup(X-Z)\times I^2)$ pour l'existence d'une déformation, et $\mathrm{rg}(E)\geqq\dim(X\times I^2\cup(X-Z)\times I^3)$ pour que ces déformations soient isotopes.

On peut encore dans les lemmes 2.1 *bis* et 2.2 remplacer H par un fibré hilbertien, et E par un sous-fibré de rang fini assez grand. Si l'indice $i=\mathrm{ind}\,A_x$ n'est pas nul, l'énoncé reste vrai si $\mathrm{rang}(E)\geqq i+\dim(X\times I\cup(X-Z)\times I)$, quantité localement mais peut-être pas globalement bornée.

(*b*) *Indice d'une famille d'opérateurs de Toeplitz.* — Soient X un espace métrique, $Z\subset X$ une partie compacte, $Q\subset\mathbb{C}^n$ la boule unité ou l'ellipsoïde Q_ε (n° 2.1, exemple). Tout fibré vectoriel holomorphe sur Q est trivial, d'après H. Grauert, et de même tout fibré relativement holomorphe au voisinage de $X\times Q$ dans $X\times\mathbb{C}^n$ est isomorphe, avec sa structure complexe relative, à un fibré $p^{-1}E$, où E est un fibré vectoriel sur X et $p: X\times\mathbb{C}^n\to X$ est la projection (cette assertion se démontre par les mêmes arguments que le théorème de Grauert; *cf.* aussi [C-G]).

Soient E, F deux fibrés vectoriels sur X. Nous appellerons famille d'opérateurs de Toeplitz de type $E\to F$ une famille continue d'opérateurs de Toeplitz de type $E\to F$. Une telle famille est dite elliptique si son symbole est inversible; elle définit alors une famille continue, indexée par X, d'opérateurs de Fredholm $E\otimes\mathcal{O}^s(Q)\to F\otimes\mathcal{O}^{s-m}(Q)$

(m= ordre des A_x). Plus généralement une famille A_x de complexes d'opérateurs de Toeplitz est dite elliptique si son symbole est une suite exacte de fibrés vectoriels, ou ce qui revient au même si $(A+A^*)$ ou le carré (AA^*+A^*A) est elliptique au sens précédent.

Nous dirons qu'une telle famille est basique si elle provient d'un morphisme de fibrés $a: E \to F$ sur X, *i.e.* pour $x \in X$, A_x est l'opérateur de Toeplitz « constant » $T_{a(x)}: u \to a(x)u$.

DÉFINITION 2.3. — *Nous appellerons famille admissible (relativement à* Z) *d'opérateurs de Toeplitz elliptiques un couple* (A_x, A_x^t) $(0 \leqq t \leqq 1)$, *où* A_x *est une famille elliptique d'opérateurs de Toeplitz d'ordre* 0 (de type $E \to F$) *sur* Q, *paramétrée par* X, *inversible hors de* Z, *et* $A^t = A_x^t$ *est une homotopie d'opérateurs de Toeplitz inversibles paramétrés par* $x \in X - Z$ *reliant* $A^1 = A_{|X-Z}$ *à une famille basique* A^0.

Soit $A = (A_x)$ une famille elliptique d'opérateurs de Toeplitz, inversible en dehors de Z. Alors A définit une famille continue d'opérateurs de Fredholm dans les $\mathcal{O}^s(Q)$, inversible en dehors de Z, d'où un indice :

$$\mathrm{Ind}_Z(A) \in K_Z(X). \tag{2.8}$$

Cet indice dépend *a priori* du choix de s et du degré de A; en fait pour tout s il existe un opérateur de Toeplitz de degré s, elliptique, inversible, positif donc de symbole homotope à 1, de sorte que l'indice ne dépend pas de s et qu'on peut toujours se ramener à l'étude d'une famille d'opérateurs de Toeplitz d'ordre 0 : $\mathcal{O}^0(E) \to \mathcal{O}^0(F)$.

Soit maintenant $A = (A_x, A_x^t)$ une famille admissible. Pour $x \in X$ (resp. $X - Z$), $z \in \partial Q$ (resp. et $0 \leqq t \leqq 1$), posons $a(x, z) = \sigma_{A_x}(z)$, resp. $a(x, tz) = \sigma_{A_x^t}(z)$; c'est bien défini pour $t = 0$ puisque A^0 est basique. Ainsi défini a est un isomorphisme de fibrés au-dessus de $X \times \partial Q \cup (X - Z) \times Q$. Comme l'homomorphisme $K_{Z \times \{0\}}(X \times Q) \to K_{Z \times \mathring{Q}}(X \times Q)$ est ici un isomorphisme ($X \times Q - Z \times \{0\}$ se déforme sur $X \times Q - Z \times \mathring{Q}$), a définit un élément

$$[A]_Z^{\mathrm{top}} \in K_{Z \times \{0\}}(X \times Q) \tag{2.9}$$

THÉORÈME 2.4. — *On suppose* X *de dimension finie.*

(i) *Tout élément* $\xi \in K_{Z \times \{0\}}(X \times Q)$ *est de la forme* $[A]_Z^{\mathrm{top}}$ *pour une famille admissible* $A = (A_x, A_x^t)$ *convenable.*

(ii) *Si* $A = (A_x, A_x^t)$ *est une famille admissible d'opérateurs de Toeplitz* $\mathrm{Ind}_Z(A)$ *ne dépend que de* $[A]_Z^{\mathrm{top}}$.

(iii) *L'application* $[A]_Z^{\mathrm{top}} \to \mathrm{Ind}_Z(A)$ *de* $K_{Z \times \{0\}}(X \times Q)$ *dans* $K_Z(X)$ *ainsi définie est l'inverse de l'homomorphisme de Bott.*

Cet énoncé implique aussitôt :

THÉORÈME 2.5. — *Si* $A = (A_x, A_x^t)$ *est une famille admissible d'opérateurs de Toeplitz, on a*

$$\mathrm{Ind}_Z(A) = p_*([A]_Z^{\mathrm{top}}$$

où p_* *est l'image directe* K*-théorique.*

Démonstration. — (1) Soient E, F deux fibrés sur X et $a : p^* E \to p^* F$ un morphisme de fibrés sur $X \times Q$, inversible hors de $Z \times \{0\}$. Posons $a_t = a(x, tz)$ pour $0 \leqq t \leqq 1$. Quitte à rétrécir X on peut supposer l'opérateur de Toeplitz T_a injectif sur $E_0^\perp$ pour $t = 1$, où E_0 est un sous-fibré de rang assez grand du fibré hilbertien $X \times \mathcal{O}^0(Q, E)$ sur X; T_{a_t} est inversible pour $t = 0$ (sur $X - Z$). Appliquant le lemme 2.1 *bis* à la famille (T_a, T_{a_t}) sur $X \times \{1\} \cup (X - Z) \times I$ on voit qu'il en existe une déformation $A' = (T_a + q, T_{a_t} + q_t)$, avec $q_0 = 0$, injective sur $E_0^\perp$; posant $F_0 = A'(E_0^\perp)^\perp$ le lemme 2.2 montre qu'il en existe une deuxième déformation $A = A' + (q', q'_t)$ de A avec $q'_0 = 0$, $(q', q'_t) \in L(E_0, F_0)$, inversible dans $X - Z$. Ceci montre l'existence d'une famille admissible de symbole a donné, et donc que tout $\xi \in K_Z(X \times Q)$ est l'élément K-théorique correspondant à une famille admissible.

(ii) Comme $\mathrm{Ind}_Z(A)$ et $[A]_Z^{\mathrm{top}}$ sont additifs il suffit de démontrer qu'on a $\mathrm{Ind}_Z(A) = 0$ si $[A]_Z^{\mathrm{top}} = 0$. Dans ce cas le symbole σ_{A, A_t} se déforme stablement en le symbole 1; par suite d'après (2.7) (A, A_t) se déforme stablement à travers les familles admissibles en une famille $1 + (q, q_t)$ où (q, q_t) est compact, $q_0 = 0$. Le lemme 2.2 montre qu'on peut encore déformer en une famille de la forme $1 + (q, q_t)$ avec $q, q_t \in L(E_0)$ si E_0 est un sous-fibré de rang assez grand : $\mathrm{Ind}_Z(A)$ est alors représenté par le morphisme $1 + q | E_0$ et est nul puisque $1 + q_t | E_0$ est une déformation de ce morphisme sur 1_{E_0} (à travers les isomorphismes sur $X - Z$). Ceci montre que $\mathrm{ind}_Z(A)$ ne dépend que de $[A]_Z^{\mathrm{top}}$ et donc que $(A, A_t) \to \mathrm{Ind}_Z(A)$ définit un homomorphisme $K_{Z \times \{0\}}(X \times Q) \to K_Z(X)$.

(iii) Notons k_Q le complexe de Koszul

$$(2.10) \qquad k_Q : \quad \ldots \to \Lambda^{-k} \mathbb{C}^n \to \Lambda^{-k+1} \mathbb{C}^n \to \ldots \to \mathbb{C} \to 0$$

où la différentielle au point $z \in Q$ est le produit intérieur $\omega \to Z \llcorner \omega$ (les degrés sont négatifs). k_Q est considéré ici comme un complexe d'opérateurs de Toeplitz. Soit $u : E \to F$ un morphisme de fibrés vectoriels sur X, représentant un élément de $K_Z(X)$. La famille de complexes d'opérateurs de Toeplitz $A = u \otimes k_Q$ est admissible [homotopie : $A^t = u \otimes k(tz)$], exacte dans $X - Z$ parce que u l'est. Par construction $[A]_Z^{\mathrm{top}}$ est l'image de $[u]_z$ par l'homomorphisme de Bott. D'autre part on sait que l'homologie de k_Q est nulle en degré < 0 et égale $\mathbb{C}$ en degré 0. Par suite $u \otimes k_Q$ est quasi-isomorphe à u, de sorte qu'on a $\mathrm{Ind}_Z(A) = [u]_Z$. L'homomorphisme indice défini ci-dessus est donc inverse à gauche de l'homomorphisme de Bott qui est donc injectif.

Rappelons que ceci implique que l'homomorphisme de Bott est bijectif : si $p : N \to X$ est un fibré spin^c sur X notons $b_p : K_Z(X) \to K_Z(N)$ l'homomorphisme de Bott, et lorsque N est complexe trivial $I_p : K_Z(N) \to K_Z(X)$ l'homomorphisme indice. Ce sont des homomorphismes de K(X) modules, et leur construction commute (de façon évidente) aux changements de base. Ceci étant soit $p_1 : N_1 \to X$ un fibré complexe trivial; comme G. Segal introduisons une deuxième copie $p_2 : N_2 \to X$ de ce fibré et soient M le produit fibré, q_1 (resp. q_2) la projection $M \to N_2$ (resp. N_1) déduite de p_1 (resp. p_2) par changement de base. On a alors $I_{q_2} b_{q_1} = b_{p_1} I_{p_2}$ (par changement de base de X à N_1, et parce que b_{p_1} est la multiplication par l'élément de Bott $\beta_{p_1} \in K_Z(N_1)$, dont l'image inverse est β_{q_1}). En faisant tourner d'un quart de tour, on voit qu'il existe une déformation de M qui échange N_1 et N_2 donc $b_{p_1} = b_{p_2}$, et $b_{p_1} I_{p_2} = \mathrm{Id}$. Par suite b_{p_1} est aussi surjectif, donc bijectif. Dans le cas général le fibré spin^c N est facteur direct d'un fibré complexe trivial L (au voisinage du support Z, qui est supposé compact), et comme $b_{L\to X}=b_{L\to N}\,b_{N\to X}$, l'homomorphisme de Bott est injectif; le même argument montre alors qu'il est bijectif. Ceci démontre, lorsque X est métrisable de dimension finie, que l'homomorphisme de Bott est bijectif, et justifie dans ce cadre les constructions du paragraphe 1.

Remarque 1. — Soit E^k une famille de fibrés gradués sur X : $E^k=\oplus_I E^k_I$. Soit

$$D: \quad \ldots E^k\otimes\mathcal{O}\to E^{k+1}\otimes\mathcal{O}\to\ldots$$

un complexe d'opérateurs différentiels à coefficients holomorphes sur les $Q\times E^k$ (à coefficients holomorphes en $z\in Q$, continus en $x\in X$). On suppose D de degré 0, *i.e.* dans la matrice $D=(D_{ij})$ (pour les décompositions $E^k=\oplus_I E^k_I$), D_{ij} est d'ordre $\leqq i-j$; en particulier $D_{ij}=0$ si $i<j$.

Alors dire que D est exact revient à dire que sa partie diagonale d'ordre 0 l'est, en tout point de Y.

Supposons D elliptique, exact hors de Z. Alors à D est canoniquement associée une famille admissible, qu'on construit en deux crans :

1° pour $1/2\leqq t\leqq 1$ on pose $D^t=((2t-1)^{i-j}D_{ij})$; c'est bien défini parce que $D_{ij}=0$ si $i-j<0$; $D^{1/2}$ est « diagonal », d'ordre 0;

2° pour $0\leqq t\leqq 1/2$ on pose $D^t=D^{1/2}(2tz)$; D^0 est basique.

Le symbole $[D]^{top}_Z$ associé à cette famille peut encore être décrit ainsi : c'est l'élément de K-théorie associé à $\sigma_D(\eta)$, où η est une section de $X\times T^*Y$ de direction voisine de celle de $d'u$ au voisinage de $X\times\partial Y$ (où $u<0$ est une inéquation de définition de Y, comme plus haut). Une description équivalente est donnée au paragraphe 4.

Le théorème 2.5 est donc encore vrai dans ce cas : $\mathrm{Ind}_Z(D)=p_*[D]^{top}_Z$. C'est sous cette forme que nous l'utiliserons au paragraphe 5.

Remarque 2. — Le théorème 2.4 implique que toute famille elliptique d'opérateurs de Toeplitz sur X, inversible hors de Z, admet (à homotopie stable près) un unique prolongement admissible (A, A_t). Comme le prolongement n'est pas en général évident, au contraire de ce qui se passe dans la remarque 1, nous avons préféré garder l'énoncé sous la forme ci-dessus, avec des familles admissibles.

Remarque 3. — Pour les constructions ci-dessus, lorsque X est de dimension finie, l'hypothèse de compacité du support est en fait superflue; tous les énoncés restent vrais à condition de remplacer le groupe d'Atiyah $K_Z(X)$ par le groupe des fibrés virtuels (avec supports) de dimension localement mais non globalement bornée, qui est toujours isomorphe au groupe des classes d'homotopie $F_Z(X)$ d'après le lemme 2.1. Le théorème de périodicité de Bott reste vrai dans ce cadre (la version du théorème 2.4 où on remplace Q par le fibré en boules d'un fibré vectoriel complexe est vraie et tout fibré spin^c N se plonge dans un fibré complexe, par exemple $N\oplus iN$). Cette généralisation serait pour l'instant illusoire car nous devrons définir plus loin l'élément K-théorique [M] associé à un $\mathcal{D}$-module bien filtrable M, et cette définition demande une forme de compacité.

3. Rappels sur les $\mathscr{D}$-modules

Dans cette section nous décrivons les $\mathscr{D}$-modules qui forment le cadre dans lequel nous énoncerons et démontrerons le théorème d'indice relatif. Nous rappelons la définition de l'image directe d'un $\mathscr{D}$-module, due à Sato, Kawai, Kashiwara [K-K-S]. Nous aurons besoin d'associer à un $\mathscr{D}$-module M possédant une bonne filtration un élément [M] de K-théorie à supports, défini à partir de son symbole. Si i est une immersion fermée, M un $\mathscr{D}$-module et $i_+ M$ son image, $[i_+ M]$ est l'image directe K-théorique de [M] (*cf.* [K 2]). Ceci est le point de départ de la formule de l'indice, relative ou absolue. Notre méthode pour décrire le symbole, et le symbole de l'image directe par immersion, consiste à passer du cas complexe au cas réel, où tout est de Stein, en ajoutant les équations de Cauchy-Riemann, ce qui est naturel dans le cadre des $\mathscr{D}$-modules. La construction est à rapprocher de celle de P. Baum, W. Fulton et R. MacPherson pour le théorème de Riemann-Roch [B-F-MPh], où cette construction est faite, dans le cas projectif, par déformation.

Pour la définition et les propriétés des $\mathscr{D}$-modules, le lecteur pourra utilement se reporter à [B], où ces objets sont décrits avec précision (dans un cadre algébrique), ainsi qu'à [K-K-S], [BM-L-M], [K 4], [Bj].

3.1. $\mathscr{D}$-MODULES. — Soit X une variété analytique, réelle ou complexe. On note $\mathscr{O}_X$, ou simplement $\mathscr{O}$, le faisceau des fonctions analytiques sur X et Ω_X ou Ω le faisceau des formes différentielles de degré maximal. On note $\mathscr{D}_X$ (ou $\mathscr{D}$) le faisceau des opérateurs différentiels sur X; c'est un faisceau filtré : $F_m\mathscr{D}=\mathscr{D}_m$= les opérateurs d'ordre $\leq m$. $\mathscr{D}$ opère à gauche sur $\mathscr{O}$ et à droite sur Ω (par $\omega f = f\omega$, $\omega\xi = -\theta_\xi\,\omega$ si $\omega \in \Omega$, $f \in \mathscr{O}$, ξ est un champ de vecteurs, θ_ξ désigne la dérivée de Lie).

Dans la suite on désignera de la même manière les fibrés vectoriels et leurs faisceaux de sections. A un complexe d'opérateurs différentiels

$$\text{(3.1)} \qquad P: \quad \ldots E^k \xrightarrow{P_k} E^{k+1} \to \ldots$$

où les E^k sont des fibrés vectoriels analytiques sur X, on associe une complexe de $\mathscr{D}$-modules à droite localement libres

$$\text{(3.2)} \qquad P^d: \quad \ldots \to \mathscr{E}^k \to \mathscr{E}^{k+1} \to \ldots$$

où $\mathscr{E}^k = \mathrm{Diff}(\mathscr{O}, E^k)$ est le faisceau des opérateurs différentiels de type $\mathscr{O} \to E^k$, la différentielle étant donnée en degré k par $Q \to P_k \circ Q$.

De même on associe à P un complexe de $\mathscr{D}$-modules à gauche localement libres :

$$\text{(3.3)} \qquad P^g: \quad \ldots \mathscr{E}'^k \to \mathscr{E}'^{k+1} \to \ldots$$

où $\mathscr{E}'^k = \mathrm{Diff}(E^{-k}, \mathscr{O})$ est le faisceau des opérateurs différentiels de type $E^{-k} \to \mathscr{O}$, la différentielle étant donnée par $Q \to Q \circ P_{k-1}$ en degré k.

Exemples 1. — Soit $f: Y \to X$ une submersion. Notons $T^*_{Y/X}$ le fibré cotangent relatif ($T^*_{Y/X} = T^*Y/f^*T^*X$). Le complexe de De Rham relatif $d_{Y/X}$ est le complexe

$$\text{(3.4)} \qquad d_{Y/X}: \quad 0 \to \mathscr{O}_Y \to T^*_{Y/X} \to \ldots \Lambda^k T^*_{Y/X} \to \Lambda^{k+1} T^*_{Y/X} \to \ldots$$

déduit par passage au quotient du complexe de De Rham (différentielle extérieure) de Y : $d_{Y/X}$(classe de ω) = classe de $d\omega$. Il lui correspond un complexe de $\mathscr{D}_Y$-modules à droite (en degrés positifs) $DR^d_{Y/X}$, et un complexe de $\mathscr{D}_Y$-modules à gauche (en degrés négatifs) $DR^g_{Y/X}$. Le symbole de $d_{Y/X}$ est le complexe de l'algèbre extérieure

$$(3.4)\, bis \qquad 0 \to \mathbb{C} \to T^*_{Y/X} \to \ldots \Lambda^k T^*_{Y/X} \to \Lambda^{k+1} T^*_{Y/X} \to \ldots$$

dont la différentielle au point $\eta \in T^* Y$ est le produit extérieur $\omega \to \eta' \wedge \omega$, où $\eta' = \eta \bmod . f^* T^* X$ est la partie verticale (projection) de $\eta \in T^* Y$.

Si m est un complexe de $\mathscr{O}_X$-modules, on lui associe le complexe de $\mathscr{D}_X$-modules à droite

$$(3.5) \qquad M = m \otimes_{\mathscr{O}_X} \mathscr{D}_X$$

3. Si $E \xrightarrow{p} X$ est un fibré complexe, Y la variété analytique sous-jacente à E, le complexe de Koszul de E est le complexe de $\mathscr{O}_Y$-modules (en degrés négatifs)

$$(3.6) \qquad k_E : \quad \ldots p^{-1} \Lambda^{-k} E' \to p^{-1} \Lambda^{-k+1} E' \to \ldots p^{-1} E' \to \mathscr{O}_Y \to 0$$

dont la différentielle au point $y \in Y = E$ est le produit intérieur $\omega \to y_{\llcorner} \omega$ (E' désigne le dual de E). Il lui correspond un complexe de $\mathscr{D}_Y$-modules à droite $K^d_E = k_E \otimes_{\mathscr{O}_Y} \mathscr{D}_Y$ (il y a aussi un $\mathscr{D}_Y$-module à gauche K^g_E qu'on n'utilisera pas).

3.2. Modules de transfert. — Soient X, Y des variétés analytiques et $f : Y \to X$ une application analytique. On note $\mathscr{D}_{Y \to X}$ le faisceau sur Y des opérateurs différentiels de type $f^{-1} \mathscr{O}_X \to \mathscr{O}_Y$ (f^{-1} désigne l'image inverse faisceautique); localement un tel opérateur s'écrit sous la forme $u \in \mathscr{O}_X \to P_Y (Q_X u \circ f)$ (avec $P_Y \in \mathscr{D}_Y$, $Q_X \in \mathscr{D}_X$).

De même on note $\mathscr{D}_{X \leftarrow Y}$ le faisceau sur Y des opérateurs différentiels de type $f^{-1} \Omega_X \to \Omega_Y$, *i.e.* localement de la forme $\omega \in \Omega_X \to P_Y (f^{-1} \omega Q_x)$, avec $Q_X \in \mathscr{D}_X$, P_Y opérateur différentiel de type $f^* (\Omega_X) \to \Omega_Y$.

$\mathscr{D}_{Y \to X}$ est un $(\mathscr{D}_Y, f^{-1} \mathscr{D}_X)$-bimodule monogène, engendré comme bimodule par l'opérateur $\varepsilon : u \to u \circ f$. De même $\mathscr{D}_{X \leftarrow Y}$ est un $(f^{-1} \mathscr{D}_X, \mathscr{D}_Y)$-bimodule, localement monogène (il n'y a pas de générateur canonique).

Exemple 4. — Supposons f submersive. Alors $\mathscr{D}_{Y \to X}$ est déjà monogène, de générateur ε, comme $\mathscr{D}_Y$-module à gauche. Le complexe $DR^g_{Y/X}$ en est une résolution localement libre, d'augmentation $P \in \mathscr{D}_Y \to P \circ \varepsilon$.

De même $\mathscr{D}_{X \leftarrow Y}$ est localement monogène comme $\mathscr{D}_Y$-module à droite. $DR^d_{Y/X}$ est une résolution localement libre de $\mathscr{D}_{X \leftarrow Y}[-d]$ ($d = \dim Y - \dim X$) sur $\mathscr{D}_Y$. L'augmentation est définie ainsi : un élément de degré maximal de ce complexe est un opérateur différentiel P de type $\mathscr{O}_Y \to \Omega_{Y/X}$; par transposition P définit un opérateur différentiel P' de type $\Omega^{-1}_{Y/X} \otimes \Omega_Y \to \Omega_Y$. L'image de P par l'augmentation est alors l'opérateur $P'_0 i$ (de type $f^{-1} \Omega_X \to \Omega_Y$), où i est l'injection canonique $f^{-1} \Omega_X \to \Omega^{-1}_{Y/X} \otimes \Omega_Y$.

Exemple 5. — Soit $p : E \to Y$ un fibré vectoriel, et soient X la variété sous-jacente à E, $f : Y \to X$ la section nulle. Alors $f_* (\mathscr{D}_{Y \to X})$ est un $\mathscr{D}_X$-module à droite de support Y, monogène engendré par ε. Il admet pour résolution localement libre le complexe K_E^d déduit du complexe de Koszul (augmentation : $P \in \mathscr{D}_X \to \varepsilon \circ P$, en degré 0).

3.3. IMAGE DIRECTE. — Pour Z variété analytique, on notera $D^b(\mathscr{D}_Z)$ la catégorie dérivée (fabriquée avec les complexes à cohomologie bornée) de la catégorie des $\mathscr{D}_Z$-modules à droite.

Soit $f : Y \to X$ un morphisme de variétés analytiques. Si $M \in \operatorname{ob} D^b(\mathscr{D}_Y)$ l'image directe $f_+(M)$ est l'élément

$$f_+ M = Rf_* (M \overset{L}{\otimes}_{\mathscr{D}_Y} \mathscr{D}_{Y \to X}) \in \operatorname{ob} D^b(\mathscr{D}_X). \tag{3.7}$$

Pour $M \in \operatorname{ob} D^b(\mathscr{D}_X)$ on définit l'image inverse extraordinaire $f^!(M)$ par

$$f^! M = f^{-1}(M) \overset{L}{\otimes}_{f^{-1}\mathscr{D}_X} \mathscr{D}_{X \leftarrow Y}[d] \in \operatorname{ob} D^b(\mathscr{D}_X) \qquad (d = \dim Y - \dim X) \tag{3.8}$$

L'image inverse ordinaire peut aussi être définie dans certains cas, *cf.* [B]. Nous en aurons besoin dans le seul cas où f est une submersion. Elle est alors définie par

(3.8) *bis* $$f^+ M = f^! M[-2d].$$

Dans ce qui précède Rf_* désigne le foncteur dérivé du foncteur image directe faisceautique, f^{-1} le foncteur image inverse (il est exact), $\overset{L}{\otimes}$ le produit tensoriel dérivé. Il y a des constructions similaires pour les $\mathscr{D}$-modules à gauche.

Exemple 6. — Supposons que f soit une immersion fermée. Alors l'image directe f_* est exacte, et $\mathscr{D}_{Y \to X}$ est localement libre sur $\mathscr{D}_Y$. Donc si M est un $\mathscr{D}_Y$-module à droite, $f_+(M)$ est le $\mathscr{D}_X$-module (= complexe pur de degré 0)

$$f_+(M) = f_*(M \otimes_{\mathscr{D}_Y} \mathscr{D}_{Y \to X}). \tag{3.9}$$

D'après M. Kashiwara, $M \to f_+(M)$ est une équivalence de la catégorie des $\mathscr{D}_Y$-modules à droite sur la catégorie des $\mathscr{D}_X$-modules à droite portés par $f(Y)$ [*i.e.* dont toute section est tuée par une puissance de l'idéal de définition de $f(Y)$]; une équivalence quasi-inverse est $N \to f^! N$. Si f est propre, $f_+(M)$ est $\mathscr{D}_X$-cohérent si et seulement si M est $\mathscr{D}_Y$-cohérent. Il y a un résultat analogue pour les $\mathscr{D}$-modules à gauche.

Exemple 7. — Supposons que f soit une submersion, et soit $d = \dim Y/X$ la dimension relative. On notera $\mathscr{D}_{Y/X}$ le faisceau des opérateurs différentiels verticaux, et $T_{Y/X} \subset \mathscr{D}_{Y/X}$ le faisceau des champs de vecteurs verticaux. On notera $H \subset T^* Y$ le fibré des covecteurs horizontaux (orthogonal de $T_{Y/X}$).

Les modules $\mathscr{D}_{Y \to X}$ et $\mathscr{D}_{X \leftarrow Y}$ sont plats sur $f^{-1}\mathscr{D}_X$ (*cf.* exemple 4), de même que $\mathscr{O}_Y$ est plat sur $f^{-1}\mathscr{O}_X$. Comme on a vu dans l'exemple 4, $DR_{Y/X}^g$ est une résolution de $\mathscr{D}_{Y \to X}$ et $DR_{Y/X}^d$ est une résolution du module décalé $\mathscr{D}_{X \leftarrow Y}[-d]$. Le produit tensoriel total $\mathscr{D}_{X \leftarrow Y} \overset{L}{\otimes}_{\mathscr{D}_Y} \mathscr{D}_{Y \to X}[-d]$ est quasi-isomorphe à $DR_{Y/X}^d \otimes_{\mathscr{D}_Y} \mathscr{D}_{Y \to X}$ donc à $f^{-1}\mathscr{D}_X$

(localement Y est un produit $Z \times X$; le complexe ci-contre est le complexe des f-opérateurs différentiels de type $\mathcal{O}_X \to \Omega_{Y/X}$ *i.e.* de la forme $P(z, x, (\partial/\partial x))$ à coefficients formes relatives, muni de la différentielle $P \to d_{Y/X} P = d_z P$; la cohomologie se réduit aux opérateurs dont les coefficients ne dépendent pas de z en degré 0, et est nulle en degré >0).

Plus généralement soit M un $\mathcal{O}_X$-module à gauche et $N = f^+ M$. On a $N \simeq \mathcal{D}_{Y \to X} \otimes_{f^{-1}\mathcal{D}_X} f^{-1} M$ puisque f^{-1} est exact et $\mathcal{D}_{Y \to X}$ plat sur $f^{-1}\mathcal{D}_X$ (en particulier N est pur de degré 0), et $\mathcal{D}_{X \leftarrow Y} \otimes_{\mathcal{D}_Y} f^+ M \simeq f^{-1} M$ s'identifie au sous-faisceau N^0 des sections de N annulées par $T_{Y/X}$. On a $\operatorname{car} N \subset \operatorname{car} d_{Y/X} = H$ (en fait $\operatorname{car} N = F\bar{f}^{-1}(\operatorname{car} M)$ si $\bar{f}$ est la projection $Y \times_X T^* X \to T^* X$ et F l'application cotangente $Y \times_X T^* X \to T^* Y$, d'image H). En outre N est « régulier le long de H », *i.e.* il possède de bonnes filtrations $N = \cup N_k$ telles que $T_{Y/X} N_k \subset N_k$ (ou $\mathcal{D}_{Y/X} N_k \subset N_k$), par exemple celle déduite d'une bonne filtration de M ($N_k = \sum_{p+q=k} \mathcal{D}_{Y \to X, p} \otimes f^{-1} M_q$).

Inversement soit N un $\mathcal{D}_Y$-module cohérent à gauche, tel que $\operatorname{car} N \subset H$, régulier le long de H. Supposons d'abord $Y = Z \times X$ où Z est un ouvert de la droite contenant 0 ($d = \dim Y/X = 1$). Alors, parce que N est régulier, il est engendré localement par un sous-$\mathcal{O}_Y$-module cohérent stable par $T_{Y/X}$; autrement dit il est engendré localement par un espace vectoriel fini E de sections n vérifiant $(\partial/\partial z) n = A n$ où $A \in L(E)$ est une matrice à coefficients dans $\mathcal{O}_Y$. Si R est la résolvante, solution de $(\partial/\partial z) R = -RA$, $R(0, x) = \mathrm{Id}_E$, les sections $m = Rn$, $n \in E$, engendrent N et vérifient $(\partial/\partial z) m = 0$. Ainsi il existe au voisinage de chaque point de Y un homomorphisme surjectif $u : f^+ M^0 \to N$, où M^0 est un $\mathcal{D}_X$-module cohérent (ici libre). Le noyau K de u est lui-même cohérent, à caractéristiques $\subset H$ et régulier le long de H car ces propriétés passent évidemment aux sous-modules et aux quotients cohérents : répétant la construction précédente pour K, on voit que c'est l'image d'un morphisme $f^+ M^1 \to f^+ M^0$, nécessairement de la forme $f^+ u^1$, où u^1 est un morphisme de $\mathcal{D}_X$-modules cohérents : $M^1 \to M^0$ (parce qu'il préserve les sections horizontales). Ainsi N est localement isomorphe à un $\mathcal{D}_Y$-module de la forme $f^+ M$. Dans le cas général, on voit alors, par récurrence sur la dimension relative, que tout $\mathcal{D}_Y$-module à gauche cohérent N tel que $\operatorname{car} N \subset H$, régulier le long de H, est localement isomorphe à des images inverses de $\mathcal{D}_X$-modules cohérents; de façon équivalente, si N est un tel module, le sous-faisceau $N^0 \subset N$ annulé par $T_{Y/X}$ est un $f^{-1}\mathcal{D}_X$-module cohérent et l'homomorphisme canonique $\mathcal{D}_{Y \to X} \otimes_{f^{-1}\mathcal{D}_X} N^0$ est un isomorphisme. Notons que N^0 est localement constant le long des fibres de f : il est donc muni d'une action du groupoïde des chemins verticaux. Ainsi si les fibres sont connexes et la monodromie triviale, N est canoniquement isomorphe à $f^+ M$, avec $M = f_* N^0$ (l'image directe, pas le foncteur dérivé). Si de plus f est localement contractile, par exemple si Y est un germe de variété au voisinage d'une section de f, l'homomorphisme canonique $f^+ f_+ N \to N$ est un isomorphisme (la monodromie est nulle, et $f^+ M$ se réduit à $f_* N^0$ car f_* est exact sur les faisceaux localement constants dans les fibres). Dans ce cas $M \to f^+ M$ est donc une équivalence, analogue à celle de Kashiwara (exemple 6) de la catégorie des $\mathcal{D}_X$-modules à gauche cohérents dans celle des $\mathcal{D}_Y$-modules à gauche cohérents, à caractéristiques horizontales, et réguliers le long de H, de quasi-inverse $N \to f_+ N$.

Dualement, si M est un $\mathscr{D}_X$-module à droite cohérent, $f^+ M$ est un complexe de $\mathscr{D}_Y$-modules cohérent, pur de degré $d = \dim Y/X$. Il est à caractéristiques régulières le long de H. Inversement si N est un $\mathscr{D}_Y$-module à droite cohérent, à caractéristiques $\subset$ H et régulier le long de H, N est isomorphe à $f^+ f_+ N$ si f est localement contractile, par exemple si Y est le germe d'une variété au voisinage d'une section de f, de sorte que f^+ et f_+ sont des équivalences quasi inverses comme plus haut. Dans le cas général le germe N_s de N le long d'une section continue de f est isomorphe à $f^+ f_+ N_s$ (l'analogue de N^0 est moins agréable à manier : à cause du décalage, ce n'est plus un sous-faisceau de N).

Exemple 8. – Soit X une variété complexe. Notons $\bar{X}$ la variété complexe conjuguée, et $X_{\mathbf{R}}$ la variété réelle sous-jacente : diagonale de $X \times \bar{X}$ munie de la restriction de $\mathscr{O}_{X \times \bar{X}}$ (ou ce qui revient au même, germe de la diagonale dans $X \times \bar{X}$). Soit $f : X_{\mathbf{R}} \to X$ la projection. Le complexe de De Rham relatif $d_{X_{\mathbf{R}}/X}$ est le complexe de Dolbeault d''. Si M est un $\mathscr{D}_X$-module, on note $M_{\mathbf{R}} = f^+(M)$ (c'est le « produit tensoriel externe complété analytiquement » de M et d''); si M correspond à un système d'équations différentielles, $M_{\mathbf{R}}$ correspond au même système, auquel on a adjoint le système des équations de Cauchy-Riemann. Il résulte de la remarque 7 que $M \to M_{\mathbf{R}}$ est une équivalence de la catégorie des $\mathscr{D}_X$-modules sur la catégorie des $\mathscr{D}_{X_{\mathbf{R}}}$-modules à caractéristiques $\subset$ card'', et réguliers le long de card''; l'image directe f^+ fournit une équivalence inverse [l'homomorphisme canonique $M \to f_+ (M_{\mathbf{R}})$ est toujours un isomorphisme].

Remarque 1. – On a $(fg)_+ = f_+ g_+$ si g est propre, en particulier si c'est une immersion fermée. D'autre part la définition de l'image directe f_+ pour f analytique $Y \to X$ est locale sur la base X (elle commute aux restrictions). Un peu plus généralement l'image directe commute aux images inverses dans le cas suivant : soit un diagramme commutatif d'applications analytiques

$$\begin{array}{ccc} Y' & \xrightarrow{g} & Y \\ \downarrow{\scriptstyle F} & & \downarrow{\scriptstyle f} \\ X' & \xrightarrow{G} & X \end{array}$$

où X, Y, X', Y' sont des variétés analytiques, Y' s'identifie au produit fibré $X' \times_X Y$ (f et G sont transverses). On suppose en outre f propre et G submersive. Alors si M est un $\mathscr{D}_Y$-module, on a un isomorphisme canonique $G^+ f_+ M \xrightarrow{\sim} F_+ g^+ M$.

3.4 Symbole. – Dans cette section les variétés sont supposées complexes. Une variété réelle sera considérée comme germe d'une variété complexe au voisinage des points réels. Rappelons qu'une bonne filtration sur un $\mathscr{D}_X$-module M à droite (ou à gauche) est une filtration croissante $M = \bigcup M_k = \bigcup F_k M$ telle que

(F1) M_k est un $\mathscr{O}_X$-module cohérent, nul pour $k \ll 0$;

(F2) $M_k \mathscr{D}_p \subset M_{k+p}$, avec égalité si $k \gg 0$.

Ici $\mathscr{D} = \bigcup \mathscr{D}_k$ est la filtration canonique de $\mathscr{D}$; c'est une bonne filtration et $\operatorname{gr} \mathscr{D}$ s'identifie à l'algèbre graduée $\mathscr{O}_X[TX]$ des fonctions analytiques sur T^*X, polynomiales en la variable verticale.

Si M est muni d'une bonne filtration, il est cohérent et le gradué associé $\operatorname{gr} M$ (symbole de M) est un $\operatorname{gr} \mathscr{D}$-module cohérent. On note $\operatorname{Car}(M) \subset T^*X$ le support de $\operatorname{gr} M$. C'est un sous-ensemble analytique, homogène (conique) et involutif de T^*X. Il ne dépend pas du choix d'une bonne filtration. On note aussi, si $Z \supset \mathrm{Car}(M)$

(3.12) $$[M]_Z^{an} \in K_Z^{an}(T^*X)$$

l'élément du groupe de Grothendieck des $\mathrm{gr}\,\mathscr{D}_X$-modules cohérents à support dans Z défini par $\mathrm{gr}\,M$. Si Z est conique de base compacte, $[M]_Z^{an}$ ne dépend que de M, et pas du choix d'une bonne filtration. (*cf.* [Bj], [BM-L-M]). $[M]_Z^{an}$ est encore défini si M est un complexe borné de $\mathscr{D}$-modules, bien filtré ou à cohomologie bien filtrée, à caractéristiques dans Z : $[M]_Z^{an} = \Sigma(-1)^j [H^j M]_Z^{an}$.

Toujours sous les hypothèses ci-dessus, on définit axiomatiquement l'élément

(3.13) $$[M]_Z^{top} \in K_Z(T^*X)$$

par les trois conditions suivantes :

(ST1) $[M]_Z^{top}$ est additif : si $0 \to M' \to M \to M'' \to 0$ est une suite exacte de $\mathscr{D}_X$-modules bien filtrés, à caractéristiques $\subset Z$, on a $[M]_Z^{top} = [M']_Z^{top} + [M'']_Z^{top}$.

(ST2) Si $M = \mathrm{Diff}(\mathscr{O}, P)$ provient d'un complexe P d'opérateurs différentiels tel que le symbole $\sigma(P)(=\mathrm{gr}\,P)$ soit exact en dehors de Z, on a :

(3.14) $[M]_Z^{top} = [\sigma(P)]_Z$, élément de $K_Z(T^*X)$ défini par le complexe de fibrés $\sigma(P)$.

Soit $f: Y \to X$ une submersion. Notons $F: f^{-1}T^*X = Y \times_X T^*X \hookrightarrow T^*Y$ l'application cotangente. Son image $Z_h \subset T^*Y$ est l'ensemble des covecteurs horizontaux, *i.e.* le fibré orthogonal du fibré tangent vertical $T_{Y/X}$. Notons $\bar{f}: f^{-1}T^*X \to T^*X$ la projection. Le $\mathscr{D}_Y$-module à droite $\mathscr{D}_{X \leftarrow Y}$ est bien filtré, et on a

(3.16) $$\mathrm{Car}(f^+(M)) = F\bar{f}^{-1}(\mathrm{Car}\,M) \subset Z_h.$$

La troisième condition s'énonce alors :

(ST3) Si $f: Y \to X$ est une submersion, M un $\mathscr{D}_X$-module à droite bien filtré, on a avec les notations ci-dessus, et $Z \supset \mathrm{Car}\,M$, $f^+Z = F\bar{f}^{-1}(Z)$

(3.17) $$[f^+M]_{f^+Z}^{top} = \bar{f}^{-1}[M]_Z^{top}.(-1)^d[\mathscr{D}_{X\leftarrow Y}]_{Z'}^{top} = \tilde{F}_*\bar{f}^{-1}[M]_Z^{top} \qquad (d = \dim Y - \dim X)$$

où $\tilde{F}_*$ désigne le conjugué de l'image K-théorique [multiplication par l'élément de $K_{Z'}(T^*Y)$ correspondant au complexe de l'algèbre extérieure, symbole de $d_{Y/X}$].

L'analyse de $[\mathscr{D}_{X\leftarrow Y}]_{Z'}^{top}$ ci-dessus (exemple 1) montre que les axiomes (ST2) et (ST3) sont compatibles.

En général $[M]_Z^{top}$ est construit comme suit, lorsque X est une variété analytique compacte à bord (plus généralement une partie compacte d'une variété analytique) : si X est de Stein et M bien filtré, M possède une bonne résolution P localement libre ($\mathrm{gr}\,M$ possède une résolution graduée localement libre finie d'après le théorème de syzygies et la compacité, et toute résolution graduée de $\mathrm{gr}\,M$ provient d'une bonne résolution de M). Dans le cas général, X_R est de Stein, donc $[M_R]_{Z_R}^{top}$ est défini d'après ce qui précède. Or l'homomorphisme $\xi \in K_Z(T^*X) \to F_*f^{-1}\xi \in K_{fZ}(T^*X_R)$ est bijectif dans ce cas, conjugué de l'isomorphisme de Bott (f désignant la projection $X_R \to X$). L'élément $[M]_Z^{top}$ est ainsi bien défini dans tous les cas, et on vérifie aussitôt qu'avec cette définition il satisfait aux axiomes (ST1, 2, 3).

PROPOSITION 3.1. — *Soit $f : Y \to X$ une immersion fermée entre variétés analytiques. Notons $\bar{f} : f^{-1}(T^*X) \to T^*X$ la projection, et $F : f^{-1}(T^*X) \to T^*Y$ l'application cotangente* (c'est un morphisme de fibrés vectoriels, de noyau $f^{-1}(T_Y^*X)$; $\bar{f}$ est un plongement). *Soit M un $\mathscr{D}_Y$-module bien filtré, $Z = \operatorname{Car} M$. Alors $f_+ M$ est bien filtré, on a* $\operatorname{Car} f_+ M = Z' = \bar{f} F^{-1}(Z)$, *et*

$$[f_+ M]_{Z'}^{top} = \bar{f}_* F^{-1} [M]_Z^{top}. \tag{3.18}$$

Les deux premières assertions ($f_+ M$ est bien filtré, $\operatorname{Car} f_+ M = \bar{f} F^{-1}(Z)$] sont immédiates. La troisième est vraie si M admet une bonne résolution localement libre et si f est la section nulle d'un fibré vectoriel $X \to Y$ (exemples 3 et 5), donc plus généralement si $f(Y)$ possède un voisinage tubulaire analytique (*i.e.* un voisinage ouvert dans X, isomorphe comme variété complexe à un voisinage de la section nulle d'un fibré vectoriel sur Y). En particulier elle est vraie si X est de Stein : dans ce cas M possède de bonnes résolutions localement libres (au voisinage de tout compact), et Y a un voisinage tubulaire (en effet Y est de Stein donc TY possède un supplémentaire holomorphe $N \subset TY_{|Y}$; les géodésiques issues de N d'une connexion linéaire holomorphe de X définissent alors un tel voisinage).

Dans le cas général, remplaçons Y par Y_R, M par M_R, X par le germe X′ de $X \times \bar{Y}$ au voisinage de l'image $(f \times \mathrm{Id}_{\bar{Y}})(Y_R)$, et f par $f' = f \times \mathrm{Id}_{\bar{Y}}$. Alors X′ est une sous-variété fermée de X_R donc est de Stein, et l'assertion est vraie pour M_R, f' d'après ce qui précède, donc aussi pour M, f d'après (ST2).

Remarque 2. — Soient X, compact d'une variété analytique, $Z \subset X$ fermé, $\mathfrak{m}$ un $\mathscr{O}_X$-module cohérent de support $\subset Z$. Alors par définition $[\mathfrak{m}]_Z^{top} \in K_Z(X)$ est l'élément dont l'image inverse dans $K_{p^{-1}Z}(T^*X)$ par la projection $p : T^*X \to X$ est $[\mathfrak{m} \otimes_{\mathscr{O}_X} \mathscr{D}_X]_{p^{-1}Z}^{top}$ [p^{-1} est un bijection $K_Z(X) \to K_{p^{-1}Z}(T^*X)$]. Il résulte de la proposition 1 qu'on a $[Rf_* \mathfrak{m}]_{fZ}^{top} = f_* [\mathfrak{m}]_Z^{top}$ (image K-théorique) si f est une immersion fermée. La définition ci-dessus coïncide évidemment avec celle de Baum, Fulton, MacPherson [B-F-MPh] lorsque X est une variété et $\mathfrak{m}$ admet une résolution localement libre finie (par exemple X de Stein ou projective), donc dans tous les cas. Dans [B-F-MPh] le résultat sur l'image directe par immersion est démontré par « déformation au cône normal ».

Cette définition se généralise aussi au cas où X est un fibré vectoriel, $Z \subset X$ une partie fermée conique, et $\mathfrak{m}$ un $\mathscr{O}_X$-module cohérent homogène ($\Leftrightarrow \operatorname{gr} \mathscr{O}_X$-module gradué cohérent).

Remarque 3. — Si M est un $\mathscr{D}_X$-module bien filtré, $Z \subset \operatorname{Car} M$, on a encore $[M]_Z^{top} = [\operatorname{gr} M]_Z^{top}$ (où le premier terme est pris au sens des $\mathscr{D}_X$-modules bien filtrés, le deuxième au sens des $\mathscr{O}_{T^*X}$-modules cohérents homogènes) : cela résulte de (ST3), en remplaçant X par X_R et M par M_R.

Remarque 4. — Si X est une variété complexe, $Y = X_R$, et f est la projection canonique $X_R \to X$, f est surjective et ses fibres sont contractiles; comme on a vu (exemples 7 et 8) $M \to M_R = f^+ M$ est une équivalence de la catégorie des $\mathscr{D}_X$-modules cohérents sur celle des $\mathscr{D}_{X_R}$-modules cohérents à caractéristiques $\subset$ card'', et réguliers le long de car d'' (avec un décalage pour les modules à droite). Cette équivalence se prolonge aux complexes et à la catégorie dérivée. Si car $M = Z$, on a car $M_R = Z' = F \bar{f}^{-1} Z$ ($=$ car $M \times$ card''), et si M est bien filtré on a $[M_R]^{an}_{Z'} = F_* \bar{f}^{-1} [M]^{an}_Z$ [*i. e.* $\sigma(M_R) = \sigma(M) \otimes \sigma(d'')$]. Mais l'image K-théorique $K^{an}_Z(T^* X) \to K^{an}_{Z'}(T^* Y)$ n'est pas un isomorphisme : en fait comme Y est de Stein on a $K^{an}_{Z'}(T^* Y) = K^{top}_{Z'}(T^* Y)$, et on a perdu au passage tous les modules continus de déformation.

Remarque 5. — La définition de $[M]^{top}_Z$ suppose que X (ou du moins la projection de Z) est compact. Lorsqu'il n'en est pas ainsi, il convient de tout restreindre à une partie compacte de X. Sans hypothèse de compacité on peut, si M est un $\mathscr{D}_X$-module bien filtrable et $Z = $ car M, définir $[M]^{top}_Z$ comme élément de lim proj $K_Z(T^* X_n)$ où X_n est une suite exhaustive de compacts de X; pour ce dernier groupe certaines propriétés de K^{top}_Z restent vraies, par exemple le théorème d'excision, et le théorème de périodicité de Bott; mais l'application canonique $K_Z(X) \to$ lim proj $K_Z(X_n)$, bien que toujours surjective, n'est en général pas injective, de sorte que le second membre ne donne pas lieu à une théorie cohomologique (et n'est pas raisonablement calculable).

4. Énoncé du théorème. Ellipticité relative

Nous définissons dans cette section l'ellipticité relative pour une application analytique $f: Y \to X$, Y variété à bord. Dans le cas d'une submersion cette notion a été introduite (sous un autre nom) par Houzel et Schapira [H-Sch], qui montrent que l'image directe $f_+ M$ d'un $\mathscr{D}$-module M relativement elliptique est cohérente et donnent une majoration naturelle de la variété caractéristique de cette image en fonction de $Z = $ car M : car $f_+ M \subset Z' = f_+ Z = \bar{f} F^{-1}(Z)$ [où comme au paragraphe 3 $\bar{f}: f^{-1}(T^* X) \to T^* X$ est la projection, et $F : f^{-1}(T^* X) \to T^* Y$ l'application cotangente]. Lorsque f est propre Malgrange [M] a démontré qu'on a $[f_+ M]^{an}_{Z'} = \bar{f}_+ F^{-1} [\bar{M}]^{an}_Z$ ce qui implique aussi $[f_+ M]^{top}_{Z'} = \bar{f}_* F^{-1} [\bar{M}]^{top}_Z$ (image K-théorique) d'après le théorème de Riemann-Roch (*cf.* introduction). Nous proposons ici une formule analogue lorsque Y a un bord (f non propre sur l'intérieur $\mathring{Y}$); dans ce cas il n'y a plus de formule en K-théorie analytique : si f n'est pas propre l'image directe ne préserve pas la cohérence des $\mathscr{O}$-modules et n'est plus définie pour la K-théorie analytique. Le théorème d'indice relatif montre que si M est relativement elliptique et possède une bonne filtration (donc $f_+ M$ est cohérent) $[f_+ M]^{top}_{Z'}$ ne dépend que de $[M]^{top}_Z$. C'est l'image K-théorique d'un « prolongement » canonique de $[M]^{top}_Z$ à un ensemble sur lequel $\bar{f}$ est propre. L'élément K-théorique correspondant est tout à fait naturel; sa description lorsqu'il y a un bord fait l'objet du paragraphe 4.1 (§ 4.3 pour le cas réel). La démonstration de la formule de l'indice est faite au paragraphe 5.

4.1. ELLIPTICITÉ RELATIVE GÉOMÉTRIQUE, LE CAS COMPLEXE. — Soient X, Y des variétés analytiques (ou plus généralement des parties compactes de variétés analytiques), et $f: X \to Y$ une application analytique.

On note

$$\text{(4.1)} \qquad \begin{cases} \bar{f}: & f^{-1}(T^*X) = Y \times_X T^*X \to T^*X \text{ la projection} \\ F: & f^{-1}(T^*X) \to T^*Y \text{ l'application cotangente} \end{cases}$$

On suppose désormais que Y est une variété à bord, *i.e.* définie par une inéquation analytique réelle $u \leqq 0$ dans une variété ambiante $\tilde{Y}$ avec $du \neq 0$ sur le bord ∂Y, qui est donc une hypersurface analytique réelle de $\tilde{Y}$. On définit alors les épaississements :

$$\text{(4.2)} \qquad Y_e = Y \cup_{\partial Y} N^+(\partial Y)$$

obtenu en recollant à Y le long de ∂Y le fibré conormal sortant $N^+(\partial Y) \subset T^*Y_{|\partial Y}$, ensemble des multiples positifs de $d'u$ (la partie holomorphe de du); $N^+(\partial Y)$ est un fibré en demi-droites réelles sur ∂Y, et ∂Y est identifié à la section nulle.

L'application f se prolonge en une application f_e continue, analytique par morceaux, constante sur les fibres de $N^+(\partial Y)$: $Y_e \to X$, et Y possède un voisinage tubulaire, homéomorphe à Y_e, dans $\tilde{Y}$. On note encore

$$\text{(4.3)} \qquad \begin{aligned} &\bar{f}_e: \ Y_e \times_X T^*X \to T^*X \text{ la projection} \\ &F_e: \ Y_e \times_X T^*X \to T^*Y \text{ le prolongement de F} \\ &\text{tel que } F_e(\eta, \xi) = \eta + F(\xi) \qquad \text{pour} \quad (\eta, \xi) \in N^+(\partial Y) \times_X T^*X. \end{aligned}$$

Soit $Z \subset T^*\tilde{Y}$ une partie fermée, conique. Posons $Z_e = F_e^{-1}(Z)$. La condition d'ellipticité relative géométrique pour Z s'énonce :

(E) Z_e ne contient pas de point $(\eta, \xi) \in N^+(\partial Y) \times_X T^*X$ tel que $\eta \neq 0$.

De façon équivalente : Z ne contient pas de covecteur $\eta + F(\xi)$, avec $\xi \in T^*X$, $\eta \neq 0$, partie holomorphe d'un covecteur orthogonal à ∂Y (*i.e.* de la forme $\lambda\, d'u$ avec $\lambda \in \mathbb{C}$, où $u = 0$ est une équation de ∂Y).

Supposons maintenant f propre sur $\operatorname{pr}(Z) \cap Y$. Si la condition d'ellipticité géométrique (E) est satisfaite, $\bar{f}_e$ est propre sur Z_e, et on définit l'image K-théorique :

$$\text{(4.4)} \qquad \bar{f}_{e*} F_e^{-1}: \ K_Z(T^*Y) \to K_{Z'}(T^*X) \qquad \text{avec} \quad Z' = \bar{f}_e F_e^{-1}(Z).$$

C'est le composé de l'image inverse $F_e^{-1}: K_Z(T^*Y) \to K_{Z_e}(Y_e \times_X T^*X)$, et de l'image directe K-théorique (propre) $\bar{f}_{e*}: K_{Z_e}(Y_e \times_X T^*X) \to K_{Z'}(T^*X)$.

Remarque 1. — Cette construction K-théorique suppose que Z (donc aussi Z′) est à base compacte, par exemple que X est compact. Si ce n'est pas le cas, il convient de tout restreindre à une partie compacte de X (par exemple une sous-variété à bord compacte) : remplacer X par une partie compacte $X_0 \subset X$, Y par l'image réciproque $Y \cap f^{-1}(X_0)$, etc.

Remarque 2. — Lorsque le bord ∂Y est vide, et Z analytique, Z′ est image propre d'un ensemble analytique complexe donc est analytique.

4.2. Ellipticité relative, énoncé du théorème. Le cas complexe. – Soit $f: Y \to X$ comme ci-dessus, avec Y à bord. Soit M un $\mathscr{D}_{\tilde{Y}}$-module.

On dit que M est relativement elliptique le long du bord ∂Y :

– lorsque f est une submersion, si toute section de M au voisinage d'un point de ∂Y est tuée par un opérateur différentiel vertical $P \in \mathscr{D}_{Y/X}$ elliptique, *i.e.* pour lequel le bord ∂Y est non caractéristique (vertical = dans l'algèbre d'opérateurs différentiels engendrée par les champs de vecteurs verticaux);

– dans le cas général, si $i_+ M$ est relativement elliptique pour p le long de $\partial Y \times X$, où $i: Y \to Y \times X$ est le graphe de f et $p: Y \times X \to X$ la projection.

Remarque 3. – M est toujours relativement elliptique si le bord ∂Y est vide.

Si M est relativement elliptique, $Z = \operatorname{Car} M$ vérifie la condition d'ellipticité géométrique (E) (la réciproque est fausse) : c'est évident si f est une submersion, et le cas général s'en déduit aussitôt. Le théorème d'indice relatif s'énonce alors comme suit :

Théorème 4.1. — *Soient* M *un* $\mathscr{D}_{\tilde{Y}}$*-module bien filtré, relativement elliptique,* $Z = \operatorname{Car} M$, $Z' = \bar{f}_e F_e^{-1}(Z)$. *Supposons en outre f propre sur* supp $M \cap Y$. *Alors :*

1. $f_+(M)$ *est à cohomologie cohérente et bien filtrée.*

2. *On a* $\operatorname{Car} f_+(M) \subset Z'$.

3. *Si Z est de base compacte on a* $[f_+(M)]_{Z'}^{\text{top}} = \bar{f}_{e*} F_e^{-1} [M]_Z^{\text{top}}$ (image K-théorique).

Remarque 4. – Les assertions (1) et (2) sont vraies sans hypothèse de compacité sur Z. Dans l'assertion (3) cette hypothèse intervient doublement : pour la définition de $[M]_Z^{\text{top}}$ (notre définition fait intervenir une résolution de rang fini de M et de telles résolutions n'existent en général qu'au voisinage d'un compact sur une base de Stein); et dans la définition des groupes de K-théorie et de l'image K-théorique. Si cette condition n'est pas remplie il convient de tout restreindre à une partie compacte de X, comme dans la remarque 1.

Remarque 5. – La notion d'ellipticité relative, dans le cas d'une submersion, et à la terminologie près, ainsi que les assertions 1 et 2 du théorème 4.1 sont dus à Ch. Houzel et P. Schapira [H-Sch]. En fait leur énoncé, comme celui de 1 et 2 est local sur la base X : il suffit que M possède de bonnes filtrations au voisinage de chaque fibre de f.

Remarque 6. – Il est probable que, sous les hypothèses du théorème 4.1, Z' est analytique; il suffirait pour montrer cela de montrer que Z' est inchangé si l'on « épaissit » un peu Y, en vertu du théorème des applications semi-propres de Kuhlman.

Le théorème 4.1 ainsi que l'analogue dans le cas réel, seront démontrés au chapitre 5.

4.3. Ellipticité relative géométrique. Le cas réel. – Soient X, Y des variétés analytiques réelles, $f: Y \to X$ une application analytique. Nous noterons X^c, Y^c des complexifiées de X et Y, et encore f le prolongement. On notera $T_{\mathbf{R}}^* X \subset T^* X^c$ le fibré cotangent réel de X (si $x_1 \ldots x_n$ sont des coordonnées locales réelles sur X, $z_j = x_j + iy_j$

les coordonnée complexifiées correspondantes sur X^c, dz_j correspond à dx_j dans l'inclusion; de même pour Y). On note $Y' = iT^*_{\mathbb{R}} Y$ le fibré cotangent imaginaire pur de Y, et

$$(4.5) \qquad \begin{cases} \tilde{f}_{\mathbb{R}}: & Y' \times_{X^c} T^* X^c \to T^* X^c \text{ la projection} \\ F_{\mathbb{R}}: & Y' \times_{X^c} T^* X^c \to T^* Y^c \text{ l'application } (\eta, \xi) \to \eta + {}^t f' \xi. \end{cases}$$

Soit ρ une fonction analytique réelle sur Y^c telle que $\rho = 0$ sur Y, $\rho > 0$ sur $Y^c - Y$, et ρ soit transversalement elliptique le long de Y (*i.e.* le hessien transverse est $\gg 0$). De telles fonctions existent si Y est paracompacte, à cause du théorème de plongement de Grauert. Quitte à rétrécir Y^c on peut en outre supposer ρ propre, strictement plurisousharmonique, et $d'\rho \neq 0$ dans $Y^c - Y$. Modèle : $\rho = |\operatorname{Im} y|^2$ si $Y = \mathbb{R}^n$, $Y^c = \mathbb{C}^n$.

On suppose maintenant que Y est une variété à bord, définie par une inéquation $u(y) \leqq 0$, avec u analytique réelle, $du \neq 0$ sur ∂Y, dans une variété réelle $\tilde{Y}$. Nous noterons Y^c le complexifié de $\tilde{Y}$, et encore u le prolongement holomorphe. (Le bord ∂Y est donc la partie réelle (*i.e.* $\subset Y$) de l'hypersurface réelle d'équation $\operatorname{Re} u = 0$.) Pour $\varepsilon > 0$ on note

$$(4.6) \qquad Y_\varepsilon = \text{l'ensemble des } y \in Y^c \text{ tels que } \varepsilon \operatorname{Re} u + \rho \leqq \varepsilon^2.$$

Les Y_ε forment un système de voisinages tubulaires complexes de Y dans Y^c (système fondamental si Y est compacte); on a $Y = \bigcap Y_\varepsilon$.

Comme au paragraphe 4.1, introduisons les épaississements

$$(4.7) \qquad Y_e = Y \cup_{\partial Y} N^+ (\partial Y)$$

où $N+(\partial Y)$ est le fibré conormal sortant de ∂Y, ensemble des multiples positifs de du au-dessus de ∂Y.
$Y'_e = \mathrm{pr}^{-1}(i T^*_{\mathbb{R}} Y)$ où pr est la projection $Y_e \to Y$;
$\tilde{f}'_e$: $Y'_e \times_{X^c} T^* X^c \to T^* X^c$ la projection;
F'_e: $Y'_e \times_{X^c} T^* X^c \to T^* Y^c$ l'application qui prolonge $F_{\mathbb{R}}$ par

$$F'_e(\eta, i\eta', \xi) = \eta + i\eta' + {}^t f' \xi \qquad \text{pour} \quad (\eta, i\eta', \xi) \in N^+(\partial Y) \times_{Y^c} i T^* Y \times_{X^c} T^* X^c.$$

Soit maintenant $Z \subset T^* Y^c$ une partie fermée, conique (*i.e.* stable par homothétie de rapport complexe), telle que f soit propre sur $p(Z) \cap Y$ (où p est la projection $T^* Y^c \to Y^c$). La condition géométrique d'ellipticité relative réelle, pour Z; s'énonce :

(ER) $\tilde{f}_e$ est propre sur $F'^{-1}_e(Z)$.

Elle se décompose en deux :

$(\mathrm{ER})_Y$ Z ne contient pas de covecteur imaginaire pur (ou réel) non nul au-dessus de Y.

$(\mathrm{ER})_{\partial Y}$ Z ne contient pas, au-dessus de ∂Y, de covecteur non nul de la forme $\eta + i\xi$, avec $\eta \in N^+(\partial Y)$, ξ réel $\in T^*_{\mathbb{R}} Y$.

Exemple. — Dans le cas absolu (X réduit à un point), si Z est la variété caractéristique complexe d'un système d'équations aux dérivées partielles, la condition $(\mathrm{ER})_Y$ signifie que ce système est elliptique sur Y. La condition $(\mathrm{ER})_{\partial Y}$ signifie que ce système satisfait aux conditions d'ellipticité au bord de Lopatinsky-Shapiro sans qu'il soit nécessaire de lui adjoindre d'autres conditions aux limites autrement dit qu'il est aussi hyperbolique pour ∂Y.

Supposons f propre sur Y (ou seulement sur $\mathrm{pr}(Z) \cap Y$). Si la condition géométrique (ER) est satisfaite, $\bar{f}_e$ est propre sur $Z_e = F_e'^{-1}(Z)$ et on définit l'image K-théorique

$$(4.8) \qquad \bar{f}'_{e*} F_e'^{-1} : K_Z(Y'_e) \to K_{Z'}(T^* X)$$

où on a posé $Z' = \bar{f}'_e(Z_e)$, et $T^* X$ est la restriction à X du fibré cotangent complexe $T^* X^c$. C'est le composé de l'image inverse $F_e'^{-1} : K_Z(Y'_e) \to K_{Z_e}(Y'_e \times_{X^c} T^* X^c)$ et de l'image directe K-théorique $\bar{f}'_{e*}$, bien définie ici parce que $\bar{f}'_e$ a une structure spin^c (virtuelle) canonique : en effet son but est la variété complexe $T^* X^c$, et sa source $Y'_e \times_{X^c} T^* X^c$ est homotope au fibré de base $T^*_{\mathbb{R}} Y \times_{X^c} T^* X^c$ de fibre la fibre complexe de $T^* X^c$; elle porte une structure presque complexe canonique (à homotopie près), provenant de la structure complexe des fibres et de la structure symplectique de la base $T^*_{\mathbb{R}} Y$ (la convention de signe pour $T^*_{\mathbb{R}} \mathbb{R}^n$, dont on note la variable ($x \in \mathbb{R}^n$, $\xi \in$ la fibre), plus généralement pour $T(T^*_{\mathbb{R}} Y)$, est que la variable holomorphe est $\xi + ix$).

Si $\mathrm{pr}(Z) \cap Y$ est compact, ou si comme dans la remarque 1 on a restreint à ce qui se passe au-dessus d'un compact de X, la condition (ER) implique que Z est géométriquement elliptique le long de ∂Y_ε (condition E) pour $\varepsilon > 0$ assez petit; sinon il existe des suites $\varepsilon_n \to 0$ ($\varepsilon_n > 0$), $\zeta_n \in N^+(\partial Y_{\varepsilon_n}) \cap Z$, $\zeta_n \neq 0$, et on vérifie aussitôt que toute direction limite de celles des ζ_n fournit un contrexemple à l'une des conditions $(ER)_Y$ ou $(ER)_{\partial Y}$.

La réciproque est fausse, et ceci conduit à poser la définition suivante :

DÉFINITION 4.2. — *Soit $Z \subset T^*_{\mathbb{R}} Y^c$ fermé, conique, analytique. On dit que Z est géométriquement relativement presqu'elliptique (au sens réel) s'il est géométriquement relativement elliptique* [*au sens de* (E)] *le long de ∂Y_ε pour $\varepsilon > 0$ assez petit.*

La notion introduite dans cette définition dépend du choix des fonctions ρ et u qui entrent dans la définition de Y_ε. On peut l'améliorer et la rendre plus intrinsèque, mais nous n'aurons pas besoin de cela dans la suite.

Supposons f propre (ou propre sur $\mathrm{pr}(Z) \cap Y$) et Z géométriquement presqu'elliptique. Alors l'image K-théorique $K_Z(T^* Y) \to K_{Z'}(T^* X)$ est définie par passage à la limite sur les Y_ε ($\varepsilon \to 0$), comme en (4.4). Lorsque Z est géométriquement elliptique, on retrouve la définition ci-dessus (4.7) car les germes de $(Y_{\varepsilon e}, Z_{\varepsilon e})$ ($\varepsilon \to 0$) et (Y'_e, Z_e) sont homotopes (le premier est voisinage tubulaire du second), et la convention de signe ci-dessus est celle qui rend compatibles la structure spin^c de $\bar{f}_{\varepsilon e}$ provenant des structures complexes, et celle de $\bar{f}'_e$.

4.4. ELLIPTICITÉ, PRESQU'ELLIPTICITÉ RELATIVE. ÉNONCÉ DU THÉORÈME, CAS RÉEL. — Soit $f : Y \to X$ une application analytique réelle comme ci-dessus; nous conservons les notations du n° 4.3. Soit M un $\mathscr{D}_{Y^c}$-module. Si f est une subimmersion nous dirons que f est relativement elliptique (au sens réel, pour Y, ∂Y) si pour tout $y \in Y$ (resp. ∂Y), toute section s de M au voisinage de Y, et tout covecteur $i\xi$ imaginaire pur de projection non nulle dans $T^*_{Y/X}$ (resp. de la forme $\eta + i\xi$ avec ξ réel de projection $\neq 0$ dans $T^*_{Y/X}$, η proportionnel à $d'u$, où $u = 0$ est l'équation de ∂Y), il existe un opérateur vertical

$P \in \mathscr{D}_{Y/X}$, elliptique en ce covecteur [*i.e.* $\sigma_P(i\xi) \neq 0$ resp. $\sigma_P(\eta + i\xi) \neq 0$] tel que $s.P=0$. Si M est relativement elliptique au sens réel, $Z = \operatorname{Car} M$ est géométriquement elliptique, *i.e.* satisfait à $(ER)_Y$ et $(ER)_{\partial Y}$. En outre M est relativement presqu'elliptique au sens de la définition suivante, qui, elle, est stable par image directe immersive (f quelconque) :

DÉFINITION 4.5. — M *est relativement presqu'elliptique si pour tout* $\varepsilon > 0$ *assez petit* M *est relativement elliptique le long de* ∂Y_ε *(au sens complexe).*

Exemple. — Dans le cas absolu (X réduit à un point) on sait (*cf.* [BM 2]) que tout $\mathscr{D}_{Y^c}$-module holonôme est presqu'elliptique (mais en général pas elliptique). Dans le cas relatif, il est faux qu'un $\mathscr{D}_{Y^c}$-module holonôme ou relativement holonôme soit presqu'elliptique. On a cependant l'assertion suivante : soient i: $\begin{smallmatrix} Y & \rightarrow & Y' \\ & \searrow \ \swarrow & \\ & X & \end{smallmatrix}$ une immersion relative, et M un $\mathscr{D}_{Y^c}$-module cohérent relativement presqu'elliptique. Alors l'image directe $i_+(M)$ est relativement presqu'elliptique (mais en général pas elliptique, même si M l'est). En effet, localement, le complexe de Koszul de l'immersion est exact hors de $i(Y^c)$ ($i_+(M)$ est porté par $i(Y^c)$), et aux points de $i(Y)_\varepsilon$, $i_+(M)$ est elliptique.

Le théorème de l'indice relatif dans le cas réel s'énonce alors comme suit :

THÉORÈME 4.4. — *Supposons f propre sur* $\operatorname{supp}(M) \cap Y$, *où* M *est un* $\mathscr{D}_{\tilde{Y}}$*-module bien filtré, relativement presqu'elliptique. Alors :*

1. $f_+(M)$ *est à cohomologie cohérente et bien filtrée.*
2. *On a* $\operatorname{Car} f_+(M) \subset Z' = \bigcap_{\varepsilon > 0} Z'_\varepsilon$.
3. *Si de plus* Z *est à base compacte, le symbole* $[f_+(M)]_{Z'}^{\text{top}}$ *est l'image* K*-théorique de* $[M]_Z^{\text{top}}$, *obtenue par passage à la limite* ($\varepsilon \rightarrow 0$).

Si f est submersive et M relativement elliptique, la troisième formule peut encore s'écrire :

$$[f_+(M)]_{Z'}^{\text{top}} = \bar{f}'_{e*} F_e'^{-1} [M]_Z^{\text{top}}. \tag{4.9}$$

5. Démonstration du théorème

Nous donnons dans cette section la démonstration du théorème d'indice relatif. Il y a deux ingrédients : l'un est essentiellement algébro-géométrique : comparaison de deux éléments de K-théorie obtenus à partir de deux filtrations d'un $\mathscr{D}$-module. L'égalité des deux éléments a été démontré dans [M]. L'autre est analytique : moyennant quelques réductions faciles (5.1) on se ramène au cas où Y est un fibré en ellipsoïdes $Q_\varepsilon \times X$, et on applique le théorème d'indice d'une famille d'opérateurs de Toeplitz du paragraphe 2 (5.2).

5.1. RÉDUCTIONS DIVERSES. — Soit $f: Y \rightarrow X$ une application analytique (Y variété à bord), M un $\mathscr{D}_{\tilde{Y}}$-module (où $\tilde{Y}$ est un voisinage de Y, complexe si Y est réelle). Nous allons d'abord montrer comment on peut faire des simplifications sur X, Y et f pour démontrer le théorème d'indice relatif pour M et f.

(*a*) *Plongement.* – Le théorème de l'indice est vrai si f est une immersion (proposition 3.1). Dans le cas général, remplaçons Y par $Y \times X$, M par $i_+ M$, où i est le graphe de f, et f par la deuxième projection $p : Y \times X \to X$. Observons que le théorème d'indice est vrai pour f et M si et seulement s'il l'est pour p et $i_+ M$. On est ainsi ramené au cas où f est la deuxième projection d'un produit de variétés (en particulier est submersive), aussi bien dans le cas complexe que dans le cas réel.

(*b*) *Réduction du cas complexe au cas réel.* – La cohérence de $f_+ M$, et la majoration de son ensemble caractéristique dans le cas complexe sont démontrés dans [H-Sch] (on peut aussi les déduire du chapitre 5.2, compte tenu que la cohomologie d'un complexe holomorphe d'opérateurs de Fredholm dans des espaces de Banach est cohérente). Nous montrons ici comment la formule de l'indice dans le cas complexe se déduit du cas réel : le théorème de l'indice relatif est stable par image inverse submersive, dans le cas propre. Pour le démontrer dans le cas complexe pour $f : Y \to X$ et pour le $\mathcal{D}_{\tilde{Y}}$-module M (Y complexe), nous allons montrer qu'il suffit de le prouver pour $f_{\mathbf{R}} : Y_{\mathbf{R}} \to X_{\mathbf{R}}$ et le $\mathcal{D}_{\tilde{Y}_{\mathbf{R}}}$-module $M_{\mathbf{R}}$. Ceci se fait en deux crans. Nous nous sommes déjà ramenés au cas où f est la deuxième projection $Y \times X \to X$ où Y est une variété à bord complexe. Considérons le diagramme

$$\begin{array}{ccccc} Y \times X & \xleftarrow{p'} & Y \times X_{\mathbf{R}} & \xleftarrow{p} & Y_{\mathbf{R}} \times X_{\mathbf{R}} \\ \downarrow f & & \downarrow f' & & \downarrow f_{\mathbf{R}} \\ X & \xleftarrow{P} & X_{\mathbf{R}} & \xleftarrow{\mathrm{Id}} & X_{\mathbf{R}} \end{array}$$

où f' est la projection $Y \times X_{\mathbf{R}} \to X_{\mathbf{R}}$, $f_{\mathbf{R}}$ la projection $Y_{\mathbf{R}} \times X_{\mathbf{R}} \to X_{\mathbf{R}}$, p' (resp. p, P) la projection $Y \times X_{\mathbf{R}} \to Y \times X$ (resp. $Y_{\mathbf{R}} \times X_{\mathbf{R}} \to Y \times X_{\mathbf{R}}$, $X_{\mathbf{R}} \to X$). Dans le premier cran M est remplacé par $M' = p'^+ M$, dans le deuxième par $M_{\mathbf{R}} \simeq p^+ p'^+ M$. Le premier cran consiste à ajouter, en haut et en bas, les mêmes variables conjuguées de celles de X et les mêmes équations de Cauchy-Riemann de $X_{\mathbf{R}}$; il ne change donc rien pour la formule de l'indice, qui est vraie pour M', f' si et seulement si elle l'est pour M, f.

Examinons le deuxième cran, et vérifions que $M_{\mathbf{R}}$ est relativement elliptique et *a fortiori* presqu'elliptique. Observons que $M_{\mathbf{R}} = p^+ M'$ est engendré par les sections $p^{-1}(s) \otimes \alpha$, où s est une section de M' et α un générateur local d'ordre 0 de $\mathcal{D}_{Y \times X_{\mathbf{R}} \leftarrow Y_{\mathbf{R}} \times X_{\mathbf{R}}}$. Pour tout $\xi \in T^* \bar{Y} \simeq T^* Y_{\mathbf{R}}/Y \simeq T^* Y_{\mathbf{R}} \times X_{\mathbf{R}}/Y \times X_{\mathbf{R}}$, $\xi \neq 0$, α est annulé par un opérateur vertical $P \in \mathcal{D}_{\tilde{Y}}$, de symbole non nul en ξ (un coefficient de $d'' = d_{Y_{\mathbf{R}}/Y}$). En particulier $p^+ M'$ est elliptique à l'intérieur de $Y_{\mathbf{R}}$. Plaçons nous en un point du bord de $Y_{\mathbf{R}} \times X_{\mathbf{R}}$ et soit un covecteur $\eta + i\xi$ avec $\eta \perp \partial Y_{\mathbf{R}}$, ξ réel, de projection verticale non nulle dans $T^* Y_{\mathbf{R}} \times X_{\mathbf{R}}/X_{\mathbf{R}} \simeq T^* Y_{\mathbf{R}}$. Soit $(\eta' + i\xi', \eta'' + i\xi'')$ la décomposition en parties holomorphes et antiholomorphes de la composante verticale de $\eta + i\xi$. Il s'agit, comme au paragraphe 4.4 de construire Q vertical, non caractéristique en $\eta + i\xi$, tel que $p^{-1}(s) \otimes \alpha Q = 0$. Si $\eta'' + i\xi'' \neq 0$, c'est possible d'après ce qui précède. Dans le cas contraire ξ'' est proportionnel à $d''u$ (où $u = 0$ est une équation de $\partial Y_{\mathbf{R}}$), donc puisque ξ est réel, ξ' est proportionnel à $d'u$, ainsi que $\eta' + i\xi'$. D'après la définition du paragraphe 4.2, il existe Q vertical ($Q \in \mathcal{D}_Y \simeq \mathcal{D}_{Y \times X_{\mathbf{R}}/X_{\mathbf{R}}} \subset \mathcal{D}_{Y_{\mathbf{R}} \times X_{\mathbf{R}}/X_{\mathbf{R}}}$) tel que $s . Q = 0$ donc

$p^{-1}(s)\otimes\alpha=0$. Ceci étant on a vu que le morphisme $M' \to p_+ p^+ M'$ est un isomorphisme (§ 3, exemples 7 et 8) compatible par définition avec la formation des symboles. Il en résulte bien que le théorème de l'indice pour M_R, f_R équivaut au même théorème pour M', f'. Ainsi le théorème de l'indice dans le cas réel implique celui-ci dans le cas complexe.

Dans la fin de la démonstration, nous nous placerons en fait dans la situation intermédiaire du diagramme ci-dessus : base réelle, fibre complexe (un ellipsoïde Q_ε).

(*c*) *Réduction du cas réel au cas complexe.* — Inversement supposons X, Y réelles, $f: Y \to X$ analytique, et soit M un $\mathscr{D}_{\tilde{Y}}$-module bien filtré relativement presqu'elliptique. Alors, avec les notations du paragraphe 4, M est elliptique dans le voisinage complexe Y_ε de Y, pour $\varepsilon>0$ assez petit. Il en résulte (*cf.* [H-Sch]) que $f_+(M_\varepsilon)_{|X}$ est constant pour $\varepsilon>0$ assez petit, *i.e.* les morphismes canoniques déduits des inclusions $Y_\varepsilon \subset Y_{\varepsilon'}$ pour $\varepsilon \leqq \varepsilon'$ sont des quasi-isomorphismes. Compte tenu des identifications, canoniques à homotopie près, faites au paragraphe 4, on voit que le théorème de l'indice relatif dans le cas réel presqu'elliptique (et en particulier dans le cas elliptique) résulte de ce théorème dans le cas complexe.

(*d*) *Plongement dans un fibré en boules.* — Dans cette dernière réduction nous allons montrer comment nous ramener au cas où f est la deuxième projection $B_N \times X \to X$, où B_N est la boule unité d'un espace numérique $\mathbb{R}^N$. Soient donc $f: Y \to X$ une application analytique, M un $\mathscr{D}_{\tilde{Y}}$- module bien filtré ($\tilde{Y}$ voisinage de Y), relativement presqu'elliptique. Nous avons vu qu'on peut supposer X et $\tilde{Y}$ réelles, f submersive. On peut aussi bien sûr modifier $(Y, \partial Y)$ arbitrairement en dehors d'un voisinage de supp $M \cap Y$.

Il existe un plongement $i_0 : \tilde{Y} \hookrightarrow \mathbb{R}^{N-1}$ pour N assez grand. Si f est propre sur supp $M \cap Y$, il existe une fonction continue $r \geqq 1$ sur X telle que $|i_0(y)| \leqq r(x)/2$ pour $y \in \operatorname{supp} M \cap Y$, $x=f(y)$. Soit d'autre part $u<0$ une inéquation de définition de Y ($du \neq 0$ sur ∂Y). Quitte à remplacer u par $u/2(u^2+1)^{1/2}$, on peut supposer $|u|<1/2$. Posons $i_1(y)=i_0(y)/r(x)$: $\tilde{Y} \to \mathbb{R}^{N-1}$ et soit $Y_1 \subset \tilde{Y}$ l'ensemble $\{|i_1|^2-u<1\}$: c'est un voisinage ouvert de supp $M \cap Y$. Soit enfin $i : Y_1 \to \mathbb{R}^N \times X$ ($\mathbb{R}^N$ identifié à $\mathbb{R}^{N-1} \times \mathbb{R}$), défini par

$$i(y)=(i_1(y), (1-|i_1(y)|^2+u(y))^{1/2}, f(y)).$$

Alors i est un plongement d'un voisinage Y_2 de supp $M \cap Y$ dans un ouvert de $\mathbb{R}^N \times X$ qui envoie un voisinage de supp $M \cap \mathring{Y}$ dans Y_2 dans $B_N \times X$, et plonge transversalement $Y_2 \cap \partial Y$ dans $S_N \times X$ ($S_N=\partial B_N$), parce que $du \neq 0$ sur ∂Y. Quitte alors à remplacer Y par $B_N \times X$, f par la deuxième projection, et M par M' avec $M'=i_+(M)$ au voisinage de $i(\operatorname{supp} M \cap Y)$, $M'=0$ ailleurs, on est ramené au cas indiqué. D'après *c*, en supposant X compacte (ou en restreignant tout au-dessus d'une partie compacte de X), on peut encore gonfler la fibre réelle B_N dans les directions imaginaires, et la remplacer par l'ellipsoïde Q_ε ($|\mathrm{Re}\, z|^2+\varepsilon^{-1}|\mathrm{Im}\, z|^2 \leqq 1+\varepsilon$) de $\mathbb{C}^N$ si est assez petit. C'est dans ce dernier cas que nous ferons la démonstration.

5.2. Fin de la démonstration. Bonnes résolutions verticales. — Comme indiqué dans la section précédente nous démontrons le théorème de l'indice relatif dans le cas où X est compact de Stein dans une variété de Stein (par exemple réel), $Y=Q_\varepsilon \times X$ (Y est de Stein), et $f: Y \to X$ est la deuxième projection. Nous démontrons le théorème pour un $\mathscr{D}_{\tilde{Y}}$-module (complexe pur); le cas d'un complexe de $\mathscr{D}_{\tilde{Y}}$-modules à cohomologie bien filtrée s'y ramène aussitôt (il suffit, puisque le deuxième terme de la formule de l'indice est additif, de regarder séparément chaque faisceau de cohomologie).

Comme dans [H-Sch] introduisons sur le faisceau $\mathscr{D}_Y$ des opérateurs différentiels sur Y la filtration verticale :

(5.1) $\quad F_p^f \mathscr{D}_Y =$ les opérateurs différentiels de degré horizontal $\leqq p$

i.e. localement de la forme $\sum_{|\alpha| \leqq p} a_{\alpha\beta}(x, \xi)\, \partial_x^\alpha \partial_z^\beta$, où x désigne la variable de X, z celle de $Q_\varepsilon \subset \mathbb{C}^n$. On a donc en particulier

(5.1) *bis* $\quad F_0^f \mathscr{D}_Y = \mathscr{D}_{Y/X}$, faisceau des opérateurs verticaux

(5.1) *ter* $\quad F_p^f \mathscr{D}_Y = \mathscr{D}_{Y,\, p} \mathscr{D}_{Y/X} = \mathscr{D}_{Y/X} \mathscr{D}_{Y,\, p}$.

Le gradué $\mathrm{gr}^f \mathscr{D}_Y$ s'identifie au faisceau en algèbres graduées, filtrées, non commutatives :

(52) $$\mathrm{gr}^f \mathscr{D}_Y \simeq \mathscr{D}_{Y/X}[TX] \subset \mathscr{D}_{Y \times_X T^*X/T^*X}$$

des opérateurs différentiels verticaux à coefficients polynômes sur les fibres de T^*X. Un élément homogène de degré p, d'ordre $\leqq q$, de cette algèbre, se met donc localement sous la forme

$$\sum_{\substack{|\alpha| = p \\ |\beta| \leqq q}} a_{\alpha\beta}(y)\, \xi^\alpha \partial_z^\beta.$$

Le bigradué $\mathrm{gr}\, \mathrm{gr}^f \mathscr{D}_Y$ s'identifie à l'algèbre bigraduée des fonctions polynomiales dans les fibres sur $T^*_{Y/X} \times_X T^*X$. Soit M un $\mathscr{D}_{\tilde{Y}}$-module à droite bien filtré, $F = (F_j M)$ sa filtration. La filtration verticale de M est

(5.3) $$F_m^f M = \sum_{p+q=m} F_q M F_q^f \mathscr{D}_Y = F_m M \mathscr{D}_{Y/X}.$$

On a $F_p^f M = F_0^f M F_p^f \mathscr{D}_Y$ si M est engendré par M_0, et dans tous les cas $F_{p+1}^f M = F_p^f M F_1^f \mathscr{D}_Y$ pour p grand. Le gradué $\mathrm{gr}^f M$ est un $\mathrm{gr}^f \mathscr{D}_Y$-module gradué (et filtré), cohérent; de même $\mathrm{gr}\, \mathrm{gr}^f M$ est un $\mathrm{gr}\, \mathrm{gr}^f \mathscr{D}_Y$-module bigradué cohérent. Les algèbres bigraduées $\mathrm{gr}\, \mathrm{gr}^f \mathscr{D}_Y$ et $\mathrm{gr}^f \mathrm{gr}\, \mathscr{D}_Y$ s'identifient canoniquement. (Il n'en va pas de même en général pour $\mathrm{gr}\, \mathrm{gr}^f M$ et $\mathrm{gr}^f \mathrm{gr}\, M$.)

PROPOSITION 5.1. — *On suppose* M *bien filtré. Alors il existe une bonne résolution verticale localement libre finie de* M.

Autrement dit il existe un complexe localement libre

$$L : \quad \ldots L^{-j} \to L^{-j+1} \to \ldots L^{-1} \to L^0 \to 0$$

où les L^j sont munis de bonnes filtrations, et un quasi-isomorphisme (augmentation) $\varepsilon : L \to M$, tel que $\mathrm{gr}^f L \to \mathrm{gr}^f M$, $\mathrm{gr}\, \mathrm{gr}^f L \to \mathrm{gr}\, \mathrm{gr}^f M$ soient aussi des résolutions. (Ceci n'implique pas qu'il s'agisse d'une bonne résolution, *i.e.* gr L n'est pas nécessairement une résolution de gr M.)

Cette proposition se démontre exactement comme celle qui affirme l'existence d'une bonne résolution, pour la filtration usuelle (*cf.* [BM-L-M], [Bj]). Décrivons plus en détail la construction d'une telle résolution. Comme Y est de Stein, gr gr^f M est engendré, au voisinage de tout compact, en tant que module bigradué, par un nombre fini de sections globales bihomogèes; il en existe donc une résolution localement libre bigraduée

$$l: \quad \ldots l^{-j} \to l^{-j+1} \to l^0 \to \mathrm{gr}\,\mathrm{gr}^f\,\mathrm{M} \to 0$$

dont nous noterons la différentielle d. l^{-j} est construit par récurrence en choisissant des sections bihomogènes au-dessus de Y qui engendrent le noyau de d^{-j+1} (resp. $\mathrm{gr}\,\mathrm{gr}^f\,\mathrm{M}$ pour $j=0$). C'est donc une somme directe

$$l^{-j} = \oplus\, l_{pq}^{-j}$$

où l_{pq}^{-j} est libre, bigradué, muni du décalage d'ordre $[-p, \ -q]$ de la bigraduation canonique. Le théorème des syzygies montre que pour j assez grand ($j \geqq 2$ dim Y) le noyau de d^{-j+1} est en fait bigradué localement libre, et la construction s'arrête (le dernier l^{-j} est seulement localement, peut-être pas globalement, libre). Dans la décomposition $l = \oplus\, l_{pq}$, d a une matrice $(d_{p'q'}^{pq})$ où le coefficient $d_{p'q'}^{pq}$ est bihomogène de degré $(p-p', q-q')$; en particulier $d_{p'q'}^{pq}=0$ si $p \leqq p'$ ou $q \leqq q'$.

Cette résolution l se relève en une résolution (graduée-filtrée) $\mathscr{L}$ de gr^f M dont nous noterons la différentielle $\delta = (\delta_{p'q'}^{pq})$. Le coefficient $\delta_{p'q'}^{pq}(z, x, \partial/\partial z, \xi)$ est donc homogène de degré $q-q'$ en ξ, et d'ordre $\leqq p-p'$ en $\partial/\partial z$. Il est aussi nul pour $p<p'$ ou $q<q'$. (On a noté les variables $x \in \mathrm{X}$, $z \in \mathrm{Q}_\varepsilon$.)

Enfin $\mathscr{L}$ se relève en une bonne résolution verticale L de M, comme indiqué (dans le coefficient $\mathrm{D}_{p'q'}^{pq}(z, x, \partial/\partial z, \partial/\partial x)$ de la différentielle D de L, les termes d'ordre maximal $q-q'$ en $\partial/\partial x$ sont d'ordre $\leqq p-p'$ en $\partial/\partial z$; ce coefficient est donc nul si $q<q'$, et d'ordre $<q-q'$ en $\partial/\partial x$ si $p<p'$).

Comme au paragraphe 4 notons Z = Car M, $\mathrm{Z}_e = \mathrm{Z} \cap (\zeta=0)$ les covecteurs horizontaux de Z, $\mathrm{Z}' \subset \mathrm{T}^*\mathrm{X}$ la projection. Notons encore $\mathrm{Z}_1 = \mathrm{Car}\ \mathrm{gr}^f\,\mathrm{M} \subset \mathrm{T}^*\mathrm{Q}_\varepsilon \times \mathrm{T}^*\mathrm{X}$ le support de $\mathrm{gr}\,\mathrm{gr}^f\,\mathrm{M}$, $\mathrm{Z}_{1e} \subset \mathrm{Q}_\varepsilon \times \mathrm{T}^*\mathrm{X}$ la partie horizontale de Z_1, $\mathrm{Z}'' \subset \mathrm{T}^*\mathrm{X}$ sa projection. On a évidemment $\mathrm{Z}_{1e} \subset \mathrm{Z}_e$ et $\mathrm{Z}'' \subset \mathrm{Z}'$.

PROPOSITION 5.2. — *Les assertions suivantes sont équivalentes :*

(i) M *est relativement elliptique.*

(ii) gr^f M *est relativement elliptique.*

(iii) *Si* M *est engendré par* M_0, gr_0^f M *est elliptique.*

(iv) *Les mêmes assertions sont vraies pour une bonne résolution verticale de* M.

L'équivalence de (i) et (ii) est une reformulation de la définition. Les autres assertions sont immédiates : l'ellipticité relative de gr^f M signifie que car gr^f M ne contient pas de covecteur relatif non nul $\eta \in \mathrm{T}_\mathrm{Y}^* \times_\mathrm{X} \mathrm{T}^*\mathrm{X}/\mathrm{T}^*\mathrm{X}$ normal au bord $\partial\mathrm{Y}$ [*i.e.* de la forme $\lambda\, d'u$, avec $\lambda \neq 0$, en un point de $\partial\mathrm{Y}$, où $u=0$ est une équation réelle de $\partial\mathrm{Y}$ et $d'u$ la partie holomorphe de du] (c'est la même définition qu'au paragraphe 4 puisque maintenant tous les opérateurs sont « verticaux »). Elle se lit géométriquement sur l'ensemble $Z_1 = \text{car gr}^f \text{M}$ (pas sur Z). Une bonne résolution verticale de M définit un complexe d'opérateurs de Toeplitz paramétré par T^*X, et l'ellipticité relative équivaut à l'ellipticité de ce complexe (au sens du § 2). (iii) correspond au fait que le complexe $\mathscr{L} = \text{gr}^f \text{L}$ est elliptique en tous les points $(x, \xi) \in T_x^* X$ d'une fibre si et seulement s'il l'est pour $\xi = 0$ [la matrice $(\delta_{p' q'}^{pq})$ de la différentielle de $\text{gr}^f \text{M}$ est triangulaire et tout se lit sur des termes de degré $q = 0$ en ξ]. De même $\mathscr{L}$ est exact au-dessus d'un point (x, ξ) [*i.e.* $\text{gr}^f \text{M}$ est nul au-dessus de (x, ξ)] si et seulement si le symbole d de δ est exact pour $\eta = 0$ ($\delta = (\delta_{p' q'}^{pq})$ possède alors une homotopie à coefficients rationnels homogènes de degré $q - q'$ en ξ, et d'ordre $\leqq p - p'$ en $\partial/\partial z$); en regroupant les termes de même degré p en $\partial/\partial z$, on voit qu'on est exactement dans la situation de la remarque 1 du paragraphe 2.

Soit alors M bien filtré, relativement elliptique, sur $Q_\varepsilon \times X$, et soit L une bonne résolution verticale de M comme ci-dessus. L'image directe $f_+ \text{M}$ est le complexe $f_*(L \otimes \mathscr{D}_{Y \to X})$, puisqu'ici le produit tensoriel dérivé se réduit à $\otimes$ (L est localement libre), et $\text{R} f_*$ se réduit à f_* ($f : Q_\varepsilon \times X \to X$ est relativement de Stein donc les composantes de L sont acycliques pour f_*). Dans la décomposition en produit $Y = Q_\varepsilon \times Y$, $\mathscr{D}_{Y \to X}$ s'identifie au produit externe, complété analytiquement, $\mathcal{O}_{Q_\varepsilon} \hat{\otimes} \mathscr{D}_X$ (opérateurs différentiels « horizontaux »). Comme indiqué on suppose $L = \oplus L_{pq}$, où L_{pq} est localement libre, muni du décalage d'ordre $[-p, -q]$ $(p, q \in \mathbb{Z})$ de la filtration canonique. Le gradué vertical $\text{gr}^f (f_+ \text{L})$ est le complexe d'opérateurs différentiels verticaux $\delta_{p' q'}^{pq}(\partial/\partial z, \xi)$ sur $Y \times_X T^* X = Q_\varepsilon \times T^* X$, à coefficients polynomiaux homogènes dans les fibres (en ξ). Nous le considérons comme un complexe d'opérateurs de Toeplitz sur Q_ε, paramétré par $\xi \in T^* X$. Si L est une bonne résolution verticale, $\mathscr{L} = \text{gr}^f \text{L}$ est elliptique, du type décrit au paragraphe 2, remarque 1, et nous pouvons lui appliquer les résultats de ce paragraphe. C'est un complexe de Fredholm analytique, homogène, paramétré par les points de $T^* X$; sa cohomologie est donc $\text{gr}\, \mathcal{O}_{T^* X}$-cohérente. Il s'agit ici de la cohomologie à coefficients dans les espaces de Sobolev $\mathcal{O}^s$, ou dans $\mathcal{O}^{-\infty} = \bigcup \mathcal{O}^s$, alors que celle qui nous intéresse est la cohomologie à coefficients fonctions holomorphes au voisinage de Y, ou, ce qui revient au même, à coefficients analytiques sur le bord ∂Y. Mais en fait le système d'équations différentielles sur $\partial Y/X$ obtenu en adjoignant aux équations différentielles qui décrivent $\text{gr}^f \text{M}$ les équations de Cauchy-Riemann tangentielles (qui décrivent les valeurs au bord de fonctions holomorphes dans Y) est elliptique si M est relativement elliptique, et à coefficients analytiques. La théorie des équations différentielles linéaires à coefficients analytiques montre alors que toutes ces cohomologies sont égales (ceci n'est qu'une reformulation élaborée du fait que les solutions d'une équation elliptique à coefficients analytiques sont analytiques).

Ceci étant l'image directe $\bar{f}_* (\text{gr}^f \text{L})$ est à cohomologie cohérente, où comme au paragraphe 4, $\bar{f}$ désigne la projection $Q_\varepsilon \times T^* X \to T^* X$. Cette image directe est le premier terme de la suite spectrale associée à la filtration verticale pour l'image directe $f_+ (\text{L})$. Par suite les termes suivants de cette suite spectrale sont tous cohérents. Par cohérence noethérienne, cette suite spectrale est stationnaire, et converge donc vers $\text{gr}\, f_+ (\text{L})$; $f_+ (\text{L})$ est donc à cohomologie cohérente, comme l'ont montré Houzel et Schapira [H-Sch]. En outre les éléments de K-théorie associés aux termes successifs de cette suite spectrale sont tous égaux, donc à la limite, et d'après le théorème 2.5 sur l'indice d'une famille opérateurs de Toeplitz, et la remarque 1 qui le suit (§ 2) on a

$$(5.4) \qquad [f_+ \mathrm{M}]^{\mathrm{top}}_{\mathrm{Z}''} = \mathrm{Ind}_{\mathrm{Z}''}(\mathrm{gr}^f \mathrm{M}) = \bar{f}_* [\mathrm{gr}^f \mathrm{M}]^{\mathrm{top}}_{\mathrm{Z}''} \quad \text{(image K-théorique)},$$

$\mathrm{gr}^f \mathrm{M} \subset \mathrm{T}^*_{\mathrm{Q/X}} \times_{\mathrm{X}} \mathrm{T}^* \mathrm{X}$ (le complexe d'opérateurs de Toeplitz correspondant à $\mathrm{gr}^f \mathrm{M}$ est exact en dehors de Z″).

Soit $\mathrm{Z}' \subset \mathrm{T}^* \mathrm{X}$ l'ensemble décrit au paragraphe 4, image dans $\mathrm{T}^* \mathrm{X}$ de l'ensemble des covecteurs horizontaux de car (M). On a $\mathrm{Z}'' \subset \mathrm{Z}'$, et $\mathrm{Z}_1 \subset \mathrm{T}^*_{\mathrm{Q/X}} \times_{\mathrm{X}} \mathrm{Z}'$, de sorte que l'égalité (5.4) se réécrit

$$(5.5) \qquad [f_+ \mathrm{M}]^{\mathrm{top}}_{\mathrm{Z}'} = \bar{f}_{e*} \mathrm{F}_e^{-1} [\mathrm{gr}^f \mathrm{M}]^{\mathrm{top}}_{\mathrm{Z}_1}$$

où $\bar{f}_e$, F_e sont définis comme au paragraphe 4 (on évalue le symbole du complexe d'opérateurs de Toeplitz correspondant à $\mathrm{gr}^f \mathrm{M}$ sur les covecteur normaux du bord $\partial \mathrm{Q/X}$).

Pour terminer il reste à faire le lien entre le membre de droite de (5.5), et l'élément $\bar{f}_{e*} \mathrm{F}_e^{-1} [\mathrm{M}]^{\mathrm{top}}_{\mathrm{Z}}$ qui figure dans l'énoncé du paragraphe 4. Nous reprenons essentiellement la démonstration de [M].

D'abord, par déformation au cône normal, on peut remplacer $[\mathrm{M}]^{\mathrm{top}}_{\mathrm{Z}}$ par $[\mathrm{gr}^f \mathrm{gr}\, \mathrm{M}]^{\mathrm{top}}_{\mathrm{Z}_2} \in \mathrm{K}_{\mathrm{Z}_2}(\mathrm{T}^*_{\mathrm{Q/X}} \times_{\mathrm{X}} \mathrm{T}^* \mathrm{X})$, où Z_2 est le support de $\mathrm{gr}^f \mathrm{gr}\, \mathrm{M}$. En effet notons h_σ l'homothétie $(\zeta, \xi) \to (\sigma\zeta, \xi)$ de $\mathrm{T}^* \mathrm{Q} \simeq \mathrm{T}^*_{\mathrm{Q/X}} \times_{\mathrm{X}} \mathrm{T}^* \mathrm{X} \simeq \mathrm{T}^* \mathrm{Q}_\varepsilon \times \mathrm{T}^* \mathrm{X} \, (0 < \sigma \leqq 1)$, et m_σ l'image inverse $h_\sigma^{-1}(\mathrm{gr}\, \mathrm{M})$. On a donc $\mathrm{gr}^f \mathrm{gr}\, \mathrm{M} = \lim m_\sigma$ (pour $\sigma \to 0$). Puisque M est verticalement elliptique il existe un voisinage bihomogène V du fibré conormal N_+ (privé de la section nulle) qui ne contient aucun point de $\mathrm{Z} = \mathrm{car}\, \mathrm{M}$, ni du « cône tangent » Z_2 (ou de Z_1). De façon équivalente il existe un ensemble fermé fixe Z_0 contenant les $\mathrm{h}_\sigma^{-1} \mathrm{Z}$ et leur limite Z_2, disjoint de N_+, et tel que $\mathrm{Z}_0 \cap \mathrm{H} = \mathrm{Z} \cap \mathrm{H} = \mathrm{Z}_2 \cap \mathrm{H} \, (= \mathrm{Z}_1 \cap \mathrm{H})$ (où $\mathrm{H} \simeq \mathrm{Q} \times_{\mathrm{X}} \mathrm{T}^* \mathrm{X}$ désigne l'ensemble des covecteurs horizontaux). Comme supp m_σ ne rencontre pas le voisinage fixe V de N_+ et que les covecteurs horizontaux $(\zeta = 0)$ ne bougent pas au cours de la déformation, $\mathrm{F}_e^{-1} [m\sigma]^{\mathrm{top}}_{\mathrm{Z}_0}$ est constant, donc on a à la limite $\mathrm{F}_e^{-1} [\mathrm{M}]^{\mathrm{top}}_{\mathrm{Z}} = \mathrm{F}_e^{-1} [\mathrm{M}]^{\mathrm{top}}_{\mathrm{Z}_0} = \mathrm{F}_e^{-1} [\mathrm{gr}^f \mathrm{gr}\, \mathrm{M}]^{\mathrm{top}}_{\mathrm{Z}_0} = \mathrm{F}_e^{-1} [\mathrm{gr}^f \mathrm{gr}\, \mathrm{M}]^{\mathrm{top}}_{\mathrm{Z}_1}$ (dans le cas complexe propre, l'égalité analogue en K-théorie analytique est vraie).

Reste à comparer les images K-théoriques des deux éléments $[\mathrm{gr}\, \mathrm{gr}^f \mathrm{M}]$ et $[\mathrm{gr}^f \mathrm{gr}\, \mathrm{M}]$. Pour cela, suivant [M] on introduit

$$\mathscr{A} = \oplus \mathscr{D}_{pq} t^p s^q$$

où s, t sont des variables formelles qui commutent avec tout le reste, p et q sont entiers $\geqq 0$, et $\mathscr{D}_{pq} = \mathrm{F}_q \mathrm{F}^f_p \mathscr{D}_{\mathscr{Q}}$, faisceau des opérateurs différentiels de degré total $\leqq q$ et de degré horizontal $\leqq p$. C'est un faisceau cohérent d'algèbres bigraduées noethériennes, et $\mathscr{A}/(\mathscr{A}\, t + \mathscr{A}\, s)$ s'identifie au faisceau bigradué $\mathrm{gr}^f \mathrm{gr}\, \mathscr{D}$.

On choisit la bonne filtration de M de sorte qu'il soit engendré par M_0; on pose $\mathrm{M}_{pq} = M_0 \mathscr{D}_{pq}$, et on introduit le $\mathscr{A}$-module bigradué cohérent

$$\mathscr{M} = \oplus \mathrm{M}_{pq} t^p s^q$$

de sorte qu'on a les identifications

$$\operatorname{gr}\operatorname{gr}^f \mathrm{M} \simeq \bigoplus \mathrm{M}_{pq}/(M_{p-1,\infty}+\mathrm{M}_{p,q-1})\, t^p s^q$$
$$\operatorname{gr}^f \operatorname{gr} \mathrm{M} \simeq \bigoplus \mathrm{M}_{pq}/(M_{p-1,q}+\mathrm{M}_{\infty,q-1})\, t^p s^q$$

où on a noté, par abus, $\mathrm{M}_{p-1,\infty}$, resp. $\mathrm{M}_{\infty,q-1}$ les éléments de M_{pq} de degré horizontal $\leqq p-1$, resp. de degré total $\leqq q-1$.

Or on a $\mathscr{M}/\mathscr{M}\,t=\bigoplus\ (\mathrm{M}_{pq}/\mathrm{M}_{p-1,q})\, t^p s^q$ et le sous-module de s-torsion de $\mathscr{M}/\mathscr{M}\,t$ est $\bigoplus (\mathrm{M}_{p-1,\infty}/\mathrm{M}_{p-1,q})\, t^p s^q$. Ainsi si $\mathscr{N}$ désigne le $\mathscr{A}$-module $\mathscr{M}/\mathscr{M}\,t$ mod. sa s-torsion, on a $\operatorname{gr}\operatorname{gr}^f \mathrm{M} \simeq \mathscr{N}/\mathscr{N}\,s$.

De même $\operatorname{gr}^f \operatorname{gr} \mathrm{M}$ s'identifie à $\mathscr{K}/\mathscr{K}\,s$, où $\mathscr{K}=\mathscr{M}/\mathscr{M}\,s$ mod. sa t-torsion.

Posons $\mathscr{M}^{1,\infty}=\mathscr{M}/(\mathscr{M}\,s+\mathscr{M}\,t)$. C'est un $\mathscr{A}$-module cohérent, porté par $s=t=0$ donc cohérent sur $\operatorname{gr}\operatorname{gr}^f \mathscr{D}$. Son support Z_3 contient Z_1 et Z_2 puisque $\operatorname{gr}\operatorname{gr}^f \mathrm{M}$ et $\operatorname{gr}^f \operatorname{gr} \mathrm{M}$ sont quotients de $\mathscr{M}^{1,\infty}$ et on a $\mathrm{Z}_1 \cap \mathrm{H}=\mathrm{Z}_2 \cap \mathrm{H}=\mathrm{Z}_3 \cap \mathrm{H}$ (les trois contiennent les mêmes covecteurs horizontaux). Enfin Z_3 comme les autres est disjoint de N_+ si M est relativement elliptique.

Si on effectue la multiplication par s dans la suite exacte

$$0 \to (\mathscr{M}/\mathscr{M}\,t)_s \to \mathscr{M}/\mathscr{M}\,t \to \mathscr{N} \to 0$$

on voit que le noyau de la surjection $\mathscr{M}/(\mathscr{M}\,s+\mathscr{M}\,t) \to \mathscr{N}/\mathscr{N}\,t$ est le conoyau de la multiplication par s dans la s-torsion $(\mathscr{M}/\mathscr{M}\,t)_s$ de $\mathscr{M}/\mathscr{M}\,t$. Celle-ci est aussi portée par Z_3. On a donc

$$[\operatorname{gr}\operatorname{gr}^f \mathrm{M}]_{\mathrm{Z}_3}^{\mathrm{an}}=[\mathscr{M}^{1,\infty}]_{\mathrm{Z}_3}^{\mathrm{an}}-[\operatorname{coker} s]_{\mathrm{Z}_3}^{\mathrm{an}},$$

et exactement de même

$$[\operatorname{gr}^f \operatorname{gr} \mathrm{M}]_{\mathrm{Z}_3}^{\mathrm{an}}=[\mathscr{M}^{1,\infty}]_{\mathrm{Z}_3}^{\mathrm{an}}-[\operatorname{coker} t]_{\mathrm{Z}_3}^{\mathrm{an}},$$

égalités dans la K-théorie des $\mathscr{A}/(\mathscr{A}\,t+\mathscr{A}\,s) \simeq \operatorname{gr}\operatorname{gr}^f \mathscr{D}$-modules cohérents portés par Z_3. On a d'autre part la suite exacte de $\mathscr{A}$-modules

$$0 \to \ker s \to (\mathscr{M}/\mathscr{M}\,t)_s \xrightarrow{s} (\mathscr{M}/\mathscr{M}\,t)_s \to \operatorname{coker} s \to 0.$$

Bien que $(\mathscr{M}/\mathscr{M}\,t)_s$ ne soit pas un $\mathscr{A}/(\mathscr{A}\,t+\mathscr{A}\,s)$-module il est de (s, t)-torsion, porté par Z_3, et cela implique l'égalité en K-théorie analytique :

$$[\ker s]_{\mathrm{Z}_3}^{\mathrm{an}}=[\operatorname{coker} s]_{\mathrm{Z}_3}^{\mathrm{an}}$$

et de même $[\ker t]_{\mathrm{Z}_3}^{\mathrm{an}}=[\operatorname{coker} t]_{\mathrm{Z}_3}^{\mathrm{an}}$ où $\ker t$, $\operatorname{coker} t$ désignent les noyau et conoyau de la multiplication par t dans la t-torsion de $(\mathscr{M}/\mathscr{M}s)$.

Or M est par construction sans t-torsion ni s-torsion, de sorte que les sous modules de $\mathscr{M}/\mathscr{M}\,t$ resp. $\mathscr{M}/\mathscr{M}\,s$ annulés par s resp. t sont isomorphes [tous deux isomorphes au quotient du sous-module de $\mathscr{M}\times\mathscr{M}$ annulé par $(x, y) \to xs-yt$ par le sous module engendré par les sections (zt, zs)]. On a donc $[\operatorname{coker} s]_{\mathrm{Z}_3}^{\mathrm{an}}=[\operatorname{coker} t]_{\mathrm{Z}_3}^{\mathrm{an}}$; ceci démontre l'égalité $[\mathrm{gr}\,\mathrm{gr}^f\,\mathrm{M}]^{\mathrm{an}}_{Z_3}=[\mathrm{gr}^f\,\mathrm{gr}\,\mathrm{M}]^{\mathrm{an}}_{Z_3}$, donc *a fortiori* l'égalité en K-théorie topologique ou celle qui s'en déduit par image inverse F_e^{-1}, et termine la démonstration.

Remarque. — Soit X un espace métrique compact, $f: Q \to X$ une variété analytique à bord relative propre, réelle ou complexe, *i.e.* localement Q est fermé dans un produit $X \times \mathbb{R}^n$ ou $X \times \mathbb{C}^n$, défini par une inéquation $u(x, z) \leqq 0$ où u est continue, partiellement analytique en z, et $d_z u \neq 0$ sur le bord; dans le cas complexe on impose en outre que Q soit strictement pseudo-convexe, *i.e.* Q est de Stein et u peut être choisi de sorte que la matrice $\partial^2 u/\partial z_j \partial \bar{z}_k$ soit hermitienne $\gg 0$ (les changements de carte doivent respecter la fibration et l'analyticité partielle). On dispose alors du faisceau $\mathcal{O}_Y$ des fonctions analytiques dans les fibres, et du faisceau $\mathcal{D}_{Y/X}$ des opérateurs différentiels verticaux analytiques dans les fibres; on a une notion de complexe d'opérateurs différentiels verticaux et pour un tel complexe, d'ellipticité relative (*i.e.* le bord est non caractéristique) ou de presqu'ellipticité relative dans le cas réel (*i.e.* le système est relativement elliptique sur une famille à un paramètre de voisinages complexes à bord Y_s de Y, d'intersection Y). Un tel complexe P a un symbole σ_P, qui est un complexe de fibrés vectoriels sur T^*Y/X. Définissons $Y_e \subset T^*Y/X$ comme au paragraphe 4, réunion de la section nulle de Y et du fibré en demi-droites N_+. Soient $Z=\mathrm{car}\,P$, et $Z_1=Z \cap Y_e$; on a $Z_1 \subset Y$ si P est relativement elliptique, et le symbole σ_P définit alors un élément $[P]_{Z_1} \in K^{\mathrm{top}}_{Z_1}(Y_e)$. Au complexe P correspond une « famille continue d'opérateurs de Toeplitz » T_P, elliptique, paramétrée par X, dont il est naturel de penser que l'indice est donné par la formule du paragraphe 4 : dans le cas complexe $\mathrm{Ind}_Z\,Tp=$ image K-théorique de $[P]_{Z_1}$, où $Z'=f(Z_1) \subset X$ (T_P est exact en dehors de Z'), et la formule qui s'en déduit par passage à la limite dans le cas réel. Dans le cas réel sans bord elliptique, cette formule n'est autre que la formule d'indice relative d'Atiyah et Singer (avec en plus l'indication sur les supports), Lorsque Y est un produit $Q_\varepsilon \times X$, c'est la formule du paragraphe 2. Lorsque X et Y sont des variétés, que f est une submersion analytique, et que P correspond à un $\mathcal{D}_{Y/X}$-module cohérent, elle se ramène aussitôt à l'énoncé du paragraphe 4 appliqué au $\mathcal{D}_Y$-module $P \otimes \mathcal{Q}_{Y/X}\mathcal{D}_Y$. Dans le cas général la formule est vraie et se démontre comme ci-dessus, en remplaçant P par le système réel P_R, puis en plongeant dans un produit (boule) $\times$ X qu'on approche par des produits $Q_\varepsilon \otimes X$. La seule difficulté nouvelle réside dans la définition de l'indice $\mathrm{Ind}_Z\,T_p$, car T_p n'est pas une famille continue au sens de la norme d'opérateurs de Fredholm, sauf dans le cas où Y est un produit (il n'y a pas de fibré hilbertien naturel au sens fort où T_p opère : même dans le cas réel où Y est une fibration localement triviale, les automorphismes des fibres qui servent de changement de cartes induisent des familles fortement continues, mais pas continues en norme, de transformations de $L^2(Y/X)$; dans le cas complexe $Y \to X$ n'est en général pas une fibration localement triviale).

Comme dans [A−S] | V on contourne cette difficulté de la façon suivante : $\mathcal{O}(X/Y)$ (resp. $L^2(X/Y)$) définit un fibré hilbertien de groupe structural le groupe des opérateurs intégraux de Fourier adaptés (au sens de [BM1]) d'une fibre (resp. des difféomorphismes préservant le bord d'une fibre dans le cas réel); bien que non continu pour la norme, ce groupe a le bon goût de préserver les familles continues d'opérateurs de Toeplitz. Ceci suffit pour définir l'indice. Ainsi si Y est complexe, si E et F sont deux fibrés partiellement analytiques sur Y, p une section continue de L(E, F), T_p la famille correspondante d'opérateurs de Toeplitz (le cas général se ramène à ce cas), et si on suppose p elliptique, il existe, comme dans le cas où Y est un produit, un espace vectoriel fini F_0 et une application linéaire $u : F_0 \to \mathcal{O}_Y(Y; F)$ tels que $T_{P,x} \oplus u_x$ soit surjectif pour tout $x \in X$; le noyau $E_0 = ker(T_{P,x} \oplus u_x)$ est alors un fibré vectoriel sur X; si T_P est inversible hors de $Z \subset X$ l'inverse définit un isomorphisme de fibrés $v : E_0 \to F_0 \times X$ en dehors de Z et on définit comme Jänisch $\mathrm{Ind}_Z T_p =$ (la classe de $v : E_0 \to F_0$). (Une autre méthode consisterait à tout ramener au bord ∂Y et rendre réel en ajoutant les équation de Cauchy-Riemann tangentielles; on est alors dans la situation de [A-S].)

BIBLIOGRAPHIE

[A] M. F. ATIYAH, *K-theory*, Benjamin, Amsterdam.

[A-S] M. F. ATIYAH et I. M. SINGER, *the Index of Elliptic Operators I* (*Ann. Math.* vol. 87, 1968, p. 484-530; III, *loc. cit.*, p. 546-604; *IV loc. cit.*, vol. 92, 1970, p. 119-138).

[A-B-S] M. F. ATIYAH, R. BOTT et A. SCHAPIRO, *Clifford Modules* (*Topology*, vol. 3, supplément, 1964, p. 3-83).

[Bj] J. E. BJÖRK, *Rings of Differential Operators*, North Holland, 1979.

[B] A. BOREL *et al.*, *Algebraic D-modules*, Perspect. in *Math.* n° 2, Academic Press 1987.

[B-F-MPh] P. BAUM, W. FULTON et R. MACPHERSON, *Riemann-Roch and Topological K-theory for singular Varieties* (*Acta Math.*, vol. 143, n° 3-4, 1979, p. 155-192).

[BM1] L. BOUTET DE MONVEL, *On the Index of Toeplitz Operators of Several Complex Variables* (*Inventiones Math.*, vol. 50, 1979, p. 249-272).

[BM2] L. BOUTET DE MONVEL, *Systèmes presqu'elliptiques : une autre démonstration de la formule de l'indice* (*Astérisque*, vol. 131, 1985, p. 201-216).
L. BOUTET DE MONVEL, *The Index of Almost Elliptic Systems. E. de Giorgi Colloquium* (*Research notes in Math.*, vol. 125, Pitman, 1985, p. 17-29).

[BM-L-M] L. BOUTET DE MONVEL, M. LEJEUNE et B. MALGRANGE, *Opérateurs différentiels et pseudodifférentiels* (*Séminaire*, Grenoble, 1975-1976).

[BM-Sj] L. BOUTET DE MONVEL et J. SJÖSTRAND, *Sur la singularité des noyaux de Bergman et de Szegö* (*Astérisque*, vol. 34-35, 1976, p. 123-164).

[C-B] H. CORNALBA-P. GRIFFITHS, *Analytic Cycles and Vector Bundles in Non Compact Algebraic Varieties* (*Invent. Math.*, vol. 28, 1975, p. 1-106).

[Gra] H. GRAUERT, *Ein Theorem der analytischen Garben-theorie und die modulräume komplexe Structuren* (*IHES Sci. Publ. Math.*, n° 5, 1960).

[Gro] A. GROTHENDIECK, *SGA V, théorie des intersections et théorème de Riemann-Roch* (*Lecture Notes in Math.*, vol. 225, Springer-Verlag, 1971).

[Hi] F. HIRZEBRUCH, *Neue topologische Methoden in der algebraiche Geometrie*, Springer-Verlag, Berlin.

[Hö] L. HÖRMANDER, *The Analysis of Linear Partial Differential Operators*, vol. III et IV, *Grundlehren der Math. Wiss*, 124.

[H-Sch] Ch. HOUZEL et P. SCHAPIRA, *Images directes de modules différentiels*, (*C.R.A.S.*, 298, 1984, p. 461-464).

[K1] M. KASHIWARA, *Index Theorem for a Maximally Overdetermined System of Linear Differential Equations* (*Proc. Jap. Acad.*, vol. 49-10, 1973, p. 803-804).

[K2] M. KASHIWARA, *b-fonctions and Holonomic Systems* (*Invent. Math.*, vol. 38, 1976, p. 33-54).

[K3] M. KASHIWARA, *Analyse microlocale du noyau de Bergmen.* (*Séminaire Goulaouic-Schwartz*, 1976-1977, exp. n° 8, École Polytechnique).

[K4] M. KASHIWARA, *Systems of microdifferential equations*, Birkhaüser, 1983.

[K-K-S] M. KASHIWARA, T. KAWAI et M. SATO. *Microfunctions and pseudo-differential Equations* (*Lecture Notes*, vol. 287, 1973, Springer-Verlag).

[La] G. LAUMON, *Sur la catégorie dérivée des D-modules filtrés* (*Thèse*, Orsay, 1983).

[L] R. N. LEVY, *Riemann-Roch Theorem for Complex Spaces* (*Acta Math.* vol. 158, 1987, p. 149-188).

[M] B. MALGRANGE, *Sur les images directes de $\mathscr{D}$-modules* (*Manuscripta Math.*, vol. 50, 1985, p. 49-71).

[Me-Sj] A. MELIN et J. SJÖSTRAND, *Fourier Integral Operators with Complex Valued Phase Functions* (*Lecture Notes*, vol. 459, 1974, p. 120-223).

(Manuscrit reçu le 16 mai 1988,
révisé le 2 juin 1989.)

L. BOUTET DE MONVEL,
Université Paris-VI,
4, place Jussieu,
75230 Paris Cedex 05

B. MALGRANGE,
Institut Fourier,
B.P. 74,
38402 Saint Martin-d'Hères Cedex, France.

5.6 Formal Norms and Star-Exponentials

Formal norms and star-exponentials, Lett. Math. Phys. **83** (2008), no. 3, 213–216. [B08b]

Lett Math Phys (2008) 83:213–216
DOI 10.1007/s11005-008-0227-x

Formal Norms and Star-Exponentials

LOUIS BOUTET DE MONVEL
UPMC Univ Paris 06, Institut de Mathématiques (UMR 7586), Analyse Algébrique, 75005 Paris, France. e-mail: boutet@math.jussieu.fr

Received: 22 December 2007 / Revised: 8 January 2008 / Accepted: 9 January 2008
Published online: 5 February 2008

Abstract. We recall in a more natural manner the description of the formal norm for pseudo-differential operators introduced by us in 1967 and show how this can be used to simplify a recent construction of star-exponentials.

Mathematics Subject Classification (2000). 53D55, 35S05.

Keywords. Analytic pseudo-differential operators, Star-products.

1. Introduction

In [3] Dito and Schapira constructed an algebra of germs of infinite order analytic "$\hbar$-pseudo-differential operators" depending on a parameter t, containing the exponentials $\exp \frac{i}{\hbar} tP$. Here we show how the formal norm of pseudo-differential operators (ψDOs) of [1] can be used to give a short explanation of their construction. The formal norm was introduced in [1] and was used to define and handle analytic pseudo-differential operators, whose theory was considerably expanded in [4]. It can be useful in many other problems concerning analytic pseudo-differential operators. I have repeated its description here, in a simplified and more natural manner; the application to star-exponentials is made in Section 3.

2. Formal Norms

2.1. $\hbar$-PSEUDO-DIFFERENTIAL OPERATORS

We first recall the formal pseudo-differential calculus that is used. The problem we are dealing with is essentially local, and we only do this on $\mathbb{R}^n$; we will not be concerned here with global problems, or the problem of switching between equivalent star-products: for ψDOs these are well understood and do not usually involve recursive computations for which the formal norm is useful.

Let U be an open set of $T^*\mathbb{R}^n \simeq \mathbb{R}^{2n}$, resp. of $T^*\mathbb{C}^n \simeq \mathbb{C}^{2n}$. A formal $\hbar$-ΨDO on U of degree 0 is a formal series

$$f = \sum_{j=0}^{\infty} \hbar^j f_j(x, \xi)$$

where the f_j are smooth functions on U, resp. holomorphic.

The star-product is defined, by the Leibniz formula, as[1]

$$f*g=\sum_\alpha \frac{(-i\hbar)^{-|\alpha|}}{\alpha!}\partial_\xi^\alpha f\,\partial_x^\alpha g=L_f g,\quad \text{with } L_f=\sum_\alpha \frac{i^{-|\alpha|}}{\alpha!}\partial_\xi^\alpha f\,(\hbar\partial_x)^\alpha \tag{1}$$

For formal operators we introduce a first formal norm:

$$N(f)=\sum_{j,k\geq 0} f_j^k \frac{T^{2j+k}}{(j+k)!} \tag{2}$$

where f_j^k denotes the norm of the kth derivative of f_j as a k-linear (symmetric) form:

$$f_j^k(x)=\sup_{|y_j|\leq 1}|f_j^{(k)}(y_1,\ldots,y_k)| \quad \text{at the point } x\in U$$

(this is a continuous function on U).

Also useful, and coherent with the notations for "ordinary" ψDOs, are formal $\hbar$-ΨDOs of degree d, of the form $h^{-d}f$ (f as above, d an integer, or any complex number). It is immediate to adapt the formal norm to these.

By definition f is "analytic" (or "convergent") if its formal norm $N(f)$ is a convergent series (this meaning that for any compact $K\subset U$ there exist $A,R>0$ such that for $x\in K$ its sum is $\leq A$ when $0\leq T<R$).

The following result follows immediately from standard inequalities on binomial coefficients:

THEOREM 1. *For the norm $N(f)$ we have the inequalities*

$$N(fg)\ll N(f)N(g),\quad N(\hbar\partial_i f)\ll T\,N(f). \tag{3}$$

$\ll$ means that the coefficient of T^k in the left-hand side is $\leq$ the same in the right-hand side. In the first inequality fg denotes the ordinary (commutative) product. The first inequality would work as well for many other denominators, e.g., the product $j!k!$; the denominator $(j+k)!$ was chosen for the second.

We now define a second formal norm:

$$N'(f)=N(L_f)=\sum N\left(\frac{1}{\alpha!}\partial_\xi^\alpha f\right)T^{|\alpha|} \tag{4}$$

PROPOSITION 2. *We have $N(f)\ll N'(f)\ll N(f)((1+n)T)$*

[1]The i in the formula is the i of the Fourier transformation. In essentially algebraic formulas as here, it could be omitted.

The first inequality is obvious; for the second we note that we have

$$N'(f) \ll \sum_{j,k,\alpha \geq 0} f_j^{k+|\alpha|} \frac{T^{2j+k+|\alpha|}}{(j+k+|\alpha|)!} \frac{(j+k+|\alpha|)!}{(j+k)!\ \alpha!}$$

and

$$\sum_{|\alpha| \leq m} \frac{(j+m)!}{(j+m-|\alpha|)!\,\alpha!} \leq (1+n)^{j+m}.$$

Thus f is analytic iff $N(f)$ or $N'(f)$ is convergent.

THEOREM 3. *For any formal* ψDOs f, g *we have*

$$N(f * g) \ll N'(f) N(g) \tag{5}$$

This follows immediately from Theorem 1. N, N' are not quite multiplicative norms, but just as good, e.g., if P is a polynomial, we have $N(P(f)) \ll |P|(N'(f))$ (where $|P|$ is obtained from P by replacing the coefficients by their norms). In [1] we constructed a multiplicative norm N'', with rather elaborate coefficients, and still not perfect because it does not satisfy $N''(1) = 1$.

2.2. PSEUDO-DIFFERENTIAL OPERATORS

The formal norm was originally defined for "ordinary" analytic pseudo-differential operators. Analytic pseudo-differential operators are constructed so that they preserve locally analyticity, an analytic wave front sets. Here we just recall how formal norms works for ΨDOs on open sets of $T^*\mathbb{R}^n$, and will not expand the theory further. The corresponding exponentials are the $\exp itP$ with $\deg \mathrm{P} = 1$, representing germs of Fourier integral transformations.

Locally (on $\mathbb{R}^n$) the formal norm for "ordinary" ψDO can be reduced to the preceding one. We recall how this works (it also works the other way round[2]): let $U \subset T^*\mathbb{R}^n$ be an open conical set [i.e. $(x, \xi) \in U \Rightarrow (x, \lambda\xi) \in U$ if $\lambda > 0$]. A "classical" ΨDO is a formal series $\sum f_j(x, \xi)$ where for each j, f_i is a smooth function homogeneous of degree $j \to -\infty$.[3] The composition law (star-product) is given again by the Leibniz rule (1).

To a formal ΨDO as above we may associate the $\hbar$-symbol $f_\hbar = \sum \hbar^{-j} f_j$ (this preserves the $*$-product). From there the formal norms and analyticity are defined in the same manner, and Theorem 3 holds in the same manner.

[2]There are many "natural" manners of relating $\hbar\Psi$DO's and "classical" ΨDO's (see e.g. [2]). As usual the local theory is easy, the global is not. But anyway one always gets the same analytic theory.

[3]One usually supposes that U does not meet the zero section $\xi = 0$ – if it does f_j must be polynomial in ξ and $j > 0$.

3. Star-exponentials

Formal series in t of the form

$$F = \sum_{m\geq 0} \left(\frac{t}{\hbar}\right)^m f_m(t), \tag{6}$$

where the $f_m = \sum_{k\geq 0} f_{m,k} t^k$ are formal series in t with coefficients $\hbar$-ΨDOs of degree 0, obviously form a ring (we get a slightly larger ring by allowing a factor h^{-k} in front; in the complex case we require that the f_m be holomorphic in t).

By definition such an object F is "convergent" (or analytic) if the formal series (in T, t)

$$\widetilde{N}(F) = \sum_{m\geq 0} m! N(f_m) T^m \tag{7}$$

is convergent ($N(f_m)$ denotes the formal series $\sum_{k\geq 0} N(f_{m,k}) t^k$)

THEOREM 4. *Convergent series as above form a ring.*

Indeed if F, G are convergent, we get

$$\begin{aligned}
\widetilde{N}(F * G) &= \sum_{p,q\geq 0} (p+q)! N(f_p * G_q) T^{p+q} \\
&\ll \sum_{p,q\geq 0} \frac{(p+q)!}{p!\, q!} (p! N'(f_p) T^p)(q! N(g_q) T^q) \\
&\ll (\widetilde{N}'(F)\widetilde{N}(G))(2T) \quad \left(\text{because } \frac{(p+q)!}{p!\, q!} \leq 2^{p+q}\right)
\end{aligned}$$

For example if f is of degree 0, $\exp \frac{i}{\hbar} t f$ is convergent in the above sense; it represents a germ of one parameter group of FIO transformations. Translating this for "usual" ψDOs is straightforward.

References

1. Boutet de Monvel, L., Krée, P.: Pseudo-differential operators and Gevrey classes. Ann. Inst. Fourier (Grenoble) **17**(fasc. 1), 295–323 (1967)
2. Boutet de Monvel, L.: Related semi-classical and Toeplitz algebras. In: Deformation quantization (Strasbourg, 2001). IRMA Lect. Math. Theor. Phys., vol. **1**, pp. 163–190. De Gruyter, Berlin (2002)
3. Dito, G., Schapira, P.: An algebra of deformation quantization for star-exponentials on complex symplectic manifolds. Commun. Math. Phys. **273**(2), 395–414 (2007)
4. Sato, M., Kawai, T., Kashiwara, M.: Microfunctions and pseudo-differential equations. In: Hyperfunctions and Pseudo-differential Equations (Proc. Conf., Katata, 1971; dedicated to the memory of André Martineau), Lecture Notes in Mathematics, vol. **287**, pp. 265–529. Springer, Berlin (1973)

Operators with Double Characteristics 6

6.1 Commentary by Bernard Helffer

The Works of Louis Boutet de Monvel on Operators with Double Characteristics

A few years after the creation of Fourier Integrals [6] by L. Hörmander and the possibility to look for normal forms, the mathematicians have first looked at operators of principal type (see for this subject [7]). It was then natural to start to look at operators with double characteristics. There were also motivations coming from complex analysis with the analysis of $\Box_b$ (see [2, 3]), from the results of L. Hörmander on $\sum_j X_j^2 + X_0$ [5] and some results by Grushin emphasizing the role of the lower order terms. In this context, it was not astonishing that at the same time J. Sjöstrand [15] and L. Boutet de Monvel [B74] look at the question. In Boutet de Monvel's approach the emphasis is in the construction of parametrices in a class of pseudo-differential operators whose definition is invariant by canonical transformations and takes into account that the principal symbol vanishes nicely on a regular submanifold Σ. Although the class was general, the corresponding question in hypoellipticity was only solved in the symplectic case (that is when the symplectic 2-form restricted to Σ is non degenerate). This was the PHD subject of Alain Grigis [4] to solve the constant rank case. This was the object of [BGrHe76] to treat the case with variable rank.

Here the efficiency of the approach is spectacular, it permits at the same time to find the conditions of hypoellipticity (invertibility of a family of operators with polynomial coefficients) and to obtain through the existence of these parametrices the so called "maximal hypoellipticity" (actually a necessary and sufficient condition). This condition can be made explicit (see [7]) in a more general situation (positive principal symbol) emphasizing the role of the subprincipal symbol. But this paper can be considered as the starting point of the research of the characterization of the maximal hypoellipticity for polynomials of vector fields (more generally of pseudodifferential operators with real symbols) a subject which was a twelve years work by many authors including R. Beals, C. Rockland, L. Rothschild, E. Stein, B. Helffer and J. Nourrigat (see [12] for the state of the art in 1985 and further contributions on systems by J. Nourrigat). Note also that the Boutet class was also efficient for the analysis of the spectral theory of these operators [10, 11] (see Menikoff-Sjöstrand [8, 9] for an alternative approach). Finally [B75b] provides an analysis of the propagation of singularities representing with the previous analysis some of

B. Helffer (✉)
Laboratoire de Mathématiques, Université Paris-Sud 11 and Laboratoire de Mathématiques, Jean Leray, Université de Nantes, F91405 Orsay Cedex, France
e-mail: Bernard.Helffer@math.u-psud.fr

V.W. Guillemin, J. Sjöstrand (eds.), *Louis Boutet de Monvel, Selected Works*, Contemporary Mathematicians, DOI 10.1007/978-3-319-27909-1_6

the results of the PHD thesis of Richard Lascar [14] devoted to the quasihomogeneous case. Here the microlocal point of view permits to formulate in an invariant way the propagation of the newly discovered wave front set by transporting a fine analysis of a model.

One could think that the Hörmander class of pseudo-differential operators was "killing" the previous works. This is not true because for each problem (here the maximal hypoellipticity) an adapted class, with a specific symbolic calculus, appears extremely useful. The Boutet class is a particularly nice example of this strategy.

Erratum to [BGrHe76]

- p. 94, lignes 5–6–7. La phrase correcte est: P possède une telle parametrixe à gauche (resp. à droite) si et seulement si, pour tout $(x, \xi) \in \Sigma$, l'opérateur différentiel $\sigma^k_{x,\xi}(P)$ est inversible à gauche dans $\mathcal{S}'(\mathbb{R}^n)$ (resp. à droite dans $\mathcal{S}(\mathbb{R}^n)$).
- p. 104, lines 7–8. La phrase correcte est: si et seulement si a_L est inversible à gauche dans $\mathcal{S}'(\mathbb{R}^n)$ (resp. à droite dans $\mathcal{S}(\mathbb{R}^n)$).

References

[B74] L. Boutet de Monvel. Hypoelliptic operators with double characteristics and related pseudo-differential operators. Comm. Pure Appl. Math. 27 (1974), 585–639.

[BGrHe76] L. Boutet de Monvel, A. Grigis and B. Helffer. Paramétrixes d'opérateurs pseudo-différentiels à caractéristiques multiples. Astérisque 34–35 (1976), 93–121.

[B75b] L. Boutet de Monvel. Propagation des singularités des solutions d'équations analogues à l'équation de Schrödinger. Fourier Integral Operators and Partial Differential Equations. Springer Lecture Notes in Mathematics 459 (1975), 1–14.

[1] R. Beals, C. Feffermann. Classes of inhomogeneous pseudo-differential operators. Proc. Nat. Acad. Sci. USA 10 (1973), 1500–1501.

[2] L. Boutet de Monvel, F. Trèves. On a class of pseudo-differential operators with double characteristics. Invent. Math. 24 (1974), 1–34.

[3] L. Boutet de Monvel, F. Trèves. On a class of pseudo-differential systems with double characteristics. Comm. Pure Appl. Math. 27 (1974), 59–89.

[4] A. Grigis. Hypoellipticité et paramétrix pour des opérateurs pseudodifférentiels à caractéristiques doubles. Astérisque 34–35 (1976), 183–205.

[5] L. Hörmander. Hypoelliptic second order differential equations. Acta Math. 119 (1967), 147–171.

[6] L. Hörmander. Fourier integral operators I, Acta Math. 127 (1971), 79–183.

[7] L. Hörmander. The analysis of linear pseudo-differential operators. (Chapter XXII). III. Grundlehren der Mathematischen Wissenschaften. Vol. 274, Springer-Verlag, Berlin 1985. Pseudo-differential operators.

[8] A. Menikoff, J. Sjöstrand. On the eigenvalues of a class of hypoelliptic operators. Math. Ann. 235 (1978), 55–85.

[9] A. Menikoff, J. Sjöstrand. On the eigenvalues of a class of hypoelliptic operators II. Lecture Notes in Math., 755, Berlin, Springer (1979), 201–247.

[10] A. Mohamed. Etude spectrale d'opérateurs hypoelliptiques à caractéristiques multiples. I. Ann. Inst. Fourier (Grenoble) 32 (1982), no. 3, 39–90.

[11] A. Mohamed. Etude spectrale d'opérateurs hypoelliptiques à caractéristiques multiples. II. Comm. Partial Differential Equations 8 (1983), no. 3, 247–316.

[12] B. Helffer, J. Nourrigat. Hypoellipticité maximale pour des opérateurs polynômes de champs de vecteurs. Birkhäuser Boston Inc., Boston, MA, 1985.

[13] B. Helffer, J. Sjöstrand. On diamagnetism and the de Haas-Van Alphen effect. Annales de l'IHP, section Physique théorique 52 (1990), 303–375.

[14] R. Lascar. Propagation des singularités des solutions d'équations pseudo-différentielles quasi homogènes. Ann. Inst. Fourier (Grenoble) 27 (1977), no. 2, 79–123.

[15] J. Sjöstrand. Parametrices for pseudo-differential operators with multiple characteristics. Ark. för Mat. 12 (1974), 85–130.

6.2 Hypoelliptic Operators with Double Characteristics and Related Pseudo-differential Operators

Hypoelliptic operators with double characteristics and related pseudo-differential operators, Comm. Pure Appl. Math. **27** (1974), 585–639. [B74]

COMMUNICATIONS ON PURE AND APPLIED MATHEMATICS, VOL. XXVII, 585–639 (1974)

Hypoelliptic Operators with Double Characteristics and Related Pseudo-Differential Operators*

LOUIS BOUTET DE MONVEL
Université, Paris VII

Table of Contents

Introduction

The purpose of this paper is to define classes of symbols and of pseudo-differential operators which will contain the parametrix of the heat operator

$$P_1 = \sum_1^{n-1} \left(\frac{\partial}{\partial x_j}\right)^2 + \frac{\partial}{\partial x_n},$$

or of operators such as

$$P_2 = \sum_1^{n-1} \left(\frac{\partial}{\partial x_j}\right)^2 + \left(\sum_1^{n-1} x_j^2\right) \left(\frac{\partial}{\partial x_n}\right)^2 + i\lambda \frac{\partial}{\partial x_n},$$

λ not an odd integer (Grushin [14]), i.e., operators which are doubly characteristic on a C^∞ cone Σ (for analogues of P_1, Σ is involutive, i.e., the ideal of functions which vanish on Σ is stable with respect to Poisson brackets;

* This work was partly supported by the NSF Visiting Senior Foreign Fellowship. Reproduction in whole or in part is permitted for any purpose of the United States Government.

for analogues of P_2, Σ is non-involutive (or symplectic), i.e., the restriction to Σ of the canonical 2-form $\sum d\xi_j \wedge dx_j$ is non-degenerate). In particular these will permit to construct parametrices for the induced Cauchy-Riemann complex $\bar{\partial}_b$ and for its square $\Box_b = \bar{\partial}_b \bar{\partial}_b^* + \bar{\partial}_b^* \bar{\partial}_b$: in this case, to say that the characteristic cone is symplectic is equivalent to saying that the Levi form is non-degenerate, which we shall assume in this paper.

Let us notice at once that the parametrix of the heat operator P_1, or of P_2, is a pseudo-differential operator of type $\frac{1}{2}$ (in the notation of Hörmander [15]). Although such operators give rise to L^2 estimates, as was proved by Calderon and Vaillancourt [6], and are pseudo-local (i.e., they decrease the wave front set), they do not allow a symbolic calculus similar to that for "classical" pseudo-differential operators. However, further conditions on the symbols may allow some kind of symbolic calculus; this was introduced and used by Beals and Fefferman in [2]. Our symbols and pseudo-differential operators are particular cases of those of [2]; but, because of simple "geometric" assumptions, we may make stronger assumptions on the symbols than those of [2], and this will allow a somewhat more refined symbolic calculus. In particular, our operators are stable with respect to elliptic Fourier integral transformations, and this allows the use of canonical transformations in the cotangent bundle, which greatly simplifies some problems.

Operators such as P_2 were studied by Grushin [14] and by Sjöstrand [22], as well as, by a somewhat different method, in [4] and [5]. They are studied in Section 8, the result of which is already stated in [22]. Our method is different from that of Sjöstrand (but not in a really essential way); since we dispose from the start of our operators and their symbolic calculus, the description is quite simplified.

To my knowledge, the result about operators which behave like the heat operator (Section 7) is new. Let us point out that, since our operators enable us to write parametrices for the heat operator, as well as for operators such as P_2 (which is analytic hypo-elliptic), it seems rather useless to hope for a more refined theory in which operators preserve local analyticity and analytic wave front sets, and which includes all the cases treated here.

The application to the induced Cauchy-Riemann complex $\bar{\partial}_b$ (Section 9) does not give new results—but hopefully our method provides a very clear description of the situation. It represents one step further in localization as compared to that of Kohn [17]. In the case of analytic coefficients, it is contained in the work of Sato (cf. [16], [20]), possibly in a more explicit form. An explicit description of the parametrix of $\Box_b = \bar{\partial}_b \bar{\partial}_b^* + \bar{\partial}_b^* \bar{\partial}_b$ was given by Folland and Stein [10] [11]. A semi-homogeneity property of distribution kernels which has been one of our guiding ideas for the construction of the symbols is brought out in their work.

Finally in Section 5 we give an account of the "Hermite operators" introduced in [4], [5] (and implicitly in [13] and [22]). These provide precise descriptions of the kernel and cokernel ($\bmod C^\infty$) of operators without local solutions such as $\partial/\bar{\partial}x_1 + ix_1\,\partial/\partial x_2$. For such operators, they enable us to construct a theory quite similar to the theory of elliptic boundary value problems: such problems were introduced by Egorov and Kondratiev for the oblique Neumann problem, and studied systematically by Grushin in [13] (cf. also [14]). We do not develop this theory here, although the symbolic calculus of Section 5 enables one to do it quite simply. Let us mention that with its aid, one can prove an index formula for operators analogous to P_2 (on a compact manifold); the formula is a variant of the Atiyah and Singer formula and will be published elsewhere.

Otherwise the paper is organized as follows: Section 1 gives the description of our symbols $S^{m,k}$ and their main properties. Section 2 is essentially a technical result about estimates for oscillating integrals that we shall need to compose such operators, as well as Fourier integral operators. Section 3 gives the description and the main properties of our pseudo-differential operators, and Section 4 the L^2 estimates they satisfy. Section 5 describes the "Hermite operators". Section 6 contains an easy but practical condition for the existence of a parametrix. Sections 7, 8 and 9 are applications to analogues of the heat operator, of P_2 (or $\Box_b$), and to $\bar{\partial}_b$. In Appendix I, we give a proof of the theorem of Calderon and Vaillancourt (the theorem is stated in the form given in [2]). In Appendix II we have grouped a number of constructions of suitable canonical coordinates, as well as related constructions, which we need in Sections 7, 8 and 9 (but which have nothing to do with constructions concerning $S^{m,k}$).

We make a rather extensive use of canonical transformations and Fourier integral operators, and assume that the reader is reasonably familiar with the work of Hörmander [15].

This work is an outgrowth of a work done in collaboration with F. Trèves (cf. [4], [5]). It was performed during my stay at the Mathematics Department of Rutgers University, and I wish to express my thanks for the very interesting year I have spent there.

0. Notations and Conventions

We use the standard notations for functions and distributions. A multi-index is a sequence $\alpha = (\alpha_1, \cdots, \alpha_n)$ of positive integers (the number n will usually be clear from the context). If α is a multi-index and $x \in \mathbb{R}^n$, we set

$$|\alpha| = \alpha_1 + \cdots + \alpha_n, \qquad \alpha! = \alpha_1! \cdots \alpha_n!,$$

$$x \cdot \alpha = x_1\alpha_1 + \cdots + x_n\alpha_n, \qquad x^\alpha = x_1^{\alpha_1} \cdots x_n^{\alpha_n}, \qquad \left(\frac{\partial}{\partial x}\right)^\alpha = \frac{\partial^{|\alpha|}}{\partial x_1^{\alpha_1} \cdots \partial x_n^{\alpha_n}}.$$

Thus the Taylor formula reads

$$f(x) = \sum_{|\alpha|<N} \left(\frac{\partial}{\partial x}\right)^{\alpha} f(0) \frac{x^{\alpha}}{\alpha!} + O(|x|^N) .$$

If X is a C^∞ manifold, we denote by $C^\infty(X)$ (respectively $C_0^\infty(X)$) the set of C^∞ functions on X (respectively also of compact support). To avoid confusion, we shall denote by $C^{-\infty}(X)$ (respectively $C_0^{-\infty}(X)$) the set of generalized functions (respectively also of compact support): it is the dual of the (topological) vector space of twisted n-forms (densities) with coefficients in C_0^∞. (We reserve the notation $\mathscr{D}'$ for the dual of C_0^∞. If $X = \mathbb{R}^n$ we identify the two by means of the Lebesgue measure).

We denote by $\mathscr{S}(\mathbb{R}^n)$ the Schwartz space of rapidly decreasing functions: thus $f \in \mathscr{S}$ if $x^\alpha(\partial/\partial x)^\beta f$ is bounded for any multi-indices α, β.

If $f \in \mathscr{S}$, we denote by $\hat{f}$ its Fourier transform:

$$\hat{f}(\xi) = \int e^{-ix\cdot\xi} f(x)\, dx .$$

Thus we have

$$f(x) = (2\pi)^{-n} \int e^{ix\cdot\xi} \hat{f}(\xi)\, d\xi .$$

If X is an open set of $\mathbb{R}^n$, a symbol on X is a C^∞ function $a(x, \xi)$ on $X \times R^n = T^* X$, "which does not grow too fast" when $\xi \to \infty$. The pseudo-differential operator $a(x, D)$ is then defined by:

$$a(x, D) f = (2\pi)^{-n} \int e^{ix\cdot\xi} a(x, \xi) \hat{f}(\xi)\, d\xi$$

(as far as this makes sense). If S is a set of symbols, we shall usually denote by OPS the set of operators $a(x, D) + R$ with $\alpha \in S$, R being an operator with C^∞ kernel. Thus OP$S^m_{\rho,\delta}$ is the set of pseudo-differential operators of degree m and type ρ, δ (in the notations of [15]), and OP$S^{-\infty}$ is the set of operators with C^∞ kernel. In many cases OPS does not depend on the choice of local coordinates, and is then defined on any manifold.

We shall say that a pseudo-differential operator A is "homogeneous" if we have $A = a(x, D)$ mod OP$S^{-\infty}$, where $a(x, \xi)$ has an asymptotic expansion (in the sense of [15])

$$a(x, \xi) \sim \sum_{j=0}^{\infty} a_{m-j}(x, \xi) \tag{0.1}$$

with a_{m-j} homogeneous of degree $m - j$ with respect to ξ (j integral).

More generally we shall say that a Fourier integral operator (cf. [15]) is "homogeneous" if it can be locally defined by

$$Ff(x) = \int e^{i\varphi(x,y,\theta)}\, a(x, y, \theta) f(y)\, dy\, d\theta\,,$$

φ being a phase function as in [15], and a a homogeneous symbol as above.

If $A = a(x, D)$ is a pseudo-differential operator, we call the function $a(x, \xi)$, or its class modulo $S^{-\infty}$, a complete symbol of A; it depends on the choice of local coordinates. If $A \in \mathrm{OP}S^m_{\rho,\delta}$ with $\rho = 1 - \delta > \frac{1}{2}$, we call the class of $a(x, \xi)$ modulo $S^{m-\rho+\delta}$ a symbol (or principal part) of A and denote it by $\sigma(A)$: if A is "homogeneous", $\sigma(A)$ behaves on the cotangent bundle like a homogeneous function. Let us recall that we have

$$\sigma(AB) = \sigma(A)\, \sigma(B)\,,$$

$$\sigma([A, B]) = \{\sigma(A), \sigma(B)\}\,,$$

where $\{f, g\}$ denotes the Poisson bracket:

$$\{f, g\} = \sum \frac{\partial f}{\partial \xi_j}\frac{\partial g}{\partial x_j} - \frac{\partial f}{\partial x_j}\frac{\partial g}{\partial \xi_j}\,.$$

Finally, if F is an elliptic Fourier integral operator associated with a canonical map ϕ (i.e., ϕ is a homogeneous map of degree 1: $T^*X - \{0\} \to T^*Y - \{0\}$ which preserves the canonical form $\sum d\xi_j \wedge dx_j$) we have

$$\sigma(F A F^{-1}) = \sigma(A) \circ \phi\,.$$

We refer to [15] for further details.

Let us recall that any continuous linear operator K: $C_0^\infty(X) \to \mathscr{D}'(Y)$ is defined by a kernel $k \in \mathscr{D}'(X \times Y)$. We shall say that K is compactly supported if k is of compact support, and that K is properly supported (or proper) if the two projections $\operatorname{supp} k \to X, Y$ are proper maps: then both K and its adjoint transform locally finite sums into locally finite sums.

If A is a pseudo-differential operator, the conic support of A (conic supp A) is the smallest closed cone in T^*X out of which (for one or any choice of local coordinates) the complete symbol of A is of degree $-\infty$.

If T is a generalized function (distribution), its wave front set $\mathrm{WF}(T)$ is the smallest closed cone of T^*X such that $AT \in C^\infty$ for any pseudo-differential operator A with conic supp $A \subset \mathscr{C}\,\mathrm{WF}(T)$. It will be convenient to localize results on the cotangent sphere SX: we say that a space E of distributions is local if it is stable under the action of compactly supported pseudo-differential operators of degree 0. If E is a local space of distributions, we denote by E_{comp} (respectively E_{loc}) the set of distributions $T \in E$ of compact support (respectively of all T such that $\varphi T \in E$ if $\varphi \in C_0^\infty$); and if U is an open conic set in $T^*X - \{0\}$, we say that T belongs to E in U if $AT \in E$ for any compactly supported pseudo-differential operator A of degree 0, with conic supp $A \subset U$. Thus the Sobolev spaces H^s, the space of C^∞ functions, and of generalized functions, are all local in the above sense. A local space gives rise to a sheaf on the cotangent sphere SX. In particular, the sheaf of microfunctions is the sheaf generated by all generalized functions: the set of germs of microfunctions at a point (x, ξ) in $T^*X - \{0\}$ is the quotient of $C^{-\infty}(X)$ by the subspace of those T for which $\mathrm{WF}(T)$ does not contain (x, ξ).

1. The Set of Symbols $S^{m,k}(U, \Sigma)$

We call a C^∞ principal bundle U under $\mathbb{R}_+$ (multiplicative group of positive real numbers) on a C^∞ manifold S a C^∞ cone.[1] For instance, let X be an open set in $\mathbb{R}^n$; then the cotangent bundle deprived of its 0-section, $T^*X - \{0\} = X \times (\mathbb{R}^n - \{0\})$, is a cone, homothetics being given by $\lambda \cdot (x, \xi) = (x, \lambda\xi)$, $\lambda > 0$, with basis $X \times S^{n-1}$. Of course, U is isomorphic to $S \times \mathbb{R}_+$, an isomorphism corresponding to a function $r > 0$, C^∞ and homogeneous of degree 1. In what follows, r will denote such a function (for instance $r = |\xi|$ in the example above).

Let U be a C^∞ cone, f and g two positive functions on U. We shall say that g dominates f, and write

$$f \lessdot g, \tag{1.1}$$

if for any subcone $U' \subset U$ with compact basis, and any $\varepsilon > 0$, there exists a a number C such that $f \leqq Cg$ in U', when $r > \varepsilon$.

We shall also say that f and g are equivalent, and write $f \approx g$ if $f \lessdot g$ and $g \lessdot f$. For instance if r_1 and r_2 are any two positive functions, homogeneous of degree 1, we have $r_1 \approx r_2$.

With this notation the space of symbols $S^m(U)$ (respectively $S^m_{1/2}(U)$) of [15] is the set of all C^∞ functions a on U such that for any C^∞ vector fields $X_1, \cdots, X_p$, homogeneous of degree 0, on U, we have $|X_1 \cdots X_p\, a| \lessdot r^m$ (respectively $r^{m+p/2}$).

Let U be the cone $\mathbb{R}^N \times \mathbb{R}_-$. We denote by $u = (x, y, r) \in \mathbb{R}^\nu \times \mathbb{R}^{N-\nu} \times \mathbb{R}_+$ the variable in U, and let Σ be the subcone $\mathbb{R}^{N-\nu} \times \mathbb{R}_+$

[1] In this paper, all manifolds are countable at infinity.

$(x = 0)$. We set

$$d_\Sigma = (|x|^2 + 1/r)^{1/2}. \tag{1.2}$$

The space $S^{m,k}(U, \Sigma)$ is the set of all C^∞ functions $a(u)$ on U such that for any intger p and any multi-indices α, β we have

$$\left|\left(\frac{\partial}{\partial x}\right)^\alpha \left(\frac{\partial}{\partial y}\right)^\beta \left(\frac{\partial}{\partial r}\right)^p a\right| \leqslant r^{m-p}\, d_\Sigma^{k-|\alpha|}. \tag{1.3}$$

Here m, k can be any real numbers, but in the sequel k will usually be an integer, and m a half-integer. We shall write $S^{m,k}$ instead of $S^{m,k}(U, \Sigma)$ if this does not lead to confusions. $S^{m,k}$ is a Frechet space when equipped with the semi-norms defined by the best possible constants in the inequalities (1.3), (1.1).

Since we have $r^{-1/2} \leqslant d_\Sigma \leqslant 1$, it follows that $S^{m,k} \subset S^{m-k_-/2}_{1/2}$ (with $k_- = \sup(0, -k)$).

1.4. Example. Let $a \in S^m(U)$ be a symbol of degree m (in the sense of [13]). We suppose that a has an asymptotic expansion $a \sim \sum_0^\infty a_{m-j/2}$ where, for all integers j, $a_{m-j/2}$ is C^∞ and homogeneous of degree $m - \frac{1}{2}j$. Let $k \geqslant 0$ be an integer. Then $a \in S^{m,k}$ if and only if $a_{m-j/2}$ vanishes of order at least $k - j$ on Σ (there is no condition if $j \geqq k$).

Proof: Let $a \sim \Sigma\, a_{m-j/2}$ as above, and assume $a \in S^{m,k}$. Then it follows from (1.3) that $(\partial/\partial x)^\alpha a \in S^{m,k-|\alpha|}$. Since $d_\Sigma = r^{-1/2}$ on Σ, this implies that $(\partial/\partial x)^\alpha a_{m-j/2} = 0$ on Σ if $j < k - |\alpha|$; thus $a_{m-j/2}$ vanishes of order $k - j$ on Σ if $j < k$. Conversely, if $a_{m-j/2}$ vanishes of order $k - j$ on Σ, then $(\partial/\partial x)^\alpha(\partial/\partial y)^\beta(\partial/\partial r)^p a_{m-j/2}$ is homogeneous of degree $m - \frac{1}{2}j - p$, and vanishes of order $(k - j - |\alpha|)_+$ (the positive part of $k - j - |\alpha|$). Now we have $|x| \leqslant d_\Sigma \leqslant 1$; hence

$$|x|^{(k-j-|\alpha|)_+} \leqslant d_\Sigma^{(k-j-|\alpha|)_+} \leqslant d_\Sigma^{k-j-|\alpha|}.$$

Since $d_\Sigma^{-j} \leqslant r^{j/2}$, we finally get

$$\left|\left(\frac{\partial}{\partial x}\right)^\alpha \left(\frac{\partial}{\partial y}\right)^\beta \left(\frac{\partial}{\partial r}\right)^p a_{m-j}\right| \leqslant r^{m-j-p}\, |x|^{(k-j-|\alpha|)_+} \leqslant r^{m-p}\, d_\Sigma^{k-|\alpha|}.$$

1.5. Example. Let $b = b(\xi, y, \rho)$ be a C^∞ function on $\mathbb{R}^\nu \times \mathbb{R}^{N-\nu} \times \mathbb{R}_+$, homogeneous of degree M with respect to (ξ, ρ) (i.e., $b(\lambda\xi, y, \lambda\rho) = \lambda^M b(\xi, y, \rho)$). Suppose further that there exists a number s such that, for any compact $K \subset \mathbb{R}^{N-\nu}$, any integer p, and any multi-indices α, β, there exists a constant C such that

$$\left| \left(\frac{\partial}{\partial \xi}\right)^{\alpha} \left(\frac{\partial}{\partial y}\right)^{\beta} \left(\frac{\partial}{\partial \rho}\right)^{p} b \right| \leqq C\rho^{s-p}(|\xi|^2 + \rho^2)^{(M-s-|\alpha|)/2}$$

if $y \in K$, $\rho > 0$ (all ξ). Then $a(x, y, r) = b(r^{3/2} x, y, r) \in S^{m,k}$ with $m = \frac{3}{2}M - \frac{1}{2}s$, $k = M - s$.

Proof: Writing $\xi = r^{3/2} x$, $\rho = r$, we get $(|\xi|^2 + \rho^2) = r^3(|x|^2 + 1/r)$. Thus it follows immediately from the preceding inequality that

$$\left| \left(\frac{\partial}{\partial x}\right)^{\alpha} \left(\frac{\partial}{\partial y}\right)^{\beta} \left(\frac{\partial}{\partial r}\right)^{p} a \right| \lesssim r^{3|\alpha|/2+s-p}(r^{3/2} d)^{M-s-|\alpha|} = r^{m-p}\, d^{k-|\alpha|} ,$$

with m, k as above.

We shall say that a symbol as given in Example 1.5 is semi-homogeneous (it is homogeneous if we assign to r the weight 1, to x the weight $-\frac{1}{2}$, and to y the weight 0). The degree of semi-homogeneity is $M = m - \frac{1}{2}k$; the degree m is related to the order of growth of $b(\xi, y, \rho) = a(\rho^{-3/2} \xi, y, \rho)$ near $\rho = 0$.

For instance, we have $d_\Sigma \in S^{0,1}$, and $d_\Sigma^t \in S^{0,t}$, $t \in \mathbb{R}$. More generally, if $a \in S^{m,k}$ and $a \gtrsim r^m d_\Sigma^k$, then $a^t \in S^{tm,tk}$; this follows easily from the fact that, with

$$a_{\alpha\beta p} = a^{-1}\left(\frac{\partial}{\partial x}\right)^{\alpha} \left(\frac{\partial}{\partial y}\right)^{\beta} \left(\frac{\partial}{\partial r}\right)^{p} a ,$$

we have

$$\left(\frac{\partial}{\partial x}\right)^{\alpha'} \left(\frac{\partial}{\partial y}\right)^{\beta'} \left(\frac{\partial}{\partial r}\right)^{p'} a^t = a^t Q(t, a_{\alpha\beta p}) ,$$

where Q is a polynomial with integral coefficients, and a sum of monomials of weight $(|\alpha'|, |\beta'|, p')$ if we assign to $a_{\alpha\beta p}$ the weight $(|\alpha|, |\beta|, p)$ (and to t the weight 0).

1.6. Proposition. *The product* $a, b \to ab$ *is continuous*: $S^{m,k} \times S^{m',k'} \to S^{m+m',k+k'}$.

This follows immediately from the Leibnitz formula.

1.7. Proposition. $S^{m,k} \subset S^{m',k'}$ *if and only if* $m \leqq m'$ *and* $m - \frac{1}{2}k \leqq m' - \frac{1}{2}k'$.

This follows from the inequalities $r^{-1/2} \lesssim d_\Sigma \lesssim 1$, and $d_\Sigma \lesssim r^{-1/2}$ on Σ, and $d_\Sigma \gtrsim 1$ in cones away from Σ.

1.8. PROPOSITION. *Let X be a vector field (derivation) with C^∞ coefficients, homogeneous of degree* 0. *Then,*

(i) *X is continuous*: $S^{m,k} \to S^{m,k-1}$;

(ii) *if X is tangent to Σ, it is continuous*: $S^{m,k} \to S^{m,k}$.

This follows from the definition if X is one of the vector fields $\partial/\partial x_j$, $\partial/\partial y_j$, $r\,\partial/\partial r$. In the general case, we have

$$X = \sum a_j \frac{\partial}{\partial x_j} + \sum b_j \frac{\partial}{\partial y_j} + cr\frac{\partial}{\partial r},$$

where a_j, b_j, c are C^∞ and homogeneous of degree 0 (so they belong to $S^{0,0}$ according to Example 1.4), and a_j vanishes on Σ if X is tangent to Σ (so it belongs to $S^{0,1}$ according to Example 1.4). The result is now a consequence of Proposition 1.6.

Let U be an arbitrary C^∞ cone, and $\Sigma \subset U$ a closed C^∞ subcone of codimension ν. Locally one can choose homogeneous coordinates $x_1, \cdots, x_\nu$, $y_1, \cdots, y_{N-\nu}$, r (with x_j, y_j homogeneous of degree 0, and r homogeneous of degree 1) so that $x_1 = \cdots = x_\nu = 0$ are the equations for Σ ($\Sigma \subset U$ is locally—over the basis of U—isomorphic to the model above). We define d_Σ from the local model, using a partition of unity. (In fact only the equivalence class of d_Σ for $\approx$ is well defined; d_Σ^2 is the sum of a strictly positive (> 0) function, homogeneous of degree -1, and of a positive ($\geqq 0$) function, homogeneous of degree 0, which vanishes exactly of order 2 on Σ (the transversal hessian is positive non-degenerate)). Proposition 1.8 is clearly independent of the choice of coordinates, and this justifies the following generalization of (1.3).

1.9 DEFINITION. We denote by $S^{m,k}(U, \Sigma)$ (or $S^{m,k}$) the Fréchet space of all C^∞ functions on U such that, for any vector fields $X_1, \cdots, X_p, Y_1, \cdots, Y_q$ with C^∞ coefficients, homogeneous of degree 0, the X_j being tangent to Σ, we have

$$|X_1 \cdots X_p\, Y_1 \cdots Y_q\, a| \lessapprox r^m\, d_\Sigma^{k-q}.$$

The next result follows directly from the definition, and is slightly stronger than the invariance under diffeomorphism mentioned above.

1.10. PROPOSITION. *Let U' be a second C^∞ cone, $\phi : U' \to U$ a C^∞ map, homogeneous of degree* 1, *transversal to Σ, and set $\Sigma' = \phi^{-1}(\Sigma)$. Then $a \to a \circ \phi$ is continuous*: $S^{m,k}(U, \Sigma) \to S^{m,k}(U', \Sigma')$.

From (1.3) (or Definition 1.9) we see that, for any k, $\bigcap_m S^{m,k} = S^{-\infty}$ (the set of symbols of degree $-\infty$ of [15]). For any m, $S^{m,\infty} = \bigcap_k S^{m,k}$ is the set of symbols $a \in S^m$ which vanish to the infinite order on Σ modulo $S^{-\infty}$ (i.e., a is the sum of a symbol of degree $-\infty$ and of a symbol of degree m which vanishes of infinite order on Σ). The intersection $\bigcap_j S^{m-j,-2j} = \mathscr{H}^m$ will be studied in more detail in Section 5; its elements are symbols of degree $-\infty$ in $U - \Sigma$. We shall need the following results ("successive approximations").

1.11. Proposition. (i) *Let* $a_j \in S^{m-j,k}$, $j = 0, 1, \cdots$. *There exists an* $a \in S^{m,k}$ *such that, for all* N, $a - \sum_{j<N} a_j \in S^{m-N,k}$. *We shall also write* $a \sim \sum a_j$. *Two such symbols differ by a symbol of degree* $-\infty$.

(ii) *Let* $a_j \in S^{m,k+j}$, $j = 0, 1, \cdots$. *There exists an* $a \in S^{m,k}$ *such that, for all* N, $a - \sum_{j<N} a_j \in S^{m,k+N}$. *Two such symbols differ by a symbol of degree* m, *vanishing to the infinite order modulo* $S^{-\infty}$ *on* Σ.

(iii) *Let* $a_j \in S^{m-j/2,k-j}$, $j = 0, 1, \cdots$. *There exists an* $a \in S^{m,k}$ *such that, for all* N, $a - \sum_{j<N} a_j \in S^{m-N/2,k-N}$. *Two such symbols differ by an element of* $\mathscr{H}^{m-k/2} = \bigcap_j S^{m-j,k-2j}$.

Proof: Using a partition of unity and suitable coordinates, we are reduced to the case where Σ is the cone $\mathbb{R}^{N-\nu} \times R_+$ $(x = 0)$ in $U = \mathbb{R}^\nu \times \mathbb{R}^{N-\nu} \times R_+$. Let $\chi(t)$ be a C^∞ function of one variable, with $\chi(t) = 0$ if $t < \frac{1}{2}$, $\chi(t) = 1$ if $t > 1$.

1.12. Lemma. (i) *Let* $\varphi_\lambda^1 = \chi(r/\lambda)$. *Then* $\varphi_\lambda^1 \in S^{0,0}$, $1 - \varphi_\lambda^1 \in S^{-\infty}$, *and* $\lambda\varphi_\lambda^1$ *remains bounded in* $S^{1,0}$ *for* $\lambda \geqq 1$.

(ii) *Let* $\varphi_\lambda^2 = \chi(r/\lambda)(1 - \chi(\lambda\,|x|^2))$. *Then* $\varphi_\lambda^2 \in S^{0,0}$, $1 - \varphi_\lambda^2 \in S^{0,\infty} = \bigcap_k S^{0,k}$, *and* $\lambda\varphi_\lambda^2$ *remains bounded in* $S^{0,-2}$ *for* $\lambda \geqq 1$.

(iii) *Let* $\varphi_\lambda^3 = \chi(r/\lambda)\chi(r\,|x|^2/\lambda)$. *Then* $\varphi_\lambda^3 \in S^{0,0}$, $1 - \varphi_\lambda^3 \in \mathscr{H}^0 = \bigcap_j S^{-j,-2j}$ *and* $\lambda\varphi_\lambda^3$ *remains bounded in* $S^{1,2}$ *for* $\lambda \geqq 1$.

Proof of Lemma 1.12: (i) Clearly $\varphi_\lambda^1 \in S^0 \subset S^{0,0}$, and $1 - \varphi_\lambda^1 \in S^{-\infty}$ since it vanishes when $r \geqq \lambda$. If $C_p = \sup |\chi^{(p)}(t)|$,

$$\left| \left(\frac{\partial}{\partial x}\right)^\alpha \left(\frac{\partial}{\partial y}\right)^\beta \left(\frac{\partial}{\partial r}\right)^p \varphi_\lambda^1 \right| \leqq C_p \lambda^{-p},$$

and since $2r \geqq \lambda$ if $(\partial/\partial r)^p \varphi_\lambda^i \neq 0$, and also $r \leqq \lambda$ if $p \geqq 1$, we get

$$\left| \left(\frac{\partial}{\partial x}\right)^\alpha \left(\frac{\partial}{\partial y}\right)^\beta \left(\frac{\partial}{\partial r}\right)^p \lambda \cdot \varphi_\lambda^1 \right| \leqq 2C_p r^{1-p};$$

thus $\lambda\varphi_\lambda^1$ remains bounded in $S^1 \subset S^{1,0}$.

(ii) Clearly $\varphi_\lambda^2 \in S^0 \subset S^{0,0}$, and $1 - \varphi_\lambda^2 \in S^{0,\infty}$ since it vanishes in a conic neighborhood of Σ for $r > \lambda$. Further, it is immediate from the definition of φ_λ^2 that for any integer p and any multi-indices α, β there exists a number C such that

$$\left| \left(\frac{\partial}{\partial x}\right)^\alpha \left(\frac{\partial}{\partial y}\right)^\beta \left(\frac{\partial}{\partial r}\right)^p \varphi_\lambda^2 \right| \leqq C\lambda^{-p} \lambda^{|\alpha|/2} .$$

But $|x|^2 \leqq 1/\lambda$ and $2r \geqq \lambda$ if $(\partial/\partial r)^p \varphi_\lambda^2 \neq 0$; moreover, $r \leqq \lambda$ if $p \geqq 1$. Thus on the support of $(\partial/\partial p)^p \varphi_\lambda^2$ we have $\lambda^{-p} \leqq r^{-p}$ and $\lambda \leqq 2\, d_\Sigma^{-2}$. Finally we get

$$\left| \left(\frac{\partial}{\partial x}\right)^\alpha \left(\frac{\partial}{\partial y}\right)^\beta \left(\frac{\partial}{\partial r}\right)^p \lambda\varphi_\lambda^2 \right| \leqq 2^{1+|\alpha|/2} C r^{-p} d_\Sigma^{-2-|\alpha|} ,$$

which shows that $\lambda\varphi_\lambda^2$ remains bounded in $S^{0,-2}$ for $\lambda \geqq 1$.

(iii) $b_\lambda(\xi, \rho) = \chi(\lambda^{-1} \rho^{-2} |\xi|^2)$ is homogeneous of degree 0, and equal to 1 near $\rho = 0$; hence, by Example 1.5, $\varphi_\lambda^3 = \chi(r/\lambda) b_\lambda(r^{3/2} x, r) \in S^{0,0}$, and $1 - \varphi_\lambda^3 \in \bigcap_j S^{-j,-2j}$. We know that $\varphi_\lambda^3(x, y, r) = \varphi_1^3(x, y, r/\lambda)$, and since $\varphi_1^3 \in S^{0,0}$, there exists, for any integer p and any multi-indices α, β, a number C such that

$$\left| \left(\frac{\partial}{\partial x}\right)^\alpha \left(\frac{\partial}{\partial y}\right)^\beta \left(\frac{\partial}{\partial r}\right)^p \varphi_\lambda^3 \right| \leqq C\lambda^{-p} \left(\frac{r}{\lambda}\right)^{-p} \left(|x|^2 + \frac{\lambda}{r}\right)^{-|\alpha|/2} .$$

Now $(|x|^2 + \lambda/r)^{-|\alpha|/2} \leqq d_\Sigma^{-|\alpha|}$ if $\lambda \geqq 1$, and since $2r|x|^2 \geqq \lambda$ we have $\lambda \leqq 2r(|x|^2 + 1/r) = 2r\, d_\Sigma^2$ if $\varphi_\lambda^3 \neq 0$. Thus we finally get

$$\left| \left(\frac{\partial}{\partial x}\right)^\alpha \left(\frac{\partial}{\partial y}\right)^\beta \left(\frac{\partial}{\partial r}\right)^p \lambda\varphi_\lambda^3 \right| \leqq 2Cr^{1-p} d_\Sigma^{2-|\alpha|} \qquad \text{if} \qquad \lambda \geqq 1 ,$$

which shows that $\lambda\varphi_\lambda^3$ remains bounded in $S^{1,2}$ for $\lambda \geqq 1$.

End of the Proof of Proposition 1.11: Let a_j be as in (i) (respectively (ii), (iii)). Then $\varphi_\lambda^1 a_j \to 0$ in $S^{m-j+1,k}$ when $\lambda \to +\infty$ (Lemma 1.12 and Proposition 1.6) (respectively $\varphi_\lambda^2 a_j \to 0$ in $S^{m,k+j+2}$, or $\varphi_\lambda^3 a_j \to 0$ in $S^{m-j/2+1,k-j+2}$). Since the $S^{m,k}$ are Fréchet spaces, it follows that we can choose a sequence $(\lambda_j) \to +\infty$ such that, for any N, the sequence $(2^j \varphi_{\lambda_j}^q a_j)_{j\geq N}$ is bounded in $S^{m-N+1,k}$ if $q = 1$ (respectively in $S^{m,k+N-2}$ if $q = 2$, and in $S^{m-N/2+1,k-N+2}$ if $q = 3$). Let $a = \sum_{j\geqq 0} \varphi_{\lambda_j}^q a_j$. Then, for any N,

$$a - \sum_{j<N} a_j = \sum_{j<N} (1 - \varphi_{N_j}^q) a_j + \varphi_{\lambda_N}^q a_N + \varphi_{\lambda_{N+1}}^q a_{N+1} + \sum_{j\geqq N+2} \varphi_{\lambda_j}^q a_j ,$$

and this belongs to $S^{m-N,k}$ if $q = 1$ (respectively to $S^{m,k+N}$ if $q = 2$ and to

$S^{m-N/2,k-N}$ if $q = 3$), since, by definition or by Lemma 1.12, the first $N + 2$ terms in this sum belong to $S^{m-N,k}$ (respectively to $S^{m,k+N}$ if $q = 2$ and to $S^{m-N/2,k-N}$ if $q = 3$), and the infinite series converges there.

The symbols we shall need for Sections 7, 8, 9 are in fact always asymptotic sums of semi-homogeneous functions (as in (1.5)), in the sense of (ii) (modulo symbols which vanish to the infinite order on Σ). This property can easily be shown to be independent of the choice of coordinates. To prove that the corresponding operators are stable under composition, etc., would require a little more work in Section 2.

2. Estimations for Some Oscillatory Integrals

Let U be a C^∞ cone, and $\Sigma \subset \Delta$ two closed C^∞ subcones. As in Section 1 we introduce the two functions d_Σ, d_Δ and, since $\Sigma \subset \Delta$, we have $d_\Delta \leqslant d_\Sigma$; hence $1 \leqslant r^{1/2} d_\Delta \leqslant r^{1/2} d_\Delta/d_\Sigma \leqslant r^{1/2}$.

(2.1) *We denote by* $QS^{m,k,l}(U, \Sigma, \Delta)$ *the set of all* C^∞ *functions* a *on* U *such that, for any* C^∞ *vector fields* $X_1, \cdots, X_p$, $Y_1, \cdots, Y_q$, $Z_1, \cdots, Z_s$, *homogeneous of degree* 0, *with* X_j *tangent to* Σ *and* Δ, *and* Y_j *tangent to* Δ,

$$|X_1 \cdots X_p Y_1 \cdots Y_q Z_1 \cdots Z_s a| \leqslant r^m d_\Sigma^k (r^{1/2} d_\Delta)^l (r^{1/2} d_\Delta)^p \left(r^{1/2} \frac{d_\Delta}{d_\Sigma}\right)^q (r^{1/2})^s .$$

We shall also write $QS^{m,k,l}$ if there is no ambiguity. We have $QS^{m,k,l} \subset S_{1/2}^{m+k_-+l_+}$ (where $t_\pm$ denotes the positive, respectively, negative part of t). The following results are immediate:

(2.2) *If* $a \in QS^{m,k,l}$ *and* $b \in QS^{m',k',l'}$, *then* $ab \in QS^{m+m',k+k',l+l'}$.

(2.3) *If* X *is a* C^∞ *vector field, homogeneous of degree* 0, *and* $a \in QS^{m,k,l}$, *we have*

$$Xa \in QS^{m,k,l+1} \text{ provided } X \text{ is tangent to } \Sigma \text{ and } \Delta,$$

$$Xa \in QS^{m,k-1,l+1} \text{ provided } X \text{ is tangent to } \Delta,$$

$$Xa \in QS^{m+1/2,k,l} \text{ otherwise}.$$

(2.4) *If* $a \in QS^{m,k,l}$ *and* $a \geqslant r^m d_\Sigma^k (r^{1/2} d_\Delta)^l$, *then* $a^{-1} \in QS^{-m,-k,-l}$.

2.5. Proposition. *Let* $\Sigma_1 \subset U$ *be a* C^∞ *subcone, and suppose that* Σ_1 *intersects* Δ *transversally along* Σ. *Then*

$$S^{m,k}(U, \Sigma_1) \subset QS^{m,k,k_-}(U, \Sigma, \Delta) .$$

Proof: Since Σ_1 intersects Δ transversally along Σ, we have $d_\Sigma \approx d_{\Sigma_1} + d_\Delta$, so that

$$\frac{d_\Sigma}{d_{\Sigma_1}} \lesssim 1 + \frac{d_\Delta}{d_{\Sigma_1}} \lesssim r^{1/2} d_\Delta .$$

Let $X_1, \cdots, X_p, Y_1, \cdots, Y_q$ be C^∞ vector fields, homogeneous of degree 0, with X_j tangent to Σ. Then $X_j = X_j' + X_j''$, where X_j' is tangent to Σ_1 and X_j'' vanishes on Δ; thus if $a \in S^{m,k}(U, \Sigma_1)$,

$$X_j a \in S^{m,k}(U, \Sigma_1) + \mathscr{I}_\Delta S^{m,k-1}(U, \Sigma_1) ,$$

where $\mathscr{I}_\Delta$ is the ideal of C^∞ functions of degree 0 which vanish on Δ. Iterating this we obtain

$$X_1 \cdots X_p Y_1 \cdots Y_q a \in \sum_{j=0}^{p} \mathscr{I}_\Delta^j S^{m,k-q-j}(U, \Sigma_1) .$$

Now we have $|d_{\Sigma_1}^{-j} \varphi| \lesssim (d_\Delta / d_{\Sigma_1})^j \lesssim (r^{1/2} d_\Delta)^j$ if $\varphi \in \mathscr{I}_\Delta^j$; hence

$$|X_1 \cdots Y_q a| \lesssim r^m d_\Sigma^{k-q} (r^{1/2} d_\Delta)^p \lesssim r^m d_\Sigma^k (r^{1/2} d_\Delta)^{k-} (r^{1/2} d_\Delta)^p \left(r^{1/2} \frac{d_\Delta}{d_\Sigma} \right)^q ,$$

which immediately implies (2.1).

Let U be a cone, and let V be the cone $U \times \mathbb{R}^n \times \mathbb{R}^n$, where homothetics are given by $\lambda \cdot (u, z, \zeta) = (\lambda \cdot u, z, \lambda \zeta)$. Let Δ be the subcone $U \times \{0\}$ $(z = \zeta = 0)$ of V, and Σ a C^∞ subcone in Δ (identified with a subcone of U). As in Section 1, we choose a C^∞ function $r > 0$, homogeneous of degree 1, on U, and identify it with a function on V (independent of z, ζ).

Let $a \in QS^{m,k,l}(V, \Sigma, \Delta)$ vanish for $(1/r)|\zeta| + |z| \geqq c$ (c being some positive constant). Then we set

$$I(a) = \int e^{iz \cdot \zeta} a(u, z, \zeta) \, dz \, d\zeta . \tag{2.6}$$

2.7. Proposition. *Notations being as above,* $I(a) \in S^{m,k}(U, \Sigma)$.

Proof: If $X_1, \ldots, X_p, Y_1, \ldots, Y_q$ are C^∞ vector fields, homogeneous of degree 0, on U, and the X_j are tangent to Σ, then $X_1 \cdots Y_q I(a) = I(X_1 \cdots Y_q a)$, and $X_1 \ldots Y_q a \in QS^{m,k-q,l+p+q}$, since the pull back of X_j (respectively Y_j) to V is tangent to Σ and Δ (respectively Δ). Therefore it is enough to prove that $I(a) \lesssim r^m d_\Sigma^k$.

Next let d_Σ^U be the function associated to Σ on U, identified with a function on V independent of z, ζ. Consequently, according to Proposition

2.5, $(d_\Sigma^U)^{-k} \in QS^{0,-k,k_-}(V, \Sigma, \Delta)$, so it follows from (2.2) that

$$b = r^{-m}(d_\Sigma^U)^{-k}\, a \in QS^{0,0,l+k_+}(V, \Sigma, \Delta)\,.$$

Since $r^m\,(d_\Sigma^U)^k\, I(b) = I(a)$, we are reduced to the case $m = k = 0$.

Finally choose $N \geqq \sup\,(\frac{1}{2}l, 0)$. Then by (2.4),

$$\left(1 + r\,|z|^2 + \frac{1}{r}\,|\zeta|^2\right)^{-N} (r^{1/2}\, d_\Delta)^l \in QS^{0,0,-2N}(V, \Sigma, \Delta) \subset S^0_{1/2}(V)\,.$$

Consequently, if $a \in QS^{0,0,l}(V, \Sigma, \Delta)$, then $a = (1 + r\,|z|^2 + (1/r)\,|\zeta|^2)^N\, b$ with $b \in S^0_{1/2}(V)$, and integrating by parts we obtain

$$I(a) = I\left(\left(1 - r\Delta_\zeta - \frac{1}{r}\,\Delta_\Sigma\right)^N b\right).$$

Now if $b \in S^0_{1/2}(V)$, we also know that $(1 - r\,\Delta_\zeta - (1/r)\,\Delta_z)^N b \in S^0_{1/2}(V)$. Thus Proposition 2.7 will follow from the following lemma:

2.8. Lemma. *Let $b \in S^0_{1/2}(V)$ vanish for $(1/r)\,|\zeta| + |z| > c$. Then $I(b) \lessdot 1$.*

Proof: Let $P = (1 + r\,|z|^2 + (1/r)\,|\zeta|^2)^{-1}\,(1 - r\,\Delta_\zeta - (1/r)\,\Delta_z)$, so that $P(e^{iz\cdot\zeta}) = e^{iz\cdot\zeta}$. Then $I(b) = I({}^tP^N b)$ for any integer N. Now since $b \in S^0_{1/2}(V)$ vanishes for $(1/r)\,|\zeta| + |z| > c$, it follows that, for any cone $U' \subset U$ with compact basis and any $\varepsilon > 0$, there exists a constant C such that

$$|{}^tP^N b| \leqq C\left(1 + r\,|z|^2 + \frac{1}{r}\,|\zeta|^2\right)^{-N} \quad \textit{if} \quad r > \varepsilon, \qquad u \in U' \text{ (all } z, \zeta)\,.$$

The result is then implied by the fact that $\int (1 + r\,|z|^2 + (1/r)\,|\zeta|^2)^{-N}\, dz\, d\zeta$ is finite, and independent of r, if $N > 2n$. (In fact it is easy to prove that $I(b) \in S^0_{1/2}(U)$.)

3. Pseudo-Differential Operators Associated with $\mathbf{S}^{m,k}$

Let X be an open set in $\mathbb{R}^n$, U the cone

$$T^*X - \{0\} = X \times (\mathbb{R}^n - \{0\}),$$

and Σ a closed C^∞ subcone of U. Let $a = a(x, \zeta)$ be a C^∞ function on

$X \times \mathbb{R}^n$ such that $a \in S^{m,k}(U, \Sigma)$ in U $(\zeta \neq 0)$. Then the pseudo-differential operator $a(x, D)$ is defined by

$$
\begin{aligned}
a(x, D)f &= (2\pi)^{-n}\int e^{ix\cdot\xi}a(x, \xi)\hat{f}(\xi)\,d\xi \\
&= (2\pi)^{-n}\iint e^{i\langle x-y,\xi\rangle}a(x, \xi)f(y)\,dy\,d\xi\,,
\end{aligned}
\tag{3.1}
$$

where the second integral is the oscillating integral of [15]. It follows immediately from this formula that $a(x, D)$ is continuous: $C_0^\infty(X) \to C^\infty(X)$. *We denote by* $\mathrm{OP}S^{m,k}(X, \Sigma)$, *or* $\mathrm{OP}S^{m,k}$, *the set of all operators of the form* $a(x, D) + R$, *where* a *is as above and* R *is an operator with* C^∞ *kernel.*

3.2. Proposition. *Let* a, b *be* C^∞ *functions on* $X \times \mathbb{R}^n$, $a \in S^{m,k}(U, \Sigma)$, $b \in S^{m',k'}(U, \Sigma)$ *in* U, *and suppose* $b(x, \xi) = 0$ *for* $x \notin K$, *where* K *is some compact set in* X. *Then,*

$$a(x, D) \circ b(x, D) \in \mathrm{OP}S^{m+m',k+k'}(X, \Sigma)\,.$$

Proof: We have $a(x, D) \circ b(x, D) = c(x, D)$, where

$$c(x, \xi) = e^{-ix\cdot\xi}a(x, D)b(x, D)(e^{ix\cdot\xi}) = e^{-ix\cdot\xi}a(x, D)(e^{ix\cdot\xi}b(x, \xi))\,,$$

so that

$$c(x, \xi) = (2\pi)^{-n}\iint e^{iz\cdot\zeta}a(x, \xi + \zeta)b(x - z, \xi)\,dz\,d\zeta = I(c_1)\,, \tag{3.3}$$

where $c_1(x, z, \xi, \zeta) = (2\pi)^{-n}\,a(x, \xi + \zeta)\,b(x - z, \xi)$.

The contribution to this integral of the region $|\zeta| > \frac{1}{2}|\xi|$ is negligible; more precisely, let $\chi = \chi(\xi, \zeta) \in S^0$ be equal to 1 if $|\xi| < 2(|\zeta| + 1)$ and to 0 if $|\xi| > 3(|\zeta| + 1)$; then $e^{iz\cdot\zeta} = P \cdot e^{iz\cdot\zeta}$ if $P = (1 + |\zeta|^2)^{-1}(1 - \Delta_z)$. Integrating by parts we have

$$\left(\frac{\partial}{\partial x}\right)^{\alpha}\left(\frac{\partial}{\partial \xi}\right)^{\beta} I(\chi c_1) = I\left(\left(\frac{\partial}{\partial x}\right)^{\alpha}\left(\frac{\partial}{\partial \xi}\right)^{\beta}{}^tP^N(\chi c_1)\right);$$

since $a \in S^{\mu}_{1/2}$ and $b \in S^{\mu'}_{1/2}$ for some μ, μ', it follows that

$$\left|\left(\frac{\partial}{\partial x}\right)^{\alpha}\left(\frac{\partial}{\partial \xi}\right)^{\beta}{}^tP^N(\chi c_1)\right| \leqslant (1 + |\zeta|)^{-2N}(1 + |\xi| + |\zeta|)^{\mu+\mu'+N+|\alpha|/2}\,,$$

and since χ vanishes if $|\zeta| < \frac{1}{3}|\xi| - 1$, it follows immediately that $I(\chi c_1) \in S^{-\infty}$.

Now the remaining symbol $(1-\chi)\, c_1$ is in $QS^{m+m',k+k',k_-+k'_-}$ (k_-, k'_- being the negative parts); this is a consequence of Proposition 2.5 and (2.2) (and the fact that $|\zeta+\xi| \approx |\xi|$ in the support of $1-\chi$). Consequently Proposition 3.2 follows from Proposition 2.7.

In fact, writing a Taylor expansion of c_1 near $z=\zeta=0$, integrating by parts and again using Proposition 2.7 we obtain

$$c(x,\xi) - \sum_{|\alpha|<N} \frac{i^{-|\alpha|}}{\alpha!} \left(\frac{\partial}{\partial\xi}\right)^{\alpha} a(x,\xi) \left(\frac{\partial}{\partial x}\right)^{\alpha} b(x,\xi) \in S^{m+m'-N,k+k'-2N}, \tag{3.4}$$

which is the analogue of the formula for pseudo-differential operators (cf. [15]). But here the asymptotic expansion is not good near Σ, where the complete integral (3.3) is needed even in order to get the principal part of $c(x,\xi)$ (that is $c(x,\xi)$ mod $S^{m+m'-1/2,k+k'}$). However, if $a(x,D)$ is a pseudo-differential operator in the usual sense ($a \in S^m$), the degree of the error term (3.4) tends to $-\infty$. If a is as in Example 1.4 (so that $a \in S^m \cap S^{m,k}$, k being a positive integer), $(\partial/\partial\xi)^{\alpha} a (\partial/\partial x)^{\alpha} b \in S^{m+m'-|\alpha|,k'-|\alpha|}$ provided $|\alpha| \geqq k$, and we get the following result (which can also be proved as it was done in [15]).

3.5. Proposition. *Let a be as in Example 1.4, and b as in Proposition 3.2. Then $a(x,D)\circ b(x,D) = c(x,D)$, where*

$$c(x,\xi) \sim \sum \frac{i^{-|\alpha|}}{\alpha!} \left(\frac{\partial}{\partial\xi}\right)^{\alpha} a \left(\frac{\partial}{\partial x}\right)^{\alpha} b,$$

the asymptotic expansion converging in the sense of Proposition 1.11 (i).

For the principal part, we get

$$c(x,\xi) = \sum_{|\alpha|\leqq k} \frac{i^{-|\alpha|}}{\alpha!} \left(\frac{\partial}{\partial\xi}\right)^{\alpha} a \left(\frac{\partial}{\partial x}\right)^{\alpha} b \mod S^{m+m'-1/2,k+k'}.$$

The last statement follows from the fact that

$$S^{m+m'-|\alpha|,k'-|\alpha|} \subset S^{m+m'-1/2,k+k'}$$

if $|\alpha| \geqq k+1$. There is a similar result if b has the form described in Example 1.4.

In a similar way we have

3.6. Proposition. *Let $A \in \mathrm{OP}S^{m,k}(X,\Sigma)$. Then $A^* \subset \mathrm{OP}S^{m,k}(X,\Sigma)$.*

If $a(x, \xi)$ is the symbol of A, the symbol of A^* is

$$(3.7) \qquad a^*(x, \xi) = (2\pi)^{-n} \iint e^{iz\cdot\zeta}\, \bar{a}(x - z, \xi + \zeta)\, dz\, d\zeta\,.$$

Here again, using the Taylor expansion near $z = \zeta = 0$, we get

$$(3.8) \qquad a^*(x, \xi) - \sum_{|\alpha|<N} \frac{i^{-|\alpha|}}{\alpha!} \left(\frac{\partial}{\partial\xi}\right)^{\alpha} \left(\frac{\partial}{\partial x}\right)^{\alpha} \bar{a}(x, \xi) \in S^{m-N,k-2N}\,,$$

and the corresponding asymptotic expansion is not good near Σ. Notice that the transposition ${}^t a(x, D)$ is not in $\mathrm{OP}S^{m,k}(X, \Sigma)$ but in $\mathrm{OP}S^{m,k}(X, -\Sigma)$, where $-\Sigma$ denotes the antipodal of Σ.

3.9. Corollary. *Let* $A = a(x, D) \in \mathrm{OP}S^{m,k}(X, \Sigma)$. *Then* A *has a continuous extension* $C_0^{-\infty}(X) \to C^{-\infty}(X)$; *and if* f *is a distribution (of compact support),* $\mathrm{WF}(Af) \subset \mathrm{WF}(f)$, WF *denoting the wave front set.*

The first assertion follows from the fact that A^* is continuous: $C_0^\infty(X) \to C^\infty(X)$ by Proposition 3.6. To prove the second, we notice that if $(x, \xi) \notin \mathrm{WF}(f)$, there exists a pseudo-differential operator Q of degree 0, with $Q \sim 1$ in a conic neighborhood of (x, ξ), such that $Qf \in C^\infty$. Then if Q' is any pseudo-differential operator such that $Q' \sim 0$ outside a closed cone near which $Q \sim 1$, we have $Q'A\,Q \sim Q'A$ by Proposition 3.5; hence, $Q'Af \in C^\infty$.

Change of the phase function, change of coordinates. Let $\varphi(x, \theta)$ be a phase function on $X \times \mathbb{R}^n$ (i.e., assume φ is C^∞ for $\theta \neq 0$, homogeneous of degree 1 with respect to θ). Let Σ_1 be a closed C^∞ subcone of $U = X \times (\mathbb{R}^n - \{0\})$, and let $a \in S^{m,k}(U, \Sigma_1)$; we also suppose that a vanishes for small θ and for $x \notin K$, where K is a compact subset of X. We suppose further that the map $(x, \theta) \mapsto (x, d_x\varphi(x, \theta))$ is a diffeomorphism of an open conic neighborhood of $\operatorname{supp} a$ onto an open cone in $T^*X - \{0\}$. Finally, let $\chi(x) \in C_0^\infty(\mathbb{R}^n)$, with $\chi = 1$ if $|x| < \varepsilon$, $\chi = 0$ if $|x| > 2\varepsilon$, where ε is to be chosen small later on. We define an operator A by the oscillating integral (which makes sense if ε is small)

$$(3.10) \qquad Af = \iint e^{i\varphi(x,\theta) - i\varphi(y,\theta)} \chi(x - y)\, a(x, \theta) f(y)\, dy\, d\theta\,.$$

3.11. Proposition. *Notations being as above, let* Σ *be the image of* Σ_1 *by the map* $(x, \theta) \mapsto (x, d_x\varphi(x, \theta))$. *Then (if* ε *is small)* $A \in \mathrm{OP}S^{m,k}(X, \Sigma)$..

Proof: We have $A = b(x, D)$ if

$$b(x, \xi) = e^{-ix\cdot\xi} A(e^{ix\cdot\xi}) = \iint e^{i(\varphi(x,\theta)-\varphi(y,\theta)-\langle x-y,\xi\rangle)} \chi(x-y) a(x, \theta)\, dy\, d\theta .$$

Let us write $\varphi(x, \theta) - \varphi(y, \theta) = \langle x - y, \eta\rangle$, with

$$\eta = \eta(x, y, \theta) = \int_0^1 \varphi'_x((1-t)x + ty, \theta)\, dt .$$

Then if ε is small enough, the map $(x, y, \theta) \mapsto (x, y, \eta)$ is an isomorphism of an open conic neighborhood of supp $(\chi(x-y)\, a(x, \theta))$ onto an open cone V in $X \times X \times (\mathbb{R}^n - \{0\})$. Writing the inverse map as

$$(x, y, \eta) \mapsto (x, y, \theta(x, y, \eta))$$

and setting $J(x, y, \eta) = |D\theta/D\eta|$ (which is C^∞, homogeneous of degree 0), we get

$$b(x, \xi) = \iint e^{i\langle x-y,\eta-\xi\rangle} \chi(x-y) a(x, \theta(x, y, \eta)) J(x, y, \eta)\, dy\, d\eta .$$

As above, the contribution to this integral from the region $|\eta - \xi| > \frac{1}{2}|\xi|$ is negligible; hence,

$$b(x, \xi) \sim \iint e^{i\langle x-y,\eta-\xi\rangle} b_1(x, y, \xi, \eta)\, dy\, d\eta \quad \text{mod} \quad S^{-\infty} ,$$

where

$$b_1(x, y, \xi, \eta) = \chi_1(\xi, \eta)\chi(x-y) a(x, \theta(x, y, \eta)) J(x, y, \eta) ,$$

$\chi_1 \in S^0$ being equal to 1 if $|\xi| > 3(|\xi - \eta| + 1)$ and to 0 if $|\xi| < 2(|\xi - \eta| + 1)$. At first b_1 is only defined on V; we extend it by setting it equal to 0 on the rest of $X \times \mathbb{R}^n \times \mathbb{R}^n \times \mathbb{R}^n$.

We write this again, with $c(x, z, \xi, \zeta) = b_1(x, x - z, \xi, \xi + \zeta)$:

$$b(x, \xi) \sim \iint e^{iz\cdot\zeta} c(x, z, \xi, \zeta)\, dz\, d\zeta = I(c) .$$

On the support of c, $|\xi| \approx |\xi| + |\zeta|$. Since the map $(x, z, \xi, \zeta) \mapsto (x, \theta(x, x - z, \xi + \zeta))$ is transversal to Σ_1 (in a conic neighborhood of supp c), and since, moreover, the inverse image of Σ_1 under this map intersects Δ $(z = \zeta = 0)$ transversally along Σ, Propositions 1.10 and 2.5 imply that $c \in QS^{m,k,k-}(X \times \mathbb{R}^n, \Sigma, \Delta)$, and the result follows from Proposition 2.7.

We conclude easily from Proposition 3.11 that for a phase function of the form $\langle \psi(x), \theta \rangle$, ψ being a diffeomorphism, the class of operators $OPS^{m,k}(X, \Sigma)$ is invariant under coordinate changes (provided that we interpret Σ as a C^∞ cone in the cotangent bundle). *We can thus define* $OPS^{m,k}(X, \Sigma)$, *when* X *is a* C^∞ *manifold and* Σ *a* C^∞ *subcone of* $T^*X - \{0\}$.

If $A \in OPS^{m,k}(X, \Sigma)$, we call the smallest closed cone outside of which (for any choice of coordinates) the symbol of A is of degree $-\infty$ the *conic support* of A (and write conic supp A). We also say that A is *properly supported* if it is continuous: $C_0^\infty \to C_0^\infty$ and also if $C^\infty \to C^\infty$ (i.e., if the two projections from the support of the distribution kernel of A (in $X \times X$) to X are proper maps). Since the distribution kernel of A is C^∞ outside the diagonal if $A \in OPS^{m,k}$, any $A \in OPS^{m,k}$ is equivalent to a properly supported $B \in OPS^{m,k}$ (i.e., $A - B$ has a C^∞ kernel).

If X is an open set in $\mathbb{R}^n$ and $A = a(x, D) \in OPS^{m,k}(X, \Sigma)$, the principal part of A (that is a mod $S^{m-1/2,k}$) does not behave like a function on T^*X, near Σ, under coordinate changes. However it follows easily from Proposition 3.11 that the class of a mod $S^{m-1/2,k-1}$ does, so that it is still defined when X is a manifold; we shall sometimes refer to it as the symbol of A ($\sigma(A)$) mod $S^{m-1/2,k-1}$. From (3.4) and (3.8), we see that $\sigma(AB) = \sigma(A)\,\sigma(B)$ mod $S^{m+m'-1/2,k+k'-1}$ and $\sigma(A^*) = \overline{\sigma(A)}$ mod $S^{m-1/2,k-1}$ if $A \in OPS^{m,k}$, $B \in OPS^{m',k'}$ (and A or B is properly supported). Also if X is a manifold and Σ a C^∞ subcone of $T^*X - \{0\}$, we see (using pseudo-differential partitions of unity) that, for any $a \in S^{m,k}$, there exists an $A \in OPS^{m,k}$ such that $\sigma(A) = a$ mod $S^{m-1/2,k-1}$. In addition, it follows from Proposition 3.13 below and its proof that $\sigma(A)$ mod $S^{m-1/2,k-1}$ is well behaved under elliptic Fourier integral transformations. But the symbol $\sigma(A)$ mod $S^{m-1/2,k-1}$ does not deserve the name of "principal part", since it does not determine A modulo compact operators (cf. Section 4), and its knowledge is certainly not sufficient to determine whether A has a parametrix (cf. Sections 7, 8).

Transformation by elliptic Fourier integral operators. Let X, Y be two C^∞ manifolds, $\phi : T^*X - \{0\} \to T^*Y - \{0\}$ a C^∞ homogeneous canonical map (of degree 1) and F (respectively G) a properly supported Fourier integral operator associated with ϕ (respectively ϕ^{-1}) (cf. [15] for the definition). Let Σ be a smooth subcone of $T^*X - \{0\}$.

3.12. Proposition. *If* $A \in OPS^{m,k}(X, \Sigma)$, *then* $F \circ A \circ G \in OPS^{m',k}(y, \phi\Sigma)$ (*with* $m' = m + \deg F + \deg G$).

In fact, the proposition makes sense and is true if ϕ, F and G are only defined in a conic neighborhood of conic supp A (or in some small open conic set), provided we are dealing with classes of operators modulo operators of degree $-\infty$ rather than the operators themselves, and this is how we shall use it.

In particular, if F is elliptic, and if G is a parametrix of F, then $FAG \in \mathrm{OP}S^{m,k}(Y, \phi\Sigma)$, allowing for local canonical changes of coordinates when dealing with $\mathrm{OP}S^{m,k}$.

Proof: Since we may use pseudo-differential partitions of unity, we may suppose that the conic supports of A, F and G are very small—say in a small conic neighborhood of (x_0, ξ_0) for A, F and of $(y_0, \eta_0) = \phi(x_0, \xi_0)$ for G. Multiplying F and G by elliptic pseudo-differential operators, we may assume that $\deg F = \deg G = 0$. Moreover, the result is local; so we shall suppose that $X = Y = \mathbb{R}^n$, ϕ being defined in some open cone $U \subset T^*X - \{0\}$ containing (x_0, ξ_0). It follows from [15] that, after a suitable (quadratic) coordinate change on X and Y (and may be a diminution of U), there exists a function $\varphi(y, \xi)$, homogeneous of degree 1 in ξ and C^∞ on $Y \times (\mathbb{R}^n - \{0\})$ such that $\phi = \phi_2 \phi_1^{-1}$ on U, with

$$\phi_1(y, \xi) = (d_\xi \varphi(y, \xi), \xi), \qquad \phi_2(y, \xi) = (y, d_y \varphi(y, \xi)).$$

More precisely, ϕ_1 is an isomorphism of an open cone $V \subset Y \times (\mathbb{R}^n - \{0\})$ onto U, ϕ_2 is an isomorphism of V onto ϕU, and $\phi = \phi_2 \circ (\phi_1 | V)^{-1}$.

Modifying A, F and G by operators of degree $-\infty$ if necessary, we may assume that they are defined by

$$Af(x) = \int e^{ix\cdot\xi} a(x, \xi) \hat{f}(\xi)\, d\xi,$$

$$Ff(y) = \int e^{i\varphi(y,\xi)} u(y, \xi) \hat{f}(\xi)\, d\xi,$$

$$\widehat{Gg}(\xi) = \int e^{-i\varphi(y,\xi)} v(y, \xi) g(y)\, dy,$$

where $a \in S^{m,k}(T^*X, \Sigma)$ vanishes near $\xi = 0$, and outside a small conic neighborhood of (x_0, ξ_0) contained in U, and $u,v \in S^0(Y \times \mathbb{R}^n - \{0\})$ vanish near $\xi = 0$ and outside a small conic neighborhood of (y_0, ξ_0) contained in V (the formula for A follows from the fact that $\mathrm{OP}S^{m,k}$ is invariant under coordinate changes; the formula for F follows from [15], and then the formula for G follows by taking adjoints). A, F and G are not proper, but A and F are continuous: $\mathscr{S} \to C_0^\infty$, and G is continuous: $C^\infty \to \mathscr{S}$.

3.13. Lemma. *Let* $\Sigma_1 = V \cap \phi_1^{-1}(\Sigma)$. *Then*

$$FAf(y) = \int e^{i\varphi(y,\xi)} b(y, \xi) \hat{f}(\xi)\, d\xi,$$

with $b \sim 0$ *outside* V, *and* $b \in S^{m,k}(V, \Sigma_1)$ *in* V.

Proof: The formula holds for

$$b(y, \xi) = e^{-i\varphi(y,\xi)} \iint e^{i\varphi(y,\xi')} u(y, \xi') a(x, \xi) e^{ix\cdot\xi} \, dx \, d\xi' .$$

Once again, integrating by parts with respect to x and using

$$\Delta_x e^{i\langle x, \xi - \xi' \rangle} = - |\xi - \xi'|^2 e^{i\langle x, \xi - \xi' \rangle},$$

we see that we can neglect the region $|\xi - \xi'| > \varepsilon |\xi|$, and replace the integrand by its product with $\chi(\xi, \xi - \xi')$, where $\chi \in S^0$, $\chi = 1$ if $\varepsilon |\xi| > 1 + |\xi - \xi'|$, $\chi = 0$ if $2\varepsilon |\xi| < 1 + |\xi - \xi'|$. Now we set

$$w = w(y, \xi, \xi') = \int_0^1 \varphi'_\xi(y, (1-t)\xi + t\xi') \, dt ,$$

so that $\varphi(y, \xi') - \varphi(y, \xi) = \langle w, \xi' - \xi \rangle$. Moreover, we set $w - x = z$, $\xi' - \xi = \zeta$ (thus $dx \, d\xi' = dz \, d\zeta$), and

$$c(y, z, \xi, \zeta) = \chi(\xi, \zeta) u(y, \xi + \zeta) a(w(y, \xi, \xi + \zeta) - z, \xi) .$$

Then

$$b(y, \xi) \sim \iint e^{iz\cdot\zeta} c(y, z, \xi, \zeta) \, dz \, d\zeta = I(c) .$$

Since c vanishes outside a small conic neighborhood of $(y_0, 0, \xi_0, 0)$ and since the map $(y, z, \xi, \zeta) \mapsto (w(y, \xi, \xi + \zeta))$ is transversal to Σ (its differential is surjective), and induces ϕ_1 on Δ $(z = \zeta = 0)$ so that the inverse image of Σ intersects Δ transversally along Σ_1 in V, Propositions 1.10 and 2.5 (and (2.2)) imply that $c \in QS^{m,k,k-}(V \times \mathbb{R}^{2n}, \Sigma_1, \Delta)$. Thus the lemma follows by Proposition 2.7.

End of the Proof of Proposition 3.12: The lemma and the formula for G imply that

$$FAGg(y) = \iint e^{i(\varphi(y,\xi) - \varphi(y',\xi))} b(y, \xi) v(y', \xi) g(y') \, dy' \, d\xi .$$

Consequently, Proposition 3.12 now follows from Proposition 3.11.

4. L^2 Inequalities

Let X and Σ be as in Section 3. Since $S^{m,0}(T^*X, \Sigma) \subset S^m_{1/2}(T^*X)$, it follows from the theorem of Calderon and Vaillancourt (cf. [6] and Appendix I) that any operator $A \in \mathrm{OP}S^{0,0}$ is continuous from $H^s_{\mathrm{comp}}(X)$ to $H^s_{\mathrm{loc}}(X)$ (for any $s \in \mathbb{R}$). In Section 6, we shall prove

4.1. Lemma. *There exists a finite system* $L = (L_0, L_1, \cdots, L_N)$ *of pseudo-differential operators of degree* 0, *whose symbols vanish on* Σ *(so that* $L \in \mathrm{OP}S^{0,1}(X, \Sigma)$ *by Example* 1.4) *such that* L *has a left parametrix* $Q \in \mathrm{OP}S^{0,-1}(X, \Sigma)$.

We define distribution spaces $H^{s,k}(X, \Sigma)$ which are related to the operators in $\mathrm{OP}S^{m,k}(X, \Sigma)$ in the same way as the Sobolev spaces are related to pseudo-differential operators.

4.2. Definition. Let $s \in \mathbb{R}$ and $k \in \mathbb{Z}$. We denote by $H^{s,k}(X, \Sigma)$ the space of all distributions f on X such that, for any properly supported operator $A \in \mathrm{OP}S^{s,k}(X, \Sigma)$, we have $Af \in L^2_{\mathrm{loc}}(X)$.

$H^{s,k}$ is equipped with the weakest locally convex topology for which the maps $f \to Af$ above are continuous. It follows easily from the arguments below that $H^{s,k}$ is a Fréchet space, and that the closed subspace of those $f \in H^{s,k}$ which have support in a fixed compact set is a Hilbert space. If $k = 0$, then $H^{s,k} = H^s_{\mathrm{loc}}$ by the theorem of Calderon and Vaillancourt.

Since $\mathrm{OP}S^{m,k} \circ \mathrm{OP}S^{m',k'} \subset \mathrm{OP}S^{m+m',k+k'}$, we know from the definition that

$$\text{(4.3)} \qquad \textit{if} \quad f \in H^{s,k} \quad \textit{and} \quad A \in \mathrm{OP}S^{m,l}, \quad \textit{then} \quad Af \in H^{s-m,k-l},$$

(provided f is compactly supported, or A properly supported). Further

$$\text{(4.4)} \qquad C_0^\infty(X) \textit{ is dense in } H^{s,k}.$$

Proof: Lemma 4.1 implies that if $f \in H^{s,k}$, $k \in \mathbb{Z}$, then f has a representation $f = \sum A_j f_j \bmod C^\infty$, with $f_j \in L^2_{\mathrm{loc}}$ and $A_j \in \mathrm{OP}S^{-m,-k}$ (and properly supported). Relation (4.4) then follows from the fact that $C^\infty(X)$ is dense in $L^2_{\mathrm{loc}}(X)$ and in $C^\infty(X)$.

$$\text{(4.5)} \qquad \textit{The localised antidual of } H^{s,k} \textit{ is } H^{-s,-k}.$$

The localized antidual $(H^{s,k})$ is the space of all distributions f such that, for any $\varphi \in C_0^\infty(X)$, the antilinear map $g \to \int f\varphi\bar{g}$ extends continuously from $C_0^\infty(X)$ to $H^{s,k}$. Since $A^* \in \mathrm{OP}S^{m,k}$ if $A \in \mathrm{OP}S^{m,k}$, any $f = Ag$, where $g \in L^2_{\mathrm{loc}}$ and $A \in \mathrm{OP}S^{s,k}$ is properly supported, is in $(H^{s,k})$; hence the result is an immediate consequence of Lemma 4.1. Notice that the localized dual space of $H^{s,k}(X, \Sigma)$ is not $H^{-s,-k}(X, \Sigma)$ but $H^{-s,-k}(X, -\Sigma)$ where $-\Sigma$ is the antipodal of Σ.

Definition 4.2 can be localized: we shall say that a distribution f on X is

$H^{s,k}$ in a conic neighborhood of a non-zero cotangent vector (x, ξ) (or near (x, ξ)), if there exists a pseudo-differential operator P of degree 0, elliptic at (x, ξ), such that $Pf \in H^{s,k}$.

From the known inclusion relations for the Sobolev spaces, and the definition, we also get:

(4.6) $H^{s,k} \subset H^{s',k'}$ *if and only if* $s \geqq s'$ *and* $s - \frac{1}{2}k \geqq s' - \frac{1}{2}k'$. *The bounded sets of* $H^{s,k}_{\text{comp}}$ *are relatively compact in* $H^{s',k'}$ *if and only if* $s > s'$ *and* $s - \frac{1}{2}k > s' - \frac{1}{2}k'$.

In the case when X is the numerical space $\mathbb{R}^n = \mathbb{R}^\nu \times \mathbb{R}^{n-\nu}$ with variable (t, x) and dual variable (τ, ξ), and Σ the cone $t = \tau = 0$, the spaces $H^{s,k}$ were introduced by M. S. Baouendi [1] and V. V. Grushin [13].

(The restriction $k \in \mathbb{Z}$ above is not really important; for arbitrary $k \in \mathbb{R}$, one may use the fact that there exist "elliptic" operators $P \in \mathrm{OP}S^{m,k}$, i.e., P has a parametrix $Q \in \mathrm{OP}S^{-m,-k}$. We shall not prove this here.)

5. Hermite Operators

Let $\Sigma \subset U$ be two C^∞ cones as before. We have already mentioned the space $\mathscr{H}^m = \bigcap_j S^{m-j,-2j}$ in Section 1. Thus if $a \in C^\infty(U)$, then $a \in \mathscr{H}^m$ if and only if, for any C^∞ vector fields $X_1, \cdots, X_p, Y_1, \cdots, Y_q$, homogeneous of degree 0, the X_j being tangent to Σ, and any integer j,

$$|X_1 \cdots X_p Y_1 \cdots Y_q a| \leqslant r^m d_\Sigma^{-q} (r d_\Sigma^2)^{-j}. \tag{5.1}$$

Suppose now that $\Sigma = \mathbb{R}^{N-\nu} \times \mathbb{R}_+ \subset U = \mathbb{R}^N \times \mathbb{R}_+$ is the local model of Section 1. We use again the notations of Section 1, so that Σ is defined by $x = 0$; moreover, by (1.2), $r\, d_\Sigma^2 = r\, |x|^2 + 1$. Using this and the inequalities $d^{-1} \leqslant r^{1/2}$, $|x|\, d^{-1} \leqslant 1$, we see that (5.1) is equivalent to the following statement: for all multi-indices α, β, γ, and integers p,

$$\left| x^\alpha \left(\frac{\partial}{\partial x}\right)^\beta \left(\frac{\partial}{\partial y}\right)^\gamma \left(\frac{\partial}{\partial r}\right)^p a \right| \leqslant r^\mu \qquad \textit{with} \qquad \mu = m - p - \tfrac{1}{2}|\alpha| + \tfrac{1}{2}|\beta|. \tag{5.2}$$

5.3. Example. Let $b = b(\xi, y, \rho)$ be C^∞, homogeneous of degree m with respect to (ξ, ρ). Then $a(x, y, r) = b(r^{3/2} x, y, r)$ belongs to $\mathscr{H}^m$ if and only if b vanishes of infinite order for $\rho = 0$.

This is an immediate consequence of Example 1.5 if we take $M = m$, and if $s = j$ can be taken arbitrarily large.

Let now X be an open set in $\mathbb{R}^n$ (more generally a C^∞ manifold) as in

Section 3, and Σ a C^∞ subcone of $T^*X - \{0\}$. *We denote by* $\mathrm{OP}\mathscr{H}^m(X, \Sigma) = \bigcap_j \mathrm{OP}S^{m-j,-2j}(X, \Sigma)$ *the set of pseudo-differential operators corresponding to* $\mathscr{H}^m(X, \Sigma)$.

It follows from Section 3 that $\mathrm{OP}\mathscr{H}^m(X, \Sigma)$ is invariant under coordinate changes (thus it is defined when X is a manifold), and more generally under elliptic Fourier integral transformations. If $A \in \mathrm{OP}\mathscr{H}^m(X, \Sigma)$ and $B \in \mathrm{OP}S^{m',k}(X, \Sigma)$, then $A^* \in \mathrm{OP}\mathscr{H}^m(X, \Sigma)$ and $AB, BA \in \mathrm{OP}\mathscr{H}^\mu(X, \Sigma)$, provided A or B is properly supported, $\mu = m + m' - \frac{1}{2}k$. Also if A is properly supported, it is continuous: $H^{s,k} \to H^{s-m-k/2+j,2j}$ for any integer j. Combined with Corollary 3.9 this shows that, for any distribution f, $\mathrm{WF}(Af) \subset \mathrm{WF}(f) \cap \Sigma$. Finally, we have the following result: Let ϕ be a homogeneous canonical map (of degree 1) from $T^*X - \{0\}$ to itself, and F a Fourier integral operator associated with ϕ. We suppose that ϕ induces the identity map on Σ; then,

(5.4) *notations being as above,* $F \circ A \in \mathrm{OP}\mathscr{H}^{m+m'}(X, \Sigma)$, $\qquad m' = \deg F$.

Proof: the statement is local. Hence we may suppose that both A and F have a small conic support, and that, in a suitable set of coordinates, F is defined by

$$Ff(x) = \int e^{i\varphi(x,\xi)} u(x, \xi) \hat{f}(\xi)\, d\xi$$

with $u \in S^{m'}$, $\varphi \in C^\infty$, homogeneous of degree 1, and $d(\varphi - x, \xi) = 0$ on Σ (because ϕ induces the identity on Σ). We have

$$FAf(x) = \int e^{ix\cdot\xi} c(x, \xi) \hat{f}(\xi)\, d\xi ,$$

where

$$c(x, \xi) = e^{-ix\cdot\xi} FA(e^{ix\cdot\xi}) = e^{i(\varphi(x,\xi) - x\cdot\xi)} b(x, \xi) ,$$

with

$$b(x, \xi) = e^{-i\varphi(x,\xi)} FA(e^{ix\cdot\xi}) \in \mathscr{H}^{m+m'}(X, \Sigma) ,$$

by Lemma 3.13.

The hypothesis on ϕ and Euler's identity imply that $\lambda(x, \xi) = \varphi(x, \xi) - x \cdot \xi$ vanishes of order 2 on Σ. Then if Y_j (respectively X_j) are C^∞ vector fields, homogeneous of degree 0 (respectively tangent to Σ), $Y_j\lambda$ (respectively $X_j\lambda$) is homogeneous of degree 1 and vanishes of order 1 (respectively 2) on Σ. Hence, by Example 1.4 and Propositions 1.6, 1.8, $e^{-i\lambda} Y_j e^{i\lambda}$ (respectively $e^{-i\lambda} X_j e^{i\lambda}$) is continuous: $S^{m-j,-2j} \to S^{m+1-j,-2j+1} = r^{1/2}(r^{1/2} d_\Sigma) S^{m-j,-2j}$ (respectively $S^{m-j,-2j} \to S^{m+1-j,2-2j} = r d_\Sigma^2 S^{m-j,-2j}$). Estimates (5.1) for $c(x, \xi)$ follow immediately, since $e^{i\lambda}$ is bounded.

Finally let us give a formula for the symbol (principal part) of AH, when

$H \in \mathrm{OP}\mathscr{H}^m$ and A is as in Example 4.1. In order to do this we choose once and for all the local coordinates $(x_1, \cdots, x_n)$ (i.e., assume that $X \subset \mathbb{R}^n$). H is represented by

$$Hf(x) = \int e^{ix\cdot\xi} h(x, \xi) \hat{f}(\xi)\, d\xi ,$$

with $h \in \mathscr{H}^m(X, \Sigma)$, and $\sigma(H)$ is the class of h mod $\mathscr{H}^{m-1/2}$ (in applications it will usually be "semi-homogeneous"; it is of rapid decrease at infinity outside Σ).

Let A be as in Example 1.4, of degree m', vanishing of order k (a positive integer) on Σ, with complete symbol $a(x, \xi) \sim \Sigma\, a_{m'-j/2}(x, \xi)$. Then as in Section 3, Proposition 3.5,

$$\sigma(AH) = \sum_{|\alpha| \leqq k} \frac{i^{-|\alpha|}}{\alpha!} \left(\frac{\partial}{\partial \xi}\right)^\alpha a \left(\frac{\partial}{\partial x}\right)^\alpha h \qquad \text{mod } \mathscr{H}^{\mu-1/2}, \qquad \mu = m + m' - \tfrac{1}{2}k.$$

We now discard as many superfluous terms as we can: in order to do this we choose (locally) C^∞ homogeneous functions $u_1, \cdots, u_\nu, v_1, \cdots, v_{2n-1-\nu}$ (of degree 0) and r (of degree 1) so that Σ is the cone of equations $u_1 = \cdots = u_\nu = 0$ (thus defining a local isomorphism of $\Sigma \subset T^*X - \{0\}$ with the local model of Section 1). We may write

$$\frac{\partial}{\partial x_j} = \sum a_{jk}(v, r) \frac{\partial}{\partial u_k} + \rho_j ,$$

where the a_{jk} are independent of u, C^∞, homogeneous of degree 0, and ρ_j is a C^∞ vector field, homogeneous of degree 0, tangent to Σ.

Further, if $b(x, \xi)$ is any C^∞ function, homogeneous of degree m'', vanishing of order k'' on Σ, we see using the Taylor formula near Σ that there exists a unique polymomial $p_b = \sum_{|\gamma| = k''} b_\gamma(v, r)\, u^\gamma$, where b_γ is C^∞, homogeneous of degree m'', independent of u, such that $b - p_b$ vanishes of order $k'' + 1$ on Σ (hence $b - p_b \in S^{m'', k''+1}$, and multiplication by $b - p_b$ takes $\mathscr{H}^m$ into $\mathscr{H}^{m+m''-k''/2-1/2}$).

We finally get

5.5. Proposition. *There exists a unique differential operator*

$$\sigma_\Sigma(A) = \sum_{|\alpha| + |\beta| \leqq k} a_{\alpha\beta}(v, r)\, u^\alpha \left(\frac{\partial}{\partial u}\right)^\beta$$

where the $a_{\alpha\beta}$ *are* C^∞ *homogeneous of degree* $m' - \frac{1}{2}k + \frac{1}{2}|\alpha| - \frac{1}{2}|\beta|$, *independent of* u, *such that*

$$\sigma(AH) = \sigma_\Sigma(A) \cdot \sigma(H) \qquad \text{mod } \mathscr{H}^{\mu-1/2}.$$

Observe that in the expression above $\sigma_\Sigma(A)$ and $\sigma(H)$ depend on the choice of coordinates, via the phase function x, and on the choice of local equations for Σ. The dependence on the choice of the u_j is mild: $\sigma_\Sigma(A)$ should be interpreted as a differential operator with polynomial coefficients on the normal tangent bundle of Σ. The dependence on the phase function is more drastic; changing it is equivalent to performing an elliptic Fourier integral transformation. The corresponding transformation formulas for $\sigma(H)$ and $\sigma_\Sigma(A)$ are closely related to the formulas of the Weil representation for the metaplectic group (they are exactly those if Σ is non-involutive (symplectic)). Since we have no use for this in the present paper, we shall not develop this further.

We investigate now in more detail the case when X is the numeric space $\mathbb{R}^n = \mathbb{R}^{n-\nu} \times \mathbb{R}^\nu$; we denote by $x = (y, t)$ the variable and by $\xi = (\eta, \tau)$ the dual variable. Let $Y = \mathbb{R}^{n-\nu}$ $(t = 0)$, and let Σ be the cone $t = \tau = 0$ (identified with T^*Y). (As we shall see later, in Sections 8, 9 and Appendix II, a transformation by suitable elliptic Fourier operators will also provide us with information in the more general case when Σ is non-involutive (symplectic), i.e., the restriction to Σ of the canonical form $\sum d\xi_j \wedge dx_j$ is non-degenerate or, equivalently, Σ can be locally defined by 2ν real C^∞ homogeneous equations $u_1 = \cdots = u_{2\nu} = 0$, the matrix of Poisson brackets $\{u_k, u_l\}$ being non-degenerate on Σ.) We begin by a new definition.

5.6. Definition. We call any operator $H = H' + R$: $C_0^\infty(Y) \to C^\infty(X)$, where R is an operator with C^∞ kernel and H' has an integral representation:

$$H'f(x) = (2\pi)^{n-\nu} \int e^{iy\cdot\eta} h(y, t, \eta) \hat{f}(\eta)\, d\eta$$

with $h \in \mathscr{H}^{m+\nu/4}(U, \Sigma_1)$, a Hermite operator of degree m.

Here we have set $U = \mathbb{R}^n \times (\mathbb{R}^{n-\nu} - \{0\})$, with variable $(x, \eta) = (y, t, \eta)$ and homothetics $\lambda \cdot (x, \eta) = (x, \lambda\eta)$. Σ_1 is the cone $t = 0$. (For convenience h is also required to be C^∞, or to vanish, near $\eta = 0$.)

5.7. Example. Let $h_k(u) = \pi^{1/4}\, (2^k k!)^{-1/2}\, ((\partial/\partial u) - u)^k \exp\{-\frac{1}{2}u^2\}$ be the k-th Hermite function, and set

$$h_\alpha(t, \eta) = |\eta|^{\nu/4} h_{\alpha_1}(t_1 |\eta|^{1/2}) \cdots h_{\alpha_\nu}(t_\nu |\eta|^{1/2}).$$

We denote by H_α the Hermite operator (of degree 0):

$$H_\alpha f(x) = (2\pi)^{\nu-n}\int e^{iy\cdot\eta} h_\alpha(t,\eta)\hat{f}(\eta)\, d\eta .$$

It follows immediately from this definition, and the fact that (h_k), $k = 0, 1, \cdots$, is an orthonormal basis of L^2 that H_α is isometric for the L^2 norms, and we have

$$H_\alpha^* H_\beta = \delta_{\alpha\beta}\, Id, \qquad \text{(with } \delta_{\alpha\beta} \text{ the Kronecker symbol)}$$

(5.8)
$$\left(\frac{\partial}{\partial t_j} - t_j\,|D_y|\right)H_\alpha = H_{\alpha+(j)}(2(\alpha_j + 1)\,|D_y|)^{1/2},$$
$$\left(\frac{\partial}{\partial t_j} + t_j\,|D_y|\right)H_\alpha = H_{\alpha-(j)}(2\alpha_j\,|D_y|)^{1/2} .$$

Here (j) denotes the multi-index with 1 in the j-th position, and 0 elsewhere, and, as usual, $|D_y|$ denotes the operator defined by $\widehat{|D_y|f} = |\eta|\hat{f}$ (when considered as an operator on X, $|D_y|$ is not pseudo-differential near $\eta = 0$; this does not matter since we are only concerned about its behavior near Σ).

Let H be a Hermite operator, defined by a function $h(y, t, \eta)$ as in Proposition 5.5. The symbol of H, $\sigma(H)$, is the class of h mod $\mathscr{H}^{m+\nu/4-1/2}$ and the complete symbol of H is the class of h mod $S^{-\infty}$ (both depend on the choice of coordinates). We have the following results:

(5.9) *Let H be a Hermite operator of degree m, and $Q = q(y, D_y)$ a pseudo-differential of degree m' on Y. Then $H' = H \circ Q$ is a Hermite operator of degree $m + m'$, and*

$$\sigma(H') = \sigma(H)\,\sigma(Q) .$$

For the complete symbols we have

$$h'(y,t,\eta) \sim \sum \frac{i^{-|\alpha|}}{\alpha!}\left(\frac{\partial}{\partial\eta}\right)^\alpha h(y,t,\eta)\left(\frac{\partial}{\partial y}\right)^\alpha q(y,\eta) .$$

The result is obvious if $Q = q(D_y)$ is translation invariant. From here on the proof is identical to the proof of the composition theorem for pseudo-differential operators (cf. [15], p. 106) and we omit details.

(5.10) *Let H, H' be two (properly supported) Hermite operators of degrees m, m'. Then $H^* \circ H'$ is a pseudo-differential operator on Y and*

$$\sigma(H^* \circ H') = \int \overline{\sigma(H)} \sigma(H') \, dt .$$

In fact, if H and H' are properly supported and defined by symbols $h(y, t, \eta)$, $h'(y, t, \eta)$ which vanish for (y, t) outside some compact set, $H^* \circ H' = q(y, D_y)$ with

$$q(y, \eta) = \int e^{i\langle y-y', \eta'-\eta\rangle} h(y', t, \eta') h(y', t, \eta) \, dy' \, dt \, d\eta' ,$$

and it follows easily from the method of the stationary phase (or from Section 2) that $q \in S^{m+m'}$.

(5.11) *Let H, H' be two (properly supported) Hermite operators of degrees m, m'. Then $H \circ H'^* \in \mathrm{OP}\mathscr{H}^{m+m'}$.*

Proof: We have $H \circ H'^* = (H \circ H_0^*) \, (H' \circ H_0^*)^*$. Thus it is enough to prove the result when $H' = H_0$. But then it follows immediately from the formula $\hat{h}_k(\xi) = i^{-k} h_k(\xi)$ that $H_0 H_\alpha^* = a(x, D)$ with

$$a(x, \xi) = h(y, t, \eta) i^{-|\alpha|} |\eta|^{-\nu/2} h_\alpha(\tau, \eta \, |\eta|^{-2}) \in \mathscr{H}^m(X, \Sigma) .$$

(5.12) *Let H be a Hermite operator of degree m, and $A \in \mathrm{OP}S^{m',k}(X, \Sigma)$ (both properly supported). Then AH is a Hermite operator of degree $m + m' - \frac{1}{2}k$.*

The proof is analogous to that of (5.10). We may also write $AH = A(H H_0^*)H_0$, and are thus reduced to the case when $A \in \mathrm{OP}\mathscr{H}^{m-k/2}(X, \Sigma)$, $H = H_0$, which is easier.

This applies in particular when A is a pseudo-differential operator as in Example 1.4 (of degree m', vanishing of order k on Σ). In this case there exists a unique differential operator

$$\sigma_\Sigma(A) = \sum_{|\alpha| + |\beta| \leq k} a_{\alpha\beta}(y, \eta) t^\alpha D_t^\beta, \tag{5.13}$$

with $a_{\alpha\beta}$ homogeneous of degree $m' - \frac{1}{2}k + \frac{1}{2}|\alpha| - \frac{1}{2}|\beta|$, such that $A - \sigma_\Sigma(A)(y, D_y, t, D_t) \in \mathrm{OP}S^{m',k+1}(X, \Sigma)$ (i.e., vanishes of order $k + 1$ on Σ). (One gets the coefficients $a_{\alpha\beta}$ by writing out a Taylor expansion of the symbol of A near Σ.) Then

$$\sigma(AH) = \sigma_\Sigma(A) \, \sigma(H) . \tag{5.14}$$

Notice also that, for any (properly supported) Hermite operator H of degree m, $H = (H H_0^*) H_0$ and $H H_0^* \in \mathrm{OP}\mathscr{H}^m(X, \Sigma)$. This and the results above imply that, if F is a Fourier integral operator associated with a canonical map which induces the identity map on Σ, $F \circ H$ is a Hermite operator (of degree $m + \deg F$). More generally, if F is a Fourier integral operator on X, associated with a canonical map ϕ which preserves Σ, and G a Fourier integral operator on Y associated with $(\phi_{|\Sigma})^{-1}$, $F \circ H \circ G$ is a Hermite operator (of degree $m + \deg F + \deg G$). In particular, the set of Hermite operators of a given degree is invariant under changes of coordinates which preserve Σ (i.e., which preserve Y $(t = 0)$ and, on Y, the sub-bundle of TX generated by the $\partial/\partial t_j$).

We conclude this section with the following remark, which one proves by successive approximations, using the fact that the Hermite functions h_k are a basis of the Schwartz space of rapidly decreasing functions (we leave the details to the reader): If H is a Hermite operator of degree m, there exists a rapidly decreasing sequence (Q_α) of pseudo-differential operators on Y, with $Q_\alpha \sim H_\alpha^* H$, such that $H - \sum H_\alpha Q_\alpha$ has a C^∞ kernel. Similarily, if $A \in \mathrm{OP}\mathscr{H}^m(X, \Sigma)$, there exists a rapidly decreasing sequence $(Q_{\alpha\beta})$ of pseudo-differential operators of degree m on Y, with $Q_{\alpha\beta} \sim H_\alpha^* A H_\beta$, such that $A - \sum H_\alpha Q_{\alpha\beta} H_\beta^*$ has a C^∞ kernel.

6. Construction of Parametrices

Let X be a C^∞ manifold, and Σ a C^∞ subcone of $T^*X - \{0\}$.

6.1. Proposition. *Let* $P \in \mathrm{OP}S^{m,k}(X, \Sigma)$. *Then* P *has a right parametrix* $Q \in \mathrm{OP}S^{-m,-k}(X, \Sigma)$ *if and only if*

(i) *there exists* $Q_1 \in \mathrm{OP}S^{-m,-k}$ *such that* $PQ_1 = 1 \bmod \mathrm{OP}S^{-1/2,-1}$,

(ii) *for any* $A \in \mathrm{OP}\mathscr{H}^0$ *there exists* $B \in \mathrm{OP}\mathscr{H}^{-m+k/2}$ *such that*

$$PB = A \qquad \bmod \mathrm{OP}\mathscr{H}^{-1/2}.$$

The two conditions are obviously necessary (take $Q_1 = Q$, $B = QA$). Conversely, suppose that they are satisfied. Then $PQ_1 = 1 - R_1$, with $R_1 \in \mathrm{OP}S^{-1/2,-1}$. It follows from Proposition 1.11 (iii) that there exists $Q_2 \in \mathrm{OP}S^{0,0}$ such that $Q_2 - \sum_{j<N} R_1^j \in \mathrm{OP}S^{-N/2,-N}$ for any integer N. Then we have $PQ_1Q_2 = 1 - R_2$, with $R_2 \in \bigcap \mathrm{OP}S^{-N/2,-N} = \mathrm{OP}\mathscr{H}^0$, and by (ii) there exists $Q_3 \in \mathrm{OP}\mathscr{H}^{-m+k/2}$ (so $Q_3 \in \mathrm{OP}S^{-m,-k}$) such that $PQ_3 = R_2 \bmod \mathrm{OP}\mathscr{H}^{-1/2}$. Now, $P(Q_1Q_2 + Q_3) = 1 - R_3$ with $R_3 \in \mathrm{OP}\mathscr{H}^{-1/2}$; by Proposition 1.11 (i) there exists $Q_4 \in \mathrm{OP}S^{0,0}$ with $Q_4 \sim \sum_{j=0}^{\infty} R_3^j$, and we get $P(Q_1Q_2 + Q_3)Q_4 \sim 1$.

There are similar conditions for the existence of left or two-sided parametrices. Also Proposition 6.1 obviously holds for systems (and more generally for operators on the sections of vector bundles).

Condition (i) only depends on P mod $\mathrm{OP}S^{m-1/2,k-1}$, and to check it will usually be easy, requiring only some knowledge of the multiplicative properties of $\sigma(P)$ mod $S^{m-1/2,k-1}$. Condition (ii) only depends on P mod $\mathrm{OP}S^{m,k+1}$, and means (at least when (i) is fulfilled) that P has an inverse in $\mathrm{OP}S^{-m,-k}$ mod $\mathrm{OP}S^{-m,-k+1}$. In checking this we are lead to the study of an integral equation depending on a parameter. When P is a pseudo-differential operator, as in Example 1.4, one must investigate a partial differential equation with polynomial coefficients, of the type studied by Grushin in [12]; this follows from Proposition 5.5.

Proof of Lemma 4.1: Notations being as above, Σ can always be defined by a finite number of equations: $l_1 = l_2 = \cdots = l_N = 0$, where the l_j are C^∞, real, homogeneous of degree 0, vanish on Σ, and do not vanish simultaneously outside Σ; moreover the dl_j generate all normal covectors at any point of Σ (this follows from the fact that the normal tangent bundle of Σ is isomorphic to a quotient of a finite-dimensional trivial bundle). Let L_j, $j = 1, \cdots, N$, be pseudo-differential operators of symbol $\sigma(L_j) = l_j$ (this determines L_j up to an operator of degree -1, and we have $L_j \in \mathrm{OP}S^{0,1}$ by Example 1.4), and let L_0 be an elliptic pseudo-differential operator of degree $-\frac{1}{2}$ (e.g., $\sigma(L_0) = |\xi|^{-1/2}$ for some metric on T^*X). We check that the adjoint of $L = (L_0, L_1, \cdots, L_N)$ satisfies the conditions of Proposition 6.1: first we have (mod $S^{-1/2,-1}$) $\sigma(L^*L) = \sum_0^N l_j^2 \geqslant d_\Sigma^2$, so that $q_1 = \left(\sum_0^N l_j^2\right)^{-1} \in S^{0,-2}$, and if $Q_1 \in \mathrm{OP}S^{0,-2}$, with $\sigma(Q_1) = q_1$ mod $S^{-1/2,-3}$, then $L^*L\,Q_1 = 1$ mod $\mathrm{OP}S^{-1/2,-1}$. Next we have to check that, for any $A \in \mathrm{OP}\mathscr{H}^0$, there exists $B = (B_0, B_1, \cdots, B_N) \in \mathrm{OP}\mathscr{H}^{1/2}$ such that $L^*B = A$ mod $\mathrm{OP}\mathscr{H}^{-1/2}$; this follows immediately from the fact that L_0 is elliptic of degree $-\frac{1}{2}$; hence we can take $B_0 = (L_0^*)^{-1}A$, $B_1 = \cdots = B_N = 0$ (where $(L_0^*)^{-1}$ denotes a parametrix of L_0^*).

7. The Involutive Case

Let $(\xi_1, \cdots, \xi_n, \tau)$ denote the dual variable to $(x_1, \cdots, x_n, t)$, and let Σ be the cone $\xi_1 = \cdots = \xi_n = 0$ in T^*R^{n+1}. If P is the heat operator: $P = \sum_1^n (\partial/\partial x_j)^2 + \partial/\partial t$, then the parametrix of P, $q(D_x, D_t)$ (with $q(\xi, \eta) = (-\sum_1^n \xi_j^2 + i\tau)^{-1}$) belongs to $\mathrm{OP}S^{-2,-2}(\mathbb{R}^{n+1}, \Sigma)$. This type of result will be generalized in this section.

Let X be a C^∞ manifold of dimension n, and Σ a C^∞ subcone of $T^*X - \{0\}$, of codimension ν. Locally Σ can be defined by ν real homogeneous equations $u_1 = \cdots, u_\nu, = 0$, the du_j being linearly independent. We choose ν (homogeneous) pseudo-differential operators of degree 0: $U_1, \cdots, U_\nu$, with $\sigma(U_j) = u_j$.

Let P be a homogeneous pseudo-differential operator of degree m such that the symbol $\sigma_m(P) = p_m$ vanishes of order 2 on Σ (thus, by Example 1.4, $P \in \mathrm{OP}S^{m,2}(X, \Sigma)$). We assume that P is elliptic outside Σ, and that the transversal hessian $2Q_P$ of p_m along Σ has no nontrivial real zero. Thus p_m can be written as

$$p_m = \sum a_{jk} u_j u_k ,$$

where (a_{jk}) is a $\nu \times \nu$ symmetric matrix of C^∞ homogeneous functions of degree m and, for any cotangent vector $(x, \xi) \in \Sigma$, the quadratic form

$$Q_P = \sum a_{jk}(x, \xi)\, du_j\, du_k$$

has no nontrivial real zero (we identify du_j with the linear form on the transversal tangent of Σ it defines).

If $\nu = 2$, we suppose in addition that the winding number of the quadratic form Q_P around 0 is zero (it follows in every case that Q_P is nondegenerate).

Let us recall (cf. [22]) the following fact about complex-valued quadratic forms: If $\nu = 2$, and if $Q = Q(X_1, X_2)$ is a complex-valued quadratic form with no nontrivial real zero, Q can be factored: $Q = f_1 f_2$, where f_1, f_2 are two complex-valued linear forms (with no nontrivial real zero). Then, either f_1 and f_2 have the same orientation so that the set of values of Q is $\mathbb{C}$ and Q has winding number ± 2 around 0, or f_1 and f_2 have opposite orientations so that $f_2 = af_1 + b\bar{f}_1$, with $|b^{-1}a| < 1$. In this case, the set of values of Q is the convex cone of all complex numbers s such that $|\mathscr{I}m\, b^{-1}s| < |b^{-1}as|$ and the winding number of Q around 0 is zero. If $\nu > 2$, the restriction of Q to any real 2-plane has necessarily winding number zero around 0; thus no two nonzero real vectors X_1, X_2 exist such that $Q(X_1) = -Q(X_2)$, and the set of values of Q, which is a connected cone, is convex.

We can therefore introduce the following invariant of P:

(7.1) *For any* $(x, \xi) \in \Sigma$, $\Gamma_{x,\xi}$ *denotes the convex cone of values of the transversal hessian* Q_p *of* p_m *at* (x, ξ) .

Choosing (homogeneous) pseudo-differential operators A_{jk} of degree m, with $\sigma(A_{jk}) = a_{jk} = a_{kj}$, we see that we can write (locally)

$$P = \sum A_{jk} U_j U_k + R ,$$

where R is of degree $m - 1$. Since $\sigma(U_j) = u_j$ vanishes on Σ, the symbol $\sigma_{m-1}(R)|_\Sigma$ does not depend on the choice of the u_j, U_j, A_{jk}; hence it is invariant under elliptic Fourier integral transformations.

If we choose local coordinates, and let $p_m + p_{m-1} + \cdots$ be the complete symbol of P, we get (since $u_j = 0$ on Σ)

$$p_{m-1} = \sigma_{m-1}(R) - i \sum_{j,k,l} a_{kl} \frac{\partial u_k}{\partial \xi_j} \frac{\partial u_l}{\partial x_j} = \sigma_{m-1}(R) + \frac{1}{2i} \sum_j \frac{\partial^2 p_m}{\partial \xi_j \, \partial x_j} \quad \text{on} \quad \Sigma .$$

Consequently, we introduce another invariant of P (usually called the second invariant):

$$I_2(P) = \sigma_{m-1}(R)\big|_\Sigma = p_{m-1} - \frac{1}{2i} \sum_j \frac{\partial^2 p_m}{\partial \xi_j \, \partial x_j}\bigg|_\Sigma . \tag{7.2}$$

We suppose now that Σ *is involutive*, i.e., that (locally) the Poisson brackets $\{u_j, u_k\}$ vanish on Σ, and that *the radial vector* $r(\partial/\partial r) = \sum \xi_j(\partial/\partial \xi_j)$ *is not orthogonal to* Σ *for the canonical form* $\sum d\xi_j \wedge dx_j$ (equivalently, $r(\partial/\partial r)$ is linearly independent of the Hamilton-Jacobi fields H_{u_k}, $k = 1, \cdots, \nu$, at every point of Σ).

7.3. THEOREM. *The following statements are equivalent*:

(a) P *has a parametrix* $P' \in \mathrm{OP}S^{-m,-2}$;

(b) $I_2(P) = \sigma_{m-1}(R) \notin -\Gamma_{x,\xi}$ *for any* $(x, \xi) \in \Sigma$ (*with the notations of* (7.1), (7.2));

(c) *for any distribution* f, $Pf \in H^s_{\mathrm{loc}}$ *implies* $f \in H^{s+m-1}_{\mathrm{loc}}$.

Thus it can be seen from the first two terms in its complete symbol p that an operator, such as the heat operator expressed in the wrong set of coordinates, is hypoelliptic and satisfies an estimate involving the loss of one derivative. The parametrix is not usually $p^{-1}(x, D)$, but is of the form $p'(x, D)$, where $p'(x, \xi)$ has the same semi-homogeneous behavior as $(p + \lambda\,|\xi|^{m-1})^{-1}$ for some λ.

Proof: Since $H^{s+m,2} \subset H^{s+m-1}_{\mathrm{loc}}$, we have clearly (a) $\Rightarrow$ (c). Let us prove (b) $\Rightarrow$ (a). Since P is elliptic outside Σ, we must show that P has a parametrix in small conic neighborhoods of points of Σ. Both (b) and (a) are invariant under elliptic Fourier integral transformations; since Σ is non-involutive and the radial vector $r(\partial/\partial r)$ is not orthogonal to Σ (for $\sum d\xi_j \wedge dx_j$), there exist (cf. Lemma 10.8, Appendix II) local canonical homogeneous coordinates $y_1, \cdots, y_n, \eta_1, \cdots, \eta_n$, the y_j being of degree 0 and the η_j of degree 1, such that Σ is defined by the equations $\eta_1 = \cdots = \eta_\nu = 0$ (canonical means that the Poisson brackets satisfy $\{y_j, y_k\} = \{\eta_j, \eta_k\} = \{\eta_j, y_k\} - \delta_{jk} = 0$, or equivalently, that $\sum d\xi_j \wedge dx_j = \sum d\eta_j \wedge dy_j$). Then $(x, \xi) \mapsto (y, \eta)$ is a canonical homogeneous map $\phi : T^*X - \{0\} \to T^*\mathbb{R}^n - \{0\}$. Transforming by any elliptic Fourier integral operator associated with ϕ, we are thus reduced to the case when $X = R^n$, and Σ is the cone $\xi_1 = \cdots = \xi_\nu = 0$. In this case, P can be written as

$$P = \sum A_{jk} \frac{\partial^2}{\partial x_j \partial x_k} + R,$$

where (A_{jk}) is an elliptic matrix of pseudo-differential operators of degree $m-2$ (defined in a small open conic neighborhood of a point $(x_0, \xi_0) \in \Sigma$), and R is of degree $m-1$.

We set $a_{jk} = \sigma_{m-2}(A_{jk})$ and $r = \sigma_{m-1}(R)$. Condition (b) clearly implies that the function $p = p_m + p_{m-1} = \sum a_{jk} \xi_j \xi_k + r$ does not vanish in a small conic neighborhood of (x_0, ξ_0). Thus $p'' = p^{-1}(x, \xi) \in S^{-m,-2}$ (near (x_0, ξ_0)). Now let $P'' = p''(x, D) \in \mathrm{OP}S^{-m,-2}$. By Proposition 3.5, $P \circ P'' = c(x, D)$ with

$$c(x, \xi) = 1 + \sum_{|\alpha|=1,2} \frac{i^{-|\alpha|}}{\alpha!} \left(\frac{\partial}{\partial \xi}\right)^\alpha p \left(\frac{\partial}{\partial x}\right)^\alpha p'' \qquad \text{mod } S^{-1/2,0}.$$

But here the $\partial/\partial x_j$ are all tangent to Σ; hence, by Proposition 1.8 all terms in the sum are already in $S^{-1/2,0}$, and we have $P P'' = 1 - R'$ with $R' \in \mathrm{OP}S^{-1/2,0}$. Finally, if $P' \sim P'' \circ \sum_0^\infty R'^k$, then $P P' \sim 1$. Similarily, P has a left parametrix, and it follows that also $P' P \sim 1$.

Let us prove (c) $\Rightarrow$ (b). We suppose that (b) is not satisfied at a point $(x_0, \xi_0) \in \Sigma$. Transforming by an elliptic Fourier integral operator as above, we may again assume that $X = \mathbb{R}^n$, and Σ is the cone $\xi_1 = \cdots = \xi_\nu = 0$, $x_0 = 0$, $\xi_0 = (0, \cdots, 0, 1)$ (the last vector in the canonical basis of $\mathbb{R}^n$). We assume also that the degree of P is 2 (we can replace P by $P\,|D_x|^{2-m}$). Then P has the form

$$P = -\sum_{j,k \leq \nu} a_{jk} \frac{\partial^2}{\partial x_j \partial x_k} - ib \frac{\partial}{\partial x_n} + R, \tag{7.4}$$

where a_{jk}, b are constants, and R is of degree 2 and vanishes of order 3 at (x_0, ξ_0) (in the sense of Example 1.4) i.e., in the complete symbol $r = r_2 + r_1 + \cdots$, r_2 vanishes of order 3 and r_1 of order 1 at (x_0, ξ_0). The implication (c) $\Rightarrow$ (b) will now follow from the slightly more general proposition below.

7.5. Proposition. *Let P be given by (7.4), and assume that the quadratic form $\sum a_{jk} \xi_j \xi_k$ has no nontrivial real zero and takes on the value $-b$. Then there exists a distribution f such that the wave front set $\mathrm{WF}(f)$ is concentrated on the half-line $(x_0, \mathbb{R}_+ \xi_0)$, $Pf \in H^\varepsilon_{\mathrm{loc}}$ for some $\varepsilon > 0$, but $f \notin H^1_{\mathrm{loc}}$.*

Proof: We shall denote by $(x, y, t) \in \mathbb{R}^\nu \times \mathbb{R}^{n-\nu-1} \times \mathbb{R}$ the variable in

$\mathbb{R}^n$, and by (ξ, η, τ) the dual variable. We set

$$a = \sum a_{jk}\, \xi_j\, \xi_k + b\tau .$$

We choose f so that its Fourier transform has the form

$$\hat{f}(\xi, \eta, \tau) = \varphi(|a|\, \tau^{-q})\, \varphi(|\eta|^2\, \tau^{-q})\, \chi(\xi, \eta, \tau)\,, \tag{7.6}$$

where $\varphi \in C_0^\infty$ vanishes outside the interval $[\frac{1}{2}, 2]$, and $\chi \in \mathscr{S}^m$ vanishes for $\tau < 1$ and for $|\xi| + |\eta| > \tau$; moreover, $\chi \approx \tau^m$ in some conic neighborhood of ξ_0,[2] and $\frac{1}{6}\sigma < q < 1$.

7.7. LEMMA. *Let $\varphi_0(t) = 1$ if $\frac{1}{2} \leqq t \leqq 2$ and 0 otherwise. Let $\chi_0(\xi, \eta, \tau) = 1$ if $\tau \geqq 1$ and $|\xi| + |\eta| \leqq \tau$, 0 otherwise. There exists a number s_0 such that, for any $\varepsilon > 0$,*

$$\iint\limits_{|\xi|+|\eta|<\varepsilon\tau} \varphi_0(a\tau^{-q})\varphi_0(|\eta|^2\tau^{-q})\chi_0(\xi, \eta, \tau)\; d\xi\; d\eta \chi \tau^{-2s_0-1} \qquad when \qquad \tau \to \infty\,.$$

From the lemma it follows that if f is defined by (7.6), $f \in H^s$ if and only if $s < s_m = s_0 - m$.

Proof of Lemma 7.7: It is a classical result that there exists a number σ such that the volume $v(\lambda)$ of the region $|\sum a_{jk}\, \xi_j\, \xi_k - b| < \lambda$ in $\mathbb{R}^\nu$ is $\approx \lambda^\sigma$ when $\lambda \to 0$; in fact, $v(\lambda)\lambda^{-\sigma}$ has a limit when $\lambda \to 0$. (The precise rule is the following: $\sigma = \frac{1}{2}\nu$ if $b = 0$; if $b \neq 0$ and the imaginary part of $b^{-1} \sum a_{jk}\xi_j\xi_k$ changes sign, then $\sigma = \dot{2}$, and if the imaginary part of $b^{-1} \sum a_{jk}\xi_j\xi_k$ does not change sign and is of rank ν', then $\sigma = 1 + \frac{1}{2}\nu'$). The lemma follows immediately by performing the change of variables $\xi \to \tau^{1/2}\xi$, $\eta \to \tau^{1/2}\eta$.

Proof of Proposition 7.5: Let $\mathscr{P}_m$ denote the vector space spanned by all functions

$$\xi^\alpha \eta^\beta \varphi_1(a\tau^{-q})\varphi_2(|\eta|^2\tau^{-q})\chi_{m-|\alpha|/2-|\beta|/2}(\xi, \eta, \tau)\,, \tag{7.8}$$

where φ_1, $\varphi_2 \in C_0^\infty(\mathbb{C})$ vanish outside the corona $\frac{1}{2} \leqq |z| \leqq 2$, and

$$\chi_{m-|\alpha|/2-|\beta|/2}$$

is a symbol of degree $m - \frac{1}{2}|\alpha| - \frac{1}{2}|\beta|$, vanishing for $\tau < 1$ and for $|\xi| + |\eta| > \tau$.

---

[2] We write $f \approx g$ when $\tau \to \infty$ (or $\tau \to 0$) if fg^{-1} and gf^{-1} remain bounded when $\tau \to \infty$ (or $\tau \to 0$).

Let us set $\mu = q - \frac{1}{2} = \inf(q - \frac{1}{2}, \frac{1}{2}, q)$. It follows immediately from the definition that

$$a\mathscr{P}_m \subset \mathscr{P}_{m+q},$$

$$\xi_j \mathscr{P}_m \subset \mathscr{P}_{m+1/2} \subset \mathscr{P}_{m+1-\mu} \quad \text{and} \quad \eta_j \mathscr{P}_m \subset \mathscr{P}_{m+1-\mu},$$

$$(7.9) \quad \frac{\partial}{\partial \xi_j} \mathscr{P}_m \subset \mathscr{P}_{m-1/2} + \xi_j \tau^{-q} \mathscr{P}_m \subset \mathscr{P}_{m-\mu} \quad \text{and} \quad \frac{\partial}{\partial \eta_j} \mathscr{P}_m \subset \mathscr{P}_{m-\mu},$$

$$\frac{\partial}{\partial \tau} \mathscr{P}_m \subset \mathscr{P}_{m-1} + \tau^{-q} \mathscr{P}_m \subset \mathscr{P}_{m-q} \subset \mathscr{P}_{m-\mu}.$$

On the other hand, (for $\tau > 0$)

$$|\xi^\alpha \eta^\beta|^2 \tau^{-|\alpha|-|\beta|} \leqslant (|a| + \tau)^{|\alpha|} |\eta|^{2|\beta|} \tau^{-|\alpha|-|\beta|}$$
$$= (\tau^{-q} |a| + \tau^{1-q})^{|\alpha|} (\tau^{-q} |\eta|^2)^{|\beta|} \tau^{(q-1)(|\alpha|+|\beta|)},$$

and, since $\tau^{-q} |a| \varphi_1(\tau^{-q} a) = \psi(\tau^{-q} a)$ with $\psi(z) = |z| \varphi_1(z) \in C_0^\infty(\mathbb{C})$, and a similar statement holds for $\tau^{-q} |\eta|^2 \varphi_2(\tau^{-q} |\eta|^2)$, it follows immediately that, for any function $\hat{g} \in \mathscr{P}_m$, there is a constant C such that

$$|\hat{g}| \leqq C \varphi_0(\tau^{-q} |a|) \varphi_0(\tau^{-q} |\eta|^2) \chi_0(\xi, \eta, \tau).$$

Hence, if $\hat{g}$ is the Fourier transform of g, then $g \in H^s_{\text{loc}}$ if $s < s_m = s_0 - m$. Iterating (7.9) we see now that if R' is any pseudo-differential operator of degree 0, vanishing of order k at (x_0, ξ_0) (so that $R' = \sum_{|\alpha|+|\beta| \leqq k} R_{\alpha\beta} (xyt)^\alpha (\partial/\partial x \, \partial/\partial y)^\beta$, with $R_{\alpha\beta}$ of degree $-\frac{1}{2}(k - |\alpha| + |\beta|)$), then $R'g \in H^s_{\text{loc}}$ if $s' < s_m + k\mu$. In particular, since $\mu > 0$, this implies that the wave front set $\text{WF}(g)$ is concentrated on the half-line $(x_0, \mathbb{R}_+ \xi_0)$.

Finally, let P be given by (7.4) and f by (7.6), and choose m so that $s_m = 1$. We have already noticed that $f \notin H^s_{\text{loc}}$. Moreover, $\hat{f} \in \mathscr{P}_m$; thus $\text{WF}(f) \subset (x_0, \mathbb{R}_+ \xi_0)$. Since $a\hat{f} \in \mathscr{P}_{m+q}$, we have

$$\left(-\sum a_{jk} \frac{\partial^2}{\partial x_j \partial x_k} - ib \frac{\partial}{\partial t}\right) f \in H^{1-q-\varepsilon}$$

if $\varepsilon > 0$; and since R is of degree 2 and vanishes of order 3 at (x_0, ξ_0), we have $Rf \in H^{1-2+3\mu-\varepsilon}_{\text{loc}}$ if $\varepsilon > 0$.

Now $q < 1$, so that $1 - q > 0$, and $q > \frac{5}{6}$, so that $1 - 2 + 3\mu = 3(q - \frac{1}{2}) - 1 > 0$, which completes the proof.

8. The Non-Involutive Case

We begin by an example, similar to the one described by Grushin in [14]. Notations are as in Section 5 for Hermite operators; thus $(x, t) \in \mathbb{R}^{n-\nu} \times \mathbb{R}^\nu$ denotes the variable in $\mathbb{R}^n$, (ξ, τ) the dual variable, Σ is the cone $t = \tau = 0$, and, near Σ, we take $d_\Sigma^2 = (|t|^2 + |\tau|^2 |\xi|^{-2} + |\xi|^{-1})$.

We set

$$Z_j = (2\,|D_x|)^{-1/2}\left(-i\frac{\partial}{\partial t_j} + it_j\,|D_x|\right),$$

so that

$$Z_j^* = (2\,|D_x|)^{-1/2}\left(-i\frac{\partial}{\partial t_j} - it_j\,|D_x|\right), \qquad [Z_j^*, Z_k] = \delta_{jk}\, Id.$$

Further, we choose constants $\lambda_1, \cdots, \lambda_\nu, c$ and set

$$P = \sum_1^\nu \lambda_j Z_j Z_j^* + c$$

(the fact that the Z_j and P are not pseudo-differential near $\xi = 0$ will not bother us, since we are only interested in their behavior near Σ). If the convex conic hull of the λ_j in $\mathbb{C}$ is not the whole of $\mathbb{C}$,

$$|\sigma(P)| = |\sum \lambda_j(|\xi|\, t_j^2 + |\xi|^{-1} \tau_j^2)| \geqslant |\xi|\, d_\Sigma^2 \qquad \text{mod } S^{1,2};$$

hence P satisfies condition (i) of Lemma 6.1. On the other hand, (5.8) implies that, with $\alpha \cdot \lambda = \sum_1^\nu \alpha_j \lambda_j$,

$$PH_\alpha = (\alpha \cdot \lambda + c) H_\alpha .$$

It follows easily that P satisfies condition (ii) of Lemma 6.1, hence has a parametrix $P' \in OP S^{-1,-2}$, if and only if $\alpha \cdot \lambda + c$ never vanishes (for α a multi-index).

The purpose of this section is to generalize this result, and our first task will be to find analogues of $\lambda_1, \cdots, \lambda_\nu, c$ in more general cases.

We begin by recalling results of linear algebra (cf. [5], [22]). Let E be a real vector space of dimension 2ν, ω a real symplectic form on E (i.e., bilinear, skew symmetric, non-degenerate), and Q a complex-valued quadratic form with no nontrivial real zero (if $\nu = 1$, we also suppose that the winding number of Q around 0 is zero). Let $q(u, v)$ be the symmetric bilinear form associated with Q ($Q(u) = q(u, u)$). We can write

$$q(u, v) = \omega(u, Av),$$

where $2Av = H_Q(v)$ is the value at v of the Hamilton-Jacobi field of Q (this being defined by $\omega(u, H_Q(v)) = \langle u, dQ(v)\rangle = 2q(u, v)$). A is skew symmetric, both with respect to ω and q.

8.1. Lemma. *With the notations above,*

(i) *the set of values of* Q *is a convex angle* $\Gamma \subset \mathbb{C}$,

(ii) *the eigenvalues of* A *lie in* $i\Gamma \cup (-i\Gamma)$,

(iii) *there exist* ν *independent complex linear forms* $z_1, \cdots, z_\nu$, *unique up to linear combinations, such that*

$$Q = \sum_{kl} z_k \bar{z}_l + \sum \beta_{kl}\, \bar{z}_k \bar{z}_l\,, \qquad \omega = i \sum \gamma_{kl}\, z_k \wedge \bar{z}_l,$$

(γ_{kl}) *being a positive non-degenerate hermitian matrix.*

Statement (i) was shown in Section 7. If λ is an eigenvalue of A, and $w = u + iv$ (in $E \otimes \mathbb{C}$) a corresponding eigenvector, then

$$2i\lambda\omega(u, v) = \omega(\bar{w}, \lambda w) = q(\bar{w}, w) = Q(u) + Q(v)\,,$$

since $Q(u)$, $Q(v)$ belong to Γ and do not both vanish. This implies that $\omega(u, v) \neq 0$, and $\lambda \in \pm i\Gamma$ according to whether $\pm\omega(u, v) < 0$; hence (ii) holds.

Let $E_\lambda \subset E \otimes \mathbb{C}$ denote the spectral subspace of A relative to λ, and let $N = \sum_{\lambda \in i\Gamma} E_\lambda$. Since A is skew-symmetric,

$$\omega((\lambda - A)^N u, v) = \omega(u, (\lambda + A)^N v)\ ;$$

so E_λ and E_μ are orthogonal (both with respect to ω and q) unless $\lambda + \mu = 0$ in which case they have the same dimension (because they are in duality through ω). Thus N is totally isotropic for ω and Q, $\dim N = \nu = \frac{1}{2} \dim E$, and since Q has no nontrivial real zero, $\bar{N} \cap N = (N \cap E) \otimes \mathbb{C} = \{0\}$. Now let $z_1, \cdots, z_\nu$ be independent complex linear forms on E, such that $z_1 = \cdots = z_\nu = 0$ on N; then $z_1, \cdots, z_\nu, \bar{z}_1, \cdots, \bar{z}_\nu$ form a basis of $E^* \otimes \mathbb{C}$, and since N is totally isotropic for ω and Q, and ω is real (so that $\bar{N}$ is also isotropic for ω), Q and ω can be expressed as in Lemma 8.1. Finally, if $\lambda \in i\Gamma$ is an eigenvalue of A, and $w = u + iv$ a corresponding eigenvector, then $\lambda\omega(\bar{w}, w) = Q(u) + Q(v) \in \Gamma$; hence $i\omega(\bar{w}, w) > 0$. If N is the sum of the eigenspaces of A it contains (e.g. if the eigenvalues of A are all distinct), this implies that $i\omega(\bar{w}, w) > 0$ for any $w \in N - \{0\}$, or equivalently that the hermitian matrix (γ_{kl}) is positive non-degenerate. The general case follows by a standard perturbation argument.

Conversely, if Q, ω satisfy the expressions given in Lemma 8.1, and (γ_{kl}) is positive definite, the subspace N' defined by $\bar{z}_1 = \cdots = \bar{z}_\nu = 0$ is totally isotropic for both ω and Q, hence stable with respect to A; and if $w = u + iv$, N' is an eigenvector of A, λ the corresponding eigenvalue, then $\omega(\bar{w}, w) = Q(u) + Q(v) \in \Gamma$ and $i\omega(\bar{w}, w) > 0$. Hence, $\lambda \in i\Gamma$. This implies that $N = N'$ and shows the uniqueness announced (in other words, the complex structure on E for which $z_1, \cdots, z_\nu$ are holomorphic is uniquely defined).

Now we use again the notations of Section 7. Thus X is a C^∞ manifold, P a homogeneous pseudo-differential operator on X whose characteristic set is a smooth cone Σ and whose symbol vanishes of order 2 on Σ. As in Section 7, we assume that the transversal hessian of $p_m = \sigma(P)$ along Σ has no non-trivial real zero, and that its winding number is zero if $\operatorname{codim} \Sigma = 2$.

We assume that Σ is non-involutive (or symplectic), i.e., the restriction to Σ of the canonical form $\sum d\xi_k \wedge dx_k$ is non-degenerate. Then $\operatorname{codim} \Sigma = 2\nu$ is even, and Σ can be defined (locally) by 2ν real C^∞ homogeneous equations $u_1 = \cdots = u_{2\nu} = 0$, the matrix of Poisson brackets $\{u_i, u_j\}$ being non-degenerate on Σ. Let us write

$$p_m = \sum a_{kl} u_k u_l .$$

If $z_k = \sum \lambda_{kj} u_j$, we have $\{z_k, z_l\} = \sum \lambda_{ki} \lambda_{jl} \{u_i, u_j\}$ on Σ (because the u_j vanish there). Applying Lemma 8.1 with $E = \mathbb{R}^{2\nu}$, Q the quadratic form with matrix (a_{kl}), and ω the symplectic form whose matrix is the inverse of the matrix $-\{u_i, u_j\}$ (so that if we identify E with the normal tangent bundle of Σ, ω is identified with the symplectic form induced by the canonical form), we see that there exist complex linear combinations $z_1, \cdots, z_\nu$ of the u_j (with complex-valued C^∞ homogeneous coefficients) such that

$$p_m = \sum \alpha_{kl} z_k \bar{z}_l + \beta_{kl} \bar{z}_k \bar{z}_l ,$$

$\{z_k, z_l\} = 0$ on Σ, and $(1/i)\ \{\bar{z}_k, z_l\}$ is a positive non-degenerated hermitian matrix on Σ. These are unique, up to linear combinations, on Σ (in other words, the vector space spanned by the differentials dz_j at any point of Σ is uniquely determined by the conditions above).

Choosing (homogeneous) pseudo-differential operators Z_j, Y_j with respective symbols z_j, $\sum \alpha_{kj} z_k + \beta_{kj} \bar{z}_k$, we get

$$P = \sum Y_j Z_j^* + R , \tag{8.2}$$

where R is of degree $m - 1$, the matrix $\sigma[Z_k^*, Z_l]$ is positive non-degenerate on Σ, and $\sigma[Z_k, Z_l] = 0$ on Σ.

It follows from the preceeding remarks that the symbol $\sigma_{m-1}(R)|_\Sigma$ does not depend on the choice of the Y_j, Z_j, and thus is invariant under elliptic Fourier integral transformations. We now have several invariants associated with P: the convex angle $\Gamma_{x,\xi}$ of (7.1), the Hamilton-Jacobi field H_{pm} of

p_m, and the linear map $2A$ induced by its derivative on the normal tangent bundle of Σ (this makes sense because p_m vanishes of order 2 on Σ) which corresponds to the skew-symmetric linear map A of Lemma 8.1; also, for each (x, ξ),

(8.3) *the numbers* $\lambda_1, \cdots, \lambda_\nu \in \Gamma_{x,\xi}$, *such that the eigenvalues of* A *are* $\pm i\lambda_j$ *(repeated according to their multiplicities)*,

(8.4) *the symbol* $I_2'(P) = \sigma_{m-1}(R)\big|_\Sigma$ *(with* R *as in* (8.2)).

If one chooses the Z_j so that $\sigma[Z_k^*, Z_l]$ is the identity matrix on Σ (this is always possible replacing the Z_j by suitable linear combinations with pseudo-differential coefficients), one checks easily that the λ_j are the eigenvalues of the matrix $\sigma(A_{jk})$ (with A_{jk} as in (8.2)).

If we choose local coordinates $x_1, \cdots, x_n$, and let $p = p_m + p_{m-1} + \cdots$ be the complete symbol of P in these coordinates, we get as above

$$p_{m-1} = \frac{1}{i}\sum \frac{\partial y_j}{\partial \xi_k}\frac{\partial \bar z_j}{\partial x_k} + \sigma_{m-1}(R) = \frac{1}{2i}\sum \frac{\partial^2 p_m}{\partial \xi_k\,\partial x_k} + \frac{1}{2i}\sum\{y_j, \bar z_j\} + \sigma_{m-1}(R)$$

$$= -\sum_1^\nu \lambda_j + \frac{1}{2i}\sum \frac{\partial^2 p_m}{\partial \xi_k\,\partial x_k} + \sigma_{m-1}(R),$$

with $y_j = \sigma(Y_j)$, $z_j = \sigma(Z_j)$; hence

$$I_2'(P) = p_{m-1} - \frac{1}{2i}\sum \frac{\partial^2 p_m}{\partial \xi_k\,\partial x_k} + \sum_1^\nu \lambda_j. \tag{8.5}$$

This is not the second invariant of P; it is rather related to the Mellin constant (cf. [19]).

We can now state the result of this section:

8.6. Theorem. *The following statements are equivalent:*

(a) P *has a parametrix* $P' \in \mathrm{OP}S^{-m,-2}$.

(b) *For any* $(x, \xi) \in \Sigma$ *and any multi-index* α, *we have* $\alpha \cdot \lambda + I_2'(P) \neq 0$ *(where* λ *is the sequence* $(\lambda_1, \cdots, \lambda_\nu)$.

(c) *For any distribution* f, $Pf \in H^s$ *implies* $f \in H^{s+m-1}$.

Proof: Clearly (a) imples (c). We now prove (c) $\Rightarrow$ (b); then (b) $\Rightarrow$ (a). Replacing the z_j of (8.2) by suitable linear combinations (with pseudo-differential coefficients), we may assume that they are of degree $\frac{1}{2}$, that the matrix

$\sigma([Z_j^*, Z_k])$ induces the identity on Σ, and that $Y_j = \sum A_{jk} Z_k + B_{jk} Z_k^*$, at a given point $(x_0, \xi_0) \in \Sigma$, the matrix $\sigma(A_{jk})$ being triangular. It follows then that the eigenvalues $\lambda_1, \cdots, \lambda_\nu$ of (8.3) at (x_0, ξ_0) are precisely the diagonal entries of the matrix $\sigma(A_{jk})$ at (x_0, ξ_0). In Appendix II, we shall see that there exists an elliptic Fourier integral operator transforming Z_j into the operator $(2\,|D_x|)^{1/2}\,(-i\,\partial/\partial t_j) + it_j|D_x|$ of the example above modulo $\mathrm{OP}S^{m,3}$. Then, H_α being the Hermite operator defined in Example 5.7, it follows from Section 5 that

$$PH_\alpha = \sum H_\beta Q_{\alpha\beta} \qquad \text{modulo Hermite operators of degree } m - \tfrac{3}{2},$$

where the $Q_{\alpha\beta}$ are pseudo-differential operators on $R^{n-\nu}$ of degree $m-1$, and the matrix $\sigma(Q_{\alpha\beta})$ is triangular at (x_0, ξ_0), with diagonal entries $\alpha \cdot \lambda + I_2'(P)$, if we order multi-indices by increasing $|\alpha|$ and by lexicographic order on α for fixed $|\alpha|$.

Suppose now that condition (b) fails to hold at (x_0, ξ_0); then the matrix $Q = (Q_{\alpha\beta})$, $|\alpha|, |\beta| \leqq N$, is not elliptic at (x_0, ξ_0) if N is large enough, and thus there exists a system of distributions $u = (u_\alpha)$, $|\alpha| \leqq N$, whose wave front set is concentrated on the half-line $(x_0, \mathbb{R}_+ \xi_0)$, such that $Qu \in H^{s+1/2}$, but $u \notin H^{s+m-1+\varepsilon}$ if $\varepsilon > 0$. (E.g. if α_0 is the first multi-index such that $\alpha_0 \cdot \lambda + I_2'(P) = 0$, we may choose $\hat{u}_{\alpha_0}$ of the form $e^{-ix_0 \cdot \xi}\,\chi(\xi) a(\xi)$ with $\chi \in L^2(\mathbb{R}^{n-\nu})$, and $a \in \mathscr{H}^{1-m-s}(\mathbb{R}^{n-\nu}, \mathbb{R}_+\xi_0)$, μ_α being given recursively for $\alpha < \alpha_0$ using the fact that $Q_{\alpha\beta}$ is a triangular matrix modulo $\mathrm{OP}S^{m-1,1}(\mathbb{R}^{n-\nu}, \Sigma_{x_0,\xi_0})$; Σ_{x_0,ξ_0} is the cone $(x_0, \mathbb{R}_+\xi_0)$.) Then if $T = \sum H_\alpha u_\alpha$, we see that $P\,T \in H^{s+1/2}$ but $T \notin H^{s+m-1+\varepsilon}$, since $u_{\alpha_0} = H_{\alpha_0}^*\, T \notin H^{s+m-1+\varepsilon}$.

Conversely, suppose that condition (b) holds. Then, as in Section 7, P has an inverse modulo $\mathrm{OP}S^{-m-1/2,-3}$ and condition (i) of Lemma 6.1 is satisfied. Also $\alpha \cdot \lambda + I_2'(P)$ never vanishes and tends to ∞ when $\alpha \to \infty$, and thus it follows easily, using the same diagonalization argument, that condition (ii) of Lemma 6.1 is also satisfied; this completes the proof.

Let us point out that this result also applies to systems of pseudo-differential operators provided that the symbol (principal part) is proportional to the identity matrix; $I_2'(P)$ is then defined as a matrix, and condition (b) of Theorem 8.6 must be replaced by: $I_2'(P)$ has no eigenvalue of the form $-\alpha \cdot \lambda$ at any point of Σ. This applies in particular to the square $\square_b = \bar{\partial}_b^* \bar{\partial}_b + \bar{\partial}_b \bar{\partial}_b^*$ of the boundary Cauchy-Riemann operator, which will be studied in more detail in Section 9.

9. The Boundary Cauchy-Riemann Operator

a. The local model. As in Section 5 and the beginning of Section 8, let $(x, t) \in \mathbb{R}^{n-\nu} \times \mathbb{R}^\nu$ denote the variable in $\mathbb{R}^n$, (ξ, τ) the dual variable.

Let $0 \leqq q \leqq \nu$ be an integer. We set

$$Z_j = \begin{cases} (2\,|D_x|)^{-1/2}\left(-i\dfrac{\partial}{\partial t_j} + it_j\,|D_x|\right) & \text{if} \quad 1 \leqq j \leqq q\,, \\ (2\,|D_x|)^{-1/2}\left(-i\dfrac{\partial}{\partial t_j} - it_j\,|D_x|\right) & \text{if} \quad q < j \leqq \nu\,. \end{cases} \tag{9.1}$$

We denote by E_j the multiplication by the j-th vector of the canonical basis of $\mathbb{C}^\nu$ in the exterior algebra $\Lambda\mathbb{C}^\nu$, and set

$$\begin{aligned} D &= \sum Z_j E_j\,, \\ \square &= DD^* + D^* D\,. \end{aligned} \tag{9.2}$$

From the relations $[Z_j\,, Z_k] = 0$, $[Z_j^*\,, Z_k] = \pm\delta_{jk}\,Id$ (according to whether $j \leqq q$ or $j > q$) $E_jE_k + E_kE_j = 0$, $E_jE_k^* + E_k^*E_j = \delta_{jk}\,Id$, we deduce easily that $D^2 = 0$, and

$$\begin{aligned} \square &= \sum Z_j Z_k^* E_j E_k^* + Z_k^* Z_j E_k^* E_j \\ &= \left(\sum_1^q Z_j Z_j^* + \sum_{q+1}^\nu Z_j^* Z_j\right) Id + \left(\sum_1^q\,[Z_j^*, Z_j] E_j^* E_j + \sum_{q+1}^\nu [Z_j\,, Z_j^*] E_j E_j^*\right). \end{aligned}$$

Hence,

$$\square = P_0\, Id + F\,, \tag{9.3}$$

where

$$P_0 = \sum_1^q Z_j Z_j^* + \sum_{q+1}^\nu Z_j^* Z_j\,,$$

$$F = \sum_1^q E_j^* E_j + \sum_{q+1}^\nu E_j E_j^*\,.$$

If we set $\Lambda^{s,t} = \Lambda^s\,\mathbb{C}^q \otimes \Lambda^t\,\mathbb{C}^{\nu-q}$, we see that $F|_{\Lambda^{s,t}} = (q - s + t)\,Id$. Hence $C^\infty(\mathbb{R}^n\,, \Lambda^{s,t})$ is stable under $\square$, and it follows from Theorem 8.6 that $\square$ has a parametrix (in $\mathrm{OP}S^{-1,-2}$) unless $s = q$ and $t = 0$. Setting in this last case, $\varepsilon = \varepsilon_1 \wedge \varepsilon_2 \wedge \cdots \wedge \varepsilon_q$ and $H = \varepsilon H_0$ (with H_0 as in Example 5.7) we see that $C = H\,H^*$ is an orthonormal projector on $\operatorname{Ker}\square$, and on the cohomology of D.

More precisely, $E = \square + C$ has a parametrix (in $\mathrm{OP}S^{-1,-2}$) E', by Proposition 6.1. Since $D\,H = D^*H = 0$, we have $E\,D = D\,E$, $E\,D^* = D^*E$; hence, with $L = E'\,D^*$,

$$D\,L + L\,D = DE'D^* + E'D^*D = E'\,\square = E'\,(E - C) = 1 - C\,.$$

Of course this result is also local, i.e., describes the cohomology modulo C^∞ at any cotangent vector $(x, \xi) \in \Sigma$ (because the parametrix above and C preserve wave front sets).

b. The boundary Cauchy-Riemann equations. Let Y be a smooth holomorphic manifold, of complex dimension $n+1$, and $X \subset Y$ a smooth real manifold of (real) codimension 1. We designate by T'' the vector bundle of antiholomorphic vectors tangent to X. If $\omega \in \Omega^{0,q}(Y)$ is a differential form of type $0, q$, its restriction to T'' is well defined: it is a q-linear skew-symmetric form on T'' (with C^∞ coefficients); conversely, any q-linear skew-symmetric form (with C^∞ coefficients) on T'' is the restriction of an element of $\Omega^{0,q}(Y)$. The boundary Cauchy-Riemann complex is then defined by

$$\bar\partial_b \omega = \bar\partial \tilde\omega|_{T''},$$

where $\tilde\omega$ is any extension of ω, and $\bar\partial$ is the antiholomorphic differential,

$$\bar\partial\left(\sum a_{i_1 \cdots i_k}\, d\bar z_{i_1} \wedge \cdots \wedge d\bar z_{i_k}\right) = \sum_{j, i_1, \cdots, i_k} \left(\frac{\partial}{\partial \bar z_j}\right) a_{i_1 \cdots i_k}\, d\bar z_j \wedge d\bar z_{i_1} \wedge \cdots \wedge d\bar z_{i_k}$$

in local coordinates. (Since any $\tilde\omega \in \Omega^{0,q}(Y)$ such that $\tilde\omega|_{T''} = 0$ is of the form $\tilde\omega = \varphi\omega_1 + \bar\partial\varphi \wedge \omega_2$, φ being a C^∞ real function which vanishes on X of order 1 exactly, and hence $\bar\partial\tilde\omega = \varphi\bar\partial\omega_1 + \bar\partial\varphi_1(\omega_1 - \bar\partial\omega_2)$, the definition makes sense, i.e., $\bar\partial_b\omega$ does not depend on the choice of an extension $\tilde\omega$.)

The characteristic set of $\bar\partial_b$, i.e., the set where the sequence of symbols $\sigma(\bar\partial_b)$ is not exact, or equivalently the characteristic set of $\square_b = \bar\partial_b^* \bar\partial_b + \bar\partial_b \bar\partial_b^*$ (where we arbitrarily choose some hermitian metric to define adjoints), is the set Σ of real cotangent vectors orthogonal to T''. It is a line bundle on X, so its codimension in T^*X is $2n$.

If $(x, \xi) \in \Sigma$, the Levi form at (x, ξ) is the hermitian form on T''_x defined by

$$L_\xi(u, v) = \langle [U, \bar V], \xi \rangle,$$

where U, V are any two antiholomorphic vector fields (with C^∞ coefficients) taking the values u, v at x. Since Σ is defined by the vanishing of the symbols of antiholomorphic vector fields tangent to X, to say that L is non-degenerate at any point $(x, \xi) \in \Sigma$ is equivalent to saying that Σ is "non-involutive", as in Section 8. The signature $(q, n-q)$ of the Levi form at (x, ξ) is then an invariant. Notice that if we switch from ξ to $-\xi$, the signature is replaced by $(n-q, q)$.

Locally we may take $Y = \mathbb{C}^{n+1}$ with coordinates $z_j = x_j + iy_j$, $j = 0, \cdots n$, and assume X to be defined by $\phi = 0$, where ϕ is a real C^∞

function such that $\partial\phi/\partial\bar{z}_0 \neq 0$. The antiholomorphic vector fields tangent to X are then spanned by the

$$Z_j = \frac{\partial}{\partial\bar{z}_j} - \left(\frac{\partial\phi}{\partial\bar{z}_0}\right)^{-1} \frac{\partial\phi}{\partial\bar{z}_j}\frac{\partial}{\partial\bar{z}_0}.$$

The Z_j commute with each other, and if $d\bar{z}_j$ denotes the basis of $(T'')^*$ dual to (Z_j), and E_j the exterior multiplication by $d\bar{z}_j$ in $\Lambda(T'')^*$, then $\bar{\partial}_b = \sum Z_j E_j$.

We shall show in Appendix II that there exists an elliptic system of Fourier integral operators transforming the ideal of pseudo-differential operators (modulo operators of degree $-\infty$) generated by the antiholomorphic vector fields tangent to X into the ideal generated by the Z_j, of the local model **a** above, and $\bar{\partial}_b$ into D. It follows that at any point $(x, \xi) \in \Sigma$, $\bar{\partial}_b$ has no cohomology modulo C^∞, except in dimension q; and this behaves as a space of distributions (microfunctions) of $n+1$ $(= \dim X - \frac{1}{2}\operatorname{codim}\Sigma)$ variables (described by one Hermite operator). Globally, if we bear in mind that changing from ξ to $-\xi$ reverses the signature of the Levi form, we see that there are two non-trivial cohomology groups (or sheafs) modulo C^∞, in dimensions q and $n-q$, which corresponds to the classical geometric description.

10. Appendices

Appendix I

The Theorem of Calderon and Vaillancourt

10.1. Lemma. *Let X be a measure space, $k(x,y)$ a measurable function on $X \times X$ such that $\int |k(x,y)|\,dx \leqq C$ (all y) and $\int |k(x,y)| \leqq C$ (all x). Let K be the operator defined by $Kf(x) = \int k(x,y)f(y)\,dy$. Then K is L^2 continuous, and $\|K\| \leqq C$.*

Proof: By Hölder's inequality,

$$|(Kf(g)| = \left|\int k(x,y)f(y)\bar{g}(x)\,dx\,dy\right| \leqq \int |k(x,y)f^2(y)|^{1/2}\,|k(x,y)g^2(x)|^{1/2}\,dx\,dy$$
$$\leqq C^{1/2}\,\|f\|_{L^2}\,C^{1/2}\,\|g\|_{L^2}.$$

10.2. Lemma (Cotlar). *Let X be a measure space, H a Hilbert space, A_x a measurable function $X \to L(H)$ such that $\int \|A_x A_y^*\|^{1/2} \leqq C$ and $\int \|A_x^* A_y\|^{1/2}\,dy \leqq C$ (all x). Then the integral $A = \int A_x\,dx$ is weakly convergent, and $\|A\| \leqq C$.*

Proof: Suppose first that A_x is uniformly bounded: $\|A_x\| \leqq M$, and that the total mass m of X is finite. Using the hypothesis on A_x and the inequality

$$\|A_1 A_2 \cdots A_{2n}\| \leqq \|A_1\|^{1/2} \|A_1 A_2\|^{1/2} \cdots \|A_{2n-1} A_{2n}\|^{1/2} \|A_{2n}\|^{1/2},$$

we get

$$\|A\|^{2n} = \|A^* A\|^n \leqq \int \|A_x^*\|^{1/2} \|A_{x_1}^* A_{x_2}\|^{1/2} \cdots \|A_{x_{2n-1}}^* A_{x_{2n}}\|^{1/2} \|A_{x_{2n}}\|^{1/2} dx_1 \cdots dx_{2n_2}$$
$$\leqq mMC^{2n-1}.$$

Hence, $\|A\| \leqq C\ (mM/C)^{1/2n}$, and letting $n \to \infty$ we obtain $\|A\| \leqq C$. In the general case, it follows that if $Y \subset X$ is a set of finite measure on which A_x remains bounded and $u,v \in H$, then $\left|\int_Y (A_x u|v)\, dx\right| \leqq C\ \|u\|\ \|v\|$. The lemma follows immediately.

10.3. Theorem. *Let* ψ_ξ *be a real positive continuous function of* ξ *in* $\mathbb{R}^n$ *for which there are positive constants* c, ε *such that*

(i) $\frac{1}{c}\psi_\xi \leqq \psi_\eta \leqq c\psi_\xi$ *if* $\frac{1}{2}(1+|\xi|) \leqq (1+|\eta|) \leqq 2(1+|\xi|)$,

(ii) $1 \leqq \psi_\xi \leqq c(1+|\xi|)^{1-\varepsilon}$.

Let $a(x, y, \xi)$ *be a function having continuous derivatives of the orders occurring in the following inequalities (which* a *is to satisfy):*

$$|\partial_x^\alpha \partial_\xi^\beta a(x, y, \xi)| + |\partial_y^\alpha \partial_\xi^\beta a(x, y, \xi)| \leqq c\psi_\xi^{|\alpha|-|\beta|} \tag{10.4}$$

for

$$|\alpha| \leqq 2\left(1 + \left[\frac{n}{\varepsilon}\right]\right), \qquad |\beta| \leqq 2\left(1 + \left[\frac{n}{2}\right]\right).$$

Then the pseudo-differential operator A *defined by*

$$Au(x) = \iint e^{i(x-y)\cdot\xi}\, a(x, y, \xi) f(y)\, dy\, d\xi$$

is bounded in L_2.

In the proof one first notes that the function ψ may be replaced by an equivalent one, ϕ, satisfying also

$$(\partial_\xi^\alpha \phi) \leqq C \cdot \phi(1 + |\xi|)^{-|\alpha|}. \tag{10.5}$$

Namely, as in the paper of Beals [3], set

$$\phi(\xi) = \int h\left(\frac{|\eta - \xi|}{1 + |\xi|}\right) \psi_\eta \frac{d\eta}{(1 + |\xi|)^n}, \tag{10.6}$$

where $h(t) \in C_0^\infty$ on R^1 and $h = 0$ for $|t| > \frac{1}{2}$, $h(t) \geqq 0$ and $\int h(t)\, dt = 1$. Using the relation

$$(1 + \phi_\xi^{2N} |x - y|^{2N})^{-1}(1 + \phi_\xi^{2N}(-\Delta_\xi)^N) e^{i\langle x-y, \xi\rangle} = e^{i\langle x-y, \xi\rangle}$$

and integrating by parts we see that $A = \int A_\xi \, d\xi$, where A_ξ is the operator with kernel $(2\pi)^{-n} e^{i\langle x-y, \xi\rangle} b(x, y, \xi)$ and

$$b(x, y, \xi) = (1 + (-\Delta_\xi)^N \phi_\xi^{2N})(1 + \phi_\xi^{2N} |x - y|^{2N})^{-1} a(x, y, \xi).$$

It follows from (10.4), (10.5) that, with other constants c',

$$|\partial_x^\alpha \partial_\xi^\beta b| + |\partial_y^\alpha \partial_\xi^\beta b| \leqq c' \phi_\xi^{|\alpha|}(1 + \phi_\xi |x - y|^{-2N}) \tag{10.7}$$

for

$$|\alpha| \leqq 2\left(1 + \left[\frac{n}{\varepsilon}\right]\right), \qquad |\beta| \leqq 2\left(1 + \left[\frac{n}{2}\right]\right).$$

Hence A is L^2-continuous (by Lemma 10.1) if $2N > n$. To apply Lemma 10.2, it remains to estimate $\|A_\xi A_\eta^*\|$ and $\|A_\xi^* A_\eta\|$. $A_\xi A_\eta^*$ is the operator with kernel

$$\begin{aligned} c(x, y, \xi, \eta) &= \int e^{i\langle x-z, \xi\rangle} b(x, z, \xi) e^{-i\langle y-z, \eta\rangle} \bar{b}(y, z, \eta)\, dz \\ &= e^{i(x\cdot\xi - y\cdot\eta)} \int e^{i\langle z, \eta-\xi\rangle} b(x, z, \xi) \bar{b}(y, z, \eta)\, dz. \end{aligned}$$

We integrate by parts, using the relation $P^M e^{i\langle z, \eta-\xi\rangle} = e^{i\langle z, \eta-\xi\rangle}$ with $P = (1 + (\phi_\xi + \phi_\eta)^{-2} |\xi - \eta|^2)^{-1} (1 - (\phi_\xi + \phi_\eta)^{-2} \Delta_z)$ and obtain from (10.7)

$$\begin{aligned} &|{}^t P^M b(x, z, \xi) \bar{b}(y, z, \eta)| \\ &\quad \leqq C(1 + (\phi_\xi + \phi_\eta)^{-1} |\xi - \eta|)^{-2M} (1 + \phi_\xi |x - z|)^{-2N} (1 + \phi_\eta |y - z|)^{-2N} \end{aligned}$$

with a suitable constant C. Integrating and using Lemma 10.1 we get

$$\|A_\xi A_\eta^*\| \leqq C\,(1 + (\phi_\xi + \phi_\eta)^{-1}\,|\xi - \eta|)^{-2M}\,(\phi_\xi\,\phi_\eta)^{-n}$$

(with another constant C and a similar estimate for $\|A_\xi^* A_\eta\|$.

Finally we split the integral $\int \|A_\xi\, A_\eta^*\|^{1/2}\,d\eta$ into three parts, and obtain the following inequalities (with suitable constants $c_1, c_2, \cdots$):

In the region $|\eta| \leqq \frac{1}{2}(1 + |\xi|)$,

$$(1 + (\phi_\xi + \phi_\eta)^{-1}\,|\xi - \eta|) \geqq c_1(1 + |\xi|)^\varepsilon \qquad \text{and} \qquad (\phi_\xi\,\phi_\eta)^{-n/2} \leqq 1\,;$$

hence

$$\int_{|\eta| \leqq \frac{1}{2}(1+|\xi|)} \|A_\xi\, A_\eta^*\|^{1/2}\,d\eta \leqq c_2 \int_{|\eta| \leqq \frac{1}{2}(1+|\xi|)} (1 + |\xi|)^{-M\varepsilon}\,d\eta \leqq c_3(1 + |\xi|)^{n-M\varepsilon}\,,$$

which remains bounded (independently of ξ) if $M\varepsilon > n$.

In the region $|\eta| \geqq 2(1 + |\xi|)$,

$$(1 + (\phi_\xi + \phi_\eta)^{-1}\,|\xi - \eta|) \geqq c_4(1 + |\eta|)^\varepsilon \qquad \text{and} \qquad (\phi_\xi\,\phi_\eta)^{-n/2} \leqq 1\,;$$

hence

$$\int_{|\eta| \geqq 2(1+|\xi|)} \|A_\xi\, A_\eta^*\|^{1/2}\,d\eta \leqq c_5 \int (1 + |\eta|)^{-M\varepsilon}\,d\eta\,,$$

which is finite, independent of ξ if $M\varepsilon > n$.

In the region $\frac{1}{2}(1 + |\xi|) \leqq |\eta| \leqq 2(1 + |\xi|)$

$$c^{-1} \leqq \phi_\xi/\phi_n \leqq c\,;$$

hence

$$\int_{\frac{1}{2}(1+|\xi|) \leqq |\eta| \leqq 2(1+|\xi|)} \|A_\xi\, A_\eta^*\|^{1/2}\,d\eta \leqq c_6 \int (1 + \phi_\xi^{-1}\,|\xi - \eta|)^{-M}\,\phi_\xi^{-n}\,d\eta$$

$$= c_6 \int (1 + |\zeta|)^{-M}\,d\zeta\,,$$

which is finite, independent of ξ if $M > n$.

Thus the conditions of Lemma 10.2 are satisfied, and this completes the proof.

Appendix II

We group here the constructions of canonical transformations and of elliptic Fourier integral operators which have been used in Sections 7, 8, 9. X will denote a manifold of dimension n (or an open set in $\mathbb{R}^n$). The pseudo-differential operators we consider will all be "homogeneous" (cf. (0.1)). We shall deal with classes of operators modulo operators of degree $-\infty$; these give rise to a sheaf on the cotangent sphere SX, and the pseudo-differential operators below (rather their classes modulo $\mathrm{OP}S^{-\infty}$) need only be defined in small open cones of T^*X. The results are local, i.e., the constructions can be performed in some conic neighborhood of any given point $(x, \xi) \in T^*X - \{0\}$ (however usually not globally).

We shall say that a homogeneous pseudo-differential operator A of degree m vanishes of order $k \leqq \infty$ on a C^∞ cone Σ if, in its complete symbol $a(x, \xi) \sim \sum a_{m-j}(x, \xi)$, a_{m-j} (which is homogeneous of degree $m = j$) vanishes of order $k - 2j$ on Σ.

The sign $\sim$ (between operators) means "equal modulo $\mathrm{OP}S^{-\infty}$" (it is consistent with the notation for symbols or for asymptotic expansions).

10.8. Lemma. *Let $X_1, \cdots, X_p, \Xi_1, \cdots, \Xi_q$ be real (hermitian) homogeneous pseudo-differential operators of respective degrees* 0, 1, *such that*

$$[X_j, X_k] \sim [\Xi_j, \Xi_k] \sim [\Xi_j, X_k] + i\,\delta_{jk} \sim 0 .$$

We also assume that the differential forms $d\sigma(X_j)$, $d\sigma(\Xi_j)$, $\sum \xi_j\, dx_j$ are linearly independent. Then there exists (locally) an elliptic (unitary) Fourier integral operator U such that

$$UX_jU^{-1} \sim x_j, \qquad U\Xi_jU^{-1} \sim -i(\partial/\partial x_j).$$

(x_j denotes the multiplication by the j-th coordinate function, and ξ_j the j-th partial derivation, on $\mathbb{R}^n$; U^{-1} denotes a parametrix of U.)

Proof: The first step is to construct a canonical transformation taking the symbols $\sigma(X_j)$, $\sigma(\Xi_j)$ into x_j, ξ_j. To do this we must find C^∞ functions $y_j, \eta_j, j = 1, \cdots, n$, homogeneous of degree 0, satisfying the canonical relations $\{y_j, y_k\} = \{\eta_j, \eta_k\} = \{\eta_j, y_k\} - \delta_{jk} = 0$, with $y_j = \sigma(X_j)$ if $j \leqq p$ and $\eta_j = \sigma(\Xi_j)$ if $j \leqq q$. This is done recursively: suppose we have constructed $y_1, \cdots, y_{p'}, \eta_1, \cdots, \eta_{q'}$, (with $p' \geqq p$, $q' \geqq q$), and that the $dy_j, d\eta_k, j \leqq p'$, $k \leqq q'$, and $\sum \xi_j\, dx_j$ are linearly independent. Then, if $p' < n$, $y_{p'+1}$ must satisfy

$$\{y_j, y_{p'+1}\} = 0, \qquad j \leqq p',$$
$$\{\eta_j, y_{p'+1}\} = \delta_{j,p'+1}, \qquad j \leqq q',$$

and be homogeneous of degree 0. Since the Hamilton-Jacobi fields of the y_j, η_j constructed thus far commute and are linearly independent, these equations have a unique solution (locally) with given initial data on a smooth manifold transversal to them; and since they are linearly independent of the radial vector $r(\partial/\partial r) = \sum \xi_j(\partial/\partial\xi_j)$, we may choose the initial manifold conic and the initial data homogeneous of degree 0, in such a way that the new $dy_j, j \leqq p' + 1$, $d\eta_j$, $j \leqq q'$, and $\sum \xi_j\, dx_j$ are still linearly independent if $p' + q' + 1 < 2n$. Similarily one may construct $\eta_{q'+1}$.

By a unitary Fourier integral operator associated with a canonical map as above, we may reduce the situation to the case $\sigma(X_j) = x_j$, $\sigma(\Xi_j) = \xi_j$. Then we construct by successive approximations (Proposition 1.11 (i)) a unitary pseudo-differential operator U transforming X_j, Ξ_j into x_j, $-i(\partial/\partial x_j)$ respectively. Thus assume that

$$X_j = x_j + r_j, \qquad \Xi_j = -i\frac{\partial}{\partial x_j} + \rho_j,$$

with r_j of degree $-N-1$, ρ_j of degree $-N$, $N \geqq 0$. It suffices (by Proposition 1.11 (i)) to construct U, with $\deg(U - Id) = -N$, so that $UX_jU^{-1} - x_j$ (respectively $U\Xi_jU^{-1} + i(\partial/\partial x_j)$) is of degree $-N-2$ (respectively $-N-1$), or equivalently

$$\sigma_{-N-1}([U, X_j] + Ur_j) = \sigma_{-N}([U, \Xi_k] + U\rho_k) = 0\,, \qquad j \leqq p,\ k \leqq q\,.$$

If $N = 0$ (respectively $N > 0$), we set $(U) = e^{i\varphi}$ (respectively $\sigma(U - Id) = i\varphi$) and have to solve

$$\frac{\partial\varphi}{\partial\xi_j} + \sigma(r_j) = -\frac{\partial\varphi}{\partial x_k} + \sigma(\rho_k) = 0\,, \qquad j \leqq p, \quad k \leqq q\,,$$

with φ real, homogeneous of degree $-N$. That this system has a solution, i.e., that the integrability conditions are satisfied, follows immediately from the fact that the X_j, Ξ_j satisfy the canonical relations. That it has a homogeneous solution follows from the fact that the $\partial/\partial\xi_j$, $j = 1, \cdots, q$, are linearly independent of $r(\partial/\partial r) = \sum \xi_j(\partial/\partial\xi_j)$ (near the point we are considering). (If we relax the condition of independence from $\sum \xi_j\, dx_j$, there still may be a solution if we go out of the class of homogeneous pseudo-differential operators (for U) and allow symbols such as $\exp\{i \log|\xi|\}$).

A construction which is similar to that of the canonical map above gives also the following result, which was used in Section 7:

10.9. Lemma. *Let $\Sigma \subset T^*X$ be a C^∞ involutive cone (i.e., assume Σ is locally defined by real equations $u_1 = \cdots = u_\nu = 0$, with $\{u_j, u_k\} = 0$ on Σ). We suppose further that Σ is not orthogonal to the radial vector $r(\partial/\partial r) = \sum \xi_j(\partial/\partial\xi_j)$ for the* *canonical form* $\sum d\xi_j \wedge dx_j$ *(so that* $\nu < n$*). Then there exists a homogeneous canonical map transforming* Σ *into the cone* $\xi_1 = \cdots = \xi_\nu = 0$.

We shall also use the following result:

10.10. LEMMA. *Let* U_j, V_j *be real homogeneous pseudo-differential operators of degree* 0, *such that* $[U_j, U_k]$, $[V_j, V_k]$ *and* $[V_j, U_k] + i\delta_{jk}$ *vanish of order* M *on a* C^∞ *cone* Σ. *We assume further that the Hamilton-Jacobi fields of the symbols* $\sigma(U_j)$, $\sigma(V_j)$ *generate a vector space transversal to* Σ. *Then there exist real homogeneous pseudo-differential operators* U'_j, V'_j *(of degree* 0, 1*) such that* $U_j - U'_j$, $V_j - V'_j$ *vanish of order* $M + 1$ *on* Σ, *and*

$$[U'_j, U'_k] \sim [V'_j, V'_k] \sim [V'_j, U'_k] + i\delta_{jk} \sim 0 .$$

Proof: We set $U'_1 = U_1$. Suppose we have constructed U'_j, V'_k if $j < p$, $k < q$, and that $[U'_j, U_p]$, $j < p$, (respectively $[V'_j, U_p] + i\delta_{jp}, j < q$) is of degree $-N - 1$ (respectively $-N$) and vanishes of order $M - 2N$ on Σ. Then there exists R of degree $-N$, vanishing of order $M - 2N + 1$ on Σ, such that $[U'_j, U_p + R]$ is of degree $-N - 2$, and $[V'_j, U_p + R]$ of degree $-N - 1$. To see this we construct the symbol r of R so that

$$\{\sigma(U'_j), r\} + i\sigma([U'_j, U_p]) = 0, \qquad \{\sigma(V'_k), r\} + i\sigma([V'_k, U_p] + i\delta_{kp} Id) = 0 .$$

This is possible since the Hamilton-Jacobi fields of $\sigma(U'_j)$, $\sigma(V'_k)$, $j < p$, $k < q$, commute and are transversal to Σ, and $\sigma([U'_j, U_p)]$, $\sigma([V'_k, U_p])$ vanish of order $M - 2N$ on Σ and satisfy the integrability relations (the last follows from the Jacobi identity $[U, [V, W]] + [V, [W, U]] + [W, [U, V]] = 0$).

Hence by successive approximations (using Proposition 1.11 (i)) we can construct U'_p, and similarily V'_q. The proof is completed using induction. Lemma 10.10 applies as well if the U_j, V_j are all of degree $\frac{1}{2}$.

We study now the data of Sections 8, 9. Thus let $Z_1, \cdots, Z_\nu$ be homogeneous pseudo-differential operators of degree m, and Σ the cone of their common characteristics. We consider the following assumptions on the Z_j:

(10.11) *The matrix* $\sigma([Z^*_j, Z_k])$ *is non-degenerate on* Σ

(this implies that Σ is a C^∞ symplectic cone of real codimension 2ν, and $\nu < n$ if $\Sigma \neq \varnothing$),

(10.12) $$\sigma([Z_j, Z_k]) = 0 \quad \text{on} \quad \Sigma ,$$

or the stronger assumption

(10.13) $$[Z_j, Z_k] \sim \sum A^i_{jk} Z_i ,$$

A^i_{jk} being homogeneous pseudo-differential operators of degree $2m - 1$.

When (10.11) is satisfied, (10.13) is equivalent to the following assertion: If A is a homogeneous pseudo-differential operator of degree M, and A belongs to the left ideal generated by the Z_j, then $A \sim \sum A_j Z_j$, A_j being homogeneous pseudo-differential operators of degree $M - m$ ((10.11) implies that the relations between the symbols $\sigma(Z_j)$ are generated by the relations $\sigma(Z_j)\,\sigma(Z_k) - \sigma(Z_k)\,\sigma(Z_j) = 0$; from here on the proof is easy and we leave it to the reader).

We also consider the stronger assertions (we suppose that $m = \frac{1}{2}$)

$$[Z_j^*, Z_k] \sim \varepsilon_j \delta_{jk} Id \quad \text{with} \quad \varepsilon_j = \pm 1, \tag{10.14}$$

$$[Z_j, Z_k] \sim 0. \tag{10.15}$$

From the analogue of Lemma 10.10 where U_j, V_j (the real and imaginary parts of Z_j) are of degree $\frac{1}{2}$ we derive

10.16. Lemma. *Let Z_j, $j = 1, \cdots, \nu$, be operators of degree $\frac{1}{2}$ such that $[Z_j, Z_k]$ and $[Z_j^*, Z_k] - \varepsilon_j \delta_{jk} Id$ vanish of order M, $1 \leq M \leq \infty$, on Σ. There exist Z_j', $j = 1, \cdots, \nu$, of degree $\frac{1}{2}$, satisfying* (10.14), (10.15), *such that $Z_j - Z_j'$ vanishes of order $M + 1$ on Σ.*

10.17. Lemma. *Let Z_j, $j = 1, \cdots, \nu$, satisfy* (10.11), *and let A be a (homogeneous) pseudo-differential operator of degree M, vanishing of infinite order on Σ. Then $A = \Sigma A_j Z_j$ with A_j, of degree $M - m$ ($m = \deg Z_j$), vanishing of infinite order on Σ.*

Proof: The proof follows immediately by successive approximations (Proposition 1.11 (i)), using the fact that if a is a C^∞ function on $\mathbb{R}^{2n}$, vanishing of infinite order on $\mathbb{R}^{2\nu}$, then $(x_1^2 + \cdots x_{2\nu}^2)^{-1} a$ is C^∞ (and $a = \sum (x_{2j-1} + ix_{2j})\, a_j$ with $a_j = (x_{2j-1} - ix_{2j})\,(x_1^2 + \cdots x_{2\nu}^2)^{-1} a$).

10.18. Lemma. *Let Z_j, $j = 1, \cdots, \nu$, satisfy* (10.14), (10.15). *Then there exists (locally, near any point of Σ) an elliptic Fourier integral operator transforming Z_j into $(2\,|D_x|)^{-1/2}(-i(\partial/\partial t_j) + i\varepsilon_j t_j\,|D_x|)$.*

Proof: Let us set $Z_j = (U_j + iV_j)/\sqrt{2}$ (with real U_j, V_j), such that

$$[U_j, U_k] \sim [V_j, V_k] \sim [V_j, U_k] + i\delta_{jk} Id \sim 0.$$

Our first step is to construct a real elliptic (homogeneous) pseudo-differential operator W of degree $\frac{1}{2}$ such that $[U_j, W] \sim [V_j, W] \sim 0$, and the differentials $d\sigma(U_j)$, $d\sigma(V_j)$, $d\sigma(W)$ and $\sum \xi_j\, dx_j$ are linearly independent. To construct the symbol $w = \sigma(W)$, one solves the equations $\{\sigma(U_j), w\} = 0$,

$\{\sigma(V_j), w\} = 0$ with suitable initial data (homogeneous) of degree $\frac{1}{2}$ on Σ. (That we can choose w so that the $d\sigma(U_j)$, $d\sigma(V_j)$, dw and $\sum \xi_j\, dx_j$ are linearly independent follows from the fact that the Hamilton-Jacobi fields of the $\sigma(U_j)$, $\sigma(V_j)$ generate a vector space transversal to Σ, and thus are linearly independent of the radial vector $r(\partial/\partial r) = \sum \xi_j(\partial/\partial\xi_j)$.) From now on one proceeds by successive approximations (Proposition 1.11 (i)) and we leave the proof to the reader.

If we set $X_j = U_j W^{-1}$, $\Xi_j = V_j W$, $j = 1, \cdots, \nu$, and $\Xi_{j+1} = W^2$, the X_j, Ξ_j satisfy the conditions of Lemma 10.8, and it follows that there exists a unitary Fourier integral operator transforming Z_j into $(-2i(\partial/\partial x_{\nu+1})^{-1/2} \times (-i(\partial/\partial x_j) + i\,\varepsilon_j\, x_j(\partial/\partial x_{\nu+1}))$ (defined in the cone $\xi_{\nu+1} > 0$). This applies in particular to $Z_j = (2\,|D_x|)^{-1/2}(-i(\partial/\partial t_j) + i\,\varepsilon_j\, t_j\,|D_x|)$, and the result follows by composing the two Fourier integral operators thus obtained.

10.19. Proposition. *Let* Z_j, $j = 1, \cdots, \nu$, *satisfy* (10.11), (10.13). *Then there exists an elliptic Fourier integral operator transforming the left ideal generated by the* Z_j *into the ideal generated by the* $(2\,|D_x|)^{-1/2}(-i(\partial/\partial t_j) + i\,\varepsilon_j\, t_j\,|D_x|), j = 1, \cdots, \nu$, *(for suitable choice of the* $\varepsilon_j = \pm 1$*).*

Proof: Let $\mathscr{I}$ be the left ideal generated by the Z_j. In view of Lemma 10.18 it is sufficient to show that $\mathscr{I}$ contains generators Z_j'' satisfying (10.14), (10.15). The main step is to prove the following statement:

(10.20) $\mathscr{I}$ *contains generators* $Z_1', \cdots, Z_\nu'$ *of degree* $\frac{1}{2}$ *such that* $[Z_j', Z_k']$ *and* $[Z_j'^*, Z_j'] - \varepsilon_j\delta_j^k\, Id$ *vanish of infinite order on* Σ.

Then, by Lemma 10.16, there exist Z_j'', $j = 1, \cdots, \nu$, satisfying (10.14), (10.15), such that $Z_j' - Z_j''$ vanishes of infinite order on Σ and, by Lemma 10.17, $Z_j'' - Z_j'$ (hence Z_j'') belongs to $\mathscr{I}, j = 1, \cdots, \nu$.

Proof of (10.20): We notice first that if $\Lambda = (\Lambda_{ij})$ is an elliptic matrix of pseudo-differential operators and $Z_j' = \sum \Lambda_{jk} Z_k$, then the Z_j' generate the same ideal as the Z_j',

$$\sigma([Z_i'^*, Z_j']) = \sum \sigma(\Lambda_{ik}^*)\sigma(\Lambda_{jl})\sigma([Z_k^*, Z_l]) \qquad \text{on} \quad \Sigma .$$

Thus we can suppose (locally) that the Z_j are of degree $\frac{1}{2}$ and satisfy

$$\sigma([Z_j^*, Z_k]) = \varepsilon_j\, \delta_{jk}$$

on Σ, with $\varepsilon_j = \pm 1$. From now on we proceed by successive approximations, using Proposition 1.11 (ii). Thus suppose that $[Z_j, Z_k]$ and $[Z_j^*, Z_k] - \varepsilon_j\delta_{jk}\, Id$ vanish of order $N \geqq 1$ on Σ; it suffices to show that there exists $Z_j' = Z_j + R_j \in \mathscr{I}$ such that $[Z_j', Z_k']$, $[Z_j'^*, Z_k'] - \varepsilon_j\delta_{jk}\, Id$ and the R_j

vanish of order $N+1$ on Σ. Since $N \geqq 1$, $[R_j, R_k]$ and $[R_j^*, R_k]$ vanish of order $2N \geqq N+1$ on Σ; hence, neglecting terms which vanish of order at least $N+1$ on Σ, we obtain for the R_j the equations

$$(10.21)\qquad \begin{aligned} &[Z_j, Z_k] + [Z_j, R_k] - [Z_k, R\,] = 0 \qquad \text{mod OP}\,S^{0,N}, \\ &[Z_j^*, Z_k] - \varepsilon_j\,\delta_{jk}\,Id + [Z_j^*, R_k] - [Z_k, R_j^*] = 0 \qquad \text{mod OP}\,S^{0,N}. \end{aligned}$$

Let us set $X_j = \varepsilon_j Z_j^*$ and $Y_j = -\varepsilon_j Z_j$, so that

$$\begin{aligned} \sigma([Z_j, X_k]) - \delta_{jk} &= \sigma([Z_j^*, Y_k]) - \delta_{jk} \\ &= \sigma([Z_j, Y_k]) = \sigma([Z_j, X_k]) = 0 \qquad \text{on} \quad \Sigma\,. \end{aligned}$$

If A is a (homogeneous) pseudo-differential operator of degree m, vanishing of order k on Σ, we may write

$$A = \sum_{|\alpha|+|\beta|\leqq k} A_{\alpha\beta}\, X^\alpha\, Y^\beta\,,$$

where $X^\alpha = X_1^{\alpha_1}\cdots X_\nu^{\alpha_\nu}$, $Y^\beta = Y_1^{\beta_1}\cdots Y_\nu^{\beta}$, and the $A_{\alpha\beta}$ are homogeneous pseudo-differential operators of degree $m-\frac{1}{2}k$ (in fact, $A_{\alpha\beta}=0$ if $k-|\alpha|-|\beta|$ is odd). The symbols $a_{\alpha\beta} = \sigma(A_{\alpha\beta})|_\Sigma$ are then well defined (although the $A_{\alpha\beta}$ are of course not unique); they depend on the Taylor expansion to order k of the complete symbol of A along Σ. We write

$$(10.22)\qquad P_k(A) = \sum a_{\alpha\beta}\, z^\alpha\, \bar z^\beta\,.$$

Thus $P_k(A)$ is a polynomial of degree at most k, whose coefficients are C^∞ functions on Σ, homogeneous of degree $m-\frac{1}{2}k$ (and $P_k(A)$ has the same parity as k). Clearly, $P_{k+k'}(AB) = P_{k'}(A)\,P_k(B)$ if A (respectively B) vanishes of order k (respectively k') on Σ; $P_k(A^*) = \overline{P_k(A)}$, and $P_k(A)=0$ means that A vanishes of order $k+1$ on Σ. Further, it follows from the choice of the X_j and Y_j that

$$(10.23)\qquad P_{k-1}([Z_j, A]) = \frac{\partial}{\partial z_j} P_k(A), \qquad P_{k-1}([Z_j^*, A]) = \frac{\partial}{\partial \bar z_j} P_k(A)\,.$$

To the (unknown) operators $R_1, \cdots, R_\nu$ we associate the differential form

$$\rho = \sum P_{N+1}(R_j)\, dz_j + P_{N+1}(R_j^*)\, d\bar z_j\,,$$

and set

$$\begin{aligned} \omega = \sum_{j<k} &P_N([Z_j, Z_k])\, dz_j \wedge dz_k + P_N([Z_j^*, Z_k^*])\, d\bar z_j \wedge d\bar z_k \\ &+ \sum P_N([Z_j^*, Z_k] - \delta_{jk}\, Id)\, d\bar z_j \wedge dz_k \end{aligned}$$

so that (10.21) becomes

$$d\rho = \omega \tag{10.24}$$

(where d is the exterior differentiation with respect to z, $\bar{z}$). In order that ρ correspond to operators $R_j \in \mathscr{I}$, we must also have $\rho = \bar{\rho}$ and the coefficient of dz_j must belong to the ideal generated by the $\bar{z}_j$. It follows from the Jacobi identity $[U, [V, W]] + [V, [W, U]] + [W, [U, V]] = 0$ (where U, V, W are some of the Z_j, Z_j^*, and where we can obviously add $\pm Id$ to any of the brackets $[U, V]$, $[V, W]$, $[W, U]$) that $d\omega = 0$. Further, in ω the coefficient of $dz_j \wedge dz_k$ (respectively of $d\bar{z}_j \wedge d\bar{z}_k$) is in the ideal generated by the $\bar{z}_j$ (respectively z_j). Thus the Poincaré lemma implies that there exists $\rho_1 = \sum \rho_j' \, dz_j + \rho_j'' \, dz_j$ such that $d\rho_1 = \omega$ and the ρ_j' (respectively ρ_j'') belong to the ideal generated by the $\bar{z}_j$ (respectively z_j), their coefficients being homogeneous of degree $-\frac{1}{2}N$ on Σ (they also have the same parity as $N + 1$). Finally, let us point out that $\omega = \bar{\omega}$, and then $\rho = \frac{1}{2}(\rho_1 + \bar{\rho}_1)$ is a solution. This completes the proof.

Comparing this with Lemma 10.16 we get the following result (which was used in Section 8):

10.25. Corollary. *Let $Z_1, \cdots, Z_\nu$ satisfy (10.11) and (10.12). Then there exist (locally) an elliptic Fourier integral operator U and pseudo-differential operators A_{kj} (homogeneous, of degree $m - 1$) such that*

$$Z_k - \sum_k A_{kj} U^{-1}\left(-i\frac{\partial}{\partial t_j} + i\varepsilon_j t_j |D_x|\right) U$$

vanishes of order 2 on Σ.

Finally we prove the following result (which was used in Section 9):

10.26. Lemma. *Let $Z_1, \cdots, Z_\nu$ satisfy (10.11) and (10.13). Let ∂ be a complex: $0 \to \mathbb{C} \xrightarrow{\delta_0} \mathbb{C}^\nu \xrightarrow{\delta_1} \Lambda^2\mathbb{C}^\nu \to \cdots \to \Lambda^\nu\mathbb{C}^\nu \to 0$ such that $\partial_0 = (Z_1, \cdots, Z_\nu)$, and $\sigma(\partial)$ is the exterior multiplication by $\sum \sigma(Z_j)e_j$ (e_j being the canonical basis of $\mathbb{C}^\nu$). Then there exists an elliptic system of Fourier integral operators transforming ∂ into the complex D of Section 9,* **a**.

Proof: Applying Proposition 10.19, we are immediately reduced to the case

$$Z_j = (2|D_x|)^{-1/2}\left(-i\frac{\partial}{\partial t_j} + \varepsilon_j t_j |D_x|\right).$$

Let $D = \sum Z_j E_j$ be as in Section 9, **a** (i.e., let E_j be the exterior multiplication by the j-th vector of the basis of $\mathbb{C}^\nu$). We shall use the following result:

If A is a pseudo-differential operator of degree m, from $\Lambda_j\mathbb{C}^\nu$ to $\mathbb{C}^N$, such that $AD_{j-1} \sim 0$, there exists an operator B, of degree $m - \frac{1}{2}$ (from $\Lambda^{j+1}\mathbb{C}^\nu$ to $\mathbb{C}^N$) such that $A \sim B\,D_j$. (This is proved easily by successive approximations, using Proposition 1.11 (i), and the well known multiplicative properties of the Koszul complex to construct the symbol; we leave the details to the reader.)

Suppose now that $D_j = \partial_j$ if $j < k$, $k \geqq 1$. Since $(D_k - \partial_k)D_k \sim 0$, and $D_k - \partial_k$ is of degree $-\frac{1}{2}$, there exists B of degree -1 such that $D_k - \partial_k = B\,D_k$; thus $\partial_k = (Id - B)\,D_k$. Since $Id - B$ is elliptic, this completes the proof by induction on k.

D (or ∂)—or rather the dual complex over the sheaf $\mathcal{O}$ of algebras of pseudo-differential operators—corresponds to a projective (locally free) resolution of the sheaf $\mathcal{O}/\mathcal{I}$ (where $\mathcal{I}$ is the sheaf of ideals generated by the Z_j). Hence if $\mathcal{M}f$ denotes the sheaf of microfunctions (whose fiber at (x, ξ) is the set of all distributions modulo those whose wave front set does not contain (x, ξ)), the j-th cohomology sheaf $H^j(D)$ is identified with $\mathrm{Ext}^j(\mathcal{O}/\mathcal{I}, \mathcal{M}f) = \mathrm{Ext}^{j-1}(\mathcal{I}, \mathcal{M}f)$. This is the formulation used in [16], [20].

Bibliography

[1] Baouendi, M. S., *Sur une classe d'opérateurs elliptiques dégénérés*, Bull. Soc. Math. France, 95, 1967, 45–87.

[2] Beals, R., and Fefferman, C., *Spatially inhomogeneous pseudo-differential operators, I*, Comm. Pure Appl. Maths., 27, 1974, pp.1–24.

[3] Beals, R., *Spatially inhomogeneous pseudo-differential operators, II*, Comm. Pure Appl. Math., 2,7 1974, pp. 161–205.

[4] Boutet de Monvel, L., and Trèves, F., *On a class of pseudo-differential operators with double characteristics*, Inventiones Math., 24, 1974, pp. 1–34.

[5] Boutet de Monvel, L., and Trèves, F., *On a class of systems of pseudo-differential equations with double characteristics*, Comm. Pure Appl. Math., 27, 1974, pp. 59–89.

[6] Calderon, A. P., and Vaillancourt, R., *On the boundedness of pseudo-differential operators*, J. Math. Soc. Japan, 23, 1971, pp. 374–378.

[7] Caratheodory, C., *Variationsrechnung und Partielle Differentialgleichungen Erster Ordnung*, Teubner, Berlin, 1935.

[8] Duistermaat, J. J., and Hörmander, L., *Fourier integral operators, II*, Acta Math., 128, 1972, pp. 183–269.

[9] Duistermaat, J. J., and Sjöstrand, J., *A global construction for pseudo-differential operators with non-involutive characteristics*, Inventiones Math., 20, 1973, pp. 209–225.

[10] Folland, G. B., *The tangential Cauchy-Riemann complex on spheres*, Trans. Amer. Math. Soc., 171, 1972, pp. 83–133.

[11] Folland, G. B., and Stein, E. M., *Parametrices and estimates for the $\bar{\partial}_b$ complex on strongly pseudo-convex boundaries*, to appear.

[12] Grushin, V. V., *On a class of hypoelliptic operators*, Math. Sbornik, 83 (125) 1970, pp. 456–473. (Math. USSR Sbornik, 12, 1970, pp. 458–476.)

[13] Grushin, V. V., *On a class of hypoelliptic pseudo-differential operators degenerate on a submanifold*, Mat. Sbornik, 84 (126) 1971, pp. 111–134 (Math. USSR Sbornik, 13, 1971, pp. 155–185.)

[14] Grushin, V. V., and Vishik, M. I., *On a class of degenerate elliptic equations*, Mat. Sbornik, 79 (121) 1969, pp. 3–36. (Math. USSR Sbornik, 8, 1969, pp. 1–32.)

[15] Hörmander, L., *Fourier Integral operators, I*, Acta Math. 127, 1971, pp. 79–183.
[16] Kashiwara, M., Kawai, T., and Sato, M., *Microfunctions and Pseudo-differential Equations*, Lecture Notes, Springer, n° 287, Chap. II.
[17] Kohn, J. J., *Harmonic integrals on strongly pseudo-convex manifolds*, I, II, Ann. Math., 78, 1963, pp. 112–148, ibid. 79, 1964, pp. 450–472.
[18] Kohn, J. J., and Nirenberg, L., *An algebra of pseudo-differential operators*, Comm. Pure Appl. Math., 18, 1965, pp. 269–305.
[19] Melin, A., *Lower bonds for pseudo-differential operators*, Arkiv för Mat., 9, 1971, pp. 117–140.
[20] Sato, M., *On pseudo-differential equations in hyperfunction theory*, Summer Institute on Partial Differential Equations, Berkeley, 1971.
[21] Sjöstrand, J., *Operators of principal type with interior boundary conditions*, Acta Math., 130, 1973, pp. 1–51.
[22] Sjöstrand, J., *Parametrices for pseudo-differential operators with multiple characteristics*, to appear.
[23] Trèves, F., *Concatenations of second-order evolution equations applied to local solvability and hypoellipticity*, Comm. Pure Appl. Math., 26, 1973, pp. 201–250.

Received December, 1973.

6.3 Propagation des singularités des solutions d'équations analogues à l'équation de Schrödinger

Propagation des singularités des solutions d'équations analogues à l'équation de Schrödinger, Fourier Integral Operators and Partial Differential Equations (Colloq. Internat., Univ. Nice, Nice, 1974), pp. 1–14. *Lecture Notes in Math.*, Vol. **459**, Springer, Berlin, 1975. [B75b]

PROPAGATION DES SINGULARITES DES SOLUTIONS D'EQUATIONS ANALOGUES A L'EQUATION DE SCHRÖDINGER

Louis Boutet de Monvel

Le but de cet exposé est la description d'un résultat de propagation des singularités pour les solutions de certaines équations pseudo-différentielles à caractéristiques doubles . Le résultat est énoncé au §1 . Pour les équations aux dérivées partielles à coefficients constants , le résultat est un cas particulier simple du résultat de L. Hörmander [6] . Une partie de la démonstration (§2) est due à R. Lascar [7] ; je me contenterai ici de donner des indications brèves sur cette partie , en renvoyant pour plus de détails au travail de R. Lascar .

§0. Rappels et Notations

Soit X un ouvert de $\mathbb{R}^n$. On notera $T^{\cdot}X$ le fibré des vecteurs cotangents non nuls sur X , et SX le fibré des vecteurs cotangents unitaires (ou des demi-droites) de $T^{\cdot}X$.

On utilise les notations usuelles pour les espaces de fonctions ou de distributions , et pour les opérateurs différentiels sur X . Les opérateurs pseudo-différentiels qui interviendront ici seront de la forme $a(x,D)$, défini par

$$(0.1) \qquad a(x,D)\, f \;=\; (2\pi)^{-n} \int e^{ix.\xi}\, a(x,\xi)\, \hat{f}(\xi)\, d\xi$$

où la fonction symbole $a(x,\xi)$ admet un développement asymptotique (au sens de [4], (2.10)) :

$$(0.2) \qquad a(x,\xi) \sim \sum a_{m-k}(x,\xi)$$

où k parcourt l'ensemble des entiers positifs , et a_{m-k} est C^{∞} pour $\xi \neq 0$, homogène de degré m-k en ξ (resp. quasi-homogène au §2) (m est un nombre réel et on ne perd rien à le supposer entier) .

Le symbole (partie principale) de $A = a(x,D)$ est alors la fonction homogène de degré m :

$$(0.3) \qquad \sigma_A = \sigma_A(x,\xi) = a_m(x,\xi)$$

Rappelons que si A et B sont deux opérateurs pseudo-différentiels de degrés respectifs m et m' (et si A ou B est propre , c'est à dire continu de C_0^∞ dans lui-même et de C^∞ dans lui-même , ce que nous supposerons toujours dans la suite) , le composé $A \circ B$ est un opérateur pseudo-différentiel de degré m+m' et on a les formules :

$$(0.4) \qquad \sigma_{AB} = \sigma_A \sigma_B$$

$$(0.5) \qquad \sigma_{[A,B]} = -i \{\sigma_A, \sigma_B\}$$

où $[A,B] = AB - BA$, et $\{f,g\}$ est le crochet de Poisson :

$$(0.6) \qquad \{f,g\} = \sum \frac{\partial f}{\partial \xi_j}\frac{\partial g}{\partial x_j} \quad \frac{\partial f}{\partial x_j}\frac{\partial g}{\partial \xi_j}$$

Nous noterons H_f le champ hamiltonien d'une fonction $f(x,\xi)$:

$$(0.7) \qquad H_f = \sum \frac{\partial f}{\partial \xi_j}\frac{\partial}{\partial x_j} - \frac{\partial f}{\partial x_j}\frac{\partial}{\partial \xi_j}$$

de sorte qu'on a $\{f,g\} = H_f\, g$.

Rappelons encore qu'on définit comme suit le spectre singulier (wave front) WF(f) d'une fonction généralisée (distribution) $f \in C^{-\infty}(X)$: on dit que f est C^∞ en un point (x,ξ) (ou dans un voisinage conique de (x,ξ)) s'il existe une fonction $\phi \in C_0^\infty$ non nulle en x telle que la transformée de Fourier $\widehat{\phi f}$ soit à décroissance rapide à l'infini dans un cône ouvert contenant ξ , ou de façon équivalente , s'il existe un opérateur pseudo-différentiel A elliptique en (x,ξ) tel que Af soit C^∞ . Alors WF(f) est l'ensemble (fermé , conique) des points où f n'est pas C^∞ . Le support singulier de f est la projection de WF(f) . Le faisceau des micro-fonctions est le faisceau sur le fibré SX des sphères cotangentes dont la fibre au point (x,ξ) est le quotient de l'espace $C^{-\infty}(X)$ de toutes les fonctions généralisées sur X par le sous-espace de celles qui sont C^∞ en (x,ξ). Un opérateur pseudo-différentiel diminue le spectre singulier , donc définit un endomorphisme du faisceau des microfonctions ; aussi le faisceau des microfonctions est-il bien adapté à l'étude locale sur la sphère cotangente (microlocale) des opérateurs différentiels ou pseudo-différentiels .

Rappelons enfin que la théorie des opérateurs intégraux de Fourier de L. Hörmander [5] , permet d'effectuer des changements très généraux de coordonnées dans T^*X : soient U et V deux ouverts coniques de T^*X , et Φ un isomorphisme canonique (ie. préservant les crochets de Poisson , ou ce qui revient au même, la forme canonique $\sum d\xi_j \wedge dx_j$) homogène de degré 1 de U dans V . On définit alors une classe d'opérateurs $MF(U) \to MF(V)$ (où $MF(U)$ désigne l'ensemble des microfonctions sur la base de U) attachée à Φ (opérateurs intégraux de Fourier associés à Φ sur U) : un tel opérateur transforme une microfonction f de support (WF(f)) $\Gamma \subset U$ en une microfonction de support $\Phi(\Gamma)$; d'autre part si un tel opérateur F est elliptique (ce qui implique qu'il est inversible) et si A est un opérateur pseudo-différentiel sur U , le transformé $F A F^{-1}$ est un opérateur pseudo-différentiel sur V , et on a

$$(0.8) \qquad \sigma_{FAF^{-1}} = \sigma_A \circ \Phi$$

Ceci permet de faire l'étude microlocale d'un opérateur pseudo-différentiel en utilisant des coordonnées canoniques bien choisies , et ainsi dans bien des cas de simplifier considérablement les problèmes .

§1. Description du résultat

X désigne toujours un ouvert de $\mathbb{R}^n$. Soit A un opérateur pseudo-différentiel sur X . Nous supposons les caractéristiques de A doubles , et de façon plus précise , que l'ensemble caractéristique car A (ensemble des zéros du symbole σ_A) est un cône C^∞ de codimension d et qu'au voisinage de tout point de ce cône le symbole σ_A peut s'écrire sous la forme

$$(1.1) \qquad \sigma_A = \sum_{1\leq j,k\leq d} a_{jk}\, u_j\, u_k$$

où les a_{jk} sont des fonctions homogènes C^∞ , la matrice (a_{jk}) est positive non dégénérée , et où les fonctions u_j $(j = 1,\dots,d)$ sont homogènes C^∞ et engendrent l'idéal de définition du cône car A - autrement dit , s'annulent sur car A , et y ont des différentielles linéairement indépendantes .

Nous supposerons de plus que car A est un cône involutif dans T^*X , autrement dit

$$(1.2) \qquad \{u_i, u_j\} = 0 \quad \text{sur } \underline{\text{car } A} \quad (i,j = 1,\dots,d)$$

Nous supposerons en outre remplie la condition suivante :

(1.3) <u>les différentielles</u> du_j <u>et la 1-forme canonique</u> $\sum \xi_j \, dx_j$ <u>sont linéairement indépendantes sur</u> car A .

Le symbole sous-principal (ou second invariant) $I_2(A)$ est défini comme suit : si (dans notre choix de coordonnées locales) le symbole total de A est

$$a \sim a_m + a_{m-1} + \dots$$

le symbole sous principal est donné par l'expression :

$$(1.4) \qquad I_2(A) = a_{m-1}(x,\xi) - (1/2i) \sum_k \frac{\partial^2 a_m(x,\xi)}{\partial x_k \partial \xi_k}$$

sa restriction à car A est invariante par changement de coordonnées , et même par transformation intégrale de Fourier elliptique .

Nous supposons vérifiée la condition suivante :

$$(1.5) \qquad I_2(A) < 0 \quad \text{en tout point de } \underline{\text{car } A} \ (^1)$$

Toutes ces conditions sont satisfaites par l'opérateur de Schrödinger ($A = i\partial/\partial x_n - \sum_{j<n} \partial^2/\partial x_j^2$) dans la région $\xi_n > 0$: le symbole total de A est

$$\sigma_A = \sum_{j<n} \xi_j^2 - \xi_n$$

L'opérateur de Schrödinger est donc elliptique hors de la droite $\xi_1 = \dots = \xi_{n-1} = 0$,et

---

(^{1}) On montre (cf. [1]) que si , au contraire , $I_2(A)$ n'est jamais $\leqslant 0$ sur car A , A est hypoelliptique , et que pour toute distribution f , $Af \in H_s$ implique $f \in H_{s+m-1}$ si $m = \deg A$.

hypoelliptique dans la région $\xi_n > 0$, de sorte que le thèorème 1.8 ci-dessous exprime le fait (connu) que si f est solution de l'équation de Schrödinger (ou simplement si Af est C^∞) WF(f) est réunion de droites parallèles au sous-espace $x_n = 0$, $\xi_n = 0$ dans le cône $\xi_1 = \ldots = \xi_{n-1} = 0$, $\xi_n > 0$.

Quitte à composer notre opérateur A avec un opérateur elliptique convenable B , de symbole positif (ce qui remplace $I_2(A)$ par le produit $\sigma_B\, I_2(A)$ sur <u>car A</u> , et ne change pas l'ensemble des distributions f telles que Af soit C^∞) on peut supposer que $I_2(A)$ induit sur <u>car A</u> une fonction homogène négative arbitrairement donnée , par exemple

(1.6) $I_2(A) = -1$ sur <u>car A</u>

Comme les crochets de Poisson $\{u_i,u_j\}$ s'annulent sur <u>car A</u> , les champs H_{u_j} sont tangents à car A , et leurs restrictions à <u>car A</u> vérifient la condition d'intégrabilité de Fröbenius (on a $[H_{u_i},H_{u_j}] = H_{\{u_i,u_j\}}$, et comme $\{u_i,u_j\}$ est combinaison linéaire à coefficients C^∞ des u_j , les crochets $[H_{u_i},H_{u_j}]$ sont , sur <u>car A</u> , combinaisons linéaires à coefficients C^∞ des H_{u_j}). Le cône <u>car A</u> se trouve ainsi muni d'un feuilletage canonique , dont les feuilles sont les variétés intégrales des champs H_{u_j} $(j=1,\ldots,d)$.

Par ailleurs le symbole σ_A -ou plutôt son hessien- définit par restriction une forme quadratique positive non dégénérée sur le fibré tangent normal de <u>car A</u> (à savoir : la forme $\sum a_{jk} du_j du_k$ sur $T(T^*X)/T(\underline{\text{car } A}))$. La forme symplectique canonique $\sum d\xi_j \wedge dx_j$ de T^*X permet d'identifier le fibré tangent normal de <u>car A</u> au fibré cotangent du feuilletage qui vient d'être défini (canonique) sur <u>car A</u> : par transport de structure , ce feuilletage se trouve ainsi muni d'une métrique Riemannienne (définie au moyen d'une forme quadratique positive non dégénérée sur son fibré cotangent).

(1.7) Nous noterons g_A la métrique ainsi définie sur le feuilletage canonique de <u>car A</u> , lorsque A vérifie (1.6).

Le théorème de propagation annoncé est le suivant :

(1.8) <u>Théorème : Avec les hypothèses et les notations ci-dessus</u>

1. <u>Soit</u> f <u>une distribution . Si</u> Af <u>est</u> C^∞ <u>dans un ouvert conique</u> U <u>de</u> T^*X , $WF(f) \cap U$ <u>est réunion dans</u> $U \cap$ car A <u>de géodésiques de la métrique</u> g_A

2. <u>Inversement soit</u> (x,ξ) <u>un point caractéristique de</u> A , <u>et</u> C <u>l'arc</u>

de géodésique de la métrique g_A passant par (x,ξ) : si U est un voisinage conique assez petit de (x,ξ) , il existe une distribution f telle que Af soit C^∞ dans U , et $WF(f) \cap U = C \cap U$.

(Pour la deuxième assertion , il suffit en fait que $C \cap U$ soit connexe , et que ses bouts soient entièrement contenus dans la frontière de U . En particulier on a un résultat global si la géodésique passant par (x,ξ) "tend vers l'infini à l'infini" -c'est à dire , supposant cette géodésique paramétrée par une fonction $c(t) :]T,T'[\to \text{car } A$, pour tout compact $K \subset T^{\cdot}X$, il existe des nombres $T_1 > T$, $T_1' < T'$ tels que $c(t) \notin K$ si $t < T_1$ ou $t > T_1'$. Ce résultat est analogue à celui qui vaut pour les solutions d'une équation réelle à caractéristiques simples).

Remarquons dès à présent que les assertions du théorème 1.8 sont invariantes par transformation intégrale de Fourier elliptique , car tous les objets qui y figurent sont définis "de façon intrinsèque" en termes du symbole σ_A , de $I_2(A)$ et de la structure symplectique canonique de $T^{\cdot}X$. Nous pourrons donc pour les démontrer appliquer à A une transformation intégrale de Fourier elliptique bien choisie .

§2. Démonstration du théorème - première partie .

Observons tout d'abord qu'il résulte des hypothèses (1.2) et (1.3) qu'il existe (localement) une transformation symplectique homogène Φ qui transforme le cône car A en le cône $\xi_1 = \ldots = \xi_d = 0$ de $T^{\cdot}X$ (cf.[4] , ou l'appendice de [1]).Si alors F est un opérateur intégral de Fourier elliptique associé à Φ , et si F^{-1} est une parametrix de F , $F A F^{-1}$ satisfait à nouveau aux hypothèses du §1 , et son cône caractéristique est le cône $\xi_1 = \ldots = \xi_d = 0$. Quitte à remplacer A par $F A F^{-1}$, et à le composer avec un opérateur elliptique convenable , de symbole positif , on pourra supposer que A est de la forme

$$(2.1) \quad A = - \sum_{1 \leq j,k \leq d} A_{jk}\, \partial^2/\partial x_j \partial x_k - Id$$

ou encore

$$(2.1)\text{bis} \quad A = - \sum_{1 \leq j,k \leq d} A_{jk}\, \partial^2/\partial x_j \partial x_k + i\, \partial/\partial x_n$$

où (A_{jk}) est une matrice d'opérateurs pseudo-différentiels de degré -1 (resp. 0) elliptique , à symbole positif non dégénéré (resp. et où , quitte à faire un changement linéaire sur les coordonnées $x_{d+1}, \dots, x_n$ seules , on étudie A au voisinage d'un point où l'on a $\xi_n > 0$, $\xi_1 = \dots = \xi_n = 0$) .

car A est donc le cône $\xi_1 = \dots = \xi_d = 0$. Son feuilletage canonique est constitué des sous-espaces (affine) paralléles à l'espace engendré par $\partial/\partial x_1, \dots, \partial/\partial x_d$. Si A est donné par la formule (2.1) et si on pose $a_{jk} = \sigma_{A_{jk}}$, la métrique g_A induit sur le fibré cotangent des feuilles la forme quadratique

$$(2.2) \qquad \sum_{1 \leq j,k \leq d} a_{jk}(x,0,\dots,0,\xi_{d+1},\dots,\xi_n)\, \eta_j\, \eta_k$$

(où $\eta_1, \dots, \eta_d$ sont les coordonnées d'un vecteur cotangent) . Les géodésiques de g_A sont donc les projections sur car A des courbes intégrales du champ de vecteurs (champ hamiltonien de la forme quadratique (2.2)) :

$$(2.3) \qquad 2 \sum_{1 \leq j,k \leq d} a_{jk}\, \eta_j (\partial/\partial x_k) - \sum_{1 \leq i,j,k \leq d} (\partial a_{ij}/\partial x_k)\, \eta_i\, \eta_j (\partial/\partial \eta_k)$$

Le point essentiel de la démonstration est un résultat de propagation des singularités pour les solutions d'un opérateur à symbole quasi-homogène . Ceci fait l'objet du travail de R. Lascar [7] , auquel je renvoie pour plus de détails . Je me conterai ici d'en décrire le résultat , et de montrer comment il s'applique .

Rappelons pour commencer les définitions , et l'allure du calcul symbolique des opérateurs quasi-homogènes . Décomposons l'espace $\mathbb{R}^n$ en produit : $\mathbb{R}^n = \mathbb{R}^p \times \mathbb{R}^q$. On dit qu'une fonction $a(x,\xi,\eta)$ sur $X \times \mathbb{R}^p \times \mathbb{R}^q$ est quasi-homogène de poids m lorsqu'on attribue à ξ le poids r et à η le poids s si l'on a pour tout $\lambda > 0$

$$(2.4) \qquad a(x,\lambda^r \xi,\lambda^s \eta) = \lambda^m\, a(x,\xi,\eta)$$

Nous dirons simplement quasi-homogène s'il n'y a pas risque de confusion . Les nombres r et s sont réels positifs , et pour les applications , ce sont des entiers sans diviseur commun . Nous aurons besoin ici du cas $r = 1$, $s = 2$.

On dit qu'un opérateur pseudo-différentiel $A = a(x,D)$ est quasi-homogène si son symbole total admet un développement asymptotique (au sens de [3] , (2.10))

$$(2.5) \qquad a(x,\xi) \sim \sum_{0}^{\infty} a_k(x,\xi)$$

où a_k est quasi-homogène de poids $m_k \to -\infty$ (il suffira ici du cas $m_k = m-k$, k entier positif) . A est alors de type $\rho = r/s$, $\delta = 0$ si $r \leq s$ (avec la notation de [3], définition 2.1) . Dans ce qui suit nous supposerons $r \leqslant s$.

Ces opérateurs donnent lieu à un calcul symbolique analogue à celui des opérateurs pseudo-différentiels "classiques" , rappelé au §0 . En particulier ils ont un symbole (partie principale) : si $A = a(x,D)$ où la fonction $a(x,\xi)$ admet le développement asymptotique (2.5) , le symbole σ'_A est le premier terme de ce développement :

$$\sigma'_A = a_0(x,\xi)$$

Le symbole est multiplicatif : $\sigma'_{AB} = \sigma'_A \sigma'_B$. L'opérateur $A = a(x,D)$ est quasi-elliptique si son symbole σ'_A est inversible (pour $\xi \neq 0$) : A admet alors une parametrix $B = b(x,D)$, qui est un opérateur pseudo-différentiel quasi-homogène , de symbole $\sigma'_B = (\sigma'_A)^{-1}$.

On peut localiser en utilisant ces opérateurs de la même façon qu'au §0 , en remplaçant "ouvert conique" par "ouvert quasi-homogène" (ie. stable par les dilatations $(x,\xi,\eta) \to (x,\lambda^r\xi,\lambda^s\eta)$, $\lambda > 0$) . On a en particulier une nouvelle notion de spectre singulier : une distribution f est C^∞ dans un voisinage quasi-homogène d'un point s'il existe un opérateur quasi-homogène A , elliptique en ce point (ie. σ'_A est inversible en ce point) , tel que Af soit C^∞ ; $WF'(f)$ est alors l'ensemble (fermé , quasi-homogène) complémentaire du plus grand ouvert quasi-homogène dans lequel f est C^∞ . Le lien entre le spectre singulier "quasi-homogène" $WF'(f)$ et le spectre singulier $WF(f)$ dont la définition a été rappelée au §0 est le suivant : si $WF'(f)$ est contenu dans l'ouvert $\eta \neq 0$, $WF(f)$ est la projection de $WF'(f)$ sur le sous espace $\xi = 0$ parallèlement au sous-espace $\eta = 0$. $WF'(f)$ apparaît ainsi comme un raffinement de $WF(f)$ (lorsqu'il est disjoint du cône $\eta = 0$).

Le symbole total du composé $c(x,D) = a(x,D)\, b(x,D)$ est donné par

$$c(x,\xi) \sim \sum (i^{-|\alpha|}/\alpha!) \quad (\partial/\partial\zeta)^\alpha a \quad (\partial/\partial x)^\alpha b$$

(où on a posé $\zeta = (\xi,\eta)$) . Notons que dans cette formule , $(\partial/\partial\xi_j)$ est de poids $-r$ (ie. abaisse le poids de r) , et $(\partial/\partial\eta_j)$ est de poids $-s$. Aussi obtient-on pour le symbole du commutateur de A et B (avec $\sigma'_A = a$, $\sigma'_B = b$)

$$(2.6) \quad \sigma'_{[A,B]} = -i \sum_{1\leqslant j\leqslant p} (\partial a/\partial\xi_j)(\partial b/\partial x_j) - (\partial a/\partial x_j)(\partial b/\partial\xi_j) = -i\{\sigma'_A,\sigma'_B\}'$$

Ainsi s'introduit pour le calcul symbolique un crochet de Poisson partiel, ainsi qu'un hamiltonien partiel :

$$(2.7) \quad H'_f = \sum_{1\leqslant j\leqslant p} (\partial f/\partial\xi_j)(\partial/\partial x_j) - (\partial f/\partial x_j)(\partial/\partial\xi_j)$$

Il en résulte une nouvelle notion de courbe bicaractéristique : les courbes intégrales du champ H'_f situées dans l'hypersurface $f = 0$.

Le résultat de R. Lascar [7] est le suivant :

(2.8) Proposition : Soit A un opérateur pseudo-différentiel quasi-homogène , réel à caractéristiques simples (ie. $H'_{\sigma'_A}$ n'est jamais parallèle au champ $r \sum \xi_j (\partial/\partial \xi_j) + s \sum \eta_j (\partial/\partial \eta_j)$ pour $\sigma'_A = 0$) . Alors si Af est C^∞ dans un ouvert quasi-homogène U , WF'(f) est réunion dans U de courbes intégrales du champ hamiltonien partiel $H'_{\sigma'_A}$ de l'hypersurface $\sigma'_A = 0$.

Pour prouver ce résultat , R. Lascar prouve une inégalité a priori apparentée aux inégalités de Carleman , en adaptant aux opérateurs pseudo-homogènes la méthode de [8] (cf. aussi [2]) (on fait usage en particulier d'une fonction quasi-homogène , strictement convexe par rapport au champ hamiltonien partiel $H'_{\sigma'_A}$) . Je renvoie au travail de R. Lascar pour plus de détails .

Montrons pour terminer comment ce résultat s'applique ici : A est donc donné par la formule (2.1) , et son symbole total est de la forme

$$a = \sum_{1<i,j<d} a_{ij} \xi_i \xi_j + b$$

où a_{ij} est homogène de degré -1 , b est un symbole de degré 0 , et $b = -1$ pour $\xi_1 = \dots = \xi_d = 0$. Posons alors $\xi = (\xi_1, \dots, \xi_d)$, $\eta = (\eta_{d+1}, \dots, \eta_n)$ et (comme ci-dessus , et bien que celà soit en conflit avec la notation du début) $\zeta = (\xi_1, \dots, \xi_n)$.

(2.9) Lemme : Soit $c(x,\zeta)$ une fonction homogène de degré m , C^∞ pour $\zeta \neq 0$. La série de Taylor

$$c(x,\zeta) \sim \sum (\partial/\partial\xi)^\alpha c(x,0,\eta) \xi^\alpha/\alpha!$$

fournit un développement asymptotique de c en fonctions quasi-homogènes , dans tout ouvert disjoint du cône $\eta = 0$.

En effet dans ce développement le terme indexé par α est quasi-homogène de poids $m - |\alpha|$. De plus l'erreur dans la formule de Taylor à l'ordre N est de la forme $\sum_{|\alpha| = N} c_\alpha(x,\xi,\eta) \xi^\alpha/\alpha!$, où c_α est homogène de degré m-N . Elle est donc majorée par un multiple de $|\eta|^{m-N/2}$ dans tout ensemble de la forme $|\xi|<C|\eta|^{2}$,

$x \in K$ (compact) , et il y a une inégalité analogue pour chaque dérivée .

Appliquant le lemme 2.9 successivement aux a_{ij} et à chaque terme du développement asymptotique de b en fonctions homogènes , on voit que notre opérateur A est quasi-homogène (de poids 0) dans tout ouvert quasi-homogène disjoint du cône $\eta = 0$, et on a

$$\sigma'_A = \sum a_{ij}(x,0,\eta)\, \xi_i\, \xi_j - 1$$

Or la matrice (a_{ij}) est positive non dégénérée pour $\xi = 0$, de sorte que A est à caractéristiques simples en tant qu'opérateur quasi-homogène . On a

$$H'_A = 2 \sum a_{ij}(x,0,\eta)\, \xi_i\, (\partial/\partial\xi_j) - \sum (\partial a_{ij}/\partial x_k)\, \xi_i\, \xi_j\, (\partial/\partial\xi_k)$$

La première assertion du théorème 1.8 résulte alors de la proposition 2.8 et de (2.3) , compte tenu du fait que de toute façon A est elliptique dans l'ouvert $\xi \neq 0$, et même hypoelliptique dans l'ouvert quasi-homogène $|\xi|^2 > C|\eta|$ si C est assez grand , et de ce que $WF(f)$ est la projection sur le sous-espace $\xi = 0$ de $WF'(f)$ si $WF'(f)$ est disjoint du cône $\eta = 0$.

§3. Démonstration du théorème - deuxième partie .

Nous noterons dans ce paragraphe $x = (x_1, \dots, x_{n-1})$ les $n-1$ premières variables , et $t = x_n$ la dernière , pour la distinguer des autres ; nous noterons $\xi = (\xi_1, \dots, \xi_{n-1})$ et $\tau (= \xi_n)$ les variables duales . Les fonctions ou opérateurs quasi-homogènes de ce paragraphe le sont lorsqu'on attribue à ξ le poids 1 et à τ le poids 2 . Comme au §2 , formule (2.1)bis , nous supposerons A donné par

$$(3.1) \qquad A = - \sum_{1<i,j<d} A_{ij}\, (\partial^2/\partial x_i \partial x_j) + i\, (\partial/\partial t)$$

où les A_{ij} sont des opérateurs pseudo-différentiels de degré 0 , et où on étudie les propriétés microlocales de l'opérateur A au voisinage d'une demi-droite $\xi = 0$, $\tau = 0$. Quitte à translater , nous pouvons en outre nous placer au dessus du point $x = 0$, $t = 0$.

Nous allons construire une distribution T telle que AT soit C^∞ au voisinage de l'origine , mais que $WF(T)$ soit concentré sur la projection sur le sous-espace $\xi = 0$ $(\tau > 0)$ d'une courbe intégrale du champ de vecteurs

$$(3.2) \qquad 2 \sum a_{ij}(x,t,0,\tau)\ \xi_i\ (\partial/\partial x_j) \quad - \sum (\partial a_{ij}/\partial x_k)\ \xi_i\ \xi_j\ (\partial/\partial \xi_k)$$

au dessus d'un voisinage de l'origine (on a posé $a_{ij} = \sigma_{A_{ij}}$) . (On a ici $I_2(A)=-\tau$ et non $I_2(A) = -1$; mais comme H'_τ est nul , on remplace le champ hamiltonien partiel H'_{σ_A} par un champ proportionnel à (3.2) lorsqu'on remplace A par l'opérateur $(-i\partial/\partial t)^{-1}A$; les courbes intégrales ne sont pas changées , ni leurs projections sur le sous-espace $\xi = 0$).

Nous allons chercher T sous la forme

$$(3.3) \qquad \mathcal{U}T = f = (1/2\pi) \int e^{it\tau^2}\ \hat{\hat{f}}(x,\tau)\ d\tau$$

où f est une distribution convenable , et $\hat{\hat{f}}$ désigne sa transformée de Fourier partielle en t . Pour commencer , nous étudions avec plus de détails la transformation $\mathcal{U}$ définie par (3.3) .

Nous noterons S'_+ (resp. S'_{++}) l'espace des distributions tempérées f dont la transformée de Fourier f est nulle dans un voisinage conique (resp. parabolique) du demi-espace $\tau \leqslant 0$: on a donc $f \in S'_+$ (resp. S'_{++}) si supp f est contenu dans un ensemble de la forme $\tau > \varepsilon(|\xi|+1)$ (resp. $\tau > \varepsilon(|\xi|^2+1)$) .

La formule (3.3) s'écrit encore , pour $f \in S'_+$

$$(3.4) \qquad \mathcal{U}f(\xi,\tau) = \begin{cases} f(\xi,\sqrt{\tau})/2\sqrt{\tau} & \text{si } \tau > 0 \\ 0 & \text{si } \tau \leqslant 0 \end{cases}$$

Compte tenu que la fonction de s : $(i/4\pi t)^{1/2} \exp(-is^2/4t)$ est , pour $t \neq 0$, la transformée de Fourier inverse de la fonction (de τ) : $(1/2\pi) \exp(it\tau^2)$ (on choisit la racine carrée d'argument compris entre $-\pi/2$ et $\pi/2$) , il résulte de la formule de Plancherel qu'on a aussi pour $f \in C_0^\infty$

$$(3.5) \qquad \mathcal{U}f(x,t) = (i/4\pi t)^{1/2} \int e^{-is^2/4t}\ f(x,s)\ ds$$

Il résulte aussitôt de la formule (3.4) que $\mathcal{U}$ définit un isomorphisme de S'_+ sur S'_{++} , et que pour $f \in S'_+$, on a $f \in S$ si et seulement si $\mathcal{U}f \in S$ (S désignant l'espace de Schwartz des fonctions C^∞ à décroissance rapide). La formule (3.5) montre que si f est à support compact (ou seulement si f est à décroissance rapide à l'infini) , f est C^∞ hors de l'hyperplan $t = 0$. En outre si $f \in S'_+$ coïncide en dehors d'un compact avec une fonction de S , il en est de même de f (on le voit en écrivant la formule de Taylor pour l'exponentielle

$\exp(-is^2/4t)$ et en utilisant le fait que si $f \in S'_+$, tous les moments $\int f(x,s)\, s^k\, ds$ sont nuls) .

On a encore les résultats suivants :

(3.6) $\mathcal{U}$ commute aux x_j , $(\partial/\partial x_j)$ et plus généralement à tout opérateur pseudo-différentiel $q(x,D_x)$ de x et D_x seuls .

(3.7) $$i\,(\partial/\partial t)\,\mathcal{U} \;=\; \mathcal{U}\,(\partial^2/\partial t^2)$$

et , plus généralement si $q'(x,D_x,D_t)$ est un opérateur pseudo-différentiel (quasi-homogène) dont le symbole total $q'(x,\xi,\tau)$ ne dépend pas de t , on a pour toute distribution $f \in S'_+$

$$q'(x,D_x,D_t)\,\mathcal{U}f \;=\; \mathcal{U}\,q(x,D_x,D_t)\,f$$

avec

(3.8) $$q(x,\xi,\tau) \;=\; q'(x,\xi,\tau^2) \quad \text{pour} \quad \tau > 0$$

(3.9) $t\,\mathcal{U}f = \mathcal{U}\,Qf$, si $f \in S'_+$, où Q est un opérateur pseudo-différentiel de degré -1 .

En effet , de la relation $-(\partial/\partial\tau)\,(i\,e^{it\tau^2}/2\tau) \;=\; (t + i/2\tau^2)\,e^{it\tau^2}$,on déduit , en intégrant par parties , et compte tenu qu'on a $i\,(\partial\hat{f}/\partial\tau) \;=\; \widehat{tf}$

$$t\,\mathcal{U}f \;=\; (1/2\pi)\int(-(\partial/\partial\tau)(i\,e^{it\tau^2}/2\tau) - i\,e^{it\tau^2}/2\tau^2)\;\hat{\hat{f}}(x,\tau)\;d\tau \;=$$

$$=\; (1/2\pi)\int e^{it\tau^2}\,((i\,\widehat{\widehat{tf}}(x,\tau)/2\tau) \;-(i\,\hat{\hat{f}}(x,\tau)/2\tau^2))\;d\tau$$

d'où (3.9) , avec $\widehat{Qf} \;=\; (i/2\tau)\,\widehat{tf} \;-\; (i/2\tau^2)\,\hat{f}$.

Utilisant un développement de Taylor des symboles (totaux) au voisinage de $t = 0$, on déduit de (3.8) et (3.9)

(3.10) Si Q' est un opérateur pseudo-différentiel quasi-homogène , et si $f \in S'_+$, on a $Q'\mathcal{U}f = \mathcal{U}\,Qf$ où Q est un opérateur pseudo-différentiel et , pour $\tau > 0$, $\sigma_Q(x,t,\xi,\tau) \;=\; \sigma'_{Q'}(x,0,\xi,\tau^2)$

(3.11) Si en outre le symbole total de Q s'annule à l'ordre infini sur l'hyperplan $t = 0$, Q'$\mathcal{U}$f est C^∞.

On a enfin le résultat suivant :

(3.12) Si $f \in S'_+$ coïncide hors d'un ensemble compact avec une fonction de S, WF'(f) est l'image de WF(f) par l'application $(x,t,\xi,\tau) \to (x,0,\xi,\tau^2)$

preuve : supposons d'abord que la droite (x_0,t,ξ_0,τ_0) $(t \in \mathbb{R})$ ne rencontre pas WF(f) . Alors si $\phi \in C^\infty$ est de support assez voisin de x_0, et si $\chi(\xi,\tau) \in C^\infty$ est homogène pour (ξ,τ) assez grand , de support assez voisin de la demidroite $(\lambda\xi_0,\lambda\tau_0)$, $\lambda \geqslant 1$, et non nulle sur cette demi-droite , on a $\chi(D_x,D_t)\ \phi(x)\ f \in S$, donc $\chi(D_x,D_t^2)\ \phi(x)\ f \in S$, donc $(x_0,0,\xi_0,\tau_0^2) \notin$ WF'($\mathcal{U}$f)

Inversement , supposons $(x_0,0,\xi_0,\tau_0) \notin$ WF'($\mathcal{U}$f) . Alors (x_0,t,ξ_0,τ_0^2) n'appartient à WF'($\mathcal{U}$f) pour aucun $t \in \mathbb{R}$, et comme f coïncide avec une fonction de S hors d'un compact , il existe des fonctions χ , ϕ comme ci-dessus telles que $\chi(D_x,D_t^2)\ \phi(x)\ \mathcal{U}f \in S$, donc $\chi(D_x,D_t)\ \phi(x)\ f \in S$, et la droite (x_0,t,ξ_0,τ_0) $(t \in \mathbb{R})$ est disjointe de WF(f) .

Nous pouvons maintenant achever la preuve de la deuxième partie du théorème 1.8 : A est donné par la formule (3.1) , et d'après ce qui précède (lemme 2.9 et formule (3.10)) on a A$\mathcal{U}$f = $\mathcal{U}$Bf , où B est (dans un voisinage conique de la demi-droite $x=0$, $t=0$, $\xi=0$,$\tau>0$) un opérateur pseudodifférentiel de symbole

$$\sigma_B = \sum a_{ij}(x,0,0,\tau)\ \xi_i\ \xi_j - \tau^2$$

Le symbole de B est donc réel , à caractéristiques simples , pour $\tau > 0$. D'après [3] il existe une distribution f à support compact , telle que Bf soit C^∞ au voisinage de 0 , et que WF(f) soit concentrée , au dessus d'un voisinage de l'origine , sur une courbe intégrale donnée (dans le demi-espace $\tau > 0$) du champ de vecteurs

$$2 \sum a_{ij}(x,0,0,\tau)\ \xi_i\ (\partial/\partial x_j) - 2\ \tau(\partial/\partial\tau) - \sum (\partial a_{ij}/\partial x_k)\ \xi_i\xi_j\ (\partial/\partial\xi_k) .$$

f est à décroissance rapide dans un voisinage conique du demi-espace $\tau \geqslant 0$, aussi quitte à modifier f par une fonction de S , on peut aussi bien supposer $f \in S'_+$ (f coïncidant en dehors d'un compact avec une fonction de S) . On a alors A($\mathcal{U}$f) = $\mathcal{U}$(Bf) $\in C^\infty$, et WF'($\mathcal{U}$f) est l'image par l'application $(x,t,\xi,\tau) \to (x,0,\xi,\tau^2)$ de WF(f) , donc WF($\mathcal{U}$f) est la projection de WF(f) sur le sous-espace $t=0$, $\xi=0$, comme on le désirait .

Ceci achève la démonstration .

[1] Boutet de Monvel L. : Hypoelliptic Operators with Double Characteristics and related Pseudo-differential Operators, Comm. Pure Appl. Math. (1974)

[2] Duistermaat J.J. : On Carleman Estimates for Pseudo-differential Operators , Inventiones Math. 17.1 (1972) 31-43 .

[3] Duistermaat J.J. , Hörmander L. : Fourier Integral Operators II , Acta Math.128 (1972) 183-269 .

[4] Hörmander L. : Pseudo-differential Operators and Hypoelliptic Equations , Amer. Math. Soc. Proc. Symp. Pure Math. 10 (1967) 138-183 .

[5] Hörmander L. : Fourier Integral Operators I , Acta Math. 127 (1971) 79-183 .

[6] Hörmander L. : On the Existence and Regularity of Solutions of Linear Partial Differential Equations , l'Enseignement Mathématique , 2ème série 17(1971) 99-163

[7] Lascar R. : Propagation des Singularités des Solutions d'Equations Pseudo-différentielles Quasi-homogènes (thèse de troisième cycle) , à paraître .

[8] Unterberger A. : Résolution des Equations aux Dérivées Partielles dans des Espaces de Distributions d'Ordre de Régularité Variable , Ann. Inst. Fourier Grenoble 21,2 (1971) 85-128 .

Louis Boutet de Monvel
Université de Paris VII
2, place Jussieu , 75005 Paris

6.4 Paramétrixes d'opérateurs pseudo-différentiels à caractéristiques multiples

Paramétrixes d'opérateurs pseudo-différentiels à caractéristiques multiples, Astérisque **34–35** (1976), 93–121. [BGrHe76]

Société Mathématique de France
Astérisque 34-35 (1976) p.93-121

PARAMÉTRIXES D'OPÉRATEURS PSEUDO-DIFFÉRENTIELS A CARACTÉRISTIQUES MULTIPLES

par Louis Boutet de Monvel
Alain Grigis
Bernard Helffer

Dans cet article , nous nous proposons de montrer comment on peut effectuer la construction de paramétrixes pour certains opérateurs pseudo-différentiels à caractéristiques multiples , du type étudié par V.Grusin [5], [6], J. Sjöstrand [17], L. Hörmander [13], A. Menikoff [15], et les auteurs [1] [2] [3] [5] [10]. Soit X un ouvert de $\mathbb{R}^n$, et P un opérateur pseudo-différentiel sur X , dont le symbole total admet un développement asymptotique :

$$p(x,\xi) \sim \sum_{0}^{\infty} p_j(x,\xi)$$

où pour tout entier j , p_j est homogène de degré $m-j$ en ξ . Soit maintenant Σ un cône lisse , de codimension p , dans $T^*X = X \times (\mathbb{R}^n \setminus \{0\})$. Nous dirons que P est nul d'ordre k sur Σ si pour tout j , p_j est nul d'ordre $\geqslant k-2j$ sur Σ . Nous dirons en outre que P est transversalement elliptique le long de Σ s'il est elliptique en dehors de Σ , et si , au voisinage de chaque point de Σ , le symbole $p_0(x,\xi)$ domine d_Σ^k , où d_Σ est la distance à Σ . Si P est nul d'ordre k sur Σ , il est naturel de lui associer , pour chaque point $(x,\xi) \in \Sigma$, l'opérateur

$$\sigma^k_{x,\xi}(P) = \sum_{|\alpha+\beta|+2j=k} \frac{1}{\alpha!\beta!} \left(\frac{\partial}{\partial x}\right)^\alpha \left(\frac{\partial}{\partial \xi}\right)^\beta p_j(x,\xi) \quad y^\alpha D_y^\beta$$

qui est un opérateur différentiel sur $\mathbb{R}^n$, à coefficients polynomiaux , de degré total $\leqslant k$.

Nous nous appuierons de façon essentielle sur les résultats et les constructions de [1] . Dans cet article , on introduit , pour tous nombres réels m , k , une classe d'opérateurs $OPS^{m,k}$. Dans la situation ci-dessus il est naturel de se demander si P possède une paramétrixe $Q \in OPS^{-m,-k}$ (c'est le mieux qu'on puisse espérer). La réponse est la suivante : P possède une telle paramétrixe à gauche (ou à droite) si et seulement si , pour tout $(x,\xi) \in \Sigma$, l'opérateur différentiel $\sigma^k_{x,\xi}(P)$ est inversible à gauche (ou à droite) dans $\mathcal{S}(\mathbb{R}^n)$. La question de savoir si P possède une paramétrixe est donc entièrement ramenée à l'étude de l'inversibilité , à gauche ou à droite , de certains opérateurs différentiels à coefficients polynomiaux. Ces opérateurs sont d'ailleurs d'un type assez particulier : ils sont tous dans l'algèbre engendrée par p opérateurs d'ordre 1 de la forme $\sum_k b_{jk}\, y_k + c_{jk}\, D_{y_k}$ $(j=1,..,p\ ;\ k=1,..,n)$. Naturellement le problème d'inverser de tels opérateurs est loin d'être résolu en général ; il l'est néanmoins assez complètement pour les opérateurs d'ordre 2 (cf. [5], [13]) , et pour certains opérateurs d'ordre 3 (cf. [10]).

L'article est organisé comme suit : dans les quatre premiers paragraphes , on étudie les opérateurs différentiels du type ci-dessus qui interviennent dans notre problème , et on construit une algèbre d'opérateurs pseudo-différentiels qui contient leurs inverses lorsque ceux-ci existent. Le plus délicat est de montrer que si un tel opérateur dépend de façon C^∞ d'un paramètre , et est inversible pour toutes les valeurs du paramètre , l'inverse dépend aussi régulièrement du paramètre (§4) . L'application à la construction de paramétrixes est faite au §5 , où l'énoncé ci-dessus sera précisé.

§1 Notations et préliminaires.

1. Nous utilisons les notations usuelles de la théorie des équations aux dérivées partielles .

Soit E un espace vectoriel réel , de dimension finie (qu'on identifiera au besoin à $\mathbb{R}^n$). On note E^* le dual de E .

On note $\mathcal{S}(E) = S^{-\infty}(E)$ l'espace de Schwartz des fonctions de classe C^∞, à décroissance rapide (si $E = \mathbb{R}^n$, on a $f \in \mathcal{S}$ si et seulement si $x^\alpha D^\beta f$ est bornée , pour tous multi-indices α , β). On note $O_M(E)$ l'espace des fonctions C^∞ à croissance lente (ie. pour tout α il existe m tel que $(1+|x|)^{-m}D^\alpha f$ soit bornée) . Si m est un nombre réel , on note $S_o^m(E) \subset O_M(E)$ l'espace des fonctions f telles que pour tout α , $(1+|x|)^{-m}D^\alpha f$ soit bornée , et on pose $S_o^\infty = \bigcup S_o^m$. Enfin on note $S^m(E) \subset S_o^m(E)$ l'espace des fonctions f telles que pour tout α , $(1+|x|)^{-m+|\alpha|} D^\alpha f$ soit bornée , et on pose $S^\infty = \bigcup S^m$.

Nous aurons en particulier à utiliser le sous-espace $S^m_{reg} \subset S^m$ des fonctions $a \in S^m$ qui admettent un développement asymptotique :

$$(1.1) \quad a \sim \sum_{k=0}^{\infty} a_k$$

où a_k est homogène de degrè $m-k$ $(a_k(tx) = t^{m-k}a_k(x)$ pour $t > 0)$ de classe C^∞ pour $x \neq 0$ (développement asymptotique signifie ici que pour tout entier N , il existe $b_N \in S^{m-N}$ tel que $a-\sum_0^{N-1} a_k = b_N$ pour $|x| > 1$). Si $a \in S^m_{reg}$, le symbole (ou partie principale) de a est le premier terme a_o du développement (1.1). Enfin si Ω est ouvert de $\mathbb{R}^p$ nous écrirons $f \in S^m(\Omega x E)$ si pour tout compact $K \subset \Omega$ et tous α,β $(1+|y|)^{|\beta|-m}(\frac{\partial}{\partial x})^\alpha (\frac{\partial}{\partial y})^\beta f(x,y)$ est bornée dans $K \times E$.

Soit $a = a(x,\xi)$ une fonction continue sur $E \times E^*$. Si a est à croissance lente, on note $a(x,D)$ l'opérateur défini par

$$(1.2) \quad a(x,D)f = \int e^{ix.\xi}\, a(x,\xi)\, \hat{f}(\xi)\, đ\xi$$

où $\hat{f}$ est la transformée de Fourier de f , et où pour abréger on a posé $đ\xi = (2\pi)^{-\dim E}\, d\xi$ (la définition de $\hat{f}$ suppose le choix d'une mesure de Lebesgue dx sur E , et $d\xi$ désigne la mesure duale ; la mesure $\hat{f}\, đ\xi$, donc aussi l'opérateur $a(x,D)$, ne dépendent pas de ce choix). Il est clair que $a(x,D)$ est un opérateur linéaire continu $\mathcal{S}(E) \to C(E)$ (espace des fonctions continues sur E)

(1.3) Proposition. - Si $a \in O_M(E \times E^*)$, $a(x,D)$ est continu de $\mathcal{S}(E)$ dans $C^\infty(E)$. Si $a \in S_o^\infty(E \times E^*)$, $a(x,D)$ est continu dans $\mathcal{S}(E)$.

preuve : on peut supposer $E = \mathbb{R}^n$. Remarquons qu'on a $D_j\, a = b(x,D)$ avec $b = \xi_j a + D_{x_j} a$, et $x_j\, a(x,D) = c(x,D)$, avec $c = x_j a$. Par récurrence on voit donc qu'on a pour tous α , β , $x^\alpha D^\beta a(x,D) = b_{\alpha\beta}(x,D)$ avec $b_{\alpha\beta} \in O_M$ (resp. S_o^∞) si $a \in O_M$ (resp. S_o^∞) . Donc si $a \in O_M$, $D^\alpha a(x,D)$ est continu : $\mathcal{S}(E) \longrightarrow C(E)$ pour tout α , donc $a(x,D)$ est continu : $\mathcal{S} \longrightarrow C^\infty$ (il est en fait continu $\mathcal{S} \longrightarrow O_M$) . Pour la seconde assertion , il suffit de prouver que si $a \in S_o^\infty$, $a(x,D)$ est en fait continu : $\mathcal{S} \longrightarrow L^\infty$ (alors $x^\alpha D^\beta a(x,D)$ est aussi continu $\mathcal{S} \longrightarrow L^\infty$ pour tous α, β , donc $a(x,D)$ est continu $\mathcal{S} \longrightarrow \mathcal{S}$). Supposons donc $a \in S_o^m(E \times E^*)$. Intégrant par parties dans (1.2) on obtient

$$a(x,D)f = \int e^{ix.\xi}\ (1+|x|^2)^{-N}(1-\Delta_\xi)^N(a(x,\xi)\hat{f}(\xi))\ đ\xi$$

or on a , avec des constantes $c_{\alpha\beta}$ convenables

$$(1-\Delta_\xi)^N(a\hat{f}) = \sum_{|\alpha+\beta| \leqslant 2N} c_{\alpha\beta}\ D_\xi^\alpha a\ D_\xi^\beta \hat{f}$$

et pour tout α , $(1+|x|+|\xi|)^{-m} D^\alpha a$ est bornée . Pour $N \geqslant m/2$, on a $(1+|x|+|\xi|)^m(1+|x|^2)^{-N}(1+|\xi|)^{-m} \leqslant 2^{m/2}$, donc il existe $C > 0$ tel que

$$|a(x,D)f| \leqslant C \sum_{|\beta| < 2N} \int (1+|\xi|)^m\ |D^\beta \hat{f}(\xi)|\ đ\xi$$

Comme le second membre de cette inégalité est une norme continue sur $\mathcal{S}$, ceci achève la démonstration.

Enfin on a le résultat suivant (qui est démontré dans [4]) :

(1.4) Si $a \in S_o^o(E \times E^*)$, $a(x,D)$ se prolonge en un opérateur continu dans $L^2(E)$.

2. Nous noterons $\mathcal{G}$ l'ensemble des opérateurs différentiels ℓ sur E de la forme

(1.5) $\ell = b.x + c.D$, avec $b \in E^*$, $c \in E$

$$\left(\text{ie.} \quad \ell f = \sum b_j x_j f + \frac{1}{i} c_j \frac{\partial f}{\partial x_j}\right)$$

L'opérateur $i\ell$ est générateur infinitésimal d'un groupe de transformations unitaires :

(1.6) $\exp ti\ell .f = e^{\frac{1}{2}it^2 b.c} e^{itb.x} f(x+tc)$

(en fait $i(\mathcal{G} \oplus \mathbb{R})$ est l'algèbre de Lie d'un groupe de transformations unitaires de $\mathcal{S}$, isomorphe au groupe de Heisenberg).

On note M_p le groupe d'automorphismes linéaires de $\mathcal{S}$ qui préserve $\mathcal{G}$ (groupe métaplectique). Si $M \in M_p$, et $\ell \in \mathcal{G}$, on a

(1.7) $M \ell M^{-1} = s_M \ell$

où s_M est un automorphisme de $\mathcal{G}$, qui préserve la forme symplectique réelle σ définie par $[\ell, \ell'] = i\,\sigma(\ell, \ell')\, \mathrm{Id}$.

On sait (cf. [14], [16], [18]) que M_p est engendré par les constantes ($f \mapsto \lambda f$, avec $\lambda \in \mathbb{C}^*$) , les changements de variable linéaires ($f \mapsto f(g^{-1}x)$, avec $g \in GL(E)$) , les multiplications $f \mapsto e^{iQ} f$, où Q est une forme quadratique réelle sur E , et la transformation de Fourier . C'est un groupe de Lie , qui a pour générateurs infinitésimaux les opérateurs du second ordre de la forme

$$i(\lambda + \sum a_{jk} x_j x_k + b_{jk}(x_j D_k + D_k x_j) + c_{jk} D_j D_k)$$

où λ est une constante complexe , et les a_{jk} , b_{jk} , c_{jk} sont réels)

L'application $M \mapsto s_M \in Sp(\mathcal{G})$ est un homomorphisme de groupes , surjectif , de noyau $\mathbb{C}^*$.

§2. Classes d'opérateurs pseudo-différentiels.

1. Définitions.

Soient E , N deux espacesvectoriels réels de dimension finie , et soit L une application linéaire $E \times E^* \to N$. On pose

$$(2.1) \quad L(x,\xi) = Bx + C\xi \quad \text{si} \quad x \in E \ , \ \xi \in E^*$$

$$A = C\,{}^tB \in L(N^*,N)$$

Si a est une fonction à croissance lente sur N , on notera a_L l'opérateur $a(L(x,D))$: on a donc

$$(2.2) \quad a_L f = \int e^{ix.\xi}\, a(L(x,\xi))\, \hat{f}(\xi)\, đ\xi$$

Il est clair qu'on a $a \circ L \in O_M$ (resp. S_o^m) si $a \in O_M$ (resp. si $a \in S_o^m$, et si $m \geqslant 0$) . Par suite a_L est continu : $\mathcal{S}(E) \to C^\infty(E)$ si $a \in O_M$, continu $\mathcal{S}(E) \to \mathcal{S}(E)$ si $a \in S_o^\infty$, et se prolonge continument : $L^2(E) \to L^2(E)$ si $a \in S_o^o$.

Si $a = e^{iy.\eta}$ (avec $\eta \in N^*$) , on a , d'après la formule d'inversion de Fourier :

$$(2.3) \quad a_L f = \int e^{ix.\xi} e^{ix.{}^tB\eta} e^{i\xi.{}^tC\eta}\, \hat{f}(\xi)\, đ\xi \;=\; e^{ix.{}^tB\eta} f(x+{}^tC\eta) =$$

$$= e^{-\frac{1}{2}iA\eta.\eta} \exp(i\,{}^tL\eta)\, f$$

Donc de façon générale on a , si $a \in O_M$

$$(2.4) \quad a_L = \int \exp(i\,{}^tL\eta)\; e^{-\frac{1}{2}iA\eta.\eta}\, \hat{a}(\eta)\, đ\eta$$

Dans ces formules , ${}^tL\eta$ désigne l'opérateur différentiel ${}^tB\eta.x + {}^tC\eta.D \in \mathcal{G}$. Il convient d'interprêter la derniére intégrale comme valeur de la distribution $\hat{a}(\eta)đ\eta$ sur la fonction à valeurs vectorielles $\eta \mapsto e^{-\frac{1}{2}iA\eta.\eta} \exp(i\,{}^tL\eta) \in L(\mathcal{S},C^\infty)$.

Il est alors naturel d'introduire aussi l'opérateur

$$(2.5) \quad \rho(a,L) = \int \exp(i\,{}^tL\eta)\, \hat{a}(\eta)\, đ\eta = b_L$$

avec $\hat{b} = e^{\frac{1}{2}iA\eta\cdot\eta}\ \hat{a}$

Remarquons que si Q est une forme quadratique réelle , e^{iQ} est un multiplicateur de $\hat{O}_M$ ($= O'_c$, espace de Schwartz des convoluteurs) donc avec les notations ci-dessus on a $b \in O_M$ si $a \in O_M$. (On peut montrer que $\hat{S}^\infty_o$ est le dual de O_M , donc e^{iQ} est aussi un multiplicateur de $\hat{S}^\infty_o$, et on a $b \in S^\infty_o$ si $a \in S^\infty_o$.)Enfin si $a \in S^m$ (resp. S^m_{reg}) il est immédiat qu'on a $b \in S^m$ (resp. S^m_{reg}) , et b admet le développement asymptotique

$$b \sim \sum \frac{1}{n!} (\tfrac{1}{2}iAD.D)^n a = \exp(\tfrac{1}{2}iAD.D)\ a$$

(où on a posé $AD.D = \sum A_{jk} D_j D_k$)

2. Adjoints.

Si $\ell \in \mathcal{G}$, on a $(\exp i\ell)^* = \exp -i\ell$. Comme on a aussi $\overline{\hat{a}(\eta)} = \hat{\bar{a}}(-\eta)$, on déduit aussitôt de la définition (2.5) qu'on a $\rho(a,L)^* = \rho(\bar{a},L)$. De même on voit qu'on a $a^*_L = b_L$, avec $\hat{b} = \exp(iA\eta.\eta)\ \hat{\bar{a}}$, donc $b \in O_M$ (resp. S_o , S^m , S^m_{reg}) s'il en est de même de a ; dans les deux derniers cas b admet le développement asymptotique

$$(2.6)\quad b \sim \sum \frac{1}{n!} (iAD.D)^n\ \bar{a}$$

On voit aussi que si $a \in S^\infty_o$ (et en particulier si $a \in S^m$) , $a_L{}^*$ est aussi continu $\mathcal{S} \to \mathcal{S}$, donc a_L se prolonge continument : $\mathcal{S}' \to \mathcal{S}'$.

3. Composés.

Si $a = e^{iy.\eta}$ et $b = e^{iy.\eta'}$, avec $\eta, \eta' \in N^*$, on a d'après (2.3)

$$a_L b_L f = e^{ix.{}^tB\eta}\ e^{i\langle x+{}^tC\eta,\,{}^tB\eta'\rangle}\ f(x+{}^tC\eta+{}^tC\eta') = c_L f$$

avec

$$c = e^{i\,{}^tC\eta.{}^tB\eta'}\ e^{i\langle y,\eta+\eta'\rangle} = a(y+A\eta)\ b = a\ b(y+{}^tA\eta)$$

On en déduit aussitôt , dans le cas général , qu'on a $a_L b_L = c_L$

avec

$$(2.7)\quad c = \int e^{iy\cdot\eta}\, a(y+A\eta)\,\hat{b}(\eta)\, đ\eta = \int e^{iy\cdot\eta}\, b(y+{}^tA\eta)\,\hat{a}(\eta)\, đ\eta$$

Cette relation est vraie si a , $b \in \mathcal{S}$, donc aussi à la limite si $a \in O_M$, $b \in S_o^\infty$ ou $a \in S_o^\infty$, $b \in O_M$. En particulier si $a \in S^m$ et $b \in S^{m'}$, on a $c \in S^{m+m'}$, et c admet le développement asymptotique

$$(2.8)\quad c \sim \sum \frac{i^{|\alpha|}}{\alpha!}\, D^\alpha a\ (AD)^\alpha b$$

(obtenu en intégrant dans (2.7) le développement de Taylor $a(y+A\eta) \sim \sum i^{|\alpha|}/\alpha!\ D^\alpha a(y)\ (A\eta)^\alpha$.)

Remarquons que la formule (2.7) est un cas particulier de (2.2) , avec $E = N$, $B = Id$, $C = A$. Dans ce cas nous noterons plus simplement a_A l'opérateur correspondant . On a donc

$$(2.9)\quad a_L\, b_L = (a_A\, b)_L \qquad , \quad a_A\, b_A = (a_A\, b)_A$$

La formule (2.7) définit sur $S^\infty(N)$ une structure d'algèbre , associative (puisqu'elle correspond à la composition des opérateurs), que nous noterons $\mathcal{L}_A$. La deuxième égalité de (2.7) montre encore que l'algèbre opposée de $\mathcal{L}_A$ est $\mathcal{L}_{{}^tA}$; en particulier $\mathcal{L}_A$ est commutative si (et seulement si) $A = {}^tA$.

4. Transformations métaplectiques.

Si $M \in M_p$, et $\ell \in \mathcal{G}$ (§1.2) on a $M \exp i\ell\, M^{-1} = \exp is_M\ell$. En particulier si $\eta \in N^*$ on a $M \exp i\,{}^tL\eta\, M^{-1} = \exp i\,{}^t(L\,{}^ts_M)\eta$,d'où

$$(2.10)\quad M\,\rho(a,L)\,M^{-1} = \rho(a, L_\circ{}^ts_M)$$

On peut toujours choisir $M \in M_p$ de sorte que $s_M{}^tL.N^*$ soit le sous-espace de $\mathcal{G}$ engendré par $x_1,\dots,x_{p+q},D_1,\dots,D_p$ (avec $2p+q$ = le rang de L , $2p$ = le rang de la restriction à ${}^tL\,N^*$ de la forme symplectique de $\mathcal{G}$). Lorsqu'il en est ainsi , il sera commode de noter la variable de E (x,y,z) , avec $x = (x_1,\dots x_p)$, $y = (x_{p+1},\dots,x_{p+q})$, $z = (x_{p+q+1},\dots,x_n)$. Tout opérateur a_L s'écrit alors , d'une seule façon :

(2.11) $a_L f = b(x,y,D_x)f = \int e^{ix.\xi}\, b(x,y,\xi)\, \hat{f}(\xi,y,z)\, d\xi$

où $\hat{f}$ désigne ici la transformée de Fourier partielle de f par rapport à x, et où $b \in O_M$ (resp. S_o^m, S^m) si $a \in O_M$ (resp. S_o^m, S^m). Dans la situation ci-dessus, nous dirons que a_L a été mis sous forme réduite.

§3 Paramétrixes et inverses.

On conserve les notations du §2. Soit $a \in S^m_{reg}(N)$: on dit que a est elliptique si son symbole est inversible (cette définition se généralise aussitôt au cas où a est une matrice à coefficients dans S^m_{reg}). Il résulte aussitôt de (2.8) que si a est elliptique, il possède une paramétrixe, ie. il existe $b \in S^{-m}$ tel que $a \circ b - 1 \in S^{-\infty}(N)$ et $b \circ a - 1 \in S^{-\infty}(N)$ (où le produit $\circ$ est celui de l'algèbre $\mathcal{L}_A$, défini par la formule (2.7)).

Nous nous proposons de trouver des critères pour que a_L soit inversible, ou pour que a_A soit inversible (ie. que a soit inversible dans l'algèbre $\mathcal{L}_A$). Remarquons que si L est surjective, l'application $a \mapsto a_L$ est injective, et a_L possède un inverse de la forme b_L (avec $b \in S^{\infty}$) si et seulement si a est inversible dans $\mathcal{L}_A$. Dans toute la suite nous supposerons L surjective (celà suffira pour l'application que nous avons en vue).

1. Cas où L est bijectif.

On se ramène aussitôt au cas où $N = E \times E^*$, $L = Id$. C'est le cas étudié par V.V.Grusin [6] ; on a alors $a_L = a(x,D)$, et le noyau de a_L est la distribution $b(x,x-y)$, où $b(x,z)$ a pour transformée de Fourier partielle par rapport à z la fonction $a(x,\xi)$. En particulier le noyau de a_L est dans $\mathcal{S}(E\times E)$ (ie. a_L est continu de $\mathcal{S}'$ dans $\mathcal{S}$) si et seulement si $a \in S^{-\infty}$; a_L est alors en fait un opérateur compact de $\mathcal{S}$ dans $\mathcal{S}$ et de $\mathcal{S}'$ dans $\mathcal{S}'$.

Par suite si $a \in S^m$ est elliptique, $Ker(a_L)$ est de dimension finie, contenu dans $\mathcal{S}$, et $Im(a_L)$ est fermée de codimension finie (orthogonale à $Ker(a_L^*)$). Si $Ker\, a_L = Ker\, a_L^* = 0$, a_L est inversible, d'inverse b_L avec $b \in S^{-m}$ ($b-b' \in S^{-\infty}$ si b' est une paramétrixe de a).

Terminons par l'observation suivante : si $r \in S^{-\infty}$, et si $(1+r_L)$ est inversible dans $L^2(E)$, l'inverse est de la forme $1+s_L$ avec $s_L = -r_L + r_L^2 + r_L s_L r_L$, donc $s \in S^{-\infty}$. L'ensemble U des $r \in S^{-\infty}$ tels que $(1+r_L)$ soit inversible est donc ouvert (en fait ouvert pour la topologie induite par celle de $\mathrm{End}(L^2)$), et l'application $r \mapsto s = (1+r)^{-1} - 1$ est holomorphe: $U \to \mathrm{End}(L^2)$, donc aussi $U \to U$.

2. Cas général.

Nous supposons désormais que L n'est pas bijectif, mais nous continuons de le supposer surjectif. Quitte à transmuer par un élément $M \in M_p$ convenable, on peut supposer que L est l'application $(x_1,\dots,x_n,\xi_1,\dots,\xi_n) \mapsto (x_1,\dots,x_{p+q},\xi_1,\dots,\xi_p) = (x,y,\xi)$ (cas réduit)

(3.1) Théorème.- (On suppose L surjectif) Soit $a \in S^m(N)$, elliptique : les assertions suivantes sont équivalentes

(i) a est inversible dans l'algèbre $\mathcal{L}_A$

(ii) a_L est inversible dans $\mathcal{S}(E)$

(ii)bis a_L est inversible dans $\mathcal{S}'(E)$

(iii) (on suppose a_L mis sous forme réduite : $a(x,y,D_x)$) - pour tout $y \in \mathbb{R}^q$, l'opérateur $a_y = a(x,y,D_x)$ est inversible dans $\mathcal{S}(\mathbb{R}^p)$ (ou $\mathcal{S}'(\mathbb{R}^p)$).

Il est clair que l'assertion (i) implique toutes les autres. Si $q = 0$, on est essentiellement dans le cas traité au n°1 : il est clair que dans ce cas (i) et (iii) sont équivalents ; d'autre part si $a(x,D_x)$ n'est pas inversible dans $\mathcal{S}(\mathbb{R}^p)$, a ou a^* n'est pas injectif et il existe $\varphi = \varphi(x) \in \mathcal{S}(\mathbb{R}^p)$ telle que $a(x,D)\varphi = 0$ ou $a(x,D)^*\varphi = 0$; alors pour toute $\psi = \psi(z)$ $(z=(x_{p+1},\dots,x_n))$ dans $\mathcal{S}(\mathbb{R}^{n-p})$, on a $a_L(\varphi(x)\psi(z)) = 0$ ou $a_L^*(\varphi(x)\psi(z)) = 0$, de sorte que a_L n'est pas inversible dans $\mathcal{S}(\mathbb{R}^n)$ (ni dans $\mathcal{S}'(\mathbb{R}^n)$).

Nous supposons désormais $q > 0$. Prouvons que (iii) implique (i). De toute façon a possède une paramétrixe $b' \in S^{-m}(\mathbb{R}^{2p+q})$. Par hypothèse pour tout $y \in \mathbb{R}^q$, $a_y = a(x,y,D_x)$ est inversible, et d'après le n°1, l'inverse est de la forme $b_y = b(x,y,D_x)$, avec $b_y - b'_y \in S^{-\infty}(\mathbb{R}^{2p})$. Nous allons prouver qu'on a en fait $b-b' \in S^{-\infty}(\mathbb{R}^{2p+q})$

ce qui implique bien sûr $b \in S^{-m}(\mathbb{R}^{2p+q})$. Pour celà nous utiliserons les résultats du n°1 , et les observations suivantes :

-si $r \in S^{-\infty}(\mathbb{R}^{2p+q})$, l'application $y \mapsto r_y$ se prolonge en une application de classe C^∞ , nulle d'ordre infini à l'infini , de $\mathbb{S}^q = \mathbb{R}^q \cup \{\infty\}$ dans l'espace de Fréchet $S^{-\infty}(\mathbb{R}^{2p})$. Inversement si U est un ouvert de $\mathbb{S}^q$, et ρ une application de classe C^∞ , nulle d'ordre infini à l'infini : $U \to S^{-\infty}(\mathbb{R}^{2p})$, pour tout compact $K \subset U$ il existe $r \in S^{-\infty}(\mathbb{R}^{2p+q})$ telle que $r_y = \rho_y$ pour $y \in K$.

-si $r \in S^{-\infty}(\mathbb{R}^{2p+q})$ et $b' \in S^m(\mathbb{R}^{2p+q})$, on a $r \circ b' \in S^{-\infty}(\mathbb{R}^{2p+q})$ et $b' \circ r \in S^{-\infty}(\mathbb{R}^{2p+q})$ (le produit est celui de l'algèbre $\mathcal{L}_A$).

Il s'agit donc de prouver qu'au voisinage de chaque point de $\mathbb{S}^q = \mathbb{R}^q \cup \{\infty\}$, l'application $y \mapsto b_y - b'_y$ est de classe C^∞ (nulle d'ordre infini à l'infini le cas échéant) , à valeurs dans $S^{-\infty}(\mathbb{R}^{2p})$.

Posons $b' \circ a = 1 + r$: pour y assez grand , r_y est petit , donc $1 + r_y$ est inversible , d'inverse $1 + s_y$, où $s_y \in S^{-\infty}(\mathbb{R}^{2p})$ est fonction holomorphe de r_y d'après le n°1 . En vue de ce qui précède , il existe un voisinage U de l'infini , et $s' \in S^{-\infty}(\mathbb{R}^{2p+q})$ tel que $(1+r_y)\circ(1+s'_y) = 1$ pour $y \in U$. On a alors , pour $y \in U$, $b_y = (1+s'_y)\circ b'_y$, donc $b-b' = s \circ b'$, et comme $s \circ b' \in S^{-\infty}(\mathbb{R}^{2p+q})$ ceci démontre notre assertion au voisinage de l'infini.

Soit maintenant $y_o \in \mathbb{R}^q$ (à distance finie). On a $b_{y_o} - b'_{y_o} \in S^{-\infty}(\mathbb{R}^{2p})$ et il existe $\rho \in S^{-\infty}(\mathbb{R}^{2p+q})$ tel que $\rho_{y_o} = b_{y_o} - b'_{y_o}$. On a alors $(b'+\rho)\circ a = 1 + r''$, avec $r'' \in S^{-\infty}(\mathbb{R}^{2p+q})$, $r''_{y_o} = 0$; r''_y est petit au voisinage de y_o , et comme ci-dessus il existe $s'' \in S^{-\infty}(\mathbb{R}^{2p+q})$ et un voisinage U_o de y_o tels que $(1+s''_y)\circ(1+r''_y) = 1$ pour $y \in U_o$. Pour $y \in U_o$, on a $b = (1+s'')\circ(b'+\rho)$, donc $b-b' = s''\circ b'+(1+s'')\circ\rho$ et comme $s''\circ b' + (1+s'')\circ\rho \in S^{-\infty}(\mathbb{R}^{2p+q})$, ceci démontre notre assertion au voisinage de y_o , et achève la démonstration.

Prouvons maintenant que chacune des assertions (ii) implique (iii) Remarquons que a_y est un opérateur d'indice fini , indépendant de y donc nul (puisque a_y est inversible pour y assez grand comme on vient de voir). Supposons qu'il existe un point $y_o \in \mathbb{R}^q$ tel que a_y ne soit pas inversible : on a donc $\ker a_y \neq 0$ et $\ker a^*_y \neq 0$ et il existe $\varphi = \varphi(x) \in \mathcal{S}(\mathbb{R}^p)$ (non nulle) , telle que $a_{y_o}\varphi = 0$. Alors si δ_{y_o} désigne la mesure de Dirac au point y_o sur $\mathbb{R}^q$, on a pour toute $\psi = \psi(z) \in \mathcal{S}(\mathbb{R}^{n-p-q})$ $a_L(\varphi(x)\ \delta_{y_o}\ \psi(z)) = 0$, de sorte que a_L n'est pas injectif (donc pas inversible) dans $\mathcal{S}'$. De même

a_L^* n'est pas inversible dans $\mathcal{S}'$, et a_L n'est pas inversible dans $\mathcal{S}$.

Plus généralement soit a une matrice à coefficients dans $S^m(N)$, elliptique à gauche (resp. à droite). En appliquant le théorème à l'opérateur $a_L^* a_L$ (resp. $a_L a_L^*$), on voit que a possède un inverse à gauche (resp. à droite), qui est une matrice à coefficients dans $S^{-m}(N)$, si et seulement si a_L est inversible à gauche (resp. à droite) dans $\mathcal{S}(\mathbb{R}^n)$ (ou $\mathcal{S}'(\mathbb{R}^n)$). Lorsque a_L est mis sous forme réduite : $a_L = a(x,y,D_x)$, ceci équivaut encore, compte tenu du n°1, à l'assertion suivante : pour tout $y \in \mathbb{R}^q$ l'opérateur a_y est injectif (resp. surjectif) dans $\mathcal{S}(\mathbb{R}^p)$ (ou dans $\mathcal{S}'(\mathbb{R}^p)$).

Nous complétons le théorème par le résultat suivant, qui vaut pour les opérateurs de degré positif :

(3.2) <u>Proposition</u>.- <u>Soit</u> a <u>une matrice à coefficients dans</u> $S^m(N)$, <u>elliptique à gauche</u>. <u>On suppose</u> $m \geq 0$ (<u>et</u> L <u>surjectif). Alors</u> a <u>admet un inverse à gauche à coefficients dans</u> $S^{-m}(N)$ <u>si et seulement s'il existe une constante</u> $c > 0$ <u>telle que pour toute</u> $\varphi \in \mathcal{S}(\mathbb{R}^n)$

$$\text{(ii)ter} \quad \|\varphi\|_{L^2(\mathbb{R}^n)} \leq c\, \|a_L\varphi\|_{L^2(\mathbb{R}^n)}$$

En effet si a admet un inverse à gauche b à coefficients dans $S^{-m}(N)$, b_L est de degré négatif donc continu dans $L^2(\mathbb{R}^n)$, ce qui implique (ii)ter dès que c est plus grand que la norme de b_L dans $\mathrm{End}(L^2(\mathbb{R}^n))$.

Inversement, supposons que a n'est pas inversible à gauche. Nous pouvons supposer a_L mis sous forme réduite : $a_L = a(x,y,D_x)$, et d'après ce qui précède, il existe $y_o \in \mathbb{R}^q$ et $\varphi \in \mathcal{S}(\mathbb{R}^p)$ tels que $a_{y_o}.\varphi = 0$. Soit alors $\psi_k(y,z)$ une suite de fonctions C^∞ à support compact sur $\mathbb{R}^{n-p}$, telles que le support de ψ_k tende vers (y_o,z_o) (où z_o est un point arbitraire de $\mathbb{R}^{n-p-q}$), qu'on ait $\psi_1 = 1$ au voisinage de supp ψ_k pour $k \geq 1$, et qu'on ait, pour tout k $\int |\psi_k(y,z)|^2\, dy\, dz = 1$. On a alors

$$a_L(\varphi(x)\,\psi_k(y,z)) = \psi_k(y,z)\, a_L(\varphi(x)\,\psi_1(y,z)) .$$

Or $a_L(\varphi\,\psi_1) \in \mathcal{S}(\mathbb{R}^n)$ est nul pour $y = y_o$, donc $a_L(\varphi\psi_k)$ tend vers 0 en norme quadratique lorsque $k \to \infty$. Comme la norme de $\varphi\psi_k$ est constante (égale à $\int_{\mathbb{R}^p} |\varphi(x)|^2\, dx \neq 0$), ceci contredit l'inégalité (ii)ter .

Remarquons qu'il peut arriver que a soit elliptique (à droite et à gauche) , et que a_L ait un inverse à gauche sans avoir d'inverse à droite : c'est le cas de l'opérateur $D_x + ix$ (sur $\mathbb{R}$).

Le théorème (3.1) permet de ramener l'étude de l'inversibilité de a_L à la même étude , dans le cas où L est bijectif (n°1) . Dans ce cas l'étude est plus facile (a_L est inversible à gauche (resp. à droite) si et seulement si $\ker a_L = 0$ (resp. $\ker a_L^* = 0$)) mais est loin d'être complète ; elle l'est néanmoins dans le cas où a est un polynôme de degré $\leqslant 2$ (cf. [5] , [13]).

§4 Introduction de paramètres.

1. Position du problème.

Nous nous interessons maintenant à ce qui se passe lorsque L et le symbole a dépendent d'un paramètre $\lambda \in \Sigma$, où Σ est une variété de classe C^∞ . Nous supposons donc $L \in C^\infty(\Sigma, L(E \times E^*, N))$, et comme au §2 nous posons $L(x,\xi) = Bx + C\xi$, $A = C\,{}^tB$ (donc $A \in C^\infty(\Sigma, L(N^*, N))$). Si $a \in S^m(\Sigma \times N)$, a_L désigne la famille d'opérateurs définis par (2.2) . Pour $\lambda \in \Sigma$, on pose $L_\lambda = L(\lambda)$, $a_\lambda(y) = a(\lambda, y)$ (donc $a_\lambda \in S^m(N)$) , et on note a_L^λ l'opérateur correspondant .

Plusieurs des constructions du §2 marchent encore. En particulier si $a \in S^\infty(\Sigma \times N)$, a_L définit un opérateur linéaire continu sur $S^{-\infty}(\Sigma \times E)$, et c'est à cet opérateur que nous nous interessons plus particulièrement. Si $a \in S^m(\Sigma \times N)$, $b \in S^{m'}(\Sigma \times N)$, on a $a_L b_L = c_L$ où $c \in S^{m+m'}(\Sigma \times N)$ est encore donné par la formule (2.7) et admet le développement asymptotique (2.8).

La formule (2.7) définit encore une structure d'algèbre sur $S^\infty(\Sigma \times N)$, que nous noterons toujours $\mathcal{L}_A$; $a \mapsto a_L$ est donc une représentation de $\mathcal{L}_A$ dans $S^{-\infty}(\Sigma \times E)$.

Si $a \in S^m_{reg}(\Sigma \times N)$ est elliptique , il possède une paramétrixe, ie. il existe $b \in S^{-m}_{reg}(\Sigma \times N)$ tel que $b \circ a - 1 \in S^{-\infty}(\Sigma \times N)$ et $a \circ b - 1 \in S^{-\infty}(\Sigma \times N)$ (où le produit est celui de $\mathcal{L}_A$).

Nous désirons un critère pour que a_L soit inversible dans $S^{-\infty}(\Sigma \times E)$: ce sera le cas si a est inversible dans l'algèbre $\mathcal{L}_A$.

Le critère ci-dessous est un critère d'inversibilité dans $\mathcal{L}_A$; on y suppose L <u>surjectif</u> (ie. L_λ est surjectif pour tout λ). Il s'applique en particulier à la loi d'algèbre de $\mathcal{L}_A$ elle-même (qui est un cas particulier de (2.7) , avec $E = N$, $L = (Id,A)$, donc L est surjectif)

Si L n'est pas surjectif - ou plutôt si le rang de L n'est pas constant-, le critère ci-dessous ne s'applique plus : il se peut que a_L ait un inverse b_L sans que a soit inversible dans $\mathcal{L}_A$, et aussi que a_L soit inversible pour une valeur du paramètre sans être inversible pour les valeurs voisines . La difficulté pour le critère ci-dessous vient de ce que , même si L est surjectif (ou de rang constant) , le rang de la restriction à ${}^tL(N^*)$ de la forme symplectique de $\mathcal{G}$ peut varier : il n'est en général pas possible de trouver $M \in M_p$, dépendant régulièrement du paramètre , et permettant de se ramener à la forme réduite du §2.4 .

(4.1)<u>Théorème</u>.- <u>Avec les notations ci-dessus , on suppose</u> L <u>surjectif , et</u> $a \in S^m_{reg}(\Sigma \times N)$ <u>elliptique</u>.

(i) <u>Si</u> a^λ_L <u>est inversible en un point</u> λ_0 , <u>il est inversible au voisinage de</u> λ_0 .

(ii) <u>Si</u> a^λ_L <u>est inversible pour tout</u> $\lambda \in \Sigma$, a <u>est inversible dans l'algèbre</u> $\mathcal{L}_A$, <u>d'inverse</u> $b \in S^{-m}_{reg}(\Sigma \times N)$.

Il y a un résultat analogue pour les systèmes (matrices) : si a est une matrice rectangulaire , elliptique à gauche (resp. à droite) et si a est inversible à gauche (resp. à droite) en un point , il l'est au voisinage de ce point ; si a est inversible à gauche (resp. à droite) en tout point de Σ , a admet un inverse à gauche (resp. à droite) , qui est une matrice à coefficients dans $S^{-m}(\Sigma \times N)$.

Pour démontrer le théorème , remarquons que comme a est elliptique , il possède une paramétrixe $b' \in S^{-m}(\Sigma \times N)$: on a donc $b' \circ a - 1 \in S^{-\infty}(\Sigma \times N)$. Si en outre a_L est inversible en un point λ_0 , l'inverse est de la forme $(b_{\lambda_0})_{L\lambda_0}$, avec $b_{\lambda_0} \in S^{-m}(N)$, et on a $b_{\lambda_0} - b'_{\lambda_0} \in S^{-\infty}(N)$; si alors on pose $b'' = b' + b_{\lambda_0} - b'_{\lambda_0}$, on a $b'' \circ a = 1 + r$, avec $r \in S^{-\infty}(\Sigma \times N)$, $r_{\lambda_0} = 0$. Comme L est surjectif et $r_{\lambda_0} = 0$, r_λ est petit au voisinage de λ_0, donc $(1+r^\lambda_L)$ est inversible dans L^2 , et $(1+r_\lambda)$ inversible au voisinage de λ_0,

106

ce qui démontre l'assertion (i).

Supposons maintenant a_L inversible pour tout $\lambda \in \Sigma$: l'inverse est alors de la forme b_L^λ, où b est une fonction sur $\Sigma \times N$, et $b_\lambda \in S^{-m}(N)$ pour tout λ. Il s'agit de prouver qu'on a $b \in S^{-m}(\Sigma \times N)$ (autrement dit b_λ dépend de façon C^∞ de λ). Remarquons qu'avec les notations ci-dessus, si $(1+r_\lambda)$ est inversible pour $\lambda \in U \subset \Sigma$, on a, pour $\lambda \in U$, $b_\lambda = (1+r_\lambda)^{-1} \circ b''_\lambda$, donc $b_\lambda - b''_\lambda = s_\lambda \circ b''$ si $(1+r_\lambda)^{-1} = (1+s_\lambda)$. La deuxième assertion du théorème résultera donc du lemme suivant :

(4.2) <u>Lemme</u>.- <u>Avec les notations ci-dessus, soit</u> $r \in S^{-\infty}(\Sigma \times N)$. <u>Si</u> $(1+r_\lambda)$ <u>est inversible pour tout</u> $\lambda \in \Sigma$, <u>l'inverse est de la forme</u> $(1+s_\lambda)$, <u>avec</u> $s \in S^{-\infty}(\Sigma \times N)$.

Le reste du § est consacré à la démonstration de ce lemme.

2. <u>Preuve du lemme 4.2</u>.

Nous travaillerons uniquement avec l'algèbre $\mathcal{L}_A$. Nous supposerons $\Sigma = \mathbb{R}^p$, $N = \mathbb{R}^q$, et noterons (A_{jk}) la matrice de A. On a les formules suivantes :

(4.3)
$$D_{y_j}(a \circ b) = (D_{y_j}a) \circ b + a \circ (D_{y_j}b)$$
$$y_j(a \circ b) = (y_j a) \circ b - \sum_k a \circ (A_{jk} D_{y_k} b)$$
$$D_{\lambda_i}(a \circ b) = (D_{\lambda_i}a) \circ b + a \circ (D_{\lambda_i}b) + \sum_{j,k} \frac{\partial A_{jk}}{\partial \lambda_i} (D_{y_j}a \circ D_{y_k}b)$$

Ces formules résultent aussitôt de (2.7), en remarquant que $\eta_j \hat{b}(\eta)$ est la transformée de Fourier de $D_{y_j} b$. Elles sont valables pour $a, b \in S^{-\infty}(\Sigma \times N)$ (donc aussi, à la limite, pour $a, b \in S^\infty$).

Pour la suite, nous aurons besoin d'une suite particulière de normes sur $\mathcal{S}(N) = S^{-\infty}(N)$: on pose $H = (|y|^2 + |D_y|^2)^{\frac{1}{2}}$ (H admet pour fonctions propres les fonctions de Hermite :

$$h_\alpha(y) = \prod_{j=1}^{q} (\pi^{\frac{1}{2}} 2^{\alpha_j} \alpha_j!)^{\frac{1}{2}} \left(\frac{\partial}{\partial y_j} - y_j\right)^{\alpha_j} e^{-\frac{1}{2}|y|^2}$$

la valeur propre correspondante est $(2|\alpha|+1)^{\frac{1}{2}}$). Pour tout $z \in \mathbb{C}$

l'opérateur H^z est défini par $H^z(h_\alpha) = (2|\alpha|+1)^{\frac{1}{2}z} h_\alpha$; c'est un opérateur continu sur $\mathcal{S}$, qui dépend de façon holomorphe de z. On note E_s le domaine de H^s dans L^2, et on pose

(4.3) $\|f\|_{E_s} = \|H^s f\|_{L^2}$

(c'est une norme, qui ne dépend que de Re s).

Dans les assertions qui suivent, on oublie (provisoirement) le paramètre.

(4.5) Lemme.- Pour tout $k > \frac{1}{2} \dim N$, il existe $C > 0$ tel que

$$\|a \circ b\|_{L^2} \leqslant C \|a\|_{L^2} \|b\|_{E_k}$$

En effet on a $a \circ b = \int e^{iy \cdot \eta} a(y+A\eta) \hat{b}(\eta) \, d\eta$

Or pour tout $\eta \in N^*$, on a $\|e^{iy \cdot \eta} a(y+A\eta)\|_{L^2} = \|a\|_{L^2}$, d'où $\|a \circ b\|_{L^2} \leqslant \|a\|_{L^2} \int |\hat{b}(\eta)| \, d\eta$. Mais pour $k > \frac{1}{2} \dim N$, on a, avec une constante C convenable, $\int |\hat{b}(\eta)| \, d\eta \leqslant C \|b\|_{E_k}$.

Utilisant l'autre égalité de (2.7), on obtient, avec la même constante C :

$$\|a \circ b\|_{L^2} \leqslant C \|a\|_{E_k} \|b\|_{L^2} .$$

(4.6) Corollaire.- On a $\|a \circ b\|_{L^2} \leqslant C \|a\|_{E_j} \|b\|_{E_{k-j}}$ si $0 \leqslant j \leqslant k$.

Soient en effet $a, b \in S^{-\infty}(N)$, et considérons la fonction holomorphe $F(z) = (H^{j-kz} a) \circ (H^{kz-j} b)$. C'est une fonction holomorphe de z, bornée (dans L^2 et même dans $\mathcal{S}$) pour $0 \leqslant \mathrm{Re}\, z \leqslant 1$.

Pour $\mathrm{Re}\, z = 0$, on a

$$\|F(z)\|_{L^2} \leqslant C \|H^j a\|_{L^2} \|H^{-j} b\|_{E_k} = \|a\|_{E_j} \|b\|_{E_{k-j}}$$

et pour $\mathrm{Re}\, z = 1$, on a

$$\|F(z)\|_{L^2} \leqslant C \|H^{k-j} a\|_{E_k} \|H^{j-k} b\|_{L^2} = C \|a\|_{E_j} \|b\|_{E_{k-j}}$$

En vertu du théorème des trois droites de Hadamard, on a donc aussi

$$\|F(z)\|_{L^2} \leqslant C \|a\|_{E_j} \|b\|_{E_{k-j}} \quad \text{si} \quad 0 \leqslant \mathrm{Re}\, z \leqslant 1$$

et pour $z = j/k$ on obtient l'assertion du corollaire.

(4.7)Corollaire.- Pour tout entier $k > \frac{1}{2}\dim N$, il existe une constante $C > 0$ (qui ne dépend que de k , $\dim N$, et pas de A) telle que $\|a \circ b\|_{E_k} \leqslant C\,(1+\|A\|)^k\,\|a\|_{E_k}\,\|b\|_{E_k}$.

En effet si k est entier $\geqslant 0$, la norme $\|a\|_{E_k}$ est équivalente à la norme $\sum_{|\alpha+\beta|\leqslant k} \|x^\alpha D^\beta a\|_{L^2}$. Or il résulte de (4.3) qu'on a

$$x^\alpha D^\beta (a \circ b) = \sum_{\substack{\alpha' \leqslant \alpha \\ \beta' \leqslant \beta}} (-1)^{|\alpha'|} \binom{\alpha}{\alpha'}\binom{\beta}{\beta'} (x^{\alpha-\alpha'} D^{\beta-\beta'} a) \circ ((AD)^{\alpha'} D^{\beta'} b)$$

d'où , avec des constantes C , C' convenables :

$$\|a \circ b\|_{E_k} \leqslant C' \sum_{|\alpha'+\alpha''+\beta'+\beta''|\leqslant k} \|A\|^{|\alpha''|} \|x^{\alpha'} D^{\beta'} a\|_{E_{k-|\alpha'+\beta'|}} \|D^{\alpha''+\beta''} b\|_{E_{k-|\alpha''+\beta''|}} \leqslant$$

$$\leqslant C\,(1+\|A\|)^k\,\|a\|_{E_k}\,\|b\|_{E_k} .$$

Nous choissons maintenant un entier $k_0 > \frac{1}{2}\dim N$, et pour tout entier M et tout compact $K \subset \Sigma$, nous définissons une semi-norme sur $S^{-\infty}(\Sigma \times N)$ par

$$(4.8) \qquad \|a\|_M^K = \sum_{2|\alpha|+j=M} \sup_{\lambda \in K} \|D_\lambda^\alpha a\|_{E_{k_0+j}}$$

Comme les normes $\|a\|_{E_k}$, $k \in \mathbb{N}$, forment une suite fondamentale de semi-normes de $\mathcal{S}$, les semi-normes $\|a\|_M^K$, lorsque M parcourt $\mathbb{N}$, et K l'ensemble des compacts de Σ , forment une famille fondamentale de seminormes de $S^{-\infty}(\Sigma \times N)$.

(4.9)Proposition.- Pour tout M , et pour tout compact $K \subset \Sigma$, il existe une constante C_M telle que

$$\|a \circ b\|_M^K \leqslant C_M \sum_0^M \|a\|_j^K \, \|b\|_{M-j}^K$$

En effet , c'est vrai pour $M = 0$ (puisque $(1+\|A\|)^k$ est borné dans K). On démontre alors aisément l'assertion , par récurrence sur M , en remarquant que la semi-norme $\|a\|_M^K$ est équivalente à la semi-norme

$$\|a\|_{M-1}^K + \sum_j \|y_j a\|_{M-1}^K + \|D_{y_j} a\|_{M-1}^K + \sum_i \|D_{\lambda_i} a\|_{M-2}^K$$

et en utilisant les formules (4.3) pour majorer les normes des fonctions $D_{y_j}(a \circ b)$, $y_j(a \circ b)$, $D_{\lambda_i}(a \circ b)$. Nous laissons les

109

détails au lecteur.

Pour tout entier M , et pour tout compact $K \subset \Sigma$, il existe un nombre $\alpha > 0$ tel que $C_j \leq \alpha^j C_o$ pour $0 \leq j \leq M$ (où les C_j sont les constantes de la proposition (4.9)). Si alors on pose

$$N_M(a) = \sum_0^M C_o \alpha^{-j} \|a\|_j^K T^j$$

la proposition (4.9) implique qu'on a

$$N_M(a_\circ b) \ll N_M(a) N_M(b)$$

(où le signe $\ll$ signifie que pour tout j , le coefficient de T^j dans le membre de gauche est plus petit que le coefficient de T^j dans le membre de droite).

(4.10)<u>Corollaire</u>.- <u>Soit</u> $a \in S^{-\infty}(\Sigma \times N)$, <u>soit</u> U <u>un ouvert relativement compact de</u> Σ , <u>et supposons</u> $C_o \|a\|_o^U < 1$. <u>Alors la série géométrique</u> $\sum_1^\infty a^j$ <u>converge dans</u> $S^{-\infty}(U \times N)$

(a^j désigne la puissance j-ième de a dans l'algèbre $\mathcal{L}_A$).
En effet pour tout M on a

$$N_M(\sum_1^\infty a^j) \ll \sum_1^\infty N_M(a)^j = N_M(a)\ (1-N_M(a))^{-1}$$

(la deuxième série est convergente , puisque son terme constant est de valeur absolue < 1). Ainsi la série $\sum_{j=1}^\infty \|a^j\|_k^U$ converge pour tout $k \leq M$, donc pour tout k puisque M est arbitraire , ce qui achève la démonstration.

Nous pouvons maintenant achever la démonstration du lemme(4.2) : soit $r \in S^{-\infty}(\Sigma \times N)$, et supposons que pour tout $\lambda \in \Sigma$, $(1+r_\lambda)$ est inversible. Soit $\lambda_o \in \Sigma$: il existe $s \in S^{-\infty}(\Sigma \times N)$ tel que $(1+s_{\lambda_o})_\circ(1+r_{\lambda_o}) = 1$. On a donc $(1+s)_\circ(1+r) = 1+\rho$, avec $\rho \in S^{-\infty}(\Sigma \times N)$ $\rho_{\lambda_o} = 0$. Comme ρ_λ est petit au voisinage de λ_o , il existe un voisinage U de λ_o tel qu'on ait $C_o\|\rho\|_o^U < 1$. Alors $(1+\rho_\lambda)$ est inversible dans U , d'inverse $1+\sigma_\lambda$, avec $\sigma = \sum(-\rho)^j \in S^{-\infty}(U \times N)$. On a donc $(1+r)^{-1}|_U - 1 = (1+\sigma)_\circ(1+s) - 1 \in S^{-\infty}(U \times N)$. Ceci peut être répété au voisinage de chaque point de Σ , et achève la démonstration.

§5 Constructions de paramétrixes d'opérateurs à caractéristiques multiples.

1. Soit X un ouvert de $\mathbb{R}^n$ (le résultat de ce paragraphe se généralise aisément au cas où X est une variété de classe C^∞, mais pour les calcls qui suivent il est commode de fixer une fois pour toutes le système de coordonnées). Soit $P = p(x,D)$ un opérateur pseudo-différentiel sur X, de degré m. Nous supposons que le symbole total p admet un développement asymptotique :

$$(5.1) \qquad p(x,\xi) \sim \sum_{j=0}^{\infty} p_j(x,\xi)$$

où p_j est homogène de degré $m-j$ (autrement dit $p \in S^m_{reg}$) (pour les calculs qui suivent, j pourrait aussi bien parcourir l'ensemble des demi-entiers positifs : $j = 0, 1/2, 1, 3/2, \ldots$)

Il est commode d'introduire l'opérateur différentiel à coefficients séries formelles de T :

$$(5.2) \qquad \sigma^\infty_{x,\xi}(P) = \sum_{j,\alpha,\beta} \frac{1}{\alpha!\,\beta!} \left(\frac{\partial}{\partial x}\right)^\alpha \left(\frac{\partial}{\partial \xi}\right)^\beta p_j(x,\xi)\, T^{|\alpha+\beta|+2j}\, y^\alpha D_y^\beta$$

Il est clair qu'on a $\sigma^\infty(P+Q) = \sigma^\infty(P) + \sigma^\infty(Q)$ si P et Q sont de même degré, et il est classique qu'on a $\sigma^\infty(P_\circ Q) = \sigma^\infty(P)_\circ \sigma^\infty(Q)$ ($P_\circ Q$ étant considéré comme opérateur de degré $\deg P + \deg Q$).

2. Soit $\Sigma \subset T^*X \setminus \{0\} = X \times (\mathbb{R}^n \setminus \{0\})$ un cône lisse, de codimension p. Nous dirons (comme dans [1]) que P est nul d'ordre k sur Σ (k entier positif), et écrirons $P \in \mathcal{N}^{m,k}$ (ou $p \in \mathcal{N}^{m,k}$) si pour tout j, p_j est nul d'ordre $\geqslant k-2j$ sur Σ (il n'y a pas de condition pour $j \geqslant k/2$) ; de façon équivalente : $\sigma^\infty_{x,\xi}(P)$ est divisible par T^k pour tout point $(x,\xi) \in \Sigma$. Il est commode d'introduire

$$(5.3) \qquad \sigma^k_{x,\xi}(P) = \sum_{|\alpha+\beta|+2j=k} \frac{1}{\alpha!\,\beta!} \left(\frac{\partial}{\partial x}\right)^\alpha \left(\frac{\partial}{\partial \xi}\right)^\beta p_j(x,\xi)\, y^\alpha D_y^\beta$$

de sorte qu'on a $\sigma^\infty_{x,\xi}(P) = \sigma^k_{x,\xi}(P)\, T^k \mod. T^{k+1}$ si $(x,\xi) \in \Sigma$; donc si $P \in \mathcal{N}^{m,k}$ et $Q \in \mathcal{N}^{m',k'}$, on a $\sigma^{k+k'}_{x,\xi}(P_\circ Q) = \sigma^k_{x,\xi}(P)_\circ \sigma^{k'}_{x,\xi}(Q)$.

3. Le développement de Taylor $T_k(P)$

Pour les propriétés locales des symboles et des opérateurs, il sera commode d'introduire, dans un voisinage conique d'un point $(x,\xi)\in\Sigma$, un système de coordonnées

$$(5.4)\quad u=(u_1,\dots,u_p)\quad,\quad v=(v_1,\dots,v_{2n-p})$$

où les u_i (resp. v_j) sont C^∞, homogènes de degré 0 (resp. 1, et non toutes nulles), de sorte que, au voisinage de (x,ξ), Σ soit défini par le système d'équations $u=0$. Dans toute la suite les lettres u, v représentent un tel système de coordonnées.

Si $P=p(x,D)\in\mathcal{N}^{m,k}$, il existe un polynôme unique

$$(5.5)\quad T_k(P)=\sum_{|\alpha|\leq k} a_\alpha(v)\,u^\alpha\quad,\ \text{avec } a_\alpha(v) \text{ homogène de degré } m-\tfrac{1}{2}k+\tfrac{1}{2}|\alpha|$$

tel que $p-T_k(P)$ soit nul d'ordre $k+1$ sur Σ, au voisinage de x,ξ. On obtient ce polynôme en ne retenant dans le développement de Taylor de $p\sim\sum p_j$ le long de Σ que les termes dominants, c'est à dire semi-homogènes de poids $m-\frac{1}{2}k$ lorsqu'on attribue à v le poids 1 et à u le poids $-\frac{1}{2}$ (cf. [1]).

4. L'opérateur P_Σ.

Soit $P\in\mathcal{N}^{m,k}$. On sait d'après [1] qu'il existe (au voisinage de chaque point $(x,\xi)\in\Sigma$) un opèrateur différentiel unique

$$(5.6)\quad P_\Sigma=\sum a_{\alpha\beta}(v)\quad u^\alpha\ D_u^\beta$$

où $a_{\alpha\beta}$ ne dépend que de v, et est homogène de degré $m-\frac{1}{2}k+\frac{1}{2}|\alpha|-\frac{1}{2}|\beta|$, tel que pour tout $Q\in\mathcal{N}^{m',k'}$ on ait

$$(5.7)\quad T_{k+k'}(P\circ Q)\ =\ P_\Sigma\ T_{k'}(Q)$$

(l'unicité d'un tel opérateur est immédiate; l'éxistence et la construction de P seront repris et précisés ci-dessous)

Il est clair que P_Σ et $\sigma^k(P)$ ne dépendent que de $T_k(P)$. Pour $k=0$, P_Σ et $\sigma^k(P)$ sont simplement l'opérateur de multiplication par la constante $p_o(x,\xi)$.

5. Lien entre $T_k(P)$, $\sigma^k(P)$, et P_Σ .

Décomposons les champs de vecteurs $\partial/\partial x_s$, $\partial/\partial\xi_s$ en partie transverse et partie tangente à Σ au voisinage d'un point $(x,\xi)\in\Sigma$:

$$(5.8)\quad \partial/\partial x_s = \sum_j B_{js}(v)\ \partial/\partial u_j + r_s$$

$$\partial/\partial \xi_s = \sum_j C_{js}(v)\ \partial/\partial u_j + \rho_s$$

où les B_{js} , C_{js} sont des fonctions qui ne dépendent que de v , et pas de u , et les r_s , ρ_s sont tangents à Σ , donc

$$(5.9)\quad B_{js} = \partial u_j/\partial x_s\,|_\Sigma \qquad \text{(homogène de degré 0)}$$

$$C_{js} = \partial u_j/\partial \xi_s\,|_\Sigma \qquad \text{(homogène de degré -1)}$$

Nous noterons encore $E = \mathbb{R}^n$ (variable y) , et $N = \mathbb{R}^p$ (variable u ; on peut identifier canoniquement N au fibré tangent normal de Σ). Nous noterons aussi

(5.10) $B : E \to N$ l'opérateur de matrice (B_{js})

$C : E^* \to N$ l'opérateur de matrice (C_{js})

$L = (B + C) : E \times E^* \to N$

$A = C\ {}^tB : N^* \to N$

On a donc

$$(5.11)\quad A_{jk} = \sum_s C_{js}\ B_{ks}$$

Soit U_j l'opérateur $u_j(x,D) \in \mathcal{N}^{0,1}$ (la fonction u_j est seulement définie au voisinage de (x,ξ) , et il convient plutôt de considérer U_j comme opérateur pseudo-différentiel opérant sur les micro-fonctions définies au voisinage de (x,ξ)). On a

$$(5.12)\quad \sigma^1(U_j) = \sum_s \partial u_j/\partial x_s\ y_s + \partial u_j/\partial \xi_s\ D_{y_s} = \sum_s B_{js}\ y_s + C_{js}\ D_{y_s}$$

$$= (u_j)_L$$

D'autre part soit $Q \in \mathcal{N}^{m,k}$, de symbole total $q(x,\xi)$. Le symbole total de $U_j \circ Q$ a pour développement asymptotique :

$$\sum_\alpha \frac{1}{\alpha!} \left(\frac{\partial}{\partial\xi}\right)^\alpha u_j \quad D_x^\alpha q$$

Pour le calcul de $T_{k+1}(U_j Q)$ on peut bien sûr remplacer q par $T_k(Q) = b$, et on constate aussitôt que seuls les termes avec $|\alpha| \leq 1$ ont une contribution non nulle. Enfin on peut remplacer D_{x_s} par sa partie transverse à Σ (formule (5.8)) , et on obtient en fin de compte

$$T_{k+1}(U_j Q) = T_{k+1}(u_j b + \sum_s \partial u_j/\partial\xi_s \; D_{x_s} b) \; = u_j b + \sum_{k,s} C_{js} B_{ks} \; D_{u_k} b$$

Finalement , puisque $A_{jk} = \sum_s C_{js} B_{ks}$, on a

$$(5.13) \quad (U_j)_\Sigma \; = \; u_j + \sum_k A_{jk} \; D_{u_k} \; = \; (u_j)_A$$

Nous pouvons maintenant énoncer le lien qui existe entre P_Σ , $\sigma^k(P)$, et le développement de Taylor $T_k(P)$:

(5.14)<u>Proposition</u>.- <u>Soit</u> $P \in \mathcal{N}^{m,k}$, <u>et</u> $a = T_k(P)$. <u>On a</u>

$$P_\Sigma = a_A \quad , \quad \sigma^k(P) = a_L \qquad (\S 2 \text{ , formules } (2.2),(2.9)).$$

preuve: nous venons de démontrer cette assertion lorsque P est l'un des U_j , et bien sûr elle est vraie pour $k = 0$. Soient maintenant $P \in \mathcal{N}^{m,k}$, $Q \in \mathcal{N}^{m',k'}$. Posons $a = T_k(P)$, $b = T_{k'}(Q)$, $c = T_{k+k'}(PQ)$, et supposons $P = a_A$, $Q = b_A$, $\sigma^k(P) = a_L$ et $\sigma^{k'}(Q) = b_L$. On a alors

$$c = P_\Sigma \; b = a_A \; b$$

$$(PQ)_\Sigma = P_\Sigma \; Q_\Sigma = a_A \; b_A = (a_A \; b)_A = c_A \quad (\text{d'après } (2.9))$$

$$\sigma^{k+k'}(PQ) = \sigma^k(P) \; \sigma^{k'}(Q) = a_L \; b_L = (a_A \; b)_L = c_L \quad (\text{d'après } (2.9))$$

Dans le cas général , si $P \in \mathcal{N}^{m,k}$, on peut toujours écrire P sous la forme

$$P = \sum_{|\alpha| \leq k} A_\alpha \; U_1^{\alpha_1} \ldots U_p^{\alpha_p}$$

où A_α est de degré $\leq m-\frac{1}{2}k+\frac{1}{2}|\alpha|$ (donc $A_\alpha \in \mathcal{N}^{m-\frac{1}{2}k+\frac{1}{2}|\alpha|,0} \subset \mathcal{N}^{m,k-|\alpha|}$)
Comme l'assertion est vraie pour les U_j, et pour les A_α $(k=0)$, elle l'est aussi pour P.

6. Dans [1] on a introduit les classes de symboles $S^{m,k}$ et $\mathcal{H}^m = \bigcap S^{m-j,-2j}$, et les opérateurs pseudo-différentiels correspondants ($OPS^{m,k}$, $OP\mathcal{H}^m$). D'après [1], on a $a \in S^{m,k}$ si $a \in S^m$ en dehors de Σ, et si tout point de Σ possède un voisinage conique dans lequel on ait, pour tous α, β, et pour $|v| \geq 1$, avec des constantes $c_{\alpha\beta}$ convenables :

$$(5.15) \qquad \left|\left(\frac{\partial}{\partial u}\right)^\alpha \left(\frac{\partial}{\partial v}\right)^\beta a\right| \leq c_{\alpha\beta} \; |v|^{m-|\beta|} \left(|u| + |v|^{-\frac{1}{2}}\right)^{k-|\alpha|}$$

Aussi d'après [1] (5.2), on a $h \in \mathcal{H}^m$ si et seulement si $h \in S^{-\infty}$ en dehors de Σ, et si tout point de Σ possède un voisinage conique dans lequel on ait, pour tous α, β, γ, et pour $|v| \geq 1$, avec des constantes $c_{\alpha\beta\gamma}$ convenables :

$$(5.16) \qquad \left|u^\alpha \left(\frac{\partial}{\partial u}\right)^\beta \left(\frac{\partial}{\partial v}\right)^\gamma h\right| \leq c_{\alpha\beta\gamma} \; |v|^{m-|\gamma|+\frac{1}{2}|\beta|-\frac{1}{2}|\alpha|}$$

Comme $h \in S^{-\infty}$ hors de Σ, on peut, quitte à le tronquer, supposer qu'il est nul pour $|u| > 1$. On a alors $h \in S^{-\infty}(\Sigma \times N)$ (au voisinage d'un point de Σ, on identifie Σ à $\mathbb{R}^{2n-p}$ (variable v), et N à $\mathbb{R}^p$ (variable u) ; et on attribue aux variables u et v de nouveaux poids : respectivement 1 et 0, comme au §4). La condition (5.16) se réécrit alors comme suit :

(5.17) <u>Soit</u> $h \in S^{-\infty}(\Sigma \times N)$, <u>nulle pour</u> u <u>assez grand. On pose</u> $h_\lambda(v,u) = h(\lambda v, \lambda^{-\frac{1}{2}}u)$. <u>Alors</u> $h \in \mathcal{H}^m$ <u>si et seulement si l'ensemble des</u> $\lambda^{-m} h_\lambda$, $\lambda \geq 1$, <u>est borné dans</u> $S^{-\infty}(\Sigma \times N)$.

Soit maintenant $P \in \mathcal{N}^{m,k}$, et $Q \in OPS^{m',k'}$ (resp. $OP\mathcal{H}^{m'}$), de symboles totaux $p(x,\xi)$, $q(x,\xi)$. On a $PQ \in OPS^{m+m',k+k'}$ (resp. $OP\mathcal{H}^{m+m'-\frac{1}{2}k}$), et le symbole total r de PQ admet encore le développement asymptotique :

$$r \sim \sum \frac{1}{\alpha!} \left(\frac{\partial}{\partial \xi}\right)^{\alpha} p \; D_x^{\alpha} q \quad .$$

Utilisant le fait qu'on a $u^{\alpha}\left(\frac{\partial}{\partial u}\right)^{\beta}\left(\frac{\partial}{\partial v}\right)^{\gamma} q \in S^{m'-|\gamma|,k+|\alpha|-|\beta|}$ (resp. $\mathcal{H}^{m'-|\gamma|+\frac{1}{2}|\beta|-\frac{1}{2}|\alpha|}$) on constate aisément qu'on a

(5.18) $r - P_{\Sigma}\, q \in S^{m+m',k+k'+1}$ (resp. $\mathcal{H}^{m+m'-\frac{1}{2}k-\frac{1}{2}}$)

et P_{Σ} est bien sûr le seul opérateur différentiel de la forme (5.6) qui ait cette propriété .

(5.19) Remarque.- Les mêmes constructions que ci-dessus peuvent aussi être effectuées pour étudier la multiplication à droite par P : il existe un opérateur P'_{Σ} unique , de la forme (5.6) , tel que pour tout $Q \in OPS^{m',k'}$ (resp. $OP\mathcal{H}^{m'}$) on ait ,

(5.18)bis $r - P'_{\Sigma}\, q \in S^{m+m',k+k'}$ (resp. $\mathcal{H}^{m+m'-\frac{1}{2}k-\frac{1}{2}}$)

q désignant le symbole total de Q , et r celui de QP .

Si $Q \in \mathcal{N}^{m',k'}$, la classe de $Q_{\circ}P$ mod. $OPS^{m+m',k+k'+1}$ est complètement déterminée par le développement de Taylor $T_{k+k'}(QP)$, et si $T_k(P) = a$, $T_{k'}(Q) = b$, on a d'après ce qui précède

$$T_{k+k'}(Q_{\circ}P) = Q_{\Sigma}\, a = b_A\, a = a\, \natural_A\, b \quad \text{(d'après (2.7))}$$

On a donc de façon générale $P'_{\Sigma} = a\, \natural_A$. Il est alors clair que P'_{Σ} est inversible à gauche (resp. à droite) si et seulement si P_{Σ} est inversible à droite (resp. à gauche) , puisque c'est la multiplication à droite par $a = T_k(P)$ dans l'algèbre $\mathcal{L}_A$.

7. Constructions de paramétrixes.

Nous pouvons maintenant énoncer et démontrer le théorème que nous avons en vue : soit $P \in \mathcal{N}^{m,k}$. Nous supposons P transversalement elliptique le long de Σ , ie. P est elliptique (de degré m) en dehors de Σ , et tout point de Σ possède un voisinage conique dans lequel on ait (avec $c > 0$ convenable)

(5.20) $\quad |p_o(x,\xi)| \geqslant c \; |\xi|^m \; |u|^k$.

De façon équivalente : P est elliptique de degré m hors de Σ, et $a = T_k(P)$ est elliptique de degré k en chaque point de Σ.

Cette définition se généralise aussitôt au cas des systèmes (ie. P est une matrice à coefficients dans $\mathcal{N}^{m,k}$) : nous dirons que P est transversalement elliptique à gauche (resp. à droite) s'il est elliptique à gauche (resp. à droite) en dehors de Σ, et si $a = T_k(P)$ est elliptique à gauche (resp. à droite) en chaque point de Σ.

(5.21) Théorème.- Soit P un système d'opérateurs pseudo-différentiels, de degré m, nul d'ordre k sur Σ, transversalement elliptique à gauche (resp. à droite) le long de Σ. Les assertions suivantes sont équivalentes :

(i) P possède une paramétrixe à gauche (resp. à droite) $Q \in OPS^{-m,-k}$.

(ii) P_Σ est inversible à gauche (resp. à droite) en tout point de Σ.

(iii) $\sigma^k(P)$ est inversible à gauche (resp. à droite) en tout point de Σ.

(iv) Pour tout point $(x,\xi) \in \Sigma$, il existe $C > 0$ tel qu'on ait, pour $\psi \in C_0^\infty(\mathbb{R}^n)$: $\|\psi\|_{L^2} \leqslant C\,\|\sigma^k(P).\psi\|_{L^2}$ (resp. la même assertion pour l'adjoint $\sigma^k(P)^*$).

(v) Pour toute distribution f, $Pf \in H^s_{loc}$ implique $f \in H^{s+m-\frac{1}{2}k}_{loc}$ (resp. la même assertion pour P^*)

(pour la dernière assertion, nous supposons P propre, de sorte que Pf est bien définie, sans restriction sur le support de f).

Il est clair que l'assertion (i) implique toutes les autres (en particulier la dernière, parceque la paramétrixe $Q \in OPS^{-m,-k}$, qu'on peut toujours choisir propre, est continue $H^s_{loc} \to H^{s+m-\frac{1}{2}k}_{loc}$). Par ailleurs, si $a = T_k(P)$, on a, avec les notations ci-dessus, $P_\Sigma = a_A$, $\sigma^k(P) = a_L$. Or a est elliptique à gauche (resp. à droite), et L est surjectif (car les différentielles $du_j = \sum_s B_{js}\, dx_s + C_{js}\, d\xi_s$ sont linéairement indépendantes) ; l'équivalence de (ii), (iii), (iv) résulte donc du théorème3.1 et de la proposition3.2. Reste à prouver que (ii) implique (i), et que (v) implique (iv).

Nous commençons par prouver l'implication (ii) $\Rightarrow$ (i) pour une paramétrixe à droite (l'éxistence d'une paramétrixe à gauche se traite de façon complètement analogue grâce à la remarque (5.19)). Nous nous appuyons sur les résultats de [1], en particulier la proposition(6.1) et les résultats d'éxistence de symboles ayant un développement asymptotique donné ([1], §1). Remarquons pour commencer que le problème est local, car si P possède une paramétrixe à droite, de classe $OPS^{-m,-k}$, au voisinage de chaque point de $T^*X \setminus 0$, elle en possède une globalement, comme on voit aussitôt par partition de l'unité.

Remarquons maintenant qu'il éxiste $Q_1 \in OPS^{-m,-k}$ tel que $P\,Q_1 = Id - R_1$, avec $R_1 \in OPS^{-\frac{1}{2},-1}$ (par exemple : puisque p_o est transversalement elliptique à droite, on a

$$(p_o\, p_o^* + |\xi|^{2m-k}\, Id)^{-1} \in S^{-2m,-2k}$$

d'après [1], §1, et on peut prendre $Q_1 = q_1(x,D)$, avec $q_1(x,\xi) = p_o^*\,(p_o\, p_o^* + |\xi|^{2m-k} Id)^{-1})$).

D'après [1], §1, il existe Q_2 tel qu'on ait, pour tout entier N, $Q_2 - \sum_{j<N} (R_1)^j \in OPS^{-\frac{1}{2}N,-N}$. On a alors $PQ_1Q_2 = Id - R_2$, avec $R_2 \in OP\mathcal{H}^o = \bigcap OPS^{-\frac{1}{2}N,-N}$.

Notons r_2 le symbole total de R_2, tronqué de façon qu'il soit nul pour $|u| < 1$ comme plus haut. Comme $P_\Sigma = a_A$ est inversible à droite en tout point de Σ, le théorème(4.1) affirme que P_Σ possède un inverse à droite de la forme b_A, avec $b \in S^{-k}(\Sigma \times N)$, b_A est continu sur $S^{-\infty}(\Sigma \times N)$, et par raison d'homogénéité on a $b_A(h_\lambda) = \lambda^{\frac{1}{2}k-m}(b_A(h))_\lambda$ pour tout $\lambda > 0$, et tout $h \in S^{-\infty}(\Sigma \times N)$. En particulier il résulte de (5.17) qu'il existe un opérateur de Hermite $Q_3 \in OP\mathcal{H}^{\frac{1}{2}k-m}$ tel que le symbole total q_3 de Q_3 coïncide avec $b_A r_2$ pour $|u| < 1$; on a alors $P\,Q_3 - R_2 \in OP\mathcal{H}^{-\frac{1}{2}}$ (puisque $P_\Sigma\, q_3 = r_2$ pour $|u| < 1$, et d'après (5.18)). On a donc

$$P\,(Q_1Q_2 + Q_3) = Id - R_3$$

avec $R_3 \in OP\mathcal{H}^{-\frac{1}{2}}$. Finalement R_3 est de degré < 0, et il éxiste un opérateur $Q_4 \sim \sum_0^\infty (R_3)^j$ (on a $Q_4 - Id \in OP\mathcal{H}^{-\frac{1}{2}}$). Si on pose $Q = (Q_1Q_2 + Q_3)\,Q_4$, on a bien $Q \in OPS^{-m,-k}$, et $PQ \sim Id$.

Montrons enfin l'implication (v) $\Rightarrow$(iv) (cf. aussi [13]). D'après L. Hörmander [12], l'assertion (v) a la conséquence suivante : pour tout compact $K \subset X$, il existe $C > 0$ tel que pour $x \in K$ et $|\xi| > 1$ on ait, pour toute $\psi \in C_o(\mathbb{R}^n)$:

$$|\xi|^{-k}\|\psi\|^2_{L^2} \leqslant C\Big(\|P_{N,x,\xi}\psi\|^2_{L^2} + |\xi|^{-N}\sum_{|\alpha+\beta|\leqslant N}\int |y^\alpha D_y^\beta \psi(y)|^2\,dy\Big)$$

où on a posé

$$P_{N,x,\xi} = \sum_{|\alpha+\beta|<N} \frac{1}{\alpha!\beta!}\left(\frac{\partial}{\partial x}\right)^\alpha \left(\frac{\partial}{\partial \xi}\right)^\beta p(x,\xi)\,|\xi|^{-m-\frac{1}{2}|\alpha|+\frac{1}{2}|\beta|}\,y^\alpha D_y^\beta$$

Appliquons ceci au point $(x,\lambda\xi)$, avec $(x,\xi)\in\Sigma$, $|\xi| = 1$, $\lambda\to\infty$, en choisissant $N = k+1$. On voit aussitôt que $\lambda^{\frac{1}{2}k}P_{N,x,\lambda\xi}$ tend vers $\sigma^k_{x,\xi}(P)$ pour $\lambda\to\infty$, et on obtient donc à la limite (puisque λ^{k-N} tend vers 0)

$$\|\psi\|^2_{L^2} \leqslant C\,\|\sigma^k_{x,\xi}(P).\psi\|^2_{L^2}$$

ce qui implique (iv) d'après la proposition3.2 .

Comme on a dit , le théorème3.1 facilite l'étude de l'inversibilité d'un opérateur différentiel de la forme a_L , mais celle-ci est loin d'être complète en général. Elle l'est néanmoins lorsque a est un polynôme elliptique du second degré (cf. [5], [13]) , et le critère de [5] ou [13] se traduit en le résultat suivant (qui généralise le résultat de [5] parceque la restriction à Σ de la forme symplectique canonique de T^*X n'a plus besoin d'être de rang constant , et qui précise le résultat de [13] en affirmant l'éxistence d'une paramétrixe d'un type particulier) :

Soit $P\in\mathcal{N}^{m,2}$ (ie. nul d'ordre 2 sur Σ) , transversalement elliptique le long de Σ . On suppose que le symbole principal p_0 prend (localement) ses valeurs dans un angle (strictement convexe) $\Gamma\subset\mathbb{C}$. Notons Q la matrice hessienne de p_0 (identifiée à une forme bilinéaire symétrique) , et A la matrice fondamentale de p_0 (définie par $Q(u,v) = \sigma(u,Av)$, où σ est la forme symplectique canonique de T^*X) : en tout point de Σ , les valeurs propres de A sont de la forme $\pm 2i\lambda_k$ $(k=1,\dots,n)$, avec $\lambda_k\in\Gamma$. Soit d'autre part $V = \ker A^{2n}$ le sous-espace spectral de A relatif à la valeur propre 0 , et $I_2(P) = p_1 - (1/2i)\sum_1^n \partial^2 p_0/\partial x_j\partial\xi_j$ le symbole sous principal (p_0 , p_1 sont les deux premiers termes dans le développement asymptotique $p \sim p_0 + p_1 + \dots$ du symbole total de P) . Alors les assertions suivantes sont équivalentes :

(i) P possède une paramétrixe bilatère $Q \in OPS^{-m,-2}$

(ii) Pour tout $(x,\xi) \in \Sigma$, tout multi-indice $\alpha = (\alpha_1,\ldots,\alpha_n)$, et tout vecteur complexe $v \in V$, on a

$$\sum_1^n (2\alpha_j+1)\lambda_j + Q(v,\bar{v}) + I_2(P) \neq 0$$

(iii) $Pf \in H^s_{loc}$ implique $f \in H^{s+m-1}_{loc}$

BIBLIOGRAPHIE

[1] BOUTET DE MONVEL L. : Hypoelliptic operators with double characteristics and related pseudodifferential operators. Comm. Pure Appl. Math. 27, 585-639 (1974).

[2] BOUTET DE MONVEL L. et TRÈVES F. : On a class of pseudodifferential operators with double characteristics. Inventiones Math. 24, 1-34,(1974).

[3] BOUTET DE MONVEL L. et TRÈVES F. : On a class of systems of pseudodifferential equations with double characteristics. Comm. Pure Appl. Math. 27, 59-89 (1974).

[4] CALDERON A.P. et VAILLANCOURT R. : On the boundedness of pseudodifferential operators. J. Math. Soc. Japan 23, 374-378 (1971).

[5] GRIGIS A. : Hypoellipticité et paramétrixes pour des opérateurs pseudodifférentiels à caractéristiques doubles. Astérisque, ce vol.

[6] GRUSIN V.V. : On a class of hypoelliptic operators. Mat. Sbornik 83, 456-473 (1970) et Math. USSR Sbornik 12, 458-476 (1970).

[7] GRUSIN V.V. : Pseudodifferential operators in R^n with bounded symbols. Funkt. Anal. i evo pril. 43, 37-50 (1970), et Funct. Anal. Appl.4, 202-212 (1970).

[8] GUILLEMIN V. : Symplectic spinors and partial differential equations. C.R. Colloque sur la géométrie symplectique, Aix en Provence,1974.

[9] GUILLEMIN V. : A symbol calculus for Hermite operators, à paraître.

[10] HELFFER B. : Sur une classe d'opérateurs hypoelliptiques à caractéristiques multiples. A paraître dans J. Math. Pures Appl.

[11] HELFFER B. : Invariants associés à une classe d'opérateurs pseudodifférentiels. A paraître dans Ann. Inst. Fourier.

[12] HÖRMANDER L. : Pseudodifferential operators and hypoelliptic equations. A.M.S. Proc. Symp. Pure Math. 10, 138-183 (1967).

[13] HÖRMANDER L. : A class of pseudodifferential operators with double characteristics. Math. Ann. 217, 165-188 (1975).

[14] LERAY J. : Solutions asymptotiques et groupe symplectique. Fourier Integral Operators. Lecture Notes in Math. 459, Springer Verlag.

[15] MENIKOFF A. : Subelliptic estimates for pseudodifferential operators with double characteristics. Preprint.

[16] SEGAL I.E. : Transforms for operators and symplectic automorphics over a locally compact abelian group. Math. Scand. 13, 31-43 (1963).

[17] SJÖSTRAND J.:Parametrices for pseudodifferential operators with multiple characteristics. Ark. för Mat. 12, 85-130 (1974).

[18] WEIL A. : Sur certains groupes d'opérateurs unitaires. Acta Math. 111, 143-211 (1964).

L.BOUTET DE MONVEL
Université de Grenoble
B.P.116
38402 Saint Martin d'Hères

A.GRIGIS
Mathématiques - Bâtiment 425
Université de Paris XI
91405 Orsay

B.HELFFER
Centre de Mathématiques
Ecole Polytechnique
91120 Palaiseau

Bergman and Szegö Kernels, CR Analysis

7

7.1 Commentary by Charles L. Epstein

Remarks on Four Papers of Louis Boutet de Monvel

Intégration des équations de Cauchy-Riemann induites formelles [B75a]

In this short, but influential note, Boutet de Monvel proves that the algebra of CR-functions on a strictly pseudoconvex, compact CR-manifold X of dimension $2n+1$, for $n \geq 2$, contains enough functions to define an embedding of X into $\mathbb{C}^N$. If we let $\phi : X \to \mathbb{C}^N$ denote a choice of CR-embedding, then $\phi(X)$ is a maximally complex submanifold of $\mathbb{C}^N$. By Harvey and Lawson's solution of the complex Plateau problem, see [4], there exists an analytic current $Y \subset \mathbb{C}^N \setminus \phi(X)$ such that $\partial Y = \phi(X)$. The normalization of Y is then an abstract Stein space whose boundary is CR-equivalent to the original CR-manifold X.

The argument has three essential components, two of which are local: (1) The construction of a parametrix for $\bar{\partial}_b$; (2) The construction of infinite order local solutions to $\bar{\partial}_b g \sim 0$; and a third that is global: (3) The Hodge-De Rham decomposition for the $\bar{\partial}_b$-complex proved by Kohn, [8]. The proof itself is quite similar to Hörmander's proof that a Stein space has a proper embedding into $\mathbb{C}^N$, Theorem 5.2.10 in [6].

In later work of Kohn, see [9], it became clear that the minimal hypothesis needed is that the range of the maximal extension of $\bar{\partial}_b$ acting on $L^2(X)$ is closed. In dimensions greater than 3 the $\square_b$-operator is hypoelliptic on $(0,1)$-forms, and so the identity

$$\bar{\partial}_b \square_b^{0,0} = \square_b^{0,1} \bar{\partial}_b, \qquad (7.1)$$

implies that the range of $\bar{\partial}_b$ on functions is automatically closed. This reformulation is quite useful in the study of embeddable deformations of CR-structures on an 3-dimensional compact, strictly pseudoconvex CR-manifold, and inspired the definition of the relative index for Szegő projectors, see [2]. For strictly pseudoconvex CR-manifolds, the theorem of Boutet de Monvel, along with the work of Kohn and Rossi, and Harvey and Lawson, establishes the chain of equivalences:

For a compact strictly pseudoconvex CR-manifold, X, the following are equivalent:

1. X is CR-embeddable into $\mathbb{C}^N$, for some N.
2. X is the boundary of a normal Stein space.
3. The range of $\bar{\partial}_b$ acting on scalar functions is closed.

C.L. Epstein (✉)
Department of Mathematics, University of Pennsylvania
209 S. 33rd Street, Philadelphia, PA 19104-6395, USA
e-mail: cle@math.upenn.edu

V.W. Guillemin, J. Sjöstrand (eds.), *Louis Boutet de Monvel, Selected Works*,
Contemporary Mathematicians, DOI 10.1007/978-3-319-27909-1_7

Sur la singularité des noyaux de Bergman et de Szegő [BSj76]

This article, written jointly with Johannes Sjöstrand, gives constructions of the Bergman and Szegő kernels for strictly pseudoconvex complex manifolds, employing the then new method of Fourier integral operators with complex phase. Fefferman had recently published his landmark paper [3], which, among other things, gives a construction of the Bergman kernel leading to an asymptotic expansion for the singularity of the Bergman kernel restricted to the diagonal. Fefferman's construction is on the "kernel side," and the calculations are quite daunting, whereas, Boutet de Monvel and Sjöstrand work on the "symbolic side," where the calculations are considerably easier to do.

Briefly using Fourier integral operators with complex phase, Boutet de Monvel and Sjöstrand show how to construct a good guess for the "Szegő kernel" $\bar{\partial}_b A$, where A is an invertible classical pseudodifferential operator built from the Poisson kernel for the scalar Laplace operator. Using the facts that holomorphic functions are determined by their boundary data, and are harmonic they give a formula for the Bergman kernel in terms of this modified (exact) Szegő projector and the Poisson kernel. With this formulation in hand, utilizing Kohn's theory of the $\bar{\partial}$-Neumann operator, they first demonstrate that their approximate Bergman kernel differs from the true kernel by a smoothing operator, and then deduce the analogous result for the Szegő projector.

Let Ω denote the strictly pseudoconvex manifold and X its boundary. Their representations for these kernels takes the form:

$$S(x,y) \sim \int_0^\infty e^{it\psi(x,y)} \sum_{k=0}^\infty t^{n-1-k} s_k(x,y), \text{ for } (x,y) \in X \times X, \tag{7.2}$$

and

$$B(x,y) \sim \int_0^\infty e^{it\psi(x,y)} \sum_{k=0}^\infty t^{n-k} b_k(x,y), \text{ for } (x,y) \in \overline{\Omega} \times \overline{\Omega}. \tag{7.3}$$

Here the infinite sums are symbols belonging to $S^{n-1}(X \times X \times \mathbb{R}_+)$ and $S^n(\overline{\Omega} \times \overline{\Omega} \times \mathbb{R}_+)$, respectively; and ψ is an "almost analytic function" extending $\rho(x)$, i.e. $\bar{\partial}_x \psi(x,y) \sim \partial_y \psi(x,y) \sim 0$, along $x = y$, satisfying

$$\operatorname{Im} \psi(x,y) \geq C(d(x,X) + d(y,X) + |x-y|^2). \tag{7.4}$$

Using the method of stationary phase, Fefferman's asymptotic expansion follows easily from this description of the Bergman kernel function. An important consequence of the analysis in this paper is the fact that modulo holomorphic functions of $(x, \bar{y})$, the singularity of the Bergman kernel is locally determined.

Beginning with the papers of Catlin and Zelditch on a theorem of Tian, see [1,10], the FIO construction for these kernel functions has proved extremely useful in the study of the behavior, as the power tends to infinity, of the space of sections of powers of a positive line bundle over an algebraic variety. This paper was cited only 5 times between its publication and 1997, and over 110 times between 1998 and 2014.

Complément sur le noyau de Bergman [B86], Le noyau de Bergman en dimension 2 [B88]

In these short notes Boutet de Monvel explores the description of the singularity of the Bergman kernel given by Kashiwara in [7], as the solution to a system of microdifferential equations. Kashiwara's description of the singularities of the Bergman and Szegő kernels was later used, to great effect, by K. Hirachi in his study of the coefficients of the log-terms of these kernel functions, see [5].

In Boutet's earlier work with Sjöstrand it is shown that the singularity of the Bergman kernel is locally determined, but the calculations needed to make it explicit are somewhat intractable. In *Complément sur le noyau de Bergman* Boutet uses Kashiwara's alternative description of the singularity to give a construction for this singularity, which can sometimes be made fairly explicit. As an interesting application it is shown that, in dimension 2, the leading order part of the log-term in the singularities of the Bergman kernel and the solution of the Fefferman Monge-Ampère equation agree.

In *Le noyau de Bergman en dimension 2* this technique is used to show that if the coefficient of the log-term vanishes to order 2 in the neighborhood of a point on the boundary, then this neighborhood is locally CR-equivalent to a portion of the round sphere. Using the microfunction description of the singularity of the Bergman kernel, Boutet demonstrates that the Cartan-Chern-Moser curvature vanishes in any neighborhood where the coefficient of the log-term vanishes to order 2. A Reinhardt domain example shows that vanishing to order 1 is not sufficient.

The paper concludes by characterizing Schrödinger operators, $\Delta - V$, with real analytic potentials in $\mathbb{R}^6$, having a fundamental solution operator with no log-term in its expansion along the diagonal. There is a non-trivial 7-dimensional family of potentials V for which this is true. The proof is a clever, but elementary calculation.

References

[B75a] L. Boutet de Monvel, *Intégration des équations de Cauchy-Riemann induites formelles*, Séminaire Goulaouic-Lions-Schwartz 1974–1975; Équations aux dérivées partielles linéaires et non linéaires, Centre Math., École Polytech., Paris, 1975, Exp. No. 9.

[BSj76] L. Boutet de Monvel and J. Sjöstrand, *Sur la singularité des noyaux de Bergman et de Szegö*, Journées: Équations aux Dérivées Partielles de Rennes (1975), Soc. Math. France, Paris, 1976, pp. 123–164. Astérisque, No. 34–35.

[B86] L. Boutet de Monvel, *Complément sur le noyau de Bergman*, Séminaire sur les équations aux dérivées partielles, 1985–1986, École Polytech., Palaiseau, 1986, Exp. No. XX.

[B88] L. Boutet de Monvel, *Le noyau de Bergman en dimension 2*, Séminaire sur les Équations aux Dérivées Partielles 1987–1988, École Polytech., Palaiseau, 1988, Exp. No. XXII.

[1] D. Catlin, *The Bergman kernel and a theorem of Tian*, in Analysis and geometry in several complex variables (Katata, 1997), Trends Math., Birkhäuser Boston, Boston, MA, 1999, pp. 1–23.

[2] C. L. Epstein, *Subelliptic boundary conditions for Spin$_{\mathbb{C}}$ Dirac operators, gluing, relative indices, and tame Fredholm pairs*, Proc. Natl. Acad. of Sci., 103 (2006), pp. 15364–15369.

[3] C. Fefferman, *The Bergman kernel and biholomorphic mappings of pseudoconvex domains*, Invent. Math., 26 (1974), pp. 1–65.

[4] R. Harvey and H. B. Lawson, *On the boundaries of complex analytic varieties, I*, Ann. of Math., 102 (1975), pp. 223–290.

[5] K. Hirachi, *Logarithmic singularity of the Szegő kernel and a global invariant of strictly pseudoconvex domains*, Ann. of Math. (2), 163 (2006), pp. 499–515.

[6] L. Hörmander, *An introduction to complex analysis in several variables*, D. Van Nostrand Co., Inc., Princeton, N.J.-Toronto, Ont.-London, 1966.

[7] M. Kashiwara, *Analyse micro-locale du noyau de Bergman*, in Séminaire Goulaouic-Schwartz (1976/1977), Équations aux dérivées partielles et analyse fonctionnelle, Exp. No. 8, Centre Math., École Polytech., Palaiseau, 1977.

[8] J. J. Kohn, *Boundaries of complex manifolds*, in Proc. Conf. Complex Analysis (Minneapolis, 1964), Springer, Berlin, 1965, pp. 81–94.

[9] J. J. Kohn, *The range of the tangential Cauchy–Riemann operator*, Duke Math. Jour., 53 (1986), pp. 525–545.

[10] S. Zelditch, *Szegő kernels and a theorem of Tian*, Internat. Math. Res. Notices, 1998, no. 6, pp. 317–331.

7.2 Intégration des équations de Cauchy-Riemann induites formelles

Intégration des équations de Cauchy-Riemann induites formelles, Séminaire Goulaouic-Lions-Schwartz 1974–1975; Équations aux dérivées partielles linéaires et non linéaires, Centre Math., École Polytech., Paris, 1975, Exp. No. 9. [B75a]

SEMINAIRE GOULAOUIC-LIONS-SCHWARTZ
1974-1975

INTEGRATION DES EQUATIONS DE CAUCHY-RIEMANN INDUITES FORMELLES

par L. BOUTET DE MONVEL

Exposé n° IX

22 Janvier 1975

Soit Ω un ouvert de $\mathbb{C}^n$, de frontière $C^\infty \partial\Omega$. L'ensemble des vecteurs tangents (dérivations) $u \in \mathbb{C} \otimes T\mathbb{C}^n$ qui sont tangents à $\partial\Omega$ et anti-holomorphes (i.e. combinaisons linéaires des $\partial/\partial\overline{Z}_j$) est un sous-fibré vectoriel C^∞ T'' du fibré tangent complexe $\mathbb{C} \otimes T\partial\Omega$, qui vérifie la condition d'intégrabilité de Frobenius (i.e. si Z_1, Z_2 sont deux sections C^∞ de T'', le crochet $[Z_1, Z_2]$ est aussi section de T''). Si Ω est strictement pseudo-convexe, les restrictions à $\partial\Omega$ des fonctions holomorphes dans Ω, et dont les dérivées sont toutes continues sur $\overline{\Omega} = \Omega \cup \partial\Omega$ sont exactement les fonctions $f \in C^\infty(\partial\Omega)$ telles que $Z(f) = 0$ pour tout $Z \in T''$. On dit alors que X est muni d'une structure quasi-complexe (cf. [4]).

Plus généralement, soit X une variété réelle C^∞ de dimension $2n-1$. Une structure presque quasi-complexe sur X est la donnée d'un sous-fibré C^∞ T'' du fibré tangent complexe $\mathbb{C} \otimes TX$, de dimension $n-1$ sur C, tel que T'' et son conjugué $T' = \overline{T''}$ soient linéairement disjoints ; elle est intégrable si de plus T'' vérifie la condition d'intégrabilité de Frobenius. Il est naturel de se demander si une structure presque quasi-complexe intégrable provient (localement) d'une structure quasi-complexe, au moins lorsque l'on fait une hypothèse de pseudo-convexité. Il en est bien ainsi si toutes les données sont analytiques réelles, mais un contre-exemple de L. Nirenberg ([7]) montre que c'est faux pour $n = 2$: il existe un champ de vecteurs $Z = a_1 \partial/\partial x_1 + a_2 \partial/\partial x_2 + a_3 \partial/\partial x_3$ à coefficients C^∞ sur R^3, tel que Z, le conjugué $\overline{Z}$, et le crochet $[Z, \overline{Z}]$ soient linéairement indépendants, et tel que les seules solutions de l'équation $Zf = 0$ soient les fonctions constantes (alors que l'équation $Zf = 0$ doit avoir deux solutions de différentielles linéairement indépendantes si Z définit une structure quasi-complexe). Nous montrons ici qu'au contraire le résultat est vrai si $n > 2$, lorsque X est compact et que la structure presque quasi-complexe vérifie en outre une hypothèse de stricte pseudo-convexité. L'hypothèse de compacité est essentielle dans la démonstration ci-dessous, où elle permet de construire l'analogue d'une décomposition de Hodge-De Rham (celle de J. J. Kohn ([4]), que nous précisons ici grâce à notre étude des opérateurs à caractéristiques doubles [2]). Nous ne savons pas si la version locale du théorème du n°2 (i.e. sans hypothèse de compacité) est vraie. L'hypothèse de pseudo-convexité est elle aussi indispensable ; il est probable qu'elle peut être affaiblie, mais il serait de toute façon peu naturel de s'en dispenser complètement.

§ 1. DESCRIPTION DU PROBLEME : LE CAS "TOUT INTEGRE".

Soit Y un ouvert de $\mathbb{C}^n$, de frontière C^∞ X : Y est défini par une inégalité $\rho < 0$, et X par l'égalité $\rho = 0$, où ρ est une fonction $C^\infty : \mathbb{C}^n \to \mathbb{R}$, et la différentielle $d\rho$ ne s'annule en aucun point de X.

Notons T'' le fibré des vecteurs antiholomorphes tangents à X : les sections C^∞ de T'' sont les champs de vecteurs :

$$\overline{Z} = \Sigma\, a_j\, \partial/\partial \overline{z}_j$$

à coefficients $a_j \in C^\infty(X)$, tels que $\langle \overline{Z}, d\rho \rangle = 0$.

T'' est un fibré vectoriel complexe de dimension (complexe) n - 1

On dit qu'une fonction $f \in C^\infty(X)$ vérifie les équations de Cauchy-Riemann induites (sur X) si $\langle \overline{Z}, df \rangle = 0$ pour tout vecteur $Z \in T''$.

Il est clair que si $F \in C^\infty(\overline{Y})$ (i.e. F est C^∞ dans Y, et chaque dérivée de F a une limite sur $X = \partial Y$) est holomorphe dans Y, $f = F|X$ vérifie les équations de Cauchy-Riemann induites. Il y a une réciproque du moins lorsque Y est strictement pseudo-convexe ; rappelons que ceci signifie qu'on a pour tout $x \in X$, et pour tout $h \in \mathbb{C}^n$, non nul, tangent à X en x ($h \in T' \cap \overline{T''}$) on a :

$$\Sigma \frac{\partial^2 \rho}{\partial z_j \partial \overline{z}_n}(x)\, h_j \overline{h}_k > 0$$

<u>Proposition 1</u> : <u>Supposons</u> Y <u>strictement pseudo-convexe au voisinage d'un point</u> $x \in X$. <u>Si</u> $f \in C^\infty(X)$ <u>vérifie les équations de Cauchy-Riemann induites au voisinage de</u> x, <u>il existe</u> $F \in C^\infty(\overline{Y})$ (<u>unique</u>) <u>holomorphe au voisinage de</u> x (<u>dans</u> Y), <u>telle que</u> $f = F|X$.

Ce résultat est maintenant classique (cf. [1], [3], [5]). Je me contenterai d'indiquer le principe de démonstration

Soit $Y(t)$ la "fonction de Heaviside" : $Y(t) = 0$ si $t < 0$, 1 si $t \geq 0$, et soit μ la forme différentielle à coefficients mesures portées par X :

$$\mu = \bar{\partial}(Y(-\rho))$$

où $\bar{\partial}$ est la partie antiholomorphe de la différentielle extérieure : $\bar{\partial}\omega = \Sigma d\bar{z}_j \wedge \frac{\partial \omega}{\partial \bar{z}_j}$.

Si $F \in C^\infty(Y)$ est holomophe dans Y, et si $f = F|X$, on a

$$\bar{\partial}(Y(-\rho)F) = f\mu.$$

où par abus $Y(-\rho)F$ désigne le prolongement de F par 0 hors de Y. Par suite si $f = 0$ au voisinage de x, la fonction qui prolonge F par 0 hors de Y est holomorphe au voisinage de x, donc nulle au voisinage de x, d'où l'assertion d'unicité.

D'autre part on vérifie qu'une fonction $f \in C^\infty(X)$ vérifie les équations de Cauchy-Riemann induites si et seulement si

$$\bar{\partial}(f\mu) = 0$$

Donc si f vérifie les équations de Cauchy-Riemann induites au voisinage de x , il existe une distribution F_1 telle que $\bar{\partial}F_1 = f\mu$ au voisinage de x. F_1 est holomorphe hors de X (au voisnage de x), et si de plus Y est strictement pseudo-convexe en x, il existe une fonction F_2 holomorphe au voisinage de x qui coïncide avec F hors de Y : on montre alors que $F = F_1 - F_2$ épond à la question.

Nous dirons ancore qu'une fonction $f \in C^\infty(X)$ est holomorphe si elle vérifie les équations de Cauchy-Riemann induites. Il est clair que les fonctions holomorphes séparent les points de X, et que pour tout $x \in X$ il existe des fonctions $f_j \in C^\infty(X)$ $(j = 1, \ldots, n)$ holomorphes, qui définissent une immersion d'un voisinage de x dans $\mathbb{C}^n$ (on peut prendre par exemple les restrictions à X des fonctions holomorphes linéaires).

Nous exploitons enfin le fait que Y est strictement pseudo-convexe. On a d'après la formule de Taylor :

$$\rho(x+h) = \rho(x) + \mathrm{Re}(\Sigma a_j h_j + \Sigma a_{jk} h_j h_k) + \Sigma b_{jk} h_j \overline{h}_k + O(h^3)$$

(avec $a_j = 2\partial\rho/\partial z_j$, $a_{jk} = \partial^2\rho/\partial z_j \partial z_k$, $b_{jk} = \partial^2\rho/\partial z_j \partial \overline{z}_k$) .

Posons alors

$$g_x(x+h) = -\Sigma a_j h_j - \Sigma a_{jk} h_j h_k$$

Pour $x \in X$ et $x+h \in X$, on a $\rho(x) = \rho(x+h) = 0$, donc

$$g_x(x+h) \quad \Sigma b_{jk} h_j \overline{h}_k + O(h^3)$$

Si de plus Y est strictement pseudo-convexe au voisinage de x, on a

$$\Sigma b_{jk} h_j \overline{h}_k \geq c\|h\|^2 \quad \text{si } h \text{ est tangent à } X$$

Nous avons donc démontré le résultat suivant :

Proposition 2 : Pour tout $x \in X$ au voisinage duquel Y est strictement pseudo-convexe, il existe une fonction g_x holomorphe, nulle en x, et telle que

$$\mathrm{Re}\, g_x(z) \geq c\|x - z\|^2$$

au voisinage de x, pour $z \in X$.

§ 2. DESCRIPTION DU PROBLEME : LE CAS "ABSTRAIT".

Soit X une variété réelle C^∞, compacte, de dimension $2n-1$.

Soit $T'' \subset TX \otimes \mathbb{C}$ un sous-fibré du fibré tangent complexifié, de dimension $n-1$ (sur $\mathbb{C}$), linéairement disjoint du conjugué $T' = \overline{T''}$. Alors $NX \simeq TX/(TX \cap (T' + T''))$ est un fibré réel de dimension 1 sur X. On suppose que

(2.1) T'' est formellement intégrable ; autrement dit si $\overline{Z_1}$, $\overline{Z_2}$ sont deux sections C^ω de T'', le crochet $[\overline{Z}_1, \overline{Z}_2]$ est encore une section de T''.

(2.2) Si $Z_1, \ldots, Z_{n-1}$ sont des sections de $T' = \overline{T''}$, qui définissent une base de T' au voisinage d'un point $x \in X$, et si N est une section nulle de NX, on a

$$i[Z_j, \overline{Z_k}] = c_{jk} N \ (\text{mod. } T' + T'')$$

où (c_{jk}) est une matrice hermitienne de fonctions C^∞, et est ou bien positive non dégénérée, ou bien négative non dégénérée au voisinage de x.

Cette deuxième condition est l'analogue de la condition de Levi (pseudo-convexité). Elle ne dépend pas du choix des Z_j Si elle est vérifiée. NX est orientable et on peut en choisir une section globale N qui ne s'annule nulle part sur X, telle que la matrice (c_{jk}) soit partout positive non dégénérée.

Nous dirons encore qu'une fonction $f \in C^\infty(X)$ est holomorphe si $\langle \overline{Z}, df \rangle = 0$ pour toute section $\overline{Z}$ de T''.

Théorème : Supposons $n > 2$, alors

1) Les fonctions holomorphes séparent les points de X,

2) Pour tout $x \in X$ il existe n fonctions holomorphes $\varphi_1, \ldots, \varphi_n$ $C^\infty(X)$ telles que $\phi = (\varphi_1, \ldots, \varphi_n)$ définisse une immersion d'un voisinage de x dans $\mathbb{C}^n$ (i. e. les parties réelles et imaginaires des φ_j contiennent un système de coordonnées locales au voisinage de x).

Ainsi pour tout $x \in X$, il existe une immersion ϕ d'un voisinage X_o' de x sur le bord X_o d'un ouvert (à frontière C^∞) Y_o de $\mathbb{C}^n$, strictement pseudo-convexe en $\phi(x)$ (il faut choisir le bon côté de X_o), telle que les coordonnées de ϕ soient des fonctions holomorphes : ϕ transforme une fonction holomorphe sur X_o' en une fonction holomorphe sur X_o, qui d'après le n°1 est donc un bon modèle local pour la situation ci-dessus.

Globalement, on voit en recollant les modèles locaux du n°1 qu'il existe une variété à bord $\overline{Y} = Y \cup X$ (de bord X), munie d'une strucutre complexe intégrable à coefficients C^∞ jusqu'au bord telle que $\overline{Y}$ soit strictement pseudoconvexe au voisinage de chaque point de X, et que

T'' soit exactement le fibré des vecteurs antiholomorphes tangents à X.

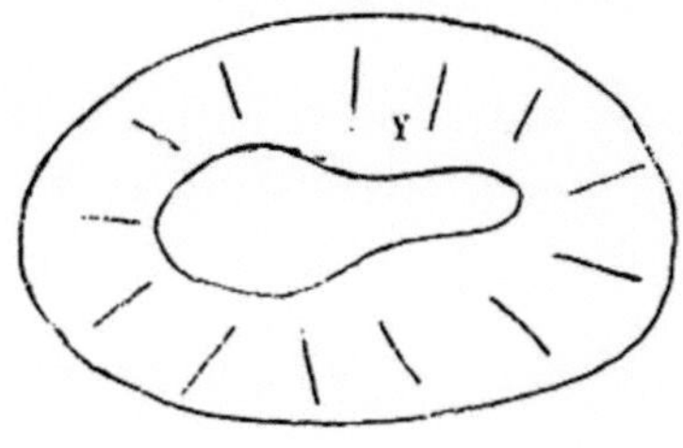

Autrement dit, T'' définit une structure presque complexe sur X. Il résulte même d'un théorème de H. Rossi ([8]) que si Y est un voisinage assez petit de X, le spectre maximal Z de l'algèbre O(Y) des fonctions holomorphes de Y est un espace analytique de Stein (à singularités isolées et normales), tel que Z - Y soit relativement compact dans Z : X est donc le bord d'un espace analytique à bord compact, lisse au voisinage de X, et T'' est le fibré des vecteurs anti-holomorphes tangents à X. Ceci précise en partie le lien entre la famille universelle de structures presque complexes intégrables construites par M. Kuranishi [6], et les déformations de singularités isolées.

Le reste de l'exposé est consacré à la démonstration du théorème.

§ 3. LE COMPLEXE ASSOCIE A T''

Si E est un fibré C^{∞} sur X, nous noterons $\underset{\sim}{E}$ le faisceau de ses sections C^{∞}.

Soit $\Omega = \Omega(X) = \underset{\sim}{\Lambda T^* X} \otimes \mathbb{C}$ l'algèbre des formes à coefficients complexes C^{∞} sur X. Soit $\mathcal{J} \subset \Omega$ l'idéal engendré par l'orthogonal de T'' dans $\Lambda T^* X \otimes \mathbb{C}$. Dire que T'' est formellement intégrable équivaut à dire que $\mathcal{J}$ est stable par la différentielle extérieure d.

Nous noterons $\overline{D}$ le complexe d'opérateurs différentiels sur $\underset{\sim}{\Lambda T''^*} \simeq \Omega/\mathcal{J}$ déduit de d par passage au quotient : $\overline{D}$ est déterminé, de façon unique, par les conditions

$$\begin{cases} \overline{D}^2 = 0 \\ \overline{D}(\alpha_\wedge\beta) = \overline{D}\alpha_\wedge \beta + \check{\alpha}_\wedge D\beta \qquad (\text{où } \check{\alpha} = (-1)^p\alpha \quad \text{si } \alpha \in \Lambda^p T''^*) \\ \langle\overline{D}\varphi, \overline{Z}\rangle = \langle d\varphi, \overline{Z}\rangle \quad \text{si } \varphi \in C^\infty(X) = \Lambda^0 T''^* \quad , \quad \overline{Z} \in T'' \end{cases}$$

Localement, on peut choisir une base C^∞ $\overline{Z}_1, \ldots, \overline{Z}_{n-1}$ de T''. Si $\varepsilon_j (1 \leq j \leq n-1)$ est la base duale de T''^*, les $\varepsilon_J = \varepsilon_{j_1} \wedge \cdots \wedge \varepsilon_{j_p}$, où J parcourt l'ensemble des suites croissantes $1 \leq j_1 < j_2 < \ldots < j_p \leq n-1$, forment une base de $\Lambda T''^*$.

Comme T'' est formellement intégrable, on a

$$[\overline{Z}_j, \overline{Z}_k] = \Sigma\, c_{jk}^l\, \overline{Z}_l$$

Ecrivant $\overline{D}^2\varphi = 0$ pour $\varphi \in C^\infty(X)$, on déduit immédiatement

$$\overline{D}\, \varepsilon_l = - \Sigma\, c_{jk}^l\, \varepsilon_j \wedge \varepsilon_k$$

On a alors

$$\overline{D}(\varepsilon_J) = \Sigma (-1)^{k+1} \varepsilon_{j_1} \wedge \ldots \overline{D}\varepsilon_{j_k} \ldots \varepsilon_{j_p} \quad ,$$

et, si $\omega = \Sigma f_J\, \varepsilon_J$

$$\overline{D}\omega = \sum_{j,J} \overline{Z}_j f_J \varepsilon_j \wedge \varepsilon_J + \sum_J f_J \overline{D}\varepsilon_J \quad .$$

Dans la situation du n°1, $\overline{D}$ s'identifie au complexe $\overline{\partial}_b$ déduit du complexe de Dolbeault sur l'algèbre $\Omega^{0,\cdot}$ des formes anti-holomorphes à coefficients C^∞ par passage au quotient par l'idéal engendré par ρ et $\overline{\partial}\rho$. Pour cette construction, voir aussi [5], [6]).

On a $e^{-i\varphi}\overline{D}(e^{i\varphi}\omega) = i\overline{D}\varphi_\wedge \omega + \overline{D}\omega$.

Faisant $\xi = d\varphi(x)$, $u = \omega(x)$, on en déduit la formule pour le symbole de $\overline{D}$:

$$\sigma_{\overline{D}}(\xi).u = i\xi(\text{mod } T''^{*})_{\wedge} u$$

Dans cette situation, l'ensemble (cône) caractéristique est l'ensemble des covecteurs réels $\xi \neq 0$ tels que $\sigma_{\overline{D}}(\xi)$ ne soit pas exact, c'est à dire le sous fibré (vectoriel) réel de codimension $n-1$ de $T^{*}X$ des $\xi \neq 0$ orthogonaux à T'' (donc aussi à $T' = \overline{T''}$). Nous le noterons Σ .

Localement, si T'' a pour base les champs de vecteurs C^{∞} $\overline{Z}_1,\ldots,\overline{Z}_{n-1}$, de symboles $\zeta_j = i\langle\overline{Z}_j,\xi\rangle$, Σ est définie par les équations $\zeta_1 = \ldots \zeta_{n-1} = \overline{\zeta}_1 = \ldots\overline{\zeta}_{n-1} = 0$.

La condition (2.2) (condition de Levi) s'exprime alors comme suit :

(3.1) La matrice hermitienne $\frac{1}{2i}\{\overline{\zeta}_j,\zeta_k\}$ est ou bien définie positive, ou bien définie négative sur Σ.

($\{a,b\}$ désigne le crochet de Poisson : en coordonnées locales $\{a,b\} = \Sigma\, \frac{\partial a}{\partial\xi_j}\frac{\partial b}{\partial x_j} - \frac{\partial a}{\partial x_j}\frac{\partial b}{\partial\xi_j}$) .

Je noterai Σ^{+} (resp. Σ^{-}) la partie de Σ où cette matrice est $\gg 0$ (resp. $\ll 0$) $\Sigma^{\pm}$ est un fibré de fibre $\mathbb{R}^{+}$ (nombres réels > 0) sur X.

Il est commode d'introduire une métrique riemannienne sur X. Nous dirons que la métrique est hermitienne si T' et T'' sont totalement isotropes pour la forme quadratique qui prolonge la métrique à $TX\otimes\mathbb{C}$, ou, ce qui revient au même, si T' et T'' sont orthogonaux pour la forme hermitienne qui prolonge la métrique sur $TX\otimes\mathbb{C}$. Une telle métrique existe toujours. On définit alors le carré de $\overline{D}$ par

$$\square = \overline{D}^{*}\overline{D} + \overline{D}\,\overline{D}^{*}$$

On prouve dans [1] (cf. aussi [5]) le résultat suivant : pour chaque point $(x,\xi)\in\Sigma^{+}$ il existe une transformation canonique ϕ et une transformation intégrale de Fourier F associé à ϕ, elliptique, définis au voisinage de (x,ξ), qui transforme le complexe $\overline{D}$ en complexe

$$D_{+} = \Sigma\, Z_j^{*}\, E_j$$

où E_j est la multiplication extérieure par le j-ième vecteur de base de $\mathbb{C}^{n-1}$ dans $\Lambda\,\mathbb{C}^{n-1}$ et Z_j est l'opérateur pseudodifférentiel

$$Z_j = \frac{1}{i}\frac{\partial}{\partial x_j} + ix_j|D'| \qquad (j = 1,\ldots,n-1) \quad \text{sur } \mathbb{R}^{2n-1}$$

($|D'|$ désigne la racine du Laplacien partiel : $\widehat{|D'|f} = (\xi_n^2 + \ldots + \xi_{2n-1}^2)^{1/2}\hat{f}$).

Alors, posant $P_o = \Sigma Z_j Z_j^*$, on a

$$\square_+ = D_+^* D_+ + D_+ D_+^* = P_o.\mathrm{Id} + F_+|D'|$$

avec $F_+|_{\Lambda^p \mathbb{C}^{n-1}} = p\,\mathrm{Id}_{\Lambda^p \mathbb{C}^{n-1}}$

On y montre de même qu'au voisinage de chaque point de Σ^- il existe une transformation intégrale de Fourier elliptique qui transforme $\bar{D}$ en

$$D_- = \Sigma Z_j E_j$$

et qu'on a

$$\square_- = D_-^* D_- + D_- D_-^* = P_o \mathrm{Id} + F_-|D'|$$

avec $F_-|_{\Lambda^p \mathbb{C}^{n-1}} = (n-1-p)\mathrm{Id}_{\Lambda^p \mathbb{C}^{n-1}}$.

On montre enfin que $P_o + \lambda|D'|$ est hypoelliptique, et possède une paramétrix qui est un opérateur pseudo-différentiel de type 1/2 ♦, sauf si λ est entier pair négatif. Ainsi $\square_+$ (resp. $\square_-$) possède une parametrix, qui est un opérateur pseudo-différentiel de type 1/2, sauf en degré 0 (resp. n-1) . (Les opérateurs Z_j, et les signes, ont été choisis de sorte que le noyau de P_o dans le faisceau des microfonctions, égal au noyau commun des Z_j, est "très gros", décrit par l'opérateur de Hermite H_o de [1]).

♦ i.e. le symbole total $a(x,\xi)$ vérifie des inégalités de la forme

$$|D_x^\alpha D_\xi^\beta a| \leq C_{\alpha\beta}(1 + |\xi|)^{\frac{|\alpha| - |\beta| - 1}{2}}$$

Revenant à la situation initiale, on voit enfin, en utilisant [1], que $\square = \bar{D}^* \bar{D} + \bar{D}\bar{D}^*$ admet une parametrix E, qui est un opérateur pseudo-différentiel de type 1/2, sauf en degré 0 sur Σ^-, et en degré n-1 sur Σ^- (le premier groupe de cohomologie de D à coefficients dans les microfonctions est porté par Σ^+, et au contraire le n-1 ième est porté par Σ^-) (E n'est pas l'opérateur obtenu en transportant la paramétrix de $\square_{\pm}$ par opérateur intégral de Fourier elliptique, car on a changé de métrique en cours de route ; il a néanmoins les mêmes propriétés).

Il n'est pas question de reproduire ici la démonstration de ces assertions, qui est trop longue, et se trouve en détail dans [2]. Nous en retiendrons néanmoins la conséquence suivante :
si $n-1 \neq 1$, c'est à dire si $n > 2$, $\square$ a une parametrix en degré 1.

Comme X est compact, et $\square$ autoadjoint, Ker $\square_1$ est de dimension finie, contenu dans C^∞, et Im $\square_1$ est l'orthogonal (pour le produit scalaire de $L^2(X, T''^*)$) de Ker $\square_1$.

Notons alors E l'opérateur autoadjoint nul sur Ker $\square_1$, et qui induit l'inverse de $\square_1$ sur Im $\square_1$: E est une paramétrix de $\square_1$, donc c'est un opérateur pseudo-différentiel de type 1/2, et en particulier il est continu : $C^\infty \to C^\infty$. En outre

$\bar{D}\,\bar{D}^* E$ est le projecteur orthogonal sur Im $\bar{D}$ (en degré 1)
$\bar{D}^*\bar{D}\, E$ est le projecteur orthogonal sur Im $\bar{D}^*$

(c'est la théorie de Hodge-De Rham pour $\bar{D}$, en degré 1) d'où enfin

Proposition 3 : L'opérateur $H = \bar{D}^* E$ est continu : $C^\infty(X, T''^*) \to C^\infty(X)$, et on a $\bar{D} H \omega = \omega$ si $\omega \in \mathrm{Im}\,\bar{D}$.

(Nous avons repris, en la précisant, la décomposition de Hodge-De Rham de J. J. Kohn [4]).

§ 4. FIN DE LA DEMONSTRATION

Par hypothèse, T'' est formellement intégrable. On peut donc trouver au moins des solutions formelles de D. En particulier, pour tout $x \in X$, il existe n fonctions $\varphi_1, \dots, \varphi_n$, telles que les $\bar{D}\varphi_j$ soient nulles d'ordre infini en x, et $\varphi_j(x) = 0$, définissant une immersion d'un voisinage de x dans $\mathbb{C}^n$.

Soit alors X' l'image de ce voisinage de x par $\phi = (\varphi_1, \dots, \varphi_n)$: X est le bord d'un ouvert Y' de $\mathbb{C}^n$ (au voisinage de $\mathbb{C}(x)$). Dire que les $D\varphi_j$ sont nulles d'ordre infini en x revient à dire que $\phi(T'')$ est tangent d'ordre infini en $\phi(x)$ au fibré des vecteurs antiholomorphes de $\mathbb{C}^n$, tangents à X'. En outre la condition (2.2) implique que Y' est strictement pseudoconvexe au voisinage de $\phi(x)$ (il faut choisir le bon côté). La proposition 2 du n°1 implique donc le résultat suivant :

Proposition 2bis : Pour tout $x \in X$, il existe une fonction g_x telle que $g_x(x) = 0$, que Dg_x soit nulle d'ordre infini en x, et qu'on ait (pour n'importe quelle métrique riemannienne) : $\operatorname{Re} g_x(z) \geq c\, d(x,z)^2$ avec $c > 0$.

(On prolonge la fonction du n°1 de sorte que sa partie réelle soit > 0 dans $X - \{x\}$).

Prouvons maintenant la première assertion du théorème : soit

$$\omega_\lambda = \bar{D}\, e^{-\lambda g_x} = -\lambda\, D g_x e^{-\lambda g_x} .$$

Quand λ tend vers $+\infty$, ω_λ tend vers 0 dans $C^\infty(X, T''^*)$, plus vite que toute puissance de $1/\lambda$ (en effet, pour tout N on a $\|\omega_\lambda\| \lesssim \lambda^{1-N} (\lambda d(x,z)^2)^N e^{-c\lambda d(x,z)^2}$, et $t^N e^{-ct}$ est borné pour $t \geq 0$; de même pour les dérivées des coefficients de ω_λ, qui sont des polynômes de λ, dont les coefficients sont sommes de produits de $e^{-\lambda g_x}$ et de fonctions nulles d'ordre infini en x).

D'après la proposition 3, $h_\lambda = H\omega_\lambda$ tend vers 0 (dans $C^\infty(X)$) pour $\lambda \to +\infty$, et on a $\bar{D}h_\lambda = \omega_\lambda$. Soit alors $f_\lambda = e^{-\lambda g_x} - h_\lambda$: on a par construction $\bar{D} f = 0$. En outre on a, pour tout $x' \neq x$, $\lim_{\lambda \to +\infty} f(x') = 0$;

et puisque $g_x(x) = 0$, $\lim_{\lambda \to +\infty} f(x) = 1$ donc $f(x') \neq f(x)$ pour λ assez grand.

Prouvons la deuxième assertion : il existe une fonction C^∞ $\phi = (\varphi_1, \ldots, \varphi_n) : X \to \mathbb{C}^n$ avec $\phi(x) = 0$, définissant une immersion au voisinage de x (la dérivée ϕ' est injective) et telle que les $D\varphi_j$ soient nulles d'ordre infini en x. Comme ci-dessus, $\omega_j^\lambda = D(\varphi_j e^{-\lambda g_x})$ tend vers 0 pour $\lambda \to +\infty$, et il existe h_j^λ tendant vers 0 dans $C^\infty(X)$ pour $\lambda \to +\infty$, telle que $\overline{D} h_j^\lambda = \omega_j^\lambda$. Alors $\varphi_j^\lambda = \varphi_j e^{-\lambda g_x} - h_j^\lambda$ est holomorphe ; comme $g_x(x) = \varphi_j(x) = 0$, φ_j et $\varphi_j e^{-\lambda g_x}$ ont mêmes dérivées d'ordre 1 en x ; et comme les dérivées en x de h_j tendent vers 0 pour $\lambda \to +\infty$, la dérivée en x de $\phi^\lambda = (\varphi_1^\lambda, \ldots, \varphi_n^\lambda)$ tend, pour $\lambda \to +\infty$, vers la dérivée de ϕ, donc est injective pour λ assez grand. Ceci achève la démonstration.

Dans [7], Nirenberg suggère de prouver le théorème localement, sans hypothèse de compacité sur X (version locale du théorème). Le théorème prouvé ici est plus facile, où l'hypothèse de compacité assure qu'il y a une décomposition de Hodge-De Rham pour $\overline{D}$.

Ceci dit l'hypothèse de stricte pseudo-convexité est intervenue deux fois de façon essentielle au cours de la démonstration : au n°3, pour la construction de la parametrix de $\overline{D}$, qui est locale, et pour la décomposition de Hodge-De Rham, qui est globale ; et au n°4, pour la constuction de solutions asymptotiques qui, elle, est purement locale.

---

[1] S. Bochner : Analytic and meromorphic continuation by means of Green's formula. Ann. Math. 44 (1943) 652-673.

[2] L. Boutet de Monvel : Hypoelliptic operators with double characteristics and related pseudo-differential operators. Comm. Pure Appl. Math. 27 (1974).

[3] H. Lewy : On the local character of the solutions of an atypical linear differential equation in 3 variables and a related theorem for functions of 2 complex variables. Ann. Math. 64 (1956) 514-522.

[4] J. J. Kohn : Boundaries of complex manifolds. Proc. of the Conference on Complex Analysis, Minneapolis 1964, 81-94.

[5] J. J. Kohn, H. Rossi : On the extension of holomorphic functions from the boundary of a complex manifold. Ann. Math. 81 (1965) 451-472.

[6] M. Kuranishi : Deformations of isolated singularities and $\overline{\partial}_b$. Preprint, Columbia University.

[7] L. Nirenberg : Conférence au Congrès International sur les Opérateurs Intégraux de Fourier, Nice, Mai 1974. Lecture Notes, Springer Verlag, Berlin.

[8] H. Rossi : Attaching analytic spaces to an analytic space along a pseudo-concave boundary. Proc. of the Conference on Complex Analysis. Minneapolis 1964, 242-253.

[9] M. Sata, T. Kawai, M. Kashiwara : Hyperfunctions and pseudo-differential equations. Lecture Notes 287 (1973) 265-529, Springer Verlag.

7.3 Sur la singularité des noyaux de Bergman et de Szegö

Sur la singularité des noyaux de Bergman et de Szegö, Journées: Équations aux Dérivées Partielles de Rennes (1975), Soc. Math. France, Paris, 1976, pp. 123–164. Astérisque, No. 34–35. [BSj76]

Société Mathématique de France
Astérisque 34-35 (1976) p.123-164

SUR LA SINGULARITÉ DES NOYAUX DE BERGMAN ET DE SZEGÖ

par L.Boutet de Monvel et J.Sjöstrand

Introduction.

Soit Ω un ouvert borné de $\mathbb{C}^n$, de frontière C^∞ $X = \partial\Omega$ strictement pseudo-convexe . Les fonctions holomorphes dans Ω sont les fonctions qui vérifient les équations de Cauchy-Riemann , ie. telles que $d''f = 0$. Si f est continue dans $\bar{\Omega}$, holomorphe dans Ω , la trace $f|X$ vérifie les équations de Cauchy-Riemann induites : $\bar{\partial}_b f|X = 0$; inversemsnt on sait (cf. [14]) que toute fonction g sur X telle que $\bar{\partial}_b g = 0$ est la trace d'une fonction holomorphe dans Ω .

Le projecteur de Bergman B est le projecteur orthogonal sur l'espace des fonctions holomorphes de carré sommable,dans $L^2(\Omega)$. Le projecteur de Szegö est le projecteur orthogonal S

sur le sous-espace des traces de fonctions holomorphes , de carré sommable dans X (ie. Ker $\bar\partial_b \cap L^2(X)$), dans $L^2(X)$.

Dans cet article , nous allons donner une description très précise des singularités des noyaux de B et de S (qui sont au moins des distributions sur $\bar\Omega^2$ (resp. X^2) , C^∞ en dehors de la diagonale de X dans $\bar\Omega^2$ d'après [10]) . Celle ci est décrite au §1 . Nous retrouvons en particulier le résultat de C. Fefferman [6] (qui décrit complètement la singularité au bord de Ω de la restriction du noyau B(x,y) de B à la diagonale x = y) .

L'idée de la démonstration est la suivante : nous commençons par fabriquer un projecteur orthogonal approximatif sur Ker $\bar\partial_b$ (ie. un projecteur mod. les opérateurs à noyau C^∞) , ou sur le sous espace des fonctions annulées par un système d'opérateurs pseudo-différentiels simulant $\bar\partial_b$ (§2) . Il se trouve que dans tous les cas , il existe un tel projecteur approximatif , qui est un opérateur intégral de Fourier à phase complexe , au sens de [15] . Pour $\bar\partial_b$, on peut choisir une phase particulièrement simple (§1.a et §2.c)

On passe de là au noyau de Bergman en exploitant le fait qu'une fonction holomorphe est harmonique , donc s'exprime en fonction de sa trace sur le bord au moyen du noyau de Poisson (§3.b).

Il reste encore à prouver que le projecteur approximatif diffère du vrai projecteur par un opérateur à noyau C^∞ . Ceci est fait au §3.c et §3.d pour le noyau de Bergman , et au §3.e pour le noyau de Szegö . A ce point nous devons utiliser des résultats plus précis de la théorie des fonctions de plusieurs variables complexes - ici , les inégalités de J.J.Kohn [11] , [12] , [13] . (Le résultat analogue pour un système d'opérateurs pseudo-différentiels simulant $\bar\partial_b$ est en général faux - du moins si la dimension est n = 2 , ie. la dimension réelle du bord X est 3 , et $\bar\partial_b$ se réduit à une équation , comme le montre un contre-exemple de L. Nirenberg [16]).

Enfin au §4 . nous montrons comment le développement asymptotique de la méthode de la phase stationnaire de [15] permet de retrouver simplement le terme dominant dans la singularité de B ou de S ; il permet théoriquement de trouver un développement asymptotique complet pour cette singularité .

Notre travail a évidemment été inspiré par celui de C. Fefferman [6] : le développement asymptotique de C. Fefferman ressemble de façon frappante à ceux qu'on obtient dans la théorie des opérateurs pseudo-différentiels , et nous éspérons que ce travail contribuera à clarifier cette ressemblance . Comme on verra , l'article s'appuie de façon essentielle sur la théorie des opérateurs intégraux de Fourier à phase complexe de A.Melin et J.Sjöstrand [15] . Il utilise aussi des résultats de [3] ou [17] (ou de [5] dans le cas $n = 2$) sur les opérateurs à caractéristiques doubles et ceux qui s'y ramènent (ici $\bar{\partial}_b$ et $\Box_b = \bar{\partial}_b \bar{\partial}_b^* + \bar{\partial}_b^* \bar{\partial}_b$).

Ce travail a été commencé lors d'un séjour des auteurs à l'Institut Mittag-Leffler , et nous tenons à remercier les organisateurs pour l'accueil chaleureux et l'ambiance inspiratrice que nous y avons trouvés . Nous remercions tout particulièrement L.Hörmander dont le manuscrit [8] nous a beaucoup aidé au début de cette recherche ; nous lui devons en particulier l'idée de la phase ψ du §1 . Nous remercions aussi N. Øvrelid pour les discussions qu'il a eues avec l'un de nous .

§1. Description du résultat : singularité des noyaux de Bergman et de Szegö .

a. Soit Ω un ouvert borné de $\mathbb{C}^n$, de frontière C^∞ $X = \partial\Omega$ strictement pseudo-convexe . Ω est donc défini par une inéquation $\rho < 0$, où ρ est une fonction réelle C^∞ sur $\mathbb{C}^n$, strictement pseudo-convexe (ie. la matrice de Levi $\partial^2\rho/\partial z_j\partial\bar{z}_k$ est hermitienne positive , non dégénérée) et $d\rho \neq 0$ si $\rho = 0$. Le bord X est la variété d'équation $\rho = 0$.

(1.1)Proposition.- Il existe une fonction $\psi(x,y) \in C^\infty(\mathbb{C}^n \times \mathbb{C}^n)$ telle que

(i) $\psi(x,x) = \frac{1}{i}\rho(x)$, et $d''_x\psi$, $d'_y\psi$ sont nulles d'ordre infini pour $x = y$.

(ii) $\psi(x,y) = -\overline{\psi(y,x)}$

(deux telles fonctions diffèrent par une fonction nulle d'ordre infini pour $x = y$)

Ce résultat est bien connu ; la condition (i) détermine complètement le développement de Taylor de ψ le long de la diagonale $x = y$:

$$\psi(x+h,x) \sim \frac{1}{i}\sum \frac{\partial^\alpha\rho}{\partial z^\alpha}(x)\ h^\alpha/\alpha!$$

qui implique , comme on voit aussitôt

$$\psi(x+h,x+k) \sim \frac{1}{i}\sum \frac{\partial^{\alpha+\beta}\rho}{\partial z^\alpha\partial\bar{z}^\beta}(x)\ \frac{h^\alpha}{\alpha!}\ \frac{\bar{k}^\beta}{\beta!}$$

et on sait qu'on peut choisir $\psi \in C^\infty(\mathbb{C}^n \times \mathbb{C}^n)$ admettant le développement de Taylor ci-dessus le long de la diagonale x=y.

D'autre part si ψ satisfait à (i) , il en est de même de la fonction $-\overline{\psi(y,x)}$, donc aussi de $\frac{1}{2}(\psi(x,y) - \overline{\psi(y,x)})$, qui satisfait à (ii) , parceque ρ est réelle .

Dans la suite ψ désigne une fonction C^∞ qui satisfait aux conditions (i) et (ii) de la proposition(1.1)

(1.2) Proposition.- On a

$$\frac{1}{i}[\psi(x,y)+\psi(y,x)-\psi(x,x)-\psi(y,y)] = L_\rho(x-y) + O(|x-y|^3)$$

où $L_\rho(z) = \sum \frac{\partial^2\rho}{\partial \bar{z}_j \partial z_k} z_j \bar{z}_k$ est la forme hermitienne associée à la matrice de Levi de ρ .

On le voit aussitôt en faisant un développement de Taylor à l'ordre 2 à partir du point (x,x) : si $\Phi(x,y)$ désigne le membre de gauche de la proposition (1.2) , on a , pour $y = x$

$$(\frac{\partial}{\partial y})^\alpha \Phi = (\frac{\partial}{\partial y})^\alpha (\frac{1}{i}\psi(y,x) + \rho(y)) = 0 \quad (\text{pour } x = y)$$

(puisque $d_y''(x,y)$ est nul d'ordre infini pour $x = y$) , et de même $(\frac{\partial}{\partial \bar{y}})^\alpha \Phi = 0$ pour $x = y$. Enfin

$\frac{\partial^2}{\partial y_j \partial \bar{y}_k}\Phi = \frac{\partial^2 \rho}{\partial y_j \partial \bar{y}_k}(x)$ pour $x = y$ (les dérivées mixtes des autres termes sont toutes nulles pour $x = y$).

(1.3) Corollaire.- Il existe un nombre $C > 0$ tel qu'on ait

$$\text{Im}\,\psi(x,y) \geqslant C\,(d(x,X) + d(y,X) + |x-y|^2) + O(|x-y|^3)$$

pour $x , y \in \bar{\Omega}$.

($d(x,X)$ désigne la distance de x à X , ou à $\complement\Omega$)

En effet on a $\text{Im}\,\psi(x,y) = \frac{1}{2i}(\psi(x,y) - \overline{\psi(y,x)})$, et comme $\rho < 0$ dans Ω , et $d\rho \neq 0$ sur X , il existe un nombre $C' > 0$ tel que $\frac{1}{i}\psi(x,x) = -\rho(x) \geqslant C'\,d(x,X)$ pour $x \in \bar{\Omega}$ (donc aussi $\frac{1}{i}\psi(y,y) \geqslant C'\,d(y,X)$ pour $y \in \bar{\Omega}$).

Quitte à ajouter à ψ une fonction nulle au voisinage de la diagonale , de partie imaginaire $\geqslant 0$ et assez grande hors d'un petit voisinage de la diagonale , on peut alors supposer que ψ satisfait à l'inégalité

(1.4) $\text{Im}\,\psi(x,y) \geqslant C\,(d(x,X) + d(y,X) + |x-y|^2)$ pour $x,y \in \bar{\Omega}$

C étant une constante > 0 convenable .

Dans toute la suite , ψ désigne une fonction C^∞ sur $\mathbb{C}^n \times \mathbb{C}^n$, satisfaisant aux conditions (i) et (ii) de la proposition(1.1) , et à (1.4) . Notre but est de prouver le résultat suivant :

(1.5)Théorème.- Il existe un symbole $s \in S^{n-1}(X \times X \times \mathbb{R}_+)$, admettant un développement asymptotique

$$s(x,y,t) \sim \sum_{k=0}^{\infty} t^{n-1-k} s_k(x,y)$$

tel que le noyau de Szegö $S(x,y)$ diffère par une fonction C^∞ de la distribution définie par l'intégrale oscillante

$$\int_0^\infty e^{it\psi(x,y)} s(x,y,t)\, dt$$

Il existe un symbole $b \in S^n(\bar\Omega \times \bar\Omega \times \mathbb{R}_+)$, de développement asymptotique

$$b(x,y,t) \sim \sum_{k=0}^{\infty} t^{n-k} b_k(x,y)$$

tel que le noyau de Bergman $B(x,y)$ diffère par une fonction C^∞ sur $\bar\Omega \times \bar\Omega$ de l'intégrale

$$\int_0^\infty e^{it\psi(x,y)} b(x,y,t)\, dt$$

Des formules classiques (valables si $p \neq 0$, $\mathrm{Re}\, p \geqslant 0$)

$$(1.6) \quad \mathrm{pf} \int_0^\infty e^{-tp} t^m\, dt = \begin{cases} m!\, p^{-m-1} & \text{si } m \text{ est entier} \geqslant 0 \\ \dfrac{(-1)^m}{(-m-1)!}\, p^{-m-1} \left(\mathrm{Log}\, p + \gamma - \sum_0^{-m-1} 1/j\right) & \text{si } m \text{ est entier} < 0 \end{cases}$$

(où γ désigne la constante d'Euler : $\gamma = \lim_{m \to \infty} \sum_1^m \frac{1}{j} - \mathrm{Log}\, m$) on déduit alors aussitôt

(1.7)<u>Corollaire</u>.- <u>Il existe des fonctions</u> C^∞ F, G <u>sur</u> $X \times X$ (<u>resp</u>. F', G' <u>sur</u> $\bar{\Omega} \times \bar{\Omega}$) <u>telles que</u>

$$S = F\ (-i\psi)^{-n} + G\ \mathrm{Log}(-i\psi)$$

$$B = F'\ (-i\psi)^{-n-1} + G'\mathrm{Log}(-i\psi)$$

(sur X^2, on a noté, un peu abusivement, par $(-i\psi)^{-n}$, la distribution limite pour $\varepsilon \to +0$ des fonctions $(-i\psi+\varepsilon)^{-n}$)

Les formules (1.6) fournissent en fait des fonctions F, G, F', G' telles que

$$(1.8)\quad F = \sum_0^{n-1} (n-1-k)!\ s_k\ (-i\psi)^k \quad \text{mod. } \psi^n$$

$$F' = \sum_0^{n} (n-k)!\ b_k\ (-i\psi)^k \quad \text{mod. } \psi^{n+1}$$

$$G \sim \sum_0^{\infty} (-1)^{k+1}/k!\ s_{n+k}\ (-i\psi)^k$$

$$G' \sim \sum_0^{\infty} (-1)^{k+1}/k!\ b_{n+k+1}\ (-i\psi)^k$$

où dans les deux derniéres relations, le signe $\sim$ signifie que les deux membres ont même série de Taylor le long de la diagonale de X dans X^2 ou $\bar{\Omega}^2$.

On retrouve le résultat de C. Fefferman [6] en faisant $x = y$. Nous verrons au n°4 comment la méthode de la phase stationnaire de [15] permet de retrouver le terme dominant, c'est à dire la restriction de $F(x,y)$ ou de $F'(x,y)$ à la diagonale de X.

b. Faisons pour terminer quelques remarques sur les développements asymptotiques qui interviennent dans les énoncés (1.6) (1.7) et (1.8) .

Remarquons d'abord qu'il résulte de (1.4) que , dans $\bar{\Omega}$ toute dérivée de ψ^{-1} est majorée (à une constante près) par une puissance de 1/d , si d désigne la distance du point (x,y) à la diagonale de X . Par suite

(1.9) Pour qu'une fonction f , C^∞ sur X^2 ou sur $\bar{\Omega}^2$ soit divisible par ψ , il faut et il suffit que la série de Taylor de f soit divisible par celle de ψ en tout point de diag(X) . En particulier si f est nulle d'ordre infini sur diag(X) , $f\,\psi^{-m}$ et $f\,\mathrm{Log}(-i\psi)$ sont C^∞ .

(1.10) Remarque.- Soit $a(x,y,t) \sim \sum a_k(x,y)\, t^{m-k}$ un symbole (sur $X^2 \times \mathbb{R}_+$, ou sur $\bar{\Omega}^2 \times \mathbb{R}_+$) , et soit T la distribution $\int_0^\infty e^{it\psi}\, a\, dt$ (sur X^2 ou $\bar{\Omega}^2$) . Alors la classe de T mod. les fonctions C^∞ ne dépend que des séries de Taylor de ψ et des a_k le long de diag(X) .

On a en effet comme ci-dessus

$$T = \sum_0^m k!\, a_k\, (-i\psi)^{-k-1} + G\,\mathrm{Log}(-i\psi) \quad \mathrm{mod.}\ C^\infty$$

où la série de Taylor de G le long de diag(X) est donnée par

$$G \sim \sum_{k<0} (-1)^k/(1-k)!\, a_k (-i\psi)^{1-k}$$

Il est clair que la série de Taylor de G le long de diag(X) ne dépend que de celles de ψ et des a_k . D'autre part si $\psi - \psi'$ est nulle d'ordre infini sur diag(X) , $1 - \psi'/\psi$ = $(\psi - \psi')/\psi$ est C^∞ , nulle d'ordre infini sur diag(X) , donc aussi $\mathrm{Log}(\psi'/\psi)$, et $\psi'^{-k} - \psi^{-k}$, pour tout k .

(Il est d'ailleurs aisé de vérifier que si $a \sim \sum_{k \leq m} t^k a_k$ et $b \sim \sum_{k \leq m} t^k b_k$ sont deux symboles, et si $\psi' - \psi$ et tous les $a_k - b_k$ sont nuls d'ordre infini sur diag(X),

$$e^{it\psi} a - e^{it\psi'} b$$

est un symbole de degré $-\infty$ sur $X^2 \times \mathbb{R}_+$ ou $\bar{\Omega}^2 \times \mathbb{R}_+$)

(1.11) Proposition.- Si $T = F\,\psi^{-m-1} + G\,\mathrm{Log}(-i\psi)$ est une fonction C^∞ (sur X^2 ou $\bar{\Omega}^2$), alors F est divisible par ψ^{m+1}, et G est nulle d'ordre infini sur diag(X).

preuve: commençons par la remarque élémentaire suivante : si $f(u)$ et $h(u)$ sont deux fonctions C^∞ sur la demi-droite $u \geq 0$, avec $\mathrm{Re}\, h \geq 0$ et $h'(0) \neq 0$, et si $f\,\mathrm{Log}\, h$ est C^∞ pour $u \geq 0$, alors f est nulle d'ordre infini pour $u = 0$. En effet on a $h(u) = u\, h_1(u)$, avec $\mathrm{Re}\, h_1 \geq 0$ et $h_1(0) \neq 0$, donc $\mathrm{Log}\, h - \mathrm{Log}\, u$ est C^∞ ; d'autre part si f n'est pas nulle d'ordre infini pour $u = 0$, il existe un entier k et une fonction C^∞ f_1 tels que $f_1(0) \neq 0$, $f = u^k f_1$; donc $f\,\mathrm{Log}\, h - f_1 u^k\,\mathrm{Log}\, u$ est C^∞, et $f\,\mathrm{Log}\, h$ n'est pas plus C^∞ que $u^k\,\mathrm{Log}\, u$.

Si alors T est C^∞ (sur X^2 ou $\bar{\Omega}^2$), la fonction $G\,\mathrm{Log}(-i\psi)\,\psi^{m+1}$ est C^∞ sur toute demi-courbe (paramétrée par $u \geq 0$) de X^2 (ou $\bar{\Omega}^2$) issue d'un point $(x,x) \in$ diag(X) et dont le vecteur tangent à l'origine n'est pas annulé par $d\psi$, et la restriction de $\psi^{m+1} G$ (donc aussi celle de G) à une telle courbe est nulle d'ordre infini à l'origine. Mais comme $d\psi \neq 0$ le long de diag(X), ceci implique évidemment que G est nulle d'ordre infini sur diag(X).

Ceci peut se formuler de la façon équivalente suivante : si $T = \int_0^\infty e^{it\psi} a\, dt$ (où $a \sim \sum_{k \leq m} t^k a_k(x,y)$) est une fonction C^∞, il existe un symbole $b \sim \sum t^k b_k$ tel que $e^{it\psi} a \sim \frac{d}{dt}(e^{it\psi} b)$ (ie. $a \sim (i\psi + \frac{d}{dt})b$). En particulier le terme dominant a_m est divisible par ψ. Ceci équivaut au résultat sur le symbole de [15] §6, dans le cas particulier où la phase est précisément la fonction ψ.

§2 Construction d'un projecteur approximatif .

Dans la suite de l'article , nous notons C^∞ l'espace des fonctions de classe C^∞ , et $C^{-\infty}$ l'espace des distributions (si X est une variété C^∞ , E un fibré vectoriel C^∞ sur X , $C^\infty(X,E)$ désigne l'espace des sections C^∞ de E , et $C^{-\infty}(X,E)$ l'espace des sections distribution) .

Si f est une distribution sur une variété X , on dit que f est de classe C^∞ au voisinage d'un vecteur cotangent non nul $\xi \in T^*X\setminus 0$ s'il existe un opérateur pseudo-différentiel A elliptique en ξ tel que $Af \in C^\infty$. Le spectre singulier de f est le cône Sp Sing f des $\xi \in T^*X\setminus 0$ tels que f ne soit pas de classe C^∞ au voisinage de ξ .

Nous dirons qu'un opérateur A sur les distributions est régulier s'il est propre (ie. pour tout compact K il existe un compact L tel que supp $f \subset K$ implique supp $Af \subset L$, et supp $f \subset \complement L$ implique supp $Af \subset \complement K$) , et s'il diminue le spectre singulier (de façon équivalente , A est propre et le spectre singulier de son noyau-distribution est contenu dans l'anti-diagonale , ensemble des $(x,x,\xi,-\xi)$ de T^*X^2)

Si A et B sont deux opérateurs sur les distributions , nous écrirons $A \sim B$ si $A-B$ est un opérateur de degré $-\infty$ (de noyau-distribution C^∞) . Si A et B sont deux opérateurs réguliers , et U un cône ouvert de $T^*X\setminus 0$, nous dirons que A et B sont équivalents dans U ($A-B \sim 0$ dans U) si $(A-B)f$ est de classe C^∞ au voisinage de tout point de U , pour toute distribution f (de façon équivalente , le spectre singulier du noyau-distribution de U est disjoint de $U \times U$) .

a. Le modèle local .

On se place sur $\mathbb{R}^n = \mathbb{R}^p \times \mathbb{R}^q$, où on note la variable (x,y) $(x \in \mathbb{R}^p$, $y \in \mathbb{R}^q)$, et on note (ξ,η) la variable duale.

Soit $D_o^{\pm}$ le système d'opérateurs pseudo-différentiels

$$(2.1) \quad D_o^{\pm} = \frac{1}{i}\left(\frac{\partial}{\partial x_j} \pm x_j |D_y|\right) \quad , \quad j = 1,\dots,p$$

où comme d'habitude $|D_y|$ est défini par $\widehat{|D_y| f} = |\eta|\, \hat{f}$ (en fait D_o n'est pas vraiment un opérateur pseudo-différentiel , car la fonction $|\eta|$ n'est pas C^∞ au voisinage de $\eta = 0$; mais nous ne nous interessons qu'au comportement de $D_o^{\pm}$ au voisinage du cône caractéristique $x = \xi = 0$. Si on veut un vrai système d'opérateurs pseudo-différentiels , on peut remplacer $|\eta|$ par $\chi(|\xi|/|\eta|)\,|\eta|$, où χ est une fonction réelle C^∞ , avec $\chi(t) = 1$ si $t \leqslant 1$, $\chi(t) = 0$ si $t \geqslant 2$: le système obtenu en modifiant ainsi $D_o^{\pm}$ est encore elliptique pour $\xi \neq 0$, et son symbole total coïncide avec celui de $D_o^{\pm}$ pour $|\xi| < |\eta|$).

Soit R l'opérateur linéaire continu : $C_o^\infty(R^q) \to C^\infty(R^n)$ défini par

$$(2.1) \quad Rf(x,y) = (2\pi)^{-q} \int e^{iy.\eta - \frac{1}{2}|x|^2|\eta|} (|\eta|/\pi)^{p/4} \hat{f}(\eta)\, d\eta$$

On constate aussitôt qu'on a $D_o^+ R = 0$, $R^* R = \mathrm{Id}$
On sait en outre (cf. [3], [17]) qu'il existe un opérateur régulier $L_o^{\pm}$ tel que

$$(2.3) \quad \mathrm{Id} \sim R R^* + L_o^+ D_o^+$$
$$\mathrm{Id} \sim L_o^- D_o^-$$

En fait , avec les notations de [3] , on peut choisir $L_o \in OPS^{-1,-1}(R^n, \Sigma)$ où Σ est le cône symplectique $x = \xi = 0$. En particulier L_o est un opérateur pseudo-différentiel de type $\frac{1}{2},\frac{1}{2}$, de degré $-\frac{1}{2}$, donc est continu $H^s_{loc} \to H^{s+\frac{1}{2}}_{loc}$ pour tout s.

L'opérateur $R R^*$ est défini par l'intégrale oscillante

$$(2.4)\quad RR^* f(x,y) = (2\pi)^{-q} \iint \exp\left[i\langle y-y',\eta\rangle - \tfrac{1}{2}(|x|^2+|x'|^2)|\eta|\right] \left(\frac{|\eta|}{\pi}\right)^{\frac{p}{2}} f(x,y)\, dx'dy'd\eta$$

Donc $R R^*$ est un opérateur intégral de Fourier à phase complexe , au sens de [15] ; son symbole total est une fonction homogène (ici de degré $p/2$)

Nous renvoyons à [15] pour l'étude systématique de ces opérateurs , et nous bornons ici à faire les rappels suivants : dans [15] on considère des distributions définies par une intégrale oscillante :

$$(2.5)\quad \langle T,f\rangle = \iint e^{i\varphi(x,\theta)}\, a(x,\theta)\; f(x)\, dx\, d\theta$$

où $a \in S^m_c$ est un symbole 'classique' , c'est à dire admet un développement asymptotique

$$a \sim \sum_{k=0}^{\infty} a_{m-k}(x,\theta)$$

où a_{m-k} est homogène de degré $m-k$ en θ , et C^∞ pour $\theta \neq 0$ (ici le degré m sera toujours entier ou demi-entier ; mais les degrés des termes du développement asymptotique dif- tous par des entiers). La phase φ satisfait aux conditions suivantes :

(2.6) (i) φ est C^∞ , homogène de degré 1 en θ (ie. $\varphi(x,\lambda\theta)= \lambda\varphi(x,\theta)$ pour $\lambda > 0$) pour $\theta \neq 0$, et $\mathrm{Im}\,\varphi \geqslant 0$.

(ii) φ n'a pas de point critique (ie. $d_x\varphi \neq 0$ si $d_\theta\varphi = 0$) et les différentielles $d(\frac{\partial\varphi}{\partial\theta_j})$ sont linéairement indépendantes là où les dérivées $\frac{\partial\varphi}{\partial\theta_j}$ sont toutes nulles .

Plus généralement on considère des opérateurs intégraux de Fourier à phase complexe , définis par une intégrale oscillante :

$$(2.7)\quad Af(x) = \iint e^{i\varphi(x,y,\theta)}\, a(x,y,\theta)\; f(y)\, dy\, d\theta$$

où a est à nouveau un symbole 'classique' , et φ satisfait aux conditions (2.6)(i),(ii) , avec en outre

(2.6)(iii) $d_x\varphi \neq 0$ et $d_y\varphi \neq 0$ si $d_\theta\varphi = 0$

Pour étudier ces opérateurs il est commode d'utiliser le langage et la technique des fonctions et des variétés presque analytiques ([15] , §1) : si f est une fonction C^∞ sur $\mathbb{C}^n \times \mathbb{C}^N \setminus 0$, nous écrirons $f \sim 0$ si f est nulle d'ordre infini sur le sous-espace réel $\mathbb{R}^n \times \mathbb{R}^N \setminus 0$; f est presque analytique si $d''f \sim 0$. Toute fonction C^∞ à valeurs complexes $f(x,\theta)$ sur $\mathbb{R}^n \times \mathbb{R}^N \setminus 0$ possède un prolongement presque analytique $\tilde{f}$, qu'on peut choisir homogène de degré m en θ (resp. dans $S^m(\mathbb{C}^n \times \mathbb{C}^N \setminus 0)$) si f est homogène de degré m en θ (resp. $F \in S^m(\mathbb{R}^n \times \mathbb{R}^N \setminus 0)$) ; et deux tels prolongements sont équivalents .

Une sous-variété $\Lambda \subset \mathbb{C}^n \times \mathbb{C}^N \setminus 0$ lisse , de codimension réelle 2p , est presque analytique si elle est localement définie par p équations $\varphi_j = 0$, $j=1,..p$, où les φ_j sont presque analytiques , et les différentielles $d\varphi_j$ sont linéairement indépendantes au voisinage des points réels de Λ ; l'idéal de Λ est alors l'idéal de $C^\infty(\mathbb{R}^n \times \mathbb{R}^N \setminus 0)$ engendré par les restrictions des φ_j aux réels . Deux variétés presque analytiques Λ, Λ' sont équivalentes si elles peuvent être définies localement par des équations équivalentes , ou , ce qui revient au même d'après [15], §1 , si elles ont même idéal . Si Λ est une variété presque analytique , une fonction f sur Λ est presque analytique si c'est la restriction d'une fonction presque analytique ; on écrit $f \sim f'$ si $f-f'$ est la restriction à Λ d'une fonction ~ 0 , ou , ce qui revient au même d'après [15] §1 , si $|f-f'| = O(|\mathrm{Im}\, z|^N)$ pour tout N , pour $z \in \Lambda$. Les classes de fonctions presque analytiques équivalentes correspondent aux classes mod. l'idéal de Λ de $C^\infty(\mathbb{R}^n \times \mathbb{R}^N \setminus 0)$.

Dans la situation (2.5) ci-dessus , on introduit des prolongements presqu'analytiques $\tilde{\varphi}$, $\tilde{a}$ de φ et a .

On note $\tilde{N}$ la variété presque complexe d'équations $\frac{\partial\tilde{\varphi}}{\partial\theta_j} = 0$ ($d'_\theta \varphi = 0$) , et $\tilde{\Lambda}$ l'image de $\tilde{N}$ par l'application $(x,\theta) \mapsto (x, d'_x\varphi)$. Λ est une variété presque analytique (d'après [15] §3) , Lagrangienne , ie. $\sum d\xi_j \wedge dx_j \sim 0$ sur $\tilde{\Lambda}$, ou , ce qui revient au même , Λ est de dimension n et son idéal est stable par crochet de Poisson .

De même dans la situation (2.7) ci-dessus , on introduit la variété presque analytique $\tilde{C}$ image de $\tilde{N}$ par l'application $(x,y,\theta) \mapsto (x,y,d'_x\varphi, -d'_y\varphi)$. C'est une relation canonique (ie. $\tilde{C}$ est Lagrangienne pour la forme $\sum d\xi_j \wedge dx_j - \sum d\eta_k \wedge dy_k$).

On montre (dans [15] §4) que l'ensemble des opérateurs de la forme (2.7) , avec $a \in S_c^{m'}$, $m' = m + 1/4(\dim X + \dim Y) - \frac{1}{2}N$ ne dépend que de la relation canonique $\tilde{C}$ (et pas de φ , ni de N) ; on note cet ensemble $I_c^m(X,Y,\tilde{C})$.

Dans le cas présent la phase est

$$\varphi = \langle y-y', \eta \rangle + i/2(|x|^2 + |x'|^2)\,|\eta| \qquad \left(|\eta| = (\textstyle\sum \eta_j^2)^{\frac{1}{2}} \right)$$

Elle est analytique , donc a un prolongement holomorphe dans un voisinage conique de $\mathbb{R}^{2n} \times \mathbb{R}^q \setminus 0$ dans $\mathbb{C}^{2n} \times \mathbb{C}^q \setminus 0$. Nous noterons Σ^o le cône complexe d'équation

(2.8) $\quad \sigma(D_o^+) = 0$ (c'est à dire $\xi = ix\,|\eta|$)

$\Sigma^o \cap \overline{\Sigma^o}$ est le complexifié du cône réel $x = \xi = 0$. $\tilde{N}$ est le cône complexe $y-y' + i/2(|x|^2 + |x'|^2)\frac{\eta}{|\eta|} = 0$, et la relation canonique $\tilde{C}$, que nous noterons C_o^+ , est le cône complexe des $(x,y,x',y',\xi,\eta,\xi',\eta')$ tels que

$$(2.9) \quad \begin{cases} y' = y + i/2(|x|^2 + |x'|^2) \\ \xi = i\,x\,|\eta| \\ \xi' = -i\,x'\,|\eta| \\ \eta' = \eta \end{cases}$$

136

(2.10)Remarque.- Il est clair que C_o^+ est contenue dans $\Sigma^o \times \overline{\Sigma^o}$, et contient $\mathrm{diag}(\Sigma^+)$ (Σ^+ désignant le cône $x = \xi = 0$; on le voit en faisant $x = x' = 0$ dans les formules (2.9)) .

En fait C_o^+ est la seule relation canonique qui ait ces propriétés : en effet si C' est une telle relation canonique, C' est involutive (pour la forme $\sum_1^p d\xi_j \wedge dx_j - d\xi'_j \wedge dx'_j + \sum_1^q d\eta_j \wedge dy_j - d\eta'_j \wedge dy'_j$) , donc tangente au feuilletage bicaractéristique de $\Sigma^o \times \overline{\Sigma^o}$ (qui est involutive) ; or on constate aussitôt que le fibré tangent du feuilletage bicaractéristique de $\Sigma^o \times \overline{\Sigma^o}$ est linéairement disjoint du fibré tangent de $\mathrm{diag}(\Sigma^+)$: le long de $\mathrm{diag}(\Sigma^+)$, il est engendré par les vecteurs $\frac{\partial}{\partial x_j} + i|\eta|\frac{\partial}{\partial \xi_j}$, $\frac{\partial}{\partial x'_j} - i|\eta|\frac{\partial}{\partial \xi'_j}$ $(j=1,..p)$; et comme $\dim(\Sigma^+) + \mathrm{codim}(\Sigma^o \times \overline{\Sigma^o}) = 2n$, C' est nécéssairement la réunion des feuilles bicaractéristiques passant par $\mathrm{diag}(\Sigma^+)$, donc égale à C_o^+ .

En outre C_o^+ est strictement positive au sens de [15], §3 (presque par définition)

Remarquons aussi que dans le cas présent , Σ^o (et C_o^+) coupe transversalement le sous espace réel , et la partie imaginaire d'un point de Σ^o (ou de C_o^+) a même ordre de grandeur que la distance de ce point à la partie réelle de Σ^o (ou de C_o^+) ; aussi la classe d'une fonction presque analytique sur Σ^o (ou C_o^+) est entièrement déterminée par son développement de Taylor le long des points réels , ce qui rend la situation plus 'algébrique'.

b. Cas général .

Soit X une variété C^∞ (séparée , dénombrable à l'infini) et soit $D = (D_1,\dots,D_p)$ un système de p opérateurs pseudo-différentiels 'classiques' de degré m tels que

(2.11) (i) $[D_j,D_k] \sim \sum A_{jk}^m D_m$, où les A_{jk}^m sont des opérateurs pseudo-différentiels 'classiques' de degré $\leq m-1$.

(ii) La matrice $\sigma([D_j,D_k^*]) = \frac{1}{i}\{d_j,\bar{d}_k\}$ est oubien hermitienne positive non dégénérée , ou bien hermitienne négative non dégénérée sur les zéros communs des $d_j = \sigma(D_j)$

137

(Pour définir les adjoints , nous munissons X d'une mesure de densité C^∞ , >0 - par exemple le volume pour une métrique Riemannienne C^∞. Les assertions ci-dessous ne dépéndent pas du choix d'une telle mesure .)

Nous noterons $\Sigma^\pm$ le cône $d_j = 0$, $\pm \frac{1}{i}\{d_j,\bar{d}_k\} \gg 0$ dans $T^*X \setminus 0$: c'est un cône lisse , symplectique , de codimension 2p (l'hypothèse $\pm \frac{1}{i}\{d_j,\bar{d}_k\} \gg 0$ implique que les différentielles des d_j , $\bar{d}_j$ sont linéairement indépendantes le long de $\Sigma^\pm$).

On note encore Σ^0 la (classe de) variété presque analytique définie par les équations $\tilde{d}_j = 0$, $j=1,..p$, où $\tilde{d}_j$ est un prolongement presque analytique de d_j . La condition (2.11)(i) implique que Σ^0 est involutive (l'idéal engendré par les d_j est stable par crochet de Poisson)

Il résulte de [3] (cf. aussi [9] dans le cas où les D_j sont analytiques) que pour tout $\xi \in \Sigma^\pm$, il existe un isomorphisme canonique ϕ défini au voisinage de ξ , et un opérateur intégral de Fourier V associé à ϕ et elliptique au voisinage de ξ , tels qu'on ait , au voisinage de ξ , U désignant une parametrix de V

(2.12) $D \sim U\, C\, D_0\, V$ (au voisinage de ξ) , où C est une matrice elliptique d'opérateurs pseudo-différentiels classiques.

(2.13)Proposition.- <u>Il existe une (classe de) relation canonique</u> C^+ <u>presque analytique sur</u> $T^*X \times T^*X$, <u>unique à équivalence près , telle</u>

(i) $C^+ \subset \Sigma^0 \times \overline{\Sigma^0}$

(ii) <u>L'ensemble des points réels de</u> C^+ <u>est exactement la diagonale de</u> Σ^+ .

C^+ <u>est strictement positive (au sens de</u> [15], §3) .

En effet on se ramène aussitôt au cas du modèle local de a. , grâce à la transformation canonique ϕ ci-dessus , et la proposition résulte de la remarque (2.10) .

(2.14) Théorème.- Il existe des opérateurs réguliers S et L tels que (i) $S \sim S^* \sim S^2$

(ii) $D S \sim 0$, et $Id \sim S + L D$

S est complètement déterminé à un opérateur de degré $-\infty$ près par ces conditions , et on a $S \in I_c^o(X^2, C^+)$

preuve: remarquons pour commencer que l'assertion du théorème est locale . Tout d'abord , si W est un cône ouvert de $T^*X \setminus 0$, et si S , L , S' , L' sont deux systèmes d'opérateurs réguliers satisfaisant aux conditions (i) et (ii) dans W , on a

$$S \sim (S' + L'D)S \sim S'S \quad \text{dans } W$$

et , de même $S' \sim S S'$ dans W . En outre , comme $S \sim S^*$ et $S' \sim S'^*$ (dans W) , on a

$$S' \sim SS' \sim (SS')^* = S'^* S^* \sim S'S \sim S$$

Ceci démontre l'unicité de S (à un opérateur de degré $-\infty$ près).

Soit maintenant W_α un recouvrement ouvert localement fini de $T^*X \setminus 0$, et pour tout α , soient S_α , L_α des opérateurs réguliers satisfaisant à (i) et (ii) dans W_α . Choisissons , comme il est loisible , une partition pseudo-différentielle de l'unité Q_α subordonnée aux W_α (ie. $Q_\alpha \sim 0$ au voisinage de $\complement W_\alpha$, la somme $\sum Q_\alpha$ est localement finie , et $\sum Q_\alpha \sim Id$) . Posons

$$S \sim \sum Q_\alpha S_\alpha \quad , \quad L \sim \sum Q_\alpha L_\alpha$$

On a alors $S_\alpha \sim S$ dans W_α , pour tout α (car $S_\alpha \sim S_\beta$ dans $U_\alpha \cap U_\beta$, donc $Q_\beta S_\beta \sim Q_\beta S_\alpha$ dans U_α pour tout β , de sorte qu'on a , pour tout α , $S = \sum_\beta Q_\beta S_\alpha \sim S_\alpha$ dans W_α). On a aussi $L D = \sum Q_\alpha L_\alpha D \sim \sum Q_\alpha (1 - S_\alpha) \sim \sum Q_\alpha (1-S) \sim Id - S$.

Il suffit donc de prouver le théorème au voisinage de chaque point de $T^*X \setminus 0$. Il n'y a pas de difficulté en dehors de la variété caractéristique $\Sigma = \Sigma^+ \cup \Sigma^-$, où D est elliptique (on peut donc prendre , dans le complémentaire de Σ , $S = 0$, $L \sim (D^*D)^{-1} D^*$, où $(D^*D)^{-1}$ désigne une parametrix de l'opérateur D^*D , qui est elliptique) . Il n'y a pas non plus de difficulté au voisinage d'un point de Σ^- (on peut prendre $S = 0$, $L \sim U L_o^- C^{-1} V$, U et V étant comme dans (2.12) , et C^{-1} désignant une parametrix de C) . Reste à examiner ce qui se passe au voisinage des points de C^+ : dans un premier essai , nous choisissons (U , V , et C étant comme dans (2.12))

$$S_1 = U R R^* V \quad , \quad L_1 \doteq U L_o^+ C^{-1} V \ .$$

On a évidemment $S_1 \sim S_1^2$, $D S_1 \sim 0$, et $Id \sim S_1 + L_1 D$, mais il n'y a aucune raison pour qu'on ait $S_1 \sim S_1^*$.

Pour corriger , nous remarquons que $R^*U^*U R$ est un opérateur pseudo-différentiel classique elliptique . Soit B une parametrix , et posons

$$S = U R B R^* U^*$$

On a $B \sim B^*$, donc $S \sim S^*$. Des relations $R^*V U R \sim Id$, et $B R^*U^*U R \sim Id$, on déduit

$$S S_1 = (URBR^*U^*)(URR^*V) = UR(B R^*U^*UR) R^* V \sim S_1$$

$$S_1 S = (URR^*V)(URBR^*U^*) = UR (R^*VUR) BR^*U^* \sim S$$

D'où $DS \sim DS_1S \sim 0$, $S^2 \sim SS_1S \sim S_1S \sim S$, et

$$(1-S)(1-S_1) = 1 - S - S_1 + SS_1 \sim 1 - S$$

D'où , avec $L = (1-S) L_1$

$$S + LD = S + (1-S) L_1D \sim S + (1-S)(1-S_1) \sim Id$$

Enfin dans [15], §7 , on prouve que $S = U R B R^*U^*$, qui est composé d'opérateurs intégraux de Fourier à phase réelle ou complexe , et à symbole total classique , est encore un opérateur intégral de Fourier à phase complexe , et à symbole total classique . Ici B est associé à la relation canonique identique (c'est un opérateur pseudo-différentiel) donc $R R^*$ et $R B R^*$ sont associés à la même relation canonique C_o^+ . U est associé à l'isomorphisme canonique ϕ^{-1} , et son adjoint U^* est associé à l'isomorphisme inverse ϕ , de sorte que $S = U R BR^* U^*$ est associé à la relation canonique $\phi^{-1} \circ C_o^+ \circ \phi = C^+$. Ceci achève la démonstration du thèorème .

c. Cas de $\bar{\partial}_b$.

Nous reprenons les notations du n°1 : Ω désigne l'ouvert borné $\rho < 0$, sa frontière X est définie par $\rho = 0$, et on a $d\rho \neq 0$ sur X .

On note $T'' \subset TX \otimes \mathbb{C}$ l'ensemble des vecteurs anti-holomorphes tangents à X : les éléments de T'' en un point x de X sont donc les vecteurs $\sum a_j \, \partial/\partial \bar{z}_j$ tels que $\sum a_j \frac{\partial \rho}{\partial \bar{z}_j}(x) = 0$. T'' est un sous-fibré vectoriel C^∞ de $TX \otimes \mathbb{C}$; dans l'ouvert X_k de X où on a $\frac{\partial \rho}{\partial \bar{z}_k} \neq 0$, T'' admet pour base les champs (à coefficients C^∞)

$$D_j^k = \frac{\partial}{\partial \bar{z}_j} - \left(\frac{\partial \rho}{\partial \bar{z}_k}\right)^{-1} \left(\frac{\partial \rho}{\partial \bar{z}_j}\right) \frac{\partial}{\partial \bar{z}_k} \quad , \; j \neq k$$

T'' satisfait à la condition d'intégrablilté de Frobenius (autrement dit si X et Y sont deux sections C^∞ de T'' , il en est de même du crochet $[X,Y]$ - en fait on a $[D_j^k, D_m^k] = 0$ dans X_k) . L'orthogonal de T'' dans $T^*X \otimes C$ admet pour base les restrictions $dz_j | X$.

Rappelons que $\bar{\partial}_b$ est l'opérateur différentiel : $C^\infty(X) \to C^\infty(X, T''^*)$ défini par $\bar{\partial}_b f = df|T''$; on a aussi $\bar{\partial}_b f = d''\tilde{f}|T''$ si $\tilde{f}$ est n'importe quel prolongement C^∞ de f sur $\mathbb{C}^n$. Dans X_k , T''^* admet pour base les $d\bar{z}_j|T''$, $j \neq k$, et on a

$$\bar{\partial}_b f = \sum_{j \neq k} D_j^k f \;\; d\bar{z}_j | T''$$

Le cône caractéristique Σ de $\bar{\partial}_b$ est le sous-fibré vectoriel réel de T^*X orthogonal de T'' (donc aussi du conjugué $T' = \overline{T''}$) . Il est engendré par la forme

$$\frac{1}{i} d'\rho|X = -\frac{1}{i} d''\rho|X$$

(en tant que fibré vectoriel ; en tant que cône , une fois qu'on a ôté la section nulle , il reste deux nappes , engendrées l'une par $\frac{1}{i} d'\rho|X$, l'autre par $-\frac{1}{i} d'\rho|X$.

Si $Z = \sum a_j \frac{\partial}{\partial \bar{z}_j}$, $W = \sum b_j \frac{\partial}{\partial \bar{z}_j}$ sont deux sections C^∞ de T'' (que par commodité nous prolongeons en champs anti-holomorphe C^∞ au voisinage de X) , on a

$$\sigma([Z,W^*]) (\tfrac{1}{i} d'\rho) = -\sigma([Z,\bar{W}]) (\tfrac{1}{i} d'\rho) =$$
$$= -i \langle [Z,\bar{W}], \tfrac{1}{i} d'\rho\rangle = -\langle [Z,\bar{W}], d'\rho\rangle$$

Mais la composante holomorphe de $[Z,\bar{W}]$ est $\theta_Z \bar{W} = \sum a_j \frac{\partial \bar{b}_k}{\partial \bar{z}_j} \frac{\partial}{\partial z_k}$. On a donc

$$-\langle [Z,W], d'\rho\rangle = -\sum a_j \frac{\partial \bar{b}_k}{\partial \bar{z}_j} \frac{\partial \rho}{\partial z_k} \quad (\text{sur } X)$$

Comme on a $\langle \bar{W}, d'\rho\rangle = \langle \bar{W}, d\rho\rangle = 0$ sur X , et comme Z est tangent à X , on a

$$\theta_Z \langle W, d'\rho\rangle = \sum a_j \left(\frac{\partial \bar{b}_k}{\partial \bar{z}_j} \frac{\partial \rho}{\partial z_k} + \bar{b}_k \frac{\partial^2 \rho}{\partial \bar{z}_j \partial z_k} \right) = 0 \text{ sur } X$$

d'où finalement

$$\sigma([Z,W^*]) (\tfrac{1}{i} d'\rho) = \sum a_j \bar{b}_k \frac{\partial^2 \rho}{\partial \bar{z}_j \partial z_k} = L_\rho(Z,W)$$

où L_ρ est la forme sesquilinéaire hermitienne associée à la matrice de Levi de ρ (comme dans (1.2)).

Ainsi si ρ est strictement pseudo-convexe , $\bar{\partial}_b$ satisfait aux hypothèses du théorème(2.14) . La variété caractéristique Σ est symplectique , et $\Sigma^\pm$ est la nappe des multiples positifs de $\pm \frac{1}{i} d'\rho|X$.

Le théorème(2.14) affirme qu'il existe $S' \in I^0_c(X \times X, C^+)$

142

et L' régulier (en fait $L' \in OPS^{-1,-1}(X,\Sigma)$ avec les notations de [3]) tels que

$$(2.15) \quad S' \sim S'^{*} \sim S'^{2} \ , \quad \bar{\partial}_b S' \sim 0 \ , \quad Id \sim S' + L' \bar{\partial}_b$$

C^+ désigne la relation canonique presque analytique définie par la proposition(2.13) .

(2.16)Proposition.- C^+ est la relation canonique associée à la phase $(x,y,t) \mapsto t\,\psi(x,y)$ sur $X \times X \times \mathbb{R}_+$, ψ étant la fonction définie au n°1 .

En effet la fonction $t\,\psi(x,y)$ satisfait bien aux conditions (2.6) (i)(ii)(iii) ci-dessus : les points critiques sont les points où l'on a $\frac{\partial}{\partial t}(t\psi) = 0$, c'est à dire $\psi = 0$; l'ensemble des points critiques réels est donc $diag(X) \times \mathbb{R}_+$; et sur diag(X) on a $d_x\psi = -d_y\psi = \frac{1}{i}\, d'\rho|X \neq 0$ (donc à plus forte raison $d(\frac{\partial}{\partial t} t\,\psi) \neq 0$) .

La relation canonique presque analytique associée à $t\,\psi$ contient $diag(\Sigma^+)$, puisque sur diag(X) on a $d_x(t\,\psi) = - d_y(t\psi) = t\,\frac{1}{i}\, d'\rho|X$; et il résulte aussitôt du fait que $d_x''\psi$ et $d_y'\psi$ s'annulent d'ordre infini sur $diag(\mathbb{C}^n)$ que cette relation canonique est contenue dans $\Sigma^0 \times \overline{\Sigma^0}$ (ici , cela signifie exactement que $\bar{\partial}_{b,x}\psi$ et $\partial_{b,y}\psi$ s'annulent à l'ordre infini sur diag(X)). La proposition(2.15) résulte donc de la proposition(2.13) .

Ainsi S' admet une représentation intégrale de la forme

$$(2.17) \quad S'(x,y) = \int_0^\infty e^{it\,\psi(x,y)}\, a(x,y,t)\, dt$$

où a est un symbole classique de degrè n-1 :

$$a(x,y,t) \sim \sum_{k=0}^{\infty} t^{n-1-k}\, a_k(x,y)$$

S' est un bon candidat pour approcher le noyau de Szegö S , et nous verrons au n°3 qu'il en diffère par une fonction de classe C^∞ .

§3 Le noyau de Bergman .

a. Notations .

On conserve les notations antérieures pour Ω , X , φ , ψ et T'' . Nous noterons γ l'opérateur de restriction qui à $f \in C^\infty(\bar\Omega)$ fait correspondre $f|X$; et si ω est une forme de type 0,1 nous noterons encore $\gamma\omega$ la restriction $\omega|T''$. On a donc

$$(3.1) \qquad \gamma f = f|X$$
$$\gamma d''f = \bar\partial_b \gamma f$$

Pour passer de résultats concernant les traces sur X de fonctions holomorphes aux fonctions elles-mêmes , nous allons exploiter le fait qu'une fonction holomorphe est harmonique , donc qu'elle s'exprime au moyen du noyau de Poisson à partir de sa restriction à X . Nous noterons $K : C^\infty(X) \to C^\infty(\bar\Omega)$ l'opérateur qui résout le problème de Dirichlet . On a donc

$$(3.2) \qquad \Delta K = 0$$
$$\gamma K = \mathrm{Id}$$

Pour les propriétés des opérateurs tels que K , ou que l'opérateur G ci-dessous , et en particulier la façon dont ils se composent avec les opérateurs pseudo-différentiels , nous renvoyons à [1] , [2] . On sait que K se prolonge continument : $C^{-\infty}(X) \to C^{-\infty}(\bar\Omega)$ (où $C^{-\infty}(\bar\Omega)$ désigne l'espace des distributions portées par $\bar\Omega$) ; aussi l'adjoint K^* est continu $C^\infty(\bar\Omega) \to C^\infty(X)$ et se prolonge continument $C^{-\infty}(\bar\Omega)$ $C^{-\infty}(X)$. L'opérateur K^*K est un opérateur pseudo-différentiel classique , elliptique de degré -1 , hermitien positif , et inversible (parceque K est injectif) ; son symbole est $(2|\xi|)^{-1}$. Nous poserons

$$(3.3) \qquad A = (K^*K)^{-\frac{1}{2}} \qquad \text{(la racine positive)}$$

C'est un opérateur pseudo-différentiel classique, elliptique de degré $\frac{1}{2}$, hermitien positif et inversible ; son symbole est $(2|\xi|)^{\frac{1}{2}}$. On a $AK^*KA = A A^{-2} A = Id$, donc KA est isométrique, et

$$(3.4) \quad H = KA^2K^*$$

est le projecteur orthogonal sur les formes harmoniques dans $L^2(\Omega)$. L'opérateur H est continu $C^\infty(\bar{\Omega}) \to C^\infty(\bar{\Omega})$ et se prolonge continument $C^{-\infty}(\bar{\Omega}) \to C^{-\infty}(\bar{\Omega})$

Nous utiliserons enfin le résultat suivant : il existe un opérateur (unique) $G : C^\infty(\bar{\Omega}) \to C^\infty(\bar{\Omega})$ (qui est un opérateur de Green au sens de [2]) tel que

$$(3.5) \quad H + G\Delta = \Delta G = Id \quad , \quad K^*G = 0$$

En effet si G_1 est le noyau de Green du problème de Dirichlet, on a $\Delta G_1 = K + G_1\Delta = Id$, $\gamma G_1 = 0$, et l'opérateur $G = (1-H)G_1$ satisfait aux conditions (3.5) (car on a $K^*(1-H) = (1-K^*KA^2)K^* = 0$, donc $K^*(1-H)G_1 = 0$, $\Delta H = 0$, donc $\Delta(1-H)G_1 = \Delta G_1 = Id$; enfin H et $K\gamma$ sont deux projecteurs sur le même sous espace, donc $HK\gamma = K\gamma$, $K\gamma H = H$, et $(1-H)(1-K\gamma) = (1-H)$, d'où

$$H + (1-H)G_1\Delta = H + (1-H)(1-K\gamma) = Id \quad)$$

En outre G_1 est hermitien $(G_1 = G_1^*)$ car le problème de Dirichlet est auto-adjoint ; comme il est continu $C^\infty(\bar{\Omega}) \to C^\infty(\bar{\Omega})$, il se prolonge continument $C^{-\infty}(\bar{\Omega}) \to C^{-\infty}(\bar{\Omega})$, et il en est de même pour $G = (1-H)G_1$.

b. Réduction au bord de Ω.

Soit B le projecteur de Bergman (projecteur orthogonal sur les fonctions holomorphes dans $L^2(\Omega)$). Comme une fonction holomorphe est harmonique, on a $B = HB$. Comme B et H sont tous deux auto-adjoints, on a aussi $B = BH = HBH =$

145

$= K A^2 K^* B K A^2 K^*$. Nous poserons

$$(3.6) \qquad S_A = AK^* B KA$$

$$P = A S_A A$$

On a donc $B = K P K^*$

Comme B est un projecteur orthogonal , et KA une isométrie sur un sous-espace contenant l'image de B , S_A est un projecteur orthogonal ; son image est $AK^*(\mathrm{Im}(B))$. Mais si f est harmonique , on a $AK^* f = A^{-1} A^2 K^* K \gamma f = A^{-1} \gamma f$. En particulier $AK^* B = A^{-1} \gamma B$. Comme les traces des fonctions holomorphes sont exactement les fonctions sur X annulées par $\bar{\partial}_b$ (cf. [14]) , on a $\mathrm{Im}(\gamma B) = \gamma\, \mathrm{Im}(B) = \mathrm{Ker}\, \bar{\partial}_b$, et par suite

(3.7) l'image de S_A est $A^{-1}\, \mathrm{Ker}\, \bar{\partial}_b = \mathrm{Ker}\, \bar{\partial}_b A$

c. Construction d'un projecteur approximatif .

Le système $\bar{\partial}_b A$ satisfait encore aux conditions du théorème(2.14) , avec les mêmes cônes Σ^+ , Σ , Σ^o , et la même relation canonique C^+ (il est clair que dans le théorème (2.14) on peut remplacer les D_j par $D_j A$, si A est elliptique ; les cônes Σ , Σ^+ , Σ^o , et C^+ ne changent pas car ils ne dépendent que de l'idéal de fonctions C^∞ engendré par les symboles $\sigma(D_j)$).

Le théorème(2.14) affirme donc qu'il existe un opérateur $S'_A \in I^o_c(X \times X, C^+)$ et un opérateur L'_A (qu'on peut en fait choisir dans $OPS^{-\frac{3}{2},-1}(X,\Sigma)$) tels que

$$(3.8) \qquad S'_A \sim S'^*_A \sim S'^2_A \quad , \quad \bar{\partial}_b A S'_A \sim 0 \quad , \quad S'_A + L'_A \bar{\partial}_b A \sim \mathrm{Id}$$

Quitte à remplacer S'_A par $\frac{1}{2}(S'_A + S'^*_A)$, on peut même supposer $S'_A = S'^*_A$. On posera encore

(3.9) $\quad P' = A\, S'_A\, A$

$\qquad\quad B' = K\, P'\, K^*$

Comme $A = A^*$, on a $P' = P'^*$ et $B' = B'^*$. On a aussi

$$\bar{\partial}_b\, P' = \bar{\partial}_b\, A\, S'_A\, A \sim 0$$

$$B'^2 = KA\, S'_A\, AK^*KA\, S'_A\, AK = KA\, S'^2_A\, AK \sim B'$$

En vue de ce qui précède , B' est un bon candidat pour approcher le noyau de Bergman B .

(3.10)*Proposition.- On a* $d''B' \sim 0$

Voici une première démonstration : on a évidemment $d''d''KP'=0$, et $d''^*d''KP' = \frac{1}{2}\, \Delta\, KP' = 0$. En outre on a

$$\gamma\, d''\, KP' = \bar{\partial}_b\, \gamma\, KP' = \bar{\partial}_b\, P' \sim 0$$

Il résulte alors du théorème de régularité de la solution du problème d'' - Neumann (cf. [11], [12], [13]) qu'on a aussi $d''\, KP' \sim 0$, et $d''\, K\, P'\, K^* = d''\, B' \sim 0$.

Cette démonstration est tout à fait immorale , car elle utilise le théorème de régularité de [12] , alors qu'il est clair que celui-ci doit résulter essentiellement des constructions faites jusqu'à présent . Voici donc une autre démonstration qui n'utilise pas le résultat de régularité de [12] .

(3.11)*Lemme.- Il existe un symbole* $b(x,y,t) \sim \sum b_k(x,y)\, t^{n-k}$ *sur* $\mathbb{C}^n \times \mathbb{C}^n \times \mathbb{R}_+$ *tel que*

(i) $b(x,y,t) = \overline{b(y,x,t)}$ (*donc* $b_k(x,y) = \overline{b_k(y,x)}$ *pour tout* k)

(ii) $d''_x b_k$ *et* $d'_y b_k$ *sont nuls d'ordre infini , pour tout* k, sur $\mathrm{diag}(\mathbb{C}^n)$.

(iii) $P' \sim \int_0^\infty e^{it\psi}\, b|X^2\, dt$

Nous construisons b par approximations successives. Supposons construit $b_{N-1} \in S^n_c(\mathbb{C}^n \times \mathbb{C}^n \times \mathbb{R}_+)$, satisfaisant à (i) et (ii), et tel que, avec $P_{N-1} = \int_0^\infty e^{it\psi} b_{N-1}|X^2 \, dt$, on ait $R_N = P' - P_{N-1} \in I_c^{1-N}(X \times X, C^+)$ (pour $N = 0$, on prend $b_{N-1} = 0$). On a donc

$$R_N = \int_0^\infty e^{it\psi} r_N \, dt \quad , \text{ avec } r_N \sim \sum r_{N,k}(x,y)\, t^{1-N-k}$$

et puisque $R_N = R_N^*$, on peut supposer $r_{N,k}(x,y) = \overline{r_{N,k}(y,x)}$ pour tout k.

Comme $d''_x \psi$, $d'_y \psi$, $d''_x b_{N-1}$ et $d'_y b_{N-1}$ sont nuls d'ordre infini pour $x = y$, on a $\bar{\partial}_b P_{N-1} \sim 0$, donc aussi $\bar{\partial}_b R_N \sim 0$ puisque $\bar{\partial}_b P' \sim 0$. Mais comme $\bar{\partial}_{b,x}\psi$ est nul d'ordre infini sur diag(X), on a (à une fonction C^∞ près)

$$\bar{\partial}_b R_N \sim \int e^{it\psi}\, \bar{\partial}_b r_N \, dt \sim 0$$

et, d'après la remarque de la fin du n°1, $\bar{\partial}_{b,x} r_{N,0}$ est divisible par ψ (ou encore : si $\bar{\partial}_b R_N \sim 0$, le symbole de $\bar{\partial}_b R_N$ est nul, et d'après [15] §7, celui ci est, à un changement de variable près et à un facteur non nul près, la classe de $\bar{\partial}_{b,x} r_{N,0}$ mod. ψ). Comme $r_{N,0}(x,y) = \overline{r_{N,0}(y,x)}$ $\partial_{b,y} r_{N,0}$ est aussi nul d'ordre infini sur diag(X).

Soit maintenant $\beta_N(x,y)$ une fonction C^∞ sur $\mathbb{C}^n \times \mathbb{C}^n$ telle que $\beta_N(x,y) = \overline{\beta_N(y,x)}$, que $d''_x \beta_N$ et $d'_y \beta_N$ soient nuls d'ordre infini pour $x = y$, et que $\beta_N(x,x) = r_{N,0}(x,x)$ si $x \in X$ (une telle fonction existe car $r_{N,0}(x,x)$ est réel).

Pour continuer nous aurons besoin du résultat suivant :

(3.12)<u>Lemme</u>.- <u>Soit</u> $\alpha(x,y)$ <u>une fonction</u> C^∞ <u>sur</u> X^2 <u>telle que</u> (i) $\alpha(x,x) = 0$ <u>pour tout</u> $x \in X$ (ii) $\bar{\partial}_{b,x}\alpha$ <u>et</u> $\partial_{b,y}\alpha$ <u>sont divisibles par</u> ψ. <u>Alors</u> α <u>est divisible par</u> ψ.

preuve du lemme(3.12) : il suffit de prouver que la série de Taylor de α est divisible par celle de ψ en tout point de diag(X) ; mais comme $d\psi \neq 0$ sur diag(X), et comme $T'' \times T'$ est linéairement indépendant de T(diagX) et $\dim(T'' \times T') + \dim X = 2(2n-1) - 1$, celà résulte aussitôt de l'hypothèse

148

(dans le langage plus géométrique des fonctions et variétés presqu'analytiques : soit $\tilde{\psi}$ un prolongement presqu'analytique de ψ , de sorte que la variété d'équation $\tilde{\psi}(x,x) = 0$ est un prolongement presque analytique de X . Soit $\tilde{N}$ la sous variété d'équation $\tilde{\psi}(x,y) = 0$ dans X^2 . Comme $\bar{\partial}_{b,x}\psi$ et $\partial_{b,y}\psi$ sont nuls d'ordre infini sur diag($\tilde{X}$) , $\tilde{N}$ est engendrée par le flot intégral de $T''\times T'$ issu de diag($\tilde{X}$) , et si une fonction α est nulle sur diag($\tilde{X}$) et invariante par le flot intégral de $T''\times T'$, elle est nulle sur $\tilde{N}$).

Il résulte du lemme(3.12) que $r_{N,0} - \beta_N|X^2$ est divisible par ψ , donc si $b_N = b_{N-1} + \beta_N$, on a $P' - P_N \in I_c^{-N}(X\times X, C^+)$ et la récurrence peut se poursuivre . Pour terminer , il suffit de prendre $b \sim \sum(b_N - b_{N-1})$ (et de remplacer au besoin par $\frac{1}{2}(b(x,y,t) + \overline{b(y,x,t)})$.

Nous terminons maintenant la démonstration de la proposition(3.10) . Soit B_1' l'opérateur de noyau $\int_0^\infty e^{it\psi}\, b\, dt$ (sur $\bar{\Omega}\times\bar{\Omega}$) . Comme $d_x''b$ est nul d'ordre infini sur diag(X) on a $d''B_1' \sim 0$. En outre si P_1' est l'opérateur de noyau $\int_0^\infty e^{it\psi}\, b|X^2\, dt$ (sur $X\times X$) , ie. $P_1' = \gamma B_1' \gamma^*$, on a $P_1' \sim P'$. Puisque $d''B_1' \sim 0$, on a aussi $\Delta B_1' \sim 0$, donc $B_1' \sim K\gamma B_1'$. Puisque $B_1' = B_1'^*$, on a aussi finalement

$$B_1' \sim B_1'\gamma^* K^* \sim K\gamma B_1'\gamma^* K^* = K P_1' K^* \sim K P' K = B'$$

(3.13)<u>Proposition</u>.- <u>Il existe un opérateur</u> F' , <u>continu de l'espace des formes de type</u> 0,1 <u>à coefficients dans</u> $C^\infty(\bar{\Omega})$, <u>dans</u> $C^\infty(\bar{\Omega})$, <u>tel que</u> $Id \sim B' + F'd''$.

On a en effet $Id \sim S_A' + L_A'\bar{\partial}_b A$, donc

$$H = KA\, Id\, AK^* \sim KAS_A'AK^* + KAL_A'\bar{\partial}_b A^2K^*$$

Mais on a $A^2K^*K = Id = \gamma K$, donc $A^2K^*H = \gamma H$, et $\bar{\partial}_b A^2K^*H = \bar{\partial}_b\gamma H = \gamma d''H$, d'où

$$H \sim B' + (KAL_A'\gamma)\, d''H$$

Mais on a par ailleurs

$$\mathrm{Id} = H + G\Delta = H + 2\, G d''^{*} d''$$

d'où $d''H = d''(\mathrm{Id} - G\Delta) = (1 - 2\, d''G\, d''^{*})\, d''$, d'où la proposition , avec

$$F' = 2\, G d''^{*} + (KAL_{A}^{\prime}\, \gamma)(1 - 2\, d''G d''^{*})$$

Remarquons qu'avec cette définition , F' ne se prolonge peut-être pas continument aux distributions ; néanmoins $F'd''$ se prolonge continument : $C^{-\infty}(\bar{\Omega}) \to C^{-\infty}(\bar{\Omega})$ (parcequ'il en est ainsi pour B' , et $F'd'' \sim \mathrm{Id} - B'$)

A ce point , nous introduisons une partie des résultats de [11] , [12] , [13] sous la forme suivante :

(3.14) $\mathrm{Ker}\, d'' \cap C^{\infty}(\bar{\Omega})$ <u>est dense dans</u> $\mathrm{Ker}\, d'' \cap L^2(\bar{\Omega})$

(qui implique bien sûr que $\mathrm{Ker}\, \bar{\partial}_b \cap C^{\infty}(X)$ est dense dans $\mathrm{Ker}\, \bar{\partial}_b \cap L^2(X)$) .

(3.15) <u>Corollaire</u>.- $B - B'B$ <u>se prolonge continument</u> $L^2(\Omega) \to C^{\infty}($

$B - BB'$ <u>se prolonge continument</u> $C^{-\infty}(\bar{\Omega}) \to L^2(\Omega)$

En effet posons $R = \mathrm{Id} - B' - F'd'' \sim 0$: R se prolonge continument $C^{-\infty}(\bar{\Omega}) \to C^{\infty}(\bar{\Omega})$. Comme $(F'd'')$ annule $\mathrm{Ker}\, d'' \cap C^{\infty}(\bar{\Omega}$ il annule aussi $\mathrm{Ker}\, d'' \cap L^2(\bar{\Omega})$, et on a donc $F'd''B = 0$.

Par suite $B - B'B = RB$ se prolonge continument $L^2 \to C^{\infty}$ et $B - BB' = BR^{*}$ se prolonge continument $C^{-\infty} \to L^2$.

d. Fin de la démonstration .

Nous nous proposons maintenant de démontrer le résultat final (qui , joint à ce qui précède , implique l'assertion du théorème(1.5) concernant le noyau de Bergman) :

(3.16) Proposition.- On a $B \sim B'$

Des inégalités de J.J.Kohn , nous retiendrons encore

(3.17) Il existe un opérateur F , continu des formes de type 0,1 à coefficients L^2 dans L^2 tel que $Id = B + Fd''$

(ceci résulte aussitôt de l'inégalité de [11] , qui affirme qu'il existe une constante $C > 0$ telle que pour toute fonction $f \in C^\infty(\bar{\Omega})$ orthogonale aux fonctions holomorphes , on ait $\|f\|_{L^2} \leqslant C \, \|d''f\|_{L^2}$) .

Ainsi $F d'' = Id - B$ se prolonge continument à L^2 , et annule les fonctions holomorphes . On en déduit aussitôt :

(3.18) $B' - BB'$ se prolonge continument $C^{-\infty} \to L^2$
$B' - B'B$ se prolonge continument $L^2 \to C^\infty$

En effet on a $B' = BB' + F\,(d''B')$, mais $d''B'$ se prolonge continument $C^{-\infty} \to C^\infty$ ($d''B' \sim 0$) , et F est continu : $L^2 \to L^2$. De même $B' - B'B = (B'-BB')^* = (d''B')^* F$ **se prolonge** continument $L^2 \to C^\infty$.

Il résulte alors de (3.15) et (3.18) que B est continu $C^\infty \to C^\infty$ et se prolonge continument $C^{-\infty} \to C^{-\infty}$ (en effet B' , $B-B'B$ et $B'-B'B$ sont continus $C^\infty \to C^\infty$, donc il en est de même de B ; et B' , $B-BB'$, et $B'-BB'$ se prolongent continument $C^{-\infty} \to C^{-\infty}$, donc il en est de même de B).

Répétant la preuve de (3.15) , on voit alors qu'on a $B-B'B = RB \sim 0$, et $B-BB' = (B-B'B)^* = BR^* \sim 0$.

Finalement il résulte de (3.15) et (3.18) que B-B' se prolonge continument $C^{-\infty} \to L^2$, et aussi $L^2 \to C^\infty$, donc on a $(B-B')^2 \sim 0$. Mais on a

$$(B-B')^2 = B^2 + B'^2 - BB'-B'B \sim B' +(B-BB'-B'B) \sim B'-B$$

et ceci achève la démonstration .

e. Le noyau de Szegö .

Soit S le noyau de Szegö , et soit S' l'opérateur construit au §2.c (2.15) . Comme annoncé , nous allons démontrer

(3.19) Proposition.- On a $S - S' \sim 0$

Quitte à remplacer S' par $\frac{1}{2}(S'+S'^*)$, nous pouvons supposer $S' = S'^*$. Comme au §3.b , nous posons $S_A = AK^*BKA$; on a $S_A \sim S'_A$, donc , avec les notations de (3.8)

$$Id \sim S_A + L'_A \bar{\partial}_b A$$

Soit alors $S_1 = A\, S_A\, A^{-1}$: S_1 est un projecteur sur Ker $\bar{\partial}_b$, donc on a

(3.20) $S_1 S = S$, $S\, S_1 = S_1$

en outre on a

(3.21) $\bar{\partial}_b S_1 = 0$, $Id \sim S_1 + A\, L'_A \bar{\partial}_b$.

De (2.15) et (3.21) on déduit

(3.22) $T = S'S_1 - S_1 \sim 0$

$T' = S_1 S' - S' \sim 0$

(où les premiéres égalités sont des définitions de T et T')

On a $S'S - S = (S'S_1 - S_1)S = TS$, donc $S'S-S$ est continu $L^2 \to C^\infty$, et $SS'-S = (S'S-S)^* = ST^*$ est continu $C^{-\infty} \to L^2$.

D'autre part on a

$$SS'-S' = SS'-SS_1S' + S_1S'-S' = (1-S)T'$$

donc $SS'-S'$ est continu $C^{-\infty} \to L^2$, et $S'S-S' = T'^*(1-S)$ est continu $L^2 \to C^\infty$.

Comme S' , $S'S-S$ et $S'S-S'$ sont continus $C^\infty \to C^\infty$, il en est de même de S . Et comme S' , $SS'-S$ et $SS'-S'$ sont continus $C^{-\infty}$ $C^{-\infty}$, il en est de même de S .

Par suite $S'S-S = TS \sim 0$, et $S'S-S' = T'^*(1-S) \sim 0$ d'où $S \sim S'$, ce qui achève la démonstration de la proposition(3.19) , et de l'assertion du théorème(1.5) concernant S.

Voici une autre démonstration , plus courte , mais qui présente l'inconvénient de ne marcher que pour $n > 2$.
Comme d'habitude on prolonge $\bar\partial_b$ en un complexe d'opérateurs différentiels du premier ordre , et on pose $\Box_b = \bar\partial_b^* \bar\partial_b + \bar\partial_b \bar\partial_b^*$.
Si $n > 2$, $\Box_b$ est hypoelliptique en degré 1 ; et plus précisément , comme X est compacte , il existe un opérateur $L_1 \in OPS^{-1,-1}(X,\Sigma)$, unique , tel que

$$L_1 \Box_b = \Box_b L_1 = Id - \pi \quad , \pi L_1 = L_1 \pi = 0 \quad , L_1 = L_1^*$$

π étant le projecteur orthogonal sur $\operatorname{Ker} \Box_b$ en degré 1 .
(π est donc un projecteur de rang fini) (cf. [3] , [4]) .

Alors $\bar\partial_b \bar\partial_b^* L_1$ est le projecteur orthogonal sur l'image de $\bar\partial_b$, et $\bar\partial_b^* L_1 \bar\partial_b$ est le projecteur orthogonal sur l'orthogonal de $\operatorname{Ker} \bar\partial_b$. On a donc

$$S = Id - \bar\partial_b^* L_1 \bar\partial_b$$

Comme L_1 est régulier , S est régulier , et la proposition (3.19) résulte donc de l'assertion d'unicité du théorème(2.14).
La même démonstration s'applique d'ailleurs au projecteur S_A

153

sur Ker $\bar{\partial}_b A$, et on retrouve ainsi la proposition(3.16).

Pour $n = 2$, $\Box_b$ n'est pas hypoelliptique en degré 1 , et d'ailleurs le contre-exemple de L.Nirenberg montre qu'on ne peut pas , dans la démonstration , ignorer la structure complexe dont provient $\bar{\partial}_b$.

§4 Calcul du terme dominant .

Comme on a vu au §1 , (1.7) , les noyaux de Szegö et de Bergman sont de la forme

$$(4.1) \quad S(x,y) = F(x,y)\,(-i\psi)^{-n} + G(x,y)\,\mathrm{Log}(-i\psi)$$

$$B(x,y) = F'(x,y)(-i\psi)^{-n-1} + G'(x,y)\,\mathrm{Log}(-i\psi)$$

où F , G (resp. F' , G') sont des fonctions C^∞ sur X^2 (resp. $\bar{\Omega}^2$)

Nous noterons L_X la restriction de la forme de Levi L_ρ au plus grand sous-espace complexe $(T'+T'')\cap TX$ du fibré tangent TX , et $\det L_X$ le déterminant de la matrice de L_X dans une base orthonormale complexe de $(T'+T'')\cap TX$, de sorte que la forme quadratique réelle définie par L_X a pour discriminant (dans une base orthonormale réelle) $(\det L_X)^2$.

Nous nous proposons de redémontrer le résultat classique

(4.2) Proposition.- Avec les notations ci-dessus , on a pour $x \in X$

$$F(x,x) = \frac{(n-1)!}{4\pi^n} \det L_X \,\|d\rho\|$$

$$F'(x,x) = \frac{n!}{4\pi^n} \det L_X \,\|d\rho\|^2$$

Pour celà , nous allons calculer les symboles de S et de $P = A\,S_A\,A$, et pour commencer nous allons examiner comment se composent entre eux les opérateurs de $I_c^\infty(X\times X,C^+)$. Soient donc

$$Q_1 = \int_0^\infty e^{it\psi}\, q_1 \, dt \in I_c^m(X^2,C^+)$$

$$Q_2 = \int_0^\infty e^{it\psi}\, q_2 \, dt \in I_c^{m'}(X^2,C^+)$$

Le noyau du composé $Q_1 \circ Q_2$ est alors

155

$$Q_1 \circ Q_2 = \iint_{X\times\mathbb{R}_+^2} e^{it\psi(x,w)+is\psi(w,y)} q_1(x,w,t)q_2(w,y,s)\,dwdtds$$

Nous allons calculer cette intégrale en intégrant d'abord par rapport à w et s, puis par rapport à t. Posant $s = t\sigma$ on est amené à examiner l'intégrale

$$(4.3)\quad \iint_{X\times\mathbb{R}_+} e^{it\,\phi(x,y,w,\sigma)}\, q_1(x,w,t)\, q_2(w,y,t\sigma)\, t\, dw\, d\sigma$$

avec

$$(4.4)\quad \phi(x,y,w,\sigma) = \psi(x,w) + \sigma\psi(w,y)$$

Il est immédiat qu'on a $\operatorname{Im}\phi > 0$, sauf si $x = y = w$. Pour $x = y = w$, on a $d_w\phi = (\sigma-1)\,\frac{1}{i}\,d'\rho\,|\,X$, et comme $d'\rho\,|\,X \neq 0$, les seuls points critiques (réels) sont les points $x = y = w$, $\sigma = 1$.

Nous noterons h_ϕ le déterminant du double de la matrice hessienne de $\frac{1}{i}\phi$ par rapport à w, σ (dans une base orthonormale). Pour $x = y \in X$, on a d'après (1.2)

$$(4.5)\quad \frac{1}{i}\,\phi(x,x,w,\sigma) = \frac{1}{i}(\psi(x,w) + \psi(w,x)) + (\sigma-1)\,\psi(w,x) =$$

$$= L_\rho(w-x) + \frac{1}{i}\,(\sigma-1)\,\langle \tfrac{1}{i}d'\rho\,,w-x\rangle + O(|w-x|^3)$$

On en déduit aussitôt

$$(4.6)\quad h_\phi = \frac{1}{16}\,(\det L_X)^2\,\|d\rho\|^2$$

(En effet la forme quadratique sur $T_xX\times\mathbb{R}$ qui décrit les termes du second ordre dans (4.5) est

$$(Z,S) \mapsto L_\rho(Z) + \frac{1}{i}\,S\,\langle \tfrac{1}{i}\,d'\rho\,,Z\rangle$$

Or $\frac{1}{i}\,d'\rho\,|\,X$ est réelle, de norme $c = 1/\sqrt{2}\,\|d'\rho\| = \frac{1}{2}\,\|d\rho\|$, et elle est orthogonale à $T'+T''$. Donc dans une base orthonormale de $T_xX\times\mathbb{R}$ où les deux premières coordonnées sont S et $c^{-1}\,\langle \frac{1}{i}\,d'\rho\,,Z\rangle$ la matrice de cette forme s'écrit

$$\begin{pmatrix} 0 & \frac{c}{2i} & 0 & \cdots & 0 \\ \frac{c}{2i} & * & * & \cdots & * \\ 0 & * & & & \\ \vdots & \vdots & & \left(\quad A \quad\right) & \\ 0 & * & & & \end{pmatrix}$$

où $c = \|d'\varphi \mid X\| = \frac{1}{2}\|d\varphi\|$, A est la matrice de la restriction à $(T'+T'') \cap T_x X$ de la forme de Levi , donc $\det A = (\det L_X)^2$, et les $*$ représentent des coefficients qui n' influent visiblement pas sur la valeur du déterminant) .

Le déterminant hessien est donc non nul , et , d'après [15] §2 , on a

$$(4.7) \quad \iint e^{it\,\phi(x,y,w,\sigma)} q_1(x,w,t) q_2(w,y,t\sigma)\, t\,dw\,d\sigma \sim e^{it\,\psi_1(x,y)}\, q_3(x,y,t)$$

où $\psi_1(x,y)$ est la valeur critique d'un prolongement presque analytique de ϕ , et q_3 est un symbole classique , qui admet un développement asymptotique donné par les formules usuelles de la méthode de la phase stationnaire . Comme nous ne nous interessons ici qu'à la classe de noyau de $Q_1 \circ Q_2$ mod. $C^\infty(X^2)$, seuls comptent en fait les séries de Taylor de ψ_1 et de q_3 le long de diag(X) . Celui de ψ_1 s'obtient en substituant à w , σ les séries formelles du point critique (formel) dans la série de Taylor de ϕ .

(4.8)<u>Proposition</u>.- <u>On a</u> $\psi \sim \psi_1$.

preuve : il s'agit de prouver que ψ_1 et ψ ont même série de Taylor en tout point de $\widetilde{\text{diag}}(X)$. Nous noterons (z',z'') les points du complexifié $\widetilde{\mathbb{C}^n} = \mathbb{C}^n \times \overline{\mathbb{C}^n}$, de sorte que les séries formelles holomorphes (resp. antiholomorphes) sont celles qui ne dépendent que de z' (resp. z'') . Nous noterons encore $\underset{\sim}{f}(z+h)$ la série de Taylor de la fonction $h \mapsto f(z+h)$

au point $h = 0$. Comme $d''_x\psi$ et $d'_y\psi$ s'anulent à l'ordre infini pour $x = y$, on a

$$\underset{\sim}{\psi}(z+x, z+y) = S_z(x', y'')$$

(où en fait $S_z(h', h'')$ est la série de Taylor $\frac{1}{i}\underset{\sim}{\rho}(z+h)$). La série de Taylor de ϕ au point $(z,z,z,1)$ $(z \in X)$ est donc

$$\underset{\sim}{\phi}(z+x, z+y, z+w, 1+\sigma) = S_z(x', w'') + (1+\sigma)\, S_z(w', y'')$$

Les équations du point critique sont alors

(i) $\frac{d}{d\sigma}\underset{\sim}{\phi} = S_z(w', y'') = 0$

(ii) $d_w(\underset{\sim}{\phi} \mid X) = 0$

(et bien sûr $S_z(x', x'') = S_z(y', y'') = S_z(w', w'') = 0$). On sait que ces équations déterminent complètement les séries formelles de w et σ en fonction de x, y. La première équation signifie que le point (formel) $z + (w', y'')$ est dans la variété (formelle) X. Fixons provisoirement w', et faisons varier y'' : on a $S_z(w', y'') = 0$, et l'espace tangent en (w', w'') à la variété (formelle) d'équation $S_z(w', y'') = 0$ est, par définition, T''_w. L'équation (ii) implique $\partial_{b,w}\underset{\sim}{\phi} = \partial_{b,w}S_z(w', y'') = 0$. Or on a $\partial_{b,w}S_z(w', w'') = 0$, et comme la forme de Levi ainsi que la restriction à $T' \times T''$ de la forme bilinéaire qu'elle définit est non dégénérée, le champ de vecteurs $y'' \mapsto \partial_{b,w}S_z(w', y'')$ a sur la variété (formelle) $S_z(w', y'') = 0$ un zéro (point critique) non dégénéré pour $y'' = w''$. Ainsi les équations $S_z(w', w'') = 0$, $S_z(w', y'') = 0$, $\partial_{b,w}S_z(w', y'') = 0$ impliquent $w'' = y''$, donc $\underset{\sim}{\phi}(z+x, z+y, z+w, 1+\sigma) = S_z(x', w'') = S_z(x', y'') = \underset{\sim}{\psi}(z+x, z+y)$ C.Q.F.D.

Démontrons maintenant la proposition(4.2). Nous noterons encore $h_\phi = h_\phi(x,y)$ le déterminant de la demi-matrice hessienne de ϕ au point critique. Le premier terme du développement asymptotique de q_3 est

(4.9) $\quad \pi^n \; t^{-n} \; (h_\phi)^{-\frac{1}{2}} \; q_1 \, q_2 \; t$

Ici il faut prendre la racine positive pour $x = y$.

Si alors $S = \int_0^\infty e^{it\psi} s\, dt \in I^{m-n+1}(X^2, C^+)$ est un projecteur approximatif , avec

$$s \sim \sum t^{m-k} s_k(x,y)$$

on a $\pi^n t^{1-n} (h_\phi)^{-\frac{1}{2}} (s_o t^m)^2 = s_o t^m \pmod{\psi}$

ce qui implique $m = n-1$, et $s_o = \pi^{-n} (h_\phi)^{\frac{1}{2}} \pmod{\psi}$

Pour $x = y$, on obtient

$$(4.10) \quad s_o = \frac{1}{4\pi^n} (\det L_X) \|d\rho\|$$

d'où $F(x,x) = (-i\psi)^n \int_0^\infty e^{it\psi} t^{n-1} s_o\, dt = \frac{(n-1)!}{4\pi^n} (\det L_X) \|d\rho\|$

Ceci vaut aussi bien pour le projecteur de Szegö S que pour le projecteur S_A du §3.b .

Enfin , comme $\sigma(A) = (2|\xi|)^{\frac{1}{2}}$, on vérifie sans peine que si $P = A S_A A = \int_0^\infty e^{it\psi} p\, dt$, avec $p \sim \sum t^{n-k} p_k$, on a

$$(4.11) \quad p_o(x,x) = (\|2d_x\psi\|^{\frac{1}{2}})^2 s_o(x,x) = \|d\rho\| s_o(x,x) =$$

$$= \frac{1}{4\pi^n} (\det L_X) \|d\rho\|^2$$

d'où $F'(x,x) = n!\, p_o(x,x) = \frac{n!}{4\pi^n} (\det L_X) \|d\rho\|^2$

Ceci achève la démonstration .

Nous décrivons maintenant plus précisément le développement asymptotique du composé $Q_1 \circ Q_2$, ou plus exactement sa série de Taylor en un point $(z,z) \in \mathrm{diag}(X)$: le symbole total se calcule comme indiqué dans (4.7) . Pour abréger , nous noterons $\underset{\sim}{q}_j$ le symbole formel (à coefficients séries formelles)

$$(4.12) \quad \underset{\sim}{q}_j = \sum t^{m_j-k} \underset{\sim}{q}_{j,k}(z+x, z+y)$$

159

Il résulte de la proposition(4.8) (et de (4.6)) qu'on peut toujours faire un changement de variables formel (à coefficients complexes)

$$w = \underset{\sim}{w}(x,y,u,v)$$

$$\sigma = \underset{\sim}{\sigma}(x,y,u,v)$$

$(u = (u_1,\ldots,u_n)$, $v = (v_1,\ldots,v_n))$ de telle sorte qu'on ait

$$(4.13) \quad \underset{\sim}{\phi}(z+x,z+y,z+w,1+\sigma) = u.v + \underset{\sim}{\psi}(z+x,z+y)$$

Il y a bien sûr plusieurs façons de réaliser ceci ; mais parmi toutes les façons , il y en a évidemment où les séries $\underset{\sim}{w}$, $\underset{\sim}{\sigma}$ à l'ordre N ne dépendent que de la série $\underset{\sim}{\psi}(z+x,z+y)$ à l'ordre N+1 (parceque les équations du point critique ne font intervenir que des dérivées d'ordre 1 de $\underset{\sim}{\psi}(z+x,z+y))$. Donc la série du determinant jacobien $\underset{\sim}{J}(x,y,u,v)$ ($dw\, d\sigma = \underset{\sim}{J}(x,y,u,v)\, du\, dv$) à l'ordre N ne dépend que de la série de Taylor $\underset{\sim}{\psi}(z+x,z+y)$ à l'ordre N+2 .

On a alors

$$(4.14) \quad \underset{\sim}{q}_3 = \pm \text{"} \int e^{itu.v}\, \underset{\sim}{q}_1(x,w,t)\, \underset{\sim}{q}_2(w,y,t\sigma)\, t\, \underset{\sim}{J}\, du\, dv \text{"} =$$

$$= \pm(2\pi)^n \sum \frac{i^{-|\alpha|}}{\alpha!} t^{1-n-|\alpha|} \left(\frac{\partial}{\partial u}\right)^{\alpha} \left(\frac{\partial}{\partial v}\right)^{\alpha} \left[\underset{\sim}{q}_1(x,w,t)\underset{\sim}{q}_2(w,y,t\ )\underset{\sim}{J}\right] \Big|_{u=v=0}$$

(Le signe $\pm$ dépend du choix d'une racine de la matrice hessienne pour le changement de variable ci-dessus ; nous ne le discuterons pas ici).

Il est alors clair sur cette formule que la série formelle $\underset{\sim}{q}_{3,k}(z+x,z+y)$ à l'ordre N-2k ne dépend que de la série formelle $\underset{\sim}{\psi}(z+x,z+y)$ à l'ordre N+2 , et des séries formelles $\underset{\sim}{q}_{j,k}(z+x,z+y)$ $(j = 1,2)$ à l'ordre **N-2k** .

Il est alors naturel d'introduire les objets suivants :

nous noterons $\underset{\sim}{S}^m$ l'ensemble des symboles formels

$$\sum t^{n-1+m-k} \; \underset{\sim}{p}_k(x,y)$$

où $p_k(x,y)$ est une série de Taylor en un point $(z,z) \in \mathrm{diag}(X)$ sur X^2 (c'est à dire une classe de séries formelles à $4n$ variables , mod. l'idéal engendré par les séries formelles $\underset{\sim}{\ell}(z+x)$, $\underset{\sim}{\ell}(z+y)$) . Nous noterons $\underset{\sim}{J}^m$ le sous espace $(\underset{\sim}{\psi} - i \frac{d}{dt}) \underset{\sim}{S}^m$ ($\underset{\sim}{\psi}$ désignant la série formelle $\underset{\sim}{\psi}(z+x,z+y)$) et $\underset{\sim}{I}^m$ le quotient $\underset{\sim}{S}^m/\underset{\sim}{J}^m$. La formule (4.7) fournit , via le développement asymptotique (4.14) une loi de composition bilinéaire : $\underset{\sim}{S}^m \times \underset{\sim}{S}^{m'} \rightarrow \underset{\sim}{S}^{m+m'}$. Celle ci induit par passage au quotient une loi associative : $\underset{\sim}{I}^m \rightarrow \underset{\sim}{I}^{m'} \rightarrow \underset{\sim}{I}^{m+m'}$.

Nous noterons encore $\underset{\sim}{S}^{m,N}$ l'ensemble des symboles de la forme $\sum t^{n-1+m-k} \underset{\sim}{p}_k$, où $\underset{\sim}{p}_k$ est nul d'ordre $N-2k$, et $\underset{\sim}{I}^{m,N}$ l'image de $\underset{\sim}{S}^{m,N}$ dans $\underset{\sim}{I}^m$.

D'après ce qui précède , la classe de $(\underset{\sim}{q}_1 \circ \underset{\sim}{q}_2)$ mod. $\underset{\sim}{I}^{m+m',N}$ ne dépend que des classes de $\underset{\sim}{q}_1$ mod. $\underset{\sim}{I}^{m,N}$, de $\underset{\sim}{q}_2$ mod. $\underset{\sim}{I}^{m',N}$ et de $\underset{\sim}{\psi}$ à l'ordre $2N+2$.

Le calcul ci dessus fournit un premier symbole formel (réduit à un terme) $\underset{\sim}{s}_o = t^{n-1} s_o(x,y) \in \underset{\sim}{I}^o$ tel que $\underset{\sim}{s}_o = \underset{\sim}{s}_o^*$, $\bar{\partial}_b \underset{\sim}{s}_o = 0$; la classe de $\underset{\sim}{s}_o$ mod. $I^{o,N}$ ne dépend que du développement de Taylor $\underset{\sim}{\psi}$ à l'ordre $N+2 \leqslant 2N+2$.

On a $\underset{\sim}{s}_o^2 = \underset{\sim}{s}_o + \underset{\sim}{r}$, avec $\underset{\sim}{r} \in \underset{\sim}{I}^{-1}$, et bien sûr aussi $\underset{\sim}{r} = \underset{\sim}{r}^*$, $\bar{\partial}_b \underset{\sim}{r} = 0$. Alors un calcul élémentaire montre que la série formelle $\underset{\sim}{s} \in I^o$ associée au noyau de Szegö n'est autre que

$$(4.15) \quad \underset{\sim}{s} = \underset{\sim}{s}_o + (1-2\underset{\sim}{s}_o)\, E(\underset{\sim}{r})$$

où $E(T) \in \mathbb{Z}[[T]]$ est la série formelle (à coefficients entiers positifs) $\frac{1}{2}(1 - (1-4T)^{-\frac{1}{2}})$.

Il est alors clair que la classe de $\underset{\sim}{s}$ mod. $I^{o,N}$ ne dépend donc que de la série de Taylor $\underset{\sim}{\psi}(z+x,z+y)$ (donc

161

de la série de Taylor $\underset{\sim}{\rho}(z+x)$) à l'ordre 2N+2 .

En d'autres termes , si le noyau de Szegö s'écrit $S = F(x,y)\,(-i\psi)^{-n} + G(x,y)\,\mathrm{Log}(-i\psi)$, la série de Taylor de F (mod. ψ^n) à l'ordre N et la série de Taylor de G à l'ordre $N-2n$ en un point $(x,x) \in \mathrm{diag}(X)$ ne dépendent que de la série de Taylor de ψ au point (x,x) (donc de celle de ρ au point x) à l'ordre $2N+2$.

Ceci met bien en évidence le caractère local de la singularité du noyau de Szegö . Un résultat entièrement analogue vaut pour le noyau de Bergman .

Pour terminer , remarquons que dans tout l'article , nous avons supposé que Ω est un ouvert de $\mathbb{C}^n$; mais il est clair que la démonstration s'adapte immédiatement au cas où Ω est un ouvert relativement compact , de bord C^∞ strictement pseudoconvexe , d'une variété de Stein. On peut d'ailleurs admettre un nombre fini de singularités isolées normales en dehors du bord , à condition d'interprêter B comme le projecteur orthogonal sur les formes holomorphes de type 0,n (pour la métrique hilbertienne $\|\omega\|^2 = i^{-n^2}\int_\Omega \omega \wedge \bar{\omega}$).

BIBLIOGRAPHIE

[1] Boutet de Monvel L. - Comportement d'un opérateur pseudo-différentiel sur une variété à bord I et II , J. Anal. Math. 17 (1966) 241-304 .

[2] Boutet de Monvel L. - Boundary problems for pseudo-differential operators , Acta Math. 126 (1971) 11-51 .

[3] Boutet de Monvel L. - Hypoelliptic operators with double characteristics and related pseudo-differential operators, Comm. Pure Appl. Math. 27 (1974) 585-639 .

[4] Boutet de Monvel L. - Intégration des équations de Cauchy Riemann induites . Séminaire Goulaouic-Schwartz 1974-75 , exposé n°IX .

[5] Duistermaat J.J. , Sjöstrand J. - A global construction for pseudo-differential operators with non involutive characteristics. Inventiones Math. 20 (1974) , 209-225.

[6] Fefferman C. - The Bergman kernel and biholomorphic mappings of pseudo-convex domains . Inventiones Math. 26 (1974) ,1-66.

[7] Hörmander L. - Fourier Integral operators I , Acta Math. 127 (1971) 79-183 .

[8] Hörmander L. - The boundary behaviour of the Bergman kernel manuscrit (non publié).

[9] Kashiwara M. , Kawai T. , Sato M. - Microfunctions and pseudo-differential equations . Lecture Notes , Springer , n°287 , chap. II .

[10] Kerzman N. - The Bergman kernel-function : differentiability at the boundary . Math. An. 195 (1972) 149-158 .

[11] Kohn J.J. - Harmonic integrals on strongly pseudo-convex manifolds I . Ann. Math. 78 (1963) 112-148 .

[12] Kohn J.J. - Regularity at the boundary of the $\bar{\partial}$-Neuman problem . Proc. Nat. Acad. Sci. USA 49 (1963) 206-213 .

[13] Kohn J.J. - Harmonic integrals on strongly pseudo-convex manifolds II . Ann. Math. 79 (1964) 450-472.

[14] Lewy H. - On the local character of the solution of an atypical linear differential equation ... Ann. Math. 64 (1956) 514-522.

[15] Melin A. , Sjöstrand J. - Fourier integral operators with complex valued phase functions . Publié dans Fourier Integral Operators and Partial Differential Equations , Lecture Notes , Springer , n°459 , 120-223.

[16] Nirenberg L. - On a problem of Hans Lewy . Uspeki Mat. Nauk. 292(176) (1974) 241-251.
(Voir aussi : Fourier Integral Operators and Partial Differential Equations , Lecture Notes , Springer , n° 459 , 224-234)

[17] Sjöstrand J. - Parametrices for pseudo-differential operators with multiple characteristics . Arkiv för Mat. 12 (1974) 85-130.

L. Boutet de Monvel
Université de Grenoble

J. Sjöstrand
Purdue University

7.4 Complément sur le noyau de Bergman

Complément sur le noyau de Bergman, Séminaire sur les équations aux dérivées partielles, 1985–1986, École Polytech., Palaiseau, 1986, Exp. No. XX. [B86]

Reprinted with permission from L. Boutet de Monvel's family. See Section 11.1 and Subsection 11.2.9.

ÉCOLE POLYTECHNIQUE

CENTRE DE MATHÉMATIQUES

91128 PALAISEAU CEDEX - FRANCE

Tél. (6) 941.82.00 - Poste N°

Télex : ECOLEX 691 596 F

SÉMINAIRE ÉQUATIONS AUX DÉRIVÉES PARTIELLES 1985 - 1986

COMPLEMENT SUR LE NOYAU DE BERGMAN

par L. BOUTET DE MONVEL.

Exposé n°XX

27 Mai 1986

Dans cet exposé nous donnons des formules explicites qui décrivent de façon complète la singularité du noyau de Bergman d'un domaine complexe strictement pseudo-convexe.

I. NOYAU DE BERGMAN.

Commençons par rappeler de quoi il s'agit. Soit X une variété complexe holomorphe de dimension n ; il y a une variété réelle sous jacente, que nous munissons de son orientation canonique, pour laquelle $\Pi\, dx_j dy_j = (\frac{i}{2})^n \Pi\, dz_j d\bar{z}_j$ est positive, dans tout système de coordonnées locales $z_j = x_j + i\, y_j$. Notons $L^2_{n,o}(x)$, ou simplement $L^2(X)$, l'espace de Hilbert des formes différentielles de type (n,o) sur X, de carré sommable : localement $\omega = f\, dz_1 \dots dz_n$ où f est une fonction mesurable à valeurs complexes, et $\int |\omega|^2 < \infty$, où on a posé $|\omega|^2 = i^{n^2}\, \omega\wedge\bar{\omega}$, densité positive. On note $H \subset L^2(X)$ le sous espace des formes holomorphes : localement $\omega = f\, dz_1 \dots dz_n$ avec f holomorphe. C'est un sous-espace fermé car le système des équations de Cauchy-Riemann (ici $d\omega = 0$) est elliptique, donc une limite L^2_{loc} de formes holomorphes est holomorphe.

Le projecteur de Bergman est le projecteur orthogonal $\mathcal{B} : L^2(X) \to H$. Son noyau B est une forme différentielle de type n,n sur $X \times \bar{X}$: localement $B = \beta(x,\bar{y})dx\, d\bar{y}$, holomorphe (resp. anti-) en la première (resp. deuxième) variable

(1) $$\mathcal{B}\omega = \int_{y,\bar{y}} B(x,\bar{y})\omega(y)$$

Si $\omega_1,\dots\omega_k\dots$ est une base orthonormale de H, on a $B = \Sigma\, \omega_k(x)\, \overline{\omega_k(y)}$ (la série converge, comme toute série L^2-convergente de fonctions holomorphes).

Sans hypothèses supplémentaires sur X, il n'y a rien à dire de plus ; on peut avoir $H = 0$, donc $B = 0$ - par exemple si $X = \mathbb{C}^n$. Le noyau de Bergman est clairement invariant par tous les automorphismes holomorphes de X, donc on s'attend à pouvoir le calculer assez explicitement lorsque ce groupe est gros (par exemple si $X = \mathbb{C}^n$, ce groupe est trop gros pour avoir des invariants non nuls du type B). Notons encore que ce qui précède vaut encore lorsque X est singulier (réduit) ; H ne s'identifie plus alors de façon agréable à un espace de fonctions holomorphes sur X, comme c'est le cas (de façon non canonique) lorsque X est lisse et possède une densité holomorphe $\omega(=f\, dz_1 \ldots dz_n)$ qui ne s'annule en aucun point.

Dans l'exposé présent, et bien qu'il y ait d'autres cas intéressants, nous nous limiterons au cas où X est un ouvert borné de $\mathbb{C}^n$, de bord ∂X analytique réel strictement pseudo-convexe (ou un peu plus généralement, d'un espace de Stein, admettant éventuellement des singularités isolées en dehors de ∂X). Dans le cas où ∂X est seulement C^∞, on a des formules analogues, mais il s'agit alors de développements asymptotiques et plus de séries convergentes

II. LE NOYAU DE BERGMAN D'UN DOMAINE STRICTEMENT PSEUDO-CONVEX.

Strictement pseudo-convexe signifie que $X \subset \mathbb{C}^n$ peut être défini (localement ou globalement) par une inéquation $u < 0$, où u est analytique réelle (C^2 suffit pour la définition qui suit), $du \neq 0$ sur le bord $u = 0$, et la matrice de Levi $\dfrac{\partial^2 u}{\partial z_j \partial \bar{z}_k}$ est hermitienne $\gg 0$.

Modèle : la boule $|z| < 1$ de $\mathbb{C}^n$. Dans ce cas une inéquation de définition est $u = z.\bar{z} - 1 < 0$. Le groupe d'automorphisme est $PU(n,1)$ (où $U(n,1)$ est le groupe de transformations linéaires de $\mathbb{C}^{n+1}$ qui préserve la forme hermitienne $Z.\bar{Z} - Z_o \bar{Z}_o$, $PU(n,1)$ le groupe de transformations homographiques qui s'en déduit). Le noyau de Bergman est

$$(2) \quad \text{(pour la boule)}\ B = -\frac{n!}{(2i\pi)^n} \frac{\Pi dz_j d\bar{z}_j}{u^{n+1}} = \left(\frac{1}{2i\pi}\right)^n (\partial\bar{\partial} \operatorname{Log} u)^n$$

où ∂. resp. $\bar{\partial}$ désigne la composante holomorphe, resp. antiholomorphe, de la différentielle extérieure : $d = \partial + \bar{\partial}$.

La stricte pseudo-convexité implique que la restriction aux vecteurs tangents au bord, et holomorphes, de la forme hermitienne de matrice $\dfrac{\partial^2 u}{\partial z_j \partial \bar{z}_k}$ est non dégénérée, ce qui s'écrit encore (quel que soit le choix de u, avec $u = 0$, $du \neq 0$ sur ∂X, $u < 0$ sur X).

$$(3) \qquad J(u) = \det\begin{pmatrix} u & u_{\bar{z}} \\ u_z & u_{z\bar{z}} \end{pmatrix} = \frac{1}{n!}\, u^{n+1} (\partial\bar{\partial} \operatorname{Log} u)^n \neq 0 \ \text{sur}\ \partial X$$

(la condition (3) ne contient plus la condition de positivité, qu'il convient donc de rajouter pour la définition de la stricte pseudo-convexité).

Dans ce cas on sait (cf.[1],[4],[9]) que B est une distribution conormale (holonôme), attachée à l'hypersurface $u = 0$ de $X \times \bar{X}$: B est holomorphe dans

$X \times \overline{X}$, se prolonge analytiquement au voisinage du bord, sauf aux points de la diagonale de $\partial X \times \partial \overline{X}$ (points de rencontre de l'adhérence de $X \times \overline{X}$ et de l'hypersurface u = 0) où il est de la forme

$$(4) \qquad B(x,\bar{y}) = \frac{a(x,\bar{y})}{U(x,\bar{y})^{n+1}} + b(x,\bar{y}) \operatorname{Log} u(x,\bar{y})$$

où a, b sont holomorphes en x , $\bar{y}$ ($u = u(z,\bar{z})$ est une fonction analytique de z et $\bar{z}$, et dans l'expression ci-dessus on a substitué x à z et $\bar{y}$ à $\bar{z}$).

L'analyse de [1] montre en fait que la singularité de B (i.e. B mod les fonctions holomorphes de $x,\bar{y}$) est un invariant local ; les coefficients de Taylor de poids $\leqslant k$ de cette singularité (cf. ci-dessous, n°5, pour les poids) ne dépendent que du jet de poids k+2 de ∂X . Ce sont des polynômes des dérivées de poids $\leqslant k+2$ de u , et de $J(u)^{-1}$ (seule quantité qu'il faille inverser). Le calcul de [1] ne fournissait pas d'expression très explicite de ces polynômes (l'indétermination dans le choix de coordonnées locales, de phases dans les "intégrales de Fourier" , et un aller et retour entre noyau de Bergman et noyau de Szegö , qui n'est pas un invariant biholomorphe, ne permettaient pas d'aboutir à des formules maniables). Nous donnons une telle formule plus bas. C. Feffermann, dans une analyse difficile [6], a comparé le noyau de Bergman B et la solution asymptotique de l'équation de Monge-Ampère J(u) = 1 , u = 0 sur ∂X . Cette analyse fait apparaître des invariants non triviaux, et devrait permettre optimalement de décrire la partie polaire de la singularité de B en fonction de ces invariants. L'indétermination dans cette solution asymptotique - qui est unique mod. $O(u^{n+2})$ seulement - ne permet pas en principe d'atteindre le terme logarithmique.

III. L'ANALYSE DE M. KASHIWARA.

M. Kashiwara a donné dans [9] une analyse limpide du noyau de Bergman, qui explique son caractère holonôme, et permet de donner des formules aussi explicites que possible pour sa singularité. Je résume ici cette analyse. Les formules "explicites" sont à ma connaissance nouvelles, mais en résultent aisément comme on verra.

Tout d'abord réinterprêtons la condition (3) : $J(u) \neq 0$ sur ∂X . Posons $\partial X = \Sigma$, hypersurface réelle de $V = \mathbb{C}^n$, dont le complexifié est l'hypersurface d'équation u = 0 de $V \times \overline{V}$. Soit $N \subset T^*(V \times \overline{V})$ le fibré conormal de Σ (ensemble des covecteurs proportionnels à du , au-dessus de Σ). C'est une variété conique Lagrangienne. La condition $J(u) \neq u$ équivaut à la suivante :

(5) La projection $pr_1 : N \to T^*V$ (resp. ou $pr_2 : N \to T^*\overline{V}$) est un isomorphisme local.

On introduit alors les opérateurs micro-différentiels $p(z,\overline{z},\partial_z,\partial_{\overline{z}})$ définis au voisinage de N. Ceux-ci opèrent sur les singularités de distributions micronormales (micro-fonctions) attachées à Σ : classes (mod. les fonctions analytiques) de fonctions de la forme $\frac{f(z,\overline{z})}{u^N} + g(z,\overline{z})$ Log u .

Ces dernières forment un faisceau (porté par Σ) de modules sur l'anneau des opérateurs microdifférentiels, libre de rang 1 sur le sous faisceau des opérateurs holomorphes (resp. ou antiholomorphes) i.e. de la forme $P(z, \frac{\partial}{\partial z})$ (resp. $P(\overline{z}, \frac{\partial}{\partial \overline{z}})$), avec pour générateur, par exemple, la singularité de Log u (notée aussi $Y(u)$, Y fonction de Heaviside), qui est évidemment un invariant biholomorphe. Par suite pour tout opérateur holomorphe $P(z, \frac{\partial}{\partial z})$ il existe un unique opérateur antiholomorphe $Q(\overline{z}, \frac{\partial}{\partial \overline{z}})$ tel que

$$(6) \qquad P.\ \text{Log}\ u = Q\ .\ \text{Log}\ u$$

(avec ces notations, l'application $P \mapsto Q$ est un antiisomorphisme d'algèbres). Le noyau de Bergman B est alors caractérisé, à un facteur constant près, par le système d'équations microdifférentielles

$$(7) \qquad {}^tP(z, \frac{\partial}{\partial z})\ B = {}^tQ(\overline{z}, \frac{\partial}{\partial \overline{z}})\ B \qquad \text{si}\ P(z, \frac{\partial}{\partial z})\ \text{Log}\ u = Q(z, \frac{\partial}{\partial z})\ \text{Log}\ u$$

Le système (7) est toujours holonôme, de multiplicité 1, ce qui explique le caractère holonôme de B .

Par exemple dans le cas de la boule $u = z.\overline{z} - 1 < 0$, les équations (6) sont engendrées par les équations différentielles

$$(8)\ (\text{sphère}) \quad \begin{cases} z.\ \frac{\partial}{\partial z}\ \text{Log}\ u = \overline{z}.\ \frac{\partial}{\partial \overline{z}}\ \text{Log}\ u \\ \frac{\partial}{\partial z}\ \text{Log}\ u = \overline{z}\ \ \overline{z}\ .\ \frac{\partial}{\partial \overline{z}}\ \text{Log}\ u \\ z\ \ z.\ \frac{\partial}{\partial z}\ \text{Log}\ u = \frac{\partial}{\partial \overline{z}}\ \text{Log}\ u \end{cases}$$

et il est immédiat que les équations $(\overline{7})$ correspondantes caractérisent B à un facteur constant près ($B = \text{cste}\ \frac{\Pi dz_i . d\overline{z}_i}{u^{n+1}}$).

Pour la suite il sera commode de remplacer la sphère $z.\overline{z} = 1$ par le paraboloïde qui s'en déduit par transformation homographique :

$u = z_1 + \bar{z}_1 + z' . \bar{z}' < 0$ $(z' = z_2, \dots z_n)$. Dans ce cas les équations (6) s'écrivent

(9) (paraboloïde : $u = z_1 + \bar{z}_1 + z'.\bar{z}'$)

$$\begin{cases} \frac{\partial}{\partial z_1} \operatorname{Log} u = \frac{\partial}{\partial \bar{z}_1} \operatorname{Log} u \quad , \quad (z_1 \frac{\partial}{\partial z_1} + z'. \frac{\partial}{\partial z'}) \operatorname{Log} u = - \bar{z}_1 \frac{\partial}{\partial \bar{z}_1} \operatorname{Log} u \\ \frac{\partial}{\partial z'} \operatorname{Log} u = \bar{z}' \frac{\partial}{\partial \bar{z}_1} \operatorname{Log} u \quad , \quad z \frac{\partial}{\partial z_1} \operatorname{Log} u = \frac{\partial}{\partial \bar{z}'} \operatorname{Log} u \end{cases}$$

Le noyau de Bergman est encore $(\frac{1}{2i\pi})^n (\partial\bar{\partial} \operatorname{Log} u)^{n+1}$. Les égalités ci-dessus (6) (7) (8) (9) sont toutes des égalités entre microfonctions, i.e. mod. les fonctions analytiques.

IV. FIN DE L'ANALYSE.

Les formules auxquelles conduisent (6) (7) ont un caractère algébrique, et les conditions de réalité sous-jacentes (i.e. $\bar{z}$ est conjugué complexe de z) n'y entrent pas : z et $\bar{z}$ sont analytiquement indépendants. Voici alors l'analogue réel de notre problème : on se donne deux variétés X et $Y(=\bar{X})$ de même dimension n, et dans le produit $X \times Y$ une hypersurface Σ "en position générale", i.e. la projection du fibré conormal $N = T^*_\Sigma(X \times Y)$ sur T^*X ou T^*Y est un isomorphisme local, ou de façon équivalente, le déterminant de Monge-Ampère $J(u) = \frac{1}{n!} u^{n+1} (\partial_x \partial_y \operatorname{Log} u)^n$ ne s'annule pas sur Σ, où $u = 0$ est une équation de Σ.

Soit alors K le micro-opérateur intégral de Fourier de noyau Log u. C'est un opérateur de type Ω_Y (formes de degré n sur Y) $\to \mathcal{O}_X$ (fonctions). Il est elliptique, donc inversible, parce que la relation canonique déduite de N est inversible, ainsi que le symbole principal de Log u :

$$\operatorname{Log} u = \int e^{\lambda u} \frac{d\lambda}{\lambda} \quad \text{(mod. les fonctions analytiques)} \tag{10}$$

L'analyse de Kashiwara se résume alors dans le résultat suivant :

<u>Théorème</u> 1. <u>La singularité de</u> B <u>est le noyau du micro-opérateur de Fourier (de type</u> $O_X \to \Omega_Y$) <u>inverse de</u> K <u>(de type</u> $\Omega_Y \to O_X$, <u>de noyau</u> Log u).

Ceci conduit aussitôt à une formule du type "phase stationnaire" pour la singularité de B. Choisissons des coordonnées locales $x_1, x_2 \dots x_n = x_1, x'$, $y_1 \dots y_n = y_1, y'$ sur X et Y, et u, de sorte que

$$\frac{\partial u}{\partial y_1} = 1 \tag{11}$$

(C'est évidemment toujours possible, c'est réalisé pour l'équation standard du paraboloïde : $u = x_1 + y_1 + x'.y'$) .

Cherchons alors B sous la forme

$$B = \int e^{\lambda u}\, b(x,y',\lambda)\, d\lambda \qquad \left(\frac{\partial b}{\partial y_1} = 0\right) \tag{12}$$

i.e. avec une densité $b(x,y',\lambda)dx\,dy$ indépendante de y_1. Ceci est possible, d'une seule façon (toujours mod. les fonctions régulières) ; b est le développement asymptotique (pour $\lambda \to \infty$) de $e^{\lambda(y_1-u)}\hat{B}$, où $\hat{B}$ est la transformée de Laplace de B par rapport à y_1.

La condition sur B s'écrit donc

$$\int e^{\lambda u(x,y)-\mu u(z,y)}\, b(x,y',\lambda)\, d\lambda\, dy\, \frac{d\mu}{\mu} = \text{cste}\ \ \delta(x-z) \tag{13}$$

Comme b est indépendant de y_1, et $\frac{\partial u}{\partial y_1} = 1$, on a (toujours mod. les fonctions régulières) on a :

$$\int e^{(\lambda-\mu)u(z,y)}\, \frac{d\mu}{\mu}\, dy_1 = \text{cste}.\ \frac{1}{\lambda} \tag{14}$$

L'équation (13) se réduit donc à

$$\int e^{\lambda u(x,y)-\lambda u(z,y)}\, b(x,y',\lambda)\, \frac{d\lambda}{\lambda}\, dy' = \text{cste}\ \ \delta(x-z) \tag{15}$$

Posons $\zeta = \lambda \frac{\partial u}{\partial x}$ $(\zeta_j = \lambda \frac{\partial u}{\partial x_j}$, $j = 1,\dots n)$. On a

$$\frac{D\zeta}{D(\lambda,y')} = \det\begin{pmatrix} u_x \\ \lambda u_{xy'} \end{pmatrix} = \lambda^{n-1} J(u) \tag{16}$$

(puisque $\frac{\partial u}{\partial y_1} = 1$). Posons encore

$$\begin{cases} \phi = \lambda u(x,y) - \lambda u(z,y) \\ \chi = \phi - \zeta.(x-z) = O(x-z)^2 \end{cases} \tag{17}$$

Après changement de variables $(\lambda,y') \leftrightarrow \zeta$, l'équation (15) s'écrit donc

$$\int e^{\zeta.(x-z)+\chi}\, \frac{b(x,y',\lambda)}{\lambda^n J}\, d\zeta = \text{cste}\ \ \delta(x-z) \tag{18}$$

où on a posé $J = J(u)\ (x,y')$.

Du théorème de la phase stationnaire, appliqué à (18) on déduit alors

Théorème 2 : Avec les hypothèses et les notations ci-dessus, le symbole analytique b est , à un facteur constant près, la solution (développement asymptotique en puissance de λ) de

$$(19) \qquad \exp\left(\frac{\partial}{\partial \zeta} \cdot \frac{\partial}{\partial z}\right) \cdot \left(e^{\chi} \frac{b}{\lambda^n J}\right)\Big|_{z = x} = 1$$

On peut réexprimer $\frac{\partial}{\partial \zeta}$ dans les coordonnées initiales λ, y'

$$(20) \qquad \frac{\partial}{\partial \zeta} = \begin{pmatrix} u_x \\ U_{xy'} \end{pmatrix}^{-1} \begin{pmatrix} \frac{\partial}{\partial \lambda} \\ \frac{1}{\lambda} \frac{\partial}{\partial y'} \end{pmatrix}$$

L'opérateur différentiel asymptotique

$$(21) \qquad P : \beta(x,y',\lambda) \mapsto \exp\left(\frac{\partial}{\partial \zeta} \cdot \frac{\partial}{\partial z}\right) (e^{\chi}\beta)\Big|_{z = x}$$

est du type qui intervient habituellement dans la méthode de la phase stationnaire :

$$(22) \qquad P = 1 + \sum_1^{\infty} \lambda^{-k} P_k$$

où P_k est un opérateur différentiel d'ordre k , dont les coefficients sont des polynômes universels en les dérivées d'ordre $\leqslant 2k$ de χ ,i.e. en les dérivées d'ordre $\leqslant 2k+2$ (et $\geqslant 2$) de u .

P est inversible puisque son terme dominant est 1 . L'inverse est de la même forme : $Q = P^{-1} = 1 + \sum_1^{\infty} \lambda^{-k} Q_k$.

On a pour b et B les formules

$$(23) \qquad b = \text{cste} \ \lambda^n J(u) P^{-1}(1)$$

$$(24) \qquad B = \text{cste} \ J(u) \left[\frac{(-1)^n n!}{u^{n+1}} + \sum_1^n \frac{(-1)^{n-k}(n-k)!}{u^{n-k+1}} Q_k(1) + \sum_{n+1}^{\infty} \frac{u^{k-n}}{(k-n)!} \operatorname{Log} u . Q_k(1) \right]$$

où $Q = P^{-1} = 1 + \sum_1^{\infty} \lambda^{-k} Q_k$ I. $Q_k(1)$ est une fonction de x,y' .

Comme toujours, dans la méthode de la phase stationnaire, cette série converge si les données sont analytiques. Si les données sont seulement C^{∞} , les formules fournissant les coefficients $Q_k(1)$ sont évidemment les mêmes, mais on obtient seulement un développement asymptotique (en général non convergent) décrivant la singularité de B .

<u>N.B.</u> Dans les formules ci-dessus, les intégrales sont symboliques : par exemple $\int e^{\lambda u}\, b\, d\lambda$ représente la classe du développement asymptotique $e^{\lambda u}\, b\, d\lambda$ mod. les formes exactes $d(e^{\lambda u}\,\beta) = e^{\lambda u}(u\beta + \frac{\partial\beta}{\partial\lambda})d\lambda$, sur laquelle opèrent les opérateurs microdifférentiels. On peut en faire de vraies séries d'intégrales (convergentes dans le cas analytique, asymptotiques dans le cas C^{∞}) en choisissant un chemin d'intégration complexe, sur lequel $\operatorname{Re} \lambda u < 0$. L'indétermination de l'origine d'un tel chemin se reflète par le fait qu'on n'atteint, par de tels calculs, que la singularité des distributions considérées.

V. VARIANTE.

Les formules (19) (23) (24) ci-dessus aboutissent à une expression de la singularité de B qui est clairement polynomiale en les dérivées de u, et en $J(U)^{-1}$. L'opérateur asymptotique P est décrit explicitement par les formules (20) (21). Le calcul de l'inverse $Q = P^{-1} = \sum_{0}^{\infty} (1-P)^k$ relève du calcul des opérateurs différentiels, qui est bien répertorié sinon court. Voici une variante de la formule du n°4, qui peut dans certains cas aboutir à des expressions plus maniables. Pour la décrire il sera commode de pondérer les développements de Taylor de fonctions, singularités, etc... comme suit : on choisit des coordonnées $x_1,\dots x_n = (x_1,x')$ sur X, $y_1\dots y_n = (y_1\ y')$ sur Y ($y = \bar{x}$ dans le cas complexe), et on attribue à x',y' le poids 1, à x_1, y_1 le poids 2 :

$$(25) \qquad w(x_1) = w(y_1) = 2 \ , \quad w(x_j) = w(y_j) = 1 \quad \text{pour } j \geqslant 2 \ .$$

Il en découle une pondération pour les fonctions, singularités, formes différentielles, opérateurs différentiels ou microdifférentiels. Ainsi $\frac{\partial}{\partial x_1}$ est de poids -2, dx_1 et $(\frac{\partial}{\partial x_1})^{-1}$ de poids 2, $\operatorname{Log} u$ et les $(\partial_x\partial_y \operatorname{Log} u)^k$ de poids 0 si u désigne la fonction de référence :

$$(26) \qquad u = x_1 + y_1 + x'.y'$$

(correspondant au paraboloïde (9)).

Il est toujours possible de choisir les coordonnées (x_1,x') (y_1,y') et l'équation $U = 0$ de Σ de sorte que (*)

$$(27) \qquad U = u + \rho(x,y') \ , \text{ avec } \rho = O(x,y)^3 \text{ indépendant de } y_1 \ .$$

(*) Dans la suite U (majuscule) désignera l'équation de Σ, u (minuscule) $= x_1 + y_1 + x'.y'$ celle du paraboloïde.

En fait Chern et Moser ont montré dans [2] qu'on peut choisir les coordonnées et U de sorte que Σ soit mise "sous forme normale" i.e.

$$(28)\quad \begin{cases} U = u + \rho(x,y') \\ \text{où } \rho \text{ est indépendant de } y_1 \text{ , } \rho = 0\,(x')^2(y')^2 \end{cases}$$

(i.e. ρ s'annule à l'ordre 2 pour $x' = 0$ ou $y' = 0$), et

$$(29)\quad \begin{cases} \Delta\rho = O(x',y')^3 \\ \Delta^2\rho = O(x',y')^2 \\ \Delta^3\rho = O(x',y') \end{cases} \qquad \text{avec } \Delta = \sum_2^n \frac{\partial^2}{\partial x_j \partial y_j}$$

(i.e. ces quantités sont nulles d'ordre 3 , resp.2, resp.1 pour $x' = y' = 0$)
[Dans [2] une forme normale est une équation de la forme $u + \rho(\frac{x_1-y_1}{2i}, x', y') = 0$; la forme ci-dessus est équivalente et sera plus commode pour la suite] .

On peut donc en particulier choisir les coordonnées, et U , de sorte que

$$(30)\quad \begin{cases} U = u + \rho(x,y') & \text{avec } \rho \text{ indépendant de } y_1 \\ w(\rho) \geqslant 4 & \text{resp. } w(\rho) \geqslant 6 \text{ si } n = 2 \text{ .} \end{cases}$$

De l'égalité $\mathrm{Log}\, U = \exp(\rho \frac{\partial}{\partial y_1})\, \mathrm{Log}\, u$, on déduit

$$(31)\qquad \mathrm{Log}\, U = A\, \mathrm{Log}\, u$$

où $A = A(x, \frac{\partial}{\partial x})$ est l'opérateur microdifférentiel infini de symbole total

$$(32)\qquad A(x,\xi) = \exp \rho(x, \xi_1^{-1}\xi')\xi_1$$

A est d'ordre infini, mais somme de termes dont le poids tend vers $+\infty$:
$w(\frac{1}{k!}\rho^k(x,\xi_1^{-1}\xi^o)\xi_1^k) \geqslant 2k$ si $w(\rho) \geqslant 4$.

Par suite, avec les notations ci-dessus, si B désigne la singularité du noyau de Bergman de Σ ($B = K^{-1}$),

<u>Théorème 3</u>. <u>On a</u> $B = c^{ste}\, {}^tA^{-1}(\frac{1}{u^{n+1}})$.

(Le noyau de Bergman du modèle $u = 0$ est $\frac{c^{ste}}{u^{n+1}}$).

Ici le symbole A est explicite ; reste à calculer, dans l'un ou l'autre ordre, l'inverse et le transposé. Ces deux opérations relèvent du calcul pseudo-differentiel:

$$(33) \qquad {}^tA(x,\xi) = \exp(\partial_x \cdot \partial_\xi)\, A(x,-\xi)$$

$$A^{-1} = \sum_0^\infty (1-A)^k \quad \text{où} \quad w(1-A)^k \geqslant 2k$$, et $(1-A)^k$ est donné par la formule de Leibnitz.

Le théorème 3 donne directement une expression polynomiale de la singularité de B en fonction des invariants de Chern-Moser : il suffit de prendre U sous forme normale. L'inconvénient de cette nouvelle formule est que les singularités sont repérées à partir du paraboloïde $u = 0$ et non plus de Σ .

VI. COMPARAISON AVEC LA SOLUTION ASYMPTOTIQUE DE L'EQUATION DE MONGE-AMPERE.

Dans sa belle et difficile analyse [6] , C. Fefferman a décrit les termes de bas degré de la singularité de B (la description s'arrête un peu avant le terme logarithmique)en fonction de la solution asymptotique de l'équation de Monge-Ampère $J(U) = 1$, $U = 0$ sur Σ , et d'invariants kählériens de la courbure d'une métrique construite à partir de U . Nous ne redécrirons pas ici cette analyse, mais y apporterons des compléments.

L'équation de Monge-Ampère peut se réécrire, pour une (n,n) forme ω ($\omega = \text{cste}(\partial_x\partial_y \text{ Log } U)^n$)

$$(34) \qquad (\partial_x\partial_y \text{ Log}\,\omega)^n = C^{ste}\,\omega$$

(la densité de ω est bien déterminée mod. un facteur produit (déterminant jacobien) $a(x)\ b(y)$, de sorte que $\partial_x\partial_y \text{ Log}\,\omega$ est bien déterminé, et l'équation (36) a un sens).On voit facilement, en utilisant par exemple la relation

$$(35) \qquad J(U + c\psi) = J(U)\,(1 + (n+1)\,c\psi' - cU\psi'' + O(\psi))$$

où c est une fonction sur $X \times Y$, et $\psi = \psi(U)$ est de la forme $U^kP(\text{Log } U)$, P = polynôme, $k \geqslant 1$, ou l'analogue de (35) pour (34), que (34) admet une solution asymptotique (en fait convergente si les données sont analytiques), à pôle d'ordre n+1 sur l'hypersurface $\Sigma(U=0)$, de la forme

$$(36) \qquad \omega = \omega_o\,(1 + F(x,y,\ U^{n+1} \text{ Log } U))$$

avec par exemple $\omega_o = c^{ste}(\partial_x\partial_y \operatorname{Log} U)^n$, où F est une fonction de $2n+1$ variables. Deux telles solutions diffèrent par une expression de la forme $\omega_o . U^{n+1} G(x,y,U^{n+1} \operatorname{Log} U)$. En particulier il existe une forme méromorphe Ω dont la partie polaire (singularité) est bien déterminée, donc biholomorphiquement invariante, telle que

(37) $(\partial_x\partial_y \operatorname{Log} \Omega)^n - c\,\Omega$ soit holomorphe (sans pôle)

Pour cette forme la différence

(38) $$\mu = (\partial_x\partial_y \operatorname{Log} \Omega)^n - c\Omega_{|U=0}$$

est aussi biholomorphiquement invariante et détermine le premier terme de la singularité logarithmique de la solution ω de (34).

La partie uniforme de B n'est en général pas égale à celle de la solution de l'équation de Monge-Ampère (34). Il est alors curieux d'observer que les deux ont la même variation première à partir du cas du modèle paraboloïde : posons comme ci-dessus $u = x_1 + y_1 + x'.y'$ et

(39) $$U = u + \varepsilon\,\rho(x,y') \qquad \text{avec} \quad \varepsilon^2 = 0$$

On a alors, comme au n°5 .

(40) $$\operatorname{Log} U = (1+\varepsilon a(x, \tfrac{\partial}{\partial x}))\operatorname{Log} u$$
$$\text{avec} \quad a(x,\xi) = \rho(x,\xi_1^{-1}\xi')\xi_1$$

(41) $$B = (1+\varepsilon\,\alpha)\,B_o$$
$$\text{avec } B_o = \frac{c^{ste}}{u^{n+1}} \quad , \quad \alpha = -\,{}^t a$$

Posons $B = (1+\varepsilon\varphi)B_o$ avec $\varphi = \text{fonction} = \dfrac{\alpha B_o}{B_o}$.

Un calcul idiot montre alors qu'on a

(42) $$(\partial_x\partial_y \operatorname{Log} B)^n - c\,B =$$
$$= c^{ste}\, U\Big[(n+1)\Big(\frac{\partial}{\partial x_1} + \frac{\partial}{\partial y_1}\Big) + (x_1+y_1)\frac{\partial^2}{\partial x_1\partial y_1} + \frac{\partial}{\partial x_1}\,y'.\frac{\partial}{\partial y'} + \frac{\partial}{\partial y_1}\,x'.\frac{\partial}{\partial x'} - \frac{\partial}{\partial x'}.\frac{\partial}{\partial y'}\Big]\varphi =$$
$$= c^{ste}\, u\,\Big(\alpha + \frac{\partial}{\partial x_1}[x_1,\alpha] + \frac{\partial}{\partial x'}.[x',\alpha]\Big)\frac{\partial}{\partial x_1}\,B_o$$

Or $a(x,\xi) = \rho(x,\xi_1^{-1}\xi^1)\xi_1$ est homogène de degré 1 en ξ , donc

(43) $$a = [a,x_1] \frac{\partial}{\partial x_1} + [a,x'] \cdot \frac{\partial}{\partial x'}$$

ce qui implique, par transposition.

(44) $$\alpha + \frac{\partial}{\partial x_1} [x_1,\alpha] + \frac{\partial}{\partial x'} \cdot [x',\alpha] = 0$$

Ceci implique que $(\partial_x\partial_y \text{ Log } B)^n - c\, B$ est le produit par u d'une forme holomorphe (sans singularité), donc B diffère de la solution asymptotique de l'équation (34) par une forme holomorphe dans ce cas ; en particulier les deux ont le même terme logarithmique. La coïncidence s'arrête là : il n'y a plus égalité si on pousse le calcul mod. ε^3 au lieu de ε^2 - cf. [6] .

VII. CAS DE LA DIMENSION 2.

Dans ce cas, en coordonnées normales, U s'écrit

(45) $$U = u + \rho(x,y') \qquad \text{avec } u = x_1 + y_1 + x'.y'$$
$$w(\rho) \geqslant 6 .$$

Posons comme ci-dessus

(46) $$a(x,\xi) = \rho(x,\xi_1^{-1}\xi')\xi_1$$

Comme a est de poids $\geqslant 4$, on a

(47) $$B = (1 - {}^t a(x, \frac{\partial}{\partial x})) B_o + (\text{poids} \geqslant 8) .$$

Comme le premier terme de la singularité logarithmique de B est de poids 6 , ceci en donne une expression tout à fait explicite. En outre, d'après le calcul du n° 6 on a

Théorème 4 . En dimension 2 , le noyau de Bergman et la solution de l'équation de Monge-Ampère diffèrent par une expression de la forme (holomorphe + O(U Log U)). En particulier la partie dominante de la singularité logarithmique est la même.

Références.

[1] L. Boutet de Monvel, J. Sjöstrand : Sur la singularité des noyaux de Bergman et de Szegö, Astérisque 34-35 (1976) , 123-164 .

[2] L. Boutet de Monvel, P. Krée : Pseudo-differential operators and Gevrey classes, Ann. Inst. Fourier XVII, 1 (1967), 295-323.

[3] S.S. Chern, J. Moser : Real hypersurfaces in complex manifolds Acta Math. 133 (1974), 219-271.

[4] C. Fefferman : The Bergman kernel and biholomorphic equivalence of pseudo-convex domains - Inventiones Math. 26 (1974), 1-65 .

[5] C. Fefferman : Monge-Ampère equations, the Bergman kernel and geometry of pseudo-convex domains. Ann. Math. 103 (1976), 395-416.

[6] C. Fefferman : Parabolic invariant theory in complex analysis Advances in Math. 31 (1979), 131-262.

[7] L. Hörmander : The analysis of linear partial differential operators, Grundlehren der Math. W. , Springer Verlag.

[8] M. Kashiwara, T. Kawai, M. Sato : Microfunctions and pseudo-differential equations, Lect. Notes 287 (1973), Springer-Verlag.

[9] M. Kashiwara : Analyse microlocale du noyau de Bergman, Séminaire Goulaouic-Schwartz 1976-77, exposé n°8 , Ecole Polytechnique.

[10] D. Boichu, G. Coeuré : Sur le noyau de Bergman des domaines de Reinhardt, Inventiones Math. 72 (1983), 131-152.

[11] J. Lee, R. Melrose : Boundary behaviour of the complex Monge-Ampère equation, Acta Math. 148 (1982), 159-192.

***

7.5 Le noyau de Bergman en dimension 2

Le noyau de Bergman en dimension 2, Séminaire sur les Équations aux Dérivées Partielles 1987–1988, École Polytech., Palaiseau, 1988, Exp. No. XXII. [B88]

CENTRE
DE
MATHEMATIQUES
Unité associée au C.N.R.S. n° 169

ECOLE POLYTECHNIQUE
F-91128 PALAISEAU Cedex (France)
Tél. (1) 69.41.82.00
Télex ECOLEX 691.596 F

Séminaire 1987-1988

ÉQUATIONS AUX DÉRIVÉES PARTIELLES

LE NOYAU DE BERGMAN EN DIMENSION 2.

L. BOUTET DE MONVEL

Exposé n° XXII

17 Mai 1988

LE NOYAU DE BERGMAN EN DIMENSION 2.

par L.Boutet de Monvel

Cet exposé est la suite de mon exposé de mai 1986 à ce séminaire [B]. J'y montrerai qu'en dimension n=2 les hypersurfaces dont le noyau de Bergman ne comporte pas de terme logarithmique sont, localement, holomorphiquement équivalentes à une sphère.

§1. Rappels et description du résultat.

Rappelons que si X est un ouvert de $\mathbb{C}^n$ (plus généralement une variété complexe), le noyau de Bergman B(x,y) est le noyau du projecteur orthogonal $L^2(X) \to \mathcal{O}(X)$, où $\mathcal{O}(X)$ désigne le sous-espace des fonctions holomorphes; ou, de façon plus intrinsèque, le noyau du projecteur $L^2_{n\,0}(X) \to \mathcal{O}_{n\,0}(X)$ où $L^2_{n\,0}$ désigne l'espace des formes de type n,0 sur X, qui est muni intrinsèquement de la norme hilbertienne $\|\omega\|^2 = |\int \omega \wedge \bar{\omega}|$. B est donc une forme différentielle, de type n,0 en x et 0,n en y. Il est holomorphe en x, et antiholomorphe en y.

Dans toute la suite nous supposons X strictement pseudo-convexe, à frontière analytique. Autrement dit X peut être défini par une inéquation

$$(1.1) \quad U = U(z, \bar{z}) \leqslant 0$$

où U est une fonction analytique réelle, $dU \neq 0$ sur le bord ∂X, et la matrice des dérivées mixtes $(\partial^2 U / \partial z_j \partial \bar{z}_k)$ est hermitienne $\gg 0$. On sait dans ce cas (cf. [B-S], [K]) que le noyau de Bergman B est analytique à l'intérieur de X×X, et se prolonge analytiquement au voisinage des points du bord, sauf aux points de la diagonale de $\partial X \times \partial X$. Au voisinage de ces points il a une singularité du type 'distribution conormale' (holonome), associée à l'hypersurface complexe d'équation $U(x, \bar{y}) = 0$:

$$(1.2)\ B(x,\bar{y}) = F(x,\bar{y})\, U(x,\bar{y})^{-n-1} + G(x,\bar{y})\, \mathrm{Log} U(x,\bar{y})$$

où F , G sont analytiques (holomorphes en $x,\bar{y}$).

Je me propose de démontrer le résultat suivant, qui généralise celui de D.Boichu et G.Coeuré [Bo-C] pour les domaines de Reinhardt, et répond à une conjecture de I.P.Radamanov [R] en dimension 2:

Théorème: On suppose $n=2$. Si le coefficient $G(x,\bar{y})$ du terme logarithmique de B s'annule à l'ordre 2 sur le bord ∂X au voisinage d'un point $x \in \partial X$, alors ∂X est, au voisinage de ce point, holomorphiquement équivalent à une sphère.

(en fait dans cet énoncé il suffit que ∂X soit de classe C^2 et strictement pseudo-convexe, pour que la singularité du noyau de Bergman soit une propriété locale de ∂X, et qu'au voisinage du point x il soit assez différentiable (de classe C^{14}) pour que les 5 premiers termes du développement asymptotique de B soient bien définis et donnés par la formule générale)

En revanche il existe des domaines X tels que G s'annule sur ∂X au voisinage d'un point $x \in \partial X$, sans que ∂X soit localement équivalent à une sphère au voisinage de ce point: la version locale du résultat de D.Boichu et G.Coeuré est fausse.

§2. Etude du développement asymptotique de B.

Pour démontrer ce théorème, j'utiliserai le résultat exposé dans [B] : formellement B est (mod. les fonctions analytiques) le noyau de l'opérateur intégral de Fourier inverse microlocal de celui de noyau $\mathrm{Log}(x,\bar{y})$ (à un facteur constant près). Nous utiliserons la méthode indiquée dans [B],§5. Nous prenons comme modèle l'ouvert X_0 limité par le paraboloïde ∂X_0 d'équation

$$(2.1)\quad u = t+\bar{t}+z\bar{z} = 0$$

où on a noté t,z les coordonnées dans $\mathbb{C}^2$. Le noyau de Bergman dans la cas modèle est $b = c^{ste}\, u^{-3}$ ($c^{ste}\,(\partial\bar\partial \operatorname{Log} u)^2$ si on le note comme une forme différentielle).

On sait qu'il existe une transformation holomorphe locale ($\Leftrightarrow$choix de coordonnées locales) qui met ∂X en contact d'ordre $\geqslant 6$ avec ∂X_0 à l'origine (contact d'ordre $\geqslant 4$ seulement en dimension $n>2$). On est ainsi ramené au cas où la fonction de définition U de ∂X est de la forme

$$(2.2)\quad U = u + \rho$$

où ρ est nul d'ordre 6 à l'origine. On peut en outre supposer ρ mis sous la forme normale de [B]§5, déduite de celle [Ch-M]:

$$(2.3)\quad \rho = \sum_{p,q\geqslant 2} \rho_{pq}(t)\, z^p \bar{z}^q$$

$$\text{avec}\quad \rho_{22}=\rho_{23}=\rho_{32}=\rho_{33}=0$$

(on a choisi ρ indépendant de $\bar{t}$; c'est essentiellement équivalent à la forme normale de Chern et Moser [Ch-M]; mais ici ρ n'est pus une fonction réelle)

Comme dans [B]§5 on attribue à t le poids 2 et à z le poids 1 (à $\partial/\partial t$, $\partial/\partial z$ etc... les poids qui en découlent), et on fait un développement formel (en fait convergent) suivant les poids croissants. Ainsi la singularité de B possède un développement selon les poids croissants, uniquement déterminé, de la forme

$$(2.4)\quad B \simeq \sum b_{mnpq}\, t^m z^p \bar{z}^q u_n$$

avec $u_n = u^n$ si $n<0$, $u_n = u^n \operatorname{Log} u$ si $n\geqslant 0$.

On pose

$$(2.5)\quad a(t,z,\tau,\zeta) = \rho(t,z,\zeta/\tau)\tau$$

$$(2.6)\quad A(t,z,\tau,\zeta) = e^a = 1 + a + a^2/2 + \ldots$$

où les variables τ et ζ, correspondant aux dérivations $\partial/\partial t$, $\partial/\partial z$, sont de poids respectifs -2, -1

(2.7) $\mathbb{A} = A(t,z,\partial_t,\partial_z)$

(c'est une serie formelle d'operateurs microdifferentiels de poids croissants. On a noté $\partial_t=\partial/\partial t$, $\partial_z=\partial/\partial z$.)

Comme on a montré dans [B]§5, il résulte de la formule de Taylor qu'on a (toujours en développant suivant les poids croissants)

(2.8) $\operatorname{Log} U \simeq \mathbb{A} \operatorname{Log} u$

d'où

(2.9) $B \simeq c^{ste}\ {}^t\mathbb{A}^{-1}(u^{-3})$

Les termes logarithmiques de B ($n\geqslant 0$ dans le développement (2.4)) proviennent alors des termes de degré $\leqslant -3$ en (∂_t,∂_z) de ${}^t\mathbb{A}^{-1}$. En effet $\mathbb{A}$ comme n'importe opérateur micro-différentiel possède un développement en termes de poids croissants :

(2.10) $\mathbb{A} \simeq \sum a_{mnpq}\, t^m z^p (\partial_z\partial_t^{-1})^q \partial_t^n \quad (n\in\mathbb{Z},\ m,p,q\geqslant 0)$

et on a en outre $\partial_t^{-3}u^{-3} = c^{ste} \operatorname{Log} u$, et si f est n'importe quelle (micro)fonction, $(\partial_z\partial_t^{-1})^q f(u) = \bar{z}^q f(u)$, de sorte que les termes logarithmiques de $\mathbb{A}u^{-3}$ sont ceux pour lesquels on a $n\leqslant -3$.

Dans le décompte des termes qui figurent dans ces développements on peut encore raffiner en introduisant un bipoids: $w_2(z)=(1,0)$, $w_2(\bar{z})=(0,1)$, $w_2(t)=w_2(\bar{t})=(1,1)$. Pour démontrer le théorème, nous examinons les termes de bipoids (0,0) et (1,1) de G (coefficient du terme logarithmique), c'est a dire les termes en $\operatorname{Log} u$, $t \operatorname{Log} u$, $z\bar{z} \operatorname{Log} u$, $u \operatorname{Log} u$ de B: ces termes doivent s'annuler car G s'annule nécessairement de poids >2 sur ∂X s'il s'y annule à l'ordre 2.

Le terme en Log u provient du terme de poids 6 (bipoids (3,3)) de ${}^t\mathbf{A}^{-1}$. Comme a est de poids 4, donc a^2 de poids 8>6, on peut pour le calculer remplacer A par 1+a, et ${}^t\mathbf{A}^{-1}$ par $1-{}^t(a(x,D))$. Le seul terme qui intervienne est donc $\rho_{44}\, z^4 \zeta^4\, \tau^{-3}$; le terme correspondant de ${}^t\mathbf{A}^{-1}$ est $\rho_{44}\, \partial_z^4 z^4\, \partial_t^{-3}$ dont le terme de degré -3 en (∂_z,∂_t) est $4!\, \rho_{44}\, \partial_t^{-3}$. (On a posé $\rho_{44}=\rho_{44}(0)$.)

L'examen des termes suivants fait intervenir les termes de poids 8, de degré $\leqslant -3$, de ${}^t\mathbf{A}^{-1}$. Pour les examiner on peut négliger les termes de poids >8 , ie. remplacer A par $1+a+a^2/2$. On constate que les coefficients de t Log u, $z\bar{z}$ Log u, u Log u sont combinaisons linéaires de ρ_{44}' , ρ_{55} , et du produit $\rho_{24}\rho_{42}$ (avec $\rho_{44}'=\partial_t\rho_{44}(t=0)$). L'examen du terme en t Log u montre aussitôt qu'on doit avoir $\rho_{44}'=0$ si G s'annule de poids >2 sur ∂X. L'examen des termes en $z\bar{z}$ Log u, u Log u fournit alors deux relations linéaires non proportionnelles entre ρ_{55} et $\rho_{24}\rho_{42}$. Ces deux quantités doivent donc s'annuler si G s'annule de poids >2 sur ∂X.

S3 Fin de la démonstration

Dans notre situation ρ_{24} et ρ_{42} sont conjugués. Ils sont donc nuls tous les deux.

Lemme.- Soit ∂X une hypersurface analytique réelle, strictement pseudoconvexe. On suppose qu'en tout point de ∂X les coefficients ρ_{24}, ρ_{42} de la forme normale de Chern-Moser s'annulent. Alors ∂X est localement holomorphiquement équivalent à la sphère (ou au paraboloïde).

Voici une première démonstration: E.Cartan [C], dans le cas n=2, et Chern et Moser [Ch-M] dans le cas général ont introduit une connexion (au sens de Cartan) associée à toute hypersurface strictement pseudo-convexe suffisamment différentiable. Cette connexion se présente ainsi: on introduit le fibré des repères P, fibré principal de groupe le sous-groupe $H\subset PU(n,1)$ des automorphismes holomorphes de la boule qui fixent le vecteur (1,0,0..) de la sphère. Un point d'une fibre P_x est une classe d'équivalence de systèmes de coordonnées: t (mod.m_x^3), z (mod.m_x^2), telle que $t+\bar{t}+z\bar{z} \in m_x^3$ (où m_x désigne l'idéal de définition du point $x \in \partial X$). La connexion Ω est une 1-forme équivariante sur P, à coefficients dans su(n,1), dont la forme de courbure $K = d\Omega + \Omega \wedge \Omega$ satisfait à une condition convenable, qui détermine complètement Ω (cf.[C], [Ch-M], [Ku]). La courbure est nulle si et seulement si ∂X est localement équivalent à la sphère. Ici ρ_{24}, ρ_{42} sont des coefficients de la courbure, et on constate en examinant les formules de [C], [Ch-M], ou [Ku] que les autre coefficients (en fait il n'y en a qu'un) en sont de dérivées covariantes. D'où le lemme.

Remarquons que pour cette démonstration on n'a besoin que de l'égalité $\rho_{24}=\rho_{42}=0$, et des identités qui en résultent en dérivant une fois. Ceci ne fait intervenir qu'un nombre fini de dérivées de ∂X (7 pour la définition de ρ_{24}, ρ_{42} et de leurs dérivées, 10 pour que les relations entre $\rho_{24}\rho_{42}$ et ρ_{55} aient un sens, et encore quelques unes de plus pour qu'on puisse pousser le développement asymptotique de B assez loin pour démontrer ces relations).

Voici une autre démonstration plus 'élémentaire' (qui n'est en fait qu'une traduction en termes un peu plus tangibles de la démonstration précédente). Notre surface ∂X a pour équation

(3.1) $U = t+\bar{t}+z\bar{z} + \rho$

où $\rho = \rho_{25}\, z^2\bar{z}^5 + \rho_{34}\, z^3\bar{z}^4 + \rho_{43}\, z^4\bar{z}^3 + \rho_{52}\, z^5\bar{z}^2 + ..$ est nul d'ordre >6.

Effectuons un changement d'origine complexe infiniment petit: nouvelle origine de coordonnées $(0,\zeta,0,\bar{\zeta})$ (dans $\mathbb{C}^n \times \bar{\mathbb{C}}^n$), avec $\zeta^2=\bar{\zeta}^2=\zeta\bar{\zeta}=0$.

A partir de cette nouvelle origine l'équation s'écrit

(3.2) $(t+\bar{\zeta}z) + (\bar{t}+\zeta\bar{z}) + z\bar{z} + \partial_z\rho\, \zeta + \partial_{\bar{z}}\rho\, \bar{\zeta}$

équation qu'il s'agit de remettre sous forme normale. Ici notre équation est une perturbation d'ordre 6 de la forme canonique et un calcul élémentaire montre que les coefficients de $z^2\bar{z}^4$ et $z^4\bar{z}^2$ sont inchangés lorsqu'on passe à la forme normale. Ce sont donc

$$(3.3) \quad 5\,\rho_{25}\,\bar{\zeta} + 3\,\rho_{34}\,\zeta \quad (\text{pour } z^2\bar{z}^4)$$
$$\text{et} \quad 3\,\rho_{43}\,\bar{\zeta} + 5\,\rho_{52}\,\zeta \quad (\text{pour } z^4\bar{z}^2)$$

Ces quantités doivent donc être identiquement nulles. Une récurrence facile montre alors de même qu'on doit avoir $\rho_{p+1,q}=\rho_{p,q+1}=0$ si ρ_{pq} est identiquement nul. Ainsi ρ est identiquement nul (son développement de Taylor est nul), et l'équation de ∂X se réduit à celle du paraboloide, qui est équivalent à la sphère.

§4 <u>Cas des domaines de Reinhardt</u>.

Localement un tel domaine est équivalent à un cylindre

$$F(\text{Re } z_1, \text{Re } z_2) \leqslant 0$$

(convexe si le domaine initial est pseudoconvexe).Dans ce qui suit on pose $x=\text{Re } z_1$, $y=\text{Re } z_2$. On note Γ la courbe $F(x,y)=0$, correspondant au bord du cylindre. On constate facilement que les courbes Γ provenant d'une sphère sont les transformées par affinité de la courbe d'équation $y=\text{Log ch } x$, et les courbes limites $y=e^x$, $y=x^2$. Elles forment une famille à 6 paramètres, et sont les solutions d'une équation différentielle d'ordre 6.

Au contraire la condition $G_{|\partial X}=0$ $(\rho_{44}=0)$ se traduit par une équation différentielle d'ordre 8. Il y a donc localement des solutions de cette deuxième équation qui ne sont pas solutions de la première (il n'y a néanmoins pas d'autres solutions "globales", comme ont montré D.Boichu et G.Coeuré).

§5 Terme logarithmique de la solution élémentaire de l'équation de Schrödinger.

Comme l'étude du terme logarithmique du noyau de Bergman et des invariants qui doivent y intervenir est compliquée, j'ai voulu regarder d'autres cas où un terme logarithmique se présente de façon naturelle. En voici un: on considère sur $\mathbb{R}^n$ (n pair) un opérateur de Schrödinger $\Delta - V(x)$, avec V analytique. On sait qu'un tel opérateur admet une solution élémentaire de la forme

$$(5.1)\ E(x,y) = \frac{F(x,y)}{r^{n-2}} + G(x,y)\,\mathrm{Log}\, r$$

où F et G sont analytiques. On a posé $r=(\sum(x_i-y_i)^2)^{1/2}$, de sorte que r^2 est analytique, nul sur le cône complexe isotrope $\sum(x_i-y_i)^2=0$ (cône caractéristique).

La question est alors la suivante: pour quels potentiels V a-t-on G=0? Par exemple pour n=2 cela n'arrive jamais (le logarithme est déjà présent dans le terme dominant), et pour n=4 on a G=0 si et seulement si V=0 (si G=0, Δ et $\Delta-V$ ont même parametrix donc l'opérateur de multiplication par V est de degré $-\infty$, ce qui implique évidemment V=0).

Voici un résultat élémentaire, dont je n'ai pas trouvé de trace dans la littérature.

<u>Proposition</u> 1.- <u>Soient</u>

$$(5.2)\quad V(x) = (x^2-1/8)^{-2},$$
$$v(x,y) = (x^2-1/8)^{-1}(y^2-1/8)^{-1}.$$

<u>Alors</u> (pour $n\neq 2,4$) $\Delta-V$ <u>a pour solution élémentaire</u>

$$(5.3)\quad E(x,y) = c\,\left(\frac{1}{r^{n-2}} - \frac{v(x,y)}{2(n-4)r^{n-4}}\right)$$

XXII-8

(avec $c=-\Gamma(n/2)/(n-2)\pi^{n/2}$, la constante qui figure dans la solution élémentaire de Δ)

On vérifie en effet élémentairement qu'on a $(\Delta-V)E = 0$ pour $x\neq y$.

On peut encore transformer par similitude le potentiel ci-dessus. On obtient les potentiels

(5.4) $\qquad (a(x-x_0)^2-1/8a)^{-2} \quad (a\in\mathbb{C},\ x_0\in\mathbb{C}^n)$

et à la limite $2\,(\xi.(x-x_0))^{-2}$ (avec $x_0,\xi\in\mathbb{C}^n$, $\sum\xi_j{}^2=1$)

<u>Proposition</u> 2.- <u>Pour</u> n=6 <u>les seuls potentiels</u> V <u>tels que la solution élémentaire de</u> $\Delta-V$ <u>ne comporte pas de terme logarithmique sont les potentiels ci-dessus</u> (formule (5.4))

La démonstration est elle aussi élémentaire. En voici une esquisse. Dans le cas n=6 on cherche une parametrix de $\Delta-V$ sous la forme

$$E = c\left(\frac{1}{r^4} - \frac{w}{4r^2}\right)$$

On a pour $x\neq y$

$$(\Delta-V)E = \frac{c}{r^4}\,(-V+w+r\partial w/\partial r) - \frac{c}{4r^2}\,(\Delta-V)w$$

où on a posé $r\partial/\partial r = \sum(x_j-y_j)\partial/\partial x_j$

Il faut donc que $-V+(1+r\partial/\partial r)w$ s'annule sur le cône isotrope. On choisit w de sorte que $(1+r\partial/\partial r)w=V$, ce qui le détermine uniquement:

$$w(x,y) = \sum V^{(\alpha)}(y)\,(x-y)^\alpha/\alpha!(|\alpha|+1)$$

Il faut alors que pour ce choix de w, $(\Delta-V)w$ s'annule sur le cône isotrope. Pour x=y cela donne

$$\Delta V=3V^2$$

En dérivant deux fois cette relation on obtient

$$(\Delta V)'' = 6\, VV'' + 6\, V'^2$$

En dérivant deux fois la relation $(\Delta - V)w = O(r^2)$ puis faisant $x=y$, on obtient la relation

$$1/5\,(\Delta V)'' - 4/3\, VV'' + V'^2 \;\|\; \mathrm{Id}$$

(le membre de gauche est proportionnel à la matrice des dérivées secondes de r^2 pour $x=y$, c'est à dire à la matrice identité)

Eliminant $(\Delta V)''$ on obtient

$$2/3\, VV'' - V'^2 \;\|\; \mathrm{Id}$$

c'est à dire, pour $V \neq 0$

$$(V^{-1/2})'' \;\|\; \mathrm{Id}$$

Or pour $n \geqslant 2$ la relation $\Phi'' \;\|\; \mathrm{Id}$ implique aussitôt que Φ est un polynôme du second degré, de la forme $a|x|^2 + b.x + c$ (les dérivées mixtes sont nulles donc Φ est de la forme $\sum \Phi_j(x_j)$, avec $\Phi_i''(x_i) = \Phi_j''(x_j)$, donc les Φ_j'' sont toutes égales à une même constante si leur nombre est $\geqslant 2$).

Le cas $a \neq 0$ correspond à la première ligne de la formule (5.4), le cas $a=0$ à la seconde. (Il reste à ajuster une constante, ce qui ne présente aucune difficulté.)

Références:

[Bo-C] D.Boichu, G.Coeuré: Sur le noyau de Bergman des domaines de Reinhardt, Invent. Math. 72 (1983), 131-152.

[B-Sj] L.Boutet de Monvel, J.Sjöstrand: Sur la singularité des noyaux de Bergman et de Szegö, Astérisque 34-35 (1976), 123-164.

[B] L.Boutet de Monvel: Complément sur le noyau de Bergman, Séminaire EDP 1985-1986, exp n°20, Ecole Polytechnique.

[C] E.Cartan: Sur la géométrie pseudo-conforme des hypersurfaces de deux variables complexes, I, Ann. Math. Pures Appl. (4),11,1932, p.17-80; II, Ann.Scuola Norm.Pisa (2), 1 (1932), 333-354.

[Ch-M] S.S.Chern-J.Moser: Real hypersurfaces in complex manifolds, Acta Math. 133 (1974), 219-271.

[F]1 C.Fefferman: The Bergman kernel and biholomorphic equivalence of pseudo-convex domains, Inventiones Math. 26 (1974), 1-65.

[F]2 C.Fefferman: Monge-Ampère equations, the Bergman kernel and geometry of pseudo-convex domains, Ann.Math 103 (1976), 395-416.

[F]3 C.Fefferman: Parabolic invariant theory in complex analysis, Advances in Math. 31 (1979), 131-262.

[F-G] C.Fefferman, R.Graham: Conformal invariants, Astérisque, hors série, 1985 (Elie Cartan et et les Mathématiques d'aujourd'hui), 95-116.

[Ka] M.Kashiwara: Analyse microlocale du noyau de Bergman, Séminaire Goulaouic-Schwartz 1976-77, exposé n°8, Ecole Polytechnique.

[Ku] M.Kuranishi : Cartan connections and CR structures with non-degenerate Levi-form, Astérisque, hors série, 1985 (Elie Cartan et et les Mathématiques d'aujourd'hui), 273-288.

[R] I.P.Radamanov: A characterisation of the balls in $\mathbb{C}^n$ by means of the Bergman kernel,C.R.Acad. Bulgare des Sciences 34 (n°7)(1981).

Université de Paris VI
Mathématiques
4, place Jussieu
75230 Paris cedex 05

ERRATA

Exposé n° XXII - 17 mai 1988 -
L. Boutet de Monvel
Le noyau de Bergman
en dimension 2

- p. XXII-2 ligne 5 lire I. Ramadanoff au lieu de I.P. Radamanov

- p. XXII-11 ligne 21 lire I. Ramadanoff au lieu de I.P. Radamanov

Toeplitz Operators

8

8.1 Commentary by Victor W. Guillemin

The Theory of Toeplitz Operators

Let M be a bounded strictly pseudoconvex domain, B the boundary of M and $H^2(B)$ the closure in $L^2(B)$ of the space of boundary values of holomorphic functions. The Toeplitz operators discussed in this monograph are operators of the form

$$\Pi P \Pi \tag{8.1}$$

where Π is the projection of $L^2(B)$ onto $H^2(B)$ and P is a pseudodifferential operator on B. The main results of this monograph (written in 1978–1979) are Toeplitz analogues of results (mostly dating from the preceding decade) of Chazarain, Colin de Verdière, Duistermaat, Helton, Hörmander, Menikoff-Sjöstrand, Weinstein, Widom and others on spectral properties of elliptic differential operators.

To prove these results we began by showing that the Toeplitz operators above are examples of a much larger class of Toeplitz operators. Namely if X is a compact manifold and W a conic symplectic submanifold of T^*X one can associate with W a Szegö projector similar to the projection operator in (8.1) such that the analogues of the Toeplitz operators (8.1) have microsupport on the diagonal in $W \times W$, form a ring under composition, have symbolic properties similar to the symbolic properties discussed by Boutet and Sjöstrand in [BSj76] for the operators above, and in addition have nice functorial properties with respect to conjugation by FIO's. To define these operators we follow the lead of Hörmander [1] and define their Schwartz kernels as analogues of Hörmander's "Lagrangian distributions". More explicitly we show that if Σ is a conic isotropic submanifold of T^*X one can define a class of "isotropic distributions" with microsupport on Σ having properties similar to those of Lagrangian distributions; and we then define our "generalized Szegö projectors" and "generalized Toeplitz operators" as operators having isotropic Schwartz kernels with support on the diagonal in $W \times W$.

Unfortunately there are two interesting ways to define these isotropic analogues of Lagrangian distributions: one is to follow the approach taken by Melin-Sjöstrand in [2] and define them as "Lagrangian distributions with complex phase" and the other to define them as "Hermite distributions", the distributions used by Boutet in [B74] to study PDE's with double characteristics. After much agonizing we decided to opt for the second approach, its advantage being that the symbols of Hermite distributions with support on Σ also live on the isotropic manifold Σ itself whereas the

V.W. Guillemin (✉)
Department of Mathematics, MIT, Cambridge, MA 02139, USA
e-mail: vwg@math.mit.edu

V.W. Guillemin, J. Sjöstrand (eds.), *Louis Boutet de Monvel, Selected Works*, Contemporary Mathematicians, DOI 10.1007/978-3-319-27909-1_8

symbols of Lagrangian distributions with complex phase live on "almost analytic" Lagrangian extensions of Σ. In other words, the symbol calculus is a bit more complicated. On the other hand the definition of Toeplitz operators using the Melin-Sjöstrand approach also has advantages; For one thing it is the natural generalization of the definition of the classical Toeplitz operators studied by Boutet and Sjöstrand in [BSj76], and for another, it enables one to define, in this general setting, an analogue of the $\bar{\partial}_b$ complex for boundaries of pseudo-complex domains and to prove generalizations of a lot of the basic properties of this complex.

These are the motivating reasons for the existence of the appendix to "The Spectral Theory of Toeplitz Operators" [BGu81], Boutet's beautiful exposition of Toeplitz theory from the "Lagrangian distributions with complex phase" perspective. (These two approaches give rise to two slightly different classes of distributions; however, over the years both have turned out to have useful applications, so it is fortunate in retrospect that we decided to include both in our monograph.)

Index theory and more, Some additional comments:

1. Bernard Helffer has discussed elsewhere in this collection of commentaries, Boutet's article, "Hypoelliptic operators with double characteristics and related pseudodifferential operators". However, apropos of this paper I'd like to add one additional comment: In Sect. 6 of this article Boutet introduces, as a tool for constructing parametrices for operators with double characteristics, a class of embryonic Toeplitz operators: namely the Hermite operators that I mention in the paragraph above. In other words these operators appeared on the scene 8 years earlier than their official appearance in [BGu81].
2. At about the same time as the Toeplitz monograph was published Boutet published a short paper on "Operators with polynomial coefficients, Bargman spaces and Toeplitz operators" in which he gives an elegant Toeplitz operator proof of results in an earlier paper of Helffer and Robert on the "Precise asymptotic behavior of the spectrum of globally elliptic operators" (see [B81]). This is the first of a number of striking applications by him of Toeplitz theory to classical problems in the spectral theory of differential operators.
3. As was pointed out in the commentaries of Malgrange, Grubb, Kawai, Weinstein and Lebeau, Boutet made a number of seminal contributions to index theory. Among these the result that is probably closest in spirit to the results of the Toeplitz monograph is the main theorem of his Inventiones paper: "On the index of Toeplitz operators of several complex variables" [B79] which generalizes to Toeplitz operators of Fredholm type the Atiyah-Singer recipe for computing the index of elliptic differential operators and, in doing so, supplies a connecting link between theorems of index type in complex analytic geometry (such as the theorems described by Kawai in his commentary) and the C^∞ index theorems, generalizing Atiyah-Singer, that were being explored by analysts in the 1960s and 1970s.
4. The Szegö projector, Π in formula (8.1) above lives microlocally on the boundary of a pseudoconvex domain; hence if X and Y are boundaries of pseudoconvex domains and f a contactomorphism between them, one can define a Toeplitz operator of "Fourier integral operator type" by composing the pullback operation, f^* on the left and right by Szegö projectors. This operator is a Fredholm operator, and an index theorem for it was conjectured by Atiyah and Weinstein in the 1990s and ultimately proved by Epstein in a paper that appeared in the Annals of Mathematics in 2008. The proof, however, involves deep results in the theory of subelliptic spin-C Dirac operators, and shortly thereafter Boutet, in collaboration with Eric Leichtnam, Xiang Tang and Alan Weinstein came up with a shorter proof, based on Toeplitz calculus ideas. (See [BLeTaWe11].) In addition Louis published an accompanying article (see [B08a]) in which he describes the main ideas involved in this

alternative proof and clarifies a lot of its details.

Acknowledgments
The first draft of the monograph [BGu81] was written while Louis and I were participating in a "Year in Microlocal Analysis" at the Institute for Advanced Study, and we will forever be indebted to the organizers, particularly Lars Hörmander, for creating a free-wheeling environment of creative interactivity at the Institute that year, an environment which made our collaboration possible.

References

[B74] L. Boutet de Monvel, *Hypoelliptic operators with double characteristics and related pseudo-differential operators*, Comm. Pure Appl. Math. **27** (1974), 585–639.

[BSj76] L. Boutet de Monvel and J. Sjöstrand, *Sur la singularité des noyaux de Bergman et de Szegö*, Journées: Équations aux Dérivées Partielles de Rennes (1975), Soc. Math. France, Paris, 1976, pp. 123–164. Astérisque, No. 34–35.

[B79] L. Boutet de Monvel, *On the index of Toeplitz operators of several complex variables*, Invent. Math. **50** (1978/79), no. 3, 249–272.

[BGu81] L. Boutet de Monvel and V. Guillemin, *The spectral theory of Toeplitz operators*, Annals of Mathematics Studies, vol. 99, Princeton University Press, Princeton, NJ; University of Tokyo Press, Tokyo, 1981.

[B81] L. Boutet de Monvel, *Opérateurs à coefficients polynomiaux, espace de Bargmann, et opérateurs de Toeplitz*, Goulaouic-Meyer-Schwartz Seminar, 1980–1981, École Polytech., Palaiseau, 1981, Exp. No. II bis.

[B08a] L. Boutet de Monvel, *Asymptotic equivariant index of Toeplitz operators*, Differential equations and exact WKB analysis, RIMS Kôkyûroku Bessatsu, B10, Res. Inst. Math. Sci. (RIMS), Kyoto, 2008, pp. 33–45.

[BLeTaWe11] Louis Boutet de Monvel, Eric Leichtnam, Xiang Tang, and Alan Weinstein, *Asymptotic equivariant index of Toeplitz operators and relative index of CR structures*, Geometric aspects of analysis and mechanics, Progr. Math., vol. 292, Birkhäuser/Springer, New York, 2011, pp. 57–79.

[1] L Hörmander, *"Fourier integral operators I,"* Acta Math. **127** (1971), 79–183.

[2] A. Melin and J. Sjöstrand. *"Fourier integral operators with complex valued phase functions,"* in Fourier Integral Operators and Partial Differential Equations, Lecture Notes in Math. no. 459, Springer Verlag, 120–223.

8.2 On the Index of Toeplitz Operators of Several Complex Variables

On the index of Toeplitz operators of several complex variables, Invent. Math. **50** (1978/79), no. 3, 249–272. [B79]

Inventiones math. 50, 249–272 (1979)

Inventiones mathematicae

On the Index of Toeplitz Operators of Several Complex Variables

Louis Boutet de Monvel

Ecole Normale Supérieure, 45 Rue d'Ulm, F-75230 Paris Cedex 05, France

Abstract. Toeplitz operators on strictly pseudo-convex boundaries of complex domains are defined; they behave like pseudo-differential operators. An extension of the Atiyah-Singer formula is proved for elliptic systems of such operators.

Let H^2 be the space of holomorphic functions on the unit disc $D \subset \mathbb{C}$, with square integrable boundary value $\varphi = \sum_0^\infty a_n z^n$ $(\Sigma |a_n|^2 < \infty)$. If f is a continuous function on the circle ∂D, the Toeplitz operator T_f on H^2 is defined by $T_f(\varphi) = S(f\varphi)$ where S is the orthogonal projector $L^2(\partial D) \to H^2$. It is well known that if f is invertible, T_f is a Fredholm operator with index the opposite of the winding number:

$$\operatorname{Index}(T_f) = \frac{-1}{2i\pi} \int_{\partial D} f^{-1}\, df.$$

This result was extended by Venugopalkrishna [23] to the unit ball in $\mathbb{C}^n$. Here we extend the result of Venugopalkrisha to arbitrary strictly pseudoconvex domains. We will use a somewhat wider definition of Toeplitz operators; our operators are of the form $T_Q: \varphi \to SQ(\varphi)$ where Q is an arbitrary pseudo-differential operator on the boundary $\partial\Omega$ of a bounded complex domain Ω (assumed to be strictly pseudo-convex), and S is the orthogonal projector (Szegö projector) $L^2(\partial\Omega) \to H^2(\partial\Omega)$, the space of L^2 functions on $\partial\Omega$ which have a holomorphic extension in Ω. These operators seem interesting in themselves; they behave essentially in the same way as pseudo-differential operators, and will hopefully allow one to apply pseudo-differential techniques to new interesting situations (cf. [9]). They are described in §1.

A Toeplitz operator T_Q has a symbol, which is a homogeneous function (or a vector bundle homomorphism) on a half line bundle $\Sigma^+ \subset T^*\partial\Omega$ on $\partial\Omega$. If the symbol $\sigma(T_Q)$ is invertible, T_Q is a Fredholm operator whose index is given by an

0020-9910/79/0050/0249/$04.80

extension of Atiyah-Singer index formula. This is described in § 2, and proved in § 3.

In fact we prove index theorems in two situations which cannot quite be reduced one to the other. The first (Theorem 1) applies to systems (matrices) of Toeplitz operators acting on $(H^2(\partial\Omega))^N$; for this we need that $\partial\Omega$ be compact and strictly pseudo-convex, but Ω itself may be an arbitrary analytic space, with singularities so long as these do not meet $\partial\Omega(\Omega\cup\partial\Omega$ must be compact, at least if $\dim_{\mathbb{C}}\Omega=2)$. A similar formula for boundaries of strictly pseudo-convex domains in $\mathbb{C}^n$ was announced by Dynin [12].

Theorem 1 was announced in lectures at the Nordic Summer School of Mathematics in Sweden, in July 1975. The proof given there was in spirit very close to the proof in this paper, mixing the given operator with the $\bar{\partial}_b$-complex so as to reduce to the index formula of Atiyah and Singer for elliptic operators on the boundary. However it was technically rather disagreable, and there was still a gap in the proof of Theorem 2, so I postponed the publication.

The second formula (Theorem 2) applies to Toeplitz operators acting on holomorphic sections of (distinct) holomorphic vector bundles on Ω; in this case we require Ω to be a Stein manifold. As it is, Theorem 2 should contain the Atiyah-Singer formula as a special case, taking Ω to be a complex tubular neighborhood of an arbitrary compact real analytic manifold (we will only give a short indication on this in § 3, and will return to this question elsewhere).

However, the proof of the index theorems in this paper is not independent of the Atiyah-Singer index theorem. Theorem 2 is reduced to Theorem 1 in § 3.b, and Theorem 1 is reduced to the Atiyah-Singer theorem (on the boundary $\partial\Omega$) in § 3.a, by means of a construction which related to the embedding constructions of § 3.b and of [2]. The invariance by embedding of the index may be somewhat more natural in the complex context of § 3.b than in the pseudo-differential context of [2]. On the other hand I have no direct proof in this complex context of the "excision property", which is an important property of the index, and is very natural and easy to prove in the context of peudo-differential operators. The index Theorem 1 and the embedding property can be extended to arbitrary contact manifolds; this yields an independent proof of the index theorem, but this whole construction is rather closely related to that of [2] anyway and does not bring anything essentially new.

We adopt the usual notations for functions and distributions. All manifolds are assumed to be C^∞ and paracompact. Unless otherwise specified, pseudo-differential operators and Fourier integral operators are supposed to be regular (or "classical") i.e. in any set of local coordinates the total symbol has an asymptotic expansion:

$$p(x,\xi)\sim\int_{j=0}^{\infty} p_{m-j}(x,\xi)$$

where p_{m-j} is C^∞ for $\xi\neq 0$, homogeneous of degree $m-j$ with respect to ξ (j is a positive ($\geqq 0$) integer); unless otherwise specified, the degree m is an integer (but it could be any complex number). In § 3 we will also use (irregular) pseudo-differential operators of type $\frac{1}{2}$, i.e. for the total symbol we have locally estimates of the form

$$\left|\left(\frac{\partial}{\partial x}\right)^{\alpha}\left(\frac{\partial}{\partial \xi}\right)^{\beta} p|(x,\xi)|\leqq \text{constant}\,(1+|\xi|)^{m+\frac{1}{2}|\alpha|-\frac{1}{2}|\beta|}.\right.$$

If P, Q are pseudo-differential operators, we write $P\sim Q$ if $P-Q$ is of degree $-\infty$ (i.e. the total symbol is od rapid decrease when $\xi\to\infty$, or $P-Q$ has a C^∞ Schwartz-kernel). The equivalence $P\sim Q$ still makes sense microlocally, i.e. in open cones of the cotangent bundle.

This article was written during a one year stay at the department of Mathematics in Princeton University, and I wish to take the opportunity to express my thanks for this invitation. My thanks also go to Hörmander and Anderson, who gave me the opportunity to present a first version of this index theorem at the Nordic Summer School of Mathematics in July 1975, and finally especially to Hörmander for his thorough reading of the manuscript and his remarks, which helped to improve the presentation.

§ 1. Toeplitz Operators

a) Definition

Let W be a (reduced) complex analytic space, and $\Omega\subset W$ a relatively compact open set with C^∞, strictly pseudo-convex boundary $\partial\Omega$. We require that W be smooth near $\partial\Omega$; we allow singularities inside Ω, but for what follows, these can always have been blown up by Hironaka's theorem. A typical example is $W=$ a complex cone in $\mathbb{C}^n$, smooth outside of 0, $\Omega=$ the intersection with the unit ball. We suppose Ω defined by an inequality $r<0$, where r is a real C^∞ function with $dr\neq 0$ along $\partial\Omega$; the strict pseudo-convexity means that in local coordinates $z_1\dots z_n$, we have

$$\Sigma\frac{\partial^2 r}{\partial z_j\partial\bar z_k}v_j\bar v_k>0 \quad \text{if } v=(v_1\dots v_n)\neq 0, \qquad \Sigma\frac{\partial r}{\partial z_j}v_j=0$$

(or, more intrinsically, $\langle\partial\bar\partial r, v\wedge\bar v\rangle>0$ if v is a holomorphic vector tangent to $\partial\Omega$, $v\neq 0$).

We will denote by α the differential form

$$(1.1)\quad \alpha=\frac{1}{2i}(\partial r-\bar\partial r)_{|\partial\Omega}$$

(where as usual $d=\partial+\bar\partial$ is the decomposition of the exterior derivative in holomorphic and antiholomorphic parts – also denoted $d=d'+d''$). We further denote

(1.2) $\Sigma^+=$ the half line bundle generated by α in $T^*\partial\Omega$.

The fact that the Leviform is nondegenerate reflects in the fact that α is a contact form (i.e. $\alpha\wedge(d\alpha)^{n-1}$ vanishes nowhere on $d\Omega$, if $n=\dim_{\mathbb{C}}\Omega$, so $\dim_{\mathbb{R}}\partial\Omega=2n-1$), or equivalently, that Σ^+ is a symplectic submanifold of $T^*\partial\Omega$.

We equip $\partial\Omega$ with a positive measure with C^∞ positive density, so that L^2-norms are well defined. We will denote by $H^s(\partial\Omega)$ the Sobolev space of (generalized) functions with s L^2 derivatives. As usual this is defined by duality of s is a negative integer, and by interpolation, or locally by Fourier transformation, if s is not an integer. We will also denote by $O^s(\partial\Omega)$ the subspace of $H^s(\partial\Omega)$ of functions which extend as holomorphic functions in a neighborhood of $\partial\Omega$ in Ω; this is the same as $H^s(\partial\Omega)\cap\operatorname{Ker}\bar\partial_b$, where $\bar\partial_b$ is the induced Cauchy-Riemann system[1]. Occasionally we will denote by $O^\infty(\partial\Omega)$ the space of C^∞ solutions of $\bar\partial_b$ (these extend as holomorphic functions which are C^∞ up to the boundary on $\bar\Omega=\Omega\cup\partial\Omega$), and by $O^{-\infty}(\partial\Omega)$ the space of distribution solutions (such a distribution f has a holomorphic extension F near $\partial\Omega$, of moderate growth along $\partial\Omega$; the fact that f is the boundary value meaning that f is the limit of the functions $F_{|r=-\varepsilon}$ when $\varepsilon\to+0$ in the distribution sense). If $\partial\Omega$ is real analytic, we also define $O^\omega(\partial\Omega)$, the space of analytic solutions of $\bar\partial_b$ (these have a holomorphic extension in a neighborhood of $\partial\Omega$ in W), and $O^{-\omega}(\partial\Omega)$, the space of hyperfunction solutions (these extend as holomorphic functions in Ω, with no restriction on the growth near $\partial\Omega$).

The space $O^0(\partial\Omega)$ is usually denoted H^2, but we will keep the notation above to avoid confusion with the Sobolev spaces, or with cohomology groups.

Let S be the orthogonal projector (Szegö projector): $L^2(\partial\Omega)\to O^0(\partial\Omega)$.

(1.3) **Definition.** *Let Q be a pseudo-differential operator of degree m on $\partial\Omega$. Then the Toeplitz operator T_Q: $O^m(\partial\Omega)\to O^0(\partial\Omega)$ is defined by $T_Q(\varphi)=S(Q\varphi)$.*

We will usually identify T_Q with the operator SQS, although the second factor S is of course superfluous when we restrict to O^m.

The definition can be immediately extended to operators on holomorphic sections of holomorphic vector bundles E, F defined in a neighborhood of $\bar\Omega=\Omega\cup\partial\Omega$ in W (we equip E and F with C^∞ hermitian norms to define the L^2 norms and the Szegö projectors S_E, S_F).

If Q is of degree m, T_Q is in fact continuous $O^s\to O^{s-m}$ for any $s\in\mathbb{R}$ (because the Szegö projector is in fact continuous $O^s\to O^s$ for any s (cf. [10]). Also Toeplitz operators are pseudo-local, i.e. they diminish singular supports, because this is true of pseudo-differential operators and of S (cf. [10]). Then one can localize, or microlocalize, Toeplitz operators mod. C^∞ operators, as is done for pseudo-differential operators.

b) Microlocal Structure of Toeplitz Operators

Let (x, y), $x\in\mathbb{R}^n$, $y\in\mathbb{R}^{n-1}$ denote the variable in $\mathbb{R}^{2n-1}$, and let (ξ,η) be the dual variable. We identify $T^*\mathbb{R}^n$ with the symplectic cone $\Sigma_0^+\subset T^*\mathbb{R}^{2n-1}$, defined by $y=\eta=0$. We set

$$D_j=\frac{\partial}{\partial y_j}+y_j|D_x| \qquad (j=1,\ldots,n-1).$$

[1] The range of the restriction map $O^s(\bar\Omega)\to O^{s-\frac12}(\partial\Omega)$ is closed, of finite codimension (independent of s), so for most of what follows one could replace $O^s(\partial\Omega)$ by $O^{s+\frac12}(\bar\Omega)$

Let H_0 be the Hermite operator (cf. [8]): $C^\infty(\mathbb{R}^n)\to C^\infty(\mathbb{R}^{2n-1})$:

$$H_0\varphi=(2\pi)^{-n}\int e^{ix\cdot\xi-\frac{1}{2}y^2|\xi|}\left(\frac{|\xi|}{2\pi}\right)^{\frac{n-1}{4}}\hat\varphi(\xi)\,d\xi$$

where we have set $y^2=\Sigma y_j^2$, and $\hat\varphi$ is the Fourier transform.

Then it follows from [8, 10] that we have the following microlocal description of the Szegö projector S^2: for any $z_0\in\partial\Omega$, there exists a canonical map Φ from a conic open set $U\subset T^*\mathbb{R}^{2n-1}\setminus 0$ to a conic neighborhood V of $(z_0,\alpha(z_0))\in\Sigma^+\subset T^*\partial\Omega\setminus 0$, whose restriction defines a symplectic isomorphism $\chi\colon\Sigma_0^+\cap U\to\Sigma^+\cap V$; there exists an elliptic Fourier integral operator F (defined in V, mod. C^∞ operators) associated with Φ, which transforms the left ideal of pseudo-diffential operators generated by the D_j into the left ideal generated by the components of $\bar\partial_b$.

We set

(1.4) $A\sim H_0^*F^*FH_0$ (this is an elliptic positive pseudo-differential operator)

$H\sim FH_0A^{-1/2}$ (this is a Fourier integral operator with complex phase (cf. [19])).

Now for any pseudo-differential operator Q on $\partial\Omega$, we have

(1.6) $T_Q=SQS\sim HPH^*$ near z_0 with $P\sim H^*QH\sim H^*T_QH$.

P is a pseudo-differential operator on $\mathbb{R}^n$ (defined mod. C^∞ operators near (x_0,ξ_0), and regular i.e. its total symbol has an asymptotic expansion $p\sim\Sigma p_{m-j}(x,\xi)$ where p_{m-j} is homogeneous of integral degree $m-j$).

In fact the map $T_Q\mapsto P\sim H^*T_QH$ is onto, for we have $\sigma(P)=\sigma(Q)\circ\chi$, so for any P there exists Q such that $P-H^*T_QH$ is of degree $\leqq\deg P-1$, and by successive approximations we see that there also exists Q with $P\sim H^*T_QH$. It follows immediately that the set of Toeplitz operators is closed under composition – i.e. it is an algebra – and that $T_Q\to P\sim H^*QH$ is an isomorphism:

(1.7) *Scholie. The Toeplitz operators form an algebra of pseudolocal operators. This algebra is locally (and* mod. C^∞ *operators) isomorphic to the algebra of pseudo-differential operators in n real variables.*

Now any microlocal construction for pseudo-differential operators may be lifted (locally by means of H and χ) to Toeplitz operators. In particular we define the symbol:

(1.8) $\sigma_m(T_Q)=\sigma_m(Q)_{|\Sigma^+}$.

This is multiplicative ($\sigma_{m+m'}(T_QT_{Q'})=\sigma_m(T_Q)\,\sigma_{m'}(T_{Q'})$), and $\sigma_m(T_Q)=0$ means that T_Q is really of degree $\leqq m-1$ (in fact if $\sigma_m(Q)=0$ on Σ^+, there exist system A, B

---

[2] In [10] we suppose that Ω is a bounded open set in $\mathbb{C}^n$, but the only manner in which this used is in the Kohn estimates for the $\bar\partial$-Neumann problem, and these still hold with the hypotheses of § 1.a. If $n>2$ one can even relax the compactness assumption on $\bar\Omega$, and the bundles E, F only need to be defined near $\partial\Omega$ ($\partial\Omega$ still must be compect) (cf. [7]). If $n=2$ however, the assumptions above cannot be weakened

and Q', of degree $\leqq m-1$, such that $Q \sim A\bar{\partial}_b + \bar{\partial}_b^* B + Q'$ near Σ^+, so $T_Q \sim T_{Q'}$). Further we have

$$(1.9)\quad \sigma_{m+m'-1}([T_Q, T_{Q'}]) = \frac{1}{i}\{\sigma_m(T_Q), \sigma_{m'}(T_{Q'})\}_{\Sigma^+}$$

where $\{\ \}_{\Sigma^+}$ is the Poisson bracket on Σ^+.

Also if $T_Q = SQS$ is a Toeplitz operator, the adjoint is $SQ^*S = T_Q^*$: it is a Toeplitz operator with symbol $\sigma(T_Q)^*$.

We may still define Toeplitz operators acting on holomorphic sections of holomorphic vector bundles E, F; if T_Q is such an operator, $\sigma_m(T_Q)$ is a C^∞ bundle homomorphism between the pull-backs of E and F to Σ^+ (it is also homogenous of degree m in the fibers of Σ^+).

We will say that a Toeplitz operator T_Q of degree m is elliptic if $\sigma_m(T_Q)$ is invertible. Then T_Q has a parametrix, i.e. there exists a Toeplitz operator $T_{Q'}$ of degree $-m$ (with $\sigma(T_{Q'}) = \sigma(T_Q)^{-1}$) such that $T_Q T_{Q'} \sim \mathrm{Id}$, and $T_{Q'} T_Q \sim \mathrm{Id}$. It follows immediately that T_Q has an index i.e. Ker T_Q is of finite rank, and the range is closed and of finite codimension.

For the index theorem, it will be convenient to consider also elliptic complexes of Toeplitz operators: let $E_j (r_0 \leqq j \leqq r_1)$ be holomorphic vector bundles on $\bar{\Omega}$ and let

$$d\colon 0 \to O(\partial\Omega, E_{r_0}) \xrightarrow{d_{r_0}} O(\partial\Omega, E_{r_0+1}) \xrightarrow{d_{r_0+1}} \dots O(\partial\Omega, E_{r_1}) \to 0$$

be a complex of Toeplitz operators (i.e. the d_j are Toeplitz operators, and $d_{j+1}d_j = 0$). We say that d is elliptic if its symbol is exact; this is so if and only if $d+d^*$ is elliptic, as an operator from $O(\partial\Omega, \bigoplus E_{2j})$ to $O(\partial\Omega, \bigoplus E_{2j+1})$. Then the homology is finite dimensional, and there exists a sequence $A = (A_j)$ of Toeplitz operators such that $dA + Ad \sim \mathrm{Id}$ (exactly as for elliptic complexes of pseudo-differential operators). We may even choose A so that $A^2 = 0$, dA is the orthogonal projector on the range of d, Ad is the orthogonal projector on the range of d^* (which is then equal to the range of A, or to the orthocomplement of Kerd), and $\mathrm{Id} - dA - Ad$ is the orthogonal projector on the complement, which is isomorphic to the homology (Hodge theory for elliptic complexes of Toeplitz operators). Let us finally recall that the Euler characteristic $\chi(d) = \Sigma(-1)^j \cdot \dim H^j(d)$ is then equal to the index of $d+d^*$ (acting from $\bigoplus E_{2j}$ to $\bigoplus E_{2j+1}$).

c) Examples

(1.11) Let f be a C^∞ function on $\partial\Omega$ (more generally a C^∞ bundle homomorphism). Then $T_f = SfS$ (resp. $S_F f S_E$) is a Toeplitz operator with symbol f. This is the natural extension of Toeplitz operators on the circle ∂D.

Clearly for any elliptic Toeplitz operator T_Q on sections of holomorphic vector bundles, there exists an elliptic Toeplitz operator T_A with self adjoint symbol (e.g. $\sigma(T_A) = |\xi|^m \mathrm{Id}$) such that $\sigma(T_Q) = \sigma(T_A T_f)$ for some C^∞ bundle homomorphism f. Now the index of an elliptic Toeplitz operator only depends on its symbol (since this determines the operator up to compact perturbations) so we have Index $(T_A)=0$, and for the index theorem operators of the form T_f are enough. We will use this in §3.b (in §3.a, we will rather use Toeplitz operators of degree 1).

(1.12) Let $P(z, D_z)$ be a differential operator with holomorphic coefficients. Then P induces a Toeplitz operator on holomorphic functions, with symbol

$$\sigma_m(T_Q)(z, \alpha(z)) = \sigma_m(P)\left(z, \frac{1}{i}\partial r\right).$$

This follows from the fact that Toeplitz operators form an algebra, and that for any holomorphic vector field X on $\bar{\Omega}$, there exists a C^∞ vector field X' defined near $\partial\Omega$, tangent to $\partial\Omega$, and such that $X - X'$ is antiholomorphic, so that X and $T_{X'}$ have the same effect on holomorphic functions. Also we have

$$\alpha = \frac{1}{2i}(\partial r - \bar{\partial} r)_{|\partial\Omega} = \frac{1}{i}\partial r_{|\partial\Omega},$$

so

$$\sigma(X')(z, \alpha(z)) = i\langle X', \alpha(z)\rangle = i\left\langle X, \frac{1}{i}\partial r\right\rangle.$$

The fact that $P(z, D_z)$ acting on holomorphic functions on Ω has an index if $\sigma(P)\left(z, \frac{1}{i}\partial r\right)$ is invertible was noticed by Bony and Schapira in [5]; if $\deg P > 0$, this index may be non-trivial, and is given by the theorem of § 2.

(1.13) For any real $s > -\frac{1}{2}$, let B_s be the orthogonal projector on holomorphic functions for the Hilbert norm

$$\int_\Omega |f|^2 |r|^{2s} d\mu$$

(where μ is any positive measure on Ω, with C^∞ positive density near $\partial\Omega$). Then if f is a C^∞ function on $\bar{\Omega}$, the operator $\varphi \to B_s(f\varphi)$ is a Toeplitz operator with symbol $f|\partial\Omega$. This result extends immediately to the case where f is a C^∞ vector bundle homorphism. We will use it in §3.b. It is proved in the following appendix.

d) Appendix

Let Λ be an elliptic positive pseudo-differential operator on $\partial\Omega$. We define the Hilbert space H^Λ as the completion of $C^\infty(\partial\Omega)$ for the Hilbert norm

$$\|f\|_\Lambda^2 = (\Lambda f | f) = \int_{\partial\Omega} \Lambda f \bar{f}.$$

We then define $O^\Lambda = H^\Lambda \cap \operatorname{Ker} \bar{\partial}_b$, and the orthogonal projector $S_\Lambda \colon H^\Lambda \to O^\Lambda$.

In the formulas below, all adjoints are taken with respect to L^2-norms; hence the factor Λ, which corresponds to taking adjoints with respect to the norm of H^Λ.

With the notations of § 1.6 for F, H_0, A, H, we set

(1.4) bis $$A_\Lambda \sim H_0^* F^* \Lambda F H_0 \sim A^{1/2} H^* \Lambda H A^{1/2}$$
$$H_\Lambda \sim F H_0 A_\Lambda^{-1/2} \quad \sim H A^{1/2} A_\Lambda^{-1/2}$$

so that, mod. C^∞ operators, H_Λ is an isometry from $L^2(\mathbb{R}^n)$ to O^Λ:

(1.5) bis $$\mathrm{Id} \sim H_\Lambda^* \Lambda H_\Lambda$$
$$S_\Lambda \sim H_\Lambda H_\Lambda^* \Lambda$$

Now for any pseudo-differential operator Q on $\partial\Omega$, let T_Q^Λ be the restriction to holomorphic functions of $S_\Lambda Q$ (or $S_\Lambda Q S$): locally we have

$$S_\Lambda Q S \sim H P' H^*$$

with

$$P' \sim H^* S_\Lambda Q H \sim A^{1/2} A_\Lambda^{-1} A^{1/2} H^* \Lambda Q H.$$

so it follows that T_Q^Λ is a Toeplitz operator, and since

$$\sigma(A^{1/2} A_\Lambda^{-1} A^{1/2} H^* \Lambda H) = 1 \quad \text{we have} \quad \sigma(T_Q^\Lambda) = \sigma(T_Q) = \sigma(Q)_{|\Sigma^+}.$$

To investigate the operator $B_s f$ of example (1.13), we will suppose that Ω is smooth, and that the measure μ has a positive C^∞ density; but by restricting to a neighborhood of $\partial\Omega$ and replacing $=$ by $\sim$ in the formulas below, we see that the results allow singularities inside of Ω. We will use the Poisson potential K which solves the Dirichlet problem:

$$\varphi = K\varphi_0 \Leftrightarrow \Delta''\varphi = \bar\partial^* \bar\partial \varphi = 0, \qquad \varphi_{|\partial\Omega} = \varphi_0$$

(we choose a C^∞ hermitian metric on $\bar\Omega$ to define the adjoint $\bar\partial^*$). This is governed by the symbolic calculus of [6].

Now for any $s > -\frac{1}{2}$, $\Lambda = \Lambda_s = K^* |r|^{2s} K$ is an elliptic positive pseudo-differential operator of degree $-2s-1$ on $\partial\Omega$, with symbol

$$\sigma(\Lambda_s) = (2s)!\,(2|\xi|)^{-2s-1} \left(\frac{\partial r}{\partial n}\right)^{2s}$$

where $\dfrac{\partial}{\partial n}$ is the unit exterior normal vector on $\partial\Omega$; this is seen as follows: first on the half space $x_m > 0$ in $\mathbb{R}^m$, and with K defined by

$$F' K \varphi = e^{-x_m|\xi|} \hat\varphi \qquad (F' \text{ the partial Fourier transform with respect to } x_1, \ldots, x_{m-1})$$

we have $\widehat{\Lambda_s \varphi} = g(\xi) \hat\varphi$ with

$$g(\xi) = \int_0^\infty e^{-2x_m|\xi|} x_m^{2s} dx_m = (2s)!\,(2|\xi|)^{-2s-1}.$$

The general case follows easily by the technique of [6], the computation above giving the principal symbol. (Actually [6] only gives a complete proof when $2s$ is an integer, $|r|^{2s}K$ being then a Poisson operator of degree $-2s$ (or $K^*|r|^{2s}$ a trace operator of degree $-2s-1$); but the case where $2s$ is not an integer can be treated in the same manner, with no new difficulty).

Thus K defines an isometry from H_Λ to $L^2_s \cap \operatorname{Ker} \Delta''$, where L^2_s is the completion of $C^\infty(\bar{\Omega})$ for the Hilbert norm $\int_\Omega |f|^2 |r|^{2s} d\mu$, with inverse $\Lambda^{-1} K^* |r|^{2s}$. So if B_s is the orthogonal projector on holomorphic functions in L^2_s, K transforms S_Λ into the restriction of B_s to harmonic functions:

$$B_s K = K S_\Lambda, \quad \text{or} \quad B_s = K S_\Lambda \Lambda^{-1} K^* |r|^{2s}$$

(we have chosen $\Delta'' = \bar{\partial}^* \bar{\partial}$ rather than the usual Laplace operator so that $\operatorname{Ker} \Delta''$ contains all holomorphic functions).

Now if f is a C^∞ function on $\bar{\Omega}$, we have

$$B_s f K \varphi = K T_Q^\Lambda \varphi$$

with

$$T_Q^\Lambda = S_\Lambda \Lambda^{-1} K^* |r|^{2s} f K$$

As above, $Q = \Lambda^{-1} K^* |r|^{2s} f K$ is a pseudo-differential operator of degree 0, and since we have $\sigma(\Delta^{-1} K^* |r|^{2s} K) = 1$, it follows that $\sigma(Q) = f | \partial\Omega$. So the restriction T_Q^Λ of $S_\Lambda Q$ to holomorphic functions is a Toeplitz operator with symbol $f | \partial\Omega$. The proof above applies with essentially no modification when f is a C^∞ vector bundle homomorphism.

For a description of B_s when $\partial\Omega$ is real analytic, we refer to Kashiwara [18].

§ 2. The Index Formula

a) Review of K Theory

We only give here a brief description of what is needed, and refer to [1, 2] for further details.

Let X be a (paracompact) locally compact space, $Y \subset X$ a subspace. The elements of $K_c(X, Y)$ (the relative group with compact supports) are equivalence classes of complexes of vector bundles:

$$(2.1) \quad 0 \to E_{r_0} \xrightarrow{d} E_{r_0+1} \xrightarrow{d} \dots E_{r_1} \to 0$$

on X, where the differential d (collection of vector bundle homomorphisms with $d^2 = 0$) is exact on Y and outside some compact subset of X. The complex (2.1) defines in fact the same element of $K_c(X, Y)$ as the 2-step complex

$$d + d^* : \bigoplus E_{2j} \to \bigoplus E_{2j+1}$$

We also write $K_c(X)$ if Y is empty.

We set $K_c^1(X)=K_c(X\times\mathbb{R})$, and identify this with the group of homotopy classes of maps $a: X\to\bigcup_{n\geq 1} GL_n(\mathbb{C})$, with $a=\mathrm{Id}$ outside some compact subset – the element of $K_c(X\times\mathbb{R})$ corresponding to a being defined by the 2-step complex

$$X\times\mathbb{R}\times\mathbb{C}^n\xrightarrow{\tilde{a}}X\times\mathbb{R}\times\mathbb{C}^n$$

where $\tilde{a}$ is any continuous function: $X\times\mathbb{R}\to L(\mathbb{C}^n)$ such that $\tilde{a}(x,t)=a(x)$ if t is large, and $\tilde{a}(x,t)=\mathrm{Id}$ if t is small or x lies outside of a sufficiently large compact subset.

If U is an open subset of X, i the injection $U\hookrightarrow X$, there is a canonical extension map

(2.2) $i_! = K_c(U)\to K_c(X)$.

This can be defined as follows: any element $\xi\in K_c(U)$ can in fact be defined by a 2-step complex

$$\alpha: E\to U\times\mathbb{C}^N.$$

Then we may define an extension $\tilde{E}$ of E to X by pasting E with $(x-A)\times\mathbb{C}^N$ outside a compact set $A\subset\subset U$ by means of α, and $i_!\xi$ is then defined by the 2-step complex $\tilde{\alpha}:\tilde{E}\to X\times\mathbb{C}^N$ with $\tilde{\alpha}=\alpha$ in U, $\tilde{\alpha}=\mathrm{Id}_{\mathbb{C}^n}$ outside U.

Similarly one defines $i_!$: $K_c^1(U)\to K_c^1(X)$ (an element of $K_c^1(U)$ is represented by a continuous function $a: U\to GL_n(\mathbb{C})$, we have $a=\mathrm{Id}$ outside some compact subset of U, and we extend a by Id outside U).

b) The Koszul Complex and the Bott Isomorphism

Let $N\xrightarrow{\pi}X$ be a complex vector bundle on X. Then Koszul complex is the complex k on N:

(2.3) $\ldots\to E_{-n}\to E_{-n+1}\to\ldots E_0\to 0$

with $E_{-j}=\Lambda^j\pi^*N'$ (the pull back of the j-th exterior power of the dual bundle N'), and differential $d=i(z)$, the interior product by z at the point $z\in N$.

Although k is not exact on the zero section, multiplication by k: $\xi\mapsto k\otimes\xi$ defines a homomorphism $\beta: K_c\to K_c(N)$, and it follows from the Bott periodicity theorem that this is an isomorphism. Similarly one defines $\beta: K_c^1(X)\xrightarrow{\sim}K_c^1(N)$.

Remark. Taking adjoints in (2.3) one gets the complex of vector bundles

$$\beta: 0\to E_0'\to E_1'\to\ldots,$$

with $E_j'=\pi^*\Lambda^j\bar{N}$, $\bar{N}$ the complex conjugate of N, and with differential $d=e(\bar{z})$, the exterior multiplication by $\bar{z}$ at the point $z\in N$ – i.w. the exterior complex of $\bar{N}$. Of course this gives the same map $K_c(X)\to K_c(N)$. In § 3 both the Koszul complex (§ 3.b) and its adjoint (§ 3.a) will occur, as symbols of complexes of

Toeplitz operators. In [2] it is the conjugate complex, i.e. the exterior complex of N rather than $\bar{N}$, that is used to define the Bott isomorphism $K_c(X) \to K_c(N)$. However, for the index theorem of [2] the Bott isomorphism is only used when N is the complexification of a real vector bundle, hence isomorphic to $\bar{N}$, and it makes no difference whether N or $\bar{N}$ is used to define the Bott isomorphism. (For the index of Toeplitz operators, or for the Riemann-Roch formula, N is not always isomorphic to $\bar{N}$, and it is the Koszul complex above, or equivalently the exterior complex of $\bar{N}$, that has to be used.)

In particular the dimension gives an isomorphism $K(\text{point}) \xrightarrow{\sim} \mathbb{Z}$, and combining this with the Bott periodicity map, we get an isomorphism

(2.4) $\chi_{\mathbb{C}^n}: K_c(\mathbb{C}^n) \xrightarrow{\sim} \mathbb{Z}$

(where the positive generator corresponds to the Koszul complex).

c) Positive Complex Structures

Let E be a real symplectic vector space, with symplectic form σ. We denote by $\{\ \}$ the inverse symplectic form on the dual E^*: $\{f, g\} = \sigma(\alpha^{-1} f, \alpha^{-1} g)$ if α: $E \to E^*$ is defined by $\sigma(x, y) = \langle \alpha x, y \rangle$. (One also usually defines $H_f = -\alpha^{-1} f$, so $\{f, g\} = \langle H_f, g \rangle$).

We recall that a complex structure on E is an automorphism $J \in GL(E)$ such that $J^2 = -\mathrm{Id}$, or equivalently a decomposition $\mathbb{C} \otimes E = E' \oplus E''$, with $E'' = \bar{E}'$ ($E' = \mathrm{Ker}(J - i)$, $E'' = \mathrm{Ker}(J + i)$). A linear form $f \in \mathbb{C} \otimes E^*$ is holomorphic if $fJ = if$ (i.e. f vanishes on E''). A complex structure on E is compatible with the symplectic structure if σ is the imaginary part of a hermitian form (σ is "of type (1, 1)"), or equivalently if E' (or E'') is isotropic, or $\{f, g\} = 0$ for any holomorphic forms f, g.

(2.5) **Definition.** *A complex structure is positive* ($\gg 0$) *if it is compatible and if one of the following equivalent conditions holds:*

(i) *Let $z_1 \dots z_n$ be a basis of holomorphic forms. Then $\{z_j, z_k\} = 0$ and $\frac{1}{i}\{\bar{z}_j, z_k\}$ is a hermitian $\gg 0$ matrix.*

(i) bis $\sigma = \frac{i}{2} \Sigma a_{jk} dz_j \wedge d\bar{z}_k$, *with (a_{jk}) hermitian $\gg 0$.*

(i) ter $\sigma = \frac{i}{2} \partial\bar{\partial} h$, *with h a hermitian (or quadratic) $\gg 0$ form.*

(ii) $\sigma = -\mathrm{Im}\, h$, *with h a hermitian $\gg 0$ form.*

(ii) bis $\sigma(Jx, Jy) = \sigma(x, y)$ *for all x, y, and $\sigma(x, Jx) > 0$ if $x \neq 0$.*

(iii) ter $i\sigma(\bar{v}, v) > 0$ *if $v \in E' = \mathrm{Ker}(J - i) \subset \mathbb{C} \otimes E$, $v \neq 0$ (and $\sigma = 0$ on E').*

(We will also say that the symplectic structure is $\gg 0$ with respect to the complex structure.)

(2.6) *Examples.* On $E = T^*\mathbb{R}^n$, with canonical form $\sigma = \Sigma d\xi_j \wedge dx_j$ (ξ being the vertical component), we have a canonical complex structure defined by the condition that $\xi+ix$ is holomorphic: $T^*\mathbb{R}^n \to \mathbb{C}^n$; this is $\gg 0$. (On the dual bundle $T\mathbb{R}^n$, with coordinates (x, y), y being vertical, it is usual to take the dual complex structure, for which $x+iy$ is holomorphic).

On $\mathbb{C}^n$, the canonical symplectic (or Kaehler) form

$$\sigma=\frac{i}{2}\partial\bar{\partial}|z|^2=\frac{i}{2}\Sigma\, dz_j \wedge d\bar{z}_j \quad \text{is } \gg 0.$$

(2.7) Let Q be any $\gg 0$ quadratic form on E. Then (cf. [8]) there exists a unique positive complex structure on E for which Q is hermitian: if we still denote by $Q(x, y)$ the associated scalar product, and define A by $\sigma(x, y)=Q(Ax, y)$, E' is spanned by the eigenvectors of A corresponding to eigenvalues with positive imaginary parts, and $J=A|A|^{-1}$, with $|A|=(A^*A)^{1/2}=(-A^2)^{1/2}$, the positive square root with respect to Q. This depends smoothly on Q.

Conversely if N is a complex vector space, and h a positive (non-degenerate) hermitian form, $-\operatorname{Im} h$ is a $\gg 0$ symplectic form on N.

(2.8) If now N is a real symplectic vector bundle with a paracompact base X, there exists a $\gg 0$ complex structure on N, and this is unique up to homotopy equivalence, so the Bott isomorphism $\beta\colon K_c(X) \xrightarrow{\sim} K_c(N)$ is well defined.

d) The Homomorphism $i_!$ in K-Theory

Let X and Y be two almost complex manifolds (i.e. the tangent bundles TX, TY are equipped with complex structures, not necessarily integrable) and $i\colon X \hookrightarrow Y$ a complex embedding. Then the normal tangent bundle $N=N_X(Y)$ inherits a complex structure. If we compose the Bott periodicity map $\beta\colon K_c(X) \xrightarrow{\sim} K_c(N)$ with the isomorphism of N on a tubular neighborhood U of X in Y (the only requirement being that the tangent map on the zero section be compatible with the complex structures, since this defines the map $N \to U$ up to homotopy equivalence) then with the extension map (2.2): $K_c(U) \to K_c(Y)$, we get a canonically defined homomorphism

(2.9) $i_!\colon K_c(X) \to K_c(Y)$.

This is functorial (transitive), i.e. $(ij)_!=i_!j_!$ if we have two successive complex embeddings i, j.

If now X and Y are almost symplectic manifolds (i.e. TX, TY are equipped with symplectic forms σ_X, σ_T, but we do not require $d\sigma_X=0$, $d\sigma_T=0$) and $i\colon X \hookrightarrow Y$ is a symplectic embedding, there is as in (2.9) a canonical homomorphism

(2.9) bis $i_!\colon K_c(X) \to K_c(Y)$

defined via the $\gg 0$ complex structures.

e) Contact Manifolds and Symplectic Cones

Let Y be a $2n-1$ real manifold. An oriented contact structure on Y is a differential form $\omega \in \Omega'(Y)$ such that $\omega \wedge (d\omega)^{n-1}$ vanishes nowhere, two forms ω, ω' defining the same structure if $\omega' = \lambda\omega$ with $\lambda \in C^\infty$, $\lambda > 0$.

If $\omega \in \Omega'(Y)$ is a 1-form with no singularities ($\omega \neq 0$ everywhere), it defines a half-line bundle $\Sigma^+ \subset T^*Y \setminus 0$, and it is equivalent to say that ω is a contact form, or that Σ^+ is symplectic (as a submanifold of T^*Y).

Let now Σ be a symplectic cone, i.e. a symplectic manifold which is a principal bundle under the multiplicative group $\mathbb{R}_+^\times$ of positive real numbers, and whose symplectic form σ is homogeneous of degree 1. We identify Σ with $Y \times \mathbb{R}_+$ (with $Y = \Sigma/\mathbb{R}_+^\times$ the basis), and σ may be written in a unique manner

$$\sigma = r\omega' + dr \wedge \omega$$

where ω, ω' are pull backs of forms on Y. The condition $d\sigma = r d\omega' + dr \wedge (\omega' - d\omega)$ then implies $\sigma = d(r\omega)(d\omega' = 0,\ \omega' = d\omega)$, so there exists a contact form ω on Y such that $\sigma = d(r\omega)$, and this is of course unique. Thus we have an equivalence of categories between symplectic cones and oriented contact manifolds.

Let now Σ^+ be a symplectic cone, Y the basis (which is a contact manifold). We may choose C^∞ functions $g_1 \ldots g_N$ on Y, which define an embedding $Y \to \mathbb{R}^N$, then C^∞ functions $f_1 \ldots f_N$ on Σ^+, homogeneous of degree 1, such that the contact form of Σ^+ is

$$r\omega = \Sigma f_j dg_j$$

Then the functions $\xi_j = f_j$, $x_j = g_j$ define a symplectic embedding: $\Sigma^+ \to T^*\mathbb{R}^N \setminus 0$. (One may similarly construct a symplectic embedding $X \to T^*\mathbb{R}^N$ for any symplectic manifold X whose symplectic form is exact.)

f) The Index Character

(2.10) **Proposition.** *There exists a unique manner of assigning to each almost symplectic manifold X a homomorphism χ_X: $K_c(X) \to \mathbb{Z}$ in such a way that*

(i) $\chi_{(\text{point})}$ *is the dimension map*

(ii) $\chi_X = \chi_Y \circ i_!$ *for any symplectic embedding* $i: X \hookrightarrow Y$

(iii) χ_X *depends continuously on the symplectic structure (i.e. it is a homotopy invariant)*[3].

In this statement, we may replace "almost symplectic" by "almost complex".

Proof. The conditions (i) and (ii) determine χ_X uniquely if $\chi = \mathbb{C}^n$ or $T^*\mathbb{R}^n$, with its canonical symplectic (or complex) structure (χ_X is then the Bott isomorphism

[3] This map is in fact well known topologically. See for instance M.F. Atiyah and F. Hirzebruch, Riemann-Roch theorem for differentiable manifolds, Bull. Amer. Math. Soc. **65**, 276–281 (1959)

(2.4)), hence also when X can be imbedded symplectically in $T^*\mathbb{R}^n$, i.e. its symplectic form is exact.

In the general case, T^*X inherits a symplectic structure from that of X, which is uniquely determined up to homotopy by the condition that it induces the given structure on X (identified with the zero section), and the dual structure on each fiber. For instance we may choose a connection on T^*X, i.e. an isomorphism $T(T^*X) \simeq \Pi^*(T^*X) \oplus \Pi^*(TX)$, the first factor being the vertical component of $T(T^*X)$, and we define the symplectic form by

$$\sigma_1((u, v), (u', v')) = \sigma_X(\alpha^{-1}u, \alpha^{-1}u') + \sigma_X(v, v')$$

where α: $TX \to T^*X$ is the isomorphism defined by σ_X: $\sigma_X(v, v') = \langle \alpha v, v' \rangle$.

Now this symplectic form σ, is homotopic to the canonical symplectic form σ_0 of T^*X (as cotangent bundle): for instance we may always impose on the connection above that the horizontal space $\Pi^*(TX)$ be isotropic for σ_0 (in general we have $\sigma_0((u, v), (u', v')) = \langle u, v' \rangle - \langle u', v \rangle + \langle \beta v, v' \rangle$ where β is a skew symmetric map: $\Pi^*(TX) \to \Pi^*(T^*X)$, and we define the new horizontal component as the set of vectors $\left(-\frac{\beta}{2} v, v\right)$ in the old decomposition). We may then set for $0 \leqq t \leqq 1$

$$\sigma_t = \cos\frac{t\pi}{2}\,\sigma_0 + \sin\frac{t\pi}{2}\,\sigma_1$$

(the matrix of σ_1 with respect to σ_0 is $A = \begin{pmatrix} 0 & \alpha \\ -\alpha^{-1} & 0 \end{pmatrix}$ and we have $A^2 = -\mathrm{Id}$, so σ_t is always of maximal rank). Condition (iii) then determines χ_X uniquely.

The existence of χ_X then follows immediately from the transitivity of $i_!$.

(2.11) **Definition.** *The index character χ_X of almost symplectic or almost complex manifolds is the homomorphism χ_X: $K_c(X) \to \mathbb{Z}$ defined by proposition* (2.10).

The index character χ_Y^1 of oriented contact manifolds is the homomorphism $\chi_Y^1 = \chi_{\Sigma^+} \circ \partial$: $K_c^1(Y) \to \mathbb{Z}$, where $\Sigma^+ \simeq Y \times \mathbb{R}_+$ is the associated symplectic cone, and ∂: $K_c^1(Y) \xrightarrow{\sim} K_c(\Sigma^+)$ the canonical isomorphism.

g) The Index Theorem

Let Ω, $\partial\Omega$ be as in § 1.a (whose notations we keep). Then $\alpha = \frac{1}{2i}(\partial r - \bar{\partial} r)_{|\partial\Omega}$ is a contact form on $\partial\Omega$, for which the associated cone is Σ^+. Let T_Q be an $N \times N$ elliptic matrix of (scalar) Toeplitz operators on $\partial\Omega$, with symbol $q = \sigma(T_Q)$. Then $q \circ \alpha$ is invertible on $\partial\Omega$, and defines an element $[q]' \in K^1(\partial\Omega)$.

Theorem 1. *Notations being as above, we have* $\operatorname{Index}(T_Q) = \chi_{\partial\Omega}^1([q]')$.

Let now E and F be holomorphic vector bundles on $\bar{\Omega}$, and let T_Q be an elliptic Toeplitz operator from E to F, with symbol $q = \sigma(T_Q)$. Then $q \circ \alpha$ is a C^∞ vector bundle isomorphism $E_{|\partial\Omega} \to F_{|\partial\Omega}$, so it defines an element $[q] \in K(\Omega, \partial\Omega) = K_c(\Omega)$.

Theorem 2. *We suppose that Ω is a (smooth) Stein manifold. Then, notations being as above, we have* $\operatorname{Index}(T_Q) = \chi_\Omega(\lceil q \rceil)$.

Naturally, these formulas can also be written in terms of cohomology; for this we refer to [3]. In particular the formula of Theorem 2 becomes

$$\operatorname{Index}(T_Q) = \chi_\Omega([q]) = \langle \operatorname{ch}[q]\, Y(\Omega), [\Omega] \rangle$$

where $\tau(\Omega)$ is the Todd class of Ω (for its complex structure), and $\operatorname{ch}[q]$ the Chern character.

If Ω is an open set in $\mathbb{C}^n$, the Todd class vanishes and the formula of Theorem 1 reduces to

$$\operatorname{Index}(T_Q) = -\frac{(n-1)!}{(2n-1)!\,(2i\pi)^n} \int_{\partial\Omega} \operatorname{Tr}(q^{-1}dq)^{2n-1} \qquad \text{(cf. [12, 13, 17])}$$

where $\mathbb{C}^n$ has its usual orientation and $\partial\Omega$ is oriented as a boundary.

h) Appendix

For the sake of completeness, and although this will implicitly follow from § 3, we check here that the formulas of Theorem 1 and 2 agree when they both apply: we have a canonical map ∂: $K^1(\partial\Omega) \to K(\Omega, \partial\Omega) = K_c(\Omega)$, and must check $\chi_{\partial\Omega} = \chi_\Omega \circ \partial$.

Notations being as in § 1.a let Φ be an isomorphism of Σ^+ on a tubular neighborhood U of $\partial\Omega$, so that Σ^+ points outwards (this condition determines Φ uniquely up to homotopy equivalence). Then ∂ is the composition of the canonical isomorphism $K^1(\partial\Omega) \to K_c(\Sigma^+)$, of the push forward Φ_*, and of the extension map $K_c(U) \to K_c(\Omega)$. We then have to prove that the pull back of the complex structure on U to Σ^+ is homotopic to a positive structure, and it is enough to check this on the 1st order jet of Φ along $\partial\Omega$.

As in § 1.a, we suppose Ω defined by $r<0$. We may suppose that r is strictly pseudo-convex near $\partial\Omega$, and then equip a neighborhood (U) of $\partial\Omega$ with the positive symplectic (Kaehler) form $\sigma_r = i\partial\bar\partial r = d\left(\frac{1}{2i}(\partial r - \bar\partial r)\right)$. Let $\frac{\partial}{\partial n}$ be the outward unit normal vector of $\partial\Omega$, so $J\frac{\partial}{\partial n}$ is tangent to $\partial\Omega$.

We have $\alpha = \frac{1}{2i}(\partial r - \bar\partial r)_{|\partial\Omega}$, and may obviously suppose $\Phi(z, \alpha(z)) = z$. Then at least the restriction of Φ to the section $\alpha(\partial\Omega)$ of Σ^+ agrees with the symplectic forms, and since $\sigma_r\left(\frac{\partial}{\partial n}, J\frac{\partial}{\partial n}\right) > 0$, we only have to check $\sigma_{\Sigma^+}\left(\rho\frac{\partial}{\partial\rho}, J\frac{\partial}{\partial n}\right) > 0$, where $\rho\frac{\partial}{\partial\rho}$ is the radial vector $\left(\rho\frac{\partial}{\partial\rho} = \Sigma\xi_j\frac{\partial}{\partial\xi_j}\right.$ in local coordinates on $\left.\partial\Omega\right)$. Now this sign condition only depends on the 2nd order jet of $\partial\Omega$ at any given point; we may always choose local coordinates in which $\partial\Omega$ has a contact of order $\geqq 2$ with the unit sphere $z\bar z = 1$ of $\mathbb{C}^n$, and since the result is true for the unit sphere, it is true in general.

(If Ω is the unit ball in $\mathbb{C}^n$, we choose $r=\frac{1}{2}(z\bar{z}-1)$, so

$$i\partial\bar{\partial}r=\tfrac{1}{2}d\left(\frac{1}{2i}(\bar{z}\cdot dz-z\cdot d\bar{z})\right)=\frac{i}{2}\Sigma dz_j\wedge d\bar{z}_j$$

is the canonical symplectic form of $\mathbb{C}^n$, and is homogeneous of degree 2; then the map Φ: $\left(z,\frac{t}{4i}(\bar{z}\partial z-z\partial\bar{z})_{|\partial\Omega}\right)\mapsto t^2 z$ from Σ^+ to $\mathbb{C}^n\setminus 0$ is symplectic, since it transforms the canonical 1-form of Σ^+ (i.e. the identity map: $\Sigma^+\to T^*\partial\Omega$) into $\frac{1}{4i}(\bar{z}\cdot dz-z\cdot d\bar{z})$).

§ 3. Proof of the Index Theorem

a) Proof of Theorem 1

Let Ω, $\partial\Omega$ be as in § 1.a, and let Q be an $N\times N$ matrix of pseudo-differential operators on $\partial\Omega$, elliptic on Σ^+. Then the Toeplitz operator T_Q has an index, which only depends on the symbol $\sigma(T_Q)=\sigma(Q)_{|\Sigma^+}$. As was remarked in § 1.c, we may suppose that Q is of degree 1 (since any Toeplitz operator with symbol $|\xi|\,\mathrm{Id}$ has index 0). We may also modify $\sigma(Q)$ arbitrarily outside Σ^+, and we will suppose $\sigma(Q)=|\xi|\,\mathrm{Id}$ on $\Sigma^-=-\Sigma^+$.

Let $\bar{\partial}_b$ denote the induced Cauchy-Riemann complex. This is a complex of first order differential operators:

$$0\to C^\infty(\partial\Omega,\Lambda^0E'')\xrightarrow{\bar{\partial}_b}C^\infty(\partial\Omega,\Lambda^1E'')\xrightarrow{\bar{\partial}_b}\dots C^\infty(\partial\Omega,\Lambda^{n-1}E'')\to 0$$

where E'' is the dual of the sub-vector bundle of $C\otimes T\partial\Omega$ spanned by anti-holomorphic vectors tangent to $\partial\Omega$, or equivalently the quotient $E''=\mathbb{C}\otimes T^*\partial\Omega/F'$ where F' is spanned by all differentials of type 1, 0: $\partial f_{|\partial\Omega}$ (with $f\in C^\infty(\bar{\Omega})$). There is a natural projection $\xi\mapsto\xi''$ from $T^*\partial\Omega$ to E'', and the symbol of $\bar{\partial}_b$ is

$\sigma(\bar{\partial}_b)=ie(\xi'')$, the exterior multiplication by $i\xi''$.

$\bar{\partial}_b$ is elliptic except on $\Sigma^+\cup\Sigma^-$, and we see that $\sigma(\bar{\partial}_b)$ is the dual of the Koszul complex for the symplectic embedding $\Sigma^+\hookrightarrow T^*\partial\Omega$ (the fact that it corresponds to a $\gg 0$ complex structure follows from the fact that the Levi form is $\gg 0$). We have chosen Q with $\sigma(Q)=|\xi|\mathrm{Id}$ on $\Sigma^-=-\Sigma^+$, so although $\bar{\partial}_b$ is not elliptic on Σ^-, the element $[\sigma(Q)\otimes\sigma(\bar{\partial}_b)]\in K_c(T^*\partial\Omega)$ defined by the elliptic complex $\sigma(Q)\otimes\sigma(\bar{\partial}_b)$ is precisely $i_![\sigma(T_Q)]$, where $[\sigma(T_Q)]$ is the element of $K_c(\Sigma^+)\simeq K^1(\partial\Omega)$ defined by $\sigma(T_Q)$[4].

---

[4] Let (E',d') and (E'',d'') be two complexes of vector bundles:

$$0\to E'_{r_0}\xrightarrow{d'}E'_{r_0+1}\xrightarrow{d'}\dots E'_{r_1}\to 0$$
$$0\to E''_{r_0}\xrightarrow{d''}E''_{r_0+1}\xrightarrow{d''}\dots E''_{r_1}\to 0.$$

The product complex (E,d) is defined as usual by $E_j=\bigoplus_{p+q=j}E'_p\otimes E''_q$, $d=d'\otimes\mathrm{Id}+(-1)^p\,\mathrm{Id}\otimes d''$. We denote it for short by $d'\otimes d''$. Here in particular $\sigma(Q)\otimes\sigma(\bar{\partial}_b)$ is the complex defined by

$$E_j=\mathbb{C}^N\otimes\Lambda^jE''\oplus\mathbb{C}^N\otimes\Lambda^{j-1}E'',\quad d_j=\begin{pmatrix}\mathrm{Id}\otimes\sigma(\bar{\partial}_b) & 0\\ \sigma(Q)\otimes\mathrm{Id} & -\mathrm{Id}\otimes\sigma(\bar{\partial}_b)\end{pmatrix}$$

We will show that T_Q has the same index as any complex of pseudo-differential operators on $\partial\Omega$ with symbol $\sigma(Q)\otimes\sigma(\bar\partial_b)$: Theorem 1 will then follow from the index formula of Atiyah and Singer [1].

Let us recall (cf. [8]) that the homology of $\bar\partial_b$ is of finite rank, except in degree 0, $n-1$, and that there exists an operator A, which is in fact a pseudo-differential operator of type $\frac{1}{2}$ and degree $-\frac{1}{2}$ such that

(3.1) $\bar\partial_b A$ is the orthogonal projector on the range of $\bar\partial_b$,
$A\bar\partial_b$ is the orthogonal projector on the range of $\bar\partial_b^*$,

$\mathrm{Id}-\bar\partial_b A - A\bar\partial_b = \vec{S} = \bigoplus_0^{n-1} S_j$ is the orthogonal projector on the homology, identified with $\mathrm{Ker}(\bar\partial_b+\bar\partial_b^*)$. Then the S_j are of finite rank if $j\neq 0$, $n-1$; $S_0=S$ is the Szegö projector, and S_{n-1} is analoguous to the Szegö projector, but supported by Σ^-.

(3.2) **Lemma.** *There exists a system Q_0 of pseudo-differential operators of degree 1, acting on sections of $\mathbb{C}^N\otimes\bigoplus_0^{n-1}\Lambda^j E''$, such that $\sigma(Q_0)=\sigma(Q)\otimes\mathrm{Id}$ and $Q_0\bar\partial_b = \bar\partial_b Q_0$.*

Proof. Let Q_1 be any pseudo-differential system with symbol $\sigma(Q)\otimes\mathrm{Id}$ (respecting the graduation $\bigoplus_j \mathbb{C}^N\otimes\Lambda^j E''$). We set

$$Q_0=\vec{S}Q_1\vec{S}+AQ_1\bar\partial_b+\bar\partial_b AQ_1\bar\partial_b A$$

(for short we write $\vec{S}$, A, $\bar\partial_b$ instead of $\mathrm{Id}_{\mathbb{C}^N}\otimes\vec{S}$, etc....). Q_0 is a pseudo-differential operator of degree 0 and type $\frac{1}{2}$. It commutes with $\bar\partial_b$ since we have $\bar\partial_b\vec{S}=\bar\partial_b\bar\partial_b A = A\bar\partial_b\bar\partial_b=0$, and $\bar\partial_b A\bar\partial_b=\bar\partial_b$, hence

$$\bar\partial_b Q_0=\bar\partial_b AQ_1\bar\partial_b, \quad \text{and also}$$
$$Q_0\bar\partial_b=\bar\partial_b AQ_1\bar\partial_b A\bar\partial_b=\bar\partial_b AQ_1\bar\partial_b.$$

On the other hand the symbol $\sigma(Q_1)=\sigma(Q)\otimes\mathrm{Id}$ commutes with the symbols of $\bar\partial_b$, $\vec{S}$ and $\bar\partial_b A$ (rather $\mathrm{Id}_{\mathbb{C}^N}\otimes\bar\partial_b$, etc....). Since $\vec{S}$ and $\bar\partial_b A$ are both pseudo-differential operators of degree 0 and type $\frac{1}{2}$, their commutators with Q_1 are of degree $\leqq\frac{1}{2}$; also $[Q_1,\bar\partial_b]$ is of degree $\leqq 1$ so $A[Q_1,\bar\partial_b]$ is of degree $\leqq\frac{1}{2}$. Now we have $\vec{S}=\vec{S}^2$ and $\bar\partial_b A=(\bar\partial_b A)^2$ so $\vec{S}^2+A\bar\partial_b+(\bar\partial_b A)^2=\mathrm{Id}$, hence

$$\begin{aligned}Q_0-Q_1&=\vec{S}Q_1\vec{S}+AQ_1\bar\partial_b+\bar\partial_b AQ_1\bar\partial_b A-\vec{S}^2Q_1-A\bar\partial_b Q_1-(\bar\partial_b A)^2Q_1\\&=\vec{S}[Q_1,\vec{S}]+A[Q_1,\bar\partial_b]+\bar\partial_b A[Q_1,\bar\partial_b A]\end{aligned}$$

and it follows that Q_0-Q_1 is of degree $\leqq\frac{1}{2}$, and $\sigma(Q_0)=\sigma(Q_1)=\sigma(Q)\otimes\mathrm{Id}$ as required (the part of Q_0 which is really of type $\frac{1}{2}$ is in fact of degree $\leqq\frac{1}{2}$, and does not contribute to the index).

Now Q_0 is a homomorphism of complexes, and the double complex it defines is elliptic with symbol $\sigma(Q)\otimes\sigma(\bar\partial_b)$. Its Euler characteristic is the alternating sum of the indices of the restrictions of Q_0 to the homology of $\bar\partial_b$:

$$\mathrm{Index}(Q_0\otimes\bar\partial_b)=\Sigma(-1)^j\,\mathrm{Index}(S_jQ_0S_j).$$

If $j \neq 0, n-1$, S_j is of finite rank so $\mathrm{Index}(S_j Q_0 S_j)=0$. $S_{n-1} Q_0 S_{n-1}$ behaves exactly as a Toeplitz operator, except that it is supported by Σ^-, and since its symbol $|\xi| \mathrm{Id}_{|\Sigma^-}$ is self adjoint, its index is 0. Finally there just remains $S_0 Q_0 S_0$, which is a Toeplitz operator with same symbol hence same index as T_Q.

b) Embedding in a Complex Vector Bundle

Let W be a complex Stein manifold, and $\Omega \subset W$ an open subset as in § 1.a. We suppose Ω defined by an inequality $r<0$, where r is strictly plurisubharmonic near $\bar{\Omega}=\Omega \cup \partial\Omega$ (i.e. $i\partial\bar{\partial} r \gg 0$ near $\bar{\Omega}$). Let $N \xrightarrow{\pi} W$ be a holomorphic vector bundle, and let $\|n\|^2$ be a hermitian norm on N which is plurisubharmonic as a function on the total space of N (such a norm exists – at least above a neighborhood of $\bar{\Omega}$ because N is a direct factor of a trivial bundle near $\bar{\Omega}$ since W is Stein). Finally let $\tilde{\Omega} \subset N$ be defined by the inequality $r+\frac{1}{\varepsilon}\|n\|^2<0$ $(\varepsilon>0)$: it is relatively compact, and $\partial\tilde{\Omega}$ is strictly pseudo-convex; taking ε small will make $\tilde{\Omega}$ arbitrarily close to the zero section. We denote by $\tilde{\Sigma}^+$ the analogue of Σ^+ for $\tilde{\Omega}$.

Let E and F be two holomorphic vector bundles on W, and $f\colon E \to F$ a C^∞ bundle-homomorphism. We denote by T_f the corresponding Toeplitz operator (as was remarked in § 1.c, it is enough to consider operators of this form for the index theorem). We denote by $\tilde{E}$, $\tilde{F}$ and $\tilde{f}\colon \tilde{E} \to \tilde{F}$ the pull backs on N.

Let k be the Konzul complex of N:

$$k\colon 0 \to E_{-q} = \Lambda^q \tilde{N}' \to \dots E_{-j} = \Lambda^j \tilde{N}' \to \dots E_0 \to 0$$

where $\tilde{N}'$ is the pull back of the dual bundle of N, q the dimension of its fibers. The differential is $i(z)$, the interior product by z at the point $z \in N$. Then $k_E = \mathrm{Id}_{\tilde{E}} \otimes k$, $k_F = \mathrm{Id}_{\tilde{F}} \otimes k$ are the Koszul complexes of E and F. The corresponding Toeplitz operators on $\tilde{\Omega}$ actually form a complex – i.e. $T_{i(z)} T_{i(z)}=0$ because $i(z)$ is holomorphic, so $T_{i(z)} T_{i(z)} = S i(z) S i(z) S = S(i(z))^2 S = 0$.

(3.3) **Proposition.** *There exists a complex T_Q of Toeplitz operators on $\tilde{\Omega}$, with symbol $\tilde{f} \otimes k$, and this has the same index as T_f if T_f is elliptic.*

Since the element $[\tilde{f} \otimes k] \in K(\tilde{\Omega}, \partial\tilde{\Omega})$ is precisely (by definition) the image by $i_!$ of $[f] \in K(\Omega, \partial\Omega)$, Theorem 2 on Ω will follow from Theorem 2 on $\tilde{\Omega}$.

To prove the proposition, we first need to examine the complex of Toeplitz operators corresponding to the Koszul complex a little more closely. Let $x_0 \in \partial\Omega \subset N$, and let $z_1, \dots, z_q$ be a basis of linear forms on N near x_0.

(3.4) **Lemma.** The matrix $\frac{1}{i}\{\bar{z}_j, z_k\}_{\tilde{\Sigma}^+}$ $(1 \leq j, k \leq q)$ is $\gg 0$.

Proof of the Lemma: We may choose holomorphic functions $z_{q+1} \dots z_n$ on N (defined in a neighborhood of x_0) so that $z_1 \dots z_n$ are local coordinates near x_0, and so that $\frac{\partial}{\partial z_n}$ is transversal to $\partial\tilde{\Omega}$ at x_0. We will prove that the matrix

$\frac{1}{i}\{\bar{z}_j, z_k\}_{\tilde{\Sigma}^+}$ $(1 \leqq j, k \leqq n-1)$ is $\gg 0$. For this we notice that there exists a basis of holomorphic vectors $Z_1 \ldots Z_{n-1}$ tangent to $\partial\tilde{\Omega}$, with symbols $\zeta_1 \ldots \zeta_{n-1}$, such that $Z_j(z_k) = \frac{1}{i}\{\zeta_j, z_k\}_{T^*\partial\tilde{\Omega}} = \delta_{jk}$ (the Kronecker symbol)

$$\left(\text{e.g. } Z_j = \frac{\partial}{\partial z_j} - \frac{\partial X}{\partial z_j}\left(\frac{\partial \rho}{\partial z_n}\right)^{-1} \frac{\partial}{\partial z_n}, \text{ where } \rho = r + \frac{1}{\varepsilon}\|n\|^2\right).$$

So we have

$$\{z_j, z_k\} = \{z_j, \bar{z}_k\} = \{\zeta_j, \zeta_k\} = \{\zeta_j, \bar{z}_k\} = 0 \qquad \text{on } \tilde{\Sigma}^+$$

(where the Poisson brackets are taken on $T^*\partial\tilde{\Omega}$), and

$$(3.5) \quad c_{jk} = \frac{1}{i}\{\bar{\zeta}_j, \zeta_k\} \qquad \text{is a hermitian} \gg 0 \text{ matrix on } \tilde{\Sigma}^+.\text{[5]}$$

Our assertion now is that we have $\left(\frac{1}{i}\{\bar{z}_j, z_k\}_{\tilde{\Sigma}^+}\right) = (c_{kj})^{-1}$, so it is elliptic, $\gg 0$, of degree -1.

To prove this, we notice that $\tilde{\Sigma}^+$ is defined by the equations $\zeta_j = \bar{\zeta}_j = 0$ ($j = 1 \ldots n-1$), *so for any functions* f, g on $T^*\partial\tilde{\Omega}$, we have $\{f, g\}_{\tilde{\Sigma}^+} = \{f', g'\}_{|\tilde{\Sigma}^+}$, where $f = f'$ and $g = g'$ on $\tilde{\Sigma}^+$, and the 1st order jets of f', g' along $\tilde{\Sigma}^+$ are determined by the condition that they commute with the $\zeta_j, \bar{\zeta}_j$.

In particular we have $\frac{1}{i}\{\bar{z}_j, z_k\}_{\tilde{\Sigma}^+} = \frac{1}{i}\{\bar{z}'_j, z'_k\}_{|\tilde{\Sigma}^+}$, with

$$z'_k = z_k + \Sigma b_{kl}\bar{\zeta}_l,$$

where the $b_{kl|\tilde{\Sigma}^+}$ are determined by the condition

$$\frac{1}{i}\{\zeta_j, z'_k\}_{|\tilde{\Sigma}^+} = \delta_{jk} - \Sigma b_{kl}c_{lj} = 0 \quad \text{i.e.} \quad (b_{kl}) = (c_{kl})^{-1} \qquad \text{on } \tilde{\Sigma}^+.$$

Now from $\frac{1}{i}\{\zeta_j, z_k\} = \delta_{jk}$ follows $\frac{1}{i}\{\bar{\zeta}_j, \bar{z}_k\} = -\delta_{jk}$, so

$$\begin{aligned}\frac{1}{i}\{\bar{z}_j, z_k\}_{\tilde{\Sigma}^+} &= \frac{1}{i}\{\bar{z}_j + \Sigma \bar{b}_{jl}\zeta_l, z_k + \Sigma b_{kl}\bar{\zeta}_l\}'_{\tilde{\Sigma}^+}\\ &= \bar{b}_{jk} + b_{kj} - \sum_{l,m} \bar{b}_{jl}c_{ml}b_{km} = b_{kj} = (c_{jk})^{-1} \gg 0.\end{aligned}$$

This proves the assertion above, and the lemma.

---

[5] This matrix is $\ll 0$ on $\tilde{\Sigma}^- = -\tilde{\Sigma}^+$ (cf. also [10] to check the signs). An easy way to remember the sign rule is that we have $\sigma([A^*, A]) = \frac{1}{i}\{\bar{a}, a\} \geqq 0$ if A is hypoelliptic, and on $\tilde{\Sigma}^+$ it is ∂_b which is hypoelliptic and $\bar{\partial}_b$ which is not

It follows now from Lemma (3.4) and from [8] that the complex of Toeplitz operators defined by the Koszul complex (or rather its adjoint) behaves microlocally exactly as $\bar{\partial}_b$ (except for the fact that in the microlocal model as described in § 1.b, the dimensions n and $n-1$ should be replaced by the complex dimensions of Ω and of the fibers of N respectively); the same holds for the complexes k_E and k_F. In particular there exist Toeplitz operators A_E, A_F which do for k_E, k_F the same as A for $\bar{\partial}_b$ in § 3.a (these are not quite Toeplitz operators in the sense of Definition 1.3, but are of the form SQS with Q of type $\frac{1}{2}$ and degree $\frac{1}{2}$):

$$d_E A_E + A_E d_E = \mathrm{Id} - H_E, \qquad d_F A_F + A_F d_F = \mathrm{Id} - H_F$$

where H_E, H_F are the orthogonal projectors on the homology of k_E, k_F. Now the construction of § 3.a can be exactly reproduced – namely we first choose a Toeplitz operator T_{Q_1} (from $\tilde{E} \otimes \Lambda \tilde{N}'$) with symbol $\tilde{f} \otimes \mathrm{Id}$, and replace T_{Q_1} by

$$T_{Q_0} = H_F T_{Q_1} H_E + d_F T_{Q_1} A_E + A_F d_F T_{Q_1} A_E d_E$$

which is a Toeplitz operator of symbol $\tilde{f} \otimes \mathrm{Id}$ which commutes with the differentials $d_E d_F$ (as in § 3.a it is really of type $\frac{1}{2}$, but the part of type $\frac{1}{2}$ is of degree $\leqq -\frac{1}{2}$ and does not contribute to the index).

Then T_{Q_0} defines a double complex T_Q with symbol $\tilde{f} \otimes k$, whose index is the alternating sum of the indices of the restrictions of T_{Q_0} to the homology groups of d_E, d_F. Here in fact the picture is a little simpler than in § 3.a because the Koszul complex $k_E k_F$ only have homology in degree 0, and this is isomorphic to the space of holomorphic sections of E or F on Ω. In fact let us choose on $\partial\tilde{\Omega}$ the measure $d\tilde{\sigma}$ defined by

$$\int_{\partial\tilde{\Omega}} \varphi(x,n)\, d\tilde{\sigma}(x,n) = \int_{\Omega} |r|^{-\frac{1}{2}}\, d\mu(x) \int_{\text{sphere}} \varphi(x,n)\, d\sigma_x(n)$$

where $d\mu$ is the given measure on Ω (with C^∞, positive density) and for each $x \in \Omega$, $d\sigma_x$ is the canonical (rotation invariant) measure on the sphere of radius $\sqrt{\varepsilon |r(x)|}$ of the fiber of N at x, so that the resulting measure $d\tilde{\sigma}$ has a smooth positive density on $\partial\tilde{\Omega}$. Then the ranges of the orthogonal projectors H_E, H_F on the homology of k_E, k_F consist exactly of the sections which are constant along the fibers, and we have

$$\mathrm{Index}\, T_Q = \mathrm{Index}\, H_F T_Q H_E = \mathrm{Index}\, H_F \tilde{f} H_E.$$

Now we may still interpret the ranges of H_E, H_F as sitting inside the space of sections of E or F on Ω; the norm is not the L^2-norm on $\partial\Omega$, but rather

$$\|\varphi\|^2 = \int_{\partial\tilde{\Omega}} |\tilde{\varphi}|^2\, d\tilde{\sigma} = c_q \varepsilon^{\frac{2q-1}{2}} \int_{\Omega} |\varphi|^2 |r|^{q-1}\, d\mu$$

$\left(\text{with } c_q = \dfrac{2\pi^q}{(q-1)!}, \text{ the volume of the unit sphere in } \mathbb{C}^q\right)$. Thus $H_F \tilde{f} H_E$ is not quite the Toeplitz operator $T_f = S_F f S_E$, but it follows from § 1.c, example (1.13) and appendix that it is still a Toeplitz operator with symbol f, so it has the same index as T_f. This ends the proof.

c) Embedding in $\mathbb{C}^n$

Let W be a Stein manifold, and Ω, $\partial\Omega$ as above. We may embed W in a numeric space $\mathbb{C}^n$. Let N be the normal tangent bundle of this embedding: the exact sequence

$$0 \to TW \to W \times \mathbb{C}^n = T\mathbb{C}^n|_W \to N \to 0$$

is split, since W is a Stein manifold. So we may realize N as a holomorphic subbundle of $W \times \mathbb{C}^n$, transversal to TW. Now the map $(x, n) \in N \mapsto x + n \in \mathbb{C}^n$ has an invertible derivative on W (identified with the zero section), so it defines an isomorphism of a neighborhood of W in N to a neighborhood of W in $\mathbb{C}^n$ (complex tubular neighborhood). We may then identify $\tilde{\Omega}$ with its image in $\mathbb{C}^n$ (if it is sufficiently close to the zero section, i.e. if the number ε in its definition is small). Now if E, F are holomorphic vector bundles on Ω, and $f: E \to F$ a C^∞ bundle homomorphism, invertible on $\partial\Omega$, and if i is the inclusion $\Omega \hookrightarrow \mathbb{C}^n$, $i_![f]$ is as we have remarked the element of $K_c(\tilde{\Omega})$ defined by $f \otimes k$. So Theorem 2 will follow if we prove it for open sets in $\mathbb{C}^n$.

d) End of Proof

Let finally $\Omega \subset \mathbb{C}^n$ be bounded, with strictly pseudo-convex boundary $\partial\Omega$; let E and F be holomorphic vector bundles defined in a neighborhood of $\bar{\Omega}$, and $f: E \to F$ a $\mathbb{C}^\infty$ homomorphism, invertible on $\partial\Omega$. Since $\bar{\Omega}$ has Stein neighborhoods, there exists a holomorphic vector bundle $F^\perp$ such that $F \oplus F^\perp$ is trivial (isomorphic to $\tilde{\Omega} \times \mathbb{C}^N$). We may replace f by $f \oplus \mathrm{Id}_{F^\perp}$ (this obviously does not change the index of T_f, nor the index character), so we are reduced to the case where $F = \bar{\Omega} \times \mathbb{C}^N$ is trivial. In this case E extends to the whole of $\mathbb{C}^n$ as a topological bundle (e.g. we can paste it with $(\mathbb{C}^n \setminus \Omega) \times \mathbb{C}^N$ by means of f on $\partial\Omega$), so it is trivial as a topological bundle, as any bundle on $\mathbb{C}^n$. Then it follows from Grauert's Theorem [14] that E is also trivial as a holomorphic bundle on $\bar{\Omega}$, so Theorem 2 follows from Theorem 1. This ends the proof.

Let us notice that it follows from the index formula that the index of Toeplitz operators satisfies the following "excision" property (cf. also [11]: if $\Omega \subset \Omega'$ are two open sets in $\mathbb{C}^n$ (or in some analytic manifold W), f' a C^∞ homomorphism between two holomorphic vector bundles on $\bar{\Omega}'$, f its restriction to $\bar{\Omega}$, and if f' is invertible on $\bar{\Omega}' \setminus \Omega$, then T_f and $T_{f'}$ have the same index. A direct proof of this would greatly simplify the proof of Theorem 1 (or Theorem 2) for open sets in $\mathbb{C}^n$, since we can always choose Ω' be to a large ball, in which case we have $K(\Omega', \partial\Omega') = \mathbb{Z}$ so to prove the index theorem, it is enough to check for one operator, for instance the complex of Toeplitz operators associated to the Koszul complex of a point of Ω', whose index is 1 (this is essentially the proof of [23]).

In general $K(\Omega, \partial\Omega)$ may be much larger than $\mathbb{Z}$; for example if Ω is the open set defined by $\Sigma(|z_j|^2 - 1)^2 < \varepsilon^2$ in $\mathbb{C}^n$, $\partial\Omega$ is C^∞ and strictly pseudo convex if ε is small, and $K(\Omega, \partial\Omega) = \mathbb{Z}^{2^{n-1}}$; so the index theorem does not reduce to the fact that the index of the Koszul complex of a point is 1.

3. Final Remarks

Let us notice that both Theorem 1 and Theorem 2 allow parameters $\lambda \in \Lambda$. The index should then be interpreted as an element of $K(\Lambda)$ as in [4]. Theorem 1 also allows the action of a compact group G, the index being interpreted as an element of $K_G(\cdot)=R(G)$, the ring of finite virtual representations of G, as in [2]; it is likely that the same is true for Theorem 2: the first three steps in the proof (§ 3.a, b, c) allow such a group action (this is obvious for the first two steps, and for the third one may always embed a neighborhood of $\bar{\Omega}$ in a finite G-vector space, equivariantly, then construct an equivariant tubular neighborhood); I do not know if Grauert's Theorem allows a compact group action.

Theorem 1 is of a quite stable nature. In it Ω may have singularities (so long as these do not meet $\partial\Omega$); $\partial\Omega$ must be compact but if $n=\dim_{\mathbb{C}}\Omega>2$, Ω itself needs not to be compact (cf. [7]) (if $n=2$, this restriction is necessary otherwise the Szegö projector might not be well behaved). In fact the only structure which really matters for the index theorem is the contact structure of $\partial\Omega$; we will show elsewhere that on any compact oriented contact manifold X there exists a projector S_X which has the same microlocal behaviour as the Szegö projector; the operators $S_X Q S_X$ (with Q a pseudo-differential operator) operating on the range of S_X are then analogues of Toeplitz operators, and the index of elliptic systems of such operators is still given by Theorem 1 (with essentially the same proof as in § 3.a).

For Theorem 2, the present proof requires that $\bar{\Omega}$ be contained in a Stein manifold (i.e. a closed, smooth, complex submanifold of $\mathbb{C}^n$). It is quite likely that it still holds when Ω has no singularities (it certainly does when $\partial\Omega$ is empty – in this case the index formula reduces to the Riemann-Roch theorem, which follows from the Atiyah-Singer index formula – cf. [3]). Further desirable extensions should include the case where Ω has singularities, and where the holomorphic bundles E and F are replaced by coherent sheaves. However as it is, Theorem 2 should already contain the Atiyah-Singer index formula. We give a brief indication here, and propose to come back elsewhere with more details to this question:

Let X be a compact real analytic manifold, and $P(x, D)$ an elliptic differential operator with analytic coefficients, acting from the sections of E to those of F, where E, F are two real analytic vector bundles on X (any C^∞ elliptic operator is homotopic to such an operator). Let $\tilde{X}$ be a complexification of X, and let B_ε be the tubular neighborhood defined by $d(z, X)<\varepsilon$ (for some hermitian metric on $\tilde{X}$). If ε is small enough, ∂B_ε is compact and strictly pseudo convex, and E, F, $P(x, D_x)$, $\operatorname{Ker} P$ and $\operatorname{Ker} P^*=\operatorname{Coker} P$ extend analytically to a neighborhood of $\bar{B}_\varepsilon$. As we have seen in § 1.c, the extension of P to $O(\partial B_\varepsilon)$ is a Toeplitz operator with symbol $p(z, v)$, where $p=\sigma(P)$, and $v=\frac{1}{i}\,\partial r$. If we take for defining function $r=\frac{1}{\varepsilon}(d(z, x)^2-\varepsilon^2)$, we have in local coordinates $z=x+iy=(z_1, \ldots, z_n)$

$$d(z, X)^2=\Sigma\, a_{jk} y_j y_k,$$

with $a_{jk}=a_{jk}(x,y)$ real analytic, $a=(a_{jk})\gg 0$. So

$$dr=\frac{2}{\varepsilon}(ay\cdot dy+O(y^2)) \qquad (a=(a_{jk}))$$

$$\partial r=\frac{1}{i\varepsilon}(ay\cdot dz+O(y^2))$$

and since $ay\cdot dy_{|\partial B_\varepsilon}=O(y^2)$, we finally get

$$v=-\left(\frac{ay}{\varepsilon}\right)\cdot dx+O(\varepsilon)=\xi_\varepsilon\cdot dx+O(\varepsilon).$$

Thus $p(z,v)$ is very close – hence homotopic – to $p(x,\xi_\varepsilon)$ with x the projection of z on X, $\xi_\varepsilon=-\frac{a\cdot y}{\varepsilon}$ (notice the sign).

It follows immediately that T_P is an elliptic Toeplitz operator, and that the index characters of P on X and of its Toeplitz extension T_P are the same; the analytic indices are also equal since the kernel and cokernel do not change if ε is small.

A similar proof can be given for analytic pseudo-differential operators.

A second method of proof is the following (this will be described in more details elsewhere); beginning with the approximation of v above, it is not hard to prove that there actually exists a contact isomorphism χ from S^*X to ∂B_ε, where S^*X is the cosphere bundle of X (close to the map $(x,\xi)\mapsto x-i\varepsilon\xi$ ($|\xi|=1$)). With this we may construct a Fourier integral operator $\mathscr{H}: C^\infty(X)\to O^\infty(\partial B_\varepsilon)$ such that $\mathscr{H}^*\mathscr{H}\sim\mathrm{Id}$, $\mathscr{H}\mathscr{H}^*\sim S$, and that the singular support of $\mathscr{H}\varphi$ (for any distribution φ on X) is the image by χ of the wavefront set of φ). $\mathscr{H}$ is then an approximate square root of the Szegö kernel, as in (1.4) (1.5), and it can be used to transport pseudo-differential operators on X into Toeplitz operators on ∂B_ε; we then get the index theorem for systems (matrices) of pseudo-differential operators as a consequence of Theorem 1. (At this point, the reduction of the general case to Theorem 2 by this method is not quite complete for one still needs to show that for the analogue $\mathscr{H}_E$ of $\mathscr{H}$ for a vector bundle E there is a canonical choice with index 0; that such a choice exists is plausible since the index formulas are identical).

e) Appendix

As a by product of § 3.b, we get the following microlocal model for $\bar\partial_b$ (or rather the adjoint complex) in the setting of Toeplitz operators: Ω is the unit ball in $\mathbb{C}^n (N=2n-1)$, and the adjoint of $\bar\partial_b$ is microlocally equivalent to the Koszul complex of $\mathbb{C}^n\subset\mathbb{C}^N$, whose differential is the interior product by $(z_1,\dots,z_n)$ on $\Lambda\mathbb{C}^n$. This is elliptic, except when $z_1=\dots z_n=0$. Using the Poincaré-Cartan formula

$$di(z)+i(z)d=\Theta(z),$$

the Lie derivative of $z=\sum_1^n z_j \frac{\partial}{\partial z_j}$, it is easy and elementary to describe the parametrix (the inverse of $\Theta(z)$ is given by $\omega=\Sigma a_{\alpha,J} z^\alpha dz_J \mapsto \Sigma \frac{a_{\alpha,J}}{|\alpha|+|J|} z^\alpha dz_J$ – where we have written $dz_J = dz_{i_1} \wedge \ldots \wedge dz_{i_k}$, $1 \leqq i_1 < \ldots i_k \leqq n$, and the coefficients $a_{\alpha,J}$ are functions of $z_{n+1}, \ldots, z_N$ – except in degree 0 where we must omit the constant term $(|\alpha|+|J|=0)$). Finally in this setting, the analogue of the Szegö projector (orthogonal projector on the homology) is the projector on functions independent of $z_1, \ldots, z_n$: $f \mapsto f(0, \ldots, 0, z_{n+1}, \ldots, z_N)$.

References

1. Atiyah, M.F.: *K*-Theory. Amsterdam: Benjamin 1967
2. Atiyah, M.F., and Singer, I.M.: The index of elliptic operators I. Ann. Math. **87**, 484–530 (1968)
3. Atiyah, M.., and Singer, I.M.: The index of elliptic operators III. Ann. Math. **87**, 546–604 (1968)
4. Atiyah, M.F., and Singer, I.M.: The index of elliptic operators IV. Ann. Math. **92**, 119–138 (1970)
5. Bony, J.M., and Schapira, P.: Existence et prolongement des solutions holomorphes des equations aux derivées partielles. Inventiones Math. **17**, 95–105 (1972)
6. Boutet de Monvel, L.: Boundary problems for pseudo-differential operators. Acta Math. **126**, 11–51 (1971)
7. Boutet de Monvel, L.: Integration des equations de Cauchy-Riemann induites. Seminaire Goulaouic-Schwartz. 1974–75 exposé n° 9
8. Boutet de Monvel, L.: Hypoelliptic operators with Double characteristics and related pseudo-differential operators. Comm. Pure Appl. Math. **27**, 585–639 (1974)
9. Boutet de Monvel, L., and Guillemin, V.: Spectral theory of Toeplitz operators. To appear.
10. Boutet de Monvel, L., and Sjöstrand, J.: Sur la singularité des noyaux de Bergmann et de Szegö. Asterisque **34–35**, 123–164 (1976)
11. Burns, D.: On Venugopalkrishna's index problem. Rencontre sur l'analyse complexe à plusiems variable et les systèmes surdeterminés, Montreal 1975.
12. Dynin, A.S.: An Algebra of pseudo-differential operators on the Heisenberg group. Dokl. Akad. Nauk SSSR 227 (1976) n° 4. Soviet Math. Dokl. **17**, n° 2, 508–512 (1976)
13. Fedosov, B.V.: Analytical formulas for the index of elliptic operators. Trudy Moskov. Mat. Obsc. **30** (1974), Transactions Mosc. Math. Soc. **30**, 159–240 (1974)
14. Grauert, H.: Analytische Faserungen über holomorph-vollständigen Räumen. Math. Ann. **135**, 263–273 (1958)
15. Guillemin, V.: Symplectic spinors and partial Differential equations. Coll. Int. CNRS n° 237 Géométrie symplectique et physique mathemtique, 217–252
16. Hörmander, L.: Fourier integral operators I. Acta Math. **127**, 79–183 (1971)
17. Hörmander, L.: The Weyl calculus of pseudo-differential operators. To appear
18. Kashiwara, M.: Analyse microlocale du noyau de Bergman. Seminaire Goulaouic-Schwartz 1976–1977, exp. n° 8
19. Kohn, J.J.: Regularity at the boundary of the $\bar{\partial}$ Neumann problem. Proc. Nat. Acad. Sci. USA **49**, 206–213 (1963)
20. Melin, A., Sjöstrand, J.: Fourier integral operators with complex valued phase functions – in Fourier integral operators and partial differential equations, Lecture Notes n° 459, pp. 120–223. Berlin-Göttingen-Heidelberg: Springer 1975
21. *K*-Theory and operator algebras, Lecture Notes n° 575. Berlin-Heidelberg New York: Springer 1977
22. Sato, M., Kawai, T., Kashiwara, M.: Mikrofunctions and pseudo-differential equations, Lecture Notes n° 287, Chap. II. Berlin-Heidelberg-New York: Springer 1973
23. Venugopalkrishna, V.: Fredholm operators associated with strongly pseudoconvex domains in $\mathbb{C}^n$. J. Funct. Anal. **9**, 349–373 (1972)

Received May 5, 1978

8.3 The Spectral Theory of Toeplitz Operators. Appendix: Quantized Contact Structures

The spectral theory of Toeplitz operators. Appendix: Quantized Contact Structures, Annals of Mathematics Studies, vol. 99, Princeton University Press, Princeton, NJ; University of Tokyo Press, Tokyo, 1981. [BGu81]

APPENDIX: QUANTIZED CONTACT STRUCTURES

A.0. In the preceding chapters, we have used generalized Szegö projectors and generalized Toeplitz operators associated with arbitrary symplectic subcones of the cotangent bundle of a manifold, and occasionally a complex of first order pseudodifferential operators playing the same role as the $\bar{\partial}_b$ complex for the Szegö projector. The purpose of this appendix is to show how these are constructed. We will use the Fourier integral operators of A. Melin and J. Sjöstrand [7], although for most purposes the Hermite operators and their symbolic calculus are enough, and their use leads to somewhat simpler and shorter proofs; but some of the finer properties (cf. A.5) would no longer hold for more general Hermite operators.

We will say that a symbol $p(x,\xi)$ of degree m is regular if it admits an asymptotic expansion:

$$p \sim \sum_{j=0}^{\infty} p_{m-j}(x,\xi)$$

where p_{m-j} is homogeneous of degree $m-j$ with respect to ξ, j a positive integer; the degree may be any number, although $4m$ will usually be an integer, and in the case of pseudodifferential operators, m will be an integer; but the degrees go down by integral steps.

Unless otherwise specified, pseudodifferential operator means "regular" (or classical) ps.d.o., i.e. the symbol is regular, and the degree is an integer.

If P is a pseudodifferential operator with total symbol $p(x,\xi) \sim \sum p_{m-j}(x,\xi)$, we denote by $\tilde{P}$ any pseudodifferential operator with total symbol

$$p(x,\xi) \sim \sum (-1)^{m-j} p_{m-j}(x,-\xi)$$

this definition does not depend on the choice of local coordinates and still makes sense for pseudodifferential operators on sections of smooth vector bundles. For example we have $P = \tilde{P}$ if P is a differential operator or the parametrix of an elliptic differential operator. One checks easily $\widetilde{PQ} = \tilde{P}\tilde{Q}$.

A pseudodifferential operator of type $\frac{1}{2}$ is a (nonclassical) pseudo-differential operator whose total symbol satisfies locally

$$|(\partial/\partial x)^{\alpha}(\partial/\partial\xi)\, p(x,\xi)| \leq C_{\alpha\beta}(1+|\xi|)^{m+\frac{1}{2}|\alpha|-\frac{1}{2}|\beta|}$$

for suitable constants $C_{\alpha\beta}$ (m being the degree of P).

A.1. *Contact manifolds and symplectic cones*

A symplectic cone Σ is a cone (i.e. a C^∞ paracompact manifold with a free action of the multiplicative group $\mathbf{R}_+^\times$ of positive real numbers) equipped with a symplectic 2-form ω (i.e. ω is non-degenerate and $d\omega = 0$) which is homogeneous of degree 1.

Such a cone is isomorphic, as a C^∞ manifold, to $X \times \mathbf{R}_+^\times$ with the standard action of $\mathbf{R}_+^\times$ $(\lambda\cdot(x,r) = (x,\lambda r))$. If r denotes the 2nd projection (r is a positive C^∞ function), ω can be written in a unique manner:

$$\omega = r\,\omega_2 + dr \wedge \omega_1$$

where ω_1 (resp. ω_2) is the pull-back of a 1-form (resp. a 2-form) on X. The equality $d\omega = 0$ implies $\omega = d(r\,\omega_1)$. The 1-form

$$\lambda = r\omega_1$$

is the unique 1-form which is homogeneous of degree 1, orthogonal to the radial vector field $\partial/\partial r$, and such that $\omega = d\lambda$. We will call it the Liouville form of Σ.

An important example of a symplectic cone is the cone $T^*X - 0$ (cotangent bundle minus the zero section), where X is a C^∞ manifold, equipped with its canonical symplectic structure: in local coordinates

$$\omega = \Sigma d\xi_j \wedge dx_j, \quad \lambda = \Sigma \xi_j \wedge dx_j$$

where the x_j's are a system of local coordinates on X, the ξ_j's the corresponding linear coordinates on the fibers of T^*X.

An oriented contact manifold X is a C^∞ (paracompact) manifold of odd dimension $2n-1$, equipped with a halfline subbundle $\Sigma \subset T^*X - 0$ such that Σ is symplectic as a submanifold of $T^*X - 0$. The structure defined by a halfline subbundle of $T^*X - 0$ is equivalent to the structure defined by a class of 1-forms (the sections of Σ), two forms a, a' being equivalent if $a = \phi a'$ with $\phi \in C^\infty(X)$, $\phi > 0$. The cone generated by a 1-form a is symplectic if and only if a is a contact form, i.e. the $2n-1$-form $da_\wedge (a)^{n-1}$ vanishes nowhere in X.

If X is an oriented contact manifold, it is isomorphic to the base of the symplectic cone which defines the contact structure. Conversely if Σ is a symplectic cone, X its base, λ its Liouville form, the 1-forms $a = \psi^*(\lambda)$ with ψ a section of Σ define an oriented contact structure on X, and there is a unique isomorphism from Σ to the halfline bundle $\Sigma' \subset T^*X - 0$ defining the contact structure which preserves the projections $\Sigma \to X$ and $\Sigma' \to X$ (there is a category equivalence between symplectic cones and oriented contact manifolds).

An important example for us is the following: let W be a complex manifold, $\Omega \subset W$ an open subset with smooth boundary $X = \partial\Omega$. Ω is defined by an inequation $\rho < 0$, with $\rho \in C^\infty(W)$, $d\rho \neq 0$ on X. The 1-form $a = \frac{1}{i}\, \partial\rho|_X$ is real (because $\partial\rho|_X$ and $\overline{\partial}\rho|_X$ are complex conjugate and their sum $\partial\rho|_X + \bar{\partial}\rho|_X = d\rho|_X$ vanishes so both are pure imaginary). The line bundle spanned by α is the set of all (real) covectors $\xi \in T^*X$ orthogonal to holomorphic (or antiholomorphic) vectors tangent to X. The halfline bundle $\Sigma^+ \subset T^*X - 0$ spanned by α is symplectic if and only if the Leviform of X is nondegenerate. Thus in particular the (smooth) boundary of a strictly pseudoconvex domain $\Omega \subset W$ is canonically equipped with an oriented contact structure (the structure defined by the contact form $\alpha = \frac{1}{i}\,\partial\rho|_X$).

A.2. *Adapted Fourier integral operators*

In what follows we will be dealing with Fourier integral operators associated to strictly positive ($\gg 0$) complex canonical relations. These are described in [7], §3, and we will just recall here some basic facts about them:

(2.1) Let Y be a C^∞ real manifold. An almost complex submanifold Λ of Y, of codimension n, is locally defined by n smooth complex equations $u_1 = \cdots u_n = 0$, with the differentials du_j linearly independent; the ideal $I_\Lambda \subset C^\infty(Y, \mathbb{C})$ of functions vanishing on Λ is locally generated by the u_j. The submanifold Λ is completely determined by its ideal I_Λ; we refer to [7] for its geometric interpretation as a submanifold of a complexification of Y; here Λ will also be completely determined by its Taylor expansion (jet of infinite order) along the set of real points Λ_R (defined by the equations $\operatorname{Re} u_j = \operatorname{Im} u_j = 0$) and we can manipulate Λ as if it were analytic.

(2.2) Let now Y be symplectic, of dimension $2n$. Then Λ is Lagrangian if the Poisson brackets $\{u_p, u_q\}$ vanish on Λ, i.e. belong to the ideal I_Λ.

(2.3) We will say that Λ is strictly positive ($\gg 0$) if it is Lagrangian, if the set of real points Λ_R is a smooth submanifold of codimension $n+k$ $(0 \le k \le n)$, and the hermitian matrix $\frac{1}{i}\{u_p, \bar{u}_q\}$ is positive of rank k

on Λ_R; this implies that the system of differentials du_p, $d\bar{u}_p$ is of linear rank $n+k$ exactly on Λ_R; it does not depend on the choice of the u_j.

This being so, near any point of Λ_R there exist local canonical coordinates x_j, ξ_j and a neighborhood in which Λ is defined by the equations

$$\xi_j - ix_j\xi_n = 0\,(1 \le j \le k),\ \xi_j = 0\,(k<j<n),\ x_n + \frac{i}{2}\sum_1^k x_j^2 = 0 \text{ (cf. [6])},\ \xi_n > 0 .$$

If Y is a symplectic cone and Λ homogeneous, one may choose the x_j, ξ_j homogeneous (i.e. the x_j of degree 0, the ξ_j of degree 1). In this setting, if we interpret Y as a cotangent bundle, the x_j being the base coordinates and the ξ_j the cotangent coordinates, Λ is one-half of the conormal bundle of the hypersurface $x_n + \frac{i}{2}\sum_1^k x_j^2 = 0$, corresponding to the phase function $\phi(x,\theta) = \theta\left(x_n + \frac{1}{2}i\sum_1^k x_j^2\right)$ $(\theta \in R_+)$.

(2.4) Let X be a smooth manifold of dimension n, $\phi(x,\theta)$ a non-degenerate complex phase function on $X \times R^N$ (i.e. $d\phi$ does not vanish, the differentials $d\left(\frac{\partial\phi}{\partial\theta_j}\right)$ are linearly independent, and ϕ is homogeneous of degree 1 with respect to θ). If ϕ is real, the Lagrangian cone $\Lambda \subset T^*X - 0$ it defines is the image of the critical set $C\left(\frac{\partial\phi}{\partial\theta_j} = 0,\ j=1,\cdots,N\right)$ under the differential map $(x,\theta) \mapsto (x, d_x\phi)$. If ϕ is complex, Λ is still defined as an almost complex manifold if $\operatorname{Im}\phi \ge 0$.

(2.5) We will say that ϕ is $\gg 0$ if the set of real critical points C_R (defined by the equations $\operatorname{Re}\frac{\partial\phi}{\partial\theta_j} = \operatorname{Im}\frac{\partial\phi}{\partial\theta_j} = 0$) is a smooth manifold of codimension $N+k$, and the imaginary part $\operatorname{Im}\phi$ is >0 outside of C_R, and transversally elliptic along C_R.

A Lagrangian almost complex subcone $\Lambda \subset T^*X - 0$ is $\gg 0$ if and only if it can locally be defined by a $\gg 0$ phase (cf. [7] or footnote).

(2.6) Let X, Y be two smooth real manifolds, and $\mathcal{C}$ an almost complex canonical relation from X to Y. We will say that $\mathcal{C}$ is $\gg 0$ if the corresponding Lagrangian cone $\Lambda \subset T^*(X\times Y)-0$ (image of $\mathcal{C}$ under the symmetry $(x,y,\xi,\eta) \mapsto (x,y,\xi,-\eta)$) is $\gg 0$.

DEFINITION 2.7. *Let* X, X′ *be two smooth real manifolds,* $\Sigma \subset T^*X$, $\Sigma' \subset T^*X'$ *two smooth symplectic subcones, and* $\chi : \Sigma \to \Sigma'$ *an isomorphism of symplectic cones. A Fourier integral operator from* X *to* X′ *is adapted to* χ *if its canonical relation is* $\gg 0$, *with real part the graph of* χ, *and its symbol is elliptic.*

PROPOSITION 2.8. *Let* X, X′, X″ *be three manifolds,* Σ, Σ', Σ'' *three symplectic subcones of their respective cotangent bundles,* $\chi : \Sigma \to \Sigma'$ *and* $\chi' : \Sigma' \to \Sigma''$ *isomorphisms of symplectic cones,* A *and* A′ *Fourier integral operators adapted to* χ *and* χ'. *Then* $A'\circ A$ *is adapted to* $\chi'\circ\chi$ *and* A^* *is adapted to* χ^{-1}.

The proof is immediate: let $\mathcal{C}$ and $\mathcal{C}'$ be the canonical relations corresponding to A and A′; the transversality condition ensuring that $\mathcal{C}'\circ\mathcal{C}$ is a (smooth) canonical relation (cf. [7]) and the fact that $\mathcal{C}'\circ\mathcal{C}$ is $\gg 0$ essentially follow from the fact that the sum of two $\gg 0$ hermitian forms is still $\gg 0$; the real part of $\mathcal{C}'\circ\mathcal{C}$ is the graph of $\chi'\circ\chi$ (composition of the real parts of $\mathcal{C}'$ and $\mathcal{C}$); it follows that $A'\circ A$ is a Fourier integral operator associated with $\mathcal{C}'\circ\mathcal{C}$; and on the real part of $\mathcal{C}'\circ\mathcal{C}$ the symbol of $A'\circ A$ is elliptic because it is the product of the two elliptic symbols of A and A′. The assertion for A^* is obvious and left to the reader.

PROPOSITION 2.9. *Let* X, X′, Σ, Σ', χ *be as in definition 2.7. There exists a Fourier integral operator adapted to* χ.

Proof. Let us first suppose that X′ is the basis of Σ, $\Sigma' \subset T^*X'$ the symplectic cone corresponding to its contact structure, $\chi : \Sigma \to \Sigma'$ the canonical isomorphism. We may suppose that X is embedded in $\mathbf{R}^N$, so that X' is embedded in the cotangent sphere of R^N. Let ϕ be the phase function on $R_+ \times X \times X'$, restriction of the function $t(<x'-x,\xi> + i|x'-x|^2)$ on $R_+ \times R^N \times T^*R^N$ (where $x \in R^N$, $(x',\xi) \in T^*R^N$): then ϕ is $\gg 0$, and the real part of the canonical relation it defines is precisely χ. Choosing any elliptic symbol on $R_+ \times X \times X'$, for instance the symbol 1, we get a Fourier integral operator adapted to χ. Taking adjoints, we get another one adapted to χ^{-1}.

In the general case, let Y be the basis of Σ, and identify Y with the basis of Σ' by means of χ; let $\Sigma'' \subset T^*Y$ be the symplectic cone corresponding to the contact structure of Y. Then we have $\chi = \chi'' \circ \chi'$ where χ' is the canonical isomorphism $\Sigma \to \Sigma''$ and χ'' the inverse of the canonical isomorphism $\Sigma' \to \Sigma''$. We have just seen that there exist Fourier integral operators A' and A'' adapted to χ' and χ'', so $A'' \circ A'$ is adapted to $\chi'' \circ \chi'$ by Proposition 2.8.

(2.10) FOOTNOTE. We give here a short proof of (2.5): first let Λ be a smooth $\gg 0$ Lagrangian subcone of T^*X, and (x,ξ) a real point of Λ. We may choose local coordinates $x_1, \cdots, x_n$ near x such that Λ is defined by the equations $u_j = x_j + \dfrac{\partial U}{\partial \xi_j} = 0$, where $U(\xi)$ is some smooth function of ξ alone. Since Λ is $\gg 0$, the hermitian matrix $\frac{1}{i}\{u_p, \bar{u}_q\} = 2\,\mathrm{Im}\, \dfrac{\partial^2 U}{\partial \xi_p \partial \xi_q}$ is positive of rank k (codim $\Lambda_R = n+k$). It follows immediately that $\mathrm{Im}\, U$ vanishes on a smooth manifold S of codimension k, and that near S it is ≥ 0 and transversally elliptic. Now if we set $\phi(x,\xi) = x \cdot \xi + U(\xi) + i\varepsilon \Sigma u_j^2$, the Lagrangian cone defined by ϕ is precisely Λ, and ϕ is $\gg 0$ (near $X \times S$) if ε is > 0 and small enough.

Conversely let $\phi(x,\theta)$ be a $\gg 0$ phase function on $X \times R^N$. We may again choose local coordinates $x_1, \cdots, x_n$ on X so that the $\xi_j = \dfrac{\partial \phi}{\partial x_j}$, $\mu_j = \dfrac{\partial \phi}{\partial \theta_j}$ form a local system of complex coordinates on $X \times R^N$, i.e. the matrix

$$A = \begin{pmatrix} \frac{\partial \xi_j}{\partial x_k} & \frac{\partial \xi_j}{\partial \theta_k} \\ \frac{\partial \mu_j}{\partial x_k} & \frac{\partial \mu_j}{\partial \theta_k} \end{pmatrix} = \begin{pmatrix} \frac{\partial^2 \phi}{\partial x_j \partial x_k} & \frac{\partial^2 \phi}{\partial x_j \partial \theta_k} \\ \frac{\partial^2 \phi}{\partial x_k \partial \theta_j} & \frac{\partial^2 \phi}{\partial \theta_j \partial \theta_k} \end{pmatrix}$$

is invertible. Since ϕ is $>> 0$, Im A is positive, of rank $N+k =$ codim C_R at any point of the manifold C_R of real critical points of ϕ (with respect to θ). It follows that the same is true of $-A^{-1}$, so that the matrix $-\left(\frac{\partial x_p}{\partial \xi_q}\right)$, which is a square $n \times n$ matrix extracted from $-A^{-1}$ has its imaginary part positive, of rank $\geq k$. Now the critical (almost complex) manifold C is defined by the equations $\mu_1 = \cdots = \mu_N = 0$, so the ξ_j form a local system of complex coordinates on C, and there exist smooth functions $U_j(\xi)$ such that the $u_j = x_j + U_j(\xi)$ vanish on C. Then Λ is also defined by the equations $u_j(x, \xi) = 0$, and since it is Lagrangian, the functions $\frac{\partial U_j}{\partial \xi_k} - \frac{\partial U_k}{\partial \xi_j}$ vanish on Λ (or on C); so we can further replace U_j by $\frac{\partial U}{\partial \xi_j}$, with $U = \Sigma \xi_j U_j$. Now we have $\frac{1}{i}\{u_p, \overline{u}_q\} =$
$2 \operatorname{Im}\left(\frac{\partial^2 U}{\partial \xi_p \partial \xi_q}\right) = 2 \operatorname{Im}\left(\frac{\partial u_p}{\partial \xi_q}\right) = -2 \operatorname{Im}\left(\frac{\partial x_p}{\partial \xi_q}\right)$, and this is, as we have noticed above, positive of rank $\geq k$, so it follows that Λ is $>> 0$.

(2.11) Let A be a Fourier integral operator adapted to χ as in definition 2.7. Then using local representations of A by oscillating integrals with $>> 0$ phase functions, and the material of §3, §4, and §10, we see that A is a Hermite operator whose symbol at any point of the graph of χ can be interpreted as a linear operator between Schwartz spaces of rapidly decreasing functions of the form

$$f(v) \mapsto g(u) = \lambda \int e^{-q(u,v)} f(v)\, dv$$

with λ a constant and $q(u, v)$ a quadratic form with $>> 0$ real part.

In particular if $X = X'$, $\Sigma = \Sigma'$, $\chi = \mathrm{Id}_\Sigma$, and the symbol $\sigma(A)$ is a projector, it is necessarily of rank 1 (q is necessarily of the form $q_1(u) + q_2(v)$).

A.3. *Toeplitz structures*

Let X be a smooth compact manifold, $\Sigma \subset T^*X - 0$ a smooth symplectic subcone, of dimension $2n$. As usual $L^2(X)$ denotes the Hilbert space of half densities on X, and we will eventually identify it with a space of functions on X.

DEFINITION 3.1. *A Toeplitz structure associated with* Σ *is a closed subspace* $\mathcal{O}^o \subset L^2(X)$ *such that the orthogonal projector* $S: L^2(X) \to \mathcal{O}^o$ *is a Fourier integral operator adapted to* Id_Σ.

Let us make the following remarks:

(3.2) The projector S is necessarily of degree 0, so it is continuous on the Sobolev space $H^s(X)$ for any real number s. We will denote by $\mathcal{O}^s$ the image $S(H^s(X))$, and $\mathcal{O}^\infty = \cap \mathcal{O}^s = \mathcal{O}^o \cap C^\infty$.

(3.3) S is usually not a local operator. However since the graph of Id_Σ is contained in the graph of Id_{T^*X}, S is microlocal, i.e. it diminishes microsupports. If we neglect smooth functions and go to microfunctions, S defines a subsheaf of the sheaf of microfunctions, which we will usually denote by $\mathbf{\mathcal{O}}$.

(3.4) *Microlocal structure.* Here we will neglect smooth functions and work with microfunctions. Fourier integral operators need only be defined locally on the cotangent bundle.

Locally there exists an isomorphism of symplectic cones χ from T^*R^n to Σ (χ is an isomorphism of an open subcone of T^*R^n onto an open conic neighborhood in Σ of an arbitrarily given point of Σ). Let B be a Fourier integral operator adapted to χ, and $A \sim S_0 B$: A is also adapted to χ and we have $S_0 A \sim A$ (where $\sim$ means that the two operators coincide on microfunctions). Then $A^*{}_{\mathrm{o}}A$ is adapted to $\mathrm{Id}_{T^*\mathbf{R}^n}$, i.e. it is an elliptic (positive) pseudodifferential operator. Now let us set

$$H \sim A\circ(A^*A)^{-1/2}.$$

Then we have

$$H^*\circ H \sim \mathrm{Id}, \quad H\circ H^* \sim S.$$

The first equality follows immediately from the definition of H and implies $HH^* \sim (HH^*)^* \sim (HH^*)^2$. For the second we first notice that we have $S\circ A \sim A$, hence $S\circ H \sim H$ and $S\circ HH^* \sim HH^*$. Now S and HH^* are both adapted to Id_Σ, of degree 0. So they are also Hermite operators with respect to Σ, whose symbols are projectors hence of rank 1 (cf. (2.11)). Since S and HH^* are both orthogonal and $S\circ HH^* \sim HH^*$, their symbols are equal, and $\sigma \sim S-HH^*$ is an orthogonal projector of degree $\leq -\frac{1}{2}$ as a Hermite operator. Finally we have $\sigma \sim \sigma^m$ for any integer m, so σ is of degree $-\infty$ and $S \sim HH^*$.

(3.5) Let X, Σ, $\mathcal{C}$ be as in definition 3.1. Let Λ be a strictly positive pseudodifferential operator on X, and let H_Λ be the Hilbert space $\Lambda^{-1/2}(L^2(X))$, with scalar product $(f|g)_\Lambda = (\Lambda f|g)$ (in fact we have $H_\Lambda = H^s(X)$ with $s = \frac{1}{2}\deg\Lambda$, but we have specified the norm). Let S_Λ be the orthonormal projector on $\mathcal{C}^s = S(H_\Lambda)$ in H_Λ. Then again S_Λ is a Fourier integral operator adapted to Id_Σ. Indeed this is a microlocal property, so let us take again the notations of (3.4) and set $\Lambda' \sim H^*\Lambda H$: this is a self-adjoint positive elliptic pseudodifferential operator on $\mathbf{R}^n$, and we have (microlocally) $S_\Lambda \sim H\Lambda'^{-1}H^*\Lambda$, and our assertion follows. (In the discussion above, s may be any real number but we require Λ to be regular.) It follows that the fact that the orthogonal projector on $\mathcal{C}^o$ is a Fourier integral operator adapted to Id_Σ does not depend on the choice of the L^2 norm; in particular for a subspace of functions it does not depend on the identification with a subspace of half-densities (i.e. on the choice of one >0 density). One may further extend the definition to a subspace of sections of a smooth complex vector bundle.

EXERCISE. Let $\mathcal{O}^o$ be a subspace of $L^2(X)$ such that there exists a projector S' (not necessarily orthogonal) onto $\mathcal{O}^o$ which is a Fourier integral operator adapted to Id_Σ. Then $\mathcal{O}^o$ defines a Toeplitz structure associated with Σ (i.e. the orthogonal projector onto $\mathcal{O}^o$ is also adapted to Id_Σ).

(3.6) Let X, Σ, $\mathcal{O}$ be as in definition 3.1. A Toeplitz operator of degree m is an operator $\mathcal{O}^s \to \mathcal{O}^{s-m}$ of the form $u \mapsto T_Q u = S(Qu)$ where Q is a pseudodifferential operator of degree m on X. The Toeplitz operators form an algebra (the Toeplitz algebra) which is microlocally isomorphic to the algebra of pseudodifferential operators of n real variables and gives rise to a symbolic calculus which lives on Σ. This follows immediately from the microlocal analysis of (3.4), with the same arguments as in [2]: microlocally the map $T_Q \mapsto H^*QH$ is an isomorphism of the Toeplitz algebra on the algebra of pseudodifferential operators on R^n. We have

$$\sigma(T_Q) = \sigma(Q)|_\Sigma .$$

$\sigma_m(T_Q) = 0$ means that T_Q is really of degree $\leq m-1$, i.e. $T_Q = T_{Q'}$ with Q' of degree $\leq m-1$

$$\sigma(T_Q \circ T_{Q'}) = \sigma(T_Q)\sigma(T_{Q'})$$

$$\sigma([T_Q, T_{Q'}]) = -i\{\sigma(T_Q), \sigma(T_{Q'})\}_\Sigma$$

where $\{\ \}_\Sigma$ is the Poisson bracket on Σ.

A Toeplitz operator T_Q of degree m is elliptic if its symbol is invertible. If this is so T_Q has a parametrix $T_{Q'}$ which is a Toeplitz operator of degree $-m$, i.e. we have $T_Q T_{Q'} \sim T_{Q'} T_Q \sim \mathrm{Id}$, $\sim$ meaning that the difference is of degree $-\infty$.

Similarly one defines an elliptic system (matrix) of Toeplitz operators: the symbol is an invertible square matrix. Such a system has an index, which is again given by the formula of Theorem 1 of [2] and is proved in the same manner (cf. A.6). (One may further extend these definitions to operators on sections of vector bundles, but there is no index formula in this context because of an ambiguity on the definition of $\mathcal{O}$.)

(3.7) Let X, Σ, $\mathcal{O}$ be as in definition 3.1, and let A be any Fourier integral operator on X whose canonical relation induces the identity map on Σ. Then the operator $T_A : \mathcal{O}^s \to \mathcal{O}^{s-m}$ ($m = \deg A$) is a Toeplitz operator. This follows from the microlocal analysis of (3.4): with the notations of (3.4), H^*T_AH is (microlocally) a pseudodifferential operator on R^N, so there exists a Toeplitz operator T_Q such that $H^*T_QH \sim H^*T_AH$ hence $T_Q \sim T_A$. Pasting together one gets globally a pseudodifferential operator Q such that $T_Q \sim T_A$, i.e. $T_Q - T_A$ sends $\mathcal{O}^s$ into $\mathcal{O}^\infty$ for any s. Now if R is any operator such that $R(\mathcal{O}^s) \subset \mathcal{O}^\infty$ for all s, R is a Toeplitz operator of degree $-\infty$ (we have $R = T_Q$ where Q is the operator on distributions of X defined by $Qu = R(Su)$; Q is smoothing, so it is a pseudodifferential operator of degree $-\infty$).

(3.8) Let X, Σ, $\mathcal{O}$, X', Σ', $\mathcal{O}'$ be as in definition 3.1, $\chi : \Sigma \to \Sigma'$ an isomorphism of symplectic cones and B a Fourier integral operator adapted to χ. Then $A = S'B$ is also adapted to χ and it follows from (3.7) that SA^*A induces an elliptic Toeplitz operator (of degree $2m$, $m = \deg A$). The operator $u \mapsto Au$ from $\mathcal{O}^s$ to $\mathcal{O}'^{s-m}$ is then elliptic; it has a parametrix, which is induced by a Fourier integral operator of degree $-m$ adapted to χ^{-1}, and has an index.

It follows that, up to an elliptic quasi-isomorphism, the Toeplitz space $\mathcal{O}$ and the Toeplitz algebra only depend on Σ and not on the embedding of Σ in T^*X.

(3.9) We now look more specially at the case where X is an oriented compact contact manifold, Σ the symplectic cone defining the contact structure. In this case we will also say that a Toeplitz structure associated with Σ is a *quantized contact structure* on X.

Let X, X' be two quantized contact manifolds, S and S' the corresponding projectors, and $\chi : X \to X'$ an oriented contact isomorphism; we will still denote by χ the extension $\Sigma \to \Sigma'$ to the symplectic cones defining the contact structures. Let P be a pseudodifferential operator on X, of degree m, and let $A : \mathcal{O}^s \to \mathcal{O}'^{s-m}$ be defined by $Au = S'(Pu_o\chi^{-1})$; it is induced by a Fourier integral operator adapted to χ; A is elliptic and admits a parametrix of degree $-m$ if P is elliptic on Σ. If B is a parametrix and T_Q Toeplitz operator on X, AT_QB is a Toeplitz operator on X′ with symbol $\sigma(T_Q)_o\chi^{-1}$. Operators such as A play in our context the same role as Fourier integral operators associated with real symplectic isomorphisms.

(3.10) Let X be the boundary of a strictly pseudo-convex bounded complex domain, Σ the symplectic cone defining its canonical oriented contact structure. Then the Szegö projector is a Fourier integral operator adapted to Id_Σ (cf. [4]), so X is canonically equipped with a quantized contact structure; the corresponding subspace is the space of boundary values of holomorphic functions. The Toeplitz operators defined in [2] are the Toeplitz operators in the sense above.

A.4. *Existence of Toeplitz structures*

Let X be a C^∞ compact manifold, $\Sigma \subset T^*X - 0$ a smooth symplectic subcone of the cotangent bundle of X (minus the zero section). In this section we prove the following result:

THEOREM 4.1. *There exists a Toeplitz structure associated with* Σ.

In particular if X is a compact oriented contact manifold, there exists a quantized contact structure on X. We will prove further:

THEOREM 4.2. *Let* X *be a compact oriented contact manifold,* G *a compact group of contact transformations of* X. *There exists a* G*-invariant quantized contact structure on* X.

We will prove these results in three steps. The first step is to construct globally the canonical relation associated with the projector S; it is based on Lemma 4.4 which we prove at the end of this section (cf. also [8]). First we need a definition.

DEFINITION 4.3. *Let* Y *be a smooth symplectic manifold,* $\Sigma \subset Y$ *a symplectic submanifold. We say that an ideal* $I \subset C^\infty(Y, \mathbf{C})$ *is* $\gg 0$ *relative to* Σ *if*

(i) I *is stable by Poisson bracket, and* Σ *is the set of common real zeros of functions* $f \in I$.

(ii) *Locally* I *is generated by* d *functions* $\zeta_1, \cdots, \zeta_d$ *(where* $d = \frac{1}{2}\operatorname{codim}\Sigma$*) such that the hermitian matrix* $\frac{1}{i}\{\zeta_p, \overline{\zeta}_q\}$ *is* $\gg 0$ *on* Σ.

LEMMA 4.4. *Let* Y *be a smooth symplectic manifold,* $\Sigma \subset Y$ *a symplectic submanifold, and* q *a real* C^∞ *function such that* $q = 0$ *on* Σ, $q > 0$ *outside of* Σ, *and* q *is transversally elliptic along* Σ *(i.e. the transversal hessian is non-degenerate). Then there exists a unique ideal* $I \gg 0$ *such that* $q \in I$.

EXAMPLE. Let X be the boundary of a strictly pseudo-convex complex domain, $\Sigma \subset T^*X - 0$ the symplectic half-line bundle attached to it (A.1), Y an open conic neighborhood of Σ in T^*X excluding $-\Sigma$, $q = q(x, \xi) = \Sigma|\langle \Xi_j(x), \xi\rangle|^2$ where the Ξ_j are antiholomorphic vector fields tangent to X such that any antiholomorphic vector field tangent to X is a linear combination of the Ξ_j (with C^∞ coefficients). Then I is the ideal generated by the functions $(x, \xi) \mapsto \langle \Xi_j(x), \xi\rangle$ (i.e. by the symbols of all antiholomorphic vector fields tangent to X).

LEMMA 4.5. *Let* Y, Σ, I *be as in Lemma 4.4, and let* V *be the almost complex manifold defined by* I. *There exists a unique almost complex* $\gg 0$ *canonical relation* $\mathcal{C}$ *in* $Y \times Y$ *such that*

$$\operatorname{diag}\Sigma \subset \mathcal{C} \subset V \times \overline{V}.$$

Proof. Since I is stable by Poisson brackets, V is involutive and its hamiltonian flow is well defined. $\mathcal{C}$ is then precisely the hamiltonian flow-out of $V \times \overline{V}$ from diag Σ (one checks immediately that this is a $>> 0$ canonical relation).

In the example above, $\mathcal{C}$ is the canonical relation corresponding to the Szegö projector (cf. [4]). Here is another example.

Let $Y = T^*R^{p+q} \supset \Sigma = T^*R^p$, where we denote the variables by (x, y, ξ, η); Σ is defined by $y = \eta = 0$. Let $q = \eta^2 + |\xi|^2 y^2$ (where we have set $y^2 = \Sigma y_j^2$). Then I is the ideal generated by the functions $\eta_j - i|\xi| y_j$, and $\mathcal{C}$ is the canonical relation corresponding to the phase function $<x-x', \xi> + \frac{1}{2} i|\xi|(y^2 + y'^2)$; its equations are $x-x' + \frac{1}{2} i(y^2 + y'^2) \xi/|\xi| = 0$, $\eta = i|\xi| y$, $\eta' = -i|\xi| y'$. It follows from [1], §10 that the situation of Lemma 4.5 is always locally isomorphic to that of the example above, with $\dim Y = 2p+2q$, $\operatorname{codim} \Sigma = 2q$, which yields another proof of Lemma 4.5.

COROLLARY 4.6. *With the notations above we have* $\mathcal{C} \circ \mathcal{C} = \mathcal{C}^* = \mathcal{C}$.

Indeed this is true for the canonical relation of the Szegö projector, and also in the second example above, which is locally universal (it is also easy to verify it directly).

Let us now complete step one. We apply Lemma 4.4 and 4.5 with $Y = T^*X - 0$, Σ the given symplectic cone, and q homogeneous, ≥ 0 and transversally elliptic as in Lemma 4.4 (such a function always exists). Then because of the uniqueness, I and $\mathcal{C}$ are homogeneous. If there is a compact group G acting, we choose q G-invariant (this is possible, replacing q by its mean over G if need be). Then again I and $\mathcal{C}$ are G-invariant. We will construct S as a Fourier integral operator associated with $\mathcal{C}$.

Step 2. Let us denote by $\mathcal{L}^o_{\mathcal{C}}$ the set of Fourier integral operators of degree 0 associated with $\mathcal{C}$. If $A, B \in \mathcal{L}^o_{\mathcal{C}}$, it follows from Corollary 4.6 that $A_o B \in \mathcal{L}^o_{\mathcal{C}}$ and $A^* \in \mathcal{L}^o_{\mathcal{C}}$. Further since $\mathcal{C}$ induces the identity map on diag Σ, the restrictions to diag Σ of elements of $\mathcal{L}^o_{\mathcal{C}}$ are canonically identified with functions on diag Σ, and we have $\sigma(A_o B) =$

$\sigma(A)\sigma(B)$, $\sigma(A^*) = \overline{\sigma(A)}$ on diag Σ. We now choose A such that $\sigma(A) = 1$ on diag Σ, and $A = A^*$ (replacing it by $\frac{1}{2}(A+A^*)$ if need be). Since the symbol of A is elliptic on diag Σ, A is adapted to Id_Σ (in the sense of definition 2.7).

Step 3. Let A be as in step 2. Since the symbol of $A^2 - A$ vanishes on diag Σ, $A^2 - A$ is of degree $\leq -\frac{1}{2}$ as a Hermite operator, so it is a compact operator on $L^2(X)$. It follows that the spectrum of A consists of a sequence of real points, with 0 and 1 as only accumulation points. Let now F be an analytic function in a neighborhood of the spectrum of A such that F takes only the values 0 or 1 ($F^2 = F$), F is real (i.e. $\overline{F}(\overline{z}) = F(z)$), and F is equal to 0 near $z = 0$ and to 1 near $z = 1$. Then clearly $S = F(A)$ is an orthogonal Fourier integral projector adapted to Id_Σ, and it defines a Toeplitz structure as required.

For Theorem 2, we may suppose A G-invariant (replacing it if need be by a mean over G, which will preserve the fact that $A = A^*$ and $\sigma(A) = 1$ on diag Σ). Then $S = F(A)$ is also G-invariant.

We end this section with a proof of Lemma 4.4 (which is also proved by Sjostrand and Menikoff in [8]). Let us first notice that the condition $I \gg 0$ implies that I is completely determined by its Taylor expansion along Σ, i.e. a function vanishing of infinite order on Σ belongs to I. Also, because of the uniqueness, the result is local and we may restrict ourselves to arbitrarily small neighborhoods of points of Σ (the resulting ideals will paste back together).

We will prove by induction that I is uniquely determined mod. I_Σ^N for all N, I_Σ denoting the ideal of functions which vanish on Σ; this gives a construction of I by successive approximations and proves the uniqueness.

For $N = 2$ we use the following result, which is also used in [1] and [9]:

LEMMA 4.7. *Let* E *be a real symplectic vector space of dimension* 2d, σ *its symplectic form,* $\{\ \}$ *the dual form on the dual* E^*, Q *a* $\gg 0$

quadratic form on E. *There exist complex linear forms* $z_1, \cdots, z_d$ *on* E, *unique up to linear combinations, such that* $\{z_p, z_q\} = 0$, $\frac{1}{i}\{z_p, \bar{z}_q\}$ *is hermitian* $\gg 0$, $Q = \Sigma \lambda_{pq} z_p \bar{z}_q$ *for some positive hermitian matrix* (λ_{pq}).

The subspace $\Lambda \subset \mathbf{C} \otimes E^*$ spanned by the z_j is the unique $\gg 0$ Lagrangian subspace which is isotropic for Q^{-1}. If we write the polar form of Q $Q(u,v) = \sigma(Au, v)$ with $A \in L(E)$, A is antisymmetric (both for σ and Q) so its eigenvalues go by pure imaginary opposite pairs. The orthogonal $\Lambda^{\perp} \subset \mathbf{C} \otimes E$ is spanned by the eigenvectors of A corresponding to eigenvalues with positive imaginary part. It depends smoothly on Q and σ so the construction still works for smooth vector bundles.

In our situation, the subspace spanned by the $df(x)$, $f \in I$, $x \in \Sigma$ is uniquely determined: it is the subspace Λ given by Lemma 4.7, with $E = T_x X / T_x \Sigma$, Q the quadratic form induced by the hessian of q. It follows that I is uniquely determined mod. I_Σ^2.

Suppose now that we have determined I mod. I_Σ^N. Then I is generated mod. I_Σ^N by d functions $\zeta_1, \cdots, \zeta_d$ such that the matrix $-i\{\zeta_p, \bar{\zeta}_q\}$ is hermitian $\gg 0$ on Σ. Replacing the ζ_j by suitable linear combinations with C^∞ coefficients we may even suppose

$$-i\{\zeta_p, \bar{\zeta}_q\} = \delta_{pq} \text{ (the Kronecker symbol) on } \Sigma .$$

The condition on I means that we have

$(i)_N$ $\{\zeta_p, \zeta_q\}$ is a linear combination of the ζ_j mod. I_Σ^{N-1}.

In other words we have

$$\{\zeta_p, \zeta_q\} = \sum_{|\alpha|=N-1} \mu_{pq}^{\alpha} \bar{\zeta}^{\alpha} + \text{combination of the } \zeta_j .$$

$(ii)_N$ q is a linear combination of the ζ_j mod. I_Σ^{N+1}.

In other words we have

$$q = \Sigma v_j \zeta_j + \sum_{|\alpha|=N+1} q^{\alpha} \bar{\zeta}^{\alpha} .$$

Since q is real and its transversal hessian non-degenerate, we have $v_j = \Sigma \lambda_{jk} \bar{\zeta}_k$ mod. I_Σ^2 for some hermitian matrix $(\lambda_{jk}) >> 0$ on Σ.

We will now look for new functions $\zeta'_j = \zeta_j + \sum_{|a|=N} \omega_j^a \bar{\zeta}^a$ improving N into N+1. It will be convenient to introduce the following polynomial forms and vector fields in the formal variables $Z_1, \cdots, Z_d$, whose coefficients are smooth functions on Σ:

$$\begin{aligned}
\mu &= \Sigma \mu_{pq}^a Z^a dZ_p \wedge dZ_q \\
\omega &= \Sigma \omega_j^a Z^a dZ_j \\
\phi &= \Sigma q^a Z^a \\
V &= \Sigma \lambda_{jk} Z_k \partial/\partial Z_j .
\end{aligned}$$

We have, with $r_j = \sum_a \omega_j^a \bar{\zeta}^a$

$$\{\zeta'_p, \zeta'_q\} = \{\zeta_p, \zeta_q\} + \{\zeta_p, r_q\} - \{\zeta_q, r_p\} + \{r_p, r_q\} + \text{combination of the } \zeta_j .$$

Now $\zeta_j - \zeta'_j \in I_\Sigma^N$, so being a combination of the ζ_j or the ζ'_j mod. I_Σ^N is the same thing. We also have $\{r_p, r_q\} \in I^{2N-2} \subset I^N$ since $N \geq 2$, and since $\{\zeta_p, \bar{\zeta}_q\} = i\delta_{pq}$ on Σ, $\{\zeta_p, a\bar{\zeta}^a\} = i a \dfrac{\partial \bar{\zeta}^a}{\partial \bar{\zeta}_p}$ mod. I_Σ^N if $|a| = N$. Thus the condition $(i)_{N+1}$ for the ζ'_j is

$$\Sigma \mu_{pq}^a \bar{\zeta}^a + i \Sigma \omega_q^a \frac{\partial \bar{\zeta}^a}{\partial \bar{\zeta}_q} - i \Sigma \omega_p^a \frac{\partial \bar{\zeta}^a}{\partial \bar{\zeta}_q} \in I_\Sigma^N$$

or equivalently

(a) $\mu + i\, d\omega = 0$.

We next have $q = \Sigma v_j \zeta_j - \Sigma v_j r_j + \Sigma q^a \bar{\zeta}^a$, and since $v_j = \Sigma \lambda_{jk} \bar{\zeta}_k$ mod. I_Σ^2, the condition $(ii)_{N+1}$ for the ζ'_j is $\Sigma v_j r_j = \Sigma q^a \bar{\zeta}^a$ mod. I_Σ^{N+2} or equivalently

(b) $V \llcorner \omega = \phi$.

Now it follows from the Jacobi identity for Poisson brackets that we have $d\mu = 0$, so equation (a) has a solution. We are thus reduced to solve $d\omega = 0$, $V \llcorner \omega = \phi'$ (with ϕ' a homogeneous polynomial of degree N+1 of Z as ϕ). This is equivalent to $\omega = d\psi$, $V(\psi) = \Sigma \lambda_{jk} Z_k \partial\psi/\partial Z_j = \phi'$, with ψ a homogeneous polynomial of degree N+2 in Z. This finally has a unique solution because (λ_{jk}) is hermitian $\gg 0$ (V acts on the space on homogeneous polynomials of degree N+2 as a differential operator, and its eigenvalues are the numbers $\alpha_1\lambda_1 + \cdots + \alpha_d\lambda_d$ with $|\alpha| = N+2$, $\lambda_1, \cdots, \lambda_d$ being the eigenvalues of (λ_{jk}): these are all > 0).

Thus I is uniquely determined mod. I^{N+1}, and by induction this ends the proof.

EXERCISE. If in Lemma 4.4 the data is analytic (i.e. Y a real analytic symplectic manifold, Σ an analytic symplectic submanifold, q a real analytic function), then the solution is analytic.

A.5. *Resolutions*

Let X be a smooth compact manifold, $\Sigma \subset T^*X - 0$ a symplectic subcone, $\mathcal{O}^o \subset L^2(X)$ defining a Toeplitz structure (definition 2.7), S the corresponding orthogonal projector. The purpose of this section is to describe the regular pseudodifferential equations satisfied by functions $f \in \mathcal{O}^o$, and the relations between these. When X is a contact manifold, Σ its symplectic cone, we will construct a complex $\overline{D}$ of first order pseudodifferential operators which will play for $\mathcal{O}^o$ the same role as $\bar{\partial}_b$ for boundary values of holomorphic functions.

We denote by $\mathfrak{D}$ the algebra of regular pseudodifferential operators on X, and $\mathfrak{J} \subset \mathfrak{D}$ the ideal of pseudodifferential operators P such that $P\mathcal{O}^o = 0$ (or equivalently $P_oS = 0$). $\mathfrak{D}$ is a filtered algebra, and the corresponding graded algebra is canonically isomorphic with the graded algebra $\mathfrak{A}$ of smooth homogeneous functions on $T^*X - 0$, via the symbol map. The symbol $I = \sigma(\mathfrak{J})$ is the graded ideal corresponding to $\mathfrak{J}$; it is generated by the symbols $\sigma(P)$, $P \in \mathfrak{J}$ in $\mathfrak{A}$, and it is stable by Poisson brackets.

PROPOSITION 5.1. *The ideal* $I = \sigma(\mathfrak{J})$ *of symbols of pseudodifferential operators* P *such that* $PS = 0$ *is* $\gg 0$ *relative to* Σ *(definition 4.3).*

Let us first notice that if P is a regular pseudodifferential operator such that PS is of degree $-\infty$ $(PS \sim 0)$, then PS is a regular pseudodifferential operator and we have $P \sim P - PS$, $(P-PS)S = 0$. Thus I is also the symbol of the ideal of pseudodifferential operators P such that $PS \sim 0$, so we may microlocalize. We will denote by $\mathfrak{D}$ the sheaf (on T^*X-0) of pseudodifferential operators mod. operators of degree $-\infty$, operating on the sheaf of microfunctions, and $\mathfrak{J}$ the sheaf of ideals of operators P such that $PS \sim 0$. Now we have seen (3.4) that there exists microlocally near any point of Σ a local homogeneous isomorphism $\chi : T^*\mathbf{R}^n \to \Sigma$ and a Fourier integral operator H adapted to χ such that $S \sim HH^*$. Let $\mathcal{C}'$ be the almost complex canonical relation of H (so the canonical relation of S is $\mathcal{C}' \circ \mathcal{C}'^*$), and $\mathcal{L}^m_{\mathcal{C}'}$ the set of Fourier integral operators of degree m belonging to $\mathcal{C}'$.

LEMMA 5.2. *Let* E, F *be two real symplectic vector spaces,* $\Lambda \subset \mathbf{C} \otimes E \times F$ *a Lagrangian subspace such that the first projection* $\operatorname{Re} \Lambda \to E$ *is bijective. Then the second projection* $\Lambda \to \mathbf{C} \otimes F$ *is injective, and the real part of its image is the second projection of* $\operatorname{Re} \Lambda$.

The hypothesis means that $\operatorname{Re} \Lambda$ is the graph of a real linear map $u : E \to F$. Since Λ is Lagrangian, u is symplectic up to a sign $(\sigma(ux, uy) = -\sigma(x, y))$, so it is injective and its range is a symplectic real subspace of F. Let E' be the range of u, G its orthogonal supplement so that F is identified with $E' \times G$. Then Λ is the set of vectors of the form (x, ux, y) for $x \in \mathbf{C} \otimes E$ and $y \in \Lambda'$, with Λ' a Lagrangian subspace of $\mathbf{C} \otimes G$. Since u is injective, the second projection $\mathrm{pr}_2 : \Lambda \to \mathbf{C} \otimes F$ is injective; and since $\operatorname{Re} \Lambda$ is the graph of u, we have $\operatorname{Re} \Lambda' = 0$; in particular $\mathrm{pr}_2 \Lambda$ is transversal to its conjugate.

COROLLARY 5.3. *The second projection is an immersion of* $\mathcal{C}'$ *into* T^*X. *The image* $\mathrm{pr}_2(\mathcal{C}')$ *is an almost complex submanifold of* T^*X, *transversal to its conjugate, whose set of real points is* Σ.

This follows from Lemma 5.2, with $E = -T(T^*R^n)$, $F = T(T^*X)$, Λ the tangent space of $\mathcal{C}'$.

COROLLARY 5.4. *Let* I' *be the ideal of smooth functions* f *on* T^*X *such that* $f \circ \mathcal{C}' = 0$ *(i.e.* f *vanishes on* $pr_2(\mathcal{C}')$ *). Then* I' *is* $>> 0$ *relative to* Σ.

Proof. Let $\zeta_1 = \cdots = \zeta_d = 0$ be the equations of $pr_2(\mathcal{C}')$ $(d = \frac{1}{2}\operatorname{codim}\Sigma = \operatorname{codim} pr_2 \mathcal{C}')$. Then the matrix $-i\{\zeta_p, \overline{\zeta}_q\}$ is nondegenerate because $pr_2(\mathcal{C}')$ meets its conjugate transversally along Σ and Σ is symplectic. It is positive because $\mathcal{C}'$ is $>> 0$.

COROLLARY 5.5. *Any smooth function* a *on* $\mathcal{C}'$ *is of the form* $p \circ pr_2$ *for some smooth function* p *on* T^*X.

This follows from the fact that $pr_2 : \mathcal{C}' \to T^*X$ is an immersion.

COROLLARY 5.6. *For any operator* $A \in \mathcal{L}^m_{\mathcal{C}'}$, *there exists a pseudodifferential operator* P *of degree* m *such that* $A \sim PH$.

Proof. Since H is elliptic of degree 0 there exists a smooth homogeneous function a of degree m on $\mathcal{C}'$ such that $\sigma(A) = a\,\sigma(H)$. It follows from Corollary 5.4 that there exists a pseudodifferential operator P of degree m on X such that $\sigma(A) = \sigma(PH)$, i.e. $A - PH$ is of degree $\leq m-1$ (as a Fourier integral operator). By successive approximations we may then improve so as to have $A \sim PH$.

We may now prove Proposition 5.1. Let first $P \in \mathfrak{J}$. Then $PH \sim 0$, so $\sigma(P) \in \mathbf{I}'$, and (locally) $\mathbf{I} \subset \mathbf{I}'$ ($\mathbf{I}$ and $\mathbf{I}'$ denote the sheafs generated by I and I', and for short we have written $\in$ instead of "is a section of"). Conversely let $q \in \mathbf{I}'$, and let Q be a pseudodifferential operator with symbol q, $m = \deg Q$ (Q is only microlocally defined). Then $\sigma_m(QH) = 0$ so QH is of degree $\leq m-1$ and there exists Q' of degree $\leq m-1$ with $QH \sim Q'H$. We then have $(Q-Q')H \sim 0$, i.e. $Q - Q' \in \mathfrak{J}$, and $\sigma(Q-Q') = \sigma(Q) = q$. It follows that we have $\mathbf{I} = \mathbf{I}'$, and Proposition 5.1 follows from Corollary 5.4.

From now on we suppose that X is an oriented contact manifold, Σ its symplectic half-line bundle, and that we are given a compact group G of contact transformations of X which leave invariant the given Toeplitz structure. Let $L \subset T^*X$ be the line bundle generated by Σ $(L = \Sigma \cup (-\Sigma) \cup$ the zero section of T^*X). T^*X/L is a real G-vector bundle on X whose pull back on Σ is canonically isomorphic with the normal tangent bundle of Σ $(T(T^*X)|\Sigma)/T\Sigma$.

We denote by V the G-complex vector bundle on X equal to T^*X/L equipped with the unique complex structure for which the differentials $d\zeta$, $\zeta \in I$, are $\mathbb{C}$-linear; this is well defined because Σ is a half-line bundle and I is generated by homogeneous functions; it is G-invariant because I is G-invariant. We let

$$(5.7) \qquad a_o : T^*X \to V$$

be the canonical linear projection; it is G-equivariant.

PROPOSITION 5.8. *There exists a smooth equivariant map* $a : T^*X - O \to V$, *homogeneous of degree* 1, *such that*

(i) a *is tangent to* a_o *along* Σ, $a \neq 0$ *outside of* Σ, *and* $a(-\xi) = -a(\xi)$.

(ii) *the components of* a *generate* I *near* Σ.

(ii) means that, locally, if $e_1, \cdots, e_{n-1}$ is a basis of V (with $\dim X = 2n-1$, so $n-1 = \frac{1}{2}\operatorname{codim}\Sigma$ = fiber dimension of V), we have $a = \Sigma\zeta_j e_j$ with $\zeta_j \in I$. This being so the differentials $d\zeta_j$ are linearly independent at all points of Σ because a is tangent to a_o, so the ζ_j generate I locally (they generate I mod. I^2). Then globally any function $f \in I$ is of the form $b.a$ for some smooth section b from T^*X to the pull-back of the dual V'.

We now prove Proposition 5.8. It follows from the definition of a_o that its components belong to I mod. functions vanishing of order 2 on Σ. So we may choose a smooth fiber map $r : T^*X - O \to V$, homogeneous of degree 1, vanishing of order 2 on Σ, so that the components of $a_0 + r$ belong to I (this is true locally hence globally by partition of the unity). We may also suppose $r(-\xi) = -r(\xi)$ and $|r| \leq \frac{1}{2}|a_0|$ for some G-invariant norm on V, since r vanishes of order 2 on Σ and its behavior away from Σ does not matter. Finally we may suppose r G-equivariant, replacing it if need be by its mean over G (this will not change the fact that the components of $a_0 + r$ belong to I since I is G-invariant and a_0 G-equivariant, nor the fact that r vanishes of order 2 on Σ, $r(-\xi) = -r(\xi)$, $|r| \leq \frac{1}{2}|a_0|$). Then $a = a_0 + r$ has the required properties.

THEOREM 5.9. *There exists a* G-*equivariant complex* $\bar{D}$ *of regular symmetric pseudodifferential operators*:

$$0 \longrightarrow C^\infty(X) \xrightarrow{\bar{D}_0} C^\infty(X,V) \xrightarrow{\bar{D}_1} C^\infty(X,\Lambda^2 V) \cdots \xrightarrow{\bar{D}_{n-2}} C^\infty(X,\Lambda^{n-1} V) \longrightarrow 0$$

such that

(i) $\bar{D}_0 S = 0$.

(ii) *The symbol* $\sigma(\bar{D})$ *is the exterior multiplication by* $a(\xi)$.

Complex means that we have $\bar{D}_j \bar{D}_{j-1} = 0$ $(j = 1, \cdots, n-1)$. Symmetric means that the $\bar{D}_j$ have the same symmetry as a differential operator: $\bar{D}_j \sim \tilde{\bar{D}}_j$ (cf. A.0).

It then follows from the analysis of [1], §8 and §9 that we have:

(5.10) $\bar{D}$ is subelliptic except in degree 0 and $n-1$. In particular its homology groups are of finite dimension, except in degree 0, $n-1$.

(5.11) $\mathcal{O}^0 \subset H^0(\bar{D}) = \operatorname{Ker} \bar{D}_0$, and $\operatorname{Ker} \bar{D}_0 / \mathcal{O}^0$ is finite dimensional.

(5.12) The range of $\bar{D}_{n-1}$ is closed; the orthogonal projector on its orthocomplement is a Fourier integral operator adapted to $\mathrm{Id}_{-\Sigma}$ (it is "carried" by $-\Sigma$); we will denote it by S_{n-1}.

(5.13) There exists a non-regular pseudodifferential operator E (or rather a sequence $E_j : C^\infty(X, \Lambda^j V) \to C^\infty(X, \Lambda^{j-1} V)$, $1 \le j \le n-1$) of degree $-\frac{1}{2}$ (in fact $E \in OPS_\Sigma^{-1,-1}$ with the notation of [1]) such that $E\overline{D} + \overline{D}E = Id - S - S_{n-1}$ –smooth projector of finite rank.

If $G = 1$, we may still improve $\overline{D}$ so that $\ker \overline{D}_o = \mathcal{O}$, and $H^j(\overline{D}) = 0$ for $1 \le j \le n-2$. However if G is infinite, this may be no longer possible.

The complex $\overline{D}$ is essentially the same thing as a projective resolution of the $\mathfrak{D}$-module $\mathfrak{D}/\mathfrak{T}$, hence the title of this section.

We will prove Theorem 5.9 in three steps. The first is to construct $\overline{D}_o$, the second to construct $\overline{D}$ mod. smoothing operators. Let $d = (d_o, \cdots, d_{n-2})$ be the symbol of $\overline{D} : d_j$ is the exterior multiplication by $a : \Lambda^j V \to \Lambda^{j+1} V$; it is equivariant.

Step 1. Let $\overline{D}'_o$ be any equivariant symmetric pseudodifferential operator from $C^\infty(X)$ to $C^\infty(X, V)$ such that $\sigma(\overline{D}'_o) = d_o$. Then $\overline{D}'_o S$ is of degree ≤ 0 as a Fourier integral operator, so there exists a pseudodifferential operator Q of degree ≤ 0 such that $\overline{D}'_o S \sim QS$ (this is true locally by Corollary 5.6 hence globally by a pseudodifferential partition of the unity). We may suppose Q symmetric since the microsupport of S is Σ so the behavior of Q away from Σ is irrelevant. Since $\overline{D}'_o S$ is equivariant, we may further suppose Q equivariant (replacing it if need be by its mean over G). We then set $\overline{D}_o = (\overline{D}'_o - Q)(Id - S) = \overline{D}'_o - Q - (\overline{D}'_o - Q)S$: this is a regular symmetric equivariant pseudodifferential operator, as $\overline{D}'_o$, Q, and $(\overline{D}'_o - Q)S \sim 0$; its symbol is d_o since Q and $(\overline{D}'_o - Q)S$ are of degree ≤ 0; and we have $\overline{D}_o S = 0$ since $(Id - S)S = 0$.

Step 2. We will construct recursively $\overline{D}'_j$, symmetric and equivariant, so that $\overline{D}'_o = \overline{D}_o$, $\sigma(\overline{D}'_j) = d_j$, $\overline{D}'_j \overline{D}'_{j-1} \sim 0$. We first construct $\overline{D}'_1$.

PROPOSITION 5.14. *Let* P *be any pseudodifferential operator of degree* m *such that* $PS \sim 0$. *There exists a pseudodifferential operator* Q *of degree* m–1 *such that* $P \sim \overline{D}_o Q$.

Proof. We have $\sigma(P) \in I$ so it follows from Proposition 5.8 that there exists a symbol q of degree $m-1$ such that $\sigma(P) = q \cdot d_o$. Then if $\sigma(Q) = q$ we still have $(P-Q\bar{D}_o)S \sim 0$, and $P-Q\bar{D}_o$ is of degree $\leq m-1$. By successive approximations we may improve Q to get $P \sim Q\bar{D}_o$. This still works if P acts on sections of vector bundles. Since $\bar{D}_o$ is symmetric and G-equivariant we may choose Q symmetric and equivariant if P is so (replacing it if need be by the mean over G of $\frac{1}{2}(Q+\tilde{Q})$).

Let now $\bar{D}''_1$ be any symmetric equivariant pseudodifferential operator with symbol d_1. Then $\bar{D}''_1\bar{D}_o S = 0$ and since $\bar{D}''_1\bar{D}_o$ is of degree ≤ 1 (because $d_1 d_o = 0$) there exists Q symmetric and equivariant of degree ≤ 0 such that $\bar{D}''_1\bar{D}_o \sim Q\bar{D}_o$. We then set $\bar{D}'_1 = \bar{D}''_1 - Q$.

We now proceed to construct the other $\bar{D}'_j$.

LEMMA 5.15. *Let* P *be any smooth symbol such that* $p \cdot d_{j-1} = 0$. *Then if* $j \geq 1$ *there exists a symbol* q *such that* $p = q \cdot d_j$.

Proof. Locally if $e_1, \cdots, e_{n-1}$ is a basis of local sections of V we have $a = \Sigma \zeta_j e_j$ where the ζ_j generate I, and the $d\zeta_j$ are linearly independent along $\Sigma_U - \Sigma$. Thus the problem has a formal solution along $\Sigma_U - \Sigma$ (this is the syzygie theorem for the formal Taylor series of the ζ_j). In other words there exists q' such that $p - q' \cdot d_j$ vanishes of infinite order on $\Sigma_U - \Sigma$. Now since the $d\zeta_j$, $d\bar{\zeta}_j$ are still linearly independent along $\Sigma_U - \Sigma$, the problem always has a solution if p vanishes of infinite order on $\Sigma_U - \Sigma$; for instance we may choose $q = p d_j^* |a|^{-2}$ where d_j^* is the adjoint of d_j for some smooth hermitian norm on V (we then have $d_j^* d_j + d_{j-1} d_{j-1}^* = |a|^2 \mathrm{Id}$, and $|a|^{-2} p$ is smooth and vanishes of infinite order on $\Sigma_U - \Sigma$). Thus our problem has local solutions, so by partition of the unity it also has global solutions. If p is of degree m, q is of degree $m-1$. And since d_j is symmetric and equivariant we may choose q symmetric and equivariant if p is so (symmetric meaning here that we have $p(-\xi) = (-1)^{\deg p} p(\xi)$).

COROLLARY 5.16. *Suppose* $\bar{D}'_j\bar{D}'_{j-1} \sim 0$ *if* $j < k$. *Then if* $0 < j < k$ *and if* P *is a pseudodifferential operator of degree* m *such that* $P\bar{D}'_{j-1} \sim 0$, *there exists a pseudodifferential operator of degree* $m-1$, Q, *such that* $P \sim Q\bar{D}'_j$.

Indeed let $p = \sigma(P)$. We have $p \cdot d_{j-1} = 0$ so there exists a symbol q such that $p = q \cdot d_j$. Then if $\sigma(Q) = q$, $P - Q\bar{D}'_j$ is of degree $\leq m-1$ and we still have $(P-Q\bar{D}'_j)\bar{D}'_{j-1} \sim 0$. By successive approximations we may improve Q to get $P \sim Q\bar{D}'_j$. Since the $\bar{D}'_j$ are symmetric and equivariant we may choose Q symmetric and equivariant if P is so.

Let us now suppose that we have constructed the $\bar{D}'_j$ for $j < k$ $(k \geq 2)$, and let $\bar{D}''_k$ be any symmetric equivariant operator with symbol d_k. Then we have $(\bar{D}''_k\bar{D}'_{k-1})\bar{D}'_{k-2} \sim 0$ and since $\bar{D}''_k\bar{D}'_{k-1}$ is of degree ≤ 1 $(d_k d_{k-1} = 0)$ there exists a symmetric equivariant pseudodifferential operator Q of degree ≤ 0 such that $\bar{D}''_k\bar{D}'_{k-1} \sim Q\bar{D}'_{k-1}$. We then set $\bar{D}'_k = \bar{D}''_k - Q$.

Step 3. We finally remove the mod. C^∞ ambiguity in the relations above. Suppose that the $\bar{D}'_j$ satisfy for some k, $0 \leq k \leq n-2$:

$$(C_j) \quad \bar{D}'_j\bar{D}'_{j-1} = 0 \quad \text{if} \quad j \leq k .$$

If $k = n-2$ we are finished. Otherwise we set $\bar{D}'_j = \bar{D}_j$ if $j \leq k$, and proceed to construct $\bar{D}_{k+1}$ so that $\bar{D}_{k+1} \sim \bar{D}'_{k+1}$, $\bar{D}_{k+1}\bar{D}_k = 0$.

LEMMA 5.17. *Let* F *be the orthonormal projector on the range of* $\bar{D}_k$. *Then* F *is a non-regular pseudodifferential operator of degree* $\frac{1}{2}$; *it is* G-*equivariant, and we have* $\bar{D}'_{k+1}F \sim 0$.

Proof. Let $\square = \bar{D}_k^*\bar{D}_k + \bar{D}_{k-1}\bar{D}_{k-1}^*$. It follows from [1], §8 and §9 that there exists a non-regular pseudodifferential operator E of degree -1 and type $\frac{1}{2}$ ($E \in OPS_\Sigma^{-2,-2}$ with the notation of [1]) such that

(i) $E\square = \square E = \mathrm{Id} - \Pi$, where Π is the orthogonal projector on $\operatorname{Ker} \square$. Π is smooth of finite rank if $1 \leq k \leq n-2$, and $\pi - S$ is smooth of finite rank if $k = 0$.

(ii) $E = E^*$, and $\operatorname{Ker} E = \operatorname{Ker} \square$.

E is uniquely defined by these conditions so it is equivariant. Let $F = \bar{D}_k E \bar{D}_k^*$. We will show that F is the orthogonal projector on the range of $\bar{D}_k$. Since it is a non-regular pseudodifferential operator of degree 0 and type $\frac{1}{2}$ ($F \in OPS_\Sigma^{0,0}$) this will prove the lemma.

Since $E = E^*$, we have clearly $F = F^*$. We have $\operatorname{Ker} \bar{D}_k \supset \ker \Box$ so it follows that $\bar{D}_k \Box E = \bar{D}_k$. Now it follows from (C_k) that commutes with $\bar{D}_k^* \bar{D}_k$, hence so does E; also $\bar{D}_k \Box = \bar{D}_k \bar{D}_k^* \bar{D}_k$, so

$$F \bar{D}_k = \bar{D}_k E \bar{D}_k^* \bar{D}_k = \bar{D}_k \bar{D}_k^* \bar{D}_k E = \bar{D}_k \Box E = \bar{D}_k .$$

It follows that $F^2 = F \bar{D}_k E \bar{D}_k^* = \bar{D}_k E \bar{D}_k^* = F$. The relations $F = F^* = F^2 F \bar{D}_k = \bar{D}_k$, $F = \bar{D}_k (E \bar{D}_k^*)$ exactly mean that F is the orthogonal projector on the range of $\bar{D}_k$. They imply $\bar{D}'_{k+1} F = \bar{D}'_{k+1} \bar{D}_k E \bar{D}_k^* \sim 0$.

We now set $\bar{D}_{k+1} = \bar{D}'_{k+1}(\mathrm{Id} - F)$. We have $\bar{D}'_{k+1} F \sim 0$ so $\bar{D}_{k+1} \sim \bar{D}_{k+1}$. $\bar{D}_{k+1}$ is symmetric since $\bar{D}'_{k+1}$ is so, and we have $(\mathrm{Id}-F)\bar{D}_k = 0$ so $\bar{D}_{k+1} \bar{D}_k = 0$. This ends the proof.

A.6. *Final remarks*

(6.1) The definition above (2.7) of Toeplitz structures coincides with that of §2. Indeed let S be the projector defining a Toeplitz structure in the sense of 2.7, and $\mathcal{J}$ the ideal of pseudodifferential operators A such that $AS = 0$. Then the symbol ideal $I = \sigma(\mathcal{J})$ is $\gg 0$ relative to Σ so by [1], §10, there exists microlocally an elliptic Fourier integral operator $\mathcal{F}$ transforming $\mathcal{J}$ into the ideal generated by the $\partial/\partial y_j + y_j |D_x|$ $(j = 1, \cdots, d)$ on $\mathbb{R}^{p+d}$. In fact the operator $\mathcal{F}$ constructed in [1] is unitary ([1], Proposition 10.8), so if S_o denotes the orthogonal projector on $\cap \operatorname{Ker}(\partial/\partial y_j + y_j |D_x|)$, we have $S \sim \mathcal{F}^* S_o \mathcal{F}$ which is precisely the definition of §2.

(6.2) In the constructions above we have used Fourier integral operators with complex phases and regular symbols. This was to get the strongest possible statements about the Toeplitz algebra and in A.5. But for many constructions, e.g. for the index formula, or for the estimation of eigenvalues of elliptic operators, one may use weaker assumptions. For instance one may replace S by any Hermite projector whose symbol is a projector of rank one on a "vacuum state." Again for many purposes it is enough that the operator $\bar{D}$ of A.5 differs from a regular pseudodifferential operator by a non-regular operator of degree < 1. For instance we may simplify the construction of A.5 as follows: let first $\bar{D}'$ be any (regular) pseudodifferential operator whose symbol is the exterior multiplication by $a_o(\xi)$, where a_o is the linear map: $T^*X \to V$ (5.8). Then $\bar{D}_o' S$ is in fact of degree ≤ 0 as a Hermite operator; if we set $\bar{D}_o = \bar{D}_o'(\mathrm{Id}-S)$, we have $\bar{D}_o S = 0$, and again the range of S is of finite codimension in Ker $\bar{D}_o$. We may then perform directly the second step of the proof of Theorem 5.9 and get another complex $\bar{D}$ whose non-regular part is of degree $\leq \frac{1}{2}$, and whose symbol is the exterior multiplication by a_o.

(6.3) As was mentioned in A.2, an elliptic Toeplitz matrix has an index. This of course does not depend on the manner in which Σ is embedded in T^*X, or on the choice of the Toeplitz structure, but only on its symbol (because there exist adapted Fourier integral operators, which may be used to transport elliptic matrices, preserving the index and the symbol). We may thus suppose that X is a compact oriented contact manifold, Σ its symplectic half-line bundle. The index formula is the formula of [2], Theorem 1, and is proved as this theorem, using the complex $\bar{D}$ instead of $\bar{\partial}_b$.

(6.4) Let X be a smooth compact manifold, Y its cotangent sphere. Y is the basis of the symplectic cone T^*X-0 and is a smooth compact contact manifold whose symplectic half-line bundle $\Sigma \subset T^*Y-0$ is canonically isomorphic with T^*X-0. Let χ be the canonical isomorphism $T^*X-0 \to \Sigma$, A a Fourier integral operator adapted to χ. Then if S is any Fourier integral projector on Y adapted to Id_Σ, $\mathcal{O}^o$ its range ($\mathcal{O}^o = S(L^2(Y))$), the operator $u \mapsto SAu$ defines an elliptic transformation (of degree $m = \deg A$) from $H^s(X)$ to $\mathcal{O}^{s-m}$. It follows that the Toeplitz algebra on Y is essentially isomorphic with the algebra of pseudodifferential operators on X. A particular example of this is described in [3]: we may suppose that X is a real analytic riemannian manifold. Let $\tilde{X}$ be a complexification of X and $\phi = \phi(t,x,\xi) = (X(t,x,\xi), \Xi(t,x,\xi))$ be the geogesic flow (i.e. the hamiltonian flow of the function $|\xi|$). Since ϕ is analytic it is still well defined for small complex t. Let $\Omega_\varepsilon \subset \tilde{X}$ be the set of end points $X(it,x,\xi)$ with $0 \le t \le \varepsilon$. If ε is small enough, Ω_ε is strictly pseudo-convex and the map $(x,\xi) \mapsto X(i\varepsilon, x, \xi)$ defines a contact isomorphism χ from the cotangent sphere of X to $\partial\Omega_\varepsilon$. Finally if Δ is the Laplace operator of X, and $A = \exp(-\varepsilon|\Delta|^{1/2})$, A is a Fourier integral operator adapted to χ; in this case it is of degree $-\frac{n-1}{4}$, and it is a bijection from $L^2(X)$ to $\mathcal{O}^{-\frac{n-1}{4}}(Y)$, $\mathcal{O}$ denoting the space of boundary values of holomorphic functions.

PROPOSITION 6.6. *Let* X *be a compact manifold,* G *a compact group of homogeneous symplectic transformations of* T^*X-0. *Then* G *can be lifted as a compact group of Fourier integral operators on* X.

This result was proved by A. Weinstein. We prove it here as an application of (6.4). Let Y be the basis of T^*X-0; then G is a group of contact transformations of Y, and there exists a G-invariant Toeplitz structure on Y, associated with Σ, Σ being the symplectic half-line bundle of Y. Let us choose a Fourier integral operator A adapted to χ, χ being the canonical isomorphism $T^*X-0 \to \Sigma$: the range of S_0A is closed, of finite codimension in $\mathcal{O}^o(Y)$, so since G is compact there exists a G-invariant finite dimensional subspace $E \subset \mathcal{C}^\infty(Y)$ containing a supplement of the range of SA. Let us now set $B = (\mathrm{Id}-\Pi_E)SA$ (Π_E being the orthogonal projector on E). B is also adapted to χ so its kernel is finite dimensional, contained in $\mathcal{C}^\infty(X)$, and its range is closed, of finite codimension, and G-invariant, in $\mathcal{O}^o(Y)$. We may now define the action of G as the identity on $\operatorname{Ker} B$, and the pull-back by B of its action on the range of B, on $(\operatorname{Ker} B)^\perp$.

BIBLIOGRAPHY

[1] L. Boutet de Monvel, Hypoelliptic operators with double characteristics and related pseudodifferential operators. Comm. Pure Appl. Math., 27 (1974), 585-639.

[2] ————, On the index of Toeplitz operators of several complex variables. Inventiones Math., 50 (1979), 249-272.

[3] ————, Convergence dans le domaine complexe des séries de fonctions propres. C.R. Acad. Sc. Paris 287 (1978), 855-856.

[4] L. Boutet de Monvel and J. Sjöstrand, Sur la singularite des noyaux de Bergmann et de Szegö. Astérisque 34-35 (1976), 123-164.

[5] V. Guillemin, Symplectic spinors and partial differential equations. Coll. Inst. CNRS no. 237 Géométrie symplectique et physique mathématique, 217-252.

[6] G. Lebeau, Sur les systèmes holonomes à caractéristiques complexes. Thèse de troisième cycle, Orsay, 1978.

[7] A. Melin and J. Sjöstrand, Fourier integral operators with complex valued phase functions. Lecture Notes, Springer Verlag, no. 459, 120-223.

[8] A. Menikoff and J. Sjöstrand, On the eigenvalues of a class of hypoelliptic operators. Math. Ann. 235 (1978), 55-85.

[9] J. Sjöstrand, Parametrices for pseudodifferential operators with multiple characteristics. Arkiv för Mat. 12 (1974), 85-130.

8.4 Opérateurs à coefficients polynomiaux, espace de Bargman, et opérateurs de Toeplitz

Opérateurs à coefficients polynomiaux, espace de Bargmann, et opérateurs de Toeplitz, Goulaouic-Meyer-Schwartz Seminar, 1980–1981, École Polytech., Palaiseau, 1981, Exp. No. II bis. [B81]

Reprinted with the permission of L. Boutet de Monvel's family. See Section 11 and Subsection 11.2.9.

ÉCOLE POLYTECHNIQUE

CENTRE DE MATHÉMATIQUES

91128 PALAISEAU CEDEX - FRANCE

Tél. : (1) 941.82.00 - Poste N°

Télex : ECOLEX 691596 F

SEMINAIRE GOULAOUIC-MEYER-SCHWARTZ 1980-1981

OPERATEURS A COEFFICIENTS POLYNOMIAUX, ESPACE DE BARGMAN, ET OPERATEURS DE TOEPLITZ

par L. BOUTET DE MONVEL

Exposé n° IIbis

21 Octobre 1980

1. Soit A l'algèbre des opérateurs différentiels à coefficients polynômes sur $\mathbb{R}^n$. Plus généralement, on peut considérer des opérateurs pseudodifférentiels

$$p(x,D) \sim \Sigma\, p_{m-k}(x,D)$$

où $p_{m-k}(x,\xi)$ est homogène de degré m-k par rapport au couple (x,ξ) : $p_{m-k}(\lambda x,\lambda\xi) = \lambda^{m-k} p_{m-k}(x,\xi)$.

Ces opérateurs forment une algèbre, pour laquelle on dispose d'un calcul symbolique tout à fait analogue à celui des opérateurs pseudo-différentiels : le symbole de $p(x,D)$ est la fonction $p_m(x,\xi)$; le symbole d'un produit est le produit des symboles, le symbole d'un commutateur est le crochet de Poisson

$$\sigma([P,Q]) = \frac{1}{i}\{\sigma(P),\ \sigma(Q)\} = \frac{1}{i}\ \Sigma \frac{\partial\sigma(P)}{\partial\xi_j}\frac{\partial\sigma(\theta)}{\partial x_j} - \frac{\partial\sigma(P)}{\partial x_j}\frac{\partial\sigma(Q)}{\partial\xi_j}$$

la seule différence est que $[P,Q]$ est de degré deg P + deg Q - 2 et non deg P + deg Q - 1, ce qui correspond au fait que la forme symplectique $\Sigma\, d\xi_j \wedge dx_j$ est homogène de degré 2 par rapport à (x,ξ) (x et ξ sont tous deux de degré 1).

Dans son exposé, D. Robert montre que la théorie spectrale des opérateurs à coefficients polynômes est tout à fait analogue à celle des opérateurs pseudo-différentiels, à condition de diviser les degrés par 2 : par exemple l'oscillateur harmonique $-\Delta + |x|^2$ se comporte comme un opérateur elliptique de degré 1. Le but de cette note est d'expliciter cette analogie.

2. LES TROIS MODELES

a. Opérateurs à coefficients polynômes sur $\mathbb{R}^n$

L'algèbre est l'algèbre des opérateurs pseudo-différentiels à symbole homogène sur $\mathbb{R}^n$, comme ci-dessus. Elle opère que une chaîne d'espaces de Sobolev :

$$B^s = \text{domaine de } (-\Delta + x^2)^s$$

(pour s demi-entier $\geqslant 0$, on a $f \in B^s$ si et seulement si $x^\alpha D^\beta f \in L^2$ pour $|\alpha| + |\beta| \leqslant 2s$).

Etroitement liés à l'oscillateur harmonique, nous avons les opérateurs

(1) $$z_j = \frac{1}{\sqrt{2}}(x_i - \frac{\partial}{\partial x_j}) \qquad z_j^* = \frac{1}{\sqrt{2}}(x_j + \frac{\partial}{\partial x_j})$$

les fonctions de Hermite

(2) $$e_\alpha = (2^{\frac{n}{2}} \pi^{\frac{n}{2}} \alpha!)^{-\frac{1}{2}} z^\alpha e^{-\frac{x^2}{2}}$$

qui forment une base orthonormale de $B^o = L^2(\mathbb{R}^n)$.

on a les formules

(3) $$\begin{cases} z_j H_\alpha = (\alpha_j + 1)^{1/2} H_{\alpha+(j)} \\ z_j^* H_\alpha = \alpha_j^{1/2} H_{\alpha-(j)} \end{cases}$$

$$(-\Delta + |x|^2) H_\alpha = (2|\alpha|+n) H_\alpha$$

Nous poserons $A = \Sigma z_j z_j^* = \frac{1}{2}(-\Delta + |x|^2 - n)$, de sorte qu'on a $AH_\alpha = |\alpha| H_\alpha$.

b. Espace de Bargman

C'est l'espace de Hilbert des fonctions holomorphes dans $\mathbb{C}^n$, de carré sommable contre le poids $e^{-|z|^2}$, muni des opérateurs

z_j = multiplication par z_j (creation)
$z_j^* = \frac{\partial}{\partial z_j}$ (annihilation)

Il y a une base orthonormale "canonique" constituée des monômes :

$$e_\alpha = (\pi^n \alpha!)^{-1/2} z^\alpha$$

Dans cette base, la matrice des opérateurs z_j, z_j^* est la même que plus haut; on a $A = \Sigma z_j \frac{\partial}{\partial z_j} = \frac{1}{i}\frac{\partial}{\partial\theta}$. Le modèle est clairement isomorphe au précédent (il n'y a aucune difficulté à définir l'analogue des B^s, mais ceux-ci ne sont pas utilisés habituellement).

c. Opérateurs de Toeplitz

Soit B la boule unité de $\mathbb{C}^n$. On note $\mathcal{O}^s$ l'espace des fonctions sur la sphère $S = \partial B$ qui appartiennent à l'espace de Sobolev $H^s(S)$ et se prolongent en fonctions holomorphes à l'intérieur de B (pour $s < 0$, $\mathcal{O}^s$ désigne l'ensemble des fonctions de $H^s(S)$ annulées par $\bar{\partial}_b$). Dans [1], on a introduit l'algèbre des opérateurs de Toeplitz, qui opère sur la chaîne des $\mathcal{O}^s$. Rappelons qu'ils sont définis comme suit : un opérateur de Toeplitz de degré m est un opérateur $T : \mathcal{O}^s \to \mathcal{O}^{s-m}$ (pour tout s), de la forme

$$f \mapsto P.Q(f) = T_Q(f)$$

où Q est un opérateur pseudo différentiel sur la sphère, et P le projecteur orthogonal sur l'espace de Hardy $\mathcal{O}^o$ (projecteur de Szegö). Ces opérateurs forment une algèbre, qui donne lieu à un calcul symbolique analogue à celui des opérateurs pseudo-différentiels. Dans notre cas, le cône symplectique est le cône $\Sigma \subset T^*S$ formé des multiples positifs de la forme de contact "canonique" de S :

$$\omega = \frac{1}{2i} \Sigma \, \bar{z}_j \, dz_j - z_j d\bar{z}_j$$

Le symbole d'un produit est encore le produit des symboles, et le symbole d'un commutateur est $\frac{1}{i} \times$ le crochet de Poisson.

Rappelons encore qu'on peut localiser (ou microlocaliser) les opérateurs de Toeplitz : ceux-ci diminuent le support singulier, donc sont des opérateurs locaux sur les "singularités de fonctions holomorphes" $(\mathcal{O}^s/\mathcal{O}^\infty)$. Lorsqu'on passe au quotient, on obtient un faisceau d'algèbres, localement isomorph au faisceau des opérateurs pseudo-différentiels à n variables réelles. Par suite toutes les constructions microlocales qu'on fait pour les opérateurs pseudo-différentiels peuvent être répétées pour les opérateurs de Toeplitz, et il n'est guère surprenant que les théories spectrales de ces opérateurs soient à peu près identiques (cf. [2]), par exemple : la propagation des singularités, le lien entre le spectre d'un opérateur elliptique et les longueurs des courbes bicaractéristiques fermées, etc...

Ici il y a encore une base orthonormale "canonique" de $\mathcal{O}^o$:

$$e_\alpha = \left(\frac{2\pi^n \, \alpha!}{(n+|\alpha|-1)!}\right)^{-1/2} z^\alpha \quad .$$

Nous introduisons alors les opérateurs de Toeplitz

$$A = \frac{1}{i} \frac{\partial}{\partial \theta} = \Sigma \, z_j \frac{\partial}{\partial z_j}$$

de sorte qu'on a $A.e_\alpha = |\alpha| e_\alpha$

$$z_j = (A+n)^{1/2} z_j$$

$$z_j^* = T_{\bar{z}_j} (A+n)^{1/2} = \frac{\partial}{\partial z_j} (A+n)^{-1/2}$$

(z_j désigne l'opérateur de multiplication par z_j, $T_{\bar{z}_j}$ l'opérateur de Toeplitz adjoint; la dernière égalité est un exercice que nous laissons au lecteur).

On constate alors que la table de multiplication est exactement la même que ci-dessus. On a ainsi défini (au moyen de la base des e_α) un isomorphisme des B^s sur les $\mathcal{O}^s$, qui transforme les opérateurs différentiels à coefficients polynômes sur $\mathbb{R}^n$, et plus généralement (par passage à la limite) les opérateurs pseudo-différentiels comme ci-dessus, en les opérateurs de Toeplitz.

Le calcul symbolique est préservé : l'application symplectique $T^*\mathbb{R}^n \to \Sigma$ correspondante est définie par

$$(x,\xi) \mapsto \left(\frac{x - i\xi}{\|x - i\xi\|}, \lambda\omega\right) \in \Sigma$$

avec $\omega = \frac{1}{2i}(d'-d'')(z-\bar{z})$ comme ci-dessus, $\lambda = \frac{1}{2}(\|x\|^2 + \|\xi\|^2)$

3. On comprend ainsi les analogies entre la théorie spectrale des opérateurs différentiels à coefficients polynômes et celle des opérateurs pseudo-différentiels, et le rôle que peut jouer l'étude des opérateurs exp itA (A elliptique de degré 1), associés à des transformations canoniques (flot du champ hamiltonien de A). Dans le cas des o.p.d., on a de bonnes représentations intégrales de exp itA; Helffer et Robert montrent qu'il y en a d'analogues dans le cas des opérateurs sur $\mathbb{R}^n$.

Il y a cependant une différence : dans le contexte ci-dessus, l'oscillateur harmonique $-\Delta + x^2$ apparaît comme un opérateur de degré 1, et non 2 et lorsqu'on transporte comme ci-dessus un opérateur différentiel de degré (usuel) m, on obtient un opérateur de Toeplitz de degré $\frac{m}{2}$. L'analogue des o.p.d. "homogènes" en (x,D) sur $\mathbb{R}^n$ est plutôt l'algèbre des o.p.d. $p(x,D)$ ayant un développement asymptotique

$$p(x,\xi) \sim \sum_{j=0}^{\infty} p_{m-j/2}(x,\xi)$$

où $p_{m-j/2}$ est homogène de degré $m-j/2$ en ξ (les degrés descendent par $\frac{1}{2}$ entiers). Si on veut représenter exp itA comme opérateur intégral de Fourier pour un tel opérateur, il est nécessaire de remplacer la phase usuelle par la somme de deux termes $\varphi_1 + \varphi_{1/2}$ - le premier étant le terme usuel, le deuxième homogène de degré $\frac{1}{2}$. Ceci se retrouve aussi dans le travail de Helffer et Robert.

Observons que l'analogie peut jouer dans les deux sens. Ainsi il est assez aisé d'évaluer le comportement asymptotique des valeurs propres de l'oscillateur quartique $- \Delta + |x|^4$; par transport et transformation canonique, on obtient ainsi des résultats pour des opérateurs pseudo-différentiels qu'il pourrait être plus difficile d'obtenir directement.

4. Terminons par quelques remarques.

Dans le cadre a., le groupe naturel de transformations est le groupe métaplectique.

Dans le cadre c., ce serait plutôt le groupe des transformations conformes de la boule :

$$f \mapsto (c.z + d)^{-n} \quad f\left(\frac{a.z + b}{c.z + d}\right) \quad \text{avec} \quad \begin{pmatrix} a & b \\ c & d \end{pmatrix} \in SU(n,1)$$

[le facteur $(c.z+ d)^{-n}$ est là pour que la transformation soit unitaire].

On a donc deux actions "naturelles" de groupes distincts sur $L^2(\mathbb{R}^n)$.

On peut refaire la théorie de façon analogue lorsqu'il y a un groupe fini qui opère. Par exemple, si $P(x,\xi)$ est pair -i.e. commute à l'action du groupe $\mathbb{Z}_2$ $((x,\xi) \mapsto (-x,-\xi)$, l'opérateur $P(x,D)$ préserve les fonctions paires et les fonctions impaires, et on peut étudier séparément chaque morceau.

Dans le cadre "opérateurs de Toeplitz", cela correspond à un opérateur qui commute à la symétrie $z \longmapsto -z$: on peut passer au quotient, et chaque morceau correspond à un opérateur de Toeplitz sur un fibré holomorphe sur $S/\mathbb{Z}_2$: on est encore complètement ramené au cas d'un opérateur pseudo-différentiel. Ceci se généralise à d'autres actions de groupes -pourvu que le quotient S/G soit encore une variété de contact .

BIBLIOGRAPHIE

[1] L. Boutet de Monvel : Opérateurs de Toeplitz de plusieurs variables complexes. Séminaire Goulaouic-Schwartz 1978-79, n° 7 .

[2] L. Boutet de Monvel et V. Guillemin : The spectral theory of Toeplitz operators. A paraître. Princeton University Press.

****

8.5 Opérateurs à bicaractéristiques périodiques

Opérateurs à bicaractéristiques périodiques, Bony-Sjöstrand-Meyer seminar, 1984–1985, École Polytech., Palaiseau, 1985, Exp. No. 20. [B85]

ÉCOLE POLYTECHNIQUE

CENTRE DE MATHÉMATIQUES

91128 PALAISEAU CEDEX - FRANCE

Tél. (6) 941.82.00 - Poste N°
Télex : ECOLEX 691 596 F

S E M I N A I R E B O N Y - S J Ö S T R A N D - M E Y E R 1 9 8 4 - 1 9 8 5

OPERATEURS A BICARACTERISTIQUES PERIODIQUES

par L. BOUTET DE MONVEL

Exposé n°XX 18 Décembre 1984

I. ENONCE DU PROBLEME

Soit M une variété compacte, A un opérateur pseudo-différentiel hermitien elliptique d'ordre 1, de symbole $\sigma_A = a > 0$. On fait sur A les hypothèses suivantes :

(1.1) Les bicaractéristiques de A sont toutes périodiques, de plus petite période 2π. Autrement dit le champ hamiltonien H_a ($= \Sigma \frac{\partial a}{\partial \xi_j} \frac{\partial}{\partial x_j} - \frac{\partial a}{\partial x_j} \frac{\partial}{\partial \xi_j}$ en coordonnées locales) définit une action libre, symplectique, du groupe du cercle $U(1)$ sur $T^*M \setminus \{0\}$ (fibré cotangent privé de la section nulle).

(1.2) L'intégrale du symbole sous principal sub_A de A sur les orbites de H_a est constante (voir plus bas pour la définition de sub_A).

L'hypothèse (1.1) implique que l'opérateur $\exp 2i\pi A$ est un opérateur pseudo-différentiel d'ordre 0, de symbole $\exp 2i\pi(\frac{1}{2\pi} \int \text{sub}_A + \frac{\gamma}{4})$, où dans l'exposant, $\frac{1}{2\pi} \int \text{sub}_A$ désigne la moyenne de sub_A sur l'orbite passant par le point donné, et γ (indice de Maslov) est un entier dont la définition est rappelée au n°7.

L'hypothèse (1.2) implique que le symbole de $\exp 2i\pi A$ est constant si $T^*M - \{0\}$ est connexe.
Par suite (cf.[4]) si on note c la constante $\frac{1}{2\pi}\int \text{sub}_A + \frac{\gamma}{4}$, il existe un opérateur pseudo-différentiel R de degré -1 tel que $\exp 2i\pi(A-c-R) = \text{Id}$.

Il en résulte que les valeurs propres de A se concentrent autour des nombres en progression arithmétique

(1.3) $$c + n \ , \ n \text{ entier} \geqslant 0 \ , \ c = \frac{1}{2\pi} \int \text{sub}_A - \frac{\gamma}{4}$$

Dans [4] , Y. Colin de Verdière montre en outre que le nombre μ_n de valeurs propres de A voisines de c + n vérifie pour n grand.

(1.4) μ_n = nombre de valeurs propres voisines de c + n = P(n) (n>> 0)

où P(n) est un polynôme. Dans [2] (cf. aussi [3]) nous avons montré qu'à un décalage entier près, le polynôme P(n) est donné par une formule analogue à la formule de Riemann-Roch (formule (2.1) ci-dessous), et conjecturé que le décalage était nul. C'est ce dernier point qui fait l'objet de cet exposé. La méthode ne comporte rien d'essentiellement nouveau, sauf peut être, en ce qui me concerne, une meilleure compréhension du fibré de Maslov et du calcul symbolique des distributions Lagrangiennes (n°5-6).

2. FORMULE DE RIEMANN-ROCH

Soit N une variété de contact orientée compacte. N est donc munie d'une classe de 1-formes de contact toutes proportionnelles dans un rapport > 0 ; ou de façon équivalente on s'est donné dans $T^*N\setminus\{0\}$ un sous fibré en demi-droites Σ , symplectique pour la structure induite par celle de T^*N .

On se donne sur N une action libre du groupe U(1). On suppose cette action elliptique positive, i.e. on a $\langle \frac{\partial}{\partial\theta}, \omega\rangle >> 0$ si $\frac{\partial}{\partial\theta}$ est le générateur infinitésimal, et ω une forme de contact de N . Quitte à remplacer ω par $\langle \omega, \frac{\partial}{\partial\theta}\rangle^{-1}\omega$, on supposera $\langle \omega , \frac{\partial}{\partial\theta}\rangle = 1$.

Sous ces hypothèses on a démontré dans [2] qu'il existe sur N une structure de Toeplitz invariante par U(1). Autrement dit il existe un sous-espace $\mathcal{O}_\Sigma \subset L^2(M)$ invariant par U(1), et tel que le projecteur orthogonal S sur $\mathcal{O}_\Sigma$ soit un opérateur intégral de Fourier à phase complexe "adapté" à Σ ; en particulier S est de degré $-\infty$ en dehors de Σ (cf.[2]).

Soit B la restriction à $\mathcal{O}_\Sigma$ de l'opérateur différentiel $\frac{1}{i}\frac{\partial}{\partial\theta}$: c'est un opérateur de Toeplitz ([1],[2]) elliptique d'ordre 1, positif, et on a évidemment $\exp 2i\pi B = \mathrm{Id}$. Comme B est elliptique positif, $E_n = \mathrm{Ker}(B-n)$ est de dimension finie pour tout n , nul pour n << 0. Il est bien sûr égal au sous espace de $\mathcal{O}_\Sigma$ formé des fonctions qui se transforment selon le caractère $e^{ni\theta}$ de U(1). Dans [2] la dimension μ_n de E_n est calculée en appliquant la formule de Atiyah et Singer à un système elliptique convenable sur la variété quotient Y = N/U(1). Rappelons brièvement le résultat.

Tout d'abord N est un fibré principal de groupe $U(1)$, de base $Y = N/U(1)$. La forme de Liouville (forme de contact de M telle que $< \omega , \frac{\partial}{\partial\theta} > = 1$) est invariante par $U(1)$, donc c'est une forme de connexion. La courbure de cette connexion est la 2-forme σ sur Y dont l'image réciproque sur N est $d\omega$. C'est une forme symplectique, de sorte que Y est munie d'une structure symplectique, et possède en particulier une classe de Todd τ_y.

Soit L le fibré en droites sur Y associé à N. Les sections de L^n (puissance tensorielle) s'identifient aux fonctions numériques f sur N telles que $f(m.e^{i\theta}) = e^{ni\theta} f(m)$. Comme la courbure $(-n\sigma)$ de L^n est symplectique pour $n \neq 0$, L^n est non trivial pour $n \neq 0$.

On démontre dans [2] qu'on a $\mu_n = \dim E_n = 0$ pour $n \ll 0$ (n négatif, grand), et pour $n \gg 0$

(2.1) $$\mu_n = \dim E_n = \int_y \exp n\, C(L) \,.\, \tau_y$$

ou $C(L)$ est la classe de Chern de L (c'est à dire la classe de cohomologie de la courbure σ, au facteur $-(2\ )^{-\dim Y}$ près), et l'intégrale signifie : valeur d'une classe de cohomologie (rationnelle) sur la classe d'homologie $[Y]$. Nous renvoyons à [2] pour la démonstration de cette formule. Dans le cas où N est l'intersection de la sphère unité de $\mathbb{C}^N$ et d'un cône Z holomorphe, lisse en dehors de l'origine, et le groupe $U(1)$ opère par homothétie $(e^{i\theta},z) \to e^{i\theta}z$, la variété $Y = N/U(1) = Z/\mathbb{C}^*$ est la variété lisse projective définie par Z, $L = O(1)$ le fibré ample canonique. Les sections de L^n sont les fonctions holomorphes homogènes de degré n sur Z. Pour $n \gg 0$ E_n est l'ensemble des restrictions à Z des polynômes homogènes de degré n, et la formule (2.1) redonne comme cas particulier la "formule de Hilbert-Samuel" comptant la dimension de E_n.

3. REDUCTION AU CAS DES OPERATEURS DE TOEPLITZ

Pour le problème décrit au n°1, l'idée est de se ramener au modèle Toeplitz du n°2 pour lequel le calcul est complet. On fait ceci ainsi : avec les notations du n°1, soit N la sphère cotangente de M, identifiée à la surface de niveau $\sigma_A = 1$ de T^*M. C'est une variété de contact orientée dont la forme de contact ω est la restriction de la forme de Liouville de M ($\omega = \Sigma\, \xi_j\, dx_j$ en coordonnées locales). Le cône symplectique $\Sigma \subset T^*N$ correspondant est canoniquement isomorphe à T^*M. Le groupe $U(1)$ opère sur N et respecte la structure de contact (il respecte la forme de Liouville et les surfaces de niveau de σ_A). Il existe donc une structure de Toeplitz $\mathcal{O}_\Sigma$ sur N invariante par U(1). Comme au n°2 nous noterons B l'opérateur de Toeplitz restriction à $\mathcal{O}_\Sigma$ du générateur infinitésimal $\frac{1}{i}\frac{\partial}{\partial\theta}$.

D'après [2] il existe un opérateur intégral de Fourier à phase complexe H adapté à l'application identique : $T^*M \to \Sigma$, et d'image contenue dans $\mathcal{O}_\Sigma$. Celui-ci se comporte comme un O.I.F. elliptique, i.e. il est d'indice fini : $C^\infty(M) \to \mathcal{O}_\Sigma$ et transporte les opérateurs pseudo-différentiels de M sur les opérateurs de Toeplitz de N . Comme $\mathcal{O}_\Sigma$ est stable par U(1) il existe un opérateur pseudo-différentiel C sur M tel que

$$\frac{1}{i}\frac{\partial}{\partial\theta} H = H\, C \tag{3.1}$$

mod. un opérateur de rang fini, ou de degré $-\infty$.

Bien entendu le nombre de valeurs propres de C proches de n est le même que pour $B = \frac{1}{i}\frac{\partial}{\partial\theta}$, donc donné par la formule de Riemann-Roch (2.1). Par ailleurs comme H est adapté à l'application identique $T^*M \to \Sigma$, on a $\sigma_C = \sigma_A$ (ces deux symboles ont le même champ hamiltonien). Ainsi C-A est de degré $\leqslant 0$. Tout notre problème revient donc au calcul de sub_C . Plus précisément il s'agit de prouver dans notre situation qu'on a

$$\frac{1}{2\pi}\int \mathrm{sub}_C = -\frac{1}{4}\,\gamma \tag{3.2}$$

l'intégrale étant prise sur les orbites de U(1), et γ désignant l'indice de Maslov (n°7).

4. SYMBOLE SOUS-PRINCIPAL

Soit M une variété C^∞ , A un opérateur pseudo-différentiel opérant sur les demi-densités $\Omega_{1/2}(\mu)$. Si A est d'ordre m , le symbole de A est la fonction numérique, C^∞ homogène de degré m sur T^*M-0 , caractérisée par

$$e^{-it\varphi} A(e^{it\varphi}\omega) = t^m \;\sigma_A(d\varphi)\omega + O(t^{m-1}) \tag{4.1}$$

si ω est de classe C_o^∞ , $d\varphi \neq 0$ sur supp ω .

Rappelons qu'on a

$$\begin{aligned} \sigma(AB) &= \sigma(A)\,\sigma(B) \\ \sigma([AB]) &= \frac{1}{i}\{\sigma(A), \sigma(B)\} \end{aligned} \tag{4.2}$$

où { } est le crochet de Poisson.

Le symbole sous-principal sub_A est la fonction numérique C^∞ , homogène de degré m-1, sur T*M-0 , caractérisée par

$$(4.3)\quad \frac{1}{2}\,[e^{-it\varphi}A\, e^{it\varphi} + e^{it\varphi}\, {}^tA\, e^{-it\varphi}]\omega = (t^m \sigma_A(d\varphi) + t^{m-1}\, sub_A(d\varphi)) + O(t^{m-2})$$

avec les mêmes hypothèses sur φ et ω . Si dans un système de coordonnées locales le symbole total de A admet pour développement asymptotique $\sigma_A^{tot} = a_m + a_{m-1} + \ldots$, on a

$$(4.4)\qquad sub_A(x,\xi) = a_{m-1}(x,\xi) - \frac{1}{2i}\sum \frac{\partial^2 a_m}{\partial X_j \partial \xi_j}(x,\xi)$$

Le symbole sous-principal jouit en outre des propriétés suivantes (pour lesquelles nous renvoyons à [6] , ou que nous laissons au lecteur) :

$$(4.5)\qquad sub(AB) = \sigma_A\, sub_B + sub_A\, \sigma_B + \frac{1}{2i}\{\sigma_A , \sigma_B\}$$

$$(4.6)\qquad sub([A,B]) = \frac{1}{i}\{\sigma_A, sub_B\} - \frac{1}{i}\{\sigma_B , sub_A\}$$

Dans la suite de l'exposé nous supposerons que A opère sur les demi-densités, car c'est dans ce cadre que le symbole sous-principal est défini de façon intrinsèque. Si A opère sur les fonctions, on se ramène à ce cas en choisissant une mesure de densité C^∞ positive.

5. CONNEXIONS D'ORDRE SUPERIEUR

Soit M une variété C^∞ , E un fibré vectoriel C^∞ sur M . Une connexion d'ordre k sur E est un relèvement à E des automorphismes infinitésimaux de M , qui est un opérateur différentiel d'ordre k ; autrement dit une application qui à tout champ de vecteurs X sur M associe un opérateur différentiel linéaire d'ordre 1, L_x, sur les sections de E , de sorte que

(5.1) $L_x(\varphi f) = X(\varphi)f + \varphi\, L_x(f)$ pour tous φ , fonction numérique, f section de E , X champ de vecteurs

(5.2) $[L_x , L_y] = L_{[xy]}$ pour tous champs X , Y

(5.3) $X \to L_x$ est un opérateur différentiel d'ordre $\leqslant k$

Ainsi une connexion d'ordre 0 n'est autre qu'une connexion intégrable au sens usuel. Il est possible de classifier à isomorphisme près les connexions d'ordre $\leqslant k$: notons R_k le fibré des repères d'ordre $\leqslant k$ de M (jets d'ordre de difféomorphismes de $(\mathbb{R}^n,0)$ dans M - $n = \dim M$) ; c'est un fibré principal de groupe G_k , groupe des jets d'ordre k d'automorphismes de $(\mathbb{R}^n,0)$. Se donner une connexion d'ordre k sur E équivaut à se donner une action sur E du groupoïde Γ sur M quotient par G_k du groupoïde des classes homotopes de chemins de R_k .

Nous nous intéressons au cas où E est de rang 1 . Dans ce cas toute connexion se met, localement et pour un choix convenable de repères, sous la forme

$$(5.4) \qquad L_x(f) = (X + s \operatorname{div} X).f$$

où s est un nombre complexe. En particulier une telle connexion est d'ordre $\leqslant 1$. (La raison est que le groupe $GL(1)$ est commutatif, et que tout champ de vecteurs X tel que X et $\operatorname{div} X$ s'annulent en un point x est au voisinage de ce point le commutateur de deux champs nuls en x).

Si M est connexe le nombre s est un invariant de la connexion, que nous appellerons type. Il est caractérisé par l'égalité

$$(5.5) \qquad L_{\varphi X} = \varphi L_X + sX(\varphi)$$

pour X champ de vecteurs, φ une fonction numérique.

Les opérations usuelles sur les fibrés vectoriels (dual Hom, $\otimes$, etc...) se prolongent aux connexions d'ordre supérieur. En particulier les connexions d'ordre $\leqslant 1$ sur les fibrés de rang 1 forment un groupe P pour la loi $\otimes$:

$$(5.6) \qquad L_x^{E\otimes F}(e \otimes f) = L_x^E e \otimes f + e \otimes L_x^F f$$

L'élément neutre est le fibré trivial muni de la connexion triviale, l'opposé est le dual.

Il est immédiat que le type de $E \otimes F$ est somme de ceux de E et de F . Le type définit donc un homomorphisme du groupe P dans $\mathbb{C}^+$, dont le noyau P_o est le groupe des connexions intégrables (d'ordre 0). Grâce au principe de classification suggéré ci-dessus, on voit que l'image est ou bien $\mathbb{C}$ tout entier, ou bien de la forme $\frac{1}{d}\mathbb{Z}$, d entier.

Si E est un fibré de rang 1 et L^n une connexion d'ordre ≤ 1 sur $E^{\otimes n}$, observons qu'il existe une unique connexion L d'ordre ≤ 1 our E telle que $(E,L)^{\otimes n} = (E^{\otimes n}, L^n)$; elle est caractérisée par l'égalité $L^n_X \varphi = n\varphi^{n-1} L_X \varphi$ pour X champ, φ section de E.

Exemples. Soit M une variété complexe, Ω le fibré de rang 1 des formes de degré maximum. La dérivation de Lie munit Ω d'une connexion d'ordre 1, de type 1. Toute connexion de type entier m est donc isomorphe à $\Omega^m \otimes (E_o, L_o)$ où (E_o, L_o) est une connexion intégrable (d'ordre 0).

Soit M une variété réelle, $|\Omega|^s$ le fibré des s-densités (formes tordues si $s = 1$). Ici encore la dérivation de Lie munit $|\Omega|^s$ d'une connexion d'ordre 1, de type s. Ici $s \in \mathbb{C}$ est arbitraire, et tout fibré de rang 1 sur M muni d'une connexion d'ordre ≤ 1 est isomorphe à une connexion de la forme $|\Omega|^s \otimes (E_o, L_o)$, (E_o, L_o) d'ordre 0.

6. FIBRE DE MASLOV. SYMBOLE DES DISTRIBUTIONS LAGRANGIENNES

Soit E un fibré vectoriel symplectique réel sur un espace topologique paracompact X. Notons $\mathcal{L}_+(E)$ le fibré de base X des Lagrangiennes complexes positives de E : un point de la fibre en x de $\mathcal{L}_+$ est un sous-espace complexe de $E_x \otimes \mathbb{C}$, isotrope de dimension $\frac{1}{2} \dim E_x$, et positif i.e. $i[\bar{z}, z] \geq 0$ sur ce sous-espace, où $[,]$ désigne la forme symplectique de $E \otimes \mathbb{C}$. La fibre de $\mathcal{L}_+$ est contractile ; par exemple elle s'identifie à la boule unité fermée de l'espace des formes quadratiques sur E_I si I est une structure complexe positive adaptée à E, et E_I l'espace vectoriel complexe hermitien qui en résulte ($I^2 = -Id_E$, $[Ix,y] = -[x,Iy]$ et $\langle x|x \rangle = [x,Ix] > 0$ pour $x, y \in E$, $x \neq 0$).

Soit V une polarisation de E, i.e. un sous-fibré Lagrangien réel, définissant une section réelle de $\mathcal{L}_+$. Comme la fibre de $\mathcal{L}_+$ est contractile il existe un fibré L^v sur $\mathcal{L}_+$, de rang 1, muni de deux isomorphismes compatibles

(6.1) $$L^v{}_{|V} \xrightarrow[\sim]{a} |\Omega_V|^{1/2}$$

(6.2) $$(L^v)^{\otimes 4} \xrightarrow[\sim]{b} \Omega_\Lambda^{\otimes 2}$$

où $|\Omega_V|^{1/2}$ désigne le fibré complexe de rang 1 dont les sections sont les demi-densités de V. et Ω_Λ est le fibré des formes de degré maximum du fibré canonique Λ de $\mathcal{L}_+$ (dont la fibre au point $\lambda \in \mathcal{L}_+$ est le sous-espace

Lagrangien λ de $E \otimes \mathbb{C}$). La condition de compatibilité est $b_{|V} = a^{\otimes 4}$.
Les conditions ci-dessus déterminent L^V , a et b à isomorphisme unique près.

Soit M une variété C^∞ , $\Lambda \subset T^*M-\{0\}$ une variété complexe Lagrangienne positive conique, au sens de [8] : Λ correspond à un idéal de fonctions C^∞ à valeurs complexes sur T*M , et localement c'est la variété lagrangienne associée à une phase de partie imaginaire positive ; par exemple dans un système de coordonnées locales convenables, Λ est la variété des zéros des fonctions $x_j - \frac{\partial u}{\partial \xi_j}$, où $u = u(\xi)$ est une fonction C^∞ homogène de degré 1 , avec $\operatorname{Im} u \leqslant 0$, correspondant à la phase $x.\xi - u(\xi)$.

Avec les notations ci-dessus, soit E la restriction à Λ du fibré tangent T(T*M). Il est muni canoniquement d'une polarisation V , dont la fibre est le sous-espace vertical de T(T*M), i.e. tangent à la fibre de la projection $T^*M \to M$. Le fibré tangent complexe $T\Lambda \subset E \otimes \mathbb{C}$ définit une section de $\mathcal{L}_+(E)$.

Par définition le fibré de Maslov μ_Λ est le fibré de rang 1 sur Λ obtenu en restreignant L^V à la section $T\Lambda$ de $\mathcal{L}_+(E)$. Il est muni d'un isomorphisme

(6.3) $$\mu_1^{\otimes 4} \xrightarrow{\sim} \Omega_1^{\otimes 2}$$

où Ω_1 est le fibré des formes de degré maximum sur Λ . Comme Ω_1 est muni d'une connexion d'ordre 1 et de type 1 , μ_Λ est muni d'une connexion d'ordre 1 et de type 1/2 . Autrement dit à tout champ de vecteurs X tangent à Λ est associé un opérateur différentiel L_x d'ordre 1 sur les sections de μ_Λ , de sorte qu'on ait sur Λ

(6.4) $$L_x(\varphi f) = X(\varphi) + \varphi L_x(f)$$

$$L[X,Y] = [L_x , L_y]$$

$$L_{\varphi X} = \varphi L_x + \frac{1}{2} X(\varphi)$$

pour X,Y champs de vecteurs tangents à Λ , f section de μ_1 , φ fonction numérique.

<u>Remarque</u> : le fibré de Maslov μ_Λ d'une variété lagrangienne positive est toujours trivialisable en tant que fibré vectoriel ; mais sa connexion ne

l'est en général pas.

D'après [8] ([6] dans le cas réel), on associe à Λ une classe de distributions lagrangiennes : pour $s \in \mathbb{C}$ notons $\mathcal{D}^s_\Lambda$ l'espace des demi-densités distributions qui sont localement de la forme

$$(6.5) \qquad f = \sqrt{|dx|} \int e^{i\varphi(x,\theta)} a(x,\theta)\, d\theta$$

où φ est une phase définissant Λ ($\mathrm{Im}\varphi \geqslant 0$) et $a d\theta$ est une amplitude somme asymptotique d'amplitudes homogènes

$$(6.6) \qquad a d\theta \sim \sum_{j=o}^{\infty} a_{s+k/2-j}\, d\theta$$

où $(a_\sigma d\theta)$ est homogène de degré σ pour les homothéties $\theta \to \lambda\theta$, et k est le nombre de variables θ.

D'après [6], [8] le symbole $\sigma(f)$ est défini de façon naturelle comme section homogène de degré s de μ_Λ. Si P est un opérateur pseudodifférentiel, on a

$$(6.7) \qquad \sigma(Pf) = \sigma(P)_{|\Lambda} \cdot \sigma(f)$$

Si de plus $\sigma(P)$ est nul sur Λ, le champ hamiltonien H_p est tangent à Λ ; Pf est de degré $\deg P + \deg f - 1$ et on a alors

$$(6.8) \qquad \sigma(Pf) = \left(\frac{1}{i} L_{Hp} + \mathrm{sub}_P\right) \sigma(f)$$

Cf. aussi [7] pour une démonstration de ces formules.

7. INDICE DE MASLOV. FIN DE LA DEMONSTRATION

Soit Ω un fibré complexe de rang 1 sur un espace connexe paracompact X, muni d'une action du groupe $U(1)$. Si σ est une section sans zéro, l'indice $\gamma(\sigma)$ est le nombre d'enroulements de $(e^{i\theta})^* \sigma . \sigma^{-1}$, i.e. l'accroissement, entier et indépendant de x, de $\frac{1}{2\pi} \arg(\sigma(e^{i\theta}x).\sigma^{-1}(x))$ ou encore (si σ est différentiable)

$$(7.1) \qquad \gamma(\sigma) = \frac{1}{2i\pi} \int_{\text{orbite}} \sigma^{-1} \frac{\partial\sigma}{\partial\theta}$$

Ce nombre est nul si Ω est le complexifié d'un fibré réel invariant par $U(1)$, et σ est réelle.

Explicitons la condition rencontrée au n°2 .

(7.2) <u>Pour tout entier</u> $j \neq 0$, <u>le fibré</u> $L^{\otimes j}$ <u>est non trivial</u>, L <u>désignant le fibré de rang</u> 1 <u>sur</u> $Y = X/U(1)$ <u>associé au fibré principal</u>, <u>de groupe</u> $U(1)$, $X \to Y$.

Si cette condition est satisfaite, le nombre d'enroulements d'une fonction numérique non nulle est toujours zéro, de sorte que les sections sans zéro de Ω ont toutes même indice.

Soit maintenant E un fibré symplectique réel sur X . Choisissons une structure complexe positive I comme au n°6 (il en existe, et deux telles structures sont homotopes). Notons E_I le fibré complexe hermitien qui en résulte. L'application $x + iy \to x + Iy$ de $E \otimes \mathbb{C}$ dans E_I induit une bijection $\Lambda \to E_I$ pour tout sous-fibré lagrangien complexe positif Λ , d'où aussi une bijection entre fibrés de rang 1 : $\Omega^2_\Lambda \to \Omega^2_{E_I}$.

Si Λ est réel (polarisation de E), Ω^2_Λ est réel orienté et a une section canonique (positive de longueur 1), dont on notera δ l'image dans $\Omega^2_{E_I}$.

Si (E,X) est muni d'une action de U(1) on peut choisir I invariant (c'est encore unique à homotopie près). Alors U(1) opère sur E_I , et si Λ comme ci-dessus est invariante, la bijection $\Lambda \to E_I$ est équivariante.

Si V est une polarisation de E , l'indice de Maslov de l'action de U(1) sur E , par rapport à V , est l'indice $\gamma(\delta_V)$. Si la condition (7.2) est remplie, c'est aussi l'indice de n'importe quelle section de $\Omega^2_{E_I}$. Il est nul si la polarisation V est invariante.

Revenons aux notations des n°1, 3 . Par définition l'indice de Maslov γ introduit au n°1 est l'indice de l'action de U(1) sur $T(T^*M-\{0\})$, par rapport à la polarisation verticale. Observons qu'ici la condition (7.2) est satisfaite.

L'action de U(1) a pour générateur infinitésimal le champ hamiltonien H_A . Observons que le transposé ${}^tA$ donne naissance à une autre action du groupe U(1) (symétrique), pour laquelle on vérifie que l'indice de Maslov est le même.

Nous démontrons maintenant (3.2). Soit K le noyau de l'opérateur H du n°3 : c'est une distribution lagrangienne sur $N \times M$, de symbole k . L'équation (3.1) se traduit par

$$(7.3) \qquad \left(\frac{1}{i}\frac{\partial}{\partial\theta} - {}^tC\right) K = 0$$

La lagrangienne (complexe,positive) de K est donc contenue dans $\mathrm{Car}\left(\frac{1}{i}\frac{\partial}{\partial\theta} - {}^tC\right)$.

Notons X le champ hamiltonien de $\frac{1}{i}\frac{\partial}{\partial\theta} - {}^tC$: X engendre une action de U(1) sur $T^*(N\times M)$, produit de l'action de générateur $\frac{\partial}{\partial\theta}$ sur T*N , et de l'opposée de l'action de générateur H_{t_C} sur T*M . Comme sub $\frac{\partial}{\partial\theta} = 0$, on a

(7.4) $$(\frac{1}{i} L_X - \mathrm{sub}_{t_C}) k = 0$$

d'où

(7.5) $$\mathrm{sub}_{t_A} = \frac{1}{i} k^{-1} L_X k$$

(7.6) $$\frac{1}{2\pi} \int_{\mathrm{orbite}} \mathrm{sub}_{t_A} = \frac{1}{2i\pi} \int_{\mathrm{orbite}} k^{-1} L_x k$$

Comme H est elliptique, k est une section non nulle de μ_Λ et k^4 est une section non nulle de Ω_Λ^2 . Comme Λ est invariante par U(1), le deuxième membre de (7.6) est égal à $\frac{1}{4}\gamma'$, où γ' est l'indice de Maslov de l'action de U(1) sur T(T*(N × M)) de générateur X . Comme on a vu, celle-ci est décomposée. L'action sur T(T*N) est d'indice nul car la fibration verticale de T*N est invariante. L'action sur T(T*M) est l'opposée de l'action de générateur H_{t_C} , d'où $\gamma' = -\gamma$. Ceci achève la démonstration.

<u>BIBLIOGRAPHIE</u> :

[1] L. Boutet de Monvel : On the index of Toeplitz operators...Inventiones Math. 50 (1979) 249-272.

[2] L. Boutet de Monvel, V. Guillemin : The spectral theory of Toeplitz operators. Ann. Math. Studies 99 (1981).

[3] L. Boutet de Monvel : Nombre de valeurs propres d'un opérateur elliptique. Sém. Bourbaki n°532, nov. 1978.

[4] Y. Colin de Verdière : Sur le spectre des opérateurs à bicaractéristiques périodiques. Comm. Math. Helv. 54 (1979) 508-522.

[5] J.J. Duistermaat, L. Hörmander : Fourier Integral operators II.Acta Math. 128 (1972) 183-269.

[6] L. Hörmander : Fourier Integral Operators. Acta Math 127 (1971) 79-183.

[7] L. Hörmander : The analysis of linear partial differential Operators , vol. IV . Springer Verlag.

[8] A. Melin, J. Sjöstrand : Fourier Integral operators with complex phase, dans Lect. Notes n°459 (F.I.O. & P.D.E.) 120-223.

***

8.6 Asymptotic Equivariant Index of Toeplitz Operators

Asymptotic equivariant index of Toeplitz operators, Differential equations and exact WKB analysis, RIMS Kôkyûroku Bessatsu, B10, Res. Inst. Math. Sci. (RIMS), Kyoto, 2008, pp. 33–45. [B08a]

RIMS Kôkyûroku Bessatsu
B10 (2008), 33–45

Asymptotic equivariant index of Toeplitz operators

By

L. Boutet de Monvel*

Contents

Abstract

We describe the asymptotic equivariant index, an avatar of M.F. Atiyah's index theory for relatively elliptic equivariant pseudodifferential operators, which makes sense for Toeplitz operators.

These notes are an account of part of lectures given in the R.I.M.S., Kyoto, at Keio University (october 2007), and in the C.I.R.M., Marseille (january 2008). We describe the asymptotic equivariant trace and index of Toeplitz operators invariant under the action of a compact group G.

Received March 25, 2008. Revised July 26, 2008. Accepted July 29, 2008.
2000 Mathematics Subject Classification(s): 58J40, 32A25, 53D10, 53D55
Key Words: Szegô projector, Toeplitz operators, index
Partly supported by JSPS
*UPMC Univ Paris 6, F75005, Paris, France

This theory is an avatar of M.F. Atiyah's index theory for relatively elliptic pseudodifferential operators [1] on a G-manifold. Atiyah's theory does not apply directly to Toeplitz operators on a contact manifold, because the function space on which they act (Toeplitz space) is only defined up to a space of finite dimension from symbolic calculus, so the absolute index or trace do not make much sense. The G-asymptotic trace and index are weaker forms (Atiyah's trace or index is a distribution on G, the asymptotic trace or index is its singularity). The advantage of the asymptotic index is that it is well defined for Toeplitz operators, whereas the "absolute" index is not, and it still contains useful information. We have recently used it with E. Leichtnam, X. Tang, A. Weinstein [7], to give a new "simple" proof of the Atiyah-Weinstein conjecture. We refer to loc. cit. for further details about this formula, for which a proof was recently given by C. Epstein [12], using "Heisenberg pseudodifferential calculus".

§ 1. Toeplitz operators

In this section we recall the mechanism of generalized Szegö projectors and Toeplitz operators. We refer to [6, 9, 10] for more details.

As in [6, 9, 10], we call symplectic cone a smooth (paracompact) manifold which is a principal $\mathbb{R}_+^\times$ bundle, equipped with a symplectic form ω homogeneous of degree 1. The Liouville form is its horizontal primitive $\lambda = \rho \lrcorner \omega$ ($\omega = d\lambda$), where ρ denotes the radial (Euler) vector field, infinitesimal generator of homotheties. The basis $X = \Sigma/\mathbb{R}_+^\times$ is an oriented contact manifold; its contact form λ_X (any pull-back of λ by a smooth section) is defined up to a smooth positive factor, and Σ is canonically identified with the set of positive multiples of λ_X in T^*X.

§ 1.1. Microlocal model

We first describe the microlocal model for generalized Szegö projectors given in [2]. Let $(x, y) = (x_1, \ldots, x_p, y_1, \ldots, y_q)$ denote the variable in $\mathbb{R}^{p+q}$. We consider the system of pseudodifferential operators $D = (D_j)$ with

$$D_j = \partial_{y_j} + |D_x| y_j \ (j = 1, \ldots, q)$$

The D_j commute; the complex involutive variety $\operatorname{char} D$ is defined by the complex equations $\eta_j - i|\xi|y_j = 0$; it is $\gg 0$, in the sense of [14, 15]. Its real part is the symplectic manifold $\Sigma : \{\eta_j = y_j = 0\}$.

The kernel of D in L^2 is the range of the Hermite operator H (in the sense of [2]) defined by its partial Fourier transform:

$$f \in L^2(\mathbb{R}^p) \mapsto Hf \ \text{ with } \ \mathcal{F}_x Hf(\xi, y) = \left(\pi^{-1}|\xi|\right)^{\frac{q}{4}} e^{-\frac{1}{2}|\xi|y^2} \hat{f}(\xi)$$

The orthogonal projector on $\ker D$ is $S = HH^*$:

$$f \mapsto (2\pi)^{-p} \int_{\mathbb{R}^{2p+q}} e^{i(<x-x',\xi>+i\frac{|\xi|}{2}(y^2+y'^2))} \left(\pi^{-1}|\xi|\right)^{\frac{q}{2}} f(x',y')dx'dy'd\xi$$

It is a Fourier integral operator, so as H; its complex canonical relation is $\gg 0$, with real part the graph of Id_Σ (Fourier integral operators are described in [13], Fourier integral operators with complex canonical relation are described in [14, 15]).

§ 1.2. Generalized Szegö projectors

Let M be a compact manifold, and $\Sigma \subset T^\bullet M$ a symplectic subcone ($T^\bullet M$ denotes T^*M deprived of its zero section). A generalized Szegö projector associated to Σ (or Σ-Szegö projector) is a self adjoint[1] elliptic Fourier integral projector S of degree 0 ($S = S^* = S^2$), whose complex canonical relation $\mathcal{C}$ is $\gg 0$, with real part the diagonal $\mathrm{diag}\,\Sigma$ (elliptic means that the principal symbol of S does not vanish on Σ).

From [6, 9, 10], we recall:

1) A Σ-Szegö projector S always exists. It is microlocally isomorphic (mod. some elliptic FIO transformation) to the model above.

   We will denote $\mathbb{H} \subset C^{-\infty}(M)$ its range. Modulo C^∞, it defines a sheaf $\mu\mathbb{H}$ on Σ - a subsheaf supported by Σ of the sheaf of microfunctions on $T^\bullet M$.

2) Toeplitz operators defined by S are the operators on $\mathbb{H}$ of the form $u \in \mathbb{H} \mapsto T_P(u) = SPS(u)$ with P a pseudodifferential operator on M. More generally, if P is any FIO whose canonical relation is complex positive, with real part containing $\mathrm{diag}\,\Sigma$, then SPS is a Toeplitz operator.

   Modulo operators of degree $-\infty$ (smoothing operators), Toeplitz operators form a sheaf $\mathcal{A}_\Sigma$ of algebras on Σ, acting on $\mu\mathbb{H}$; $(\mathcal{A}_\Sigma, \mu\mathbb{H})$ is locally isomorphic to the sheaf of pseudodifferential operators in p real variables ($2p = \dim \Sigma$), acting on the sheaf of microfunctions. The principal symbol (principal part) of T_P is $\sigma(P)_{|\Sigma}$.

3) If S, S' are two Σ-Szegö projectors with range $\mathbb{H}, \mathbb{H}'$, S' induces a quasi isomorphism $\mathbb{H} \to \mathbb{H}'$ (the restriction of SS' to $\mathbb{H}$ is a positive (≥ 0) elliptic Toeplitz operator).

   More generally, if $\Sigma \subset T^\bullet M, \Sigma' \subset T^\bullet M'$ are two symplectic cones and $f : \Sigma \to \Sigma'$ a homogeneous symplectic isomorphism, there always exists a Fourier integral operator F from M to M', inducing an "elliptic" Fredholm map $\mathbb{H} \to \mathbb{H}'$, e.g. there exists a complex canonical relation $\mathcal{C} \gg 0$ with real part the graph of f, and we may take $F = S' \circ F'$ where F' is any elliptic FIO with canonical relation $\mathcal{C}$ (such elliptic FIO exist, they were called "adapted" in [6, 9]).

[1] the requirement that S be self adjoint is convenient but not essential

Thus the pair $(\mathcal{A}_\Sigma, \mu\mathbb{H})$ consisting of the sheaf of micro Toeplitz operators (i.e. mod smoothing operators), acting on $\mu\mathbb{H}$ is well defined, up to (non unique) isomorphism: it only depends on the symplectic cone Σ, not on the embedding.

§ 1.3. Holomorphic case

A first example of Toeplitz structure is $\Sigma = T^\bullet M$ (M a compact manifold), $S = \mathrm{Id}$: the Toeplitz algebra is the algebra of pseudodifferential operators acting on the sheaf of microfunctions on M.

In general, as noted above, the basis $X = \Sigma/\mathbb{R}_+^\times$ of Σ is a contact manifold, and Σ can be canonically embedded in $T^\bullet X$ as the set of positive multiples of the contact form. An important particular case is the holomorphic case: X is the smooth, strictly pseudoconvex boundary of a Stein complex manifold; the contact form of X is the form induced by $\operatorname{Im}\partial\phi$ where ϕ is any defining function ($\phi = 0, d\phi \neq 0$ on X, $\phi < 0$ inside - e.g. if X is the unit sphere bounding the unit ball of $\mathbb{C}^n$, with defining function $\bar{z}\cdot z - 1$, the contact form is $\operatorname{Im}\bar{z}\cdot dz_{|X}$). Then the Szegö projector S is the orthogonal projector on the space of boundary values of holomorphic functions in $L^2(X)$ (the fact that it is Fourier integral operator as above was proved in [3]).

The pseudodifferential algebra is a special case of holomorphic Toeplitz algebra: if M is a manifold, it has a real analytic compact manifold; if M^c is a complexification of M, small tubular neighborhoods of M in M^c (for some hermitian metric) are Stein manifold with strictly complex boundary $X \sim S^*M$, and the pseudodifferential algebra of M acting on microfunctions is isomorphic to the Toeplitz algebra of X acting on $\mathbb{H}$. In fact there exists an adapted Fourier integral operator from M to X which defines an isomorphism from $C^{-\infty}(M)$ to $\mathbb{H}(X)$[2] and interchanges pseudodifferential operators on M and Toeplitz operators on X.

Note: the Atiyah-Weinstein problem can be described as follows: If X is a compact contact manifold, and S, S' two Szegö projectors defined by two embeddable CR structures giving the same contact structure, then the restriction of S' to $\mathbb{H}$ is a Fredholm operator $\mathbb{H} \to \mathbb{H}'$ (SS' induces an elliptic Toeplitz operator on $\mathbb{H}$). The Atiyah-Weinstein conjecture computes the index in terms of topological data of the situation (topology of the holomorphic fillings of which X is the boundary).

§ 2. Equivariant trace and index

§ 2.1. Equivariant Toeplitz algebra

Let G be a compact Lie group, dg its Haar measure ($\int dg = 1$), $\mathfrak{g}$ its Lie algebra.

[2] e.g. $e^{i\epsilon A}$ with $A = \sqrt{-\Delta}$ for some real analytic Riemannian metric on M, cf [4].

Let Σ be a G-symplectic cone (with compact basis), ω its (invariant) symplectic form, λ the Liouville form ($\omega = d\lambda$). As mentioned above, the basis $X = \Sigma/\mathbb{R}_+^\times$ is a G-compact oriented contact manifold; replacing it by its G-mean, we may choose an invariant form λ_X defining the contact structure, and Σ is canonically identified with the set of positive multiples of λ_X in T^*X.

As was shown in [6, 9], the statements of §1 allow a compact group action: if M is a compact G-manifold and Σ is embedded as an invariant symplectic subcone of $T^\bullet M$, there exists a G-invariant generalized Szegö projector associated to Σ [3]; if S' is another one, it induces an equivariant Fredholm map $\mathbb{H} \to \mathbb{H}'$, and more generally if u is an equivariant isomorphism $\Sigma \subset T^\bullet M \to \Sigma' \subset T^\bullet M'$, there exists an equivariant adapted FIO F inducing an equivariant elliptic Toeplitz FIO $\mathbb{H} \to \mathbb{H}'$.

If S is an equivariant generalized Szegö projector, G acts on $\mathbb{H}$ and on the Toeplitz algebra, so as on their microlocalization $\mu\mathbb{H}, \mathcal{A}_\Sigma$. The infinitesimal generators of G (vector fields image of elements $\xi \in \mathfrak{g}$) define Toeplitz operators T_ξ of degree 1 on $\mathbb{H}$. The elements of G act as unitary Fourier integral operators - or "Toeplitz-FIO's".

The Toeplitz space $\mathbb{H}$ (and its Sobolev counterparts) splits according to the irreducible representations of G: $\mathbb{H} = \widehat{\bigoplus} \mathbb{H}_\alpha$ (the same will hold for the equivariant "Toeplitz bundles" below).

§ 2.2. Equivariant trace

The G-trace and G-index (relative index in [1]) were introduced by M.F. Atiyah in [1] for equivariant pseudo-differential operators on a G-manifold. The G-trace of P is a distribution on G, describing $\mathrm{tr}\,(g \circ P)$. Here we adapt this to Toeplitz operators.

Below we will use the following extension: an equivariant Toeplitz bundle is the range of an equivariant Toeplitz projector P of degree 0 on some $\mathbb{H}^N$. The symbol of $\mathbb{E}$ is the range of the principal symbol of P; it is an equivariant vector bundle on X; any equivariant vector bundle on X is the symbol of an equivariant Toeplitz bundle. We will denote by $\mathbb{E}^{(s)}$ its space of Sobolev H^s sections.

If $\mathbb{E}, \mathbb{F}$ are two equivariant Toeplitz bundles, there is an obvious notion of Toeplitz (matrix) operator $P : \mathbb{E} \to \mathbb{F}$, and of its principal symbol $\sigma_d(P)$ if it is of degree d, which is a homogeneous vector-bundle homomorphism $E \to F$ on Σ. P is elliptic if its symbol is invertible; then it is a Fredholm operator $\mathbb{E}^{(s)} \to \mathbb{F}^{(s-d)}$ and has an index which does not depend on s.

Definition 2.1. We denote $\mathrm{char}\,\mathfrak{g}$ (characteristic set of $\mathfrak{g}$) the closed subcone of Σ where all symbols of infinitesimal operators $T_\xi, \xi \in \mathfrak{g}$ vanish.

[3] e.g. the Szegö projector of an invariant embeddable CR structure is invariant.

char $\mathfrak{g}$ contains the fixed point set Σ^G, whose basis is the fixed point set X^G (because G is compact). The base Z of char $\mathfrak{g}$ is the set of points of X where all Lie generators $L_\xi, \xi \in \mathfrak{g}$ are orthogonal to λ_X. Note that Σ^G is always a smooth symplectic cone and its base X^G a smooth contact manifold; char $\mathfrak{g}$ and Z may be singular.

Let $\mathbb{E}$ be an equivariant Toeplitz bundle. If $P : \mathbb{E} \to \mathbb{E}$ is a Toeplitz operator of trace class ($\deg P < -n$), the trace function $\mathrm{Tr}_P^G(g) = \mathrm{tr}\,(g \circ P)$ is well defined; it is a continuous function on G. It is smooth if P is of degree $-\infty$ ($P \sim 0$). If P is equivariant, its Fourier coefficient for the representation α is $\frac{1}{d_\alpha}\mathrm{tr}\, P_{|\mathbb{H}_\alpha}$ (d_α the dimension of α).

The following result is an immediate adaptation of the similar result of [1] for pseudo-differential operators.

Proposition 2.2. *Let $P : \mathbb{E} \to \mathbb{E}$ be a Toeplitz operator, with $P \sim 0$ near char $\mathfrak{g}$. Then $Tr_P^G(g) = tr\, g \circ P$ is well defined as a distribution on G. If P is equivariant, $tr\, P_{|\mathbb{H}_\alpha}$ is well defined (finite), and we have, in distribution sense:*

$$Tr_P^G = \sum \frac{1}{d_\alpha}\, tr\, P_{|\mathbb{H}_\alpha}\, \chi_\alpha \tag{2.1}$$

where α runs over the set of irreducible representation of G, with dimension d_α and character χ_α.

We have seen above that this is true if P is of trace class. Let D_G be a bi-invariant elliptic operator of order $m > 0$ on G, e.g. the Casimir of a faithful representation (with $m = 2$); its image D_X on X defines an invariant Toeplitz operator $\mathbb{E} \to \mathbb{F}$, with characteristic set char $\mathfrak{g}$.

If $P \sim 0$ near Σ, we can divide it repeatedly by D_X (mod. smoothing operators) and get for any N:

$$P = D_X^N Q + R \quad \text{with R} \sim 0$$

The degree of Q is $\deg P - mN$, so it is of trace class if N is large enough. We set $\mathrm{Tr}_P^G = D_G^N \mathrm{Tr}_Q^G + \mathrm{Tr}_R^G$: this is well defined as a distribution; the fact that it does not depend on the choice of D_G, N, Q, R is immediate.

Formula 2.1 for equivariant operators, obviously follows. Note that the series converges in distribution sense, i.e. the coefficients have at most polynomial growth (with respect to the eigenvalues of D_G).

More generally assume that we have an equivariant Toeplitz complex of finite length:

$$(\mathbb{E}, d): \quad \cdots \to \mathbb{E}_j \xrightarrow{d} \mathbb{E}_{j+1} \to \ldots$$

i.e. $\mathbb{E}$ is a finite sequence $\mathbb{E}_k$ of equivariant Toeplitz bundles, $d = (d_k : \mathbb{E}_k \to \mathbb{E}_{k+1})$ a sequence of Toeplitz operators such that $d^2 = 0$. Then for a Toeplitz operator $P : \mathbb{E} \to$

$\mathbb{E}, P \sim 0$ near char $\mathfrak{g}$, its equivariant supertrace $\mathrm{Tr}_P^G = \sum(-1)^k \mathrm{Tr}_{P_k}^G$ is well defined; it vanishes if P is a supercommutator.

§ 2.3. Equivariant index

Let $\mathbb{E}_0, \mathbb{E}_1$ be two equivariant Toeplitz bundles. We will say that an equivariant Toeplitz operator $P : \mathbb{E}_0 \to \mathbb{E}_1$ is G-elliptic (relatively elliptic in [1]) if it is elliptic on char $\mathfrak{g}$, i.e. the principal symbol $\sigma(P)$, which is a homogeneous equivariant vector bundle homomorphism $E_0 \to E_1$, is invertible on char $\mathfrak{g}$. Then there exists an equivariant $Q : \mathbb{E}_0 \to \mathbb{E}_1$ such that $QP \sim 1_{\mathbb{E}_0}, PQ \sim 1_{\mathbb{E}_1}$ near char $\mathfrak{g}$. The G-index $\mathrm{Ind} I_P^G$ is then defined as the distribution $\mathrm{Tr}_{1-QP}^G - \mathrm{Tr}_{1-PQ}^G$.

More generally, an equivariant complex $(\mathbb{E}, d)$ as above is G-elliptic if the principal symbol $\sigma(d)$ is exact on char $\mathfrak{g}$. Then there exists an equivariant Toeplitz operator $s = (s_k : \mathbb{E}_k \to \mathbb{E}_{k-1})$ such that $1 - [d,s] \sim 0$ near char $\mathfrak{g}$ ($[d,s] = ds + sd$). The index (Euler characteristic) is the super trace $I_{(\mathbb{E},d)}^G = \mathrm{supertr}\,(1 - [d,s]) = \sum(-1)^j \mathrm{Tr}_{(1-[d,s])_j}^G$.

If P is G-elliptic, for any irreducible representation α, the restriction $P_\alpha : \mathbb{E}_{0,\alpha} \to \mathbb{E}_{1,\alpha}$ is a Fredholm operator: its kernel, cokernel and index I_α are finite dimensional (resp. more generally the cohomology H_α^* of $d_{|\mathbb{E}_\alpha}$ is finite dimensional), and we have

$$\text{(2.2)} \qquad \mathrm{Ind}\, I_P^G = \sum \frac{I_\alpha}{d_\alpha} \chi_\alpha \qquad (\text{resp. } \mathrm{Ind}\, I_{(\mathbb{E},d)}^G = \sum (-1)^j \frac{\dim H_\alpha^j}{d_\alpha} \chi_\alpha\ )$$

§ 2.4. Asymptotic index

The G-index $\mathrm{Ind}\, I_P^G$ is obviously invariant under compact perturbation and deformation, so for fixed $\mathbb{E}_j$ it only depends on the homotopy class of the symbol $\sigma(P)$. However it does depend on the choice of Szegö projectors: as mentioned, the Toeplitz bundles $\mathbb{E}_j$ are known in practice only through their symbols E_j, and are only determined up to a space of finite dimension, so as the Toeplitz spaces $\mathbb{H}$. However if $\mathbb{E}, \mathbb{E}'$ are two equivariant Toeplitz bundles with the same symbol, there exists an equivariant elliptic Toeplitz operator $U : \mathbb{E} \to \mathbb{E}'$ with quasi-inverse V (i.e. $VU \sim 1_{\mathbb{E}}, UV \sim 1'_{\mathbb{E}}$). This may be used to transport equivariant Toeplitz operators from $\mathbb{E}$ to $\mathbb{E}'$: $P \mapsto Q = UPV$. Then if $P \sim 0$ on X_0, $Q = UPV$ and VUP have the same G-trace, and since $P \sim VUP$, we have $T_P^G - T_Q^G \in C^\infty(G)$. Thus the equivariant G-trace or index are ultimately well defined up to a smooth function on G.

Definition 2.3. We define the asymptotic G-trace AsTr_P^G as the singularity of the distribution Tr_P^G (i.e. Tr_P^G mod. $C^\infty(G)$).

If $P \sim 0$, we have $\mathrm{Tr}_P^G \sim 0$, i.e. the sequence of Fourier coefficients is of rapid decrease, $O(c_\alpha)^{-m}$ for all m, where c_α is the eigenvalue of D_G in the representation α (where D_G is as above a bi-invariant elliptic operator on G).

Definition 2.4. If P is elliptic on char $\mathfrak{g}$, the asymptotic G-index AsInd_P^G is defined as the singularity of Ind_P^G.

It only depends on the homotopy class of the principal symbol $\sigma(P)$, and since it is obviously additive we get :

Theorem 2.5. *The asymptotic index defines an additive map from $K_{X-Z}^G(X)$ to $Sing(G) = C^{-\infty}/C^\infty(G)$ $(Z \subset X$ denotes the basis of char $\mathfrak{g})$.*

$K_{X-Z}^G(X)$ denotes the equivariant K-theory of X with compact support in $X - Z$, i.e. the group of stable classes of triples (E, F, u) where E, F are equivariant G-bundles on X, u an equivariant isomorphism $E \to F$ defined near Z, with the usual equivalence relations ($(E, F, a) \sim 0$ if a is stably homotopic near Z to an isomorphism on the whole of X). The asymptotic index is also defined for equivariant Toeplitz complexes, exact near Z.

Note the sequence of Fourier coefficients $\frac{1}{d_\alpha} \mathrm{tr}\, P_\alpha$ is at most of polynomial growth with respect to the eigenvalues of D_G; if $P \sim 0$ it is of rapid decrease. The Fourier coefficients of the asymptotic index are integers, so they are completely determined, except for a finite number of them, by the asymptotic index: $\mathrm{AsInd}_P^G = 0$ means that the Fourier series of Ind_P^G has finite support.

Example : let Σ be a symplectic cone, with free positive elliptic action of $U(1)$, i.e. the Toeplitz generator $A = \frac{1}{i}\partial_\theta$ is elliptic with positive symbol (this is the situation studied in [6]). Then the algebra of invariant Toeplitz operators (mod. C^∞) is a deformation star algebra, setting as deformation "parameter" $\hbar = A^{-1}$. char $\mathfrak{g}$ is empty and the asymptotic trace or index is always defined.

The asymptotic trace of any element a is the series $\sum_{-\infty}^{\infty} a_k e^{ki\theta}, a_k = \mathrm{tr}\ a_{|\mathbb{H}_k}$, mod. smooth functions of θ, i.e. the sequence (a_k) is known mod. rapidly decreasing sequences. It is standard knowledge that the sequence (a_k) has an asymptotic expansion:

$$a_k \sim \sum_{k \le k_0} \alpha_j k^{-j}. \tag{2.3}$$

In this case the asymptotic trace is just as well defined by this asymptotic expansion, which encodes essentially the same thing as the residual trace.

Remark. For a general the circle group action, with generator $A = e^{i\theta}$, all simple representations are powers of the identity representation, denoted T, and all representations occurring as indices can be written as sums.

$$\sum_{k \in \mathbb{Z}} n_k T^k \quad \text{(mod. finite sums)} \tag{2.4}$$

In fact, using the sphere embedding below, it can be seen that the positive and negative parts of the series have a weak periodicity property: they are of the form

$$\frac{P_{\pm}(T,T^{-1})}{(1-T^{\pm k})^k}$$

for a suitable polynomial $P_{\pm}$ and some integer k; in other words they represent rational functions whose poles are roots of 1, and whose Taylor series have integral coefficients.

§ 3. K-theory and embedding

It will be convenient (even though not technically indispensable) to reformulate some constructions above in terms of sheaves of Toeplitz algebras and modules, in particular to follow the index in an embedding (§3.3).

§ 3.1. A short digression on Toeplitz algebras and modules

As above we use the following notation: for distributions, $f \sim g$ means that $f - g$ is C^∞; for operators, $A \sim B$ (or $A = B$ mod. C^∞) means that $A - B$ is of degree $-\infty$, i.e. has a smooth Schwartz kernel. If M is a manifold, $T^\bullet M$ denotes the cotangent bundle deprived of its zero section; it is a symplectic cone with base the cotangent sphere $S^*M = T^\bullet M/\mathbb{R}_+$.

As pointed out above, if Σ is a G-symplectic cone, the micro sheaf $\mathcal{A}_\Sigma$ of Toeplitz operators acting on $\mu\mathbb{H}$ are well defined with the action of G, up to (non unique) isomorphism, independently of any embedding $\Sigma \to T^\bullet M$. The asymptotic trace AsTr_P^G resp. index AsInd_P^G are well defined for a section P of $\mathcal{A}_\Sigma$ vanishing (resp. invertible) near char $\mathfrak{g}$.

If M is a G-manifold and $X = S^*M$ ($\Sigma = T^\bullet M$), $\mathcal{A}_\Sigma$ identifies with the sheaf of pseudodifferential operators acting on the sheaf $\mu\mathbb{H}$ of microfunctions on X (note that even in that case the exact index problem does not make sense: a Toeplitz bundle $\mathbb{E}$ on X corresponds to a vector bundle on the cotangent E on X, not necessarily the pull-back of a vector bundle on M, so $\mathbb{E}$ is in general at best defined up to a space of finite dimension).

It will be convenient to use the language of $\mathcal{E}$-modules. In the C^∞ category $\mathcal{E}$ is not coherent and general $\mathcal{E}$-module theory is not practical. We will just stick to two useful examples.[4]

[4]In proof of the Atiyah-Weinstein conjecture we need to patch together two smooth embedded manifolds near their boundaries: this cannot be done in the real analytic category, where things work slightly better

If $\mathcal{M}$ is an $\mathcal{A}$-module, resp. a complex of $\mathcal{A}$ modules, it corresponds to a system of pseudodifferential (resp. Toeplitz) operators, whose sheaf of solutions is $\mathrm{Hom}_{\mathcal{A}}(\mathcal{M}, \mu\mathbb{H})$. E.g. a locally free complex of $(\mathcal{E}, d)$-modules defines a Toeplitz complex $(\mathbb{E}, D) = \mathrm{Hom}(L, \mathbb{H})$.

More generally we will say that a $\mathcal{E}$-module $\mathcal{M}$ is "good" if it is finitely generated, equipped with a filtration $\mathcal{M} = \bigcup \mathcal{M}_k$ (i.e. $\mathcal{E}_p\mathcal{M}_q = \mathcal{M}_{p+q}$, $\bigcap \mathcal{M}_k = 0$) such that the symbol $\mathrm{gr}\,\mathcal{M}$ has a finite locally free resolution. We denote $\sigma(\mathcal{M}) = \mathcal{M}_0/\mathcal{M}_{-1}$, which is a sheaf of C^∞ modules on the basis X; since there exist global elliptic sections of $\mathcal{E}$, $\mathrm{gr}\,\mathcal{M}$ is completely determined by the symbol, so as the resolution.

It is elementary that a resolution of $\sigma(\mathcal{M})$ lifts to a "good resolution" of $\mathcal{M}$, i.e. a good finite locally free resolution of $\mathcal{M}$[5]. It is also standard that two resolutions of $\sigma(\mathcal{M})$ are homotopic, and if $\sigma(\mathcal{M})$ has locally finite locally free resolutions it also has a global one (because we are working in the C^∞ category on a compact manifold or cone with compact support, and dispose of partitions of unity); this lifts to a global good resolution of $\mathcal{M}$.

If $\mathcal{M}$ is "good", it defines a K-theoretical element $[\mathcal{M}] \in K_Y(X)$ $(Y = \mathrm{supp}\,\sigma(\mathcal{M}))$, viz. the K-theoretical element defined by the symbol of any good resolution (this does not depend on the resolution of $\sigma(M)$ since any two such are homotopic).

This works just as well in presence of a G-action (one must choose invariant filtrations etc.).

The asymptotic trace and index extend in an obvious manner to endomorphisms of good complexes or modules:

- if $\mathcal{M} = \mathcal{A}^N$ is free, $\mathrm{End}_{\mathcal{A}}(\mathcal{M})$ identifies with the ring of $N \times N$ matrices with coefficients in the opposite ring $\mathcal{A}^{op}$, and if $A = (A_{ij})$ vanishes near $\mathrm{char}\,\mathfrak{g}$ we set $\mathrm{AsTr}^G(A) = \sum \mathrm{AsTr}^G(A_{jj})$.

- If $\mathcal{M}$ is isomorphic to the range $P\mathcal{N}$ of a projector P in a free module $\mathcal{N}$ (this does not depend on the choice of $\mathcal{N}$), or if $A \in \mathrm{End}_{\mathcal{A}}(\mathcal{M})$ we set $\mathrm{AsTr}^G(A) = \mathrm{AsTr}^G(PA)$.

- If (L, d) is a locally free complex and A is a $A = (A_k)$ endomorphism, vanishing near $\mathrm{char}\,\mathfrak{g}$, we set $\mathrm{AsTr}^G(A) = \sum(-1)^k \mathrm{AsTr}^G(A_k)$ (the Euler characteristic or super trace; if A, B are endomorphisms of opposite degrees $m, -m$, we have $\mathrm{AsTr}^G[A, B] = 0$, where $[A, B] = AB - (-1)^{m^2} BA$ is the superbracket).

[5]the converse is not true: if d is a locally free resolution of $\mathcal{M}$ its symbol is not necessarily a resolution of the symbol of $\mathcal{M}$ - if only because filtrations must be defined to define the symbol and can be modified rather arbitrarily.

- If $\mathcal{M}$ is a good $\mathcal{A}$-module, (L,d) a good locally free resolution of $\mathcal{M}$, $A \in \operatorname{End}_{\mathcal{A}}(\mathcal{M})$, we set $\operatorname{AsTr}^G(A) = \operatorname{AsTr}^G(\widetilde{A})$, where $\widetilde{A}$ is any extension of A to (L,d) (such an extension exists, and is unique up to homotopy i.e. up to a supercommutator).

- Finally if $\mathcal{M}$ is a locally free complex with symbol exact on char $\mathfrak{g}$, or a good $\mathcal{A}$-module with support outside of char $\mathfrak{g}$, it defines a K-theoretical element $[\mathcal{M}] \in K_Z^G(X)$, and its asymptotic index (the supertrace of the identity), is the image of $[\mathcal{M}]$ by the index map of Theorem 2.5.

Remark. The equivariant trace or index are defined just as well for modules admitting a projective resolution (projective meaning direct summand of some $\mathcal{A}^N$, with a projector not necessarily of degree 0). What does not work for these more general objects is the relation to topological K-theory.

§ 3.2. Embedding

Let Σ be a G-symplectic cone, embedded equivariantly in $T^\bullet M$ with M a compact G-manifold, and S an equivariant Szegö projector. As recalled in §1, the range $\mu\mathbb{H}$ of S is the sheaf of solutions of an ideal $I \subset \mathcal{E}_M$. The corresponding $\mathcal{E}_M$-module $\mathcal{M} = \mathcal{E}_M/I$ is good as one can see on the microlocal model.

We have $\operatorname{End}_{\mathcal{E}}(\mathcal{M}) = [I : I]$, the set of ψDO a such that $Ia \subset I$, acting on the right. The map $a \mapsto \operatorname{Tr}_a^G(\operatorname{Tr}_a^G f(1) = fa(1))$ is an isomorphism from $\operatorname{End}_{\mathcal{E}}(\mathcal{M})$ to the algebra of Toeplitz operators mod. C^∞. $\mathcal{M}$ is a $\mathcal{E}, \mathcal{E}'$ bimodule.

If $\mathcal{P}$ is a (good) $\mathcal{E}'$-module, the transfered module is $\mathcal{M} \otimes_{\mathcal{E}'} \mathcal{P}$, which has the same solution sheaf $(\operatorname{Hom}(\mathcal{M}\otimes\mathcal{P}, \mathbb{H}) = \operatorname{Hom}(\mathcal{P}, \operatorname{Hom}(\mathcal{M}, \mathbb{H}))$ and $\operatorname{Hom}(\mathcal{M}, \mathbb{H}) = \mathbb{H}')$. Thus the transfer preserves traces and indices.

This extends obviously to the case where Σ is embedded equivariantly in another symplectic cone $\Sigma \subset \Sigma'$: the small Toeplitz sheaf $\mu\mathbb{H}$ is realized as $\operatorname{Hom}_{\mathcal{A}_\Sigma}(\mathcal{M}, \mu\mathbb{H}')$, with $\mathcal{M} = \mathcal{E}/I$ and $I \subset \mathcal{E}$ is the annihilator of the Szegö projector S of Σ.

Theorem 3.1. *Let X', X be two compact contact G-manifolds and $f : X \to X'$ be an equivariant embedding. Then the K-theoretical push-forward (Bott homomorphism) $K^G_{X-Z}(X) \to K^G_{X'-Z'}(X')$ commutes with the asymptotic G index.*

Let $F : \mathcal{A}_\Sigma \to \mathcal{A}'_\Sigma$ be an equivariant embedding of the corresponding Toeplitz algebras (above f), and let $\mathcal{M}$ be the $\mathcal{A}'_\Sigma$-module associated with the Szegö projector S_Σ. We have seen that transfer $\mathcal{P} \mapsto \mathcal{M} \otimes \mathcal{P}$ preserves the asymptotic index.

Lemma 3.2. *The K-theoretical element (with support in Σ) $[\mathcal{M}] \in K^G_\Sigma(T^\bullet M)$*

is precisely the Bott element used to define the Bott isomorphism $K^G(X) \to K^G_X(X')$.[6]

Proof: We have already noticed that $\mathcal{M}$ is good; it has, locally (and globally), a good resolution. Its symbol is a locally free resolution of $\sigma(\mathcal{M}) = C^\infty(X)/\sigma(I)$. Let us identify a small equivariant tubular neighborhood of Σ with the normal tangent bundle N of Σ in Σ'; N is a symplectic bundle; the ideal I endows it with a compatible positive complex structure N^c, i.e. the first order jet of elements of $\sigma(I)$ are holomorphic in the fibers of N^c; if a, b are such symbols we have $\{a, b\}_N = 0$; $\frac{1}{i}\{a, \bar{a}\}_N \gg 0$. In such a neighborhood a good symbol resolution is homotopic to the Koszul complex : the Koszul complex is the complex (E, d) with $E_p = \bigwedge^{-p}(N^{c*})$ (0 if $p > 0$), the differential d at a point with complex coordinates z of N is the interior product (contraction) $d\omega = z \lrcorner \omega$. The K-theoretical element $[(E, d)] \in G^G_\Sigma(\Sigma')$ is precis! ely the Bott element.

E.g. if $\Sigma' = \mathbb{C}^N - \{0\}$, with Liouville form $\operatorname{Im} \bar{z}.dz$ [7], with basis the unit sphere $X = S^{2N-1}$, $\mathbb{H}$ the space of holomorphic functions on the sphere $X' = S^{2N-1}$, $X \subset X$ the diameter $z_1 = \cdots = z_k = 0$, Σ', $\mathbb{H}' =$ the functions independent of $z_1, \ldots, z_k$, I is the ideal spanned by the Toeplitz operators T_{∂_k}. The transfer module $\mathcal{M}$ is $\mathcal{A}/I$ with $I = \sum_0^k z_j \mathcal{A}$, its resolution is the standard Koszul complex.

Remark. It is always possible to embed a compact contact manifold in a canonical contact sphere with linear G-action:

Lemma 3.3. *Let Σ be a G cone (with compact base), λ a horizontal 1-form homogeneous of degree 1, i.e. $L_\rho \lambda = \lambda$, $\rho \lrcorner \lambda = 0$, where ρ is the radial vector field, generating homotheties. Then there exists a homogeneous embedding $x \mapsto Z(x)$ of Σ in a complex representation V^c of G such that $\lambda = Im\, \bar{Z}.dZ$*

In this construction, Z must be homogeneous of degree $\frac{1}{2}$ as above. This applies of course if Σ is a symplectic cone, λ its Liouville form (the symplectic form is $\omega = d\lambda$ and $\lambda = \rho \lrcorner \omega$). We first choose a smooth equivariant function $Y = (Y_j)$, homogeneous of degree $\frac{1}{2}$, realizing an equivariant embedding of Σ in $V - \{0\}$, where V is a real unitary G-vector space (this always exists if the basis is compact). Then there exists a smooth function $X = (X_j)$ homogeneous of degree $\frac{1}{2}$ such that $\lambda = 2X.dY$. We can suppose X equivariant, replacing it by its mean $\int g.X(g^{-1}x)\, dg$ if need be. Since Y is of degree $\frac{1}{2}$ we have $2\rho \lrcorner dY = Y$ hence $X.Y = \rho \lrcorner = 0$. Finally we get

$$\lambda = \operatorname{Im} \bar{Z}.dZ \quad \text{with} \quad Z = X + iY$$

[6] if $f : X \to Y$ is a map between manifolds (or suitable spaces), the K-theoretical push-forward is the topological translation of the Grothendieck direct image in K-theory (for algebraic or holomorphic spaces). Its definition requires a spin^c structure on the virtual normal of f (cf [8], §1.3) and this always exists (canonically) if X, Y are almost symplectic or almost complex, or as here if f is an immersion whose normal tangent bundle is equipped with a symplectic or complex structure.

[7] the coordinates z_j are homogeneous of degree $\frac{1}{2}$.

(the coordinates z_j on V are homogeneous of degree $\frac{1}{2}$ so that the canonical form $\operatorname{Im} \bar{Z}.dZ$ is of degree 1)

References

[1] Atiyah, M.F. *Elliptic operators and compact groups.* Lecture Notes in Mathematics, Vol. 401. Springer-Verlag, Berlin-New York, 1974.

[2] Boutet de Monvel, L. *Hypoelliptic operators with double characteristics and related pseudo-differential operators.* Comm. Pure Appl. Math. 27 (1974), 585-639.

[3] Boutet de Monvel, L.; Sjöstrand, J. *Sur la singularité des noyaux de Bergman et de Szegö.* Astérisque 34-35 (1976), 123-164.

[4] Boutet de Monvel, L. *Convergence dans le domaine complexe des séries de fonctions propres.* C.R.A.S. 287 (1978), 855-856.

[5] Boutet de Monvel, L. *On the index of Toeplitz operators of several complex variables.* Inventiones Math. 50 (1979) 249-272.

[6] Boutet de Monvel, L.; Guillemin, V. *The Spectral Theory of Toeplitz Operators.* Ann. of Math Studies no. 99, Princeton University Press, 1981.

[7] Boutet de Monvel L., Leichtnam E., Tang X., Weinstein A. *Asymptotic equivariant index of Toeplitz operators and relative index of CR structures* (to appear).

[8] Boutet de Monvel, L.; Malgrange, B. *Le théorème de l'indice relatif.* Ann. Sci. ENS., 23 (1990), 151-192.

[9] Boutet de Monvel, L. *Symplectic cones and Toeplitz operators.* Multidimensional complex analysis and partial differential equations (São Carlos, 1995), 15–24, Contemp. Math., 205, Amer. Math. Soc., Providence, RI, 1997.

[10] Boutet de Monvel, L. *Vanishing of the logarithmic trace of generalized Szegö projectors.* arXiv:math.AP/0604166 v1, Proceedings of the Conference "Algebraic Analysis of Differential Equations" in honor of Prof. T. Kawai, Springer Verlag, 2007.

[11] Englis, M.: *Berezin quantization and reproducing kernels on complex domains.* Trans. Amer. Math. Soc. 349, pages 411-479, 1996.

[12] Epstein, C. *Subelliptic Spin$_c$ Dirac operators, III. The Atiyah-Weinstein conjecture.* arXiv:math/0507547v2; to appear in Ann. math. 2006.

[13] Hörmander, L. *Fourier integral operators I.* Acta Math. 127 (1971), 79-183.

[14] Melin, A.; Sjöstrand, J. *Fourier Integral operators with complex valued phase functions* Lecture Notes 459 (1975) 120-223.

[15] Melin, A.; Sjöstrand, J. *Fourier integral operators with complex phase functions and parametrix for an interior boundary value problem* Comm. P.D.E. 1:4 (1976) 313-400.

[16] Weinstein, A.: *Some questions about the index of quantized contact transformations* RIMS Kokyuroku No. 1014, pages 1-14, 1997.

8.7 Asymptotic Equivariant Index of Toeplitz Operators and Relative Index of CR Structures

Asymptotic equivariant index of Toeplitz operators and relative index of CR structures, Geometric aspects of analysis and mechanics, Progr. Math., vol. 292, Birkhäuser/Springer, New York, 2011, pp. 57–79. [BLeTaWe11]

Asymptotic equivariant index of Toeplitz operators and relative index of CR structures

Louis Boutet de Monvel, Eric Leichtnam, Xiang Tang* and Alan Weinstein†

This paper is dedicated to J.J. Duistermaat for his 65th birthday

Abstract Using equivariant Toeplitz operator calculus, we give a new proof of the Atiyah–Weinstein conjecture on the index of Fourier integral operators and the relative index of CR structures.

Key words: Index, CR manifolds, contact manifolds, Toeplitz operators

Mathematics Subject Classification (2010): Primary: 58J20; Secondary: 19L47, 32A45, 53D10, 58J40

1 Introduction

Let Ω, Ω' be two bounded Stein domains (or manifolds) with smooth strictly pseudoconvex boundaries X_0, X_0' (these are compact contact manifolds), and f_0

Louis Boutet de Monvel
UPMC-Paris 6, Institut de Mathématiques de Jussieu-UMR7586, 4, place Jussieu, F-75005, Paris, France
e-mail: boutet@math.jussieu.fr

Eric Leichtnam
CNRS, Institut de Mathématiques de Jussieu-UMR7586, 4, place Jussieu, F-75005, Paris, France
e-mail: ericleichtnam@math.jussieu.fr

Xiang Tang
Department of Mathematics, Washington University, St. Louis, MO, 63130 USA
e-mail: xtang@math.wustl.edu

Alan Weinstein
Department of Mathematics, University of California, Berkeley, CA 94720 USA
e-mail: alanw@math.berkeley.edu

* Research partially supported by NSF Grant 0703775

† Research partially supported by NSF Grant 0707137

E.P. van den Ban and J.A.C. Kolk (eds.), *Geometric Aspects of Analysis and Mechanics: In Honor of the 65th Birthday of Hans Duistermaat*, Progress in Mathematics 292, DOI 10.1007/978-0-8176-8244-6_2, © Springer Science+Business Media, LLC 2011 a contact isomorphism $X_0 \to X'_0$. If $\mathbb{H}_0, \mathbb{H}'_0$ denote the spaces of CR functions (or distributions) on X_0, X'_0 (boundary values of holomorphic functions), S, S' the Szegő projectors,[3] the map $E_0 : u \mapsto S'(u \circ f_0^{-1}) : \mathbb{H}_0 \to \mathbb{H}'_0$ is Fredholm (it is an elliptic Toeplitz FIO). The index of E_0 was introduced by C. Epstein [17, 18, 19, 20], who called it the relative index of the two CR structures. A formula for the index was proposed in [27]. A special case was established in [21], and a proof of this index formula in the general case was given by C. Epstein in [19], based on an analysis of the situation using the "Heisenberg-pseudodifferential calculus." (Another proof based on deformation quantization should also be possible, using the ideas in [23] and [24].) In this paper we propose a simpler proof based on equivariant Toeplitz-operator calculus, which gives a straightforward view. Our formula is described in Section 4.4. It is essentially equivalent to the formula proposed in [27], which was stimulated by a problem in the theory of Fourier integral operators, a subject in which Hans Duistermaat was a pioneer [13].

It is awkward to keep track of the index in the setting of Toeplitz operators on X_0 and X'_0 alone, because we are dealing with several Szegő projectors, and Toeplitz-operator calculus controls the range $\mathbb{H}$ of a generalized Szegő projector at best up to a vector space of finite rank.[4]

To make up for this, we use the ball $\widetilde{\Omega} \subset \mathbb{C} \times \Omega$ defined by $t\bar{t} < \phi$, where t is the coordinate on $\mathbb{C}$, ϕ is a smooth defining function ($\phi = 0, d\phi \neq 0$ on $X_0 = \partial\Omega, \phi > 0$ inside; note that this is the opposite sign from the usual one) chosen so that $\mathrm{Log}\,\frac{1}{\phi}$ is strictly plurisubharmonic, so that the boundary $X = \partial\widetilde{\Omega}$ is strictly pseudoconvex; such a defining function always exists; e.g., we can choose ϕ strictly plurisubharmonic. Then X is a compact contact manifold with (positive) action of the circle group $U(1)$. We will identify X_0 with the submanifold $\{0\} \times X_0$ of X.

We perform the same construction for Ω': we will see that there exist an equivariant germ near X_0 of an equivariant contact isomorphism $f : X \to X'$ extending f_0 such that $t' \circ f$ is a positive multiple of t, and an elliptic equivariant Toeplitz FIO E extending E_0, associated[5] to the contact map f; the holomorphic spaces $\mathbb{H}, \mathbb{H}'$ split in Fourier components $\mathbb{H}_k, \mathbb{H}'_k$ on which the index is repeated infinitely many times. This construction has the advantage of taking into account the geometry of the two fillings Ω, Ω', which obviously must come into the picture.

The final result can then be expressed in terms of an asymptotic version of the relative index (G-index) of E, derived from the equivariant theory of M.F. Atiyah and I.M. Singer [4]: the asymptotic index, described in Section 4.4, ignores finite-dimensional spaces and is well defined for Toeplitz operators or Toeplitz systems; it is also preserved by suitable contact embeddings.

The asymptotic equivariant trace and index are described in Sections 2 and 3. The relative index formula is described and proved in Section 4 (Theorem 5).

[3] The definition of S requires choosing a smooth positive density on X_0; nothing of what follows depends on this choice.

[4] There is no index formula for a vector bundle elliptic Toeplitz operator, although there is one for matrix Toeplitz operators, a straightforward generalisation of the Atiyah–Singer formula; cf. [7].

[5] f is associated to E in the same manner as a canonical map is associated to an FIO.

2 Equivariant trace and index

2.1 Equivariant Toeplitz Operators

Let G be a compact Lie group with Haar measure $dg(\int dg = 1)$, $\mathfrak{g}$ its Lie algebra, and X a smooth compact cooriented contact manifold with an action of G; this means that X is equipped with a contact form λ (two forms define the same cooriented contact structure if they are positive multiples of each other); G acts smoothly on X and preserves the contact structure and coorientation, i.e., for any g the image $g_*\lambda$ is a positive multiple of λ; replacing λ by the mean $\int g_*\lambda\, dg$, we may suppose that it is invariant. The associated symplectic cone Σ is the set of positive multiples of λ in T^*X, a principal $\mathbb{R}^+$ bundle over X, a half-line bundle over X.

We also choose an invariant measure dx with smooth positive density on X, so L^2 norms are well defined. The results below will not depend on this choice.

It was shown in [10] that there always exists an invariant generalized Szegő projector S which is a self adjoint Fourier-integral projector whose microsupport is Σ, mimicking the classical Szegő projector. The projector S extends or restricts to all Sobolev spaces; for $s \in \mathbb{R}$ we will denote by $\mathbb{H}^{(s)}$ the range of S in the Sobolev space $H^s(X)$, and by $\mathbb{H}$ the union.

A Toeplitz operator of degree m on $\mathbb{H}$ is an operator of the form $f \mapsto T_Q f = SQf$, where Q is a pseudodifferential operator of degree m. Here we use pseudodifferential operators in a strict sense, i.e., in any local set of coordinates the total symbol has an asymptotic expansion $q(x,\xi) \sim \sum_{k\geq 0} q_{m-k}(x,\xi)$, where q_{m-k} is homogeneous of degree $m-k$ with respect to ξ, and the degree m and $k \geq 0$ are integers.[6] A Toeplitz operator of degree m is continuous $\mathbb{H}^{(s)} \to \mathbb{H}^{(s-m)}$ for all s. Recall that Toeplitz operators give rise to a symbolic calculus, microlocally isomorphic to the pseudodifferential calculus, that lives on Σ (cf. [10]).

In particular, the infinitesimal generators of G (vector fields determined by elements $\xi \in \mathfrak{g}$) define Toeplitz operators T_ξ of degree 1 on $\mathbb{H}$. An element P of the universal enveloping algebra $U(\mathfrak{g})$ acts as a higher-order Toeplitz operator P_X (equivariant if P is invariant), and the elements of G act as unitary Fourier integral operators, or "Toeplitz-FIO."

$\mathbb{H}$ (with its Sobolev counterparts) splits according to the irreducible representations of $G : \mathbb{H} = \widehat{\bigoplus} \mathbb{H}_\alpha$.

Below we will use the following extended notions: an *equivariant Toeplitz bundle* $\mathbb{E}$ is the range of an equivariant Toeplitz projector P of degree 0 on a direct sum $\mathbb{H}^N$. The *symbol* of $\mathbb{E}$ is the range of the principal symbol of P; it is an equivariant vector bundle on X. Any equivariant vector bundle on X is the symbol of an equivariant Toeplitz bundle (this also follows from [10]).

---

[6] We will occasionally use as multipliers operators of degree $m = \frac{1}{2}$ (or any other complex number), with k still an integer in the expansion.

2.2 G-trace

The G-trace and G-index (relative index in [4]) were introduced by M.F. Atiyah in his joint work with I.M. Singer [4] for equivariant pseudodifferential operators on G-manifolds. The G-trace of such an operator A is a distribution on G, describing $\mathrm{tr}\,(g \circ A)$. Here we adapt this to Toeplitz operators. Because the Toeplitz spaces $\mathbb{H}$ and $\mathbb{E}$ are really defined only up to a finite-dimensional space, their G-traces or indexes are ultimately defined only up to a smooth function, i.e., they are distribution singularities on G (distributions mod C^∞); they are described below, and renamed "asymptotic G-trace or index."

If $\mathbb{E}, \mathbb{F}$ are equivariant Toeplitz bundles, there is an obvious notion of Toeplitz (matrix) operator $P : \mathbb{E} \to \mathbb{F}$, and of its principal symbol $\sigma_d(P)$ (if it is of degree d), a homogeneous vector-bundle homomorphism $E \to F$ over Σ. The operator P is elliptic if its symbol is invertible; it is then a Fredholm operator $\mathbb{E}^s \to \mathbb{F}^{s-d}$ and has an index which does not depend on s.

If $\mathbb{E}$ is an equivariant Toeplitz bundle and $P : \mathbb{E} \to \mathbb{E}$ is a Toeplitz operator of trace class[7] ($\deg P < -n$), the trace function[8] $\mathrm{Tr}_P^G(g) = \mathrm{tr}\,(g \circ P)$ is well defined; it is a continuous function on G. It is smooth if P is of degree $-\infty$ ($P \sim 0$). If P is equivariant, its Fourier coefficient for the representation α is $\frac{1}{d_\alpha}\mathrm{tr}\, P|_{\mathbb{E}_\alpha}$ (with d_α the dimension of α, $\mathbb{E}_\alpha$ the α-isotypic component of $\mathbb{E}$).

Definition 1. We denote by $\mathrm{char}\,\mathfrak{g} \subset \Sigma$ the characteristic set of the G-action, i.e., the closed subcone where all symbols of infinitesimal operators $T_\xi, \xi \in \mathfrak{g}$, vanish (this contains the fixed-point set Σ^G). The base of $\mathrm{char}\,\mathfrak{g}$ is the set of points of X where all Lie generators $L_\xi, \xi \in \mathfrak{g}$, are annihilated by the contact form λ; in the sequel we will usually denote it by $Z \subset X$.

The fixed-point set X^G is the base of Σ^G because G is compact (there is an invariant section). The base Z contains the fixed-point set X^G. Note that Σ^G is always a smooth symplectic cone and its base X^G is a smooth contact manifold; $\mathrm{char}\,\mathfrak{g}$ and Z may be singular.

The following result is an immediate adaptation of the similar result for pseudodifferential operators in [4].

Proposition 1. *Let $P : \mathbb{E} \to \mathbb{E}$ be a Toeplitz operator, with $P \sim 0$ near $\mathrm{char}\,\mathfrak{g}$ (i.e., its total symbol vanishes near $\mathrm{char}\,\mathfrak{g}$). Then $\mathrm{Tr}_P^G = \mathrm{tr}\,(g \circ P)$ is well defined as a distribution on G. If P is equivariant, we have, in the sense of distributions,*

$$\mathrm{Tr}_P^G = \sum \frac{1}{d_\alpha}\,(\mathrm{tr}\, P|_{\mathbb{E}_\alpha})\,\chi_\alpha \tag{1}$$

[7] $\dim X = 2n - 1$. The Toeplitz algebra is microlocally isomorphic to the algebra of pseudodifferential operators in n real variables, and operators of degree $< -n$ are of trace class.

[8] We still denote by g the action of a group element g through a given representation, for example if we are dealing with the standard representation on functions, $gf = f \circ g^{-1}$, also denoted by $g_* f$, $g^{*-1} f$, or $g^{-1*} f$.

where α runs over the set of irreducible representations, d_α is the dimension, and χ_α the character.

We have seen above that this is true if P is of trace class. For the general case, let D_G be a bi-invariant elliptic operator of order $m > 0$ on G (e.g., the Casimir of a faithful representation, with $m = 2$). Since D_G is in the center of $U(\mathfrak{g})$, the Toeplitz operator $D_X : \mathbb{E} \to \mathbb{E}$ it defines is invariant, with characteristic set char $\mathfrak{g}$.

If $P \sim 0$ near char $\mathfrak{g}$, we can divide it repeatedly by D_X (modulo smoothing operators) and get for any N,

$$P = D_X^N Q + R \quad \text{with R} \sim 0.$$

The degree of Q is deg $P - N\deg(D_G)$, so it is of trace class if N is large enough. We set $\mathrm{Tr}_P^G = D_G^N \mathrm{Tr}_Q^G + \mathrm{Tr}_R^G$: this is well defined as a distribution; the fact that this does not depend on the choice of D_G, N, Q, R is immediate.

Formula (1) for equivariant operators is obvious for trace class operators, and the general case follows by application of D_X^N and D_G^N. Note that the series in the formula converges in the sense of distributions, i.e., the coefficients have at most polynomial growth.

Slightly more generally, let

$$(\mathbb{E}, d) : \cdots \to \mathbb{E}_j \xrightarrow{d} \mathbb{E}_{i+1} \to \cdots$$

be an equivariant Toeplitz complex of finite length, i.e., $\mathbb{E}$ is a finite sequence $\mathbb{E}_k$ of equivariant Toeplitz bundles, $d = (d_k : \mathbb{E}_k \to \mathbb{E}_{k+1})$ a sequence of Toeplitz operators such that $d^2 = 0$. If the (degree-zero) endomorphism $P = \{P_k\}$ of the complex $\mathbb{E}$ is ~ 0 near char $\mathfrak{g}$, its supertrace $\mathrm{Tr}_P^G = \sum(-1)^k \mathrm{Tr}_{P_k}^G$ is well defined; it vanishes if $P = [P_1, P_2]$ is a supercommutator with one factor ~ 0 on char $\mathfrak{g}$.

2.3 G index

Let $\mathbb{E}_0, \mathbb{E}_1$ be two equivariant Toeplitz bundles. An equivariant Toeplitz operator $P : \mathbb{E}_0 \to \mathbb{E}_1$ is G-elliptic (relatively elliptic in [4]) if it is elliptic on char $\mathfrak{g}$, i.e., the principal symbol $\sigma(P)$, which is a homogeneous equivariant bundle homomorphism $E_0 \to E_1$, is invertible on char $\mathfrak{g}$. Then there exists an equivariant $Q : \mathbb{E}_1 \to \mathbb{E}_0$ such that $QP \sim 1_{\mathbb{E}_0}, PQ \sim 1_{\mathbb{E}_1}$ near char $\mathfrak{g}$. The G-index I_P^G is defined as the distribution $\mathrm{Tr}_{1-QP}^G - \mathrm{Tr}_{1-PQ}^G$.

More generally,[9] an equivariant complex $\mathbb{E}$ as above is G-elliptic if the principal symbol $\sigma(d)$ is exact on char $\mathfrak{g}$. Then there exists an equivariant Toeplitz operator $s = (s_k : \mathbb{E}_k \to \mathbb{E}_{k-1})$ such that $1 - [d, s] \sim 0$ near char $\mathfrak{g}([d, s] = ds + sd)$.

---

9 This reduces to the case of a single operator where the complex is concentrated in degrees 0 and 1.

The index (Euler characteristic) is the supertrace $I^G_{(\mathbb{E},d)} = \mathrm{str}\,(1 - [d,s]) = \sum(-1)^j \mathrm{Tr}^G_{(1-[d,s])_j}$.

For any irreducible representation α, the restriction $P_\alpha : \mathbb{E}_{0,\alpha} \to \mathbb{E}_{1,\alpha}$ is a Fredholm operator with index I_α, (respectively the cohomology H^*_α of $d\,|_{\mathbb{E}_\alpha}$ is finite-dimensional), and we have

$$I^G_P = \sum \frac{1}{d_\alpha} I_\alpha \chi_\alpha \qquad \left(\text{respectively } I^G_{(\mathbb{E},D)} = \sum_{j,\alpha} \frac{(-1)^j}{d_\alpha} \dim H^j_\alpha\ \chi_\alpha\right).$$

The G-index I^G_A is obviously invariant under compact perturbation and deformation, so it depends only on the homotopy class of $\sigma(P)$ once $\mathbb{E}_j$ has been chosen; it does depend on a choice of $\mathbb{E}_j$ (on the projector that defines it, or on the Szegő projector), because $\mathbb{E}_j$ is determined by its symbol bundle only up to a finite-dimensional space; this inconvenience is removed with the asymptotic index below.

It is sometimes convenient to notate an index as an infinite representation (mod finite representations) $\sum n_\alpha \chi_\alpha$. For the circle group $U(1)$, all simple representations are powers of the tautological representation, denoted by J, and all representations occurring as indices have a generating series

$$\sum_{k\in\mathbb{Z}} n_k J^k \quad \text{(mod finite sums).} \tag{2}$$

In fact, the positive and negative parts of the series have a weak periodicity property: they are of the form $P_\pm(J^{\pm 1})/\prod_i(1-(J^{\pm 1})^{k_i})$ for a suitable polynomial $P_\pm$ and positive integers k_i.[10]

Here in our relative index problem, only very simple representations of the form $m\sum_0^\infty J^k = m(1-J)^{-1}$ (for some integer m) will occur.

3 K-theory and embedding

A crucial point in the proof of the Atiyah–Singer index theorem [2] consists in showing how one can embed an elliptic system A in a simpler manifold where the index theorem is easy to prove, preserving the index and keeping track of the K-theoretic element $[A]$. The new embedded system F_+A is analogous to a derived direct image (as in algebraic geometry), and the K-theoretic element $[F_+A]$ is the image of $[A]$ by the Bott homomorphism constructed out of R. Bott's periodicity theorem (cf. [2]).

[10] This notation represents the series expansion in positive powers of $J^{\pm 1}$; it is obviously abusive but suggestive, especially if one thinks of the extension to a multidimensional torus; it also represents a rational function whose poles are roots of 1, and whose Taylor series has integral coefficients, of which the corresponding distribution on G is the boundary value from one or the other side of the circle in the complex plane. Something similar occurs for any compact group; cf. [4].

Here we will do the same for Toeplitz operators. The direct image F_+A is even somewhat more natural, as is its relation to the Bott homomorphism (Section 3.4). The direct image for elliptic systems does not preserve the exact index, since this is not defined (because the Toeplitz space $\mathbb{H}$ is at best defined only mod a space of finite rank); but it does preserve the asymptotic equivariant index.

3.1 A short digression on Toeplitz algebras

We use the following notation: for distributions, $f \sim g$ means that $f - g$ is C^∞; for operators, $A \sim B$ (or $A = B \bmod C^\infty$) means that $A - B$ is of degree $-\infty$, i.e., has a smooth Schwartz kernel. If M is a manifold, $T^\bullet M$ denotes the cotangent bundle deprived of its zero section; it is a symplectic cone with base $S^*M = T^\bullet M/\mathbb{R}_+$, the cotangent sphere bundle.

As mentioned above, a compact contact G-manifold always possesses an invariant generalized Szegő projector. More generally, if M is a G-manifold, $\Sigma \subset T^\bullet M$ an invariant symplectic cone, there exists an associated equivariant Szegő projector (cf. [10]). If $\Sigma \subset T^\bullet M$, $\Sigma' \subset T^\bullet M'$, and $f : \Sigma \to \Sigma'$ is an isomorphism of symplectic cones, there always exists an "adapted FIO" F which defines a Fredholm map $u \mapsto \tilde{F}u = S'(Fu) : \mathbb{H} \to \mathbb{H}'$ and an isomorphism of the corresponding Toeplitz algebras ($A \mapsto \tilde{F}A\tilde{F}^{-1}$, mod C^∞).

One can choose F equivariant if f is. Indeed, any adapted FIO can be defined using a global phase function ϕ on $T^\bullet(M \times M'^{\mathrm{op}})$ such that[11]

(1) ϕ vanishes on the graph of f, and $d\phi$ coincides with the Liouville form $\xi \cdot dx - \eta \cdot dy$ there;
(2) $\operatorname{Im}\phi \gg 0$, i.e., $\operatorname{Im}\phi > 0$ outside of the graph of f, and the transversal Hessian is $\gg 0$; replacing ϕ by its mean gives an invariant phase; we may set $Ff(x) = \int e^{i\phi} af(y) dy\, d\eta\, d\xi$, where the density $a(x, \xi, y, \eta) dy\, d\eta\, d\xi$ is a symbol, invariant and positive elliptic (F is of Sobolev degree deg $(a\, dy\, d\eta\, d\xi)$ $- \frac{3}{4}(n_x + n_y)$ (cf. L. Hörmander [22]), so a is possibly of nonintegral degree if we want F of degree 0). The transfer map from $\mathbb{H}$ to $\mathbb{H}'$ is $S'FS$.

If M is a manifold and $X = S^*M$, the cotangent sphere, X carries a canonical Toeplitz algebra, viz. the sheaf $\mathcal{E}_{S^*M}$ of pseudodifferential operators acting on the sheaf μ of microfunctions. In general, if X is a contact manifold, we will denote by $\mathcal{E}_X$ (or just $\mathcal{E}$) the algebra of Toeplitz operators on X. It is a sheaf of algebras on X acting on $\mu\mathbb{H} = \mathbb{H} \bmod C^\infty$, which is a sheaf of vector spaces on X; the pair $(\mathcal{E}_X, \mu\mathbb{H})$ is locally isomorphic to the pair of sheaves of pseudodifferential operators acting on microfunctions. If X is a G-contact manifold, we can choose the Szegő projector invariant, so G acts on $\mathcal{E}_X$ and μ_X.

For a general contact manifold, $\mathcal{E}_X$ is well defined up to isomorphism, independently of any embedding, but no better than that. The corresponding Szegő projector

[11] op in M'^{op} refers to the change of sign in the symplectic form on T^*M'.

(not mod C^∞) is defined only up to a compact operator (a little better than that; see below).

3.2 Asymptotic trace and index

The symbol bundles E_j of the Toeplitz bundles $\mathbb{E}_j$ determine these only up to a space of finite dimension (because, as mentioned above, both the projector defining them, and the Szegő projector, are not uniquely determined by their symbols). However, if $\mathbb{E}, \mathbb{E}'$ are two equivariant Toeplitz bundles with the same symbol, there exists an equivariant elliptic Toeplitz operator $U : \mathbb{E} \to \mathbb{E}'$ with quasi-inverse V (i.e., $VU \sim 1_{\mathbb{E}}, UV \sim 1_{\mathbb{E}'}$). This may be used to transport equivariant Toeplitz operators from $\mathbb{E}$ to $\mathbb{E}'$: $P \mapsto Q = UPV$. Then if $P \sim 0$ on Z, $Q = UPV$ and VUP have the same G-trace, and since $P \sim VUP$, we have $\mathrm{Tr}_P^G - \mathrm{Tr}_Q^G \in C^\infty(G)$.

Definition 2. We define the *asymptotic G-trace* of P as the singularity of Tr_P^G (i.e., $\mathrm{Tr}_P^G \bmod C^\infty(G)$).

The asymptotic trace vanishes if and only if the sequence of Fourier coefficients of Tr_P^G is of rapid decrease, i.e., $O(c_\alpha)^{-m}$ for all m, where c_α is the eigenvalue of D_G in the representation α. This is the case if P is of degree $-\infty$.

Definition 3. We will say that a system P of Toeplitz operators is *G-elliptic* (relatively elliptic in [4]) if it is elliptic on char $\mathfrak{g}$. When this is the case, the asymptotic G-index (or $\widetilde{I_P^G}$) is defined as the singularity of I_P^G. (We will still denote it by I_P^G if there is no risk of confusion.)

We denote by $K^G(X-Z)$ the equivariant K-theory with compact support. By the excision theorem, $K^G(X-Z)$ is the same as $K^G_{X-Z}(X)$, the equivariant K-theory of X with compact support in $X - Z$, i.e., the group of stable classes of triples $d(E, F, u)$, where E, F are equivariant G-bundles on X, and u an equivariant isomorphism $E \to F$ defined near the set Z (the equivalence relation is $d(E, F, a) \sim 0$ if a is stably homotopic (near Z) to an isomorphism on the whole of X). The asymptotic index is also defined for equivariant Toeplitz complexes, exact near char $\mathfrak{g}$.

If $u : \mathbb{E} \to \mathbb{F}$ is a G-elliptic Toeplitz system or complex, its principal symbol defines a homogeneous linear map on Σ, invertible on char $\mathfrak{g}$. Its restriction to any equivariant section of Σ defines a K-theoretic element $[u] \in K^G(X - Z)$ (in case of a complex, u defines the same K-theoretic element as $u + u^* : \mathbb{E}^{\mathrm{even}} \to \mathbb{E}^{\mathrm{odd}}$). The asymptotic index depends only on the homotopy class of the principal symbol $\sigma(P)$, and since it is obviously additive, we get the following

Theorem 2. *The asymptotic index of u depends only on the K-theoretic element* $[u]$. *It defines an additive map from* $K^G(X - Z)$ *to* $C^{-\infty}(G)/C^\infty(G)$, *where Z is, as above, the base of char* $\mathfrak{g}$.

Note that the sequence of Fourier coefficients $\frac{\operatorname{tr} P_\alpha}{d_\alpha}$ is in any case of polynomial growth with respect to the eigenvalues of D or D_X; if $P \sim 0$, it is of rapid decrease. The coefficients $\frac{I_\alpha}{d_\alpha}$ of the asymptotic index are integers, so they are completely determined, except for a finite number of them, by the asymptotic index.

Remark. If V is a finite-dimensional representation of G and $V \otimes P$ or $V \otimes d$ is defined in the obvious way, we have $I^G_{V\otimes P} = \chi_V I^G_P$ (i.e., $\operatorname{Index}(V \otimes P)_\alpha = (V \otimes \operatorname{Index} P)_\alpha$, except at a finite number of places).

For example, let $G = \mathrm{SU}_2$ acting on the sphere X of $V = \mathbb{C}^2$ in the usual manner, and $E = S^m V$ the mth symmetric power. Then $E \times X$ is a G bundle with the action $g(v, x) = (gv, gx)$. The CR structure on the sphere gives rise to a first Szegő projector $S_1(v \cdot f) = v \cdot S(f)$, where S is the canonical Szegő projector on holomorphic functions. On the other hand, since X is a free orbit of G, the bundle $E \times X$ is isomorphic to the trivial bundle $E_0 \times X$, where E_0 is some fiber (i.e., the vector space of homogeneous polynomials of degree m, with trivial action of G). This gives rise to a second Szegő projector S_0, not equal to the first, but giving the same asymptotic index; we recover the fact that $S^m V \otimes \sum S^k V \sim (m+1) \sum S^k V$ ($=$ in degree $\geq m$).

3.3 $\mathcal{E}$-modules

For the sequel, it will be convenient to use the language of $\mathcal{E}$-modules. In the C^∞ category, $\mathcal{E}$ is not coherent; general $\mathcal{E}$-module theory is therefore not practical and not usefully related to topological K-theory. We will just stick to the two useful cases below (elliptic complexes or "good" modules).[12] Note also that the notion of ellipticity is slightly ambiguous; more precisely: a system of Toeplitz operators (or pseudodifferential operators) is obviously invertible mod C^∞ if its principal symbol is, but the converse is not true. The notion of "good" system below partly compensates for this; it is in fact indispensable for a good relationship between elliptic systems and K-theory.

If $\mathcal{M}$ is an $\mathcal{E}$-module (respectively a complex of $\mathcal{E}$ modules), it corresponds to the system of pseudodifferential (respectively Toeplitz) operators whose sheaf of solutions is $\operatorname{Hom}(\mathcal{M}, \mu\mathbb{H})$; e.g., a locally free complex of (L, d) of $\mathcal{E}$-modules defines the Toeplitz complex $(\mathbb{E}, D) = \operatorname{Hom}(L, \mathbb{H})$.

More generally we will say that an $\mathcal{E}$-module $\mathcal{M}$ is "good" if it is finitely generated, equipped with a filtration $\mathcal{M} = \bigcup \mathcal{M}_k$ (i.e., $\mathcal{E}_p\mathcal{M}_q = \mathcal{M}_{p+q}$, $\bigcap \mathcal{M}_k = 0$) such that the symbol $\operatorname{gr} \mathcal{M}$ has a finite locally free resolution. We write $\sigma(\mathcal{M}) = \mathcal{M}_0/\mathcal{M}_{-1}$, which is a sheaf of C^∞ modules on the basis X; since there exist global elliptic sections of $\mathcal{E}$, $\operatorname{gr} \mathcal{M}$ is completely determined by the symbol, as is the resolution.

---

[12] Things work better in the analytic category.

A resolution of $\sigma(\mathcal{M})$ lifts to a "good resolution" of $\mathcal{M}$, i.e., a finite locally free resolution[13] of $\mathcal{M}$.

It is standard that two resolutions of $\sigma(\mathcal{M})$ are homotopic, and if $\sigma(\mathcal{M})$ has locally finite locally free resolutions it also has a global one (because we are working in the C^∞ category on a compact manifold or cone with compact support, and dispose of partitions of unity); this lifts to a global good resolution of $\mathcal{M}$.

If $\mathcal{M}$ is "good," it defines a K-theoretic element $[\mathcal{M}] \in K_Y(X)$ (where Y is the support of $\sigma(\mathcal{M})$), viz. the K-theoretic element defined by the symbol of any good resolution (this does not depend on the resolution, since any two such are homotopic).

All this works just as well in the presence of a G-action (if the filtration etc. is invariant).

As above (Section 2.2), the asymptotic G-trace Tr_A^G [using subscripts as before] is well defined if A is an endomorphism of a good locally free complex of Toeplitz modules. The same holds for a good module $\mathcal{M}$: the asymptotic trace of $A \in \mathrm{End}\,\mathcal{E}(M)$ vanishing near char $\mathfrak{g}$ is the asymptotic trace of any lifting of A to a good resolution of $\mathcal{M}$. (Such a lifting, vanishing near char $\mathfrak{g}$, exists and is unique up to homotopy, i.e., modulo supercommutators.) Likewise, the asymptotic G-index of a locally free complex exact on Z, or of a good $\mathcal{E}$- module with support outside of Z, is defined: it is the asymptotic G-trace of the identity.

Definition 3 of the asymptotic index (or Euler characteristic) extends in an obvious manner to good complexes of locally free $\mathcal{E}$-modules or to good $\mathcal{E}$-modules. The asymptotic G-index of such an object, when it is G-elliptic, depends only on the K-theoretic element which it defines on the base.

Let us note that the asymptotic trace and index are still well defined for locally free complexes or modules with a locally free resolution, not necessarily good; in that case, what no longer works is the relation to topological K-theory on the base.

3.4 Embedding

If M is a manifold, $\Sigma \subset T^\bullet M$ a symplectic subcone, the Toeplitz space $\mathbb{H}$ is the space of solutions of a pseudodifferential system mimicking $\bar\partial_b$. If $I \subset \mathcal{E}$ is the ideal generated by these operators (mod C^∞), and $\mathcal{M} = \mathcal{E}/I$, we have $\mu\mathbb{H} = \mathrm{Hom}_{\mathcal{E}}(\mathcal{M}, \mu)$ (as a sheaf: $f \in \mathrm{Hom}\,(\mathcal{M}, \mu) \mapsto f(1)$; here as above μ denotes the sheaf of microfunctions). For example, in the holomorphic situation, I is the ideal generated by the components of $\bar\partial_b$.

We have $\mathrm{End}_{\mathcal{E}}(\mathcal{M}) = [I : I]$, the set of pseudodifferential operators a such that $Ia \subset I$, acting on the right: if $a \in [I : I]$, the corresponding endomorphism of M takes f (mod I) to fa (mod I); this vanishes if and only if $a \in I$. The map which takes $a \in [I : I]$ to the endomorphism $f \mapsto af$ of $\mathbb{H}$ defines an isomorphism from

[13] The converse is not true: if d is a locally free resolution of $\mathcal{M}$, its symbol is not necessarily a resolution of the symbol of $\mathcal{M}$, if only because filtrations must be defined to define the symbol and can be modified rather arbitrarily.

$\mathrm{End}_{\mathcal{E}}(\mathcal{M})$ to the algebra of Toeplitz operators mod C^∞. Thus $\mathcal{M}$ is an $\mathcal{E}_{T^\bullet M} - \mathcal{E}_\Sigma$ bimodule (where $\mathcal{E}_\Sigma \simeq \mathrm{End}_{\mathcal{M}}$ denotes the sheaf of Toeplitz operators mod C^∞).

This extends immediately to the case in which $T^\bullet M$ is replaced by an arbitrary symplectic cone Σ'' with base X''.[14] The small Toeplitz sheaf $\mu\mathbb{H}$ can be realized as $\mathrm{Hom}_{\mathcal{E}''}(\mathcal{M}, \mu\mathbb{H}'')$, where $\mathcal{M} = \mathcal{E}''/I$ and $I \subset \mathcal{E}''$ is the annihilator of the Szegő projector S of Σ (i.e., the null-sheaf of I in $\mathrm{Hom}_{\mathcal{E}''}(\mathcal{M}, \mathbb{H}'') = \mu\mathbb{H}$). If $\mathcal{P}$ is a (good) $\mathcal{E}$-module, the transferred module is $\mathcal{M} \otimes_{\mathcal{E}} \mathcal{P}$, which has the same solution sheaf ($\mathrm{Hom}_{\mathcal{E}''}(\mathcal{M}\otimes\mathcal{P}, \mathbb{H}'') = \mathrm{Hom}_{\mathcal{E}''}(\mathcal{P}, \mathrm{Hom}_{\mathcal{E}}(\mathcal{M}, \mathbb{H}''))$ and $\mathrm{Hom}_{\mathcal{E}''}(\mathcal{M}, \mathbb{H}'') = \mathbb{H}$). Thus the transfer preserves traces and indices.

The module $\mathcal{M} = \mathcal{E}''/I$ is generated by 1 (mod I) and has a natural filtration, which is a good filtration, in the holomorphic case, the good resolution is dual to the complex $\bar\partial_b$ on $(0, *)$ forms.

In general it always has a good locally free resolution, well defined up to homotopy equivalence. In a small tubular neighborhood of Σ one can choose this so that its symbol is the Koszul complex on $\bigwedge N'$, where N' is the dual of the normal tangent bundle of Σ equipped with a positive complex structure (as in the holomorphic case). The corresponding K-theoretic element $[\mathcal{M}] \in K^G_X(X'')$ is precisely the element used to define the Bott isomorphism (with support $Y \subset \Sigma$) $K^G_Y(\Sigma) \to K^G_Y(\Sigma'')$. (Here, Y is some set containing the support of $\sigma(\mathcal{M})$ and the map is the product map: $[E] \mapsto [\mathcal{M}][E]$, where the virtual bundle $[E]$ on Σ is extended arbitrarily to some neighborhood of Σ in Σ''.)[15]

For example, if Σ'' is $\mathbb{C}^N\backslash\{0\}$, with Liouville form $\mathrm{Im}\,\bar z \cdot dz$ and base the unit sphere $X'' = \mathbb{S}^{2N-1}$, $\mathbb{H}''$ is the space of boundary values of holomorphic functions, $\Sigma \subset \Sigma''$ consists of the nonzero vectors in the subspace $z_1 = \cdots = z_k = 0$, and $X \subset X''$ is the corresponding subsphere, then $\mathbb{H}$ consists of the functions independent of $z_1, \ldots, z_k$, and I is the ideal spanned by the Toeplitz operators $T_{\partial_1}, \ldots T_{\partial_k}$. In this example the ideal I is generated by $\bar z_1, \ldots, \bar z_k$, or by $T_{\bar z_j}$, $j = 1, \ldots, k$ (on the sphere we have $T_{\partial_j} = (A+N)T_{\bar z_j}$ with $A = T_{\sum_1^N z_j \partial_j}$). The $\mathcal{E}$-module $\mathcal{M}$ itself has a global resolution with symbol the Koszul complex constructed on $\bar z_1, \ldots, \bar z_k$.

What precedes works exactly as well in the presence of a compact group action. If $\mathcal{P}$ is a good module with support outside of Z (or a complex with symbol exact on Z), the transferred module has the same property ($Z \subset Z''$), and it has the same G-index (the G-index of the complex $\mathrm{Hom}_{\mathcal{E}}(\mathcal{M}, \mathbb{H}) \simeq \mathrm{Hom}_{\mathcal{E}''}(\mathcal{M}'', \mathbb{H}'')$).

If X, X'' are (compact) contact G-manifolds, $f : X \to X''$ an equivariant embedding, $\mathcal{P}$ a good $(G - \mathcal{E})$-module with support outside of Z (the base of $\mathrm{char}\,\mathfrak{g}$ in Σ), or a Toeplitz complex, exact on Z, the transferred module on X is $f_+\mathcal{P} = \mathcal{M} \otimes_{f_*\mathcal{E}'} f_*\mathcal{P}'$. This is exact outside of $f(\Sigma)$ and has the same G-index as $\mathcal{P}$; its K-theoretic invariant $[\mathcal{P}]$ is the image of $[\mathcal{P}]$ by the equivariant Bott homomorphism. The K-theoretic element $[f_+\mathcal{P}] \in K^G_{X-Z}(X)$ is the image of $[\mathcal{P}]$ by

[14] We use a double prime here because, eventually, we will be embedding *two* cones in a third one.

[15] Toeplitz operators (mod C^∞) live on Σ and their principal symbols are homogeneous functions on Σ. However, the K-theoretic element $[u] \in K^G(X - Z)$ of a G-elliptic element lives on the base X, so as the support of "good" $\mathcal{E}$-modules or complexes, in contrast to what happens for pseudodifferential operators.

the Bott homomorphism (it is well defined, since $f(Z) \subset Z''$). Thus we have the following Theorem.

Theorem 3. *Let $f : X \to X''$ be an equivariant embedding. The Bott homomorphism $K^G_{X-Z}(X) \to K^G_{X''-Z''}(X'')$ commutes with the asymptotic G index.*[16]

It is always possible to embed a compact contact manifold in a canonical contact sphere with linear G-action. In fact, it is easier to work with the corresponding cones, as follows:

Proposition 4. *Let Σ be a G-cone (with compact base), λ a horizontal 1-form, homogeneous of degree 1, i.e., $\rho \lrcorner \lambda = 0$, and $L_\rho \lambda = \lambda$, where ρ is the radial vector field, generating homotheties. Then there exists a homogeneous embedding $x \mapsto z(x)$ of Σ in a unitary representation space V^c of G such that $\lambda = \operatorname{Im} \bar{z} \cdot dz$.*

In the proposition, $z(x)$ must be homogeneous of degree $\frac{1}{2}$. This applies of course if Σ is a symplectic cone, λ its Liouville form. (The symplectic form is $\omega = d\lambda$ and $\lambda = \rho \lrcorner \omega$.)

We first choose a smooth equivariant function $y = (y_j)$, homogeneous of degree $\frac{1}{2}$, realizing an equivariant embedding of Σ in $V - \{0\}$, where V is a real unitary G-vector space (this always exists if the base is compact (the coordinates z_j on V are homogeneous of degree $\frac{1}{2}$, so that the canonical form $\operatorname{Im} \bar{z} \cdot dz$ is of degree 1)). Then there exists a smooth function $x = (x_j)$ homogeneous of degree $\frac{1}{2}$ such that $\lambda = 2x \cdot dy$. We can suppose x equivariant, replacing it by its G-mean if need be. Since y is of degree $\frac{1}{2}$ we have $2\rho \lrcorner dy = y$, hence $x \cdot y = \rho \lrcorner \lambda = 0$. Finally, we get

$$\lambda = \operatorname{Im} \bar{z} \cdot dz \quad \text{with } z = x + iy.$$

4 Relative index

As indicated in the introduction, we are considering the index of the Fredholm map $E_0 : u \mapsto S'(u \circ f_0^{-1})$ from $\mathbb{H}_0$ to $\mathbb{H}'_0$, where X_0, X'_0 are the boundaries of two smooth strictly pseudoconvex Stein manifolds Ω, Ω', $\mathbb{H}$, $\mathbb{H}'$ the spaces of CR distributions ($\ker \bar{\partial}_b$, equal to space of boundary values of holomorphic functions), S, S' the Szegő projectors, and f_0 a contact isomorphism $X_0 \to X'_0$.

As announced, we modify the problem and move to the larger boundaries X, X' of "balls" $|t|^2 < \phi$, $|t'|^2 < \phi'$ in $\mathbb{C} \times \Omega$, $\mathbb{C} \times \Omega'$, on which the circle group acts ($t \mapsto e^{i\lambda} t$) (Section 4.1). We will see (Section 4.2) that the Toeplitz FIO E_0 defines almost canonically an equivariant extension F which is $U(1)$-elliptic, and Index $(F|_{\mathbb{H}_k}) =$ Index (E_0) for all k ($\mathbb{H}_k \subset \mathbb{H}(X)$ is the subspace of functions $f = t^k g(x)$), so that

16 As mentioned above, the interplay between the Bott isomorphism and embeddings of systems of differential or pseudodifferential operators lies at the root of Atiyah–Singer's proof of the index theorem; it is described in M.F. Atiyah's works [1, 2, 3, 4]; cf. also [11] in the context of holomorphic D-modules, close to the Toeplitz context.

our relative index Index (E_0) appears as an asymptotic equivariant index, easier to handle in the framework of Toeplitz operators.

In Section 4.3 we will show that the whole situation can be embedded in a large sphere, with action of $U(1)$ as in the examples above. In the final result (Section 4.4) the relative index appears as the asymptotic index of an equivariant $U(1)$-elliptic Toeplitz complex on this large sphere. In general, the equivariant index (asymptotic or not) is rather complicated to compute, but in our case the $U(1)$-action is quite simple.[17] It reduces naturally to the standard Atiyah–Singer K-theoretic index formula on a symplectic ball. The result is better stated in terms of K-theory anyway, but it can be translated via the Chern character in terms of cohomology or integrals. We give here a (rather clumsy) cohomological-integral translation, essentially equivalent to the result conjectured in [27].

We will also see below (Section 4.2) that f_0 has an almost canonical extension f near the boundary, well defined up to isotopy, not holomorphic but symplectic. We can then define a space Y by gluing together Y_+, Y_- by means of f. The space Y is not a Hausdorff manifold, but it is symplectic and both Y_+, Y_- carry orientations which agree on their intersection (as do the symplectic structures). We can further choose differential forms $\nu_\pm$ representatives of the Todd classes of $Y_\pm$ so that they are equal near the boundary X_0 (the symplectic structures agree, not the complex structures, but they define the same Todd classes).

Theorem 5. *The relative index (index of E_0) is the integral $\int_Y(\nu_+ - \nu_-)$, where $\nu_\pm$ are representatives of* Todd$(Y_\pm)$ *as above, so that the difference has compact support in $Y - X_0$.*

This will be explained in more detail below (Section 4.4). This formula is related to the Atiyah–Singer index formula on the glued space Y, but is not quite the same, since Y is not a symplectic manifold.

To prove the index theorem we will give an equivalent equivariant description of the situation, where the index of E_0 is repeated infinitely many times, and embed everything in a large sphere where the index is given by the K-theoretic index character (Section 4.4).

4.1 Holomorphic setting

Let Ω be a strictly pseudoconvex domain (or Stein manifold), with smooth boundary X_0; $\bar{\Omega} = \Omega \cup X_0$ is assumed to be compact. We write $\widetilde{\Omega} \subset \mathbb{C} \times \bar{\Omega}$ for the ball $|t|^2 < \phi$, where ϕ is a defining function ($\phi = 0, d\phi \neq 0$ on X_0, $\phi > 0$ inside). ϕ is chosen so that the boundary $X = \partial\widetilde{\Omega}$ is strictly pseudoconvex, i.e., $\mathrm{Log}\,\frac{1}{\phi}$ is strictly plurisubharmonic (i.e., $\mathrm{Im}\,\bar{\partial}\partial\frac{1}{\phi} \gg 0$).

The circle group $U(1)$ acts on X by $(t, x) \mapsto (e^{i\lambda}t, x)$. We choose as volume element on X the density $d\theta\, dv$, where dv is a smooth positive density on $\overline{\Omega}$

[17] It is free on the support of the K-theoretic symbol of our complex.

($t = e^{i\theta}|t|$). This is a smooth positive density on X; it is invariant by the action of $U(1)$ as are the Szegő projector S and its range $\mathbb{H}$, the space of boundary values of holomorphic functions.

The infinitesimal generator of the action of $U(1)$ is ∂_θ, and we denote by D the restriction to $\mathbb{H}$ of $\frac{1}{i}\partial_\theta$, which is a self-adjoint nonnegative Toeplitz operator; D is the restriction of $T_t T_{\partial_t}$.

The model case is the sphere $\mathbb{S}^{2N+1} \subset \mathbb{C}^{N+1}$ with the action

$$(t = z_0, z = (z_1, \ldots, z_N)) \mapsto (e^{i\theta}t, z).$$

The Fourier decomposition of $\mathbb{H}$,

$$\mathbb{H} = \widehat{\bigoplus}_{k\geq 0} \mathbb{H}_k \qquad (\mathbb{H}_k = \ker(D - k)),$$

corresponds to the Taylor expansion of holomorphic functions: the kth component of $f = \sum f_k(x)t^k \in \mathbb{H}$ is $f_k t^k$.

$\mathbb{H}_0$ identifies with the set of holomorphic functions on X_0 (it is the set of boundary values of holomorphic functions on Ω with moderate growth at the boundary, i.e., $|f| \leq c\ d(\cdot, X_0)^{-N}$ where c and N are constants, and $d(\cdot, X_0)$ is the distance to the boundary).

Remark. If $f = t^k g(x)$ with g continuous, in particular if $f \in \mathbb{H}_k$, its $L^2(X)$ norm is

$$\|f\|_{L^2(X)} = \frac{\pi}{k+1}\int_\Omega \phi^{k+1}|g(x)|^2 dv,$$

where as above, dv is the chosen as the smooth volume element on Ω. The restriction of the Szegő projector to functions of the form $t^k g(x)$ is thus identified with the orthogonal projector on holomorphic functions in $L^2(\Omega, \phi^{k+1}dv)$. Such sequences of projectors were considered by F.A. Berezin [5] and further exploited by M. Englis [14, 15, 16], whose presentation is closely related to the one used here.

For the sequel, it will be convenient to modify the factorisation $D = t\partial_t$. We begin with the easy following result.

Lemma 6. *Let $D = PQ$ be any factorisation where P, Q are Toeplitz operators and $[D, P] = P$. Then there exists a (unique) invariant invertible Toeplitz operator U such that $P = tU$, $Q = U^{-1}\partial_t$.*

Indeed it is immediate that any homogeneous function a on σ such that $\frac{1}{i}\partial_\theta a = \pm a$ is a multiple mt of t (respectively of $\bar{t}$), with m invariant. For the same reason (or by successive approximations) a Toeplitz operator A such that $[D, A] = \pm A$ is a multiple of $T_t M$ (or $M'T_t$) T_t with M or M' invariant (respectively of T_{∂_t}, on the right or on the left). Thus in the lemma above we have $P = T_t U$, $Q = U'T_{\partial_t}$, where U, U' are Toeplitz operators which necessarily commute with D, and are elliptic and inverses of each other.

Note that $D = PQ, [D, P] = P$ is equivalent to $D = PQ, [Q, P] = 1$.

In particular, since $D = D^* = T_{\partial_t}^* T_t^*$, there exists a Toeplitz operator A such that $T_{\partial_t} = AT_t^*$; A is elliptic of degree 1 (in fact invertible), positive since $D = T_t A T_t^*$ is self-adjoint ≥ 0; it is also invariant: $[D, A] = 0$.

Definition 4. We will set $\mathcal{T} = T_t A^{\frac{1}{2}}$; its symbol is denoted by $\sigma(\mathcal{T}) = \tau$.

Note that τ is homogeneous of degree $\frac{1}{2}$, and $\mathcal{T}$ is of degree $\frac{1}{2}$, so it is not a Toeplitz operator in our strict sense, but for multiplications and automorphisms $P \mapsto UPU^{-1}$ it is just as good. We have

$$\mathcal{T}^* = A^{\frac{1}{2}} T_t^*, \quad [D, \mathcal{T}] = \mathcal{T} \cdot D = \mathcal{T}\mathcal{T}^* \tag{3}$$

(for any other such factorisation $D = BB^*$ with $[D, B] = B$, B is of degree $\frac{1}{2}$, and we have $B = \mathcal{T}U$ with U invariant and unitary; $\mathcal{T}$ is the unique Toeplitz operator giving such a factorisation and such that $\mathcal{T} = T_t A'$ with A' a Toeplitz operator of degree $\frac{1}{2}$, $A' \gg 0$).

In what precedes, all $=$ signs can be replaced by $\sim$ ($=$ mod C^∞); we then get local statements.

The symbol $\tau = \sigma(\mathcal{T})$ is the unique homogeneous function of degree $\frac{1}{2}$ such that $\sigma(D) = |\tau|^2$, $\partial_\theta \tau = i\tau$, $\frac{\tau}{t} > 0$.

We also have the following (easy) local result:

Lemma 7. *Given any Toeplitz operator $\mathcal{K}$ (mod C^∞) on $\mathbb{H}$ such that $D \sim \mathcal{K}\mathcal{K}^*$, $[D, \mathcal{K}] = \mathcal{K}$ near the boundary, there exists a unique unitary equivariant Toeplitz FIO F such that $F|_{\mathbb{H}_0} \sim \mathrm{Id}$, $F\mathcal{T} \sim \mathcal{K}F$.*

The geometric counterpart is this: given any function k on Σ homogeneous of degree $\frac{1}{2}$ such that $\sigma(D) = k\bar{k}$ there exists a unique germ of homogeneous symplectic isomorphism f such that $f|_{\Sigma_0} = \mathrm{Id}$, $k \circ f = \tau$. This is immediate because the two Hamiltonian pairs H_τ, $H_{\bar{\tau}}$, H_k, $H_{\bar{k}}$ define real 2-dimensional foliations, and an isomorphism $\Sigma \sim \Sigma_0 \times \mathbb{C}$ near Σ_0. Note that this would not work if we replaced $k, \bar{k}$ by two functions a, b such that $\sigma(D) = ab$, $\partial_\theta a = ia$ but not $b = \bar{a}$, because then the "foliation" defined by the Hamiltonian vector fields H_a, H_b, although it is formally integrable, is not real.

The operator statement follows, e.g., by successive approximations. Note that F is completely determined by its restriction F_0 if it commutes with $\mathcal{T}$. In fact in $\mathcal{E}_\Sigma$, the commutator sheaf of $\mathcal{T}$ and $\mathcal{T}^*$ identifies with the inverse image of $\mathcal{E}_{\Sigma_0}$, at least as far as the leaves of the Hamiltonian fields $H_{\mathcal{T}}$, $H_{\mathcal{T}^*}$ define a fibration over Σ_0: $\mathcal{E}_\Sigma$ is the (completed) tensor product of the Toeplitz algebra $\mathrm{Toepl}(\mathcal{T}, \mathcal{T}^*)$ generated by $\mathcal{T}$ and $\mathcal{T}^*$ and this commutator: $\mathcal{E}_\Sigma \sim \mathcal{E}_{\Sigma_0} \otimes \mathrm{Toepl}(\mathcal{T}, \mathcal{T}^*)$ (in a neighborhood of Σ_0). In this statement, $(\mathcal{T}, \mathcal{T}^*)$ cannot be replaced by (T_t, T_{∂_t}), whose commutator sheaf is defined only in the algebra of jets of infinite order along Σ_0, because the Hamiltonian leaves are complex, no longer real.

Note that in our case, the base of char $\mathfrak{g}$ is the boundary X_0 (the set of fixed points), outside of which D is elliptic.

4.2 Collar isomorphisms

Let now Ω' be another strictly pseudoconvex domain (or Stein manifold) with smooth boundary X'. We do the similar constructions $\tilde{\Omega}', \mathbb{H}'$, and D', ... as in the previous subsection. Let $f_0 : X_0 \to X'_0$ be a contact isomorphism.

We define the Fourier Toeplitz operator $E_0 : u \mapsto S'(u \circ f_0^{-1}) : \mathbb{H} \to \mathbb{H}'$, which is a Fredholm operator. It will be convenient to replace E_0 by $F_0 = (E_0 E_0^*)^{-\frac{1}{2}} E_0$, which has the same index and is unitary mod C^∞ ($E_0 E_0^*$ is an elliptic ≥ 0 Toeplitz operator on $\mathbb{H}'$); $(E_0 E_0^*)^{-\frac{1}{2}}$ is defined to be 0 on $\ker E_0^*$ (mod C^∞ would be quite enough). As for $\tilde{\Omega}$, we construct a Toeplitz operator $\mathcal{T}'$ such that $D' = \mathcal{T}'\mathcal{T}'^*, [D'\mathcal{T}'] = \mathcal{T}', T_t'^{-1}\mathcal{T}' \gg 0$.

Exactly as in Lemma 4.2, there exists a unique (unitary) Toeplitz FIO F, defined near the boundary X_0 and mod C^∞, elliptic, such that $F|_{\mathbb{H}_0} = F_0$, and $F\mathcal{T} \sim \mathcal{T}'F$ near the boundary (mod C^∞).

The geometric counterpart is this: there exists a unique equivariant germ of contact isomorphism $f : X \to X'$ (defined and invertible near the boundary) such that $f|_{X_0} = f_0$, $\tau' = \tau \circ f$.

We may extend F, using an invariant cut-off Toeplitz operator, so that it vanishes (mod C^∞) away from the boundary. There is an invariant FIO parametrix F', i.e., $F'F \sim 1_{\mathbb{H}}$, $FF' \sim 1_{\mathbb{H}'}$, near the boundary.

Proposition 8. *For any k, $F_k = F|_{\mathbb{H}_k}$ has an index, equal to* Index F_0.

Proof. Both $F'F$ and FF' are invertible on the boundary, so have a G-index; the index of $F_k = F|_{\mathbb{H}_k}$ is $\operatorname{tr}(1 - F'F)_k - \operatorname{tr}(1 - FF')_k$. Now $\mathcal{T}$, respectively $\mathcal{T}'$, is an isomorphism $\mathbb{H}_k \to \mathbb{H}_{k+1}$, respectively $\mathbb{H}'_k \to \mathbb{H}'_{k+1}$, and we have Index $(F_{k+1}A)$ = Index $(A'F_k)$, so Index F_{k+1} = Index F_k, i.e., the index does not depend on k and is equal to Index E_0.[18]

The asymptotic index is stable by embedding; here the index is constant, and the asymptotic index of F (which is essentially a Toeplitz invariant) gives the index of F_0 itself.

4.3 Embedding

Theorem 9. *Let $f : X \to X'$ be a collar isomorphism defined in some invariant neighborhood of X_0 in X. Then for large N there exist equivariant contact embeddings $U : X \to \mathbb{S}^{2N+1}$, $U' : X' \to \mathbb{S}^{2N+1}$ such that $U = U' \circ f$ near the boundary, and $t_X, t'_{X'}$ map to positive multiples of $t_{\mathbb{S}^{2N+1}}$ (as above, the contact sphere $\mathbb{S}^{2N+1}$ is equipped with the $U(1)$-action $(t, z) \mapsto (e^{i\theta}t, z)$).*

[18] For a more general situation in which P is a Toeplitz operator elliptic on X_0, or in which the canonical Szegő projector is replaced by some other general equivariant one, we would get only that the index Index (P_k) is constant for $k \gg 0$. Here the fact that Index P_k = Index P_0 is obvious but important.

As usual, it will be more comfortable to work with the symplectic cones. The symplectic cone of X is $\Sigma = \mathbb{R}_+ \times X$, where we choose the radial coordinate invariant.

The symbol of D is $\bar{\tau}\,\tau$ with $\tau/t > 0$ as in Definition 4. The Liouville form is $\mathrm{Im}\,(\bar{\tau} d\tau) + \lambda_0$, where λ_0 is a horizontal form, i.e., the pull-back of a form on $\Sigma_b = U(1)\backslash\Sigma \simeq \mathbb{R}_+ \times \bar{\Omega}$ (equivalently: $\partial_\theta \lrcorner \lambda_0 = L_{\partial_\theta} \lambda_0 = 0$).

Lemma 4 provides an embedding $x \mapsto z_b(x)$ of Σ_b in $\mathbb{C}^{N'} - \{0\}$ (with the trivial action of $U(1)$). We now choose real functions ψ_1, ψ_2 invariant, homogeneous of degree 0, such that $\psi_1^2 + \psi_2^2 = 1$, with supp ψ_1 contained in the domain of definition of f and ψ_2 vanishing near the boundary, and we construct a new embedding z in three pieces: $z = (z_1, z_2, z_3)$ with $z_1 = \psi_1 z_0, z_2 = \psi_2 z_0, z_3 = 0$ in $\mathbb{C}^{N''}$, N'' to be defined below.

Since $\mathrm{Im}\, \bar{z}_j z_j \psi_j d\psi_j = 0$ ($\bar{z}_j z_j \psi_j d\psi_j$ is real), we still have $\mathrm{Im}\,(\bar{z}_1 \cdot dz_1 + \bar{z}_2 \cdot dz_2) = (\psi_1^2 + \psi_2^2)\mathrm{Im}\,\bar{z_0} \cdot dz_0 = \mathrm{Im}\,\bar{z_0} \cdot dz_0$ inducing λ_0. The first embedding is $U = (\tau, v) : \Sigma \to \mathbb{C}^{1+N}$ ($N = 2N' + N''$).

Similarly there exists an embedding $x' \mapsto z_0'(x')$ of Σ_b' in $\mathbb{C}^{N''} - \{0\}$ (with the trivial action of $U(1)$).

We replace this by $z' = (z_1', z_2', z_3')$ with $z_1' = \psi_1' z_1 \circ f^{-1}, z_2' = 0, z_3' = \psi_3' z_0'$, where ψ_1', ψ_3' again are invariant, homogeneous of degree 0, $\psi'^2_1 + \psi'^2_3 = 1$, and supp ψ_1' is contained in the domain of definition of f^{-1}, ψ_3' vanishes near the boundary. This also defines an embedding $U' = (a', z') : \Sigma' \to \mathbb{C}^{N+1}$; we have $U = U' \circ f$ near the boundary, since ψ_2, ψ_3' vanish there.

4.4 Index

We are now reduced to the case in which both $U(1)$-manifolds X, X' sit in a large sphere $\mathbb{S} = \mathbb{S}^{2N+1}$ and coincide near the set of fixed points $\mathbb{S}_0$.

As in the preceding section, we can embed the $U(1)$ sheaves $\mu\mathbb{H}_X$, $\mu\mathbb{H}_{X'}$ as sheaves of solutions of two good equivariant $\mathcal{E}_\mathbb{S}$-modules $\mathcal{M}_X$, $\mathcal{M}_{X'}$, and the identification F gives an equivariant Toeplitz isomorphism $\widetilde{F}$ near X_0 (we can make the construction so that $\mathcal{M}_X = \mathcal{M}_{X'}$, $\widetilde{F} = \mathrm{Id}$ near X_0).

The asymptotic index then depends only on the difference element

$$d([\mathcal{M}_X], [\mathcal{M}_{X'}], \sigma(\widetilde{F})) \in K^{U(1)}(\mathbb{S} - \mathbb{S}_0).$$

Now $U(1)$ acts freely on $\mathbb{S} - \mathbb{S}_0$, with quotient space $U(1)\backslash(\mathbb{S} - \mathbb{S}_0)$ the open unit ball $\mathbb{B}_{2N} \subset \mathbb{C}^N$. We have the following result.

Proposition 10. *The pull-back map is an isomorphism* $K(\mathbb{B}) \to K^{U(1)}(\mathbb{S} - \mathbb{S}_0)$.

We have $K(\mathbb{B}) \sim \mathbb{Z}$, *with generator the symbol of the Koszul complex* k_x *at the origin (or any point of the interior), whose index is* 1.

Its pull-back is the generator of $K^{U(1)}_{\mathbb{S}-\mathbb{S}_0}(\mathbb{S})$: the symbol is the same, but now acting on $\mathbb{H}(\mathbb{S})$. Its index is $\sum_0^\infty J^k$, where (as in (2)) J is the tautological character of $U(1)$: $J(e^{i\lambda}) = e^{i\lambda}$.

The first assertion is immediate (cf. [4]): if G is a compact group acting freely on a space Y, the pull-back defines an equivalence from the category of vector bundles on $G\backslash Y$ to that of G-vector bundles on Y (an inverse equivalence is given by $E \mapsto G\backslash E$), and this induces a bijection on K-theory (with supports).

The fact that k_x defines the generator of $K(\mathbb{B})(= K_0(\mathbb{B}))$ is just a restatement of Bott's periodicity theorem. Its pull-back is then the generator of $K^{U(1)}(\mathbb{S} - \mathbb{S}_0)$: the corresponding complex of Toeplitz operators is then the standard Koszul complex, acting on holomorphic functions, whose index is the space of holomorphic functions of $z_0 = t$ alone.

Thus if $[u] \in K^{U(1)}(\mathbb{S} - \mathbb{S}_0)$, its asymptotic index is $m\sum_{k=0}^\infty J^k$, where the integer m is the value of the K-theoretic character $K(\mathbb{B})$ on the element $[u_\mathbb{B}]$ whose pull-back is $[u]$.

Let us now return to our index problem: we have constructed the difference bundle $d([\mathcal{M}_X], [\mathcal{M}_{X'}], \sigma(\widetilde{F}))$. We may replace $\mathcal{M}_X, \mathcal{M}_{X'}$ by good resolutions in small equivariant tubular neighborhoods of X, respectively X', whose K-theoretic symbol is the Bott element: the Koszul complex for a positive complex structure on the normal symplectic bundle of X, respectively X'. $\widetilde{F}$ lifts to the resolutions (uniquely up to homotopy), and the symbol of the lifting u is an isomorphism near X_0 (we can make the construction so that $u = \mathrm{Id}$ near X_0), so our K-theoretic element is $[u] = d(\beta_X, \beta_{X'}, u)$ (the equivariant K-theoretic element attached to the double complex defined by u).

Theorem 11. *Let m be the index of E_0 we are investigating. Then, notation and embeddings being as above,*

(1) the asymptotic index of our equivariant extension $\widetilde{F}$ is the asymptotic index of the difference element $[u] = d(\beta_X, \beta'_X, u) \in K^{U(1)}(\mathbb{S} - \mathbb{S}_0)$, where u is the symbol of $\widetilde{F}$ (i.e., the identity map near $\mathbb{S}_0$, where X and X' coincide);
(2) the index m itself is the value of the index character of $K(\mathbb{B})$ on the element $[u_\mathbb{B}] = d(\beta_\Omega, \beta_{\Omega'}, \bar{u})$.

The first part has just been proved. The asymptotic index is $\sim m(1-J)^{-1}$ for some integer m.

To prove the second we go down to $\mathbb{B}_{2N}$. The bases of X, X' are the embeddings Y_+, Y_- of Ω, Ω' in $\mathbb{B}$, which coincide near the boundary, and as above, the pull-back is an isomorphism $K_{Y_\pm}(\mathbb{B}) \to K^G_{X_\pm}(\mathbb{S} - \mathbb{S}_0)$. The Bott complexes $\beta_{X_\pm}$ descend as Bott elements $\beta_{Y_\pm}$ on $\mathbb{B}$, realized as Koszul complexes of positive complex structure of the normal symplectic bundle;[19] u descends as an isomorphism near the boundary.

[19] Note that $Y_\pm$ are symplectic submanifolds, not complex; but all positive complex structures are homotopic.

The index m we are looking for is the K-theoretic index character of the difference element $d(\beta_{Y_+}, \beta_{Y_-}, u)$. This can as usual be translated in terms of cohomology, or as an integral:

$$m = \int_{\mathbb{B}} \omega,$$

where ω is a differential form with compact support, representative of the Chern character of our difference element $d(\beta_{Y_+}, \beta_{Y_-}, u)$.

We can push this down further. The construction can be made so that $u = \mathrm{Id}$ near the boundary; choose differential forms $\omega_\pm$ with support in small tubular neighborhoods of $Y_\pm$ so that they coincide near the boundary (as do the tubular neighborhoods), so that ω is the difference $\omega_+ - \omega_-$.

The integral $\nu_\pm$ of $\omega_\pm$ over the fibers of the respective tubular neighborhoods is then a representative of the Todd class of $Y_\pm$; ν_+ and ν_- coincide near the boundary, so that the difference $\nu_+ - \nu_-$ has compact support in $Y = Y_+ \cup Y_-$.

Finally, the index m is the integral $\int_Y (\nu_+ - \nu_-)$ as announced in Theorem 5.

The integral can also be thought of as the constant limit $\int_{Y_{+,\epsilon}} \nu_+ - \int_{Y_{-,\epsilon}} \nu_-$, where the subscript ϵ means that we have deleted the neighborhood $\phi < \epsilon$ in Y_+ and the corresponding image in Y_-.

4.5 Appendix

In this section we show how various symplectic extensions of f_0 are related. It is a little intriguing that although in our proof, the extension f must be chosen rather carefully so that the asymptotic index of the corresponding Toeplitz FIO E is (asymptotically) the index of E_0, the final result, expressed as an integral on the bases glued together by means of f near their boundaries, depends only on the isotopy class of f, which is unique.

4.5.1 Contact isomorphisms and base symplectomorphisms

Let X be as above, with X_0 the fixed-point set of codimension 2. Near the boundary, X is identified with $X = X_0 \times \mathbb{C}$, and the base $U(1)\backslash X \sim \Omega$ identifies with $X_0 \times \mathbb{R}_+$; we have $\phi = t\bar{t}$ and the $\mathbb{C}$-coordinate is $t = \sqrt{\phi}\, e^{i\theta}$ (it is smooth on X). The contact form is $\lambda_X = \mathrm{Im}\,(\bar{t}\, dt - \partial\phi) = \phi\, d\theta + \lambda_\Omega$, where $\lambda_\Omega = -\mathrm{Im}\,\partial\phi$ is a smooth basic form. The connection form is $\gamma = d\theta - \frac{\lambda_\Omega}{\phi}$, and the base $\Omega = X_0 \times \mathbb{R}_+$ is equipped with the (basic) symplectic curvature form

$$\mu = d\gamma \qquad \left(\text{with } \gamma = \frac{\lambda_\Omega}{\phi}, \quad \lambda_\Omega = -\mathrm{Im}\,\partial\phi\right).$$

We will still use the symplectic cone of X; this is $\Sigma = \mathrm{char}\,\mathfrak{g} \simeq \mathbb{R}_+ \times X$, with Liouville form $a\lambda_X$ and symplectic form its derivative, with the $\mathbb{R}_+$ coordinate a

defined below. With the notation of Lemma 4, we have $a = \sigma(A)$, i.e., $\sigma(D) = a\phi = \tau\bar{\tau}, \tau = t\sqrt{a}$ (as above, $D = \frac{1}{i}T_{\partial\theta}$ denotes the infinitesimal generator of rotations). We will also write in polar coordinates $\tau = \rho\, e^{i\theta}$ ($\rho = \sqrt{\phi\, a}$).

Let F be a homogeneous equivariant symplectic transformation of Σ. Then F preserves $\sigma(D) = \tau\bar{\tau}$, so we have necessarily $F_*\tau = u\,\tau$, with u invariant, $|u| = 1$. Then F is completely determined by its restriction to the boundary, since it commutes with the two real commuting Hamiltonian vector fields Re H_τ, Im H_τ, which are linearly independent and transversal to Σ_0.

Thus there is a one-to-one correspondence between unitary functions on the base Ω and germs near $\Sigma_0 = \operatorname{char} \mathfrak{g}$ of equivariant symplectomorphisms inducing Id on $\operatorname{char} \mathfrak{g}$, or equivalently of contact automorphisms of X inducing Id on X_0.

If F is such a contact automorphism, the base map F_Ω is obviously a diffeomorphism of Ω which induces Id on the boundary X_0 and preserves the symplectic form μ.

The converse is not true. If F_Ω is a smooth symplectomorphism of Ω inducing the identity on X_0, we have $F_\Omega^*(\frac{\lambda_\Omega}{\phi}) = \frac{\lambda_\Omega}{\phi} + \alpha$ with α a closed form. It is elementary that $\alpha = c\frac{d\phi}{\phi} + \beta$, where c is a constant and β is smooth on the boundary. Locally on X_0, F_Ω lifts to X or Σ: the lifting is $F : (x, \tau) \mapsto (x', \tau' = \tau e^{i\psi})$ $(\theta' = \theta + \psi)$, where ψ is a primitive of α (this is not smooth at the boundary, only continuous). It is immediate that conversely, any α of the form above gives rise to such a contact isomorphism with smooth base map. (On Σ the horizontal (invariant) coordinates satisfy $H_{\tau e^{i\psi}} f = 0$; the horizontal part of the Hamiltonian $H_{\tau e^{i\psi}}$ is $-i\tau e^{i\psi}(\partial_\rho - H_\psi^0)$ (with $H_\psi^0 = \psi_{\xi_j}\partial_{x_j} - \psi_{x_j}\partial_{\xi_j}$); finally, $\partial_\rho - H_\psi^0$ is smooth, so the horizontal coordinates (x', ξ) are determined by smooth differential equations.) Summing up:

Theorem 12. *The map which to a germ of contact isomorphism F (near X_0) assigns the invariant unitary smooth function u such that $F^*\tau = \tau u$ is one-to-one (and continuous). In particular, the homotopy class of F is determined by that of u (an element of $H^1(X, \mathbb{Z})$).*

The map which to a smooth germ of symplectomorphism F_Ω (near X_0) assigns the closed one-form $\alpha = c\,\frac{d\phi}{\phi}$ + smooth is one-to-one; the group of such symplectomorphisms is contractible. The contact lifting (which exists locally, and globally if α is exact) is smooth on X_0 if and only if $c = 0$.

The fact that this group is contractible (connected) simplifies the final result. Namely, in the proof of Theorem 11 it was essential that the base map F_Ω have a smooth symplectic extension preserving $\tau > 0$; for Theorem 5, however, any symplectic F_Ω will do, since these are all isotopic.

4.5.2 Example

(A smooth symplectic automorphism of the base does not lift to a smooth equivariant contact automorphism of the sphere.)

Let $\mathbb{S}$ be the unit sphere in $\mathbb{C}^{N+1}$, with coordinates $x_0 = t, x_1, \ldots, x_N$.

$U(1)$ acts by $t \mapsto e^{i\theta}t$. The base is $\mathbb{B} = \mathbb{S}/U(1)$, the unit ball of $\mathbb{C}^N$.

The contact form is $\operatorname{Im} \bar{t}\, dt + \lambda = \phi\, d\theta + \lambda$ with $\lambda - \sum \bar{x}_j dx_j$, $\phi = \bar{t}t = 1 - \bar{x}x$.

The connection form is $\gamma = d\theta + \frac{\lambda}{\phi}$; its curvature is the symplectic form $\mu = d\frac{\lambda}{\phi}$ (on the interior of $\mathbb{B}$).

Let F_B be the diffeomorphism of $\mathbb{B}$ defined by $x \mapsto x' = F_B(x) = e^{ci\phi}x$, c a constant; this preserves ϕ, and the inverse is $x = e^{-ci\phi}x'$. We have

$$F_B^*\lambda = \operatorname{Im}(\bar{x}(dx + cix\, d\phi)) = \lambda + c(1-\phi)d\phi.$$

Since $d(1-\phi)\frac{d\phi}{\phi} = 0$, F_B is symplectic ($F_B^*\mu = \mu$).

But F_B does not lift to a smooth equivariant contact automorphism of $\mathbb{S}$: such a lifting F must preserve the connection form, so it is of the form

$$t \mapsto e^{-i\alpha}t \quad (\theta \mapsto \theta - \alpha) \quad \text{with } \alpha = c\operatorname{Log}\phi - \phi + \text{const}$$

($d\alpha = c(1-\phi)\frac{d\phi}{\phi}$), and this is not smooth at the boundary $t = 0$ if $c \neq 0$.

Of course the reverse works: if F is a smooth equivariant contact automorphism of the sphere $\mathbb{S}$ (or a germ of such near the fixed diameter $\mathbb{S}_0$), the base map F_B is a smooth symplectomorphism of the ball $\mathbb{B}$ (up to the boundary).

4.6 Final remarks

(1) The preceding construction applies in particular to the following situation: let V, W be two compact manifolds, and f_0 a contact isomorphism $S^*V \to S^*W$.

We may suppose V real analytic; then S^*V is contact isomorphic to the boundary of small tubular neighborhoods of V in its complexification. For example, if V is equipped with an analytic Riemannian metric, and $(x, v) \mapsto e_x(v)$ denotes the geodesic exponential map, the map $(x, v) \mapsto e_x(iv)$ is well defined for small v, and for small ϵ it realizes a contact isomorphism of the tangent (or cotangent) sphere of radius ϵ to the boundary of the complex tubular neighborhood of radius ϵ (cf. [6]).

The corresponding FIOs can be described as follows: as above, there exists a complex phase (as in [25, 26]) function ϕ on $T^*W \times T^*V^0$ such that (1) ϕ vanishes on the graph of f_0 and $d\phi = \xi.dx - \eta.dy$ there; (2) $\operatorname{Im}\phi \gg 0$, i.e., it is positive outside of the graph and the transversal Hessian is $\gg 0$. Then ϕ is a global phase function for FIO associated to f_0 (ϕ is not unique, but obviously the set of such functions is convex, hence contractible).

The elliptic FIOs we are interested in are those that can be defined by a positive symbol (or a symbol isotopic to 1):

$$f \mapsto g(x) = \int e^{i\phi}a(x, \xi, y, \eta) f(y)dy\, d\eta\, d\xi \quad \text{with } a > 0 \text{ on the graph.}$$

The degree of such operators depends on the degree of a, but they all have the same index, given by the formula above.

(2) The formula above extends also to vector bundle cases: if E, E' are holomorphic vector bundles (or complexes of such) on Ω, Ω', f_0 a contact isomorphism ($\partial\Omega \to \partial\Omega'$) as above, and A a smooth (not holomorphic) isomorphism $f_{0*}E \to E'$ on the boundaries, the Toeplitz operator $a \mapsto S'(Af_{0*}a)$ is Fredholm and its index is given by the same construction as above. For this construction f_0 needs to be defined only where the complexes are not exact.

In particular let Ω, Ω' have singularities (isolated singularities, since we still want smooth boundaries): we can embed Ω, Ω' in smooth strictly pseudoconvex domains $\widetilde{\Omega}, \widetilde{\Omega}'$ of the same (higher) dimension; the contact isomorphism extends at least in a small neighborhood of $\partial\Omega$ in $\partial\widetilde{\Omega}$. The coherent sheaves $\mathcal{O}_\Omega, \mathcal{O}_{\Omega'}$ have global locally free holomorphic resolutions on $\widetilde{\Omega}, \widetilde{\Omega}'$; near the boundary these are homotopy equivalent to a Koszul complex, hence equivalent.

The theorem above shows that the relative index is the K-theoretic character of the difference virtual bundle $d([\mathcal{O}_\Omega], [\mathcal{O}_{\Omega'}])$ (vanishing near the boundary). Note, however, that the virtual bundles $[\mathcal{O}_\Omega], [\mathcal{O}_{\Omega'}]$ lie in the K-theory of $\widetilde{\Omega}$ with support in Ω. This can be readily described in terms of cohomology classes on $\widetilde{\Omega}$, etc., with support in Ω, not on Ω itself (the relation between coherent holomorphic modules and topological K-theory, or K-theory and cohomology, is not good enough when there are singularities).

References

1. Atiyah, M. F. *K-theory*. W. A. Benjamin, Inc., New York-Amsterdam, 1967.
2. Atiyah, M. F.; Singer; I. M. *The index of elliptic operators. I, II, III.* Ann. of Math. (2) 87 (1968) 484–530, 531–545, 546–604.
3. Atiyah, M. F. *Bott periodicity and the index of elliptic operators.* Quart. J. Math. Oxford Ser. (2) 19 (1968), 113–140.
4. Atiyah, M. F. *Elliptic operators and compact groups.* Lecture Notes in Mathematics, Vol. 401. Springer-Verlag, Berlin-New York, 1974.
5. Berezin, F. A. *General concept of quantization.* Comm. Math. Phys. 40 (1975), 153–174.
6. Boutet de Monvel, L. *Convergence dans le domaine complexe des séries de fonctions propres.* C.R.A.S. 287 (1978), 855–856.
7. Boutet de Monvel, L. *On the index of Toeplitz operators of several complex variables.* Inventiones Math. 50 (1979), 249–272.
8. Boutet de Monvel, L. *Symplectic cones and Toeplitz operators* (actes du congrès en l'honneur de Trèves, São Carlos). Contemporary Math. vol. 205 (1997), 15–24.
9. Boutet de Monvel, L. *Vanishing of the logarithmic trace of generalized Szegő projectors.* arXiv:math.AP/0604166 v1, Proceedings of the Conference "Algebraic Analysis of Differential Equations" in honor of Prof. T. Kawai, Springer-Verlag, 2007.
10. Boutet de Monvel, L.; Guillemin, V. *The Spectral Theory of Toeplitz Operators.* Ann. of Math Studies no. 99, Princeton University Press, 1981.
11. Boutet de Monvel, L.; Malgrange, B. *Le théorème de l'indice relatif.* Ann. Sci. ENS. 23 (1990), 151–192.
12. Boutet de Monvel, L.; Sjöstrand, J. *Sur la singularité des noyaux de Bergman et de Szegő.* Astérisque 34–35 (1976), 123–164.
13. Duistermaat, J.J.; Hörmander, L. *Fourier integral operators II.* Acta Math. 128 (1972), 183–269.

14. Engliš, M. *Berezin quantization and reproducing kernels on complex domains.* Trans. Amer. Math. Soc. 349, 411–479, 1996.
15. Engliš, M. *Weighted Bergman kernels and quantization.* Comm. Math. Phys. 227 (2002), 211–241.
16. Engliš, M. *Toeplitz operators and weighted Bergman kernels.* J. Funct. Anal. 255 (2008), 1419–1457.
17. Epstein, C. *Subelliptic Spin$_c$ Dirac operators, I.* Ann. of Math. (2) 166 (2007), no. 1, 183–214.
18. Epstein, C. *Subelliptic Spin$_c$ Dirac operators, II.* Ann. of Math. (2) 166 (2007), no. 3, 723–777.
19. Epstein, C. *Subelliptic Spin$_c$ Dirac operators, III, the Atiyah–Weinstein conjecture.* Ann. of Math. 168 (2008), 299–365.
20. Epstein, C. *Cobordism, relative indices and Stein fillings.* J. Geom. Anal. 18 (2008), no. 2, 341–368.
21. Epstein, C.; Melrose, R. *Contact degree and the index of Fourier integral operators.* Math. Res. Lett. 5 (1998), no. 3, 363–381.
22. Hörmander, L. *Fourier integral operators I.* Acta Math. 127 (1971), 79–183.
23. Leichtnam, E.; Nest, R.; Tsygan, B. *Local formula for the index of a Fourier integral operator.* J. Differential Geom. 59 (2001), no. 2, 269–300.
24. Leichtnam, E.; Tang, X.; Weinstein, A. *Poisson geometry and deformation quantization near a strictly pseudoconvex boundary.* J. Eur. Math. Soc. 9 (2007), no. 4, 681–704.
25. Melin, A.; Sjöstrand, J. *Fourier Integral operators with complex valued phase functions.* Lecture Notes 459 (1975), 120–223.
26. Melin, A.; Sjöstrand, J. *Fourier integral operators with complex phase functions and parametrix for an interior boundary value problem.* Comm. P.D.E. 1:4 (1976), 313–400.
27. Weinstein, A. *Some questions about the index of quantized contact transformations.* RIMS Kokyuroku No. 1014, 1–14, 1997.

Star Products and Deformation Quantization

9

9.1 Commentary by Alan Weinstein

The Work of Louis Boutet de Monvel on Deformation Quantization

Among the "flavors" of deformation quantization, there are two whose interplay informs much of Boutet de Monvel's work on this subject. In the first, sometimes known as **semiclassical**, a commutative algebra to be deformed, with associativity retained, is augmented by an external parameter (Planck's constant in the application to classical/quantum mechanics), such that the deformation is a formal series in the parameter; this series may or may not be an asymptotic expansion of an actual function of the parameter. In the second form of quantization, sometimes known as **microlocal**, the commutative algebra to be deformed is filtered, and the deformation is an expansion whose terms have filtration degrees going to $-\infty$. In each case, the lowest order of noncommutativity is given by a Poisson bracket. In the semiclassical case, this bracket is defined on the undeformed algebra itself; in the microlocal case, the bracket lives on the associated graded algebra. The basic *quantization problem* in each case is to classify, up to a suitable form of equivalence, the deformations of an algebra corresponding to a given Poisson bracket.

Boutet's analysis of deformations begins with algebras of smooth or holomorphic functions. (In the holomorphic case the term "algebra" above should be read everywhere as meaning "sheaf of algebras".) Deformation quantizations in the semiclassical case are parametrized by their Fedosov classes; these are formal series in the deformation parameter whose coefficients are cohomology classes in degree 2. In the microlocal case, the undeformed (as well as the associated graded) algebra consists of functions on a conic symplectic manifold Z which are formal series with terms of negative homogeneity going to $-\infty$, such as the algebra of formal symbols of pseudodifferential operators. The base of the conic structure is a contact manifold X. The algebras obtained by deformation are known as **Toeplitz algebras**. The study of these deformations was begun by Boutet de Monvel and Guillemin in the seminal work [BGu81].

The two kinds of quantization are closely related when the symplectic cone admits a free action of the circle group $U(1)$. The circle action descends to the contact manifold X, and the quotient $X/U(1)$ by the circle is a symplectic manifold Y. The space of functions on Y is then decomposed into representation types of $U(1)$; these are the eigenspaces of the infinitesimal generator of the action, the eigenvalues ranging over $i\mathbb{Z}$. The principal $U(1)$ bundle $X \to Y$ is the frame bundle of a unitary line bundle E

A. Weinstein (✉)
Department of Mathematics, University of California, Berkeley, CA 94720 USA
e-mail: alanw@math.berkeley.edu

V.W. Guillemin, J. Sjöstrand (eds.), *Louis Boutet de Monvel, Selected Works*, Contemporary Mathematicians, DOI 10.1007/978-3-319-27909-1_9

over Y; sections of the powers of the dual of this line bundle may be identified with spaces of homogeneous functions on the original symplectic cone. In [B02], Boutet de Monvel uses the structure just described to relate, in terms of Fedosov classes, the classification of the microlocal deformations of the functions on the symplectic cone Z with that of the semiclassical deformations of the functions on the symplectic manifold Y.

Toeplitz algebras are determined only up to the addition of a finite dimensional component. This means that notions of trace and index (which can be expressed in terms of traces) are not well-defined. In [B08a] Boutet de Monvel goes beyond this difficulty by the observation that, when there is a suitable action of a compact group G on the algebra (obtained by lifting an action on the contact manifold X), the trace is a distribution on G which changes only by the addition of a smooth function when a finite-dimensional modification of the algebra is made. The class of the trace [index] modulo smooth functions is known as the **asymptotic** trace [index]. This trace is used in [BLeTaWe11] to prove a conjecture of Atiyah and Weinstein concerning the relative index of pairs of CR structures inducing the same contact structure.

In [B08c], Boutet de Monvel studies a similar "logarithmic" trace for elements of arbitrary Toeplitz algebras, analogous to the Dixmier trace in operator algebra theory. The trace of the identity operator is then a contact invariant, but the main result of [B08c] is that this invariant always vanishes for compact contact manifolds. On the other hand, there are deformations not consisting of Toeplitz operators (classified by Fedosov classes, as described above), for which the logarithmic trace of the identity is nonzero.

The paper [B99] is devoted to a classification of the deformations of the functions on the cotangent bundle of a complex manifold, with the zero section deleted. This is an example of a symplectic cone, but its linear structure allows singling out from the homogeneous functions those which are polynomials, and to these are associated a subclass of the deformations, in particular the differential operators from among the pseudodifferential operators. In this subclass, there is also a restricted notion of equivalence, so one has two categories of **star algebras**, with a functor from the "differential category" to the larger one. Boutet de Monvel shows that, in dimension at least 3, this functor is an equivalence, while in dimension 2 the functor is faithful but not essentially surjective. Finally, in dimension 1, the classification depends on the genus of the underlying Riemann surface, and whether it is compact.

References

[BGu81] L. Boutet de Monvel and V. Guillemin, *The spectral theory of Toeplitz operators*, Annals of Mathematics Studies, vol. 99, Princeton University Press, Princeton, NJ; University of Tokyo Press, Tokyo, 1981.

[B99] L. Boutet de Monvel, *Complex star algebras*, Math. Phys. Anal. Geom. **2** (1999), no. 2, 113–139.

[B02] L. Boutet de Monvel, *Related semi-classical and Toeplitz algebras*, Deformation quantization (Strasbourg, 2001), IRMA Lect. Math. Theor. Phys., vol. 1, de Gruyter, Berlin, 2002, pp. 163–190.

[B08a] L. Boutet de Monvel, *Asymptotic equivariant index of Toeplitz operators*, Differential equations and exact WKB analysis, RIMS Kôkyûroku Bessatsu, B10, Res. Inst. Math. Sci. (RIMS), Kyoto, 2008, pp. 33–45.

[B08c] L. Boutet de Monvel, *Vanishing of the logarithmic trace of generalized Szegö projectors*, Algebraic analysis of differential equations from microlocal analysis to exponential asymptotics, Springer, Tokyo, 2008, pp. 67–78.

[BLeTaWe11] Louis Boutet de Monvel, Eric Leichtnam, Xiang Tang, and Alan Weinstein, *Asymptotic equivariant index of Toeplitz operators and relative index of CR structures*, Geometric aspects of analysis and mechanics, Progr. Math., vol. 292, Birkhäuser/Springer, New York, 2011, pp. 57–79.

9.2 Complex Star Algebras

Complex star algebras, Math. Phys. Anal. Geom. **2** (1999), no. 2, 113–139. [B99]

Mathematical Physics, Analysis and Geometry **2:** 113–139, 1999.

Complex Star Algebras

L. BOUTET DE MONVEL
Institut de Mathématiques de Jussieu, Université Pierre et Marie Curie, 4 place Jussieu, 75251 Paris Cedex 05, France; e-mail: boutet@math.jussieu.fr

(Received : 17 November 1998)

Abstract. We describe a classification of star algebras on the cotangent bundle of a complex manifold, locally isomorphic to the algebra of pseudo-differential operators; this requires a slight extension of the usual definition of star algebras. We show that in dimension $\geqslant 3$ these are essentially trivial and come from algebras of differential operators on X; in dimension 1 and 2 there are many more, which we describe.

Mathematics Subject Classifications (1991): 16S80, 16S32, 57D17.

Key words: star products, deformation, holomorphic.

1. Introduction

Let us first recall what a star product is (detailed definitions are given in Section 2). Let X be a manifold and let $\widehat{\mathcal{O}}$ denote the algebra of formal series $f = \sum_{k\geqslant k_0} f_k h^k$, where the f_k are smooth functions on X and h is a "small" formal parameter. A star product on X is a unitary algebra law on $\widehat{\mathcal{O}}$ for which the unit is 1 and the product is local, i.e., given by a formula

$$f, g \to B(f, g) = fg + \sum_{k\geqslant k_0} h^k B_k(f, g),$$

where the B_k are bidifferential operators on X: in local coordinates $B_k(f, g) = \sum a_{\alpha\beta}\partial^\alpha f \partial^\beta g$ with smooth coefficients $a_{\alpha\beta}$ (it is further required that the unit is 1, i.e., $B_0(f, g) = fg$ and $B_k(1, f) = B_k(f, 1) = 0$ for any $k > 0$ and any f; the addition law is the usual addition of $\widehat{\mathcal{O}}$. A star product can be thought of as a noncommutative deformation of the usual product. The leading term of commutators $\{f, g\} = hB_1(f, g) - hB_1(g, f)$ defines a Poisson bracket on X (star products are also called "deformation quantization of Poisson manifolds").

In this paper, I will use a slightly extended definition, where star products live on cones. A cone Σ with basis $B\Sigma = X$ is the complement of the zero section in a line bundle $L \to X$ (a complex line bundle if X is a complex manifold, and preferably a half-line bundle if X is real); in the semi-classical case above $\Sigma = X \times \mathbf{R}_+$ and $h = 1/r$ if r denotes the fiber variable (the small "Planck constant" plays the role of the inverse of a large frequency). In this context $\widehat{\mathcal{O}}$ is the set of formal series

$f = \sum_{k \leqslant k_0} f_k$ where for each k, f_k is a function homogeneous of degree k on Σ and, locally, a star product is defined as above as a bidifferential product law on $\widehat{\mathcal{O}}$

$$f, g \to B(f, g) = fg + \sum_{k \leqslant k_0} B_k(f, g),$$

where B_k is now a bidifferential operator on Σ, homogeneous of degree $k \to -\infty$ with respect to fiber homotheties. The B_k may involve derivations in any direction, so there is no longer a distinguished "Planck constant" commuting with the rest*. The associated Poisson bracket now lives on Σ and is homogeneous of degree -1. This definition includes the algebras of pseudo-differential operators or Toeplitz operators, which are after all among the most important and belong to the same formalism.

Complex star algebras arrive naturally and unavoidably in many problems concerning differential operators, whose symbols are polynomials and always live on a complex manifold. So it is important to study them, and to study their relations with "polynomial" objects associated to differential operators.

In his paper [22] M. Kontsevitch has shown that any homogeneous Poisson bracket on a real manifold comes from a star product. His proofs extend without changing a word to star products on a cone. Kontsevitch's formula giving a star product from a Poisson bracket on an affine space also works without any modification in the complex case (i.e., $\Sigma = \mathbf{C}^n \times \mathbf{C}^\times$). But the argument used to go from local to global does not work for complex manifolds, because it uses in an unavoidable manner partitions of unity and tubular neighborhoods. In general, I do not know if a global star product exists for a given Poisson bracket, even in the symplectic case, nor do I know what the classification of such algebras looks like (see, however, [20] where it is shown that even if such an algebra $\mathcal{E}$ may not exist, the category of sheaves of $\mathcal{E}$-modules can be defined up to equivalence).

In this paper, I investigate those star algebras which live on a complex cotangent cone $T^*X - \{0\}$ deprived of its zero section, equipped with its canonical symplectic Poisson bracket. All star algebras associated with this Poisson bracket are locally isomorphic, and there exists a global such algebra, viz. the algebra of pseudo-differential operators; so there is at least a starting point for the classification. This will turn out to be essentially trivial in dimension $n \geqslant 3$ (Theorem 1), but instructively not in dimension 2. Algebras over a manifold X of dimension 2 or $\geqslant 2$ are described in Section 4 more precisely and compared to $\mathcal{D}$-algebras, i.e., sheaves of algebras over X locally isomorphic to $\mathcal{E}$, the algebra of pseudo-differential operators coming from differential operators on X. It turns out that if $\dim X \geqslant 3$ we get nothing new: the functor which takes a $\mathcal{D}$-algebra to the associated star-algebra is an equivalence. If $\dim X = 2$ the same functor is faithful, i.e., two $\mathcal{D}$-algebras are isomorphic if and only if the associated star algebras are isomorphic, and an isomorphism between such star algebras comes from a unique

* There is absolutely no reason that the Planck constant should commute with the rest, especially when it is a parameter without physical significance.

isomorphism between the original $\mathcal{D}$-algebras; however, there are in general many more "exotic" star algebras which do not come from a $\mathcal{D}$-algebra.

If X is of dimension 1 the classification depends on whether X is open, of genus $\geqslant 2$, of genus 1 or of genus 0.

An inner automorphism of the algebra $\mathcal{E}$ of pseudo-differential operators on $X(U : P \to APA^{-1})$ has a symbol $\sigma(U) = d\,\mathrm{Log}\,\sigma(A)$, which is a section of the sheaf ω (on the "basis" $B\Sigma = \Sigma/\mathbf{C}^\times$ of closed forms homogeneous of degree 0 on Σ, and an exponent which is the degree of A; we will see in Section 2 that any automorphism U of $\mathcal{E}$ has likewise a symbol and an exponent $\in \mathbf{C}$. Similarly, a star algebras has a symbol $\sigma(\mathcal{A}) \in H^1(B\Sigma, \omega)$ and an exponent $\in H^1(B\Sigma, \mathbf{C})$. We will see in Section 3 that if X is an open curve or a curve of genus $\geqslant 1$, star algebras on Σ are completely determined by their exponent. The classification is more subtle when X is closed of genus 1 or 0.

The techniques used in this paper are a mixture of noncommutative cohomology, holomorphic cohomology, and the relation between the cohomology of a sheaf with a filtration and the cohomology of the associated graded sheaf. This contains nothing really new or difficult, but the mixture can be somewhat muddling.

As far as I know the questions studied here have not been investigated before and the results are new.

In Sections 2 and 3 we recall the definition of star algebras, and some classification principles.

In Section 4 we describe the classification when $\dim X \geqslant 2$.

In Section 5 we describe the case where X is a curve ($\dim X = 1$): results are substantially different if X is open, $X = P_1$, X is of genus 1, or X is of genus $g \geqslant 2$.

2. Star Algebras

2.1. CONES

DEFINITION 1. A real (resp. complex) cone is a C^∞ (resp. holomorphic) principal bundle Σ with group $\mathbf{R}_+^\times$ (resp. $\mathbf{C}^\times$). The basis is $B\Sigma = \Sigma/\mathbf{R}_+^\times$ (resp. $\Sigma/\mathbf{C}^\times$).

A real cone is isomorphic to a product cone $B\Sigma \times \mathbf{R}_+^\times$.* A complex cone is isomorphic to $L - \{0\}$ (L deprived of its zero section) where L is a complex line bundle over $B\Sigma$. L will usually not be a trivial bundle.

DEFINITION 2. (i) We denote $\mathcal{O}(m)$ the sheaf on $B\Sigma$ of homogeneous functions of degree m of Σ (holomorphic in the complex case).

* At least if we are dealing with paracompact manifolds, which will always be the case in this article.

(ii) We denote $\widehat{\mathcal{O}}$ the sheaf on $B\Sigma$ of formal symbols ("asymptotic expansions" for $\xi \to \infty$ in Σ):

$$f \in \widehat{\mathcal{O}} \text{ if } f = \sum_{m \leqslant m_0} f_m \quad \text{with } f_m \in \mathcal{O}(m) \tag{1}$$

(m an integer, $m \to -\infty$).

DEFINITION 3. For an integer $k \geqslant 1$ we denote $\widehat{\mathcal{D}}_k$ the sheaf (on $B\Sigma$) of formal k-differential operators: $P(f_1, \ldots, f_k) = \sum_{m \leqslant m_0} P_m(f_1, \ldots, f_k)$ with P_m a k-linear differential operator homogeneous of degree m with respect to homotheties (m an integer, $m \to -\infty$).

If $k = 1$ we will just write $\widehat{\mathcal{D}}$.

Locally Σ is a product cone and we may choose homogeneous coordinates (real or complex) x_j of degree 0 on the basis, and r of degree 1 on the fiber. Then $P_m(f_1, \ldots, f_k)$ is a sum of monomials

$$\varphi(x) r^m \partial_x^{\alpha_1} (r\partial_r)^{m_1} (f_1) \ldots \partial_x^{\alpha_k} (r\partial_r)^{m_k} (f_k).$$

There is no restriction on the order of P_m.

The presence of two "degrees" is confusing so in what follows *degree* will always refer to the degree with respect to homotheties, and *order* refers to the degree as a differential operator; thus if $P \in \widehat{\mathcal{D}}_k$ each term P_m of degree m is of finite order, although the resulting infinite sum P may be of infinite order.

We will denote $\widehat{\mathcal{D}}^\times \subset \widehat{\mathcal{D}}$ the sheaf of invertible formal differential operators: $P = \sum P_k \in \widehat{\mathcal{D}}^\times$ is invertible iff its leading term $\sigma(P) = P_{m_0}$ is invertible, i.e., P_{m_0} is of order 0, the multiplication by a nonvanishing function homogeneous of degree m_0. We denote by $\widehat{\mathcal{D}}^\times_-$ the subsheaf of those invertible P such that $P(1) = 1$, i.e., P is of degree 0, its leading term is $P_0 = 1$ and terms of lower degree have no constant term: $P_m(1) = 0$ if $m < 0$.

Remark 1. Sheaves are of course useless in the real case but must be used in the complex case where global sections do not necessarily exist.

Remark 2. For analytic cones there is also a notion of convergent symbol (introduced by the author in [6] to define analytic pseudo-differential operators). These are in fact the more important and for many questions it is essential to use convergent rather than formal symbols.* However, for the classification results below, there is no significant qualitative difference between formal and convergent symbols, so we will stick to formal symbols and avoid convergence technicalities.

---

* e.g., convergent rather than formal symbols are essential in the finiteness theorems of T. Kawai and M. Kashiwara [22], or for going from $\mathcal{E}$-modules to $\mathcal{D}$-modules in the thesis of D. Meyer [23], and probably in most problems involving a comparison between $\mathcal{E}$ and $\mathcal{D}$-modules.

2.2. STAR PRODUCTS ON A REAL OR COMPLEX CONE

DEFINITION 4. A star product on Σ is a sheaf $\mathcal{A}$ on the basis $B\Sigma$, locally isomorphic to $\widehat{\mathcal{O}}$ as a sheaf of vector spaces (the structural sheaf of groups is described below), equipped with an associative unitary algebra law whose product (star product) $f * g = B(f, g)$ is locally a formal bidifferential operator.

Locally $f * g = \Sigma B_m(f, g)$ with B_m a bidifferential operator homogeneous of degree $m \to -\infty$, $B_0 = 1$. The first idea is that the structural sheaf of groups used to patch together local frames of $\mathcal{A}$ is the sheaf $\widehat{\mathcal{D}}^\times$ (on $B\Sigma$) of invertible formal differential operators, but there is a unit that we can choose equal to 1 in all local frames so this obviously reduces to $\widehat{\mathcal{D}}_-^\times$.

Note that homotheties (hence degrees) are not respected by $\widehat{\mathcal{D}}_-^\times$. However, if $P \in \widehat{\mathcal{D}}_-^\times$, f and Pf have the same leading term; so P respects the filtration defined by degrees ($f \in \widehat{\mathcal{O}}_m$ if $f = \sum_{j \leqslant m} f_j$) and gr P is the identity on $\operatorname{gr} \widehat{\mathcal{O}} = \bigoplus \mathcal{O}(m)$.

In the semi-classical definition, Σ is a product cone $\Sigma = B\Sigma \times L$ ($L = \mathbf{R}_+$ or $\mathbf{C}^\times$), the star product law is defined on $\widehat{\mathcal{O}}$ and does not involve vertical derivatives, so the "Planck constant" $h = r^{-1}$ plays the role of a constant. The definition above includes the "semi-classical" case and also the algebras of pseudo-differential or Toeplitz operators. This conic framework for star products was described in [4].

In the real case, using partitions of unity, it is immediate to see that $\mathcal{A}$ is always isomorphic to $\widehat{\mathcal{O}}$ as a sheaf ("there exists a global total symbolic calculus"). This is no longer true in the complex case, and in particular it is not true in the most simple and natural examples as we will see below, so the sheaf theoretic presentation cannot be avoided.

2.3. ASSOCIATED POISSON BRACKET

If $\mathcal{A}$ is a star algebra on Σ it has a canonical filtration coming from the filtration of $\widehat{\mathcal{O}}$ by homogeneity degrees, and there is a canonical isomorphism $\operatorname{gr} \mathcal{A} \simeq \widehat{\mathcal{O}}$ because the structural sheaf of groups $\widehat{\mathcal{D}}_-^\times$ induces the identity on $\operatorname{gr} \widehat{\mathcal{O}}$. The commutator law then defines a Poisson structure on $\operatorname{gr} \mathcal{A} = \widehat{\mathcal{O}}$, i.e., the leading term of the commutator law

$$\{f, g\} = B_1(f, g) - B_1(g, f)$$

is a Poisson bracket on Σ, homogeneous of degree -1. This means that it is a skew-symmetric bivector field

$$\{f, g\} = -\{g, f\}, \qquad \{f, gh\} = \{f, g\}h + g\{f, h\}$$

satisfying the Jacobi identity (i.e., it is a Lie bracket):

$$\{f\{g, h\}\} = \{\{f, g\}h\} + \{g\{f, h\}\}$$

and it is homogeneous of degree -1 with respect to homotheties.

$$\deg \{f, g\} = \deg f + \deg g - 1 \quad \text{if } f, g \text{ are homogeneous.}$$

Existence of a global star algebra on a real symplectic cone Σ was proved by V. Guillemin and myself in [5] (see also [3]), and by M. De Wilde and P. Lecomte ([9, 10]) in the semiclassical symplectic case (cf. also the nice deformation proof of B. V. Fedosov [11]).

In [22] M. Kontsevitch proved that any Poisson bracket comes from a star product in the real semiclassical case. More precisely, he proves that there is a one to one correspondence between isomorphic classes of star products and isomorphic classes of formal families of Poisson brackets depending on the "small parameter" h. His result extends, without changing a word, to star products on a real cone with the definition above; families of Poisson brackets should be replaced by formal Poisson brackets on Σ:

$$c = \sum_{k\leqslant -1} c_m. \tag{2}$$

Kontsevitch's formula giving a star product from a Poisson bracket on an affine space also works without any modification in the complex case (i.e., $\Sigma = \mathbf{C}^n \times \mathbf{C}^\times$). But as mentioned above the argument used to go from local to global does not work for complex manifolds, and in general I do not know if a global star product exists for a given Poisson bracket, even in the symplectic case, nor do I know what the classification of such algebras looks like (see, however, [20], where it is shown that even if $\mathcal{E}$ may not exist, the category of sheaves of $\mathcal{E}$-modules is defined up to equivalence).

In the rest of the paper we investigate a special class of star algebras, i.e., those which live on a cotangent bundle $\Sigma = T^*X - \{0\}$, X a complex manifold, equipped with its canonical Poisson bracket. In this case there is a canonical global star algebra, viz. the algebra $\mathcal{E}$ of pseudo-differential operators, which is the "microlocalization" of the sheaf $\mathcal{D}_X$ of differential operators on X. It is known and easy (cf. below) that any two star algebras with the same symplectic Poisson bracket are locally isomorphic, so our algebras are classified by $H^1(B\Sigma, \operatorname{Aut}\mathcal{E})$. It is also interesting to compare these with algebras of differential operators, locally isomorphic to $\mathcal{D}_X$ on X hence classified by $H^1(X, \operatorname{Aut}\mathcal{D})$: this is done in the next three sections.

3. Pseudo-differential Algebras

3.1. $\mathcal{E}$-ALGEBRAS

Let $\Sigma = T^*X - \{0\}$ be the cotangent bundle (minus the zero section) of a complex manifold X, equipped with its canonical symplectic structure. The basis is $B\Sigma = \Sigma/\mathbf{C}^\times = PX$, the projective cotangent bundle. There is a canonical star algebra on Σ, viz. the algebra of pseudo-differential operators, microlocalization of the algebra of differential operators on X, whose Poisson bracket is the standard Poisson bracket of T^*X. If we choose local coordinates $x = (x_1, \ldots, x_n)$ on X and the dual cotangent coordinates $\xi = (\xi_1, \ldots, \xi_n)$ on the fibers, the pseudo-differential product is given by the Leibniz rule for symbols $f, g \subset \widehat{\mathcal{O}}$:

$$f * g = \sum \frac{1}{\alpha!} \partial_\xi^\alpha f \partial_x^\alpha g. \tag{3}$$

The patching cocycle is the cocycle defined by changes of coordinates: this is a cocycle because it does patch together total symbols of differential operators (locally: polynomials in ξ), to give the global sheaf $\mathcal{D}_X$ of differential operators.

We are interested in star algebras on Σ associated to the canonical Poisson bracket: we will call $\mathcal{E}$-algebra such an algebra.

PROPOSITION 1. *Any $\mathcal{E}$-algebra is locally isomorphic to $\mathcal{E}$ through an operator $P \in \widehat{\mathcal{D}}_-^\times$.*

This result is well known and we just give an indication of the proof: locally the pseudo-differential algebra $\mathcal{E}$ has (topological) generators x_i, ξ_i satisfying the canonical relations

$$[x_i, x_j] = [\xi_i, \xi_j] = [\xi_i, x_j] - \delta_{ij} = 0.$$

If $\mathcal{A}$ is a star algebra with the same Poisson bracket, one can construct by successive approximations symbols X_i, Ξ_i with the same principal part as x_i, ξ_i and satisfying the same canonical relations

$$[X_i, X_j]_{\mathcal{A}} = [\Xi_i, \Xi_j]_{\mathcal{A}} = [\Xi_i, X_j]_{\mathcal{A}} - \delta_{ij} = 0.$$

Now there is a unique isomorphism $U\colon \mathcal{E} \to \mathcal{A}$ which takes x_i to X_i and ξ_i to Ξ_i and this is always a differential operator $U \in \widehat{\mathcal{D}}_-^\times$.

Remark 3. The construction also works globally over any open subcone $U \subset T^*\mathbf{C}^n$ which is Stein and contractible (e.g., the set $\{\xi_i \neq 0\} \subset T^*B$, B a ball in $\mathbf{C}^n$, or a Stein contractible set). Over such a set, any $\mathcal{E}$-algebra $\mathcal{A}$ is isomorphic to $\mathcal{E}$, and any section α of $\mathcal{O}(m)$ is the symbol of a section of $\mathcal{A}_m$.

Thus one obtains all $\mathcal{E}$-algebras by gluing together models of $\mathcal{E}$ over a covering of Σ by open conic subsets Σ_i, using automorphisms of $\mathcal{E}$ on the intersections. The following proposition sums up what was said above:

PROPOSITION 2. *Star algebras on $\Sigma = T^*X - \{0\}$ are locally isomorphic to the pseudo-differential algebra $\mathcal{E}$. The set* $\mathrm{Alg}_{\mathcal{E}}$ *of isomorphy classes is canonically isomorphic to $H^1(PX, \mathrm{Aut}\,\mathcal{E})$.*

$\mathrm{Aut}\,\mathcal{E}$ denotes the sheaf of automorphisms of $\mathcal{E}$; the noncommutative cohomology $H^1(PX, \mathrm{Aut}\,\mathcal{E})$ is described below in Section 3.4.

3.2. DIFFERENTIAL OPERATORS AND $\mathcal{D}$-ALGEBRAS

If X is a complex manifold, the sheaf $\mathcal{D}_X$ of differential operators on X is well defined. If U is an isomorphism of $\mathcal{D}_X$ preserving symbols, it fixes the subalgebra $\mathcal{O}_X \subset \mathcal{D}_X$ of operators of order 0 (because it fixes symbols and preserves invertible operators, which are necessarily of order 0). It follows that U is locally an inner automorphism of the form $\operatorname{Int} e^f$ (f holomorphic). We have $\operatorname{Int} e^f = \operatorname{Id}$ iff f is (locally) constant, so the automorphism sheaf is

$$\operatorname{Aut} \mathcal{D}_X \simeq \mathcal{O}_X^\times/\mathbf{C}^\times \simeq \mathcal{O}_X/\mathbf{C}. \tag{4}$$

We will call $\mathcal{D}$-algebra a sheaf of algebras on X locally isomorphic to $\mathcal{D}_X$ (such algebras appear in [2] where they are called "twisted algebras of differential operators"). The set $\operatorname{Alg}_{\mathcal{D}}$ of isomorphic classes of these algebras is canonically isomorphic to $H^1(X, \mathcal{O}_X/\mathbf{C})$.

A $\mathcal{D}$-algebra obviously also defines a star algebra on PX, and it is natural to compare the two sets $\operatorname{Alg}_{\mathcal{D}}$ and $\operatorname{Alg}_{\mathcal{E}}$.

3.3. AUTOMORPHISMS AND SYMBOLS OF AUTOMORPHISMS

To understand how local $\mathcal{E}$-algebras can be patched together to make global objects, we have to know what automorphisms of $\mathcal{E}$ look like.

Let $U \in \widehat{\mathcal{D}}_-^\times$ be an automorphism of $\mathcal{E}$: U preserves symbols and the unit 1, so $U - 1$ is of degree $\leqslant -1$ and the logarithm $D = \operatorname{Log} U = -\sum_{n\geqslant 1} -\frac{1}{n}(1-U)^n$ is well defined; it is a derivation of degree $\leqslant -1$ of $\mathcal{E}$.

Now if D is a derivation of degree $\leqslant k$ its symbol $\delta = \sigma_k(D)$ is a homogeneous derivation of degree k of the Poisson algebra $\widehat{\mathcal{O}}$, i.e., a symplectic vector field on Σ, homogeneous of degree k. This corresponds, via the symplectic structure of Σ, to a closed differential form α, homogeneous of degree $k+1$.

Let ρ denote the radial vector field, infinitesimal generator of the action of $\mathbf{C}^\times$ ($\rho = \sum \xi_j \partial_{\xi_j}$ in local coordinates on X, T^*X as above): the associated Lie derivation is $L_\rho = i_\rho d + d i_\rho$ (i_ρ denotes the interior product) so

$$d i_\rho \alpha = (k+1)\alpha.$$

Hence α is exact (the differential of a homogeneous function) if $k+1 \neq 0$. If $k+1 = 0$, $s = i_\rho \alpha$ is locally constant, and α is locally the differential of a homogeneous function of degree 0 iff $s = 0$.

By successive approximations, it follows that locally any derivation D of $\mathcal{E}$ is of the form $s\operatorname{ad}(\operatorname{Log} P_1) + \operatorname{ad} Q$ with P_1 elliptic of degree 1, $Q \in \mathcal{E}$, and any automorphism of $\mathcal{E}$ is locally of the form

$$U = (\operatorname{Int} P_1)^s \operatorname{Int} Q_0 \tag{5}$$

with P_1 elliptic of degree 1, Q_0 elliptic of degree 0.⋆ $\operatorname{Int} P$ denotes the inner automorphism $a \to PaP^{-1}$.

⋆ As usual in the context of pseudo-differential operators, elliptic = invertible.

If U is an automorphism of $\mathcal{E}$, we define its symbol $\sigma(U)$ as the closed 1-form on Σ homogeneous of degree 0 corresponding to the leading term of $\operatorname{Log} U$.

We have $\sigma(U) = d \operatorname{Log} \sigma(P)$ if $U = \operatorname{Int} P$ global section of ω (this is a closed 1-form on Σ). If $\sigma(U) = 0$ ($\operatorname{Log} U$ of degree $\leqslant 2$) there exists a unique $P \in \mathcal{E}^{\times}$ of degree 0 and symbol 1 such that $U = \operatorname{Int} P$. Summing up we have proved:

PROPOSITION 3. *There is an exact sequence of sheaves of groups on PX:*

$$0 \to \mathcal{E}_{-}^{\times} \to \operatorname{Aut} \mathcal{E} \to \omega \to 0, \tag{6}$$

where $\mathcal{E}_{-}^{\times}$ denotes the multiplicative sheaf of groups on $B\Sigma$ of sections of $\mathcal{E}$ of symbol 1, *and ω is the sheaf on PX of closed* 1*-forms homogeneous of degree* 0 *on Σ.*

If $\mathcal{A} \in \operatorname{Alg}_{\mathcal{E}} \simeq H^1(PX, \operatorname{Aut} \mathcal{E})$ its symbol $\sigma(\mathcal{A}) \in H^1(PX, \omega)$ is defined as the image cocycle.

Remark 4. If U is an automorphism of $\mathcal{A}$, it defines a one parameter group $U^s = \exp s \operatorname{Log} U$, $s \in \mathbf{C}$. This is polynomial in s mod $\mathcal{A}_n$ for any $n < 0$.

3.4. NONCOMMUTATIVE COHOMOLOGY CLASSES

In this section we recall the elementary results of noncommutative cohomology that we will use (for more information see [16]). Let Y be a space and $\mathcal{G}$ a sheaf of groups on Y. We denote $H^0(Y, \mathcal{G}) = \Gamma(Y, \mathcal{G})$ the set of global sections of $\mathcal{G}$ over Y: this is a group.

We denote $H^1(Y, \mathcal{G})$ the set of equivalence classes of cocycles

$$u_{ij} \in \Gamma\,(Y_{ij} = Y_i \cap Y_j, \mathcal{G}) \quad \text{such that} \quad u_{ij} u_{jk} = u_{ik}$$

associated to open coverings $Y = \bigcup Y_i$; two cocycles are equivalent if, after a suitable refinement of the covering, we have $u_{ij} = u_i u'_{ij} u_j^{-1}$ for some family $u_i \in \Gamma(Y_i, \mathcal{G})$.

$H^1(Y, \mathcal{G})$ classifies the set of isomorphic classes of $\mathcal{G}$ principal homogeneous right $\mathcal{G}$ sheaves, i.e., sheaves α on Y, equipped with a right action of $\mathcal{G}$, locally isomorphic to $\mathcal{G}$ considered as a right $\mathcal{G}$-sheaf.

PROPOSITION 4. *Let*

$$0 \to A \to B \to C \to 0 \tag{7}$$

be an exact sequence of sheaves of groups on Y, with A normal in B. Then there is a long cohomology sequence;

$$\begin{aligned} 0 &\to H^0(Y, A) \to H^0(Y, B) \to H^0(Y, C) \\ &\to H^1(Y, A) \to H^1(Y, B) \to H^1(Y, C). \end{aligned} \tag{8}$$

This is "exact" in the sense that

(i) *it is exact at the first three places (the H^0 are groups, the H^1 are pointed sets).*

(ii) *The group $H^0(Y, C)$ acts on the set $H^1(Y, A)$, and its orbits are the fibers of the map $H^1(Y, A) \to H^1(Y, B)$ (the action is given by $c \cdot (a_{ij}) = (b_i a_{ij} b_j^{-1})$ if c is a global section of B, and $b_i \in \Gamma(Y_i, B)$ a lifting of c to B over a fine enough covering Y_i).*

(iii) *If $\beta \in H^1(Y, B)$ it defines twisted sheaves of groups $\mathcal{A}_\beta \subset \mathcal{B}_\beta$ (where $\mathcal{B}_\beta$ is the sheaf of B-automorphisms of the principal B-sheaf β), and the fiber of the map $H^1(Y, B) \to H^1(Y, C)$ is the image of $H^1(Y, A_\beta)$ in $H^1(Y, C)$.*

More explicitly, if β, β' are two principal B-sheaves, then $\gamma = \mathrm{Hom}_B(\beta, \beta')$ is a principal B_β-sheaf. If β, β' have the same image in $H^1(Y, C)$ then $\gamma/\mathcal{A}_\beta = \mathrm{Hom}_C(\beta/\mathcal{A}, \beta'/A)$ has a global section, i.e., is trivial, so γ is the image of a sheaf $\alpha \in H^1(Y, A_\beta)$. Finally, $\beta' \sim \alpha \times_{A_\beta} \beta$ is in the image of $H^1(Y, A_\beta)$.

In this paper, the noncommutative cohomology sequence stops there, and we will not use higher cohomology H^j, $j \geqslant 2$, whose definition is more elaborate (the substitutes are more complicated objects sometimes described by means of "stacks"). Exact sequences concerning torsors as above were introduced by Frenkel [12, 13]. Of course if A, B, C are commutative, the higher cohomology groups H^j, $j \geqslant 0$, are well-defined commutative groups, and we will occasionally use the long cohomology exact sequence in that case up to order $j = 2$.

3.5. SYMBOLS

If $\mathcal{A} \in \mathrm{Alg}_{\mathcal{E}} \simeq H^1(PX, \mathrm{Aut}\,\mathcal{E})$ we have defined its symbol as the image of its defining cocycle in $H^1(PX, \omega)$. To compute H^0 and H^1 for automorphisms, it will be useful to compute them first for symbols.

The following exact sequences of sheaves are also useful to handle ω:

$$0 \to \mathcal{O}_{PX}/\mathbf{C} \to \omega \to \mathbf{C} \to 0, \tag{9}$$

$$0 \to \mathbf{C} \to \mathcal{O}_{PX} \to \mathcal{O}_{PX}/\mathbf{C} \to 0. \tag{10}$$

These give rise to long exact cohomology sequences. We will call "exponent map" the cohomology maps coming from the map $\omega \to \mathbf{C}$ in (9).

With slight abuse we will call "Chern maps"* the maps:

$$\mathrm{ch} : H^j(Y, \mathcal{O}/\mathbf{C}) \to H^{j+1}(Y, \mathbf{C}) \tag{11}$$

in the long exact cohomology sequence derived from (10).

The sheaf $\mathcal{O}/\mathbf{C}$ ($Y = X$ or PX) identifies with the sheaf of closed holomorphic 1-forms on Y. If Y is a Stein manifold we have $H^j(Y, \mathcal{O}) = 0$ for $j \geqslant 1$ so the Chern map $H^j(Y, \mathcal{O}/\mathbf{C}) \to H^{j+1}(Y, \mathbf{C})$ is an isomorphism for $j \geqslant 1$.

* The standard Chern map: $H^1(Y, \mathcal{O}^\times) \to H^2(Y, \mathbf{C})$ factors through $H^1(Y, \mathcal{O}/\mathbf{C})$.

If Y is a compact Kähler manifold, the long exact cohomology sequence from (10) splits into a sequence of short split exact sequences:

$$0 \to H^{j-1}(Y, \mathcal{O}/\mathbf{C}) \to H^j(Y, \mathbf{C}) \to H^j(Y, \mathcal{O}) \to 0 \quad (j \geqslant 0)$$

and for $j \geqslant 0$ we have an isomorphism

$$H^j(Y, \mathcal{O}/\mathbf{C}) = \sum_{p+q=j+1, p>0} H^{pq}, \tag{12}$$

where (here, and whenever possible) H^{pq} denotes the space of harmonic forms of type p, q on Y.

PROPOSITION 5. (i) *If $n = \dim X \geqslant 2$, or if X is a closed curve of genus $\neq 1$, the map $H^0(X, \mathcal{O}/\mathbf{C}) \to H^0(PX, \omega)$ is an isomorphism.*

(ii) *If X is an open curve or a closed curve of genus* 1, *then w is split and*

$$H^0(PX, \omega) \simeq H^0(X, \mathcal{O}/\mathbf{C}) \oplus H^0(X, \mathbf{C}).$$

Proof. A global section of ω is a closed 1-form on $T^*X - \{0\}$, homogeneous of degree 0. Locally on X such a form α reads

$$\alpha = \sum \alpha_k \, dx_k + \beta_k \, d\xi_k, \tag{13}$$

where the coefficients α_k resp. β_k are of degree 0 resp. -1. If $n \geqslant 2$ this implies $\beta_k = 0$ so the α_k only depend on x. Hence (i) for $n \geqslant 2$.

If X is a closed curve of genus $\neq 1$ ($n = 1$ so $PX = X$), then the Chern map $H^0(X, \mathbf{C}) \simeq \mathbf{C} \to H^1(X, \mathcal{O}/\mathbf{C}) = \mathbf{C}$ is injective: it maps $s \in \mathbf{C}$ to $s \operatorname{ch} \mathcal{O}(1)$ (where as above $\mathcal{O}(1)$ denotes the sheaf of homogeneous functions of degree 1 on T^*X) and $\operatorname{ch} \mathcal{O}(1) \neq 0$ if $g \neq 1$.* So the exponent map $H^0(X, \omega) \to H^0(X, \mathbf{C})$ vanishes, and the map $H^0(X, \mathcal{O}/\mathbf{C}) \to H^0(X, \omega)$ is an isomorphism, hence (i) in this case.

If $n = 1$ and X is open or of genus 1, there exists a global nonvanishing vector field, so ω is split: $\omega = \mathcal{O}/\mathbf{C} \oplus \mathbf{C}$, hence (ii). □

PROPOSITION 6. (i) *If $n = \dim X \geqslant 2$ the map $H^1(X, \mathcal{O}/\mathbf{C}) \to H^1(PX, \omega)$ is an isomorphism.*

(ii) *If $n = \dim X = 1$ ($PX = X$) and X is open or closed of genus* 1 *(ω split), then $H^1(X, \omega) = H^1(X, \mathcal{O}/\mathbf{C}) \oplus H^1(X, \mathbf{C})$.*

(iii) *If X is a closed curved of genus $g \neq 1$ the exponent map $H^1(X, \omega) \to H^1(X, \mathbf{C}) \simeq \mathbf{C}^{2g}$ is an isomorphism.*

This should be complemented as follows in case (ii): if X is an open curve, $H^1(X, \mathcal{O}/\mathbf{C}) = 0$ so $H^1(X, \omega) \simeq H^1(X, \mathbf{C})$.

* The corresponding cocycle is $d\mathrm{Log}(\xi_i/\xi_j)$ if ξ_i is the symbol of a nonvanishing vector field on a covering X_i of X, whose image in $H^1(X, \omega)$ is $d\xi_i/\xi_i - d\xi_j/\xi_j$, obviously a coboundary.

If X is closed of genus 1, then $H^{20} = 0$ so $H^1(X, \mathcal{O}/\mathbf{C}) \simeq H^{20} + H^{11} \simeq H^{11} \simeq \mathbf{C}$, and $H^1(X, w) \simeq H^{11} + H^1(X, \mathbf{C}) \simeq \mathbf{C}^3$.

LEMMA 1. *If X is a ball (or more generally Stein contractible space), we have* $H^1(PX, \omega) = 0$.

Proof. We have $PX \simeq X \times P_{n-1}$, so $H^1(PX, \mathbf{C}) = 0$ (PX is simply connected) and the map $H^1(PX, \mathcal{O}/\mathbf{C}) \to H^1(PX, \omega)$ is onto (if $n = 1$ we are finished).

Next we wave $H^j(PX, \mathcal{O}) = 0$ for any $j > 0$ ($\mathcal{O}$ has no cohomology on P_{n-1}) so the Chern map $H^1(PX, \mathcal{O}/\mathbf{C}) \to H^2(PX, \mathbf{C}) \simeq \mathbf{C}$ is one to one. Now, as above for curves of genus $\neq 1$, $H^2(PX, \mathbf{C}) \simeq \mathbf{C}$ is generated by the Chern class of $\mathcal{O}(1)$, corresponding to the cocycle $d\mathrm{Log}(\frac{\xi_i}{\xi_j})$ for ξ_i an elliptic symbol of degree 1 over a covering U_i of PX. This is also precisely the image of $1 \in H^0(PX, \mathbf{C}) \simeq \mathbf{C}$ by the exponent map $H^0(PX, \mathbf{C}) \to H^1(PX, \mathcal{O}/\mathbf{C})$, so the exponent map is onto and the map $H^1(PX, \mathcal{O}) \to H^1(PX, \omega)$ vanishes. This proves the lemma. □

Proof of Proposition 6. (i) Let α be a principal ω-sheaf on PX corresponding to a cocycle in $H^1(PX, \omega)$, and let $X = \bigcup X_i$ be a covering of X by complex balls (or Stein contractible open sets). Then $\alpha_i = \alpha_{|X_i}$ is trivial. The patching isomorphism $u_{ij} : \alpha_j \to \alpha_i$ is the translation by a section $u_{ij} \in H^0(PX_i \cap PX_j, \omega) = H^0(X_i \cap X_j, \mathcal{O}/\mathbf{C})$; thus α is defined by a cocycle $(u_{ij}) \in H^1(X, \mathcal{O}/\mathbf{C})$. If $n \geqslant 2$ and if $(u_{ij}) = (\alpha_i - \alpha_j) \sim 0$ in $H^1(PX, \omega)$ then again $\alpha_i \in H^0(X_i, \mathcal{O}/\mathbf{C})$ by Proposition 5, so $(u_{ij}) \sim 0$ in $H^1(X, \mathcal{O}/\mathbf{C})$. This proves (i).

If $n = 1$ ($PX = X$) and X is open or of genus 1, ω is split so $H^1(X, \omega) = H^1(X, \mathcal{O}/\mathbf{C}) \oplus H^1(X, \mathbf{C})$.

If X is open then $H^1(X, \mathcal{O}/\mathbf{C}) = 0$ because in the long exact cohomology sequence from (10) we have $H^1(X, \mathcal{O}) = H^2(X, \mathbf{C}) = 0$, so $H^1(X, \omega) \simeq H^1(X, \mathbf{C})$.

If X is of genus $g = 1$, we have $H^1(X, \mathcal{O}/\mathbf{C}) = H^{20} + H^{11} = \mathbf{C}$ and $H^1(X, \omega) \simeq H^{11} + H^1(X, \mathbf{C}) \simeq \mathbf{C}^3$.

If X is a closed curve of genus $g \neq 1$ we have seen that the map $H^0(X, \mathbf{C}) \to H^1(X, \mathcal{O}/\mathbf{C})$ is one to one, and $H^2(X, \mathcal{O}/\mathbf{C}) = H^{30} + H^{21} + H^{12} = 0$ so from the long exact cohomology sequence from (9)

$$\cdots \to H^0(X, \mathbf{C}) \to H^1(X, \mathcal{O}/\mathbf{C}) \to H^1(X, \omega) \to H^2(X, \mathcal{O}/\mathbf{C}) \to \cdots$$

we see that the map $H^1(X, \omega) \to H^1(X, \mathbf{C})$ is one to one.

This proves Proposition 6 and its complement. Note that if X is a curve, the only case where $H^1(X, \omega) = 0$ is when X is simply connected. □

3.6. FILTRATIONS

As mentioned above $\mathrm{Aut}\,\mathcal{E}$ has a natural filtration (as well as $\mathcal{E}_-^\times \subset \mathrm{Aut}\,\mathcal{E}$): any $a \in \mathrm{Aut}\,\mathcal{E}$ is of degree $\leqslant 0$ and $a \in \mathcal{E}_-^\times$ is of degree $n < 0$ if $a = \mathrm{Int}\,(1+b)$, $b \in \mathcal{E}_n$. The corresponding graded sheaf is

$$\mathrm{gr}\,\mathrm{Aut}\,\mathcal{E} = \bigoplus_{k\leqslant 0}(\mathrm{Aut}\,\mathcal{E})_k/(\mathrm{Aut}\,\mathcal{E})_{k-1} \simeq \omega + \bigoplus_{k<0} \mathcal{O}(k). \tag{14}$$

It is commutative, and this will help to extract more information. This also works for any $\mathcal{E}$-algebra $\mathcal{A}$ because the filtration above, and the leading terms, are by definition invariant by automorphisms so $\operatorname{gr}\operatorname{Aut}\mathcal{A} \simeq \operatorname{gr}\operatorname{Aut}\mathcal{E}$.

PROPOSITION 7. *Let $\mathcal{A}$ be an $\mathcal{E}$-algebra.*

(i) *The natural map* $\operatorname{gr} H^0(PX, \operatorname{Aut}\mathcal{A}) \to H^0(PX, \operatorname{gr}\operatorname{Aut}\mathcal{E})$ *is injective. If* $H^1(PX, \operatorname{gr}\operatorname{Aut}\mathcal{E}) = 0$ *it is one to one.*

(ii) *If* $H^1(PX, \operatorname{gr}\operatorname{Aut}\mathcal{E}) = 0$ *then* $H^1(PX, \mathcal{A}_-^\times) = 0$.

(iii) *If* $H^2(PX, \mathcal{E}_-^\times) = 0$ *the symbol map induces a surjective map*

$$H^1(PX, \operatorname{gr}\operatorname{Aut}\mathcal{E}) \to \operatorname{gr} H^1(PX, \operatorname{Aut}\mathcal{A}). \tag{15}$$

Proof. (i) The map $\operatorname{gr} H^0(PX, \operatorname{Aut}\mathcal{A}) \to H^0(PX, \operatorname{gr}\operatorname{Aut}\mathcal{E})$ takes any U of degree $m \leqslant 0$ to its symbol $\sigma_m(U)$ which is a section of ω if $m = 0$ or of $\mathcal{O}(m)$ if $m < 0$. $\sigma_m(U) = 0$ means that U is really of degree $\leqslant m - 1$ so the resulting graded map is injective.

Conversely let X_i be a covering of PX, and $a_i \in H^0(X_i, \operatorname{Aut}\mathcal{A})$ be such that $a_i a_j^{-1}$ is of degree $m < 0$ (this is true if $\sigma(a_i) = a$, a global section of $\operatorname{gr}_{m+1}(PX, \operatorname{Aut}\mathcal{E})$). Then $\sigma_m(a_i a_j^{-1})$ is a 1-cocycle with coefficients in $\mathcal{O}(m)$. If $H^1(PX, \mathcal{E}_-^\times) = 0$ this is a coboundary, i.e., of the form $\sigma_m(b_i) - \sigma_m(b_j)$, $b_i \in A_m$ so the $\operatorname{Int}(1 + b_i)^{-1} a_i \operatorname{Int}(1 + b_j)$ are equal to $a_i \bmod \operatorname{Aut}\mathcal{A}_m$ and patch together $\bmod(\operatorname{Aut}\mathcal{A})_{m-1}$. Note that if the X_i and their intersections are Stein it is not necessary to shrink the covering, so by successive approximations we get a cocycle $a \in H^0(PX; \operatorname{Aut}\mathcal{A})$ equal to $(a_i) \bmod(\operatorname{Aut}\mathcal{A})_m$.

(ii) If $H^1(PX, \operatorname{gr}\mathcal{E}_-^\times) = 0$ and if (a_{ij}) is a cocycle of degree $n < 0$ with coefficients in $\mathcal{A}_-^\times$, then $\sigma_n(a_{ij})$ is a 1-cocycle with coefficients in $\mathcal{O}(n)$, hence a coboundary $\sigma_n(b_i) - \sigma_n(b_j)$, $b_i \in \mathcal{A}_n$. So a is equivalent to the cocycle

$$(1 + b_i)^{-1} a_{ij} (1 + b_j)$$

which is of degree $n - 1$. Again we do not need to shrink the covering if it has been chosen as above (Stein, contractible), so by successive approximations we get $a \sim 0$.

(iii) If b_{ij} is a cocycle with coefficients in $\operatorname{Aut}_m\mathcal{A}$ ($m \leqslant 0$) its symbol $\sigma(b_{ij})$ is a cocycle with coefficients in $\operatorname{gr}_m\operatorname{Aut}\mathcal{E}$ but in general this does not give rise to a map $\operatorname{gr} H^1(PX, \operatorname{Aut}\mathcal{A}) \to H^1(PX, \operatorname{gr}\operatorname{Aut}\mathcal{E})$ nor the other way round, at best an ill-defined "noncommutative spectral sequence".

However, if $H^2(PX, \operatorname{gr}\operatorname{Aut}\mathcal{E} = 0)$, the same argument as above shows that if a cochain $a_{ij} \in H^0(U_i \cap U_j, \operatorname{Aut}\mathcal{A})$ is a cocycle $\bmod(\operatorname{Aut}\mathcal{A})_m$, $m < 0$, i.e., $a_{ij} a_{jk} a_{ki} \in (\operatorname{Aut}\mathcal{A})_m$ then $\sigma_m(a_{ij} a_{jk} a_{ki})$ is a coboundary $\sum \sigma_m(b_{jk})$ with coefficients in $\mathcal{O}(m)$, and again by successive approximations there exists a cocycle a'_{ij} with coefficients in $\operatorname{Aut}\mathcal{A}$ equal to $a_{ij} \bmod \mathcal{A}_m$.

In particular, by successive approximations, we see that any cocycle a with coefficients in $\operatorname{gr}_m\operatorname{Aut}\mathcal{E}$ ($m \leqslant 0$) is the symbol of a cocycle $b \in H^1(PX, \operatorname{Aut}_m\mathcal{A})$ which is well-defined $\bmod H^1(PX, \operatorname{Aut}_{m-1}\mathcal{A})$ and vanishes if a is a coboundary.

Thus our map is well defined and onto (if $H^0(PX, \operatorname{Aut}\mathcal{A}) \neq 0$ it may not be injective because two cocycles of degree m with coefficients in $\operatorname{Aut}\mathcal{A}$ can then be equivalent although their symbols are not). □

4. $\mathcal{E}$-algebras on T^*X, $\dim X \geqslant 2$

4.1. GENERAL RESULTS

We first point out the following results (which will also be useful in Section 5):

LEMMA 2 (Global automorphisms of $\mathcal{E}$). *If $\mathcal{A}$ is an $\mathcal{E}$-algebra $\mathcal{A}$ on X and $n = \dim X \geqslant 2$ the symbol map*

$$H^0(PX, \operatorname{Aut}\mathcal{A}) \simeq H^0(PX, \omega) \simeq H^0(X, \mathcal{O}_X/\mathbf{C})$$

is injective. It is bijective if $\mathcal{A} = \mathcal{E}$.

Proof. If $n \geqslant 2$, $\mathcal{A}$ and $\operatorname{Aut}\mathcal{A}$ have no global section of degree < 0 so the symbol map $u \to \sigma(u)$ is injective. More generally, if $\mathcal{A}$, $\mathcal{A}'$ are two $\mathcal{E}$-algebras and u, v two isomorphisms $\mathcal{A} \to \mathcal{A}'$ the difference symbol $\sigma(u^{-1}v) \in H^0(PX, \omega)$ is well defined and completely determines v (given u) (note that we have $\sigma(u^{-1}v) = \sigma(vu^{-1})$).

On the other hand, if $\mathcal{A} = \mathcal{E}$ (more generally if $\mathcal{A}$ comes from a $\mathcal{D}$-algebra) the symbol map is onto because, by Proposition 5, $H^0(PX, \omega) \simeq H^0(X, \mathcal{O}/\mathbf{C}) \simeq \operatorname{Aut}\mathcal{D}$, and this obviously lifts to $\operatorname{Aut}\mathcal{E}$.

If X is a ball of $\mathbf{C}^n$ or more generally a Stein contractible domain, we have $H^1(PX, \omega) = 0$ (Lemma 1) so $H^1(PX, \mathcal{E}_-^\times) \to H^1(PX, \operatorname{Aut}\mathcal{E})$ is onto, i.e., any $\mathcal{E}$-algebra can be defined by a cocycle with coefficients in $\mathcal{E}_-^\times$.

Now let $\mathcal{A}$, $\mathcal{A}'$ be two algebras defined by cocycles $a = (a_{ij}), a' = (a'_{ij}) \in \mathcal{E}_-^\times$ and let $u : \mathcal{A}' \to \mathcal{A}$ be an isomorphism, i.e., a family $(u_i) \in \operatorname{Aut}\mathcal{E}$ such that $u_i a'_{ij} = a_{ij} u_j$. Then the symbols $\sigma(u_i)$ patch together since $\sigma(a_{ij}) = \sigma(a'_{ij}) = 0$, and the resulting symbol $\sigma_{aa'}(u)$ is well defined. It only depends on the classes of a, a' in $H^1(PX, \mathcal{E}_-^\times)$. However, it does depend on $a, a' \in H^1(PX, \mathcal{E}_-^\times)$ and not just on their images in $H^1(PX, \operatorname{Aut}\mathcal{E})$: any other representatives are of the form $\alpha \cdot a, \alpha' \cdot a'$ with $\alpha, \alpha' \in H^0(PX, \omega)$ for the action of $H^0(PX, \omega)$ of Proposition 4, and we get $\sigma_{\alpha\cdot a, \alpha'\cdot a'}(u) = \sigma(u) + \alpha - \alpha'$.

If $X \subset \mathbf{C}^n$, $n \geqslant 2$, is a Stein contractible domain, the exponent of $\sigma_{aa'}(u)$ vanishes: $\sigma_{aa'}(u) \in H^0(X, \mathcal{O}/\mathbf{C})$, and again $\sigma_{aa'}(u)$ completely determines u.

Let now $\mathcal{A} \in \operatorname{Alg}_{\mathcal{E}}$. There exists a covering $X = \bigcup X_i$ where all finite intersections are isomorphic to Stein contractible domains of $\mathbf{C}^n$. Then $\mathcal{A}_i = \mathcal{A}_{|X_i}$ can be defined by a cocycle (a_i) with coefficients in $\mathcal{E}_-^\times$; this being so the patching isomorphisms u_{ij} all have exponent 0 and are determined by their symbols $\sigma_{a_i a_j}(u_{ij})$ (for fixed $\mathcal{A}_i$). In particular we have proved:

PROPOSITION 8. *If* $\dim X \geqslant 2$ *any* $\mathcal{E}$*-algebra* $\mathcal{A}$ *has exponent* 0 (*the image of* $\sigma(\mathcal{A}) \in H^1(PX, \omega)$ *in* $H^1(PX, \mathbf{C})$ *by the exponent map is zero*), *so* $\mathcal{A}$ *can be defined by a cocycle with coefficients in* $\operatorname{Int}\mathcal{E}_0 = \mathcal{E}_0^\times/\mathbf{C}^\times$ ($\mathcal{E}_0$ *is the sheaf of pseudo-differential operators of degree* $\leqslant 0$).

4.2. THE CASE $\dim X \geqslant 3$

If X is a ball and $\dim X \geqslant 3$ we have $H^1(PX, \mathcal{O}(-k)) = 0$ for all $k > 0$, i.e., $H^1(PX, \operatorname{gr}\mathcal{E}_-^\times) = 0$ (this is also true if X is a Stein manifold).

It follows that we have $H^1(PX, \mathcal{E}_-^\times) = 0$, and more generally for any $\mathcal{E}$-algebra $\mathcal{A}$ we have $H^1(PX, \mathcal{A}_-^\times) = 0$.

Hence if $\mathcal{A}$ is an $\mathcal{E}$-algebra, it is built by patching together models of $\mathcal{E}$ over a covering X_i of X, where the patching cocycle belongs to $H^1(X, \mathcal{O}_X/\mathbf{C})$.

Moreover, if $\mathcal{A}$, $\mathcal{B}$ are two such algebras, any isomorphism $\mathcal{B} \to \mathcal{A}$ comes from a $\varphi \in H^0(X, \mathcal{O}_X/\mathbf{C})$, i.e., comes locally from an inner automorphism $P \to \varphi P \varphi^{-1}$. Summing up we have proved:

THEOREM 1. *If* $\dim X \geqslant 3$ *the functor which to a* $\mathcal{D}$*-algebra associates the corresponding* $\mathcal{E}$*-algebra is an equivalence.*

This result is closely related to the result of [8] on microlocally free $\mathcal{D}$-modules in dimension $\geqslant 3$.

4.3. THE CASE $\dim X = 2$

If $\dim X = 2$ what was said above remains true, in particular any symbol $\alpha \in H^1(PX, \omega)$ is the symbol of an $\mathcal{E}$-algebra (in fact of a $\mathcal{D}$-algebra). However, the picture changes considerably because $H^1(PX, \mathcal{E}_-^\times)$ is usually very large. The following examples show what can happen, and also how, in global situations on compact manifolds, things can nevertheless at least partially cancel out.

EXAMPLE 1. Let X be the unit ball of $\mathbf{C}^2$ (or more generally a Stein contractible manifold).*

Then $H^1(X, \omega) = H^1(X, \mathcal{O}/\mathbf{C}) = 0$ so $H^1(PX, \operatorname{Aut}\mathcal{E})$ is the quotient of $H^1(PX, \mathcal{E}_-^\times)$ by the action of $H^0(X, \operatorname{Aut}\mathcal{E}) = H^0(X, \mathcal{O}/\mathbf{C})$.

Now PX is the union of the two Stein subcones $U_i = \{\xi_i \neq 0\}$ ($i = 1, 2$) so a cocycle is represented by just one section $a_{12} \in \mathcal{E}_-^\times(U_1 \cap U_2)$. It is elementary that any $a \in H^1(PX, \mathcal{E}_-^\times)$ has a unique normalized representative of the form

$$a_{12} = \sum_{p,q<0} a_{pq}(x)\xi_1^p \xi_2^q, \tag{16}$$

* What is used is $H^1(X, \mathcal{O}/\mathbf{C}) = 0$ and the fact that T^*X is a trivial holomorphic vector bundle.

i.e., with no holomorphic term in ξ_1 or ξ_2 (this is obvious for the additive cohomology $H^1(PX, \mathrm{gr}\, \mathcal{E}_{-1})$ and follows by successive approximation for $\mathcal{E}_-^\times$). So $H^1(PX, \mathrm{Aut}\, \mathcal{E})$ is the set of conjugate classes of normalized symbols a_{12} as above, with $a_{12} \sim \varphi(x) a_{12} \varphi(x)^{-1}$ for φ a nonvanishing function on X. This set is still very large; on the other hand such algebras tend to have very few global sections or automorphisms.

The analysis of these algebras is closely related to that of "microlocally" free $\mathcal{D}$-modules in dimension 2, made by M. Carette [7].

For global compact manifolds, some things may cancel out.

EXAMPLE 2. Let $X = P_2(\mathbf{C})$ be the complex projective plane: then PX is isomorphic to the incidence manifold $\{x \cdot \xi = 0\} \subset X \times X^*$ (X^* the dual projective space). T^*X itself is the quotient of the incidence cone $\Gamma = \{x \cdot \xi = 0\} \subset \mathbf{C} - \{0\} \times \mathbf{C}$ by the group action $(x, \xi) \sim (\lambda x, (1/\lambda)\xi)$. The sheaf $\mathcal{O}_{PX}(n)$ of homogeneous functions of degree n on T^*X identities with the sheaf of restrictions to Γ of functions $f(x, \xi)$ such that $f(\lambda x, \xi) = f(x, \lambda \xi) = \lambda^n f(x, \xi)$, i.e., $\mathcal{O}_{PX}(n) = \mathcal{O}_X(n) \otimes \mathcal{O}_{X^*}(n)$ (where exceptionally here $\mathcal{O}_X(n)$ denotes the canonical sheaf of the projective space). It follows easily that $H^1(PX, \mathrm{gr}\, \mathcal{E}_-^\times) = 0$ so $H^1(PX, \mathcal{A}_-^\times) = 0$ for any $\mathcal{E}$-algebra $\mathcal{A}$.

The symbol map $H^1(X, \mathrm{Aut}\, \mathcal{E}) \to H^1(X, \omega) = H^1(X, \mathcal{O}/\mathbf{C})$ is one to one, and again, as in dimension $\geqslant 3$, the correspondence $\mathcal{D}$-algebra $\to$ $\mathcal{E}$-algebras is an equivalence.

Note that in this case we have $H^1(PX, \mathcal{O}/\mathbf{C}) \simeq H^{20} + H^{11} \simeq H^{11} = \mathbf{C}$, and $\mathcal{E}$-algebras $\sim$ $\mathcal{D}$-algebras are parameterized by $H^{11} = \mathbf{C}$.

EXAMPLE 3. Let X be a holomorphic complex torus of dimension 2 (a torus $\mathbf{C}^2/\Gamma$ with $\Gamma \simeq \mathbf{Z}^4$ acting by translations).

The group of automorphisms of $\mathcal{E}$ or $\mathcal{D}$ is

$$H^0(PX, \mathrm{Aut}\, \mathcal{E}) = H^0(X, \mathcal{O}/\mathbf{C}) = H^{10} = \mathbf{C}^2 \tag{17}$$

and any automorphism comes from an inner automorphism of $\mathcal{E}$ and $\mathcal{D}$ on $\mathbf{C}^2$ of the form:

$$P = P(x, d) \to \mathrm{e}^{a.x} P \mathrm{e}^{-a.x} \quad (x \to x,\ d \to d - a). \tag{18}$$

Any $\mathcal{E}$- or $\mathcal{D}$-algebra on X lifts as the trivial algebra $\mathcal{E}_{\mathbf{C}^2}$ on the universal cover $\mathbf{C}^2$, and is the quotient of $\mathcal{E}_{\mathbf{C}^2}$ by a group of isomorphisms over the translation group of periods Γ.

By Proposition 6 we have

$$H^1(PX, \omega) = H^1(X, \mathcal{O}/\mathbf{C}) = H^{20} + H^{11} = \mathbf{C}^5.$$

More precisely, an element $\alpha \in H^{20} + H^{11}$ is represented by a harmonic form

$$\alpha = a dz_1 dz_2 + \sum a_{ij} d\bar{z}_i dz_j. \tag{19}$$

There is a unique corresponding $\mathcal{D}$-algebra, which is isomorphic to the quotient of $\mathcal{D}_{\mathbf{C}^2}$ by the lifting $\mu \to U_\mu$ of the group Γ of periods (acting by translations):

$$U_\mu : \begin{array}{l} x \to x + \mu \\ d \to d + p(\mu, \overline{\mu}), \end{array} \tag{20}$$

where $p = (p_1, p_2)$ is a linear map $\mathbf{C}^4 = \mathbf{C}^2 \times \overline{\mathbf{C}^2} \to \mathbf{C}^2$ such that $dp(z, \bar{z}) \cdot dz = dp_1 dz_1 + dp_2 dz_2 = \alpha$, where z, resp. $\bar{z}$ denotes the variable in $\mathbf{C}^2$ resp. $\overline{\mathbf{C}^2}$, and we use the notations of differential calculus. Such a map p splits into holomorphic and antiholomorphic parts: $p = p'(z) + p''(\bar{z})$. They form an 8-dimensional space, but it is classical that maps which differ by a symmetric holomorphic map $(dp.dz) = 0$) define isomorphic algebras.

Remark 5. Cocycles coming from H^{11} are related to holomorphic line bundles on X: if L is a line bundle, $\mathcal{D}_L$ the sheaf of differential operators on L, the corresponding cocycle is the image in $H^1(X, \mathcal{O}/\mathbf{C})$ of the multiplicative cocycle with coefficients in $\mathcal{O}^\times$ defining L; the corresponding harmonic form is an integral form in H^{11}, and such forms generate H^{11} if X is algebraic.

The cocycle associated to $dz_1 dz_2 \in H^{20}$ corresponds to the group of isomorphisms

$$U_\mu : z \to z + \mu, \quad d_1 \to d_1, \quad d_2 \to d_2 + \mu_1. \tag{21}$$

This corresponds to the 1-form $p(x) \cdot dx = x_1 dx_2$ (which could be replaced by any holomorphic primitive of $dx_1 dx_2$). It never appears in a context of line bundles.

We may now classify $\mathcal{E}$-algebras. The map $H^1(PX, \operatorname{Aut} \mathcal{E}) \to H^1(PX, \omega)$ is onto, and for $\alpha \in H^1(PX, \omega) \simeq H^{20} + H^{11}$ the fiber $\sigma^{-1}(\alpha)$ is the image of $H^1(PX, \mathcal{A}_-^\times)$ for $\mathcal{A}$ the unique $\mathcal{D}$-algebra as above with this symbol.

Let us examine $H^1(PX, \mathcal{A}_-^\times)$: by (18) two elements of $H^1(PX, \mathcal{A}_-^\times)$ give the same $\mathcal{E}$-algebra iff there is a translation $\xi \to \xi + a$ which transforms one to the other. An $a \in H^1(PX, \mathcal{A}_-^\times)$ lifts to an element $\tilde{a} \in H^1(\mathbf{C}^2, \mathcal{E}_-^\times)$ invariant by the U_μ, so the normalized representative (16) is invariant:

$$a(x, \xi) = a(x + \mu, \xi + p'(\mu) + p''(\overline{\mu})), \tag{22}$$

where as above p': $\mathbf{C}^2 \to \mathbf{C}^2$, resp. p'': $\overline{\mathbf{C}^2} \to \mathbf{C}^2$ denote the holomorphic and antiholomorphic parts of p, which correspond to the H^{20}, H^{11} components of the symbol α. Equivalently the symbol $b(x, \xi) = a(x, \xi - p'(x))$ satisfies

$$b(x, \xi) = b(x + \mu, \xi + p''(\overline{\mu})) = \sum \frac{1}{\gamma!} \partial_\xi^\gamma b(x + \mu, \xi)(p''(\overline{\mu}))^\gamma. \tag{23}$$

If $p'' = 0$ this means that b does not depend on x (it is periodic hence constant). If $p'' \neq 0$, the periodicity condition implies $b = 0$: for if b is of degree $n \leqslant -1$, its leading term is periodic in x hence independent of x: $b_n = b_n(\xi)$; the next term satisfies

$$b_{n-1}(x, \xi) - b_{n-1}(x + \mu, \xi) = b_n'(\xi) \cdot p''(\overline{\mu}) \tag{24}$$

so it is linear in x: $b_{n-1} = \beta(\xi) + \gamma(\xi) \cdot x$ with $p''(\overline{\mu}) = -\gamma(\xi).\mu$. Since p'' is antiholomorphic this implies $b'_n = 0$ so $b_n = 0$ since its degree is negative.

Summing up we have proved:

PROPOSITION 9. *If X is a torus ($\mathbf{C}^2/\Gamma$, $\Gamma \simeq \mathbf{Z}^4$), we have*

$$H^1(PX, \omega) \simeq H^1(X, \mathcal{O}/\mathbf{C}) \simeq H^{20}(X) + H^{11}(X) \simeq \mathbf{C}^5. \tag{25}$$

Any symbol $\alpha \in H^1(PX, \omega)$ is the symbol of a unique $\mathcal{D}$-algebra on X.

If the H^{11} component of α is $\neq 0$ there is no other $\mathcal{E}$-algebra with this symbol.

If $\alpha \in H^{20}$ the $\mathcal{E}$-algebras with symbol α can be defined by a normalized cocycle

$$b(\xi) = \sum_{p,q<0} b_{pq}\xi_1^p \xi_2^q \quad (b_{pq} \in \mathbf{C}) \tag{26}$$

whose coefficients are translation invariant (independant of x). Two such cocycles b, b' define the same $\mathcal{E}$-algebra iff $b'(\xi) \simeq b(\xi + a)$ for some constant vector a.

(This is an asymptotic relation between symbols: $b(\xi + a) = \sum \frac{1}{\alpha!}\partial_\xi^\alpha b a^\alpha$.)

5. $\mathcal{E}$-Algebras over Curves ($\dim X = 1$)

We now describe $\mathcal{E}$-algebras, and compare them to $\mathcal{D}$-algebras, when X is a curve ($\dim X = 1$). In this case $PX = X$. The general method is the same but as we will see the classification is strikingly different depending on whether X is an open curve, or a closed curve of genus $g = 0, 1$ or $\geqslant 2$.

5.1. OPEN CURVES

If X is an open curve, the exponent map $H^1(X, \omega) \to H^1(X, \mathbf{C})$ is an isomorphism (Proposition 6). Also X is Stein, so $H^j(X, \mathcal{O}(n)) = 0$ for $j > 0$ and for all $n, j \geqslant 1$, so $H^j(X, \operatorname{gr} \mathcal{E}_-^\times) = 0$ for $j = 1, 2$, and $H^1(X, \mathcal{E}_-^\times) = 0$ (Proposition 7). Finally we have

$$H^1(X, \operatorname{Aut} \mathcal{E}) \simeq H^1(X, \omega) \simeq H^1(X, \mathbf{C}). \tag{27}$$

Typically, if (s_{ij}) is a cocycle with coefficients in $\mathbf{C}$, the corresponding algebra is defined by a cocycle with symbol $(\operatorname{Int} \xi)^{s_{ij}}$, ξ a global nonvanishing vector field.

These algebras have many sections because we have $H^1(X, \mathcal{E}_-^\times) = 0$ so by Proposition 7 the map $H^0(X, \operatorname{gr} \mathcal{E}) \simeq \mathcal{O}(X)[\xi, \xi^{-1}] \to \operatorname{gr} H^0(X, \mathcal{A})$ is one to one. They also have many automorphisms, because the sequence $0 \to H^0(X, \mathcal{A}_-^\times) \to H^0(X, \operatorname{Aut} \mathcal{A}) \to H^0(X, \omega) \to 0$ is exact.

$\mathcal{D}$-algebras are classified by $H^1(X, \mathcal{O}/\mathbf{C}) = 0$ and all give isomorphic $\mathcal{E}$-algebras. All nontrivial $\mathcal{E}$-algebras come from the exponent map.*

* The fact that such "exotic" algebras exist is related to the fact that coherent $\mathcal{D}$-modules do not always possess global good filtrations.

5.2. CURVES OF GENUS $g \geqslant 2$

Note that in any case $\mathcal{O}_{PX}(1)$ identifies with the sheaf of sections of TX (vector fields) so the dual $\mathcal{O}_{PX}(-1)$ identifies with the sheaf of sections of T^*X. If X is of genus $\geqslant 2$, this is ample so we have $H^1(X, \mathcal{O}_{PX}(n)) = 0$ for all $n < 0$, and it follows that $H^1(X, \operatorname{gr} \mathcal{E}_-^\times) = 0$, so $H^1(X, \mathcal{A}_-^\times) = 0$ for any $\mathcal{E}$-algebra $\mathcal{A}$, and the canonical map $\operatorname{gr} H^0(X, \operatorname{Aut} \mathcal{A}) \to H^0(X, \operatorname{gr} \operatorname{Aut} \mathcal{E})$ is bijective for any $\mathcal{E}$-algebra $\mathcal{A}$ (it is surjective since on any curve we have $H^2(X, \operatorname{gr} \mathcal{E}_-^\times) = 0$).

Furthermore, in this case the Chern map $H^1(X, \mathcal{O}/\mathbf{C}) \to H^2(X, \mathbf{C})$ is one to one, as well as the map $H^0(X, \mathbf{C}) \to H^1(X, \mathcal{O}/\mathbf{C})$ (cf. 9). Finally the map $H^1(X, \operatorname{Aut} \mathcal{E}) \to H^1(X, \omega) = H^1(X, \mathcal{O}/\mathbf{C})$ is one to one. Thus

PROPOSITION 10. *If X is a closed curve of genus $g > 1$, $\mathcal{E}$-algebras on X are classified by their exponent $\sigma(\mathcal{A}) \in H^1(X, \mathbf{C}) = \mathbf{C}^{2g}$. $\mathcal{D}$-algebras are classified by $H^1(X, \mathcal{O}/\mathbf{C}) = H^1(X, \mathbf{C}) = \mathbf{C}$ and give isomorphic $\mathcal{E}$-algebras.*

Here again $\mathcal{E}$-algebras on X have many sections of negative degree because $H^1(X, \mathcal{E}_-^\times)$ vanishes and the map $H^0(X, \operatorname{gr} \mathcal{E}) \simeq \bigoplus_{n \leqslant 0} H^0(X, \mathcal{O}(n)) \to \operatorname{gr} H^0(X, \mathcal{A})$ is one to one. They also have many automorphisms because the sequence $0 \to H^0(X, \mathcal{A}_-^\times) \to H^0(X, \operatorname{Aut} A) \to H^0(X, \omega) \simeq \mathbf{C}^g \to 0$ is exact.

5.3. CURVES OF GENUS 1

This is the most complicated of the cases examined here. Let X be a closed curve of genus 1: $X = \mathbf{C}/\Gamma$ where the group of periods $\Gamma \simeq \mathbf{Z}^2$ acts by translations.

We denote ξ the symbol of the constant vector field $\partial/\partial x$ on $\mathbf{C}$.

Since TX is trivial, ω is split: $\omega = \mathcal{O}/\mathbf{C} + \mathbf{C}$. Also, for all n, we have $H^0(\mathcal{O}(n)) = H^{00} \simeq H^1(X, \mathcal{O}(n)) = H^{01} \simeq \mathbf{C}$, $H^2(\mathcal{O}(n)) = 0$.

We denote

$$\mathcal{G}, \quad \text{resp. } \mathcal{G}_- \subset \mathcal{G} \tag{28}$$

the group of automorphisms of $\mathcal{E}$ of the form $\operatorname{Int} \xi^s \operatorname{Int}(1 + a(\xi^{-1}))$, resp. the subgroup $s = 0$: this is the commutant of ξ, it is a constant subsheaf of $\operatorname{Aut} \mathcal{E}$.

For any $\alpha \in \mathbf{C}$ we set $\xi_a = e^{ax}\xi$. This is only defined up to a multiplicative constant $e^{a\mu}$, $\mu \in \Gamma$, but the inner automorphism $\operatorname{Int}(e^{ax}\xi)$ is well defined, as well as the corresponding commutator sheaf

$$\mathcal{G}_{a-} \subset \mathcal{G}_a, \tag{29}$$

which is a locally constant subsheaf of $\operatorname{Aut} \mathcal{E}$.

PROPOSITION 11. *We have*

$$H^0(X, \omega) = H^0(X, \mathcal{O}/\mathbf{C}) + H^0(X, \mathbf{C}) = H^{10} + H^{00} \simeq \mathbf{C}^2,$$
$$H^1(X, \omega) = H^1(X, \mathcal{O}/\mathbf{C}) + H^1(X, \mathbf{C}) = H^{11} + (H^{10} + H^{01}) = \mathbf{C}^3.$$

For the commutative locally constant sheaf $\mathcal{G}_{a-}$ *we have*★

$$H^j(\mathcal{G}_-) = H^j(X, \mathbf{C}) \otimes \mathcal{G}_- \text{ if } a = 0, \quad 0 \text{ if } a \neq 0.$$

We have $\operatorname{gr} \mathcal{E}_- = \bigoplus_{n<0} \mathcal{O}(n)\xi^n$ *and with an obvious notation*

$$H^0(X, \operatorname{gr} \mathcal{E}_-^\times) = \operatorname{gr} \mathcal{G} \simeq \xi^{-1}\mathbf{C}[\xi^{-1}],$$
$$H^1(X, \operatorname{gr} \mathcal{E}_-^\times) \simeq H^{10} \times \xi^{-1}\mathbf{C}[\xi^{-1}],$$
$$H^2(X, \operatorname{gr} \mathcal{E}_-^\times) = 0.$$

THEOREM 2. *If X is of genus* 1, *the symbol map* $\operatorname{Alg}_{\mathcal{E}} \to H^1(X, \omega)$ *is onto. We will denote* $\sigma(\mathcal{A}) = \alpha = (\alpha^{11}, \alpha^{10}, \alpha^{01}) \in H^{11} \times H^{10} \times H^{01}$ *the symbol of an* $\mathcal{E}$*-algebra* $\mathcal{A}$. *Then*

(i) *Algebras such that* $\alpha^{11} = 0$ *are characterized by the fact that they possess a global section of degree* $\neq 0$, *or an automorphism of symbol* $d\xi/\xi = \sigma(\operatorname{Int} \xi)$. *For such an algebra the set of global sections is* $\mathbf{C}((\xi^{-1}))$ *and except for* $\mathcal{E}$ *the group of automorphisms is* $\mathcal{G}$.

$\mathcal{E}$ *is distinguished by the fact that its symbol map* $H^0(X, \operatorname{Aut} \mathcal{E}) \to H^0(X, \omega)$ *is onto.*

(ii) *If* $\alpha^{11} \neq 0$, $\mathcal{A}$ *has no section of degree* $\neq 0$ ($H^0(X, \mathcal{A}) = \mathbf{C}$), *and* $\mathcal{A}$ *is completely determined by its symbol, in other words the image of* $H^1(X, \mathcal{A})$ *in* $H^1(X, \operatorname{Aut} \mathcal{A})$ *is reduced to a single point.*

For such an algebra the group of automorphisms is a one parameter group with symbol $\mathbf{C}(a\,dx + b(d\xi/\xi))$ *for some* $(a, b) \neq 0$, *except in the case* $\alpha^{01} = 0, \alpha^{11}, \alpha^{10} \neq 0$ *where there is no automorphism other than* Id.

(iii) *Among these,* $\mathcal{E}$*-algebras associated to a nontrivial* $\mathcal{D}$*-algebra are those for which* $\sigma(\mathcal{A}) = \alpha^{11} \in H^{11}$ $(\alpha^{10} = \alpha^{01} = 0)$. *They are characterized by the fact that their group of automorphisms is a one parameter group with symbol* $\sigma(\operatorname{Int} e^{tx})$ $(t \in \mathbf{C})$.

Thus, for a torus X of genus 1, $\mathcal{D}$-algebras which give isomorphic $\mathcal{E}$-algebras are already isomorphic as $\mathcal{D}$-algebras, and $\mathcal{E}$-automorphisms are the same as $\mathcal{D}$-automorphisms, except for the canonical algebra $\mathcal{E}$.

Let $\mathcal{A}$ be an $\mathcal{E}$-algebra. The symbol map $\operatorname{Alg}_{\mathcal{E}} \to H^1(X, \omega)$ is onto because $H^2(X, \operatorname{gr} \mathcal{E}_-^\times) = 0$ so (Proposition 7) any cocycle with coefficients in ω is the symbol of an $\mathcal{E}$-algebra.

Next note that any star algebra on X lifts as the trivial $\mathcal{E}$-algebra $\mathcal{E}_{\mathbf{C}}$ on $\mathbf{C}$ with an action of the group Γ over the translation group:

$$\mu \to \mathcal{T}_\mu = T_\mu U_\mu, \tag{30}$$

where T_μ is the translation $(x \to x + \mu, \xi \to \xi)$ and the U_μ are automorphisms of $\mathcal{E}_{\mathbf{C}}$, subjected to the cocycle condition expressing that $\mu \to T_\mu U_\mu$ is a group homomorphism.

★ The cohomology of the locally constant sheaf generated by $e^{ax}\xi$ or $e^{nax}\xi^n$ vanishes if $na \neq 0$, because $e^{an\mu}$ cannot be identically 1 for $\mu \in \Gamma$, so $H^*(X, \operatorname{gr} \mathcal{G}_{a-}) = 0$.

Here are typical examples (models):

EXAMPLE 4. Let $\mu \in \Gamma \to U_\mu = \alpha(\xi) \in \mathcal{G}$ be an additive map. This defines such a cocycle, because the U_μ commute with translations, hence an $\mathcal{E}$-algebra, obviously of the first type since ξ is invariant. Typically the period group

$$\mu \to U_\mu = (\operatorname{Int}\xi)^{\alpha^{10}\mu + \alpha^{01}\overline{\mu}}$$

defines such an $\mathcal{E}$-algebra with symbol $\alpha^{10} + \alpha^{01}$ ($\alpha^{11} = 0$).

EXAMPLE 5. Let $\alpha(\mu) = \alpha^{10}\mu + \alpha^{01}\overline{\mu}$ be an additive map $\Gamma \to \mathbf{C}$ and $a \in \mathbf{C}$. Then the automorphisms $\operatorname{Int}(\exp \alpha(\mu)(ax + \operatorname{Log}\xi))$ commute and also commute with translations (because the commutator $[\xi, ax + \operatorname{Log}\xi] = a$ is a constant so $\exp s(ax + \operatorname{Log}\xi)$ commutes with translations, mod constant factors which give trivial inner automorphisms). So the group homomorphism

$$\mu \to U_\mu = \exp \alpha(\mu)(ax + \operatorname{Log}\xi)$$

defines an $\mathcal{E}$-algebra, whose symbol is $a\alpha^{01}, \alpha^{10}, \alpha^{01} \in H^{11} \times H^{10} \times H^{01}$. If we identify the H^{pq} with spaces of differential forms, the symbol of $\mathcal{A}$ writes

$$\sigma(\mathcal{A}) = (a\, d\alpha(x, \bar{x})\, d\bar{x},\ d\alpha(x, \bar{x})).$$

Such an algebra admits the automorphisms $\operatorname{Int}\exp s(ax + \operatorname{Log}\xi)$, $s \in \mathbf{C}$.
The only symbols we have missed are those for which

$$a = \alpha^{11} \neq 0,\ b = \alpha^{10} \neq 0,\ \alpha^{01} = 0.$$

As model for this case we can take the algebra defined by

$$U_\mu = (\operatorname{Int}\xi)^{b\mu}\operatorname{Int}(\mathrm{e}^{a\overline{\mu}\tilde{x}})$$

with $\tilde{x} = x(1 + b/\xi)^{-1}$ so that $\sigma(\tilde{x}) = x$, $[\xi + b\operatorname{Log}\xi, \tilde{x}] = 1$: with this choice the $T_\mu(\operatorname{Int}\xi)^{b\mu}$ (symbolically $\exp \mu(\xi + b\operatorname{Log}\xi)$) commute with the $\operatorname{Int}\mathrm{e}^{a\overline{\mu}\tilde{x}}$, so again the U_μ define an $\mathcal{E}$-algebra with symbol $\alpha^{11} = a,\ \alpha^{10} = b,\ \alpha^{01} = 0$.

We now prove Theorem 2.

(i) First suppose that $\mathcal{A}$ has a nonzero section s of degree $\neq 0$. Then $\sigma(s) = c\xi^k$ for some constant $c \neq 0$ and integer $k \neq 0$; $c^{-1}s$ has a unique kth root with symbol ξ (this is true locally because it works for pseudo-differential calculus; the roots with symbol ξ are unique and patch together into a global section). Similarly if a is an automorphism with symbol $\sigma(\operatorname{Int}\xi)$, locally there exists a unique section s with symbol ξ such that $a = \operatorname{Int} s$ ($a = \operatorname{Int} b$ determines b locally up to a constant, and $\sigma(b) = \xi$ fixes the constant so again these patch into a global section with symbol ξ).

If $\mathcal{A}$ has a section s with symbol ξ, then clearly all global sections of $\mathcal{A}$ are of the form $\sum_{k \leqslant k_0} c_k s^k$, and $H^0(X, \operatorname{Aut}\mathcal{A})$ contains the group $\mathcal{G}$ (formula (28)).

Furthermore, again by elementary pseudo-differential calculus, any two sections, resp. automorphisms of $\mathcal{E}$ of symbol ξ are locally conjugate, so $(\mathcal{A}, a)$ is locally isomorphic to $(\mathcal{E}, \operatorname{Int} e^{\xi})$, and $\mathcal{A}$ can be defined by a cocycle with coefficients in $\mathcal{G}$, the commutator of $\operatorname{Int}\xi$ (formula (28)). Hence $\alpha = \sigma(\mathcal{A})$ belongs to the image of $H^1(X, \mathcal{G})$ in $H^1(X, \omega)$, i.e., $\alpha \in H^1\,(X, \mathbf{C})$ and $\alpha^{11} = 0$.

Conversely let $\alpha \in H^1(X, \mathbf{C})$ $(\alpha^{11} = 0)$. Example 4 gives an algebra $\mathcal{A}$ with symbol α which has a section of symbol ξ.

Now any other algebra $\mathcal{A}'$ with symbol α is defined by a cocycle $(a_{ij}) \in H^1(X, \mathcal{A}_-^\times)$. We know that there is a surjective map from $H^1(X, \operatorname{gr}\mathcal{A}_-^\times)$ to $\operatorname{gr} H^1(X, \mathcal{A}_-^\times)$ and also that the map $H^1(X, \mathcal{G}) \to H^1(X, \mathcal{E}_-^\times) = H^1(X, \mathcal{A}_-^\times)$ is surjective. It follows that the embedding $\mathcal{G}_- \to \mathcal{A}_-^\times$ gives a surjective map $H^1(X, \mathcal{G}) \to H^1(X, \mathcal{A}_-^\times)$ (the symbol map (gr) is onto, and surjective follows by successive approximations). Thus any $\mathcal{E}$-algebra with symbol α can be defined from $\mathcal{A}$ by a cocycle with coefficients in $\mathcal{G}_-$, or from $\mathcal{E}$ with coefficients in $\mathcal{G}$; in particular it has a section with symbol ξ.

LEMMA 3. *If such an algebra* $\mathcal{A}$ $(\alpha^{11} = 0)$ *is not trivial, it has no other global automorphism than those of* $\mathcal{G}$.

Proof. If $\mathcal{A}$ has two automorphisms a, b with independent symbols, we may suppose that these symbols are $\sigma(\operatorname{Int}\xi), \sigma(\operatorname{Int} e^x)$. So $\mathcal{A}$ has a section α with symbol ξ such that $a = \operatorname{Int}\alpha$. The section $\operatorname{Log} b = \beta$ is locally well defined up to an additive constant, so the section $\gamma = [\alpha, \beta]$ is globally defined and commutes with α (as any global section of degree < 0).

Now the symbol γ is 1, so γ is invertible, and replacing β by $\beta\gamma^{-1}$, we see that we can suppose $[\alpha, \beta] = 1$ (or equivalently $b^{-1}\xi b = \xi + 1$). It follows again, by successive approximations, that $\mathcal{A}$ equipped with two such automorphisms is locally isomorphic to $\mathcal{E}$ equipped with $\operatorname{Int}\xi$ and $\operatorname{Int} e^x$; but the only automorphisms which commute with both are obviously trivial (the leading term is constant because it commutes with x and ξ), so $\mathcal{A}$ is isomorphic to $\mathcal{E}$.

(ii) Suppose now $\alpha^{11} \neq 0$. Then any section is a constant (of degree 0) and there is no global section of degree $\neq 0$. Let us choose an algebra $\mathcal{A}$ with symbol α (one of the models above). Here again since $H^2(X, \operatorname{gr}\mathcal{E}_-^\times) = 0$ the graded map $H^1(X, \operatorname{gr}\mathcal{A}_-^\times) \to \operatorname{gr} H^1(X, \mathcal{A}_-^\times)$ is surjective, and any cochain with coefficients in $\mathcal{A}_-^\times$ which is a cocycle mod $\mathcal{A}_n$ $(n < 0)$ is equivalent mod $\mathcal{A}_n$ to a cocycle. □

LEMMA 4. *We have* $H^1(X, \mathcal{A}_-^\times) = \mathbf{C}$.

Proof. Let $\mathcal{A}$ be defined by a cocycle U_{ij} relative to some Stein covering $X = \bigcup X_i$. We can choose $U_{ij} = \operatorname{Int} e^{\alpha_{ij}x}\operatorname{Int}\xi^{s_{ij}}$ mod lower order terms, with constant α_{ij}, s_{ij}.

Then $\alpha^{11} = \sigma(\mathcal{A})^{11} \in H^{11}$ corresponds to the (01) part of the cocycle α_{ij}, and does not vanish. Let $a = (a_i)$ be the "constant" 1-cochain $a_i = \xi^n$ $(n \leqslant 0)$ on X_i. Its coboundary with coefficients in $\mathcal{A}_-^\times$ (computed in $\mathcal{A}(X_i)$) is of degree $n - 1$; more precisely on X_i we have

$$\begin{aligned} a_i - \alpha_{ij}(a_j) &= \xi^n - a_{ij}(\xi^n) = \xi^n - (\xi - \alpha_{ij})^n + \cdots \\ &= n\alpha_{ij}\xi^{n-1} + \cdots, \end{aligned} \tag{31}$$

where the ... are lower order terms, because $\operatorname{Int}\xi$ commutes with ξ and the rest only contributes to terms of degree $\leqslant n-2$.

It follows by successive approximations that any cocycle of degree < -1 is equivalent to 0, and the same computation shows that two cocycles with the same leading term are equivalent. Since the symbol map $H^1(X, \mathcal{A}_-^\times) \to H^1(X, \mathcal{O}(-1)) = H^{01}$ is onto, we have $H^1(X, \mathcal{A}_-^\times) = \mathbf{C}$: any cocycle $\beta_{ij}\xi^{-1}$ is the symbol of a unique element of $H^1(X, \mathcal{A}_-^\times)$. □

LEMMA 5. *The map $H^1(X, \mathcal{A}_-^\times) \to H^1(X, \operatorname{Aut}\mathcal{A})$ is constant.*

Proof. The fibers of this map are the orbits of the action of $H^0(X, \omega)$ (Proposition 4). We will prove that this is transitive.

For this action $\sigma(\operatorname{Int}\xi)$ acts by $u = (u_{ij}) \to u^s = u^s_{ij}$ with $\operatorname{Int} u^s_{ij} = \operatorname{Int}\xi_i^s \operatorname{Int} u_{ij} \operatorname{Int}\xi_j^s$ (mod coboundary equivalence), where $\xi_i \in \mathcal{A}(X_i)$ has symbol ξ, and multiplication is the multiplication of $\mathcal{A}$. Now in the local frame on X_i we have $\xi_j = U_{ij}(\xi) = x - \alpha_{ij} + \cdots$ so for leading terms we get

$$\sigma(u^s_{ij}) = \sigma(u_{ij})\frac{\xi}{\xi - \alpha_{ij}} = \sigma(u)(1 + \alpha_{ij}\xi^{-1}) \tag{32}$$

or with additive notation $\sigma(u^s) = \sigma(u) + s\alpha^{11}$.

This proves Lemma 4, and the other assertions of Theorem 2 are immediate consequences. □

5.4. THE PROJECTIVE LINE

Let X be the projective line ($X = P_1(\mathbf{C})$). It is the union of the two open sets $X_0 = \{z \neq \infty\}$, $X_\infty = \{z \neq 0\}$, and since these are Stein, contractible ($\simeq \mathbf{C}$), $\mathcal{E}$- or $\mathcal{D}$-algebras are classified by cocycles reduced to one function on $X_0 \cap X_\infty$.

$\mathcal{D}$-algebras are classified by $H^1(X, \mathcal{O}/\mathbf{C}) = H^2(X, \mathbf{C}) = \mathbf{C}$. The $\mathcal{D}$-algebra $\mathcal{D}_s$ ($s \in \mathbf{C} = H^1(X, \mathcal{O}/\mathbf{C})$) is defined by the cocycle $(\operatorname{Int} z)^s$.

Let us introduce homogeneous coordinates x, y ($z = \frac{x}{y}$). We make use of the sheaf of homogeneous differential operators $\mathcal{D}^{\text{hom}}$ on $\mathbf{C}^2$, i.e., differential operators of x and y which commute with the generator of homotheties $\rho = x\partial_x + y\partial_y$; this algebra is generated by ρ and the operators

$$e = x\partial_y, \quad h = x\partial_x - y\partial_y, \quad f = y\partial_x \tag{33}$$

which satisfy the relations

$$\begin{aligned} &[h, e] = 2e, \quad [h, f] = -2f, \quad [e, f] = h, \\ &h^2 + 2(ef + fe) = \rho(\rho + 2). \end{aligned} \tag{34}$$

$\mathcal{D}_s$ is isomorphic to the quotient sheaf $\mathcal{D}^{\text{hom}}/(\rho + s)$ and can be thought of as the sheaf of differential operators on the virtual sheaf $\mathcal{O}(s)$ on X of homogeneous functions of degree s of x, y (which really only exists s when s is an integer).

We now turn to $\mathcal{E}$-algebras.

LEMMA 6. *If* $X = P_1$ *is the projective line then*

(i) $H^0(X, \operatorname{gr}\operatorname{Aut}\mathcal{E}) = 0$ *hence* $H^0(X, \operatorname{Aut}\mathcal{A}) = 0$ *for any* $\mathcal{E}$*-algebra* $\mathcal{A}$.
(ii) $H^1(X, \omega) = 0$ *and* $H^1(X, \mathcal{E}_-^\times) \to H^1(X, \operatorname{Aut}\mathcal{E})$ *is one to one.*

Proof. In homogeneous coordinates as above, $\mathcal{O}(n)$ is the sheaf of homogeneous functions of degree $2n$ of x, y and has no global section if $n < 0$, hence $H^0(X, \operatorname{gr}\mathcal{E}_-^\times) = H^0(X, \mathcal{E}_-^\times) = 0$.

We have proved above (Propositions 5, 6) that for the projective line we have $H^0(X, \omega) = H^1(X, \omega) = 0$, hence the lemma.

Note that any $q \in H^1(X, \operatorname{Aut}\mathcal{E})$ has a unique "normalized" representative:

$$q_{0\infty} = \sum_{0>p>2q} a_{pq} z^p \zeta^q \in \widehat{\mathcal{O}}(X_0 \cap X_\infty). \tag{35}$$

This is because the two vector fields $\partial_0 = \partial_z$, $\partial_\infty = \partial_{1/z}$ are globally holomorphic and elliptic on X_0, resp. X_∞ and their symbols are ζ, $-z^2\zeta$, so any cocycle can uniquely be reduced to the form above, as for the additive cohomology group $H^1(X, \operatorname{gr}\mathcal{E}_-^\times)$.

To compare $\mathcal{D}$-algebras and $\mathcal{E}$-algebras it is convenient to use the following intermediate exact sequence; let $\operatorname{Int}\mathcal{E}_0 \simeq \mathcal{E}_-^\times/\mathbf{C}^\times$ be the group of inner automorphisms of $\mathcal{E}_0$; we have an exact sequence:

$$0 \to \operatorname{Int}\mathcal{E}_0 \to \operatorname{Aut}\mathcal{E} \to \mathbf{C} \to 0$$

hence a surjection

$$H^1(X, \operatorname{Int}\mathcal{E}_0) \to H^1(X, \operatorname{Aut}\mathcal{E}) \tag{36}$$

whose fibers are the orbits of the action of $\mathbf{C} = H^0(X, \mathbf{C})$ on $H^1(X, \operatorname{Int}\mathcal{E})$ ($q_{0\infty} \to (\operatorname{Int}\partial_0)^s q_{0\infty} (\operatorname{Int}\partial_\infty)^{-s}$, cf. Proposition 4). □

LEMMA 7. *We have the following relation*:

$$(\operatorname{Int} z)^{-s-2} = (\operatorname{Int}\partial_0)^{s+1} (\operatorname{Int} z)^s (\operatorname{Int}\partial_\infty)^{-s-1}. \tag{37}$$

Proof. If $s = k$ is a positive integer we have

$$z^{-k-2}(z^2\partial)^{k+1} = \partial^{k+1} z^k.$$

Indeed both are ordinary differential operators of order $k+1$, with leading term $z^s\partial^{s+1}$, which kill all monomials z^j, $0 \geqslant j \geqslant -k$.

Identity (37) for arbitrary s follows, because it is polynomial in s mod$(\operatorname{Aut}\mathcal{E})_m$, for any $m < 0$.

It follows that $\mathcal{D}_s$ resp. $\mathcal{D}_{-s-2}$ give isomorphic $\mathcal{E}$-algebras, although they are not isomorphic $\mathcal{D}$-algebras. This is the only case where two $\mathcal{D}$-algebras on $X = P_1$ give isomorphic $\mathcal{E}$-algebras: the algebra of global sections is obviously an invariant of an $\mathcal{E}$-algebra, and in this the global sections e, h, f (with the notations above) are well defined (up to an additive constant by their symbols, and the commutation relations fix these constants). It follows that $s(s+2) = h^2 + 2(ef + fe)$ is an invariant of the $\mathcal{E}$-algebra coming from $\mathcal{D}_s$.

Note that $\mathcal{D}$-algebras form a one-parameter family, so there are many $\mathcal{E}$-algebras which do not come from an $\mathcal{E}$-algebra.

As last remark we turn to the following problem: does there exist a global symbolic calculus, i.e., is the underlying sheaf of a given $\mathcal{E}$-algebra isomorphic to $\widehat{\mathcal{O}}$? This is always true for real $\mathcal{E}$-algebras, where one can patch global symbols using a partition of the unity.

Let us examine what happens on $X = P_1(\mathbf{C})$. There is a canonical 2-covering of $T^*X - \{0\}$ by $\mathbf{C}^2 - \{0\}$: $(u, v) \to (z = u/v, \zeta = \frac{1}{2}v^2)$. If $\mathcal{A}$ is a $\mathcal{E}$-algebra on $\Sigma = T^*X$ its pull-back on $\Sigma' = \mathbf{C}^2 - \{0\}$ is a star-algebra for the canonical Poisson bracket ($\{v, u\} = 1$), equipped with an involution above the symmetry $(u, v) \to (-u, -v)$ (note that on Σ', u and v are of degree $\frac{1}{2}$). If $\mathcal{A}$ has a global symbolic calculus, its pull-back defines a star-product on $\widehat{\mathcal{O}}(\Sigma')$.

Now on $\widehat{\mathcal{O}}(\Sigma')$ there is (up to isomorphism) only one star algebra law for the canonical Poisson bracket, generated by u, v with the relation $[v, u] = 1$. Up to isomorphism this is given by the representation $\sum a_{pq} u^p v^q \to \sum a_{pq} u^p \partial_u^q$. For this law there are many global sections (i.e., all polynomials of u, v): the global sections e, h, f are necessarily

$$e = -\tfrac{1}{2}u^2, \quad h = 2u * v + \tfrac{1}{2}, \quad f = \tfrac{1}{2}v^2 \tag{38}$$

because their respective symbols are

$$\sigma(e) = -z^2\zeta \sim -\tfrac{1}{2}u^2, \quad \sigma(h) = 2z\zeta \sim uv, \quad \sigma(f) = \zeta \sim \tfrac{1}{2}v^2.$$

These determine e, h, f up to additive constants, and the commutation relations (34) determine the constants as above.

For these constants we get

$$h^2 + 2(ef + fe) = -\tfrac{3}{4} \quad \text{so} \quad s = -\tfrac{1}{2} \quad \text{or} \quad s = -\tfrac{3}{2}. \tag{39}$$

We have proved: □

PROPOSITION 12. *The only $\mathcal{D}$-algebras on P_1 for which there is a global total symbolic calculus are $\mathcal{D}_{-1/2}$ and $\mathcal{D}_{-3/2}$. In particular there is no global total symbolic calculus for $\mathcal{D}$.*

Acknowledgement

I thank J. J. Sansuc for his kind help in proofreading the manuscript, and the reviewer for many detailed comments and suggestions.

References

1. Bayen, F., Flato, M., Fronsdal, C., Lichnerowicz, A. and Sternheimer, D.: Deformation theory and quantization I, II, *Ann. Phys.* **111** (1977), 61–131.
2. Beilinson, A. and Bernstein, J.: Localisation de g-modules, *C.R. Acad. Sci. Paris, Sér. I* **292** (1981), 15–18.
3. Boutet de Monvel, L.: On the index of Toeplitz operators of several complex variables, *Invent. Math.* **50** (1979), 249–272.
4. Boutet de Monvel, L.: Star products on conic Poisson manifolds of constant rank, *Mat. Fiz. Anal. Geom. (Kharkov)* **2**(2) (1995), 1–9.
5. Boutet de Monvel, L. and Guillemin, V.: *The Spectral Theory of Toeplitz Operators*, Ann. of Math. Stud. 99, Princeton University Press, 1981.
6. Boutet de Monvel, L. and Krée, K.: Pseudodifferential operators and Gevrey classes, *Ann. Inst. Fourier* **17** (1967), 295–323.
7. Carette, M.: Exotic $\mathcal{D}$-modules in dimension 2, thèse Paris VI, en préparation.
8. D'Agnolo, A. and Schapira, P.: The Rado–Penrose correspondence II: Line bundles and simple $\mathcal{D}$-modules, *J. Funct. Anal.* **153**(2) (1998), 343–356.
9. De Wilde, M. and Lecomte, P.: Existence of star products and of formal deformations of the Poisson Lie algebras of arbitrary symplectic manifolds, *Lett. Math. Phys.* **7** (1983), 487–496.
10. De Wilde, M. and Lecomte, P.: Formal deformations of the Poisson Lie algebra of a symplectic manifold and star products. Existence, equivalence, derivations, in M. Hazewinkel and M. Gerstenhaber (eds), *Deformation Theory of Algebras and Structures and Applications*, Kluwer Acad. Publ., Dordrecht, 1988, pp. 897–960.
11. Fedosov, B. V.: A simple geometrical construction of deformation quantization, *J. Differential Geom.* **40** (1994), 213–238.
12. Frenkel, J.: Cohomologie à valeurs dans un faisceau non abélien, *C.R. Acad. Sci. Paris* **240** (1955), 2368–2370.
13. Frenkel, J.: Cohomologie non abélienne et espaces fibrés, *Bull. Soc. Math. France* **85** (1957), 135–220.
14. Gerstenhaber, M.: On the deformation of rings and algebras, *Ann. of Math.* **79** (1964), 59–103.
15. Guillemin, V. and Sternberg, S.: *Geometrical Asymptotics*, Amer. Math. Soc. Surveys 14, Amer. Math. Soc., Providence, RI, 1977.
16. Giraud, J.: *Cohomologie non abélienne*, Grudlehren Math. Wis. **179**, Springer-Verlag, 1971.
17. Gutt, S.: Equivalence of deformations and associated star products, *Lett. Math. Phys.* **3** (1979), 297–309.
18. Karasev, M. V. and Maslov, V. P.: Pseudodifferential operators and a canonical operator in general symplectic manifolds, *Math. USSR Izv.* **23** (1984), 277–305.
19. Karasev, M. V. and Maslov, V. P.: *Nonlinear Poisson Brackets: Geometry and Quantization*, Transl. Math. Monogr. 119, Amer. Math. Soc., Providence, 1993.
20. Kashiwara, M.: Quantization of contact manifolds, *Publ. RIMS, Kyoto Univ.* **32** (1996), 1–7.
21. Kawai, T. and Kashiwara, M.: On holonomic systems of microdifferential equations III – systems with regular singularities, *Publ. RIMS, Kyoto Univ.* **17** (1981), 813–979.
22. Kontsevitch, M.: Deformation quantization of Poisson manifolds, Preprint, I.H.E.S., 1997.
23. Meyer, D.: D-modules et E-modules associés à un opérateur à caractéristiques simples, thèse Paris VI, 1998.

24. Moyal, J.: Quantum mechanics as a statistical theory, *Proc. Cambridge Philos. Soc.* **45** (1965), 99–124
25. Vey, J.: Déformation du crochet de Poisson sur une variété symplectique, *Comment. Math. Helv.* **50** (1975), 421–454.
26. Weinstein, A.: Deformation quantization, *Séminaire Bourbaki 789*, 1994.

9.3 Logarithmic Trace of Toeplitz Projectors

Logarithmic trace of Toeplitz projectors, Math. Res. Lett. **12** (2005), no. 2–3, 401–412. [B05]

Mathematical Research Letters **11**, 401–412 (2004)

LOGARITHMIC TRACE OF TOEPLITZ PROJECTORS

L. Boutet de Monvel

Abstract. In [6] we defined Toeplitz projectors on a compact contact manifold, which are analogues of the Szegö projector on a strictly pseudo-convex boundary. The kernel of a Toeplitz projector, as the Szegö kernel, has a holonomic singularity including a logarithmic term. The coefficient of the logarithmic term is well defined, so as its trace (the integral over the diagonal). Here we show that this trace only depends on the contact structure and not on the choice of the Toeplitz operator (for a given contact structure there are many possible choices). This generalizes a result of K. Hirachi [16] for the Szegö kernel, and also shows that his invariant (the trace of the logarithmic coefficient of the Szegö kernel) only depends on the contact structure defined by the boundary pseudo-convex CR structure. Finally we show that the Toeplitz logarithmic trace vanishes identically for all contact forms on the three-sphere.

1. Introduction

Let (X, λ) be a compact oriented contact manifold of dimension $2n-1$. This means that X is a manifold equipped with a differential 1-form λ such that $\lambda(d\lambda)^{n-1}$ is a volume element ($2n-1 = \dim X$); two forms λ, λ' define the same structure iff $\lambda' = f\lambda$ with f a smooth positive function. Equivalently X is equipped with a smooth symplectic half-line sub-bundle $\Sigma \subset T^*X$ (the set of positive multiples of λ).

A typical example is the unit sphere X $(z.\bar{z} = 1)$ in $\mathbb{C}^n$, with $\lambda = \frac{1}{i}\bar{z}.dz|_X$. The Szegö kernel of the unit sphere is

$$S = \frac{1}{c}(1 - z.\bar{w})^{-n} \qquad \text{with} \quad c = \frac{2\pi^n}{(n-1)!}, \quad \text{the volume of } X$$

It is the kernel of the orthogonal projector (still denoted S) on the space of holomorphic functions ($\ker \bar{\partial}_b$) in $L^2(X)$:

$$Sf(z) = \int_X S(z, \bar{w}) f(w) d\sigma(w), \text{ with } d\sigma(w) \text{ the canonical volume element of } X.$$

The Szegö kernel is linked to the contact structure in the following manner: S is a Fourier integral operator with complex canonical relation $\mathcal{C}$, where the real part of $\mathcal{C}$ is Id_Σ, the graph of the identity map of Σ (which just means that in the complexification of $X \times X$ the set of real points of the hypersurface $\{\phi = i(z.\bar{w} - 1) = 0\}$ is the diagonal $z = w$, and there we have $d_z\phi = d_{\bar{w}}\phi = c\lambda$, with $c > 0$ - in this case $c = 1$).

Received December 13, 2004.

Things are similar when X is the boundary of a complex manifold Ω and is strictly pseudo-convex. In this case S is again defined as the orthogonal projector on the space of boundary values of holomorphic functions ($\ker \bar{\partial}_b$) in $L^2(X, dv)$ (this depends on the choice of a volume element dv). If X is defined by a real analytic equation $q(z, \bar{z}) = 0$ ($q > 0$ in Ω), the Szegö kernel S is holomorphic with respect to z and antiholomorphic with respect to w, smooth up to the boundary except along the diagonal of $X \times X$ where it has a typically holonomic singularity (cf. [4], [19]):

$$S = \phi(z, \bar{w})\,(q(z, \bar{w}) + 0)^{-n} + \psi(z, \bar{w})\,\mathrm{Log}\,(q(z, \bar{w}) + 0) \tag{1}$$

where ϕ and ψ are smooth functions defined near the diagonal, holomorphic (resp. anti–) with respect to z (resp. to w). If X is only C^∞ rather than real analytic, the formula above is formal, i.e. it only defines the Taylor series of q, ϕ and ψ along the diagonal, but this is enough to determine completely the singularity of S.

The coefficient ψ of the logarithmic term (or rather its Taylor series along the diagonal) is completely defined; it only depends on the complex boundary (CR) structure of X and dv. In [16] Hirachi shows that its trace, i.e. the integral

$$L(\lambda) = \int_X \psi(z, \bar{z})\; dv \tag{2}$$

is a rather rigid invariant: it only depends on the CR structure of X, not on the choice of the volume element dv, and it is also invariant under deformation.

We have shown in [6] that if X is an oriented contact manifold, there always exists a Toeplitz projector, which is an analogue of the Szegö projector: this is a projector in $L^2(X, dv)$ (for some volume element dv) which is an "elliptic" Fourier integral operator with complex canonical relation $\mathcal{C}$, where again the real part of $\mathcal{C}$ is the graph of Id_Σ. As in the holomorphic situation, $\mathcal{C}$ is the conormal bundle of a complex hypersurface $\{q(x, y) = 0\}$ in the complexification of $X \times X$, q a smooth function, with $q = 0$, $id_x q = -id_y q = c\lambda$, a positive multiple of the contact form, on the diagonal, and $\mathrm{Re}\, q \geq c|x - y|^2$ near the diagonal ($c > 0$; $\mathrm{Re}\, q > 0$ outside of the diagonal; there are further conditions to ensure $\mathcal{C} \circ \mathcal{C} = \mathcal{C}$).

The kernel of S is a Fourier integral:

$$S(x, y) \sim \int_0^\infty e^{-Tq(x,y)} a(x, y, T)\; dT \tag{3}$$

with $a \sim \sum_{k<n} a_k(x, y) T^k$, a symbol of degree $n - 1$. S has a holonomic singularity as in (1), which we can expand as

$$S(x, y) \sim \sum_{0<k\leq n} \alpha_k(x, y)(q(x, y) + 0)^{-k} + \sum_{k\geq 0} \beta_k(x, y) q(x, y)^k \mathrm{Log}\,(q(x, y) + 0) \quad (\mathrm{mod.} C^\infty) \tag{4}$$

with

$$\text{(5)} \qquad \begin{aligned} \alpha_k(x,y) &= a_{k-1}(x,y)\,(k-1)! \quad \text{for } k>0, \\ \beta_k(x,y) &= a_{-1-k}(x,y)\,k!^{-1} \quad \text{for } k\geq 0 \end{aligned}$$

Here again the coefficient $\psi(x,y)$ of the logarithmic term is well defined; it depends on the choice of the projector S. In this article we prove

Theorem 1. *The trace $L(S) = \int_X \psi(x,x)dv$ of the logarithmic term only depends on the contact structure of X, not depend on the choice of the of the canonical relation $\mathcal{C}$ of S.*

To prove the theorem we will use the fact that any two Toeplitz projector singularities belonging to the same contact structure can deformed one into the other. Note that the theorem also implies that the trace of the logarithmic coefficient is invariant in a deformation of the contact structure, because such deformations are always trivial: if λ_t is a smooth one-parameter family of contact structures on X (X compact), there exists a smooth family Φ_t of diffeomorphisms of X such that $\Phi_t^*\lambda_t$ is a multiple of λ_0, and of course diffeomorphisms preserve separately polar and logarithmic singularities.

The result of K. Hirachi for the Szegö kernel follows from theorem 1, which shows moreover that $L(\lambda)$ only depends on the contact structure. I have no example of a contact structure (X,λ) with $L(\lambda)\neq 0$ and Hirachi's question on that point remains open, but in section 5, I show that if X is the 3-sphere, $L(\lambda)$ always vanishes. In view of this it not unlikely that $L(\lambda)$ vanishes for all contact forms.

2. Toeplitz projectors

As mentioned above a Toeplitz projector is a projector S in $L^2(X,dv)$ which is an elliptic Fourier integral operator with positive complex canonical relation $\mathcal{C}$ such that real part is the is the graph of Id_Σ. It can be represented as a Fourier integral (3) with , q a smooth function on $X\times X$, $\operatorname{Re} q \geq c\,|x-y|^2$ near the diagonal, and $id_x q = -id_y q = c\,\lambda$, ($\lambda$ the contact form; there are further conditions on q ensuring $\mathcal{C}\circ\mathcal{C}=\mathcal{C}$). The construction of such canonical relations and Toeplitz projectors is described in [6], see also [7], [8]. This construction allows deformations or compact group actions and in fact shows that set of such canonical relations, so as the set of singularities of Toeplitz projectors, is contractible; in particular we have:

Proposition 1. *Let $\mathcal{C}_0,\mathcal{C}_1$, resp. S_0,S_1 be two canonical relations, resp. Toeplitz projectors as above. Then there exist smooth one parameter families $\mathcal{C}'_t$, resp. S'_t of canonical relations, resp. Toeplitz projectors such that $\mathcal{C}'_i=\mathcal{C}_i$, resp. S'_i-S_i has a smooth kernel, for $i=0,1$.*

Another way of stating this is

Corollary 1. *Let (X, λ) be an oriented contact manifold. Then the singularities of Toeplitz kernels form a soft sheaf on* $\operatorname{diag} X \subset X \times X$.

In other words if S_0 is a Toeplitz kernel singularity defined in a neighborhood of some closed subset $K \subset X$, there exists a global singularity S (defined on the whole of X) which coincides with S_0 near K. (The mod. C^∞ assertion about S cannot be improved: the set of Toeplitz projectors is not connected; in fact if S, S' are two Toeplitz projector, $S \circ S'$ induces a Fredholm operator from the range of S' to the range of S, whose index is an arbitrary integer and is of course deformation invariant. The assertions above are possibly easier to see in the setting of "Hermite operators" of [2] or of "symplectic spinors" of [15]: the leading term is parametrized by normalized gaussian densities of the form $(\operatorname{discr} 2\pi \operatorname{Re} q)^{-\frac{1}{2}} \exp -\frac{1}{2}q$ with q a quadratic form, $\operatorname{Re} q \gg 0$, and the rest is a formal expansion easily linearized. But in this setting it is more awkward to keep track of the logarithmic term.)

Since these facts are not explicitly stated in loc. cit., I briefly recall the proof in §4 below.

3. Logarithmic term of the Toeplitz projector

Let S be a Toeplitz projector, defined by a Fourier integral as in (3)

$$S(x, y) \sim \int_0^\infty e^{-Tq(x,y)} a(x, y, T)\, dT$$

Once q and a are fixed, following Hirachi, we introduce the asymptotic expansions

$$(6) \quad S(x, y, \epsilon) = \int_0^\infty e^{-T(q+\epsilon)} a\, dT \sim \sum_{k>0} \alpha_k(x, y)(q + \epsilon)^{-k} + \sum_{k \geq 0} \beta_k(x, y)(q + \epsilon)^k \operatorname{Log}(q + \epsilon)$$

and its trace

$$(7) \quad s(\epsilon) = \operatorname{tr} S_\epsilon = \int_0^\infty e^{-T\epsilon} a(x, x, T) dv(x) dT \sim \sum \alpha_k \epsilon^{-k} + \sum \beta_k \epsilon^k \operatorname{Log} \epsilon$$

with $\alpha_k(x, y), \beta_k(x, y), \beta_k$ as in (5), $\alpha_k = \int \alpha_k(x, x), \beta_k = \int \beta_k(x, x)$.

These should be understood as a Fourier integral distribution on $X \times X \times \mathbb{R}$ defining an ϵ-parameter family of operators on X, resp. on $\mathbb{R}$, with complex Lagrangian the conormal bundle $T^*_{\{q+\epsilon=0\}}(X \times X \times \mathbb{R})$, resp. $T^*_0\mathbb{R}$. Although as distributions they are only defined for $\epsilon \geq 0$, they satisfy regular holonomic systems of pseudo-differential equations, with well defined jets of infinite order along $\operatorname{diag} X \times \{\epsilon = 0\}$, (resp. at $\epsilon = 0$); this is the only thing that counts.

The logarithmic coefficients $\beta_0(x, y), \beta_0$ only depend on S, but of course the full asymptotic expansions $S_\epsilon(x, y), s(\epsilon)$ depend on the precise choice of the phase function q and symbol a (the leading term transforms in an obvious way if we replace q by a multiple of q, but the rest depends in a more complicated manner on the choice of ϕ, a). For the proof it will be convenient to choose ϕ and a adequately:

Lemma 1. *We can choose the phase q and symbol a so that $S_\epsilon \sim S \circ S_\epsilon \circ S$.*

In the proof below we have denotes by the same letter an operator and its Schwartz kernel (possibly depending on a parameter ϵ or λ): to a kernel $a(x,y)$ corresponds the operator $f \mapsto \int a(x,y)f(y)dv(y)$; the composition law is $a \circ b(x,y) = \int a(x,u)b(u,y)dv(u)$. The theorem of the stationary phase shows that we have

$$S \circ e^{-\lambda q} a \circ C$$

$$\sim \int e^{-Tq(x,u)} a(x,u,T) e^{-\lambda q(u,v)} a(u,v,\lambda) e^{-Sq(v,y)} a(v,y,S) dT dS dv(u) dv(v)$$

$$\sim e^{-\lambda q'(x,y)} a'(x,y,\lambda)$$

for some phase function $q'(x,y)$ and symbol $a'(s,y,\lambda)$ ($\lambda q'$ the critical value of the exponent $-Tq(x,u) - \lambda q(u,v) - Sq(v,y)$ at its stationary point, a' given by the asymptotic expansion in the method of the stationary phase). The projector equation $S \circ S = S$ then implies that

$$S \sim \int e^{-\lambda q'(x,y)} a'(x,y,\lambda) d\lambda,$$

and

$$S \circ e^{-\lambda q'(x,y)} a'(x,y,\lambda) \circ \sim e^{-\lambda q'(x,y)} a'(x,y,\lambda)$$

In particular q' is a smooth multiple of q. In the holomorphic case (Szegö kernel) this just means that q' and a' are holomorphic in x and antiholomorphic in y.

Proposition 2. *Let S_t $(0 \leq t \leq 1)$ be a smooth family (deformation) of Toeplitz projectors. Then the logarithmic coefficient $\beta_0(t)$ is constant.*

Proof. we write S for $S_t, D = \frac{d}{dt}$. To lighten the notation we omit the $\circ$ sign denoting the multiplication (composition) of operators. We have $Ds(\epsilon) = \sum D\alpha_k \epsilon^{-k} + \sum D\beta_k \epsilon^k \mathrm{Log}\, \epsilon$. Since S is a projector, we have $DS = DS\, S + S\, DS$, hence

$$DS = [S, (2S-1)DS]. \tag{8}$$

Let us choose choose the smooth phase function q_t and symbol a_t as in Lemma1, so that $SS_\epsilon \sim S_\epsilon \sim S_\epsilon S$. With this choice, the kernel of $[S, (2S-1)DS_\epsilon]$ is a Fourier integral distribution belonging to the same Lagrangian as S_ϵ (the conormal bundle of the hyper-surface $\{q_t + \epsilon = 0\}$) and $DS_\epsilon - [S, (2S-1)DS_\epsilon]$ vanishes for $\epsilon = 0$, i.e. it is a multiple of ϵ, a Fourier integral of the form

$$\int e^{-T(q(x,y)+\epsilon)}\, \epsilon\, b(x,y,\epsilon,T)\, dT$$

Since the trace of a commutator vanishes identically, we have

$$Ds(\epsilon) \sim \int e^{-T(q(x,y)+\epsilon)}\, \epsilon\, b(x,y,\epsilon,T)\, dT\, dv.$$

Now we can repeat the argument of K. Hirachi [16]: the asymptotic expansion of $s(\epsilon)$ is a multiple of ϵ, so in it the coefficient of $\operatorname{Log}\epsilon$ vanishes. Since any two Toeplitz projectors can be deformed into one another mod. smoothing operators, this proves theorem 1. □

4. Deformations of Toeplitz projectors.

As recalled above, a Toeplitz projector is a Fourier integral operator with complex phase function. Its kernel is of the form (3):

$$S(x,y) = \int_0^\infty e^{-Tq(x,y)} a(x,y,T) dT = \phi(x,y)(q+0)^{-n} + \psi(x,y)\operatorname{Log}(q+0)$$

where a is a symbol of degree $n-1$, ϕ, ψ are smooth functions. The phase function is $\Phi = iTq$, with q a smooth complex function on $X \times W$, $q(x,x) = 0, dq \neq 0$ on the diagonal, $\operatorname{Re} q(x,y) \geq c|x-y|^2$ near the diagonal.

The objects we are dealing with are really jets of infinite order along Σ in T^*X, the diagonal in $X \times X$ or the diagonal of Σ in $T^*(X \times X)$, but it will be be more agreeable, and perfectly legitimate, to use the language of functions and sub-manifolds of differential geometry.

The complex canonical relation $\mathcal{C}$ is the set of covectors $(x,\xi) = d_x\Phi$, $(y,\eta) = -d_y\Phi$ with $q(x,y) = 0$, in the complexification of $T^*X \times T^*X^0$ (^{0} means that we reverse the sign of the canonical symplectic form). Its real part is $\operatorname{diag}\Sigma$, i.e. $\frac{1}{i}d_x q = -\frac{1}{i}d_y q = c\lambda$ on the diagonal (λ the contact form, $c > 0$). The positivity of $\mathcal{C}$ follows from the condition $\operatorname{Re} q \geq c|x-y|^2$ (cf. [20]). For a given projector S only the complex canonical relation, i.e. the hypersurface $\{q = 0\}$ is well defined; the phase or q itself is only defined up to a smooth factor. We will not require that q be hermitian ($q(y,x) = \bar{q}(x,y)$) or S self adjoint - this anyway makes sense only once the volume dv is chosen.

4.1. Construction of idempotent canonical relations. We next recall how the condition $\mathcal{C} \circ \mathcal{C} = \mathcal{C}$ is managed.

Let $\mathcal{C} \subset T^*(X \times X)$ be a canonical relation, i.e. a conic Lagrangian Lagrangian sub-manifold of $T^*X \times T^*X^0$ such that $\mathcal{C} \circ \mathcal{C} = \mathcal{C}$. Then the positivity condition above implies that the projections $pr_1\mathcal{C} = \Sigma^+, pr_2\mathcal{C} = \Sigma^-$ are involutive complex sub-manifolds of $T * X$, with $\operatorname{Re}\Sigma^\pm = \Sigma$, $\Sigma^+ \gg 0$, $\Sigma^- \ll 0$. $\gg 0$ means that locally Σ^+ is defined by $n = \operatorname{codim}\Sigma^+$ transversal equations $x_1 = \ldots x_n = 0$ where the Poisson brackets $\{x_p, x_q\}$ vanish on Σ^+ and the matrix $(\frac{1}{i}\{x_p, \bar{x}_q\})$ is $\gg 0$ on Σ. The characteristic foliation of $\Sigma^\pm$ (tangent to the symplectic orthogonal $(T\Sigma^\pm)^\perp$) is then tranversal to Σ, so it defines a projection $\Sigma^\pm \to \Sigma$, and we have $\mathcal{C} = \Sigma^+ \times_\Sigma \Sigma^-$ (the linearized version of this is elementary).

There is a standard way of constructing such pairs of involutive manifolds $\Sigma^\pm$, cf.[8]:

Proposition 3. *Let δ be a smooth function on $T^*\Sigma$ vanishing of order 2 on Σ, and such that $\operatorname{Re}\delta(\xi) \gtrsim \operatorname{dist}(\xi,\Sigma)^2$. Then there exists a unique pair $\Sigma^{\pm}$ such that δ vanishes on Σ^+ and Σ^-, $\Sigma^+ \gg 0$ and $\Sigma^- \ll 0$. $\Sigma^{\pm}$ is the outgoing, resp. in-going manifolds of the complex hamiltonian vector field $\frac{1}{i}H_a$ out of Σ. Any pair $\Sigma^{\pm}$ can be generated in that manner. The set of such functions δ, so as those producing a given pair $\Sigma^{\pm}$, is contractible (convex).*

E.g. in the case of the Szegö kernel on the sphere, $\Sigma^{\pm}$ is the complex characteristic manifold of $\bar\partial_b$, resp. ∂_b, and $\mathcal{C}$ is the complex flow of $\bar\partial_{b,z} \times \partial_{b,w}$ out of $\operatorname{diag}\Sigma$ in $T^*X \times T^*X$. The standard choice for δ is the symbol of $\Box_b$.

Proof of Prop.3: we start with a smooth homogeneous function δ on $T^*\Sigma$ vanishing of order 2 on Σ and such that $\operatorname{Re}\delta(u) \geq c \operatorname{dist}(u,\Sigma)^2$. Let H_δ be its hamiltonian vector field. Then the the linearization along Σ $\frac{1}{i}H_\delta$ is orthogonal to Σ (for the symplectic structure), and its transversal part has no real eigenroot, so $\frac{1}{i}(H_\delta)$ has two well defined outgoing and in-going manifolds Σ^+, Σ^- from Σ; these are involutive and with this choice of signs Σ^+ is $\gg 0$ and Σ^- is $\ll 0$, as in the case of the Szegö kernel of the sphere. □

Remark 1. *The corresponding result of linear algebra is the following: let E be a real vector space with real symplectic form ω, $q(x,y)$ a complex symmetric bilinear form such that $\delta(x) = \frac{1}{2}\operatorname{Re} q(x,x) \geq c\,\|x\|^2$, A the linear operator such that $q(x,y) = -\omega(Ax,y)$ (corresponding to the hamiltonian field of δ): A is antisymmetric with respect to both ω and q; it has no real eigenroot, since if for some complex vector z we have $Az = \lambda z$ with λ real ($\bar A\bar z = \lambda\bar z$), then $q(z,\bar z) = -\omega(Az,\bar z) = -\lambda\,\omega(z,\bar z)$, $\bar q(\bar z,z) = -\omega(\bar A\bar z,z) = +\lambda\omega(z,\bar z)$ hence $\operatorname{Re} q(z,\bar z) = 0$ and $z = 0$. The spectral spaces $E_\lambda, E_{\lambda'}$ are orthogonal except for $\lambda' = -\lambda$ so the $E^{\pm} = \sum_{\pm\operatorname{Im}\lambda>0} E_\lambda$ are Lagrangian, in duality by ω; E^+ is $\gg 0$ an E^- is $\ll 0$ ($\operatorname{Re}\frac{1}{i}\omega(z,\bar z)$ is negative on E^+ so for the set of linear forms vanishing on E^+ we get the other sign.*

Conversely if the pair $\Sigma^{\pm}$ is given, there always exists a generating function δ as above; for instance locally Σ^+ can be defined by n smooth equations $x_p = 0$ with $\{x_p, x_q\} = 0$, $\frac{1}{i}\{x_p, \bar x_q\} = \delta_{pq} = 0$ (δ_{pq} the Kronecker symbol); Λ^- is then defined smooth equations $\bar y_p = 0$ with $\bar y_p = \bar x_p + \sum a_{pj}x_j + O(|x|^2)$ (mod. functions vanishing of second order on Σ). Since Σ^- is involutive, the matrix $\alpha = (\alpha_{kj})$ is symmetric. The condition $\Sigma^- \ll 0$ i.e. $\frac{1}{i}\{y_p, \bar y_q\} \gg 0$ then means that the matrix $I - \alpha^*\alpha$ is $\gg 0$, i.e. $\|a\| < 1$. Then we set $\delta = \sum x_p \bar y_p$: its real part is $\geq (1 - \|\alpha\|^2)|x|^2 - O(|x|^3)$. We get δ globally by patching local results using a partition of unity (constructing δ real analytic would require a little more work but works just as well).

The function δ generating the pair $\Lambda^{\pm}$ is of course not unique, but clearly it can be chosen depending smoothly on a parameter if $\Lambda^{\pm}$ does so.

4.2. Construction of the symbol (leading term) of a projector. The set of Fourier integral operators associated with $\mathcal{C}$ is an algebra (without unit). The symbol of such operators lives on $\mathcal{C}$; choosing a frame, i.e. a basic elliptic symbol, identifies the set of symbols of these operators with the set of symbol functions on $\mathcal{C}$ (there is no canonical frame). We identify $\mathcal{C}$ with $\Sigma^+ \times_\Sigma \Sigma^-$ and denote $(\xi', \xi")$ the variable, $\xi' \in \Sigma^+, \xi" \in \Sigma^-$ with common projection $\xi_0 \in \Sigma$. If σ denotes the principal symbol in some frame, we have:

$$\sigma(A \circ B)\,(\xi', \xi") = J(\xi', \xi")\,\sigma(A)(\xi', \xi_0)\,\sigma(B)(\xi_0, \xi")$$

where J is a fixed elliptic symbol. Since the composition law is associative we have

$$J(\xi', \xi_0) = J(\xi_0, \xi") = J(\xi_0, \xi_0)$$

The change of frames $\tilde{\sigma}(A) = J(\xi, \xi")J(\xi_0, \xi_0)^{-2}\,\sigma(A)$ then gives

$$\tilde{\sigma}(A \circ B) = \tilde{\sigma}(A)(\xi', \xi_0)\,\tilde{\sigma}(B)(\xi_0, \xi"). \tag{9}$$

If the frame is chosen in that manner ($J = 1$), we have $a = \sigma(A) = \sigma(A \circ A)$ iff

$$a(\xi', \xi") = a(\xi', \xi_0)\,a(\xi_0, \xi") \qquad \text{(this requires } a(\xi_0, \xi_0) = 1) \tag{10}$$

Again there are many idempotent symbols, but it is obviously possible to keep track of this in a deformation.

4.3. Construction of a projector mod. smoothing operators.

Lemma 2. *Let S_0 be a Fourier integral operator with canonical relation $\mathcal{C}$, whose symbol a is a projector as above. Then the closed algebra generated by S_0 (closed for the filtration by degrees, mod. C^∞) contains a unique projector S such that* $\deg(\mathrm{S} - \mathrm{S}_0) < 0$.

Proof: the solution is

$$S = S_0 + (2S_0 - 1)\sum_1^\infty \frac{(2k-1)!}{k!(k-1)!}\,R^k, \quad \text{with } R = S_0 - S_0^2 \tag{11}$$

(the degree of R is < 0); this is equivalent to $(2S - 1) = (2S_0 - 1)[(1 - 2S_0)^2]^{-\frac{1}{2}}$.

Deformation : let S_0, S_1 be two Toeplitz projectors, $\mathcal{C}_0, \mathcal{C}_1$ their canonical relations. It is clear from 4.1 that there exists a smooth family $\mathcal{C}_t$ of canonical relations as above linking them. It is clear from 4.2 that there exists a smooth family s_t of symbol projectors linking the symbols of S_0, S_1 and a smooth family of Fourier integral operators S'_t with symbol s_t (not yet projectors). Formula 11 finally gives a smooth family of projectors linking S_0 and S_1 mod. C^∞.

Remark 2. *There in an analogue of Proposition 3 for Toeplitz projectors, that we do not use: the set of pseudo-differential operators such that $PS \sim 0$, resp. $SQ \sim 0$ is a positive left, resp. right, ideal $\mathcal{I}^\pm$, whose complex characteristic manifold is $\Sigma^\pm$, and S mod. smoothing operators is uniquely determined by the fact that it is an elliptic Fourier integral projector, and $\mathcal{I}^+ S \sim S\mathcal{I}^- \sim 0$. There* *is no economic substitute for the function* δ *in that proposition;* $\Box_b$ *does play this role for the Szegö projector* ($\Box_b S = S\Box_b = 0$) *but in general the fact that an operator* P *kills* S, *i.e.* $P \in \mathcal{I}^-\mathcal{I}^+$, *cannot be read on the principal symbol alone.*

Remark 3. *The argument above gives a projector mod.* C^∞; *it does not require that* X *be compact. Compacity is required to define the trace, and also to construct a true projector out of the approximate one, which is the useful thing for analysis. This construction is indicated in* [6] *or* [8], *and we do not repeat it since it is not needed here. Modifying* S *by a smooth projector of finite rank will of course not change its singularity, so there always remains an index ambiguity.*

If X *is of real dimension* 3 ($n = 2$), *and equipped with a pseudo-convex CR structure, the singularity of the Szegö kernel is still well defined. The construction of loc.cit. gives a Toeplitz projector with the right singularity, but this is not the Szegö projector if* $\bar\partial_b$ *is not well behaved. The true Szegö projector (i.e. the orthogonal projector on the space of holomorphic functions) is a Toeplitz projector essentially only if* X *is holomorphically embeddable.*

5. Case of the 3-sphere

In this section we examine the case where the base space is the oriented 3-sphere, $X = S^3$:

Proposition 4. *For any contact form* λ *on the 3-sphere, we have* $L(\lambda) = 0$

Proof: we identify the 3-sphere with the unit quaternion sphere SU_2, set of all quaternions

$$x = x_0 + Ix_1 + Jx_2 + Kx_3 \quad \text{with} \quad x\tilde{x} = x_0^2 + x_1^2 + x_2^2 + x_3^2 = 1$$

$\tilde{x} = x_0 - Ix_1 - Jx_2 - Kx_3$ denotes the conjugate quaternion; to avoid confusions with complex conjugation, which is also needed. The complex coordinates are

$$z_1 = x_0 + ix_1 = r_1 e^{i\theta_1}, \quad z_2 = x_2 + ix_3 = r_2 e^{i\theta_2}$$

The standard contact form is

(12)

$$\lambda_{st} = \langle dx, Ix\rangle = -i\, dz.\bar{z} = (x_0 dx_1 - x_1 dx_0) + (x_2 dx_3 - x_3 dx_2) = r_1^2 d\theta_1 + r_2^2 d\theta_2.$$

We have $\lambda_{st}\, d\lambda_{st} = 2\, d\sigma$, twice the canonical volume. The conjugate form, giving the opposite orientation, is

$$\tilde{\lambda}_{st} = -\, r_1^2 d\theta_1 + r_2^2 d\theta_2$$

We make use of the following facts

1. Contact forms, just as three-manifolds, can be glued together: if (X_1, λ_1), (X_2, λ_2) are two oriented contact manifolds, they are glued together to give $(X_1 \# X_2, \lambda_1 \# \lambda_2)$ in the following manner: we choose base points p_1, p_2 and local coordinates so that a neighborhood of p_1, resp. p_2, X_1 is identified with the spherical cap $x_0 < \frac{1}{2}$ (p_1 the south pole $x = -1$), resp. X_2 with the opposite cap $x_0 > -\frac{1}{2}$ (p_2 the north pole $x = 1$), in the three sphere, and so that λ_1, resp. λ_2 coincide with the standard form on these coronas. Gluing is then obvious: $X_1 \# X_2$ is obtained by gluing X_1, X_2 along the corona $-\frac{1}{2} < x_0 < \frac{1}{2}$ using the identity map (the contact forms patch together). Singularities of Szegö or Toeplitz kernels can be glued in the same manner (remember that they live on the diagonal; they must be deformed so as to coincide with the standard Szegö kernel on the two glued hemispheres). Since the logarithmic term of the standard Szegö kernel vanishes, we get

$$L(\lambda_1 \# \lambda_2) = L(\lambda_1) + L(\lambda_2) \tag{13}$$

2. Note that in real dimension 3 a Toeplitz projector can always be chosen so as to correspond to a formally integrable boundary complex structure: the manifold Σ^+ is of codimension 1 so the Frobenius integrability condition is empty, and its equation can always be chosen linear in to ξ. So the Toeplitz projector is a "Szegö projector mod. C^∞". This can be useful because the singularity of the (formal) Szegö kernel is local and computable using Fourier integral operator calculus. Formally integrable tangent complex structures in dimension 3 are usually not embeddable (in particular they never are when the corresponding contact form is over-twisted), so the Toeplitz projector analysis remains unavoidable. In higher dimension ($n \geq 3$) tangent complex structures on a compact manifold are always embeddable (cf. [3]), but contact structures do not necessarily contain any complex structure: what is gained on one side is lost on the other.

3. The cotangent bundle of S^3 is trivial. We identify it with $E \times S^3$, $V \simeq \mathbb{R}^3$ the space of pure imaginary quaternions, by $(v, x) \mapsto (xv, x)$, so that the standard contact form corresponds to the constant map $v(x) = I$. The map which to the homotopy class of a continuous function $u : S^3 \to S^3 = SU_2$ assigns the homotopy class of the vector field $v(x) = u(x)Iu(x)^{-1}x$, or of the map $x \mapsto v(x) = u(x)Iu(x)^{-1} \in S^2$, is the canonical isomorphism $\pi_3(S^3) = \mathbb{Z} \to \pi_3(S^2)$.

It follows from Eliashberg's analysis [10, 11, 12], that any homotopy class of such maps contains an over-twisted oriented contact form with the right orientation, and this is unique up to isomorphism (deformation, preserving the right orientation). The standard form corresponds to the constant map $u(x) = 1$, the zero element of $\pi_3(S^2)$, so the trace integral defines a group homomorphism $L : \pi_3(S^2) = \mathbb{Z} \to \mathbb{R}$ ($L(\lambda)$ is real because the Toeplitz projector can be chosen self-adjoint).

With the notations above, and with $(\frac{r_2}{r_1})^2 = \tan\phi$ $(0 \leq \phi \leq \frac{\pi}{2})$, we set

$$\lambda_n = \cos(2n+1)\phi \, d\theta_1 + \sin(2n+1)\phi \, d\theta_2. \tag{14}$$

This is a contact form ($a(\phi)\, d\theta_1 + b(\phi)\, d\theta_2$ is a contact form with the right orientation iff $ab' - ba' > 0$, cf. [1]); the coefficient of $d\theta_2$, resp. $d\theta_1$, must vanish for $\phi = 0$, resp. $\phi = \frac{\pi}{2}$, so that λ_n is the pull-back of a contact form on the 3-sphere; we have $\lambda_0 = (\cos\phi + \sin\phi)\lambda_{st}$.

As a non vanishing form, λ_n is homotopic to $\cos\phi\, d\theta_1 \pm \sin\phi\, d\theta_2$, with $\pm = \sin(2n+1)\frac{\pi}{2} = (-1)^n$: one can first deform linearly to $\lambda_n + \chi\, d\phi$ with χ a positive function vanishing near the ends, then still linearly, to $\chi d\phi + \cos\pi\, d\theta_1 \pm \sin\phi\, d\theta_2$, finally back to $\cos\phi\, d\theta_1 \pm \sin\phi\, d\theta_2$ (in the deformation one must take care that the coefficient of $d\theta_1$, resp. $d\theta_2$, must vanish for $\phi = \frac{\pi}{2}$, resp. 0; the sign at one end does not matter so long as the other coefficient is $\neq 0$). Thus the homotopy class of λ_n as a non-vanishing form is the trivial class for n even; for n odd it is -1, the class of $\tilde{\lambda}_{st}$.

Let us set $\psi = (2n+1)\phi$ $(0 \leq \psi \leq (2n+1)\frac{\pi}{2})$, so $\lambda_n = \cos\psi d\theta_1 + \sin\psi d\theta_2$. Because it can easily be deformed (cf. cor.1), we can construct our Toeplitz (or Szegö) projector singularity so that it is the standard Szegö projector for $0 \leq \psi < \frac{\pi}{4}$ or its pgll-back by a suitable change of variables as below for $n\pi + \frac{\pi}{4} \leq \psi \leq (2n+1)\frac{\pi}{2}$ (for n odd we get the complex conjugate complex structure corresponding to $-\lambda_{st}$), and so that is is invariant under the map $(\psi, \theta_1, \theta_2) \mapsto (\psi + \frac{\pi}{2}, -\theta_2, \theta_1)$ in between (as is λ_n). Then the logarithmic term vanishes near the ends and repeats itself periodically $2n$ times so we get:

$$L(\lambda_n) = nL(\lambda_1) \tag{15}$$

Now it follows from the analysis of Eliashberg (cf. (13)) that we have $L(\lambda_n) = 0$ if n is even, so $L(\lambda_1) = 0$, and finally $L(\lambda) = 0$ for any λ because the class of λ_1 is the negative generator of $\pi_3(S^2)$.

This ends the proof, and shows that the logarithmic trace vanishes for all contact forms on the three sphere.

References

[1] D. Bennequin, *Entrelacements et équations de Pfaff*, Third Schnepfenried geometry conference, **1**, Astérisque, Soc. Math. France (1983), 87–161.

[2] L. Boutet de Monvel, *Hypoelliptic operators with double characteristics and related pseudodifferential operators*, Comm. Pure Appl. Math. **27** (1974), 585–639.

[3] ———, *Intégration des équations de Cauchy-Riemann induites formelles, Séminaire Goulaouic-Schwartz, 1974-75, exposé* **9**, *École Polytechnique.*

[4] L. Boutet de Monvel, J. Sjöstrand, *Sur la singularité des noyaux de Bergman et de Szegö*, Astérisque **34-35** (1976), 123–164.

[5] L. Boutet de Monvel, *On the index of Toeplitz operators of several complex variables*, Inventions Math. **50** (1979), 249–272.

[6] L. Boutet de Monvel, V. Guillemin, *The Spectral Theory of Toeplitz Operators* Ann. of Math. Studies **99**, Princeton University Press, 1981.

[7] L. Boutet de Monvel, *Toeplitz Operators, an asymptotic quantization of symplectic cones*, in Stochastic Processes and their Appl., Bielefeld, 1985; Math. Appl., **61** (1990), 95–106.

[8] ———, *Symplectic cones and Toeplitz operators* in Multidimensional complex analysis and partial differential equations, Contemp. Math., **205** (1997), 15–24.

[9] J. J. Duistermaat, L. Hörmander, *Fourier integral operators II.* Acta Math. **128** (1972), 183–269.

[10] Y. Eliashberg, *Classification of contact structures on* $\mathbb{R}^3$, Internat. Math. Res. Notices **3** (1993) 87–91.

[11] Y. Eliashberg, W. Thurston, *Contact structures and foliations on 3-manifolds*, Turkish J. Math. **20** (1996), 19–35.
[12] Y. Eliashberg, *Invariants in contact topology*, Proceedings of the International Congress of Mathematicians, Vol. II (Berlin, 1998). Doc. Math. 1998, Extra Vol. II, 327–338 (electronic).
[13] C. Fefferman, *The Bergman kernel and biholomorphic mappings of pseudo-convex domains*, Invent. Math. **26** (1974), 1–65.
[14] J. J. Duistermaat, J. Sjöstrand, *A global construction for pseudo-differential operators with non involutive characteristics*, Invent. Math. **20** (1973), 209–225.
[15] V. Guillemin, *Symplectic spinors and partial differential equations*, Géométrie symplectique et physique mathématique , Éditions C.N.R.S. Paris (1975), 217–252
[16] K. Hirachi, *Logarithmic singularity of the Szegö kernel and a global invariant of strictly pseudo-convex domains* math.CV/0309176.
[17] ———, *Construction of boundary invariants and the logarithmic singularity of the Bergman kernel*, Ann. of Math. (2) **151** (2000), 151–191.
[18] L. Hörmander, *Fourier integral operators I.*, Acta Math. **127** (1971), 79–183.
[19] M. Kashiwara, *Analyse microlocale du noyau de Bergman.* Séminaire Goulaouic-Schwartz 1976-77, exposé n8, École Polytechnique.
[20] A. Melin, J. Sjöstrand, *Fourier Integral operators with complex valued phase functions*, Lecture Notes **459** (1974), 120–223.

Université Pierre et Marie Curie, Analyse Algébrique, Institut de Math. de Jussieu, Case 82 - 4, place Jussieu, 75252 Paris Cedex 05, France
E-mail address: boutet@math.Jussieu.fr

9.4 Vanishing of the Logarithmic Trace of Generalized Szegö Projectors

Vanishing of the logarithmic trace of generalized Szegö projectors, Algebraic analysis of differential equations from microlocal analysis to exponential asymptotics, Springer, Tokyo, 2008, pp. 67–78. [B08c]

Vanishing of the logarithmic trace of generalized Szegö projectors

Louis Boutet de Monvel

Université Pierre et Marie Curie - Paris 6, France
boutet@math.jussieu.fr

Summary. The logarithmic trace of Szegö projectors introduced by K. Hirachi [15] for CR structures and extended in [8] to contact structures vanishes identically.

Key words: CR manifolds, contact manifolds, Toeplitz operators, residual trace
Mathematics Subject Classification (2000): 32V05, 32A25, 53D10, 58J40

In [15] K. Hirachi showed that the logarithmic trace of the Szegö projector is an invariant of the CR structure. In [8] I showed that it is also defined for generalized Szegö projectors associated to a contact structure (definitions recalled below, sect.4), that it is a contact invariant, and that it vanishes if the base manifold is a 3-sphere, with arbitrary contact structure (not necessarily the canonical one). Here we show that it always vanishes. For this we use the fact that this logarithmic trace is the residual trace of the identity (definitions recalled below, sect.5), and show that it always vanishes, because the Toeplitz algebra associated to a contact structure can be embedded in the Toeplitz algebra of a sphere, where the identity maps of all 'good' Toeplitz modules have zero residual trace.

1 Notations

We first recall the notions that we will use. Most of the material below in §1-5 is not new; we have just recalled briefly the definitions and useful properties, and send back to the literature for further details (cf. [16, 17, 21, 18]).

If X is a smooth manifold we denote $T^\bullet X \subset T^*X$ the set of non-zero covectors. A complex subspace Z corresponds to an ideal $I_Z \subset C^\infty(T^\bullet X, \mathbb{C})$. Z is conic (homogeneous) if it is generated by homogeneous functions. It is

Received 27 February, 2006. Revised 8 November, 2006. Accepted 8 November, 2006.

smooth if I_Z is locally generated by k = codim Z functions with linearly independent derivatives. If Z is smooth, it is involutive if I_Z is stable by the Poisson bracket - in local coordinates $\{f,g\} = \sum(\frac{\partial f}{\partial \xi_j}\frac{\partial g}{\partial x_j} - \frac{\partial f}{\partial x_j}\frac{\partial g}{\partial \xi_j})$; it is $\gg 0$ if locally I_Z has generators u_i, v_j $(1 \leq i \leq p, 1 \leq j \leq q, p+q = \mathrm{codim}\, Z)$ such that the v_j are real, u_i complex, and the matrix $\frac{1}{i}(\{u_k, \bar{u}_l)$ is hermitian $\gg 0$. The real part Z_R is then a smooth real submanifold of $T^\bullet X$, whose ideal is generated by the $\mathrm{Re}\,\mathrm{u_i}, \mathrm{Im}\,\mathrm{u_i}, \mathrm{v_j}$. If $\mathcal{I}$ is $\gg 0$, it is exactly determined by its formal germ (Taylor expansion) along the set of real points of Z_R.

A Fourier integral operator (FIO) from Y to X is a linear operator from functions or distributions on Y to same on X defined as a locally finite sum of oscillating integrals

$$f \mapsto Ff(x) = \int e^{i\phi(x,y,\theta)} a(x,y,\theta) f(y)\, d\theta dy\ ,$$

where ϕ is a phase function (homogeneous w.r. to θ), a a symbol function. Here we will only consider regular symbols, i.e. which are asymptotic sums $a \sim \sum_{k \geq 0} a_{m-k}$ where a_{m-k} is homogeneous of degree $m-k$, k an integer. m could be any complex number. There is also a notion of vector FIO, acting on sections of vector bundles, which we will not use here.

The canonical relation of F is the image of the critical set of ϕ $(d_\theta \phi = 0)$ by the differential map $(x,y,\theta) \mapsto (d_x\phi, -d_y\phi)$ - this is always assumed to be an immersion from the critical set onto a Lagrangian sub-manifold of $T^\bullet X \times T^\bullet Y^0$ (the sign ^{0} means that we have reversed the sign of the canonical symplectic form; likewise if $\mathcal{A}$ is a ring, $\mathcal{A}^0$ denotes the opposite ring). We will also use FIO with complex positive phase function: then the canonical relation is defined by its ideal (the set of complex functions $u(x,\xi,y,\eta)$ which lie in the ideal generated by the coefficients of $d_\theta\phi, \xi - d_x\phi, \eta + d_y\phi$ which do not depend on θ); it should not be confused with its set of real points.

Following Hörmander [16, 17], the degree of F is defined as $\deg F = \deg(ad\theta) - \frac{1}{4}(n_x + n_y + 2n_\theta)$, with n_x, n_y, n_θ the dimensions of the x, y, θ-spaces, $\deg(ad\theta)$ the degree of the differential form $ad\theta = \deg a + \sum \nu_k$ $(\nu_k = \deg \theta_k$, usually $\nu_k = 1$ but could be any real number - not all 0); this only depends on F and not on its representation by oscillating integrals). In what follows we will always require that the degree be an integer (which implies $m \in \mathbb{Z}/4$).

2 Adapted Fourier Integral Operators

The Toeplitz operators and Toeplitz algebras used here, associated to a CR or a contact structure, were introduced and studied in [4, 5], using the analysis of the singularity of the Szegö kernel (cf. [3, 19]), or in a weaker form, the "Hermite calculus" of [2, 11]. The terminology "adapted" is taken from [5]: lacking anything better I have kept it.

For $k = 1, 2$, let $\Sigma_k \subset T^\bullet X_k$ be smooth symplectic sub-cones of $T^\bullet X_k$ and $u : \Sigma_1 \to \Sigma_2$ an isomorphism.

Definition 1. *A Fourier integral operator A is adapted to u if its canonical relation $\mathcal{C}$ is complex $\gg 0$, with real part the graph of u. It is elliptic if its principal symbol does not vanish (on $Re\mathcal{C}$).*

As above, a conic complex Lagrangian sub-manifold Λ of $T^{\bullet}X$ is $\gg 0$ if its defining ideal $\mathcal{I}_{\Lambda}$ is locally generated by $n = \dim X$ homogeneous functions $u_1, \ldots, u_n (n = \dim X)$ with independent derivatives, $u_1, \ldots, u_k$ complex, $u_{k+1}, \ldots, u_n$ real for some k $(1 \leq k \leq n)$, and the matrix $(\frac{1}{i}\{u_p, \bar{u}_q\})_{1 \leq p,q \leq k}$ is hermitian $\gg 0$; equivalently; the intersection $\mathcal{C} \cap \bar{\mathcal{C}}$ is clean, and on the tangent bundle the hermitian form $\frac{1}{i}\omega(U, \bar{V})$ is positive, with kernel the complexification of the tangent space of $\mathrm{Re}\,\mathcal{C}$.

Pseudo-differential operators are a special case of adapted FIO ($X_1 = X_2 = X, u = Id_{T^{\bullet}X}$); so are Toeplitz operators on a contact manifold (see below).

Adapted FIO always exist (cf [5]), more precisely

Proposition 1. *For any symplectic isomorphism u as above, there exists an elliptic FIO adapted to u.*

In fact if Λ is a complex $\gg 0$ Lagrangian sub-manifold of $T^{\bullet}X$, in particular if it is real, it can always be defined by a global phase function with positive imaginary part ($\mathrm{Im}\,\phi \gtrsim \mathrm{dist}\,(., \Lambda_{\mathrm{R}})^2$) living on $T^{\bullet}X$: it is easy to see that such phase functions exist locally, and the positivity condition makes it possible to glue things together using a homogeneous partition of the unity. Once one has chosen a global phase function, it is obviously always possible to choose an elliptic symbol - of any prescribed degree (cf. also [5])[1]. Note that elliptic only means that the top symbol is invertible on the real part of the canonical relation, not that the operator is invertible mod. smoothing operators (for this the canonical relation must be real: X_1, X_2 have the same dimension, $\Sigma_k = T^{\bullet}X_k$ and $\mathcal{C}$ is the graph of an isomorphism).

3 Model Example

Here is a generic example of adapted FIO: let X_1, X_2, Z be three vector spaces

$$\Sigma_k = T_{X_k}X_k \times T^{\bullet}Z \subset T^{\bullet}(X_k \times Z) \quad (k = 1, 2,\ T_{X_k}X_k \text{ the zero section}),$$

$$u \text{ the identity map } \mathrm{Id}_{T^{\bullet}Z} : \ \Sigma_1 \to \Sigma_2 \, . \tag{1}$$

If $\mathcal{C} \gg 0$ is a complex canonical relation with real part the graph of u, the complex formal germ along Σ of the restriction to $\mathcal{C}$ of the projection

[1] the intrinsic differential-geometric description of the symbol is elaborate: it is a section of a line bundle whose definition incorporates half densities and the Maslov index or an elaboration of this in the case of complex canonical relations. However on real manifolds this line bundle is always topologically trivial

$(x, \xi, z, \zeta, z', \zeta', y, \eta) \mapsto (x, z, \zeta', y)$ is an isomorphism (the dimensions are right, and it is an immersion: if $v = (0, \xi, 0, \zeta, z', 0, 0, \eta)$ is a complex vector with zero projection, it is orthogonal to $\bar{v}$ (because these vectors form a real Lagrangian space), so if it is tangent to $\mathcal{C} \gg 0$, it is tangent to the real part, i.e. the diagonal of $T^\bullet Z$, and this obviously implies $v = 0$).

So we can choose the phase function as

$$\phi = < z - z', \zeta' > + iq(x, z, \zeta', y)$$

where q is smooth complex function of x, z, ζ', y alone, homogeneous of degree 1 w.r.t. to ζ', vanishing of order 2 for $x = y = 0$, and $\mathrm{Re}\, \mathrm{q} \gtrsim (\mathrm{x}^2 + \mathrm{y}^2)\ |\zeta'|$ (it is easy to check that conversely any such phase function corresponds to a positive adapted canonical relation as above). The operator is

$$Ff(x, z) = \int e^{i < z - z', \zeta' > - q(x, z, \zeta', y)} a(x, z, \zeta', y) f(z', y) d\zeta' dz' dy\ , \quad (2)$$

with a a symbol as above.

Since any symplectic sub-cone of a cotangent manifold is always locally equivalent to $T^\bullet Z \subset T^\bullet(X \times Z)$, the model above is universal i.e. any adapted FIO is micro-locally equivalent to $F_1 \circ A \circ F_2$ where F_1, F_2 are elliptic invertible FIO with real canonical relations, graphs of local symplectic isomorphisms, and F is as the model above.

For adapted FIO the Hörmander degree coincides with the degree in the scale of Sobolev spaces, i.e. if F is of degree s it is continuous $H^m(Y) \to H^{m - \mathrm{Re}\, s}(X)$; this is easily seen on the model example above (F is L^2 continuous if its degree is 0 i.e. a is of degree $-\frac{1}{4}(n_x + n_y)$). (This not true for general FIOs - in fact for a FIO with a real canonical relation $\mathcal{C}$, this is only true if $\mathcal{C}$ is locally the graph of a symplectic isomorphism.)

The following result also immediately follows from the positivity condition:

Proposition 2. *Let X_1, X_2, X_3 be three manifolds, $\Sigma_k \subset T^\bullet X_k$ symplectic sub-cones, u resp. v a homogeneous symplectic isomorphism $X_1 \to X_2$ resp. $X_2 \to X_3$, F, G FIO (with compact support) adapted to u, v. Then $G \circ F$ is adapted to $v \circ u$; its canonical relation is transversally defined and positive. It is elliptic if F and G are elliptic.*

This is mentioned in [5]; the crux of the matter is that if $Q(y)$ is a quadratic form with $\gg 0$ real part, the integral $\int e^{-|\xi| Q(y)} dy$ does not vanish: it is an elliptic symbol of degree $-\frac{1}{2} n_y$, equal to $\mathrm{disc}(\frac{\mathrm{Q}}{\pi})^{-\frac{1}{2}} |\xi|^{-\frac{1}{2} \mathrm{n_y}}$.

4 Generalized Szegö projectors

These were called "Toeplitz projectors" in [7, 8]. C. Epstein suggested the present name, which is better. References: [3, 4, 5, 6].

Definition 2. *Let X be a manifold, $\Sigma \subset T^\bullet X$ a symplectic sub-cone. A generalized Szegö projector (associated to Σ) is an elliptic FIO S adapted to Id_Σ which is a projector ($S^2 = S$)*

(Note that "elliptic" (or "of degree 0") is part of the definition; otherwise there exist many non-elliptic projectors, of degree > 0 as FIOs). The case we are most interested in is the case where Σ is the half line bundle corresponding to a contact structure on X (i.e. the set of positive multiples of the contact form). But everything works as well in the slightly more general setting above.

We will not require here that S be an orthogonal projector; this makes sense anyway only once one has chosen a smooth density to define L^2-norms.

If S is a generalized Szegö projector, its canonical relation $\mathcal{C} \subset T^\bullet X \times T^\bullet X$ is idempotent, positive, and can be described as follows: the first projection is a complex positive involutive manifold Z_+ with real part Σ; the second projection is a complex negative manifold Z_- with real part Σ ($Z_- = \bar{Z}_+$ if S is selfadjoint). The characteristic foliations define fibrations $Z_\pm \to \Sigma$ (the fibers are the characteristic leaves; they have each only one real point so are "contractible" (they vanish immediately in imaginary domain), and there is no topological problem for them to build a fibration). Finally we have $\mathcal{C} = Z_+ \times_\Sigma Z_-$

Generalized Szegö projectors always exist, so as orthogonal ones (cf. [5, 6]). As mentioned in [8], generalized Szegö projectors mod. smoothing operators form a soft sheaf on Σ, i.e. any such projector defined near a closed conic subset of $T^\bullet X$ or Σ is the restriction of a globally defined such projector.

5 Residual trace and logarithmic trace

The residual trace was introduced by M. Wodzicki [23]. It was extended to Toeplitz operators and suitable Fourier integral operators by V. Guillemin [12] (cf. also [13, 24]). It is related to the first example of 'exotic' trace given by J. Dixmier [9].

Let $\mathcal{C}$ be a canonical relation in $T^\bullet X \times T^\bullet X$. A family $A_s (s \in \mathbb{C})$ of FIOs of degree s belonging to $\mathcal{C}$ is holomorphic if $s \mapsto (\Delta)^{-\frac{s}{2}} A_s$ is a holomorphic map from $\mathcal{C}$ to FIO of fixed degree (in the obvious sense). If A_s has compact support, the trace $\operatorname{tr} A_s$ is then well defined and depends holomorphically on s if $\operatorname{Re} s$ is small enough (A_s is then of trace class). Often, e.g. if the canonical relation is real analytic, this will extend as a meromorphic function of s on the whole complex plane, but this is not very easy to use because the poles are hard to locate and usually not simple poles.

Proposition 3. *If $\mathcal{C}$ is adapted to the identity Id_Σ, with $\Sigma \subset T^\bullet X$ a symplectic sub-cone, and A_s a holomorphic family, as above, then $tr\, A_s$ has at most simple poles at the points $s = -n - deg\, A_0 + k$, $k \geq 0$ an integer, $n = \frac{1}{2} dim\, \Sigma$ (the degree $deg\, A_0$ is defined as above)*

Proof: this is obviously true if A_s is of degree $-\infty$ (there is no pole at all). In general we can write A_s as a sum of FIO with small micro-support (mod smoothing operators), and a canonical transformation reduces us to the model case, where result is immediate.

Definition 3. *If A is a FIO adapted to $\mathcal{C}$, the residual trace $tr_{res}A$ is the residue at $s = 0$ of any holomorphic family A_s as above, with $A = A_0$.*

This does not depend on the choice of a family A_s: indeed if $A_0 = 0$, the family A_s is divisible by s i.e. $A_s = sB_s$ where B_s is another holomorphic family, and since $\operatorname{tr} B_s$ has only simple poles, $\operatorname{tr} A_s$ has no pole at all at $s = 0$.

Proposition 4. *The residual trace is a trace, i.e. if A and B are adapted Fourier integral operators, we have $tr_{res}AB = tr_{res}BA$.*

Indeed with the notations above $\operatorname{tr} AB_s$ and $\operatorname{tr} B_sA$ are well defined and equal for $\operatorname{Re} s$ small, so their meromorphic extensions and poles coincide.

Logarithmic trace (contact case)

Let $\Sigma \subset T^\bullet X$ be a symplectic half-line bundle, defining a contact structure on X. A complex canonical relation $\mathcal{C} \gg 0$ adapted to Id_Σ is always the conormal bundle of a complex hypersurface Y of $X \times X$, with real part the diagonal (rather the positive half) [2], so if A is a FIO adapted to Id_Σ, its Schwartz kernel can be defined by a one dimensional Fourier integral:

$$\tilde{A}(x, y) = \int_0^\infty e^{-T\phi(x,y)} a(x, y, T)\, dT\,,$$

with $\phi = 0$ an equation of the hypersurface Y, $\phi = 0$ on the diagonal, $\operatorname{Re}\phi \geq \text{cst}\,\operatorname{dist}(., \operatorname{diag})^2$, and a is a symbol: $a \sim \sum_{k \leq N} a_k(x, y)T^{k-1}$ ($N = \deg \mathrm{A}$).
Its singularity has a typically holonomic form:

$$f(x, y)(\phi + 0)^{-N} + g(x, y)\, \mathrm{Log}\,(\frac{1}{\phi + 0})\,, \tag{3}$$

with f, g smooth functions on $X \times X$, and in particular $g(x, x) = a_0(x, x)$.

Proposition 5. *With notations as above, the residual trace of A is the trace of the logarithmic coefficient:*

$$tr_{res}A = \int_X g(x, x)\,. \tag{4}$$

[2] indeed a complex vertical vector v is as before orthogonal to $\bar{v}$; if it is tangent to $\mathcal{C}$ at a point of $\mathcal{C}_R = \operatorname{diag}\Sigma$, it is tangent to the real part $\mathcal{C}_R = \operatorname{diag}\Sigma$ since $\mathcal{C} \gg 0$, but this implies that v is the radial vector, because the radial vector is the only vertical vector tangent to Σ. So the projection $\mathcal{C} \to X \times X$ is of maximal rank $2n - 1$ and the image is a hypersurface.

An obvious holomorphic family extending A (mod. a smoothing operator) is the family A_s with Schwartz kernel

$$\tilde{A}_s(x,y) = \int_1^\infty e^{-T\phi(x,y)} a(x,y,T)\, T^s dT \,.$$

Since $a_s(x,x,T) \sim \sum_{k\leq N} T^{s+k-1} a_k(x,x)$ and $\phi(x,x)=0$, we get

$$\tilde{A}_s(x,x) \sim \sum \frac{a_k(x,x)}{s+k}\,,$$

with an obvious notation: the meromorphic extension of the trace has just simple poles at each integer $j \geq -N$, with residue $\int_X a_{-j}(x,x)$. In particular the residue for $s=0$ is the logarithmic trace.

The residual trace is also equal to the logarithmic trace in the case of pseudo-differential operators, or in the model case. In general the residual trace is well defined, but I do not know if the logarithmic coefficient can be reasonably defined e.g. if the projection $\Sigma \to X$ is not of constant rank. For the equality with the residual trace, and for theorem 1 below, the sign is important: the logarithmic trace is the integral of the coefficient of $\mathrm{Log}\,\frac{1}{\phi}$, not the opposite.

6 Trace on a Toeplitz algebra $\mathcal{A}$ and on $\mathrm{End}_{\mathcal{A}}(M)$

If S is a generalized Szegö projector associated to $\Sigma \subset T^\bullet X$. The corresponding Toeplitz operators are the Fourier integral operators of the form $T_P = SPS$, P a pseudo-differential operator (equivalently, the set of Fourier integral operators A with the same canonical relation, such that $A = SAS$). They form an algebra $\mathcal{A}$ on which the residual trace is a trace: $\mathrm{tr}_{res}AB = \mathrm{tr}_{res}BA$. Mod. smoothing operators, this can be localized, and the Toeplitz algebra $\mathcal{A}_\Sigma$ is this quotient; it is a sheaf on Σ (or rather on the basis).

Proposition 6. *The Toeplitz algebra, so as the residual trace of S only depend on Σ and not on the embedding $\Sigma_k \subset T^\bullet X$*

Indeed if $\Sigma \to T^\bullet X'$ is another embedding, S' a corresponding Szegö projector, it follows from prop. 1 that there exist elliptic adapted FIO F, F' from X to X' resp. X' to X such that $F = S'FS, F' = SF'S', FF' \sim S, F'F \sim S$ so S, S' have the same residual trace, and $A \mapsto FAF'$ is an isomorphism of the two Toeplitz algebras. In the lemma wa could as well embed Σ in another symplectic cone endowed with a Toeplitz structure.

The definition of the residual trace extends in an obvious way to $\mathrm{End}_{\mathcal{A}}(M)$ when M is a free $\mathcal{A}$-module ($\mathrm{End}_{\mathcal{A}}(M)$ is isomorphic to a matrix algebra with coefficients in $\mathcal{A}^0$, where $\mathrm{tr}_{res}(a_{ij}) = \sum \mathrm{tr}_{res} a_{ii}$ is obviously a trace, independent of the choice of a basis of M). It extends further to the case where M is locally free (a direct summand of a free module), and to the case where M admits (locally or globally) a finite locally free resolution: if

$$0 \to L^N \xrightarrow{\mathrm{d}} \dots L^1 \xrightarrow{\mathrm{d}} L^0 \to 0$$

is such a resolution, i.e. a complex of locally free $\mathcal{A}$-modules L^j, exact in degree $\neq 0$, with a given isomorphism $\epsilon : L^0/dL^1 \to M$: Then $\mathrm{End}_{\mathcal{A}}(M)$ is isomorphic to $\mathrm{Rhom}^0(L, L)$, i.e. any $a \in \mathrm{End}_{\mathcal{A}}(M)$ extends as morphism $\tilde{a}$ of complexes of L ($\tilde{a} = (a_j), a_j \in \mathrm{End}_{\mathcal{A}}(L^j)$) (if a has compact support, $\tilde{a}$ can be chosen with compact support). Any two such extensions $\tilde{a}, \tilde{a}'$ differ by a super-commutator $[d, s] = ds + sd$ (s, of degree 1, can be chosen with compact support if $\tilde{a} - \tilde{a}'$ has compact support). The super-trace

$$\mathrm{supertr}_{res}(\tilde{a}) = \sum (-1)^j \mathrm{tr}_{res}(a_j)$$

is then well defined; it only depends on a, because the super-trace of a super-commutator $[s, d]$ vanishes: this defines the trace in $\mathrm{End}\,(M)$. Below we will use "good" modules, i.e. which have a global finite locally free resolution for which this is already seen on the principal symbols (i.e. M and the L_j are equipped with good filtrations for which $\mathrm{gr}\, d$ is a locally free resolution of $\mathrm{gr}\, M$ (in the analytic setting this always exists if M is coherent and has a global good filtration, and the base manifold is projective).

Alternative description of the residual trace

Let S be a generalized Szegö projector associated to a symplectic cone $\Sigma \subset T^{\bullet}X$. Then the left annihilator of S is a $\gg 0$ ideal $\mathcal{I}$ in the pseudo-differential algebra of X; its characteristic set is the first projection Σ_+ of the complex canonical relation of S; as mentioned earlier it is involutive $\gg 0$ with real part Σ. (there is a symmetric statement for the right annihilator).

Proposition 7. *Let M be the $\mathcal{E}_X$-module $M = \mathcal{E}/\mathcal{I}$. Then the Toeplitz algebra is canonically isomorphic to $\mathrm{End}_{\mathcal{E}}(M)$.*

Proof: let e_M be the image of $1 \in \mathcal{E}$ (it is a generator of M). It is elementary that $\mathrm{End}_{\mathcal{E}}(M)$ is identified with opposite algebra $([\mathcal{E} : \mathcal{I}]/\mathcal{I})^0$ where $[\mathcal{E} : \mathcal{I}]$ denotes the set of $P \in \mathcal{E}$ such that $\mathcal{I}P \subset \mathcal{I}$ (to P corresponds the endomorphism a_P such that $a_P(e) = Pe$). It is also immediate that the map u which to a_P assigns the Toeplitz operator $T_P = SPS = PS$ is an isomorphism (both algebras have a complete filtration by degrees, and the associated graded algebra in both cases is the algebra of symbols on Σ); clearly u is a homomorphism of algebras, of degree ≤ 0, and $\mathrm{gr}\, u = \mathrm{Id}$.

Now M is certainly "good" in the sense above: it is locally defined by transverse equations and has, locally, a resolution whose symbol is a Koszul complex. So the residual trace is well defined on $\mathrm{End}_{\mathcal{E}}(M)$. Since the trace on an algebra of Toeplitz type is unique up to a constant factor, there exists a constant C such that

$$\mathrm{tr}_{res} a_P = C\,\mathrm{tr}_{res} T_P \ . \tag{5}$$

Below we only only need $C \neq 0$; however with the conventions above we have:

Theorem 1. *The constant C above is equal to one ($C = 1$).*

Proof: to the resolution of M above corresponds a complex of pseudo-differential operators

$$0 \to C^\infty(x) \xrightarrow{\mathrm{D}} C^\infty(X, E_1) \to \ldots \xrightarrow{\mathrm{D}} C^\infty(X, E_N) \to 0 \ , \tag{6}$$

exact in degree > 0 and whose homology in degree 0 is the range of S (mod. smoothing operators), i.e. there exists a micro-local operator E on (E_k) such that $DE+ED \sim 1-S$ (cf. [2]; E is a pseudo-differential operator of type $\frac{1}{2}$, not a "classical" pseudo-differential operator, but it preserves micro-supports).

It is elementary that one can modify D, E, and if need be S, by smoothing operators so that (6) is exact (on global sections) in degree $\neq 0$, and $\ker D_0$ is the range of S. Then if $a_s = (a_k, s)$ is a holomorphic family of pseudo-differential homomorphisms of degree s, and T_{a_s} is the Toeplitz operator $T_{a_s} = a_{0,s}|_{\ker S}$, we have $\mathrm{tr}\, T_{a_s} = \sum(-1)^k \mathrm{tr}\, a_{k,s}$ for $\mathrm{Re}\, s \ll 0$ hence also equality for the meromorphic extensions and residues.

Here is an alternative proof (slightly more in the spirit of the paper because it really uses operators mod. C^∞ rather than true operators). Notice first that theorem 1 is (micro) local, and since locally all bundles are trivial, we can reason by induction on $\mathrm{codim}\, \Sigma$. Thus it is enough to check the formula for one example, where $\mathrm{codim}\, \Sigma = 2$. Note also that above we had embedded in the algebra of pseudo-differential operators on a manifold, but we could just as well embed in another Toeplitz algebra.

We choose Σ corresponding to the standard contact (CR) sphere S_{2n-1} of $\mathbb{C}^n$, embedded as the diameter $z_1 = 0$ in the sphere of $\mathbb{C}^{n+1}$

The Toeplitz space H_{n+1} is the space of holomorphic functions in the unit ball of $\mathbb{C}^{n+1}$ (more correctly: their restrictions to the sphere); we choose H_n the subspace of functions independent of z_1. There is an obvious resolution: $0 \to H_{n+1} \to H_{n+1} \to 0$ ($H_n = \ker \partial_1$). We choose on H_n the operator a, restriction of $\rho^- n$, with $\rho = \sum z_j \partial_{z_j}$ (this is the simplest operator with a nonzero residual - our convention is that ρ^σ kills constant functions for all σ).

Lemma 1. *On the sphere S_{2n-1} the residual trace of the Toeplitz operator ρ^{-n} is $tr_{res}\rho^{-n} = \frac{1}{(n-1)!}$.*

Proof: the standard Szegö kernel is $S(z, w) = \frac{1}{\mathrm{vol}\, \mathrm{S}_{2n-1}}(1 - z.\bar{w})^{-n}$. Now we have the obvious identity

$$\rho(\rho+1)\ldots(\rho+n-1)\ \mathrm{Log}\,\frac{1}{1-z.\bar{w}} = (n-1)!((1-z\bar{w})^{-n} - 1) \ ,$$

so that the leading coefficient of the logarithmic part of ρ^{-n} is $\frac{1}{\mathrm{vol}\, \mathrm{S}_{2n-1}(\mathrm{n}-1)!}$, whose integral over the sphere is $\frac{1}{(n-1)!}$.

On the sphere S_{2n+1} we have $\partial_1 \rho = (\rho + 1)\partial_1$ so we choose for $(\tilde{a})$ the pair $(a_0 = \rho^{-n}, a_1 = (\rho+1)^{-n})$. Since terms of degree $< -n-1$ do not contribute on S_{2n+1}, the super-trace is

$$\text{supertr}_{res}(\tilde{a}) = \text{tr}_{res}(\rho^{-n} - (\rho+1)^{-n}) = \text{tr}_{res}(n\rho^{-n-1}) = \frac{n}{n!} = \text{tr}_{res} a \,.$$

7 Embedding

If Σ_1, Σ_2 are two symplectic cones, with contact basis X_1, X_2, symplectic embeddings $\Sigma_1 \to \Sigma_2$ exactly correspond to contact embeddings $X_1 \to X_2$, i.e. an embedding $u : X_1 \to X_2$ such that the inverse image $u^*(\lambda_2)$ is a positive multiple of the contact form λ_1 (the corresponding symplectic map take the section $u^*\lambda_2$ of $T^\bullet X_1$ to the section λ_2 of $T^\bullet X_2$. With this in mind we have

Lemma 2. *If X is a compact oriented contact manifold, it can be embedded in the standard contact sphere.*

Proof: the standard contact $(2N-1)$-sphere of radius R has coordinates x_j, y_j $(1 \le j \le N, \sum x_j^2 + y_j^2 = R^2)$ and contact form $\lambda = \sum x_j dy_j - y_j dx_j$ (or a positive multiple of this). If X is a compact contact manifold, its contact form can always be written $2\sum_2^m x_j dy_j$ for some suitable choice of smooth functions x_j, y_j, or just as well $\sum_1^m x_j dy_j - y_j dx_j$, setting for instance $x_1 = 1, y_1 = \sum_2^m x_j y_j$ (m may be larger than the dimension). Adding suitably many other pairs (x_j, y_j) with $y_j = 0, x_N = (R^2 - \sum x_j^2 + y_j^2)^{\frac{1}{2}}$, for R large enough, we get an embedding in a contact sphere of radius R.

Theorem 2. *For any generalized Szegö projector Σ associated to a symplectic cone with compact basis, we have $tr_{res} S = 0$. In particular if Σ corresponds to a contact structure on a compact manifold, the logarithmic trace vanishes.*

By lemma 2 we can suppose that Σ is embedded in the symplectic cone of a standard odd contact sphere. Let $\mathcal{B}$ be the canonical Toeplitz algebra on the sphere: then by prop. 7, the Toeplitz algebra $\mathcal{A}$ of S is isomorphic to $\text{End}_{\mathcal{B}}(M)$ where M is a suitable good $\mathcal{B}$ module. Now on the sphere any good locally free $\mathcal{B}$-module is stably free (any complex vector bundle on an odd sphere is stably trivial), and the Szegö projector has no logarithmic term, so and $\text{tr}_{res} 1_M = 0$, for any free hence also for any good $\mathcal{B}$-module M.

This result is rather negative since it means that the logarithmic trace cannot define new invariants distinguishing CR or contact manifolds. Note however that that it is not completely trivial: it holds for the Toeplitz algebras associated to a CR or contact structure, as constructed in [5], but a contact manifold carries many other star algebras which are locally isomorphic to the Toeplitz algebra (I showed in [7] how Fedosov's classification of star products [10] can be adapted to classify these algebras). Any such algebra $\mathcal{A}$ carries a canonical trace, because the residual trace is invariant by all isomorphisms, so that local traces glue together. If the contact basis is compact, the trace $\mathrm{tr}_{res} 1_{\mathcal{A}}$ is well defined, but there are easy examples showing that it is not always zero.

References

1. Bayen F., Flato M., Fronsdal C., Lichnerowicz A., Sternheimer D. Deformation theory and quantization I, II, Ann. Phys 111 (1977), 61-151.
2. Boutet de Monvel, L. Hypoelliptic operators with double characteristics and related pseudo-differential operators Comm. Pure Appl. Math. 27 (1974), 585-639.
3. Boutet de Monvel, L.; Sjöstrand, J. Sur la singularité des noyaux de Bergman et de Szegö. Astérisque 34-35 (1976), 123-164.
4. Boutet de Monvel, L. On the index of Toeplitz operators of several complex variables. Inventions Math. 50 (1979), 249-272.
5. Boutet de Monvel, L.; Guillemin, V. The Spectral Theory of Toeplitz Operators Ann. of Math. Studies no. 99, Princeton University Press, 1981, 161 pp.
6. Boutet de Monvel, L. Symplectic cones and Toeplitz operators. Multidimensional complex analysis and partial differential equations (São Carlos, 1995), Contemp. Math., 205, 1997, 15-24.
7. Boutet de Monvel, Louis Related semi-classical and Toeplitz algebras. Deformation quantization (Strasbourg, 2001), IRMA Lect. Math. Theor. Phys., 1, de Gruyter, Berlin, 2002, 163–190.
8. Boutet de Monvel, L. Logarithmic trace of Toeplitz projectors Math Research Letters, 12, vol. 2-3, 401-412 (arXiv:math.CV/0412252v1).
9. Dixmier, J. Existence de traces non normales. C. R. Acad. Sci. Paris Sér. A-B 262 (1966) A1107-A1108.
10. Fedosov B.V. A simple geometrical construction of deformation quantization. J. Differential Geom. 40 (1994), no. 2, 213-238.
11. Guillemin, V. Symplectic spinors and partial differential equations. Géométrie symplectique et phys. mathématique , Éditions C.N.R.S. Paris (1975), 217-252.
12. Guillemin, V. Residue traces for certain algebras of Fourier integral operators. J. Funct. Anal. 115 (1993), no. 2, 391-417.
13. Guillemin, V. Wave-trace invariants. Duke Math. J. 83 (1996), no. 2, 287-352.
14. Hirachi, K. Construction of boundary invariants and the logarithmic singularity of the Bergman kernel. Ann. of Math. (2) 151 (2000), no. 1, 151-191.
15. Hirachi, K. Logarithmic singularity of the Szegö kernel and a global invariant of strictly pseudo-convex domains math.CV/0309176, to appear in Ann. Math.
16. Hörmander, L. Fourier integral operators I. Acta Math. 127 (1971), 79-183.
17. Hörmander, L. The analysis of linear partial differential operators I - II - III - IV. *Grundlehren der Math. Wiss. 256,257,274,275, Springer-Verlag (1985).*
18. Kashiwara, M.; Kawai, T.; Sato, M. Microfunctions and pseudodifferential equations, *Lecture Notes 287 (1973), 265-524, Springer-Verlag.*
19. Kashiwara, M. Analyse microlocale du noyau de Bergman. Séminaire Goulaouic-Schwartz 1976-77, exposé n8, École Polytechnique.

20. Kawai T., Kashiwara M. On holonomic systems of microdifferential equations III - systems with regular singularities, publ. RIMS, Kyoto University 17 (1981) 813-979.
21. Melin, A.; Sjöstrand, J. Fourier Integral operators with complex valued phase functions. Lecture Notes 459 (1974) 120-223.
22. Ponge R. Szegö projections and new invariants for CR and contact manifolds ArXiV math.DG/0601370.
23. Wodzicki, M. Noncommutative residue. I. Fundamentals. K-theory, arithmetic and geometry (Moscow, 1984–1986), 320–399, Lecture Notes in Math., 1289, Springer, Berlin, 1987.
24. Zelditch, S. Lectures on wave invariants. Spectral theory and geometry (Edinburgh, 1998), 284–328, London Math. Soc. Lecture Note Ser., 273, Cambridge Univ. Press, Cambridge, 1999.

Miscellaneous 10

10.1 Commentary by Gilles Lebeau

Miscellaneous

The beautiful and historical note of Louis [B78], is about one of the most important results on the behavior in the complex domain of the eigenfunctions of a self-adjoint non negative elliptic operator P on a real analytic compact manifold M. Let (f_k) be an orthonormal basis of eigenfunctions of P with $Pf_k = \lambda_k f_k$. Under a convexity assumption on the principal symbol $p(x, \xi)$ of P, the result asserts that there exists a natural family of strictly pseudo-convex tubular neighborhoods B_ε of M in its complexification X such that a function $f = \sum_k a_k f_k$ on M extends holomorphically in B_ε, with a L^2 boundary value on ∂B_ε, iff the series $\sum_k \lambda_k^{-(n-1)/2} e^{2\varepsilon\lambda_k} |a_k|^2$ is convergent. This result applies in particular to the Laplace operator in the Riemannian case. This work of Louis has been a source of inspiration for many authors, and is the starting point of the numerous applications of the properties of analytic continuation of eigenfunctions: nodal geometry, analytic wave front sets, tunneling estimates, random-waves... The proof of the above result suggested by Louis involves FIO's in the complex domain. (There exists in the Riemannian case a detailed written proof by S. Zelditch in [6].)

In the paper [BBoLe92] by Louis Boutet de Monvel, Anne Boutet de Monvel, and Gilles Lebeau, the reader will find a good example of the use of microlocal techniques applied to the localization of singularities: here the set of $t \in R$ such that the trace of the Schrödinger evolution group $e^{it(H_0+V)}$ is not smooth, H_0 being a harmonic oscillator and $V(x)$ a potential. It is proven that the singularities of $tr(e^{it(H_0+V)})$ are contained in the period of the Hamiltonian flow of H_0, under the hypothesis $Im(V)$ bounded and $|\partial_x^\alpha V(x)| \leq c_\alpha(1 + |x|)^{\gamma+|\alpha|\theta}, 0 \leq \gamma < 1 - \theta$.

Anyone interested in the up to date geometric formulations of the numerous extensions of the Riemann-Roch and Atiyah-Singer Index Theorems will read with great profit [B93]. This 30 pages paper gives a rather complete description of the ingredients and proofs of the absolute index theorem in a very general framework: index theorem for the solutions of a D-module M on an analytic space X, in the sheaf of holomorphic functions on a neighborhood of a compact real analytic submanifold with boundary U of X, under a quasi-ellipticity condition on the couple (M, U). The reader will find here the necessary background on K-theory and on the construction of microlocal Euler classes in the spirit of the works of P. Schapira and J.-P. Schneiders. The paper contains also a last paragraph about the

G. Lebeau (✉)
Laboratoire J.-A. Dieudonné UMR CNRS 7351,
Université de Nice – Sophia Antipolis Parc Valrose,
06108 NICE cedex 02, France
e-mail: gilles.lebeau@unice.fr

V.W. Guillemin, J. Sjöstrand (eds.), *Louis Boutet de Monvel, Selected Works*,
Contemporary Mathematicians, DOI 10.1007/978-3-319-27909-1_10

"Relative Index Theorem" due to L. Boutet de Monvel and B. Malgrange [BMa90].

The paper [B04] is a self contained introduction to polylogarithm series and algebraic relations between polyzeta numbers. Starting from a basic identity on series between partial sums and holomorphic regularization, the reader will find the main algebraic identity which produces algebraic relations between zeta numbers.

References

[B78] L. Boutet de Monvel, *Convergence dans le domaine complexe des séries de fonctions propres*, C. R. Acad. Sci. Paris Sér. A-B **287** (1978), no. 13, A855–A856.

[BMa90] L. Boutet de Monvel and B. Malgrange, *Le théorème de l'indice relatif*, Ann. Sci. École Norm. Sup. (4) **23** (1990), no. 1, 151–192.

[BBoLe92] Anne Boutet de Monvel-Berthier, Louis Boutet de Monvel, and Gilles Lebeau, *Sur les valeurs propres d'un oscillateur harmonique perturbé*, J. Anal. Math. **58** (1992), 39–60, Festschrift on the occasion of the 70th birthday of Shmuel Agmon.

[B93] L. Boutet de Monvel, *Indice des systèmes différentiels*, *D*-modules, representation theory, and quantum groups (Venice, 1992), Lecture Notes in Math., vol. 1565, Springer, Berlin, 1993, pp. 1–30.

[B04] L. Boutet de Monvel, *Remark on divergent multizeta series*, Microlocal Analysis and Asymptotic Analysis, RIMS workshop, vol. 1397, March 2004, pp. 1–9.

[6] S. Zelditch *Pluri-potential theory on Grauert tubes of real analytic Riemannian manifolds, I*, Spectral geometry, 299–339, Proc. Sympos. Pure Math., 84, AMS 2012.

10.2 Convergence dans le domaine complexe des séries de fonctions propres

Convergence dans le domaine complexe des séries de fonctions propres, C. R. Acad. Sci. Paris Sér. A-B **287** (1978), no. 13, A855–A856. [B78]

ANALYSE MATHÉMATIQUE. – *Convergence dans le domaine complexe des séries de fonctions propres*. Note (*) de **Louis Boutet de Monvel**, présentée par M. Henri Cartan.

Le résultat ci-dessous donne des indications assez précises sur le domaine complexe de convergence des séries de fonctions propres d'un opérateur elliptique à coefficients analytiques sur une variété analytique réelle compacte.

We give precise information on the complex domain of convergence of a series of eigenfunctions of an elliptic operator with analytic coefficients on a real analytic compact manifold.

1. ÉNONCÉ DU RÉSULTAT. – Soient X une variété analytique réelle compacte de dimension n, et P un opérateur pseudo-différentiel analytique [*cf.* ([1])] elliptique de degré 1, auto-adjoint ([2]) et positif sur X. Les fonctions propres $f_1, \ldots, f_k, \ldots$ de P sont toutes holomorphes dans un même voisinage complexe de X dans un complexifié $\tilde{X}$ de X; nous les supposerons numérotées et normalisées de sorte qu'elles forment une base orthonormale de $L^2(X)$; nous noterons λ_k la valeur propre correspondante : $P f_k = \lambda_k f_k$.

Le symbole p de P est une fonction analytique, homogène de degré 1, sur le fibré cotangent $T^* X$ (privé de sa section nulle). Nous noterons H_p le champ hamiltonien de p (en coordonnées locales, $H_p = \sum [(\partial p/\partial \xi_j)(\partial/\partial x_j)] - [(\partial p/\partial x_j)(\partial/\partial \xi_j)]$), et $\varphi = \varphi(t, x, \xi)$ le flot correspondant ($\varphi(t, x, \xi)$ est la valeur à l'instant t de la solution de l'équation différentielle $(d/dt)(x, \xi) = H_p(x, \xi)$, qui vaut (x, ξ), à l'instant $t=0$). Comme H_p est analytique et homogène, φ se prolonge analytiquement pour (x, ξ) complexe assez voisin des points réels de $T^* \tilde{X}$, et pour t imaginaire pur assez petit.

Soit $S^* X$ la sphère unité de $T^* X$ pour p (ensemble des points (x, ξ) tels que $p(x, \xi) = 1$). Pour $\varepsilon > 0$ assez petit, notons B_ε (resp. S_ε) l'ensemble des projections sur $\tilde{X}$ des points $\varphi(it, x, \xi)$ tels que $t \leqq \varepsilon$ (resp. $t = \varepsilon$), $(x, \xi) \in S^* X$.

LEMME 1. – *On suppose que pour tout* $x \in X$, *la boule* $p(x, \xi) \leqq 1$ *est strictement convexe dans* $T_x^* X$. *Alors pour* ε *assez petit,* B_ε *est strictement pseudo-convexe, de frontière analytique* S_ε.

Ce résultat se déduit aisément, par perturbation, du même résultat dans le cas où P est un opérateur à coefficients constants sur $\mathbf{R}^n$; B_ε est alors un tube convexe autour de $\mathbf{R}^n$ dans $\mathbf{C}^n$.

Rappelons que l'espace de Hardy $H^2(B_\varepsilon)$ est l'ensemble des fonctions holomorphes dans B_ε dont la restriction (au sens des distributions) à S_ε est de carré sommable.

THÉORÈME. – *Soit* $f = \sum_k a_k f_k$ *une fonction sur* X. *Sous les hypothèses du lemme* 1, *pour que* f *se prolonge en une fonction* $\tilde{f} \in H^2(B_\varepsilon)$, *il faut et il suffit qu'on ait*

$$\sum | e^{\varepsilon \lambda_k} \lambda_k^{-(n-1)/4} a_k |^2 < \infty.$$

On peut aussi interpréter ce résultat comme donnant une indication assez précise sur le mode de croissance des f_k dans le domaine complexe. Un cas particulier important est celui où l'on prend pour P l'opérateur $|\Delta|^{1/2}$, Δ désignant l'opérateur de Laplace pour une métrique riemannienne à coefficients analytiques sur X. φ est alors le flot géodésique, et le théorème ci-dessus donne donc un renseignement sur le comportement dans le domaine complexe des fonctions propres du laplacien.

2. INDICATIONS SUR LA DÉMONSTRATION. — On sait [*cf.* ([3]), ([4]), ([5])] que l'opérateur exp(it P) est un opérateur intégral de Fourier, de degré 0, associé à la relation canonique définie par le flot hamiltonien φ du symbole p de P. Comme ici les coefficients sont analytiques, les formules qui définissent le noyau de exp(it P) gardent un sens pour $t = i\varepsilon$, $\varepsilon > 0$ assez petit. La relation canonique reste la même, mais il convient plutôt d'interpréter $\exp(-\varepsilon P)$ comme un opérateur intégral de Fourier à phase complexe au sens de ([7]), opérant de l'espace des fonctions sur X vers l'espace des fonctions sur S_ε. Comme S_ε est de dimension réelle $2n-1$, le degré de cet opérateur est $-(n-1)/4$ (et non plus 0). On voit ainsi que l'opérateur qui à $f = \sum_k a_k f_k$ associe $e^{-\varepsilon p} f = \sum e^{-\varepsilon\lambda_k} a_k f_k$ est un isomorphisme de l'espace de Sobolev $H^{-(n-1)/4}(X)$ sur l'espace de Hardy $H^2(B_\varepsilon)$, et le théorème en résulte aussitôt. L'hypothèse de convexité sur le symbole de P est indispensable, d'une part pour la pseudo-convexité de B_ε, d'autre part (et de façon équivalente) pour que le lieu singulier du noyau de l'opérateur $e^{-\varepsilon P}$ ne contienne pas de point intérieur à B_ε. On obtient d'ailleurs une idée assez bonne de ce qui peut se passer en examinant le cas où X est un tore $\mathbf{R}^n/\mathbf{Z}^n$ et P un opérateur à coefficients constants, l'étude ci-dessus se ramenant alors à celle de la convergence dans le domaine complexe des séries de Fourier. Lorsque X est un espace symétrique d'un groupe de Lie compact, et P un opérateur différentiel invariant, le théorème ci-dessus précise le résultat de M. Lassalle ([6]).

(*) Séance du 16 octobre 1978.

([1]) L. BOUTET DE MONVEL et P. KRÉE, *Ann. Inst. Fourier*, Grenoble, 17, n° 1, 1967, p. 295-323.

([2]) On suppose choisie une mesure de densité analytique >0 sur X pour la définition de l'adjoint et de $L^2(X)$.

([3]) J. DUISTERMAAT et L. HÖRMANDER, *Acta Math.*, 128, 1972, p. 184-269.

([4]) J. DUISTERMAAT et V. GUILLEMIN, *Inventiones Math.*, 29, 1975, p. 39-79.

([5]) L. HÖRMANDER, *Acta Math.*, 121, 1968, p. 193-218.

([6]) M. LASSALLE, *Ann. Inst. Fourier*, 28, n° 1, 1978, p. 115-138.

([7]) A. MELIN et J. SJÖSTRAND, *Fourier Integral Operators with a Complex Phase* (*Springer Lecture Notes*, n° 459, 1975, p. 120-233).

École normale supérieure, 45 *rue d'Ulm*, 75230 *Paris Cedex* 05.

10.3 Sur les valeurs propres d'un oscillateur harmonique perturbé

Sur les valeurs propres d'un oscillateur harmonique perturbé, J. Anal. Math. **58** (1992), 39–60, Festschrift on the occasion of the 70th birthday of Shmuel Agmon. [BBoLe92]

SUR LES VALEURS PROPRES D'UN OSCILLATEUR HARMONIQUE PERTURBÉ

Par

ANNE BOUTET DE MONVEL-BERTHIER , LOUIS BOUTET DE MONVEL ET GILLES LEBEAU

Dedicated to Professor Shmuel Agmon

Si $H = H_0 + V$ est une perturbation d'un oscillateur harmonique H_0, on montre, sous des hypothèses assez faibles sur le potentiel V, que les noyaux des opérateurs d'évolution e^{itH}, e^{itH_0} ont même microsupport (en un sens qui sera précisé). En particulier les points singuliers de Tr e^{itH}, considéré comme distribution de t, sont les périodes des trajectoires périodiques de l'hamiltonien de H_0. L'idée d'une démonstration est d'adapter la démonstration maintenant classique pour une perturbation d'un opérateur pseudo-différentiel d'ordre 1 comme par exemple exp $it(\sqrt{-\Delta} + V)$ où l'erreur V est un opérateur pseudo-différentiel d'ordre ≤ 0. Mais ici les méthodes asymptotiques initiées par Chazarain [16], qui prolongent le calcul symbolique "standard" des opérateurs pseudifférentiels ou intégraux de Fourier (méthodes WKB), ne marchent pas et on voit très vite qu'on ne peut en aucun cas se limiter au calcul symbolique "classique".

Pour contourner cette difficulté nous proposons deux méthodes, techniquement assez différentes, mais dont nous pensons qu'elles ont chacune son intérêt propre. La première s'inspire d'idées de R. Beals et exploite le fait que des inégalités L^2 qu'impliquent l'équation d'évolution pour les crochets successifs du "défaut" $e^{-itH_0}e^{itH}$ avec les opérateurs "classiques" produisent une forme de calcul symbolique suffisante pour majorer l'ensemble des singularités. La deuxième est inspirée des méthodes semi classiques, le rôle du "petit paramètre" étant joué par un rapport d'homothétie.

Ce problème nous a été suggéré par une étude faite avec S. Albeverio. Des problèmes similaires ont été étudiés par S. Zelditch, A. Weinstein et S. Zelditch, D. Robert et nous remercions le referee de nous avoir signalé leur travail.

Nous remercions enfin chaleureusement le referee pour la liste détaillée et précise de corrections et suggestions qu'il nous a fournie, qui a certinement contribué à améliorer cet article.

Nous dédions cet article à notre cher ami et maître S. Agmon.

0. Introduction

On se propose d'étudier un oscillateur harmonique perturbé:

$$H = H_V = \frac{1}{2}(-\Delta + q(x)) + V \tag{0.1}$$

où q est une forme quadratique réelle définie positive ($\gg 0$) et $V = V(x)$ un potentiel. Pour qu'il s'agisse vraiment d'une perturbation on suppose que V n'est pas "trop grand": $V = o(q(x))$; exemple typique $V = \lambda \sin(a.x + b)$. On se propose de comparer certaines des propriétés spectrales, en particulier aux hautes énergies, de l'opérateur H_V à celles de l'opérateur non perturbé

$$H_0 = \frac{1}{2}(-\Delta + q(x)). \tag{0.2}$$

Nous montrerons que les distributions d'une variable t, Tr e^{itH} et Tr e^{itH_0} ont même ensemble singulier, et pour cela que les noyaux de Schwartz des opérateurs e^{itH} et e^{itH_0} ont en un certain sens même microsupport.

Nous donnons en fait de ceci deux démonstrations; l'une utilise le calcul des opérateurs pseudo-différentiels "polynomiaux" décrits dans Boutet de Monvel [11]; dans cette théorie on modifie le décompte des degrés des opérateurs définis globalement dans $\mathbf{R}^n$, de sorte qu'en particulier l'oscillateur harmonique apparaît elliptique d'ordre 1 (au lieu de 2); la définition de l'ellipticité n'est donc pas la définition usuelle, non plus que celle du microsupport qui lui est est liée, et qui tient compte ici à la fois de la régularité et de l'ordre de grandeur à l'infini. La méthode consiste à adapter dans ce cadre la démonstration (maintenant classique) qui marche pour une perturbation d'un opérateur pseudo-différentiel d'ordre 1 comme par exemple exp $it(\sqrt{-\Delta} + V)$, où l'erreur V est un opérateur pseudo-différentiel d'ordre ≤ 0. La difficulté est que la perturbation V ci-dessus (qui est naturelle dans ce contexte) n'est pas l'analogue d'un opérateur pseudo-différentiel "classique" d'ordre 0, mais plutôt d'un opérateur "de type $\frac{1}{2}$" ou pire et que, pour de tels opérateurs le calcul symbolique "standard" des opérateurs pseudo-différentiels ou intégraux de Fourier ne marche plus du tout. Néanmoins les inégalités L^2 qu'impliquent l'équation d'évolution pour e^{itH} produisent une forme de calcul symbolique suffisante pour estimer (comme Beals [6, 7]) les commutateurs itérés des opérateurs qui apparaissent dans la comparaison des deux opérateurs d'évolution e^{itH} et e^{itH_0}, et finalement de majorer l'ensemble du microsupport de e^{itH}.

L'autre méthode, suivant une indication de Sjöstrand, consiste à introduire un petit paramètre $h > 0$ jouant le rôle d'une constante de Planck et à effectuer la transformation unitaire $f(x) \to h^{-n/4} f(h^{-1/2}x)$ sur L^2. On se ramène ainsi à l'étude d'un problème semi-classique asymptotique ($h \to 0$) faisant intervenir une classe convenable d'opérateurs pseudo-différentiels (voir le paragraphe 3.2); problème qu'on localise près des surfaces d'énergie du problème non perturbé.

Notre assertion résulte alors d'un théorème de propagation de singularités pour un opérateur de type principal réel, de degré 1, perturbé par un terme de degré zéro appartenant à une classe de symbole assez bonne pour qu'une preuve utilisant les opérateurs de degré variable s'applique (paragraphe 3.4).

0.1 L'opérateur non perurbé

Si on choisit une base orthonormale dans laquelle la forme quadratique q est diagonale: $q(x) = \sum \lambda_j^2 x_j^2$ $(\lambda_j > 0)$, les valeurs propres de H_0 sont les nombres

$$\alpha \cdot \lambda + \frac{1}{2}|\lambda| \tag{0.3}$$

(avec $\alpha \cdot \lambda = \sum \alpha_j \lambda_j$ pour $\alpha = (\alpha_1, \ldots, \alpha_n) \in \mathbb{N}^n$, et $|\lambda| = \sum \lambda_j$).

Notons que par l'ordre de grandeur de ses valeurs propres H_0 se comporte comme un opérateur elliptique d'ordre 1 (plutôt que 2) à n variables. L'opérateur d'évolution e^{itH_0} se comporte comme un "opérateur intégral de Fourier" associé au flot intégral du hamiltonien de H_0 (c'est à dire le champ de vecteurs $\sum \xi_j \partial/\partial x_j - q_{jk} x_j \partial/\partial \xi_k$). La quantité Tr e^{itH_0} est bien définie comme distribution sur $\mathbf{R}$: on a

$$\operatorname{Tr} e^{itH_0} = e^{it|\lambda|/2} \prod (1 - e^{it\lambda_j})^{-1} \tag{0.4}$$

(valeur au bord du prolongement holomorphe pour Im $t \geq 0$), et l'ensemble des singularités de Tr e^{itH_0} est donc exactement l'ensemble des périodes du flot hamiltonien de H_0 (c'est à dire l'ensemble des nombres de la forme $2k\pi/\lambda_j$, $k \in \mathbb{Z}, j = 1, \ldots, n$).

0.2 L'opérateur perturbé

On fera dans toute la suite l'hypothèse suivante (qui sera renforcée plus loin):

$$V \text{ est continu}, \quad V = o(\|x\|^2) \quad \text{pour } x \to \infty \quad \text{et } |\text{Im } V| \leq c^{ste}. \tag{0.5}$$

Les opérateurs H et H_0 ont alors même domaine, à savoir l'espace hilbertien des fonctions $f \in L^2$ telles que $\|x\|^2 f \in L^2$ et $D^2 f \in L^2$. En outre la différence $V = H - H_0$ est un opérateur compact $\text{Dom}(H) \to L^2$. Il s'ensuit que le spectre de H est discret et que les valeurs propres de H ont le même ordre de grandeur que celles de H_0.[1] En outre l'opérateur e^{itH} est bien défini, en vertu du théorème de Hille–Yosida (puisqu'on a $|\mathrm{Im}\, V| \leq c^{ste}$). On s'attend en fait à des analogies plus fines entre les propriétés spectrales de H et de H_0. Ici nous nous intéressons à la question de savoir si e^{itH} et e^{itH_0} ont le même microsupport (en un sens à préciser) lorsque H n'est pas une trop grosse perturbation de H_0; dans ce cas l'ensemble des points singuliers de Tr e^{itH} est lui aussi contenu dans l'ensemble des périodes du flot hamiltonien de H_0. C'est ce que nous montrons ci-dessous, sous une hypothèse assez faible sur V (il faut que Im V soit borné, et que V et ses dérivées ne soit pas trop grands—voir §2). Comme il a été indiqué plus haut, il convient de modifier la définition "usuelle" du microsupport (wave-front) des distributions et opérateurs sur $\mathbf{R}^n$ pour l'adapter à l'oscillateur harmonique. La définition que nos utilisons tient compte à la fois de la régularité et de la croissance à l'infini. Elle est décrite au §1 ci-dessous. Elle donne lieu à un calcul symbolique essentiellement identique au calcul usuel, sauf qu'il convient pour une bonne analogie de diviser les degrés des opérateurs par 2: x et D_x sont de degré $\frac{1}{2}$ dans ce contexte (cf. Boutet de Monvel [11]), et H_0 apparaît comme un opérateur elliptique d'ordre 1. Pour comparer les deux opérateurs d'évolution e^{itH_0} et e^{itH}, on introduit l'opérateur

$$P = e^{-itH_0} e^{itH} \tag{0.6}$$

qui vérifie une équation différentielle (opératorielle)

$$dP/dt = iV_t P \quad \text{avec} \quad V_t = e^{-itH_0} V e^{itH_0} \tag{0.7}$$

où par abus on a noté V l'opérateur de multiplication par V. Le calcul symbolique des opérateurs pseudo-différentiels permettrait de résoudre symboliquement cette équation si V appartenait à un des 'bons' espaces de symboles, du type S^m_δ avec $\delta < \frac{1}{2}$, pour lesquels le degré des termes successifs dans les développements asymptotiques du calcul symbolique tend vers $-\infty$. Ici ce n'est jamais le cas: si on compte que x et ξ sont tous deux homogènes de degré $\frac{1}{2}$ et si l'opérateur de multiplication par $V = V(x)$ appartient à un espace de symboles S^m_δ, on a nécessairement $\delta \geq \frac{1}{2}$ (à moins que V ne soit un polynôme). Néanmoins, si Im V est borné et $V \in S^\gamma_\delta$ avec $\nu = \gamma + \delta < 1$ (ce qui est certainement le cas si V est de classe C^∞, périodique ou presque périodique), nous montrerons que la solution P, même si elle n'est pas un opérateur pseudodifférentiel d'une des classes de Hörmander, jouit des propriétés suivantes:

(0.8) $\qquad P$ est "d'ordre 0" i.e. continu $\mathcal{H}^s \to \mathcal{H}^s$ pour tout s

[1] I.e. le nombre $N_{H_0}(s)$ de valeurs propres $\leq s$ de H_0 est équivalent à $N_H(s)$.

(où $\mathcal{H}^s$ est l'analogue dans notre situation de l'espace de Sobolev, cf. §1);

(0.9) si $Q_1, \ldots, Q_N$ sont N "OPD classiques" d'ordre 1,

le commutateur $[Q_1 \cdots [Q_N, P].]$ est d'ordre $\leq N\nu$.

Comme on verra au §1.2 ceci implique que P est microlocal (avec la notion modifiée de microsupport), donc que e^{itH_0} et e^{itH} ont même microsupport, ainsi que les distributions de t: Tr e^{itH_0} et Tr e^{itH}.

1. Modéles d'Opérateurs Microlocaux

1.1 Modèle des OPD "polynomiaux"

On se place sur $\mathbf{R}^n$. Le cotangent $T^*\mathbf{R}^n = \mathbf{R}^{2n}$ est muni de la forme symplectique canonique $\sum d\xi_j dx_j$, qui est homogène de degré 1 si on compte que x et ξ sont homogènes de degré $\frac{1}{2}$. On note $\mathcal{H}^\infty$, resp. $\mathcal{H}^{-\infty}$, l'espace de Schwartz des fonctions C^∞ à décroissance rapide, resp. des distributions tempérées sur $\mathbf{R}^n$. Le noyau de Schwartz d'un opérateur continu $\mathcal{H}^\infty \rightarrow \mathcal{H}^{-\infty}$ est une distribution tempérée sur $\mathbf{R}^{2n}$. Si $a \in \mathcal{H}^{-\infty}(\mathbf{R}^{2n})$ on note $a(x,D)$ le composé de la transformation de Fourier et de l'opérateur de noyau $(x,\xi) \rightarrow (2\pi)^{-n} e^{ix\cdot\xi} a(x,\xi)$. Ainsi, si a est une fonction à croissance polynomiale en (x,ξ) on a la formule usuelle:

$$a(x,D)f(x) = (2\pi)^{-n} \int e^{ix\cdot\xi} a(x,\xi) \hat{f}(\xi) d\xi. \tag{1.1}$$

On introduit l'analogue des espaces de symboles de Hörmander tenant compte que dans notre contexte les dérivations $\partial/\partial x, \partial/\partial \xi$ sont de degré $-\frac{1}{2}$ plutôt que 0 (resp. -1): pour m, δ réels on note

(1.2) S_δ^m l'ensemble des fonctions $a(x,\xi) \in C^\infty(\mathbf{R}^{2n})$

telles qu'on ait pour tout multi – indice α :

$$|\partial_{x\xi}^\alpha a| \leq c^{ste}(1 + |x| + |\xi|)^{2m+2(\delta-1/2)|\alpha|}.$$

Pour abréger on notera $S^m = S_0^m$ (comme dans Hörmander [19], on peut généraliser en prenant des poids plus variés pour définir le degré m, ou des "métriques" plus générales pour définir les longueurs des dérivations $\partial/\partial x, \partial/\partial \xi$, nous n'aurons pas besoin de ceci ici). L'espace correspondant d'opérateurs est noté OPS_δ^m. Nous ne le considérerons que dans le cas $0 \leq \delta < 1$ (on vérifie élémentairement qu'un élément de S_δ^m est somme d'un polynôme et d'un symbole de degré $-\infty$ si $\delta < 0$; et les estimées qui définissent S_δ^m n'ont plus grand-chose à voir avec la microlocalisation si $\delta \geq 1$). Dans le cas $\delta = 0$, les éléments de OPS_0^m

sont l'analogue des opérateurs pseudodifférentiels "classiques" d'ordre m. Ces opérateurs satisfont au calcul symbolique usuel: si $a \in S^m_\delta, b \in S^{m'}_{\delta'}$ avec $\delta + \delta' < 1$, on a $a(x, D)B(x, D) = c(x, D)$, où $c \in S^{m+m'}_{\delta''}$ ($\delta'' = \sup(\delta, \delta')$) a pour développement asymptotique:

(1.3) $$c \sim \sum \frac{i^{-\alpha}}{\alpha!} \partial_\xi^\alpha a \partial_x^\alpha b. \quad {}^2$$

En particulier pour le symbole principal[3] on a

(1.4) $$\sigma_{m+m'}(AB) = \sigma_m(A)\sigma_{m'}(B),$$

(1.5) $$\sigma_{m+m'+\delta+\delta'-1}([A, B]) = -i\{\sigma_m(A), \sigma_{m'}(B)\}$$

où { , } est le crochet de Poisson associé à la forme symplectique canonique.

Ce calcul est entièrement analogue au calcul pseudo-différentiel usuel, avec la différence que x et ξ sont ici tous deux de degré $\frac{1}{2}$ (pour que $\sum d\xi_j dx_j$ soit de degré 1). Il convient donc de diviser les degrés "usuels" par 2. Ainsi l'oscillateur harmonique

(1.6) $$H_0 = \frac{1}{2}(-\Delta + q(x)) \quad (q \text{ forme quadratique} \gg 0 \text{ sur } \mathbf{R}^n)$$

se comporte comme un opérateur elliptique de degré 1 (et non 2), et dans le mélange $\mathbf{R}_{\text{usuel}} \times \mathbf{R}^n_{\text{pol}}$[4] et $d/dt - iH_0$ se comporte dans ce contexte comme un opérateur hyperbolique de degré 1, comme l'opérateur d'évolution $(d/dt - i\sqrt{-\Delta})$ dans le contexte usuel.

(1.7) **Echelle des espaces de Sobolev.** Il y a un analogue de l'échelle des espaces de Sobolev: $\mathcal{H}^s = A^{-1}(L^2)$ où A est n'importe quel opérateur elliptique d'ordre s (et de type $\delta \leq \frac{1}{2}$)[5], par exemple A^s où $A = (-\Delta + x^2)/2$; l'espace

[2] Ceci signifie que pour tout k l'erreur c - (les termes de degré $\geq k$ du membre de droite) est de degré $\leq k$; pour des opérateurs $\sim$ signifie $=$ mod. les opérateurs ou les symboles de degré $-\infty$ ($A \sim B \Leftrightarrow \deg(A - B) = -\infty$).

[3] Le symbole principal de $A = a(x, D) \in OPS^m_\delta$ est la classe de a mod les symboles de degré $\leq m - \delta$, ou encore, si a a un développement asymptotique en fonctions homogènes ($\delta = 0$), le terme de plus haut degré de ce développement.

[4] Comme dans Boutet de Monvel [11], $\mathbf{R}^n_{\text{pol}}$ désigne $\mathbf{R}^n$ muni de l'algèbre des opd. de degré modifié comme ci-dessus, dont les prototypes sont les opérateurs polynomiaux en x et D, et $\mathbf{R}_{\text{usuel}}$ désigne $\mathbf{R}$ muni de l'algèbre des opd. usuels (cette notation est à améliorer).

[5] A est elliptique d'ordre s signifie que A, ou de façon équivalente son symbole ($\delta < 1/2$), possède un inverse d'ordre $-s$ modulo les opérateurs de degré $< s$.

$\mathcal{H}^\infty = \cap\mathcal{H}^s$ est l'analogue de C^∞, et $\mathcal{H}^{-\infty} = \cup\mathcal{H}^s$ est l'analogue de l'espace des distributions. Il est commode, pour certains calculs, de faire des développements en fonctions de Hermite (fonctions propres de A): rappelons que celles-ci sont indexées par les multi-indices α:

$$h_\alpha = c_\alpha\left(x - \frac{\partial}{\partial x}\right)^\alpha e^{-x^2/2} \quad \text{où la constante } c_\alpha > 0 \text{ est telle que } \|h_\alpha\|_{L^2} = 1.$$

On a $Ah_\alpha = (|\alpha| + n/2)h_\alpha$.

Les espaces $\mathcal{H}^s$ sont invariants par transformation de Fourier, et plus généralement par le groupe métaplectique, qui opère d'ailleurs sur toute la situation (cf. Leray [24]).

(1.8) **Microsupport.** Il y a un analogue du microsupport (alias: spectre singulier, wavefront): dans ce paragraphe, si f est une distribution tempérée, $(x_0, \xi_0) \notin SSf$ signifie qu'il existe $A \in OPS_0^m$ elliptique en (x_0, ξ_0)[6] tel que $Af \in \mathcal{H}^\infty$. Le calcul symbolique montre que tous nos opérateurs sont "microlocaux": $SS(Af) \subset SS(f)$ si $A \in OPS_\delta^m$ si $\delta < 1$. Au §3 on utilisera une version "avec petit paramètre" du microsupport. Le microsupport défini ici se manipule comme le microsupport usuel, en particulier vis à vis des restrictions ou des projections, cf §2.

1.2. Continuité L^2

On sait qu'un opérateur $A \in OPS_\delta^0$ opère continûment dans L^2 si $\delta \le \frac{1}{2}$: cela résulte simplement du calcul symbolique si $\delta < \frac{1}{2}$, qui montre qu'il existe dans ce cas des opérateurs $B \in OPS_\delta^0$ et $R \in OPS^{-\infty}$ tels que $A^*A + B^*B = c^{ste}(\mathrm{Id} + R)$, ou du théorème de Calderon–Vaillancourt dans le cas $\delta = \frac{1}{2}$. Dans le cas $\delta > \frac{1}{2}$, l'assertion ci-dessus est fausse et on remplace l'espace S_δ^0 par un espace mieux adapté aux inégalités L^2, en s'inspirant de Beals [6, 7].

Définition 1.1 *Soit m un nombre réel. On note $OP\Sigma_1^m$ l'espace des opérateurs A réguliers d'ordre m, i.e. tels que A se prolonge en un opérateur continu $\mathcal{H}^s \to \mathcal{H}^{s-m}$ pour tout s. Pour $0 \le \delta < 1$, on note $OP\Sigma_\delta^m$ l'espace des $A \in OP\Sigma_1^m$ tels que pour toute suite finie $Q_1, \dots, Q_N$ d'opérateurs "classiques" de degré 1 ($Q_j \in OPS_0^1$), on ait*

$$[Q_1 \cdots [Q_N, A] \cdot] \in OP\Sigma_1^{m+N\delta}.$$

[6] La notion d'ellipticité est évidemment microlocale et on peut parler d'opérateur elliptique en un point (x, ξ) (i.e. dans un voisinage conique de ce point); rappelons qu'ici conique signifie stable par les homothéties $(x, \xi) \to \lambda^{1/2}(x, \xi)$. Si $(x, \xi) = (0, 0)$ on convient que A est elliptique en (x, ξ) si c'est une constante inversible, et $(x, \xi) \notin SS(f)$ signifie $f = 0$.

On notera Σ_δ^m l'espace des symboles correspondant (le symbole d'un opérateur $A \in L(S^{-\infty}, S^\infty)$ est la distribution tempérée a telle que $e^{ix\xi}a$ soit le noyau de Schwartz de $A\mathcal{F}^{-1}$; il est déterminé de façon unique d'après le théorème des noyaux de Schwartz). Il résulte aussitôt de la définition qu'on a $AB \in \mathrm{OP}\Sigma_\delta^{m+m'}$ si $A \in \mathrm{OP}\Sigma_\delta^m$ et $B \in \mathrm{OP}\Sigma_\delta^{m'}$, et aussi $[A, B] \in \mathrm{OP}\Sigma_\delta^{m+m'-1+\delta}$ si $A \in \mathrm{OP}\Sigma_\delta^m$ et $B \in \Sigma_\delta^{m'}$.

Les opérateurs $A \in \mathrm{OP}\Sigma_\delta^m$ sont "microlocaux", i.e. diminuent le microsupport, i.e. on a $BAC \sim 0$ si $B, C \in \mathrm{OP}S_0^0$ ont des supports disjoints (il existe alors $Q_1 \cdots Q_N$ de support disjoint de C, de degré 0, tels que $BQ_1 \cdots Q_N \sim B$, donc $BAC \sim BQ_1 \cdots Q_N AC \sim [B[Q_1 \cdots [Q_N, A] \cdots]]C$ qui est de degré $\leq \deg(B) + \deg(A) + \deg(C) - (N+1)(1-\delta)$), aussi petit qu'on veut. En outre si F est l'analogue d'un "opérateur intégral de Fourier classique" elliptique, on a $F\mathrm{OP}\Sigma_\delta^m F^{-1} \subset \mathrm{OP}\Sigma_\delta^m$ puisque $F\mathrm{OP}\Sigma_0^1 F^{-1} \subset \mathrm{OP}\Sigma_0^1$: c'est par exemple le cas si $F = e^{itA}$ où $A \in \mathrm{OP}S_0^1$ a un symbole réel homogène (A déplace alors le microsupport comme le flot du champ hamiltonien du symbole de A).

Proposition 1.2 *Pour* $\delta \leq \frac{1}{2}$, *on a* $\mathrm{OP}\Sigma_\delta^m = \mathrm{OP}S_\delta^m$.

Examinons d'abord le cas $\delta = \frac{1}{2}$. Il suffit de démontrer la proposition pour $m = 0$. On note $a^{(\alpha)}$ la dérivée $(\partial_{x\xi})^\alpha a$; c'est le symbole du commutateur itéré $A^{(\alpha)} = i^{|\alpha|}(\mathrm{Ad}(D, -x))^\alpha A$. Notons $\mathcal{L}$ l'espace des distributions sur $\mathbf{R}^{2n}$ noyaux d'opérateurs continus $L^2 \to L^2$. Si $a \in \mathcal{L}$ la suite de ses coefficients (de Hermite) est bornée et par suite $a \in \mathcal{H}^k(\mathbf{R}^{2n})$ pour $k < -n$. Par suite si $a \in \Sigma_{1/2}^0$ on a $a^{(\alpha)} \in e^{-ix\xi}\mathcal{L} \subset \mathcal{H}^{-n}$ pour tout α donc a est C^∞ et on a une inégalité

$$|a^{(\alpha)}(0, 0)| \leq c\|A^{(N)}\|_{\mathcal{L}} \quad \text{pour } N \text{ assez grand} \quad (N > 3n + 2|\alpha|)$$

($A^{(N)}$ désigne la collection des dérivées d'ordre $\leq N$). Pour $(u, v) \in \mathbf{R}^n \times \mathbf{R}^n$, notons T_{uv} l'opérateur $f \to e^{-i(v\cdot x + u\cdot D)}f = e^{-iv\cdot x}f(x+u)$: les T_{uv} engendrent un groupe de transformations unitaires de $\mathcal{H}^0$ isomorphe au groupe de Heisenberg (on a $T_{uv} \in \mathrm{OP}S_{1/2}^0 \cap \mathrm{OP}\Sigma_{1/2}^0$). On a $\mathcal{F}(T_{uv}f) = e^{iu\cdot(x+v)}\hat{f}(\xi + v)$ et par suite $T_{uv}a(x, D)T_{uv}^{-1} = a(x+u, D+v)$ (à la limite, on retrouve $[u\cdot D - v\cdot x, a(x, D)] = b(x, D)$ avec $b(x, \xi) = (u\cdot D_x + v\cdot D_\xi)a(x, \xi)$). Or la norme $\| \quad \|_{\mathcal{L}}$ est invariante par translation en x, ξ ($a(x+u, \xi+v)$ est le noyau de $T_{uv}AT_{uv}^{-1}$); donc on a aussi

$$|a^{(\alpha)}(x, \xi)| \leq c\|(T_{uv}AT_{uv}^{-1})^{(N+|\alpha|)}\|_{\mathcal{L}} = c\|T_{uv}A^{(N+|\alpha|)}T_{uv}^{-1}\|_{\mathcal{L}}$$

autrement dit toutes les dérivées $a^{(\alpha)}$ sont bornées, ce qui signifie qu'on a $a \in S_{1/2}^0$. Comme on sait, la réciproque est vraie et résulte du théorème de Calderon–Vaillancourt. Dans le cas $0 \leq \delta < \frac{1}{2}$, on observe que la condition $a \in S_\delta^m$ implique $a^{(\alpha)} \in \Sigma_{1/2}^{m-\varepsilon\alpha}$ pour tout α, avec $\varepsilon = \frac{1}{2} - \delta$, et que ceci équivaut à $a \in S_\delta^m$. Dans le cas $\delta > \frac{1}{2}$, il n'y a pas de relation d'inclusion aussi simple entre S_δ^m et Σ_δ^m. Néanmoins

Proposition 1.3 *Soit $V = V(x)$ un symbole indépendant de ξ. Alors pour $m \geq 0, \delta \geq \frac{1}{2}$, $V \in S_\delta^m$ implique $V \in \Sigma_\delta^m$.*

En effet, si $V \in S_\delta^m$, la formule de Leibniz montre que, pour tout α, $V^{(\alpha)}$ opère continûment $\mathcal{H}^s \to \mathcal{H}^{s-m-\varepsilon|\alpha|}$ pour tout $s \geq 0$, donc aussi par dualité pour tout $s \leq 0$.

Remarque *On peut montrer qu'on a $S_\delta^{m-k} \subset \Sigma_\delta^m \subset S_\delta^{m+k}$ pour k assez grand; mais ceci n'est pas d'une grande utilité pour la continuité L^2.*

2. Perturbation de l'Oscillateur Harmonique

On se place toujours sur $\mathbf{R}^n$ avec les conventions ci-dessus. Notre opérateur non perturbé est $H_0 = \frac{1}{2}(-\Delta + q(x))$, où $q(x)$ est une forme quadratique réelle $\gg 0$ sur $\mathbf{R}^n$. L'opérateur perturbé est

$$H = H_0 + V \tag{2.1}$$

où $V = V(x)$ est un potentiel. On fait sur V l'hypothèse suivante: $V \in S_\delta^\gamma$ (donc aussi $V \in \Sigma_\delta^\gamma$) où γ, δ sont deux nombres réels ≥ 0 tels que $\gamma \geq 0, \delta \geq 1/2$ [7] et $\nu = \gamma + \delta < 1$. Autrement dit

$$|\partial_x^\alpha V| \leq c_\alpha (1 + |x|^2)^{\gamma + \varepsilon|\alpha|} \qquad (\text{avec } \varepsilon = \delta - 1/2). \tag{2.2}$$

Le symbole des "opérateurs polynomiaux" H et H_0 (cf. note 4) est

$$\sigma(H) = \sigma(H_0) = (\xi^2 + q(x))/2. \tag{2.3}$$

En particulier H est elliptique de degré 1, comme H_0; il a une paramétrix $H^{-1} \in \mathrm{OP}\Sigma_\delta^{-1}$ (ou aussi dans ce cas $H^{-1} \in \mathrm{OP}S_\delta^{-1}$).

Soit $K_0 = K_0(t, x, y)$ (resp. $K = K(t, x, y)$) le noyau de Schwartz de l'opérateur d'évolution $\exp itH_0$ (resp. $\exp itH$) considéré comme noyau d'opérateur sur $\mathbf{R}_{\text{usuel}} \times \mathbf{R}^n_{\text{pol}}$. On a

$$(\partial_t - iH_x)K = (\partial_t - i^t H_y)K = 0. \tag{2.4}$$

Si on mesure l'asymptotique de K comme celle des distributions de $\mathbf{R}_{\text{usuel}} \times \mathbf{R}^n_{\text{pol}}$, comme indiqué ci-dessus (cf. note 4), on voit que le microsupport $SS(K)$ est contenu dans la variété d'équations $\tau - \sigma_H(x, \xi) = \tau - \sigma_H(y, -\eta) = 0$ (en dehors de

[7] Si ces conditions ne sont pas remplies il faut remplacer ν par $\sup(\gamma, 0) + \sup(\delta, 1/2)$ dans la suite.

laquelle $\partial_t - iH_x$ et $\partial_t - i^tH_y$ sont elliptiques; on a posé $\sigma_H = \sigma(H)$). On se propose maintenant de comparer K et K_0 et on introduit le "quotient":

$$P = \exp(-itH_0)\exp(itH) \tag{2.5}$$

qui vérifie l'équation

$$\partial_t P = iV_t P \quad \text{avec } V_t = e^{-itH_0} V e^{itH_0}, \quad P(0) = \mathrm{Id}. \tag{2.6}$$

Ici H_0 se comporte comme un opérateur "classique" elliptique d'ordre 1 et V_t est une famille C^∞ d'opérateurs pseudodifférentiels de type $\mathrm{OP}\Sigma_\delta^\gamma$.

Théorème 2.1 *On suppose* Im V *borné, et* $\nu = \gamma + \delta < 1$. *Alors la solution* P *de (2.6) est un opérateur pseudo-différentiel* $P \in \mathrm{OP}\Sigma_\nu^0$ (Im $V = (V - V^*)/2i$).

Démonstration L'équation (2.6) définit une famille continue d'opérateurs bornés dans $L^2 = \mathcal{H}^0$. En fait $P \in \mathrm{OP}\Sigma_1^0$ (i.e. P est borné dans $\mathcal{H}^s$ pour tout s), car $P_s = H_0^s P H_0^{-s}$ est la solution de l'équation similaire

$$\partial_t P_s = iV_{ts} P_s \quad \text{avec } V_{ts} = H_0^s V_t H_0^{-s} \ (= V_s(t)) \tag{2.6$_s$}$$

or Im $V_{ts} = (V_{ts} - V_{ts}^*)/2i$ est borné puisqu'on a $V_{ts} = V_t + [H_0^s, V_t]H_0^{-s}$, que Im V_t est borné par hypothèse et que, comme V_t est de degré γ et de type δ et H_0^s est de degré s et de type 0, $[H_0^s, V_t]H_0^{-s}$ est de degré $\leq \gamma + \delta - 1 < 0$.

Examinons les crochets successifs $[Q_k \cdots [Q_1, P] \cdots]$ où $Q_j \in \mathrm{OP}S_0^1$. Notons $P^{(q)}$ un crochet d'ordre q : $[Q_{i_q} \cdots [Q_{i_1}, P] \cdots]$ et montrons par récurrence qu'on a $P^{(k)} \in \mathrm{OP}\sum_\delta^{k\nu}$. En effet $P^{(k)}$ vérifie une équation

$$\partial_t P^{(k)} - iV_t P^{(k)} = R_k \tag{2.6$_k$}$$

où le deuxième membre R_k est somme de $2^n - 1$ termes de la forme $iV_t^{(p)} P^{(q)}$ $(p + q = k, q < k)$ et $H_0^s P^k H_0^{-s}$ vérifie une équation analogue $(2.6)_{k,s}$. Comme $V_t^{(p)} \in \mathrm{OP}S_\delta^{\gamma+p\delta} \subset \mathrm{OP}S_1^{p(\gamma+\delta)}$ et par récurrence $P^{(q)} \in \mathrm{OP}S_1^{q(\gamma+\delta)}$, le deuxième membre de $(2.6)_{k,s}$ est continu $\mathcal{H}^{k(\gamma+\delta)} \to \mathcal{H}^0$ donc aussi la solution $H_0^s P^{(k)} H_0^{-s}$. Ceci est vrai pour tout k et tout s et donc par définition $P \in \mathrm{OP}\sum_{\gamma+\delta}^0$.

Corollaire 2.2 *Les distributions* K *et* K_0 *ont le même microsupport (au sens de* $\mathbf{R}_{\text{usuel}} \times \mathbf{R}_{\text{pol}}^n$*). L'ensemble des singularités de la distribution* $Tr\, e^{itH} = \int K(t,x,x)dx$ *est contenu dans l'ensemble des périodes du flot hamiltonien de* H_0.[8]

[8] Lorsque V est un symbole classique, comme fonction de x, ce résultat est implicitement contenu dans les résultats de A. Weinstein et S. Zelditch.

Le théorème 2.1 implique que P est microlocal donc préserve les microsupports, en tant qu'opérateur pseudodifférentiel sur $\mathbf{R}^n_{\mathrm{pol}}$ dépendant de façon C^∞ de t, ou aussi bien en tant qu'opérateur sur $\mathbf{R}_{\mathrm{usuel}} \times \mathbf{R}^{2n}_{\mathrm{pol}}$ parcequ'il vérifie l'équation (2.6). Il en résulte aussitôt que K_0 et $K = {}^tP(K_0)$ ont même microsupport.

On a par ailleurs pour le microsupport (au sens de cette section) d'une restriction ou d'une image directe les mêmes règles qu'en général (avec essentiellement la même démonstration, que nous ne recopions pas):

–Si $Y \subset X$ est un sous objet la restriction $f|Y$ est définie si SSf ne rencontre pas le fibré conormal T^*_YX–i.e. si la projection $SSf \cap (T^*X|Y) \to T^*Y$ est propre; $SS(f|Y)$ est alors contenu dans l'image de cette projection.

–Si $X \to Y$ est une fibration $\int_{Y/X} f$ est bien défini si la projection $SSf \cap H \to T^*Y$ est propre, où $H \subset T^*X$ est l'ensemble des covecteurs horizontaux. $SS(f|Y)$ est alors contenu dans l'image de cette projection.[9]

Si alors $f(t,x,y)$ est une distribution sur $\mathbf{R}_{\mathrm{usuel}} \times \mathbf{R}^{2n}_{\mathrm{pol}}$ et si $Z = SSf \subset T^*(\mathbf{R}_{\mathrm{usuel}} \times \mathbf{R}^{2n}_{\mathrm{pol}})$ la "trace" $\mathrm{Tr}\, f = \int f(t,x,x)dx$ est la projection de la restriction de f à $\mathbf{R}\times$ la diagonale $x = y$. Le microsupport SS $\mathrm{Tr}\, f$ est majoré par la règle ci-dessus: il est contenu dans l'ensemble des (t,τ) tels qu'il existe $(t,\tau,x,\xi,y,\eta) \in SSf$ avec $x = y, \xi + \eta = 0$ (pourvu que SSf ne rencontre pas le fibré conormal de $\mathbf{R}\times$la diagonale).

Dans le cas qui nous intéresse SSK_0 est le graphe du flot hamiltonien de H_0: ensemble des (t,τ,x,ξ,y,η) tels que $\tau = \sigma_{H_0}(x,\xi), (x,\xi) = \Phi_t(y,-\eta)$ où Φ_t est le flot hamiltonien de H_0. La règle précédente montre que SS ($\mathrm{Tr}\, e^{itH_0}$) est contenu dans l'ensemble des (t,τ) tels que t soit période d'une courbe intégrale périodique et $\tau > 0$. Il y a en fait égalité dans ce cas puisque les valeurs propres de H_0 sont les nombres $\sum \lambda_j(\alpha_j + \frac{1}{2})$, avec $\alpha = (\alpha_1, \ldots, \alpha_n) \in \mathbf{N}^n$ (si $H_0 = \frac{1}{2}(-\Delta + q(x))$, avec $q(x) = \sum \lambda_j^2 x_j^2$) et la distribution $\mathrm{Tr}\, e^{itH_0}$ est valeur au bord de la fonction holomorphe pour $\mathrm{Im} t \geq 0$: $\mathrm{Tr}\, e^{itH_0} = e^{it|\lambda|/2} \prod (1 - e^{it\lambda_j})^{-1}$. Le microsupport de $\mathrm{Tr}\, e^{itH_0}$ est donc égal à l'ensemble (t,τ) tels que $\tau > 0$ et t soit une période du flot hamiltonien de H_0 (c'est à dire un des nombres de la forme $2k\pi/\lambda_j$, $k \in \mathbf{Z}, j = 1, \ldots, n$).

Comme les distributions K et K_0 ont même microsupport, la remarque ci-dessus montre que SS ($\mathrm{Tr}\, e^{itH}$) est contenu dans l'ensembles des périodes ci-dessus (cette méthode fournit une inclusion, pas une égalité).

[9] Ces énoncés sont cas particuliers de l'énoncé pour un composé: si f est une distribution et A un opérateur de X vers $Y, A(f)$ est bien défini si la projection $SSA \times_{T^*X} SSf \to T^*Y$ est propre, et on a alors $SSAf \subset SSA(SSf)$, SSA désignant le symétrique du microsupport du noyau de Schwartz de A.

3. Deuxième Méthode: Comportement Asymptotique Pour Les Petites Valeurs d'Un Paramètre

Dans ce paragraphe le microsupport est étudié d'après le comportement des distributions pour les petites valeurs d'un paramètre (ici un rapport d'homothétie) qui joue un rôle analogue à celui de la constante de Planck. Nous revenons aux conventions et notations usuelles concernant les opérateurs sur $\mathbf{R}^n$, en particulier leurs degrés.

3.1 Choix d'un petit paramètre

On note encore $K(t,x,y)$ le noyau de Schwartz de e^{itH}. Si $H = H_V$ et $K = K_V$ on a

$$(e^{itH_V})^* = e^{-itH_{\bar{V}}} \quad \text{autrement dit} \quad \overline{K_V(t,y,x)} = K_{\bar{V}}(-t,x,y). \tag{3.1}$$

On a aussi

$$\left(\frac{1}{i}\partial_t - H_V(x,D_x)\right)K_V(t,x,y) \equiv 0 \quad \text{et} \quad \left(\frac{1}{i}\partial_t - H_V(y,D_y)\right)K_V(t,x,y) \equiv 0.$$

Pour $\varphi \in C_0^\infty(\mathbf{R})$ on pose

$$K(\varphi;x,y) = \int \varphi(t)K(t,x,y)dt, \tag{3.2}$$

$$\text{noyau de Schwartz de l'opérateur } \int \varphi(t)e^{itH}dt.$$

Pour pouvoir étudier la trace du groupe e^{itH} on est amené à faire les hypothèses suivantes sur les dérivées du potentiel V:

$$|\partial_x^\alpha V(x)| \le C_\alpha(1+|x|)^{\gamma+|\alpha|\theta}. \tag{3.3}$$ [10]

On suppose

$$\theta \in [0,1[\quad \text{et} \quad 0 \le \gamma < 1-\theta. \tag{3.4}$$

Sous les hypothèses $|\mathrm{Im}\, V| < c^{\mathrm{ste}}$ et (3.3), l'application $\varphi \to \mathrm{Tr}(K(\varphi))$ est une distribution que l'on notera comme plus haut $\mathrm{Tr}(e^{itH})$. On prouvera que cette distribution est C^∞ en dehors des périodes de l'oscillateur harmonique H_0 si

[10] Avec les notations des §1 et §2 ceci signifie $V \in S_\delta^{\gamma/2}$ avec $\delta = (1+\theta)/2$.

$\gamma < 1 - \theta$. Pour cela suivant une indication de Sjöstrand, on introduit un petit paramètre h (avec $0 < h < h_0$) et on étudie le noyau

$$K(t, x, y; h) = h^{-n/2} K(t, h^{-1/2}x, h^{-1/2}y). \tag{3.5}$$

Remarquons que, si on pose $K(\varphi; h) = \int \varphi(t) K(t, x, y; h)$, on a $\mathrm{Tr}(K(\varphi; h)) = \mathrm{Tr}(K(\varphi))$, car on a simplement effectué la transformation unitaire sur $L^2 : f(x) \to h^{-n/4} f(xh^{-1/2})$. De plus $K(t, x, y, h)$ est le noyau de Schwartz du groupe $\exp(i\frac{t}{h} H_h)$ avec

$$H_h = \frac{1}{2}(-h^2 \Delta + q(x)) + hV(h^{-1/2}x) \tag{3.6}$$

associé à l'opérateur de Schrödinger $-ih\partial_t - H_h$. La preuve des résultats sur la trace va se faire en suivant essentiellement les techniques d'analyse microlocale et le calcul pseudo-différentiel. Ici le rapport d'homothétie h joue le rôle de la constante de Planck.

Dans la suite on fixe un niveau d'énergie $E > 0$ et on désigne par U un petit voisinage de la surface S_E d'énergie E de l'oscillateur harmonique

$$S_E = \{(x, \xi) \mid \tfrac{1}{2}(\xi^2 + q(x)) = E\}. \tag{3.7}$$

3.2 Calcul pseudo-différentiel avec paramètre

Dans ce paragraphe, on décrit les classes d'O.P.D. naturellement associés à l'oscillateur perturbé H. On pose $\delta = (1 + \theta)/2 \in [1/2, 1[$, et on rappelle que V vérifie (3.3). Soit $S(m, m')$ l'espace des symboles (fonctions) $q(x, \xi, h)$ vérifiant les estimations suivantes:

$$|\partial_\xi^\alpha \partial_x^\beta q(x, \xi, h)| \le C_{\alpha,\beta} h^{-m' - \delta|\beta|} (1 + |x| + |\xi|)^{m - |\alpha|} (1 + |x|)^{\delta|\beta|}. \tag{3.8}$$

On notera $OPS(m, m')$ l'ensemble correspondant des opérateurs de la forme $q(x, hD, h)$

$$q(x, hD, h)u = (2\pi h)^{-n} \int e^{i(x-y)\xi/h} q(x, \xi, h) u(y) dy d\xi. \tag{3.9}$$

Les opérateurs $OPS(0, 0)$ sont bornés (uniformément en h) sur L^2; si $q_j \in OPS(m_j, m_j'), j = 1, 2$, alors $q = q_1 \circ q_2 \in OPS(m_1 + m_2, m_1' + m_2')$ et on a pour le symbole le développement asymptotique:

$$q \sim \sum_\alpha \frac{h^{|\alpha|}}{i^{|\alpha|}\alpha!} \partial_\xi^\alpha q_1 \partial_x^\alpha q_2. \tag{3.10}$$

$\sim$ signifie que l'erreur a même ordre de grandeur que le premier terme négligé; plus précisément qu'on a $q - \sum_{\alpha<N} \in S(m-(1-\delta)N, m'-(1-\delta)N)$. En fait, pour $|\alpha| = N$, le terme d'indice α du développement asymptotique est majoré par

$$c^{ste} h^{-m_1'-m_2'+N(1-\delta)}(1+|x|+|\xi|)^{m_1+m_2-N(1-\delta)} \tag{3.11}$$

qui, pour N grand, est à la fois petit en h et en $(1+|x|+|\xi|)$ et la preuve de (3.10) s'obtient comme dans le cas usuel (voir l'appendice). De même, si $q \in \mathrm{OPS}(m, m')$, son adjoint q^* appartient aussi à $\mathrm{OPS}(m, m')$ et on a pour le symbole:

$$q^* \sim \sum_{n=0}^{\infty} \frac{h^{|\alpha|}}{i^{|\alpha|}\alpha!} \partial_\xi^\alpha \partial_x^\alpha \bar{q}.$$

Posons $p = \frac{1}{2}(\xi^2 + q(x)) + hV(h^{-1/2}x) - E = \frac{1}{2}(\xi^2 + Z(x))$. On a

$$|\partial^\beta hV(h^{-1/2}x)| \leq c_\beta h^{1-\gamma/2-\delta|\beta|}(1+|x|)^{\gamma+\theta|\beta|}. \tag{3.12}$$

Comme $q(x)$ est quadratique, $\gamma < 2$ et $\theta < \delta$, ceci implique

$$|\partial^\beta Z(x)| \leq C_\beta h^{-\delta|\beta|}(1+|x|)^{2+\delta|\beta|}. \tag{3.13}$$

Lemme 3.1 *Soit $W = \mathbf{R}^{2n} \setminus U$ (où comme plus haut U est un petit voisinage de la surface d'énergie S_E). Pour $h \in]0, h_0], h_0$ assez petit, on a $|p(x,\xi,h)| \geq c^{ste}(1+x^2+\xi^2)$ pour $(x,\xi) \in W$ (avec une constante > 0) et la paramétrix de p définie par*

$$\begin{cases} G \sim \sum h^k G_k \\ G_0(x,\xi,h) = \frac{1}{p(x,\xi,h)} \\ G_k(x,\xi,h) = -\frac{1}{p(x,\xi,h)} \sum\limits_{\substack{j+|\alpha|=k \\ j\neq k}} i^{-|\alpha|}\partial_\xi^\alpha G_j \partial_x^\alpha p \end{cases}$$

vérifie $G_k \in \mathrm{OPS}(-2-(1-\delta)k, \delta k)$ sur W.

Preuve On a $|hV(h^{-1/2}x)| \leq Ch^{1-\gamma/2}(1+|x|)^\gamma$ et $\gamma < 2$ d'où la première assertion. La deuxième assertion résulte par récurrence sur n du fait que $p^{-1} \in S(-2,0)$ et $p^{-1}\partial_x^\alpha p \in S(\delta|\alpha|, \delta|\alpha|)$ pour $|\alpha| \geq 1$. Pour vérifier ce dernier point, on remarque que $\partial_\xi^\alpha(\frac{1}{\xi^2+Z(x)})$ est une combinaison linéaire de termes de la forme $\frac{P_j(\xi)}{[\xi^2+Z(x)]^j}$ où les P_j sont des polynômes de degré $\leq 2j-2-|\alpha|$; puis que $\partial_x^\beta\partial_\xi^\alpha(\frac{1}{\xi^2+Z(x)})$ est une combinaison linéaire de termes de la forme

$$P_j(\xi)\frac{\partial_x^{\beta_1}Z(x)\cdots\partial_x^{\beta_k}Z(x)}{[\xi^2+Z(x)]^{j+k}}$$

avec $|\beta_i| \geq 1, |\beta_1| + \cdots + |\beta_k| \leq |\beta|$. Or on a

$$[\xi^2 + Z(x)] \geq c^{ste}(1 + |x| + |\xi|)^2$$

sur W et l'assertion $p^{-1} \in S(-2,0)$ résulte de (3.13).

De même $\partial_x^\beta \partial_\xi^{\beta'}(p^{-1}\partial_x^\alpha Z)$ est une combinaison linéaire de termes de la forme

$$P_l(\xi)\frac{\partial_x^{\beta_0}Z(x)\cdots\partial_x^{\beta_k}Z(x)}{[\xi^2 + Z(x)]^{l+k}}, \quad \text{avec } |\beta_0| + \cdots + |\beta_k| \leq |\alpha| + |\beta| \text{ d'où aussi}$$
$$p^{-1}\partial_x^\alpha p = p^{-1}\partial_x^\alpha Z \in S(\delta|\alpha|, \delta|\alpha|).$$

L'opérateur $H_h = \frac{1}{2}(-h^2\Delta + q(x)) + hV(h^{-1/2}x)$ a pour symbole $p+E$. Soit alors $\varphi \in C_0^\infty$ et $K_{\varphi,h}(x,y)$ le noyau de l'opérateur $\int \varphi(s)e^{i(s/h)H_h}ds$. On a

$$\text{(3.14)} \qquad \begin{aligned} H_h(x,D_x)K_{\varphi,h}(x,y) &= ihK_{\varphi',h}(x,y), \\ H_h(y,D_y)K_{\varphi,h}(x,y) &= ihK_{\varphi',h}(x,y). \end{aligned}$$

Comme, pour h fixé, l'opérateur différentiel H_h est elliptique dans la classe $OPS^{2,0}$ pour $x^2 + \xi^2 \geq c^{ste}$, on déduit des identités précédentes que le noyau $K_{\varphi,h}(x,y)$ est dans l'espace de Schwartz $\mathcal{S}(\mathbf{R}^{2n})$ en (x,y). Par conséquent $K_{\varphi,h}$ est un opérateur à trace et l'application $\varphi \to K_{\varphi,h}$ est une distribution.

3.3 Localisation

Dans cette partie on s'intéresse à localiser l'étude du spectre de la distribution $\mathrm{Tr}(e^{itH}) = \mathrm{Tr}(e^{i(t/h)H_h})$. Soit donc $\varphi \in C_0^\infty$; on cherche à quelles conditions sur le support de φ la fonction $\tau \to \langle e^{-it\tau}, \varphi(t)\mathrm{Tr}(e^{itH})\rangle$ est à décroissance rapide en $\tau \to +\infty$ (le cas $\tau \to -\infty$ se traite de la même façon avec H^*). Pour cela, on pose $\tau = E/h$ où E désigne un niveau d'énergie (c'est à dire un nombre) > 0 comme plus haut, et on est ramené à vérifier que l'application $h \to \langle \varphi(t), \mathrm{Tr}(e^{i(t/h)(H_h - E)})\rangle$ est $O(h^\infty)$ si le support de φ ne contient pas de période de l'oscillateur harmonique. On pose donc

$$\text{(3.15)} \qquad R_{\varphi,h}(x,y) = \text{le noyau de} \int \varphi(t)e^{i(t/h)(H_h - E)}dt$$

et on remarque que comme précédemment

$$\text{(3.16)} \qquad (H_h - E)(x, D_x, h)R_{\varphi,h}(x,y) = ihR_{\varphi',h}(x,y)$$

et une formule symétrique en y).

La variété caractéristique de $H_h - E$ est par définition la surface d'énergie S_E d'équation (3.7). Soit $T(x,\xi) \in C^\infty(\mathbf{R}^{2n})$ telle que $T \equiv 0$ au voisinage de $S_E, T \equiv 1$ sur $W = \mathbf{R}^n \setminus U$ (U petit voisinage de S_E), et soit $T = T(x, hD_x)$ l'opérateur tel que

$$(3.17) \qquad (T \cdot f)(x) = (2\pi h)^{-n} \int e^{i(x-y)\cdot\xi/h} T(x,\xi) f(y) dy d\xi.$$

Le noyau de l'opérateur $\int \varphi(s) T(x, hD_x) \circ e^{isH_h/h} ds$ est $T(x, hD_x) R_{\varphi,h}(x,y)$. Pour tout entier N on a

$$(3.18) \qquad (H_h - E)^N \circ T = \sum_{k=0}^{N} C_{k,N} (H_h - E)^k$$

avec $C_{k,N} \in \mathrm{OPS}(0, -(N-k)(1-\delta)), C_{N,N} = T$ et, pour $k < N, C_{k,N} \in \mathrm{OPS}(-\infty, -\infty$ pour (x,ξ) en dehors d'un compact.

En utilisant la paramétrix fournie par le lemme et en écrivant

$$T \equiv G^N \circ (H_h - E)^N \circ T,$$

on obtient $\mathrm{Tr}(T \circ R_h(\varphi)) \in O(h^\infty)$. De même, on a $\mathrm{Tr}(R_h(\varphi) \circ T) \in O(h^\infty)$ et on est donc ramené à étudier l'intégrale

$$\int e^{isE/h} \varphi(s) \{L(x, hD_x) L(y, hD_y) K(s,x,y,h)\}_{y=x} dx ds,$$

où $L = 1 - T$ "localise la singularité" près de S_E. L'intégration en x est à présent à support compact. A ce stade on est ramené au problème d'analyse microlocale standard, avec des fonctions $u(x,h)$, avec $x \in \mathbf{R}^n, h$ petit paramètre réel, et la définition du front d'onde: $(x_0, \xi_0) \notin \mathrm{SS}(u)$ si, et seulement si, il existe une fonction $\psi \in C_0^\infty \mathbf{R}^n)$ avec $\psi \equiv 1$ au voisinage de ξ_0 telle que

$$(3.19) \qquad \int |\Psi(\xi)|^2 |\widehat{\varphi u}(\xi/h, h)|^2 d\xi \in O(h^\infty).$$

On ne s'intéresse pas aux problèmes à l'infini du fibré cotangent en supposant que u est spectralement bien localisé, ou ce qui revient au même qu'il existe un opérateur pseudodifférentiel $A(x, hD_x)$ avec $a(x,\xi) \equiv 1$ pour $|x,\xi|$ assez grand et $A \cdot u = O(h^\infty)$ dans l'espace de Schwartz, c'est-à-dire

$$(3.20) \qquad |x^\beta \partial_x^\alpha A u| \le C_{\alpha,\beta}(h), \quad C_{\alpha,\beta} \in O(h^\infty).$$

Pour les microsupports dépendant d'un petit paramètre on a encore les théorèmes classiques sur la trace et l'image directe propre rappelés au § 2, et qu'on peut résumer dans les formules suivantes:

$$\text{(3.21)}\qquad \begin{aligned} &\mathrm{SS}[\int u(x,y,h)dy] \subset \{(x,\xi); \exists y,\ (x,y,\xi,0) \in \mathrm{SS}(u)\},\\ &\mathrm{SS}[u(x,y,h)|_{y=0}] \subset \{(x,\xi); \exists \eta,\ (x,0,\xi,\eta) \in \mathrm{SS}(u)\}. \end{aligned}$$

D'après ce qui précède on a

$$\text{(3.22)}\qquad \begin{aligned} &\mathrm{SS}[\int L(x,hD_x)L(y,hD_y)K(t,x,y,h)e^{-itE/h}\varphi(t)dt]\\ &\qquad\subset \{(x,y;\xi,\eta)|E = \tfrac{1}{2}(\xi^2 + q(x)) = \tfrac{1}{2}(\eta^2 + q(y))\} \end{aligned}$$

et on est ramené à prouver le résultat de propagation des singularités suivant:

$$\text{(3.23)}\qquad \mathrm{SS}(K(t,x,y,h)) \cap \{\tau = E\}$$

est contenu dans l'ensemble des $(t,x,y;\tau,\xi,\eta)$ tels que $\tau = E$ et

(i) $\tau = \frac{1}{2}(\xi^2 + q(x)) = \frac{1}{2}(\eta^2 + q(y)) = \tilde{q}(x,\xi) = E$,
(ii) $(x,\xi) = \exp tH_{\tilde{q}}(y,-\eta)$.

On a déjà vu (i); reste à voir (ii), ce qui est l'objet du paragraphe suivant.

3.4 Propagation des singularités

Rappelons qu'on a posé $\tilde{q}(x,\xi) = \frac{1}{2}(\xi^2 + q(x))$, que $H_{\tilde{q}}$ est réel et non nul sur la variété caractéristique $\tilde{q}(x,\xi) = \tilde{q}(y,\eta) = E$ et que $K(t,x,y,h)$ vérifie

$$\text{(3.24)}\qquad \begin{aligned} &\frac{h}{i}\partial_t K = [\tfrac{1}{2}(-h^2\Delta + q(x)) + hV(h^{-1/2}x)]K,\\ &K_{|t=0} = \delta_{(x=y)}. \end{aligned}$$

On pose $P_0 = \frac{1}{2}(-h^2\Delta + q(x)), R = hV(h^{-1/2}x)$ et $P = P_0 + R; P_0$ est à caractéristiques simples réelles près de S_E de degré zéro et la perturbation R est de degré $\leq \gamma/2 - 1 < 0$ en h; plus précisément $R \in \mathrm{OP}S(\gamma, \gamma/2 - 1)$. On fixe $m_0 = (x_0,\xi_0,y_0,\eta_0)$, avec $(x_0,\xi_0) \in S_E, (y_0,\eta_0) \in S_E$ et on note Γ_0 la bicaractéristique de $\tilde{q}(x,\xi)$ d'origine m_0:

$$\text{(3.25)}\qquad \Gamma_0 = \{(x,\xi,y_0,\eta_0)|\exists s, (x,\xi) = \exp sH_{\tilde{q}}(x_0,\xi_0)\}.$$

On note $m(s) = (\exp sH_{\tilde{q}}(x_0,\xi_0), (y_0,\eta_0))$.

Il s'agit de prouver que si $t_0 \in \mathbf{R}, m(-t_0) \neq (y_0, -\eta_0, y_0, \eta_0)$ et si $C(t, x, hD_x, y, hD_y)$ est un opérateur pseudodifférentiel classique ($\delta = 0$ dans les définitions du §3.2) on a

$$\int \|CK\|^2 dt \in O(h^\infty) \quad \text{si le support de } C \text{ est voisin de } (t_0, m(0)). \tag{3.26}$$

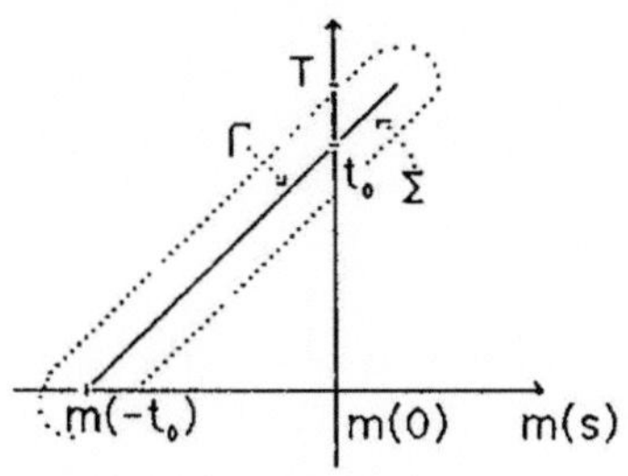

Soit Σ un petit voisinage de $\{(t, m(-t_0+t)), t \in [0,T]\} = \Gamma$ où $T > t_0$ et $g(t,x,\xi,y,\eta)$ est une fonction C^∞ sur Σ telle que

$$\frac{\partial g}{\partial t} - \{\tilde{q}, g\} = -1, \quad g|_{t=0} = g_0; \quad g|_{t=T} < 0, \quad g(t_0, m_0) = 0 \tag{3.27}$$

où $g_0(\alpha) = c_0 - c_1|\alpha - \alpha_0|^2, \alpha_0 = m(-t_0), c_0 > 0$ et c_1 assez grand pour que $g_{|\partial\Sigma\cap\{t\geq 0\}} < 0$. Soit B_t l'opérateur h-pseudo-différentiel de degré variable (cf. aussi Hörmander [19], Unterberger [30]) de symbole

$$b(t,x,\xi,y,\eta,h) = h^{-C_0 g}\chi_\Sigma(t,x,\xi,y,\eta) \tag{3.28}$$

où $C_0 > 0$ est une grande constante positive et $\chi_\Sigma \in C_0^\infty(\Sigma), \chi_\Sigma \equiv 1$ au voisinage de $\{g \geq 0\} \cap \{t \geq 0\}$. On pose $Q_t = B_t^* B_t$. On a

(3.29)

$$0 = \int_0^T \Big\langle \Big(\Big(\frac{h}{i}\Big)\partial_t - P\Big)K, Q_t K\Big\rangle_{L^2} dt = \Big[\Big\langle \frac{h}{i}K, Q_t K\Big\rangle\Big]_0^T + \int_0^T < K, AK > dt,$$

$$A = \frac{h}{i}Q_t' - [P_0, Q_t] + Q_t R - R^* Q_t.$$

On fixe $N_0 > 0$ grand. En choisissant C_0 grand, b est de degré aussi négatif qu'on veut au voisinage de $\{\chi_\Sigma < 1\}$. Par le calcul symbolique on obtient donc

$$\begin{aligned} A &= B_t^* 2\frac{h}{i}SB_t + J_1, \\ S &= C_0 \log h - \operatorname{Im} V(h^{-1/2}x) + J_2 + J_3, \end{aligned} \tag{3.30}$$

où

$$J_1 \in \mathrm{OPS}(0, -N_0),\ J_2 \in \mathrm{OPS}\left(0, \frac{\theta+\gamma-1}{2}+\varepsilon\right),\ J_3 \in \mathrm{OPS}(0, -1+\varepsilon) \text{ et } S^* = S$$

(les erreurs à l'autoadjonction de S étant absorbées dans J_1), $\varepsilon > 0$ arbitraire provenant des puissances de log h dans le calcul symbolique des opérateurs de degré variable.

On a donce $S = C_0 \log h(\mathrm{Id} + K)^2$ où $K = K^*$ et K est borné sur L^2 de norme $\theta((\log h)^{-1})$ puisque Im V est borné et $\theta+\gamma < 1$. Comme on a, avec N_1 indépendant de N_0,

(3.31)

$$\left\langle \frac{h}{i}K, Q_t K\right\rangle_{t=0} \in O(h^\infty),\ \left\langle \frac{h}{i}K, Q_t K\right\rangle_{t=T} \in O(h^{N_0}),\ \int_0^T \langle K, J_1 K\rangle \in O(h^{N_0-N_1}),$$

on déduit de (3.31) que $\int_0^T \|B_t K\|_{L^2}^2 \in O(h^{N_0-N_1})(h\log h)^{-1}$ d'où le résultat puisque N_0 est arbitrairement grand et $g(t_0, m_0) = 0$.

3.5 Appendice

Nous démontrons ici l'estimation du reste dans la formule de composition 3.10; bien qu'elle soit modelée sur les démonstrations standard de la théorie des opérateurs pseudo-différentiels nous n'avons pas trouvé pour celle ci de référence précise. La majoration dans la formule d'adjonction se démontre de manière anlaogue.

L'opérateur composé $q = q_1 \circ q_2$ a pour symbole

$$q(x,\xi,h) = (2\pi h)^{-n} \int e^{-it\,\theta/h} q_1(x, \xi+\theta, h) q_2(x+t, \xi, h)\,dt\,d\theta \tag{3.32}$$

(il s'agit d'une intégrale oscillante).

Soit r_N le reste du développement asymptotique d'ordre N de q:

$$q = \sum_{j<N} a_j + r_N, \tag{3.33}$$

avec

$$a_j = \sum_{|\alpha|=j} \frac{(-ih)^{|\alpha|}}{\alpha!} \partial_\xi^\alpha q_1 \partial_x^\alpha q_2 :$$

il s'agit de vérifier qu'on a $r_N \in S(m-(1-\delta)N, m'-(1-\delta)N)$ avec $m = m_1+m_2, m' = m_1' + m_2'$.

Compte tenu qu'on a $a_j \in S(m-(1-\delta)j, m'-(1-\delta)j)$ et

$$\partial_\xi^\alpha \partial_x^\beta r_N = \partial_\xi^\alpha \partial_x^\beta \left[\sum_{j=N}^{M-1} a_j + r_M \right]$$

si $M > N$, on voit qu'il suffit de vérifier qu'il existe, pour tous multi-indices α, β et tout nombre $A > 0$, un entier N tel que $|\partial_\xi^\alpha \partial_x^\beta r_N| \leq C^{ste} h^A (1+|x|+|\xi|)^{-A}$.

Si on applique la formule de Taylor à q_2 à partir du point x $(t=0)$, on voit qu'on a

$$r_N = \sum_{|\gamma|=N} c_\gamma \int_0^1 (1-\sigma)^{N-1} r_{\gamma,\sigma} d\sigma, \tag{3.34}$$

avec

$$r_{\gamma,\sigma} = (2\pi h)^{-n} \int e^{-it\cdot\theta/h} q_1(x, \xi+\theta, h) t^\gamma \partial_x^\gamma q_2(x+\sigma t, \xi, h) dt d\theta.$$

On notera dans la suite $f^{(\alpha,\beta)} = \partial_\xi^\alpha \partial_x^\beta f$. Une succession d'intégrations par parties dans l'intégrale oscillante (3.34), utilisant les opérateurs $(1-\Delta_\theta)$ et $(1-\Delta_t)$ déduits des laplaciens en θ, t montre que $r_{\gamma,\sigma}^{(\alpha,\beta)}$ est, pour $|\gamma| = N$, une combinaison linéaire d'intégrales de la forme

$$h^{N-n} \int e^{-it\,\theta/h} F_1 F_2 dt d\theta \tag{3.35}$$

avec

$$F_1 = (1-h^2\Delta_\theta)^{\ell'} [(1+\theta^2)^{-\ell} (q_1^{(\alpha_1+\gamma,\beta_1)}(x, \xi+\theta, h)],$$
$$F_2 = (1+t^2)^{-\ell'} (1-h^2\Delta_t)^\ell q_2^{(\alpha_2,\beta_2+\gamma)}(x+\sigma t, \xi, h)$$

$(\alpha_1 + \alpha_2 = \alpha, \beta_1 + \beta_2 = \beta$, les entiers ℓ, ℓ', qui repérent le nombre d'intégrations par partie, restent à choisir).

Comme σ est borné $(0 \leq \sigma \leq 1)$ les F_i vérifient les inégalités

(3.37)

$$|F_1| \leq C^{ste} h^{-m_1'-\delta|\beta_1|} (1+|x|+|\xi+\theta|)^{m_1-|\alpha_1|-N} \frac{(1+|x|^{\delta|\beta_1|})}{(1+|\theta|)^{2\ell}},$$
$$|F_2| \leq C^{ste} h^{-m_2'-\delta|\beta_2|-\delta N} (1+|x+\sigma t|+|\xi|)^{m_2-|\alpha_2|} \frac{(1+|x+\sigma t|)^{\delta[|\beta_2|+N+2\ell]}}{(1+|t|)^{2\ell'}}.$$

En choisissant $2\ell' > n + |m_2 - |\alpha_2|| + \delta(|\beta_2| + N + 2\ell)$, on obtient:

$$\int |F_1 F_2| dt d\theta \leq C^{ste} h^{-m'-\delta|\beta|-\delta N} (1+|x|+|\xi|)^{m_2-|\alpha_2|} (1+|x|)^{\delta[|\beta|+N+2\ell]} J$$

avec

$$J = \int \frac{(1+|x|+|\xi+\theta|)^{m_1-|\alpha_1|-N}}{(1+|\theta|)^{2\ell}} d\theta$$
$$\leq C^{ste}\left[(1+|x|+\xi|)^{m_1-|\alpha_1|-N} + \frac{(1+|x|)^{m_1-|\alpha_1|-N}}{(1+|\xi|)^{2\ell-n}}\right].$$

On obtient alors l'inégalité cherchée en choisissant d'abord ℓ grand, puis N tel que $N(1-\delta)-2\delta\ell$ soit grand.

REFERENCES

[1] S. Albeverio, Ph. Blanchard and R. Hoegh-Krohn, *Feynman path integral and the trace formula for the Schrödinger operator*, Comm. Math. Phys. **83** (1982), 49–76.

[2] S. Albeverio, A. Boutet de Monvel-Berthier and G. Lebeau, *Green's function and the trace formula for the Schrödinger operator*, en préparation.

[3] R. Balian and C. Bloch, *Solutions of the Schrödinger equation in terms of classical paths*, Annals of Physics **85** (1974), 514–545.

[4] R. Beals and C. Fefferman, *Spatially inhomogeneous pseudo-differential operators I*, Comm. Pure Appl. Math. **27** (1974), 1–24.

[5] R. Beals, *A general calculus of pseudodifferential operators*, Duke Math. J. **42** (1975), 1–42.

[6] R. Beals, *Characterization of pseudo-differential operators and applications*, Duke Math. J. **44** (1977), 45–57; correction **46** (1979), 215.

[7] R. Beals, *Propagation des singularités du type $D_t^2 - \square_b$*, Journées de St Jean de Monts, 1980.

[8] M. V. Berry and K. E. Mount, *Semi-classical approximations in wave mechanics*, Rep. Prog. Phys. **35** (1972), 315–397.

[9] A. Boutet de Monvel-Berthier, *On the eigenvalues of a perturbed harmonic oscillator*, in *Recent Developments in Quantum Mechanics*, Poiana Brasov 1989, Kluwer Mathematical Studies No. 12, pp. 209–222.

[10] L. Boutet de Monvel, *Hypoelliptic operators with doubles characteristics and related pseudodifferential operators* Comm. Pure Appl. Math. **27** (1974), 585–639.

[11] L. Boutet de Monvel, *Opérateurs à coefficients polynomiaux, espace de Bargman, et opérateurs de Toeplitz*, Séminaire Goulaouic–Meyer–Schwartz, 1980-81, exposé No. 2 bis.

[12] L. Boutet de Monvel, *Revue sur la théorie des $\mathcal{D}$-modules et Modèles d'opérateurs pseudo-différentiels*, in *Recent Developments in Quantum Mechanics*, Poiana Brasov 1989, Kluwer Mathematical Studies No. 12, pp. 1–31.

[13] Y. Colin de Verdière, *Quasi-modes sur les variétés Riemanniennes compactes*, Invent. Math. **43** (1977), 15–52.

[14] Y. Colin de Verdière, *Sur le spectre des opérateurs elliptiques à bicaractéristiques périodiques*, C. R. Acad. Sci. Paris **288** (1978), 1195–1197.

[15] J. Chazarain, *Formule de Poisson pour les variétés Riemanniennes*, Invent. Math. **24** (1974), 65–82.

[16] J. Chazarain, *Spectre d'un Hamiltonien quantique et mécanique classique*, Comm. Partial Differ. Equ. **5** (6) (1980), 595–644.

[17] J. J. Duistermaat and V. Guillemin, *The spectrum of positive elliptic operators and periodic geodesics*, Proc. Am. Math. Soc. Summer Inst. Diff. Geom., Stanford, 1973.

[18] V Guillemin and S. Sternberg, *Geometric Asymptotics*, Am. Math. Soc., 1977.

[19] L. Hörmander, *Pseudo-differential operators and hypoelliptic equations*, Am. Math. Soc. Symp. on Singular Integrals, 1966, pp. 138–183.

[20] L. Hörmander, *The spectral function of an elliptic operator*, Acta Math. **121** (1968), 193–218.

[21] L. Hörmander, *Fourier integral operators I*, Acta Math. **127** (1971), 79–183.

[22] L. Hörmander, *The analysis of linear partial differential operators III–IV*, Grundlehren der Math. Wiss. 274, Springer-Verlag, Berlin, 1985.

[23] B. Helffer and D. Robert, *Propriétés asymptotiques du spectre d'opérateurs pseudo-différentiels sur $\mathbf{R}^n$*, Comm. Partial Differ. Equ. **7** (1982), 795–882.

[24] J. Leray, *Solutions asymptotiques et groupe métaplectique*, Séminaire sur les équations aux dérivées partielles 1973–74, Collège de France, Paris.

[25] J. Leray, *Analyse Lagrangienne et mécanique quantique*, Séminaire sur les équations aux dérivées partielles 1976–77, Collège de France, Paris.

[26] V. P. Maslov, *Théorie des perturbations*, Dunod, Paris, 1972.

[27] D. Robert, *Autour de l'approximation semi-classique*, Progress in Math 68, Birkhäuser, Basel, 1987.

[28] D. Robert, *Asymptotique à grande énergie de la phase de diffusion pour un potentiel*, Asymptotic Analysis **3** (1991), 301–320.

[29] J. Sjöstrand, *Communication orale*

[30] A. Unterberger, *Résolution d'équations aux dérivées partielles dans les espaces de distributions d'ordre de régularité variable*, Ann. Inst. Fourier Grenoble **21** (1971), 85–128.

[31] A. Voros, *Développements semi-classiques*, Thèse, Orsay, 1972.

[32] A. Weinstein, *Asymptotic of the eigenvalue clusters of the Laplacian plus a potential*, Duke Math. J. **44** (1972), 883–892.

[33] A. Weinstein and S. Zelditch, *Singularities of solutions of Schrödinger equations on* $\mathbf{R}^n$, Bull. Am. Math. Soc. **6** (1982), 449–452.

[34] S. Zelditch, *Reconstruction of singularities for solutions of Schrödinger equations*, PhD Berkeley and Comm. Math. Phys. **90** (1983), 1–26.

Anne Boutet de Monvel-Berthier
UNIVERSITÉ PARIS VII
UFR DE MATHÉMATIQUES
2 PLACE JUSSIEU
75251 PARIS CEDEX 05, FRANCE

Louis Boutet de Monvel
UNIVERSITÉ PARIS VI
UA 213
4 PLACE JUSSIEU
75252 PARIS CEDEX 05, FRANCE

Gilles Lebeau
UNIVERSITÉ PARIS SUD
MATHÉMATIQUES, BÂT. 425
91405 ORSAY CEDEX, FRANCE

(Received March 24, 1991 and in revised form December 25, 1991)

10.4 Indice des systèmes différentiels

Indice des systèmes différentiels, D-modules, representation theory, and quantum groups (Venice, 1992), Lecture Notes in Math., vol. 1565, Springer, Berlin, 1993, pp. 1–30. [B93]

INDICE DES SYSTÈMES DIFFÉRENTIELS

L. BOUTET DE MONVEL

Dans ces notes nous nous proposons de décrire la formule d'indice d'Atiyah et Singer pour les systèmes d'opérateurs différentiels et son extension au cas relatif due à Malgrange et l'auteur. Cette formule décrit le nombre de solutions d'un système d'équations différentielles — ou plus exactement, parce qu'il s'agira pratiquement toujours de complexes elliptiques d'opérateurs différentiels, la caractéristique d'Euler, somme alternée de nombres de Betti de la cohomologie du système — en termes d'invariants topologiques plus simples attachés à ce système. Il y a une version absolue du théorème d'indice, où l'indice est un nombre entier, et des versions avec paramètres, où l'indice est un fibré virtuel sur l'espace des paramètres, ou avec action de groupe compact où l'indice est une représentation du groupe, ou relative où l'indice est un nouveau système différentiel dont on décrit des invariants topologiques en fonction de ceux de l'ancien. L' énoncé que nous décrivons ici tient compte en outre plus explicitement des supports, en s'inspirant de la définition du micro-support des faisceaux constructibles et de la description de la formule de l'indice qu'en déduit P.Schapira dans ses conférences.

§1. INTRODUCTION, DESCRIPTION DU PROBLÈME

Formellement l'indice d'un complexe d'opérateurs linéaires est défini comme suit: on se donne un complexe, c'est à dire une suite

$$a: \cdots \longrightarrow E_k \xrightarrow{a_k} E_{k+1} \longrightarrow \cdots$$

d'espaces vectoriels complexes E_k et d'applications linéaires $a_k \in L(E_k; E_{k+1})$, telle que $a_{k+1} \circ a_k = 0$ pour tout k (une application linéaire $a: E_0 \to E_1$ s'identifie à un complexe de longueur 2, concentré en degrés 0, 1). La cohomologie de a est le complexe de différentielle nulle $H(a) = \ker a / \operatorname{Im} a$ ($H^k(a) = \ker a_k / \operatorname{Im} a_{k-1}$). Si $H(a)$ est de dimension finie, i.e. si les $H^k(a)$ sont de dimension finie, et nuls sauf pour un nombre fini d'indices $k \in \mathbf{Z}$, l'indice (ou caractéristique d'Euler) de a est la somme alternée:

$$\operatorname{Ind} a = \sum (-1)^k \dim H^k(a)$$

(on a $\operatorname{Ind} a = \sum (-1)^k \dim E^k$ si le complexe a est lui même de dimension finie)

Les complexes dont on s'occupera ici ne sont pas abstraits mais ont une origine ou une signification géométrique: ce sont des complexes d'opérateurs différentiels sur une variété et la formule d'indice d'Atiyah et Singer relie leur indice à des invariants géométriques de a.

La formule d'indice pour un système elliptique d'équations aux dérivées partielles a son origine dans le théorème de Riemann-Roch de la géométrie complexe, plus précisément sous la forme que lui ont donné Hirzebruch, et Grothendieck dans le cas relatif. Voici une description de cette formule, en termes de K-théorie, résumant celle de Baum, Fulton, Mac Pherson: soient X un espace analytique projectif complexe, et $Z \subset X$ une partie compacte. A tout faisceau cohérent M de $\mathcal{O}_X$-modules à support dans Z est associé un élément $[M]$ du groupe de Grothendieck $K_Z^{\mathrm{an}}(X)$, qui est le groupe engendré par les classes d'isomorphismes $[M]$ de $\mathcal{O}_X$-modules cohérents à support dans Z et les relations $[M] = [M'] + [M'']$ s'il existe une suite exacte $0 \to M' \to M \to M'' \to 0$. Il existe un homomorphisme canonique $K_Z^{\mathrm{an}}(X) \to K_Z^{\mathrm{top}}(X)$, où $K_Z^{\mathrm{top}}(X)$ est le groupe d'Atiyah des "fibrés vectoriels virtuels à support dans Z", qui décrit les propriétés additives et invariantes par déformation des complexes de fibrés vectoriels topologiques exacts en dehors de Z (ce groupe sera défini plus en détail au §2). Suivant Baum, Fulton, Mac Pherson, le théorème de Riemann-Roch relatif exprime que cet homomorphisme commute aux images directes propres (il commute aussi aux images inverses). Ce théorème doit être complété par la description de l'image directe K-théorique, qui est définie au moyen du théorème de périodicité de Bott. On exprime aussi le théorème d'indice en termes de cohomologie au moyen de l'isomorphisme de Chern:

$$ch: \ K_Z^{\mathrm{top}}(X) \otimes \mathbf{Q} \longrightarrow H^{\mathrm{pair}}(X, \mathbf{Q})$$

qui permet de traduire en termes de cohomologie ce qui ne dépend pas de la torsion. Le théorème de Riemann-Roch "classique" de Hirzebruch est la traduction en termes cohomologiques (via le caractère de Chern) du cas particulier de l'énoncé ci-dessus lorsque le but est un point ($K(\text{point}) = Z$).

Les fonctions holomorphes sont les solutions du système elliptique des équations de Cauchy-Riemann et on sait que pour celles-ci, les théorèmes de finitude sur une variété compacte sont un cas particulier d'un théorème de finitude analogue pour les solutions des systèmes elliptiques d'équations aux dérivées partielles linéaires (la définition sera rappelée plus loin); il était alors naturel de chercher à généraliser aux systèmes elliptiques la formule de Riemann-Roch de Hirzebruch. Les objets qui nous intéresseront d'abord ici sont les systèmes elliptiques d'équations différentielles linéaires sur une variété compacte, ou un peu plus généralement les systèmes dont l'espace des solutions est de dimension finie.

Un système, ou complexe, d'équations différentielles linéaires peut être décrit comme suit: on se donne une variété X, complexe, ou réelle de classe C^∞, une suite de fibrés vectoriels complexes $E = (E_j)$, $j \in \mathbf{Z}$ ($E_j = 0$ sauf pour un nombre fini d'indices j), et une suite $P = (P_j)$ d'opérateurs de type $E_j \to E_{j+1}$ telle que $P_{j+1} \circ P_j = 0$ pour tout j (nous considérerons $(E, P) = ((E_j), (P_j))$ comme un objet gradué et écrirons simplement $P^2 = 0$). Un opérateur P de type $E_0 \to E_1$ peut toujours être considéré comme un complexe de longueur 2. On considère alors le faisceau gradué de cohomologie de P : $H(P) = \ker(P)/\operatorname{Im}(P)$ ($H^j(P) = \ker P_j / \operatorname{Im} P_{j-1}$) et leurs espaces de sections globales. Par exemple si P est un opérateur de type $E_0 \to E_1$, assimilé à un complexe de longueur 2, $H^0(P) = \ker P$ est l'espace des solutions de l'équation $Pf = 0$, et l'espace $H^1(P)$ des sections de $E_1 \mod \operatorname{Im} P$ mesure l'obstruction à la résolution de l'équation $Pf = g$ (il est aussi étroitement lié à l'espace des solutions de l'équation adjointe $P^* g = 0$).

Les complexes d'opérateurs qui se présentent naturellement sont souvent localement exacts, et ont été construits pour calculer la cohomologie, au sens géométrique, de X à coefficients dans le faisceau des solutions d'un système d'équations différentielles (parce que le faisceau des fonctions C^∞ ou analytiques sur une variété C^∞ ou analytique réelle est cohomologiquement trivial). Ainsi sur une variété X réelle, le faisceau constant $\mathbf{C}_X$ (dont les sections sont les fonctions localement constantes) est le faisceau des solutions de l'équation $df = 0$, et la cohomologie $H^*(X, \mathbf{C})$ est celle du complexe de De Rham de la différentielle extérieure opérant sur les formes différentielles; si X est une variété complexe, les fonctions holomorphes sont les solutions des équations de Cauchy-Riemann: $\overline{\partial} f = 0$, et la cohomologie $H^*(X, \mathcal{O}_X)$ à coefficients dans le faisceau $\mathcal{O}_X$ des fonctions holomorphes est celle du complexe de Dolbeault, de la différentielle extérieure antiholomorphe $\overline{\partial}$. Le Laplacien, ou plus généralement l'opérateur de Laplace-Beltrami opérant sur les formes différentielles d'une variété Riemannienne, est un exemple plus ancien d'opérateur elliptique; il est subordonné à l'exemple précédent: $\Delta = -d\,d^* + d^* d$.

On définit le symbole d'un opérateur, ou d'un complexe d'opérateurs différentiels: si P est d'ordre m son symbole est le polynôme σ_P homogène de degré m qu'on obtient en ne gardant que les termes de plus haut degré m lorsqu'on écrit P comme polynôme des dérivations $\partial/\partial x_j$, dans n'importe quel système de coordonnées. On a, pour toute fonction C^∞ φ et toute section u de E

$$e^{-t\varphi} P(e^{t\varphi} u) = t^m \sigma_P(d\varphi)u + O(t^{m-1})$$

plus généralement si (E, P) est un complexe d'opérateurs différentiels, σ_P s'interprète comme un complexe de fibrés vectoriels sur le fibré cotangent T^*X, de type $\pi^{-1}E \to \pi^{-1}E$, où π est la projection $T^*X \to X$ et $\pi^{-1}E$ désigne le relèvement de E à T^*X (dans la suite nous écrirons E au lieu de $\pi^{-1}E$). Si X est une variété réelle, on dit alors que P est elliptique si pour tout covecteur imaginaire pur $\xi \neq 0$, le symbole $\sigma_P(\xi)$ est une suite exacte d'espaces vectoriels[1]. L'ellipticité est une propriété simple d'un système P qui, jointe à une condition de compacité du domaine sur lequel on calcule ces solutions (par exemple que la variété de base soit compacte), assure que les groupes de cohomologie sont de dimension finie. La dimension individuelle de chacun des groupes de cohomologie $H^j(P)$ d'un complexe elliptique P n'est pas stable par déformation ou par petite perturbation, et peut être difficile à calculer; mais l'indice, ou caractéristique d'Euler: $\chi(P) = \sum(-1)^j \dim H^j(P)$, est très stable, de même que la condition de finitude (ellipticité). Pour un système elliptique P il est alors naturel d'imaginer que l'indice ne dépend que de caractères topologiques plus grossiers du symbole σ_P, et est donné par une extension de formule analogue à la formule de Riemann-Roch. Les deux exemples ci-dessus (d et $\overline{\partial}$) sont elliptiques et le théorème de Riemann-Roch de la géométrie complexe apparaîtra ainsi comme cas particulier du théorème d'indice pour les systèmes elliptiques, appliqué à $\overline{\partial}$.

Comme nous l'avons mentionné la formule de l'indice pour les systèmes elliptiques est très stable par perturbation ou déformation, aussi n'est il pas essentiellement restrictif de se limiter aux systèmes elliptiques à coefficients analytiques: toute variété paracompacte X[2] possède une structure analytique réelle, et tout système elliptique sur X peut être déformé en un système à coefficients analytiques (une telle isotopie préserve l'indice, et, pour l'essentiel, les objets topologiques évoqués ci-dessus). Dans toutes ces notes nous supposerons donc que les variétés considérées sont analytiques, et nous considérerons toujours une variété analytique réelle comme germe d'une variété complexe au voisinage d'une sous-variété U totalement réelle. Un inconvénient est que ce point de vue est plus rigide, et certaines constructions ou déformations topologiques sont moins faciles que dans le cadre C^∞, mais elles ont le plus souvent un analogue grâce au fait que le faisceau des fonctions

[1] La définition complète qu'on reverra plus loin est la suivante: P est elliptique si la variété caractéristique $\operatorname{car} P$ ne contient pas de covecteur imaginaire pur (ou réel) non nul; c'est le cas si $\sigma_P(\xi)$ est exact pour ξ imaginaire pur non nul.

[2] Dans la suite les variétés que nous considérerons seront toujours paracompactes et ce mot sera omis.

analytiques réelles est cohomologiquement trivial. Cet inconvénient est largement compensé par le fait que les systèmes d'équations différentielles à coefficients analytiques sont commodément décrits par la théorie des $\mathcal{D}$-modules, qui est décrite au §3. On dispose pour les $\mathcal{D}$-modules analytiques de notions raisonnables de finitude ou de cohérence, et d'image directe ou inverse par une application analytique, qui n'existent pas pour les systèmes à coefficients C^∞. La notion d'image directe, que nous rappelons au §3, est essentielle dans notre description du théorème d'indice relatif. En particulier l'image directe par immersion fermée (plongement) permettra de plonger n'importe quel système dans une variété plus simple telle que $\mathbf{R}^n$ ou un espace projectif, de façon plus naturelle que dans l'article original d'Atiyah et Singer.

L'ellipticité n'est pas préservée par plongement, et on est amené à en généraliser la définition, en introduisant, suivant l'idée de B. Malgrange, la notion de presqu'ellipticité qui est décrite au §4. La presqu'ellipticité est stable par image directe et donne lieu aux mêmes théorèmes de finitude, et au même théorème d'indice que l'ellipticité. Mais elle s'applique dans plus de cas; en particulier un $\mathcal{D}$-module holonôme est toujours prequ'elliptique, et le théorème d'indice pour les modules holonômes est ainsi démontré dans le même cadre que celui des systèmes elliptiques.

Jusqu'à présent nous n'avons parlé que de solutions C^∞ ou analytiques réelle; on peut aussi étudier les solutions distributions, ou plus généralement à coefficients dans un faisceau F convenable. Suivant Schapira et Schneiders il sera commode d'incorporer au faisceau des coefficients la description du domaine dans lequel on calcule les solution, qui ne sera pas toujours X tout entier, ce qui sera particulièrement utile sur une variété X complexe où on est encore plus amené à varier le domaine. Dans les notes de Schapira-Schneiders, $F = \mathcal{O}_X \otimes \phi$ est associé à un faisceau réel-constructible ϕ. Ici en nous inspirant du travail de M. Ohana, nous nous limiterons au cas plus simple où F est le faisceau des germes de fonctions holomorphes au voisinage d'une sous-variété à bord (ou à coins) de X.

La formule de l'indice comportera ainsi plusieurs éléments:

1) un objet topologique décrivant des propriétés additives et invariantes par déformation d'un système différentiel elliptique P. Dans ces notes cet objet sera un fibré virtuel (à support) $[P]$, élément de $K_{\operatorname{car} P}(T^*X)$, où $\operatorname{car} P$ est la variété caractéristique de P; on peut le remplacer par une classe de cohomologie à support, grâce au caractère de Chern comme mentionné plus haut.
2) un objet topologique $[F]$ décrivant de façon analogue les propriétés du faisceau de fonctions ou distributions F des coefficients dans lesquels on calcule les solutions. Ici, $[F]$ sera un élément de $K_{\mathrm{SS}\,\phi}(T^*X)$ où $\mathrm{SS}\,\phi$ est le micro-support de ϕ défini par Kashiwara et Schapira.
3) une formule universelle produisant à partir de ces données, et moyennant une condition supplémentaire de compacité, un nombre (ou plus généralement un fibré virtuel ou une classe de cohomologie sur l'espace des paramètres, dans le cas relatif). La condition de compacité est que $\operatorname{car} P \cap \mathrm{SS}\,\phi$ soit compact, ce qui complète la condition d'ellipticité: $\operatorname{car} P \cap \mathrm{SS}\,\phi \subset \{0\}$ (on a noté $\{0\}$ la section nulle). Le produit $[P][F]$ est alors bien défini, à support compact et le théorème d'indice affirme que l'indice de P (à coefficients dans F) en est l'image K-théorique (définie au §2).

Le premier ingrédient de notre démonstration est la K-théorie, qui est décrite au §2. Le deuxième ingrédient est la théorie des $\mathcal{D}$-modules. La presqu'ellipticité et le théorème d'indice dans la cas absolu sont décrits au §4, et le cas relatif au §5.

§2. K Théorie et Opérateurs de Toeplitz

2.1 Rappels de K-théorie.

a. Définitions.

Soient X un espace topologique paracompact, $Z \subset X$ une partie fermée (ou plus généralement une famille de supports[3]). Nous renvoyons à Atiyah ou Steenrod pour la définition des fibrés vectoriels sur X. Nous nous intéressons aux morphismes $a: E \to F$ de fibrés vectoriels complexes sur X tels que a soit un isomorphisme en dehors de Z, et plus généralement aux complexes de fibrés vectoriels exacts en dehors de Z. On note $K_Z(X)$ le groupe des classes d'équivalence $[a]$ de tels complexes a pour la relation d'équivalence engendrée par les relations:

(i) $[a] + [b] = [a \oplus b]$

(ii) $[a] = 0$ s'il existe une déformation exacte en dehors de Z de a sur un complexe exact.

On note encore $K(X) = K_X(X)$. Si a et b sont des complexes de fibrés on a $[a] = [b]$ si et seulement s'il existe un complexe exact c et une déformation exacte en dehors de Z de $a \oplus c$ sur $b \oplus c$; en particulier on a $[a] = [b]$ si a et b sont quasi-isomorphes, en particulier s'il existe un morphisme $a \to b$ qui induise un isomorphisme en cohomologie. Muni de la loi ci-dessus $K_Z(X)$ est un groupe; on a $-[a] = [a^*] = [a(1)]$ où $a(1)$ désigne le complexe décalé (a_{k-1}) si $a = (a_k)$ et a^* désigne l'adjoint de a (pour n'importe quelles métriques hermitiennes).

Le produit tensoriel de deux complexes a et b ($(a \otimes b)_k = \oplus_p (a_p \otimes 1 + (-1)^p 1 \otimes b_{k-p})$) est exact en tout point où un des deux facteurs l'est; par passage au quotient on définit ainsi une loi de produit bilinéaire $K_Z(X) \times K_{Z'}(X) \to K_{Z \cap Z'}(X)$ pour laquelle $K_X(X) = K(X)$ est un anneau et les $K_Z(X)$ sont des $K(X)$-modules.

Soit H un espace de Hilbert. On note $\mathrm{Fred}(H) \subset L(H)$ l'ensemble des opérateurs de Fredholm. Si $X \supset Z$ sont comme plus haut on note $F_Z(X)$ le groupe des classes d'homotopie de fonction continues $A: X \to \mathrm{Fred}(H)$ telles que A soit inversible en dehors de Z. Parce que $GL(H)$ est contractile (th. de N. Kuiper) $F_Z(X)$ s'identifie aussi au groupe des classes d'homotopie de familles continues d'opérateurs de Fredholm sur un fibré hilbertien (un tel fibré est toujours trivial). Une telle famille peut toujours être considérée comme un complexe de longueur 2 et de cette façon $F_Z(X)$ s'identifie aussi au groupe des classes d'homotopie de complexes de Fredholm hilbertiens exacts en dehors de Z (c'est à dire de complexes de fibrés hilbertiens dont la cohomologie est de dimension finie en tout point et nulle en dehors de Z; deux tels complexes sont équivalents s'il existe une déformation du premier sur le second, exacte en dehors de Z). De fait si

$$D: \cdots \longrightarrow H_k \longrightarrow H_{k+1} \longrightarrow \cdots \tag{2.1}$$

est un tel complexe, et qu'on note $[D]_Z$ (ou simplement $[D]$) sa classe dans F_Z, on montre élémentairement, par récurrence sur la longueur de D, qu'on a $[D] = [\partial(D)]$ si $\partial(D)$ est la famille d'opérateurs de Fredholm:

$$\partial(D) = D - D^*: \oplus H_{2k} \longrightarrow \oplus H_{2k+1}. \tag{2.2}$$

[3] On notera K_c la K-théorie à support compact. Atiyah suppose toujours que le support Z est compact (ou contenu dans la famille des parties compactes). Nous avons omis cette condition, inutile au niveau des définitions, et qui ne sera jamais réalisée dans ces notes où X est un fibré cotangent, et Z partie conique de X.

Un complexe de fibrés vectoriels de rang fini sur X est un cas particulier de complexe de Fredholm (on peut toujours rajouter un complexe hilbertien exact de dimension infinie). On a donc une application canonique du groupe $K_Z(X)$ des fibrés virtuels à support dans Z dans $F_Z(X)$. On montre élémentairement (cf. Jänisch) que si Z est compact, ou si X est métrique de dimension finie[4], cette application est bijective; c'est en particulier le cas si (X, Z) est une paire d'espaces analytiques ou sous-analytiques, ou une paire de CW-complexes, ce qui suffit largement pour les formules d'indice. Dans ce cas on note Ind_Z l'isomorphisme inverse $\mathrm{Ind}_Z(A) \to K_Z(X)$ l'élément correspondant à un complexe de Fredholm A exact hors de Z: $\mathrm{Ind}_Z(A) = [a]$ signifie qu'il existe une déformation B de A et un quasi-isomorphisme $a \to B$.

b. Produits.

La somme et le produit tensoriel de complexes munissent $F(X) = F_X(X)$ d'une structure d'anneau et $F_Z(X)$ d'une structure de $F(X)$-module qui prolongent celles de $K(X)$ et $K_Z(X)$ (on a $A \oplus B \sim A \circ B$, et $A \otimes B$ est un complexe de Fredholm si A et B le sont, et est exact en tout point où l'un des deux complexes A ou B l'est).

Pour $Z \subset Y \subset X$ (fermés) on a encore un produit $F_Z(Y) \otimes F_Y(X) \to F_Z(X)$ défini comme suit: si A (resp. B) est une famille continue d'opérateurs de Fredholm sur Y (resp. X) inversible hors de Z (resp. Y), on choisit un prolongement continu $\widetilde{A} : X \to L(H)$ de A; comme B est exact hors de Y, le produit $\widetilde{A} \otimes B$ l'est aussi, et en particulier c'est un complexe de Fredholm hors de Y; sur $Y - Z$ il est exact comme A; enfin il est Fredholm sur Z puisque A et B le sont; l'ensemble des prolongements de A est connexe (en fait convexe) donc la classe $[\widetilde{A} \otimes B]$ ne dépend pas du choix du prolongement $\widetilde{A}$.

c. Images inverses.

Soit $f : X' \to X$ continue, et $Z' \subset X'$ fermé, $f(X' - Z') \subset X - Z$. L'image inverse $F_Z(X) \to F_{Z'}(X')$ est définie par $f^{-1}[A] = [A \circ f]$. Si f est l'application identique d'un ouvert X' de X, et $Z = X$, f^{-1} est un isomorphisme (excision), parce que $GL(H)$ est contractile donc toute famille continue B d'opérateurs de Fredholm sur X' inversible hors de Z se déforme en une famille égale à 1 hors d'un voisinage de Z, qui se prolonge.

Si $U \subset X$ est un voisinage de Z, l'application de restriction $F_Z(X) \to F_Z(U)$ (image inverse par l'inclusion canonique $U \to Z$) est un isomorphisme, parce qu'une application $a : U \to L(H)$ égale à 1 en dehors d'un voisinage de Z se prolonge continûment par 1 sur $X - U$, (théorème d'excision).

2.2 Indice d'une famille d'opérateurs de Toeplitz. Isomorphisme de Bott (Thom-Gysin).

a. homomorphisme de Bott.

X désigne un espace topologique comme ci-dessus. Soit $p : N \to X$ un fibré vectoriel complexe sur X. On note k_N le complexe de Koszul de N[5]:

(2.3) $k_N : \cdots p^{-1} \wedge^{-k} N^* \to p^{-1} \wedge^{-k+1} N^* \to \cdots N^* \to \mathbf{C} \to 0$ (k_N est en degrés ≤ 0)

[4] $\dim X \leq d$ signifie ici que tout recouvrement ouvert peut être raffiné en un recouvrement pour lequel l'intersection de $d+2$ ouverts distincts est vide. Pour le deuxième isomorphisme il faut accepter pour la définition de K_Z des fibrés localement mais non globalement de rang borné.

[5] Le complexe de Koszul est aussi défini pour un fibré réel, mais ne donne plus lieu dans le cas réel à un "isomorphisme de Bott" (la période des groupes d'homotopie stables du groupe orthogonal réel est 8).

dont la différentielle au point $n \in N$ est le produit intérieur $\omega \to n \lrcorner \omega$. Ce complexe est exact en dehors de la section nulle de N, que nous identifierons encore à X, et la multiplication par $[k_N] \in K_X(N)$ définit pour tout $Z \subset X$ fermé un homomorphisme

$$b_{N/X} : K_Z(X) \longrightarrow K_Z(N) \tag{2.4}$$

(comme on verra ci-dessous b_N ne dépend en fait que de la structure spin^c associée à la structure complexe de N, qui est bien définie à homotopie près).

Le théorème de périodicité de Bott (voir encore ci-dessous) implique que b_N est un isomorphisme lorsque $X = Z$ et X est compact. En fait c'en est toujours un lorsque X est de dimension finie; nous admettrons ce résultat, qui se démontre de façon élémentaire — la présence du support Z complique un peu la situation parce que $X - Z$ n'est pas compact même si X et Z le sont. L'inverse de l'homomorphisme de Bott est donné par l'indice des familles d'opérateurs de Toeplitz, que nous décrivons maintenant, et qui est un ingrédient essentiel de la formule de l'indice.

b. Indice d'une famille d'opérateurs de Toeplitz.

Dans ce qui suit nous supposons le fibré N trivial: $N = X \times \mathbf{C}^k$ (le cas général où N est un fibré vectoriel de rang fini quelconque se ramène au cas où N est trivial, du moment que N est complémenté, i.e. qu'il existe un fibré N' tel que $N \oplus N'$ soit trivial).

Soit B un ellipsoïde de $\mathbf{C}^k$, par exemple la boule unité, par exemple l'ellipsoïde B_ε défini par l'inégalité $| \operatorname{Re} z |^2 + \varepsilon^{-2} | \operatorname{Im} z |^2 \leq 1 + \varepsilon$ $(\varepsilon > 0)$. Un opérateur de Toeplitz de degré 0 sur B est un opérateur linéaire continu sur l'espace $\mathcal{O}^0(B)$[6] des fonctions holomorphes de carré sommable sur B, de la forme $A = T_a +$ opérateur compact, où a est une fonction continue sur ∂B, T_a est l'opérateur $u \to B(au)$, et B le projecteur de Bergman $L^2(B) \to \mathcal{O}^0(B)$ (cf. Boutet de Monvel 1). Modulo les opérateurs compacts A ne dépend que de son symbole $a_{|\partial B}$ et on a : $T_a T_b \sim T_{ab}$.

On a une notion de famille continue d'opérateurs de Toeplitz paramétrée par X, dont le symbole est une fonction continue sur $X \times \partial B$, et plus généralement d'opérateur de Toeplitz de type $E \to F$ où E et F sont deux fibrés vectoriels sur X, ou de complexe d'opérateurs de Toeplitz paramétré par X, dont le symbole est un complexe de fibrés sur $X \times \partial B$. Rappelons que A est elliptique si son symbole est exact; c'est alors un complexe de Fredholm.

Nous dirons encore que A est *basique* s'il est de la forme T_a où a ne dépend que de la variable $x \in X$, autrement dit si pour chaque $x \in X$ A_x est l'opérateur $f \to a(x)f$. Pour tenir compte des supports on introduit la définition suivante:

Définition 2.1. *On appelle famille admissible (relativement à Z) d'opérateurs de Toeplitz elliptiques un couple (A, A^t) $(0 \leq t \leq 1)$, où A est une famille elliptique d'opérateurs de Toeplitz d'ordre 0 (de type $E \to F$) sur B, paramétrée par X, inversible hors de Z, et A^t est une homotopie d'opérateurs de Toeplitz inversibles paramétrés par $x \in X - Z$ reliant $A^1 = A_{|X-Z}$ à une famille basique A^0.*

Une famille d'opérateurs de Toeplitz inversible en dehors de Z, et en particulier une famille admissible, a un indice $\operatorname{Ind}_Z(A) \in K_Z(X)$.

[6] Il y a beaucoup d'autres notations pour l'espace de Hardy; nous avons repris le cas $s = 0$ de la notation $\mathcal{O}^s$ utilisée dans Boutet de Monvel 3, inspirée de celle des espaces de Sobolev pour la théorie des opérateurs pseudodifférentiels tout en évitant la lettre H (qui représente trop d'autres choses par ailleurs).

Une famille admissible définit d'autre part un élément $[A]_Z \in K_Z(X \times B)$ comme suit: si (a, a^t) est le symbole de (A, A^t) on pose $a(x, tz) = a(x, z)$ si $t = 1$, $z \in \partial B$, resp. $a^t(x, z)$ si $t \leq 1$, $x \in X - Z$, $z \in \partial B$; a est ainsi bien défini sur $X \times \partial B \cup (X - Z) \times B$ (parce que a^0 est basique). Il définit donc un élément de la K-théorie de $X \times B$ à support dans $Z \times \overset{\circ}{B}$, qui est égale à $K_Z(X \times B)$ (par déformation).

Si a est un complexe de fibrés vectoriels de rang fini sur X exact en dehors de N, son image $a \otimes k_N$ par l'homomorphisme de Bott définit un complexe d'opérateurs de Toeplitz $T_{a\otimes k_N}$ exact en dehors de X, qui se prolonge canoniquement en une famille admissible: $A_t = T_{a\otimes k_N(tz)}$.

Théorème 2.2. *On suppose X métrique de dimension finie. Alors*

(i) *Tout élément $\xi \in K_{Z\times\{0\}}(X \times B)$ est de la forme $[A]_Z^{\text{top}}$ pour une famille admissible $A = (A_X, A^t)$ convenable.*[7]

(ii) *Si $A = (A_X, A_X^t)$ est une famille admissible d'opérateurs de Toeplitz* $\mathrm{Ind}_Z(A)$ *ne dépend que de $[A]_Z^{\text{top}}$.*

(iii) *L'application $[A]_Z^{\text{top}} \to \mathrm{Ind}_Z(A)$ de $K_{Z\times\{0\}}(X \times B)$ dans $K_Z(X)$ ainsi définie est l'inverse de l'homomorphisme de Bott.*

Les résultats i) et ii), ainsi que le fait que l'application canonique $K_Z \to F_Z$ soit un isomorphisme, se démontrent à partir de variantes du résultat suivant: si Y est de dimension finie et si A est une famille continue d'opérateurs de Fredholm sur un fibré hilbertien H, E un sous fibré de rang assez grand de H, il existe une déformation $A_t = A + q_t$, avec q_t compact, $q_0 = 0$ telle que A_1 soit injectif sur $E^\perp$ (la condition est $\mathrm{rg}(E) \geq \mathrm{Ind}(A) + \dim X$ en tout point); on peut dans une telle déformation ne rien bouger sur un ensemble fermé où A est déjà bon, ou forcer A_t à rester inversible sur un ensemble ouvert où A l'est.

Preuve de iii): si a est un complexe de fibrés sur X exact hors de Z, k le complexe de Koszul de $X \times B$, $k^t = k(x, tz)$, $A = T_{a\otimes k}$, $A^t = T_{a\otimes k^t}$, on a par construction $[A]_Z = [k][a] = b([a])$ et il est élémentaire de vérifier $\mathrm{Ind}_Z(A) = [a]$ (l'injection canonique $a \to A$ est un quasi-isomorphisme). Ainsi l'application Ind_Z définie par i) ii) est inverse à gauche de l'homomorphisme de Bott b. Un argument de G. Segal montre alors simplement que c'est aussi un inverse à droite.

2.3 Image directe

a. Structures spin^c.

Soit X comme ci-dessus, et soit N un fibré vectoriel réel de dimension paire sur X. Une structure spin^c[8] sur N est la donnée

(i) d'une métrique euclidienne (continue) sur N

On note C_N l'algèbre de Clifford négative de N: fibré en $\mathbf{C}$-algèbres $\mathbf{Z}_2$-graduées sur X, engendré par le sous fibré vectoriel réel N et les relations $n \cdot n = - \| n \|^2$ pour $n \in N$.

(ii) d'un C_N-module $\mathbf{Z}_2$-gradué $\mathcal{S}_N = \mathcal{S}_N^+ + \mathcal{S}_N^-$ (fibré), simple en tout point de X.

Si N est muni d'une structure spin^c, il est canoniquement orienté: une base orthonormale $e_1, e_2, \dots e_{2n}$ de N_X ($\dim_{\mathbf{R}} N_X = 2n$) est orientée si $e_1 e_2 \cdots e_{2n}\ \xi = i^n \xi$ pour tout $\xi \in \mathcal{S}_{N_X}^+$.

[7] Nous avons noté $\{0\}$ la section nulle de T^*X — aussi notée T_X^*X dans les notes de Schapira-Schneiders.

[8] sur les structure spin^c on pourra aussi consulter l'article de Atiyah-Bott-Shapiro.

Les structures spin^c s'ajoutent: si N et N' sont munis de structures spin^c, $N \oplus N'$ est muni de la métrique somme, et de $\mathcal{S}_{N\oplus N'} = \mathcal{S}_N \otimes^g \mathcal{S}_{N'}$, produit tensoriel gauche, qui est un $C_{N\oplus N'}$-module $\mathbf{Z}_2$-gradué ($C_{N\oplus N'} \sim C_N \otimes^g C_{N'}$). Elles sont complémentées: si N est muni d'une structure spin^c, ainsi que $N' \subset N$ (N' muni de la métrique induite), l'orthogonal $N'' = N'^{\perp}$ est muni de la métrique induite et de $\mathcal{S}_{N''} = \mathrm{Hom}^{\mathrm{gr}}_{C_{N''}}(\mathcal{S}_{N'}, \mathcal{S}_N)$, qui en fait un $C_{N''}$-module simple $\mathbf{Z}_2$-gradué. C'est l'unique structure spin^c sur N'' pour laquelle N, avec sa structure spin^c, soit isomorphe à $N' \oplus N''$.

On peut alors parler de fibré spin^c virtuel et former le groupe K^{spin^c} analogue au groupe $K^{\text{réel}}$ des fibrés vectoriels virtuels; on a un homomorphisme $K^{\mathrm{spin}^c}(X) \to K^{\text{réel}}(X)$.

Exemple. soit E un fibré vectoriel complexe de rang fini, muni d'une métrique hermitienne, et soit N le fibré réel sous-jacent. Alors N est muni d'une structure spin^c canonique, pour laquelle la métrique euclidienne est celle déduite de la métrique hermitienne de E, et

$$\mathcal{S}_N = \Lambda_{\mathbf{C}} E^* \quad (= \Lambda^{\text{pair}}_{\mathbf{C}} E^* \oplus \Lambda^{\text{impair}}_{\mathbf{C}} E^*$$

où E^* désigne le dual de E, l'indice $(\cdot)_{\mathbf{C}}$ signifie qu'il s'agit de l'algèbre extérieure complexe du fibré vectoriel complexe E; la multiplication de Clifford est donnée par

$$n \cdot \omega = n \llcorner \omega - n^* \wedge \omega$$

où $n \in N = E$, $\omega \in \mathcal{S}_N = \Lambda E^*$, et $n^* \in E^*$ est l'élément correspondant à n par la métrique hermitienne ($\omega \to n * \wedge\omega$ est adjoint de $\omega \to n \llcorner \omega$).

Comme les métriques hermitiennes de E sont toutes homotopes la structure spin^c virtuelle définie par la structure ci-dessus ne dépend que de la structure complexe de E.

Le théorème de complémentation ci-dessus montre que si E est un fibré vectoriel réel sur X (pas virtuel), une structure spin^c virtuelle sur E (c'est à dire un élément de $K^{\mathrm{spin}^c}(X)$ dont l'image dans $K^{\text{réel}}(X)$ soit $[E]$) provient d'une vraie structure spin^c sur E, unique à isomorphisme près. Il n'y a pas de résultat semblable pour les structures complexes.

La définition de l'isomorphisme de Bott: $K_Z(X) \to K_Z(N)$, que nous avons donnée lorsque N est un fibré complexe, se prolonge canoniquement au cas où N est un fibré réel muni d'une structure spin^c: c'est la multiplication par $[c_N]$ où $c_N : p^{-1}\mathcal{S}_N^+ \to p^{-1}\mathcal{S}_N^-$ est le morphisme de fibrés sur N défini par le produit de Clifford ($c_N = \delta(k_N)$) lorsque N est un fibré vectoriel complexe muni d'une métrique hermitienne); on voit que l'homomorphisme de Bott $b_{N/X} : [a] \to [c_N][a]$ de $K_Z(X)$ dans $K_Z(N)$ est un isomorphisme lorsque X est compact ou métrique de dimension finie en choisissant un supplémentaire de N c'est à dire un fibré spin^c N' tel que $N \oplus N'$ soit trivial — donc en particulier complexe — et en composant avec $b_{N\oplus N'/N}$.

b. Image directe K-théorique.

On définit alors l'image directe K-théorique $f_* : K_Z(Y) \to K_{Z'}(X)$ lorsque X et Y sont deux variétés, $f : Y \to X$ une application de classe C^1 propre sur Z, $Z' \supset f(Z)$, et f est muni d'une structure spin^c, i.e. on s'est donné une structure spin^c (virtuelle) sur le fibré normal (virtuel) $f^{-1}(TX) - TY$, par exemple une structure complexe virtuelle. Elle est caractérisée axiomatiquement par les conditions suivantes:

(I1) Elle est covariante: $(fg)_* = f_* g_*$

(I2) Elle commute aux changements de base.

(I3) Si X est un fibré vectoriel spin^c sur Y, f la section nulle, munie de la structure spin^c déduite de celle des fibres de X, on a $f_* = b_{X/Y}$ (isomorphisme de Bott).

La signification de (I2) est la suivante: soit un diagramme

$$\begin{array}{ccc} Y' & \xrightarrow{G} & Y \\ {\scriptstyle F}\big\downarrow & & {\scriptstyle f}\big\downarrow \\ X' & \xrightarrow{g} & X \end{array}$$

où X, Y, X', Y' sont des variétés, f, g, F, G sont de classe C^1, f et g sont transverses et Y' s'identifie au produit fibré $Y \times_X X'$, f est muni d'une structure spin^c et F de la structure spin^c qui s'en déduit. On se donne des fermés $Z \subset Y$, $Z' \subset Y'$, $T \subset X$, $T' \subset X'$ tels que $Z' \supset G^{-1}(Z)$, $T' \supset g^{-1}(T)$, $T \supset f(Z)$, $T' \supset F(Z')$. Alors on a $G^{-1} f_* = F_* g^{-1} : K_Z(Y) \to K_{T'}(X')$. En particulier l'image directe commute aux restrictions aux ouverts (cas où g et G sont des plongements ouverts); ainsi si $Y \subset X$ est ouvert $f : Y \to X$ est l'inclusion canonique munie de la structure spin^c triviale, $Z = T$ est fermé dans X, $f_* : K_Z(Y) \to K_Z(X)$ est l'isomorphisme d'excision.

Ceci étant l'image directe f_* est bien définie si f est une projection $Y = X \times \mathbf{C}^n \to X$, comme composé de l'homomorphisme de restriction $K_Z(Y) \to K_B(Y)$ où $B \supset Z$ est un fibré en boules de base T, de rayon assez grand, et de l'inverse de l'isomorphisme de Bott $K_B(Y) \to K_T(X)$. Dans le cas général f spin^c de classe C^1 est composée d'une telle application, d'un plongement ouvert, et de la section nulle d'un voisinage tubulaire spin^c, de sorte que f_* est bien défini par ces axiomes.

Remarque. dans Boutet de Monvel 1 nous avons aussi défini les opérateurs de Toeplitz de degré $\neq 0$, auxquels le théorème d'indice ci-dessus se généralise. Ainsi soit $E^k = \oplus_l E_l^k$ une famille de fibrés gradués sur X. Soit

$$D : \; \cdots E^k \otimes \mathcal{O} \longrightarrow E^{k+1} \otimes \mathcal{O} \longrightarrow \cdots$$

une famille de complexes d'opérateurs différentiels à coefficients holomorphes sur B. On suppose D de degré 0, i.e. D_{ij} est d'ordre $\leq i - j$ si (D_{ij}) est la matrice de D dans la décomposition $E^k = \oplus_l E_l^k$; en particulier $D_{ij} = 0$ si $i < j$, et dans ce cas D est exact comme complexe d'opérateurs différentiels ssi sa partie diagonale d'ordre 0 l'est en tout point de $Y = B \times X$.

Supposons D elliptique, exact hors de Z. Alors à D est canoniquement associée une famille admissible, qu'on construit en deux crans: 1) pour $1/2 \leq t \leq 1$ on pose $D^t = ((2t-1)^{i-j} D_{ij})$; c'est bien défini parce que $D_{ij} = 0$ si $i - j < 0$; $D^{1/2}$ est "diagonal", d'ordre 0. 2) pour $0 \leq t \leq 1/2$ on pose $D^t = D^{1/2}(2tz)$; D^0 est basique.

Le symbole $[D]_Z^{\mathrm{top}}$ associé à cette famille peut encore être décrit ainsi: c'est l'élément de K-théorie associé à $\sigma_D(\eta)$, où η est une section de $X \times T^*B$ de direction voisine de celle de du au voisinage de $X \times \partial B$, où $u = 0$ est l'équation du bord ∂B (une description équivalente est donnée au n°3). Le théorème 2 est donc encore vrai dans ce cas: $\mathrm{Ind}_Z(D) = p_*[D]_Z^{\mathrm{top}}$.

§3. $\mathcal{D}$-Modules

Dans l'introduction nous avons rappelé ce qu'est un système différentiel sur une variété. En fait il est plus commode de décrire les systèmes à coefficients analytiques en termes de $\mathcal{D}$-modules. Ce paragraphe contient un rappel des définitions concernant les $\mathcal{D}$-modules qui forment un cadre naturel pour décrire les systèmes différentiels, et à peu près indispensable pour décrire les opérations fondamentales (images directe ou inverse, etc.) au moyen desquelles s'énonce et se démontre le théorème d'indice dans le cas relatif. Le lecteur pourra aussi se reporter au séminaire Borel et al où ces objets sont décrits avec précision (dans un cadre algébrique), ainsi qu'aux livres de Sato-Kawai-Kashiwara, de Kashiwara 5, Schapira, et de Björk, ou au séminaire de Grenoble 1965 (Boutet de Monvel-Lejeune-Malgrange). Plusieurs opérations sur les $\mathcal{D}$-modules représentent une superposition de nombreuse manipulations et sont commodément décrites en termes de complexes et de catégorie dérivée; nous renvoyons aux mêmes références pour cela, ainsi qu'à Verdier, Borel et al 2, et Kashiwara-Schapira 2.

3.1 $\mathcal{D}$-Modules.

Soit X une variété analytique complexe, ou une variété analytique réelle, que nous considérerons toujours comme le germe d'un variété complexe au voisinage des points réels. On note $\mathcal{O}_X$, ou simplement $\mathcal{O}$, le faisceau des fonctions analytiques sur X et Ω_X, ou Ω, le faisceau des formes différentielles de degré maximum. On note $\mathcal{D}_X$ (ou $\mathcal{D}$) le faisceau des opérateurs différentiels sur X: $\mathcal{D}$ opère à gauche sur $\mathcal{O}$ et à droite Ω. $\mathcal{D}$ est muni d'une filtration croissante canonique, pour laquelle $\mathcal{D}_m$ est le sous-faisceau des opérateurs d'ordre $\leq m$, et pour laquelle le faisceau gradué $\operatorname{gr}\mathcal{D}$ s'identifie au faisceau des sections de l'algèbre symétrique STX, ou au faisceau des fonctions polynomiales à coefficients dans $\mathcal{O}_X$ sur le fibré cotangent T^*X.

Le faisceau $\mathcal{D}$ est cohérent, autrement dit, pour tout homomorphisme de $\mathcal{D}$-modules (à droite ou à gauche) $a\,:\ \mathcal{D}^p \to \mathcal{D}^q$, le faisceau $\ker a$ est localement de type fini sur $\mathcal{D}$. Rappelons qu'un faisceau M de $\mathcal{D}$-modules[9] (à droite ou à gauche) est cohérent s'il est localement engendré sur $\mathcal{D}$ par un nombre fini d'éléments soumis à un nombre fini de relations. Rappelons la définition des bonnes filtrations:

Définition 3.1. *Une bonne filtration sur un $\mathcal{D}_X$-module M à droite (ou à gauche) est une filtration croissante $M = \cup M_k = \cup F_k M$ telle que*

(F1) *M_k est un $\mathcal{O}_X$-module cohérent, nul pour $k << 0$.*
(F2) *$M_k\mathcal{D}_p \subset M_{k+p}$, avec égalité si $k >> 0$.*

La filtration canonique $\mathcal{D} = \cup\mathcal{D}_k$ est bonne. Si un $\mathcal{D}$-module M possède une bonne filtration il est cohérent car, si M est muni d'une bonne filtration, le gradué $\operatorname{gr} M$ est un module gradué cohérent sur le faisceau $\operatorname{gr}\mathcal{D}$ des fonctions polynomiales à coefficients analytiques sur T^*X. Inversement si M est un $\mathcal{D}$-module cohérent, il possède localement de bonnes filtrations[10]. Dans la suite nous supposerons le plus souvent que les $\mathcal{D}$-modules que nous considérerons possèdent une bonne filtration globale, sans nécessairement la préciser (modules globalement bien filtrables).

Définition 3.2. *On appelle variété caractéristique de M et on note* car M *le sous-ensemble analytique conique de T^*X support de $\operatorname{gr} M$ pour une bonne filtration.*

La variété caractéristique car M ne dépend pas du choix d'une bonne filtration sur M, et est donc défini de façon globale (on peut aussi le définir comme support du faisceau $\mathcal{E}\otimes_{\mathcal{D}}$M sur T^*X, où $\mathcal{E}$ est le faisceau des opérateurs microdifférentiels analytiques, pour lequel nous renvoyons à Sato, Kawai, Kashiwara; cette deuxième définition s'étend à n'importe quel

[9] Dans la suite nous parlerons de $\mathcal{D}$-module, en précisant au besoin s'il est à gauche ou à droite, et en omettant le mot faisceau

[10] Il en possède aussi globalement s'il est "algébrique" ou holonôme régulier; mais on ne sait toujours pas si ce résultat d'existence globale est vrai en général.

faisceau de $\mathcal{D}$-modules). Si P est un complexe de $\mathcal{D}$-modules, on note car P la réunion des variétés caractéristiques de ses faisceaux d'homologie.

Sato, Kawai et Kashiwara ont montré que car M est toujours **involutif** lorsque M est cohérent, autrement dit si f et g sont différentiables et s'annulent sur car M, le crochet de Poisson $\{f, g\}$ s'annule aussi sur car M[11].

3.2 Lien avec les systèmes différentiels; solutions.

Dans la suite il sera commode de noter de la même manière les fibrés vectoriels et leurs faisceaux de sections. A un complexe d'opérateurs différentiels

$$p : \cdots E^k \xrightarrow{p_k} E^{k+1} \longrightarrow \cdots \tag{3.1}$$

où les E^k sont des fibrés vectoriels analytiques sur X on associe une complexe de $\mathcal{D}$-modules à droite localement libres

$$P^d : \cdots \longrightarrow \mathcal{E}^k \longrightarrow \mathcal{E}^{k+1} \longrightarrow \cdots \tag{3.2}$$

où $\mathcal{E}^k = \mathrm{Diff}(\mathcal{O}, E^k)$ est le faisceau des opérateurs différentiels de type $\mathcal{O} \to E^k$, la différentielle étant donnée en degré k par $Q \to p_k \circ Q$.

De même on associe à P un complexe de $\mathcal{D}$-modules à gauche localement libres:

$$P^g : \cdots \mathcal{E}'^k \to \mathcal{E}'^{k+1} \cdots \tag{3.3}$$

où $\mathcal{E}'^k = \mathrm{Diff}(E^{-k}, \mathcal{O})$ est le faisceau des opérateurs différentiels de type $E^{-k} \to \mathcal{O}$, et la différentielle en degré k est donnée par $Q \to Q \circ p_{-k-1}$.

Exemples 1. Soit $f : X \to Y$ une submersion. Notons T^*X/Y le fibré cotangent relatif. Le complexe de De Rham relatif $d_{X/Y}$ est le complexe

$$d_{X/Y} : 0 \longrightarrow \mathcal{O}_Y \longrightarrow T^*X/Y \longrightarrow \cdots \wedge^k T^*X/Y \longrightarrow \wedge^{k+1} T^*X/Y \longrightarrow \cdots \tag{3.4}$$

défini par la différentiation extérieure verticale. Il lui correspond un complexe de $\mathcal{D}_X$-modules à droite (en degrés positifs) $\mathrm{DR}^d_{X/Y}$, et un complexe de $\mathcal{D}_X$-modules à gauche (en degrés négatifs) $\mathrm{DR}^g_{X/Y}$. Le symbole de $d_{X/Y}$ est le complexe de l'algèbre extérieure

$$0 \longrightarrow \mathbf{C} \longrightarrow T^*X/Y \longrightarrow \cdots \wedge^k T^*X/Y \longrightarrow \wedge^{k+1} T^*X/Y \longrightarrow \cdots \tag{3.5}$$

dont la différentielle au point $\eta \in T^*X$ est le produit extérieur $\omega \to \eta' \wedge \omega$, où $\eta' \in T^*X/Y$ est la partie verticale de $\eta \in T^*X$.

2. Si $\mathcal{M}$ est un complexe de $\mathcal{O}_X$-modules, on lui associe le $\mathcal{D}_X$-modules à droite

$$M = \mathcal{M} \otimes_{\mathcal{O}_X} \mathcal{D}_X \tag{3.6}$$

[11] On rappelle que le crochet de Poisson est le crochet de Lie défini par $\{f, g\} = \sum \partial f/\partial \xi_j \partial g/\partial x_j - \partial f/\partial x_j \partial g/\partial \xi_j$ pour f, g fonctions différentiables sur T^*X (pour tout choix de coordonnées locales $x_1, \ldots, x_n$ sur X, $\xi_1, \ldots, \xi_n$ désignant les coordonnées duales dans les fibres de T^*X). On a $\sigma_{m+n-1}([P, Q]) = \{\sigma_m(P), \sigma_n(Q)\}$ si P et Q sont deux opérateurs différentiels d'ordres m, n et σ_* désigne le symbole (partie principale).

3. Si $E \xrightarrow{p} Y$ est un fibré vectoriel complexe, X la variété analytique sous-jacente à E, le complexe de Koszul de E est le complexe de $\mathcal{O}_X$-modules (en degrés négatifs)

$$(3.7) \qquad k_E : \cdots p^{-1} \wedge^{-k} E' \longrightarrow p^{-1} \wedge^{-k+1} E' \longrightarrow \cdots p^{-1} E' \longrightarrow \mathcal{O}_X \longrightarrow 0$$

dont la différentielle au point $x \in X = E$ est le produit intérieur $\omega \to x \llcorner \omega$ où E' désigne le fibré dual de E. Il lui correspond un complexe de $\mathcal{D}_X$-modules à droite $K_E^d = k_E \otimes_{\mathcal{O}_X} \mathcal{D}_X$ (il y a de même un $\mathcal{D}_X$-module à gauche K_E^g).

Pour la suite il sera plus commode de travailler dans la catégorie dérivée de la catégorie des $\mathcal{D}$-modules: nous noterons $\mathrm{D}_d^b(\mathcal{D})$ (resp. $\mathrm{D}_g^b(\mathcal{D})$) la catégorie dérivée de la catégorie de $\mathcal{D}$-modules à droite (resp. à gauche), déduite de la catégorie des complexes bornés de $\mathcal{D}$-modules en inversant les quasi-isomorphismes (c'est à dire les morphismes qui induisent un isomorphismes en homologie). Un objet (nous dirons encore par abus "complexe") de $\mathrm{D}_d^b(\mathcal{D})$ est dit cohérent s'il est à cohomologie cohérente.

Faisceau des solutions.

Les faisceaux de solutions du système différentiel (3.1) sont les faisceaux de cohomologie du complexe P de (3.1). Si M est le complexe de $\mathcal{D}$-modules correspondant à P, on notera Sol P l'objet de la catégorie dérivée de la catégorie des faisceaux d'espaces vectoriels complexes défini par le complexe P lui-même; il s'identifie de façon évidente à $P^d \otimes_{\mathcal{D}} \mathcal{O}$ (resp. à $Hom_{\mathcal{D}}(P^g, \mathcal{O})$) où P^d (resp. P^g) est le complexe de $\mathcal{D}$-modules à droite (resp. à gauche) associé à P comme ci-dessus (3.2) resp. (3.3). En général si M est un complexe de $\mathcal{D}$-modules à droite, (resp. à gauche), non nécessairement localement libres, on note $\mathrm{Sol}\, M$ l'objet dérivé $M \otimes_{\mathcal{D}}^L \mathcal{O}$ (resp. $\mathrm{R}\mathcal{H}om_{\mathcal{D}}(M, \mathcal{O})$). Dans ces notes nous travaillerons plutôt avec les $\mathcal{D}$-modules à droite pour lesquels l'image directe est un peu plus simple à décrire; en fait tant qu'on se limite aux complexes de $\mathcal{D}$-modules à cohomologie cohérente, il revient au même de travailler avec les $\mathcal{D}$-modules à droite ou à gauche pour beaucoup des questions qui nous intéressent; en effet si M est un objet cohérent de $\mathrm{D}_d^b(\mathcal{D})$ (resp. $\mathrm{D}_g^b(\mathcal{D})$ à gauche), le dual bête $M' = \mathrm{R}\mathcal{H}om_{\mathcal{D}}(M, \mathcal{D})$[12] est un objet cohérent de $\mathrm{D}_g^b(\mathcal{D})$ (resp. $\mathrm{D}_d^b(\mathcal{D})$); M est canoniquement isomorphe à son bidual et $\mathrm{Sol}\, M = M \otimes_{\mathcal{D}}^L \mathcal{O}$ est canoniquement isomorphe à $\mathrm{Sol}\, M' = \mathrm{R}\mathcal{H}om_{\mathcal{D}}(M', \mathcal{O})$. Dans l'exemple (3.1-3) P^g est le dual bête de P^d.

Il est encore utile d'introduire des faisceaux de solutions dans un cadre un peu élargi: si M est un complexe de faisceaux de $\mathcal{D}$-modules à droite et si N est un complexe de faisceaux de $\mathcal{D}$-modules à gauche, on appelle faisceau des solutions de M à coefficients dans N le complexe $M \otimes_{\mathcal{D}}^L N$, considéré comme objet de la catégorie dérivée de la catégorie des faisceaux d'espaces vectoriels complexes. En pratique dans ce qui suit M sera cohérent et la définition de N reflétera le domaine d'existence des solutions que l'on veut étudier.

3.3 Modules de transfert.

Soient X, Y des variétés analytiques et $f : X \to Y$ une application analytique.

Définition 3.3. *On note $\mathcal{D}_{X\to Y}$ le faisceau sur Y des opérateurs différentiels de type $f^{-1}\mathcal{O}_Y \to \mathcal{O}_X$ (f^{-1} désigne l'image inverse faisceautique); localement un tel opérateur s'écrit sous la forme $u \in \mathcal{O}_Y \to P_X((Q_Y u) \circ f)$ avec $P_X \in \mathcal{D}_X$, $Q_Y \in \mathcal{D}_Y$.*

[12] Il y a d'autres façons d'associer un $\mathcal{D}$-module à droite à un $\mathcal{D}$-module à gauche ou inversement: une usuelle est d'associer à un $\mathcal{D}$-module à gauche M le $\mathcal{D}$-module à droite $M \otimes_{\mathcal{O}} \Omega$

De même on note $\mathcal{D}_{Y\leftarrow X}$ le faisceau sur Y des opérateurs différentiels de type $f^{-1}\Omega_Y \to \Omega_X$, i.e. localement de la forme $\omega \in \Omega_Y \to P_X(f^{-1}(\omega Q_Y))$, avec $Q_Y \in \mathcal{D}_Y$, P_X opérateur différentiel de type $f^*(\Omega_Y) \to \Omega_X$.

$\mathcal{D}_{X\to Y}$ est un $(\mathcal{D}_X, f^{-1}\mathcal{D}_Y)$-bimodule monogène, engendré comme bimodule par l'opérateur $\varepsilon : u \to u\circ f$. De même $\mathcal{D}_{Y\leftarrow X}$ est un $(f^{-1}\mathcal{D}_Y, \mathcal{D}_X)$-bimodule localement monogène (il n'y a pas de générateur canonique).

Exemples 4. Supposons f submersive. Alors $\mathcal{D}_{X\to Y}$ est monogène, de générateur ε, comme $\mathcal{D}_X$-module à gauche; il est plat sur $f^{-1}\mathcal{D}_Y$, de même que $\mathcal{O}_X$ est plat sur $f^{-1}\mathcal{O}_Y$. Le complexe $\mathrm{DR}^g_{X/Y}$ en est une résolution localement libre, d'augmentation $P \in \mathcal{D}_X \to P\circ\varepsilon$.

De même $\mathcal{D}_{Y\leftarrow X}$ est localement monogène comme $\mathcal{D}_X$-module à droite, plat sur $f^{-1}\mathcal{D}_Y$, et $\mathrm{DR}^d_{X/Y}$ est une résolution localement libre de $\mathcal{D}_{Y\leftarrow X}[-\dim X/Y]$.

5. Soit $p : E \to Y$ un fibré vectoriel, et soient X la variété sous-jacente à E, $f : Y \to X$ la section nulle. Alors $f_*(\mathcal{D}_{X\to Y})$ est un $\mathcal{D}_Y$-module à droite de support X, monogène engendré par ε. Il admet pour résolution localement libre le complexe K^d_E déduit du complexe de Koszul (augmentation: $P \in \mathcal{D}_Y \to \varepsilon\circ P$, en degré 0).

3.4 Images directe et inverse.

Si Z est une variété analytique, on notera $\mathrm{D}^b(\mathcal{D}_Z)$ la catégorie dérivée (fabriquée avec les complexes à cohomologie bornée) de la catégorie des $\mathcal{D}_Z$-modules à droite. Soit $f : X \to Y$ un morphisme de variétés analytiques. Si $M \in \mathrm{ob}(\mathrm{D}^b(\mathcal{D}_X))$ l'image directe $f_+(M)$ est l'élément

$$f_+M = \mathrm{R}f_*(M \otimes^L_{\mathcal{D}_X} \mathcal{D}_{X\to Y}) \in \mathrm{ob}(\mathrm{D}^b(\mathcal{D}_Y)) \tag{3.8}$$

Pour $M \in \mathrm{ob}(\mathrm{D}^b(\mathcal{D}_Y))$ on définit l'image inverse $f^+(M)$ par

$$f^+M = f^{-1}(M) \otimes^L_{\mathcal{D}_Y} \mathcal{D}_{Y\leftarrow X}[-d] \in \mathrm{ob}(\mathrm{D}^b(\mathcal{D}_Y)) \quad (d = \dim X - \dim Y) \tag{3.9}$$

($\mathrm{R}f_*$ désigne le foncteur dérivé du foncteur image directe faisceautique, f^{-1} le foncteur image inverse (il est exact), $\otimes^L$ le produit tensoriel dérivé). Il y a des constructions similaires pour les $\mathcal{D}$-modules à gauche.

Exemples 6. Supposons que f soit une immersion fermée. Alors l'image directe f_* est exacte, et $\mathcal{D}_{X\to Y}$ est localement libre sur $\mathcal{D}_X$. Donc si M est un $\mathcal{D}_X$-module à droite, $f_+(M)$ est le $\mathcal{D}_Y$-module (= complexe pur de degré 0)

$$f_+(M) = f_*(M \otimes_{\mathcal{D}_X} \mathcal{D}_{X\to Y}) \tag{3.10}$$

D'après M. Kashiwara, $M \to f_+(M)$ est dans ce cas une équivalence de la catégorie des $\mathcal{D}_X$-modules à droite sur la catégorie des $\mathcal{D}_Y$-modules à droite portés par $f(X)$ (i.e. dont toute section est tuée par une puissance de l'idéal de définition de $f(X)$); elle admet pour équivalence inverse (à homotopie près) le foncteur $N \to f^+N[2d]$. En outre f préserve la cohérence: $f_+(M)$ est $\mathcal{D}_Y$-cohérent si et seulement si M est $\mathcal{D}_X$-cohérent (tout ceci marche aussi bien pour les $\mathcal{D}$-modules à droite ou à gauche).

7. Image inverse submersive (cf. Boutet de Monvel-Malgrange; aussi Honda, J. Fac. Sci. Tokyo 38, 351-358 (1991)). Supposons que f soit une submersion de dimension relative $d = \dim X/Y$. Notons $\mathcal{D}_{X/Y}$ le faisceau des opérateurs différentiels relatifs, et $T_{X/Y}$ le fibré tangent relatif, dont le faisceau des sections s'identifie au sous faisceau des champs de vecteurs verticaux dans $\mathcal{D}_{X/Y}$. On notera $H \subset T^*X$ le fibré des covecteurs horizontaux: c'est l'orthogonal de $T_{X/Y}$ et l'application cotangente ${}^t f'$ est un isomorphisme de $X \times_Y T^*Y$ sur H.

Les modules de transfert $\mathcal{D}_{X\to Y}$ et $\mathcal{D}_{Y\leftarrow X}$ sont plats sur $f^{-1}\mathcal{D}_Y$, et $\mathrm{DR}^g_{X/Y}$ est une résolution de $\mathcal{D}_{X\to Y}$ (resp. $\mathrm{DR}^d_{X/Y}$ est une résolution du module décalé $\mathcal{D}_{Y\leftarrow X}[-d]$, cf. exemple 4). Le produit tensoriel total $\mathcal{D}_{Y\leftarrow X} \otimes^L_{\mathcal{D}_X} \mathcal{D}_{X\to Y}[-d]$ est quasi-isomorphe à $\mathrm{DR}^d_{X/Y} \otimes_{\mathcal{D}_X} \mathcal{D}_{X\to Y}$ donc à $f^{-1}\mathcal{D}_Y$ (localement X est un produit $Z \times Y$ et le complexe ci-contre s'identifie au complexe des f-opérateurs différentiels de type $\mathcal{O}_Y \to \Omega_{X/Y}$, i.e. de la forme $P(z, y, \frac{\partial}{\partial y})$, à coefficients formes relatives, muni de la différentielle $P \to d_{X/Y}P$; la cohomologie se réduit aux opérateurs dont les coefficients ne dépendent pas de z en degré 0, et est nulle en degré > 0).

Si M est un $\mathcal{D}_Y$-module à gauche on a $f^+M \approx \mathcal{D}_{X\to Y} \otimes_{f^{-1}\mathcal{D}_Y} f^{-1}M$, parce que f^{-1} est exact et $\mathcal{D}_{X\to Y}$ plat sur $f^{-1}\mathcal{D}_Y$; en particulier f^+M est pur de degré 0. Or on a $\operatorname{car} f^+M = F\overline{f}^{-1}(\operatorname{car} M) \subset \operatorname{car} d_{X/Y} = H$ où $\overline{f}$ désigne la projection $X \times_Y T^*Y \to T^*Y$ et F l'application cotangente $X \times_Y T^*Y \to H \subset T^*X$); enfin f^+M est "régulier le long de H", i.e. il possède une bonne filtration $f^+M = \cup N_k$ telle que $T_{X/Y}N_k \subset N_k$ ($\Leftrightarrow \mathcal{D}_{X/Y}N_k \subset N_k$), par exemple celle déduite d'une bonne filtration de M: $N_k = \sum_{p+q=k} \mathcal{D}_{X\to Y,p} \otimes f^{-1}M_q$. Enfin le sous faisceau des sections de f^+M annulées par $T_{X/Y}$ s'identifie à $\mathcal{D}_{Y\leftarrow X} \otimes_{\mathcal{D}_X} f^+M \approx f^{-1}M$, de sorte que le morphisme canonique $M \to f_+f^+M$ est un isomorphisme si Y est un germe de variété analytique au voisinage d'une section continue de f (ou plus généralement si f est relativement contractile).

On vérifie qu'inversement, un $\mathcal{D}_Y$-module cohérent à gauche N tel que $\operatorname{car} N \subset H$, régulier le long de H, est localement, au voisinage de tout point de X, isomorphe à une image inverse f^+M où M est un $\mathcal{D}_Y$-module cohérent (M est isomorphe au $\mathcal{D}_Y$-module des sections de N annulées par $T_{X/Y}$ au voisinage de ce point; N est globalement isomorphe à une image inverse f^+M si de plus X/Y est relativement connexe et le faisceau de ses sections de N annulées par $T_{X/Y}$ n'a pas de monodromie relative, en un sens que nous laissons au lecteur le soin de préciser; ceci est en particulier le cas si X est un germe de variété analytique au voisinage d'une section continue de f, ou si f est relativement contractile, et on a alors $N \approx f^+f_+N$).

Dualement, si M est un $\mathcal{D}_Y$-module à droite cohérent, f^+M est un complexe de $\mathcal{D}_X$-modules cohérent, pur de degré $d = \dim X/Y$, à caractéristique $\subset H$ et régulier le long de H; et inversement si N est un $\mathcal{D}_X$-module à droite cohérent, à caractéristiques $\subset H$ et régulier le long de H, N est isomorphe à f^+f_+N si Y est le germe d'une variété au voisinage d'une section de f (ou si f est relativement contractile), de sorte que f^+ et f_+ sont encore dans ce cas des équivalences de catégories inverses l'une de l'autre comme plus haut. (Dans le cas général le germe N_s de N le long d'une section continue s de f est isomorphe à $f^+f_+N_s$, et on peut énoncer une condition de monodromie relative analogue à celle ci-dessus qui assure que N soit globalement une image inverse, bien que l'analogue du faisceau des sections annulées par $T_{X/Y}$ ne soit plus un sous faisceau de N comme dans le cas des modules à gauche).

8. Soit X une variété complexe. Notons $\overline{X}$ la variété complexe conjuguée, et $X_{\mathbf{R}}$ la variété réelle sous-jacente: diagonale de $X \times \overline{X}$ munie de la restriction de $\mathcal{O}_{X\times X}$ (ou ce qui revient au même, germe de la diagonale dans $X \times \overline{X}$). Soit $f : X_{\mathbf{R}} \to X$ la projection. Le complexe de De Rham relatif $d_{X_{\mathbf{R}}/X}$ est le complexe de Dolbeault ($\overline{\partial}$ ou d''). Si M est un $\mathcal{D}_X$-module, on note $M_{\mathbf{R}} = f^+(M)$ (c'est le produit tensoriel externe complété analytiquement de M et d''); si M correspond à un système d'équations différentielles, $M_{\mathbf{R}}$ correspond au même système, auquel on a adjoint le système des équations de Cauchy-Riemann, sur $X_{\mathbf{R}}$. L'exemple 7 montre que $M \to M_{\mathbf{R}}$ est une équivalence de la catégorie des $\mathcal{D}_X$-modules sur la catégorie des $\mathcal{D}_{X\mathbf{R}}$-modules à caractéristiques $\subset \operatorname{car} d''$, réguliers le long de $\operatorname{car} d''$; l'image directe f_+ est une équivalence inverse: l'homomorphisme canonique $M \to f_+(M_{\mathbf{R}})$ est un isomorphisme.

Remarque. On a $(fg)_+ = f_+g_+$ si g est propre, en particulier si c'est une immersion fermée. En outre l'image directe propre f_+ commute aux changements de base submersifs: si $g : X' \to X$ est submersive, $Y' = Y \times_X Y$ et $F : Y' \to X'$, $G : Y' \to Y$ sont les projections, on a $G^+f_+ = F_+g^+$ (si f est propre).

3.5 Symbole, élément K-théorique associé à un $\mathcal{D}$-module

Soit X une variété complexe, ou analytique réelle comme ci-dessus, et M un $\mathcal{D}$-module. Si Z est une partie conique fermée de T^*X contenant $\operatorname{car} M$ on note:

$$[M]_Z^{\mathrm{an}} \in K^{\mathrm{an}}(T^*X) \tag{3.11}$$

l'élément du groupe de Grothendieck des $\operatorname{gr}\mathcal{D}_X$-modules cohérents à support dans Z défini par $\operatorname{gr} M$. Si Z est conique de base compacte, $[M]_Z^{\mathrm{an}}$ ne dépend que de M, et pas du choix d'une bonne filtration. (cf. Sato-Kawai-Kashiwara, Björk, ou le séminaire Boutet de Monvel-Lejeune-Malgrange). $[M]_Z^{\mathrm{an}}$ est encore défini si M est un complexe borné de $\mathcal{D}$-modules, à cohomologie bien filtrée, à caractéristiques dans Z: $[M]_Z^{\mathrm{an}} = \sum(-1)^j[H^jM]_Z^{\mathrm{an}}$.

Toujours sous les hypothèses ci dessus, on définit l'élément[13]

$$[M]_Z^{\mathrm{top}} \in K_Z(T^*X) \tag{3.12}$$

par les trois conditions suivantes:

(ST1) $[M]_Z^{\mathrm{top}}$ est additif: si $0 \to M' \to M \to M'' \to 0$ est une suite exacte de $\mathcal{D}_X$-modules bien filtrés, à caractéristiques $\subset Z$, on a $[M]_Z^{\mathrm{top}} = [M']_Z^{\mathrm{top}} + [M'']_Z^{\mathrm{top}}$.

(ST2) Si $M = \operatorname{Diff}(\mathcal{O}, P)$ provient d'un complexe P d'opérateurs différentiels tel que le symbole $\sigma(P) = \operatorname{gr} P$ soit exact en dehors de Z, on a

(3.13)

$[M]_Z^{\mathrm{top}} = [\sigma(P)]_Z$, élément de $K_Z(T^*X)$ défini par le complexe de fibrés $\sigma(P)$[14].

---

[13] L'homomorphisme $K_Z^{\mathrm{an}}(X) \to K_Z^{\mathrm{top}}(X)$ a été défini par Baum-Fulton-Mac Pherson lorsque X est projectif, qui utilisent une déformation au cône normal. La définition présenté ici passe par la variété réelle sous-jacente à X, qui n'est pas supposée projective. Ce passage au réel fait perdre toute l'information modulaire contenue dans $K_Z^{\mathrm{an}}(X)$, mais on retrouve bien sûr la définition de Baum-Fulton-Mac Pherson dans le cas projectif.

Si $f : X \to Y$ est une submersion, notons $F : f^{-1}T^*Y = X \times_Y T^*Y \hookrightarrow T^*X$ l'application cotangente. Son image $H \subset T^*Y$ est l'ensemble des covecteurs horizontaux. Notons $\overline{f} : f^{-1}T^*Y \to T^*Y$ la projection. Le $\mathcal{D}_X$-module à droite $\mathcal{D}_{X\to Y}$ est bien filtré, et on a

$$\text{(3.14)} \qquad \operatorname{car}(f^+(M)) = F\overline{f}^{-1}(\operatorname{car} M) \subset H.$$

La troisième condition s'énonce alors :

(ST3) Si $f : X \to Y$ est une submersion, et si M est un $\mathcal{D}_Y$-module à droite bien filtré, on a avec les notations ci-dessus, et $Z \supset \operatorname{car} M$, $f^+Z = F\overline{f}^{-1}(Z)$

$$\text{(3.15)} \qquad [f^+M]^{\text{top}}_{f^+Z} = \overline{f}^{-1}[M]^{\text{top}}_Z \cdot (-1)^d [\mathcal{D}_{X\to Y}]^{\text{top}}_{Z'} = \widetilde{F}_* \overline{f}^{-1}[M]^{\text{top}}_Z \quad (d = \dim X/Y)$$

où $\widetilde{F}_*$ désigne le conjugué de l'image K-théorique (multiplication par l'élément de $K_{Z'}(T^*X)$ correspondant au complexe de l'algèbre extérieure, symbole de $d_{X/Y}$).

Ces axiomes permettent de construire $[M]^{\text{top}}_Z$ lorsque X est compact dans une variété de Stein, car M possède alors une bonne résolution localement libre au voisinage de X, dont le symbole fournit $[M]$. Dans le cas général, $X_{\mathbf{R}}$ est de Stein, donc $[M_{\mathbf{R}}]^{\text{top}}_{Z_{\mathbf{R}}}$ est défini et l'homomorphisme F_*f^{-1} de $K_Z(T^*X)$ dans $K_{fZ}(T^*X_{\mathbf{R}})$ est bijectif dans ce cas. En se ramenant au cas où X est réelle on démontre de façon analogue:

Proposition 3.1. *Soit $f : X \to Y$ une immersion fermée, M un $\mathcal{D}_X$-module bien filtré, $Z = \operatorname{car} M$. Alors f_+M est bien filtré, on a $\operatorname{car} f_+M = \overline{f}F^{-1}(Z)$, et*

$$\text{(3.16)} \qquad [f_+M]^{\text{top}}_{Z'} = \overline{f}_*F^{-1}[M]^{\text{top}}_Z \quad \textit{(image K- théorique)}$$

(où $\overline{f} : f^{-1}(T^*Y) \to T^*Y$ est la projection, et $F : f^{-1}(T^*Y) \to T^*X$ l'application cotangente)

Remarque. si $\mathcal{M}$ est un $\mathcal{O}_Y$-module cohérent de support Z, on note $[\mathcal{M}]^{\text{top}}_Z \in K_Z(Y)$ l'élément dont l'image inverse est $[\mathcal{M} \otimes_{\mathcal{O}_Y} \mathcal{D}_Y]^{\text{top}}_{p^{-1}Z} \in K_{p^{-1}Z}(T^*Y)$. Il résulte de la proposition 1 que cette définition commute aux immersions fermées. Cette définition coïncide évidemment avec celle de Baum, Fulton, Mac Pherson lorsque Y est une variété et $\mathcal{M}$ admet une résolution localement libre finie (par exemple Y de Stein ou projective), donc dans tous les cas; dans l'article de Baum, Fulton, Mac Pherson le résultat sur l'image directe immersive est démontré par "déformation au cône normal".

§4. Cas absolu. Presqu'ellipticité.

Nous décrivons maintenant le théorème d'indice dans le cas absolu, c'est à dire pour un opérateur différentiel elliptique, ou un complexe elliptique d'opérateurs différentiels. Le théorème dans le cas absolu s'étend assez facilement au cas des familles de tels opérateurs dépendant continûment d'un paramètre (l'indice est alors un fibré virtuel sur l'espace des paramètres), et au cas des systèmes équivariants sous l'action d'un groupe compact G (l'indice est alors un élément de l'anneau $R(G)$ des représentations de dimension finie de G).

Le théorème d'indice d'Atiyah et Singer s'occupe des solutions C^∞ dans un domaine donné; pour un système elliptique ce sont les mêmes que les solutions distributions ou que les solutions analytiques s'il s'agit d'un complexe à coefficients analytiques et comme annoncé (parce que cela ne limite pas la généralité de la formule) nous nous limiterons à l'étude de l'indice pour les solutions analytiques d'opérateurs à coefficients analytiques.

Soit donc X une variété analytique complexe, ou une variété analytique réelle, que, comme précédemment, nous considérerons comme germe d'un variété complexe au voisinage des points réels. Le premier ingrédient de la formule d'indice est la donnée d'un $\mathcal{D}_X$-module (ou d'un objet de $D^b_d(\mathcal{D})$), représentant un système différentiel X. Les solutions analytiques de ce système correspondent à l'élément $\mathrm{Sol}(M, \mathcal{O}_X) = M \otimes^L_{\mathcal{D}} \mathcal{O}_X$ de la catégorie dérivée de la catégorie des faisceaux de $\mathbf{C}$-espaces vectoriels sur X. Pour le théorème d'indice nous devrons en outre préciser le domaine de définition U dans lequel nous calculons les solutions:

(4.1) si U est une partie fermée de X, nous notons $\mathcal{O}_U$ le faisceau des germes de fonctions holomorphes au voisinage de U, et $\mathrm{Sol}(M, \mathcal{O}_U) = M \otimes^L_{\mathcal{D}} \mathcal{O}_U$ (c'est un objet de $D^b_d(\mathcal{D})$).

Plus généralement on peut examiner le faisceau $\mathrm{Sol}(M, F) = M \otimes^L_{\mathcal{D}} F$ des solutions de M à coefficients dans un faisceau F de $\mathcal{D}$-modules à gauche et l'indice $\mathrm{Ind}(M, F)$ est la caractéristique d'Euler de $\mathrm{R}\Gamma(\mathrm{Sol}(M, F))$, somme alternée des dimensions des groupes d'hypercohomologie, lorsque ceux-ci sont de dimension finie[15]. Dans ses conférences Schapira montrera comment étudier le cas $F = \mathcal{O}_X \otimes \phi$ où ϕ est un faisceau "réel-constructible" sur X (i.e. tel qu'il existe une stratification sous-analytique réelle sur les strates desquelles ϕ est à cohomologie localement constante), et comment on peut associer à un tel faisceau une classe d'Euler qui intervient dans la formule d'indice. Nous nous contenterons ici, en nous inspirant du travail de M. Ohana, du cas où F est le faisceau $\mathcal{O}_U$ des germes de fonctions holomorphes au voisinage d'un sous-variété à bord analytique réelle U fermée dans X, ce qui correspond au cas $\phi = \mathbf{C}_U$ (image directe sur X du faisceau constant $\mathbf{C}$ sur U): le complexe qui décrit les germes de solutions de M au voisinage de U est $\mathrm{R}\Gamma\,\mathrm{Sol}(M, \mathcal{O}_U)$ $(= \mathrm{R}\Gamma(U, \mathrm{Sol}(M, \mathcal{O}_X), U))$, et l'indice $\mathrm{Ind}(M, \mathcal{O}_U)$ est la caractéristique d'Euler de ce complexe. Deux cas nous intéressent particulièrement: celui où U est une sous variété totalement réelle de X, qui correspond à l'étude des systèmes elliptiques sur une variété réelle, et celui où U est un "ouvert à bord" de X, i.e. a même dimension que X.

4.1 $\mathcal{D}$-modules elliptiques.

Soit M un complexe de $\mathcal{D}$-modules sur X et U une partie fermée de X. En nous inspirant de Kashiwara et Schapira, nous noterons $\mathrm{SS}\,U$ le micro-support de U: lorsque U est assez régulier (par exemple une variété à coins), c'est l'ensemble des covecteurs de partie réelle sortante sur U, c'est à dire les covecteurs ξ de base $x \in U$ tels que $\langle \mathrm{Re}\,\xi, f\rangle \geq 0$ pour toute fonction f réelle de classe C^1 négative sur U. Par exemple si U est un ouvert à bord de X, $\mathrm{SS}\,U$ est la réunion de la section nulle de U et du fibré normal sortant du bord. Si U est une sous-variété totalement réelle, sans bord, $\mathrm{SS}\,U$ est la partie purement imaginaire de $U \times_X T^*X$ (restriction à U du fibré cotangent de X). Dans ce qui suit nous nous limiterons au cas où U est une sous-variété à bord analytique réelle de X, ou occasionnellement un produit de telles variétés (variété à coins).

Comme indiqué plus haut nous notons $\mathrm{Sol}(M, \mathcal{O}_U) = M \otimes^L_{\mathcal{D}} \mathcal{O}_U$ le complexe des solutions de M à coefficients dans $\mathcal{O}_U$ et $\mathrm{Ind}(M, \mathcal{O}_U)$ l'indice de ce complexe, s'il existe.

[15] Dans la formule usuelle F est un faisceau des fonctions C^∞ ou analytiques réelles, et les $\mathrm{R}^j\Gamma(X, F)$ sont nuls pour $j > 0$. En général on doit tenir compte $\mathrm{R}^j\Gamma(X, F)$ dans la formule de l'indice.

Définition 4.1. *On dit que M est elliptique le long de U*[16] *si* $\operatorname{car} M \cap \mathrm{SS}\, U$ *est contenu dans la section nulle.*

Lorsque U est une sous-variété complexe à bord de X, de même dimension que X, ceci signifie que ∂U est non caractéristique pour M. Si U est totalement réelle sans bord, $\mathrm{SS}\, U$ est l'ensemble des covecteurs imaginaires purs aux points de U, et la définition équivaut à la définition usuelle, i.e. que la variété caractéristique $\operatorname{car} M$ ne contienne pas de covecteur imaginaire pur (ou réel) non nul au dessus de U. Si U est totalement réelle avec bord, la condition $\operatorname{car} M \cap \mathrm{SS}\, U \subset \{0\}$ aux points du bord de ∂U signifie qu'en outre la condition d'ellipticité au bord de Shapiro Lopatinsky y est satisfaite, sans qu'il y ait à ajouter de condition limite. Dans tous ces cas on sait que l'espace des solutions globales est de dimension finie si de plus U est compact.

4.2 $\mathcal{D}$-modules presqu'elliptiques.

Pour démontrer le théorème d'indice nous nous ramènerons au cas où U est une boule ou un ellipsoïde dans un espace numérique $\mathbf{C}^n$ en remplaçant le $\mathcal{D}$-module M par son image directe par un plongement dans une telle boule. Il est évident que l'image directe d'un $\mathcal{D}$-module elliptique par une immersion de codimension > 0 n'est pas elliptique en général, car la variété caractéristique d'un $\mathcal{D}$-module porté par une sous variété stricte contient en général les points du fibré conormal de cette sous-variété; mais on peut remédier de façon raisonnable à ceci en généralisant la notion d'ellipticité.

Définition 4.2. *Si U est une partie compacte de X on appelle famille adaptée de voisinages de U une famille fondamentale décroissante U_ε ($\varepsilon > 0$) de voisinages de U telle que $\mathrm{SS}\, U_\varepsilon$ dépende continûment de ε et tende vers $\mathrm{SS}\, U$ pour $\varepsilon \to 0$.*

Dans le cas auquel nous nous limitons, U est une sous variété à bord analytique réelle compacte de X, et il possède toujours une telle famille de voisinages; par exemple

(4.2) $U_\varepsilon =$ l'ensemble des $x \in X$ tels que $\delta^2 + 2\varepsilon u \leq \varepsilon^2$,

où δ est la distance pour une métrique hermitienne analytique[17] sur X, et U une fonction analytique réelle négative ($u < 0$) dans l'intérieur de U, et qui s'annule transversalement sur le bord ∂U ($u = 0$ et $\operatorname{Re} d u$ non orthogonal à TU le long de ∂U).

En fait, dans ce choix ci dessus $\mathrm{SS}\, U_\varepsilon$ est une déformation de topologie constante de $\mathrm{SS}\, U$. Comme $\mathrm{SS}\, U_\varepsilon$ se déforme aussi sur l'intérieur de U_ε, il possède un voisinage structure spin^c (en fait presque complexe) canonique (à homotopie près) ainsi à la limite que $\mathrm{SS}\, U$. Suivant Ohana, nous définissons l'élément canonique $[\mathcal{O}_U] \in K_{\mathrm{SS}\, U}(T^*X)$, image du fibré trivial de $\mathrm{SS}\, U$ par l'application de Bott $K(\mathrm{SS}\, U) \to K_{\mathrm{SS}\, U}(T^*X)$.

Si M est un $\mathcal{D}$-module cohérent non caractéristique le long de ∂U_ε pour ε assez petit (c'est à dire $\operatorname{car} M \cap \mathrm{SS}\, U_\varepsilon \subset \{0\}$ pour ε assez petit), le théorème de prolongement de Bony et Schapira, qui s'appuie sur une généralisation du théorème de Cauchy-Kowalewski, montre que pour tous ε, ε' assez petits avec $\varepsilon > \varepsilon'$ l'homomorphisme $\mathrm{Sol}(M, \mathcal{O}_{U_\varepsilon}) \to \mathrm{Sol}(M, \mathcal{O}_{U_{\varepsilon'}})$, de restriction de U_ε à $U_{\varepsilon'}$ est un quasi-isomorphisme. Alors à la limite l'homomorphisme de restriction $\mathrm{Sol}(M, \mathcal{O}_{U_\varepsilon}) \to \mathrm{Sol}(M, \mathcal{O}_U)$ est un quasi-isomorphisme pour ε petit. Ceci motive la définition suivante:

[16] ou, comme Schapira et Schneiders, que la paire (M, U) est elliptique

[17] métrique Riemannienne conviendrait aussi bien ici car la définition de $\mathrm{SS}\, U$ est en fait purement réelle

Définition 4.3. *On dit que M est presqu'elliptique le long de U (ou simplement presqu' elliptique) s'il existe une famille adaptée U_ε de voisinages tubulaires de U telle que M soit elliptique sur U_ε (car $M \cap \mathrm{SS}\, U_\varepsilon \subset \{0\}$) pour ε assez petit.*

Exemples 1. Un module elliptique est évidemment presqu'elliptique.

2. Le produit direct de deux modules presqu'elliptiques est presqu'elliptique. En effet soient X, X' des variétés complexes, U et U' des parties de X et X', M et M' des $\mathcal{D}$-modules cohérents sur X et X' presqu'elliptiques le long de U resp. U', U_ε U'_ε des systèmes adaptés de voisinages sur lesquels M et M' sont elliptiques. Alors $U_\varepsilon \times U'_\varepsilon$ est un système adapté de voisinages de $U \times U'$ sur lesquels le produit direct de M et M' est elliptique: on a en effet $\mathrm{SS}(M \otimes M') = \mathrm{SS}\, M \times \mathrm{SS}\, M'$, $\mathrm{SS}(U_\varepsilon \times U'_\varepsilon) = \mathrm{SS}\, U_\varepsilon \times \mathrm{SS}\, U'_\varepsilon$ et il est immédiat que $M \otimes M'$ est elliptique le long de $U_\varepsilon \times U'_\varepsilon$ (le lecteur vérifiera qu'on peut encore arrondir les angles de $U_\varepsilon \times U'_\varepsilon$ pour fabriquer une famille adaptée de voisinages tubulaires de $U \times U'$ qui soient des variétés à bord si U et U' sont des variétés à bord).

3. Soient X, U comme ci dessus, f une immersion fermée $X \to X'$. et M un $\mathcal{D}$-module cohérent sur X. Si M est presqu'elliptique relativement à U (en particulier s'il est elliptique), $f_+ M$ est presqu'elliptique relativement à $f(U)$. En effet le module $\delta = \mathcal{D}/\sum z_j \mathcal{D}$ sur $\mathbf{C}^n$ (ou $\mathbf{R}^n$) est évidemment presqu'elliptique (relativement à n'importe quel U puisqu'il est nul en dehors de 0); et localement l'image directe $f_+ M$ est isomorphe à un produit direct $M \otimes \delta$.

4. Un module holonôme est presqu'elliptique le long de toute sous variété réelle à bord U (cf. Boutet de Monvel 2). En effet choisissons $U_\varepsilon = \{\delta^2 + 2\varepsilon \,\mathrm{Re}\, u \le \varepsilon^2\}$, de sorte que les ∂U_ε sont les surfaces de niveau de la fonction $v = -u + \sqrt{\delta^2 + u^2}$. Soit N l'espace analytique réel défini par la section ∂v, et $\Lambda = \mathrm{car}\, N$. Sur $N \cap \Lambda$ on a $\partial v = 0$ ($\partial v = \sum \zeta_j dz_j$ dans n'importe quel système de coordonnées, et $\sum \zeta_j dz_j$ est nulle sur Λ). Comme v est réelle on a aussi $\overline{\partial} v = 0$ sur l'ensemble des points réels de $N \cap \Lambda$ de sorte que v est localement constante sur cet ensemble. Comme $N \cap \Lambda$ est un ensemble analytique réel, 0 est une valeur isolée de v sur $N \cap \Lambda$ ce qui signifie que M est elliptique le long de U_ε pour ε assez voisin de 0.

4.3 Formule de l'indice.

Si M est presqu'elliptique et U compact, les applications de restriction $\mathcal{O}_{U_\varepsilon} \to \mathcal{O}_{U_{\varepsilon'}}$ sont compactes pour ε, ε' petits, $\varepsilon > \varepsilon'$, et il résulte alors de ce qui précède que la cohomologie des complexes $\mathrm{Sol}(M, \mathcal{O}_{U_\varepsilon})$ (ε petit) et donc aussi celle de $\mathrm{Sol}(M, \mathcal{O}_U)$ est de dimension finie, et que ces complexes ont le même indice. Ceci reste vrai plus généralement si $\mathrm{supp}\, M \cap U$ est compact. On peut alors énoncer le théorème de l'indice:

Théorème 4.4. *Si M est elliptique le long de U, et $\mathrm{supp}\, M \cap U$ compact, la cohomologie de $\mathrm{Sol}(M, \mathcal{O}_U)$ est de dimension finie et l'indice est l'image K-théorique par l'application $T^*X \to$ point du produit $[M]_{\mathrm{car}\, M}[\mathcal{O}_U]_{\mathrm{SS}\, U} \in K_{\mathrm{car}\, M \cap \mathrm{SS}\, U}(T^*X)$ dans $K(\text{point}) \approx \mathbf{Z}$.*

Notons que le support de $[M]_{\mathrm{car}\, M}[\mathcal{O}_U]_{\mathrm{SS}\, U}$ est contenu dans l'intersection compacte $\mathrm{car}\, M \cap \mathrm{SS}\, U$, et que l'application $E \to \dim E$ identifie $K(\text{point})$ à $\mathbf{Z}$.

Dans les cas auxquels nous nous sommes limités (U variété à bord analytique réelle) $[\mathcal{O}_U]_{\mathrm{SS}\, U}$ est l'élément de Bott du plongement $\mathrm{SS}\, U \to T^*X$, et le produit $[M]_{\mathrm{car}\, M}[\mathcal{O}_U]_{\mathrm{SS}\, U}$ est l'image par l'isomorphisme de Bott de la restriction ξ de $[M]_{\mathrm{car}\, M}$ à $\mathrm{SS}\, U$, qui est un élément de $K_{\mathrm{car}\, M \cap \mathrm{SS}\, U}(\mathrm{SS}\, U)$; l'indice est donc aussi bien l'image K-théorique de ξ dans $K(\text{point}) = \mathbf{Z}$, de $[M]_{\mathrm{car} M | \mathrm{SS}\, U}$, comme indiqué dans Boutet de Monvel-Malgrange.

Dans le cas d'un système presqu'elliptique il convient de remplacer le produit $[M]_{\mathrm{car}\, M}[\mathcal{O}_U]_{\mathrm{SS}\, U}$ (ou la restriction $[M]_{\mathrm{car}\, M\,|\mathrm{SS}\, U}$) par l'élément qu'on obtient en passant à la limite par déformation à partir des U_ε.

Indication de démonstration. Réductions diverses: en utilisant les remarques ci-dessus nous pouvons de diverses façons réduire le cas général à des cas où la géométrie de f est plus simple. Tout d'abord les deux membres du théorème de l'indice ne changent pas (par définition dans le cas presqu'elliptique) si on remplace U par un voisinage tubulaire U_ε convenable. Ceci permet de ramener le cas où U (ou X) est totalement réel au cas où U est "ouvert à bord" complexe. Il est d'autre part immédiat que l'énoncé du théorème d'indice est compatible avec les images inverses submersives relativement contractiles de l'exemple 3.7; en particulier on peut remplacer X par $X_{\mathbf{R}}$ et M par $M_{\mathbf{R}}$, et se ramener ainsi au cas où X et M sont réels.

Le théorème de l'indice pour les $\mathcal{D}$-modules presqu'elliptique est aussi évidemment invariant par immersion fermée. Or il est toujours possible de plonger analytiquement une variété à bord analytique réelle $(X, \partial X)$ dans une boule euclidienne $(B, \partial B)$ (de sorte que X coupe transversalement ∂B le long de ∂X); moyennant tout ceci on se ramène ainsi au cas où X est une variété réelle, plongée dans un espace numérique $\mathbf{R}^n$ et $U = X \cap B$, où B est la boule unité de $\mathbf{R}^n$ pour la métrique euclidienne usuelle de $\mathbf{R}^n$; puis par plongement de M, au cas où $X = \mathbf{R}^n$, $U = B$.

On peut enfin remplacer B par un des ellipsoïdes complexes B_ε (définis par $\| \operatorname{Im} z \|^2 + 2\varepsilon(\| \operatorname{Re} z \|^2 - 1) \le \varepsilon^2$) qui en forment un système fondamental adapté de voisinages tubulaires. Dans ce dernier cas le groupe K-théorique $K_{\mathrm{SS}\, B_\varepsilon}(T^*\mathbf{C}^n)$ est canoniquement isomorphe (par l'isomorphisme de Bott) à $K_B(\mathrm{SS}\, B) \approx K_{\{0\}}(B)$ et ce dernier est le groupe libre engendré par le symbole du complexe de Koszul (toujours l'isomorphisme de Bott): le théorème d'indice est vrai, par construction, pour le complexe de Koszul et est donc ainsi établi dans tous les cas.

4.4 Formule de l'indice avec paramètres.

Comme l'ont montré Atiyah, Segal et Singer, le théorème de l'indice se généralise bien au cas d'un système elliptique dépendant d'un paramètre, ou au cas d'un système équivariant sous l'action d'un groupe compact.

Dans le cas d'une famille de systèmes elliptiques dépendant d'un paramètre, l'analogue analytique se décrit comme suit: on se donne d'abord une submersion $f : X \to Y$ de variétés analytiques (réelles ou complexes), et un complexe M de $\mathcal{D}$-modules relatifs bien filtrables, i.e. M est un complexe de $\mathcal{D}_{X/Y}$-modules à cohomologie cohérente, qui représente une famille de systèmes différentiels sur les fibres de X, dépendant analytiquement du point de base. Le faisceau $\mathcal{D}_{X/Y}$ des opérateurs différentiels verticaux est, comme $\mathcal{D}$, filtré par le degré des opérateurs, et le gradué $\operatorname{gr} \mathcal{D}_{X/Y}$ s'identifie à l'algèbre des fonctions polynomiales sur les fibres du fibré cotangent relatif T^*X/Y, à coefficients analytiques. La variété caractéristique relative du complexe cohérent M, que nous noterons $Z = \operatorname{car} M/Y \subset T^*X/Y$, est le support de $\operatorname{gr} M$ (pour n'importe quelle bonne filtration). Si Z est à base compacte, on associe à M l'élément

$$[M]_Z^{\mathrm{top}} \in K_Z(T^*X/Y) \tag{4.3}$$

Pour définir l'image directe et l'indice relatif, on se donne en outre, comme plus haut, une sous-variété à bord $U \subset X$, décrivant le domaine dans lequel on calcule faisceau des solutions. Pour assurer que les solutions varient de façon cohérente par rapport au paramètre de la base Y il faut en outre que U vérifie une condition de régularité relative convenable: nous supposerons que la restriction de f à U est une fibration analytique réelle. On définit alors le micro-support relatif $\mathrm{SS}(U/Y) \subset T^*X/Y$, dont la fibre en un point $y \in Y$ est $\mathrm{SS}\, U_y \subset T^*X_y$[18].

On dit que M est relativement elliptique le long de U (ou pour f et U) si $\mathrm{car}\, M/Y \cap \mathrm{SS}\, U/Y$ est contenu dans la section nulle de T^*X/Y, i.e. si M_y est elliptique le long de U_y, pour tout $y \in Y$.

Le théorème de finitude pour les systèmes elliptiques dans le cas absolu se généralise alors comme suit: si M est relativement elliptique le long de U et si f est propre sur $U \cap \mathrm{supp}\, M$ (par exemple si la restriction de f à U est propre), l'image directe dérivée $\mathrm{R}f_*(\mathrm{Sol}(M, \mathcal{O}_U))$ est cohérente sur $\mathcal{O}_Y$. Son support est contenu dans Z', où

(4.4) Z' est la projection de $Z = \mathrm{car}\, M/Y \cap \mathrm{SS}\, U/Y$.

La généralisation "avec paramètres" de la formule d'indice est alors la suivante: si de plus Y est compact (ou germe d'une partie compacte d'une variété analytique)[19], l'indice; élément de $K_{Z'}(Y)$ défini par $\mathrm{R}f_*(\mathrm{Sol}(M, \mathcal{O}_U)$ est donné par

$$[Rf_*(M_{|U})] = \overline{f}_*([M]_{Z|\mathrm{SS}(U/Y)}) \quad \text{(image } K\text{-théorique)} \tag{4.5}$$

C'est aussi l'image K-théorique du produit $b[M]_Z[\mathcal{O}_U]_{\mathrm{SS}(U/Y)} \in K_{Z \cap \mathrm{SS}(U/Y)}(T^*X/Y)$.

On démontre ce résultat en recopiant, avec paramètres, les constructions du cas absolu ci-dessus: l'assertion de cohérence et la formule d'indice relative sont stables par immersion fermée, et en utilisant les formules du §4, on voit qu'elles sont vraies pour M si et seulement si elles le sont pour $M_{\mathbf{R}}$ (noter que même si le bord de U est vide, celui des voisinages tubulaires complexes de $U_{\mathbf{R}}$ ne le sont pas, et notre méthode ne permet pas d'éviter les variétés à bord). On se ramène ainsi au cas où X et Y sont réelles. Il existe alors un plongement analytique i de X dans un espace numérique $\mathbf{R}^n$ qui transforme $(U, \partial U)$ en $i(X) \cap (B, \partial B)$[20], où B est la boule unité. Quitte à remplacer U par $B \times Y$ et M par l'image directe (relative) $(i, f)_+ M$, on est ramené au cas où f est la projection $\mathbf{R}^n \times Y \to Y$ et $U = B \times Y$. On peut enfin épaissir un peu B et le remplacer par un ellipsoïde B_ε et se ramener au cas où U est une fibré en ellipsoïdes: $U = B_\varepsilon \times Y$. Dans ce dernier cas, M représente une famille elliptique d'opérateurs de Toeplitz, à laquelle on applique le résultat du §2.

Dans l'énoncé d'Atiyah et Singer Y peut en fait être n'importe quel espace (de dimension finie pour que la version avec supports du théorème de périodicité soit vraie); ceci sort à moitié du cadre analytique ci-dessus, mais sauf pour la cohérence de $\mathrm{R}f_*(\mathrm{Sol}(M, \mathcal{O}_U))$ qui n'a plus de sens, la démonstration est la même.

Dans le deuxième cas X est muni de l'action d'un groupe compact G, U est invariant et M est équivariant. La définition de l'ellipticité ou de la presqu'ellipticité de M le long de U est la même que dans le cas absolu, mais comme G opère sur les solutions de M, il est naturel de chercher à décomposer celles-ci en représentations irréductibles de G et, lorsque M est elliptique, de lui associer un indice équivariant $\mathrm{Ind}_G(M, U)$, élément de l'anneau

[18] Il suffirait en fait que la projection $T^*X \to T^*X/Y$ soit propre sur $\mathrm{SS}\, U$, au dessus de $U \cap \mathrm{supp}\, M$. Le micro-support $\mathrm{SS}(U/Y)$ est alors la projection de $\mathrm{SS}\, U$.

[19] La définition du symboles K-théorique $[M]$ fait intervenir une résolution finie globale de M ou de $M_{\mathbf{R}}$, et n'a de sens que si la base est compacte, aussi devons nous supposer Y compact ici, bien que la K-théorie ou le théorème d'indice d'une famille d'opérateurs de Toeplitz aient un sens sur un espace de dimension finie.

[20] Il convient de remplacer $(U, \partial U)$ par $(U \cap \mathrm{supp}\, M, \partial U \cap \mathrm{supp}\, M)$ si seul $U \cap \mathrm{supp}\, M$ est compact.

$R(G)$ engendré par les représentations finies de G (ou anneau des caractères de G). Dans la situation équivariante, Atiyah a aussi défini les groupes de K-théorie équivariante $K^G_Z(X)$ pour lesquels le théorème de périodicité de Bott est encore vrai (il se démontre comme au §2 pour la K-théorie usuelle, compte tenu du théorème de Kuiper équivariant, qui affirme que l'espace $U_G(H)$ des G-automorphismes unitaires d'un G-espace de Hilbert H est contractile si chaque représentation irréductible de G est de multiplicité infinie dans H). On peut donc définir l'image K-théorique équivariante comme dans le cas $G = 1$ du §2. Au $\mathcal{D}$-module M, muni d'une bonne filtration (qu'on peut toujours supposer équivariante en prenant des moyennes sur G) on associe un élément de K-théorie $[M] \in K^G_{\operatorname{car} M}(T^*X)$. On définit de même l'élément $[\mathcal{O}_U] \in K^G_{\operatorname{SS} U}(T^*X)$ si U (donc aussi $\operatorname{SS} U$) est invariant. Le théorème d'indice équivariant affirme encore que l'indice $\operatorname{Ind}_G(M, U)$ est l'image K-théorique du produit $[M][\mathcal{O}_U]$. Ici encore il suffit de recopier la démonstration ci-dessus, où toutes les opérations peuvent être effectuées de façon équivariante: les passages de X à $X_{\mathbf{R}}$, de U à U_ε ou B à B_ε sont fonctoriels donc compatibles à l'action de G, ainsi que les images directes équivariantes; et si X est réel il est essentiellement possible de le plonger de façon équivariante dans un espace numérique (de façon précise il existe un voisinage V du compact $U \cap \operatorname{supp} M$ et un plongement analytique réel équivariant φ de V dans un G-espace vectoriel euclidien E tel que $\varphi(V \cap U) = \varphi(V) \cap B$, où B est la boule unité de E). Il est évidemment encore possible de démontrer un théorème d'indice équivariant avec paramètres englobant les deux généralisations que nous venons d'évoquer.

Dans ses conférences M. Vergne étudie un théorème d'indice équivariant plus général que celui que nous avons décrit ici, et que nous n'aborderons pas. Il concerne l'indice des systèmes transversalement elliptiques pour l'action de G sur X: un $\mathcal{D}$-module M est transversalement elliptique le long d'un sous-ensemble U invariant si $\operatorname{car} M \cap \operatorname{SS} U \cap G^\perp \subset \{0\}$, où $G^\perp$ désigne l'ensemble des covecteurs de X qui sont orthogonaux à l'action de G; on a de même une notion de $\mathcal{D}$-module presque elliptique transversalement. Pour un tel module on montre que l'espace des solutions $\operatorname{Sol}(M, \mathcal{O}_U)$ est "tempéré" i.e. chaque représentation irréductible de G n'y figure qu'avec une multiplicité finie, "à croissance polynomiale", de sorte que le caractère "trace de l'action de G dans $\operatorname{Sol}(M, \mathcal{O}_U)$" est bien défini comme distribution sur G. Le problème est alors de calculer cette multiplicité, ou de façon analogue, de calculer la distribution trace de l'action de G dans $\operatorname{Sol}(M, \mathcal{O}_U)$.

§5. Cas relatif. Ellipticité relative. Énoncé du théorème

5.1 Préliminaires.

Dans ce paragraphe nous nous proposons de décrire le théorème d'indice relatif (cf. Boutet de Monvel-Malgrange). Voici ce dont il s'agit: on se donne deux variétés analytiques X, Y, une application analytique $f : X \to Y$, et un $\mathcal{D}_X$-module cohérent, bien filtrable, M sur X (M n'est plus un $\mathcal{D}_{X/Y}$-module comme au §4). Comme au §4 on se donne encore une sous-variété à bord U analytique réelle, pour préciser le domaine sur lequel on calcule les solutions, et on supposera que U est fibré au dessus de Y (comme on l'a mentionné, il suffirait que la projection $T^*X \to T^*X/Y$ soit propre sur $\operatorname{SS} U \cap \operatorname{car} M$). L'analogue relatif du faisceau $\mathcal{O}_X$ avec lequel nous avons calculé les solutions dans le cas absolu est le module de transfert $\mathcal{D}_{X\to Y}$, et l'analogue de $\mathcal{O}_U$ est $\mathcal{D}_{U\leftarrow X} = \mathcal{O}_U \otimes_{\mathcal{O}_X} \mathcal{D}_{X\to Y}$. L'analogue relatif du faisceau des solutions dans les fibres, tenant compte des relations différentielles sur la base entre celles-ci, est le complexe $M \otimes^L_{\mathcal{D}} \mathcal{D}_{X\to Y}$, et l'analogue relatif du complexe des solutions globales dans les fibres de U est le $\mathcal{D}_Y$-module image directe

$f_+(M_{|U}) = \mathrm{R}f_*(M \otimes^L_{\mathcal{D}} \mathcal{D}_{U\leftarrow X})$.

Fixons maintenant les notations pour la suite: nous noterons

$$(5.1) \qquad \begin{cases} H = X \times_Y T^*Y & \\ \overline{f} : H \longrightarrow T^*Y & \text{la deuxième projection} \\ F : H \longrightarrow T^*X & \text{l'application cotangente} \end{cases}$$

si f est submersive, F identifie H à $\operatorname{car}\mathcal{D}_{X\to Y}$, ensemble des covecteurs horizontaux de T^*X.

Lorsque f est une immersion fermée (et $U = X$), on a vu au §3 que l'image directe des $\mathcal{D}_X$-modules se décrit agréablement (équivalence de Kashiwara). En particulier $f_+\mathcal{D}_X$ est l'image directe faisceautique du module de transfert $\mathcal{D}_{X\to Y}$; sa variété caractéristique est le pull-back Z' de X dans T^*Y, et son symbole $[f_+\mathcal{D}_X]^{\mathrm{top}}_{Z'}$ est l'élément de Bott de la sous-variété Z' dans T^*Y. En général si M est un $\mathcal{D}_X$-module bien filtré, $f_+M = f_*(M \otimes \mathcal{D}_{X\to Y})$ est bien filtré, et le gradué $\operatorname{gr} f_+M$ s'identifie à $\overline{f}_*F^{-1}(\operatorname{gr} M)$. Dans ce cas le théorème d'indice se réduit au fait que le symbole $[f_+M]^{\mathrm{top}}_{Z'}$ est l'image K-théorique $\overline{f}_*F^{-1}([M]^{\mathrm{top}}_Z)$. Aussi nous décrétons dans ce cas que tout $\mathcal{D}_X$-module est relativement elliptique.

Pour tenir compte du domaine U nous notons encore

$$(5.1) \qquad \begin{cases} U_e = \mathrm{SS}\, U \times_X H & \\ F_e : U_e \longrightarrow T^*X & \text{l'application qui prolonge } F (F_e(\eta, h) = \eta + h) \\ \overline{f}_e : U_e \longrightarrow T^*Y & \text{la projection} \end{cases}$$

Lorsque f est submersive, F_e est une immersion fermée et son image $F(H) + \mathrm{SS}\, U$ joue le rôle de $\mathrm{SS}(\mathcal{D}_{U\leftarrow X})$.

Remarquons que l'image directe $f_+(M_{|U})$ ne dépend évidemment que de $\operatorname{supp} M \cap U$ ($f_+(M_{|U}) = f_+(M_{|V})$ si $\operatorname{supp} M \cap U = \operatorname{supp} M \cap V$). Pour le calcul d'indice nous nous intéressons d'abord à la cohérence de l'image directe $f_+(M_{|U})$; pour assurer celle-ci il est indispensable de faire comme au §4.4 une hypothèse de régularité relative sur U: dans la suite de ce paragraphe nous supposerons (comme au §4.4) que la restriction de $f : U \to X$ est une fibration, i.e. localement un produit au sens analytique réel (il suffira en fait que ceci soit vrai au voisinage de $\operatorname{supp} M \cap U$), lorsque f est submersive, et que U est une variété à bord (ou à coins). En général on supposera qu'on peut se ramener à cette situation fibrée après immersion fermée, et en modifiant U de façon à préserver $\operatorname{supp} M \cap U$. Ceci implique que l'application F_e ci-dessus est propre (ou que la projection $\mathrm{SS}\, U \to T^*X/Y$ est propre). La définition ci-dessous de l'ellipticité relative garde un sens sans une telle hypothèse de régularité sur U, et implique, jointe à une hypothèse de propreté, un résultat de finitude en chaque point de Y, mais dans ce cas on ne peut guère espérer mieux que la constructibilité de l'image directe $f_+(M)$, en un sens qui pour les $\mathcal{D}$-module reste encore à définir.

Nous définissons plus bas l'ellipticité et la presqu'ellipticité relatives de M pour f et U, lorsque f est une submersion. En général f est de la forme $f = p \circ i$ où p est une submersion et i une immersion fermée (on peut par exemple choisir pour $i : X \to X \times Y$ le graphe de f ($i(y) = (y, f(y)) \in X \times Y$) et pour et $p : X \times Y \to Y$ la deuxième projection). Nous dirons que M est relativement presqu'elliptique pour f et U si i_+M est presqu'elliptique pour p et $i(U)$ (ou $U \times Y$) au sens de la définition ci-dessous. On se ramène ainsi au cas où f est une submersion, qui est le cas substantiel pour l'image directe comme pour la formule d'indice relative. Nous supposerons le plus souvent dans la suite que f est submersive (en fait que c'est la deuxième projection $X = X' \times Y \to Y$).

Houzel et Schapira ont montré que si M est relativement presqu'elliptique et bien filtré, et si f est propre sur $\operatorname{supp} M \cap U$ et U fibré comme ci-dessus, l'image directe $f_+(M_{|U})$ est cohérente (bien filtrée) et qu'on a une majoration: $\operatorname{car} f_+M \subset Z'$ où Z' se déduit simplement de la variété caractéristique Z de M:

(5.3) $\operatorname{car} f_+M \subset Z'$ avec $Z' = \overline{f}F^{-1}(Z \cap \operatorname{SS} U)$, $Z = \operatorname{car} M \subset T^*X$.

La formule d'indice relative décrit alors cas l'élément K-théorique $[f_+(M_{|U})]^{\mathrm{top}}_{Z'}$: on verra (théorème 5.4) que c'est l'image K-théorique du produit $[M]^{\mathrm{top}}_Z \cdot [\mathcal{D}_{U \leftarrow X}]_{H + \operatorname{SS} U}$ (voir énoncé ci-dessous), ou plus correctement, $[f_+(M_{|U})]^{\mathrm{top}}_{Z'} = \overline{f}_{e*}F_e^{-1}([M]^{\mathrm{top}}_Z)$. Lorsque X est un point on retrouve la formule du cas absolu ci-dessus.

Lorsque le bord ∂U est vide (X complexe, $U = X$), la condition d'ellipticité relative est toujours satisfaite. Dans ce cas si f est propre, Malgrange a démontré qu'on a une description analogue de l'élément de K-théorie analytique $[f_+M]^{\mathrm{an}}_{Z'}$ associé à f_+M: c'est l'image K-théorique $\overline{f}_*F^{-1}[M]^{\mathrm{an}}_Z$ de l'élément associé à M (ceci implique bien sûr dans ce cas la relation pour les éléments de K-théorie topologique). Dans le cas plus général que nous examinons ici (∂U non vide), il n'y a plus de formule en K-théorie analytique, car f n'est plus propre au sens de la théorie holomorphe et l'image directe en K-théorie analytique n'est plus définie; seule subsiste la formule topologique.

5.2 Bonnes filtrations, bonnes résolutions verticales, ellipticité relative.

Afin de motiver les constructions ci-dessous, nous commençons par décrire en partie l'idée de la démonstration, qui est d'essayer d'abord de décrire le gradué associé à l'image directe (pour la filtration image). Dans leur travail sur l'image direct Houzel et Schapira utilisent pour cela de "bonnes résolutions verticales" des $\mathcal{D}_X$-modules. Rappelons en la définition dans le cas où f est submersive. On note comme plus haut $\mathcal{D}_{X/Y}$ le faisceau des opérateurs verticaux. Si M est un $\mathcal{D}_X$-module bien filtré on introduit la filtration verticale $M^v_p = M_p\mathcal{D}_{X/Y}$. Le gradué associé est un $\operatorname{gr}\mathcal{D}_X$-module, noté $\operatorname{gr}^v M$. Le faisceau $\operatorname{gr}^v \mathcal{D}_X$ s'identifie au faisceau $\mathcal{D}_{[H/T^*Y]}$ des opérateurs différentiels sur H, verticaux pour la projection $\overline{f} : H \to T^*Y$, "à coefficients polynomiaux dans les fibres de T^*Y". Le gradué $\operatorname{gr}^v M$ représente un système d'opérateurs différentiels verticaux sur $H = X \times_Y T^*Y$, paramétré par T^*Y. Une bonne résolution verticale de M est une résolution localement libre bien filtrée L telle que $\operatorname{gr}^v L$ soit une résolution de $\operatorname{gr}^v M$ et $\operatorname{gr}\operatorname{gr}^v L$ une résolution de $\operatorname{gr}\operatorname{gr}^v M$. Ici nous avons encore noté gr les gradués associés aux filtrations déduites de la filtration initiale de M ou de $\mathcal{D}$; les bigradués $\operatorname{gr}\operatorname{gr}^v \mathcal{D}$ et $\operatorname{gr}^v \operatorname{gr}\mathcal{D}$ sont isomorphes mais il n'en est en général pas de même de $\operatorname{gr}\operatorname{gr}^v M$ et $\operatorname{gr}^v \operatorname{gr} M$. Il résulte du théorème des syzygies qu'il existe de telles résolutions localement, et semi-globalement (i.e. au voisinage de tout compact) si X est de Stein. La première idée est d'approcher le gradué $\operatorname{gr} f_+M$ par l'image directe $\mathrm{R}f_* \operatorname{gr}^v M$: les deux ne sont pas égaux, mais la théorie de la suite spectrale d'un module muni de deux filtrations montre qu'il existe une suite spectrale dont le deuxième terme est $\mathrm{R}f_* \operatorname{gr}^v M$, et qui souhaiterait converger vers $\operatorname{gr} f_+M$. Ceci motive en tout cas la définition suivante:

Définition 5.1. *On suppose f submersive. On dit qu'un $\mathcal{D}_X$-module bien filtré M est relativement elliptique (par rapport à f et U) si le $\mathcal{D}_{H/T^*Y}$-module $\operatorname{gr}^v M$ est relativement elliptique (pour F et $F^{-1}U$), au sens du §4.4.*

Dans cette définition nous supposons, comme annoncé plus haut et au §4, que la restriction de $f : U \to X$ est une fibration (au moins au voisinage des points de $U \cap \operatorname{supp} M$).

On vérifie en fait aisément que la condition est locale sur X, et qu'elle ne dépend pas du choix d'une bonne filtration de M. Remarquons que les sections de $\mathcal{D}_{H/T^*Y}$ sont homogènes (polynomiales) dans les fibres de T^*Y, de sorte que $\operatorname{gr}^v M$ est relativement elliptique au dessus de T^*Y si et seulement s'il l'est le long de la section nulle de T^*Y. La condition d'ellipticité relative équivaut donc aussi bien à la suivante:

(ER) *(f submersive) M est relativement elliptique si pour tout $\xi \in \operatorname{SS} U$ non nul et tout germe de section $s \in M_x$, défini au voisinage du point de base x de ξ, il existe $P \in \mathcal{D}_X$ vertical, elliptique en ξ, tel que $sP = 0$.*

De façon équivalente.

(ER) bis *(f submersive) M est relativement elliptique si, au voisinage de tout point de X, il existe un $\mathcal{D}_{X/Y}$-module cohérent N relativement elliptique (pour f et U) tel que M soit isomorphe à un quotient de $N \otimes_{\mathcal{D}_{X/Y}} \mathcal{D}_X$.*

Un tel N existe semi-globalement, i.e. au voisinage de tout compact, si X est de Stein.

Comme dans le cas absolu, l'ellipticité relative n'est pas stable par immersion fermée, mais elle implique la presqu'ellipticité relative, qui elle est stable:

Définition 5.2. *M est relativement presqu'elliptique s'il existe une famille adaptée U_ε de voisinages tubulaires de U telle que M soit relativement elliptique sur U_ε pour $\varepsilon > 0$ assez petit.*[21]

Dans le cas général, si $f = p \circ i$ avec i immersion fermée et p submersive, on dira que M est relativement presqu'elliptique (pour f et U) si $i_+ M$ est presqu'elliptique au sens précédent pour p et $i(U)$ (ceci ne dépend pas du choix de i et p).

5.3 Finitude.

Nous supposons toujours f submersive. Nous complétons comme suit les notations ci-dessus:

(5.4)

$$\begin{cases} F^v : H \longrightarrow T^*(H/T^*Y) = T^*(X/Y) \times_Y T^*Y, & \text{la section nulle du fibré cotangent relatif de } H \text{ sur } T^*Y, \text{ et } Z^v \\ Z^v = \operatorname{car}(\operatorname{gr}^v M) \subset T^*(H/T^*Y), & \text{la variété caractéristique relative de } \operatorname{gr}^v M \\ U^v = U \times_Y H & \end{cases}$$

$\operatorname{SS}(U^v/T^*Y)$ est la projection de $\operatorname{SS} U$ dans $T^*(H/T^*Y) = T^*(X/Y) \times_Y T^*Y$.

Proposition 5.3. *Soit M un $\mathcal{D}_Y$-module bien filtré, relativement elliptique, et posons $Z'' = \overline{f} F^{v-1}(Z^v \cap \operatorname{SS} U^v)$. Supposons en outre f propre sur $\operatorname{supp} M \cap U$. Alors*

1. *$\mathrm{R}f_*(\operatorname{gr}^v M_{|U^v})$ est à cohomologie cohérente et bien filtrée sur T^*Y (et homogène dans les fibres de T^*Y).*
2. *On a $\operatorname{supp} \mathrm{R}f_*(\operatorname{gr}^v M_{|U^v}) \subset Z''$.*
3. *Si Z^v est de base compacte on a $[\mathrm{R}f_*(\operatorname{gr}^v M)]^{\mathrm{top}}_{Z''}$ est l'image K-théorique de la restriction $[\operatorname{gr}^v M]^{\mathrm{top}}_{Z^v}{}_{|\operatorname{SS}(U^v/T^*Y)}$ par la projection $\operatorname{SS}(U^v/T^*Y) \to T^*Y$.*

C'est aussi bien l'image K-théorique du produit $[\operatorname{gr}^v M]^{\mathrm{top}}_{Z^v} \cdot [\mathcal{O}_{U^v}]_{\operatorname{SS}(U^v/T^*Y)}$.

[21] Nous n'entrons pas ici dans le détail de ce "grossissement": si U est un produit $U' \times Y$ il suffit de grossir U' en U'_ε; en général et en particulier si Y est réel il est prudent de grossir aussi Y)

Comme au §4.4 on se ramène au cas où U est une fibré en ellipsoïdes: $U = B_\varepsilon \times Y$. Alors $\mathrm{gr}^v M$ est un complexe de $\mathcal{D}_{H/T^*Y}$-modules verticaux sur $H \sim B_\varepsilon \times T^*Y$, paramétré par T^*Y. Si M est relativement elliptique pour f et U, $\mathrm{gr}^v M$ est elliptique pour la projection $\overline{f} : B_\varepsilon \times T^*Y \to T^*Y$, et la proposition 5.3 est une répétition du théorème d'indice du §4.4, en tenant compte en plus de l'homogénéité dans les fibres de T^*Y, qui définit la graduation de $\mathrm{R}f_*(\mathrm{gr}^v M_{|U^v})$.

5.4 Ellipticité relative géométrique — énoncé du théorème.

Notons que dans le cas absolu, resp. avec paramètres du §4.4, l'ellipticité équivaut à la condition géométrique $\mathrm{car}\, M \cap \mathcal{O}_U \subset \{0\}$, (resp. $\mathrm{car}\, M/Y \cap \mathrm{SS}(U/Y) \subset \{0\}$). Dans le cas relatif l'ellipticité relative s'écrit donc (en supposant toujours f submersive et que $f_{|U}$ est une fibration)

$$(5.5) \qquad Z^v \cap \mathrm{SS}(U^v/T^*Y) \subset \{0\}$$

et comme on a remarqué, il faut et il suffit pour cela que ce soit vrai au dessus de la section nulle de T^*Y, parce que Z^v est bihomogène.

Lemme. *On a* $F^{v-1}(Z^v) \subset F^{-1}(Z)$.

En effet si ξ est un covecteur non nul horizontal dans T^*X et P un opérateur différentiel d'ordre m elliptique en ξ, il est immédiat que $\mathrm{gr}^v P$ homogène de degré m dans les fibres de T^*Y, et d'ordre 0 comme opérateur différentiel, et qu'il est aussi elliptique au point ξ. Si alors $\xi \notin Z$, i.e. pour tout $s \in M_x$ (x base de ξ) il existe P elliptique en ξ tel que $sP = 0$, le "symbole" $\mathrm{gr}^v P$ annule aussi $\mathrm{gr}^v s = 0$, autrement dit $\xi \notin Z^v$.

Compte tenu de ceci si M est relativement elliptique pour (f et U), la variété caractéristique $Z = \mathrm{car}\, M$ satisfait à la condition géométrique suivante d'ellipticité:

(EG) $F_e^1(Z)$ est contenu dans la section nulle de U_e.

de façon équivalente: Z ne contient pas de covecteur de la forme $\eta + F(\xi)$, avec $\xi \in H$, $\eta \in \mathrm{SS}\, U$, $\eta \neq 0$.

Ceci suffit pour donner un sens à l'expression K-théorique qui figure dans la formule d'indice; en effet on a alors $Z' = \overline{f}_e F_e^{-1}(Z) \supset Z''$, et si de plus Z' est de base compacte l'image K-théorique est bien définie:

$$(5.6) \qquad \overline{f}_{e*} F_e^{-1}([M]_Z^{\mathrm{top}}) \in K_{Z'}(T^*Y)$$

Notons néanmoins que la condition d'ellipticité géométrique ne suffit en général pas à assurer la finitude de f_+M, parce qu'elle ne fait intervenir en gros que les termes de plus haut degré du système différentiel correspondant à M; seule la condition plus haut, qui fait intervenir le gradué $\mathrm{gr}^v M$ permet de prendre en compte l'effet de termes verticaux de trop bas degré donne une condition correcte pour la finitude. Par exemple le lecteur vérifiera simplement dans le cas où $Y = \mathbf{R}$, $X = \mathbf{R} \times W$ où W est une variété Riemannienne compacte, que les deux opérateurs $A = \Delta_W$, $B = \Delta_W + \partial/\partial y$ ont le même symbole, mais que le premier est relativement elliptique, et pas le second: l'image directe du $\mathcal{D}_X$-module correspondant à B n'est pas de type fini sur $\mathcal{D}_Y$.

On peut alors compléter comme suit la proposition 5.3:

Théorème 5.4. *Avec les hypothèses et les notations du théorème 5.3, et en supposant vérifiée la condition d'ellipticité géométrique, posons* $Z' = \overline{f}_e F_e^{-1}(Z)$, *et supposons* Z' *de base compacte. Alors*

1. $f_+(M)$ *est à cohomologie cohérente et bien filtrée.*

2. *On a car* $f_+(M) \subset Z'$.
3. *Si* Z' *est de base compacte on a* $[f_+(M)]^{\text{top}}_{Z'} = \overline{f}_{e*} F_\varepsilon^{-1} [M]^{\text{top}}_Z$ *(image K-théorique).*

(On a aussi $Z' = \overline{f}(Z \cap \operatorname{SS} U)$). Voici une idée de la fin de la démonstration: ici encore l'assertion de cohérence et la formule d'indice relative sont stables par immersion fermée, et on se ramène, comme au §4.4 et ci dessus, au cas où U est une fibré en ellipsoïdes: $U = B_\varepsilon \times Y$. On a déjà montré que $\mathrm{R}f_*(\operatorname{gr}^v M_{|U^v})$ est cohérent (homogène) sur T^*Y. Or c'est le premier terme de la suite spectrale naturelle pour l'image directe $f_+(M_{|U})$. Comme ce premier terme est cohérent, la suite spectrale converge, par cohérence noethérienne, vers $\operatorname{gr} f_+(M_{|U})$ de sorte que $\operatorname{gr} f_+(M_{|U})$ et $f_+(MU)$ sont cohérents. Ceci démontre la première assertion. La seconde est évidente car on a $Z'' \subset Z'$. Les assertions 1) et 2) ont été démontrées par Houzel et Schapira.

Si de plus Z' est à base compacte, l'élément K-théorique $[f_+ M]_{Z'}$ est bien défini. Il est associé à l'aboutissement de la suite spectrale est donc égal à l'élément K-théorique $[R\overline{f}_* \operatorname{gr}^v M]_{Z'}$ associé au premier terme de cette suite. D'après la proposition 5.3, c'est donc l'image K-théorique de la restriction $[\operatorname{gr}^v M]^{\text{top}}_{Z'}{}_{|\operatorname{SS}(U^v/T^*Y)}$ (modulo l'agrandissement $Z'' \subset Z'$). Il reste encore à comparer à l'élément cette image K-théorique et celle du théorème.

Il est assez facile de voir que $[M]_Z$ a même image K-théorique dans $K_{Z'}(T^*X)$ que sa "déformation au cône tangent" $[\operatorname{gr}^v \operatorname{gr} M]_{CZ}$, où $CZ \subset H \times_Y T^*X/Y$ désigne le cône tangent de Z le long de H; il reste alors à montrer que les éléments $[\operatorname{gr} \operatorname{gr}^v M]$ et $[\operatorname{gr}^v \operatorname{gr} M]$ ont la même image K-théorique dans $K_{Z'}(T^*X)$. Ce dernier point n'est pas évident parce qu'il met en jeu deux filtrations dont la comparaison n'est pas immédiate. Nous ne reproduirons pas ici sa démonstration, qui utilise une astuce de géométrie algébrique exploitée par Y. Laurent pour l'étude de la seconde microlocalisation, et que le lecteur trouvera décrite en détail dans l'article de Malgrange pour le cas qui nous intéresse ici.

BIBLIOGRAPHIE

Atiyah M. F., *K-theory*, Benjamin, Amsterdam.

Atiyah, M. F., Bott, R., *On the periodicity theorem for complex vector bundles*, Acta Math. **112** (1964), 229–247.

Atiyah M. F., Bott R., Schapiro A., *Clifford modules*, Topology (1964), no. 3, supplément, 3–83.

Atiyah M. F., Hirzebruch F., *Vector bundles and homogeneous spaces*, Diff. Geometry, Proc. Symp. Pure Math., Amer. Math. Soc., Providence (1961), 7–38.

Atiyah M. F., Segal G. B., *The index of elliptic operators II*, Ann. Math. **87** (1968), 531–545.

Atiyah M. F., Singer I. M. [1], *The index of elliptic operators on compact manifolds*, Bull. Amer. Math. Soc. **69** (1963), 422–433.

— [2], *The index of elliptic operators I*, Ann. Math. **87** (1968), 484–530.

— [3], *The index of elliptic operators III*, Ann. Math. **91**, 546–604.

— [4], *The index of elliptic operators IV*, Ann. Math. **92** (1970), 119–138.

Baum P., Fulton W., Mac Pherson R., *Riemann-Roch and topological K-theory for singular varieties*, Acta Math. **143** (1979), no. 3-4, 155–192.

Bernstein I. M., Gelfand S. I., *Meromorphy of the function* P^λ, Funkc. Anal. i Prilozen **3** (1969), 84–85; Funct. Anal. appl. **3** (1969), 68–69.

Bernstein I. N., *Modules over rings of differential operators. An investigation of the fundamental solution of equations with constant coefficients*, Funkc. Anal i Prilozen **5** (1971), no. 2, 1–16; Funct. Anal. appl. **5** (1971), 89–101.

Björk J. E., *Rings of Differential Operators*, North Holland, 1979.

Borel A. et al. [1], *Intersection cohomology*, vol. 50, Progress in Math., Birkhäuser, 1984.

— [2], *Algebraic* $\mathcal{D}$*-modules*, vol. 2, Perspect. in Math., Academic Press, 1987.

Boutet de Monvel L. [1], *On the index of Toeplitz operators of several complex variables*, Inventiones Math. **50** (1979), 249–272; Séminaire EDP 1979, Ecole Polytechnique.
— [2], *Systèmes presqu'elliptiques: une autre démonstration de la formule de l'indice*, Astérisque **131** (1985), 201–216.
— [3], The index of almost elliptic systems, E. de Giorgi Colloquium, vol. 125, Research notes in Math., Pitman, 1985, pp. 17–29.
Boutet de Monvel L., Lejeune M., Malgrange B., *Opérateurs différentiels et pseudodifférentiels*, Séminaire, Grenoble (1975-76).
Boutet de Monvel L., Malgrange B., *Le théorème de l'indice relatif*, Ann. Scientifiques de l' E.N.S. **23** (1990), 151–192.
Boutet de Monvel L., Sjöstrand J., Sur la singularité des noyaux de Bergman et de Szegö, Astérisque, vol. 34-35, 1976, pp. 123–164.
Brylinski J. L., Dubson A., Kashiwara M., *Formule de l'indice pour les modules holonômes et obstruction d'Euler locale*, C.R. Acad. Sci. **293** (1981), 573–576.
Cornalba H., Griffiths P., *Analytic cycles and vector bundles in non compact algebraic varieties*, Invent. Math. **28** (1975), 1–106.
Godement R., *Topologie algébrique et théorie des faisceaux.*, Activités scientifiques et industrielles, Hermann Paris, 1958.
Grauert H., *Ein theorem der analytischen Garben-theorie und die modulräume komplexe Structuren*, IHES Sci. Publ. Math. **5** (1960).
Grothendieck A., *SGA 5, Théorie des intersections et théorème de Riemann-Roch*, vol. 225, Lecture Notes in Math., Springer Verlag, 1971.
Hirzebruch F., *Neue topologische Methoden in der algebraiche geometrie*, Springer Verlag, Berlin.
Hörmander L., *The Analysis of Linear Partial Differential Operators, vol. III et IV*, vol. 124, Grundlehren der Math. Wiss..
Houzel Ch., Schapira P., *Images directes de modules différentiels*, C.R.A.S. **298** (1984), 461–464.
Hurewicz W., Wallman H., *Dimension theory*, vol. 4, Ann. of Math. series, Princeton University Press, 1941.
Jänich K., *Vektorraumbündel und das Raum der Fredholm operatoren*, Math. Ann. **161** (1965), 129–142.
Kashiwara M. [1], *Index theorem for a maximally overdetermined system of linear differential equations*, Proc. Jap. Acad. **49-10** (1973), 803–804.
— [2], *b-fonctions and holonomic systems*, Invent. Math. **38** (1976), 33–54.
— [3], *Analyse microlocale du noyau de Bergman*, Séminaire Goulaouic-Schwartz, Ecole Polytechnique, exp. n. 8 (1976-77).
— [4], Introduction to the theory of hyperfunctions, Seminar on microlocal analysis, Princeton University Press, 1979, pp. 3–38.
— [5], *Systems of microdifferential equations*, vol. 34, Progress in Math., Birkhäuser, 1983.
Kashiwara M., Kawai T., Kimura T., *Foundations of algebraic analysis*, vol. 37, Princeton Math. Series, Princeton University Press, Princeton N.J., 1986.
Kashiwara M., Kawai T., Sato M., *Microfunctions and pseudodifferential equations*, Lecture Notes, Springer-Verlag **287** (1973), 265–524.
Kashiwara M., Schapira P. [1], *Microlocal study of sheaves*, vol. 128, Astérisque, 1985.
— [2], *Sheaves on manifolds*, vol. 292, Grundlehren der mathematischen Wissenschaften, Springer, 1990.
Laumon G., *Sur la catégorie dérivée des $\mathcal{D}$-modules filtrés*, thèse, Orsay (1983).
Laurent Y., *Théorie de la deuxième microlocalisation dans le domaine complexe*, vol. 53, Progress in Math., Birkhäuser, 1985.
Levy R. N., *Riemann-Roch theorems for complex spaces*, Acta Math. **158** (1987), 149–188.
Malgrange B., *Sur les images directes de $\mathcal{D}$-modules*, Manuscripta Math. **50** (1985), 49–71.
Melin A., Sjöstrand J., *Fourier Integral operators with complex valued phase functions*, Lecture Notes **459** (1974), 120–223.
Ohana M., *Ellipticité et K-théorie*, Note aux C.R.A.S. (à paraître).
Pham F., *Progress in Math.*, vol. 2, Birkhäuser, 1980.
Schapira P., *Microdifferential systems in the complex domain*, vol. 269, Grundlehren der mathematischen Wissenschaften, Springer, 1985.
Schapira P., Schneiders J.P. [1], *Paires elliptiques I - Finitude et dualité*, C.R. Acad. Sci. **311** (1990), 83–86.
— [2], *Paires elliptiques II - Classes d'Euler et indice*, C.R. Acad. Sci. **312** (1991), 81–84.

Segal G., *Fredholm complexes*, Quat. J. Math., Oxford Series **21** (1970), 385–402.
Steenrod N., *The topology of fibre bundles*, Ann. of Math. series, Princeton University Press **144** (1951).
Verdier J. L., Catégories dérivées, état 0, SGA $4\frac{1}{2}$, vol. 569, Springer Lecture Notes in Math., 1977, pp. 262–311.

10.5 Remark on Divergent Multizeta Series

Remark on divergent multizeta series, Microlocal Analysis and Asymptotic Analysis, RIMS workshop, vol. 1397, March 2004, pp. 1–9. [B04]

 See Section 11.1 and Subsection 11.2.7.

Remark on divergent multizeta series

L. Boutet de Monvel

There are several manners of regularizing divergent zeta series. It is useful to compare these, since they are used to describe relations among convergent zeta series. Here we compare the two main ones, related to the two shuffle products. The remark in this paper (§1) was described in a lecture at the CIRM, april 2000, and used e.g. by G. Racinet [13]. §3 gives a more formal version; in §2 I have briefly recalled the basic notions about polylogarithms and zeta-numbers used in §3.

1 Logarithmically divergent series

1.1 Series

Let $\mathcal{K} \subset \mathbb{C}[[z]]$ denote the set of formal series $f = \sum f_n z^n$ with complex coefficients in which the coefficient f_n has an asymptotic expansion of the form

$$f_n \sim \sum_1^\infty p_k(\operatorname{Log} n)\, n^{-k} \tag{1}$$

for $n \to \infty$, where for each k, p_k is a polynomial. Polylogarithm series $f = Li_a$ belong to $\mathcal{K}$ and zeta values are special cases of convergent series $f(1)$, cf. below.

We set $S_n(f) = S_n = \sum_0^n f_k$. Condition (1) is equivalent to the fact that S_n has a similar asymptotic expansion:

$$S_n \sim \sum_0^\infty P_k(\operatorname{Log} n)\, n^{-k}. \tag{2}$$

This implies that the series is convergent for $|z| < 1$ and its sum, still denoted $f(z)$ admits for $z \to 1 - 0$ an asymptotic expansion:

$$f(z) \sim \sum_{k=0}^\infty (1-z)^k Q_k(\operatorname{Log} \frac{1}{1-z}) \tag{3}$$

where the Q_k are also polynomials (the converse is not true).

We will denote the leading polynomials

$$S_f = P_0, \qquad M_f = Q_0 \tag{4}$$

The following result is immediate:

Lemma 1 *The following statements are equivalent:*
1) The numerical series $\sum f_n$ is convergent.
2) The numerical series $\sum f_n$ is absolutely convergent.
3) The polynomial $S_f = P_0$ is constant.
4) The polynomial $M_f = Q_0$ is constant.
S_f and M_f are then equal constants: $S_f = M_f = \sum f_n$.

1.2 Products.

Let $k \in \mathbb{C}$ be a field. On the set of formal series $k[[T]]$ we have two associative and commutative products defined by:

$$f \times g = \sum f_p g_q \, z^{p+q}, \qquad f * g = \sum f_p g_q \, z^{\sup(p,q)} \tag{5}$$

the first is the usual product (corresponding to the shuffle product ш below), the second is the unique product such that if $S_n(f) = \sum_1^n f_k$ is the n-th partial sum, we have $S_n(f * g) = S_n(f)S_n(g)$ for all n (corresponding to the $*$ shuffle product below).

It is immediate that $\mathcal{K}$ is a sub-algebra for both products, i.e. the coefficients of $f \times g$ and $f * g$ have a logarithmic asymptotic expansion as above if f and g do.

The map $f \to M_f(X)$, resp. $f \to S_f(X)$ a homomorphism of the algebra $(\mathcal{K}, \times)$, resp. $(\mathcal{K}, *)$, to the polynomial algebra $\mathbb{C}[T]$ (surjective if $k = \mathbb{C}$).

Corollary 1 *Let $I \subset \mathcal{K}$ be the subset of convergent series with vanishing sum: I is an ideal of $\mathcal{K}$ for both multiplication laws $\times, *$. It contains all elements of the form $f * g - f \times g$ for $f, g \in \mathcal{K}$, f convergent.*

Indeed M_f is multiplicative for $\times$ (resp. S_f for $*$) and $M_f = 0 \Leftrightarrow S_f = 0$. The second assertion follows from the fact that, if f is convergent, setting $a = f(1) = \sum f_n$, we have $f * g - f \times g = (f - a) * g - (f - a) \times g$; since $f - a$ is convergent with vanishing sum, the same is true for both terms: $M_{(f-a)\times g} = 0$, $S_{(f-a)*g} = 0$.

A typical regularized zeta value is obtained by applying the character $f \mapsto M_f(\theta)$ (resp. or $f \mapsto S_f(\theta)$) to a divergent polygarithm series, for some number θ.

1.3 Relation between M_f and Q_f

Corollary 1 shows that the polynomials M_f et S_f determine each other for $f \in \mathcal{K}$. We will explicit the formula which links them. We use the generating series $F = F(T, z)$, with T is a formal parameter:

$$F = \sum \frac{T^n}{n!} \left(\log \frac{1}{1-z}\right)^n = (1-z)^{-T} \tag{6}$$

so that $M_F(X) = e^{TX}$. Then for F we get

$$\sum S_n z^n = \frac{F}{1-z} = (1-z)^{-T-1} = \sum (1+T)\dots(1+\frac{T}{n})\, z^n$$

i.e.

$$S_n = (1+T)\dots(1+\frac{T}{n}) \sim \frac{e^{T\log n}}{T!}.$$

Taking limits (the limit holds in any reasonable sense, in particular the coefficients of the T^k converge) we get

$$S_F(X) = \frac{1}{T!}\, e^{TX} = \frac{1}{\frac{d}{dX}!}\, e^{TX}$$

Theorem 1 *For any $f \in \mathcal{K}$ we have :* $S_f(X) = \frac{1}{\frac{d}{dX}!}\, Q_f(X)$

If we explicit the Taylor-series expansion of $\frac{1}{T!}$, this can be rewritten

$$S_f(X) = \exp\big[\sum_1^{\infty} \frac{(-1)^{j-1}}{j}\, \zeta(j)(\frac{d}{dX})^j\big]\; Q_f(X)$$

with here the convention $\zeta(1) = \gamma$, the Euler constant.

2 Polylogarithms.

In this section we recall basic facts about polylogarithms. Let k be a field of characteristic 0 ($k = \mathbb{Q}$, $\mathbb{R}$ or $\mathbb{C}$).

2.1 Polylogarithm functions.

• Let $\mathcal{L} = k\langle X_0, X_1\rangle$ denotes the free algebra with two generators X_0, X_1 ($\mathcal{L}_k$ if there is a risk of confusion). It has a canonical basis W consisting of words (monomials): a word of degree N is $w = X_{i_0}\dots X_{i_N}$, $i_k = 0$ or 1; $w = 1$ if $N = 0$ (empty word).

• $\widehat{\mathcal{L}}$ denotes the completion of $\mathcal{L}$: its elements are formal series $f = \sum f_w w$. We identify $\mathcal{L}$ with the graded dual of $\widehat{\mathcal{L}}$ (it might be better to use another notation; the free (concatenation) product lives on $\widehat{\mathcal{L}}$; the shuffle products below live on the dual.

• Duality endows $\mathcal{L}$ with a structure of left or right $\widehat{\mathcal{L}}^0$-module, via inner products, e.g. $\langle a \lrcorner g, g\rangle = \langle a, gf\rangle$. Since 1 is a generator of the left or right free module $\mathcal{L}$, it is a cogenerator in the dual, i.e. if $a \in \mathcal{L}, a \neq 0$ there exists $f \in \widehat{\mathcal{L}}$ such that $a \lrcorner f = 1$ (or $f \llcorner a = 1$).

• To each $a \in \mathcal{L}$ we associate linearly a polylogarithm function $Li_a(z)$ so that the $\widehat{\mathcal{L}}$-valued the formal series $L = L(z) = \sum_{w\in W} Li_w(z) w$ satisfies the differential equation

(7) $$dL(z) = (\frac{dz}{z}X_0 + \frac{dz}{1-z}X_1)L, \quad L^{reg}(0) = 1$$

The coefficients Li_w are holomorphic functions on $]0,1[$, and extend as ramified functions to the whole complex plane. They have logarithmic singularities at $0,1,\infty$ i.e. of the form $\phi = \sum_1^K \phi_k(u)(\log u)^k$ if u is a local parameter ($u = z, 1-z$ or $\frac{1}{z}$) and ϕ_k is holomorphic in a neighborhood of the singular point. The regularized value at $z=0$ is defined by $\phi^{reg}(0) = \phi_0(0)$.

If $w = X_{i_1} \dots X_{i_N}$, we have $Li_w = P_{i_1} \dots P_{i_N}(1)$ where P_0, P_1 are the operators $P_0 f(z) = (\int_0^z f(t)\frac{dt}{t})^{reg}$, $P_1 f(z) = \int_0^z f(t)\frac{dt}{1-t}$. In particular for $0 < x < 1$

$$(8) \quad Li_w(x) = \int \dots \int_{x>t_1>\dots t_n>0} \omega_{i_1}(t_1)\dots\omega_{i_N}(t_N), \quad \text{with} \quad \omega_0 = \frac{dt}{t}, \ \omega_1 = \frac{dt}{1-t}$$

• Let Γ denote the fundamental group of $\mathbb{C} \setminus \{0;1\}$; we choose as base point $1+0$, and in what follows we denote $c_1 c_0$ the path c_0 followed by c_1 (the opposite of the usual order). Γ is a free group generated by γ_0, γ_1, with γ_0, a small loop around 0, and γ_1 a small loop around 1 preceded and followed by the real path $[+0, 1-0]$.

$L(z)$ is a ramified function; z should be thought of as a homotopy class of paths avoiding $0,1,\infty$, with origin $1+0$.

Since the polar part of $dL\,L^{-1}$ at $z=0$, resp. 1, is $\frac{X_0}{z}$, resp. $-\frac{X_1}{z-1}$, we get, for $\gamma \in \Gamma$

$$L(z\gamma = L(z)\phi(\gamma)$$

where $\phi : \Gamma \to \widehat{\mathcal{L}}^\times$ is the group homomorphism such that

$$\phi(\gamma_0) = e^{2i\pi X_0}, \qquad \phi(\gamma_1) = L^{reg}(1-0)^{-1} e^{-2i\pi X_1} L^{reg}(1-0).$$

Equivalently

$$(9) \qquad Li_a(z\gamma) = Li_{w\lrcorner\phi\gamma}(z) \qquad \text{for any} \quad \gamma \in \Gamma.$$

It follows in particular that the image $\phi(\mathbb{Z}(\Gamma)$ is dense in $\widehat{\mathcal{L}}$, and the algebras generated by the fundamental group, or by X_0, X_1 acting by right interior product, are the same. In particular for any $a \in \mathcal{L}, f \in \widehat{\mathcal{L}}$, $Li_{a\llcorner f}$ is a finite linear combination of branches of Li_a.

• The map $a \in \mathcal{L}_{\mathbb{C}} \mapsto Li_a$ is injective, i.e. the $Li_w, w \in W$ are linearly independent over $\mathbb{C}$ (in fact over the field of rational functions $\mathbb{C}(z)$); this is a simple special case of the Riemann-Hilbert theorem: if $a \in \mathcal{L}_{\mathbb{C}}, a \neq 0$ there exists $f \in \mathcal{L}_{\mathbb{C}}$ such that $a\lrcorner f = 1$, so $Li_{a\lrcorner f} = 1$ is a linear combination of branches of Li_a, and Li_a does not vanish]. The range of this map is exactly the set of functions which are ramified at $0,1,\infty$, of finite type and unipotent monodromy, and any branch of which at $0,1$ or ∞ has a logarithmic singularity as above.

2.2 Polyzeta numbers

• If $a \in \mathcal{L}$, the function Li_a (or rather its first branch) is holomorphic at the origin iff a is orthogonal to $\mathcal{L}X_0$ ($a\lrcorner X_0 = 0$). The Taylor series of Li_a then belongs to the algebra $\mathcal{K}$ of §1. We denote $\mathcal{A} \subset \mathcal{L}$ the sub-algebra $\mathcal{A} = k + \mathcal{L}X_1$, orthogonal of $\mathcal{L}X_0$.

$\mathcal{A}$ is a free algebra with generators the $y_j = X_0^{j-1}X_1$. It has a basis consisting of monomials $y_s = y_{s_1} \dots y_{s_r}$, indexed by indexed by sequences $s = (s_1, \dots, s_r)$ of integers ≥ 1 (the concatenation product, in this order, $y_\emptyset = 1$).

The polylogarithm series are the Taylor series at $z = 0$ of the $Li_a, a \in \mathcal{A}$: we have

$$Li_{y_s}(z) = \sum_{n_1 > \dots n_s \geq 1} \frac{z^{n_1}}{n_1^{s_1} \dots n_r^{s_r}} \tag{10}$$

• We denote $\mathcal{A}^0 \subset \mathcal{A}$ the sub-algebra $k + X_0\mathcal{L}X_1$ (orthogonal to $X_0\mathcal{L} + \mathcal{L}X_1$). If $s = s_1, \dots s_r$ $(r > 0)$ we have $y_s \in \mathcal{A}^0$ iff $s_1 > 1$. Then the polygarithm series $Li_s(1)$ is obviously convergent ($Li_s(z) = \int_0^z \frac{dx}{x}..$ has a limit for $z \to 1 - 0$). The corresponding zeta number is

$$\zeta_s = Li_s(1) = \sum_{n_1 > \dots n_s \geq 1} \frac{1}{n_1^{s_1} \dots n_r^{s_r}} \tag{11}$$

2.3 Products.

Let us recall that two shuffle products, ш and $*$, are defined on $\mathcal{L}$ resp. $\mathcal{A}$.

• ш is the unique product compatible with the usual product of holomorphic functions, i.e. $Li_{a ш b} = Li_a Li_b$.

$L \otimes L$ satisfies the differential equation

$$d(L \otimes L) = \left[\frac{dz}{z}(X_0 \otimes 1 + 1 \otimes X_0) + \frac{dz}{1-z}(X_1 \otimes 1 + 1 \otimes X_1)\right](L \otimes L),$$

$$(L \otimes L)^{reg}(0) = 1$$

so the dual coproduct is the algebra homomorphism $\Delta_ш : \mathcal{L} \to \mathcal{L} \otimes \mathcal{L}$ such that $\Delta_ш(X_i) = X_i \otimes 1 + 1 \otimes X_i$ for $i = 0, 1$ (the completion takes $\widehat{\mathcal{L}}$ to $\mathcal{L}\widehat{\otimes}\mathcal{L}$ - which is bigger than $\widehat{\mathcal{L}} \otimes \widehat{\mathcal{L}}$).

For the ш product law, L is of group type, i.e. $\Delta_ш L(z) = L(z) \otimes L(z)$; so are the monodromy elements $\phi(\gamma), \gamma \in \Gamma$.

• $*$ is only defined on $\mathcal{A}$. The dual coproduct Δ_* is characterized by the requirement that the generating series

$$u(T) = 1 + \sum_1^\infty y_j T^j \tag{12}$$

is of group type, i.e. for the generators we have

$$\Delta_*(y_j) = \sum_{p+q=j} y_p \otimes y_q \quad \text{(with the convention } y_0 = 1) \tag{13}$$

To the word $y_s \in \mathcal{A}$ one associates the elementary "quasi-symmetric" function (formal series) $P_s(t_1, \ldots, t_n, \ldots)$:

$$(14) \qquad P_s = \sum_{n_1 > \cdots > n_r} t_{n_1}^{s_1} \ldots t_{n_r}^{s_r}$$

Let us recall that the P_s form a basis of the algebra $\mathcal{P} \subset k[[t_1, \ldots t_n, \ldots]]$ of quasi-symmetric functions, which is a sub-algebra of the algebra all formal series in $t_1, \ldots$.

Since $u(T)$ of group type in $\mathcal{A}[[T]]$, so is the formal product

$$(15) \qquad U = \ldots u(t_n) \ldots u(t_1) = \sum P_s y_s$$

(infinite concatenation product, in the indicated order). So the linear map $\Psi : \mathcal{A} \to \mathcal{P}$ such that $\Psi(y_s) = P_s$ is an algebra isomorphism: $(\mathcal{A}, *) \to \mathcal{P}$.

For $f = Li_{y_s}(z)$, (10), (11) show that series $\zeta_f = \sum_{n_1 > \ldots n_r} n_1^{-s_1} \ldots n_r^{-s_r}$ is obtained by substituting $t_k = \frac{1}{k}$ in $U(f)$, and the N-th sum $S_N(f)$ is obtained by substituting $t_k = \frac{1}{k}$ if $k \leq N$, $t_k = 0$ otherwise; so we have $S_N(f * g) = S_N(f) S_N(g)$.

3 Relations between polylogarithm series.

3.1 Main identity - second version.

Any monomial $a \in \mathcal{A}$ is uniquely factorized as $y = y_1^k \cdot b$ for some integer k and some monomial $b \in \mathcal{A}^0$. An easy induction then shows that for either law $\mathcal{A}$ is a polynomial algebra: $\mathcal{A}_{ш} = \mathcal{A}^0_{ш}[y_1]$, $\mathcal{A}_* = \mathcal{A}^0_*[y_1]$. The successive powers $y_1^{*k}, y_1^{ш k}$ are not equal, and the relation between them is given by the next result:

Theorem 2 *We have the following identity of formal series with coefficients in $\mathcal{A}$:*

$$(16) \qquad \exp^{ш} y_1 T = \exp^* \sum_1^{\infty} \frac{(-1)^{k-1}}{k} y_k T^k$$

where $\exp^{ш}$, *resp.* $\exp^*$ *denote the exponential series in* $\mathcal{A}_{ш}[[T]]$, *resp.* $\mathcal{A}_*[[T]]$.

This follows immediately from the equality $y_1^{ш k} = k! y_{1\ldots 1} = k! X_1^k$ so we have

$$U(y_1^{ш k}) = k! \sum_{n_1 > \cdots > n_k} t_{n_1} \ldots t_{n_k} = \sum_{n_1 \neq \cdots \neq n_k} t_{n_1} \ldots t_{n_k}$$

and

$$U(\exp^{ш} y_1 T) = \prod (1 + t_j T) = \exp \sum_{k \geq 1, j} \frac{(-1)^{k-1}}{k} t_j^k T^k .$$

Since $\sum t_j^k = U(y_k)$ this implies (16).

One can reformulate this identity as follows: let D be the "left interior" product operator by X_1 in $\mathcal{A}$. This is a derivation, for both laws $*$ and ш since $X_1 = y_1$ is primitive for both coproducts $\Delta_ш, \Delta_*$. We have $Dy_{s_1}\dots y_{s_n} = 0$ if $s_1 > 1$, $y_{s_2}\dots y_{s_r}$ if $s_1 = 1$ and the fixed sub-algebra of D is the subring $\mathcal{A}^0 = k + X_0\mathcal{L}X_1$ above, corresponding to the "obviously" convergent series. Theorem 1 can be expressed as follows:

Corollary 2 *Let $\Phi(D)$ be the (infinite order) differential operator on $(\mathcal{A}, *)$:*

$$\Phi(D) = \exp^*\Big(\sum_{k\geq 2} \frac{(-1)^{k-1}}{k}\, y_k\, D^k\Big). \tag{17}$$

Then for $f_k \in \mathcal{A}^0$ we have

$$\sum f_k * y_1^{ш k} = \Phi(D) \sum f_k * y_1^{*k} \tag{18}$$

3.2 Relations

Regularized divergent ζ values are obtained by extending the character $a \mapsto \zeta_a$ from $\mathcal{A}^0$ to $\mathcal{A}$ for one of the laws $*$ or ш; for this one only needs to define the zeta-value $\zeta_{y_1} = \theta$, so the extended character is $f \mapsto S_f(\theta)$, resp. $M_f(\theta)$ with the notation of §1; the most natural choices are $\theta = 0$ or $\theta = \gamma$, the Euler constant.

The two extensions are not equal. However both extensions coincide on on the elements $a \in \mathcal{A}$ such that the corresponding series $f = Li_a = \sum f_n z^n$ is convergent for $z = 1$ (i.e. $S_f = M_f =$ constant, as in §1); for such an element the zeta number $\zeta_a = Li_a(1)$ is still unambiguously defined. These elements form a sub-algebra, for both laws ш and $*$, which contains $\mathcal{A}^0 = k + X_0\mathcal{L}X_1$.

By §1 the null-ideal J is the same for both extended characters: it is the set of all $a \in \mathcal{A}$ such that $Li_a(1)$ is convergent, and the sum is 0. J is not defined over $\mathbb{Q}$ (the coefficients of the extended character are not rational, and J is not of codimention 1 if k is smaller than $\mathbb{C}$). However J certainly contains all elements of the form $a * b - a ш b$ with $b \in \mathcal{A}^0$. E.g. we have $y_1 * y_2 - y_1 ш y_2 = y_3 - y_{12}$ hence $\zeta_3 - \zeta_{12} = 0$ (Euler).

Let V be the k-vector space generated by the $a * b - a ш b$ ($b \in \mathcal{A}^0$). V is stable by D ($D(a*b - a ш b) = Da * b - Da ш b$). In fact it follows easily from theorem 2 that the two $*$ or ш ideals $A * V$ and $A ш V$ are equal. Then $I = A * V = A ш V$ is stable by D so it is generated by $I \cap \mathcal{A}^0$, i.e. by the coefficients $f_j \in \mathcal{A}^0$ of $f = \sum f_k * y_1^{*k}$ (or $f = \sum f_k ш y_1^{ш k}$) for all $f = a * b - a ш b$ as above.

The ideal I thus introduced is rational (everything is well defined if $k = \mathbb{Q}$). The now standard conjecture is that for $k = \mathbb{Q}$ we have $I = J$, the null ideal of ζ, i.e. the only algebraic relations between zeta numbers are those that can be deduced formally from the comparison of the two product laws. This seems rather out of reach right now and present work deals with proving that all known relations can be reduced to those above, and making explicit the ring structure of the quotient ring $\mathcal{A}_0$ mod. these relations.

References

[1] Arakawa, T.; Kaneko, M. Multiple zeta values, poly-Bernouilli numbers and related zeta functions. *Nagoya Math. J.* **153** *(1999) 189-209.*

[2] Bigotte, M.; Jacob, G.; Oussous, N. E.; Petitot, M. Generating power series of coloured polylogarithm functions and Drinfeld associator. Computer mathematics (Chiang Mai, 2000), 39–48, Lecture Notes Ser. Comput., 8, World Sci. Publishing, River Edge, NJ, 2000.

[3] Ecalle, J. La libre génération des multizeta et leur décomposition canonico-explicite en irréductibles. *Séminaire IHP, décembre 1999.*

[4] Ecalle, J. ARI/GARI et l'arithmétique des multizetas et sommes d'Euler. *colloque "Polylogarithmes, multizetas et la conjecture de Deligne-Ihara", Luminy, avril 2000, à paraître.*

[5] Goncharov, A.B. Multiple ζ-values, Galois groups, and geometry of modular varieties. European Congress of Mathematics, Vol. I (Barcelona, 2000), 361–392, Progr. Math., 201, Birkhuser, Basel, 2001. (Reviewer: Jan Nekovř)

[6] Goncharov, A.B. Multiple polylogarithms, cyclotomy and modular complexes. *Meth. Res. Letters* **5** *(1998) 497-516.*

[7] Hoang Ngoc Minh; Jacob, G.; Petitot, M.; Oussous, N.E. De l'algbre des ζ de Riemann multivaries l'algbre des ζ de Hurwitz multivaries. (French) [From the multivariate Riemann zeta algebra to the multivariable Hurwitz zeta algebra] Sm. Lothar. Combin. 44 (2000), Art. B44i, 21 pp. (electronic).

[8] Hoang Ngoc Minh, Petitot M. Lyndon words, polylogarithms, and the Riemann ζ function, Discrete Math. 217 (2000) 273–292. MR1766271 (2001i:33002)

[9] Hoffman, M. The algebra of multiple harmonic series. *J. of Al. 1997.*

[10] Hoffman, M.; Ohno, Y. Relations of multiple zeta values and their algebraic expression. J. Algebra 262 (2003), no. 2, 332–347. (Reviewer: David Bradley)

[11] Hoffman, M. Quasi-shuffle products. J. Algebraic Combin. 11 (2000), no. 1, 49–68.

[12] Ohno, Y.; Zagier, D. Multiple zeta values of fixed weight, depth, and height. Indag. Math. (N.S.) 12 (2001), no. 4, 483–487. (Reviewer: L. Skula) 11M41

[13] Racinet, G. Séries génératrices non-commutatives de polyzetas et associateurs de Drinfeld. *Thèse, université Jules Verne (Picardie), Amiens, décembre 2000.*

[14] Racinet, G. Doubles mlanges des polylogarithmes multiples aux racines de l'unit. Publ. Math. Inst. Hautes tudes Sci. No. 95 (2002), 185–231.

[15] Reutenauer, C. Free Lie Algebras. *London Math. Soc. Monographs, new series* **7**, *Oxford Science Publ., 1993.*

[16] Waldschmidt, M. Valeurs zeta multiples. Une introduction. (Talence, 1999). J. Thor. Nombres Bordeaux 12 (2000), no. 2, 581–595.

[17] Zagier, D. Values of zeta functions and their applications. *in "First European Congress of Math.* **2** *497-512. Birkhäuser, 1994.*

L. Boutet de Monvel
Université Pierre et Marie Curie
Analyse Algébrique, Institut de Mathématiques (UMR 7586)
case 82, 4 place Jussieu, 75252 Paris cedex 05, FRANCE
email: boutet@math.jussieu.fr

11 Acknowledgements

11.1 Some Persons

Anne Boutet de Monvel has been a driving force and the initiator for this project. We have also benefitted from the help of Louis Boutet de Monvel whose texts gave us the basic structure and we very much followed his selection of papers. We are grateful to the commentators, Bernard Malgrange, Anne Boutet de Monvel, Charles Epstein, Gerd Grubb, Bernard Helffer, Takahiro Kawai, Gilles Lebeau, Alan Weinstein for their illuminating texts.

We thank Louis' children Claire, Jacques, Violaine as well as his wife Anne, for the permission to republish the works in this volume.

We address the same thanks to his coauthors for their permission to republish some of the papers, Paul Kree (see [BKr67]), Alain Grigis, Bernard Helffer (see [BGrHe76]), Bernard Malgrange (see [BMa90]), Anne Boutet de Monvel, Gilles Lebeau (see [BBoLe92]), Eric Leichtnam, Xiang Tang, Alan Weinstein (see [BLeTaWe11]).

11.2 Publishers and More Persons

We are grateful for the very efficient and friendly help that we have got from Anna Mätzener and Sarah Goob at Birkhäuser, for a large number of practical and legal problems. We also thank Thomas Hempfling at Birkhäuser.

The help from Ann Kostant has been very precious for many general matters. We also thank Peter Sarnak for his help in obtaining the republication permission for one text, as well as Yoshitsugu Takei for helping us to obtain the permission for one text and to inform us about the status of another one.

11.2.1 Springer-Verlag and Birkhäuser

The following works are included in this volume, with kind permission from the publisher:

- [B71]
- [B66a]
- [B66b]
- [BBoLe92]
- [B08b]
- [B75b]
- [B93]
- [B79]
- [B99]
- [B08c]
- [B83]
- [BLeTaWe11]

11.2.2 Académie des Sciences

We thank the French Académie des Sciences for the permission to republish the work

- [B78]

V.W. Guillemin, J. Sjöstrand (eds.), *Louis Boutet de Monvel, Selected Works*,
Contemporary Mathematicians, DOI 10.1007/978-3-319-27909-1_11

11.2.3 Institut Fourier

We thank the Institut Fourier in Grenoble for the permission to republish the works,

- [BKr67]
- [B69]
- [B72]

11.2.4 International Press

We thank International Press for the permission to republish the work

- [B05]

11.2.5 Société Mathématique de France

We thank the Société Mathématique de France for the permission to republish the works

- [BGrHe76]
- [BSj76]

11.2.6 Annales Scientifiques de l'École Normale Supérieure

We thank the director of the École Normale Supérieure for the permission to republish the work

- [BMa90]

11.2.7 RIMS

We thank the director of the Research Institute for Mathematical Sciences, Kyoto University for the permission to republish the work

- [B08a].

We thank Y. Takei for informing us that the work

- [B04]

can be published without the permission from the RIMS.

11.2.8 Wiley

We thank Mark Spencer for informing us that we can republish the following work without special permission from Wiley.

- [B74]

11.2.9 École Polytechnique

We thank Claude Sabbah for informing us that the École Polytechnique is not the copyright holder of the works

- [B75a]
- [B81]
- [B85]
- [B86]
- [B88]

11.2.10 Princeton University Press

We thank Princeton University Press and especially Vickie Kern for the permission to republish the appendix of the book

- [BGu81]

Bibliography

[summary] L. Boutet de Monvel, *lbm-selecta-summary*, 2012.

[synopsis] L. Boutet de Monvel, *lbm-selecta-synopsis*, 2012.

[B66a] Louis Boutet de Monvel, *Comportement d'un opérateur pseudo-différentiel sur une variété à bord. I. La propriété de transmission*, J. Analyse Math. **17** (1966), 241–253.

[B66b] L. Boutet de Monvel, *Comportement d'un opérateur pseudo-différentiel sur une variété à bord. II. Pseudo-noyaux de Poisson*, J. Analyse Math. **17** (1966), 255–304.

[BKr67] Louis Boutet de Monvel and Paul Krée, *Pseudo-differential operators and Gevrey classes*, Ann. Inst. Fourier (Grenoble) **17** (1967), no. 1, 295–323.

[B69] L. Boutet de Monvel, *Opérateurs pseudo-différentiels analytiques et problèmes aux limites elliptiques*, Ann. Inst. Fourier (Grenoble) **19** (1969), no. 2, 169–268.

[B71] L. Boutet de Monvel, *Boundary problems for pseudo-differential operators*, Acta Math. **126** (1971), no. 1–2, 11–51.

[B72] L. Boutet de Monvel, *Opérateurs pseudo-différentiels analytiques et opérateurs d'ordre infini*, Ann. Inst. Fourier (Grenoble) **22** (1972), no. 3, 229–268.

[B74] L. Boutet de Monvel, *Hypoelliptic operators with double characteristics and related pseudo-differential operators*, Comm. Pure Appl. Math. **27** (1974), 585–639.

[B75a] L. Boutet de Monvel, *Intégration des équations de Cauchy-Riemann induites formelles*, Séminaire Goulaouic-Lions-Schwartz 1974–1975; Équations aux dérivées partielles linéaires et non linéaires, Centre Math., École Polytech., Paris, 1975, Exp. No. 9.

[B75b] L. Boutet de Monvel, *Propagation des singularités des solutions d'équations analogues à l'équation de Schrödinger*, Fourier integral operators and partial differential equations (Colloq. Internat., Univ. Nice, Nice, 1974), Springer, Berlin, 1975, pp. 1–14. Lecture Notes in Math., Vol. 459.

[BGrHe76] Louis Boutet de Monvel, Alain Grigis, and Bernard Helffer, *Parametrixes d'opérateurs pseudo-différentiels à caractéristiques multiples*, Journées: Équations aux Dérivées Partielles de Rennes (1975), Soc. Math. France, Paris, 1976, pp. 93–121. Astérisque, No. 34–35.

[BSj76] L. Boutet de Monvel and J. Sjöstrand, *Sur la singularité des noyaux de Bergman et de Szegö*, Journées: Équations aux Dérivées Partielles de Rennes (1975), Soc. Math. France, Paris, 1976, pp. 123–164. Astérisque, No. 34–35.

[B78] L. Boutet de Monvel, *Convergence dans le domaine complexe des séries de fonctions propres*, C. R. Acad. Sci. Paris Sér. A-B **287** (1978), no. 13, A855–A856.

[B79] L. Boutet de Monvel, *On the index of Toeplitz operators of several complex variables*, Invent. Math. **50** (1978/79), no. 3, 249–272.

[BGu81] L. Boutet de Monvel and V. Guillemin, *The spectral theory of Toeplitz operators*, Annals of Mathematics Studies, vol. 99, Princeton University Press, Princeton, NJ; University of Tokyo Press, Tokyo, 1981.

[B81] L. Boutet de Monvel, *Opérateurs à coefficients polynomiaux, espace de Bargmann, et opérateurs de Toeplitz*, Goulaouic-Meyer-Schwartz Seminar, 1980–1981, École Polytech., Palaiseau, 1981, Exp. No. II bis.

[B83] L. Boutet de Monvel, *$\mathcal{D}$-modules holonômes réguliers en une variable*, Mathematics and physics (Paris, 1979/1982), Progr. Math., vol. 37, Birkhäuser Boston, Boston, MA, 1983, pp. 313–321.

[B85] L. Boutet de Monvel, *Opérateurs à bicaractéristiques périodiques*, Bony-Sjöstrand-Meyer seminar, 1984–1985, École Polytech., Palaiseau, 1985, Exp. No. 20.

[B86] L. Boutet de Monvel, *Complément sur le noyau de Bergman*, Séminaire sur les équations aux dérivées

V.W. Guillemin, J. Sjöstrand (eds.), *Louis Boutet de Monvel, Selected Works*, Contemporary Mathematicians, DOI 10.1007/978-3-319-27909-1

partielles, 1985–1986, École Polytech., Palaiseau, 1986, Exp. No. XX.

[B88] L. Boutet de Monvel, *Le noyau de Bergman en dimension* 2, Séminaire sur les Équations aux Dérivées Partielles 1987–1988, École Polytech., Palaiseau, 1988, Exp. No. XXII.

[BMa90] L. Boutet de Monvel and B. Malgrange, *Le théorème de l'indice relatif*, Ann. Sci. École Norm. Sup. (4) **23** (1990), no. 1, 151–192.

[BBoLe92] Anne Boutet de Monvel-Berthier, Louis Boutet de Monvel, and Gilles Lebeau, *Sur les valeurs propres d'un oscillateur harmonique perturbé*, J. Anal. Math. **58** (1992), 39–60, Festschrift on the occasion of the 70th birthday of Shmuel Agmon.

[B93] L. Boutet de Monvel, *Indice des systèmes différentiels*, *D*-modules, representation theory, and quantum groups (Venice, 1992), Lecture Notes in Math., vol. 1565, Springer, Berlin, 1993, pp. 1–30.

[B99] L. Boutet de Monvel, *Complex star algebras*, Math. Phys. Anal. Geom. **2** (1999), no. 2, 113–139.

[B02] L. Boutet de Monvel, *Related semi-classical and Toeplitz algebras*, Deformation quantization (Strasbourg, 2001), IRMA Lect. Math. Theor. Phys., vol. 1, de Gruyter, Berlin, 2002, pp. 163–190.[1]

[B04] L. Boutet de Monvel, *Remark on divergent multizeta series*, Microlocal Analysis and Asymptotic Analysis, RIMS workshop, vol. 1397, March 2004, pp. 1–9.

[B05] L. Boutet de Monvel, *Logarithmic trace of Toeplitz projectors*, Math. Res. Lett. **12** (2005), no. 2–3, 401–412.

[B08a] L. Boutet de Monvel, *Asymptotic equivariant index of Toeplitz operators*, Differential equations and exact WKB analysis, RIMS Kôkyûroku Bessatsu, B10, Res. Inst. Math. Sci. (RIMS), Kyoto, 2008, pp. 33–45.

[B08b] L. Boutet de Monvel, *Formal norms and star-exponentials*, Lett. Math. Phys. **83** (2008), no. 3, 213–216.

[B08c] L. Boutet de Monvel, *Vanishing of the logarithmic trace of generalized Szegö projectors*, Algebraic analysis of differential equations from microlocal analysis to exponential asymptotics, Springer, Tokyo, 2008, pp. 67–78.

[BLeTaWe11] Louis Boutet de Monvel, Eric Leichtnam, Xiang Tang, and Alan Weinstein, *Asymptotic equivariant index of Toeplitz operators and relative index of CR structures*, Geometric aspects of analysis and mechanics, Progr. Math., vol. 292, Birkhäuser/Springer, New York, 2011, pp. 57–79.

[1]Not included in this volume.

MIX
Papier aus verantwortungsvollen Quellen
Paper from responsible sources
FSC® C105338

If you have any concerns about our products,
you can contact us on
ProductSafety@springernature.com

In case Publisher is established outside the EU,
the EU authorized representative is:
Springer Nature Customer Service Center GmbH
Europaplatz 3, 69115 Heidelberg, Germany

Printed by Libri Plureos GmbH
in Hamburg, Germany